智慧管网技术

董绍华　徐晴晴　钱伟超　魏昊天　｜ 编著
徐鲁帅　张　萌　姜垣良

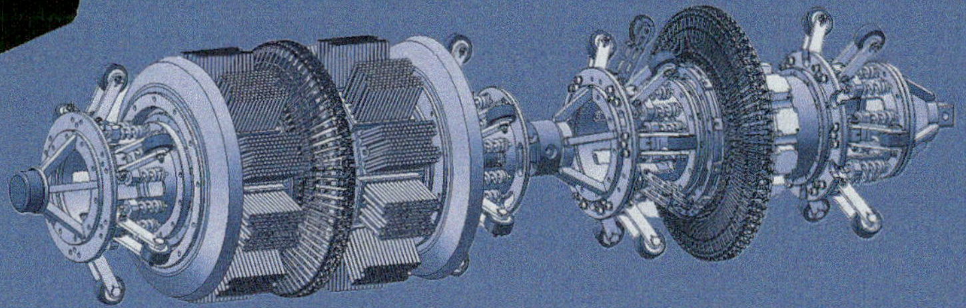

石油工业出版社

内 容 提 要

本书从我国智慧管网的发展和需求出发，在国内外大量案例研究基础上，深刻阐述了当前智慧管网面临的瓶颈问题，提出了智慧管网的应用现状及技术发展趋势和方向，分析了当前数据治理和数据基础的现状，阐述了油气管网数据治理的原理、方法及流程，提出了智慧管网基础设计方法，大数据的采集、存储及分析方法等；本书还构建了智能化应用的多维场景及最佳实践，并提出了智慧管网系统的框架设计和功能设计思路，最终形成了一体化平台建设方案。

本书可供油气管道管理、运行、维护科研人员及技术人员参考，也可作为石油院校相关专业师生的阅读参考书。

图书在版编目(CIP)数据

智慧管网技术 / 董绍华等编著. — 北京：石油工业出版社，2024.7
ISBN 978-7-5183-6722-1

Ⅰ.①智… Ⅱ.①董… Ⅲ.①智能技术-应用-石油管道-管网 Ⅳ.①TE973-39

中国国家版本馆 CIP 数据核字(2024)第 107206 号

出版发行：石油工业出版社
　　　　　(北京安定门外安华里2区1号楼　100011)
　　　网　址：www.petropub.com
　　　编辑部：(010)64523757　图书营销中心：(010)64523633
经　　销：全国新华书店
印　　刷：北京九州迅驰传媒文化有限公司

2024年7月第1版　2024年7月第1次印刷
787×1092毫米　开本：1/16　印张：39.5
字数：950千字

定价：200.00元
(如出现印装质量问题，我社图书营销中心负责调换)
版权所有，翻印必究

前言

现代信息技术的高速发展掀起了世界范围内的智能化热潮，2017年7月国务院印发了《新一代人工智能发展规划》，其目的是抓住人工智能发展的重大战略机遇，建立我国人工智能发展的先发优势。物联网、大数据、云平台等智能化技术已经在医疗、电力、交通等各行各业得到了广泛应用，管道行业的研究者们也在对管道的智能化建设进行积极探索。

截至2021年底，我国长输管道已超15万千米，城市燃气管道近90万千米，油田集输管网近40万千米，随着管道里程的增加，管理难度越来越大，同时伴随着物联网、大数据、人工智能等现代信息技术的发展，智慧管网的发展与建设在国家不断实施工业化、信息化"两化"融合，以及智能制造的基础上逐步提出，并成为管道行业未来发展的风向标。

智慧管网的核心技术覆盖了数据从被感知到被传输至云端处理的过程，包括了物联智能感知与传输技术、数据中心云技术、三维引擎数字孪生技术(三维地图技术)和大数据分析技术。物联智能感知与传输技术是利用智慧管网体系架构感知层中的传感器、二维码、RFID等进行智能感知、采集数据，对采集到的初始信息在传感器前端进行分析、处理及应用；数据中心云技术综合了较全面的管网数据，推动管网信息化建设进程，建立功能完善、数据权威、运维简便的油气管网管控系统及数据中心；三维引擎数字孪生技术模拟油气管网结构，再现了管道的全生命周期数据，用户可以对油气管网的三维立体位置信息进行查询；大数据分析技术将各类管网信息数据汇聚整合，建立了油气管网数据池，并与中国管道管理相关的法规标准相结合，进行大数据分析，评估管道运行状态，以此为依据做出智能决策。

智慧管网系统是一个庞大的应用工程系统，它将众多相对独立的数字化、集成化和产品化的模块整合为一个以海量数据库为基础的系统。可实现数据的高度共享，具有智能化、数字化、可视化、标准化、自动化和一体化特征，具有专业性、兼容性、共享性、开放性和安全性的特点，可最大限度地消除信息孤岛；智能化即实现管线运行优化、管线安全风险的预测预警、应急抢险的交互联动响应数字化，通过文档资料及图片资料的结构化、索引化，加强知识共享，更为设备更新改造提供便捷，可视化即实现管线相关数据的图形、图像、视频、图表分析信息的多维度查询及可视化展示；标准化即生命周期的业务标准、技术标准、数据标准及设计、建设期成果的数字化移交标准；自动化即完善管线的自控仪器仪表、检测设备及监控系统，实现管线运行状态的自动检测；一体化即以生产运行的实时数据和管理应用的业务数据全面整合大数据建模分析决策支持。

我国智慧管网的发展过程中，数据的准确性、数据的统一性、数据的应用建模、平台运行速度及自维护性，以及体系建设与平台同步等诸多因素制约着智慧管网建设与发展，体现在以下几个方面：一是智慧管网平台是确保建设期数据与运行期数据一体化的平台，涵盖管道全生命周期中各阶段的数据，其准确性直接影响管道智能化水平，因此具有较高的难度；二是数据统一的难点，建设期与运行期要遵循采用同样的数据框架、数据字典、系统建设才能落地，数据才能自由调用；三是智能化应用的难点，体现在如何建模并与实际运行相吻合，重点在于决策支持分析，如何为管道企业决策支持服务；四是系统运行速度及自维护的难点，系统的运行速度直接决定建设成败，需采用 GIS 调用和存储的新技术，使"死"数据变成"活"数据，增加更新速度，提高自维护性能；五是体系建设与平台同步的难点，体系建设必须与平台同步，否则未来应用和运维等均得不到落实。

本书基于当前智慧管网的发展和需求，在国内外大量案例研究的基础上，提出了智慧管网大数据深度挖掘基础薄弱、智慧管网成果尚不能满足需求、智慧管网信息安全亟待突破、数字孪生技术尚未普及与推广等诸多问题，基于这些问题，研究制定解决方案，总结形成本书各章内容。

第一章：智慧管网的应用现状及展望。通过调研国内外智慧管网的发展现状，得出中国的智慧管网建设仍处于初期发展阶段，而且国外油气管道公司也尚未对管道智能化建设进行系统研发。结合智慧管网技术的生产需求，提出管道大数据的数据采集、数据分析、可视化等关键问题。针对当前智慧管网的发展现状，提出关于数据分析、数据处理、一体化平台构建的关键技术展望，为更好地构建智慧管网一体化平台打下坚实的基础。

第二章：油气管网数据治理。本章从油气企业数据治理的必要性入手，结合目前企业数据治理的现状与需求，制定企业数据治理的原则以及策略，进而提出企业数据治理框架，使得企业的数据治理流程化，进而提高企业的数据治理水平；详细介绍了数据治理基本方法、数据清洗、数据交换以及数据集成方法，进而保证企业数据的可利用性，为智慧管网系统的构建提供基础技术支撑。

第三章：智慧管网基础设计方法。本章从智慧管网建设的基础入手，整体分析了智慧管网系统的基础设计方法，同时分析现有智慧管网系统建设基础存在的问题，并针对这些问题提出智慧管网系统构建的总体架构，并针对数据采集及管理、智慧管网系统功能、智慧管网系统业务及智慧管网系统的应用等方面提出了详细的架构，本章所介绍的智慧管网系统基础设计方法为油气管道的智慧化提供理论支撑以及技术支持。

第四章：管道大数据采集、存储及分析方法。阐述了全生命周期各阶段数据采集的差异性，以及如何建立数据标准和专业数据库，保证数据的完整性及多样性，介绍了导入、导出以及实时存储等流程方法；提出了管道大数据建库方法、智慧管网系统的架构层次，确定了各个阶段专业型数据采集原则，以及全生命周期数据库数据结构、智慧管网系统数据分析方法等。

第五章：管道泄漏扩散特征及扩散范围研究。本章总结分析了石油管道途径区域山地、流域等属性特征，分析评判了管道失效因素和失效后对周边环境综合影响，研究山区陆地、流域环境下管道泄漏扩散特征及规律，建立泄漏扩散的数字孪生模型，基于 GIS 系统的数字孪生在线仿真分析，评价管道泄漏后对周边环境的影响范围和影响程度，为管道高后果区准确识别、应急物资储备位置选择、溢油回收拦油点布设等工作提供理论依据，为管道运行的安全环保风险管控提供技术支持。

第六章：管道完整性管理系统技术。本章提出了管道完整性管理系统架构、体系保障，提出了覆盖油气管网工程全生命周期的完整性数据库模型，覆盖可研、勘察、设计、施工和运营的数字化管理全过程；基于智慧化、可视化管理的要求，提出了全面、直观、形象地展示设计规划、施工进展、设备运行的实施路线图，确保生产经营管理的数字化、调度指挥的科学化、应急管理与风险监测的科学化管理，为管道建设者和运营者提供具有决策支撑能力的管理信息系统。

第七章：无人机智慧巡检技术。本章阐述了无人机管线智慧巡检技术，提出了无人机智慧巡检系统总体设计方法，包括系统功能目标、系统流程设计，以及基于深度学习的无人机油气管线巡检监察系统的组成等，该系统平台由四个部分组成：无人机飞行平台、神经网络目标检测系统、无人机巡检监察管理以及无人机巡检执法终端等功能。该系统与遥感技术紧密结合，无需组织人工巡检，依靠无人机在管线上方拍摄的图像，通过目标特征提取，准确地对疑似危害特征因素进行识别和定位。

第八章：基于位置大数据分析的管道第三方异常活动识别。本章将位置大数据引入到管道第三方破坏防范领域，阐述了基于位置数据挖掘管道附近用户的行为模式，提取用户的活动规律和特征，挖掘第三方人员活动轨迹，分析管道第三方破坏风险特征、科学制定风险减缓及防范措施，实现管道第三方破坏实时风险状态感知，管道巡检管理人员根据早期判别预警信号对第三方潜在破坏行为及时实施干预，对管道安全管理可以起到有效的指导作用，从而减少因第三方破坏导致的管道失效事件。

第九章：基于卫星遥感管道沿线地质沉降监测。本章阐述了 INSAR 技术的方法和原理，提出了基于管道中等分辨率的 SAR 卫星影像为数据源，采用时序 SAR 数据处理技术进行地质灾害数据评价的一套方法和流程，通过提取研究区域的地表形变信息，筛选以管道为中心两边各 3.0km 范围的形变区域，对管道两侧监测区域年形变速率相对较大的形变区域进行信息统计，结合当地地形、地质、水文、植被等其他特征，对可能存在潜在滑坡、不稳定斜坡、塌方、高填方塌陷等地质灾害风险区进行识别。

第十章：基于机器学习的管道焊缝图像的缺陷识别分析。本章提出了环焊缝射线检测技术及底片数字化方法，阐述了缺陷底片数据集的建立过程，建立了基于卷积神经网络射线数字底片缺陷识别模型，开发了焊缝射线底片缺陷自动化识别软件，基于深度学习的管道焊缝缺陷目标检测算法，利用 CNN 对得到的特征缺陷进行分类搭建不同的 CNN 模型，得出准确率高且实用性强的神经网络模型，提高了智能化识别精度。

第十一章：智慧管网一体化平台构建案例。本章借鉴国内外管道数字化、智慧化建设的经验及思路，结合管道的行业特性和发展规律，建立了智慧管网风险管控系统平台，提出了基于三大业务"完整性管理、调运管理、应急管理"驱动，支持智慧管网"体系规范全面、数据中心完备、智能感知齐全、应用系统实现"等建设目标，实现管网系统的智慧化发展；同时阐述了智慧管网风险管控系统功能架构设计、数据架构设计、数据库结构设计，以及管道大数据维护、分析评价等模块的开发与部署等。

《智慧管网技术》由董绍华等编写，可作为从事油气管道运维管理、技术及科研人员的学习读本及培训教材，也可作为高等院校油气储运工程、安全工程、机械工程、信息工程、人工智能等专业本科生和研究生教材。

由于作者水平有限，疏漏和不足之处在所难免，恳请广大读者批评指正。

目录 CONTENTS

第1章 智慧管网的应用现状及展望 ……………………………………（ 1 ）

    1.1 智慧管网技术应用现状 ……………………………………………（ 1 ）

    1.2 智慧管网技术生产需求研究 ………………………………………（ 6 ）

    1.3 智慧管网技术的发展展望 …………………………………………（ 11 ）

    参考文献 …………………………………………………………………（ 13 ）

第2章 油气管网数据治理 ………………………………………………（ 15 ）

    2.1 企业数据治理的必要性 ……………………………………………（ 15 ）

    2.2 企业数据治理现状与需求 …………………………………………（ 16 ）

    2.3 数据治理原则及策略 ………………………………………………（ 18 ）

    2.4 数据治理框架 ………………………………………………………（ 19 ）

    2.5 数据治理方法 ………………………………………………………（ 23 ）

    2.6 数据清洗 ……………………………………………………………（ 24 ）

    2.7 数据交换 ……………………………………………………………（ 28 ）

    2.8 数据集成 ……………………………………………………………（ 30 ）

    参考文献 …………………………………………………………………（ 33 ）

第3章 智慧管网基础设计方法 …………………………………………（ 37 ）

    3.1 概述 …………………………………………………………………（ 37 ）

    3.2 智慧管网建设基础 …………………………………………………（ 37 ）

3.3 智慧管网技术架构 ……………………………………………………… （39）

第4章 管道大数据的采集、存储及分析方法 ………………………………… （51）

4.1 数据采集 …………………………………………………………………… （51）
4.2 数据存储 …………………………………………………………………… （64）
4.3 数据分析方法 ……………………………………………………………… （66）
参考文献 ………………………………………………………………………… （79）

第5章 管道泄漏扩散特征及扩散范围研究 …………………………………… （80）

5.1 概述 ………………………………………………………………………… （80）
5.2 山地管道泄漏油品扩散特征及扩散范围研究 …………………………… （81）
5.3 穿越河流管道泄漏油品扩散特征及扩散范围研究 ……………………… （87）
5.4 跨越河流管道泄漏油品扩散特征及扩散范围研究 ……………………… （96）
5.5 基于GIS的管道泄漏影响范围识别技术 ………………………………… （104）
参考文献 ………………………………………………………………………… （118）

第6章 管道完整性管理系统技术 ……………………………………………… （119）

6.1 概述 ………………………………………………………………………… （119）
6.2 管道全生命周期管理系统架构 …………………………………………… （132）
6.3 管道全生命周期管理系统功能设计 ……………………………………… （145）
6.4 智能感知物联网 …………………………………………………………… （228）
参考文献 ………………………………………………………………………… （240）

第7章 无人机智慧巡检技术 …………………………………………………… （242）

7.1 概述 ………………………………………………………………………… （242）
7.2 无人机智慧巡检系统 ……………………………………………………… （244）
参考文献 ………………………………………………………………………… （250）

第8章 基于位置大数据分析的管道第三方异常活动识别 …………………… （252）

8.1 概述 ………………………………………………………………………… （252）

8.2 位置大数据特征提取 ……………………………………………………………… (257)
8.3 长输油气管道第三方异常活动识别 …………………………………………… (270)
8.4 长输管道第三方活动监控系统 ………………………………………………… (278)
参考文献 ……………………………………………………………………………… (285)

第9章 基于卫星遥感管道沿线地质沉降监测 …………………………………… (287)
9.1 概述 ……………………………………………………………………………… (287)
9.2 技术方法 ………………………………………………………………………… (288)
9.3 数据影响信息及数据质量检验 ………………………………………………… (292)
9.4 基于InSAR数据的管道沿线地质沉降监测 ………………………………… (296)
参考文献 ……………………………………………………………………………… (462)

第10章 基于机器学习的管道焊缝图像的缺陷识别分析 ……………………… (463)
10.1 概述 …………………………………………………………………………… (463)
10.2 环焊缝射线检测技术及底片数字化 ………………………………………… (467)
10.3 缺陷底片数据集的建立 ……………………………………………………… (475)
10.4 基于卷积神经网络射线数字底片缺陷识别模型 …………………………… (483)
10.5 焊缝射线底片缺陷自动化识别软件 ………………………………………… (509)
10.6 基于深度学习的管道焊缝缺陷目标检测算法 ……………………………… (515)
10.7 基于YOLO V5的管道焊缝底片缺陷智能识别系统 ……………………… (524)
参考文献 ……………………………………………………………………………… (547)

第11章 智慧管网一体化平台构建案例 …………………………………………… (551)
11.1 智慧管网框架设计 …………………………………………………………… (551)
11.2 功能架构设计 ………………………………………………………………… (555)
11.3 子系统功能设计 ……………………………………………………………… (561)
参考文献 ……………………………………………………………………………… (575)

附录 部分业务数据数据库命名规则 ……………………………………………… (576)

第1章
智慧管网的应用现状及展望

随着近些年来大数据、人工智能的发展，智慧管道已成为国内外油气管道界的热词，国内外研究学者围绕智慧管道开展了大量研究与规划工作。然而，迄今为止，中国油气管道界对智慧管道的概念尚未形成广泛共识，对其内涵与外延缺乏全面、系统、深入、确切的认识，还不能完整、清晰地描绘出未来智慧管道的全景图像。基于此，本章从管道技术角度出发，结合对现代信息技术的认识，对国内外智慧油气管道建设的若干问题进行了总结，提出关于智慧管网的关键技术展望，为更好地构建智慧管网一体化平台打下坚实的基础。

1.1 智慧管网技术应用现状

1.1.1 国内应用现状

2016年12月9日，中华人民共和国工业和信息化部发布了〔2016〕349号文件《智能制造发展规划（2016—2020年）》，智能制造是基于新一代信息通信技术与先进制造技术深度融合，贯穿于设计、生产、管理、服务等制造活动的各个环节，具有自感知、自学习、自决策、自执行、自适应等功能的新型生产方式。

2017年7月8日国务院印发了《新一代人工智能发展规划》，目的是抢抓人工智能发展的重大战略机遇，构筑我国人工智能发展的先发优势，加快建设创新型国家和世界科技强国。

基于上述国家战略与政策性发展导向，我国智慧管网发展基本与世界同步，智慧管网是基于大数据、物联网、云计算、人工智能等关键技术，将管网与信息技术深度融合，具有全面感知、自动预判、自适应、自反馈、自学习等功能特征，实现管网安全、高效运行。智慧管网具备六大特征：数据全面统一、感知交互可视、系统融合互联、供应精准匹配、运行智能高效和预测预警可控。近年来，数字化设计已经广泛应用于中国的管道建设，但仍未完成智能化的转型。总体来说，中国的智慧管道建设仍处于初期发展阶段。

1.1.1.1 数字化恢复技术

中国石油管道设计院于2015年对新建管道进行数字化设计，2016年开展对在役油气管道采用数字化恢复技术的应用研究和探索,并在贵州普安—兴义输气干线、新疆燃气集团城市燃气管道、西气东输、西部管道等项目得到了实践应用。

国家管网集团西南管道公司开展了在役中缅管道山地数字化恢复工作[1]:使用无人机倾斜摄影多视角采集三维信息,融合卫星图像与航拍摄影,建立管道沿线三维地形模型,通过倾斜摄影进行站场三维建模;利用地面实景复制技术采集高精度点位信息和影像,进行点云处理和三维建模;利用CORS-RTK测量技术完成野外测量作业,测定管道的中线坐标与高程。其采集到的大量数据真实准确、完整全面,是开展在役管道智能建设的基础。

1.1.1.2 无人机智能化巡护

国家管网集团华南分公司对无人机的智能化巡护开展了研究[2],提高了无人机的智能化、程序化、自动化程度。无人机按照预先设定的路线自动飞行,管理人员根据无人机实时传输的图像判断管道的运行状态。公司通过综合应用光纤通信、无人机巡护、视频监控等技术,建立了基于无人机的空地一体化安全防控体系。

1.1.1.3 基于大数据的管网应急决策应用

国家管网集团北京管道公司制定了智慧管网的规划目标,全面开展基于大数据的管网应急决策支持应用,将焊口、弯头、内检测管段、工程竣工管段、管道基础数据等信息对齐到中心线,实现多目标的数据集成分析,一键式输出应急处置方案,全面开展基于大数据的应急演练和数据集成研究[3]。

1.1.1.4 管道完整性大数据模型

国家管网集团西部管道公司建立了基于管道完整性的大数据模型,持续研究企业完整性业务发展需求,将概念模型、逻辑模型、物理模型三者融合,提出了基于类的完整性大数据模型,在原有地理信息系统(以下简称GIS)的APDM[Arc GIS管道数据模型(以下简称APDM)]中增加类的概念,建立基于类的管道大数据模型,增加数据之间的相关性,以业务为驱动,通过计算数据之间的相关性,将所有业务数据重新划分为6大类,覆盖全部业务范围。另外,针对果子沟开展了智慧管网大数据模型的应用,开发了管道大数据模型系统,应用效果良好。

1.1.1.5 焊缝底片智能化识别技术

中国石油大学(北京)在智慧管网关键技术研究方面取得了一定进展,开发了焊缝底片智能化识别模型,完成约30万张数据底片的智能化判别工作,检测到各类缺陷8000多个,以此建立了焊缝底片缺陷数据库,库存达到8000多条。并开发了焊缝底片数字化缺陷自动识别系统,其是世界上少有的能够开展底片数字化识别的商业化系统。该系统通过选择边角界系数和边界区域,对焊缝底片进行处理,采用支持向量机的模拟算法,通过有效数据计算出焊缝的缺陷类型和类别,对焊缝缺陷进行统计分析。

1.1.1.6 超高清数据采集技术

中国石油大学(北京)在智慧管网超高清数据采集技术方面取得了一定突破,增加了内检测器的探头通道数量，缩短了超高清漏磁亚毫米级探头之间的距离，从而可精准描述存在于管道上的微小缺陷，解决了输油管道上小面积深腐蚀缺陷检测难度大的难题；研发出集管道超高清变形检测、漏磁监测及位置检测于一体的复合检测技术，将检测结果放在统一时间轴上分析，可以检测几何变形、金属损失的复合缺陷，确定缺陷的精确位置；将检测器磁场强度提高至原来的 2~3 倍，突破了管道大壁厚、小口径管体漏磁检测不准确的难题，实现了管道微小缺陷和环焊缝缺陷的精准检测；检测技术的提升也促使 G 级海量数据综合分析技术得到了提升，所采集焊缝数据精确性的提高显著提升了管道焊缝的可识别性，将各类内检测数据与焊缝底片数据进行自动识别匹配，发现焊缝可能存在的问题，通过数据对比研究，可以有效识别焊缝未焊透、未熔合等缺陷[4]。

1.1.1.7 中俄东线智慧管网示范工程

国家管网集团北方管道公司中俄东线（黑河—长岭段）是中国首条智能管道的样本工程。该工程以"全数字化移交、全智能化运营、全生命周期管理"为建设目标[5]，采用智能工地、智能感知、数字孪生等技术，将互联网技术与项目相结合，可对作业者、管材、设备、施工过程等进行智能感知和实时监控，并将信息自动传输至设计平台。施工现场搭建了集成设计阶段与施工过程数据的数字化设计平台，可实现管道数据的实时更新，自动生成竣工图。采用"全自动化焊接+全机械化防腐补口作业+全自动超声波探测"的连续机械化作业，结合物联网、云计算等信息技术，智能检测识别管道出现的故障缺陷，并实时上传数字化建设平台，进行远程判定，提高了工程质量和效率。钢管、焊口、防腐层等 17 类建设期数据经 PCM 系统的数据接口传输至管道完整性管理系统（以下简称 PIS）上。

通过数据标准的统一，中俄东线完成了建设期的数字孪生体构建，未来管道数字孪生体会随着管道的运行不断更新数据，实现管道的全数字化移交。中俄东线自主研发了核心控制软硬件，通过构建压缩机、站场、控制、数据采集、安全管理的体系网络，压缩机组和压气站将可实现远程一键启停，从而实现智慧管网的"无人站场"初级建设[6]。

1.1.2 国外应用现状

目前，国外油气管道公司尚未对管道智能化建设进行系统研发，但对于智慧管道某些关键技术的发展，国外一些油气管道公司和相关学者的研究已经达到了较高水平。

1.1.2.1 美国 Williams Gas 公司

美国 Williams Gas 公司的天然气业务主要由位于休斯敦的控制中心监控管理。该控制中心使用的天然气管理一体化系统（以下简称 IGMS）可以实现压缩机性能自动优化、压缩机站优化、预测（前瞻性）模拟、实时模拟、历史数据存储、气体负荷预测等功能[7]。IGMS 将管道本体数据与地理数据整合到 GIS 上，可对长达 64373.76km 的管道进行管理，并可与其他信息管理系统进行信息交互，利用管道全面的动态数据与静态数据进行运营管理。

1.1.2.2 美国哥伦比亚公司

美国哥伦比亚管道公司于 2016 年应用了 GE 公司与埃森哲公司联合发布的首个智能管

道解决方案,该方案融合了 GE 公司基于 Predix 平台的管道管理软件和埃森哲公司的数字化技术、变革管理和业务优化经验,整合多项数据源,实现了近似实时的管道风险监测与管控。其目的是实现资产的完整性管理,提高运营效率,使得决策更加科学[8-9]。基于此方案的应用,哥伦比亚管道公司的工作水平在安全与经济方面得到了大幅提升。

1.1.2.3 意大利 SNAM 公司

意大利 SNAM 公司与挪威船级社、欧洲能源研究院等机构合作,对管道智能化技术开展了大量研究[10],同时对管道的智能化监测网络进行了完善,包括战场泄漏监测技术、管道应变监测系统、第三方破坏监测、无人机巡检系统等。并应用数字孪生技术对油气管道设施进行数字化映射,构建管道全生命周期的数据集合,建立了专家平台。该技术将管道数据以更直观的方式呈现,使管道风险更容易被发现,可帮助用户更好地监控管道运行,提高了管道的运行安全水平与管理效率。

1.1.2.4 挪威国家石油 Statoil 公司

挪威国家石油 Statoil 公司研究形成了一套管道完整性管理系统,该系统集成了来自多个系统(STAR、SAP、Maximo 等管理系统)的数据,用户可以在完整性管理系统的同一界面查看管道的完整信息,降低了管理难度,实现管理效率的提升[7]。

1.1.2.5 阿拉伯石油公司

阿拉伯石油公司采用油气管道集中式运行管理方式,由调控中心控制所有油气管道运行,应用基于 ESRI 软件的 GIS 解决方案,并使用原油计划系统(以下简称 OSPAS)管理原油输运。GIS 技术可以对管道数据进行管理与分析,实现管道规划设计、泄漏管理、事故应急处理、环境监测、管道完整性管理、高后果区管理等功能,并且可以与数据采集与监控系统(以下简称 SCADA)结合,对实时数据进行模拟与分析,提高阿拉伯石油公司对管道的管理能力。

1.1.2.6 云计算

荷兰皇家壳牌石油公司(以下简称壳牌)部署私有及公有云企业服务平台,建立统一的整体云架构。英国石油公司(以下简称 BP)采用了 Amazon 的 EC2 云计算服务,在成功把面向客户的网站迁移到云上之后,把 SAP 开发测试环境也部署到了云上。Entergy 公司运用 OS/DB 云计算迁移技术,实现系统上线,完成生产规模数据库和基础设施的切换,最大化迁移期间生产能力。埃克森美孚公司搭建基于云的基础设施服务平台,该平台可以将地理影像随时随地交付给勘探团队。

1.1.2.7 大数据分析管理

壳牌通过大数据分析助力风险管控和合规管理,采用了交易分析解决方案,在风险管控和合规中找到问题,然后通过数据分析监控交易。BP 建立最大商业计算中心支持勘探数据分析,极大减少了分析大规模地震数据所需的时间。匈牙利油气公司用数据洞察一切,管理者得以获取最新信息,事先做出商业决策,以适应瞬息万变的市场。

1.1.2.8　GIS 系统

在 TANAP 天然气管道项目中，众多工程师和 GIS 专家共同开发了一种基于地理信息系统的管廊选择方法。该方法可以快速对约束条件进行重新分类或对成本因素进行调整，从而在大区域内短时高效地完成管廊的位置确定[11]。Sadovnychiy 等介绍了 GIS 在管道热成像航测中的应用，其设计的基于 GIS 的热成像远程检测系统将地理信息系统与远程探测技术、红外热成像技术、图像识别处理技术相结合，实现了管道泄漏、第三方破坏及地质灾害的监测。该系统可以采集待测管道的热测面积、管道介质泄漏、地下管道的土壤腐蚀估算及地下层的热泄漏信息等数据，大大减轻了操作人员的工作压力，提高了检测准确性，并可实现故障的精准定位。

1.1.2.9　腐蚀预测

Bassam 等[12]提出了一个以缓蚀剂浓度、实验时间、真实实验分量及模拟实验分量为输入变量的人工神经网络模型，该人工神经网络模型经过训练后，输出的计算值和实测值拟合程度较高。该模型可以预测管道钢材的腐蚀类型，并确定金属表面腐蚀速率。Khalaj 等[13]建立了一种人工神经网络模型，可对 X70 管钢的极限抗拉强度进行建模和预测，模型的预测值与实验结果吻合较好，可在变量范围内准确预测 X70 级钢在不同碳当量条件下的极限抗拉强度。Azimzadegan 等[14]建立了一种人工神经网络模型，用于分析和模拟高强度低合金钢的力学性能、化学组分及热处理参数之间的关系，该模型可较好地模拟和预测低碳钢的冲击能量。

1.1.2.10　管道裂纹检测

Prema 等[15]建立了一个计算机流体模型，解决了管内流体介质在流动过程中的图像分析中断问题。在此基础上，利用数学形态学算子和边缘检测算法提高了图像的处理质量及被测输油管道上缺陷的可识别性，具有较高的检测精准度。基于结合数学形态算子的管道裂纹检测系统，使得人工操作识别的工作量大幅降低，提高了石油管道裂纹检测的能力。

1.1.2.11　物联网决策

Priyanka 等[16]对基于物联网主动决策的输油管道运输体系架构开展了系统研究。物联网技术提高了管网各系统之间的通信性，打破了管道各系统间的信息孤岛与数据壁垒。该系统对智能感知得到的实时数据进行挖掘分析，结合云计算技术判定设备可能出现的故障并进行智能决策，从而实现对各种油气设备与管网的预测性维护，完成从被动处理到主动决策的跨越。

1.1.3　智慧管网技术存在的问题

1.1.3.1　管道大数据深度挖掘基础薄弱

大数据的应用案例相对较少，仅限于在管道风险分析、内检测等方面的初步探索，还没有实质性应用，管道系统大数据的形成还处于起步阶段。如何提升模型的适用性和针对性，有效应用于管道运行管理及评估，把各环节产生的数据、信息系统等集成于一体还有待攻关。

1.1.3.2 智慧管道成果尚不能满足需求

智慧管道突出特点是管道数据深度挖掘与智能化决策支持。目前国内智慧管道建设均处于数据采集和存储阶段，缺乏深度分析和决策支持应用，基于大数据的管道泄漏监测和预警、灾害预警、腐蚀控制管理仍然属于空白，基于大数据的决策支持平台尚未建立，制约应用需求。

1.1.3.3 智慧管网信息安全亟待突破

智慧管网具有的全面感知、自动预判、自适应、自反馈、自学习等功能特征，在建设、运维过程中仍然体现不足，实现自反馈、自适应等功能需要工业控制系统与信息系统的有机融合，目前仍然是工业控制系统和信息系统的物理隔离运行，信息安全技术亟待突破，智慧管网的信息安全仍存在较大的问题。

1.1.3.4 数字孪生技术尚未普及与推广

我国管网的数字孪生体的构建仍没有实质性的突破，目前的研究领域主要在发电、航空、航天、汽车、舰船等传统领域，油气管网及其动力设施的数字孪生体，由于目标、算法不明确，物理模型、实体模型之间难于建立多源数据、多工况下的仿真模拟关系，特别是动力设施的工作环境与远程诊断网络环境的协同，实现大数据实时感知、动态分析、故障控制与管理决策仍然存在的问题。

1.2 智慧管网技术生产需求研究

1.2.1 生产需求

1.2.1.1 数据需求

构建智慧管网系统需要海量复杂的数据支撑，大数据是智慧管网系统的根本，因此对数据整理至关重要。数据的整理是系统实施过程中一项非常重要同时又非常繁琐的工作。针对海量复杂的数据整理工作而言，涉及面广、信息量大、情况复杂。所以，需要制定严密科学的工作方法和工作计划，避免工作走弯路，确保实效。

数据整理的原则包括：

(1) 完整性原则：数据必须完整，避免遗漏。

(2) 真实性原则：数据必须是真实的，杜绝造假，一经发现须追究有关当事人的责任。

(3) 规范性原则：各单位、各部门采用统一的数据收集整理模版、策略和标准。

(4) 及时性原则：数据产生或变更后应根据一定的时效性要求及时采集或更新。

(5) 保质保量原则：数据整理要力求高质量。应准确、清晰、简明。

(6) 安全性原则：数据整理过程中要注意涉密数据的保密，利用多种手段杜绝各环节的泄密可能。

(7) 合理利用现有资源原则：充分利用原有系统数据，同时应注意历史数据也存在许多错误和误差，需加强核实与检查，尽可能减少重复劳动。

(8) 数据的特点是动态的、不断变化的，可通过建立规范的业务流程，将整理工作与数据的日常更新维护结合起来开展。

(9) 固定的基础信息：这类数据具有唯一和不可变的特点，对于关键的数据，必须经过审核原始资料逐一予以严格认定。

(10) 专人维护的数据：一般集中由相关业务人员维护。具有数据齐全，准确率高、收集方便的特点。

(11) 同步采集数据：数据是伴随工程建设过程不断产生的，很多技术数据如不在工程建设过程中及时采集，事后就无法采集到或需要付出更大的成本和代价，隐蔽工程类的数据尤为明显。

1.2.1.2 数据资源建设需求

(1) 建立数据采集标准：按照行业内管道全生命周期数据管理规范，对管道建设期数据综合分析，确定浙能天然气数字化建设需要采集的数据内容、数据源头、采集方式等内容，建立切实可行的数据采集方法，以现有管道行业数据采集规范标准进行标准的完善。

(2) 建立数据模型标准：数据模型的建设应采用全生命周期管道业务数据模型的业务—业务活动—业务数据对应分析—数据模型的分析方法进行建设，按照业务范围进行也得和业务活动的划分，并用 6W 语言对业务活动进行描述，将业务活动与数据进行对应，并形成管道数据模型。

(3) 建立数据编码体系：对数据库涉及的每一业务对象进行规则编码，以此编码作为该对象在数据中心内的唯一身份识别，从而为统一业务对象关联查询、数据挖掘、数据统计分析提供编码依据。

(4) 建立完整性数据库：依据数据模型标准，数据编码体系监理管道数据库，存储所有工程建设管理系统级可视化展示系统所需的数据。同时充分考虑该数据库与浙能天然气管网数据中心的集成性和兼容性。

(5) 数据库安全：充分考虑数据库备份方式，保证数据是可靠的、正确的，尽可能地实现 $7*24$ 的高可用性。在计算机系统出现故障后，数据库有时也可能遭到破坏，应尽快通过数据备份恢复；数据库应支持 C2 或以上级安全标准、多级安全控制。支持数据库存储加密、数据传输通道加密及相应冗余控制；充分考虑数据保密性，考虑数据加密及远程登录时数据的安全性。

1.2.1.3 功能性需求

系统功能建设，主要包括综合信息管理子系统、工程项目管理子系统、完整性数据库管理子系统、可视化展示子系统、生产运营管理子系统、安全与完整性管理子系统、综合决策支持平台、移动应用子系统等。

1.2.1.4 可视化平台需求

(1) 显示效果及方式需求。

① 显示效果：不但支持现实方式显示，同时支持超现实的方式显示（透明、隐藏、透视等），以便突出关注的信息，如地下管线与穿跨越等隐蔽工程。

② 显示方式：三维场景支持单视口、多视口方式显示；支持鹰眼效果；能够显示缩略图，并可进行导航。

③ 应支持二维三维一体化的显示，保证二维和三维地理信息的无缝融合，共用一套数据和实时共享。

(2) 技术需求。

① 与基于数据中心的管道 GIS 平台统一地理信息中间件产品，保证上下级互联互通，支持天然气全产业链一体化管理。

② 采用单一中间件产品实现大场景展现二维三维的一体化管理，空间显示与业务功能实现一体化，以减少平台系统的集成复杂度，提高平台系统的稳定性。

③ 采用内容综合、形式统一的空间地理信息数据库，统一存储和管理二维、三维地理信息及精细三维模型。支持二维三维无缝切换，视域联动。

④ 出于安全、升级响应快捷、功能定制等方面的考虑，采用国内完全自主产权的地理信息中间件产品。

⑤ 符合 J2EE 规范，采用基于 INTERNET/INTRANET 通信基础的以 B/S 架构为主、C/S 架构为辅的模式。使得用户通过互联网浏览器就能以网页的形式进行各种功能应用。

⑥ 系统应保证 Windows XP Profesional，Windows 7 客户端的正常使用，浏览器支持 IE7.0 及以上版本。

⑦ 系统应提供基于可扩展置标语言（以下简称 XML）的数据交换接口，支持与第三方软件的应用集成。

⑧ 系统应提供符合用户使用习惯的人性化操作界面。

⑨ 日志管理：系统提供操作日志记录功能，以便及时掌握系统安全状态。

⑩ 数据管理：所有数据都按照统一标准管理，存储于统一的数据库。

⑪ 接口需求：提供充分的数据调用接口、服务调用接口以及显示调用接口支持开发或接入新的系统。

⑫ 采取限制登录等措施，防止数据封包造成阻塞。

1.2.1.5 性能需求

(1) 全生命周期管理底层平台要能保证 200 人同时上线使用。

(2) 客户端通过浏览器运用各种组合查询语句查询数据时，在数据记录小于 100 万条时，系统数据返回时间应不大于 5s。

(3) 实用性，采用国际先进的软件技术，开发数字化系统平台，保证稳定性，并使其操作简单，维护容易。

(4) 可靠性，采用成熟、可靠的技术和设备从而保证系统的可靠性。

(5)先进性,保证可靠、实用的前提下,选用成熟先进的成果和技术。

(6)开放性,采用开放的通信协议从而保证系统的开放性,这样既有利于系统的扩展也方便了与其他专业应用系统的连接。

(7)安全性,采用全方位的系统安全保障,从系统主机保护、访问用户身份识别、网络传输加密、病毒防护和入侵攻击检测等多方面保证数字化系统的安全。

(8)关系型数据检索平均响应时间:简单条件检索时延不大于1s,复杂条件检索时延不大于10s。

1.2.2 关键技术

1.2.2.1 管道多源异构数据采集、存储技术

将各类数据从外部数据源导入大数据存储系统中,支撑外部数据源与大数据平台之间的数据交互,服务于后续的计算、分析过程。针对不同类型、不同时效要求的数据,需要采用多种不同的采集、传输与集成技术。对于大量的结构化、半结构化和非结构化数据,在存储数据的效率、可扩展和安全上提出了更高的要求,目前没有单一技术和平台能够满足大数据的存储,应采用混合架构模式。使用关系型数据库(如Oracle)保证数据的安全、可靠;使用非关系型数据库(如Redis、Cassandra)保证数据存储的性能和灵活性;使用文件系统(如Hadoop的HDFS)实现相关数据的分布式存储。数据分析是从海量数据中发现隐含在其中有价值的、潜在有用的信息和知识的过程,主要包括统计分析、多维分析、挖掘算法库、数据挖掘工具等功能。

1.2.2.2 管道大数据分析技术

管网系统大数据通过互联网、云计算、物联网实现信息系统集成,将各类数据统一整合,通过建立大数据分析模型,解决管道当前的泄漏、腐蚀、自然与地质灾害影响、第三方活动等数据的有效应用问题,获得腐蚀控制、效能管理、灾害管理、运营控制等综合性、全局性的分析结论,指导管道持续有效运营。

管道系统大数据的来源包括实时数据、历史数据、系统数据、网络数据等,类别包括管道腐蚀数据、管道建设数据、管道地理数据、检测监测数据、运营数据等。数据即时、准确、标准是管道大数据分析模型的重点,要充分结合管道建设期和运营期的数据需求,规范数据移交的格式、编码、结构,形成覆盖全生命周期的数据标准,实现数据的全面统一、递延传承和集成共享。

1.2.2.3 管线设施三维可视化技术

建立三维站场模型数据库,可直观查看站场地上、地下、室内、室外的设备管线分布位置和关联的详细信息。站场虚拟化,可实现在线站场操作培训工作。

整合SCADA实时数据,即可实时查看专业站控系统的实时工况数据。支持同步超限报警、三维实景与视频联动报警,并能查询、统计过程变量的累计值、平均值及实时(历史)趋势。整合其他实时生产数据,可以根据选定的管段的当前压力和温度数值计算管容,也可有效计算管道各管段管输介质存量数据,并提供时间范围和里程范围上的多维度图表

分析。统计分析结果应包含营销管理信息系统数据(管道的气量与用户信息)，清晰反映供需情况，为生产调度提供有效决策依据，根据轻重缓急灵活调配，保证下游用户资源得到充分满足，最大限度地降低风险。平面场景体现线路走向、沿线的地区、道路，通过 Google Earth 整合高程数据，转换后的三维场景与地理信息、管道本体、附属工程设施与站场设施的全生命周期数据有机关联，建立可视化的管道完整性基础数据库，可按照线路关系、行政区划、组织机构、施工标段在三维场景中查询管线、弯管、焊缝、站场、穿越、三桩一牌等信息，实现所见即所得的关联查询。

该技术有助于管道地质灾害模块、高后果区识别、内检测管理、完整性评价、应急指挥等模块结果的可视化信息辅助和空间数据支持展现。实现在三维场景中对管道动态分段，按风险等级、风险类型查询风险管段的位置、里程以及评估日期等；结合专业事故数学模型，根据事故情况和实际环境参数实现灾情推演。

1.2.2.4 无人机智慧巡检技术

将站场、线路和无人机拍摄的视频信号进行图像识别，识别高后果、高风险区域，能够甄别危害管道的行为、对比分析环境异常并报警。将研发线路视频及传输，并跟踪开发 5G 物联网协议 NB-iot 应用，建立管道周边敏感区人员的图像识别和辨识数据库，通过人员的各种行为判断分析管道周边人员活动迹象，找出危害管道的各种行为方式。

1.2.2.5 管道泄漏监测预警技术

利用光纤分布式振动传感器、声学传感器、漏磁触感器等，对管道本体及周围的振动、温度等异常数据进行采集，通过对多源异构数据的分析与建模，预测管道是否发生破坏，对可能破坏管线的事件进行报警判断，定位报警事件发生的空间位置。

在有施工破坏或人为偷盗等威胁油气管线安全事件发生时，预警监测系统可以发出报警信号，通过巡线人员可以阻止对管线的破坏，避免由于油气管线泄漏带来的巨大经济损失和环境污染。

1.2.2.6 管道完整性管理系统平台技术

整体研究国际通用标准，建立若干评价模型，包括 ASME B31.G 评价模型、Restreng 评价模型、Modified B31.G 评价模型、DNVRP F101 评价模型、美国石油学会 API 579 适用性评价模型、英国国家标准金属结构可接受性 BS7910 适用性评价模型、美国石油学会 API1104 等标准模型。以及深化应用英国中央电力局 CEGB-R6、德国 GKSS 研究中心 EFAM-ETM 的工程缺陷评定方法、欧洲共同体结构完整性评价方法 SINTAP 技术等，开发的模型包括：管道体积型缺陷模型、裂纹型缺陷模型、焊接损伤模型、疲劳扩展模型、管道断裂开裂模型、凹陷计算模型、重车模型、沉降模型、滑坡模型等。集成各个完整性模型，搭建管道完整性管理系统。

1.2.2.7 管道智能决策支持技术

基于数据深度挖掘的决策支持，决策支持系统是一个庞大的应用工程系统，其将众多相对独立的管道数字化，集成化和产品化，整合为以海量数据库为基础的系统，实现数据共享，具有智能化、数字化、可视化、标准化、自动化、一体化特征，并具有专业性、兼容性、共享性、开放性、安全性特点，最大限度地消除信息孤岛。智能化，即实现管道的运行优化、管道安全风险的预测预警、应急抢险的交互联动响应；数字化，即通过文档资料及图片资料的结构化、索引化，加强知识共享，更为设备更新改造提供便捷；可视化，即实现管道相关数据的图形、图像、视频、图表分析信息的多维度查询及可视化展示；标准化，即生命周期的业务标准、技术标准、数据标准，以及设计、建设期成果的数字化移交标准；自动化，即完善管道的自控仪器仪表、检测设备及监控系统，实现管道运行状态的自动检测；一体化，即全面整合生产运行的实时数据和管理应用的业务数据，通过大数据建模分析实现决策支持。

1.3 智慧管网技术的发展展望

1.3.1 基于管道大数据的数据分析治理技术研究

伴随着物联网技术、大数据技术等信息化技术在管道行业的广泛推广，数据为构建智慧管网系统提供了强有力的技术支撑。管道数据属于多源异构数据，如何对管道大数据进行数据分析与数据治理至关重要。随着近些年来数据库技术与人工智能的发展，将人工智能相关数据分析与数据处理技术与管道大数据相结合，实现管道大数据的深入数据分析与数据治理，为搭建智慧管网子系统提供强有力数据支撑，进而提高智慧管网系统的可靠性。

1.3.2 基于位置大数据的第三方破坏预警技术研究

第三方破坏作为长输油气管道面临的主要风险之一，事故后果影响巨大。第三方破坏活动具有极强的随机性与不确定性，目前主要采用的人工巡线，光纤振动监测，无人机巡线等安全预警技术存在预警不及时、误报、漏报等问题，使得相应的防范工作变得非常困难。随着移动设备定位技术的成熟，通过移动设备位置数据源可以获得管道沿线第三方的活动轨迹和活动特征，结合人工智能等相关算法进行第三方破坏的识别与预警。

1.3.3 基于大数据的地质灾害洪水预测技术研究

管道沿线发育的地质灾害类型主要为滑坡、崩塌、潜在不稳定斜坡、水毁等。由于油气管道具有埋深浅、薄壳、内含高压易燃易爆介质的性质，决定了沿线地质灾害对管道的危害有其特殊性。较小的地质灾害，也可能造成对管道的重大灾害。地质灾害是油气管道安全运营的主要风险源之一，包含滑坡、泥石流、地震、崩塌和水毁等。滑坡和崩塌地段油气管道灾害发生往往不易预知，一旦发生，数万立方米的岩石和土壤在短时内快速移动，易导致油气管道断裂、变形、防腐层受损以及附属设施损毁使管道失效。水毁类管道灾害发生频率高，往往导致管道浅埋、露管、防腐层受损。地震和泥石流类地质灾害发生频率相对低，但一旦发生，其影响巨大，能够直接摧毁管道，还容易引发滑坡和崩塌类灾害，间接破坏管道。因此通过手机管道沿线的历史地质灾害数据与气象数据等，搭建地质灾害洪水预测模型，对未来进行地质灾害预测，可以给地质灾害的预防起指导作用。

1.3.4　管道泄漏数字孪生体构建技术研究

油气管道如果出现泄漏，就会降低油气资源的利用率，提高储运成本。油气管道泄漏不仅会导致管线周边环境的污染，还可能导致火灾、爆炸等问题的出现，威胁人们的生命财产安全。通过对山地油气管道、穿跨越油气管道泄漏油品的扩散特征以及扩散范围进行研究，搭建油气管道泄漏扩散模型与构建管道泄漏数字孪生体，通过实时采集相关数据，完成真实世界与物理世界的映射，并结合油气管道泄漏后果评价对泄漏产生的后果进行风险评价，从而给出最有效、最及时的治理方法。

1.3.5　基于大数据的管道应急决策支持技术研究

油气管道一旦发生事故，则需要应急资源支持与应急决策。事故应急处置不仅需要专业的维抢修队、管道设备，同时需要社会依托资源的协助，因此基于应急资源分布大数据与GIS路由大数据等，搭建基于人工智能的管道应急决策支持系统，使得在管道事故发生的第一时间可以确定支援抢修最短路径与确定最适合的应急资源，从而给出最合适的应急决策，使得该决策既不会造成资源浪费也不会造成抢修不及时而引起严重事故。

1.3.6　基于多源数据融合的管道泄漏监测报警技术研究

油气管道的老化和腐蚀造成的穿孔造成的管道泄漏经常发生，管道一旦发生泄漏不仅会损失大量的介质，而且还会对管道沿线环境造成污染，造成严重的经济损失与环境损失。另外，油气管道打孔盗油现象时有发生，直接威胁着管道的安全运行。管道泄漏不仅会影响管道运输的正常运行，而且当输送的介质有毒害、腐蚀性、易燃易爆的介质时，轻者污染环境，重者发生火灾爆炸，严重威胁着人民的生命财产安全。当前检测管道泄漏的方法很多，以管道漏磁检测器和声学检测器首当其冲，但是这两种检测方法都需要专家经验去判断管道是否发生泄漏，耗费大量人力。因此将多源异构数据融合，搭建管道泄漏监测预测模型，以实时数据为根本，实时判断管线的状态，一旦发生泄漏及时报警，做出决策，避免带来损失。

1.3.7　基于人工智能的管道焊缝底片智能识别技术

大部分油气管道埋于地下由焊接而成，焊接缺陷常引起重大安全事故，因此对管道焊缝焊接质量的监测十分必要，现阶段常用的技术手段是通过X射线探伤来获取焊缝底片从而进一步对焊缝缺陷进行判断。常规的焊缝底片识别方法是人工判片，由于人工判片的工作量大，依赖专家经验，所以常常出现误判以及漏判的现象。随着人工智能算法近些年来的兴起，不论在图像降噪、图像分类以及目标检测方面都有巨大进步，因此将人工智能技术与焊缝底片缺陷识别相结合，为专家提供判定依据，节省工作量，减少由于焊缝缺陷引起的管道事故的发生。

1.3.8 智能管道巡检机器人研发

油气管道错综复杂,一旦某条管道发生事故则需要人工巡线确定事故发生位置,人工巡线对人员安全有着巨大威胁。通过研发智能管道巡检机器人代替人工巡线,既可以保障巡线人员的安全,又可以提高巡线效率。一旦管道智能巡检机器人发现异常,则立刻报警通知工作人员赶到管道异常位置,及时处理管线异常,避免事故的发生。

1.3.9 智慧管网一体化管理平台构建技术研究

通过搭建智慧管网各个子模块实现各个子模块功能,将子模块集成在智慧管网一体化管理平台。使得智慧管网系统化,进入一个系统就可以使用各个子模块的相关功能,减少必要的时间损失,也更利于工作人员及时作出决策。

参 考 文 献

[1] 熊明,古丽,吴志锋,等. 在役油气管道数字孪生体的构建及应用[J]. 油气储运,2019,38(5):503-509.

[2] 段云跃,谢德俊. 无人机巡检技术在长输管道高后果区管理中的探索与应用[J]. 石油库与加油站,2020,29(1):4-8.

[3] 周永涛,董绍华,董秦龙,等. 基于完整性管理的应急决策支持系统[J]. 油气储运,2015,34(12):1280-1283.

[4] 董绍华. 中国油气管道完整性管理20年回顾与发展建议[J]. 油气储运,2020,39(3):241-261.

[5] 宫敬,徐波,张微波. 中俄东线智能化工艺运行基础与实现的思考[J]. 油气储运,2020,39(2):130-139.

[6] 姜昌亮. 中俄东线天然气管道工程管理与技术创新[J]. 油气储运,2020,39(2):121-129.

[7] 董绍华,张河苇. 基于大数据的全生命周期智能管网解决方案[J]. 油气储运,2017,36(1):28-36.

[8] Accenture. GE and Accenture announce Columbia Pipeline Group First to deploy break-through "Intelligent Pipeline Solution"[EB/OL]. (2012-01-06)[2020-03-16].

[9] AXEL H,ELAINE H,MAURICIO P. Intelligent pipeline solution:Leveraging breakthrough industrial internet technologies and big data analytics for safer, more efficient oil and gas pipeline operations[C]. Berlin:Pipeline Technology Conference,2015:1-12.

[10] DNV GL Group. Snam looks to data science for improved gas transport[EB/OL]. (2017-06-28)[2018-06-20].

[11] SCHWARZ L,ROBL K,WAKOLBINGER W,MÜHLING H,ZARADKIEWICZ P. GIS based, heuristic approach for pipeline route corridor selection[J]. Engineering Geology for Society and Territory. 2014,6,291-294.

[12] BASSAM A,ORTEGA-TOLEDO D,HERNANDEZ J A,GONZALEZ-RODRIGUEZ J G,URUCHURTU J. Artificial neural network for the evaluation of CO_2 corrosion in a pipeline steel[J]. Journal of Solid State Electrochemistry,2009,13(5):773-780.

[13] KHALAJ G,AZIMZADEGAN T,KHOEINI M,ETAAT M. Artificial neural networks application to predict

the ultimate tensile strength of X70 pipeline steels[J]. Neural Computing and Applications, 2013, 23(7/8): 2301-2308.

[14] AZIMZADEGAN T, KHOEINI M, ETAAT M, KHOSHAKHLAGH A. An artificial neural-network model for impact properties in X70 pipeline steels[J]. Neural Computing and Applications, 2013, 23(5): 1473-1480.

[15] PREMA KIRUBAKARAN A, MURALI KRISHNA I V. Pipeline Crack Detection Using Mathematical Morphological Operator. 2018, 29-46.

[16] Priyanka E B, Maheswari C, Thangavel S. Proactive Decision Making Based IoT Framework for an Oil Pipeline Transportation System. In: Pandian A., Senjyu T., Islam S., Wang H. (eds) Proceeding of the International Conference on Computer Networks, Big Data and IoT(ICCBI - 2018). ICCBI 2018. Lecture Notes on Data Engineering and Communications Technologies, vol 31. Springer, Cham.

第2章 油气管网数据治理

随着信息技术的普及,人类产生的数据量正在以指数级的速度增长,如此海量的数据就要求利用新的方法来管理数据治理,需要建立从数据收集到处理应用的一套管理机制,以期待提高数据质量,实现广泛的数据共享,最终实现数据价值最大化。油气管道的数据治理是智慧管网前进路上的必经阶段,是传统企业实现弯道超车的有力工具。基于此,本章提出了数据治理框架,详细介绍了各种数据治理方法,以提高数据的可利用性,为智慧管网系统的构建提供数据支撑。

2.1 企业数据治理的必要性

由于信息技术发展是一个不断进步、迭代和摸索的过程,虽然经过了两轮智能工厂建设,但石油石化行业信息化数字化建设仍存在以下普遍性的问题,主要总结如下。

2.1.1 未形成"厚平台、薄应用"的技术架构,制约数据资产的盘活利用

油气行业信息化系统绝大多数都是按传统技术建设,信息技术承包商水平参差不齐、技术路线、开发平台各不相同,形成了烟囱式的部署架构,产生了大量的技术壁垒、信息孤岛和数据孤岛,这种传统信息化技术架构无法满足开源开放的新业态需求,是导致后续如源代码受制于承包商、互联互通受制于接口标准等;运维成本受制于接口收费、甚至双向收费;数据共享和应用困难等一切信息化长远发展瓶颈的根源。如不尽快形成"厚平台、薄应用"的技术架构,随着深化应用需求不断增加,摆脱技术限制和承包商捆绑,形成灵活组件化的共享服务的难度进一步加大。

2.1.2 数据存储、应用和管理的技术短板,难以适应未来数字化转型要求

基于ORACLE、MYSQL等传统关系型数据库搭建的数据仓库,不能支撑半结构、非结构化数据存储。对于结构化数据也仅限于存储,数据清洗功能较弱,没有计算引擎,没有实时数据库,无法对数据进行大规模的计算,导致大数据难以全面铺开,如果不采用目前流行的Hadoop分布式数据库管理技术、知识图谱、分布式搜索、图计算、NLP(自然语言)等多种大数据生态圈的数据管理技术进行整合,单纯依靠表结构建立数据关系而非图

谱型数据关系，日后将无法支撑未来的大数据应用。同时油气行业仅有生产域和部分经营管理域的数据进入企业数据湖，还有不同时期大量结构化和非结构化数据均没有进入数据湖；此外，数据湖中大量数据标准不统一、与业务匹配度不高，同时数据流转和逻辑处理复杂，数据未经过治理，导致数据质量得不到保障，难以形成数据资产目录，无法实施数据资产化管理，应用和共享难度大。

2.1.3 平台化、组件化服务未形成，难以支撑以无代码、低代码开发为主的赋能应用

传统信息技术未在基础层(Iass)、平台层(Pass)、应用层(Sass)构建云化架构，组件化、模块化建设技术未成熟，同时由于标准和数据化程度低、平台化技术结构不成熟，规划设计考虑不足，以及大多数老系源代码管控无系统支撑、开源技术和交付平台跟进机制不完善，数据资产管理体系未建立，难以提供统一的数据访问接口，以数据服务快速、灵活满足上层应用的需要，限制了数据和组件调用共享，为管理层服务多，为基层创新创效服务少，难以满足低代码和无代码开发，支持企业技术人员应用组件进行自定义开发，应用"平台+组件+应用"的模式要求。

2.2 企业数据治理现状与需求

2.2.1 数据治理的管理体系缺失

数据管理决策层面，数据治理委员会等相关决策组织未有建设，不利于数据作为企业级战略的建设，以及跨业务、跨部门工作的协调；数据管理制度层面，数据管理流程、制度、岗位职责等均严重缺失，无法有效指导系统建设过程中数据相关工作的遵守与实现。

数据管理制度层面，数据管理流程、制度、岗位职责等均严重缺失，无法有效指导系统建设过程中数据相关工作的遵守与实现。

数据管理的执行层面，专职人员缺失，截至2020年底，茂名石化只有2名正式员工与1名外包人员兼岗执行相关工作，服务于公司7432人，人员严重不足，难以支撑未来数据管理工作的有效推进。

2.2.2 数据治理的方法缺失

大数据技术出现得较晚，特别是数字化转型这种概念在2018年才逐渐兴起，因而在数据治理方面的经验相对欠缺，尤其是在石化企业，无论是国内还是国际上，都没有形成一套完整的方法论，也没有很好的成功案例，很多企业都是摸着石头过河，最终导致石化行业的数据治理起步晚、推进难、效果差等问题。在我国的石化行业里面，对于数据标准的确立、数据模型的构建、数据质量的管理、数据安全的监管等方面的不足，直接导致了数据不完整、数据不一致、数据不及时、数据不准确等诸多问题的出现，限制了业务部门对数据的深入分析和挖掘，难以通过数据去进一步指导业务。

2.2.3 数据治理的投资不够

企业，尤其是传统企业的投资建设资金，往往以能够产生可预期的建设成效为前提，在茂名石化，主营业务是炼油化工，大部分的资金投入都向着生产域倾斜，分到信息化数字化的投入自然就会变少。但事实上综合性的数据治理的成效并不能立马体现，它更像一个基础设施，是以支撑组织战略和长期发展为目标，所以，导致此类项目立项无法界定明确的边界和目标，从而难以让企业做出明确的投资决策。

2.2.4 石化企业数据治理体系

通过数据治理体系搭建企业级数据资源中心是石化企业进行数据治理的最终目标，也是人们以数字化转型为驱动力，实现传统企业弯道超车的利器。数据治理体系的构建主要包括：树立全民数据治理的认识，完善数据治理组织，发布数据治理相关管理制度、流程和规范模板，统一数据架构与标准，持续提升数据质量，制定高效的数据管理流程，借助平台化的数据治理工具，逐步形成中国石油天然气集团有限公司（以下简称集团公司）全业务领域的数据资产。

2.2.5 树立全民数据治理的认识

将数据治理的重要性和意义在石化集团范围内进行科普，全面提升油气行业员工的数据治理思想认识。数据治理思想认识是指在数字化背景下，员工运用数据治理思维采集、清洗、分析挖掘、共享数据信息的能力以及在此过程中体现出来的数据标准、元数据管理、数据质量、数据模型、数据安全及数据共享等服务。它具有数据量大、跨越领域众多、兼具系统多时期建设与复杂性的特点。通过树立全民数据治理的认识，员工对企业内的数据的普遍性和重要性的意识不断增强，也就是说员工不断意识到组织结构内数据的重要性。

2.2.6 完善的数据组织

完善的数据治理组织是全面开展数据治理工作的保障。建立集团数据治理委员会，落实数据治理决策体系；通过完善数据治理组织和工作机制，实现常态化、专业化的日常数据管理；完善数据治理专员责任体系，明确各级数据治理专员的职责，确保数据治理工作落实到位。数据治理组织应包括管理人员、业务人员和技术人员，缺一不可。对应地，可以在茂名石化里设置三种角色：数据治理委员会、数据治理业务组、数据治理技术组，通过这三个角色的相互协调，配合，形成油气行业的数据治理在组织上的闭环（图2-1）。

2.2.7 完备的数据治理制度规范

通过发布油气行业数据治理管理办法，明确数据责任和数据原则，确保数据治理工作的有效落实；完善数据架构管理、数据质量管理、数据服务管理相关制度和标准规范，为数据治理工作的有序推进提供保障。为此，茂名石化在数据治理工作的推动过程中，应当逐渐形成炼化企业的《数据接入管理办法》《数据质量管理细则》等制度。

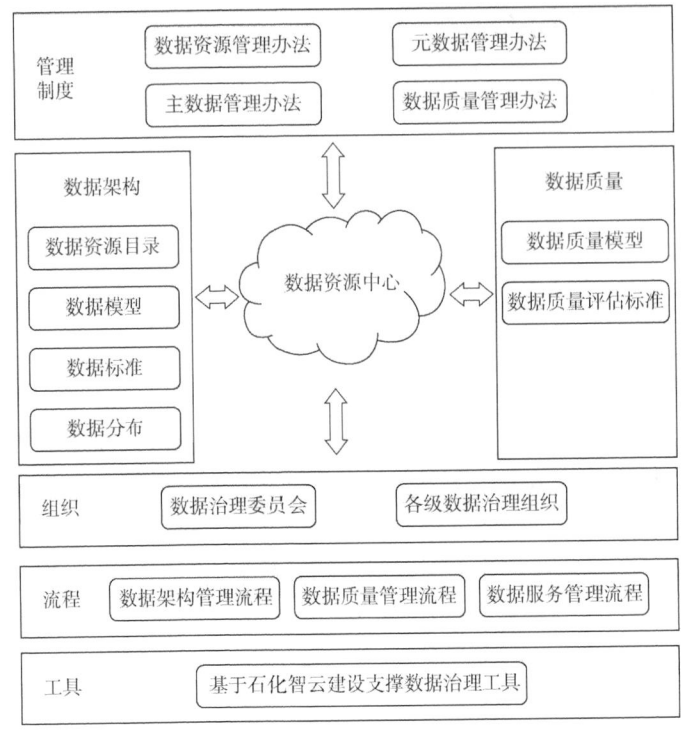

图 2-1　企业数据治理体系

2.3　数据治理原则及策略

只有消除数据鸿沟，打通数据到数据，数据到应用的流动通道，同时保证数据质量，为数据的高层次应用提供基础支撑，企业才能通过数据获得价值提升，才能在 DT 时代立于不败之地。结合油气行业信息化实践，数据治理达到预期，需注意如下原则或策略。

2.3.1　数据资产需要专业管理和统筹

"数据驱动一切"，对于大数据时代的企业发展来说，一点也不过分。在企业中，不难看到 ERP、合同系统、财务系统、设备系统、数据中心等的运营和维护，这些资源都有专人负责，而当数据成为企业核心资产后，也离不开专业的管理。

数据资产管理是业务部门和信息技术部门(以下简称 IT 部门)的共同职责，需要由业务部门和 IT 部门分别或共同制定相关决策，如业务运营模型、数据治理模型、企业信息模型、业务规范、信息规范、数据库架构、商务智能架构、元数据架构、技术元数据、数据安全管理等。

数据资产管理需面向数据的整个生命周期，从空间视角和时间视角实现治理和管控。从空间视角上看，数据在不同业务、不同系统中流动，因此数据治理必须实现跨系统、跨业务的端到端治理，需要有机构统筹规划与决策、协调与推进。

2.3.2 数据治理需与公司变革紧密结合

在数据治理过程中，很多企业遇到的痛点类似，痛定思痛，所有企业都希望通过重新打通流程，甚至是进行流程化组织建设来推倒部门墙。这种认识很好，但最终大部分企业都未达到预期效果，主要原因一是难有组织保障，跨部门的流程建设需要强大的组织资源和执行力；二是思想不足思路不对，以为做个流程图数据就可以像自来水一样流淌了；三是因为利益问题可能受到一些部门的阻挠。因此数据治理，关乎企业发展战略，关乎企业管理转型，是一把手工程，需与管理变革、业务流程优化紧密结合，统筹推进。

2.3.3 数据治理需与内控紧密结合

业务流程图描述对象包括企业中的信息流、资金流和物流，数据流程图则主要是对信息流的描述。而数据是依附于流程的，通过信息系统承载数据。企业业务流程制定与管理都与内控部门有着密不可分的关系，所以数据治理工作必须与内控部门做好结合，有效降低数据治理工作的难度。

2.3.4 数据治理需坚持整体优化

未来数据资产的构建和利用能力，必将决定已建信息系统如ERP、PIS、EAM等，以及实物资产(管道本体、压缩机等)等各类资源的利用价值，为此在数据资产梳理和优化中，必须坚持整体优化的目标，要实现从单台设备性能优化向系统整体优化、从单一系统优化向多系统整体优化、从生产系统优化向生产系统和经营管理系统整体优化转变，通过数据治理推进流程优化和管理变革，真正达到降低公司运营成本，增强数据价值创造能力的终极目标。

2.4 数据治理框架

2.4.1 数据治理成熟度模型

一个机构的数据治理能力越高，所享受到数据治理带来的价值也会越多，如增加收入、减少成本、降低风险等。于是，很多机构想要准确地评估本公司的数据治理能力，可以利用数据治理成熟度模型方法，包括DQM，Datanux和IBM在内的一些组织都开发了相类似的数据治理成熟度模型。

首先介绍一下DQM集团的数据治理成熟度模型[1]，此数据治理成熟度模型共分为5个阶段。

(1) 意识阶段：当公司数据不统一的情况随处可见，数据质量很差却难以提高，数据模型的梳理难以进行时，公司会意识到数据治理对于数据平台的建设发挥着至关重要的作用，但并没有定义数据规则和策略，基本不采取行动。

(2) 被动的反应阶段：公司在出现数据上的问题时，会去采取措施解决问题，但并不会寻其根源解决根本问题,也就是说,公司的行动通常是由危机驱动的。该类反应性组织的数据仍然是"孤立"存在的,很少进行数据共享,只是努力达到监管的要求。

(3) 主动的应对阶段:处在这个阶段的组织最终可以识别和解决根本原因,并可以在问题出现之前将其化解。这个阶段的组织将数据视为整个企业的战略资产,而不是像意识阶段将数据作为一种成本开销。

(4) 成熟的管理阶段:这个阶段的组织拥有一组成熟的数据流程,可以识别出现的问题,并以专注于数据开发的方式定义策略。

(5) 最佳阶段:一个组织把数据和数据开发作为人员、流程和技术的核心竞争力。

IBM 的数据治理成熟度模型也分为 5 个阶段[2],分别是初始阶段、基本管理阶段、定义阶段(主动管理)、量化管理阶段、最佳(持续优化)阶段(影响数据治理成熟度的关键因素有严格性、全面性和一致性)。

(1) 初始阶段:企业缺乏数据治理流程,没有跟踪管理,也没有一个稳定的数据治理的环境,仅仅只能体现个人的努力和成果,工作尚未开展。

(2) 基本管理阶段:该阶段有了初始的流程定义,开展了基本的数据治理工作,但仍然存在很多问题。

(3) 定义阶段:企业在相关成功案例的基础上积累了相关的经验,形成了部分标仍不完善的流程。

(4) 量化管理阶段:企业能够运用先进的工具对数据治理的效果进行量化,数据治理已经能取得持续的效果,并且能根据既定的目标进行一致的绩效评估。

(5) 最佳阶段:持续地关注流程的优化,达到了此阶段的企业已经具有创新能力,成为行业的领导者。

从这些企业的数据治理模型可以看出:数据治理从来都不是一次性的程序,而是一个持续的过程,这个过程必须是渐进式迭代型的,每个组织必须采取许多小的、可实现的、可衡量的步骤来实现长期目标。

2.4.2 数据治理框架

Khatri 等使用 weill 和 Ross 框架进行 IT 治理,作为设计数据治理框架的起点[3],IBM 的数据治理委员会以支撑域、核心域、促成因素和成果这 4 个层次来构建数据治理框架,如图 2-2 所示。

图 2-2 的数据治理框架所包含的 11 个域并不是相互独立运行的而是相关联的,例如,数据的质量和安全/隐私要求需要在整个信息生命周期中进行评估和管理。IBM 的数据治理框架注重数据治理的方法以及过程,IBM 数据治理委员会最关键的命题是数据治理的成果,在下面 3 层的支撑作用下,组织最终实现数据治理的目标提升数据价值。

在 IBM 数据治理框架的基础上加以扩充,设计了一个大数据背景下的数据治理框架,如图 2-3 所示。

结合 IBM 公司的数据治理框架,对大数据治理框架进行了几处修改得到图 2-3。为了与图 2-2 保持一致,将大数据治理框架图的"范围"修改为"核心域",大数据治理框架图

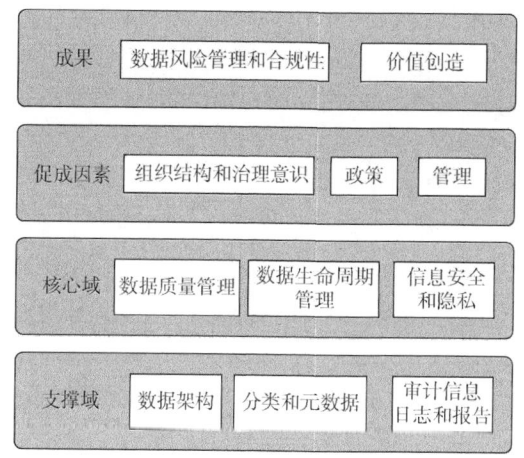

图 2-2　IBM 数据治理框架

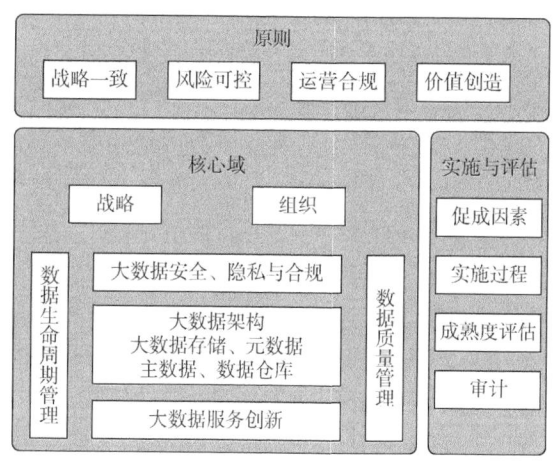

图 2-3　大数据数据治理框架

的"大数据质量"修改为"数据质量管理",大数据治理框架图的"大数据生命周期"修改为"数据生命周期管理"。图 2-3 从原则、核心域、实施与评估这 3 个方面来对大数据治理全面地进行描述,企业数据治理应该遵循战略一致、风险可控、运营合规以及价值创造这 4 个基本的指导性原则,治理的核心域或者说叫决策域包括战略、组织、数据生命周期管理、数据质量管理、大数据服务创新、大数据安全以及大数据架构这 7 个部分,实施与评估维度指出大数据治理在实施评估时重点需要关注促成因素、实施过程、成熟度评估以及审计这 4 个方面。一个大数据治理组织要在 4 个基本原则下对 7 个核心域进行数据治理,不断地推进大数据治理的工作。

框架顶部的 4 个原则是数据治理自上而下的顶层设计,对大数据治理的实施具有指导作用,它为所有其他的管理决策确定方向。战略一致是指数据治理的战略要和企业的整体战略保持一致,在制定数据治理战略时要融合企业的整体战略、企业的文化制度以及业务需要,来绘制数据治理实现蓝图。大数据的到来不仅伴随着价值同时也会带来风险,企业要保持风险可控有计划地对风险进行不定期的评估工作。运营合规是指企业在数据治理过程中要遵守法律法规和行业规范，企业的数据治理要不断地为企业提供创新服务创造价值。

框架的核心域也可以叫做决策域，指出数据治理需要治理的核心对象，下面对数据治理的 7 个核心域进行一一介绍。

战略制定要根据大数据治理目标来制定，根据战略的制定，企业应该设置对应的组织架构把战略实施落到实处，明确各个部门相关职责；数据生命周期管理是从数据的采集、存储、集成、分析、归档、销毁的全过程进行监督和管理，根据出现的问题及时优化的过程；数据质量管理不仅要保障数据的完整性、准确性、及时性以及一致性，而且还包括问题追踪和合规性监控。

2014 年 10 月，美国摩根大通公司电脑系统发生数据泄漏，被窃取的信息包括客户姓名、地址、电话号码和电子邮箱，将对 7600 万家庭和 700 万小企业造成影响。2018 年 1 月，有一家数据分析公司对 Facebook 超过 8700 万用户进行非法的数据挖掘，接下来的 3 月、9 月以及 12 月，Facebook 又多次发生用户数据泄漏事件。大数据背景下的信息开放和共享，使得隐私和信息安全问题被显著放大，IBM 数据治理专家 Soares 在其著作《Big Data Govemancean Emerging Imperativc》中以清晰的案例介绍电信行业利用地理位置数据来侵犯个人隐私[4]，因此在大数据治理过程中，采取一定的措施和策略保证信息安全和隐私保护尤为重要。下面从大数据安全防护和隐私保护两个方面来介绍它们的关键技术。

（1）首先，大数据安全防护主要包括以下关键技术：

① 大数据加密技术：对平台中的核心敏感数据进行加密保护，结合访问控制技术，利用用户权限和数据权限的比较来防止非授权用户访问数据。

② 大数据安全漏洞检测：该技术可以采用白/黑/灰盒测试或者动态跟踪分析等方法，对大数据平台和程序进行安全漏洞检测，减少由于设计缺陷或人为因素留下的问题。

③ 威胁预测技术：利用大数据分析技术，对平台的各类信息资产进行安全威胁检测，在攻击发生前进行识别预测并实施预防措施。

④ 大数据认证技术：利用大数据技术收集用户行为和设备行为数据，根据这些数据的特征对使用者进行身份判断。

（2）其次，对于隐私保护，现有的关键技术分析如下：

① 匿名保护技术：针对结构化数据，一般采用数据发布匿名保护技术；而对于类似图的非结构化数据，则一般采用社交网络匿名保护技术。

② 数据水印技术：水印技术一般用于多媒体数据的版权保护，但多用于静态数据的保护，在大数据动态性的特点下需要改进。

③ 数据溯源技术：由于数据的来源不同，对数据的来源和传播进行标记，为使用者判断信息真伪提供便利。

④ 数据审计技术：对数据存储前后的完整性和系统日志信息进行审计。

大数据架构是从系统架构层面进行描述，不仅关心大数据的存储，还关心大数据的管理和分析。首先要明确元数据和主数据的含义：元数据是对数据的描述信息，而主数据就是业务的实体信息。所以对于元数据和主数据的管理是对基础数据的管理。数据治理不仅要降低企业成本,还要应用数据创新服务为企业增加价值,大数据服务创新也是大数据治理的核心价值。

大数据治理的实施与评估主要包括促成因素、实施过程、成熟度评估和审计。促成因素包括企业的内外部环境和数据治理过程中采用的技术工具;大数据治理是一个长期的、闭环的、循序渐进的过程,在每一个阶段需要解决不同的问题,有不同的侧重点,所以应该对数据生命周期的每个阶段有一个很好的规划,这就是实施过程的内涵所在;数据治理成熟度模型已经在 2.4.1 介绍了它的内容,成熟度评估主要是对数据的安全性、一致性、准确性、可获取性、可共享性以及大数据的存储和监管进行评估;审计是第三方对企业数据治理进行评价和给出审计意见,促进有关数据治理工作内容的改进,对于企业的持续发展意义重大。

在企业的数据治理过程中,治理主体对数据治理的需求进行评估来设定数据治理的目标和发展方向,为数据治理战略准备与实施提供指导,并全程监督数据治理的实施过程。通过对实施成果的评估。全面了解本公司数据治理的水平和状态,更好地改进和优化数据治理过程,以致达到组织的预期目标。

2.5 数据治理方法

数据治理是 DT 时代的首要任务。依照"采、存、管、用"数据链,按照数据的基本规律做好每一个环节,完成数据到数据、数据到应用的完美建设,是企业实现数据治理的现实需求和有效途径。结合油气管道企业信息化现状调研,拟通过"数据梳理—流程梳理—流程优化—平台固化"四个步骤开展工作,应用 PDCA 循环,不断提升数据质量(图 2-4)。

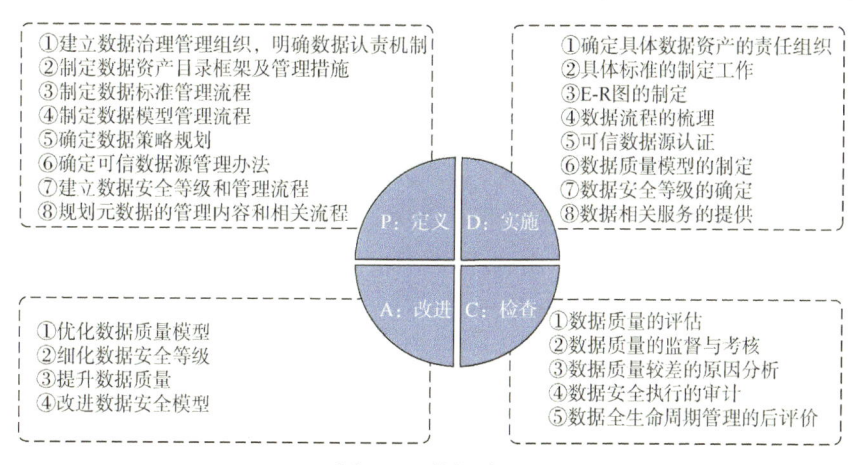

图 2-4 数据治理

2.5.1 数据梳理

通过数据梳理,将系统内系统外的数据摸清家底,为优化流程与管理提供依据。这些业务数据主要分为三种形式:数据库数据(信息系统内)、手工数据(传真,纸质等方式)和电子数据(非信息系统内)。

通过梳理发现，由于各系统实施的时期不同，业务主管部门的要求也各有侧重，造成了部分公用的数据在不同系统中出现不同的定义和名称，不同程度地存在业务管理条块化现象，各系统之间难以保持数据一致性，信息的共享、交换和分析存在困难。另外，按照业务管理体系的要求，尚有一部分数据以手工、电子表格的形式进行记录和上报，这些数据有的在已建系统中已经填报，存在重复填报现象。

通过数据分析与整理，梳理出重复录入单据，根据业务现状和数据流转情况，对单据进行合理优化，描绘出数据流向设计图。

2.5.2 流程梳理

流程要匹配业务，不长不短，够用就行。其核心是要反映业务的本质，尤其是完整系统地反映业务的本质。业务中的各关键要素及其管理不能在流程体系外循环。其中最重要的是落实到组织中，就是流程化的组织建设和运作。构建公司的流程体系就是构建公司的运营系统，是要在流程中把质量、运营、内控、授权、生产、财经的要素放到流程中去，一张皮运作。

2.5.3 流程优化

基于现有数据和流程梳理完毕后，还需结合公司战略对流程进行研究、优化，尤其是针对梳理中发现的流程断点、数据交叉、内控盲点等，需提交管理层决策，通过流程化组织以及变革管理等，从根本上将流程理顺、做优，真正流程化组织是反官僚化的，是去部门墙的。流程优化首先可以从海量、低价值、简单重复枯燥的工作中把每个人解放出来，使员工有精力发挥更有创造力的价值，这是企业创新的基础。

2.5.4 平台固化

与传统数据仓库时代类似，经过数据梳理、流程梳理和优化后，需搭建大数据平台，将采集的数据形象化、直观化，通过详尽的指标体系，实时反映企业的运行状态，并提供多维分析、KPI 查询、报表定制功能，为公司决策提供依据。以油气管道设备管理为例，通过大数据平台集成设备管理系统、生产管理类系统、ERP 等系统数据，提供以机器设备为核心的一站式信息查询服务，通过设备可以查询到与设备相关的所有信息，包括设备的基础信息、设备工况、故障记录、润滑记录、点检记录、预警记录等。

流程优化将员工从简单劳动中解放出来，解放不是失业，大数据平台为员工发挥创造性价值提供了新的更大的舞台，只有在这个舞台上，员工才能发挥与企业一起成长、一起前行的梦想。

2.6 数据清洗

2.6.1 数据清洗背景

数据质量一般由准确性、完整性、一致性、时效性、可信性以及可解释性等特征来描述,根据 Rahm 等在 2000 年对数据质量基于单数据源还是多数据源以及问题出在模式层还是实例层的标准进行分类,将数据质量问题分为单数据源模式层问题、单数据源实例层问题、多数据源模式层问题和多数据源实例层问题这 4 大类[5]。现实生活中的数据极易受到噪声、缺失值和不一致数据的侵扰,数据集成可能也会产生数据不一致的情况,数据清洗就是识别并且(可能)修复这些"脏数据"的过程[6]。如果一个数据库数据规范工作做得好,会给数据清洗工作减少许多麻烦。对于数据清洗工作的研究基本上是基于相似重复记录的识别与剔除方法展开的,并且以召回率和准确率作为算法的评价指标[7-8]。现有的清洗技术大都是孤立使用的,不同的清洗算法作为黑盒子以顺序执行或以交错方式执行,而这种方法没有考虑不同清洗类型规则之间的交互,简化了问题的复杂性,但这种简化可能会影响最终修复的质量,因此需要把数据清洗放在上下文中结合端到端质量执行机制进行整体清洗[9]。随着大数据时代的到来,现在已经有不少有关大数据清洗系统的研究[10-11],不仅有对于数据一致性[12-14]以及实体匹配[15]的研究,也有基于 MapReduce 的数据清洗系统的优化[16]研究。

2.6.2 数据清洗基本方法

从微观层面来看,数据清洗的对象分为模式层数据清洗和实例层数据清洗[17]。数据清洗识别并修复的"脏数据"主要有错误数据、不完整的数据以及相似重复的数据,根据"脏数据"分类,数据清洗也可以分为 3 类:属性错误清洗、不完整数据清洗以及相似重复记录的清洗,下面分别对每种情况进行具体分析。

2.6.2.1 属性错误清洗

数据库中很多数据违反最初定义的完整性约束,存在大量不一致的、有冲突的数据和噪声数据,首先应该识别出这些错误数据,然后进行错误清洗。

(1) 属性错误检测。

属性错误检测有基于定量的方法和基于定性的方法。

① 定量的误差检测一般在离群点检测的基础上采用统计方法来识别异常行为和误差,离群点检测是找出与其他观察结果偏离太多的点,Aggarwal 将关于离群点检测方法又分为 6 种类型:极值分析、聚类模型、基于距离的模型、基于密度的模型、概率模型、信息理论模型[18],并对这几种模型进行了详尽的介绍。

② 定性的误差检测一般依赖于描述性方法指定一个合法的数据实例的模式或约束。因此确定违反这些模式或者约束的就是错误数据。

图 2-5 描述了定性误差检测技术在 3 个不同方面的不同分类,下面对图中提出的 3 个问题进行分析。

① 首先,错误类型是指要检测什么。定性误差检测技术可以根据捕捉到的错误类型来进行分类,目前,大量的工作都是使用完整性约束来捕获数据库应该遵守的数据质量规则,虽然重复值也违反了完整性约束,但是重复值的识别与清洗是数据清洗的一个核心(在后续小节将会单独介绍)。

② 其次，自动化检测。根据人类的参与与否以及参与步骤来对定性误差检测技术进行分类，大部分的检测过程都是全自动化的，个别技术涉及人类参与。

③ 最后，商业智能层是指在哪里检测。错误可以发生在数据治理的任何阶段，大部分的检测都是针对原始数据库的，但是有些错误只能在数据治理后获得更多的语义和业务逻辑才能检测出来。

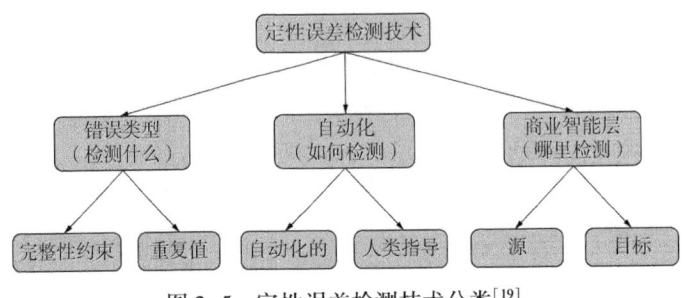

图2-5 定性误差检测技术分类[19]

不仅可以使用统计方法来对属性错误进行检测，使用一些商业工具也可以进行异常检测，如数据清洗工具以及数据审计工具等。Potter'sweel[20]是一种公开的数据清洗工具，不仅支持异常检测，还支持后面数据不一致清洗所用到的数据变换功能。

（2）属性错误清洗。

属性错误清洗包括噪声数据以及不一致的数据清洗。

① 噪声数据的清洗也叫光滑噪声技术，主要方法有分箱以及回归等方法：分箱方法是通过周围邻近的值来光滑有序的数据值，但是只是局部光滑，回归方法是使用回归函数拟合数据来光滑噪声。

② 不一致数据的清洗在某些情况下可以参照其他材料使用人工进行修改，可以借助知识工程工具来找到违反限制的数据，例如：如果知道数据的函数依赖关系，通过函数关系修改属性值。但是大部分的不一致情况都需要进行数据变换，即定义一系列的变换纠正数据，也有很多商业工具提供数据变换的功能，例如数据迁移工具和ETL工具等，但是这些功能都是有限的。

2.6.2.2 不完整数据清洗

在实际应用中，数据缺失是一种不可避免的现象。在很多情况下会造成数据值的缺失，例如填写某些表格时需要填写配偶信息，那没有结婚的人就无法填写此字段，或者在业务处理的稍后步骤提供值，字段也可能缺失。处理缺失值目前有以下几种方法。

（1）忽略元组：一般情况下。当此元组缺少多个属性值时常采用此方法，否则该方法不是很有效。当忽略了此条元组之后，元组内剩下的有值的属性也不能被采用，这些数据可能是有用的。

（2）人工填写缺失值：这种方法最大的缺点就是需要大量的时间和人力，数据清理技术需要做到最少的人工干预，并且在数据集很大、缺失很多属性值时，这种方法行不通。

（3）全局变量填充缺失值：使用同一个常量来填充属性的缺失值。这种方法虽然使用起来较为简单,但是有时不可靠。例如,用统一的常量"NULL"来填写缺失值,在后续的数据挖掘中,可能会认为它们形成了一个有趣的概念。

(4)中心度量填充缺失值:使用属性的中心度量来填充缺失值。中心度量是指数据分布的"中间"值,例如均值或者中位数,数据对称分布使用均值、倾斜分布使用中位数。

(5)使用最可能的值填充:相当于数值预测的概念。回归分析是数值预测最常用的统计学方法,此外也可以使用贝叶斯形式化方法的基于推理的工具或决策树归纳确定缺失值。

鉴于现在很多人为了保护自己的隐私或者为了方便,随意地选择窗口中给定的值,Hua 等于 2007 年提出了一种识别伪装缺失数据的启发式方法,当用户不愿意泄漏个人信息时故意错误地选择窗口上的默认值(如生日字段),这时数据就会被捕获[21]。

2.6.2.3 相似重复记录清洗

(1)相似重复记录识别。

消除相似重复记录,首先应该识别出相同或不同数据集中的两个实体是否指向同一实体,这个过程也叫实体对齐或实体匹配。文本相似度度量是实体对齐的最基础方法,大致分为 4 种:基于字符的(例如编辑距离、仿射间隙距离、Jaro 距离度量、Q-gram 距离[22])、基于单词的(例如 Jaccard 系数)、混合型(例如 softTF—IDF)和基于语义的(例如 wordNet)。随着知识表示学习在各个领域的发展,一些研究人员提出了基于表示学习的实体匹配算法,但均是以 TransE 系列模型为基础构建的。TransE[23]首次提出基于翻译的方法,将关系解释为实体的低维向量之间的翻译操作,随之涌现出一些扩展的典型算法,下面对这些算法进行简单介绍。

① MtransE[24]算法:基于转移的方法解决多语言知识图谱中的实体对齐。首先,使用 TransE 对单个的知识图谱进行表示学习;接着,学习不同空间的线性变换来进行实体对齐。转移方法有基于距离的轴校准、翻译向量、线性变换这 3 种。该知识模型简单复用 TransE,对于提高实体对齐的精度仍存在很大局限。

② JAPE[25]算法是针对跨语言实体对齐的联合属性保护模型,利用属性及文字描述信息来增强实体表示学习,分为结构表示、属性表示。IPnansE 算法[26]使用联合表示的迭代对齐,即使用迭代的方式不断更新实体匹配。该方法分为 3 部分:知识表示、联合表示、迭代对齐。但这两种算法都是基于先验实体匹配,将不同知识图谱中的实体和关系嵌入统一的向量空间,然后将匹配过程转换成向量表示间距离的过程。

③ SEEA 算法[27]分为两部分:属性三元组学习、关系三元组学习。该模型能够自学习,不需要对齐种子的输入。每次迭代,根据前面迭代过程所得到的表示模型,计算实体向量间的余弦相似度。并选取前 β 对添加到关系三元组中更新本次表示模型,直到收敛。收敛条件:无法选取前 β 对实体对。

实体对齐方法不仅应用于数据清洗过程中,对后续的数据集成以及数据挖掘也起到重要的作用。除此之外,也有很多重复检测的工具可以使用,如 Febrl 系统、TAILOR 工具、WHIRL 系统、BigMatch 等,但是很多匹配算法只适用于英文不适合中文,所以中文数据清洗工具的开发还需要进一步的研究。

（2）相似重复记录清洗。

相似重复记录的清洗一般都采用先排序再合并的思想，代表算法有优先队列算法、近邻排序算法、多趟近邻排序算法。优先队列算法比较复杂，先将表中所有记录进行排序后，排好的记录被优先队列进行顺序扫描并动态地将它们聚类，减少记录比较的次数，匹配效率得以提高，该算法还可以很好地适应数据规模的变化。近邻排序算法是相似重复记录清洗的经典算法，近邻排序算法是采用滑动窗口机制进行相似重复记录的匹配，每次只对进入窗口的 w 条记录进行比较，只需要比较 $w \times N$ 次，提高了匹配的效率。但是它有两个很大的缺点：首先是该算法的优劣对排序关键字的依赖性很大，如果排序关键字选择得不好，相似的两条记录一直没有出现在滑动窗口上就无法识别相似重复记录，导致很多条相似重复记录得不到清洗；其次是滑动窗口的 w 值也很难把控，w 值太大可能会产生没必要的比较次数，w 值太小又可能会遗漏重复记录的匹配。多趟近邻排序算法是针对近邻排序算法进行改进的算法，它是进行多次近邻排序算法，每次选取的滑动窗口值可以不同，且每次匹配的相似记录采用传递闭包，虽然可以减少很多遗漏记录，但也会产生误识别的情况。这两个算法的滑动窗口值和属性值的权重都是固定的，所以也有一些学者提出基于可变的滑动窗口值和不同权重的属性值来进行相似重复记录的清洗。以上算法都有一些缺陷，如都要进行排序，多次的外部排序会引起输入/输出代价过大；其次，由于字符位置敏感性，排序时相似重复的记录不一定排在邻近的位置，对算法的准确性有影响。

2.7 数据交换

2.7.1 数据交换的基本概念

数据交换是将符合一个源模式的数据转换为符合目标模式数据的问题，该目标模式尽可能准确并且以与各种依赖性一致的方式反映源数据[28-29]。

早期数据交换的一个主要方向是在关系模式之间从数据交换的上下文中寻求一阶查询的语义和复杂性。2008 年 Afrati 等开始系统地研究数据交换中聚合查询的语义和复杂性，给出一些概念并做出了技术贡献[30]。在一篇具有里程碑意义的论文中，Fagin 等提出了一种纯粹逻辑的方法来完成这项任务。从这时起，在数据库研究界已经对数据交换进行了深入研究[29]。近年，Xiao 等指出，跨越不同实体的数据交换是实现智能城市的重要手段，设计了一种新颖的后端计算架构——数据隐私保护自动化架构（以下简称 DPA），促进在线隐私保护处理自动化，以无中断的方式与公司的主要应用系统无缝集成，允许适应灵活的模型和交叉的服务质量保证实体数据交换[31]。随着云计算和 w 曲服务的快速发展，Wu 等将基于特征的数据交换应用于基于云的设计与制造的协作产品开发上，并提出了一种面向服务的基于云的设计和制造数据交换架构[32]。

完善合理的数据交换服务建设，关系到大数据平台是否具有高效、稳定的处理数据能力。

2.7.2 数据交换的实现模式

数据整合是平台建设的基础，涉及多种数据的整合手段，其中，数据交换、消息推送、通过服务总线实现应用对接等都需要定义一套通用的数据交换标准，基于此标准实现各个系统间数据的共享和交换，并支持未来更多系统与平台的对接。平台数据交换标准的设计，充分借鉴国内外现有的各类共享交换系统的建设经验，采用基于可扩展标记语言(以下简称 XML)的信息交换框架。XML 定义了一组规则，用于以人类可读和机器可读的格式编码文档。它由国际万维网联盟设计。XML 文档格式良好且结构化，因此它们更易于解析和编写。由于它具有简化、跨平台、可扩展性和自我描述等特征，XML 成为通过网络环境进行数据传输的通用语言[33]。XML 关心的重点是数据，而其他的因素如数据结构和数据类型、表现以及操作，都是有其他的以 XML 为核心的相关技术完成。基于基本的 XML 语言，通过定义一套数据元模型(语义字典)和一套基于 XML Schema 的描述规范来实现对信息的共同理解，基于此套交换标准完成数据的交换。数据交换概括地说有以下两种实现模式。

2.7.2.1 协议式交换

协议式数据交换是源系统和目标系统之间定义一个数据交换交互协议，遵循制定的协议，通过将一个系统数据库的数据移植到另一个系统的数据库来完成数据交换。Tyagi 等于 2017 年提出一种通用的交互式通信协议，称为递归数据交换协议(以下简称 RDE)，它可以获得各方观察到的任何数据序列，并提供单独的性能序列保证[34]；并于 2018 年提出了一种新的数据交换交互协议，它可以逐步增加通信大小，直到任务完成，还导出了基于将数据交换问题与秘密密钥协议问题相关联的最小位数的下限[35]。这种交换模式的优点在于：它无须对底层数据库的应用逻辑和数据结构做任何改变，可以直接用于开发在数据访问层。但是编程人员基于底层数据库进行直接修改也是这种模式的缺点之一，编程人员首先要对双方数据库的底层设计有清楚的了解，需要承担较高的安全风险；其次，编程人员在修改原有的数据访问层时需要保证数据的完整性和一致性。此外，这种模式的另一个缺点在于系统的可重用性很低，每次对于不同应用的数据交换都需要做不同的设计。下面举一个通俗易懂的例子：安徽人和新疆人有生意上的往来，但由于彼此说的都是家乡话，交易很难进行，于是双方就约定每次见面都使用安徽话或者新疆话。假如他们规定一个协议，每次见面都以安徽话来交谈，那么新疆人每句话的语法结构和发音标准都按照安徽话来修改，同时要保证每句话的完整性和准确性，保证双方顺利的交谈。然而在下次的生意中，新疆人可能面对的是一位广东人，那么交流依旧出现了困难，此时新疆人又需要把自己的新疆话转换为广东话。

2.7.2.2 标准化交换

标准化数据交换是指在网络环境中建立一个可供多方共享的方法作为统一的标准，使得跨平台应用程序之间实现数据共享和交换。下面依旧以安徽人与新疆人作交易为例来解释这种交换模式。为了解决双方无法沟通的困境，双方约定每次见面交易都使用普通话这种标准来交流,当下次即使遇到全国各地的人,也可以使用普通话来交流,而且大家只需要熟悉普通话的语法规则即可,不需要精通各地的语言。这种交换模式的优点显而易见。系统对于不同的应用只需要提供一个多方共享的标准即可,具有很高的可重用性。

实现基于 XML 的数据交换平台确实需要一系列的努力和资源来创建/管理交换,但它不是对现有系统的大规模改变而是有限的改变,所以使用基于 XML 数据交换的关键优势是信息共享的组织不需要更改其现有的数据存储或标准,使得异构系统之间可以实现最大限度地协同,并能在现有数据交换应用的基础上扩展更多新的应用,从而对不同企业间发展应用集成起到促进作用。

2.8 数据集成

2.8.1 数据集成基本概念

在信息化建设初期,由于缺乏有效合理的规划和协作,信息孤岛的现象普遍存在,大量的冗余数据和垃圾数据存在于信息系统中,数据质量得不到保证,信息的利用效率明显低下。为了解决这个问题,数据集成技术[36]应运而生。数据集成技术是协调数据源之间不匹配问题[37-41],将异构、分布、自治的数据集成在一起,为用户提供单一视图,使得可以透明地访问数据源。系统数据集成主要指异构数据集成,重点是数据标准化和元数据中心的建立。

数据标准化:数据标准化的作用在于提高系统的可移植性、可互操作性、可伸缩性、通用性和共享性。数据集成依据的数据标准包括属性数据标准、网络应用标准和系统元数据标准。名词术语词典、数据文件属性字典、菜单词典及各类代码表等为系统公共数据,在此基础上促成系统间的术语、名称、代码的统一,促成属性数据统一的维护管理。

元数据中心的建立:在建立元数据标准的基础上,统一进行数据抽取、格式转换、重组、储存,实现对各业务系统数据的整合。经处理的数据保存在工作数据库中,库中所有属性数据文件代码及各数据文件中的属性项代码均按标准化要求编制,在整个系统中保持唯一性,可以迅速、准确定位。各属性项的文字值及代码,也都通过词库建设进行标准化处理,实现一词一义。建立元数据中心的基本流程如图 2-6 所示。

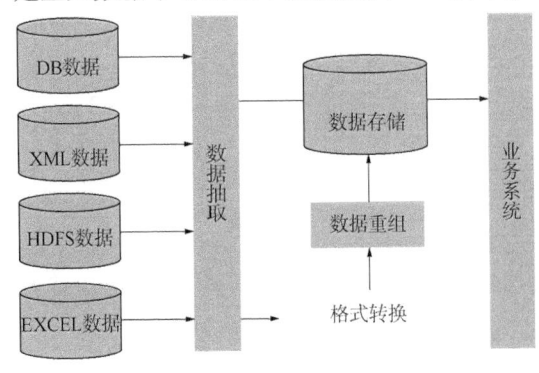

图 2-6 元数据中心

2.8.2 数据集成方法

数据规范和数据交换的完成，对数据集成的有效进行提供了很大的帮助，但在数据集成时仍然需要解决以下难题。

首先是异构性。数据异构分为两个方面：其一，不同数据源数据的结构不同，此为结构性异构；其二，不同数据源的数据项在含义上有差别，此为语义性异构；其次是数据源的异地分布性；最后是数据源的自治性。数据源可以改变自身的结构和数据，这就要求数据集成系统应具有稳健性。

为了解决这些难题，现在有模式集成方法、数据复制方法和基于本体的数据集成这几种典型的数据集成方法：

（1）模式集成方法。

模式集成方法为用户提供统一的查询接口，通过中介模式访问实时数据，该模式直接从原始数据库检索信息(图 2-7)。该方法共分为 4 个主要步骤：源数据库的发现、查询接口模式的抽取、领域源数据库的分类和全局查询接口集成[42-47]。

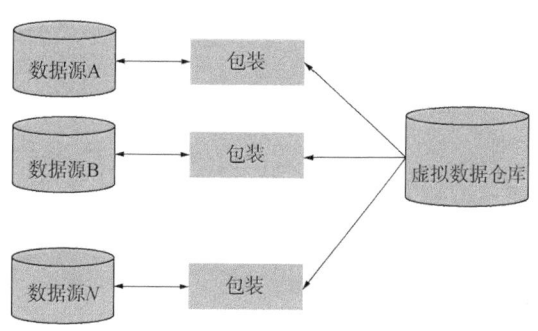

图 2-7 模式集成方法示意图

模式集成方法依赖于中介模式与原始源模式之间的映射[48]，并将查询转换为专用查询，以匹配原始数据库的模式。这种映射可以用两种方式指定：作为从中介模式中的实体到原始数据源中的实体的映射——全局视图(以下简称 GAV)方法[49]，或者作为从原始源中的实体到中介模式——本地视图(以下简称 LAV)方法的映射[50]。后一种方法需要更复杂的推理来解析对中介模式的查询[51-52]，但是可以更容易地将新数据源添加到稳定中介模式中。

模式集成方法的优点是为用户提供了统一的访问接口和全局数据视图；缺点是用户使用该方法时经常需要访问多个数据源，存在很大的网络延迟，数据源之间没有进行交互。如果被集成的数据源规模比较大且数据实时性比较高更新频繁，则一般采用模式集成方法。

（2）数据复制方法。

数据复制方法是将用户可能用到的其他数据源的数据预先复制到统一的数据源中，用户使用时，仅需访问单一的数据源或少量的数据源。数据复制方法提供了紧密耦合的体系结构，数据已经在单个可查询的存储库中进行物理协调，因此解析查询通常需要很短的时间[53]，系统处理用户请求的效率显著提升；但在使用该方法时，数据复制需要一定的时间，所以数据的实时一致性不好保证。数据仓库方法是数据复制方法的一种常见方式[54]，第一个数据集成系统便是使用该方法于1991年在明尼苏达大学设计的。该方法的过程是：先提取各个异构数据源中的数据，然后转换、加载到数据仓库中，用户在访问数据仓库查找数据时，类似访问普通数据库。

对于经常更新的数据集，数据仓库方法不太可行，需要连续重新执行提取、转换、加载（以下简称ETL）过程以进行同步。根据数据复制方法的优缺点可以看出：数据源相对稳定或者用户查询模式已知或有限的时候，适合采用数据复制方法。数据仓库方法示意图如图2-8所示。

下面举例说明这两种集成方法具体应用的区别：目前如果设计一个应用程序，该应用程序的功能为用户可以利用该程序查询到自己所在城市的任何信息，包括天气信息、人口统计信息等。传统的思想是，把所有这些信息保存在一个后台数据库中，但是这种广度的信息收集起来难度大且成本高，即使收集到这些资源，它们也可能会复制已有数据库中的数据，不具备实时性。

此时，可以选择模式集成方法解决该应用程序面临的问题，让开发人员构建虚拟模式——全局模式，然后对各个单独的数据源进行"包装"，这些"包装"只是将本地查询结果（实际上是由相对应的网站或数据库返回的结果）转换为易于处理的表单，当使用该应用程序的用户查询数据时，看似是本地查询，实则数据集成系统会将此查询转换为相应数据源上的相应查询。最后，虚拟数据库将这些查询的结果反馈给用户。

如果选择使用数据复制方法来解决此问题的话，首先，需要把所有的数据信息复制到数据仓库中，每当数据（如天气情况）有所更新时，也要手动集成到系统中。所以，两种数据集成方法的使用需根据具体的情形来选择。

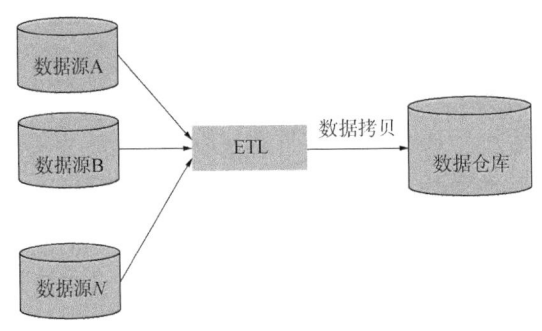

图2-8 数据仓库方法示意图

（3）基于本体的数据集成。

根据上述介绍，数据异构有两个方面：前两种方法都是针对解决结构异构而提出的解决方案；而本体技术致力于解决语义性异构问题。语义集成过程中，一般通过冲突检测、真值发现等技术来解决冲突，常见的冲突解决策略有冲突忽略、冲突避免和冲突消解3类。冲突忽略是人工干预把冲突留给用户解决；冲突避免是对所有的情形使用统一的约束规则；冲突消解分为3种方法：一是基于投票的方法采用简单的少数服从多数策略；二是基于质量的方法，此方法在第1种方法的基础上考虑数据来源的可信度；三是基于关系的方法，此方法在第2种方法的基础上考虑不同数据来源之间的关系。

本体是对某一领域中的概念及其之间关系的显式描述，基于本体的数据集成系统允许用户通过对本体描述的全局模式查询来有效地访问位于多个数据源中的数据[55]。陶春等针对基于本体的XML数据集成的查询处理提出了优化算法[56]。目前，基于本体技术的数据集成方法有3种，分别为：单本体方法、多本体方法和混合本体方法。

由于单本体方法所有的数据源都要与共享词汇库全局本体关联，应用范围很小，且数据源的改变会影响全局本体的改变。为了解决单本体方法的缺陷，多本体方法应运而生。多本体方法的每个数据源都由各自的本体进行描述，它的优点是数据源的改变对本体的影响小，但是由于缺少共享的词汇库，不同的数据源之间难以比较，数据源之间的共享性和交互性相对较差。混合本体方法的提出，解决了单本体和多本体方法的不足：混合本体的每个数据源的语义都由它们各自的本体进行描述，解决了单本体方法的缺点。混合本体还建立了一个全局共享词汇库以解决多本体方法的缺点，如图2-9所示混合本体方法有效地解决了数据源间的语义异构问题。

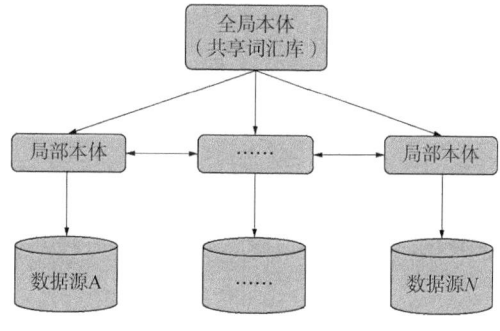

图 2-9 混合本体方法

参 考 文 献

[1] Gregory A. Data governance—Protecting and unleashing the Value of your customer data assets. Journal of Direct, Data and Dital Malketing Practice, 2011, 12(3)：230-248.

[2] Wr6bel A, Komnata K, Rudek K. IBM data governance solutions. In：Proc. of the 2017 Int'l Conf on Behavioral, Economic, Socio-Cultural Computing(BESC). Krakow：IEEE, 2017：1-3.

[3] Khatri V, Brown CV. Designing data governance. Communications of the ACM, 2010, 53(1)：148-152.

[4] Soares S. Big Data Goverence：An Emerging Imperative. Boise：MC Press, 2012：3-286.

[5] Rahm E, Do HH. Data clealling：Problems and curren' approaches. IEEE Data Engineering Bulletin, 2000, 23(4)：3-13.

[6] Tallg MBig data clealling. In：chen L, ed. Proc. of the web Technologies and Applications. Cham：springer Int'l Publishing, 2014. 13-24.

[7] Lee ML, Ling TW, Low WL. IntelliClean：A knowledge-based intelligent data cleaner. In：Proc. of the 6th ACM SIGKDD Int'l Conf. on Knowledge Discovery and Data Mining. Boston：ACM Press, 2000. 290-294.

[8] Monge AE. Matching algorithms within a"plicate detection system. IEEE Data Engineering Bulletin, 2000,

23(4): 14-20.

[9] Chu X, Ilyas IF, Papotti P. Holistic data cleaning: Putting vi0lations into context. In: Proc. of the 2013 IEEE 29th Int'1 Conf on Data Engineering(IcDE). Brisbane: IEEE, 2013: 458-469.

[10] Dallachiesa M, Ebaid A, Eldawy A, Elmagamid A, Ilyas IF, Ouzzani M, Tang N. NADEEF: A commodity data cleaning system. In. Proc. ofthe 2013 ACM SIGMOD Int'1 Conf. On Management ofData. New York: ACM Press, 2013: 541-552.

[11] Batini C, Cappiello C, Francalanci C, Mallrino A. Methodologies for data qualny assessment and impmVement. ACM Computing Surveys(CSUR), 2009, 4l(3): 16.

[12] Beskales G, Ilyas IF, Golab L, Galiullin A. On the relative trust between inconsistent data and inaccurate constraints. In: Proc. of the 2013 IEEE 29th Int'1 Conf. on Data Engineering (ICDE). Brisbane: IEEE, 2013: 541-552.

[13] Fan W, Ma S, Tallg N, Yu W. Interaction between record matching and data reporting. Joumal of Data and Information Quality(JDIQ), 2014, 4(4): 16.

[14] Fan W, Geerts F, Tang N, Yu W. Inferring data currency and consistency for conflict resolution. In: Proc. of the 2013 IEEE 29th Int'1 Conf on Data Engineering(IcDE). Brisbane: IEEE, 2013: 470-481.

[15] Shen W, DeRose P, Vu L, Doan A. Source—Aware entity matching: A compositional approach. In: Proc. of the IEEE 23rd Int'1 Conf on Data Engineering(ICDE 2007). Istanbul: IEEE, 2007: 196-205.

[16] Yang DH, Li NN, Wang HZ, Li JZ, Gao H. The optimization of the big data cleaning based on task merging. Chinese Joumal of computers, 2016, 39(1): 97-108(in chinese with English abstfact).

[17] Guo zM, zhou AY. Research on data quality and data cleaning: A survey. Ruan Jian xue Bao, Journal of Software, 2002, 13(11): 2076—2107(in chinese with English abstract).

[18] Aggarwval CC. Outlier Analysis. Cham: Springer Int'1 Publishing, 2015: 237-263.

[19] Chu X, Ilyas IF. Qualitative data cleaning. Proceedings ofthe VLDB Endowment, 2016, 9(13): 1605-1608.

[20] Raman V, Hellerstein JM. Potter's wheel: An interactiVe data cleaning system. In: Proc. of the 27th VLDB Conf. Roma: VLDB, 2001: 381-390.

[21] Hua M, Pei J. Cleaning disguised missing data: A heuristic approach. In: Proc. of the 13th ACM SIGKDD Int'1 Conf on Knowledge DiscoVery and Data Mining(KDD 2007). New Yolk: ACM Press, 2007: 950-958.

[22] Elmaganllid AK, Ipeirotis PG, Verykios VS. Duplicate record detection: A surVey. IEEE Trans, on Knowledge and Data Engineering, 2007, 19(1): 1-16.

[23] Bordes A, Usunier N, Garcia-DuranA, Weston J, Yakhnenko 0. Translating embeddings for modeling multi—relational data. In: Proc. ofthe 26th Int'1 Conf. on Neural Information Processing Systems(NIPS 2013). Curran Associates Inc. 2013: 2787-2795.

[24] Chen M, Tiall Y, Yang M, Zalliolo C. Multilingllal knowledge graph embeddings for cross—alignment In: Proc. of the 26th Int'1 Joint Conf on Artificial Intelligence. AAAI Press, 2017: 1511-1517.

[25] Sun Z, Hu W, Li C. Cross-Lingual entity alignment via joint attribute-preserving embedding. In: Proc. of the Int')Semantic Web Conf. Springer-Verlag, 2017: 628-644.

[26] Zhu H, Xie R, Liu Z, Sun M. Iterative entity alignment via joint knowledge embeddings. In: Proc. of the 26th Int'l Joint Conf. on Artificial Intelligence. AAA! Press, 2017: 4258-4264.

[27] Guan S, Jin X, Jia Y, Wang Y, Shen H, Cheng X. Self-Learning and embedding based entity alignment. In: Proc. of the 2017 IEEE Int'l Conf. on Big Knowledge(ICBK). Hefei: IEEE, 2017: 33-40.

[28] Chirkova R, Libkin L, Reutter JL. Tractable XML data exchange via relations. In: Proc. of the 20th ACM Int'l Conf. on Information and Knowledge Management. New York: ACM Press, 2011: 1629-1638.

[29] Fagin R, Kimelfeld B, Kolaitis PG. Probabilistic data exchange. Journal of the ACM(JACM), 2011, 58(4): 15.

[30] Afrati F, Kolaitis PG. Answering aggregate queries in data exchange. In: Proc. of the 27th ACM S!GMOD-SIGACT-SIGART Symp. on Principles of Database Systems. Vancouver: ACM Press, 2008: 129-138.

[31] Xiao Z, Fu X, Goh RSM. Data privacy-preserving automation architecture for industrial data exchange in smart cities. IEEE Trans on Industrial Informatics, 2018, 14(6): 2780-2791.

[32] Wu Y, He F, Zhang D, Li X. Service-Oriented feature-based data exchange for cloud-based design and manufacturing. IEEE Trans. on Services Computing, 2018, 11(2): 341-353.

[33] Wu M, Li Y. Investigations on XML-based data exchange between heterogeneous databases. In: Proc. of the 2012 Ninth Web Information Systems and Applications Conf. Haikou: IEEE, 2012: 21-24.

[34] Tyagi H, Watanabe S. Universal multiparty data exchange and secret key agreement. IEEE Trans. on Information Theory, 2017, 63(7): 4057-4074.

[35] Tyagi H, Viswanath P, Watanabe S. Interactive communication for data exchange. IEEE Trans. on Information Theory, 2018, 64(1): 26-37.

[36] Hemrnandez MA, Stolfo SJ. The merge/purge problem for large databases. In: Proc. of the ACM Sigmod Record. San Jose: ACM Press, 1995: 127-138.

[37] Doan A, Halevy A, Ives Z. Principles of Data Integration. Burlington: Elsevier, 2012: 19-58.

[38] Halevy AY. Answering queries using views: A survey. The VLDB Journal, 2001, 10(4): 270-294.

[39] Hull R. Managing semantic heterogeneity in databases: A theoretical prospective. In: Proc. of the 16th ACM SIGACT-SIGMOD-SIGART Symp. on Principles of Database Systems. New York: ACM Press, 1997: 51-61.

[40] Lenzerini M. Data integration: A theoretical perspective. In: Proc. of the 21st ACM SIGMOD-SIGACT-SIGART Symp. on Principles of Database Systems. New York: ACM Press, 2002: 233-246.

[41] Ullman JD. Information integration using logical views. In: Proc. of the Int'l Conf. on Database Theory. Berlin, Heidelberg: Springer-Verlag, 1997: 19-40.

[42] Ipeirotis PG, Gravano L, Sahami M. Probe, count, and classify: Categorizing hidden Web databases. In: Proc. of the 2001 ACM SIGMOD Int'l Conf. on Management of Data(SIGMOD 2001). Santa Barbara: ACM Press, 2001: 67-78.

[43] Wu W, Yu C, Doan A, Meng W. An interactive clustering-based approach to integrating source query interfaces on the deep Web. In: Proc. of the 2004 ACM SIGMOD Int'l Conf. on Management of Data(SIGMOD 2004). Paris: ACM Press, 2004: 95-106.

[44] He H, Meng W, Yu C, Wu Z. Automatic integration of Web search interfaces with WISE-Integrator. The VLDB Journal, 2004, 13(3): 256-273.

[45] He H, Meng W, Yu C, Wu Z. Constructing interface schemas for search interfaces of web databases. In: Proc. of the Int'l Conf. on Web Information Systems Engineering. New York: Springer-Verlag, 2005: 29-42.

[46] Wu Z, Raghavan V, Du C, Komanduru SC, Meng W, He H, Yu C. SE-LEGO: Creating metasearch engines on demand. In: Proc. of the 26th Annual Int'l ACM SIGIR Conf. on Research and Development in Infonnaion Retrieval. Toronto: DBLP, 2003: 464-464.

[47] Liu W, Meng XF, Meng WY. A survey of deep Web data integration. Chinese Journal of Cumputers, 2007, 30(9): 1475-1489.

[48] Cali A, Calvanese D, De Giacomo G, Lenzerini M. Accessing data integration systems through conceptual schemas. In: Proc. of the Int'l Conf. on Conceptual Modeling. Berlin Heidelberg: Springer-Verlag, 2001: 270-284.

[49] Goh CH, Bressan S, Madnick S, Siegel M. Context interchange: New features and formalisms for the intelligent integration of information. ACM Trans. on Information Systems(TOIS), 1999, 17(3): 270-293.

[50] Duschka OM, Genesereth MR. Answering recursive queries using views. In: Proc. of the 16th ACM SIGACT-SIGMOD-SIGART Syrop. on Principles of Database Systems. Tucson: ACM Press, 1997: 109-116.

[51] Halevy AY. Theory of answering queries using views. ACM SIGMOD Record, 2000, 29(4): 40-47.

[52] Abiteboul S, Duschka OM. Complexity of answering queries using materialized views. In: Proc. of the 17th ACM SIGACT-SIGMOD-SIGART Syrop. on Principles of Database Systems. Seattle: ACM Press, 1998: 254-263.

[53] Widom J. Research problems in data warehousing. In: Proc. of the 4th Int'l Conf. on Information and Knowledge Management Baltimore: ACM Press, 1995: 25-30.

[54] Chaudhuri S, Dayal U. An overview of data warehousing and OLAP technology. ACM Sigmod Record, 1997, 26(1): 65-74.

[55] Benedikt M, Grau BC, Kostylev EV. Logical foundations of information disclosure in ontology-based data integration. Artificial Intelligence, 20 I8, 262(2018): 52-95.

[56] 陶春, 张亮, 施伯乐. 基于本体的XML数据集成的查询处理. 计算机研究与发展, 2005, 42(3): 112-121.

第3章
智慧管网基础设计方法

近年来，随着中国管道工业的快速发展以及物联网、大数据、人工智能等新技术的兴起，智慧管网这一概念逐渐在管道行业得到广泛传播。然而，对于什么是智慧管网以及如何认识、理解并建设智慧管网，却并未形成统一共识，也未从"智慧"的角度提出智慧管网建设具有可操作性的总体设想。为此，本章主要介绍智慧管网的基础设计方法，为智慧管网一体化系统提供技术支撑。

3.1 概述

从狭义的角度讲，智慧管网重点关注管道运营期间与管道安全相关的业务。在管道本体、附属设施、地形地貌、建筑设施、人文社会的基础上，整合管道安全管理日常业务数据，嵌入线路安全监控子系统，实现在地理信息系统中基础数据、业务数据、实时数据与虚拟管道的统一管理。为管道相关工作人员提供查询统计、业务办理、安全监控、风险评估、预警分析、应急抢险、辅助决策等服务。

从广义的角度讲，智慧管网是指利用传感器、测绘、网络、通信、虚拟仿真、大数据等技术，将管道整个生命周期内产生的本体、环境、运行、经营等数据在地理信息系统上进行整合、展示、分析、预警等功能，构筑一条与实体管道相对应的虚拟管道，为管道全生命周期具体业务提供高效率的综合管理和决策支持系统。在实现管道的数字化和可视化的基础上，通过搭建共享的信息平台融合大数据分析、智能调度、计划管理等系统，实现质量、进度、安全全方位、深层次管控以及管网运营效益最大化，逐步实现"智慧型"管网。

3.2 智慧管网建设基础

3.2.1 硬件与系统

GIS 虚拟机系统由 3 台物理服务器组成，分别为 GPS 通信服务器、短信机服务器和 IP 电话服务器。采用美国 ArcGIS 平台构建油气管道 GIS，开发了基本的地图浏览显示、图层控制、定位查询、距离量算、面积量算等功能。基于国际上通用的管道模型 APDM，搭建了管道模型 ZJPDM，构建了管道数据库。

建设了 SCADA 系统(即数据采集与监视控制系统)，形成以企业总部为中心，区域中心站分控的整体调控格局。

3.2.2 基础数据建设

建设管道沿线半径 5km 范围内的 0.6m 分辨率遥感影像数据；管道沿线半径 2.5km 范围内的 0.2m 分辨率航空影像数据；管道沿线半径 2.5km 范围内的 0.2m 分辨率航空影像数据；管道沿线范围内的矢量电子地图数据。进行了管道完整性数据采集入库工作，采集入库了焊缝、桩、水工保护、违建、后建工程等数据。

3.2.3 功能模块

现有的 GIS 开发了一系列功能模块：管道巡检模块，实现了管道人工巡线的监控管理；车辆监控模块，实现了生产车辆的监控管理；视频监控模块，实现了站场、阀室的视频监控管理；智能导航模块，实现了管线上任意位置、任意设施点的快速智能导航；光缆管理模块，实现了管道配套光缆的管理；管道内检测数据对齐模块，实现了管道内检测数据焊缝与桩号的对齐；管道焊缝底片缺陷智能识别模块，实现了基于管道焊缝底片的缺陷智能识别、缺陷定位、缺陷量化以及缺陷评级；无人机平台可视化模块，实现了通过无人机实时监测管道沿线状态。

此外还开发了阴极保护管理、后建违章、全景图像等模块。

3.2.4 存在的问题

目前，油气智慧管网具备了一定的基础，其人工巡检、车辆监控和智能导航模块在日常工作中发挥了一定的作用，尤其是人工巡检模块，增加考核、必到点等功能，已较为完善，同时较多不足的地方也日益凸显。

(1) 数据更新不及时。

① 环境数据方面：系统中的矢量电子地图为 2005 年版，管道沿线的遥感数据为 2006—2007 年拍摄，距今已有 10 年之久，管道沿线的地物地貌已经发生了很大变化，这给日常管道维护工作带来极大不便；缺少医院、消防、医疗、地方应急指挥部门、机构等地方应急资源数据，缺少公司应急队伍分布、钢管抢修设备等应急装备分布，缺少任意点事故情况下，自动查询事故管段、工程数据、最优应急资源调动的应急方案输出及展示功能，不利于管道的公共维护和应急管理。

② 管道本体数据方面：受资料提交时间和数据格式影响，GIS 中管道数据为设计数据，需要按照竣工图更新，同时更新改线段数据，录入工作繁重、专业性强。

(2) 基础数据管理难度大。

管道数据库至今已基本完成了数据模型设计，但只是录入了一部分数据，管道数据库建设是一项长期的工程，既需要对管道历史数据进行整理补录，同时又要对新投产的管道数据进行录入，主要问题有：

① 数据格式不规范：基建中的管道位置数据、焊缝质量、钢管参数；运行中的内检测数据、地质灾害数据、地理信息数据、第三方施工数据等无统一数据格式，原参建单位和各维护部门形成的数据类型多样，在各子系统接口和数据共享方面存在障碍。

② 管道数据库不统一：部分模块开发较早，缺乏数据库统一管理意识，导致不同厂家开发软件选择使用自建的数据库，数据分散在不同数据库，信息碎片化。

③ 数据分散：因分工不同，数据分布在各个相对独立的地区或管理部门，且数据格式多样，相互之间缺乏数据共享。

④ 数据未分层：原程序模块未根据不同人员的需要对数据进行分层显示，在数据量较大的情况下，显得繁复杂乱，作为管道管理主要平台，需要直观有效地反映管网风险，跟踪处理流程。系统应有风险提醒、任务推送功能。

此外，在批量查询时会出现处理时间长、不能及时输出结果的情况，手持式终端反应缓慢，难以满足批量输入、记录、存储需要；系统界面不够友好，日常使用人员操作繁琐，系统数据维护、手持式设备数据采集维护界面繁琐，一线人员使用意愿较低。

3.3 智慧管网技术架构

3.3.1 系统总体架构

面向服务的体系结构（以下简称 SOA）是一个组件模型，它将应用程序的不同功能单元（称为服务）通过这些服务之间定义良好的接口和契约联系起来。接口是采用中立的方式进行定义的，它应该独立于实现服务的硬件平台、操作系统和编程语言。这使得构建在各种这样的系统中的服务可以以一种统一和通用的方式进行交互。

云存储是指通过集群应用、网格技术或分布式文件系统等功能，将网络中大量不同类型的存储设备通过应用软件集合起来协同工作，共同对外提供数据存储和业务访问功能的一个系统。

目前业内对企业信息化的解决方案中主流架构模式选择的是 B/S 方式，结合浙能天然气管网工程的管理特点和技术要求，在选择软件系统体系结构时，采用 B/S+移动端 C/S 的双重模式，两种模式都实现全部业务，以满足在不同环境、不同应用场景的使用。

本次系统整体采用 SOA 技术架构，提供数据服务、显示服务和计算服务。另外，考虑到数据资源建设的海量数据和数据处理的方便性等因素，在数据存储方面使用了云存储技术。架构图如图 3-1 所示。

通过对系统进行整体、系统的分析，结合招标文件的技术要求分析，确立了整个系统的设计思路，提出一个完整解决方案，将系统分为四个层次，即基础设施层、数据层、核心服务层和应用层。

（1）基础设施层：该层是系统建设和运行分析的基础，包括软硬件系统、网络、通信、自动控制系统等。

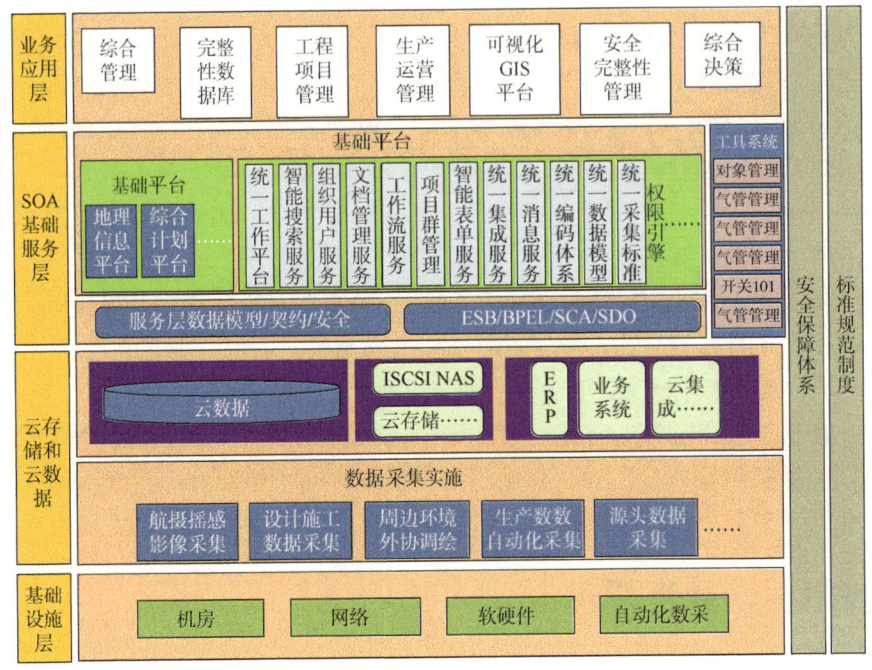

图 3-1 技术架构图

（2）数据层：数据层是数据资源建设的核心成果，该层使用云存储的技术思想和设计，保证大数据存储、读取、检索、分析的高效性和安全性。整个项目的数据都存储在 Oracle 数据库，主要包含咨询设计、施工数据、设备信息、生产运营、基础地理及其他系统接口数据等。

（3）核心服务层：抽象了前端应用系统的逻辑规则，并封装了数据和应用接口；核心服务层主要提供核心业务服务、基础系统平台；核心业务层则一方面封装了前端应用系统的业务逻辑，充当前端应用系统的应用服务器，提供安全认证、数据查询分析、地理信息处理等服务，另一方面对基础平台进行封装，开发满足其他标段应用需求的接口，如工程计划、进度展示数据接口。

（4）应用层：主要是针对专业应用系统，如本次建设的可视化平台、工程管理系统、数据资源建设采集系统、门户网站等。

3.3.2 系统拓扑结构

根据项目需求分析，系统用户既包括公司、项目部，同时也包括设计单位、施工单位、检测单位、监理单位和物资单位等参建单位，这些单位在空间上分布得比较分散，采用的网络接入方式也具有一定的多样性，在可接入内网的情况下，总部和业主单位可以通过内网访问。为了保障系统的安全性，参建单位和业主出差的用户采用 VPN 的接入方式，项目部用户采用内网的接入方式，系统拓扑结构如图 3-2 所示。

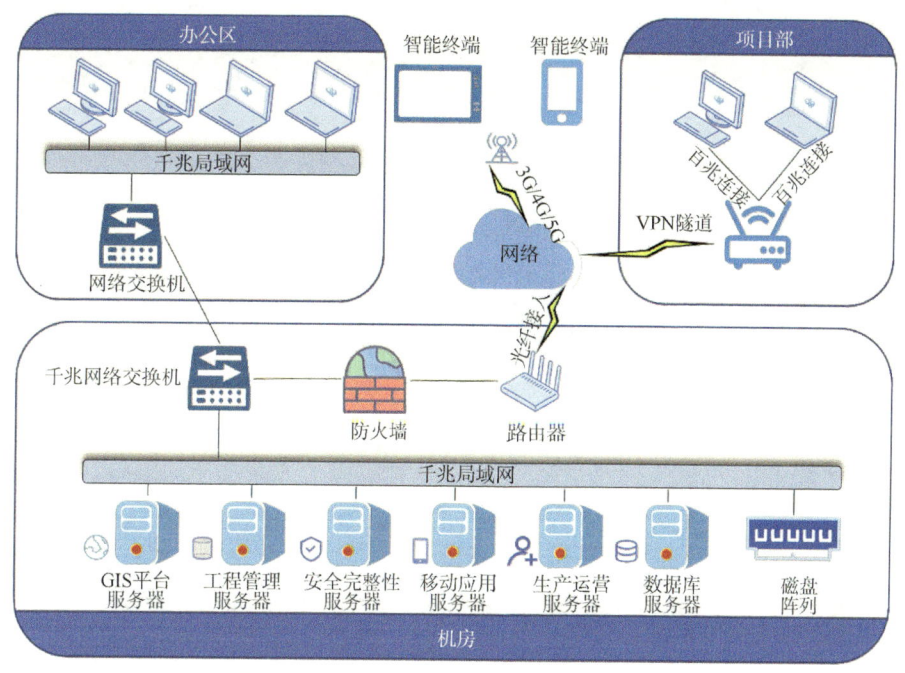

图 3-2 网络拓扑结构图

3.3.3 数据架构

数据中心是企业信息化管理中重要的"源泉",基于管道全生命周期的数据中心设计与建设,将管道本体及周边环境这一"实物"为基本载体,以管道从规划建设到投产运行直至运维报废各个阶段的业务活动为驱动要素,建立统一的"管道数据模型",并以管道全生命周期的进展为时间轴,将业务活动的成果物逐项加载到管道"实物"上,搭建天然气长输管道的全生命周期数据库,实现管道从规划到报废的全资产、全过程、全业务的集中存储、集中传输、集中交换、统一信息化管理。

按照采、存、管、用的流程,将新气管道公司的数据中心架构划分为数据采集层、数据处理层、数据加工存储层、集成应用层,并建立相应的数据管控、数据安全标准规范和保障体系(图 3-3)。

(1) 数据采集层。

数据采集层主要是对管道全生命周期过程中所产生数据的采集,包括基础地理数据、周边环境数据、管道工程建设数据、完整性业务管理数据、生产运行数据、应急管理数据以及天然气营销数据等,所采用的形式既有手动采集也有通过智能传感器、移动终端等。

(2) 数据处理层。

将采集的各种格式各种介质的信息通过适配器进行数据校验、处理,并遵照相关标准规范进行质量控制、数据清洗、数据交换、数据集成以及数据分类等工作。

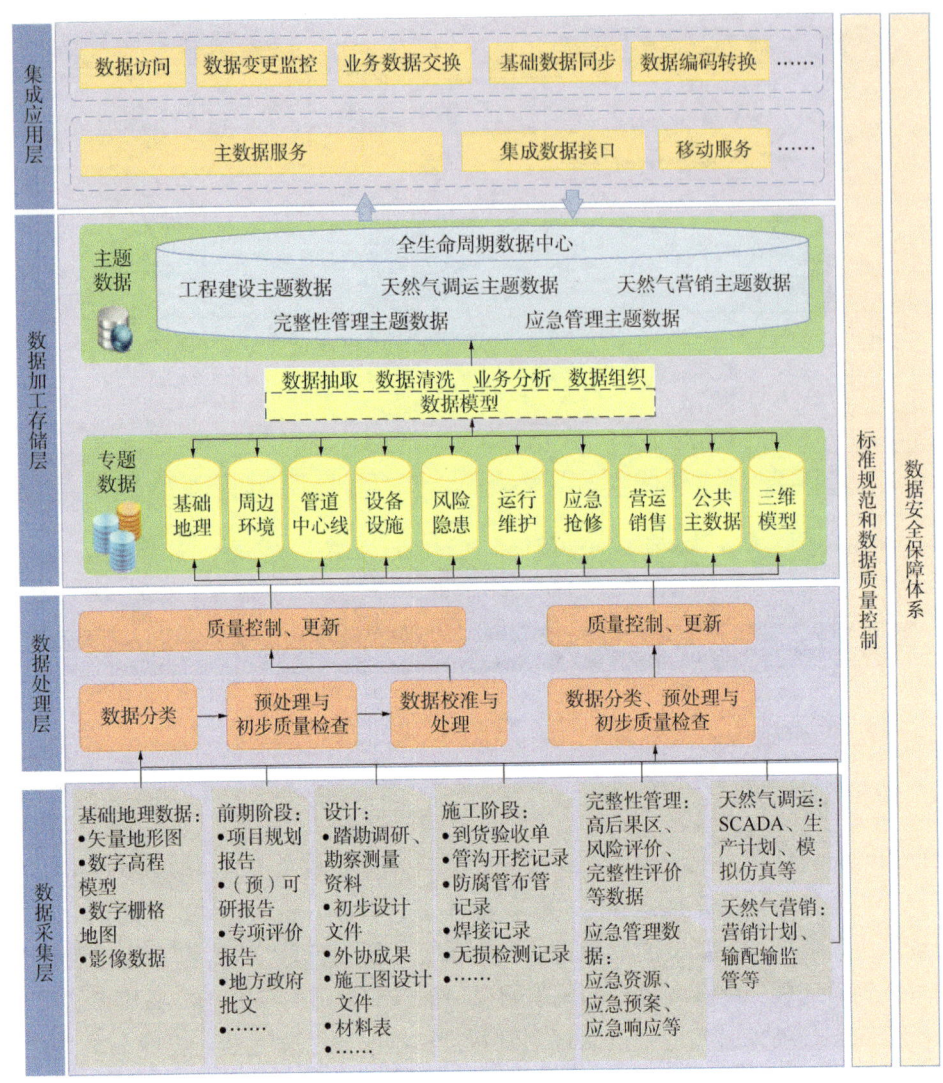

图 3-3 数据架构图

(3) 数据加工存储层。

根据管道全生命周期业务活动和数据内容，建立管道全生命周期数据模型，基于此模型进行数据资源的抽取、清洗、分析和组织。

主要形成两大类数据：专题数据和主题数据。专题数据是经初级处理加工后依照业务分类存储的数据实体，保留了所有的源数据和过程信息。主题数据中的全生命周期数据中心主要存储的是管道全生命周期过程中产生的成果数据，并与几大业务领域形成的主体数据协同关联。

(4) 集成应用层。

集成应用层大多以数据服务的形式进行封装，为各应用系统提供主数据服务、集成数据接口、移动服务等集成服务，并且实现数据访问、数据变更监控、业务数据交换、基础数据同步、数据编码转换等包含业务逻辑的数据应用服务。

3.3.4 功能架构

智慧管网基于物联网的诸多感知监控技术的支持下，以私有云技术为企业搭建信息平台运行基础环境，利用操作型数据仓储（以下简称 ODS）技术实现数据仓库体系结构搭建，采用 SOA 技术提供粗粒度、松耦合、可扩展的服务架构，以二维三维可视化技术进行数据展示，业务与技术相融合，实现管道完整性管理、天然气调运、应急管理等业务的信息化应用，满足工程建设期数字化建设需求，并为运营期的智能化业务应用及深入提升打下坚实基础。总体的技术架构如图 3-4 所示。

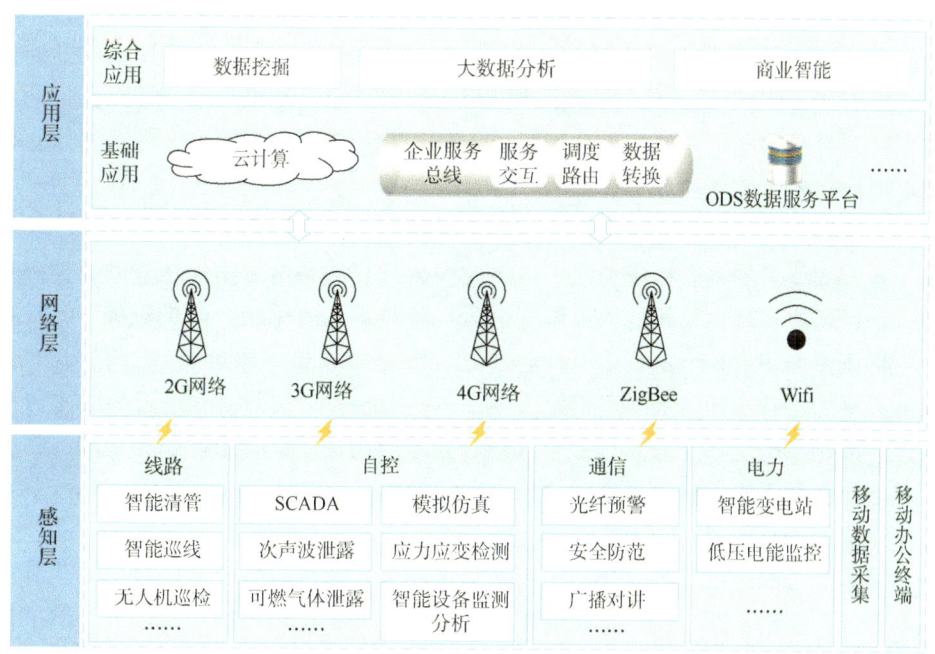

图 3-4 技术架构图

其中所涉及的关键技术概要描述如下。

(1) 物联网。

智慧管网的核心资产在于其数据蕴含的价值，真实、准确、及时的数据是任何业务决策的基础。目前，大多天然气管道企业借助信息系统已经实现了天然气管道的工艺参数、计量交接、生产日志、设备动态、维护维修、视频监控、风险评价等数据的获取与高效管理。这些数据成为开展各种业务工作的基础，但是，仍然有大量数据未能实时获取并分析利用，包括管道能耗数据、内检测数据、灾害预报预警信息等，数据的唯一性和共享性没有得到有效解决，影响了数据资产在整合和分析方面更大价值的利用。因此，进一步扩大管道系统的感知范围，有效实现信息的互联互通仍是实现智慧管网运营的重要基础。

物联网是指通过传感器、射频识别（以下简称 RFID）技术、全球定位系统、红外感应器、激光扫描器、气体感应器等各种信息传感技术与设备，实时采集任何需要监控、连接、互动的物体或过程,以及其声、光、热、电、力学、化学、生物及位置等信息,并与互联网结合形成的巨大网络。其目的是实现物与物、物与人,所有物体与网络的连接,以方便各种物体和过程的识别、管理与控制。将物联网技术应用于油气管道设计、建设、运营、维护和管理的全过程,有利于促进管道的完整性管理和失效控制,提高管道运行的安全性和经济效益。

物联网的应用将在继承行业已有的感知层和传输层相关研究成果和技术标准的基础上,借助SCADA等系统相对全面的数据感知能力和互联网广泛的覆盖范围等有利条件,开展应用层的数据分析与决策支持,从数据的集成应用和管网智能分析两个方面开始实施工作。

(2)云计算。

云计算在节省成本、提高IT基础架构效率、简化部署等方面的优势已经得到大型集团公司、政府机关广泛的认可。信息化建设将随着管道建设及投产运营带来大量的基础资源需求,云计算的实施可支持管道公司的IT系统迅速应对业务的变化与发展,并根据业务需求更加快速地实施新的业务流程。

企业级虚拟化是云计算的基础,构建支持异构平台、满足安全性、可靠性、扩展性和灵活性等各方面要求的企业级虚拟化平台是建设云计算的必由之路。在基础架构虚拟化的基础上,企业还要实现自动化的资源调配。云计算技术的应用是个渐进过程,云计算实施过程中,将依照IaaS(Infrastructure-as-a-Service,基础设施即服务)、PaaS(Platform-as-a-Service,平台即服务)、SaaS(Software-as-a-Service,软件即服务)三个层面分阶段实施。云计算基础架构应该支撑运行公司的核心业务应用,还应着重考虑相关的一系列配套措施,包括业务和组织架构等各方面。

(3)企业服务总线(以下简称ESB)。

公司随着业务的推进,各基础型平台和专业型应用系统将依次分阶段部署上线,以满足不同专业、不同层次用户的信息化需求,不同的应用系统建设模式将形成不同的应用系统技术架构,企业中存在的不同信息系统架构是造成技术体系复杂混乱、技术标准不兼容、IT系统间互操作性差、上下信息交换不通畅、IT管理不规范等的祸端。SOA技术能够使系统融合和充分利用已有的业务系统,集成相关信息资源,同时便于各系统快速地开发和易于扩展。目前,企业级系统平台正在越来越多地采用面向服务集成的技术体系(SOA)来解决信息共享和信息集成问题。

ESB是SOA架构实现不可缺少的一部分,它是一种开放的、基于标准的分布式同步或异步信息传递中间件,就像一根"聪明"的管道,用来连接各个"愚笨"的节点。为了集成不同系统,不同协议的服务,ESB做了消息的转换解释与路由等工作,让不同的服务互联互通。通过XML、Web Service接口以及标准化基于规则的路由选择文档等支持,ESB为企业应用程序提供安全互用性。

(4)大数据分析。

管道的建设、运营、维护等全生命周期过程中将产生大量数据,智慧管道建设采用了大量的物联网感知技术,数据量更以几何倍数增长,将数据整合处理分析并用于管道管理，大规模生产、分享和应用数据必将是管道智慧化应用的发展趋势。

以管道安全为例，在信息处理能力受限的小数据时代，为提高数据分析效率，降低工作量，只对某一种检测方法中部分超过报告阈值的缺陷进行分析和处理，希望通过最少的数据获得最多的管道安全信息。而在大数据时代，随着计算机技术的发展，数据处理能力的增强，管道大数据不是来源于某一种检测方法，而是制管、焊接、铺管等管道基本数据、历史数据、多种检测数据、完整性评价数据、风险评价数据等与管道安全相关的所有数据的总和。

公司可利用一定的方法和技术，对管道建设及运营的历史大数据进行分析，归纳总结出有一些规律与趋势，比如提高风险评价准确度、丰富仿真模拟的数据因子、预测管道在一定周期内的安全运营状况等，从数据分析角度为管理者提供一种数据分析思路，为管理者的决策提供参考。

3.3.4.1 集成架构

企业信息化管理的精髓是信息集成，其核心要素是数据平台的建设和数据的深度挖掘，通过信息管理系统把企业的设计、采购、生产、制造、财务、管理等各个环节集成起来，共享信息和资源，同时利用现代的技术手段来有效地支撑企业的决策系统，达到降低库存、提高生产效能和质量、快速应变的目的，增强企业的市场竞争力。

对于运行公司来说，信息集成是消除孤立应用、实现业务贯通的重要手段。科学合理的信息集成机制可减少公司在建设过程中不必要的重复投资。将孤立的应用系统联系起来，实现信息共享，使信息获得统一的维护，并使数据和信息得到及时、准确、动态地更新，减少人工作业，提高企业的运营效率和管理创新能力。

集成技术架构的设计主要考虑从数据、应用两个方面实现横向集成，以及从支撑层、应用系统层、总线服务层、流程数据层、门户集中展现层和用户访问层六个层级实现纵向集成，从而实现平台的内部集成，以及与已建和未建系统的集成。

基于"单一数据来源""谁产生，谁负责"的原则，实施信息化系统规划，各业务子系统之间的数据交换、应用共享、业务流程协同建立在企业服务总线支撑的基础上，为大数据中心实现数据的完整性、无冗余性提供保障。

信息化系统通过企业服务总线与智能化管线管理系统、总部推广的其他相关系统如ERP等实施数据交换与应用集成。

信息化系统通过企业服务总线内建的集成服务、服务管理、服务监控和安全监控机制等，简化各业务子系统的安全设计与应用开发，为应用系统自身性能提升和应用扩展提供技术保障。

3.3.4.2 部署架构

IT基础设施建设是信息化建设的基础，是支撑智能化系统应用的重要支撑，本架构对公司建设期与运营期整体的应用系统所需设施资源进行设计。

公司需要建立安全合理的网络及物理部署环境，企业自行构建私有云计算平台(以下简称IAAS)环境，满足业务上的安全、高可用及冗余备份的需求，并实现对未来不断壮大的业务需求进行灵活的资源扩展。

项目建设期，秉着满足业务需求的情况保质、保量、低成本的原则进行架构设计。可以考虑采用主数据中心机房的架构，根据规模需求做适当资源的减配。

图 3-5 是初步的网络逻辑架构图，待具体的实施需求如云计算技术硬件要求确定后，结合服务器、刀片机、路由器、磁盘阵列等硬件设施市场价，再制定详细的物理部署架构。

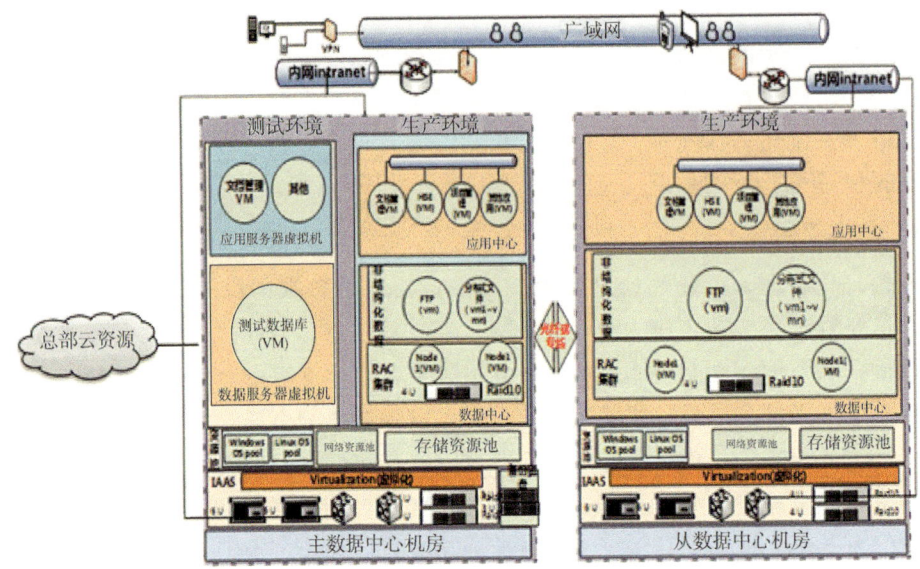

图 3-5　应用服务器部署架构图

充分考虑生产环境、测试环境、数据迁移、程序更新、调试、测试等约束。架构主要分为四部分区域：物理硬件设施、云虚拟化资源池、内网、外网。

（1）物理硬件设施。

主要包含主机或者刀片机、路由器、光纤交换机、机柜、磁盘阵列、防火墙等，为了防止单点故障，使用多链路集群负载均衡技术实现高可用控制、在链路故障时实现自动切换。在网络安全方面，外网和内网之间采用硬件防火墙进行安全隔离，内网和机房数据中心之间同样采用防火墙进行隔离。

数据存储是数据中心内基础物理存储资源组合的虚拟表示，这些物理存储资源来自服务器本地的 SCSI、SAS，或者 SATA 磁盘、光纤通道 SAN 磁盘阵列、iSCSI SAN 磁盘或者网络附件存储（以下简称 NAS）阵列中。

（2）云虚拟化资源池。

云计算 IAAS 环境采用 vmsphere 构建，云计算管理平台主要包含三种类型的资源：计算资源池、网络资源池、存储资源池。计算资源池采用 vlan 技术把不同的应用集群进行隔离，进一步保证系统安全。把应用服务器放在一个 vlan 区域，非结构大数据放在一个 vlan 区域，结构化数据放在一个 vlan 区域。

考虑到运维、安全、性能等要素，可以分别创建 windows 系列和 linux 系列的虚拟机，相对来说 windows 容易运维，linux 相对 windows 在性能和安全上较有优势。又如某些服务（hadoop 集群）的稳定版只能在 linux 上运行。

存储资源池的组织方式比较流行的有三种实现形式：磁盘阵列、NAS、SAN。NAS 相对来说容易扩展，价格低廉。SAN 相对来说价格昂贵、性能较高。如果要兼顾结构化数据和非结构化数据存储到 SAN 上比较合适。

实施过程中如果某个子系统为系统瓶颈，则在云环境中做相应的负载均衡，提高系统的性能。

3.3.4.3 安全管理

结合国家信息系统安全等级保护相关标准、集团公司信息安全有关规定，建立运行公司整体的信息安全保障体系，实现信息系统与安全建设"同步设计，同步建设，同步运行"，有效保障企业生产业务信息系统安全。

信息安全保障体系需要在体系框架层次进行有效的组织，理清保护范围、保护等级和安全措施的关系，建立合理的整体框架结构，是对制订具体等级保护方案的重要指导运行公司的信息安全主要涉及技术和管理两个相互紧密关联的要素，构建信息系统的安全技术体系、安全管理体系，形成集防护、检测、响应、恢复于一体的安全保障体系，从而实现物理安全、网络安全、系统安全、数据安全、应用安全和管理安全，并建立安全风险评估机制，在安全风险评估的基础上，调整和完善安全策略，改进安全措施保证系统长期稳定可靠地运行。具体如图 3-6 所示。

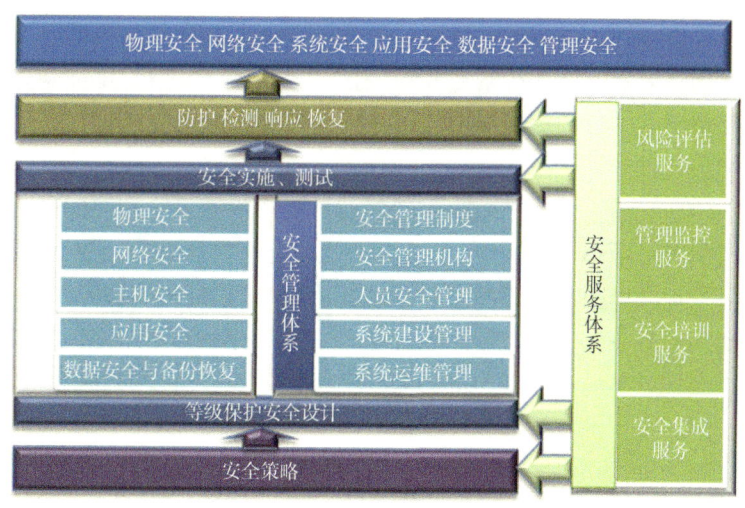

图 3-6 信息化系统安全框架图

运行公司信息化安全建设主要在以下几个方面进行落实。

（1）物理安全管理。

集团公司等级保护管理要求对物理机进行了规定，包括物理位置的选择、物理访问控制、防盗和防破坏、防雷击、防火、防水和防潮、防静电、湿温度控制、电力供应、电磁防护等方面。运行公司将根据业务管理要求在门禁系统、防盗警报系统、视频监控系统、防雷系统、灭火系统、漏水检测系统、精密空调(温湿度控制系统)7个方面进行建设和完善。

(2) 网络安全管理。

运行公司将搭建企业私有云平台,信息化系统的建设将基于该平台的基础上进行网络安全设计。在网络结构进行不同安全区域的划分,根据业务服务重要次序进行带宽优先级别分配,控制业务终端与服务器之间的路由。加强网络访问控制,定义清晰的网络边界,进行边界完整性检查,在重要网段需要进行技术手段进行入侵检测。

(3) 主机安全管理。

运行公司对私有云平台区域服务器、应用系统服务器部署主机加固系统。部署完成后管理人员可通过控制台远程登录主机加固管理平台对各个系统中的所有安全主机进行管理,整套系统由部署双机的主机加固管理平台和主机日志管理平台组成,由两台虚拟主机组成,部署在安全管理区中,无论其中哪一台服务器宕机停止服务,都有另一台接替服务,保证了主机安全环境系统不受影响。

(4) 应用安全管理。

建立一致的标准和技术实现框架,通过身份鉴别、行为防抵赖、数据防篡改、日志审计等安全服务,对应用系统屏蔽应用案例和数据保护相关的处理机制和管理逻辑,为应用系统提供标准化安全协议支持,简化应用系统的安全管理和开发,提高公司信息化系统应用的整体安全性,满足系统业务的实际安全要求。

应用安全应考虑对业务数据进行适度防护,通过数据价值分析和风险分析,按数据的敏感度制定溯源、机密性、完整性、抗抵赖等方面的数据分级保护策略。以数据分级为基础,基于数据级别将能够有效减少系统和应用层的攻击面,在数据层面建立与网络层、系统层、应用层安全策略一致的更细粒度的数据安全策略,最大限度地提高系统的数据保护能力并平衡系统的可用性。

对工控系统安全方面,主要是消除由数采业务导致的管理网和控制网之间互通带来的安全隐患。通过部署工业级的安全防火墙,建立安全交换区进行网络区域划分和有效隔离。实现管理网和控制网的边界防护,有效防止病毒、攻击、入侵的发生。同时实现工控协议的安全策略控制。通过OPC服务器和实时数据库之间部署工控防火墙、数采网关、通信服务器实现数采业务的应用级代理,避免非可信的工控协议的通信、做到非法通信的阻断和报警。

(5) 数据安全管理。

① 涉密数据管理。

空间数据安全方面,满足国家测绘局、国家保密局印发的《测绘管理工作国家秘密范围的规定》,参照《公开地图内容表示补充规定(试行)》《公开地图内容表示若干规定》《基础地理信息公开表示内容的规定(试行)》《遥感影像公开使用管理规定(试行)》《基础测绘成果提供使用管理暂行办法》等国家相关规定及法律法规,公司信息化系统中航飞影像数据、管道专业数据、周边环境数据等属于涉密数据,需要按测绘部门的管理要求进行脱密处理。

非空间数据方面，根据涉密数据的范围、管理要求选择进行涉密信息系统搭建或通过加密或其他有效措施如权限配置、审计管理等进行数据存储、传输的安全控制，并建立涉密数据管理机制，从制度、组织机构、管理规程上进行约束。

② 非涉密数据安全设计。

按照等保数据管理要求，对系统管理数据、鉴别信息和重要业务数据在存储、传输过程中对数据的完整性进行检测，并采取必要的恢复措施。同时提供完备的数据备份与恢复机制，在发生灾难时能实现快速的数据恢复，保障系统的高可用性。

（6）安全制度管理。

运行公司需要基于安全管理的目标、范围、原则，制定信息安全管理制度，从安全管理机构，人员安全、系统建设安全、系统运维安全等几个方面提出管理要求，形成由安全策略、管理制度、操作规程构成的全面的信息安全管理制度体系。

3.3.5 业务架构

利用信息系统，对管道完整性的六个环节：数据收集、高后果区识别、风险评价、完整性评价、维修维护和效能评价，进行分类管理。从而将管道运行的风险水平控制在合理的、可接受的范围内，最终达到持续改进、减少和预防管道事故发生、经济合理地保证管道安全运行的目的(图3-7、图3-8)。

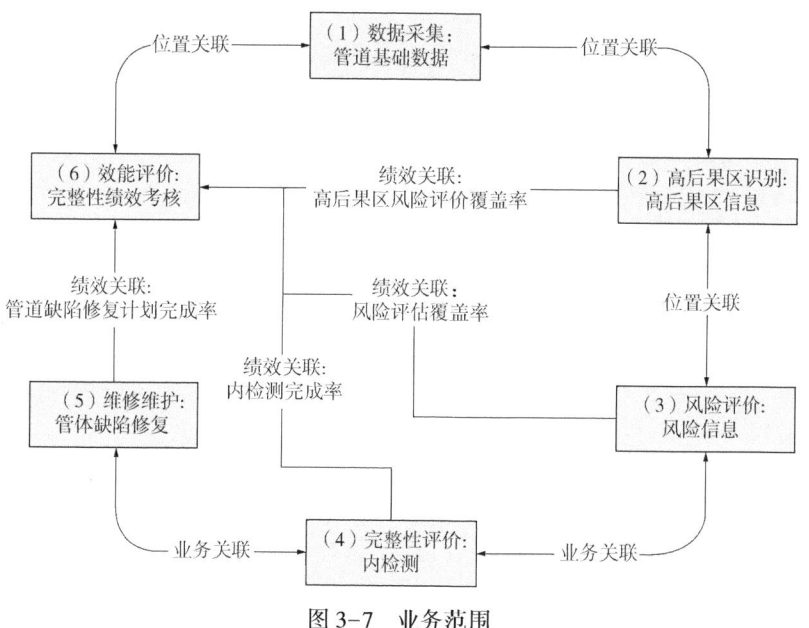

图3-7 业务范围

3.3.6 应用架构

公司应用系统建设以基础软硬件网络环境和智能感知设施为支撑，统一的管道全生命周期数据中心为数据依托，采用先进的SOA平台架构和J2EE企业级应用开发框架为技术

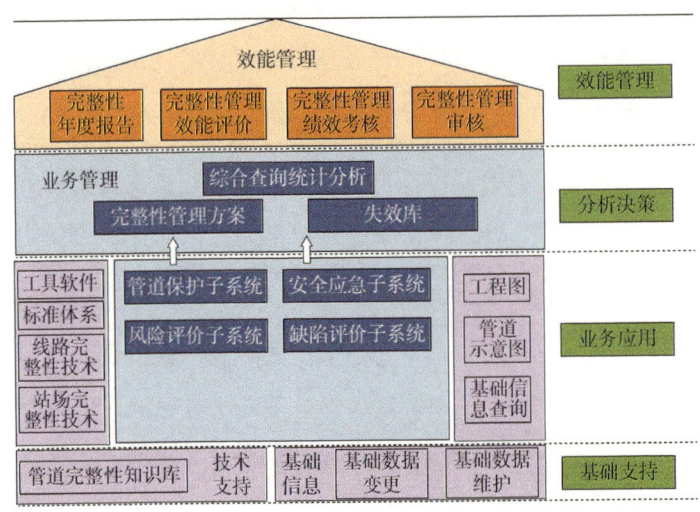

图 3-8　平台功能规划

保障，基于企业服务总线、二维三维一体化平台、移动应用平台、空间数据共享平台等平台服务支撑，提出智慧管网运营所需的各项系统功能应用，在各系统间形成统一、规范的集成与共享机制，并进一步提升分析预测、生产优化等应用的深化。从而为管道安全、高效、绿色运营提供数据、功能的支持，公司管道管理的精细化、智能化逐步推进，辅助企业完善并落实形成有效的信息化支撑体系。

公司应用系统的总体应用架构主要包括四个层次(基础设施、数据中心、服务平台、业务管理)、两大支撑(信息化管控、信息安全)。

在具体的应用系统设计中将重点对专业生产的业务应用系统进行规划，侧重于当下建设期的现状与需求，并提出运营期各业务领域的应用需求和系统建设思路。

第4章
管道大数据的采集、存储及分析方法

完整准确的管道数据是数字管道建设的基础,数据采集与管理贯穿于智慧管道建设的整个生命周期。随着大数据时代的到来,云计算技术的发展,形成管道大数据系统,是油气管道全生命周期数据管理的新思路、新方向。油气管道数据是构建智慧管网系统的必要条件,基于此,本章主要介绍了油气管道全生命周期数据的采集、存储及分析方法。

4.1 数据采集

4.1.1 建设期数据采集原则

管道建设期数据是管道完整性数据管理的核心,应充分认识到数据采集及其质量控制的重要性,数据采集应遵循以下原则:
(1)采用先进的数据模型,保证数据采集的准确性、完整性和有效性。
(2)以 GIS 为工具,实现 GIS 技术、管理业务模型融合,建立先进的数据管理系统。
(3)遵循相关标准和要求,结合数字管道项目具体要求,制定数据字典、数据管理和数据采集模式。
(4)制订严格的数据采集方法、数据采集流程、质检方法流程和技术规范。

4.1.2 数据建设期采集方法和流程

管道建设期数据主要包括管道中心线数据、管道三桩数据、管道设施设备数据和管道无损检测数据。管道建设期数据的采集是否及时准确至关重要,建设期完整性数据采集的主要任务是建立以质量追踪为主线的建设期数据与空间位置为定位基准的运行期数据模型之间的关联关系。根据数据模型所包含的管道要素大致可以分为三类:核心要素、在线要素和离线要素。
(1)核心要素:核心要素是模型的框架主要用于管线的空间定位和组织数据间的结构关系,核心要素包含站列、控制点和管网。
(2)在线要素:根据管线设备与管线位置关系而确定的要素,包括点要素和线要素,它们在管道中心线上。例如：阀门、焊缝、钢管等。在线点和在线存储于已知 M 值的点要素类中，通过先行参考，在线点要素可以直接定位在管线上。

（3）离线要素：根据管线周围事物的位置关系确定的一类要素，点要素不在管道中心线上，线要素与管道交叉或者平行。例如：收发球筒、整公里桩、水工保护、铁路等。离线点要素存储于已知 M 值，并偏离中心线定位的点要素类中。离线点要素需要通过地理坐标来定位。

4.1.2.1 管道测量数据入库

控制点数据是由测量单位提供，数据模型要求控制点必须有 M 值，才能完整、准确反映管道走向。管道模型对测量数据要求，超出了测绘单位提交的内容以及测绘单位的能力。所以需要入库人员在整理测量数据时添加里程位置信息。控制点按照管道输送方向连线生成站列，按照模型要求进行处理，需要与控制点建立关联关系，进行站列统一命名，划分站列，站列连通、追踪，挂接管网等处理。控制点入库需要特别注意是否有明显偏出管道走向范围的点，验证控制点 M 值计算是否符合要求以及是否正确。生成站列后利用 GIS 软件做拓扑分析检查，检查是否存在交叉或者"Z"形和"L"形走向，站列里程是否和控制点对应（图 4-1、图 4-2）。

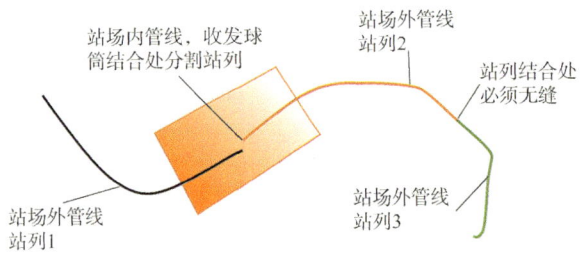

图 4-1 站列检查

4.1.2.2 管线设施设备入库

管道深埋地下，所以建设期数据主要来源于施工、竣工资料的整理。由于资料年代久远，加上后期管道改线等因素，采集数据的真实性、完整性存在与运行数据较大差异。同时在数据采集控制点、中心线、桩全部都是现场测量到的精准坐标，带来了管道中心线与管道设备设施数据无法匹配的问题，官道上的各种设施设备都依附于管道上，属于在线要素，因此录入时除了录入属性数据之外，还需要录入位置信息（图 4-3）。

4.1.3 建设期数据校准对齐

管道建设期数据通过施工记录、竣工资料等记录管道信息，因为是人工录入所以存在数据质量和精度不是很高的问题。管道内检测过程中会记录管道的特征点等信息，相对于建设期数据而言内检测数据质量以及精度相对更高，管道里程更接近于真实情况，建立内检测数据焊缝编号与建设期焊缝编号的对应关系，使管道建设期管道本体所有属性与运营期间检测结果以及管道周边环境之间建立关联关系。建立以内检测数据为准线，按照内检测中收发球筒、阀门、三通、焊缝等地面特征点实现对管道中心线以及管道建设期数据的校准、对齐以及里程拉伸。建设期数据校准对齐流程图如图 4-4 所示。

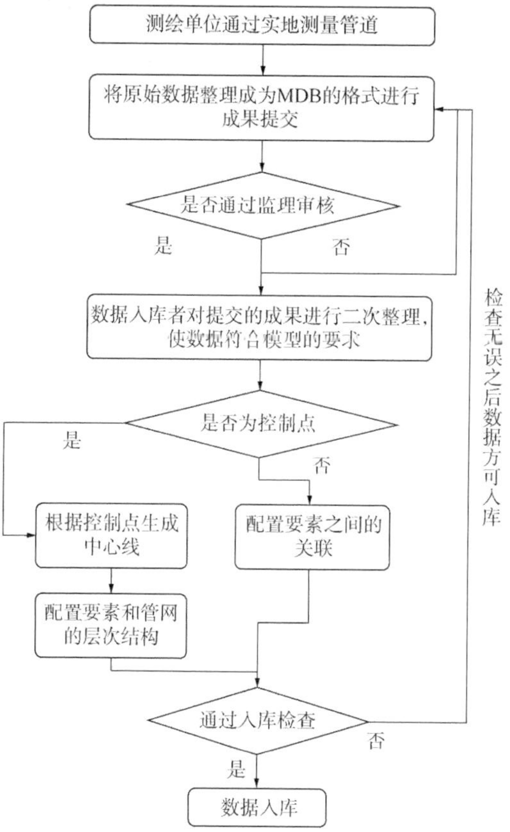

图 4-2 测量数据入库流程图

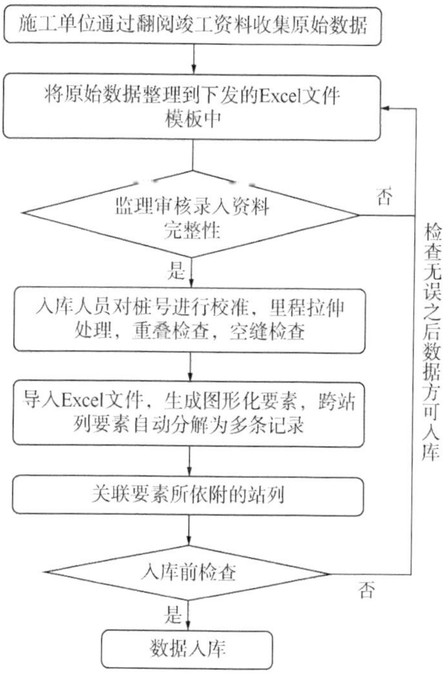

图 4-3 管线设施入库流程图

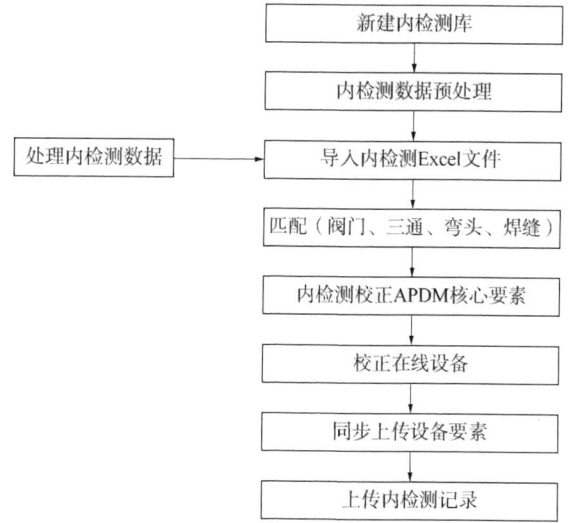

图 4-4 建设期数据校准对齐流程图

建设期数据校准、对齐方法如下：

（1）打开内检测数据库后，选择需要导入的内检测数据信息，检查数据合法后，将内检测成果导入内检测库中。数据预处理以陕京管道"靖边—榆林"试验段为例：在靖边—榆林段数据入库中发现以下问题，导致数据入库过程中出现错误，主要问题是内检测数据中焊缝数量少于焊缝手册中焊缝数量、缺少"壁厚"字段、"金属损失类型"错误、"环向位置"格式错误，对以上错误需要在内检测数据导入前必须修改。

（2）建立建设期数据与内检测数据的匹配关系，以内检测数据中的阀门、弯头、三通为基准，找到两种数据下对应的阀门，将两个阀门连接起来，建立两个阀门之间的关联关系。同理找到两种数据下对应的弯头、三通关联关系。

（3）在两种数据建立关联关系后对建设期核心数据的校准对齐拉伸处理。利用已开发的算法模型以内检测里程为准，校正APDM在线点数据的里程信息。通过选择内检测数据中地面参考点、阀门、三通的位置信息对建设期核心数据进行校准。例如标志桩、站列等。

（4）在两种数据建立关联关系以及核心要素的基础上，根据里程和容差技术，进行其他数据的校准拉伸对齐，以保证在线要素位置信息和核心要素位置信息的关系保持一致。在线要素有焊缝、钢管、防腐层等要素。

4.1.4　运营期数据采集

运营期数据采集依据智能化管道标准，以满足运营期管理需求为目标，结合管道建设实际，确定管道运营期数据采集类型及数据内容。运营期数据采集内容与智能化管理系统功能相对应，排除工程建设期已有的数据，避免数据重复采集，为运营期智能化管理平台的高效运转提供支撑。

运营期数据采集内容主要包括阴极保护数据、管道保护数据、管道周边环境数据、站场设备设施数据、维修维护数据、管道检测—外检测数据、管道内检测数据、管道巡线数据、运行监控数据、管道光缆数据及站库外电线数据等。

（1）阴极保护数据包括阴极保护电位测试、恒电位仪、牺牲阳极电参数测试、辅助阳极地床、阴保电源、阴保电缆、牺牲阳极、排流装置、运行参数、直流排流保护、交流排流保护数据等。

（2）管道保护数据包括第三方破坏、第三方施工、管道占压、高后果区、管道安全隐患、管道事故与灾害、第三方施工数据等。

（3）管道周边环境数据包括单户居民、政府单位、重大危险源、环境监测单位、自然保护区、密集居民区、敏感目标、水体、第三方管道、维抢修队伍、社会专业应急救援队伍、沿线抢险资源、消防单位、医院、公安单位、隐患地质信息等。

（4）站场设备设施数据包括流量计、清管器收发球装置、放空立管、放空火炬、过滤器、消防水罐、换热器、压力容器、汇气管、加热炉、起重机、压缩机、压缩机电动机、压缩机燃气机、空气冷却器、空气压缩机、电加热器、消气器、工艺管线、压力（差压）变送器、收发球筒、电动机、阀门、阀门执行机构、管道高低点参数、加热炉特性参数、能效评价与管理系统 SCADA 位号信息需求表、站场基础参数、站场设备配置、站间管段基础参数、变压器、避雷器、电力电容器、隔离(负荷)开关、高压开关柜、直流屏、低压开关柜、锅炉、锅炉检验计划、起重机检验计划表、电梯、电梯检验计划表、特种设备作业人员、安全附件、安全阀检验计划表、厂内机动车、场内机动车检验计划表、压力管道、压力容器检验计划、客户信息、功能区域信息、站场业务、设备参数实时点位号、流量计检定信息、站场班组信息、工艺管道检查记录表、盲板、温度计、工艺管件、生活污水管道信息表、消防管线等。

（5）维修维护数据防腐层大修、管道清管、管道试压、管道维修数据等。

（6）管道检测—外检测数据包括：防腐层漏点检测、密间隔电位 CIPS 测量读数、直流电位梯度 DCVG 测量读数、交流电位梯度 ACVG 测量读数、埋地探测仪 PCM 读数、音频管道检测(Pearso)、外检测开挖验证、土壤管道检测、杂散电流、管道交流干扰测试、管道直流干扰测试、测试桩检测、管道穿跨越测试、管道外防腐层间接检测、阀室测试数据、排流设施有效性检测、恒电位仪绝缘接头检测、三桩偏移、管材信息、输送介质、监测、换管、沉管、改线、露管等。

（7）管道内检测数据包括内检测结果统计、参考点、凹陷、金属损失、制造缺陷、焊缝缺陷、未分类特征、内检测开挖验证等。

（8）管道巡线数据包括巡线人员、巡线车辆、巡线计划、巡线任务、巡线计划路径等。

（9）运行监控数据包括 720 全景影像配置、视频监控配置、实时数据配置等。

（10）管道光缆数据包括光缆中线测点、光缆信息表、光缆穿跨越、光缆单盘测试信息维护表、光缆敷设信息维护表、光缆架空表、光缆角杆、光纤接续盒、光缆接头及测试信息维护模板、光缆人(手)孔位置信息维护模板数据等。

（11）站库外电线数据包括电缆线路中线测点、架空杆塔信息表、架空线路信息表、架空线路中线测点等。

4.1.5 数据质量管理

数据质量管理将数据从采集、存储、应用、更新到消亡的全生命周期进行管理，对每个阶段里可能引发的各类数据质量问题，进行识别、度量、监控、预警等一系列管理活动，并通过改善和提高组织的管理水平使得数据质量获得进一步提高。它是一个循环管理过程，为企业提供可靠的数据，提升数据在使用中的价值，并最终为企业创造经济效益。

4.1.5.1 管理制度要求

（1）基于全生命周期的数据管理理念，明确数据对象从产生、采集入库、应用、维护的过程中，各参与人员的职责与工作界面。

（2）制订数据质量保障计划，根据各个过程的特点制定对应的数据质量保障计划，保障系统相关人员在进入系统建设的每个阶段前都了解和数据质量保障相关的计划和措施，从源头上保障。确保每个系统按照既定的数据质量保障原则进行建设，为后续工作提供强有力的基础和保障。

（3）建立数据质量评估标准，数据质量的评估指标一般指信息系统表达的数据视图与客观世界同一数据的距离，与数据生命周期有关的各个部门必须从自己的专业领域或者使用数据的角度，结合实际情况，分别定义自己的评估标准。

（4）建立数据质量控制策略。因为数据源是不断变化的，数据量是不断增加的，数据模型也是不断改进和优化的，所以必须要进行数据质量控制，该过程必然是反复迭代、持续改进、螺旋上升的过程。因此，需要成立一个数据质量控制机构，对数据处理过程制定完善的数据质量控制流程，遵循计划、评估、改进的数据控制模型对数据进行质量控制。

建议设立专门的数据服务队伍对建设过程中各服务商所产生的数据进行监管，保障数据填报的及时性、准确性、完整性；同时依照对各个服务商的数字化管理办法，监管数据产生的源头与流向，确保数据源的唯一性，从而满足同一数据源在不同阶段、不同专业的应用需求，实现"数出一门，多方应用"。

4.1.5.2 管理技术要求

数据质量是指数据的可靠性和精度，常用数据的质量特性来描述。数据质量控制是通过一系列的技术手段对采集的数据进行质量检查，以保证数据采集的有效性、准确性、完整性。

数据质量核查：制定数据采集模板，将一些数据规则与约束内嵌，只有符合模板要求的数据允许入库；数据核查工具，将采集的数据与管道全生命周期前阶段的数据成果进行数据对比，对采集数据进行质量核查。

数据质量评定：数据质量检查的最终结果应是给出一个合理的评定，以便正确使用系统数据。由于管道数据质量的因素众多，且数据质量本身就是一个模糊概念，不存在确定的数量界线。因此通过提前建立数据规则与数据检查模型的方法，对采集的管网数据进行综合评判，基于评判的结果督促承包商在后续的数据采集工作中进行方法改进提高数据质量。

4.1.6 数据安全管理

为保障管道的数据安全，保障全生命周期管道数据的机密性、完整性、可用性。主要从管理制度上数据安全防护技术两个方面提出了管理要求。

4.1.6.1 数据安全管理制度

为确保管道信息中心、网络中心机房重要数据的安全(保密)，一般要根据国家法律和有关规定制定适合企业自身的数据安全制度，主要涵盖内容如下：

（1）对应用系统使用、产生的介质或数据按其重要性进行分类，对存放有重要数据的介质，应备份必要份数，并分别存放在不同的安全地方(防火、防高温、防震、防磁、防静电及防盗），建立严格的保密保管制度。

（2）根据数据的保密规定和用途，确定使用人员的存取权限、存取方式和审批手续。

（3）机密数据处理作业结束时，应及时清除存储器、联机磁带、磁盘及其他介质上有关作业的程序和数据。

（4）机密级及以上秘密信息存储设备不得并入互联网。重要数据不得外泄，重要数据的输入及修改应由专人来完成。重要数据的打印输出及外存介质应存放在安全的地方，打印出的废纸应及时销毁。

4.1.6.2 安全防护技术

（1）涉密数据安全。

根据《中华人民共和国测绘成果管理条例》中将含有管道测绘成果资料的计算机与互联网物理断开的要求，实行服务器物理隔离，在专用网络内运行，供少量专业人员使用管道数据维护系统、专业分析等系统。对于日常业务管理系统等供广大用户使用的系统，因为通信网并不是专网，是建立在 VPN 基础上的，因此数据安全存在一定隐患，必须采用数据处理和交换的保护方案。

因此管道需要建立两套数据库，一套被物理隔离的真实数据库，一套连接到被坐标处理后的数据库，两套数据库之间利用移动硬盘进行数据交换（表 4-1、表 4-2）。

表 4-1　物理隔离数据列表

序号	数据项		主要内容	存储形式
1	空间数据	管道要素	管道中心线、管道上所有设备及周围的阴保、水工等	矢量
		地形图	1:1000000、1:250000、1:50000、1:5000 的地形图	矢量
		专题图	土壤、土地利用、地震、人口、道路	矢量
		影像	0.2/0.3 高清影像 30m 分辨率的全国的数字高程模型（ETM）	栅格
2	专业分析数据		高后果区（简称 HCA）、风险评估、完整性评估等专业分析的过程和结果数据	矢量
3	管道管理业务数据		重要的业务管理数据	纯属性表
4	权限信息		单位、用户、角色、功能权限、管网权限、管理范围权限	纯属性表

表 4-2　经过坐标处理后的物理隔离数据列表

序号	数据项		主要内容	存储形式	备注
1	空间数据	管道要素	管道、桩、桩的在线位置、站场、站场中心点、站场中心点的在线位置	矢量数据	坐标精度不高于 50m
		地形图	$25×10^4$ 地形图	矢量数据	
		影像	30m 分辨率的全国 ETM	栅格	

续表

序号	数据项	主要内容	存储形式	备注
2	经过处理后的管道数据	管道上所有的在线要素（设备、设施、维护维修、阴保、检测记录） 与管道相关的部分离线要素（水工保护、阴保） 管网对象表	纯属性表	无空间坐标
3	专业分析数据	高后果区、风险评估、完整性评估等专业分析的结果数据	纯属性表	
4	管道管理业务数据	所有的业务管理数据	纯属性表	
5	权限信息	单位、用户、角色、功能权限、管网权限	纯属性表	

因为对管道所有空间数据的维护，都是在物理隔离的管道数据库中进行，因此以该库的管道空间数据为基础，将管道数据经过处理后，更新和替换到公开的管道完整性数据库。而对管道进行管理的业务数据，都是在公开的管道数据库中进行，因此以该库的管道管理数据为基础，将重要的业务管理数据，更新和替换到物理隔离的管道数据库中。

根据需要交换的数据内容，可分为如下4种处理技术。

① 降低坐标精度。

按照国家在2009年1月23日发布的《公开地图内容表示补充规定（试行）》的第3条：公开地图位置精度不得高于50m，等高距不得小于50m，数字高程模型格网不得小于100m。由于系统对管道空间数据的需求，无等高线、数字高程模型，只需要管道核心数据（站列、站场、桩），必须是有坐标的矢量格式，因此采用降低坐标精度到50m的方案。

② 将二维坐标数据转成一维里程数据。

在日常业务管理系统中，对除去管道核心要素的其他管道数据，都用于供用户查询、统计，往往是查询某条管网或某站场管理范围内的管道要素，以列表形式浏览。因此，该类数据，都不需要坐标。针对在线要素直接转换，在物理隔离的管道数据库中，所有的在线要素都是以有坐标的矢量格式存储的，但该类数据都有一个特点，即有所依附的站列和里程。因此可将在线要素数据由二维坐标数据转成一维里程数据，即存储为无坐标的纯属性表，但所有字段仍然保留。针对离线要素间接转换，在物理隔离的数据库中，所有的管道离线要素都是以有坐标的矢量格式存储的，该类数据都只有坐标和自身的属性，无所依附的站列和里程。因此需要先计算离线管道要素在站列上的在线位置，再将在线位置数据由二维坐标数据转成一维里程数据，即存储为无坐标的纯属性表，除了离线管道要素的原有字段外，还增加了[站列事件ID]和[里程]。由于离线管道要素的几何形式有点、线、面3种，对点要素可根据现有APDM模型的[生成离线点的在线位置]规则来计算在线位置，对线和面，需要先计算其中心点，再计算在线位置。

③ 将管网等对象表转成属性表。

在物理隔离中，管网是以对象表（无坐标）的形式存储的，虽然与属性表较相似，但由于软件开发环境（SDE）的版本管理，其还有附加的A表、D表，因此也需要进行转换，存储为纯属性表。

④ 将重要数据汇总交换。

将重要数据经过汇总处理后存储到公开的完整性数据库中，由交换系统将这些数据提交到物理隔离的数据库。

(2) 非涉密数据安全。

对于非涉密数据主要是基于数据本身安全与数据防护安全两个方面进行考虑。

数据本身安全基于可靠的加密算法与安全体系，主要采用现代密码算法对数据进行主动保护，如数据保密、数据完整性、双向强身份认证等。在数据存储方面，采用现代信息存储手段对数据进行主动防护，如通过磁盘阵列、数据备份、异地容灾等手段保证数据的安全。在数据处理方面，通过有效手段防止数据在录入、处理、统计或打印中由于硬件故障、断电、死机、人为的误操作、程序缺陷、病毒或黑客等造成的数据库损坏或数据丢失现象，某些敏感或保密的数据可能不具备资格的人员或操作员阅读，而造成数据泄密等后果。

数据防护安全主要是通过采用各种技术和管理措施，使网络系统正常运行，从而确保网络数据的可用性、完整性和保密性。所以，建立网络安全保护措施的目的是确保经过网络传输和交换的数据不会发生增加、修改、丢失和泄漏等。通过网络安全认证，数据库自身的访问控制功能及服务器操作系统的访问控制功能，通过各个层面安全设计的结合，确保只有合法的运维人员能从合法的地址访问数据库及文件服务器进行维护。通过数据备份与恢复对数据的完整性实施保护，在系统遇到人为或者自然灾难时，能够通过备份内容对系统进行有效的灾难恢复，系统的数据需要定期完全备份，并按照内控要求保存到光盘或移动硬盘等介质上，异地备份将根据异地灾备建设情况权衡考虑。

4.1.7 数据检查

在数据入库之前，要对数据全面检查以保证数据准确性和完整性。长输管线一般是由多家施工单位共同完成，考虑到检查、修改等工作，对每个施工单位提交的成果数据分别按照各类数据的要求进行检查。数据应满足以下基本要求：

(1) 准确性：数据应真实、准确，不得编造。

(2) 及时性：数据应及时更新和上报。

(3) 完整性：数据应完整，必要信息不可缺少，确因无法获取的数据需要说明原因。

(4) 逻辑一致性：数据之间的逻辑关系应一致。

(5) 规范性：数据应符合规定格式要求。

4.1.8 质量控制机制

(1) 承建方应纳入监理的统一监管范围，进度、质量与工程进度同步，数字化单位负责人对数据质量负总责任。

(2) 承建方负责制定数据质量控制要求和岗位责任制，明确各组和各岗位工作人员数据质量控制的职责，明确各工作环节质量控制的要点，应明确分工，责任到人，出现问题时追究相关人员的责任。

（3）承建方应安排专人对购买的地理背景数据的质量进行检查、审核。

（4）各单位上报的数据提交至承建方，由承建方安排数据检查人员负责数据的检查验收，记录结果并上报数据质量负责人审核。存在问题的数据，应填写数据质量问题跟踪表，对存在问题的数据进行跟踪。

（5）承建方数据质量负责人应组织数据质量评估小组对相关人员的工作进行评估，对发现的问题进行整改，并追究相应的质量责任。

4.1.9　基础地理数据质量控制方法与流程

地理背景数据质量控制的流程分为准备、数据采集与处理和数据入库三个阶段，准备阶段主要进行工作准备和技术准备，并进行数据源质量的检查，数据采集与处理阶段包括数据的更新和质量检查，数据入库阶段进行地理背景数据和元数据的入库及检查。要求在准备阶段输出数字化生产建库方案及评审记录和数据源质量验收报告；数据采集与处理阶段输出数据更新记录和更新后数据检查报告；数据入库阶段输出成果清单和检查验收记录和备份记录。

质量控制关键点：地理背景数据的质量检查包括数据源质量检查、数据采集更新质量检查和数据入库后的质量检查；任意单位产品只要出现一个严重缺陷，则判定为不合格；问题数据进行错误跟踪，改正后重新验收、入库；检查通过后，进行成果提交，并提供检查验收记录和成果清单，出具质量评价报告。质量控制流程图如图4-5所示。

4.1.10　管道专业数据质量控制方法与流程

管道专业数据质量控制内容包括：控制点测量；图根控制测量；管线测量；测量规范应由建设方、监理和测量单位三方根据国家标准、行业标准以及项目的实际情况共同制定。管道路由数据的产生主要涉及测量单位和承建方，同时也包括建设方、监理单位、第三方复测单和施工单位的配合；测量单位按照测量任务进行测量工作并上报日报，按规定时间解算测量数据并上报；第三方复测单位对控制测量的精度和管线测量的精度进行复测检查；承建方检查测量进度与监理下发的测量任务是否一致，并进行数据质量检查，对出现问题的数据进行跟踪修改，直至数据合格。

质量控制关键点：在测量之前，需要对仪器进行检测，并出具检测报告；测量单位根据测量规范的要求施测，并进行室内的拓扑、焊口编号、钢管长度、高程等必要性检查，之后向承建方提供测量成果和解算数据；复测第三方单位对测量单位的测量结果进行复测检查，出具检查报告。当检验时发现观测数据不能满足要求时，测量单位应对问题数据进行补测或重测，必要时全部数据应重测；承建方对测量单位的数据进行室内检查，检查测量日报数据是否与监理下达的测量任务一致，如果不一致，追查原因。同时，进行成图检查，包括位置关系、焊口编号、长度、高程等的检查。管道专业数据质量控制流程图如图4-6所示。

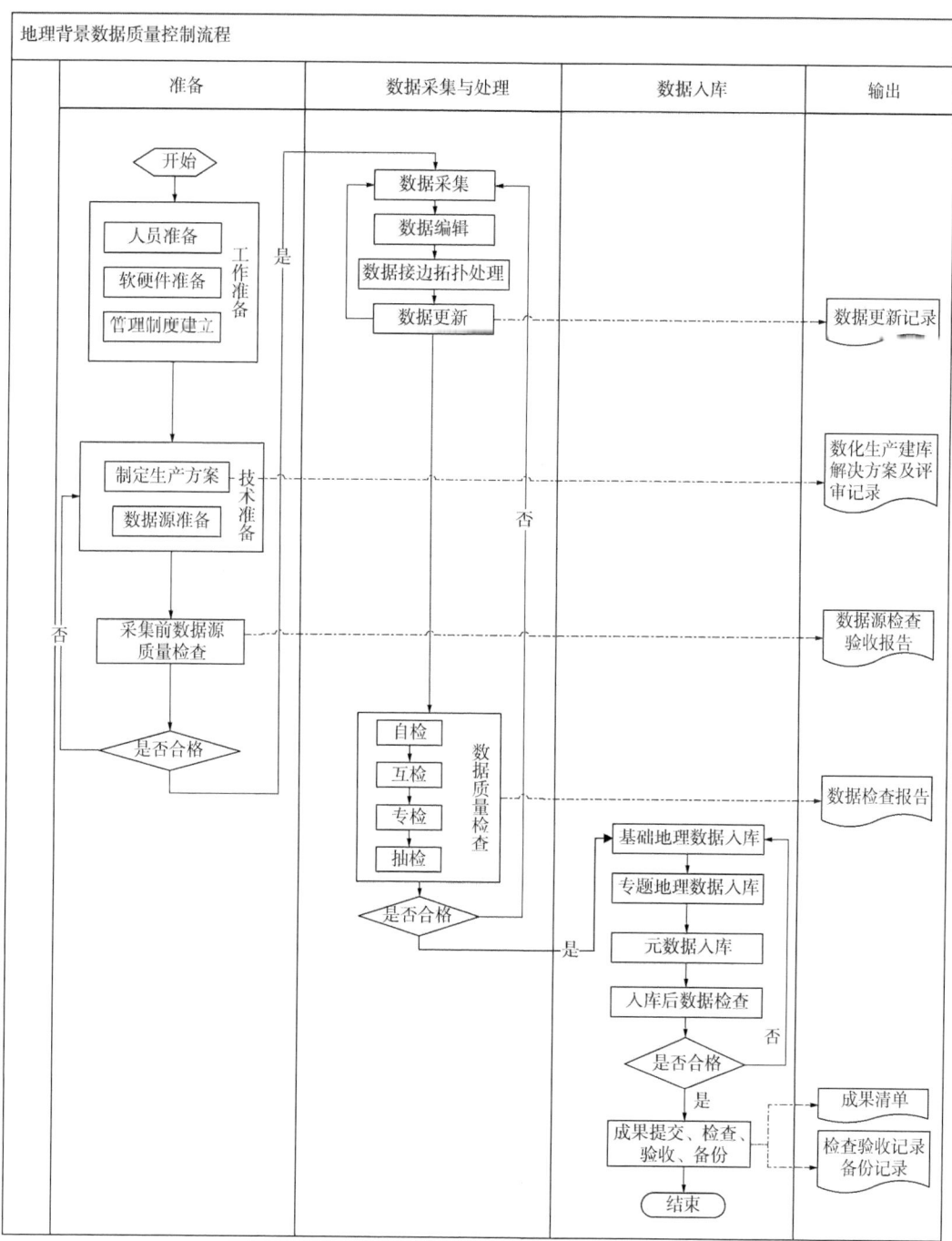

图 4-5 基础地理数据质量控制流程图

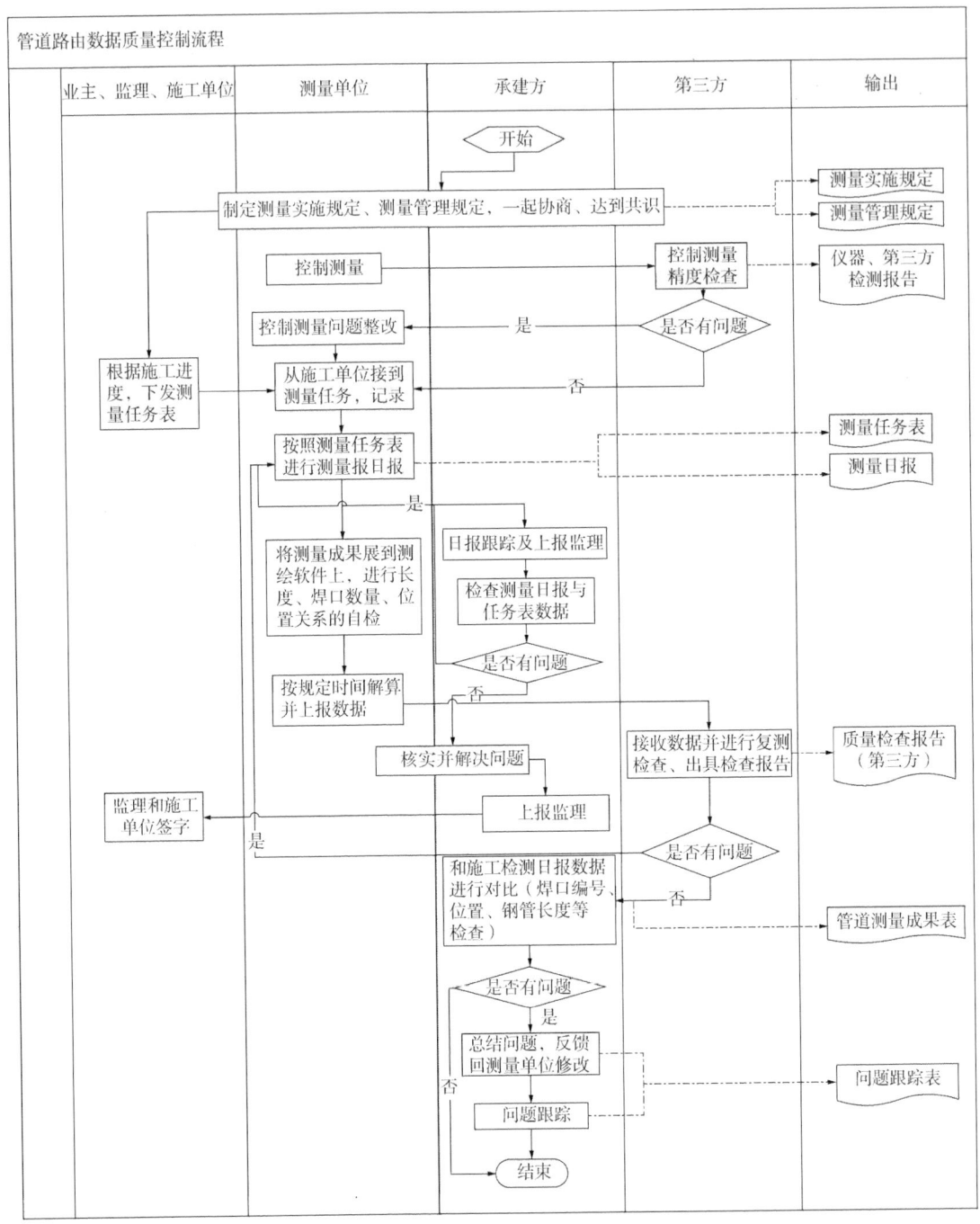

图 4-6 管道专业数据质量控制流程图

4.1.11 管道属性数据质量控制方法与流程

按照数据表对各单位上报的数据进行规范性检查；对各单位填报数据的唯一性进行检查。包括钢管编号、弯头编号、焊口编号等的唯一性检查；通过和监理提供的施工进度进行对比，检查填报数据是否和施工进度保持一致；对各单位间填报数据的一致性检查。包括采办、施工单位、检测单位、测量单位间数据的一致性检查；由于填报表格众多，即使是完整性管理要求的核心信息，也并非是各个阶段都存在的，比如地下障碍物信息、穿越信息，这就要求检查人员定期与施工单位沟通，获取现场情况，及时要求施工单位填报该信息。管道属性数据填报过程中涉及的部门主要有施工单位、检测单位，另外还有采办以及承建方；承建方要分别对施工和检测单位填报的数据进行内部一致性检查，检查合格后进行这两个单位间填报数据的一致性检查；最后，与采办过程生成的钢管详细信息表进行一致性检查，确定是否合格。

质量控制关键点：必填字段不能为空；检测数据中的"报告编号""焊口编号""标段名称"在各表格中应保持一致；施工数据中的"焊口编号""钢管编号"在各表中应保持一致；同一表格中的"报告编号""焊口编号""焊口编号""钢管编号"不得重复；不同单位填报表格中的"焊口编号""钢管编号"应一致。管道属性数据质量控制图如图4-7所示。

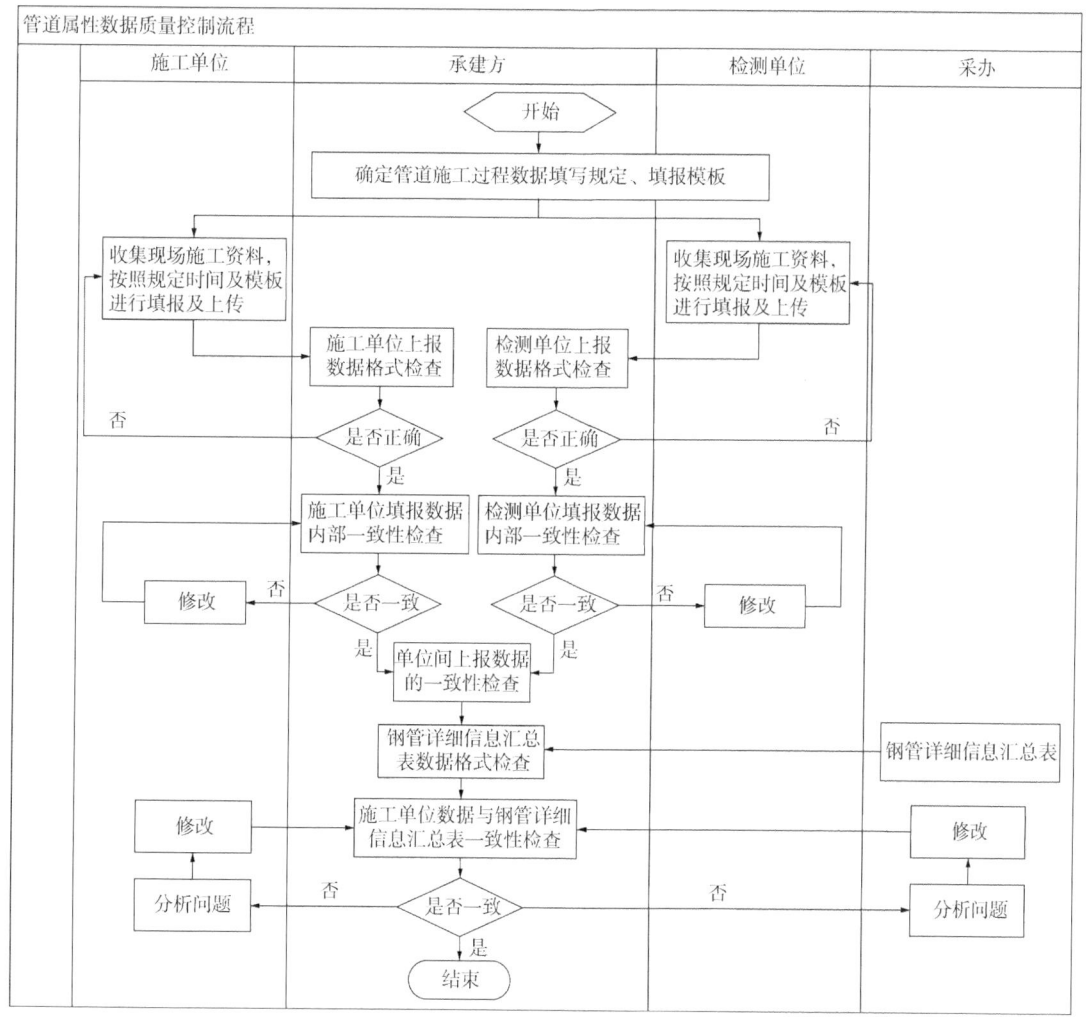

图4-7 管道属性数据质量控制图

4.2 数据存储

4.2.1 概述

管道数据存储使用专用数据库进行存储,本数据库采用 MySQL 作为数据库管理系统,使用的设计工具为 Power Designer 12。本数据库表名都尽量使用了英文全称,表名中各单词的开头字母均大写;表名中使用到的缩写都是公认的缩写方式。

4.2.2 部分业务数据(见附录1)

4.2.3 数据库安全设计

4.2.3.1 数据库安全性措施

在系统的建设过程中,数据库的安全性是一个非常重要的组成部分,一旦受到攻击所造成的损失是不可弥补的。因此必须增加以下安全性措施。

(1) 强化口令管理。

必须通过口令进行身份的认证。

(2) 增强访问控制。

多级安全模型,通过对主体标志和客体标注,划分安全级别和范畴,实现系统对主、客体之间的访问关系进行强制性控制。

(3) 三权分立。

按最小授权原则分别授予系统管理员、安全员、审计员为完成各自的任务所需的最小权限。

(4) 自防护。

通过对用户口令的加密转换,确保用户不会绕过安全管理软件对数据库进行访问。

(5) 加密存储。

对敏感数据加密后存储。

4.2.3.2 数据库数据完整性

系统的数据是以集中式处理、统一管理的思想进行组织。数据库数据完整性是保证系统中数据正确、有效的基础。保证数据库的一致性和完整性可采取以下措施。

(1) 充分利用大型关系数据库的优势。

使用数据库一级的安全机制,例如完整性约束、唯一性约束、主键约束等,以避免绕过系统的非法性数据报送或更改;应用系统所有的业务将作为数据库系统的事务进行处理,以保证数据的一致性。

(2) 数据关联关系。

在应用程序设计中,采取必要的措施(如建立关联关系、触发器)确保关系复杂和重要数据的一致性和完整性。

(3) 并发控制。

控制多个用户同时访问同一数据。可采用"加锁"的方法来保护数据库中的相关表或数据，实现并发控制以及防止在进程之间发生破坏性相互影响的机制，保证数据的一致性和完整性。

(4) 数据备份管理机制。

保证备份数据的完整性需要建立详细的备份数据档案。

4.2.3.3 数据库安全管理

数据库安全管理是整个系统安全管理的重要组成部分，必须有一个完善的安全管理机制，才能确保系统的安全性和可靠性。不仅要杜绝外部用户的非法存取，而且要求对内部人员按用户身份管理存取权限，还要使系统具备尽可能详细的操作审计功能。系统的安全控制应相对高效，不能影响系统的日常事务处理。

数据库安全系统首先必须建立在一个安全可靠的物理支撑平台上，因此必须保证数据存储设备、磁带与磁盘备份、远程异地备份等手段。

另外，还必须有一支安全管理队伍和一套健全的数据库安全管理制度。只有这样，才能保证数据库的安全性。

4.2.3.4 数据备份

(1) 备份策略。

对系统数据的备份采用增量备份的策略，定期进行系统全备份。

(2) 备份方式。

采用本地备份和异地备份两种方式。

本地备份在各个中心设置数据备份系统，对系统数据库中的数据进行备份。可以采取灵活的数据备份方式，采用不同的存储介质进行备份。

4.2.4 应用数据安全设计

4.2.4.1 数据访问权限的安全性设计

对数据库中的对象（表、表中的列、索引、存储过程、视图等对象），根据不同的业务处理要求，确定不同的系统用户角色，给予不同的用户对象不同的数据库访问权利。在给角色分配访问权利时，主要采用对"视图"访问的授权来实现，这样可以更准确地控制对数据库的访问，把对数据可能产生的破坏降到最低程度。

4.2.4.2 数据修改安全性设计

在具体应用数据库物理设计中，增加冗余表，在表一级增加数据合法性检查，在表之间建立参照完整性依赖，从而减少非法修改数据的可能性。对于关键性的数据修改（如账户数据的修改），只能通过授权的存储过程来进行，保证重要数据的安全性。

4.2.4.3 审计安全性设计

对用户在访问数据库时建立审计策略，通过审计，可以对数据库中所有对象所发生的变化做记录，分析审计记录，可以发现系统安全中的隐患。

4.2.4.4 数据和系统备份安全设计

安全可靠的网络数据备份系统不仅在网络系统硬件故障或人为失误时起保护作用，也在入侵者非法授权访问或对网络攻击及破坏数据完整性时起到保护作用，同时也是系统灾难恢复的前提。因而在网络系统中建立安全可靠的网络数据备份系统是保证网络系统数据安全和网络可靠运行的必要手段。

网络系统的数据备份涉及两种类型的备份内容：网络系统中关键应用系统及运行的操作系统的备份；网络系统中数据的备份。对于前者的备份恢复，由于应用系统稳定性较高，可采用一次性的全备份，以防止当系统遭到任何程度的破坏，都可以方便快速地将原来的系统恢复出来。对于后者的备份，由于数据的不稳定性，可分别采用定期全备份、差分备份、按需备份和增量备份的策略，来保证数据的安全。在数据中心网络系统中配置数据备份系统，以实现本地关键系统和重要数据的备份。

4.2.4.5 容灾备份设计

除配置数据备份系统，实现本地关键系统和重要数据的备份外，为保证管理关键业务系统以及其他业务服务的稳定性与连续性，可以支持利用容灾恢复软件和设备通过网络实现异地系统和数据的备份及部分服务的冗余。当主中心发生灾难性事件时，由备份中心接管部分关键性业务。

备份中心必须满足以下条件：

(1) 具备与主中心相似的网络和通信设置；

(2) 具备业务应用运行的基本系统配置；

(3) 具备稳定、高效的电信通路连接，确保数据的实时备份；

(4) 具备日常维护条件；

(5) 与主中心相距足够安全的距离。

4.2.4.6 安全审计设计

在利用防火墙、入侵检测系统(简称IDS)等安全产品本身的审计功能，以及操作系统的审计功能的同时，在网络系统中配置跨平台的综合审计系统，实现对网络系统的全方位集中安全审计。

支持基于公钥基础设施(简称PKI)的应用审计，能在有策略配置的指导下实时或定时采集各信息系统产生的数据，并进行有效的转换和整合，以满足系统安全管理员的安全数据挖掘需求。支持基于XML的审计数据采集协议。提供灵活的自定义审计规则。

系统提供基于操作日志的审计功能。

4.3 数据分析方法

4.3.1 管道内检测数据对齐技术

4.3.1.1 概述

管道缺陷一直是威胁管道运行安全的首要因素，过去一直处于可抢修不可预测的状态，但随着管道内检测技术的日趋成熟，目前已实现利用几何检测、漏磁技术和超声波等技术对管道内、外壁的腐蚀和裂纹情况进行检测，从而获取海量的管道缺陷数据，再结合各类缺陷评价模型对管道的损坏程度进行缺陷评价，进而针对性地实施管道维修维护，达到预防和控制的作用。

目前管道内检测及其评价技术，已成为管道完整性管理不可缺少的重要环节，在保护管道安全运行、减少事故方面发挥着越来越重要的作用。国内大部分管道运营企业已积累了海量的检测成果，并依据检测报告对重大缺陷点进行了及时维修，已从过去的不足维护、过剩维护转变为科学的视情维护，避免或减少了管道事故，指导各单位经济和可靠地维护管道。

管道运营企业对已拥有的管道内检测数据管理和应用上，将缺陷点的检测、评价、修复等各环节的成果都利用 Excel 文件进行存储和管理，是一种较为简单的文件管理模式。在实际应用中也暴露出前后环节信息不一致、再次内检测时无法有效利用历史数据等问题，降低了完整性管理的循环效果；同时对缺陷点的完整性评价也缺乏有效工具，只能针对重大缺陷点进行逐一计算，未发挥海量检测成果的优势，缺少对缺陷发展趋势的评价。

因此研究内检测数据比对与评价技术方法，利用数据库实现海量内检测数据的有序存储和管理，并集成 ASME B31G、RSTRENG 等多种评价模型，对每一个缺陷进行完整性评价，从而充分发挥内检测成果的价值，提高评价的及时性和准确性，进一步提高管道安全管理的水平。

4.3.1.2 内检测评价流程及评价方法

目前完整性评价模型发展已较为成熟，针对不同管材的腐蚀、制造、环向缺陷，提供包括 ASME B31G、RSTRENG 0.85、SHELL 92、PCORRC 等 10 多种评价模型，且随着管材的发展评价模型还在不断增加和优化。同时随着管道内检测技术的发展，检测精度越来越高，发现的缺陷点也更加详细，一次内检测常常能提供 10 多万个缺陷点。

如采用以往的人工评价模式，只能限于对较严重缺陷点（如：深度大于 20%）进行评价，而忽略了其他缺陷点的评价。因此需研究利用并行运算技术，实现对所有缺陷点的快速评价，必要时可采用不同评价模型分别进行评价，之后利用程序对评价结果进行比选，从而更科学、更全面、更快地制定维修策略。

(1) 内检测评价流程如图 4.8 所示。

(2) 内检测评价方法。

① 剩余强度评价。

主要目的是计算缺陷处的剩余强度，包括 5 种方法，ASME B31G、RSTRENG 0.85dL、RSTRENG 有效面积法、DNV 许用应力法和 DNV 分安全系数法。实现的方式是可选择方法的方式进行评价，评价工作开始后，选择需使用的方法，然后进行评价（图 4-9 至图 4-11）。

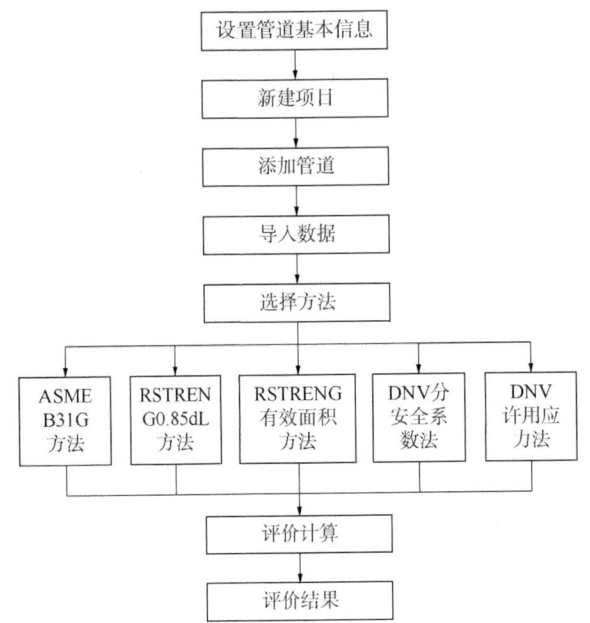

图 4-8 内检测评价流程

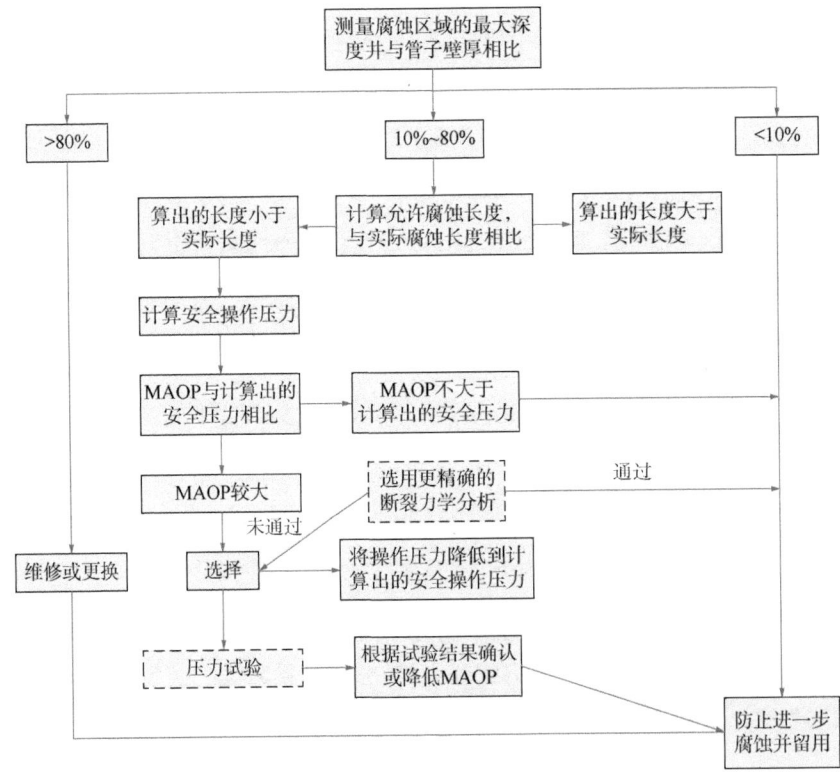

图 4-9 ASME B31G 评价流程

第4章 管道大数据的采集、存储及分析方法

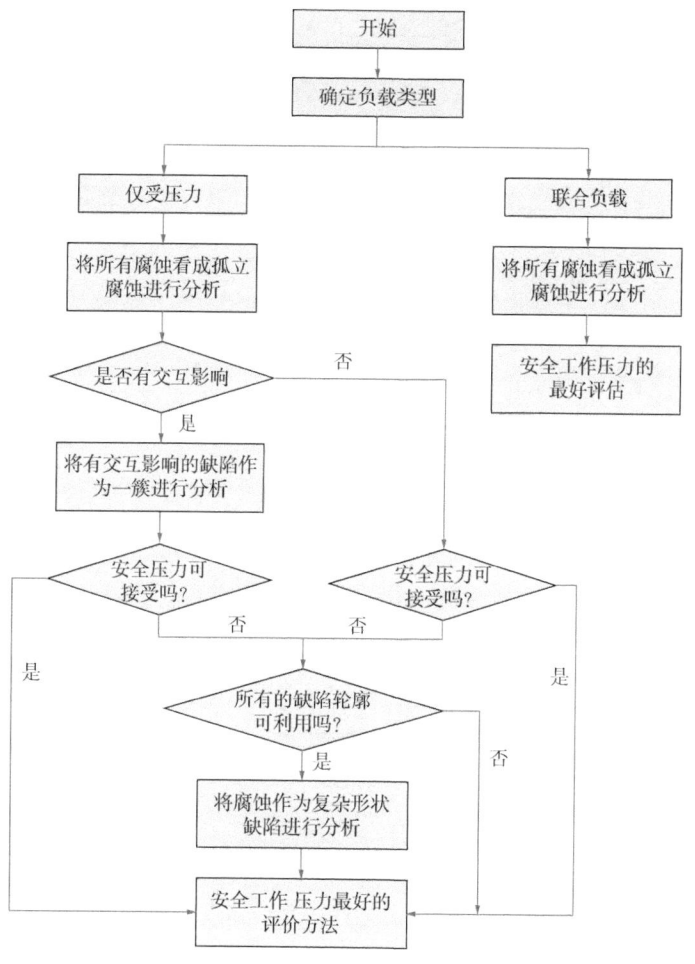

图 4-10 DNV 许用应力评价流程

② 金属损失(腐蚀)缺陷评价方法。

剩余强度计算：根据对管道运行安全的影响等级，按照最大深度、压力判定比、轴向长度等因素对缺陷进行等级划分，给出修复列表。

采用 RSTRENG 有效面积法、ASME B31G 体积型缺陷评价、RSTRENG 0.85dL 修正算法、DNV RP F-101 评价(包括分项安全系数法和许用应力法两种)模型进行剩余强度计算和分级排序。

制造缺陷完整性评价：采用 SHANNON 方法进行评价，按照设计压力计算修复点。

③ 螺旋焊缝缺陷评价。

a. 根据对管道运行安全的影响等级，依据缺陷承压强度、缺陷最大深度、存在应变的螺旋焊缝缺陷进行等级划分，给出修复列表。

b. 螺旋焊缝缺陷失效计算：采用 API RP 579、BS 7910：2005 对脆性断裂、气泡与起层、焊接未对正与壳体变形以及裂纹型缺陷的评价。

c. 螺旋焊缝缺陷的失效评估：采用 BS 7910 的 1A 级 FAD 评价方法。

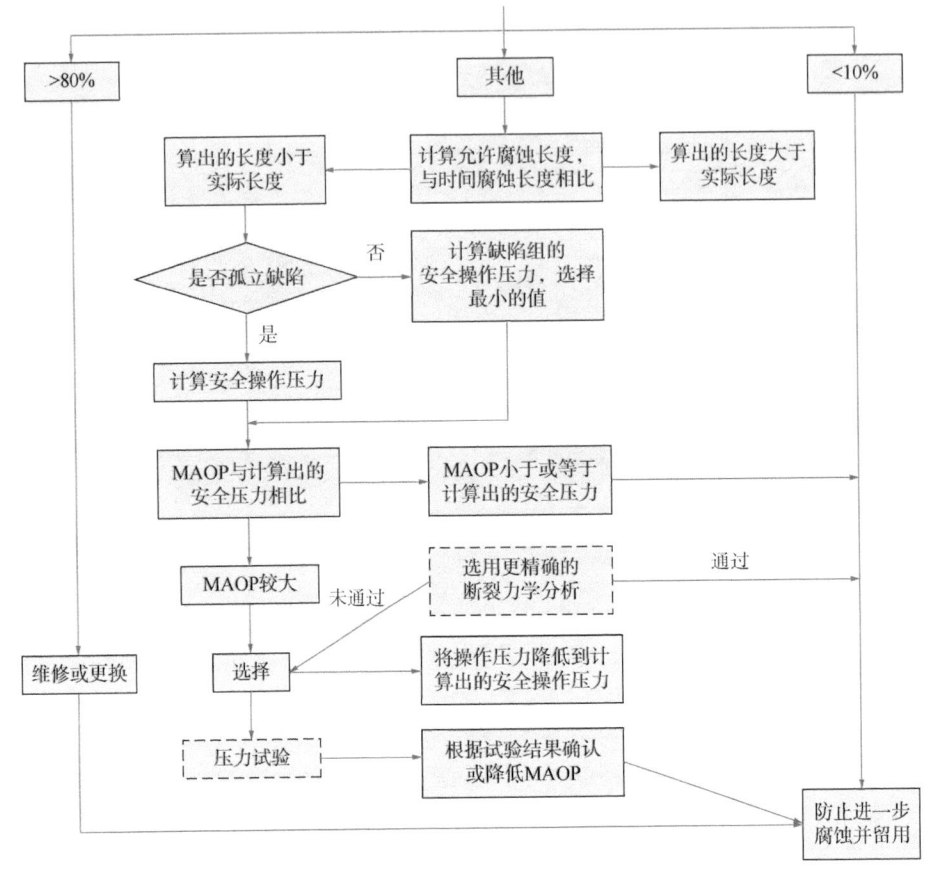

图 4-11 Retreng 评价流程

螺旋焊缝缺陷剩余强度评价：根据内检测结果来确定，缺陷长度、深度以及缺陷位置的数据估计值，评价剩余强度。

④ 环焊缝缺陷评价。

采用 BS 7910：2005 模型分析，对存在应变的环焊缝缺陷，立即修复；与螺旋焊缝缺陷和腐蚀缺陷的修复计划结合开展环焊缝缺陷的修复。

⑤ 凹陷及椭圆变形缺陷评价。

a. 统计变形检测器记录的 CaliPPer 数据中凹陷、椭圆变形缺陷数量。

b. 对凹陷缺陷，采用缺陷评估手册 PDAM 的疲劳参考评价方法，区分出普通凹陷、与金属损失相关的凹陷、与螺旋焊缝相关的凹陷、与焊缝和金属损失相关的凹陷，并根据等级划分，给出修复列表。

c. 对椭圆变形，采用 BS 7910—2005 进行评估。

⑥ 外接金属物等其他缺陷分析评价。

a. 外接金属物：划分为靠近管道或接触管道两类进行统计。

b. 偏心套管状态分析：划分为靠近管道或接触管道两类，对接触的管道需要立即修复。

c. 修复补丁状态分析：划分为修补壳和修复补丁两类进行统计。

4.3.1.3 内检测数据对齐方法

目前国外管道内检测数据比对工作开展较早，BOW、BP、Enbridge、Singapore Gas Company 等国外管道公司已经有上百条管道开展了内检测数据比对工作。多次内检测数据比对是管道数据管理的关键技术之一，是从数据到信息的关键步骤。以内检测数据产生 IMU（惯性测量单元，Inertial Measurement Unit）和 ILI（线内检查，In-lineInspection）数据为例，满足缺陷评价中的数据需求，避免发生误开挖；满足修复中缺陷定位的需求，并可对管道缺陷发展趋势进行预测。

多次内检测里程数据和管道焊缝对齐分析，其是管道内检测数据比对的关键步骤。同一缺陷在每次检测的检测里程、时钟方位、长度、宽度、深度等存在一定差异，不能简单地依据某一参数识别为同一缺陷、设备。多次内检测缺陷数据基于里程和方位的双容差对齐技术，利用缺陷群、与上游焊缝距离等关键数据，辅助人工实现快速缺陷点匹配，提供图形化的分段对齐功能，以及基于数据列表的同一管段上缺陷对齐。

（1）内检测数据对比分析具体要求。

① 应以相邻两个阀室间的管段为单元，按照高后果区、风险评价的结果、内检测的缺陷分布等要素选择优先比对分析的管段。

② 重点分析区域应按照内检测报告的缺陷数量、性质、尺寸等来确定。

③ 比对分析应基于内检测报告，对于分析过程中出现的异常情况，进一步分析原始信号。

（2）内检测性能指标分析。

① 基于一定量的开挖验证获取的管道本体缺陷数据，对内检测报告的缺陷漏检、误报、尺寸量化精度情况进行对比分析。

② 对内检测的性能指标：缺陷检测概率、缺陷误报概率、缺陷识别概率、尺寸量化精度进行计算。

（3）内检测数据比对分析时，应按照不同情况进行分析。

① 针对金属损失特征数据，应对匹配、不匹配、新增的特征分别进行分析，筛选出腐蚀特征。

② 针对匹配特征，应计算单管节的最大的生长速率并确定其位置。对于已修复缺陷，应分析其尺寸及类型变化，并与上一次内检测原始信号进行比对。

③ 针对不匹配特征，应确定单管节上的特征最大尺寸。

④ 针对新增特征，识别出单管节上的特征最大尺寸。

⑤ 腐蚀增长速率可采用概率统计方法进行计算，亦可采用其他腐蚀增长速率计算模型进行计算。

（4）内检测数据比对分析时，应对腐蚀活性进行分析。

① 宜通过缺陷增长显著性分析，识别出活性腐蚀点。

② 缺陷增长显著性分析，可按本标准附录 B 基于计算前后两次检测缺陷真实尺寸分布概率密度函数的重合系数进行计算。

③ 如相同管段缺陷数量、深度或累计面积增加,可认为该管段为活性腐蚀区。
④ 识别为活性的腐蚀点,可通过现场开挖验证识别结果的准确性。

内检测数据对齐技术实现方法:按照分段→焊缝→缺陷的总体路线进行对齐方法。

a. 通过 IMU 坐标识别管道改线段。

b. 按照标志盒、阀门等地面特征点实现分段。

c. 按照短管节、壁厚变化等特征确定焊缝对齐起点,顺延按管长进行匹配。

d. 基于提供的匹配列表将可用的多次内检测数据采用"橡皮筋技术"进行对齐对缺陷按照与上游焊缝距离、时钟方位等特征进行对齐(图4-12)。

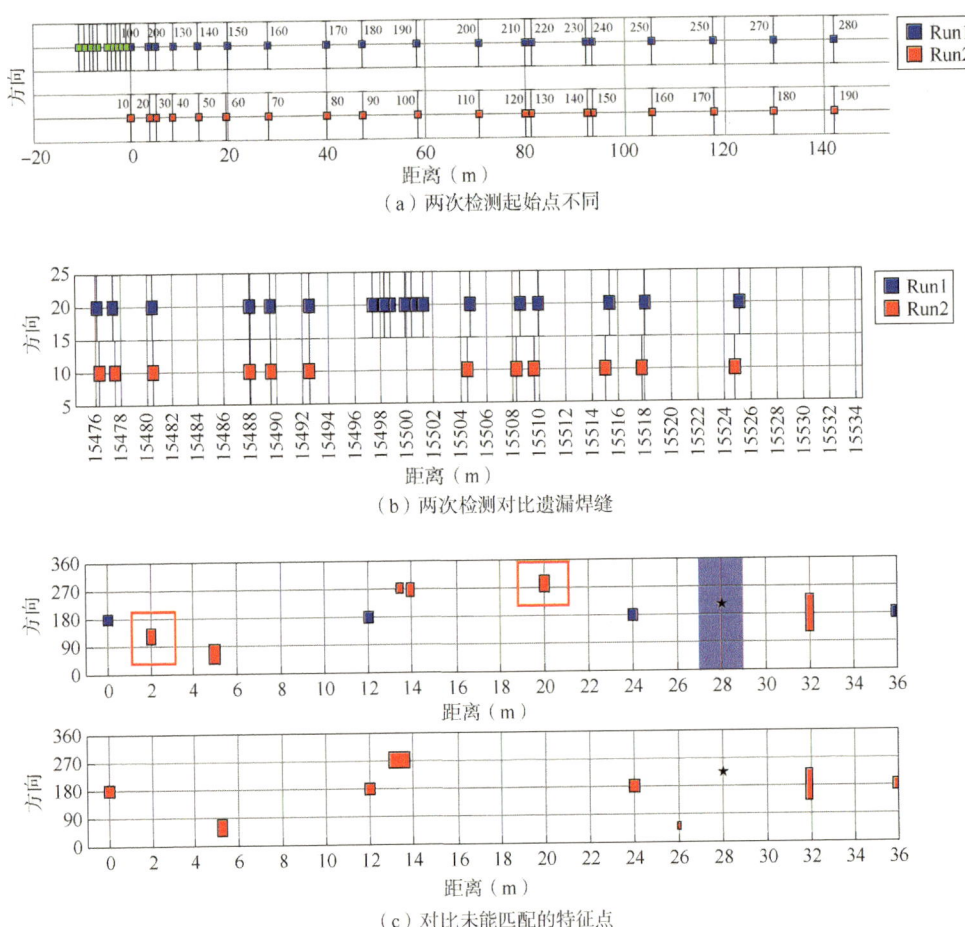

图 4-12　多次内检测数据对齐比较

管道基线内检测可发现大类小缺陷,一般不会进行修复,当再次内检测时将会再次检测出此缺陷点,通过多次内检测数据对齐技术,能获取其不同时期的缺陷长宽高等数据,通过剩余强度等评价模型,可掌握缺陷发展趋势,从而准确预判修复时间或下次内检测时间,进而实现对海量小缺陷点的精细化管理。

4.3.2 基于径向基网络的含缺陷管道缺陷安全系数计算分析模型

4.3.2.1 径向基网络原理

20世纪90年代，基于生物神经元具有局部响应的特点，并采用径向基函数的研究成果，Broomhead 和 Lowe 在神经网络模型的构建中引入径向基函数，形成了径向基神经网络[1]。径向基(简称 RBF)神经网络的基本思想是通过以网络中的隐藏单元提供的径向基函数作为"基"，对输入数据进行变换，将输入数据由低维模式转换到一个合适的高维空间，再对隐含单元加权求和得到输出单元，这就为低维空间内的线性不可分的问题提供了合理的解决方法[2]。

径向基网络是一种结构简单，收敛速度快[3]，能够逼近任意非线性函数的网络。具有良好的模式分类和函数拟合能力[4]，是由三层构成的前向网络，第一层为输入层，节点个数等于输入的维数；第二层为隐含层，节点个数视问题的复杂度而定；第三层为输出层，节点个数等于输出数据的维数。不同层有着不同的功能，隐含层是非线性的，采用径向基函数作为基函数，从而将输入向量空间转换到隐含层空间，使原来线性不可分的问题变得线性可分。径向基神经网络结构如图 4-13 所示。

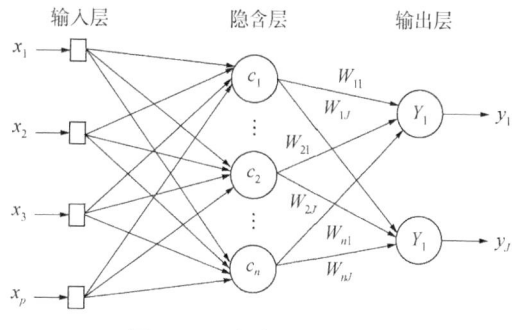

图 4-13　径向基网络结构

4.3.2.2 径向基网络处理步骤

径向基网络确定管道安全系数的步骤如图 4-14 所示。

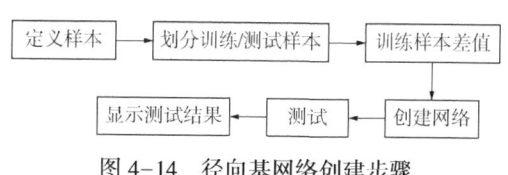

图 4-14　径向基网络创建步骤

(1) 定义样本数据，根据整理出的风险数据及缺陷尺寸数据，定义各样本的输入向量及其目标输出值。

(2) 划分训练数据与测试数据。

(3) 为充分利用训练样本，对训练样本进行二维插值，将样本数量增加。这里用到了 MATLAB 的二维插值函数 interp2。

(4) 使用 newrb 函数创建径向基神经网络。

(5) 对模型进行测试，使用创建完成的径向基网络模型对样本进行测试。

4.3.2.3 缺陷安全系数计算分析模型的创建与测试

(1) 定义样本数据。

在已有数据的基础上，该模型采用了缺陷本身参数及相关风险因素共12个因素作为自变量，分别为缺陷的长度、宽度、深度、缺陷处管道埋深、缺陷位置、地区等级、区域环境、外部环境温差、地质灾害、土壤腐蚀性、大气腐蚀、电流密度，缺陷安全系数作为因变量，形成函数关系：

$$y=f(x_1, x_2, x_3, \cdots, x_{12})$$

式中，x_1 至 x_2 分别表示上述12个自变量；y 为本文提出的缺陷安全系数。

根据所整理出的数据，定义样本的输入向量及其目标的输出向量，输入向量定义为 12×500 的矩阵，目标输出值为 1×500 的行向量。

(2) 划分数据集。

通过对陕京管道地理信息系统数据的整理，此次将 1/10 的数据作为测试数据，9/10 的数据作为训练数据。通过对训练数据的训练得出模型，再对测试数据样进行检验。

为了让训练样本得到最充分的利用，本文将对训练样本进行二维差值，使样本数据增加到原来的5倍。采用的是 MATLAB 中二维插值函数 interp2。先将训练输入向量与对应的目标输入合并为一个 13×400 矩阵，经过插值，得到一个 13×2000 矩阵，最后再将其拆分为 12×2000 矩阵作为训练输入，1×2000 的行向量作为训练样本的输出。

(3) 搭建径向基网络。

在该模型中，使用 newrb 函数创建径向基神经网络，在 MATLAB 自带的神经网络工具箱提供了可直接使用的 newrb 函数，但是在 newrb 函数创建的径向基网络中，每个网络隐含层的节点个数是不相同的，所以使用者需要根据自己的实际情况调整误差目标，函数会根据不同误差目标值，向网络添加新的隐含层节点，同时调整节点中心、标准差及权值，使网络达到设置的误差要求。

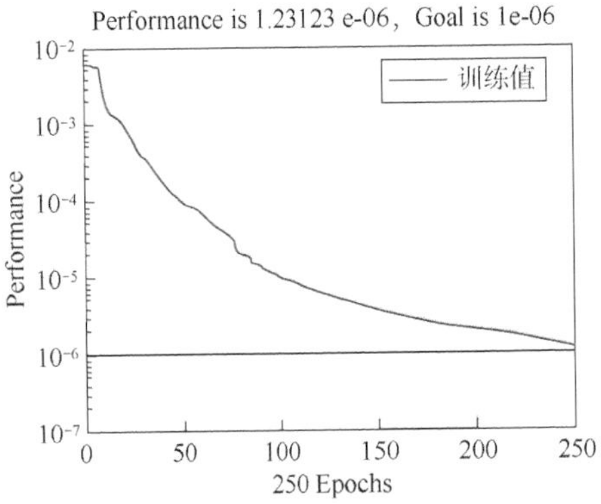

在该网络中，设置误差容限为 10^{-6}，扩散因子为38，最大神经元个数为300。当调用这个 newrb 函数时，程序将会自动增加神经元以便向设定目标值靠近。

误差下降曲线如图 4-15 所示。当神经元节点个数到 250 时，训练误差基本接近目标值，命令窗口中显示了模型实际添加的神经元节点的个数及所对用的具体训练误差值，训练误差为 10^{-6} 数量级，见表 4-3。

图 4-15 误差下降曲线

用 view(net) 命令可以查看最终的径向基网络结构，从图 4-16 可以看出，在导出的结构图中，输入层包含了12个节点，隐含层最终包含了 269 个神经元节点,输出层包含 1 个节点。

表 4-3 训练误差值

神经元节点个数	0	50	100	150	200	250
训练误差值	0.00616	0.0061677	$9.627e^{-06}$	$3.67e^{-06}$	$2.051e^{-06}$	$1.231e^{-06}$

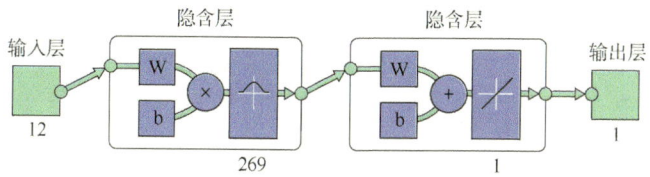

图 4-16 径向基网络结构

(4) 径向基网络测试。

创建完成的模型需要对样本数据进行测试,以验证其准确性。通过模型训练学习得出的安全系数与样本数据中的安全系数比较关系如图 4-17 所示。

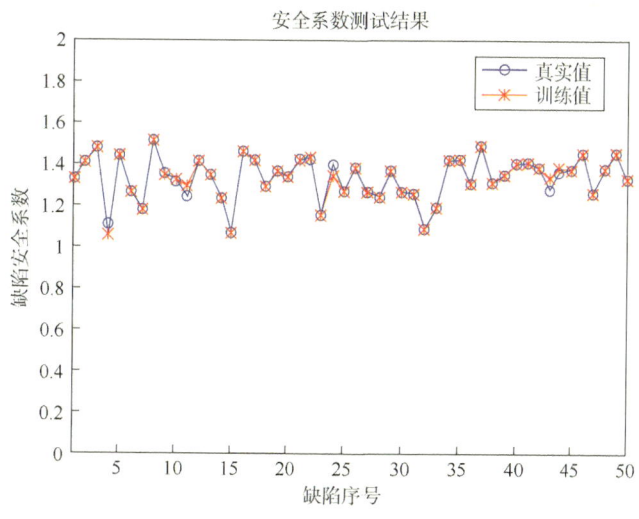

图 4-17 测试值与真实值对比

从图 4-17 可以看出缺陷安全系数训练值与真实值之间吻合度较好,且变化趋势也完全一致,一定程度上体现了该模型的准确性,体现了径向基网络收敛速度快,能够很好逼近非线性函数的特点。

通过残差对训练值与真实值之间的误差进行计算,从相对误差的角度来说,结果显示平均相对误差接近 3%,最大残差不超过 6%,有理由认为,该计算模型可通过测试。

图 4-18 中横坐标表示缺陷序号,纵坐标表示缺陷安全系数的大小。对修正前后的缺陷安全系数作了对比,修正前安全系数均在 1.50 左右,可以发现修正后缺陷安全系数波动更大,因为修正后的缺陷安全系数综合不同缺陷的风险来反应缺陷安全状态,如果风险越大,安全系数值越小,反之,值越大。对修正后缺陷安全系数较低的 10 个缺陷进行详细分析(图 4-19)。

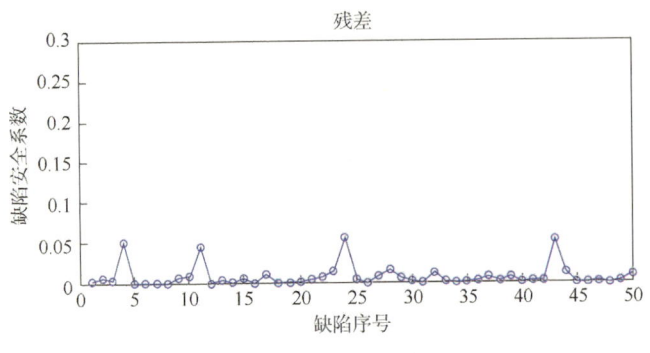

图 4-18 残差

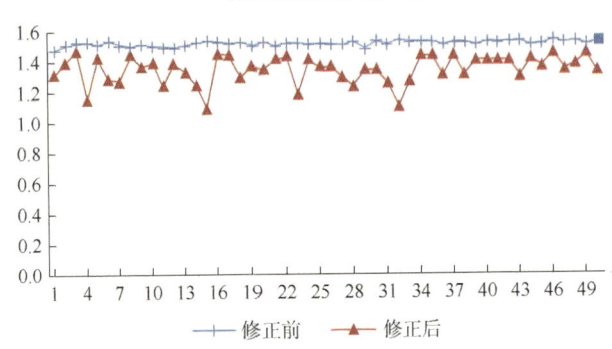

图 4-19 修正前后缺陷安全系数对比

① 缺陷 88,安全系数为 1.00。该处缺陷各风险因素都较其他缺陷大,其中,设计与施工风险最大,与其他缺陷相比较埋深浅,地区等级高。埋深浅可能造成该缺陷更易受到第三方破坏,若该处缺陷发生事故,地区等级高使得事故后果更加严重,结合实际情况可以说明该系数具有一定合理性。

② 缺陷 15,安全系数为 1.07。该处缺陷土壤电阻率极低,设计与施工风险也大于平均风险水平。土壤电阻率极低可能使得该缺陷腐蚀速率加快,在不久将来发展成为不可接受缺陷,结合实际情况可以说明该系数具有一定合理性。

③ 缺陷 196,安全系数为 1.07。该处缺陷位置处于山川河流众多区域,若造成泄漏将给维修带来极大困难,所以此种缺陷不可只按其缺陷深度来提供维修决策。结合实际情况可以说明该系数具有一定合理性。

④ 缺陷 32,安全系数为 1.08。该处缺陷位置处于山川河流众多区域且土壤腐蚀率极低,其风险较缺陷 15 和缺陷 196 大,但是它的缺陷安全系数更大的原因是该处金属损失长度较小,结合实际情况可以说明该系数具有一定合理性。

⑤ 缺陷 68,安全系数为 1.09。该处缺陷与缺陷 196 情况相似,因其所处位置不佳,修复困难,所以应提前对该缺陷进行监控与补强工作,结合实际情况可以说明该系数具有一定合理性。

⑥ 缺陷 97,安全系数为 1.11。该处缺陷长度较大,无其他相关较大的风险因素,所

以是缺陷本身的尺寸因素决定了它较低的缺陷安全系数。

⑦ 缺陷4，安全系数为1.11。该处缺陷深度大，与缺陷97相似，由缺陷本身的大小决定了它较低的缺陷安全系数。

⑧ 缺陷113，安全系数为1.14。电流密度大，可能是管道防涂层老化严重，管道保护措施效果减弱，结合实际情况可以说明该系数具有一定合理性。

⑨ 缺陷133，安全系数为1.15。该处缺陷处于跨越段，大气腐蚀较为严重，可将该管段列为重要评价对象进行详细评价，结合实际情况可以说明该系数具有一定合理性。

⑩ 缺陷23，安全系数为1.17。该处缺陷环境风险大，属于冻涨融沉区域，且外部环境温差大，这些环境特点对管道影响大，结合实际情况可以说明该系数具有一定合理性。

根据以上对于10个缺陷安全系数较低的缺陷进行分析可以发现，针对金属损失缺陷的不同相关性影响因素，较为合理地反映了缺陷的真实安全状态，避免了各影响因素之间不可比较与量化的问题。

4.3.3 管道数据挖掘与决策支持

4.3.3.1 基于大数据分析的管道数据质量分析

采集内检测数据或中心线测量数据，将所有数据整合到中心线上，逐一对应，按照里程对应的逻辑关系，以及竣工资料管段对应关系，找出竣工数据与内检测数据的差异性，判断质量情况。焊缝、阀门、弯管特征对齐技术，将所有管段数据与几个明显特征一一对应，找出明显偏离中心线的点，确定其特征的准确性（图4-20）。

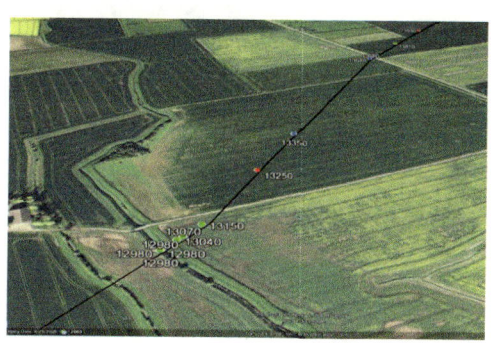

图4-20 基于大数据分析的管道数据质量分析

4.3.3.2 压缩机泄漏、预警信号类时间序列模型—数据挖掘

时间序列数据包含着隐藏知识与潜在信息，将采集到的时间序列数据进行数据预处理、关联分析、聚类、分类等一系列数据挖掘工作，可以得到兴趣模式、关联规则、异常发现和数据归类等结果。

（1）时间序列信号的聚类。

由于时间序列数据与静态数据有着极大的不同，故对其进行聚类分析有着很大的复杂性。时间序列数据聚类方法包括基于原始数据的聚类、基于特征的聚类和基于模型的聚类三种方法。

(2)大型动力组早期微弱故障检测诊断技术。

研究人员根据时间序列模型—数据挖掘方法发明了一种融合抑制边界振荡、消除频率混叠和信号降噪的隐含特征提取技术,实现了微弱特征的提取和早期故障的诊断。该技术的原理为根据采集到的原始振动信号建立 volterra 预测模型,抑制边界振荡,之后使用ULSP 分解消除频率混叠,运用奇异值分解的方法消除信号噪声,最后提取到隐含特征,进行早期故障诊断。

图 4-21 是将传统方法特征提取的效果与微弱特征提取方法进行比较,发现传统方法特征提取图 4-21(a)中未见到碰摩特征,而原始信号经新的特征提取方法处理后可见碰摩特征,效果明显。

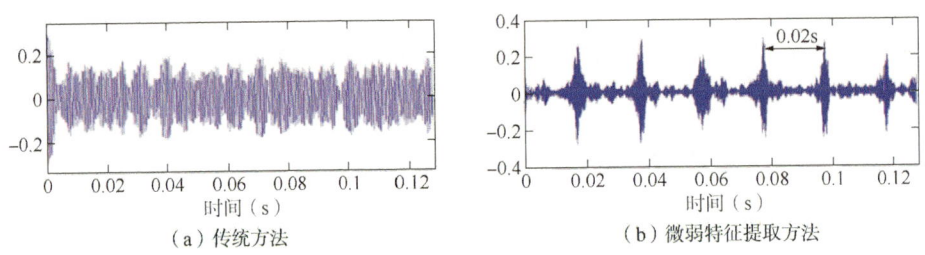

图 4-21 不同方法的信号特征提取效果比较

4.3.3.3 基于大数据的管道应急决策与支持

基于大数据的管道应急决策与支持架构如图 4-22 所示。

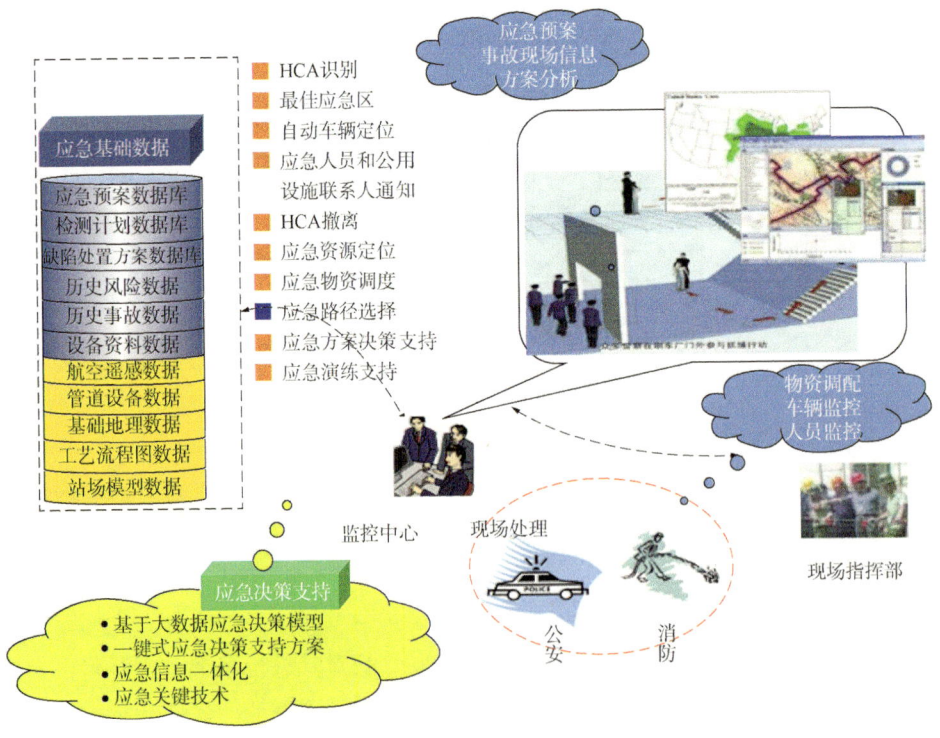

图 4-22 基于大数据的管道应急决策与支持架构

(1) 应急决策支持方案输出。

该模块为用户提供管道本体受损后一定范围内的基本信息，包括钢管信息、管径、壁厚、三桩信息、竣工/设计图、竣工/设计资料、站场阀室工艺图等(图4-23)。

图4-23　应急决策支持方案界面

(2) 应急资源分布大数据。

事故处置应急不仅需要专业的维抢修队、管道设备，同时需要社会依托资源的协助，陕京管道 GIS 系统将管道沿线的社会依托资源，如医院、政府机构、消防、公安、军事设施等地理要素收集入库，可以在启动应急响应后，通过事故点的空间位置以及事故影响范围查询其范围内的第三方应急资源，为决策者提供应急辅助信息。

(3) 大数据网络分析。

最佳路由分析通常指的是带权图上的最短路径问题。从网络模型的角度看，最短路径分析就是在指定网络中的两节点间找出一条阻碍强度最小的路径。陕京管道 GIS 系统以管道经过省、市、区(县)的道路数据(包括国道、高速、省道、城市道路等)为基础构建了几何网络数据集，能够快速准确地计算出事故点到维抢修队、物资库的最佳路由信息。

参　考　文　献

[1] Javan DS, Mashhadi HR, Rouhani M. A fast static security assessment method based on radial basis function neural networks using enhanced clustering[J]. International Journal of Electrical Power and Energy Systems, 2013, 44(1).

[2] Kokshenev I, Braga AP. A multi-objective approach to RBF network learning[J]. Neurocomputing, 2008, 71(7-9): 1203-1209.

[3] 柴杰, 江青茵, 曹志凯. RBF 基神经网络的函数逼近能力及其算法[J]. 模式识别与人工智能, 2010, 15(3): 310-316.

[4] Llanas B, Lantaron S. Hermite interpolation by neural networks[J]. Applied Mathematics and computation, 2007, 192(2): 429-439.

第5章
管道泄漏扩散特征及扩散范围研究

近年来，随着社会对环保和安全问题的日益关注，长距离埋地输油管道作为重要的能源运输通道得到了广泛应用，然而在特殊地理条件下，如山区，其管道泄漏的风险显著增加。长距离管道泄漏通常发生于地面以下的土壤或河流中，这种风险不仅威胁到周边居民和生态环境的安全，还可能导致长期的经济和社会影响。本章聚焦于长距离埋地输油管道在特殊地理环境中的泄漏问题，深入研究管道泄漏的扩散特性与可能的影响范围，以有效降低管道泄漏的风险和经济风险。

5.1 概述

5.1.1 研究目的及意义

近年来，为了响应国家环保节能的号召，在输送液体、气体、浆液等的过程中达到经济、安全、环保的要求，长距离埋地输油管道作为主要运输工具得到广泛运用，其具有占地面积小、使用年限长、便于分段管理等优点。然而，由于我国在山区敷设的管道数目增加、管道老化程度的加重以及人员维护不及时等因素的影响，管道泄漏事故时有发生，倘若管道内为易燃易爆或有毒介质，一旦发生泄漏，势必会对周边地区的社区环境和生态环境造成严重破坏，不利于社会经济建设的发展。除此之外，长距离铺设的输油输气管路常需要穿越或跨越河流，特别是水下管道工作环境复杂多变，管内受到油气载荷、腐蚀；管外受到河水的冲刷腐蚀、外力损伤等都会造成输送管路的泄漏，造成严重的环境污染及经济损失。因此，如何科学合理地对长距离输油管道泄漏扩散进行仿真模拟是目前规避管道风险的首要任务。长距离管道泄漏通常发生于地面以下的土壤或河流中，因此为建立科学有效的应急管理平台，需要进行管道泄漏进行定量分析和定性分析，对其污染范围和泄漏量进行准确预测，在高风险区建立快速决策预案，才能快速有效解决问题，提高生产效率并确保管道安全、稳定、长寿命运行。

5.1.2 主要研究内容

5.1.2.1 山区陆地环境下中缅原油管道泄漏扩散特征及范围研究

在测定管输原油黏度与流动性的基础上，考虑山区原油管道所处山体周围环境、地形地貌、山体坡度、气象历史、油体黏度、山体表面粗糙程度以及土壤渗吸以及山体植被树木覆盖相关参数和山体地表土质特点[1-2],实验测定并研究原油在不同山体流动界面下(砂石、植被等山体表面)的摩阻系数;基于有限容积法并结合计算流体分析软件,建立中缅原油管道泄漏扩散多相流(以下简称 VOF)三维模型,模拟泄漏原油在山体表面扩散运移的过程,研究不同运行压力、不同泄漏类型(孔状、断开等)、不同泄漏时间和泄漏点地理位置时原油的泄漏量以及原油在山体地貌上扩散特征及扩散范围的影响,并进一步研究泄漏的原油对山体附近流域包括季节性河流的影响。

5.1.2.2 穿跨越河流原油泄漏扩散特征及范围研究

泄漏原油流入水域后,形成的油膜随水流迁移,也随时间扩散。考虑油品泄漏速度、泄漏量、水域高程、水流速度、泥沙浓度、雨季降水量等因素,以及河道宽度、深度、河岸边界参数,在实验测定管输原油的水溶性的基础上,建立泄漏原油二维扩散物理模型及数学模型及评价指标[3-4],使用计算流体仿真软件对不同因素下原油在水域的扩散速度及扩散范围情况进行预测。根据管道发生泄漏事故的实际情况及预测结果,结合实际应急响应时间及当地抢险物资配备情况和交通、人员条件分析,预估从泄漏、溢油发生到全面展开污染控制和回收工作时间,以便制定影响范围等相关标准,为有效采取措施提供理论依据。

5.1.2.3 山区原油管道泄漏扩散后果评价模型研究

针对中缅山区原油管道在山体与流域出现的泄漏事故,根据原油管道泄漏扩散的计算结果,考虑原油泄漏点周围的人文自然环境以及基础设施,研究相应的泄漏后果评价模型,如重大事故后果分析法等[5],力图客观评价原油管道泄漏扩散后对山体、流域等自然环境造成的后果与影响,实现对公司应急决策的支持。

5.1.2.4 基于 GIS 的中缅管道泄漏范围仿真决策支持技术研究

结合建立的泄漏原油的扩散模型,求解并构建不同参数变化下原油扩散速度、扩散范围等基本数据的数据库[6];利用已有的 GIS 基础数据平台或管道地质灾害 GIS 平台中嵌入拟开发的影响范围仿真决策模块,调用构建的原油泄漏扩散数据库,开发中缅管道原油泄漏影响范围 GIS 仿真决策支持系统,动态展示并分析油流在环境、参数等条件不同时的动态扩散范围,便于及时开展泄漏原油的导油、拦油、控油等工作,防止扩散的油流汇入溪流等敏感性区域,也为高后果区识别及后续管道管理提供准确的风险段信息。

5.2 山地管道泄漏油品扩散特征及扩散范围研究

5.2.1 山地管道泄漏模型

长距离管道管线长达上千千米、途经区域广,目前无法对每一处区域计算分析,因此需要通过地形分类识别并总结典型的地形类型,以建立山区原油管道泄漏通用模型(表 5-1)。

表 5-1 中缅原油管道(国内段)典型高后果区地形分类识别

地形类型	地形实例	简化样式	泄漏特征
干沟+平地 k0031；k0213； k0316；k0527； k0572；k1431			管道敷设在干沟中，一旦发生泄漏，原油主要沿沟槽流动扩散，呈聚集式流动，流至山底后，在平地扩散开
陡坡+河流 k0217；k0298；k0355； k0957；k1050			管道敷设在陡坡处，一旦发生泄漏，原油沿山体表面呈分散式流动，然后顺势流入河流中
陡坡+平地 k0052；k0061；k0127； k0137；k0194；k0475； k0487；k0762；k1045； k1077；k1241；k1388； k1441			管道敷设在陡坡处，一旦发生泄漏，原油沿山体表面呈分散式流动，流至山底后，在平地扩散开
干沟+河流 k0055；k0503；k0523			管道敷设在干沟中，一旦发生泄漏，原油主要沿沟槽流动扩散，呈聚集式流动，然后流入河流中

通过建立山区埋地管道泄漏扩散多相流(简称 VOF)三维模型，模拟油污染物在山体表面扩散运移的过程，并总结不同工况下原油泄漏扩散规律。在研究工作开展初期，先建立简化三维山区泄漏扩散模型并模拟原油在简化地形面上的泄漏扩散情形。

(1) 建模及网格划分。

针对实际地形提取出建模要点，同时为了方便计算做出合理简化，建立如图 5-1 所示的三维几何实体。例图 5-1 中山体高度约为 800m，坡度沿山呈阶梯变化，山体上部较平缓(约为 25°)，经过一个宽约 20m 的平坝后坡度变陡(约为 35°)，且在自然条件的影响下形成了不规则的沟壑。考虑管道在滑坡作用下发生断裂，并暴露在山体表面，假设泄漏点位于山坡顶部，在山体顶部建立一段油管为泄漏口，管道直径为 813mm。

针对原油在山体表面的扩散运移做相关数值模拟，需要在山体表面建立空间以形成流体流动所需的流域，同时为了减少无关网格、保证计算高效，将山体部分做掏空处理，并把流域设计为最贴合山体的形状，仅留下需要进行计算的部分。如图 5-2 所示，采用非结构的方法划分网格，对泄漏口和壁面边界层做加密处理，并根据网格质量，判断是否可用于模拟计算。

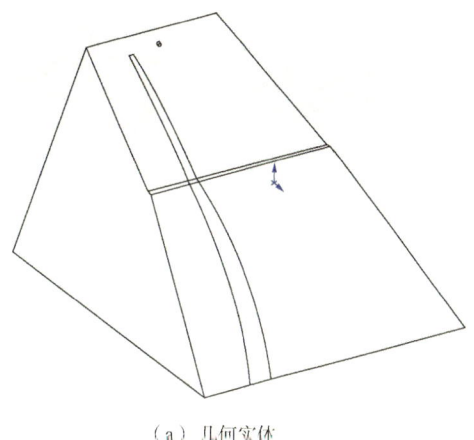

(a) 几何实体

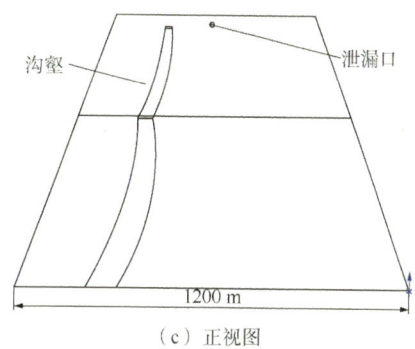

(b) 侧视图　　　　　　　　　　　　　(c) 正视图

图 5-1　几何模型

（2）模拟工况设置。

基于 VOF 多相流模型和 standard k-ε 湍流模型进行模拟计算，根据实际工况选取管内压力，环境压力为标准大气压（101325Pa），通过伯努利方程，换算其初始泄漏速度、原油密度、黏度等信息参数。忽略山体表面植被和土壤渗透的影响。

除了对简化模型进行数值模拟验证，还可以将该研究方法应用到管道真实地形中，以便获得更准确的模拟结果。通过卫星云图对管道全线沿线周边地形进行考察和筛选，选取所需的研究对象。

下载和处理地形数据，提取出研究区域地形图，进而利用等高线创建地形面模型。与简单模型的创建一样，网格划分前需要在地形曲面上方构建一个体，生成模拟运算所需要的空间，为了减少无关网格的数量，向上平移地形面得到投影面，然后连接投影面和地形面，形成尽可能贴近地形面的流域空间。最后，在计算初始泄漏速度、原油密度、黏度的基础上，根据实地情况采用合适的地表面的粗糙高度参数，进行后续泄漏模拟（图 5-3、图 5-4）。

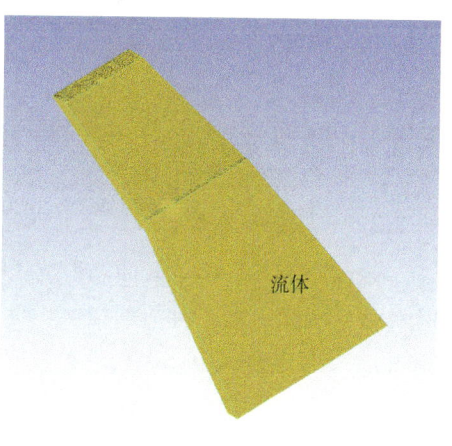

图 5-2　网格

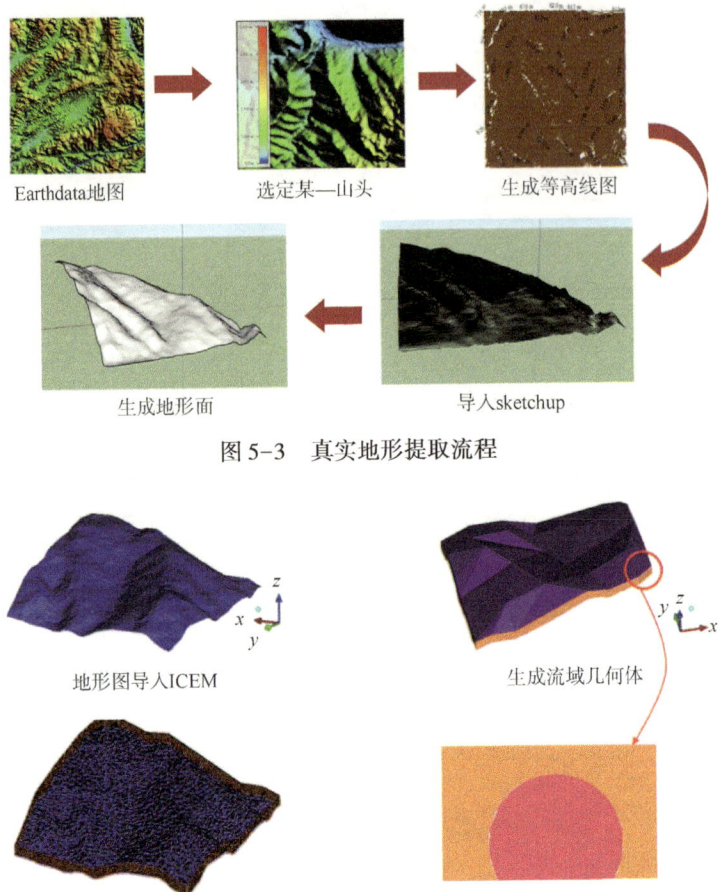

图 5-3　真实地形提取流程

图 5-4　网格划分流程

5.2.2　结果分析

5.2.2.1　原油扩散形态及扩散范围

通过对原油在山体表面的泄漏扩散进行模拟，得到了原油相分布云图，选取云南省保山作业区松山段第一处泄漏口的山体模型为例，模拟原油泄漏速度分别为 80m/s、50m/s 和 30m/s 时原油在山体表面的扩散形态（图 5-5 至图 5-7）。

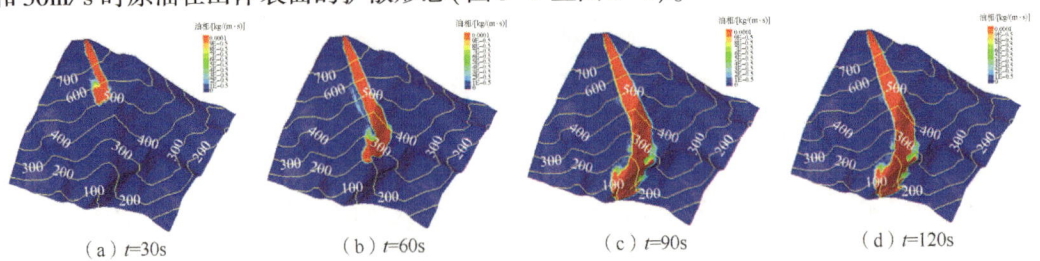

图 5-5　泄漏速度为 80m/s 时原油泄漏扩散形态

（a）t=40s （b）t=80s （c）t=120s （d）t=160s

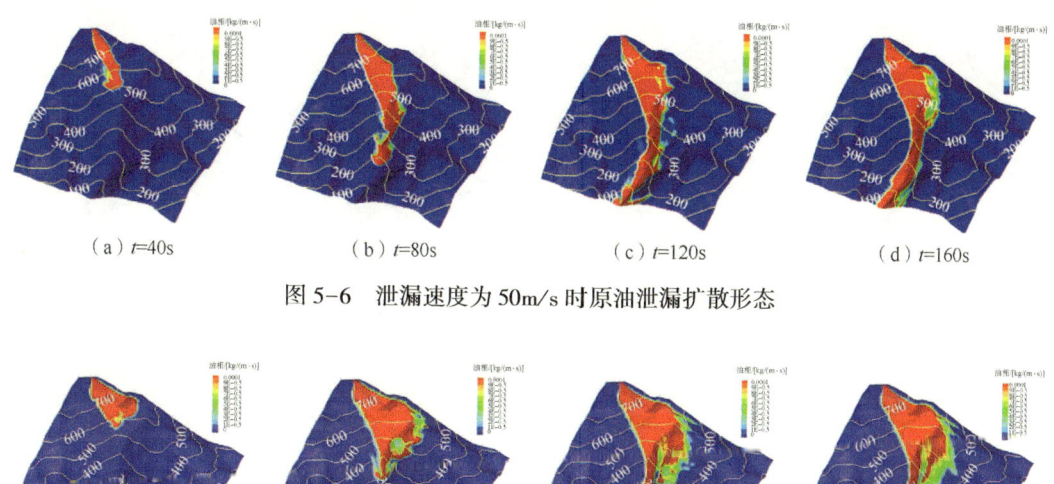

图 5-6 泄漏速度为 50m/s 时原油泄漏扩散形态

（a）t=60s （b）t=120s （c）t=180s （d）t=240s

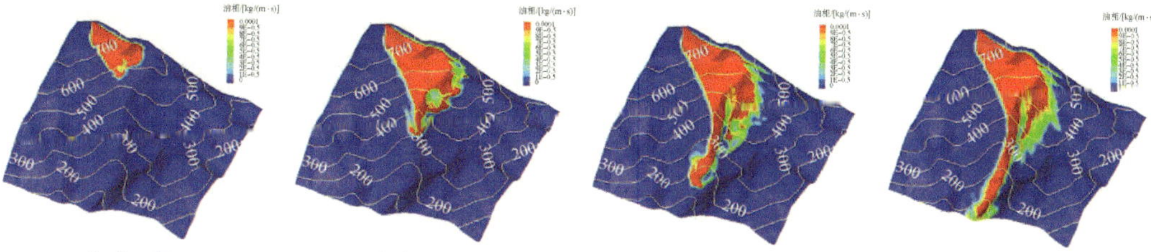

图 5-7 泄漏速度为 30m/s 时原油泄漏扩散形态

通过后处理定量分析不同泄漏速度下泄漏面积和泄漏时间的关系。从图 5-8 结果可以看出，在三种泄漏速度下，原油从第一泄漏口流至山底的时间分别为 100s、120s、200s，在到达山底后，原油的泄漏面积基本稳定。比较不同泄漏速度的泄漏面积，随着泄漏速度减小，原油泄漏面积的增长速度减慢，最终达到稳定的泄漏面积值却逐渐增大。

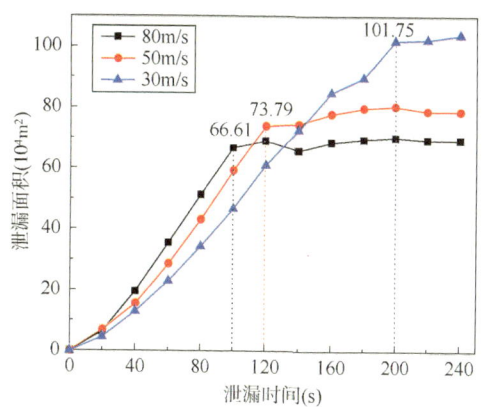

图 5-8 不同泄漏速度下原油泄漏面积变化趋势图

5.2.2.2 原油在不同地表植被的扩散泄漏

通过对云南省保山作业区示例内山体地貌的考察，管道沿线途经山体表面大多为土地、短草和灌木等，根据相关文献资料，确定了三种地表面的粗糙高度，设置原油流速都为 50m/s，并以理想光滑的地表面为参照，分别模拟了原油在三种粗糙地表面的泄漏扩散(图 5-9 至图 5-11)。

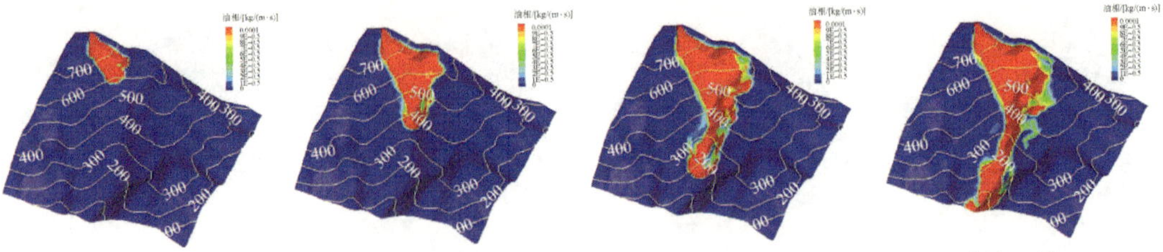

（a）t=40s　　　　　（b）t=80s　　　　　（c）t=120s　　　　　（d）t=160s

图 5-9　原油在土地表面的泄漏扩散形态

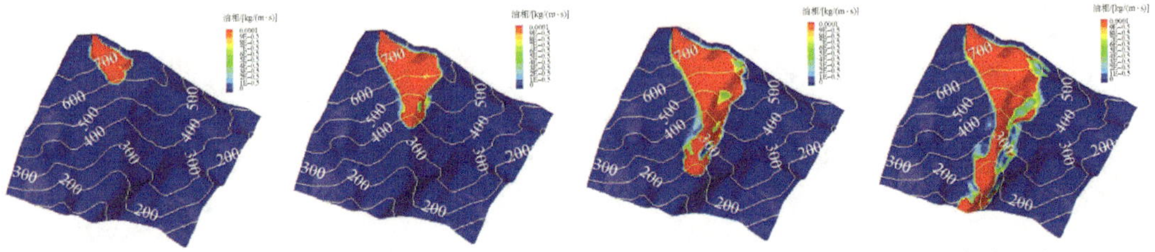

（a）t=40s　　　　　（b）t=80s　　　　　（c）t=120s　　　　　（d）t=160s

图 5-10　原油在短草表面的泄漏扩散形态

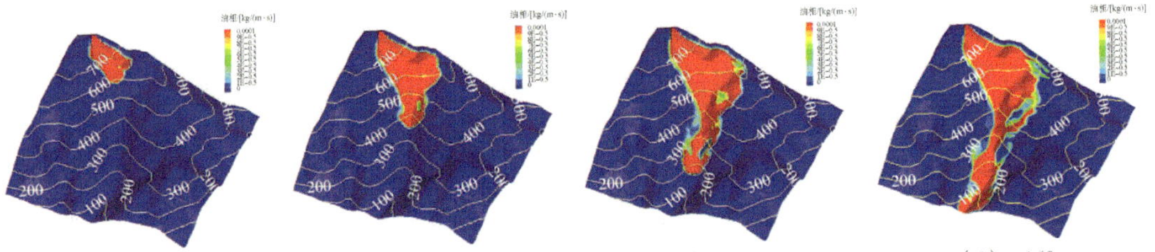

（a）t=40s　　　　　（b）t=80s　　　　　（c）t=120s　　　　　（d）t=160s

图 5-11　原油在灌木表面的泄漏扩散形态

通过如图 5-12 所示的定量分析可以看出，地表植被主要影响原油的扩散面积，原油在更高地表粗糙度的作用下，其向下流动受到更大的阻碍，使其沿山体表面两侧的扩散更多，因此原油在粗糙度越高的地形面上的泄漏面积更大（图 5-12）。

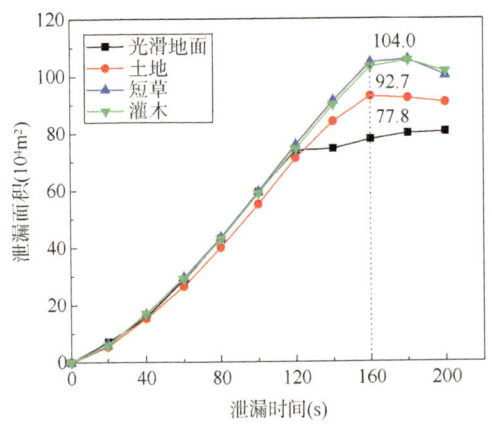

图 5-12　不同地表植被下泄漏面积的变化趋势

5.3 穿越河流管道泄漏油品扩散特征及扩散范围研究

5.3.1 穿越河流管道泄漏模型

采用 CFD 软件建立了河流穿越段管道泄漏扩散漂移预测模型,根据穿越段当地的水文资料设定河流流量,根据管道公司提供的数据资料设定泄漏量,对穿越段管道不同位置发生泄漏扩散漂移进行模拟分析,从而后续分析结果获得不同工况下泄漏原油的扩散范围及扩散速率等重要信息。

5.3.1.1 河道物理模型建立

以瑞丽江穿越段河道为例,其位于瑞丽市 320 国道瑞丽江大桥下游 1.5km。西岸位于瑞丽市勐卯镇勐嘎村,东岸位于瑞丽市勐卯镇弄片村,河道中有沙洲,穿越处河道基本顺直。根据水文资料,瑞丽江常年丰水期平均流量为 $980m^3/s$,枯水期平均流量 $25m^3/s$,全年平均流量为 $250.1m^3/s$,江面水位主要受季节性洪水和上游在建龙江水电站蓄防水控制。穿越段采用连续混凝土覆盖方式保护管道,并对扰动的河床和河岸采取必要的防护措施。

为简化计算模型及提高计算速度,确保计算结果可信的前提下,将三维的穿越段河道简化为二维河道表面数值模拟。为提高研究的工程价值,模型采用河道的真实形状及尺寸。在进行河道提取时,首先预置的包含河道的图像数据库中获取原始图像。瑞丽江穿越段河道二维地图如图 5-13 所示。

在获得原始地图后,为提高河道提取的效率和准确性,对原始图像进行截取和裁剪,消除不必要的干扰和冗余信息、保留河道信息,得到仅包括河道区域的目标图像。在截取到目标图像后,对目标图像进行二值化处理以凸显河道信息,得到二值化处理后的二值目标图像。二值化后的二值目标图像包括河道信息和背景信息,河道信息和背景信息呈现明显的黑白效果(图 5-14)。

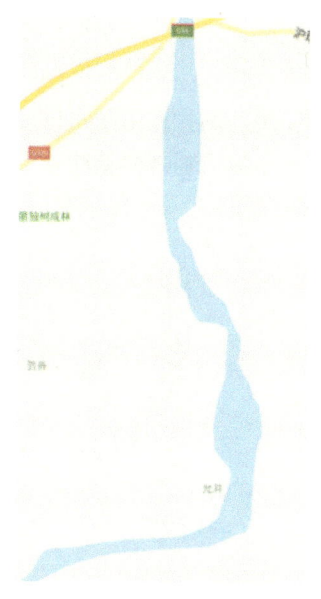

图 5-13 瑞丽江穿越段河道二维地图

在得到二值化以后的二值目标图像后,通过 Canny 边缘检测算法提取二值目标图像的河道边缘图像坐标,进而基于二值目标图像的河道边缘图像坐标得到河道边缘真实坐标。基于上述河道边缘真实坐标构成的河道边缘不够平滑,为了得到更加平滑的河道边缘,可以根据河道边缘真实坐标河道边缘进行平滑处理,进而得到河道散点数据(图 5-15)。

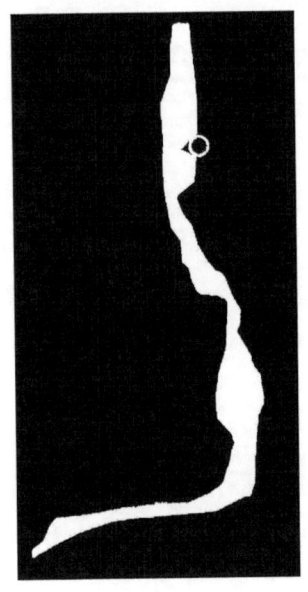 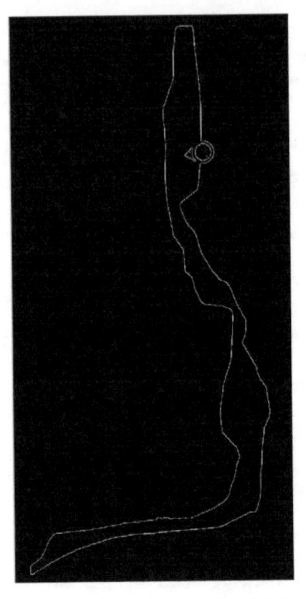

图 5-14　瑞丽江穿越段河道地图
二值目标图像

图 5-15　瑞丽江穿越段河道地图
边缘点提取

将河道二维地图进行二值化处理，提纯所需河道信息，利用 Canny 算法提取河道边缘坐标数据，并进一步对河道边缘进行平滑处理，最终得到瑞丽江穿越段二维模型。整个计算区域长约 6.7km，以确保原油发生泄漏后，在河面扩散特性明显，漂移范围足够，给予泄漏发生后的拦截措施提供理论依据（图 5-16）。

整个河道物理模型建立流程如图 5-17 所示。

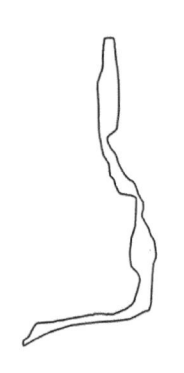 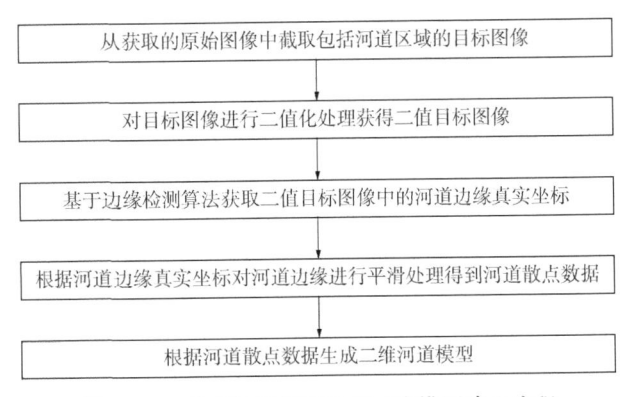

图 5-16　瑞丽江穿越段
河道二维模型

图 5-17　瑞丽江穿越段河道二维模型建立流程

5.3.1.2　泄漏口物理模型

示例的瑞丽江穿越段输油管道长 575m，自西向东在管道上等距取 10 个泄漏口，分别编号为 1-10。采用流体网格划分软件 ICEM，选取计算区域进行结构化网格划分。考虑到河道边缘及附近流动比较复杂，对其进行网格加密处理。泄漏口处网格通过多层不同尺度网格解决跨尺度计算收敛性差的问题，提高计算的收敛性，从而建立管道泄漏点模型。建立泄漏口模型如图 5-18 所示。

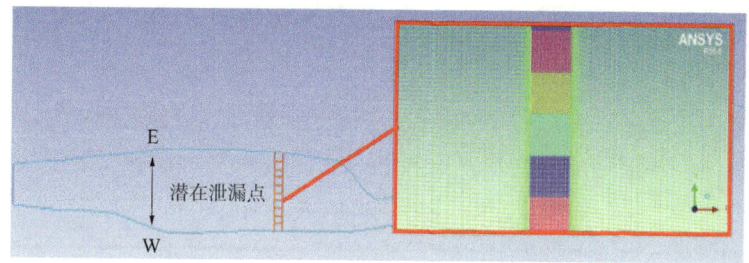

图 5-18　瑞丽江穿越段河道泄漏口模型

确保计算效率及精度，最终整个河道生成网格总量 277952。如图 5-19 所示。河道整体网格质量良好。

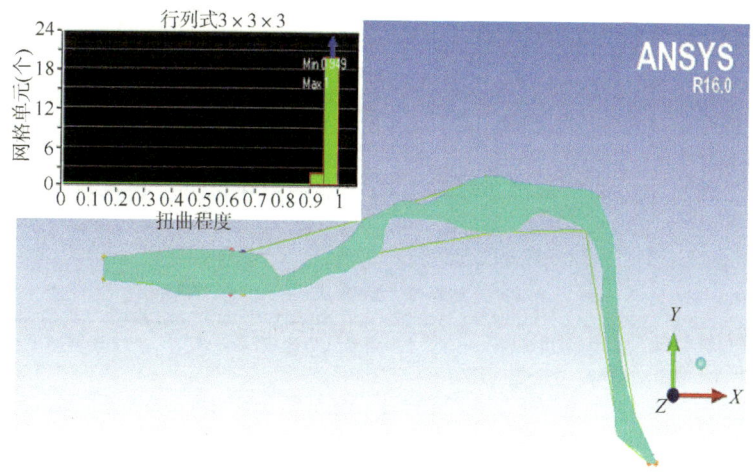

图 5-19　瑞丽江穿越段河道结构化网格及质量

5.3.1.3　边界条件

河道入口流速计算公式为

$$v=\frac{Q}{A} \tag{5-1}$$

式中，v 为河道流速，m/s；Q 为河道流量，m³/s；A 为河道截面积，m²。

管道泄漏速度计算公式为

$$v_l=C_v A_l \rho \sqrt{2g\Delta h} \tag{5-2}$$

$$\Delta h=\frac{p-p_0}{\rho g}+\frac{v_0^2}{2g} \tag{5-3}$$

式中，v_l 为管道泄漏速度，m/s；A_l 为裂口面积，m²；C_v 为流体泄漏系数，又称孔口流量系数(流体泄漏系数 C_v 可以由历史数据归纳和拟合实验测得,为经验常数,C_v = 0.60~0.62);g 为重力加速度,取 $9.81 m^2/s$;Δh 为泄漏点处流体压力水头,m;p 为输送管道内介质压力,Pa;p_0 为环境压力,Pa;ρ 为泄漏流体密度,kg/m^3。

5.3.1.4 模拟工况

泄漏口边界为速度入口,计算区域左边,右边分别为速度进口边界,自由出流边界。泄漏口为质量流速。通过瑞丽江当地水文资料及管道公司资料获取以下参数(表5-2)。

表 5-2 河道,原油及管道参数

油品流量(kg/s)	240	河道平均截面积(m^2)	158
泄漏体积元大小(m^3)	900	油品密度(kg/m^3)	886.8
裂口面积(m^2)	0.0030	管内油品流速(m/s)	0.9
河水密度(kg/m^3)	995.0	油品运行压力(MPa)	10
河道年平均流量(m^3/s)	250.1		

由表5-2参数,根据式(5-1)至式(5-3)计算,可计算得到河道入口流速为 1.58m/s,以及原油泄漏速度为 $0.267 kg/(m^3 \cdot s)$。本文考虑不同泄漏位置对泄漏原油扩散漂移行为的影响,表5-3 列举了6种模拟计算工况,分别对河道边缘处、近岸处、中心处发生泄漏进行模拟计算。

表 5-3 计算工况

工况	泄漏口编号	泄漏口位置	河道入口速度/(m/s)	泄漏速度/[$kg/(m^3 \cdot s)$]
1	1	东侧边缘	1.58	0.267
2	10	西侧边缘	1.58	0.267
3	3	东侧近岸处	1.58	0.267
4	7	西侧近岸处	1.58	0.267
5	9	西侧近岸处	1.58	0.267
6	5	中部	1.58	0.267

5.3.2 结果分析

5.3.2.1 河道边缘处发生泄漏原油扩散规律

按照上述参数设置计算初值进行模拟,得到不同泄漏位置下原油泄漏扩散特性及范围。图5-20显示了在第1个泄漏口(西侧)发生泄漏时原油在水面上的扩散情况。分析图5-20可知,原油在河道西侧边缘发生泄漏后,在河道表面的扩散比较规律,也比较稳定,整个扩散过程基本贴近河道西侧边缘。随着原油向河道下游不断扩散,油膜面积逐渐增大,油相浓度逐渐减小。此外,在突遇河道变宽的情况下,原油会脱离河道边缘形成明显漩涡,导致扩散速度明显降低,在河道变窄后,漩涡会逐渐消失,原油再次贴近河岸边缘。

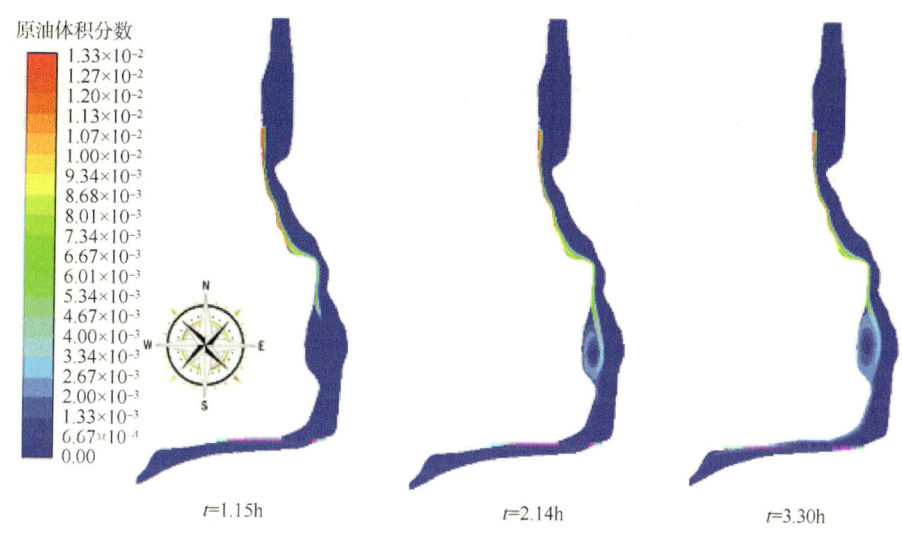

图 5-20 第 1 个泄漏口(西侧)扩散过程

为进一步研究河岸边缘处原油发生泄漏的扩散特性及范围，计算分析原油在 10 个泄漏口(东侧)发生泄漏时原油在水面上的扩散情况，如图 5-21 所示。分析图 5-21 可知，原油在东侧岸边发生泄漏后，原油在河道表面的扩散同样比较规律，也比较稳定，整个扩散过程基本贴近东侧河道边缘。但由于突遇河道变宽前的拐角较大，因此没有明显漩涡形成。此外，在突遇河道向西侧转弯时，由于离心力作用，原油会短暂脱离河道边缘，待河道趋于平直后会再次贴近东侧河道边缘向下扩散。

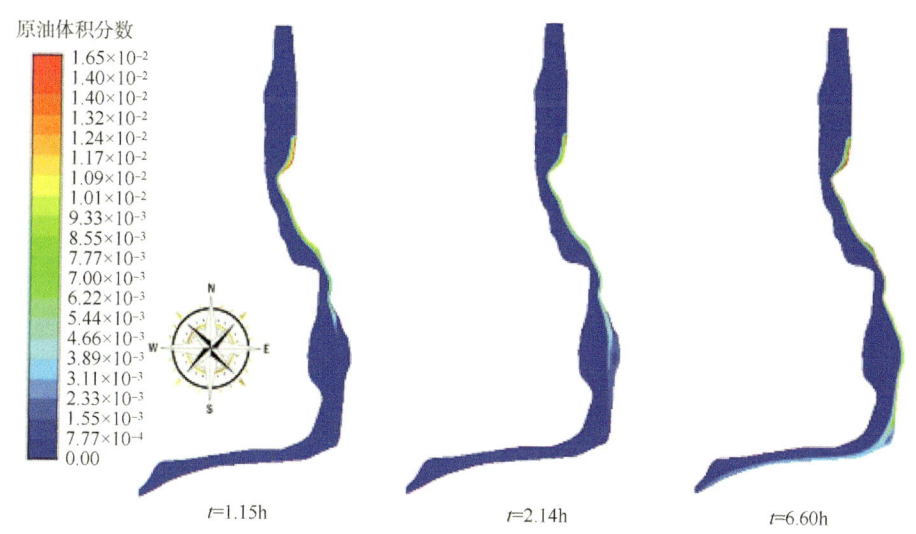

图 5-21 第 10 个泄漏口(东侧)扩散过程

对比分析图 5-20 和图 5-21 可知，由于河道边缘处存在速度边界层以及较大的摩擦阻力，河水流速较小，因此油品扩散的速度及范围较小。在弯道前，原油在河道两侧边缘处的扩散速率比较接近，在经过弯道时，西侧的速度要明显快于东侧。在西侧泄漏时，原油扩散稳定大概需要 3h，而在东侧需要 5.5h，说明弯道对河道边缘处泄漏的扩散特性影响较大。

5.3.2.2 近岸处发生泄漏原油扩散规律

图 5-22 显示了西侧第 3 个泄漏口发生泄漏时原油在水面上的扩散情况。分析图 5-22 可知，原油在发生泄漏后，对比与边缘处的泄漏扩散，扩散速度较大，扩散范围也较大。在河道未向西转弯前，整个扩散过程基本不贴近河道边缘，在突遇河道向西转弯后，由于惯性力的作用，原油扩散会贴近河道边缘。此外在突遇河道变宽后，原油扩散会形成明显较大漩涡，河道再次变窄后，漩涡消失。

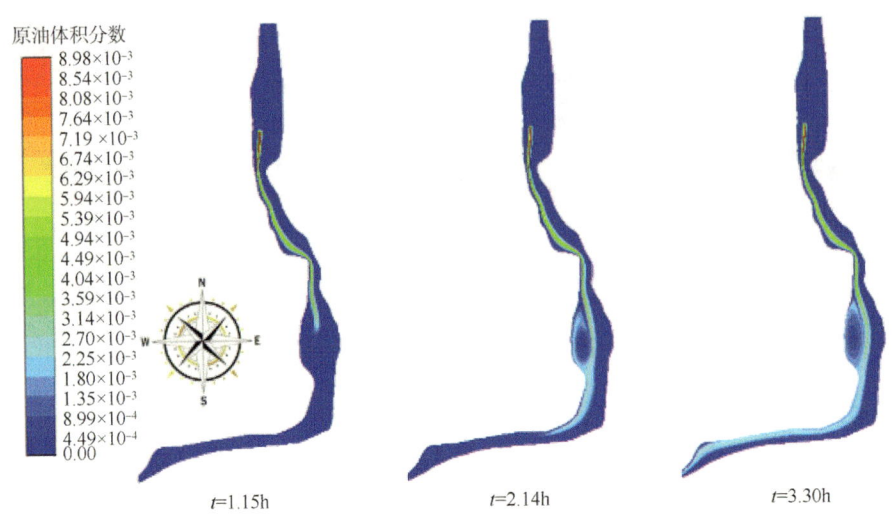

图 5-22 第 3 个泄漏口扩散过程

图 5-23 显示了在第 7 个泄漏口发生泄漏时原油在水面上的扩散情况。分析图 5-23 可知：原油发生泄漏后，在河道表面的扩散比较规律，也比较稳定。整个扩散过程不靠近东侧河道边缘，在河道突然变宽及出现向西转弯的情况下，原油的扩散始终平稳。

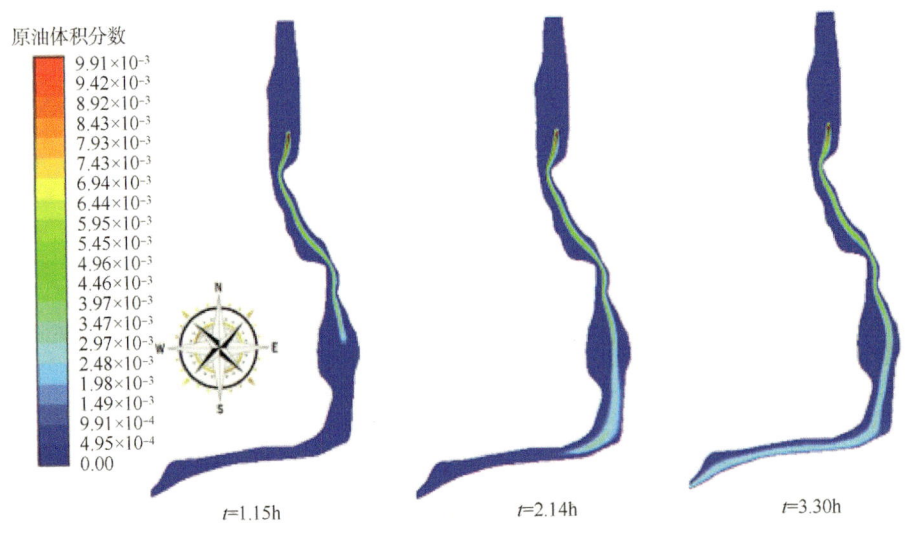

图 5-23 第 7 个泄漏口扩散过程

为探究东侧附近发生泄漏时,在突遇弯道时未出现漩涡的情况,对第9个泄漏口发生泄漏时原油的扩散特性进行分析,如图5-24所示。分析图5-24可知,原油发生泄漏后,在突遇河道变宽的情况下也未出现漩涡。

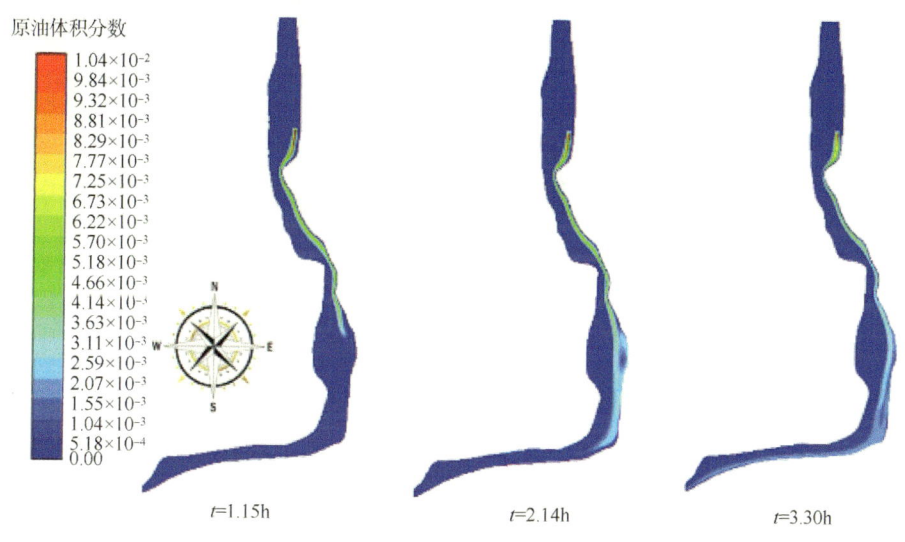

图5-24 第9个泄漏口扩散过程

对比图5-22、图5-23和图5-24,可以验证,若在河道变宽处的原油的流出角度过大,离心力会占据主要部分,原油扩散只会略微偏离河道边缘,但不会出现漩涡。

5.3.2.3 河道中心处发生泄漏时原油扩散规律

图5-25显示了在第5个泄漏口(中部)发生泄漏时原油在水面上的扩散情况。

分析图5-25可知:原油发生泄漏后,原油在河道表面的扩散最稳定,由于原油在水面受力比较均匀,整个扩散范围基本一直保持在河道中央。

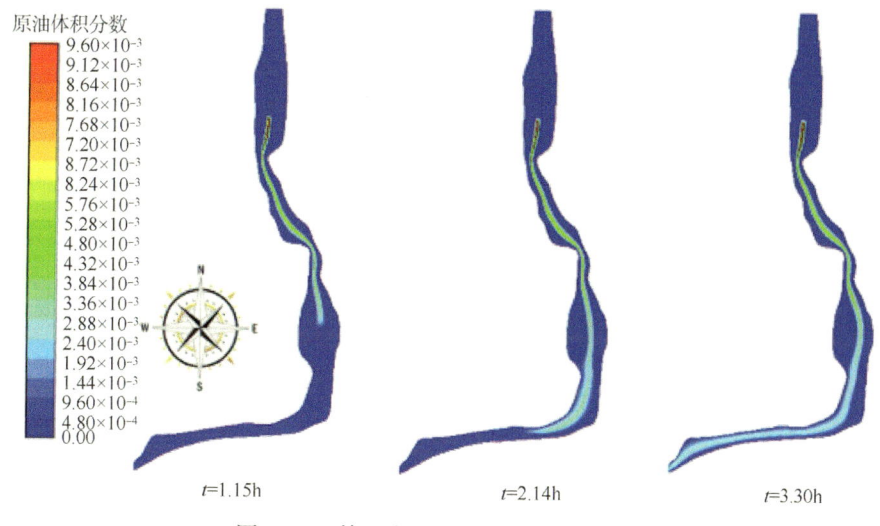

图5-25 第5个泄漏口(中部)扩散过程

5.3.2.4 油品污染面积占比统计

分析图 5-26 可得：虽然河道形状较曲折，但对称位置泄漏造成的污染面积比较接近。且泄漏口越靠近中部，污染面积越大(河道中心>近岸处>河道边缘)。

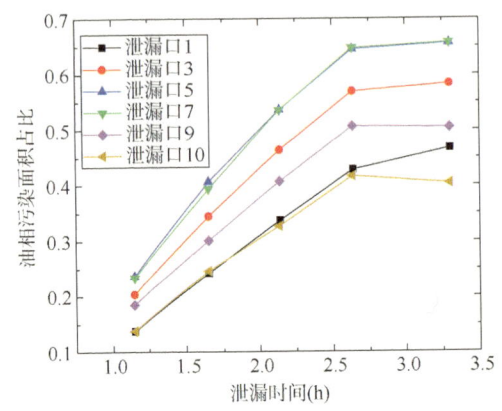

图 5-26　不同位置泄漏油品污染面积随泄漏时间变化

5.3.3　穿越河流管道溢油应急决策研究

根据前文示例的河流溢油漂移扩散规律，在河流溢油应急处置工作中，结合河流溢油漂移扩散规律，从选取应急处置断面及关键点和应急时间窗口、溢油漂移方向影响区域、溢油主要聚集区三个方面进行河流溢油应急处置研究分析。为接下来的溢油应急处置提供了工作提供了依据。

河段不同水期流量变化大，而这种河段多河心洲和边滩，使得水流速及河宽均具有较大的变化范围，因此其很多位置由于流速较大，地形较复杂不宜布置围油设备，开展应急处置工作。

在研究区域内，根据河流及模拟结果分析，可以选择河道宽度突变的位置作为应急处置关键断面，这样做提高应急效率，节省时间。根据模拟河流周围的地形、交通情况和河流本身的水文条件，在管道下游共布置了 4 个拦截点。本次研究工作的模拟区域为管道下游 6.4km，根据每个拦截点距离管道的距离可知，在模拟范围内涵盖了 1#拦截点、2#拦截点、3#拦截点、4#拦截点。具体位置如图 5-27 所示。

以应急处置关键节点(即 1#、2#、3#和 4#拦截点)为研究对象，研究分析穿越管道在不同位置泄漏情景下，溢油的油头到达应急处置断面及关键点的时间(以下简称"应急时间窗口")。

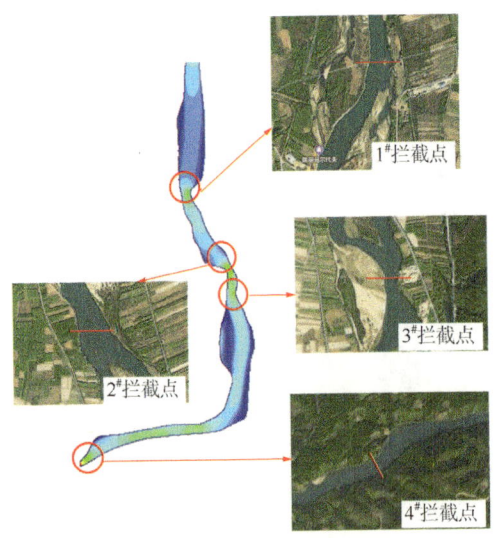

图 5-27　拦截点位置

(1) 1#拦截点应急时间窗口。

不同的泄漏位置下，溢油的油头到达 1#拦截点的应急时间窗口见表 5-4，1#拦截点配备了应急资源(包括人员、物资、设备等)。

表 5-4　1#拦截点的应急时间窗口

流量(m³/s)	泄漏位置	应急窗口时间(min)
250	1	8.33
250	3	6.67
250	5	8.21
250	7	6.55
250	9	7.82
250	10	10.11

经表 5-4 数据统计分析，在河道流量 250m³/s 时，1#拦截点应急时间窗口范围为 6.55~10.11min。不同泄漏位置溢油在 1#拦截点的应急时间窗口(T)：$T(10)>T(1)>T(5)>T(9)>T(3)>T(7)$。

(2) 2#拦截点应急时间窗口。

不同的泄漏位置下，溢油的油头到达 2#拦截点的应急时间窗口见表 5-5，2#拦截点配备了应急资源(包括人员、物资、设备等)。

表 5-5　2#拦截点的应急时间窗口

流量(m³/s)	泄漏位置	应急窗口时间(min)
250	1	42
250	3	38
250	5	40
250	7	36
250	9	41
250	10	45

经表 5-5 数据统计分析，在河道流量 250m³/s 时，2#拦截点应急时间窗口范围为 36~45min。不同泄漏位置溢油在 2#拦截点的应急时间窗口(T)：$T(10)>T(1)>T(9)>T(5)>T(7)>T(3)$。

(3) 3#拦截点应急时间窗口。

不同的泄漏位置下，溢油的油头到达 3#拦截点的应急时间窗口见表 5-6，3#拦截点配备了应急资源(包括人员、物资、设备等)。

经表 5-6 数据统计分析，在河道流量 250m³/s 时，3#拦截点应急时间窗口范围为 46~62min。不同泄漏位置溢油在 1#拦截点的应急时间窗口(T)：$T(10)>T(1)>T(9)=T(7)>T(3)>T(5)$。

表 5-6 3#拦截点的应急时间窗口

流量(m³/s)	泄漏位置	应急窗口时间(min)
250	1	57
250	3	47
250	5	46
250	7	48
250	9	48
250	10	62

(4) 4#拦截点应急时间窗口。

不同的泄漏位置下，溢油的油头到达 4#拦截点的应急时间窗口见表5-7，4#拦截点配备了应急资源(包括人员、物资、设备等)。

表 5-7 4#拦截点的应急时间窗口

流量(m³/s)	泄漏位置	应急窗口时间(min)
250	1	167
250	3	142
250	5	138
250	7	140
250	9	150
250	10	200

经表 5-7 数据统计分析，在河道流量 250m³/s 时，4#拦截点应急时间窗口范围为 138~200min。不同泄漏位置溢油在 1#拦截点的应急时间窗口(T)：$T(10)>T(1)>T(9)>T(3)>T(7)>T(5)$。

5.4 跨越河流管道泄漏油品扩散特征及扩散范围研究

5.4.1 跨越河流管道泄漏模型

通过提前搜集跨越段河流的水文情况以及跨越段管道的工况，对不同河流流速、不同管道完全断裂位置以及不同泄漏方式的情况下，在澜沧江里的泄漏扩散规律进行数值模拟研究，分析油品在河流水面扩散浓度分布情况及油品在河流流向方向的扩散距离，总结出不同影响因素作用下油品在河流中的迁移情况与规律，最后根据总结的规律进行相应的应急处理，为泄漏事故应急技术方案的制订提供支持和指导。

本小节提供了一种跨越河流输油管道油品泄漏扩散分析方法，如图 5-28 所示。该方法模拟结果对于现场预判油品扩散的位置以及围油栏的投放有很高的参考价值。利用 SolidWorks 建立几何模型、ICEM 划分网格、Fluent 进行流体数值模拟以及 CFD-Post 后处理,将复杂的工程性问题变成数学物理问题。采用上述仿真模拟技术,建立与实际河道一致的河道中油品扩散模型。为旋流电解槽结构优化提供了一种简单快捷的方法。

下面以中缅管线澜沧江跨越段为例,建立模型并分析不同工况(图5-29)。该管线段工况复杂,因此先将此处原油管道的工况简化,山坡、山道、澜沧江以及管道的相对位置如图5-30所示。预计将假设的泄漏工况分为两大类:管道完全断裂和小孔泄漏。考虑到西南山区容易发生地质灾害而导致管道断裂,发生断裂的位置又不尽相同,假设管道完全断裂的位置分为管道与北侧山坡接触处(A处)、管道中间处(B处)、管道与南侧山坡接触处(C处)。

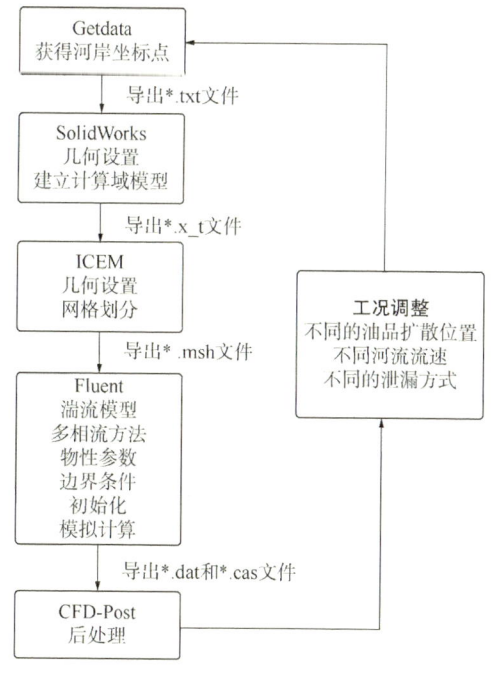

图5-28 技术流程示意图

图5-29 澜沧江跨越段示意图

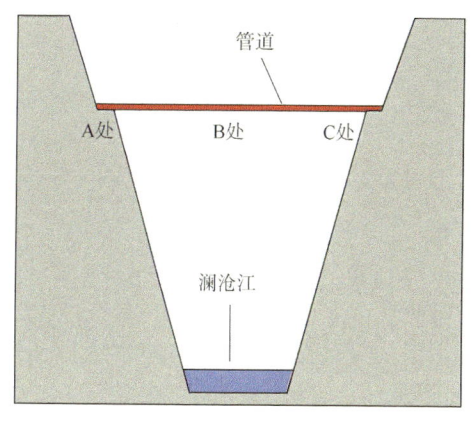

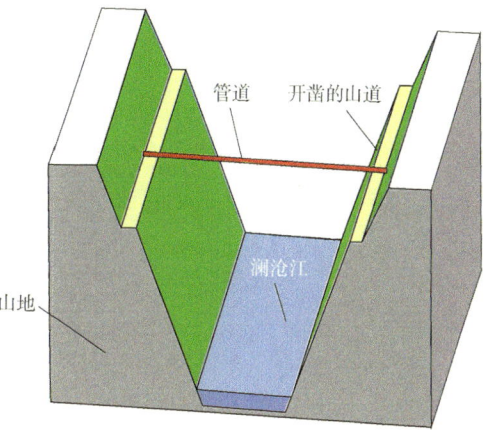

图5-30 澜沧江跨越段的实际工况示意图

由于小孔泄漏的原油泄漏量相对较小,因此只考虑原油在跨越段中间出现泄漏,原油从小孔泄漏后直接落入澜沧江中。关于原油管道的小孔泄漏情况,此种假设最符合实际,且形成小孔泄漏原油进入澜沧江的最大量。通过综合考虑跨越段管道的泄漏方式、断裂位置以及澜沧江不同时段的河流流速,假设的具体泄漏工况细分为以下12种情况。

(1) 澜沧江枯水期、南侧管道(C)处完全断裂。
(2) 澜沧江枯水期、中侧管道(B)处完全断裂。
(3) 澜沧江枯水期、北侧管道(A)处完全断裂。
(4) 澜沧江丰水期、南侧管道(C)处完全断裂。
(5) 澜沧江丰水期、中侧管道(B)处完全断裂。
(6) 澜沧江丰水期、北侧管道(A)处完全断裂。
(7) 澜沧江平水期、南侧管道(C)处完全断裂。
(8) 澜沧江平水期、中侧管道(B)处完全断裂。
(9) 澜沧江平水期、北侧管道(A)处完全断裂。
(10) 澜沧江枯水期、中侧管道(B)处小孔泄漏。
(11) 澜沧江丰水期、中侧管道(B)处完全断裂。
(12) 澜沧江平水期、中侧管道(B)处完全断裂。

工况分类完毕后,进一步建立模型。由于澜沧江跨越段下游距离较长,所以选取有限的计算段(图5-31)来计算总结相关规律。以澜沧江跨越段为起点,以直线距离13.2km的位置为终点。东西方向(x方向)取距离跨度约为8.0km,南北方向(y方向)取距离跨度约为10.0km。通过CFD建模需要澜沧江跨越段下游河岸边界的数据或者信息。

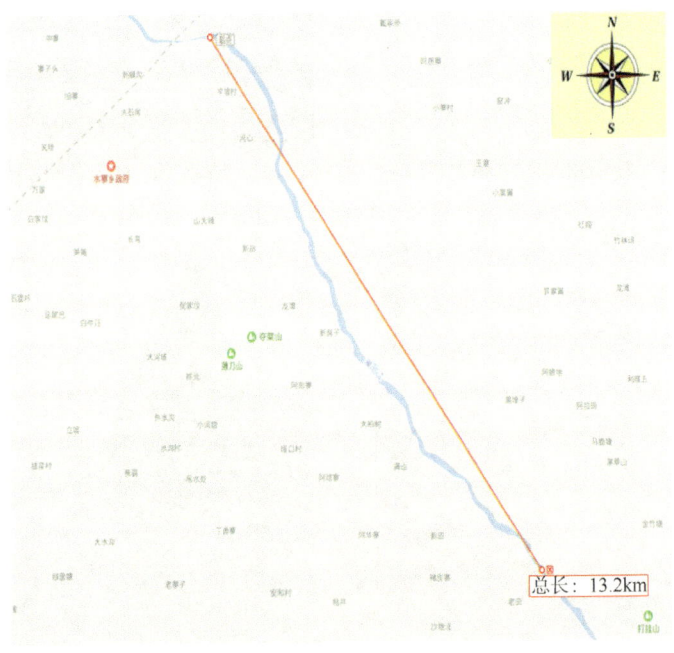

图5-31 澜沧江跨越段下游河道地图

将图 5-31 中的地图导入 Getdata 软件中，以澜沧江管道跨越段在河流中的位置为坐标原点设为(0, 0)。接着，再通过 Getdata 软件将河岸线用坐标点离散化，然后获得跨越段处下游河道两岸边界的坐标参数。图 5-32 即为本文通过 Getdata 软件获取河道边界数据的操作截图，图 5-32 中左侧为澜沧江跨越段下游河道地图，右侧为离散化的河道边界数据坐标。

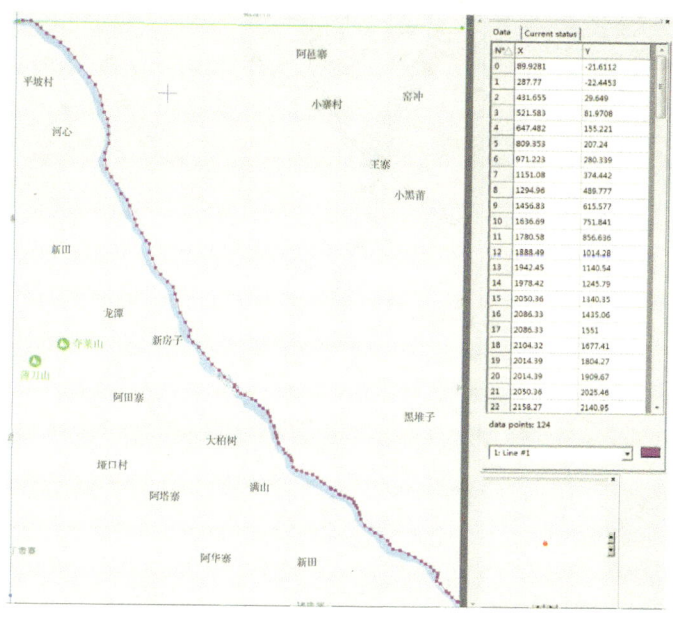

图 5-32　在 Getdata 软件获取河道边界数据

将河道两岸的散点坐标导入到 Solidworks 软件，得到河流两岸边界的轨迹线，再在起始位置加两条线形成闭合区域，然后再对闭合区域进行填充，从而得到二维的计算域几何图(图 5-33)。

5.4.2　不同工况对比分析

通过对跨越段原油管道泄漏扩散的数值进行研究，将泄漏原油在江面的扩散过程分为泄漏扩散初期、泄漏扩散中期和泄漏扩散后期。继续以 5.4.1 小节中中缅管线澜沧江跨越段为

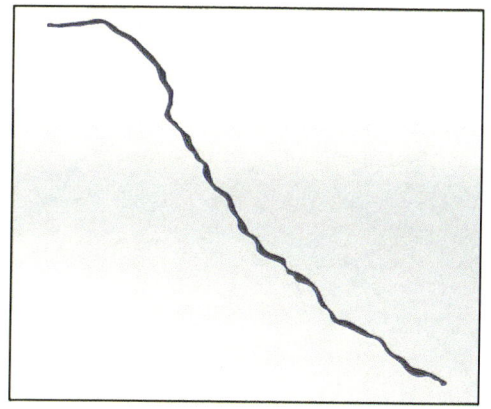

图 5-33　计算域图

例，展示如何进行不同工况对比分析。泄漏扩散初期：泄漏原油不断地进入澜沧江，造成原油主要集中在距离跨越段较近的下游河道中。泄漏扩散中期：进入澜沧江的泄漏原油量基本达到最大值，江面上的油膜从小范围集中状态向大范围分散状态过渡。泄漏扩散后期：随着扩散时间的推移，泄漏原油结果过江流的作用，在江面上扩散成很多零星分布的块状油膜，但主要的油膜还是呈现为长条分布，给事故处理带来困难。本数值研究中的原油扩散云图采用原油体积分数表示(图 5-34、图 5-35)。

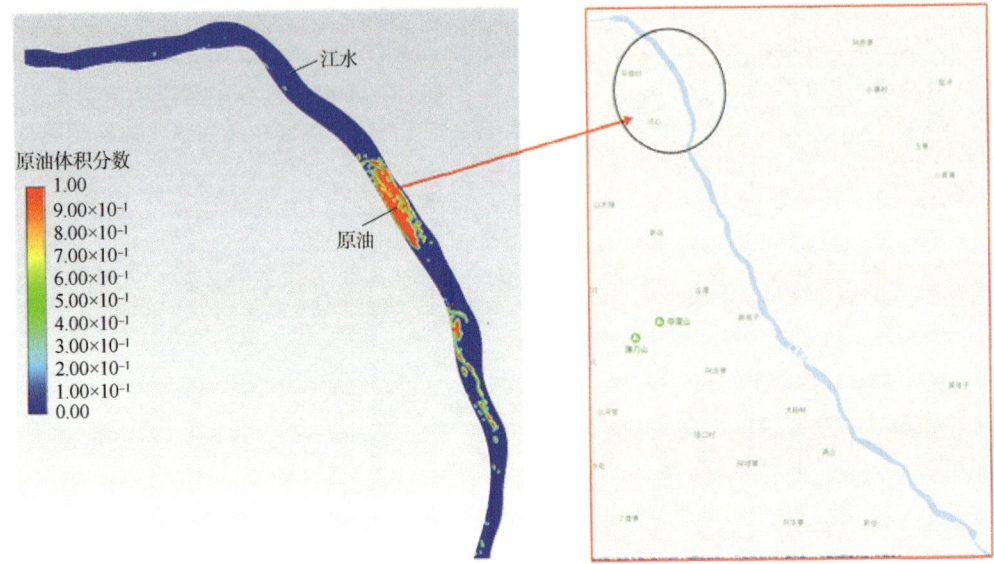

图 5-34　工况 1 泄漏 2h 原油的扩散情况

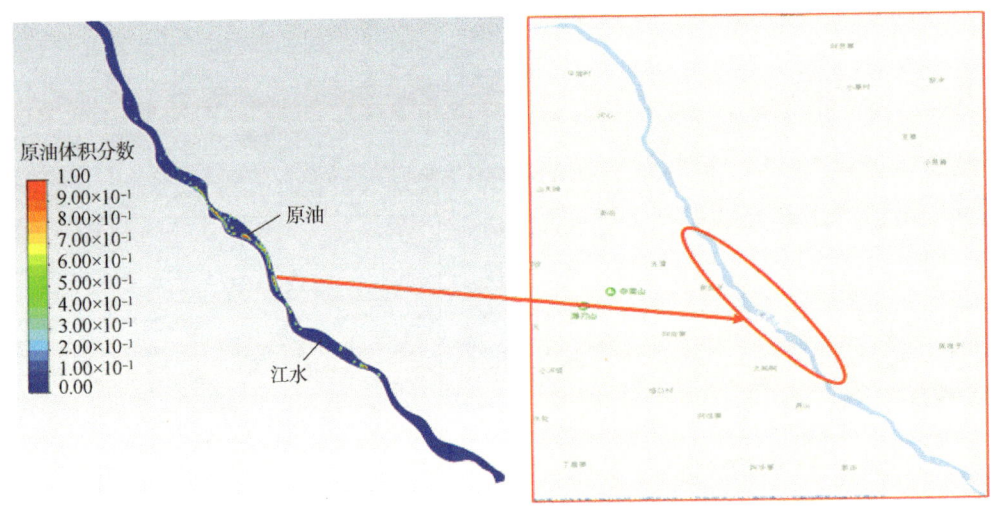

图 5-35　工况 2 泄漏 2h 原油的扩散情况

澜沧江枯水期水流速度为 0.132m/s，原油泄漏量按照管道完全断裂的最大泄漏量计算。工况 1 为原油在南侧管道的泄漏位置沿着山坡进入澜沧江中，泄漏 2h 然后原油随着江水的扩散情况，由图 5-34 可知原油进入弯道开始块状脱落，少数零星分布的油膜粘连在岸边。而泄漏 2h 后，如图 5-35 所示明显发现油膜块状脱离加快，穿过弯道后更加分散，不利于收集。此时原油大约集中在平坡村和河心附近的河道中。

作为对比，分析工况 2 和工况 3，如图 5-36 所示，工况 3 由于在管道中间部分发生泄漏，在山坡上的残留比较少，进入河道中的泄漏量比较大。且成大规模油膜状漂移，分离脱落部分较少。为更好地分析，将不同时刻泄漏工况比较，具体如图 5-37 所示。

第5章 管道泄漏扩散特征及扩散范围研究

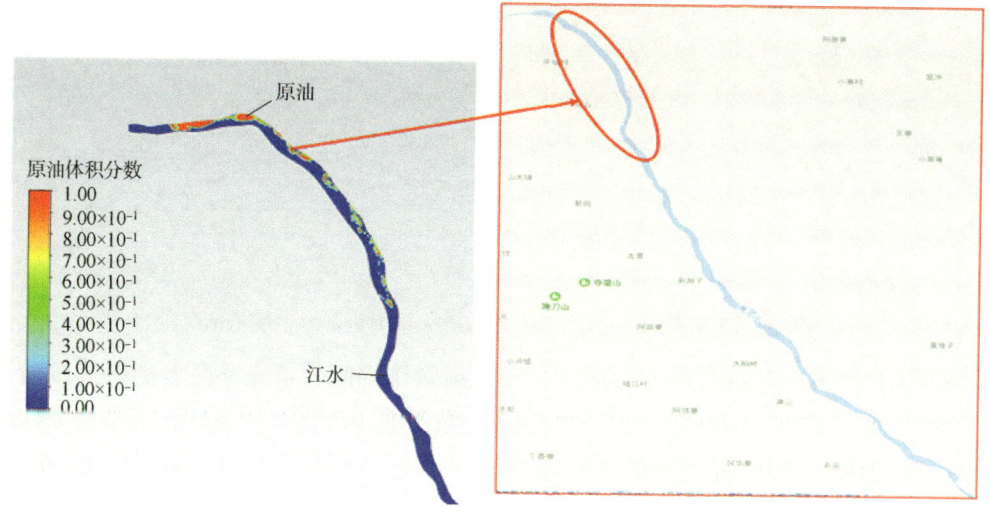

图 5-36　工况 3 泄漏 2h 原油的扩散情况

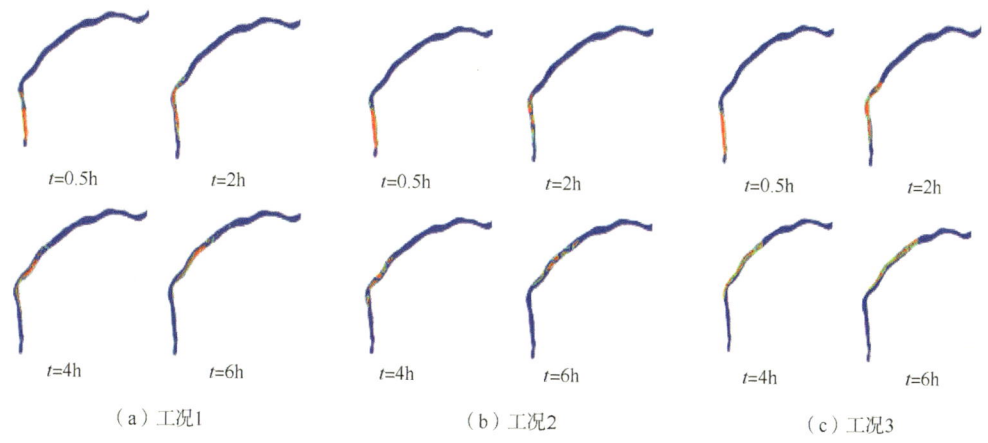

(a) 工况1　　　　　　　　(b) 工况2　　　　　　　　(c) 工况3

图 5-37　工况 1、工况 2 和工况 3 不同时刻的原油扩散情况

与地图相对比，在后期的计算中，在工况 1~3 的泄漏情况下，基本上泄漏 0.5h（在这段时间完成泄漏原油进入澜沧江的最大量），泄漏原油集中在跨越段下游 0.8km 的范围内；泄漏 2.0h 泄漏原油主要集中在跨越段下游 0.4~1.4km；泄漏 4.0h 泄漏原油主要集中在跨越段下游 0.8~2.4km；泄漏 6.0h 泄漏原油主要集中在跨越段下游 1.2~3.0km。

同理，当澜沧江丰水期水流速度为 2.338m/s，原油泄漏量按照管道完全断裂的最大泄漏量计算。再依次分析各工况泄漏扩散情况，如图 5-38 所示。

原油在澜沧江中扩散的计算结果与 Google 地图的对应。在工况 9 的泄漏情况下，基本上泄漏 0.5h（在这段时间完成泄漏原油进入澜沧江的最大量），泄漏原油集中在跨越段下游 0~3.4km 的范围内；泄漏 1.0h 泄漏原油主要集中在跨越段下游 4~8.7km 的平坡村、河心附近的河道中；泄漏 2.0h 泄漏原油主要集中在跨越段下游 8.0~14.0km 的新房子、大柏树、满树、新田附近的河道中。

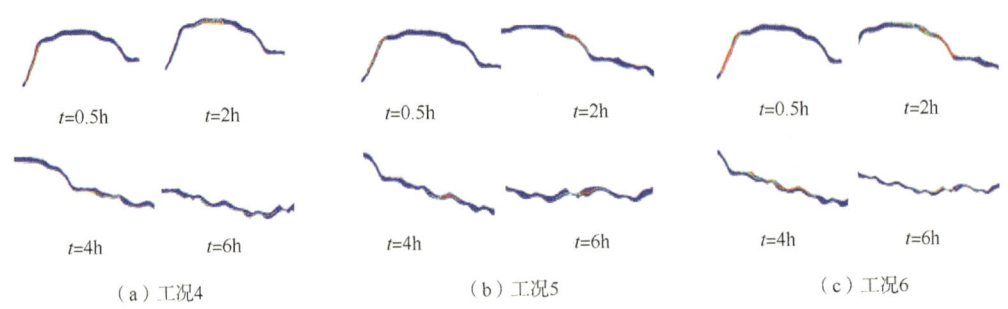

(a) 工况4　　　　　　　　(b) 工况5　　　　　　　　(c) 工况6

图 5-38　工况 4、工况 5 和工况 6 在不同时刻的原油扩散情况

澜沧江平水期水流速度为 0.567m/s，原油泄漏量按照管道完全断裂的最大泄漏量计算。工况 7 至工况 9 为原油在各自对应的泄漏位置沿着山坡进入澜沧江中，然后原油随着江水的扩散情况，如图 5-39 所示。

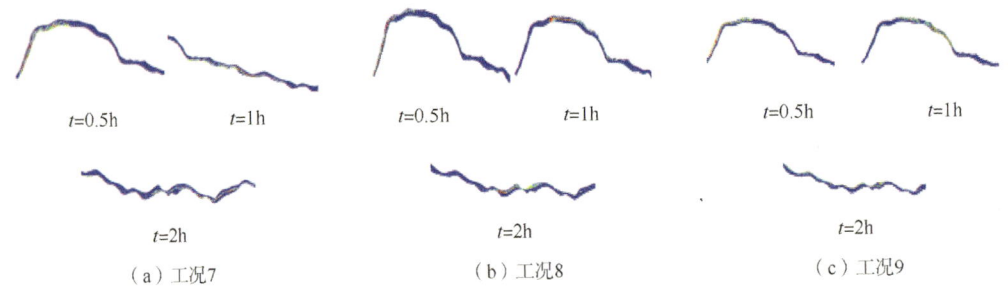

(a) 工况7　　　　　　　　(b) 工况8　　　　　　　　(c) 工况9

图 5-39　工况 7、工况 8 和工况 9 在不同时刻的原油扩散情况

工况 7 至工况 9 的原油在澜沧江中扩散的计算结果与 Google 地图的对应。在工况 7 至工况 9 的泄漏情况下，基本上泄漏 0.5h（在这段时间完成泄漏原油进入澜沧江的最大量），泄漏原油集中在跨越段下游 0~3.4km 的范围内；泄漏 1.0h 泄漏原油主要集中在跨越段下游 4~8.7km 的平坡村、河心村附近的河道中；泄漏 2.0h 泄漏原油主要集中在跨越段下游 8.0~14.0km 的新房子、大柏树、满树、新田附近的河道中。

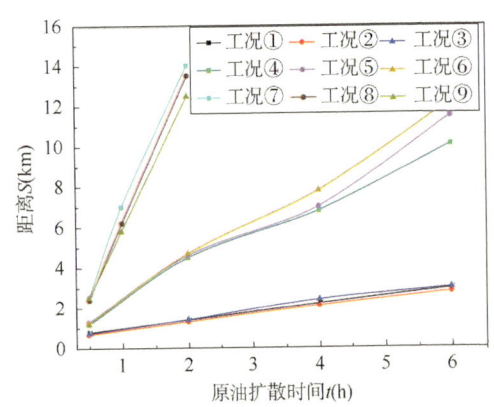

图 5-40　工况 1 至工况 9 中 S 与 t 的关系

通过对工况 1 至工况 9 的数值模拟计算结果进行量化分析与总结，具体如图 5-40 所示（横坐标为原油扩散的时间 t，单位为 h；纵坐标为河道中原油油膜集中区域的前端到澜沧江的距离 S，单位为 km）。结合图 5-39 中 S 与 t 的关系，重点总结泄漏位置、河流速度对原油在河道中扩散的影响。

以枯水期的工况 1、工况 2 和工况 3 为例，再分别结合分析图 5-40 中相同时刻的原油扩散分布情况。泄漏工况 1 的泄漏位置在跨越段南侧。河道两侧区域的水流速度相对较低，原有从 C 处进入澜沧江，造成前期江面上的大面积原油油膜不易分散，油膜在江水的作用下，沿着南侧向下游运移，在经过河道的大转弯后，虽然油膜还是靠近南侧河岸，但是逐渐的大面积的油膜开始分散，这是由于河道河岸不规则，造成的漩涡等问题所致。泄漏工况 2 的泄漏位置在跨越段中间，发生泄漏时原油直接落到江面中间，落到江面的原油再随着江水的流动向下游运移和扩散。泄漏出来的原油前期就主要分布在江水流速较快的江面中间区域，造成了大面积油膜在前期就分散较为严重。泄漏工况 3 的泄漏位置在跨越段北侧，原油从北侧进入河道，起初会沿着河道北侧，扩散较慢；当原油油膜流过弯道之后，则主要集中到河道的东侧，扩散较快。综合以上分析，如果在泄漏发生的前期，应急抢险则可以根据泄漏的位置，相应地更加合理地分配应急抢险人员和装备。以泄漏位置在南侧的工况 1、工况 4 和工况 7 为例，对比相同的泄漏位置下枯水期、平水期和丰水期的原油的大面积油膜区域的扩散与运移情况。在枯水期时，澜沧江跨越段处的水流速度为 0.132m/s，大面积油膜区域的扩散速度基本可以确定为 0.130m/s；在平水期时，澜沧江跨越段处的水流速度为 0.567m/s，大面积油膜区域的扩散速度基本可以确定为 0.556m/s；在丰水期时，澜沧江跨越段处的水流速度为 2.338m/s，大面积油膜区域的扩散速度基本可以确定为 1.94m/s。河道宽度的不规则性，造成了在河道较窄处水流湍急，在河道较宽处水流较缓慢。当大面积油膜和江水通过河道较窄处时，流速均进一步加快，油膜也被集中在较窄的河道里，造成了原油的更快扩散。综上分析，大面积原油油膜的扩散速度比河流平均速度稍小一些，这为在实际情况下估算大面积油膜移动的大概位置提供了有利的依据。

管道小孔泄漏的原油扩散分析，考虑枯水期、丰水期和平水期三个不同时期的扩散情况，如图 5-41 所示。

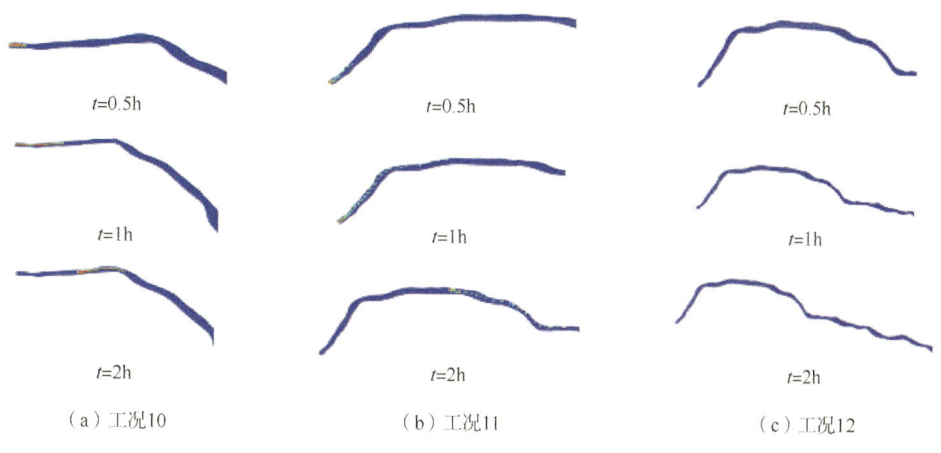

（a）工况10　　　　　　　（b）工况11　　　　　　　（c）工况12

图 5-41　工况 10、工况 11 和工况 12 在不同时刻的原油扩散情况

综上所述，管道小孔泄漏与管道完全断裂泄漏不同，主要体现在泄漏流量小、泄漏持续时间长，在河道中不会形成较大的油膜区域。在河流速度较低的情况下，管道小孔泄漏造成的油膜范围比较集中；在河流速度较大的情况下，管道小孔泄漏造成的油膜呈零星块状分布，对于应急抢险不利。澜沧江跨越段的管道属于跨越式铺管，管道采用明管铺设，

因此对于此处管道的小孔泄漏封堵预案，建议在现场值班室配备实用性强、操作简单的能够卡套在管道小孔泄漏处的紧急封堵设备。

5.5 基于 GIS 的管道泄漏影响范围识别技术

5.5.1 总体架构

管道泄漏仿真决策软件总体架构基于 OSG 三维引擎搭建三维虚拟仿真平台，实现泄漏扩散可视化集成。三维泄漏扩散可视化平台拥有分布性强、维护方便、开发简单且共享性强、总体成本低等优势。平台架构分为数据层、渲染引擎层和终端表现层。

5.5.1.1 渲染引擎

OSG 三维渲染引擎系统通过对外提供功能接口的方式为上层应用提供服务，主要负责场景管理、资源管理以及优化渲染等。负责图形图像处理的应用程序可以直接借助于三维渲染引擎实现对场景的构造以及场景中物体的渲染。针对三维场景的渲染，引擎所做的主要工作包括基本图元绘制、纹理和光照的处理以及光影特效等。位于后台的引擎直接决定着场景中物体的渲染质量，所以要想渲染出更加真实的高质量的画面，就对三维渲染引擎的处理能力有着更高的要求。本研究在功能上封装了高效的图形图像处理算法，同时在结构设计上易于扩展的数据传输接口，达到减少上层应用程序处理图形图像的工作量，提升开发进度并提高程序稳健性的目的。

如图 5-42 所示，所采用的 OSG 三维引擎体系结构中，中央处理器(以下简称 CPU)宿主应用程序与图形处理器(以下简称 GPU)渲染管线的交互；GPU 中的各种对象可以通过不同渲染管线进行场景渲染。在 GPU 上执行的渲染管线并不是独立存在的，它需要一个 CPU 程序充当宿主，这个宿主程序用于管理整个图形渲染管线的执行。宿主程序并不直接调用 GPU 直接执行一个命令，而是通过一个状态队列来记录所有宿主程序当前要执行 GPU 应用程序的各种状态，然后宿主通过 Draw 等相关命令将这些状态及各种 OpenGL 对象提交到 GPU 中，GPU 开始根据各种状态的设置开始执行图形渲染。当设置完各种 OpenGL 对象状态，以及绑定这些对象到着色器中的属性索引，并将这些对象(包括着色器对象)上传到 GPU 之后，OpenGL 执行环境便开始执行各种管线。本项目中，OpenGL 图形接口中有两种渲染管线：光栅化渲染管线和计算着色器管线。光栅化管线是将一个虚拟摄像机可视范围内的场景渲染到一个帧缓存对象中，这个帧缓存对象其实是一个容器对象，它包含多个矩形区域的颜色、深度及模板缓存，这些矩形的尺寸对应于摄像机的分辨率。而计算着色器管线的功能是它的计算着色器可以用来做一些非渲染的计算，如物理模拟，并且计算着色器可以直接读取之前光栅化管线存储在 OpenGL 对象中的计算结果。此外为了加快渲染速度，将渲染管线中对顶点的处理结果存储在变换反馈缓存中，并将这些操作结果回写宿主程序并提供后续管线作为顶点数据使用。

在具体的山区和河流泄漏场景的渲染过程中，首先输入场景中物体的各个顶点相关数据，每个顶点会在顶点着色器阶段被执行一次顶点着色器计算，将顶点的坐标由世界坐标

第5章 管道泄漏扩散特征及扩散范围研究

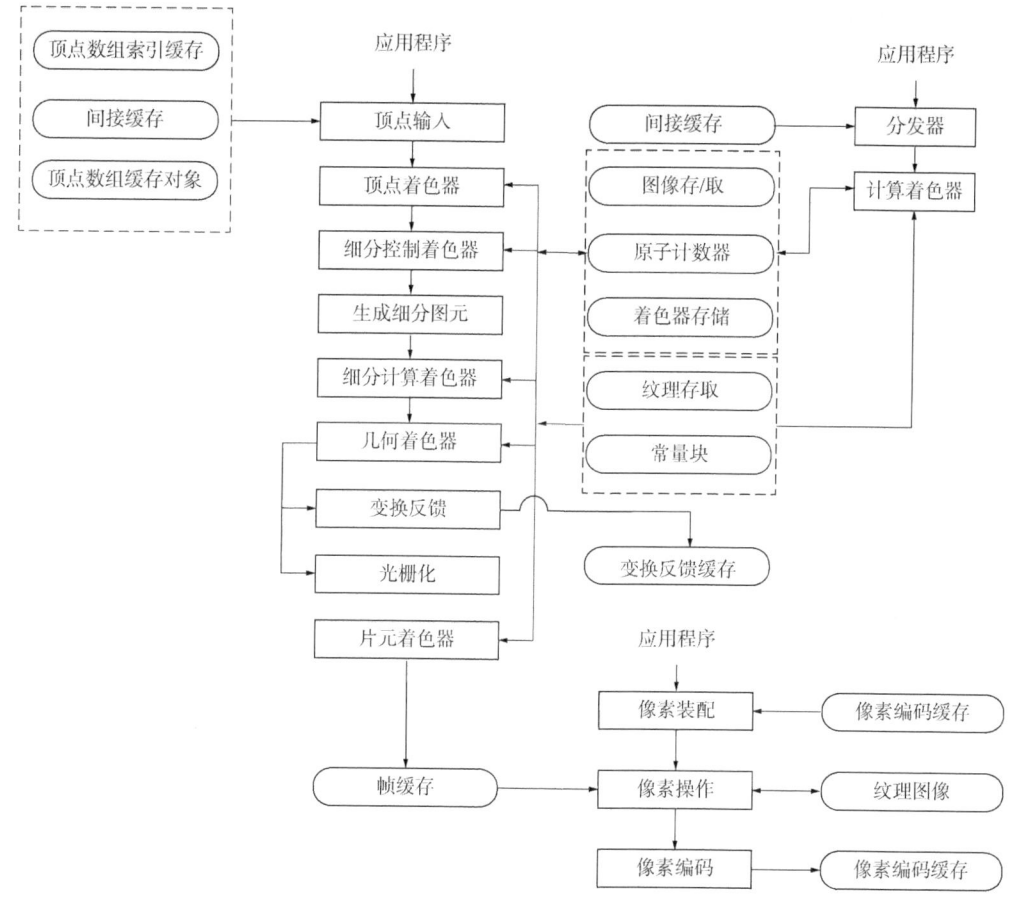

图 5-42 渲染流程图

系变换到由摄像机远近平面所在的坐标系。顶点处理的下一个阶段可以对图元进行细分，这通过细分控制着色器和细分计算着色器共同来实现。渲染管线的图元细分可以使得应用程序可以使用更粗粒度的模型顶点描述，减轻 CPU 和 GPU 中顶点数据的内存占用以及负责的顶点数据带来的计算开支，例如坐标变换；图元细分也可以使得渲染管线能够根据分辨率来选择细分的级别。通过减少或增加较远或较近物体的图元数量，来达到更好的渲染性能要求。在顶点处理阶段结束到光栅化阶段之前，其算法选择终止渲染管线的继续执行，将经过顶点处理阶段处理过后的顶点信息写入到变换反馈缓存中，并将这些数据读回到宿主程序或者用于后续的渲染管线作为输入数据。然后，光栅化阶段对每个图元进行插值，以计算出组成一个图元的所有片元。每个片元被后续执行一次片元着色器计算。片元着色器是大部分渲染器实现复杂光照计算的地方，它需要计算出每个片元的颜色值。接下来每个片元再经过片元操作阶段以决定当前片元最终是否保留，这些片元操作包括深度测试，模板测试，混合计算等。最后，所有通过测试的片元被写入到帧缓存中，供操作系统显示到屏幕上，或者作为后处理的数据进行后续的计算。对于写入到帧缓存中的数据（颜色，深度，模板值），它们可以被回写宿主程序。

5.5.1.2 扩展 OSG 引擎

本项目对 OSG 三维渲染引擎进行封装扩展,实现了高效稳定的场景渲染,主要技术阐述如下:

(1) 通过层次细节模型(以下简称 LOD)、OpenGL 状态排序、顶点数组对象(以下简称 VAO)、顶点缓存对象(以下简称 VBO)、着色语言以及显示列表等多种方式提高工作效率。根据原油泄漏需求定制一种基于分页的四叉树场景结构用来实现复杂场景描述。

(2) 实现对全部的底层 OpenGL 进行扩展。在原油泄漏仿真程序中可以直接使用已经封装过的这些扩展。绘制过程不需要关注 OpenGL 中的底层代码和扩展功能等,这样能够快速的搭建一个基于最新特性的三维应用程序。

(3) 广泛数据加载支持,本项目支持流行的三维模型数据格式,能够读取和处理海量的数据,内部包含了 VPB、OSGEarth 等相关组件。

(4) 高度独立性,通过专有的中间连接件,本系统可以与各种操作系统连接。接口独立化使得其除了能够跨各种平台以外,还可以支持各种 UI 界面,比如 MFC、QT、SDL、GLUT、WxWidget、Cocoa 等。

本项目中 OSG 的体系结构如图 5-43 所示。

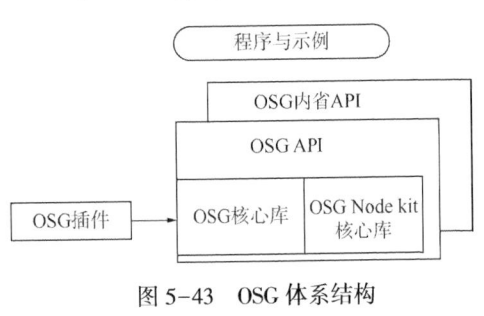

图 5-43 OSG 体系结构

图 5-43 中各部分功能如下所述,OSG 核心库的主要工作是对关键场景数据库进行处理,控制场景图形的同时提供相应的接口便于导入外部数据库。其中 OSG 核心库中含有三个重要的库:osg 库、osgDB 库、sgViewer 库。OSG NodeKits 工具库是对 osg 库的补充,其中包括 osgText 库与 osgParticle 库是基础支撑库,这两个库的功能分别为:osgText 库用于增添文字,osgParticle 库用于增加天气等因素渲染特效。图 5-43 中还包括一个 OSG 插件库,它是实现二维、三维文件读写功能的关键类库,可以加快绘图工作效率,可以直接从外部导入已经绘制好的二维图片以及三维模型,大幅减少了仿真过程中的工作量。扩展的 OSG 插件库支持的三维模型文件格式有 .flt、.shp、.3ds 等。实现原油泄漏完整的三维仿真系统的构建以及对其中场景的管理,离不开视景器、摄像机管理。为此,在 OSG 中实现了摄像机的三维世界向二维窗口转换功能。在视景器中管理组织一个或多个相机,再根据场景图中各个节点的更新与遍历,最终实现不间断地播放出摄像机拍摄的每一帧内容的目的,视景器、摄像机与场景的关系如图 5-44 所示。

由图 5-44 可知视景器主要包括四个组件:漫游器、事件处理器、场景以及摄像机。其中摄像机是实现 OSG 视图展示的最重要组件。在 OSG 中利用场景树和渲染树这两棵多叉树来组织和管理场景图形。节点组成的树称为场景树,从这些节点能够看出当前场景的三维结构和状态。在泄漏仿真软件运行时,首先需要遍历场景树,生成搭建场景所需要的地形数据和对象集合,然后将这些数据传递到渲染队列,这样就可以显示完整的场景图。场景基本渲染过程如图 5-45 所示。

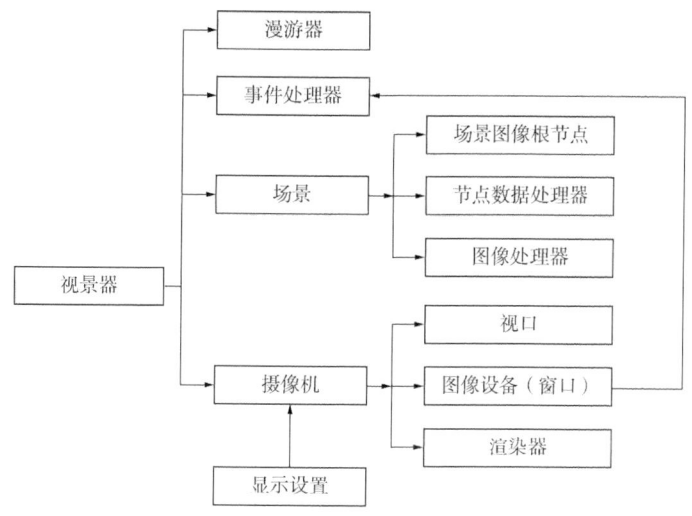

图 5-44　视景器、摄像机与场景的关系图

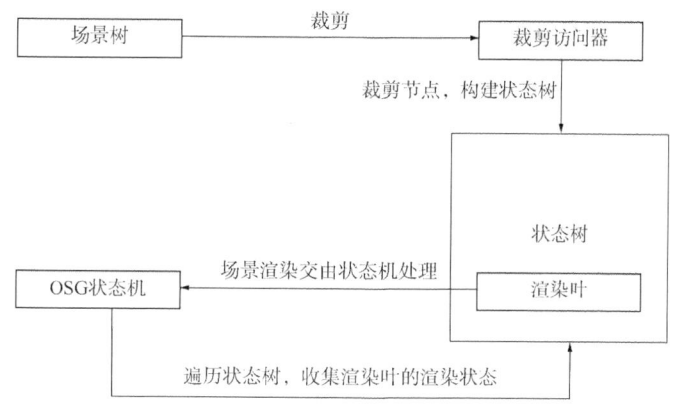

图 5-45　场景渲染过程图

针对原油泄漏实时绘制问题，为了保证其实时性，尽可能地减少加载的顶点数目，以降低系统的运行负荷。但是减少顶点数目又会带来场景的不平滑。为此，软件借助纹理和光照的配合，使场景的渲染达到一种接近真实世界的水准。在原油泄漏场景渲染过程中，定义了用于增强场景渲染性能的渲染状态宏，采用包围体层次的形式来构建不同的层次不同的场景节点，每一个节点可以保存多种类型的渲染属性和模式，并且子节点可以继承父节点的渲染属性和模式，并且子节点可以覆盖由父节点的继承的属性和模式。如果子节点对同一个渲染状态设置了不同的属性参数，则新的子节点状态参数将会覆盖原有参数。缺省情况下子节点可以改变自身的某个状态参数，或者继承父节点的同一个状态。

5.5.1.3　泄漏 GIS 数据加载

目前，GIS 中的最常用的空间数据组织方式有两种，一是基于场模型的栅格数据模型，二是基于要素模型的矢量要素模型。基于栅格的空间模型将空间看作像元的划分，每个像元都与分类或者标识所包含的现象的一个记录有关。基于矢量的空间模型是以坐标的形式精确表达点、线、面要素的。本项目所研究的目标之一是 GIS 矢量数据的渲染，而栅格数据在三维场景中的渲染属于纹理映射的范畴，所以有必要探讨矢量数据的模型、结构及分析矢量数据文件。矢量数据模型的表达源于原型空间实体本身，通常以坐标来定义。GIS 中的矢量数据模型主要是以点、线、面的元素来抽象表达地理空间对象的，亦即，现实世界中任何地理空间对象都可以抽象为点、线、面要素或者它们的组合。其中，点要素是一个点状对象的位置可以用空间的坐标的单一集合来描述，可以忽略大小及形状。例如，小比例尺中的居民点、车站、水库等。线要素是指通常是由有序的两个或者多个坐标对几何来表示，这种地理对象可以忽略宽度，比如河流、公路以及专题地图中的趋势线等。面要素通常由一个边界来定义，这个边界由形成一个封闭的环状的线组成，可以由多个相邻的环状线组成，一个环状的线也可以在内部包含一个或多个环（称为"洞"多边形）。这种地理实体是不可忽略形状、大小和位置的，比如行政区、土地利用规划布局及土地权属等。原油泄漏场景的地理空间对象或地理现象，需要点、线、面要素的结合。如线、点的集合构成一个网状结构，为网络分析提供数据基础；点、面的集合可以表示泄漏区域；点、线、面的集合可以表示一个管网资源描述系统等。本项目从要素图层的概念出发，利用 OSG 编译 GIS 矢量数据的问题。其中定义要素图层来表达同种地理实体类型的要素的集合。同一个图层中的所有的要素共享一个空间参考系统、一个属性表和几何类型描述。从矢量要素数据构建原油泄漏场景图节点主要分为以下步骤：

（1）创建要素图层和要素仓库。

读取矢量要素数据文件，首先创建一个要素图层对象，使用要素仓库构建出要素仓库对象。如果要素仓库未提供空间参考，则从矢量数据文件中获取空间参考信息。

（2）读取地形文件。

读取目前河流和山区所生成的地形文件，生成一个地形节点，它代表着地形数据所包含的所有的信息。例如，地形切片子节点、空间参考信息等。

（3）获取地形的空间参考系统。

矢量数据在三维场景中的渲染所采用的坐标系是建立在地形的基础上的，因此使用地形的参考坐标系统作为本研究的参考坐标系统。打开地形模型文件，可以看到地形所采用的空间参考以 WTK 格式记录的空间坐标参考系统。WKT 是一个表示空间参照系统的字符串，描述了地理实体所采用的坐标系统、基准面、椭球体及地图投影方式。WKT 在许多 GIS 程序中被广泛采用，是通用的坐标系统类型之一。

（4）设置过滤器图。

设置过滤器图的目的是为编译器提供构建成场景几何体的一条流水线，编译器将会按照这个流水线编译要素数据，最终输出为场景中的几何体。每个环节使用过滤器的概念来描述，下面介绍本研究中使用的几种过滤器。

① 几何类型过滤器，这个过滤器的作用是为了改变要素对象的几何类型。每一个要素都有一个几何类型的信息，无论要素数据是点、线或多边形要素，其本质都是由坐标点组成的几何体。如果要改变要素数据编译到场景后渲染的几何类型，这个过滤器就提供了这样的机会。例如，如果人们对一个多边形要素数据的线轮廓感兴趣，就可以通过这个过滤器把它改变成线状类型渲染到场景中。

② 移除"洞"多边形过滤器，对于多边形要素数据，其内部可能会包含多个多边形，可通过多边形顶点的环绕方向来确定一个多边形是外部的多边形还是内部的"洞"多边形。外多边形的顶点环绕方向是逆时针方向，而"洞"多边形的顶点环绕方向是顺时针方向。由于"洞"多边形的存在会增加编译为场景几何体的时间开销及场景渲染的负担，所以可使用这种过滤器移除"洞"多边形，可以加快转换速度。

③ 剪切过滤器，如果要素数据的地理空间范围超出了编译器环境工作的范围，就可以使用这个过滤器裁减掉超出地形空间范围的要素数据。对于点要素，落在地形空间范围之外的点要素将会被丢弃；对于线要素，落在地形空间范围之外的线段将会被切割，这会导致连续的线要素被打破成为多个线段；对于多边形要素，落在地形空间范围之外的多边形部分区域将会被切割，这可能会导致单个的多边形几何体被打破成多个区域。虽然单个的要素数据被分割成了多个部分，但这并不会影响要素属性信息。

④ 坐标变换过滤器，如果对要素数据进行空间参考投影或变换，就可以使用变换过滤器。通常情况下，人们所使用的矢量要素数据的空间参考坐标系与地形的空间参考坐标系不一致，因此必须使用变换过滤器实现要素数据的从原始的坐标系中转换到本地的地形参考坐标系中。

⑤ 构建几何体过滤器，构建几何体过滤器就是要把要素数据组合成基本的片段数据，也就是在场景中能够用于渲染的带有属性信息的可绘制对象。这种过滤器可以实现从 GIS 要素数据中创建出基本的 OSG 几何体。除了这种几何体过滤器，还有一种构建几何体过滤器：挤压几何体过滤器，它根据地形的实际状况把矢量踪迹多边形或线挤压形成三维几何体。这个过滤器会接收多边形或线要素的每一部分，并从中创建出挤压的"墙"多边形。对于多边形要素，将会在挤压的"墙"上创建出"屋顶"，最终形成一个实心的三维几何体。

⑥ 收集过滤器，收集过滤器，就是要将接收到的数据汇集到一起，以批次计量。使用构建几何体过滤器得到可绘制对象后，设置收集过滤器的目的是为了把所有的可绘制对象汇集到一起，以优化要素，提高渲染性能。

⑦ 构建节点过滤器，构建节点过滤器负责把可绘制几何体数据添加到 OSG 场景中的节点中，这个过滤器通常是过滤器图的最后一个过滤器，它接收一个或多个可绘制几何体数据并把它们添加到场景中的叶子节点与相关的组节点下。这个过滤器也可以设置覆盖纹理映射、渲染状态属性、点大小或线宽等。

综上所述，从原始的矢量要素数据到生成场景节点所需的基本过滤器，已设置完成，然后执行该任务，它是由 OSG 应用开发中被称为"图层编译器"的对象完成的。图 5-46 为矢

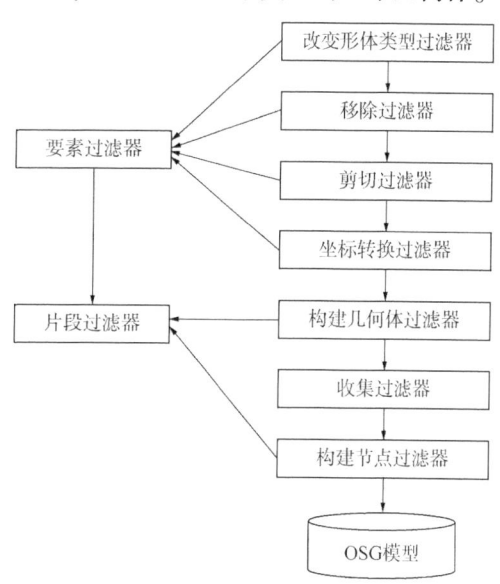

图 5-46　矢量数据转换成 OSG 几何的过滤器链图

量数据转换为场景图的流程图。

5.5.2 管道泄漏实时模拟绘制技术

5.5.2.1 原油泄漏渲染数据结构

OSG 的渲染过程本事是场景节点的绘制过程。OSG 状态集执行 OpenGL 编程，实现整个场景的绘制过程。同时 OSG 可以通过回调函数 osgcallback 实现场景的更新操作，每个场景都需要更新绘制。因此在 OSG 的更新中，场景图是动态变化的场景，因此可以实现适时修改场景图，达到更新的目的。图 5-47 为 OSG 渲染流程图。

OSG 场景树是比较高效的场景管理模式。根节点是 Group 节点，之后是各级子节点，最后是叶子节点，各节点中包含了场景中所需的各种信息。根节点负整个场景模型，叶子节点保存可绘制的对象的三维信息，比如位置、旋转等。所有节点都有自己的包围体，并且将下一个子树包围以实现快速的碰撞检测等操作。

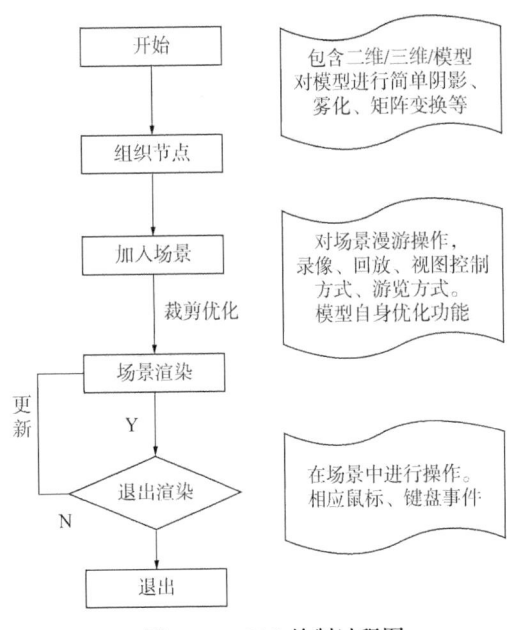

图 5-47 OSG 绘制过程图

5.5.2.2 原油泄漏渲染流程

在原油泄漏扩散渲染过程如下：首先标定目标区域，范围内所包含的像素数等于需要处理的数据数量；然后通过编写顶点着色器为矩形的四个顶点分配纹理坐标，作为纹理采样的依据；将纹理设为渲染目标，用于保存计算数据，并处理纹理中每一个像素的数据；最后利用 GPU 并行能力来加速计算，实现高性能运行，完成方程的求解，具体流程如图 5-48 所示。

原油泄漏的可视化就是将溢油粒子进行数值模拟的结果用图像、图形等方式动态、实时地展现出来，在三维交互过程中，需要快速地从场景中找到目标节点进行查询、渲染和移动等操作。利用 OSG 提供的 Node Vistor 类，能够遍历访问整个场景的每个图形节点，进而对指定的节点进行具体的操作。而因此首要工作是快速标定目标节点，初始化模拟范围，构建纹理缓冲区并上传至 GPU 处理器。在 CPU 中标定目标区域，将泄漏数据点基于 OSG 图形库进行渲染显示，采用 OSG 中大量数据点的快速绘制方式，将要进行计算的数据传递到 GPU，将粒子位置等输入数据保存为纹理图，通过绘制一个与纹理图一样大的矩形，将数据纹理图添加到此矩形上，采用正交投影的形式进行绘制，送入 Open GL 渲染管线，GPU 上通过纹理获取粒子的原始数据，然后在 GPU 的片元着色器上完成每个粒子的更新，如图 5-49 所示为绘制流程图。

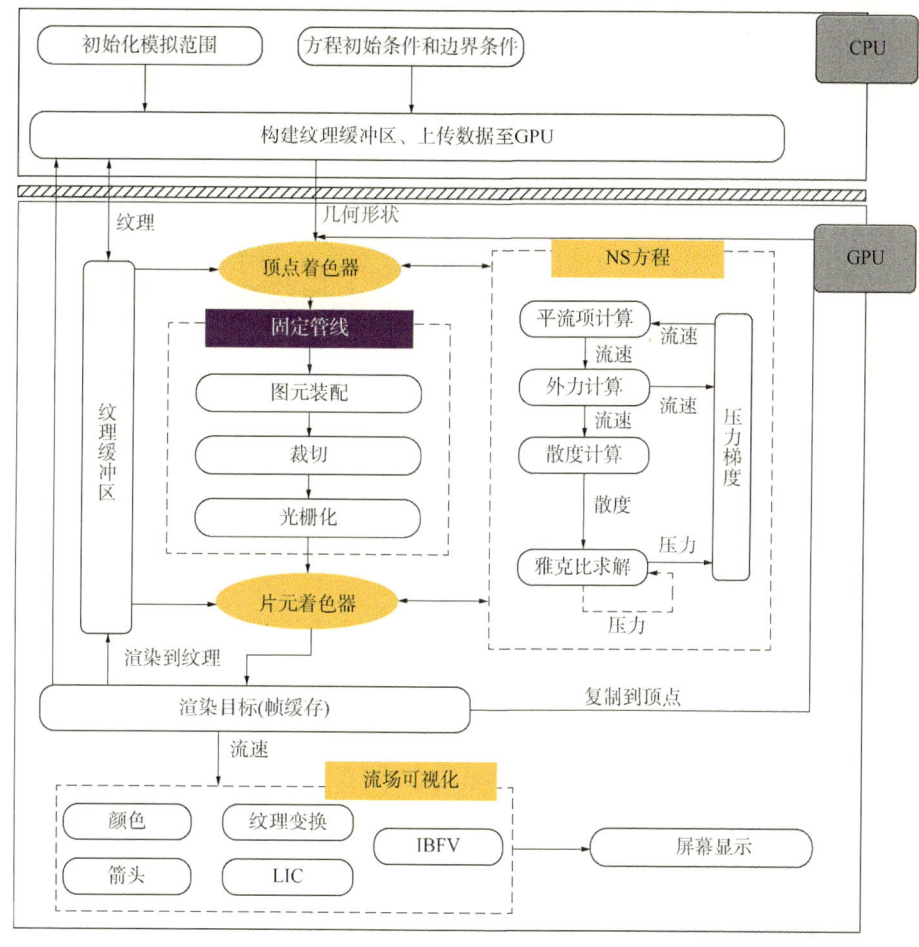

图 5-48 原油泄漏扩散渲染图

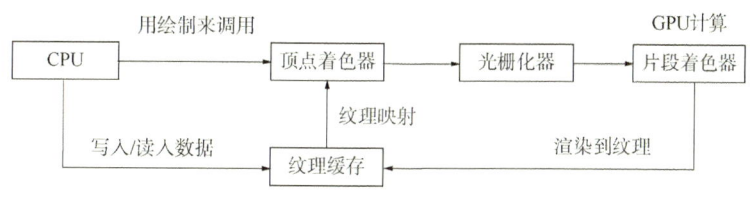

图 5-49 绘制流程图

5.5.2.3 GPU 并行绘制技术

GPU 将三维场景或三维场景中的物体经过计算机的处理转换成一幅二维图像的过程称之为渲染，渲染的过程要经过渲染管线的流程，渲染管线是显卡并行处理图形信号的基本单元。一个渲染管线可以理解为是一系列按照固定顺序、并行进行的阶段，GPU 的大部分组成是 ALU 运算器单元，用来进行数据处理，这样的结构更适合对密集型的数据进行并行处理(图 5-50)。

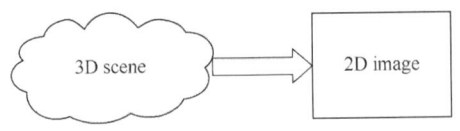

图 5-50　GPU 数据处理图

通过 GPU 的高速计算特性，充分利用图形硬件的并行性控制渲染过程，所提出算法有效地提高了绘制渲染效率。由于 GPU 着色语言采用的是基于 OpenGL 的 GLSL 高级编程语言，选择采用流式并行计算模式，这样可以对所需要的数据进行独立的并行计算。在编程渲染机制中，利用着色语言实现对不同程度的渲染。主要是有顶点处理器和片段处理器，而顶点处理器和片段处理器分别可以完成编程任务，在顶点着色器中顶点着色器代替管道渲染方式中模型视图矩阵变换操作，通过流水线站会将顶点数据传到顶点着色器，这样就提高了其处理能力，并且这种操作是可以通过编程控制的，更加具有灵活性。同样的，在片段着色器中，通过着色语言编写不同的程序实现对像素的操作，能够完成的绘制越来越精细，包括多纹理映射等操作可以轻松实现。如图 5-51 所示为 GPU 渲染过程。

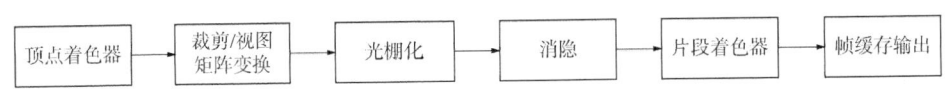

图 5-51　GPU 渲染过程图

5.5.2.4　人机交互界面设计

为了提供友好的用户交互功能，利用矩阵变换原理和多线程消息传递机制，实现三维场景的人机交互操作。通过对模型矩阵变换的方式，实现工具栏及键盘对图形节点的访问和交互操作；将鼠标、键盘、工具栏消息通过 OSG 在高层为用户提供的统一接收用户各种操作的 osgGA 图形抽象层接口，由 OSG 负责与不同底层窗口通信，完成交互控制。如图 5-52 所示为三维模型显示过程。

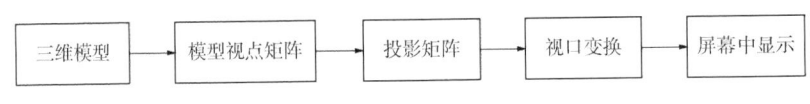

图 5-52　三维模型显示过程图

人机交互层利用 OSG 开发平台提供的菜单栏、工具栏、对话框、浮动栏等友好的用户交互界面，方便用户的控制参数输入和信息反馈；显示控制层主要通过 OSG 三维引擎利用树状结构对场景数据进行组织管理，采用节点访问、回调机制、场景交互控制关键技术为使用者提供一个实时、动态、可交互的三维环境；绘制渲染层主要对地形、河流、泄漏原油以及其他河流环境要素进行绘制和渲染，如对河流地形高程值以不同颜色进行着色、实现地形光照阴影效果、实时河面动态波光粼粼效果等，实现流场可视化三维交互场景。

5.5.3 管道经过河道嵌套建模技术

5.5.3.1 投影网格算法

(1) 网格计算。

在三维图形编程中,世界中的点通过观察变换和投影变换到另一个空间中,变换后的空间就称为投影空间。投影网格是一种离散化方案。通常将世界中的点变换到投影空间中,然后绘制得到的点。投影网格预先设定要绘制的点的位置,将该点反投影到世界中,通过世界中高度场对深度进行变换,最终得到完整的顶点信息。经过两次投影,实现了按照显示需要分辨率进行顶点绘制,避免了顶点过密造成的性能损失和顶点缺少造成的分辨率不足。最简单的投影网格实现方法如下所述:

① 根据对分辨率和细节的要求在投影空间创建一个网格。为方便计算,规定网格中的点规则分布并且该网格与视线垂直。

② 获取地面附近一个能近似代替地面并且计算简单的平面,称该平面为参考平面。

③ 将网格中的点反投影到参考平面上,这样就得到了一个平面网格。该网格代表了投影点在地面的近似水平位置。

④ 根据地面高程计算出网格点的高度,渲染该网格。

投影网格生成算法如下:

① 获取相机的位置和方向以及重建相机矩阵所需的所有其他参数。

② 确定要投影的部分是否在相机所照范围之内,若不在,则终止渲染。

③ 在与相机不同位置和方向的地方设置投影仪,使用标准方法为投影仪创建一个基于新位置和正向矢量的视图矩阵(M_{pview}),这样可计算$M_{projector}$。

$$M_{projector} = [M_{pview} \cdot M_{Perspective}]^{-1}$$

其中$M_{Perspective}$继承于渲染相机。

④ 考虑V_{cam}和$V_{displaceable}$的交叉点$V_{visible}$。在投影空间中计算$V_{visible}$在x和y空间上的跨度。构造一个转换矩阵(M_{range})将x和y的跨度转换到$[0,1]$范围内。用转换矩阵更新$M_{projector}$:

$$M_{projector} = M_{range} \cdot [M_{pview} \cdot M_{Perspective}]^{-1}$$

⑤ 用$x=[0,1]$,$y=[0,1]$构造一个网格,并构造一对纹理坐标(u,v),$u=x$,$v=y$,以备后用。

⑥ 对网格中的每个顶点,用$M_{projector}$进行两次转换,第一次将z的坐标设为-1,第二次将z的坐标设为1,最后一个顶点是这两个顶点和S_{base}之间的线的交点。这个交点只需要对网格的角进行交点处理,其余的顶点可以通过线性插值得到。

⑦ 根据高度字段(f_{HP})定义的数量沿着N_{base}移动顶点,得到世界空间中的最终顶点。

(2) 投影仪的放置。

在移动和瞄准投影仪时的注意事项如下:

① 永远不要让投影仪瞄准S_{base}。

② 保证投影仪的位置在$V_{visible}$的外面。

③ 投影仪的转换尽可能"令人舒服"。

由于 M_{range} 矩阵将选择最终生成网格的投影平面内的范围，因此生成的网格是否与投影机的截锥体匹配并不重要。

最佳的投影仪转换是指创景一个令人舒服的投影网格，通常需要高细节和少伪影。为此 $V_{visible}$ 的投影要尽可能接近一个轴对称的矩形，因为这样可以有最大化解的顶点效率。顶点效率被定义为实际在相机截锥体内的处理顶点的百分比。显然，为了更好地匹配网格，可以让 M_{range} 表示一个非矩阵变换。下面的解决方案主要是通过反复试验而开发出来的。也许有更好的方法来做到这一点，但这个方案已经证明了其可靠性。

首先，投影仪的位置被限制在 S_{upper} 上。由于 S_{base} 周围有对称性，只要到 S_{base} 的距离相同，投影仪在 S_{base} 上面或者下面都不重要。由于始终保持投影仪在 S_{base} 之上，所以网格中三角形的索引是顺时针还是逆时针与投影仪的位置相关。由于投影仪可以具有不同于摄像机的位置，最好获得一个在平面上的点而不是一个方向供投影仪观察，该解决方案使用两种不同的方法来计算该特定点。

方法 1 将投影仪对准相机的视图向量与平面 S_{base} 相交的点。如果相机的视线远离平面，则在执行相交操作之前，它会将视图矢量镜像到平面上。方法 2 计算与摄影机在其前进方向上保持固定距离的点。投影仪瞄准这个点投射到 S_{base} 上。方法 1 在俯视平面时效果更好，而方法 2 在俯视地平线时效果更好(图 5-53)。

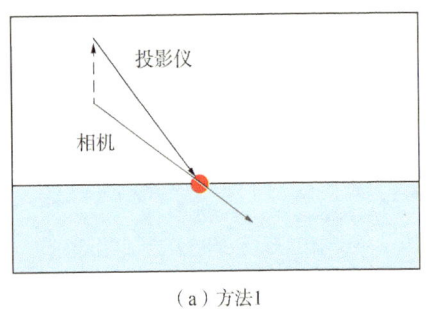
（a）方法1

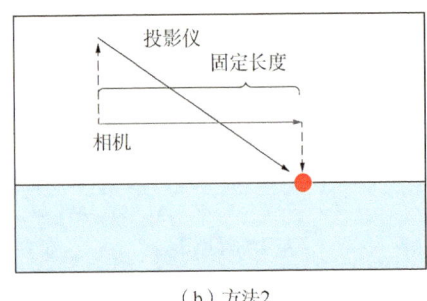
（b）方法2

图 5-53　方法 1(左)，方法 2(右)

(3) 创建转换矩阵范围。

在该算法中，需要计算投影空间 $V_{visible}$ 的 x 和 y 的跨度。如前所述，$V_{visible}$ 是相机截锥 V_{cam} 和 $V_{displaceable}$ 的交叉点，下面给出算法实现过程：

① 利用相机的倒视图矩阵将相机截锥体的角点(± 1，± 1，± 1)转换到世界空间。

② 检查摄像机截锥架边缘和约束平面(S_{upper})和 S_{lower} 之间的交叉点。在缓冲区中存储世界空间中所有交叉点的位置。

③ 如果圆锥台的任何角点位于边界平面之间，也将它们添加到缓冲区中。

④ 如果缓冲区中没有点，则 V_{cam} 和 $V_{displaceable}$ 不相交，也不必渲染表面。

⑤ 将缓冲区中的所有点投影到 S_{base} 上，如图 5-54(b)所示。

⑥ 利用投影矩阵的逆变换缓冲区中的点到投影空间。$V_{visible}$ 的 x 和 y 空间现在被定义

为缓冲区中点的最小/最大 x/y 值。如图 5-54(d) 所示。

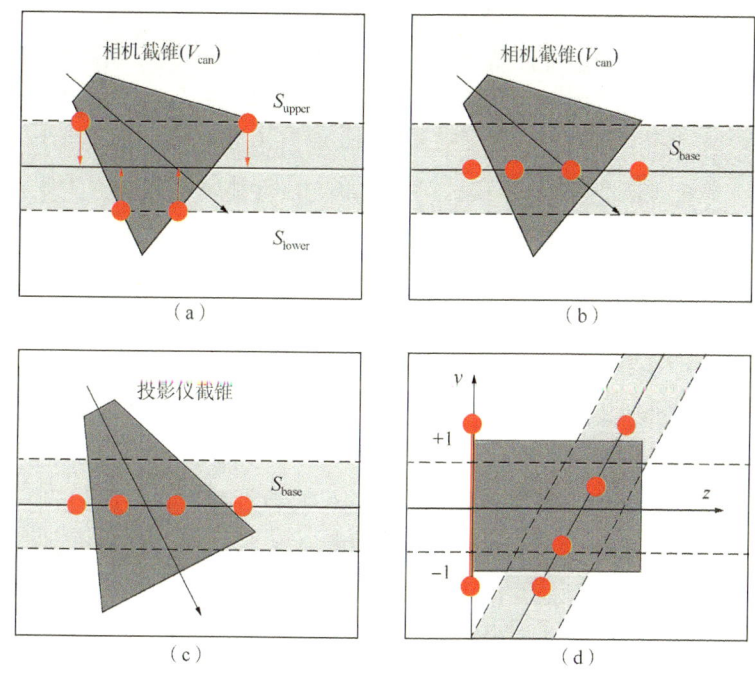

图 5-54　计算 x、y 的跨距图

⑦ 如下建立一个矩阵 $M_{range}()$ 来转换 [0, 1] 范围的 x 和 y 坐标到 [x_{min}, x_{max}] 和 [y_{min}, y_{max}] 范围，但保持 z 和 w 不变。

$$M_{range} = \begin{bmatrix} x_{max}-x_{min} & 0 & 0 & x_{min} \\ 0 & y_{max}-y_{min} & 0 & y_{min} \\ 0 & 0 & 1 & 0 \\ 0 & 0 & 0 & 1 \end{bmatrix}$$

（4）改进投影网格算法。

上述算法当视线方向与基准平面平行时，视线方向与基准平面不相交，该算法失效。同时视点高度小于基准平面时，该算法也会出现问题。为解决此问题，应用改进的投影网格算法，通过引入一个辅助相机以达到填充屏幕网格的作用。辅助相机的位置与相机位置重合，辅助相机的视景体的下切割平面始终垂直于水平面，而其他切割平面与原相机的视景体相应的切割平面保持一致，如图 5-55 所示。通过该方法可以使投影网格始终覆盖整个屏幕网格。

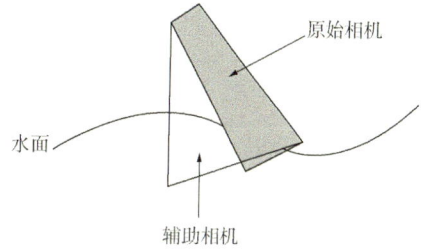

图 5-55　优化的投影网格算法示意图

5.5.3.2　DEM 存储

数字高程模型（以下简称 DEM）是一定范围内规则格网点的平面坐标 (X, Y) 及其高

程(Z)的数据集。它主要是描述区域地貌形态的空间分布,是通过等高线或相似立体模型进行数据采集(包括采样和量测);然后进行数据内插而形成的。DEM 是对地貌形态的虚拟表示,可派生出等高线、坡度图等信息,也可与 DOM 或其他专题数据叠加,用于与地形相关的分析应用;同时,DEM 还是制作 DOM 的基础数据。DEM 在测绘、水文、气象、地貌、地质等领域有着广泛应用。通常,DEM 数据量很大,甚至是海量数据。由于 DEM 数据量的庞大,计算机性能达不到要求,为了与 CPU 性能进行匹配,需要在 DEM 的存储上采用地形金字塔结构,将地形数据按照金字塔模型进行组织。根据 DEM 数据类型,读取 DEM 原始影像和几何信息;其次,根据 DEM 数据容量,确定最顶层金字塔影像大小,进而确定金字塔影像层数,对金字塔影像进行初始化;再次,在影像金字塔的基础上采取"分块策略",确定金字塔影像层数;接下来,对 DEM 影像数据进行分层分块;最后,对 DEM 分层分块存储结果建立索引文件,以便存储管理和 DEM 浏览。其详细步骤如图 5-56 所示。

金字塔数据组织模型将空间范围按照规则网格进行划分,并以递归的方法对地形数据进行自顶向下的分割。这样的数据组织模型,让海量 GIS 数据可以通过层层递进的方式显示,有效地提高数据调度的性能。由于 DOM 依附于 DEM 来展示,为便于 DEM 和 DOM 的同步调度和绘制,DEM 和 DOM 采用相同的划分规则,包括相同的起始点、块结构、层结构等,并通过相同的 ID 结构隐式存储其关联关系,如图 5-57 所示。

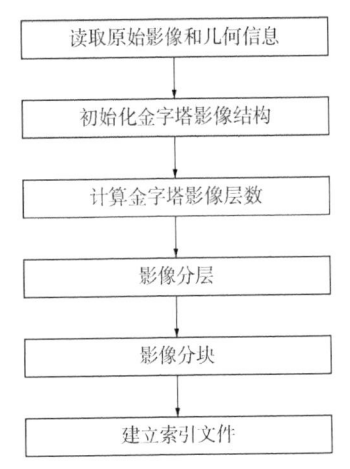

图 5-56 DEM 分层分块存储步骤图

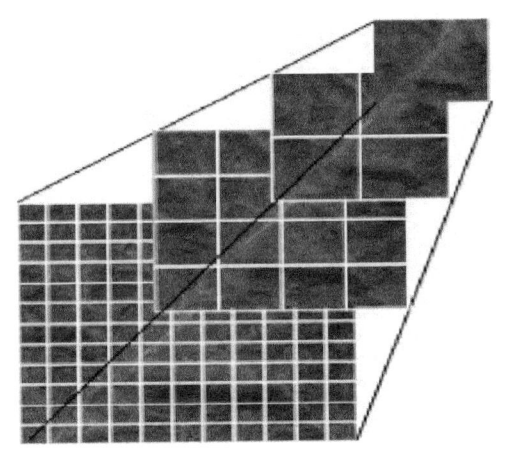

图 5-57 地形金字塔模型

在具体的实现上,地形金字塔按照四叉树方法进行层次划分和管理,即将目标区域进行瓦片划分,使每个瓦片划分大小为 $N×N(N=2n$, n 为上一层的瓦片大小),如图 5-58 所示。即对于一个区域,如果要建立 n 个层次的 LOD 模型,则第 0 层次包括 1 个四叉树节点,第 1 层次包括 4 个四叉树节点,…,第 i 层次包括 $4i$ 个四叉树节点。在本项目中,用了两级存储。每一个地形瓦片块通过唯一标识码进行索引,地形瓦片块唯一标识码由三方面信息组成:$[L, (x, y)]$。L 表示 LOD 的层级;x 表示瓦片行号;y 表示瓦片列号。绘制端通过视距范围和 LOD 层号的映射关系首先确定当前需要调度的 LOD 层层号,然后根据当前视域的经纬度和该 LOD 层的瓦片分割跨度计算瓦片的行号和列号，最后根据得到的 LOD 层号、瓦片行号、瓦片列号生成需要调度的瓦片块 ID，从数据库中检索、调度瓦片数据。

金字塔的数学基础通过 XML 文件的方式来面数并传给客户端，让客户端知道数据所采用的投影变换的数学方法和瓦片划分的方法。其信息包括：金字塔的基本元信息（主要用于识别和区分不同的金字塔），金字塔层之间的比例关系，顶级和底级的编号，瓦片的相关属性（包括瓦片的像素宽度和像素高度）和顶层瓦片所覆盖的范围等，如图 5-58 所示。

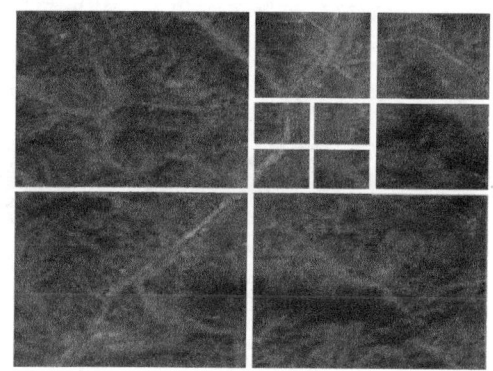

图 5-58　四叉树分割地形瓦片

利用地形金字塔对原始大区域进行分块，通过对海量规则瓦片地形数据的层次化数据组织与管理，降低了原始大文件存储调度对网络和绘制带来的巨大压力，细化了调度和绘制粒度，满足了网络环境下实时可视化的应用需求。

5.5.4　多层次交互式可视化视图设计

5.5.4.1　可视化视图界面设计原则

管道泄漏仿真决策软在进行用户界面设计时，需满足多项设计原则：

（1）简易性原则，这是最基本的一项原则，用户在操作界面时，时常因没有全面掌握和了解界面而出现错误操作，主要是因为界面自身的简易性不符合相应标准。广大用户只有严格按照界面操作简易性原则进行操作，才能使实际操作更加快捷、简单。

（2）减少记忆负担原则，在进行界面设计时，减少用户记忆负担是工作内容的重点，因为人类大脑处理事件时需要经过一定的过程，同时对事件的存储也是有一定范围和限度的，一旦超出，势必会增加人类记忆负担。为了让客户获得良好的用户体验，应尽可能地避免出现记忆负担。

（3）自定义原则，自定义不是设计人员的自定义，而是设计人员需要使界面设计具有一定的定义性能，以便用户在操作过程中，能够根据自己的意愿有效调整和改进界面，从而切实保护软件本身的使用性能。

5.5.4.2　多层次交互式可视化视图设计

管道泄漏仿真决策软件将采用多层次交互可视分析的方法对管网经过地区地理环境进行分析。其中，多源异构数据可以包括：河流水文数据、管网实体数据、基础地理信息数据、各类天气数据和管网施工数据。在界面设计中，整体页面布局是重中之重，同时规定了整个界面的基调和主体。在此过程中需要格外注重观感。设计人员需要结合实际分辨率和屏幕大小来设计界面设计的截面尺寸。对于多界面用户来说，工作重心应放在不断健全第一界面上,所以用户在开展多界面操作时,在第一界面消耗的时间最多,同时第一界面主要集中体现了用户对界面设计的影响。对于界面设计元素来说,背景也是界面设计中不可或缺的组成部分。插入动画效果,使得界面更具特色、内涵更加丰富。

在石油泄漏扩散可视化平台的界面设计中,截取河流关键穿越段,精确展示河段坐标和泄漏计算结果,从智能分析、推演排练等方面详细展示长距离管道泄漏仿真决策软件在穿越段管道泄漏仿真效果展示,具有较好的用户友好性(图5-59)。

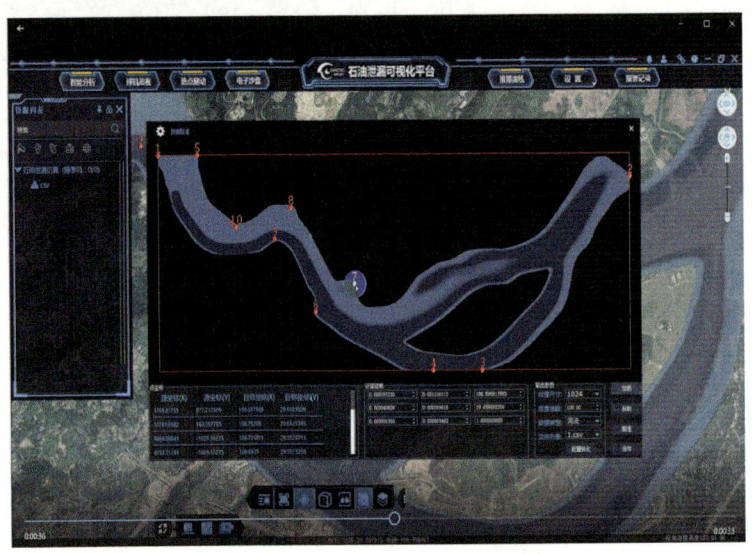

图5-59 交互式可视化视图设计图

参 考 文 献

[1] 马跃,王岳.埋地管道泄漏油品扩散范围模拟计算[J].北京石油化工学院学报,2012,20(4):5.

[2] 何国玺.成品油管道输送过程混油特性及泄漏测算方法研究[D].北京:中国石油大学(北京),2018.

[3] 王少雄,李玉星,刘翠伟,等.水下输气管道泄漏扩散特性模拟研究[J].化工学报,2020,v.71(04):496-509.

[4] 臧晓刚.水下油气管道泄漏及油气扩散特性研究[D].厦门:集美大学,2016.

[5] 王起全.输油管道泄漏火灾爆炸事故演化及应急疏散分析[J].中国安全科学学报,2016,26(5):6.

[6] 纪虹,张高,赵恭宇,等.长输天然气管道泄漏扩散影响范围的数值模拟研究[J].常州大学学报:自然科学版,2018,30(6):10.

第6章
管道完整性管理系统技术

20世纪90年代末，一些重大管道事故的发生彰显出管道完整性管理的重要性，并推动了管道完整性管理技术的长足发展。国际大型管道公司都将管理重点放在了管道的安全可靠性上，其最终目标是将有限的资金最有效地用于降低管道风险，提高管道运行的安全性。而我国引进管道完整性管理理念以来，管道完整性管理系统在管道企业间的发展仍不够均衡，其有效推广问题是制约完整性管理发展的重要因素之一。本章着重介绍了管道全生命周期管理系统的架构及功能设计，提出了智能感知物联网的实施流程。

6.1 概述

6.1.1 国内研究进展

6.1.1.1 中国石油信息化与智能化进展

中国石油作为我国国有重要骨干企业及全球主要的油气生产商和供应商之一，其业务范围涵盖了国内外油气勘探开发和新能源、炼化销售与新材料、支持与服务、资本与金融等领域。自2000年起，中国石油持续推进信息化建设。这一历程经历了多个发展阶段，构建了一个涵盖生产管理、经营管理和综合管理等多方面的智能化信息管理系统，显著提升了企业的经营效率。

近年来，随着对数字化转型重要性认识的不断深入，中国石油进一步强化了数字化工作的组织，并确立了清晰的战略目标，成立了网络安全与信息化工作领导小组，并发布了《关于数字化转型、智能化发展的指导意见》，明确了数字化转型的具体路径和保障措施。预计到2025年，中国石油将在数字化转型方面取得重大突破；到2035年，将全面实现数字化转型；最终在21世纪中叶实现智能化发展目标。为了实现这一目标，中国石油组建了昆仑数智公司，推动数字化转型和信息化建设力量。该公司已在多个领域展开技术研究，并为试点单位提供技术支持。同时，智能运营中心的建立使油气产业链的整体优化和生产运营业务的协同合作成为可能。

数字管道技术被确定为中国石油技术发展的重中之重。早在2004年，中国石油便将数字管道建设列为公司新技术发展的重点项目，并在集团的整体框架下，对已建或拟建工程中互联网技术、GIS(地理信息系统)、GPS(全球定位系统)的应用进行了统一规划部署,并与SCADA等自动化管理技术有机结合,为中国石油天然气股份有限公司油气田和管道的在线检漏、优化运行、完整性管理提供了坚实的数据平台。

对于已经建成或正在规划中的工程项目,进行了互联网技术、GIS、GPS的统一规划部署,并与SCADA等自动化管理技术有机结合。通过这种方式,中国石油开发了PIS(管道完整性管理系统)和GIS,为油气田和管道的在线检漏、优化运行及完整性管理提供了可靠的数据平台。目前,中国石油已经建立起一套以SCADA、气象与地质灾害预警平台为基础,以及天然气与管道ERP、管道生产管理、管道工程建设管理、管道完整性管理、天然气销售等信息系统为支撑的全面信息化系统,全面支持资产管理和物流两大核心业务线的工作。在智能化管道方面,中国石油搭建了管道建设期和运行期数据一体化平台,建立了管道全生命周期数据库,构建了首个基于全生命周期的GIS应急决策支持系统,实现了管道安全评价、风险评估及完整性评价等功能。通过数字化、可视化的方式对生产运行过程和设备状态进行动态安全监测和管理,不仅提高了应急响应能力,还显著增强了管道的安全性和可靠性。

中国石油在国内油气管道行业率先引入了数字化技术,尤其是在西气东输二线、中缅油气管道等最新管道建设工程中,运用了卫星遥感技术、全球定位技术、GIS成图等技术手段,优化了管道的设计和施工流程。通过实时数据采集技术和管网运行监控等手段,实现了集中监控和运行调度,缩小了与欧美发达国家在管道数字化应用方面的差距。此外,中国石油还建立了立体化的应急联动指挥体系,编制了应急预案,配置了先进的检测和通信设备,并建设了应急指挥辅助信息化平台,涵盖了应急资源管理、灾害推演及周边环境信息等内容。在应急情况下,应急指挥中心能够全面掌握各类信息,从而迅速有效地应对事故,减少事故带来的影响。系统在国内运行良好,而且紧密结合实际需求,包括管道基础地理数据的全面入库、自动维护平台、地理信息系统平台、应急决策支持的一键式输出功能,实现了桩加载的全部管道数据提取,标志着中国石油在智能化管道建设上已取得重要成果。

中油国际管道公司是中国石油所属跨国能源输送企业,自成立以来即秉持数字化理念,将其贯穿于管道建设和运营管理之中,构建了一个以数据驱动为核心的高效运作体系。该公司所辖的中亚管道网络横跨中国、乌兹别克斯坦、哈萨克斯坦及缅甸四国,覆盖了包括中亚沙漠和缅甸山区在内的复杂地理环境,地形地貌及国情特点对管道的物理结构和智能化管理构成了巨大挑战。通过数字化技术的应用,中油国际管道公司建立了一套集数据采集、监控和仿真模拟等功能于一体的综合调控系统,能够及时捕捉并响应管道运行中的任何细微变化,有效处理潜在风险。为了提升管理效能,公司还引入了包括SCADA系统在内的多种信息化管理系统,用以实时监控生产数据;PMS(管道生产管理系统)用于记录输送量;在线仿真系统则提供强大的计算支持,帮助快速确定最优运行策略。这些系统的综合运用不仅实现了管道生产全过程的信息化管理,还有助于节能减排。如2023年的数据显示,中亚天然气管道的能耗比前一年降低了超过5%。在管道完整性管理方面,公司自主开发了PIS系统,该系统集成了一系列功能模块,包括腐蚀防护和风险评估,结合地理信息系统，为管道安全运营提供了坚实的技术保障。通过大量管道检测数据的收集与分析，公司能更准确地识别潜在安全隐患，并采取预防措施，显著降低事故发生率。在设备管理领域，借助 EAM 等信息化工具，公司实现了站场设备的高度自动化管理，提升了维修服务效率。尤其在压缩机和泵组健康管理方面，公司的创新实践不仅延长了设备寿命，还降低了能耗，彰显了其在设备全生命周期管理上的先进理念和技术实力。

另一方面，中国石油天然气管道工程有限公司（又称管道设计院）自 2003 年起就开始专注于数字化技术的研发与应用，从设计建设我国第一条数字化管道工程"西气东输"冀宁联络线起步，逐步构建起了数字化设计体系，并推广"标准化、模块化、信息化"的工作模式。特别是在"十三五"期间，管道设计院不仅完善了数字化设计体系，还建立了基础设施、业务执行、全球交付及企业管理四大平台，标志着其在数字化交付和服务智能管道建设方面达到了行业领先水平。随着"十四五"规划的推进，管道设计院正积极利用 5G 等新技术促进数字化与油气工程产业的融合，力求成为油气管道行业智能化建设的引领者。其数字化战略不仅聚焦技术创新，更关注企业文化和管理体系的优化，旨在打造一个以数据为核心的服务生态系统。在技术应用实践中，面对工业互联网、大数据、物联网、人工智能、区块链和云计算等新兴技术的挑战，管道设计院明确了数字化转型的战略方向，强调以创新文化为核心，依托先进的管理体系和信息技术，强化数字化设计、全球交付、信息资源共享、经营管控与决策支持及数据生态构建五大能力。

中国石油天然气销售分公司的长输管道大部分资产已划入国家管网，目前以燃气运营为主的昆仑能源公司，构建了一套以 SCADA 系统和气象与地质灾害预警平台为基础保障，涵盖天然气与管道 ERP、PMS、PCM（管道工程建设管理系统）、PIS、天然气销售信息系统在内的全面信息化架构，全面支持资产管理和物流运作两大核心业务领域。PMS 有效地支持了管道运营和天然气销售业务，通过自动化信息采集与集中管理，初步实现了原油、天然气和成品油管道的集中调控管理，显著提升了业务运作与管理水平。天然气与管道 ERP 系统优化了设备维护、产品采购、调拨及库存管理、销售管理、财务管理、项目管理等核心业务流程，强化了管控力度，实现了物流、资金流及信息流的统一管理。PCM 通过实现工程建设项目的过程控制、技术数据管理和竣工资料管理的可视化展示，规范化了项目管理流程，降低了项目实施的风险。PIS 覆盖了数据采集、高后果区识别、风险评估、完整性评价、维修维护及效能评估的闭环管理，提高了管道运行的安全性，降低了运行与维护的成本。天然气销售信息系统则统一了燃气收费管理流程与用户界面，整合了 23 个独立的收费系统及普表收费业务，增强了信息的及时性和准确性，提升了燃气收费与客户服务工作的规范性和效率。

综上所述，中国石油通过一系列前瞻性战略布局和技术革新，不仅在信息化建设方面取得了显著成效，还在数字化转型道路上迈出了坚实的一步。无论是通过昆仑数智公司的技术探索，还是智能运营中心的功能实现，亦或是中油国际管道公司和管道设计院在跨国管道建设和数字化设计方面的创新实践，均展示了中国石油对于数字化转型的执行力。有力提升了中国石油自身的运营效率和管理水平，也为整个油气行业乃至更大范围内的能源领域树立了数字化转型向智能化方向发展的典范。

6.1.1.2 中国海油信息化与智能化进展

中国海油作为我国最大的海上油气生产运营商，其业务范围涵盖了油气勘探开发、专业技术服务、炼化与销售、天然气及发电、金融服务等多个领域，并不断拓展海上风电等新能源业务。自2022年以来，公司实现近 $1.2×10^8$ t 的油气产量，营业收入更是历史性地突破了万亿元大关，标志着中国海油在全球能源市场中的重要地位得到了进一步的巩固，全球能源行业中的领先地位突显，加快了迈向世界一流企业的步伐。

"十四五"以来，在数字化转型的道路上，中国海油坚持以战略引领为核心，通过强化高层推动，确保转型过程的顺畅进行。公司将智能化管理理念融入总体发展战略之中，明确指出了从传统管理方式向现代化、数字化、智能化转变的目标。这一目标不仅要求在技术创新上下功夫，更需要在管理思维和企业文化上做出相应的调整。为了具体指导这一转型，中国海油制定了《数字化转型顶层设计》等一系列指导性文件，这些文件不仅描绘了转型的路线图，还设定了明确的时间表，确保每一个阶段都有清晰的目标和可执行的任务。同时，成立了由主要领导担任负责人的数字化转型工作组，定期召开专题会议，确保各项转型措施能够高效推进。尤为值得注意的是，数字化转型工作成效已被纳入公司的绩效考核体系，从而在制度层面上确保了转型工作的落实，使得每一步都踏实地朝着既定目标前进。

在实践中，中国海油致力于建设智能油气田，以此来提高效率并创造新的竞争优势。秦皇岛 32-6 油田作为国内首个投入生产的海上智能油田，实现了光纤网络的全面覆盖及无线信号的无缝连接，使得核心业务的数字化覆盖率达到了 90%，并且成功减少了 20% 的操作人员数量，该项目在 2021 年被评为企业数字化转型的十大成果。恩平油田建设了国内首个海陆一体化协同运营平台，该平台已累计实现近 300h 的台风模式生产，挽回了大约 $23×10^4$ bbl 的产量损失，体现了智能化技术应对自然挑战的能力。而东方气田群则通过智能气田群的建设，实现了远程控制生产和一键式配气。即使面对台风等极端天气条件，也能确保人员的安全并保障民生供气的稳定性。智能化的气田管理使得海上平台在关停后的恢复生产时间缩短至原来的六分之一，智能配气系统的应用则将配气速度提升了近十倍，提高了工作效率，同时也降低了人为错误的风险。

在智能工程方面，中国海油通过推动生产设备的自动化和运营管理的数字化，建立了国内首个海洋工程装备数字化智能制造基地，创新应用了多项国内领先的技术，填补了我国在海洋油气装备领域的多项技术空白。这些技术不仅提升了生产效率，也为后续的技术研发提供了基础。在惠州石化建成的国内首个"双频 5G+工业互联网"智能炼厂，实现了超过 98% 的自动采集率和 97% 的仪表自控率。标志着中国海油在智能化生产方面的突破，构建了智能贸销平台，探索出了一种全新的能源供需模式，该平台每年处理的贸易量超过 $1×10^8$ t，结算资金规模超万亿元，为中国海油带来了可观的经济和社会效益。

在数字化管道和站场建设方面，中国海油开展了"液化天然气管网及接收场站的数字化技术研究与应用"，旨在通过全面的数据采集与应用系统建设，提升管道从设计到退役全生命周期的管理效能，提高了管道系统的安全性，提升了运行效率。自 2008 年起，中国海油开始推动中下游企业的三维应急信息展示平台建设，涵盖了天然气液化、LNG接收站等多个环节的三维可视化数字场站信息系统，增强了应急指挥的精准性和有效性，为应对突发事件提供支持。

面对数据安全与网络安全的挑战，中国海油采取了多种措施，包括加强网络安全责任制度，推进数据分类分级管理，加快国产信息技术的应用研究，并不断完善网络安全防护体系。通过这些努力，公司在智能油田、智能工程、智能工厂及智能贸销等领域取得进展。尤其是在数据安全管理方面，中国海油建立了一套完整的机制，确保敏感信息的安全存储和传输，为业务的持续发展提供了坚实的保障。

"十四五"期间，中国海油遵循数字化转型顶层设计的指导方针，推动主营业务的数字化转型。公司制定信息化规划和年度工作计划，确保各项转型任务的有效实施。同时，将持续推进数字化转型示范项目的建设，加快新一代融合通信基础设施和海油云平台的发展，强化数据资产管理，完善数字化转型治理结构，并进一步加强数据安全与网络安全建设。

6.1.1.3 中国石化信息化与智能化建设

中国石化作为中国领先的综合能源化工企业之一，面对全球新一轮科技革命与产业变革的浪潮，响应各国数字经济战略与产业结构调整的步伐，力求在全球工业革命的新一轮竞争中占据领先地位。中国石化不断开发新技术，发展工业互联网，运用新技术与新应用对传统产业进行全面、多维度的革新，创新发展模式，升级管理手段，推动生产制造过程的智能化与精益化。

"十四五"期间，中国石化秉承长远规划与当下行动相结合的原则，围绕建设世界领先清洁能化公司的愿景目标及新的发展格局，系统性规划其数字化转型战略，并对照国际一流标准，明确发展路径，制定以提升产业数智化水平为核心的"十四五"规划。该规划的核心思想与目标在于：依托"数据+平台+应用"的新模式，推进数据中心、物联网、工业互联网等新型基础设施建设，构建覆盖全产业链并支持各业务领域创新的管理、生产、服务、金融四大云平台，形成完善的数据治理、信息标准化、信息化与数字化管控、网络安全四大体系，打造高效稳定的信息技术支持和数字化服务两大平台，即所谓的"432工程"。此举旨在为中国石化的数字化发展奠定坚实的基础，通过深化大数据、人工智能、5G、北斗等技术的应用，驱动业务上云、数据赋能与智能化，促进技术创新、产业升级及商业模式创新，提升全产业链的数字化、网络化、智能化水平，助力新兴产业、新型业态、新经济的成长壮大。

针对自身业务特征与发展需求，中国石化提出了三阶段数字化转型模式：首先，通过数字技术提升效率与产品附加值；其次，借助模型优化业务流程，降低成本，提高效能；最终，通过内部生产关系重构与外部商业模式创新，构建新的业务生态系统。此外，中国石化还确定了五个关键任务，包括增强集团一体化管控能力、板块创新能力、专业化统筹管理能力、新经济价值创造能力及数字化赋能能力。

在实践中，中国石化以"域长负责制"与"数据+平台+应用"的创新机制为基础，通过顶层设计与基层反馈相结合的方式，推动了"1415"数字化转型工程的实施，进而实现了从基础设施建设到组织架构优化，再到业务流程再造的全方位升级。石化智云工业互联网平台作为这一转型的核心支撑，以其云计算能力和广泛的设备连接能力，为企业的数字化升级奠定了坚实的基础。平台不仅集成了大量的业务流程模型与行业机理模型，还吸引了众多行业内重要企业的参与，形成了稳定的用户群体。这不仅提升了平台自身的实用性和影响力，更为中国石化乃至整个产业链上下游企业的数字化转型提供了有力的技术保障。智能油气田建设是数字化转型中的一个重要环节，通过数据资源整合，中国石化实现了对油气藏、单井、管网等多方面的精准管理和高效运作。中国石化智能工厂的发展则展示了从初级阶段的集中集成到高级阶段的泛在智能的演进过程，开展了智能工厂3.0的设计理念实践，目的是实现更高层次的产品、设备、人和服务之间的互联互动，进一步优化业务流程，对未来制造业发展趋势开展全方位的研究与实践。

智能化研究创新发展模式，利用数字化工具辅助科学研究，提高了研发效率与质量，加速了科技成果的转化应用，促进了产学研用的深度融合。"易派客"电商平台的成功运营，则是中国石化数字化转型在服务领域的典范，解决了传统采购模式中存在的诸多问题，还通过"互联网+供应链"的新模式，为企业发展带来经济与社会效益。这一平台的广泛影响及其所形成的增值服务体系，体现了数字化转型对于提升企业竞争力和服务水平的重要性。物流平台的建设领域的数字化转型，对物流业务流程的梳理与优化具有重要意义，中国石化实现了物流管理的标准化、一体化，提升了物流效率与透明度，为可持续发展打下了基础。

在油气管道领域，中国石化天然气分公司榆林—济南管线是中国石化第一条在施工阶段同步进行数据采集的管道工程，2007—2008年开展的数字化管道建设，以二维GIS系统为基础平台，具有管线走向、埋深图，采集了较多的施工数据，叠加了影像图，其运营期的系统建设按照总部智能化管线系统的标准正在整理基础数据。中国石化川气东送管道逐步建立数字化管道，管道投产后建设了3D管道GIS系统，补充了施工数据，实现大口径、高压力、长距离天然气输气管道全程全景真三维、地下地表地上一体化、站线一体化、二三维一体化的管道专业地理信息系统。数据覆盖全线2200多千米管道本体及附属设施，是国内首个完全基于自主知识产权核心引擎，在同一平台上实现大口径、高压力、长距离天然气输气管道全程全景真三维、地下地表地上一体化、站线一体化、二三维一体化的管道专业地理信息系统。数据覆盖全线2200多千米管道本体及附属设施，包括34个站场、101个阀室。全线航飞并处理植入了0.4m高精度影像约5000km^2，站场、阀室三维建模3万多个。整合设计、施工图档8万余份，照片11万多张；植入业务数据540多万条，管线周边6省2直辖市，21个地级市、59个县、265个乡镇的单户居民、村庄、敏感目标、应急救援力量、主要应急道路等应急资源数据4万余条。

中国石化"十四五"期间贯彻国家关于发展工业互联网和推进智能制造的战略部署，加速智能油气田、智能工厂、智能加油服务站、智能研究院、智能工程建设的推广，聚焦于系统优化、协同生产与智能运营，建设集团智能运营中心，打造中国石化智慧大脑，构建"石化智云"工业互联网，实现全产业云生产和智运营，推动组织、流程、技术和管理升级,全面提升集团运营的数字化、网络化、智能化水平。同时,中国石化将注重数据资产的价值创造,推进数据治理工作,建立健全数据标准体系、数据资源共享与数据资产管理机制,消除信息孤岛,建设集团级、企业级数据资源中心和统一的数据中台、数据服务平台,构建数据共享与服务体系,推动各领域大数据应用,实现数据资产的增值增效,加强大数据、人工智能等专业人才培养,提高全员数字化素养与应用技能,推动业务数字化和数字化业务创新,培育数字新业态、新产业,发展壮大数字新产品、新服务,打造价值创造新高地,塑造产业竞争新优势。

6.1.1.4 国家管网信息化与智能化建设进展

国家管网创立于 2019 年 12 月 9 日,专注于油气干线网络及储气调峰设施的投资建设与运营管理的企业,并负责干线间的互联以及与第三方管道的连接,同时承担全国油气管网的运行调度职责。公司深入贯彻"四个革命、一个合作"能源安全战略,秉承新发展理念,发挥其在油气输送产业链中的领导作用,致力于将能源革命与数字技术紧密结合,推进工程数字化转型,构建智能互联的大型管网体系,提升中国油气能源的供应能力。

自成立以来,国家管网就确立了"打造智能互联大管网、建立公平开放大平台、培养创新成长新生态"的"两大一新"战略目标。根据国务院国资委的要求,公司以数字化和智能化转型为核心,推动主营业务与信息技术的深度融合,以及基于数字化的管理模式改革,全力推进智能互联大管网的建设。

(1) 数字化转型蓝图。

2021 年,国家管网发布了一个为期五年的数字化蓝图,旨在整合"建设、运维、研发"等各项作业,打通从源头到终端的业务流程,构建覆盖各种业态和场景下的安全高效智慧管网。蓝图着重于价值创造,旨在建立一个"安全可靠、开放包容、智慧运营、灵活高效"的一体化数字平台,以快速响应业务需求,推动商业模式的创新,开展数字化运营,发展平台经济,从而促进收入的增长。

为了实现这些目标,公司成立了专门的组织机构,包括数字化转型委员会(作为数字化转型工作的最高管理决策机构)、领域分委会(负责数字化转型项目的具体执行)、数字化转型办公室(负责日常管理工作)和架构专家组(提供数字化转型的技术支持)。这些举措表明了国家管网对数字化转型工作的高度重视。

自 2020 年起,国家管网开始启动数据治理工作,优化流程架构,并加强数字化团队建设,同时着手构建云基础设施。2021 年,在 2020 年工作的基础上,进一步构建了数据治理体系,开发了业务价值流程,并进行了智慧管网及交易平台的试点建设。2022 年至 2023 年期间,集团继续推进数字赋能业务的开展工作,实现了业务的数字化,并开展了管网数字孪生技术的研发。预计到 2025 年,公司将全面实现业务数字化,构建智慧互联大管网,并建设生态数字平台。

(2) 管道智能化建设与实践。

国家管网坚持数字化转型的核心在于通过业务对象的数字化来提升作业效率和实现数字化运营。为此,公司建立了统一的数据治理体系框架、制定了数据治理政策及策略。遵循分层解耦、数据同源、服务化和云化一致体验的原则，构建了一个开放、敏捷、融合、智能且自主可控的国家管网数字平台。这一平台旨在解决用户体验问题、业务孤立问题及数据孤岛问题，进而促进数字化能力的发展。

此外，公司还围绕安全生产这一核心目标，组织制定了管网智能化建设方案和标准。随着管道技术攻关成果的不断积累和信息通信技术的进步，集团将持续迭代升级管网智能化建设的方法，并组织现场应用。同时，集团正构建一个公平开放的交易平台，打造集仓储、运输、交易、结算、金融和信息服务为一体的综合性油气储运交易业务平台。

国家管网聚焦实现"全数字化移交"的要求，在管道智能化施工建设方面取得重要成果。中俄东线天然气管道作为全球单体规模最大的输气管道之一，全长3718km，在国际上首次采用了1422mm的大口径、X80高钢级材料及12MPa的高压力设计组合。围绕"全数字化移交、全智能化运营、全业务覆盖、全生命周期管理"的"四全"要求，开展了智能化管道建设示范，形成了一套包含24项智能化新技术的技术体系，实现了从建设期到运营期的资产数字化、可视化、智能化管理，整体提升了施工效率约30%。借助中俄东线建设的契机，公司全面制定了管道建设期的数据标准，打通了设计、采购、施工等环节的数据通道，满足了系统数据集成的需求，为管道从设计、采购、施工到运营全链条的数据共享奠定了坚实的基础。

随着中俄东线天然气管道的建成，管道智能化设计、采办、施工、运行等技术已经日臻成熟。国家管网按照由浅入深、由点到面、由局部到整体的指导思想，将智慧管网建设分为"智能化""智慧化"和"平台生态化"三个阶段。在"智能化"阶段，通过标准统一，新建管道开展正向数字化设计、协同化采办、智能化施工，而在役管道实施逆向数字化恢复、物联智控化升级；在"智慧化"阶段，采用数字孪生技术，建成与实体管网精准映射、同生共长的数字管网，实现管网基础设施在物理和虚拟世界的数字信息协同、感知控制协同及知识智能协同；在"平台生态化"阶段，协同建立与电网、热能、新能源等能源行业的"源—网—荷—储"一体化响应协同机制，开发面向能源互联的管网智能平台，通过多种能源数据的共享、交互与联动，实现油气管网与能源互联网一体化调度优化与高效协同。

（3）管道智能化调控。

管道智能化调控运行也在不断深化。国家管网建立了管道"天空地"一体化感知、全方位安全预警体系，能够对滑坡、水毁、冻土、第三方施工等多种危害因素进行全天候动态监测。自主研发的管道智能检测装备，可以满足多功能、高精度检测需求，技术性能达到国际先进水平。同时，攻克了视频智能风险识别技术，创建了44种安全风险视频智能识别算法库，维检修工作效率提高了50%。油气调控业务实现了"智能调"和"智能控"，管网调控效率提升了20%，能耗降低了13%。此外，国家管网还牵头完成了27种管道关键装备的国产化，关键装备国产化率超过90%。

公司还聚焦打造"全场景应用"平台，稳步形成了管输服务智能化交易体系。管网运营以智慧中台为目标，引入了运筹学理论及方法，将多维度、高价值、强特征的交易数据进行综合应用，以算法为引擎驱动数据、创造价值，实现了管输路径的智能推荐和库存能力的动态管理。平台上线以来，通过统一管理2852个管段、2819个场站、1225个下载点、

1130家下游合作伙伴和71家上游合作伙伴，打通了"一票制"合同、"一站式"服务全生命周期管理链条，构建了能源经济智能新平台。

（4）管理提升与创新举措。

为了对标世界一流，国家管网深入开展了一系列管理提升行动，全面对标国内外先进的数字化智能化企业和国际管道企业，深入研究管道"智能化"与管网"智慧化"。为实现"打造智慧互联大管网"的战略目标，国家管网聚焦主营业务关键环节，强能力、补短板、促变革，扎实推进了一系列创新举措。包括但不限于提升管网系统的全面感知、综合预判、智能优化、应急处置和敏捷服务等新型能力；补齐感知基础设施、大数据分析模型、在线仿真软件、数字孪生体、管网知识图谱等行业短板；实现数据由零散分布向集中统一共享转变、平面管理向三维可视化管理转变、资源调配由局部优化向全时段全局优化转变、精细管理向精准管理转变、人工判断决策管理向人机结合判断决策管理转变等五大管理变革。

在此基础上，国家管网集团开展了全方位智慧管网顶层设计，建立了一个全面、系统、科学的智慧管网理论与技术体系，涵盖了智能调控、智能安全运维、智能设计施工等方面。同时，还建设了油气管网知识库，明确了行业领域知识采集、知识计算及知识应用部署，实现了人机交互辅助决策，构建了具备"全方位感知、综合性预判、一体化管控、自适应优化"能力的智慧互联大管网。

（5）工程一体化管控平台。

国家管网成功推出了工程一体化管控平台，旨在实现对管网工程建设业务的全链条、全流程及全生命周期的信息化管理。这一举措标志着国家管网在遵循工程建设规律的同时，结合自身特点，构建了一套全新的生产力体系，并在实践中探索了一系列行之有效的措施。

工程一体化管控平台由三大核心系统构成：数字化协同设计系统、供应链管理系统和工程项目管理系统。这些系统的集成使用，不仅提高了工作效率，还增强了项目管理的科学性和透明度。其中，数字化协同设计系统集成了油气储运领域的设计规则与算法，并利用先进的信息技术实现了设计资源的共享及跨地域协作，大幅缩短了设计周期。此外，系统还具备智能算法功能，能够提供设计方案优化建议，增强设计的科学性和可行性。供应链管理系统则通过实时数据分析，实现了供需变化的精确预测和库存水平的优化，确保了物资供应的稳定性和成本的有效控制。这进一步提升了国家管网在工程建设、物资采购、库存管理和物流运输等方面的效率和透明度。工程项目管理系统则围绕综合计划展开，覆盖了从项目立项到竣工的整个过程，实现了流程自动化。该系统内含风险评估模块和决策支持工具，有助于更科学、更精准地管理项目，降低风险并提高投资回报率。

整体而言，工程一体化管控平台的上线不仅加强了国家管网与供应商、监理、设计和施工单位等合作伙伴之间的信息共享和业务协同，解决了设计、施工、运营等环节的数据脱节问题，还促进了工程建设项目管理的高效化和透明化。更重要的是，它为油气管网工程建设领域带来了新的合作模式，加速了技术创新与管理创新的步伐，有力地推动了整个产业链的转型升级。

6.1.2 国外研究进展

国外管线的建设运行逐渐向智能管网建设的方向发展,已经在该领域取得重要成果,已与信息技术的发展保持同步,管道建设和运行的各个阶段已应用了云计算移动存储、物联网数据精准采集、大数据决策分析[11-15]。

美国休斯敦的控制中心控制着公司的天然气业务,石油管道则由设在 Tulsa 的控制中心进行监控管理,实时模拟(RTM)预测(前瞻性)模拟(PM)、压缩机站优化(CSO)、压缩机性能自动优化(RTCT)、气体负荷预测(LF)、历史数据存储,美国建立公司统一的地理信息系统(GIS),将管道物理数据和地理数据整合,覆盖 4×10^4 mile 天然气管道,管道物理数据和地理数据整合,与其他信息系统(如风险管理系统、设备管理系统、管网模型系统)相接口,实现公司对管道的动、静态数据的统一管理。

挪威 Statoil 公司开发了管道完整性管理系统,集成了 SAP、Maximo、STAR、Intergraph、Inspection 等管理系统的数据,使得管理者可以在同一界面内查看到管道的完整信息,如管道设计、运行情况、维护历史等,极大地降低了管理难度,提高了管理效率。雪佛龙公司开发了容量管理与客户服务(以下简称 VMACS)通过对相关管道数据进行采集、分析和共享,实现降低成本、优化资源并最大限度地利用管道生产能力。

英国石油公司(以下简称 BP)利用物联网技术提高管道资产与人员安全性,通过先进的无线智能终端应用;实现设备、仪表的位置标记与识别;资产周期、历史数据与关联性查询,包括现场操作工人操作规程指引,现场工单提示与任务分配,以及现场工作状态、进展、规程与位置跟踪;通过使用带有高清晰度摄像头及热力传感器等的无人机(简称 UAV)技术,对复杂自然环境中的管道泄漏检测与安全监控。

英国石油公司华盛顿州切里波因特(Cherry Point)炼油厂开发基于大数据分析的物联网腐蚀管理系统,腐蚀无线传感器安装在重点管线部位,形成物联网组网监测,上传到系统中的大量实时数据,在恶劣环境下电气系统对腐蚀传感器读取有影响,容易形成错误的数据。但数据生成的数量弥补了跳动影响,可随时监测到管道的承压,使炼油厂管理人员实时了解某些种类的原油比其他品类更具有腐蚀性,这在以前是无法发现的,也谈不上预防。

加拿大 Enbridge 公司利用物联网技术,通过智能移动终端,实时收集、汇总与传输仪表与资产数据、站队现场维修维护数据与工单处理、管道巡线数据处理与传输、环境、健康、火灾、安全等 HSE 检查,以及合规性检查等。

美国 CDP 管道公司,提出了物联网技术在智能管道领域的全面应用方案,建立了智能人员生命安全装备系统(以下简称 ALSS),Wifi 环境下持续监测有害气体、追踪人员位置状态;通过地质灾害监测管线变形和泄漏等异常情况,通过移动终端进行站队现场维修维护数据与工单处理及视频通话,实现无人机管道路由监测与预警。

基于上述分析,国外当前也正在开展数字化管道向智能化管道的转型,并初见成效。数字化管道在 20 世纪 90 年代由美国率先提出,目前,该技术较为成熟的是美国、加拿大和意大利。智能化管道在国外的应用特征主要体现在以下几个特色领域。

(1) 工程项目管理信息化。

国际上优秀的管道工程项目管理都采用项目管理软件进行辅助，并且与整套先进的项目管理理念相结合，参与各方分工明确、职责清晰，信息平台、管理理念、组织机构三者相辅相成，已逐步实现"全面详细计划，严格按计划实施、及时反馈更新、严密跟踪对比"的模式。

管道建设方通过工程项目管理软件主要用于工程计划进度、资源、成本、质量、风险控制，能够通过各种视图、表格和其他分析、展示工具辅助项目管理人员有效地控制大型复杂的管道工程项目，基于各种资源平衡技术，可模拟实际资源消耗曲线、延时，并且能够与其他系列产品进行结合支持数据采集、数据存储和风险分析。项目管理者根据跟踪提供的信息，对比原计划(或既定目标)，找出偏差、分析原因、研究纠偏对策、实施纠偏措施。软件不但考虑时间问题，还根据资源和费用进行分析求得一个时间段资源消耗少且费用低的计划方案，并通过软件进行网络计划优化，也就是利用时差不断改善网络计划的最初方案使之获得最佳工期、最低费用和对资源的最有效利用。

但是有一点值得注意：国外的工程项目管理软件一旦计划确定后，任何人都不能擅自改变，都必须围绕着既定的目标来工作，所以一般优秀的国外工程项目管理软件很难直接拿到中国的企业来实施，都必须做一定量的二次开发，有些甚至由于二次开发成本过大而只能放弃。

(2) 管道完整性管理成为智慧管道的重要内容。

随着2002年美国总统签署了管道完整性管理法规，以CFR192、195联邦法规和API 1160(液体管道)、ASME B31.8S—2001(气体管道)标准为核心的完整性管理法规体系初步形成，逐渐成为世界各大管道公司普遍采用的管道管理新模式。经过几十年的发展和应用，目前许多国家也已经逐步建立起管道安全评价与完整性管理体系和各种有效的评价方法，有效降低了管道的事故率和经济损失。

加拿大Trans Canada公司是北美地区拥有50多年历史的能源大公司，在完整性管理方面，TransCanada每年进行一次风险评价，对不同等级地区要进行不同的评价，对3级以上地区进行定量风险评价(以下简称QRA)，并将风险评价报告反馈给风险识别人员，以帮助评价人员关注识别出的风险。

美国Williams Gas公司每年组织一次对全公司风险报告的综合审核，对每一段管道都列出各种风险因素，给出每种风险因素的控制方式。公司的管理理念：第一要保证安全，安全包括两个方面，一是人员安全，二是管道安全，公司主要使用内检测等科学方法确保管道安全。完整性管理部门负责管道本体的完整性，完整性管理工作主要是腐蚀管理，大约有60多个程序执行，完整性管理程序中明确资质、标准要求和如何做，所有的雇员都需要学习。

英国National Grid gas公司，运营管理英国27×10^4km管道(含燃气管道)，建立了完整性管理的组织机构。由管道腐蚀控制中心负责管道完整性管理工作，主要工作内容包括：腐蚀控制和内外检测、腐蚀数据控制和解读。该技术团队成功完成了英国多条管道从设计系数0.72到0.8的设计压力升压运行，建立了完善的完整性管理体系，由企业标准、程序文件、作业文件组成,严格执行英国天然气安全法规。

(3) 物联网逐步普及。

BP 公司利用物联网技术提高管道资产与人员安全性,实现了以下典型应用:通过先进的无线智能终端应用;实现设备、仪表的位置标记与识别;资产周期、历史数据与关联性查询;现场操作工人操作规程指引;现场工单提示与任务分配;现场工作状态、进展、规程与位置跟踪;通过全面应用带有高清晰度摄像头及热力传感器等的无人机技术,用于复杂自然环境中的管道泄漏检测与安全监控;在炼厂使用 RFID 技术实现对工人位置的实时监控。

北美 Enbridge 利用物联网技术使得现场人员每天减少 1h 的数据录入与路程时间,优化资产审计、腐蚀检测,提升数据质量与合规性,实现了以下典型应用:通过智能移动终端,实时收集、汇总与传输仪表与资产数据;站队现场维修维护数据与工单处理;管道巡线数据处理与传输;环境、健康、火灾、安全等 HSE 检查;合规性检查。

北美 Nisource 旗下的 CDP 管道公司与 GE/埃森哲合作,开发与实施了物联网技术在智能管道领域的全面应用方案,提升管龄至少 20 年以上管道资产的安全性及决策的科学性,典型应用包括:基于智能人员生命安全装备解决方案(以下简称 ALSS)与 Wifi 持续监测有害气体、追踪人员位置状态;基于移动终端及谷歌安全眼镜,获取关键信息并显示;通过激光扫描工具查验管线泄漏异常情况;通过移动终端进行站队现场维修维护数据与工单处理及视频通话;通过无人机进行管道路由监测与预警。

(4) 云计算。

壳牌部署私有及公有云企业服务平台,建立统一的整体的云架构。BP 采用了 Amazon 的 EC2 云计算服务,在成功把面向客户的网站迁移到云上之后,把 SAP 开发测试环境也部署到了云上。

Entergy 公司运用 OS/DB 云计算迁移技术,实现系统上线,完成生产规模数据库和基础设施的切换,最大化迁移期间生产能力。埃克森美孚公司基于云的基础设施服务,把地理影像随时随地交付给勘探团队。

(5) 大数据分析。

壳牌通过大数据分析助力风险管控和合规管理。采用了交易分析解决方案,在风险管控和合规中找到问题,然后通过数据分析监控交易。

BP 建立最大商业计算中心支持勘探数据分析。极大减少了分析大规模地震数据所需的时间。

匈牙利油气公司用数据洞察一切。管理者得以获取最新信息,事先做出商业决策,以适应瞬息万变的市场。

6.1.3 智能管网的特点与难点

6.1.3.1 智能管网系统的特点

智能化管网系统是一个庞大的应用工程系统,它将众多相对独立的数字化、集成化和产品化，整合为一个以海量数据库为基础的系统，实现数据共享，具有智能化、数字化、可视化、标准化、自动化和一体化特征，并具有专业性、兼容性、共享性、开放性和安全性的特点，最大限度地消除信息孤岛。智能化，即实现管线运行优化、管线安全风险的预测预警、应急抢险的交互联动响应；数字化，通过文档资料及图片资料的结构化、索引化，加强知识共享，更为设备更新改造提供便捷；可视化，实现管线相关数据的图形、图像、视频、图表分析信息的多维度查询及可视化展示；标准化，生命周期的业务标准、技术标准、数据标准，以及设计、建设期成果的数字化移交标准；自动化，完善管线的自控仪器仪表、检测设备及监控系统，实现管线运行状态的自动检测；一体化，以生产运行的实时数据和管理应用的业务数据全面整合，大数据建模分析决策支持。

6.1.3.2 智能化管道建设的制约因素

实施智能管网建设的难点和制约因素在于数据的准确性，数据的统一性、数据的应用建模、平台运行速度及自维护性能，以及体系建设等诸多方面，具体包括如下：

（1）智能管网平台是确保建设期数据与运行期数据一体化的平台，涵盖管道全生命周期的各个阶段，数据的准确性直接影响管道智能化水平，因此具有较高的难度。

（2）数据统一的难点，建设期与运行期遵循要采用同样的数据框架、数据字典，系统建设才能落地，数据才能自由调用。

（3）智能化应用的难点，体现在如何建模，与实际运行相吻合，重点在于决策支持分析，如何为管道企业决策支持服务。

（4）系统运行速度及自维护的难点，系统的运行速度，直接决定建设成败，需采用GIS调用和存储的新技术，如何使数据变成活数据，增加更新速度，提高自维护性能。

（5）体系建设与平台同步的难点，体系建设必须与平台同步，否则未来应用和运维等均得不到落实。

6.1.4 发展方向

从国内外管道管理的发展历程来看，伴随着信息技术的发展，完整性管理技术的进步发展，建设数字化管道已经成为国内外管道管理者的主要目标，管道企业均建立了GIS系统和完整性管理系统，并取得重要成果。但近年来随着大数据、物联网、云计算、人工智能的发展，管道运营管理模式发生转变，数字化管道逐步向智能化管道发展，以大数据分析、数据挖掘、决策支持、移动应用等方式进行管道管理，补充传统管理方式的不足[16-17]。

智能管网系统是实现智能管网管理的手段和载体，其未来将集成管线和站场的所有信息，采取大数据建模的分析理念，提供成熟可靠的智能管网一体化解决方案，包括通过物联网平台实现对生产安全风险点的全面监控，实现所有管理环节所需信息的全面共享，通过大数据建模分析，实现设备设施数据的实时分析处理，保障生产活动安全有序。智能管网进一步突出管网经济高效的目标，全面自动采集数据，贯通上下管理环节，可实现管网运行事前优化预测、事中实时监测，事后全面分析的闭环管理，降低油气管网运营成本。

本书剖析了国内外数字化管道、智能管网的技术进展，给出了智能管网发展的特点和难点，研究建立管道全生命周期数据标准、构建管道全生命周期数据库，开展智能化管道体系建设，研究提出了智能管网的设计，包括管道全生命周期资产管控、运行控制、决策支持三个方面。构建了基于 GIS 的智能化管理平台方案，包括建设施工期管理，运行维护管理和大数据决策支持，整合全生命周期管道各类数据，开展生产运行控制和决策支持，实现应急决策支持、焊缝大数据风险分析、基于物联网的灾害监测预警、管道泄漏实时监测、远程设备维护培训、远程故障隐患可视化巡检、移动应用等功能。通过大数据的决策支持，进一步提升管道管理水平。

6.2 管道全生命周期管理系统架构

6.2.1 总体架构

面向服务的体系结构(以下简称 SOA)是一个组件模型，它将应用程序的不同功能单元(称为服务)通过这些服务之间定义良好的接口和契约联系起来。接口是采用中立的方式进行定义的，它应该独立于实现服务的硬件平台、操作系统和编程语言。这使得构建在各种这样的系统中的服务可以以一种统一和通用的方式进行交互[18]。

云存储是指通过集群应用、网格技术或分布式文件系统等功能，将网络中大量各种不同类型的存储设备通过应用软件集合起来协同工作，共同对外提供数据存储和业务访问功能的一个系统。

目前业内对企业信息化的解决方案中主流架构模式选择的是 B/S 方式，结合管网工程的管理特点和技术要求，在选择软件系统体系结构时，采用 B/S+移动端 C/S 的双重模式，两种模式都实现全部业务，以满足在不同环境，不同应用场景的使用。

本书系统整体采用 SOA 技术架构，提供数据服务、显示服务和计算服务。另外考虑到数据资源建设的海量数据和数据处理的方便性等因素，在数据存储方面使用了云存储技术。

通过对系统进行整体、系统的分析，结合招标文件的技术要求分析，确立了整个系统的设计思路，提出一个完整解决方案，将系统分为四个层次，即基础设施层、数据层、核心服务层和应用层。

(1) 基础设施层：该层是系统建设和运行分析的基础，包括软硬件系统、网络、通信、自动控制系统等。

(2) 数据层：数据层是数据资源建设的核心成果，该层使用云存储的技术思想和设计，保证大数据存储、读取、检索、分析的高效性和安全性。整个项目的数据都存储在 Oracle 数据库，主要包含咨询设计、施工数据、设备信息、生产运营、基础地理及其他系统接口数据等。

(3) 核心服务层：抽象了前端应用系统的逻辑规则，并封装了数据和应用接口；核心服务层主要提供核心业务服务、基础系统平台；核心业务层则一方面封装了前端应用系统的业务逻辑，充当前端应用系统的应用服务器，提供安全认证、数据查询分析、地理信息处理等服务，另一方面对基础平台进行封装，开发满足其他标段应用需求的接口，如工程计划、进度展示数据接口。

（4）应用层：主要是针对专业应用系统，如本次建设的可视化平台、工程管理系统、数据资源建设采集系统、门户网站等。

6.2.2 系统拓扑架构

根据项目需求分析，系统用户即包括公司、项目部，同时也包括设计单位、施工单位、检测单位、监理单位和物资单位等参建单位，这些单位在空间上分布的比较分散，采用的网络接入方式也具有一定的多样性，在可接入内网的情况下，总部和业主单位可以通过内网访问。为了保障系统的安全性，参建单位和业主出差的用户采用 VPN 的接入方式，项目部用户采用内网的接入方式，系统拓扑结构如图 6-1 所示。

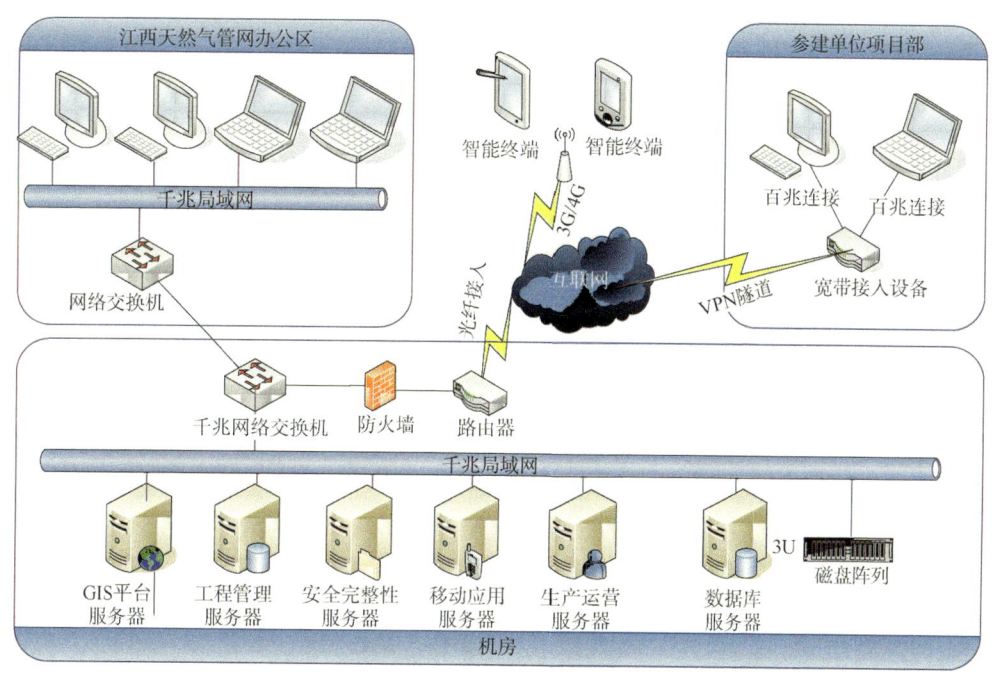

图 6-1 网络拓扑结构图

6.2.3 系统集成技术

6.2.3.1 移动平台技术

工程建设期的系统用户往往很少一直坐在办公室中，很多工作和数据都要到施工现场才能获取和办理；如果用户在出差途中，也会遇上移动办公的问题。移动服务引擎支持目前主流的移动终端操作系统，主要有以下 3 种。

（1）Android。

Android 是一种基于 Linux 的自由及开放源代码的操作系统，主要使用于移动设备，如智能手机和平板电脑，由 Google 公司和开放手机联盟领导及开发。

（2）iOS。

iOS 是由苹果公司开发的移动操作系统。苹果公司最早于 2007 年 1 月 9 日的 Macworld 大会上公布这个系统，最初是设计给 iPhone 使用的，后来陆续套用到 iPod touch、iPad 以及 Apple TV 等产品上。iOS 与苹果的 Mac OS X 操作系统一样，它也是以 Darwin 为基础的，因此同样属于类 Unix 的商业操作系统。

（3）Windows Phone。

Windows Phone 是微软发布的一款手机操作系统，它将微软旗下的 Xbox Live 游戏、Xbox Music 音乐与独特的视频体验整合至手机中。2010 年 10 月 11 日微软公司正式发布了智能手机操作系统 Windows Phone，同时将 Google 的 Android 和苹果的 iOS 列为主要竞争对手。

考虑到移动端应用主要用户为施工单位，本项目选取 Android 系统为移动端平台。

6.2.3.2 智能表单技术

智能表单平台提供业务单据的免代码开发，支持在线可视化配置表单，在线发布，即时生效。表单的界面风格、界面元素、操作按钮、相关信息、动态提示等，一切皆可配置。智能表单开发步骤如图 6-2 所示。

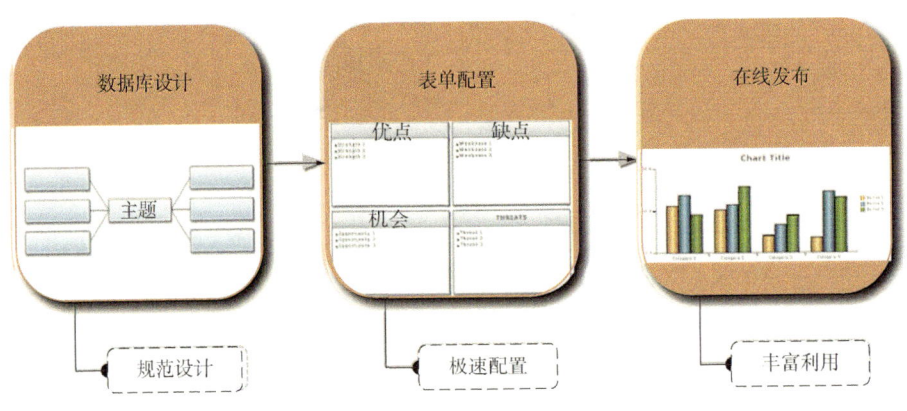

图 6-2　智能表单开发步骤

6.2.3.3 海量数据的存储与处理技术

海量数据用来形容巨大的、空前浩瀚的数据。如今，随着数据库技术和数据采集技术的不断发展，人类每天获得的数据量剧增。同时，随着信息化程度的提高，数据的形式也多样化，它包含各种空间数据（如影像数据和矢量数据等）、统计报表数据、文本、超文本以及多媒体等。如何有效地组织管理和充分利用这些海量数据，将是人类不断探索与研究的一个新课题。在天然气管道设计、建设、运营管理过程中所产生的数据，具有数据量大、结构复杂、存储介质多样，格式多样等特点，对这些数据的存储和处理必须采用海量数据的传输、存储和处理技术。

在数据的海量存储的时候，应该关注如下几个方面：

（1）Clustering：高可用性、高性能、可升级的容错、冗余服务器与驱动器。

（2）Data Protection：数据保护以技术来保护数据遗失，包括磁盘的冗余，RAID 级，文件备份，远程 clustering，文件镜像，日志，复制文件系统等。

（3）Data Vaulting：海量存储准备上线的数据或离线的数据，储存在一个较不昂贵的存储媒体。

（4）Data Interchange：共享数据从存放在同一个存储系统的数据移动到另外或外界之间的系统上。

（5）Shared Storage：共享存储应用在 SAN 网域或 NAS 网域存储系统。

6.2.3.4 统一工作平台技术

目前的企业应用环境中，往往有很多的应用系统，如办公自动化（简称 OA）系统，财务管理系统，档案管理系统，信息查询系统等。这些应用系统服务于企业的信息化建设，为企业带来了很好的效益。但是，用户在使用这些应用系统时，并不方便。

用户每次使用系统，都必须输入用户名称和用户密码，进行身份验证；而且应用系统不同，用户账号就不同，用户必须同时牢记多套用户名称和用户密码。特别是对于应用系统数目较多，用户数目也很多的企业，这个问题尤为突出。

问题的原因并不是系统开发出现失误，而是缺少整体规划，缺乏统一的用户登录平台。而统一工作平台提供用户单点登录、底层数据集成、业务流程整合、企业门户集成等功能，可以解决以上这些问题。统一工作平台架构如图 6-3 所示。

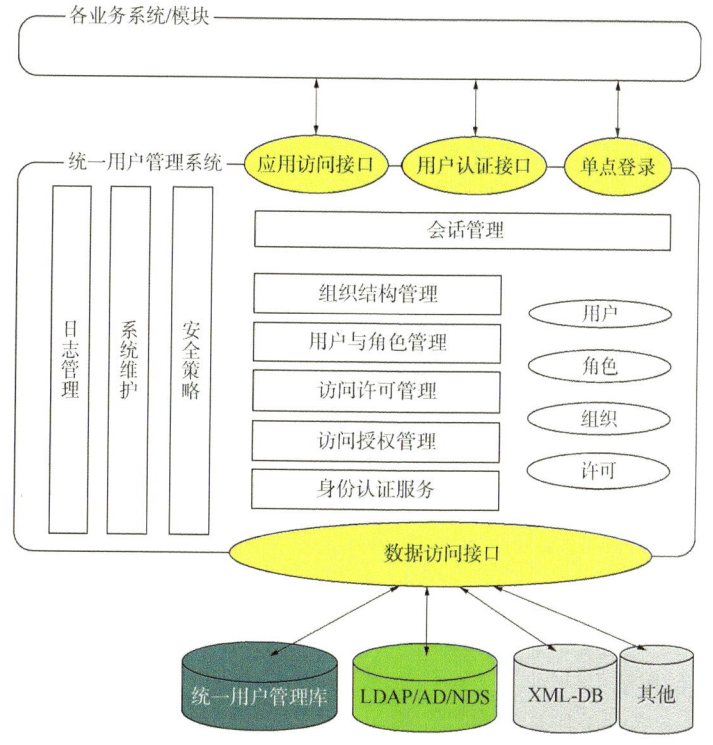

图 6-3 统一工作平台架构图

6.2.3.5 多样化展示技术

通过形式多样、色彩丰富的专题地图可以非常直观地表现系统查询分析统计的结果。系统提供直方图、饼图、等级、点密度、独立值等多种形式的专题地图。2011年6月至2011年11月的施工进度趋势如图6-4所示。

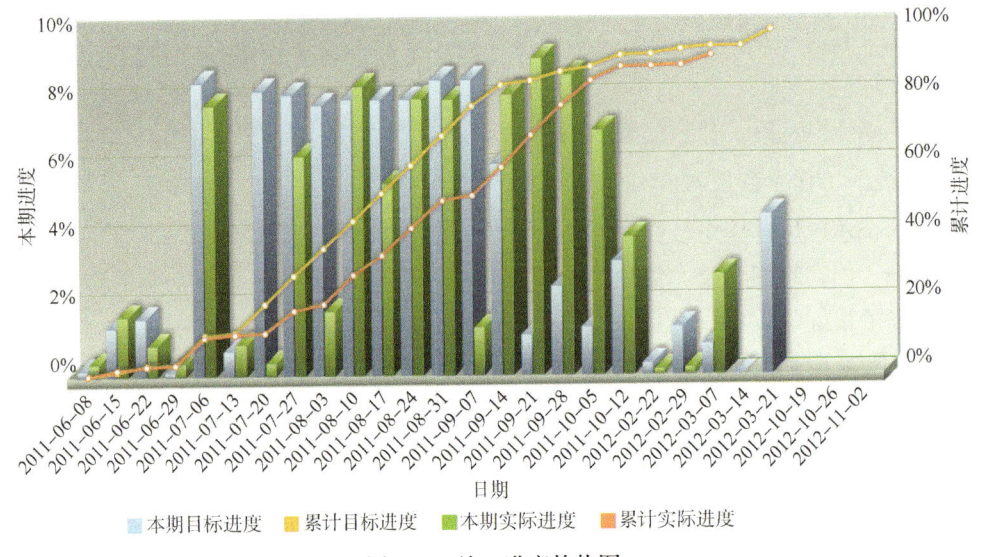

图 6-4 施工进度趋势图

6.2.3.6 智能身份认证技术

组织用户服务引擎支持多样化的身份认证方式，除最简单的基于用户名、密码的 web 界面登录认证外，同时还支持：

（1）LDAP 协议，提供对主流 LDAP 服务器，如：Microsoft Active Directory、Lotus Domino Server 和 IBM Tivoli Directory Server 等。

（2）第三方的代理（Proxy）认证。

（3）CA 认证，支持 USB KEY、动态令牌和短信网关等认证方式。

6.2.3.7 内容管理技术

文档管理平台基于内容管理技术，在资料的存储、组织、安全、协同、检索、浏览、集成等方面，为企业用户提供了全面、可靠的文档管理解决方案。

（1）分布式存储。

分布式网络存储系统，采用可扩展的系统结构，利用多台存储服务器分担存储负荷，利用位置服务器定位存储信息，在提高了系统的可靠性、可用性和存取效率的同时，更易于扩展。

（2）安全控制。

文档管理平台在数据安全性控制上提供三重保障。

① 存储加密：文件采用加密存储，防止文件扩散，全面保证企业级数据的安全性和可靠性。

② 权限控制：提供权限控制机制，可针对用户、部门及岗位进行细粒度的权限管理，控制用户的管理、浏览、编辑、下载等操作权限，实现文档的安全共享。

③ 数据备份：每天对结构化和非结构化的数据进行定时备份，并保存冗余副本。定期对备份数据进行恢复测试，避免因为突发故障导致数据的损坏或丢失。

（3）版本控制。

文档从拟稿、审核到归档过程中，往往会经过多次的修订和变更，为了保证数据的完整性和可追溯性，需要对此过程中的各个阶段性成果保存数据快照，记录各个版本的内容、发布时间、发布人等信息。

文档管理平台的版本控制功能能够保存文档形成过程中的所有历史记录，供中期的查阅、对比以及后期的审计、回顾。

（4）全文检索。

文档管理平台提供对主流电子版文档的全文检索功能如 doc、xls、pdf、txt 等文本性电子文档。

（5）协同办公。

通过文档管理平台，可以在系统中创建 Office 模板文件，授权给用户使用。用户在新建文档时，可调用授权的模板，使内容格式得到规范化的约束。系统自动统一规则命名文档，实现文件名标准化管理。

对于保密级别高的文档，在协同使用时可配置流程约束，对变更、借阅、归档、删除等工作指派审批流程，提升规范性和安全性。

（6）在线浏览。

支持主流电子文档的在线浏览，可以直接在系统中在线浏览：

① 图片，支持 gif、jpg、png、bmp、tif 等格式；

② 视频，支持 flv、mpg、avi、wmv、mp4 等格式；

③ 音频，支持 mp3、wav、wma 等格式；

④ 文档，支持 doc、xls、pdf、txt 等格式。

（7）集成应用。

文档管理平台在提供了对文档的存储、检索、浏览等功能的基础上，为了挖掘电子版文档的应用价值，并方便用户使用，提供了以下两种集成应用功能：

① 与 Office 集成，系统操作与本地操作无异，无须改变任何习惯，即可快速上手熟练使用系统，可 Office 文档进行在线编辑、修订、打印，并支持电子签章。

② 与电子邮件集成，将文档本身作为附件直接通过电子邮箱发送，无须用户多次手动上传，方便快捷。

6.2.3.8 消息服务技术

消息服务引擎为信息化系统提供了一个向系统用户推送提醒的平台，主要是针对工作流引擎在运行过程中，为代办任务向系统用户发送提醒消息。支持的消息类型主要有以下几种：

(1)在线消息。

在线消息是信息化系统本身的内部消息,处于登录状态的用户,在有新消息时,在工作台上会有通知提醒。

(2)电子邮件。

消息服务引擎具备邮件服务接口,在系统用户维护了个人邮箱信息的前提下,可以将消息以电子邮件的形式发送到用户邮箱内。

(3)即时消息。

即时消息主要是针对即时通信软件,如 RTX。在即时通信软件提供开放性数据服务接口的前提下,可以通过发送即时消息的方式通知用户。

(4)短信提醒。

在服务器配备了短信收发设备(如短信猫),并且系统用户维护了个人手机号码的前提下,消息服务引擎可以将消息以短信的形式发送到用户的手机。

6.2.3.9 地理信息技术

GIS(Geographic Information System)即地理信息系统,在我国又称为资源与环境信息系统。在国际上虽然许多学者对 GIS 有不同的表述,但其基本概念是大体相同的。地理信息系统是利用计算机存储、处理地理信息的一种技术与工具,是一种在计算机软、硬件支持下,把各种资源信息和环境参数按空间分布或地理坐标,以一定格式和分类编码输入、处理、存储及输出,以满足应用需要的人—机交互信息系统。它通过对多要素数据的操作和综合分析,方便快速地把所需要的信息以图形、图像、数字等多种形式输出,满足各应用领域或研究工作的需要。地理信息系统在国民经济建设中得到了广泛运用,特别是在地域开发、环境保护、资源利用、城市管理、灾情预测、人口控制和交通运输等方面发挥着积极的作用。GIS 技术发展,基本反映了 IT 技术的总体发展过程。自 20 世纪 70 年代以来,GIS 技术发展大致经历了三个主要阶段:一是以大型机与 UNIX 为平台的专业式 Professional GIS;二是以 PC 机为平台的桌面式 Desktop GIS;三是以网络(Internet/Intranet)和 Client/Server 为技术平台的网络 GIS、移动式或无线通信式 GIS。随着网络及通信技术的不断发展,网络 GIS、移动式或无线通信式 GIS 技术,已是空间信息整合技术的主导方向。主要由下列 8 个部分构成:

(1)空间数据库和信息(属性)数据库,构成 GIS 的核心;

(2)有图形显示系统,即用数据库中所选元素,是形成图形基础,这是基础部分之一;

(3)地图数字化系统,实现所有图形的数字化,这是基础部分之二;

(4)数据库管理系统,为 GIS 的逻辑部分,用来分析信息数据;

(5)地理分析系统,分析数据空间的位置关系;

(6)图像处理系统,这是遥感信息和统计分析部分;

(7)空间统计分析系统,也是传统统计和空间数据统计分析;

(8)决策支持系统,这是 GIS 最重要的高级系统,包括决策、管理和跟踪,是人工智能的基础。

最近30多年来,地理信息系统取得了惊人的发展,并广泛地应用于资源调查、环境评估、区域发展规划、公共设施管理、交通安全等领域,成为一个跨学科、多方面的研究领域。

地理信息系统软件平台一般具有空间数据、属性数据输入、查询、空间分析、属性分析等功能。

(1)基于细节层次技术的三维场景表达。

细节层次技术(以下简称LOD)是将原始的多面体建立面片模型,并根据视景远近不同,对原始的面片几何模型按不同的逼近程度进行简化,以减少面片结构中的拓扑边和结构面的数量,从而达到在不影响视觉效果的情况下降低数据复杂程度和I/O吞吐量的目的,从而提高多面体数据的访问和渲染效率。

在三维虚拟仿真(以下简称VR)系统中采用LOD技术,可以在现有网络环境和硬件条件下,在能够保障高精度三维模型的仿真程度和VR体验感受的基础上,大幅度地提高了三维场景及场景模型的绘制效率。从而实现了基于海量数据的大区域三维虚拟场景的构建以及大区域场景的高速浏览,为实现站场、基地、小区、城市的数字化仿真打下了基础,三维展示效果如图6-5所示。

(2)基于动态分段技术的线路设备管理。

动态分段思想是由美国威斯康星交通厅戴维·复莱特于1987年首先提出的。该思想解决了处理线性特征信息时所遇到的问题,是一种新的线性特征的动态分析、现实和绘图技术。它是利用线性参考系统和相应算法,在需要分析、现实、查询及输出时,动态计算出属性数据的空间位置,即动态地完成各种属性数据集的显示、分析及绘图的一种方法,如图6-6所示。

图6-5 三维展示效果图

动态分段具有如下特点:

① 无须重复数字化就可进行多个属性集的动态显示和分析,减少了数据冗余;

② 并没有按属性数据集对电力输送线路进行真正的分段,只是在需要分析、查询时,动态地完成各种属性数据集的分段显示;

③ 所有属性数据集都建立在同一线路位置描述的基础上,即属性数据组织独立于线路位置描述,独立于线路基础底图,因此易于数据的更新和维护;

④ 可进行多个属性数据集的综合查询和分析。

线状要素通常以弧段—结点模型表示和存储在地理信息系统中,不能完整有效地描述真实世界。动态分段则不同,它将线状要素作为一个整体进行描述,以事件表描述各种现象沿着线状要素的动态变化,是一种更复杂、更灵活的数据模型。以动态分段模型为基础,针对道路网络,提出了将弧段形式的线状要素组织为路径系统的方法,并分析各个完

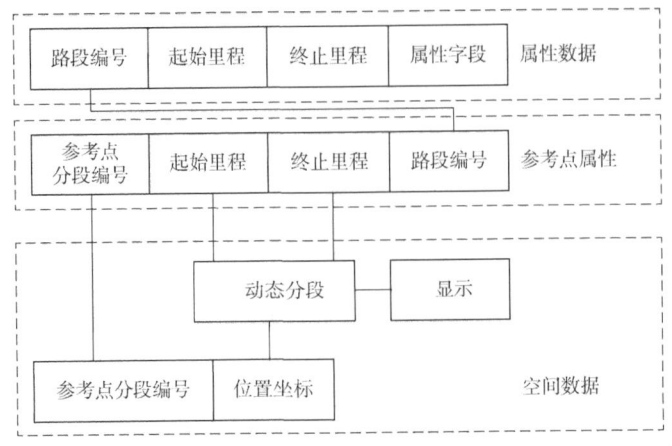

图 6-6 动态分段技术数据组织图

整线状实体在网络结构中的相对重要性。以完整线状实体为单元，着眼于网络结构进行制图综合，从而更好地保持网络的总体结构。

动态分段是一种对网络线形要素进行建模和分析的方法，其数据结构基础为路径系统和时间。利用动态分段的方法，可以存储、显示、查询和分析与网络有关的信息而无须触及底层的路网数据的空间坐标。动态分段功能将地图网络中的连线根据其属性将特征相近的连线分段。分段是动态进行的，因为它与当前连线的属性相对应，如果属性改变了，属性对应的几何数据也发生变化。

(3) 遥感技术。

遥感(以下简称 RS)技术是指各种非接触的、远距离的探测技术。主要指从远距离、高空，以至外层空间的平台上，利用可见光、红外、微波等探测仪器，通过摄影或扫描、信息感应、传输和处理，从而识别地面物质的性质和运动状态的现代化技术。

遥感根据所用技术的特点不同分为两大类。

① 图像类型。其中属主动方式的有微波雷达和激光雷达；属被动方式的有光学摄影(用宽谱段摄影、多光谱摄影和高光谱摄影)、光电摄像(用各种摄像管的电视摄像机系统)和光学机械扫描(用多光谱、高光谱扫描仪)等。

② 非图像类型。包括雷达高度计、激光雷达，以及电磁场、重力场、辐射场、温度场和气体分析等的遥感技术。

遥感的信息获取方式也有两大类。

① 摄影方式。包括紫外摄影、普通全色摄影、红外摄影、热红外摄影、彩色摄影、假彩色摄影和多波段摄影等。

② 非摄影方式。包括热红外扫描、多谱段和高光谱扫描及空中侧视雷达等。

概括地说，遥感是运用物理手段、数字方法和地学规律的现代化综合性探测技术，它为经济建设、资源勘测、环境监测、军事侦察提供了现代化的技术手段，反映一个国家太空科学技术的进展、计算机技术的水平、地学科学的理论储备，以及对资源、环境科学管理与预测、预报的能力。同时，也是高技术开发和信息时代的新兴行业。

本系统主要是将遥感技术与地理信息系统相结合，进行与管道相关的遥感影像的处理、存储和再现，以满足管道运行维护管理的业务需求。

（4）全球定位技术。

全球定位系统（以下简称 GPS）是美国国防部为适应军事需要而建立的全球定位导航系统。它是利用工作卫星的信号，准确测定待定点的位置。它可以用于舰船、飞机、车辆等一切需要知道自身位置的目标定位和导航，同时，它又可以用于大地测量、工程测量等一切工程的精密定位。GPS 的出现给全球导航的精密定位引入崭新技术，同时带来了巨大的经济效益和社会效益。

GPS 由三大部分组成，即空间卫星部分、地面支撑部分和用户设备部分。

GPS 卫星定位系统具有全天候、覆盖范围广（全球覆盖）、三维高精度定位、功能多样的特点。

本系统主要采用 GPS 技术进行管线坐标数据和周边环境数据的测量和定位检查。

（5）多分辨率的数据融合技术。

图形信息处理过程总要依赖于一定的比例尺。但长输油气管道信息是以固定的基本比例尺存储于数据库中的，为每一种所需比例尺的数据都建立数据库显然是不现实的。因此，有必要在数字管道系统中开发多分辨率数据融合功能以支持多比例尺操作，即利用基础数据库本身来生成各种所需比例尺或分辨率的数据。这不仅可以节省大量人力、物力、全面降低数据采集、存储、维护、更新的费用，而且可以提高现有数据库的价值和整个数字管道的效率。

6.2.3.10 虚拟化技术

虚拟化技术可以扩大硬件的容量，简化软件的重新配置过程。CPU 的虚拟化技术可以单 CPU 模拟多 CPU 并行，允许一个平台同时运行多个操作系统，并且应用程序都可以在相互独立的空间内运行而互不影响，从而显著提高计算机的工作效率。

服务器的虚拟化就是将服务器物理资源抽象成逻辑资源，让一台服务器变成几台甚至上百台相互隔离的虚拟服务器，可以不再受限于物理上的界限，而是让 CPU、内存、磁盘、I/O 等硬件变成可以动态管理的"资源池"，从而提高资源的利用率，简化系统管理，实现服务器整合。虚拟化技术的特点有以下几种。

（1）整合服务器。

通过将物理服务器变成虚拟服务器减少物理服务器的数量，可以在电力和冷却成本上获得巨大节省。此外，还可以减少数据中心 UPS 和网络设备费用、所占用的空间等。

（2）避免过多部署。

在实施服务器虚拟化之前，管理员通常需要部署额外的服务器来满足不时之需。利用服务器虚拟化技术可以避免这种额外部署工作，而且它支持虚拟机的完美分割。

（3）事半功倍。

在经济不景气的情况下，IT 部门和管理员更需要有事半功倍的理想方式来实现。服务器虚拟化可以帮助管理员更灵活、更高效地实现 IT 管理工作。

(4) 节省开支。

通过服务器虚拟化，公司不仅能享受到物理服务器、电源和散热系统带来的成本节约，而且还可以大幅减少管理物理服务器的宝贵时间。终端用户也会因高效稳定运行而更具有忠诚度。

(5) 迁移虚拟机。

服务器虚拟化的一大功能是支持将运行中的虚拟机从一个主机迁移到另一个主机上，而且这个过程中不会出现宕机事件，像分布式资源调度(以下简称 DRS)和分布式电源管理(以下简称 DPM)一样去实现。

(6) 更加安全。

通过将操作系统和应用从服务器硬件设备隔离开，病毒与其他安全威胁无法感染其他应用。

6.2.3.11 元数据技术

元数据是关于实际数据的地址、来源、内容、格式等说明的信息，它是一种数据结构标准，它提供了一种框架体系和方法来描述、表征数字化信息的基本特征，并通过一套通用的编码规则，将来源各异的数字化资源归纳到一个标准的体系中，它是实现数据交换、数据集成、数据共享的核心内容之一，也是企业走向应用集成的关键技术之一。

6.2.3.12 数据挖掘技术

企业在其运营过程中会生成大量的历史数据，商业智能技术(以下简称 BI)可以将这些数据进行整合并将其转化为企业决策所需的信息。商业智能技术采用数据仓库构建汇总数据的基础，进而支持数据发掘、多维数据分析等先进功能以及传统的查询及报表功能。

根据客户的不同需求，利用多种展现工具，可以将存放在数据仓库中的历史数据进行展现和挖掘，生成报表、图表，进行分类和聚类，进行多维度检索等。无论是企业的高层管理者，还是普通的业务人员，都可以根据展现出来的数据或者挖掘出来的关联信息，辅助自己做出下一步的生产营销决策。

6.2.3.13 SOA 架构设计技术

管网全生命周期数字化管理系统架构采用 SOA 理念进行设计。SOA 是一种架构模型，它可以根据需求通过网络对松散耦合的粗粒度应用组件进行分布式部署、组合和使用。服务层是 SOA 的基础，可以直接被应用调用，从而有效控制系统中与软件代理交互的人为依赖性。

SOA 所具有的优点介绍如下：

(1) 编码灵活性：可基于模块化的低层服务、采用不同组合方式创建高层服务，从而实现重用，这些都体现了编码的灵活性。此外，由于服务使用者不直接访问服务提供者，这种服务实现方式本身也可以灵活使用。

(2) 支持多种客户类型：借助精确定义的服务接口和对 XML、Web 服务标准的支持，可以支持多种客户类型，包括掌上电脑(简称 PDA)、手机等新型访问渠道。

(3) 更易维护：服务提供者和服务使用者的松散耦合关系及对开放标准的采用确保了

该特性的实现。

（4）更好的伸缩性：依靠服务设计、开发和部署所采用的架构模型实现伸缩性。服务提供者可以彼此独立调整，以满足服务需求。

（5）更高的可用性：该特性在服务提供者和服务使用者的松散耦合关系上得以体现。使用者无须了解提供者的实现细节，这样服务提供者就可以在部署环境中灵活部署，使用者可以被转接到可用的例程上。

6.2.3.14 WebService 技术

（1）技术原理。

Web Service 是一种新的 Web 应用程序分支，他们是自包含、自描述、模块化的应用，可以发布、定位、通过 Web 调用。Web Service 可以执行从简单的请求到复杂商务处理的任何功能。一旦部署以后，其他 Web Service 应用程序可以发现并调用它部署的服务。

Web Service 运用了 Web 网络技术和基于组件开发的精华成分。可以使用标准的互联网协议，像超文本传输协议（HTTP）和 XML，将功能纲领性地体现在互联网和企业内部网上。Web Service 扩展了像 DCOM、RMI、IIOP 等基于组件的对象模型，使之可以和简单对象访问协议（以下简称 SOAP）以及 XML 通信以根除特定对象模型协议带来的障碍。

（2）框架优势。

对于 Web Service 的具体实现有多种框架和方式，管网项目采用 Axis2，其优势如下：

① 速度：Axis2 使用自己的对象模型和 stax（串流 API 的 XML）的来解析，比较早版本的 Apache AXIS2 以达到更明显的速度。

② 低内存：Axis2 设计保持了低内存。

③ AXIOM：Axis2 信息处理有自己的轻量对象模型 AXIOM,,具有可扩展性,高性能及开发方便的优点。

④ 热部署：Axis2 能够在已建立和运转时有能力部署 Web 服务。换言之，新的服务可以添加到系统无须关闭服务器，干脆把所需的 WebService 的档案放入服务目录，版本和部署模型将自动部署服务以供使用。

⑤ 异步 Web 服务：Axis2 现在支持异步 Web 服务和异步 Web 服务调用并使用非阻塞的客户端。

⑥ 消息交换模式（简称 MEP）支持：Axis2 现在是简便与灵活的支持消息交换模式，内置支持网络服务描述语言（简称 WSDL）的 2.0 定义的基本 MEP。

⑦ 灵活性：Axis2 构筑给开发人的发展完全自由地插入延伸到引擎定制头处理，系统管理，以及任何可以想象的东西。

⑧ 面向组件的部署：可以很容易界定重用网络处理器，实施的共同模式处理请求。

⑨ WSDL 的支持：axis2 支持 WebService 描述语言（版本 1.1 和版本 2.0），可以轻松地建立 STUB 来访问远程服务，并自动向其他机器说明服务部署。

⑩ 新增：Web Services 的多个技术已被纳入，包括 WSS4J 的保安技术（Apache Rampart）, Sandesha 的可靠信息服务, Kandula 一个 Web 服务的协调集成, Web 服务自动传送。

6.2.3.15 工作流技术

(1) 技术原理。

工作流(Workflow)，是对工作流程及其各操作步骤之间业务规则的抽象、概括、描述。工作流建模，即将工作流程中的工作如何前后组织在一起的逻辑和规则在计算机中以恰当的模型进行表示并对其实施计算。工作流要解决的主要问题是：为实现某个业务目标，在多个参与者之间，利用计算机，按某种预定规则自动传递文档、信息或者任务。工作流管理系统(以下简称 WfMS)的主要功能是通过计算机技术的支持去定义、执行和管理工作流，协调工作流执行过程中工作之间以及群体成员之间的信息交互。

通用的工作流管理系统，主要包含如下几个模块：

① 工作流建模工具，或者人们通常所说的工作流设计器：主要是用于图形化的流程抽象表示，用不同的元素符号代表活动或参与者以及其他相关因素，用有向线来表示控制流。

② 工作流引擎：用于维护和解析流程的运行。

③ 工作流执行服务器：为工作流引擎的正确运行提供辅助性服务。

④ 工作列表(Worklist)处理器：对外提供借口，外部应用通过工作列表处理器来获取和管理工作项(workitem)。

工作流管理系统的通用结构如图 6-7 所示。

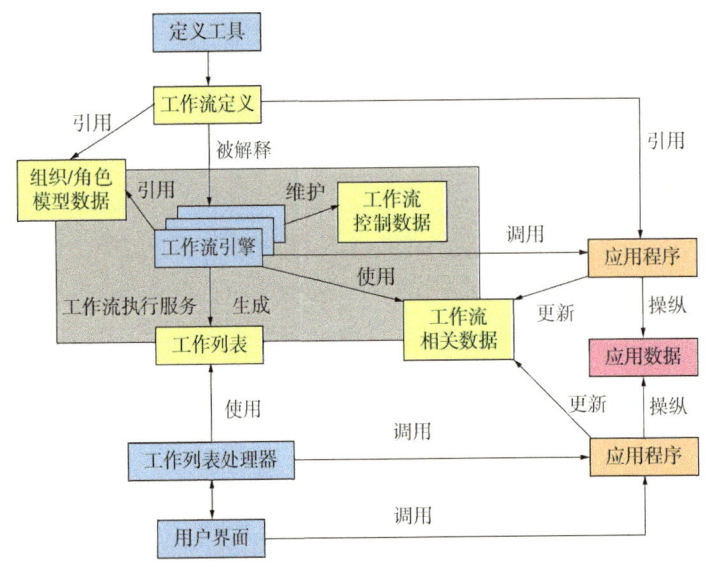

图 6-7 工作流技术原理结构图

(2) 框架优势。

管网项目工作流部分使用集成台进行开发。平台提供了自己的工作流引擎，基于该工作流，使用者能方便地在界面上进行流程的配置及绘制、任务执行人员的分配、流程运行的监控等，工作流部分也提供了一系列接口，让使用者能方便进行扩展。

工作流引擎功能强大，可任意定义或设置流程节点，且其流程名称及流程控制可任意定制，适合普通办公人员使用，其操作方式为图形化拖拉方式，操作界面为 Web 图形化界面，非常方便(图 6-8)。

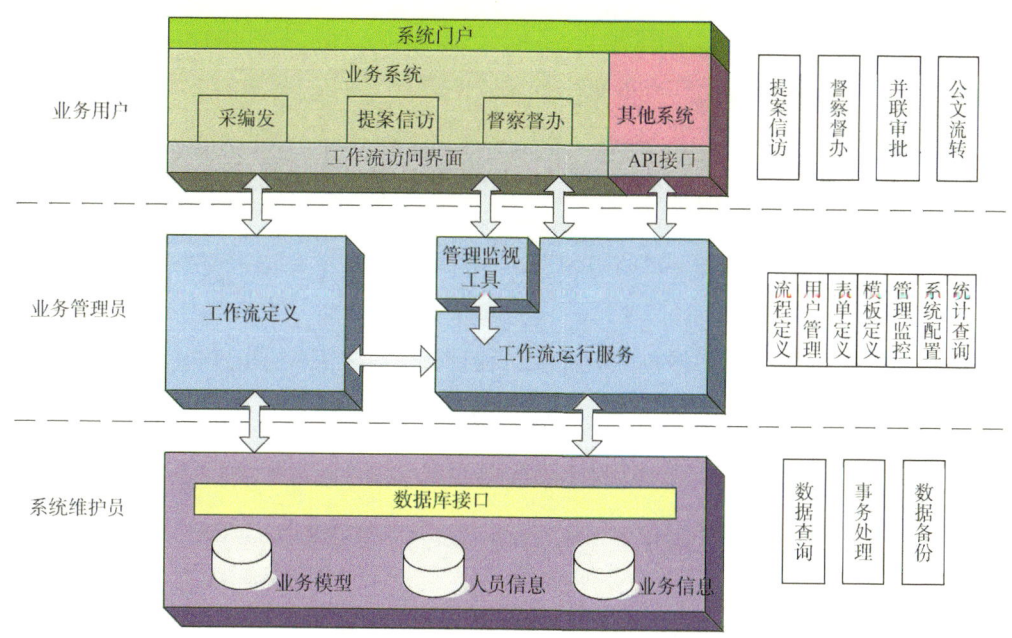

图 6-8　工作流配置图

6.3　管道全生命周期管理系统功能设计

6.3.1　综合管理子系统

6.3.1.1　系统门户信息

门户主页(图 6-9)作为全生命周期管理信息系统的入口，页面简练、美观，可通过门户网站发布工程建设及运营期间的重要信息，并通过门户分别进入各子系统或重要功能模块，为项目参建单位提供一个信息共享和发布的统一平台，使系统用户可以及时快捷地了解到项目相关信息。门户中的各服务组件可以无缝地集成工作，并通过集中的控制台进行维护和管理。

(1) 项目概况。

总体介绍建设内容、建设规模、投资总额、开工竣工日期、市场前景、经济效益、社会效益、地理位置、交通条件、气候环境、人文环境等内容。

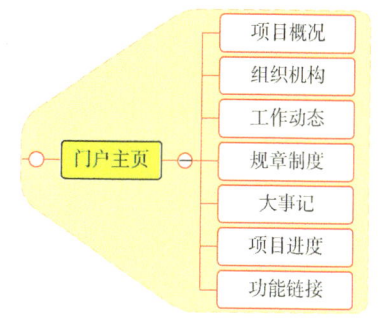

图 6-9　门户主页

(2) 组织机构。

对各标段的设计单位、监理单位、施工单位、检测单位等参建单位作简要介绍。用户可以查阅相关单位的参建人员通信录。

(3) 工作动态。

工作动态栏目是一个汇报工作、交流经验、传递信息的平台。内容包含公司文控发布的工程简报和工程日报、周报、月报等信息。

(4) 工作动态。

显示用户目前在工程 OA 中的代办收文、发文的数量。

(5) 规章制度。

包含工程建设期间各参建单位及公司工作人员要遵守的各种规章制度。

(6) 大事记。

用于记录单位发展历程中的重大事件或里程碑事件。发表大事记时可以直接在线编辑事件内容，也可以上传相关文档作为附件供下载。大事记经文控发布后会显示在门户主页中供用户浏览。

(7) 项目进度。

以报表、统计图、可视化展示等形式，展示项目的进展情况。

(8) 功能链接。

门户主页上会根据当前用户被授予的权限，列出能够访问的系统功能菜单，提供各子系统和重要功能模块的快捷入口。

6.3.1.2 工作督办管理

工作督办工作是确保公司各项工程决策和工作督办得以顺利实施的重要手段，是改进工作作风、提高工作效率的有力措施。工作督办工作的指导思想是紧紧围绕上级机关各项工作部署和公司重点工作以及重要决策，进行仔细认真、实事求是地工作督办，及时掌握工作进度，发现和协助分析解决问题，实现工作督办工作的规范化、制度化、程序化。

督办管理主要用于领导安排的临时性事务和会议安排工作。

"督办管理"应实现如下功能：

(1) 可设置事务的紧急程度，不同紧急程序对应不同的流程处理时间。

(2) 流程超时自动提醒，并用不同颜色来区分超时流程和未超时流程。

(3) 系统会自动记录流程的督办和修改记录，并在节点监控中提示。

(4) 督办可通过手机短信发送督办信息提示节点处理人员。

(5) 在业务的办理过程中可以设定每个步骤办理时限，可以在流程中设定办理工作日，在业务办理时，如办理人员接收文件后超过限定时间，系统会加以提醒，进行催办功能。同时，可以对办理时间进行设定，如节假日为非工作日，不计时；特殊串休假期为工作日，计时等。保证对操作人员公平合理的计时，公文能及时地被处理。

工作督办管理各功能见表6-1。

第6章 管道完整性管理系统技术

表 6-1 工作督办管理各功能单元表

功能单元	描述	备注
督办计划	(1) 维护工作督办来源：来自进度计划中工作分解结构或来自非计划性的工作督办(事务型工作，如领导指示、会议纪要、收文办理等)。 (2) 明确工作督办的主办单位/部门、工作限期时间	
督办执行	(1) 主办单位/部门领导对分解指派的工作督办分配给主办人员。 (2) 工作督办的转移需要经单位/部门领导审批。 (3) 个人工作列表：列出个人负责的工作督办清单。 (4) 工作督办的办理：填报工作督办的进展、上传工作督办的参考文件及交付成果、记录工作督办的交流评论信息。 (5) 工作督办的验证及关闭：主办单位/部门领导对完成的工作督办进行验证并关闭	
督办检查	(1) 通过多种沟通手段(系统内提示、即时通信软件、邮件、手机短信)对工作督办的办理人员进行及时的提醒。 (2) 对督办的办理情况进行检查	
督办报告	实现各类督办工作情况的报表生产	

6.3.1.3 系统后台管理

系统后台管理将是管网全生命周期管理系统运行的基础和保障，也是支持全部业务应用的底层平台。业务系统运行时所需要的所有基础数据、工程各个建设单位和今后运营单位的组织机构信息、用户基本信息和安全权限、功能访问权限都是在系统管理子系统中实现；业务系统的数据备份和日志管理也在该子系统中实现，功能结构如图 6-10 所示。

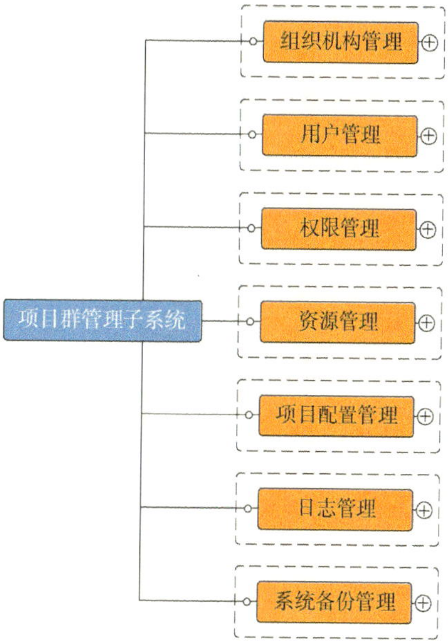

(1) 权限管理。

基于角色的访问控制模型(以下简称 RBAC)，RBAC 将整个访问控制过程分成两部分，即访问权限与角色相关联，角色再与用户相关联，从而实现用户与访问权限的逻辑分离，减少了授权管理的复杂性，降低了管理开销，为管理员提供了一个比较好的实现安全策略的环境。

图 6-10 功能结构

(2) 组织机构管理。

组织机构管理维护本项目中存在文件来往的各单位和部门的信息。组织管理包含如下功能：① 添加组织机构，在系统中增加一个组织机构；② 查询组织机构，查找系统中已经存在的组织机构；③ 修改组织机构属性，修改特定部门的各种属性；④ 删除组织机构，从系统中删除组织机构；⑤ 组织机构权限分配。

(3) 用户管理。

用户是指使用本系统登记文件或者查看系统内文件的用户，只有在本系统拥有用户账号的人才能登录系统。

文件用户管理提供如下功能：

① 用户注册：增加一个用户信息。

② 口令设置：修改系统的登陆口令，用户可以自己修改，也可以由系统管理员处理。

③ 禁用用户账号：当一个用户不再被允许访问系统时，他的账号将会被禁用。

④ 用户所属机构分配：一个用户可以在多个组织机构中拥有身份。

⑤ 用户权限分配：为用户分配访问系统的权限。

(4) 资源管理。

提供系统各模块的基础资源信息配置功能，如数据字典、编号类型等业务的维护功能。

① 资源分类：系统中所用到的每一种基础信息都可以算作一类资源。

② 资源维护：按照资源的类别来维护具体的资源信息。

③ 资源安全：分配资源的访问权限。

(5) 日志管理。

运行日志是系统安全策略中的一个重要环节。在运行日志中将记录所有用户对业务系统所做的任何操作，以备日后的审计。

为了便于诊断系统出现的问题，了解系统使用的状况，监督用户和系统管理员的操作，在本系统中建立了三类日志：系统错误日志、用户访问日志、管理员操作日志。

① 系统错误日志：当系统发生错误时，记录错误发生的时间、模块和详细信息。系统发生错误可能由于多方面的原因，例如：网络连接中断、数据服务器停止、访问权限受到限制、程序出错等。系统错误日志能够帮助系统管理员迅速发现和诊断错误的类型和原因，及时找出解决问题的办法。

② 用户访问日志：在用户访问日志中，记录用户登录、退出、进入主要功能模块等动作。通过用户访问日志，可以记录用户的主要操作过程，以便于在必要时追溯和查询。

③ 管理员操作日志：在管理员操作日志中，记录重要的系统管理动作，包括用户的增、删、改；角色重定义；密码修改；权限修改等，从而起到对系统管理员监督的作用，也有助于诊断由于系统管理员误操作而带来的系统配置问题。

④ 用户日志浏览：管理员通过本功能浏览指定时间范围内的日志文件；在浏览时可以根据日志的类型(系统错误日志、用户访问日志、管理员操作日志)进行分类浏览。

⑤ 用户日志导出：管理员通过本功能导出指定时间范围内的日志文件；在导出时可以根据日志的类型(系统错误日志、用户访问日志、管理员操作日志)进行分类。管理员可以将日志文件导出成 Word/Excel/XML 格式文件。

⑥ 用户日志打印：管理员通过本功能打印指定日志文件；在选择打印时可以根据日志的类型(系统错误日志、用户访问日志、管理员操作日志)进行分类查询。

（6）备份管理。

数据的物理安全性是业务系统正常运行的前提和基础，而数据备份是保障数据物理安全性的有效手段。在本系统中，采用备份设备对数据进行定期备份。

在数据备份管理中，将为管理员提供如下功能，以协助管理员做好备份工作。

① 备份计划管理：管理员通过本功能制订备份计划。计划中的内容包括备份时间、备份对象、备份的操作人等。系统会根据计划中的备份时间，提前一天在系统中提醒管理员。

② 备份日志管理：所有备份活动都记录在备份日志中。管理员通过本功能浏览、查询、导出、打印备份日志文件。

6.3.2 工程项目管理子系统

在石油天然气行业的工程建设中，有如下的实际情况：各工程项目建设地点分布在全国各地，甚至是世界各地；工程实施人员随工程分布地域广阔；项目竣工为业主方提供的竣工资料多为"回忆录"，难以令业主满意；工程实时进展情况和变更无法及时反馈公司领导层，使公司对项目的管理缺乏准确的数据支持；公司无法及时有效地掌握各个项目的实际进展情况，无法实现资源的优化配置；工程项目管理粗放型，信息不全面，决策缺乏科学依据；工程建设各单位、各部门之间协同办公效率低，存在大量手工统计及数据重复录入工作；很多资料、经验和资源无法重用，造成极大浪费；公司对项目没有有效的监控手段和方法等问题。

通过对的现状和管道行业的发展趋势的全面调研，可以发现管道分公司对所管理的天然气储运工程项目的管理存在如下需求：

（1）提高工程项目监管力度。

建立完善的审批流程和监控机制，保证工程项目数据的真实有效，提高工程建设管理的可控性。

提高工程项目计划编制的科学性和规范性，加大工程项目进度的跟踪能力，加强工程项目计划的执行力度。

通过对合同签订、合同执行情况的管理，加强对投资、预算、概算、决算的管理与监控，加大工程项目管理组织对成本的控制力度。

（2）提高工程项目信息的流通性和共享性，降低项目沟通成本。

在项目主管单位、业主、监理、总承包商与分包商及相关各方之间充分实现资源和信息共享，实现项目的统一管理、统一指挥、统一部署。

针对长输管道点多线长的特点，考虑各参建单位分散分布在工程沿线，需加快总承包商与分包商纵向及横向信息传递与处理速度，协调部署资源，加快建设进度，及时处理、解决工程问题，将承包商信息管理、检查与整改等工作结合起来，保障工程进度与工程质量。实现设计、采办、施工、总承包方、监理、业主等项目参建各方的有机融合，实现联网协同办公，实现工程参建各方信息沟通顺畅、便捷、高效、及时、准确，消除因时间、空间等因素给工程带来管理跨度大的影响。

(3) 提高工作效率。

针对长输管道建设的实际情况和具体工序建立工程管理的报表系统，包括工程建设进度、质量、安全等管理的日报、周报、月报，实现自下而上的上报、审核、汇总、分析，减少重复劳动，提高统计工作效率，改变传统的人工报表整理、汇总速度慢、效率低的状况，满足工程建设的需要。

(4) 加强多角度的数据支持，提高决策分析能力。

为实现高效的工程项目管理，需要可视化、直观地反映工程参建各方的分布、联系方式、具体位置和工程进度等信息，便于工程管理者有效、准确、科学地组织、管理和决策。针对项目管理的实际需要，为项目管理者提供项目计划和进度的对比分析，质量统计分析，物资采购、流通及使用跟踪分析，外协工作的进度及问题，工程进度款的实时结算，成本控制等方面的预警报警，让项目管理者能够从烦杂的日常管理工作中解脱出来，集中精力及时、准确地处理工程项目建设过程中亟待解决的事务。

(5) 实现工程建设经验和成果共享。

在项目开展的各个阶段，积累所产生的成果，为实现工程的全过程的高效、完整管理，达到工程资料和数据的积累、追溯、对比和分析，通过有效的信息化管理手段达到参建单位在建设过程中准确地使用工程建设体内的成功经验和成果。

(6) 完善标准化工程技术数据管理，为管道完整性管理提供数据基础。

在工程建设工程中实时采集工程技术数据，包括管道相关属性数据、管道建设的过程数据和管道管理的动态数据等，为管道建设与运营的信息化管理提供数据支持，并为管道完整性管理提供充分的数据基础。

随着工程项目建设的进程，建设管道可视化信息管理系统及空间信息数据库，涵盖管道本身的空间属性数据及与其相关的空间数据，为实现管道建设与运营的信息化、全生命周期管理及日后的完整性管理提供空间数据支持。

结合上述管理需求，密切结合工程项目建设的"三控、三管、一协调"（即投资控制、进度控制、质量控制、职业健康安全与环境管理、合同管理、信息管理和组织协调）的管理目标，工程项目管理子系统设置相关功能。

6.3.2.1 投资控制

(1) 变更管理。

在工程施工过程中，常会出现部分分项工程，在所对应的原设计图纸基础上对工程量进行增加或减少的变更，针对工程发生变更的申请、批复流程，在工程项目中从变更申请、变更通知，到变更令签发有着严格的管理。投资控制的核心业务就是针对项目变更管理的控制，变更管理模块将原来到处签字的烦琐处理过程利用计算机网络来处理，从而简化工作手续，规范工作处理流程，达到了及时、准确、可信性高，查询方便。

在处理工程变更过程中，遵循工程的实际业务流程，在系统里由各级审批用户在网上输入各自的意见，申请单位进行申报、审核单位进行审核、审批单位进行审批，全流程在网上进行，这样节省时间、费用，大大提高了工作效率。工程变更处理包括针对工程量变更、价差变更以及新增工程等变更工程的处理。

设计变更立项管理工作主要是对设计变更方案和估算造价的管理工作。

变更指令的管理工作主要是变更单价和变更数量的审核管理工作。

设计变更图纸的管理工作主要是图纸的设计、下达、查询。

① 变更申请：变更申请单位新建变更，编制变更说明及清单明细，包括变更指令表、新增单价申报表、变更立项通知等相关文件资料。

② 变更审批：根据不同的变更类别，分别进入不同的审批流程进行流转。审核过程中实时记录审批流程中各审核人的审批时间、审批结果及审批意见信息。其中一类、二类变更中是否有合同外单价应区别；流程单和变更指令签字应区分开来。

③ 变更查询：相关人员可对各变更审核流程进行全过程跟踪。同时支持综合查询功能，能即时查询设计变更管理办法、中标清单、变更后清单，实时查询各标段、各项目的变更立项、变更报审汇总情况。

④ 其他需求：查询统计条件可由用户自由设定；具有形象的图表生成功能；主要关联有变更管理与质量管理、计量管理、合同信息管理、投资控制、支付管理系统相互关联。

变更管理模块包含了变更申请单位新建变更，编制变更说明及清单明细，同时附有变更指令表、新增单价申报表、变更立项通知等相关文件资料，实现了针对一类、二类、三类等不同类别的变更申请及资料管理，并形成了业务流和系统内、系统外处理规则的统一的管理。

（2）计量管理。

系统以工程划分作为项目管理主线进行工程计量的实时管理。

计量管理模块内容包括管理工程建设过程各期工程合同的计量工作，以及在计量流程中的相关审批过程，提供计量的各种依据，同时针对项目中所发生的变更业务进行审批处理。

计量模块主要包括：清单计量、变更工程计量以及工程索赔、追加项、暂定金利用、奖罚费用等项目，可以按标段、工期、时间段选择汇总生成相应的当期计量报表，进行计量工作。系统中设定对于计量的申请、审核、批复只需要对中间计量表进行，系统将各级的数据进行分类汇总后，生成相应的支付报表，各级操作人员均可查询各种数据处理的不同意见。计量管理与质量管理、合同信息管理、变更管理、索赔管理、支付管理、投资控制系统等功能模块有关联。

（3）支付管理。

支付管理主要包括施工类合同支付、其他支付和现场管理机构申请资金支付。整体方式如下：

施工类合同支付是根据施工计量的结果办理支付手续。

其他支付是指除施工类合同支付和现场管理机构申请资金支付以外的监理服务费、中心试验室合同费用、设计费用、科研费用、行政合同支付等。

现场管理机构申请资金支付是现场管理机构申请的计划拨款，流程如图 6-11 所示。

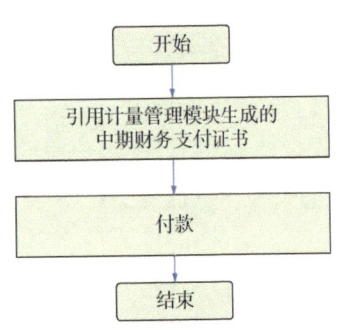

图 6-11 支付管理流程图

① 支付申请：合同支付分为施工类合同支付、其他支付和现场管理机构申请资金支付三种类型，按照合同的类型填报支付申请信息以及相关资料，发起不同的流程。

② 支付审批：针对支付流程进行审批，提供审批流程的全过程跟踪，实时记录审批流程中各审核人的审批时间、审批结果及审批意见信息。

③ 支付查询：根据查询条件准确实时查询各类合同支付情况。并按要求生成相关支付图表。

④ 综合查询：根据查询条件能即时查询各项目的合同协议。

支付管理模块包含了现场管理机构针对各级参建单位按施工类合同支付、其他支付和现场管理机构申请资金支付分类完成费用支付。实现了支付工作网上申请、审批、支付的业务处理，同时对于各级的管理审核、审批做到了留痕处理，可在线实时查询过程信息及支付信息。

（4）投资控制管理。

投资控制信息管理包括批复概算信息输入、在建项目造价估算、在建项目概算执行情况分析、概算执行情况后评价 4 个子模块，流程如图 6-12 所示。

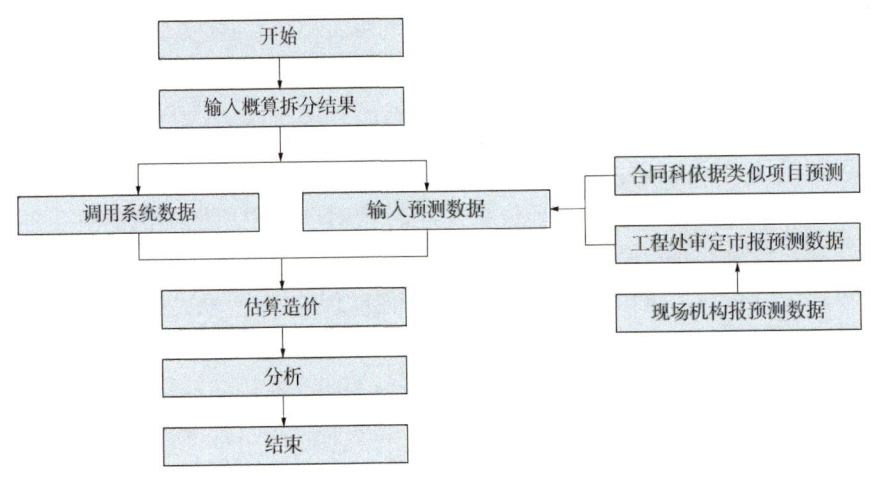

图 6-12 投资控制管理流程图

① 批复概算信息维护：对批复概算拆分结果数据的导入、输入、修改或替换。

② 在建项目造价估算：调用系统数据和输入预测数据，可调用系统中标清单小计、现清单小计、已发生索赔材差、工程建设其他费用等金额数据，可按规定手工输入费用预测数据，进行造价估算，并与概算进行对比分析，与以往类似项目水平进行对比分析。

③ 在建项目概算执行情况分析：工程决算和概算对比分析、合同（费用）决算与签约金额对比分析、造价指标分析等。

6.3.2.2 进度控制

计划进度管理按时间长短分为总体计划、年度计划、季度计划、月度计划。年度计划发生调整时,还包括年度调整计划。根据涵盖工程范围不同,总体计划、年度计划、季度计划均又分为项目、市段、标段三个层级,月度计划仅有标段月度计划。建立财务用款计划及到位情况表,年初,下达各项目财务用款计划后,由财务处负责录入本年、累计财务用款计划,并每月更新本年、累计资金到位情况。

本模块功能要达到对项目计划编制、上报、会签与下达,以及结合统计结果进行计划的考核,完成由施工单位、监理单位、建设单位协同的项目全过程的计划动态管理。

各部门根据控制性目标计划,在各子项目工作启动前,制定子项目实施计划编制要求。经审批通过后,下发各承包商,承包商根据公司要求,编制子项目实施计划,并上报公司,经批准后执行。

6.3.2.2.1 进度计划的实施

各部门对项目当前计划的实施进行管理,及时跟踪、协调、监督承包商子项目的执行情况,并与相应的目标计划进行对比,对有偏离倾向或已偏离的情况,应及时采取措施纠偏,确保子项目执行计划的正常执行,并定期向公司汇报进度计划执行情况。

6.3.2.2.2 进度管理

计划制定完成后,监理单位和施工单位按照计划进行现场施工和施工管理,施工单位每周填报进度。应提供功能强大的进度管理和调度控制功能。施工单位可以在线填报,也可以按照电子文档模板填报再批量导入系统,实现进度填报和反馈。关于项目进度统计,系统自动汇总周报,分析进度状态(是否滞后),并根据周报自动生成月报和年报,支持在线修改、保存和导出,审定后可以在 OA 和内网上发布。关于项目统计根据月报表自动生成年报表。同样支持在线修改、保存和导出,大量降低手工数据汇总和统计的工作量。另外通过数据自动校验功能确保项目统计、进度统计和投资结算统计的数据一致,克服已往由于采用不同的软件系统造成的信息孤岛和工程进度和财务收支三者的不一致性,提高工程进度统计的准确性和可靠性。财务结算数据和验工计价数据通过 Execl 方式导入,避免重复录入,保持数据准确性和一致性。

(1) 填报单元管理。

填报单元将一个项目划分成不同的作业面,授权给承包商相关用户定期填报进度计划的执行情况,并提交相应的审核流程处理。系统用户只处理与自己相关的作业和资源,职责分工更加明确。

(2) 执行进度填报。

承包商需要每天填报子项目实施计划的执行情况,使监理单位和业主单位能够及时掌握工程的进展。系统用户选中自己负责的填报单元后即可填报进度日报。

进度日报中包含两部分内容:施工进展综述和作业资源完成情况。

① 施工进展综述。

用于对当日工程进展进行概要性的描述。包含项目名称、施工日期、日报标题、填报人、进度描述、存在问题、明日施工计划等内容，如果停工，还要填写停工原因。

② 作业资源完成情况。

依照发布的子项目实施计划，填写当日施工作业及资源量完成情况，包含实际开完工日期、当日完成资源量、尚需完成资源量、尚需工期等，此界面中会同时展示出实时汇总出的进度信息。

③ 进度审核流程。

承包商填报当日施工进度日报后，需要将日报提交审核流程，先后经过总承包商、监理、业主的审核，确认进度数据的准确性后方可归档更新。如果未通过审核，则退回修改。

流程跟踪：用户可以随时查看流程的进展。查看各环节的办理时间、办理人、处理意见等信息。可通过邮件对待办环节的办理人进行催办提醒。审批通过的进度日报，其进度才是有效的，才可以用于子项目实施计划的执行进度汇总。

④ 进度计划报告。

计划部定期对承包商子项目执行情况进行跟踪、监督，将项目进度计划的执行情况及时向公司汇报，并根据公司意见将发现的问题或问题倾向及时通知相关业务部门和承包商，共同采取措施，确保进度计划的顺利执行。对于承包商填报的进度日报，可以进行周期性的汇总，形成快照，用于更新子项目实施计划的执行进度。汇总用的周期一般是一周，起止日期对应工程项目中的提交的周报。

每周进度汇总可以得到作业的以下进度数据：实际开工日期；实际完工日期；本期计划百分比；累计计划百分比；本期实际百分比；累计实际百分比；本期计划完成量；累计计划完成量；本期实际完成量；累计实际完成量；尚需量；尚需工期。

⑤ 进度分析展示。

a. 甘特图。

甘特图也叫横道图，它将活动与时间联系起来，能表明哪项作业如期完成，哪项作业提前完成或延期完成。该图能描述作业完成情况、关键路径等内容。

b. 工程进展趋势对比分析。

用于将进度计划的执行情况和目标计划进行对比，体现出各个时期进度的超前和滞后情况。包含以下四项数据：本期目标进度百分比；本期实际进度百分比；累计目标进度百分比；累计实际进度百分比。

c. 目标进度对比分析。

用于展示进度计划的执行情况与目标进度计划的对比数据，能够体现出执行进度与目标进度和计划进度间的差异，此报表包含以下九项数据：目标开工日期；目标完工日期；目标完成百分比；实际开工日期；实际完工日期；实际完成百分比；计划开工日期；计划完工日期；计划完成百分比。

d. 项目综合进度分析。

此图表综合了项目进度计划的WBS、作业分解、甘特图以及赢得值曲线图等统计分析功能。在展示项目、WBS、作业的执行进度的同时，能够通过甘特图反映出作业是否如期完工或是提前、延期完工，在一个界面中提供了多维度的统计数据。

⑥ 进度计划调整。

已发布的各类进度计划，未经过公司同意，任何部门和承包商不得随意调整。当子项目实施计划的执行情况和目标发生偏离时，由承包商编制子项目实施调整计划，并发出申请，经公司和相关单位审批通过后，更新相关进度计划。

6.3.2.3 质量控制

质量控制管理业务包括建立质量监督规定、建立质量保证体系和试验规范、试验数据处理、隐蔽工程原始记录(含图文、声讯数据)现场质量控制、质量检验评定、质量问题处理和质量验收，使业主及监理单位通过系统能够及时准确地获得项目质量信息，有效地控制项目的质量。质量管理工作包括：建立质量监督规定、建立质量目标和保障体系、现场质量控制和质量评定、质量问题的处理和上报、竣工验收评定等。检测单位及施工单位、建设单位的试验室进行各种试验数据处理、检验及报表生成设计。

质量管理主要内容包括建立工程质量手续申请程序、建立中心试验室管理程序、建立质量文件管理模块，建立工程质量报验管理程序，建立工程质量评定资料库和质量检验评定模块，建立质量检查程序并发布质量检查信息及整改信息，实现对主要质量控制指标的自动统计，实现试验检测数据的采集等。

(1) 质量日/周/月报管理。

实现各参建单位质量日、周、月报的上传与发布。按照项目划分原则，施工质量验收记录、进场物资验收记录与质量评定表格的上传、存档与查阅。

在报告中要对各参建单位质量管理人员每日在岗情况进行上报和发布。

(2) 质量检查管理。

为保证质量检查工作的科学性、公正性和准确性，避免人为因素的干扰，质量检测要坚持用数据说话。质量检测模块主要是在标准的检查手段、检查方法和检查数量的指导下，记录质量检查的内容和结果。质量检查主要包括三个方面：一是对质量保证体系的检查；二是施工过程中质量管理工作的检查；三是对质量问题的整改结果进行检查。

① 质量检查通知管理。

定义层次化的质量工作分解结构，通过可定制的质量工作分解结构、检查项并关联项目实施计划，形成项目的质量检查计划。主要的功能点包括：质量工作分解结构定义；检查项维护；质量检查计划编制。

② 质量检查报告。

质量管理人员根据质量计划来安排质量检查与评定工作[如见证点(W)、停工待检点(H)、旁站点(S)与文件记录点(R)等的体现]，并记录质量检查过程中的评定结果。系统提供的功能点主要包括：质量评定结果记录和质量评定结果统计。

(3) 质量不符合项管理。

在整改通知中记录不合格事项的详情，并指派相关责任人进行整改。针对质量不符合项，系统提供从发现、到通知责任单位整改、再到整改后验证，直到最后验证通过关闭整个环节的功能支持。主要的功能点包括：不符合项通知；不符合项整改回复；不符合项整改验证；质量不符合项统计。

(4) 质量统计报表。

通过对质量不符合项的检查、整改的过程跟踪以及施工承包商检测数据的填报结果，系统可以生成各种质量报表和分析图表，辅助项目管理团队(简称 PMT)进行质量的控制与决策。

① 每日在岗情况发布，对各承包商参建人员每日在岗情况进行统计。

② 不符合项分类统计。

③ 质量不符合项分类统计。

④ 不符合项组成分析。

⑤ 不符合项趋势分析。

⑥ 质检一次合格率统计。

(5) 质量工作周报。

依照质量检查计划，各监理单位依据系统提供的统计分析数据，将一周检查工作的完成情况写成报告提交业主，报告主要包含以下内容：检查工作的开展日期；检查内容、范围；检查情况及总体评价；工程质量验收统计表；上周不符合项整改情况验收；本周不符合项列表；不符合项分布统计表；不符合项原因分析统计；不符合项趋势统计；现场检查照片。

6.3.2.4 合同管理

工程合同管理主要实现对项目业主、项目部与施工单位、监理单位等所签订的施工合同、监理合同、技术合同、租赁合同等进行统计、汇总、查询。系统提供对工程项目合同的签订、履行、变更和解除进行监督检查，对合同履行过程中发生的争议或纠纷进行处理，以确保合同依法订立和全面履行。

合同管理子系统的主要功能如下：

(1) 建立合同管理流程，包括合同信息管理、合同变更、合同索赔、合同奖惩、合同支付、合同统计分析、合同规整及合同验收等；

(2) 合同管理系统必须与其他子系统共享数据及信息，包括与进度管理系统(形象进度和工程量进度完成情况及预测等信息)、成本管理系统(预算费用完成情况及预测等信息)、验工计价系统(工作量清单信息)；

(3) 收集合同的执行信息，实现对合同的过程监控；

(4) 具有合同评审、变更、索赔及奖惩功能；

(5) 具有合同信息的统计、分析、预警的功能；

(6) 具有合同关键条款管理功能；

(7) 具有合同范本管理功能。

6.3.2.4.1 合同台账管理

合同统计分析，系统提供多角度、多层次的合同统计分析报表，以满足合同监控、合同风险控制的需要。可以根据合同信息、拨款信息等资料，生成合同额完成情况表、合同收支情况统计表、其他定制报表等。主要将系统中合同进行分类，分项目统计。统计目标为合同总额、已完成额、已付金额、未付金额，并进行图标展示。

（1）合同登记信息表。

查询条件：可选择时间、项目名称、标段、主办单位、合同类别、承包人。

查询结果：合同编号、合同类别、合同名称、合约方、签订日期、合同价、合同外增加、合计、经办部门、经办人。

（2）合同文件。

主要是对合同的正本、批文等文件资料进行管理，合同与合同文件是一对多的关系。在合同文件中通过合同编号与合同相关联，也可以通过合同编号查询给定合同所包含的合同文件。

合同文件的主要信息包括文件名称、文件类别、合同编号、文件大小和上传人等。

提供合同文件的增加、打开、删除功能。

（3）合同支付情况统计。

查询条件：签订时间段、项目名称、标段、主办部门、验工时间、承包人、合同类别。

查询结果：合同编号、合同类别、合同名称、合约方、合同总额、本季验工金额、开累验工金额、预付款、已扣质保金、已扣甲供材料/设备款、其他扣款、未付金额。

（4）合同额完成情况统计。

6.3.2.4.2　合同跟踪管理

合同支付跟踪功能用于对合同的执行进度情况和结算情况进行跟踪和管理，同时对违反合同的相关行为及其扣罚情况进行记录。合同履行尤其着重管理施工承包商的合同履行情况以及验工结算情况。实现合同预结算、结算、付款、洽商，合同履约全过程管理，及时跟踪控制合同价款、预结算款、结算款、付款的额度，降低合同履约风险，实现合同的事中控制，降低合同溢价风险。

（1）进度款申请。

合同承包单位根据验工计价情况，在工程项目管理信息系统平台上进行进度款的申请，相关监理单位和业主费控工程师进行进度款项的审核和批准流程控制。

（2）进度款支付。

进度款支付是将具体的拨款单金额维护到系统中，通过累计同一个合同的付款，计算出合同的累计付款金额，确保付款金额不超过合同金额。对于超支的合同，及时提醒相关的人员。包括工程量清单的录入，进度支付清单生成，以及支付记录。将工程量清单记录与实际进度相关联，统计实际工程量，并生成进度款支付清单。

（3）预付台账。

合同执行过程中所涉及的预收、预付进行台账登记。预付台账的基本属性主要包括承包人(对应的预付款接收单位)、预付款名称、金额、预付时间、备注等，用以记录合同的预收预付款情况。预收款在系统中以预付款为负数来处理，具有查看、新建、修改、删除、详细信息功能。

（4）合同结算。

验工流程审批完成后，可以对合同进行结算。根据工程前期制订的支付计划，定期对合同中约定的已完成工程量，已到货商品或服务进行结算，将结算结果记录在系统中。结算成立后建立结算发票台账。

6.3.2.4.3　合同变更管理

合同的变更内容主要为合同封面信息相关属性的变更和合同细项清单中工程量或商品的单价、数量等的变更，以便日后检索、处理争议、进行索赔或反索赔。通过审批以后的合同不允许直接修改，必须通过合同变更功能，对合同需要修订的内容进行补充说明，变更的部分也要通过相关机构和人员的审批以后才可以正式生效。

对合同进行变更时，须录入合同变更的一般信息，归纳如下：

（1）合同代码。

输入的合同代码来自要变更的合同代码，且状态为"已批准"。

（2）合同变更状态。

合同变更状态说明合同变更的不同阶段，是检查和核实合同变更必备信息（强制性字段）的基础。合同细项清单变更指此处的报价单变更是合同变更的核心，变更支付人、数量、单价等信息。

（3）合同变更审批结果。

合同变更流程不在工程管理系统中执行，只是将审批的结果记录在这里。

6.3.2.5　风险管理

风险管理是为加强工程项目的风险管理，为使工程建设的风险管理科学化、规范化，建立一套完整、科学、规范的风险管理流程，对工程项目的风险进行有效控制，规避、减少和处理风险产生的影响，支持建设单位以较小的代价全面实现建设目标。风险管理子系统主要服务于工程建设单位风险管理的需要，同时要满足在风险管理方面的预警需求和风险信息分发，为建设单位和部门领导提供一套初步的风险识别模型和评估、监督控制机制。

对某一具体项目开展的风险管理活动，通过对具体项目内容进行维护，分析其与项目风险结构之间的关系，从风险库中筛选该项目可能会面临哪些风险，这些风险会造成哪些影响，应该采取哪些预防措施等，从而为编制项目风险管理计划提供数据依据。

（1）项目风险分析。

根据项目信息，从风险知识库中筛选该项目可能存在哪些风险，将这些风险形成一个风险清单，具体的风险控制人员可以对项目存在哪些风险，应该采取何种预防措施等信息进行分析，形成风险分析结果。

（2）项目风险评估。

在风险评估阶段，可根据风险的发生概率以及发生后可能产生的影响大小，对已识别的风险进行分级。在大多数项目中，风险数不胜数，因此不可能在所有风险上都投入同样的精力。风险评估的目的就是分清风险的轻重缓急。而项目风险评估方法有定性和定量两类,专家的意见和管理者的估计是比较常见的;定量的方法则要求有十分完备的数据。风险管理子系统的初始版本力求简单化、实用化,因此不在系统内进行风险评估,而只记录定性风险评估的结果。定性评估可以将风险分为高、中、低三个级别,并且对重要性划分为最重要、重要、一般、不重要,以便为将来如何分配精力提供准则。例如,A 风险应被视为极高的风险,B 属于较高的风险,而 C 则是低风险。记录评估结果,并给予评估结果对风险进行优先级排列,提高风险管理效率。

(3)项目风险管理。

针对各工程项目风险管理计划所做的一系列执行、检查工作,通过将风险管理计划转化为检查执行工作,安排风险检查计划,落实风险检查工作负责人员,并通过对风险检查计划执行情况进行监控,实现项目风险的闭环管理。

(4)风险检查计划。

根据风险管理计划,安排风险检查工作计划,明确检查人员、检查阶段等信息,实现检查工作计划安排与执行。

(5)风险检查工作。

记录对风险检查计划的执行情况,填写风险的处理策略和处理方法,更新已消除风险的状态。

(6)风险监控反馈。

提供对安排的风险检查计划的执行以及存在风险的处理工作进行跟踪反馈,实现风险检查计划闭环管理。

6.3.2.6 工程文件管理

工程文件管理是"三控三管一协调"中的信息管理内容,在项目实施过程中信息管理主要包括业主同设计、施工、监理、总包等参建单位及项目相关方之间往来的与本项目有关的各类信息资料,包括项目合同、协议、报批文件、传真、信函、会议记录、备忘录以及在项目运行中形成的全部文字、图表、声像等各种载体的文件资料,对如此浩瀚的信息资料进行管理,不依靠信息技术是远远不能达到高效管理目标的。

根据上述需求,工程文件管理模块功能将包括发文管理、收文管理、收文办理、外来收文管理和发文审批、公文设置及报表管理七个部分,主要是帮助当前登录的用户完成文件流转操作。如拟稿、送签、领导对文件签批、个人对文件办理、文控对文件管理等操作。

系统对收发文的整个流程进行跟踪,详细记录公文的当前状态。同时系统对流转跟踪记录进行保留,较好的兼容性能使用户高效地进行信息的沟通,工作 OA 如图 6-13 所示。

(1)收文管理。

收文管理是公文到达后,收文登记人选择公文类别,登记公文,送交相关人员进行拟办,根据公文类别的设定流程,送交相关人员进行批示、承办、传阅等工作,也可以自定义下一步相关处理人员。并且在流转过程中,只有待办人员才有权打开批办,其他人都不能打开。最后由公文管理员对公文进行归档。

收文流程详细描述：

① 收到文件后，外部收文就要先添加到系统中，其他收文可以直接显示在已登记收文中；

② 文控人员对文件做出相应的处理送交批示、承办，或者转发，最后还要回到文控；

③ 文控人员对文件进行办结归档处理。

另外系统采用了先进的技术，集成了工作台、沟通管理子系统，通过多种方式，做到公文到达即时提醒，提高了公文处理的效率。

（2）收文办理。

通过此功能用户可以办理和传阅由其他部门流转来的文件。对于已办理的文件列表进行查询，并可查看已办理公文的办理过程及公文内容与附件信息。对传阅给自己的公文内容及附件进行查看，系统会记录查看人员及查看时间，发文机关可随时掌握抄送人员查看情况。可查询到自己已经查看过的传阅公文信息及公文内容及附件。

（3）发文管理。

发文管理是拟稿人根据需要选择行文类别(行文用笺，处理流程，正文模版)起草公文，根据行文类别的流程设定，送交相关人员进行审核、复核、会签、签发、校对等工作，然后由办公室进行发文登记、编号、套头，盖章后进行文件的发放(分发、下发、办结)等工作，最后由公文管理员对办结公文进行归档过程。提供督办、催办功能。

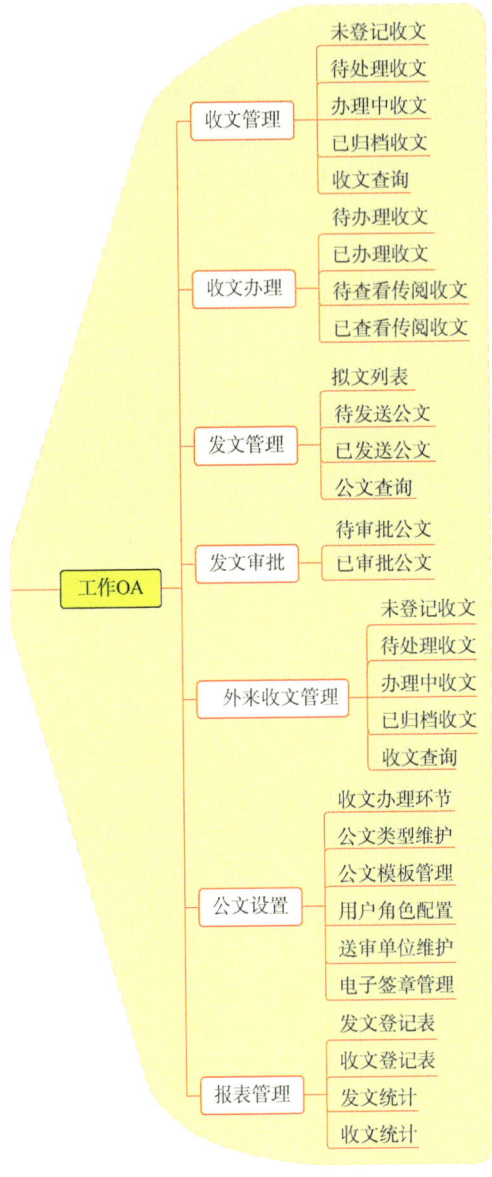

图 6-13　工作 OA

在发文的审批中，可以按照角色进行审批的流转，可以通过相对路径找到相应的岗位，如审批者的上级领导，当前审批者的上级领导。

发文的流程既可以采用固定流程，一个模板绑定一个流程的方式，也可以设定允许在流转过程中自定义流程或修改已设定的流程，流程支持直流、分流、并流、条件分支、流程嵌套以及各种协办、联办等复杂流程。

流程中可以支持退回的功能，可以退到以前的任何一级，也可以退回到发起人。在审批过程中，支持痕迹保留、电子印章、手写签名、全文批注。可以实现催办，督办，统计。发文流程详细描述：

① 拟稿人进行拟稿，完成后提交部门文控进行核稿；
② 文控将文件送签给领导；
③ 领导送签不通过，返回给拟稿人重新拟稿；
④ 领导审批通过后，文件到达文控人员进行下一步操作；
⑤ 文件到达文控最后由文控进行文件的发送、归档。

（4）发文审批。

在线起草申请，并发送给相关负责人进行审批，实现无纸化办公。审批人可以在线直接对申请内容进行修改、审批，注明审批意见，并盖章或签名。申请内容在多个审批人之间按顺序自动流转，审批过程即可以在建立审批模板时设定，也可以由起草者设定。可以在审批管理中根据单位要求设置模板的统一格式，可以设置每个模板的使用者、管理者和修改者。具有使用权限的用户能够使用模板起草申请；具有管理权限的用户能够在表单管理中管理使用该模板起草的申请；具有修改权限的用户能够对模板进行维护。

审批的流程即可以采用固定流程，一个模板绑定一个流程的方式，也可以设定允许在流转过程中自定义流程或修改已设定的流程，流程支持直流、分流、并流、条件分支、流程嵌套以及各种协办、联办等复杂流程。

在审批中，可以按照角色进行审批的流转，可以通过相对路径找到相应的岗位，如审批者的上级领导，当前审批者的上级领导。

流程中可以支持退回的功能，可以退到以前的任何一级，也可以退回到发起人。

在审批过程中，支持痕迹保留、电子印章、全文批注等。并实现了催办，督办，统计。

（5）外来收文管理。

外来收文管理区别于部门收文管理主要是管理系统外收文，即以公司的名义收到的外部单位发来的公文都在这个模块中进行处理。需要手动将收文添加到系统中，其他办理过程与部门收文管理相同。

（6）公文设置。

① 收文办理环节。

此功能主要进行办理环节的维护工作，收文办理包含退回、拟办、批示、承办、传阅、发布等环节，拥有权限的用户可进行增、删、改、查操作。

② 公文类型维护。

此功能用于维护公文的类型，如传真、备忘录、会议纪要、通知、日报、周报、月报等。

③ 公文模板管理。

参建单位可以针对不同的公文类型定义自己的公文模板，模板为 Word 格式，在本单位用户进行拟稿操作时会根据选中公文的类型打开相应的模板，供用户编辑正文内容。

④ 用户角色配置。

此功能用于对系统中已有用户分配处理公文对应的相关角色配置信息、权限管辖范围等内容，以便该人员拥有相应权限进行公文的处理。

⑤ 送签单位维护。

此功能用于维护各单位对应的送签单位范围,以便在公文流转过程中可以选择到所需的送签单位名称。

⑥ 电子签章管理。

对于如审批、签字之类的需要有相应高级权限的功能,通过电子印章的方式来加强权限的验证,只能授权使用电子印章的人员才能使用相应的电子印章。

系统在公文流转过程中,便加入了电子签章技术,极大提高了信息安全性与保密性,并遵循《中华人民共和国电子签名法》关于电子签名的规范,同时支持 RSA 算法和国密办 SSF33/SCB2 算法,符合国家安全标准。

此功能主要用于维护用户电子签章,签章种类分为电子印章、电子签名、签名图片三种。

(7) 报表管理。

① 发文登记表。

通过此功能检索项进行发文信息的查询,查询结果可另存为 Excel 或直接进行打印。

② 收文登记表。

可通过此功能检索项进行收文登记信息的查询,查询结果可另存为 Excel 或直接进行打印。

③ 发文统计。

对一段时期内各参建单位所发送的公文数量进行分类统计。查询结果可另存为 Excel 或直接进行打印。

④ 收文统计。

对一段时期内各参建单位接收的公文数量进行分类统计。查询结果可另存为 Excel 或直接进行打印。

6.3.2.7 HSE 管理

HSE 的管理重点在于预防而非事后记录,通过对安全与环境危害因素的识别、控制计划的编制并与项目主计划关联,在施工过程中,技术或施工人员可以方便地获取与作业关联的安全与环境危害因素、作业安全票及相关控制计划,真正做到事先预防、事中跟踪、事后总结。实现运用信息化收集 HSE 信息,采用 PDCA 循环对 HSE 检查中发现的不符合项进行整改,协助承包单位、监理单位和业主记录项目实施过程中 HSE 各项活动台账,确保每一个不符合项工作都是闭环操作。通过对不符合项的检查、整改的过程跟踪和提醒,生成各种 HSE 报表和分析图表,对工程的重要的 HSE 指标进行汇总分析,辅助项目管理团队(简称 PMT)进行 HSE 的控制与决策。

(1) 现场 HSE 管理。

① HSE 日报/周报管理。

实现各单位和部门 HSE 日报、周报上传、发布和检索。

② HSE 检查计划。

根据风险库中关于 HSE 风险的风险源描述,结合当前工程项目内容和工程项目进展生成的 HSE 检查清单,将检查清单作为 HSE 检查内容,发起 HSE 检查计划流程,安排相关单位和人员进行执行。

③ HSE 检查工作。

对上述发出的 HSE 检查计划的执行工作的跟踪,跟踪检查计划的执行人、执行时间、执行结果等信息。

④ HSE 不符合项管理。

针对每次 HSE 检查活动的检查结果进行管理,对检查中发现的不符合项实行登记、限期整改、检查、关闭的 PDCA 闭环管理流程。

⑤ HSE 管理制度发布。

存储和查询 HSE 法规制度。系统提供现场 HSE 管理制度的录入、编辑、上传附件、检索(可以按日、周、月、年及主题等不同方法查看)功能。主要包括制度发布和制度查看功能。

由监理人员、业主 HSE 控制人员发布相关的现场 HSE 管理制度,经过相关领导审批后,发布在系统中。

⑥ HSE 管理制度查看。

供各级用户浏览、检索 HSE 管理制度信息。

(2) HSE 事故管理。

实现各单位事故快报、事故报告书、四不放过登记表的上报,形成月度事故台账统计。

(3) 安全管理。

① 作业指导书管理。

由技术专家或者管理人员预先对工程建设中的施工难点或者高风险环节作业,结合历年工程施工总结出的经验教训,整理汇编成相对固定的指导现场作业全过程,供现场施工查看之用。

② 安全培训。

记录组织针对现场施工的每一次安全培训的信息。

主要包括培训目的、培训内容、培训对象、培训人、培训时间等信息,培训内容以文字记录、多媒体材料等保留。

对于重要的安全培训,要有上传配套的培训效果考核记录。

(4) 统计分析。

作业风险分析查询可按照施工的区域及作业的类型,在风险信息库中查询施工过程中可能会遇到的 HSE 风险,作为日常施工的风险控制参考依据。

① 不符合项分类统计。

② 不符合项组成分析。

③ 不符合项趋势分析。

针对制定的不符合项类型在一段时期内发生的次数进行周期性统计,以分析评价其是否得到了有效控制。

(5) HSE 工作周报。

各监理部门每周通过系统报表汇总本周 HSE 工作情况,编写周期检查报告并上传到系统中。

HSE 周期检查报告中包含以下内容：安全工时统计；上周不符合项落实情况；本周不符合项列表、照片及分类统计；周总结会的会议纪要。

6.3.2.8 物资管理

物资管理的主要对象是由甲方指定或代购的施工的主要设备材料。

通过对物资招标采购、出入库管理、工程施工过程中对设备材料消耗统计和监督，通过对施工设备材料计划的审核和汇总，帮助业主方实现对工程建设全过程中物资计划与供应信息的管理，以及工程设备材料款支付情况的监督工作。

以各专业部门为主，财务相关部分为辅，实现以下业务管理需求：

（1）生成材料采购计划，完成采购资金的分析；
（2）采购数据的填报及物资供应商的管理工作；
（3）供应商比价及材料设备比价；
（4）科学的物资分类及编码；
（5）严格的库存管理。

6.3.2.8.1 物资标准规格管理

维护工程建设中各种物资的分类、属性和技术规格指标等信息，属于各项目的公用信息。

6.3.2.8.2 设备材料分类体系维护

企业建立统一的物资分类体系，是实现全局多项目统筹和协调物资资源的基础性工作。系统协助企业将物资分类定义成树状层次性的结构。对于物资可以按管理要求分为若干大类，对于每一类的分支节点需要指定相关负责人，并由他们负责对物资分类体系的维护。

维护标准的物资分类体系和分类编码等信息，是采购、合同、物资库存管理等的基础。

维护常用物资项，维护物资的名称、类型、编码、规格等，同时维护重要的市场信息，如相关供应商、历史报价、采购价、购买日期等。

6.3.2.8.3 物资技术规格书

对提供给物资设备部的项目物资技术规格书进行管理，从而实现对于甲供物资进行技术规格管理，方便查询和检索。

6.3.2.8.4 物资需求管理

根据工程施工计划，由相关人员填写所需设备材料的详细信息，这些信息包括需求的数量、规格、需要的时间等。系统提供项目物资按照项目和标段编制时间，保证物资按时到货，方便查询和检索。

物资计划管理根据设备表和材料清单，包括物资的编码、名称、数量，并根据采办计划、和施工计划，编制相应采购、到货、发放时间。

物资计划要与图纸相关联，说明物资信息的来源，同时物资发放要与计划任务关联，说明物资的用途。同时物资计划与采办计划相关联，获得物资的状态。

6.3.2.8.5 验收入库管理

对于通过验收的物资，进行入库管理，在入库单中填写入库物资的种类，规格，数量，来源，时间，物资来源等信息。物资到货验收仅对检验合格后的物资进行验收入库。

6.3.2.8.6 调拨领用管理

调拨领用管理主要用于追溯甲供物资的去向。去向是指物资被哪家施工单位使用，用于哪个部位，即用于哪个单位工程。对施工承包商的领料情况进行记录，用于对物资的结算和跟踪。设备调拨功能仅用于业主单位所购设备的调拨。

6.3.2.8.7 库存单据管理

货物检验通过合格之后，一方面与支付关联作为支付的凭证，另一方面进行货物移交和入库，系统将新入库物项与原库存数量自动统计和汇总，以便全局协调。

6.3.2.8.8 统计分析

统计分析主要生成用各种统计报表供工程单位对工程项目物资的计划、采购、消耗、结存等进行统计调查，统计分析，提供统计资料进行统计监督。为项目部以及承包商等各个层面的责任人提供库存查询功能以及物资消耗统计，以便于及时、准确掌握仓储的配送情况。查询的权限可以进行灵活配置。

6.3.2.9 现场移动端应用

根据管道施工的行业特点，融合当前先进的信息技术和软件设计理念，实现施工现场管理移动端软件。可搭载于一部加固三防（防尘、防震、防水）的平板电脑中，能用于项目管理各方在施工现场实时记录施工数据。移动端整合现场报批、报验等流程审批功能。实现依托移动端软件，可以随时批示工程审批文件，加快工程信息处理。移动端系统在实现现场数据报批、数据采集的同时，还同步记录了采集数据信息的坐标点，可以有效帮助业主进行现场人员控制，跟踪人员出勤率。

现场管理移动端作为全生命周期数据库现场施工信息化采集支撑手段，由机组人员使用进行施工、安装、检测和调试数据的现场记录、上传和移交，监理人员现场进行数据审核，保障数据移交工作及时性和准确性。基础功能主要包括登录、数据填报和拍照，数据上报，现场监理审核，数据同步入库等。

系统主要技术功能有以下几项。

(1) 远程登录。

(2) 数据填报。

提供依据全生命周期数据库移交规定的数据填报、本地存储、校验和查询功能。不同类型的机组可根据本机组实际的施工范围进行配置需填报的作业数据范围。

(3) 拍照录像。

提供拍摄照片的功能。在数据录入设置了拍照的快捷按钮，方便拍摄照片，并与录入的数据进行关联。

(4) GPS 定位数据同步记录。

提供同步 GPS 定位数据记录的功能。在数据录入时同步记录 GPS 数据，方便拍摄照片，并与录入的数据进行关联。

(5) 数据上报。

提供数据单条上报和多条上报的功能。数据上报后，可在"已上报"列表中查看数据审核状态。

(6) 现场监理审核。

提供现场监理人员及时审核数据的功能。现场监理人员身份校验通过后，可在"监理审核"列表中进行数据单条审核和多条审核，并填写审核意见。

(7) 数据同步入库。

提供与全生命周期项目管理系统同步数据的功能。数据审核完成后，根据当前网络条件，可选择需要同步的单条或者多条数据进行同步入库。在网络条件不畅情况下，现场采集的数据可以离线存储在终端数据库中。

计划设定功能模块见表6-2。

表6-2 计划设定功能模块

分类	功能单元	描述	备注
业主单位业务	施工技术数据查验	对施工单位填报的现场施工记录进行查验	
	工程报验项在线确认	对施工方、监理方审核的工程报验记录进行审核，同时拍摄现场工程照片、记录数据采集坐标	
	现场变更在线确认	对施工方、监理方审核的现场变更记录进行审核，同时拍摄现场工程照片、记录数据采集坐标	
	工程量签证在线确认	对施工方、监理方审核的工程量签证记录进行审核，同时拍摄现场工程照片、记录数据采集坐标	
	现场巡视检查日报	记录各种现场巡视检查情况，通过移动端上报至系统，同时拍摄现场工程照片、记录数据采集坐标	
	工程文件查看与办理	工程文件在线查看	
监理单位业务	施工技术数据查验	集成现场数据采集各种表单，实现施工单位现场数据采集	
	工程报验项在线确认	分步分项工程、隐蔽工程等工程报验在线申请，填报报验信息，施工计划，同时拍摄现场工程照片、记录数据采集坐标	
	现场变更在线确认	现场变更申请在线填报，填报变更说明信息，施工计划，同时拍摄现场工程照片、记录数据采集坐标	
	工程量签证在线确认	工程量签证申请在线填报，填报签证说明信息，同时拍摄现场工程照片、记录数据采集坐标	
	现场巡视检查日报	记录各种现场巡视检查情况，通过移动端上报至系统，同时拍摄现场工程照片、记录数据采集坐标	
	工程文件查看与办理	工程文件在线查看	

续表

分类	功能单元	描述	备注
施工单位业务	施工技术数据采集	集成现场数据采集各种表单,实现施工单位现场数据采集	
	工程报验项在线申请	分步分项工程、隐蔽工程等工程报验在线申请,填报报验信息,施工计划,同时拍摄现场工程照片、记录数据采集坐标	
	现场变更申请	现场变更申请在线填报,填报变更说明信息,施工计划,同时拍摄现场工程照片、记录数据采集坐标	
	工程量签证申请	工程量签证申请在线填报,填报签证说明信息,同时拍摄现场工程照片、记录数据采集坐标	
	工程文件查看与办理	工程文件在线查看	

技术端技术要求最低运行环境要求见表6-3。

表6-3 最低运行环境要求

设备配置参数		参数值
显示特征	显示屏	7in,IPS/AFFS全视角
	分辨率	1024×600
	亮度	400cd/m²
	触摸屏	5点触控电容屏(钢化玻璃)
性能配置	CPU	8核1.7GHz
	内存	2G+32G(RAM+ROM)
电源特性	规格	内置9650毫安锂聚合物电池
	续航	续航时间8h
操作系统		Android4.4
模块配置	摄像头	前200万,后1300万像素带自动对焦和电子闪光灯
	USB	1*Micro USB
	音频	内置喇叭、MIC
	通信	WIFI,移动/联通3G,GPS
	定位	GPS、支持A-GPS
	感应器	重力传感器、电子指南针(地磁)
环境测试	抗振动	5~19Hz/1.0mm振幅;19~200Hz/1.0g加速度
	抗冲击	10g加速度,11ms/周期,1.8m自然跌落防护
	IP防护等级	IP67(防尘6级,防水7级)
	可靠性	MTBF≥50000h;MTTR≤0.5h
	工作温度	-20~65℃
	存储温度	-40~80℃
	工作湿度	95%@40℃,无凝露

续表

设备配置参数		参数值
物理特征	尺寸	轻薄便携
	材料	坚固，耐磨损
	质量	净重不超过650g

6.3.3 可视化 GIS 平台子系统

GIS 平台系统是利用先进的地理信息系统技术，将天然气管线及周边环境进行矢量化电子地图处理，形成集管线属性信息和空间信息于一体的空间数据库，通过空间查询、检索、定位和分析，与天然气管网工程施工数据采集系统连接，形成可视化的业务处理平台。

6.3.3.1 子系统目标

GIS 系统是一个组织与管理管道相关的地理数据、业务数据，基于三维地理信息，通过空间查询、定位、分析、制图和报表等功能，实现管道建设与运营可视化的技术平台，同时能够提供与其他系统的接口。

通过地理信息系统先进的地图功能，将长输管线及周边环境进行矢量化的电子地图处理，形成集管线属性信息和空间信息于一体的数据库系统，通过空间查询、搜索、定位和分析，与运营管理系统其他子系统连接，从而形成可视化的业务处理能力。

江西省天然气输气管道的线路较长，沿线穿过地形复杂盆地丘陵、山区地带以及水网密集的平原地区，管道很多区段落差大，穿越工程复杂，仅靠传统的 GIS 系统难以对穿跨越等重点目标进行查询或展现，需要依靠先进的三维 GIS 与虚拟仿真技术完美融合，把重点管段的地形地貌、设施情况等全部信息在一套完整的可视化环境中进行管理和展现；特别是应急处置情况下，需要对关注管段周边详尽的地形、人口分布情况、抢修道路等快速查询了解，对现场事故点管道所埋设位置进行地面剖切，查看详尽的设计、施工、监测等信息。本平台应通过 GIS 数据、管道设计数据、施工数据等多种数据的采集、整合、植入，实现 GIS 图形下的管道完整性数据综合管理，为后续开展管道的高后果区识别、风险评估、完整性评价等工作提供及时有效的数据支持，也为应急管理和管道运行可视化管理提供了一体化信息平台。

6.3.3.2 子系统功能

全信息化管道 GIS 子系统功能结构如图 6-14 所示。

6.3.3.2.1 GIS 基础功能

（1）图形化显示。

① 空间地理信息显示。

a. 影像数据显示：能够真实展现工程涉及范围内的地形、地貌等特征，依据各地理区域的细节要求程度不同，采用相应精度的数据，支持多种精度的 DOM、DEM 数据融合显示。

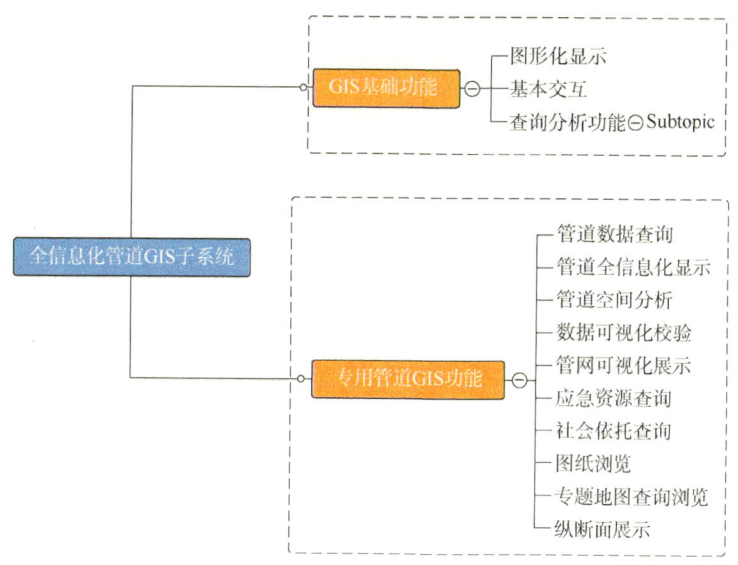

图 6-14　全信息化管道 GIS 子系统功能结构

　　b. 矢量数据显示：能够在 GIS 图形中对所属工程涉及范围内的河流、道路、行政区划、居民区等 GIS 信息进行分层叠加显示。

　　② 显示效果及方式要求。

　　a. 显示效果：不但支持现实方式显示，同时支持超现实的方式显示（像透明、隐藏、透视等），以便突出关注的信息。例如可以采用将地景透明或隐藏的方式将地下管线可视化。

　　b. 气象效果：为提高场景的真实感，平台可支持提供雨、雪、雾、云、太阳光晕、光影等气象效果。

　　c. 显示方式：支持鹰眼效果；能够显示缩略图，并可进行导航。

　　③ 逻辑概念可视化。

　　a. 区域颜色显示：能够对各类逻辑概念及数据以简单、直观的方式进行表现。例如依据高程分层次着色方式进行地形显示。

　　b. 轨迹信息显示：能够以图形化的方式表现气流、水流等运动趋势。

　　④ 地理数据符号化。

　　a. 符号标准化：平台要求支持《国家基本比例尺地形图分幅和编号》（GB/T 13989—2012）标准以及石油行业相关标准。

　　b. 符号可配置：平台可灵活配置各数据图层的显示符号和显示方式。

　　c. 符号可编辑：平台可以对符号进行增加、删除、修改和批量替换等。

　　⑤ 系统标绘功能。

　　a. 点标绘：平台支持在 GIS 图形中可视化地进行点图元的增加、删除和修改，以及属性信息的增加、删除和修改。

　　b. 线标绘：平台支持在 GIS 图形中可视化地进行线图元的增加、删除和修改，以及属性信息的增加、删除和修改。

  c. 面标绘：平台支持在 GIS 图形中可视化地进行面图元的增加、删除和修改，以及属性信息的增加、删除和修改。

  d. 模型标绘：平台支持在 GIS 图形中可视化地进行模型、图片、文字、动画等的增加、删除和修改，以及属性信息的增加、删除和修改。

（2）基本交互。

平台浏览功能包含的基本操作有放大、缩小、平移、旋转。

① 鼠标操作说明：

放大：鼠标滚轮。

缩小：鼠标滚轮。

平移：鼠标左键。

旋转：鼠标右键。

② 键盘操作说明：

放大：符号键(+)。

缩小：符号键(-)。

平移：方向键(←、↑、↓、→)。

旋转：字母键(Q、W、E、A、S、D)。

（3）场景漫游。

能够支持地面行走、飞行、自由、驾驶、自动脚本等多种方式的场景漫游。在系统工具栏中：查询与地理分析→模拟飞行，即可启动模拟飞行。该模拟飞行类似于坐在飞机驾驶舱内进行浏览。

输入控制：能够支持鼠标、键盘、手柄、控制面板等多种控制设备和方式的控制输入。

图层控制：平台支持对图层的显示、隐藏、透明、顺序等进行控制。主要对窗口中的主要图层进行管理，包括控制显示、启动是否显示和名称等修改。

信息选择：能够快速、准确地选择 GIS 图形中点、线、面图元以及模型。支持直接鼠标拾取(单选、框选)、列表选择等多种选择方式。

（4）查询分析功能。

平台能够支持基于关键字、分类、图形、属性等方式的查询及联合查询，并在 GIS 图形中进行定位显示。

输入查询关键字，可进行模糊查询，查询结果以列表的方式展现给用户，双击其中一项可定位到该地点。

6.3.3.2.2 专用管道 GIS 功能

（1）管道数据查询。

① 信息查询。

基于线性参考技术，建立管网中心线模型以及在线、离线设施、设备数据模型，并依据管道开放数据标准(PODS)或 ArcGIS 管道数据模型(APDM)等长输管道完整性管理数据模型对管道本体、管廊、管道设施、设备信息进行管理。

管道本体数据查询：利用数据挖掘技术以及线形参考技术，实现通过单点、里程段、管段、行政区划等方式检索单个或多个管段信息并自动定位到设备位置。检索结果包括管道基本情况、管材信息、管道铺设施工资料等。

管线地理环境管理：通过单点、里程段、行政区划等方式检索管廊、管道高后果区范围内的管线周边地理环境信息。检索结果包括地形地貌、道路、建筑、水文等地理环境信息及其管理的管道、在线设备、离线设备、站场、历史事故、管理公司等信息。

② 多维度数据查询。

管道资料查询：实现管道以及管道防腐的施工、设计、维护、检测、巡检资料按目录、关联里程段、资料关键字等方式检索管道资料，检索结果以表格、图形方式显示。

管道损伤、制造缺陷查询：通过单点、里程段、管段、行政区划、缺陷发现时间、缺陷类型、缺陷状态、缺陷程度、发现方式等方式检索单个或多个管段的制造缺陷、外力损伤缺陷、腐蚀缺陷信息。

管道维护查询：通过单点、里程段、管段、行政区划、维护内容、维护时间等方式检索一般管道维护施工作业以及相关防腐、清管的计划、方案、图纸等信息。

③ 管线设施分类查询。

管线设施分类查询完成对管道在线设备、离线设备、穿跨越设施、隐蔽设施、水工保护、站场、位置建筑物的检索。

设备信息检索：通过单点、设备位置、里程、名称、分类等方式检索设备信息并自动定位到设备位置。检索结果包括设备基本情况、设备施工资料、设备历史事故资料、设备管理文件、设备维护记录、设备检测记录、设备历史运行状态、设备缺陷等信息。

违章施工、建筑管理：通过单点、里程段、行政区划、时间等方式检索一定区域范围内的管线走廊内的违章建筑、违章施工信息。检索结果包括违章建筑的位置、发现方式、处置方案、处置结果、照片及其关联的管道、在线设备、离线设备、管理公司等信息。

穿跨越人工设施管理：通过单点、里程段、行政区划等方式检索一定区域范围内的管线穿跨越工程设施信息。检索结果包括道路、建筑空间位置、属性信息及其相关的管道、在线设备、管理公司等信息。

穿跨越隐蔽工程管理：通过单点、里程段、行政区划等方式检索一定区域范围内的管线穿跨越隐蔽工程信息。检索结果包括隐蔽工程位置、属性信息及其相关的图纸资料、管道、管理公司等信息。

(2) 管道空间分析。

① 坐标系设置与变换。

系统充分考虑到遥感影像、管道、管道设施设备在进入数据库时，具有椭球参数、投影方式等数学基础的差异，提供动态投影功能，以实现同一椭球基准下，不同投影方式(地理经纬度、大地坐标)之间的度量转换；提供内置的投影转换功能，实现不同椭球基准数据之间的中等精度范围坐标转换，同时系统提供局地转换参数设置功能，供用户报送局地转换参数，以实现高精度的坐标转换。

② 里程查询。

在线性参考系的支持下，支持用户按桩号+里程的方式报送管线里程、里程段，系统根据用户报送情况，自动进行里程定位。同时基于管道中心线测量管道沿线距离，并利用高度测量工具，测量管廊区域的地形高度、管道铺设落差、穿跨越设施高度。同时结合面积测量与里程定位，测量具体管段的高后果区区域面积。

（3）数据可视化校验。

系统提供多维度的数据校验算法模型，包括偏离中线分析法、线路走向趋势判断法等多种算法模型。

偏离中线分析法和线路走向趋势判断法如图6-15和图6-16所示。

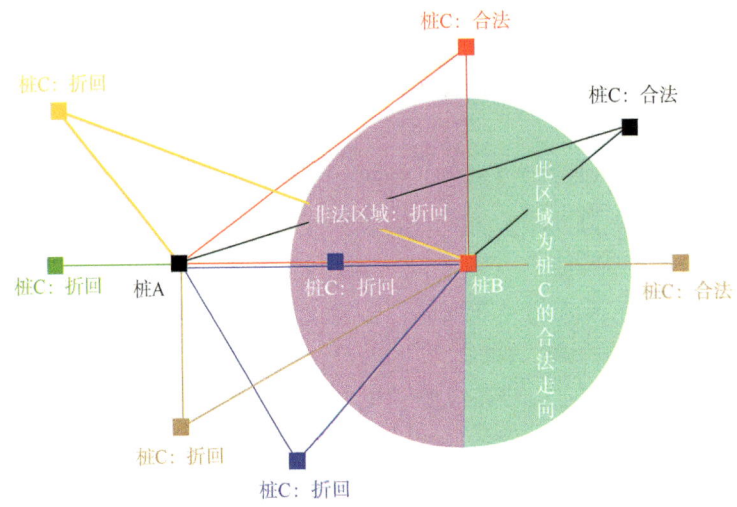

图6-15 偏离中线分析法

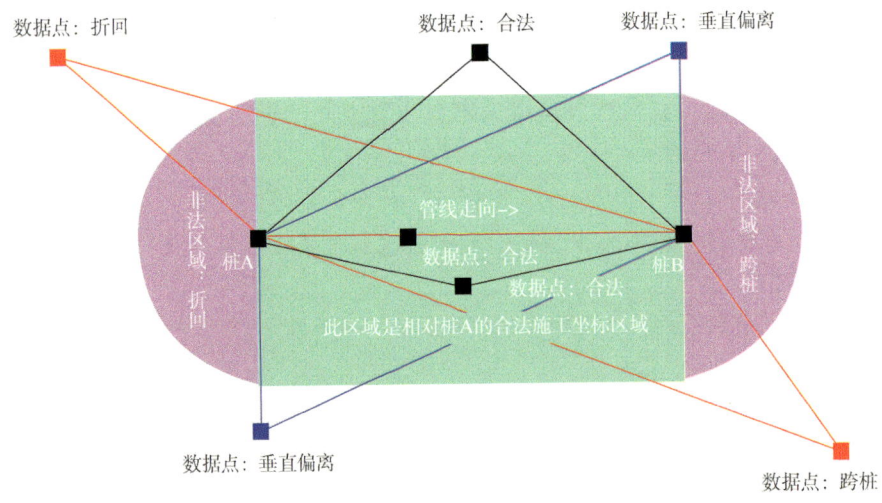

图6-16 线路走向趋势判断法

可视化校验模块如图 6-17 所示,是对系统中有空间坐标位置关系的技术数据进行空间位置校验,主要包括线路工程和站场工程。

① 线路工程主要是对技术数据中涉及空间位置信息的数据进行可视化校验,主要包括如下几个方案:

a. 桩信息校验包括比较现场优化中线与设计中线;

b. 设计交桩记录校验包括校验设计交桩记录与其所在桩的现场优化中线之间的误差距离;

c. 测量放线记录校验包括校验测量放线记录与其所在桩的现场优化中线之间的误差距离;

d. 竣工测量记录包括校验竣工测量记录与其所在桩的现场优化中线之间的误差距离;

e. 地下障碍物信息包括地下障碍物信息记录与其所在桩的现场优化中线之间的误差距离;

f. 穿越信息维护包括每一个穿跨越记录分别校验穿入点和穿出点与其所在桩的现场优化中线之间的误差距离。

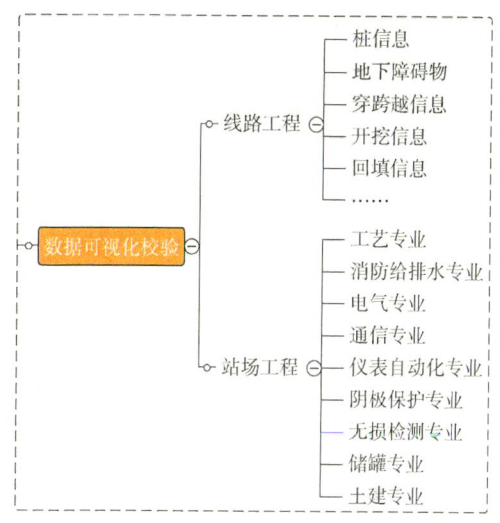

图 6-17 技术数据可视化校验

② 站场工程技术数据校验主要是对站场各专业的空间位置信息进行校验,主要包括:总图专业;工艺专业;通信专业;仪表自动化专业;电气专业;阴极保护专业;无损检测专业;储罐专业。

(4) 管网可视化展示。

管网可视化展示如图 6-18 所示。

可视化展示按照工程划分对线路及站场的数据进行展示,方便快速找到管线的相关技术数据资料。线路工程:主要展示包括桩快速定位、自动沿线展开、中线对比分析、纵断面分析等功能。穿跨越工程:主要包括穿越点的查询及定位分析。站场工程:主要包括设计图纸的发布与浏览,施工技术数据的展示。

① 线路工程。

a. 桩快速定位:通过输入桩号或标段可以快递定位到某个桩的具体位置,并查看该

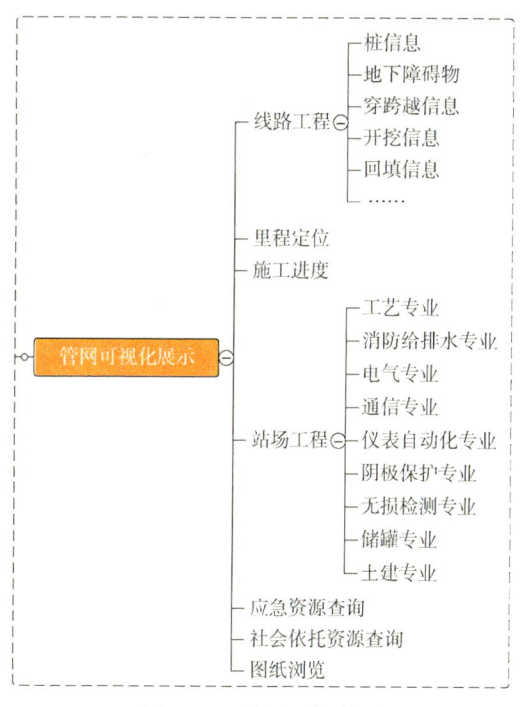

图 6-18 管网可视化展示

桩的详细信息。

b. 管线自动漫游导航：通过选择标段并设置管线自动漫游的速度后，管线将按照设定的要求自动进行导航，导航过程中可以观测管线周围的地形地貌状况。

c. 管线高程信息定位：通过曲线图对管线的高程信息进行展示，反映出管线的高程走势图，通过点击某个桩号，从而能在地图上进行展示，实现高程展示与地图展示的互动。

d. 技术数据查询定位：技术数据是管道完整性数据库中非常重要的内容，通过管道可视化展示子系统可以很方便地把各类数据进行查询和定位。

e. 里程定位：通过输入桩号和相对里程快速定位指定位置，并可以全方位查看管线的信息。

② 站场工程。

站场工程技术数据展示主要是对站场各专业的空间位置信息进行校验，主要包括：总图专业；工艺专业；通信专业；仪表自动化专业；电气专业；阴极保护专业；无损检测专业；站场总图专业。

③ 穿越工程。

对各类穿跨越工程的信息进行展示，包括定向钻、顶管等穿越方式，同时可以查询穿越工程的详细信息。

a. 应急资源查询。

对应急资源数据进行快速查询和定位，查询的方式包括空间查询、模糊查询等多种方式，同时对查询结构能够查看应急资源的详细信息。

b. 社会依托查询。

通过可视化系统能够快速对社会依托信息，如医疗机构、公安机关、政府机构等信息快速查询和定位。

c. 图纸浏览。

管道工程建设期产生了大量的图纸数据，这部分数据对管道的运营维护具有非常重要的作用，通过地理信息系统对这部分数据进行发布和浏览，为用户查看和浏览提供了更为便捷的方式。

d. 专题地图查询浏览。

管道可研、勘察设计过程中产生了许多专题地图数据，这些专题地图数据对管道的完整性管理具有非常重要的指导意义，管道可视化展示子系统基于先进的地理信息平台将这些数据进行发布，方便用户查询和浏览，如图6-19所示。

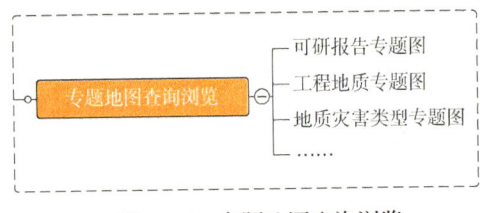

图6-19 专题地图查询浏览

e. 可研报告专题图。

可研报告专题图主要包括管网沿线主要气候专题图、社会环境专题图等，具体的专题的内容及数量根据各管道工程的可研分析过程和可研报告的内容决定。

工程地质专题图也是根据管道沿线的地质情况进行专题分析。

地质灾害类型专题图是管道沿线历年地质灾害类型的专题分析，这部分数据均来源于可研或勘察阶段。

f. 纵断面展示。

通过工程技术数据管理系统所采集的管道建设各种专业数据，使用动态技术自动生成管道纵断面示意图，为施工管理及运营、维抢修管理提供一个形象的掌握管道地下埋设情况的工具，如图6-20所示。

包括的内容有：自然环境、管道埋设、焊口情况、防腐层情况、阴极保护情况、钢管信息、地下障碍物、通信光缆信息、河流/铁路/公路穿越信息、高风险提示。

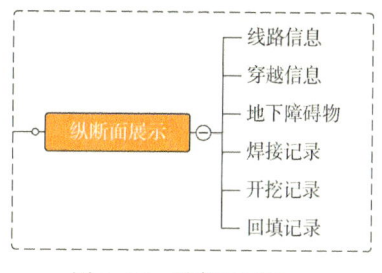

图6-20　纵断面展示

6.3.4　生产运营管理子系统

生产运营期间所需使用的生产运营管理信息化平台也是管网全生命周期信息化建设不可分割的部分。生产运营管理信息化平台要求能够实现运营管理自动化，减少人工工作量，增强效率，优化运行方案等。通过信息系统进行全面的生产运行管理，包括计划、调度、计量交接、状态监控、质量信息，提供全面的运营数据。生产运营数据可以共享给维检修、销售、质量安全环保部门，加快紧急事故的反应速度。

6.3.4.1　系统功能建议

系统功能结构如图6-21所示。

6.3.4.2　计划管理

计划管理主要人员包括：公司计划审批人员、销售部门计划制定人员、销售部门领导及生产管输部门运行调度人员。

计划管理主要内容包括：年度销售计划、季度销售计划、月度销售计划及周销售计划。

计划管理主要业务包括：

（1）客户上报建议计划/需求预测；

（2）销售部门汇总计划，进行购销平衡，并发送给领导审批；

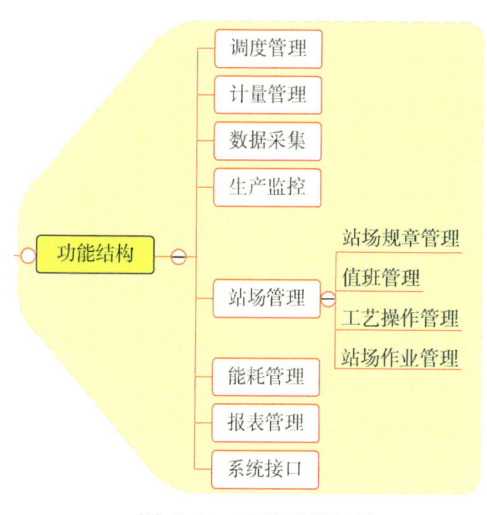

图6-21　系统功能结构

（3）销售部门领导审批计划，并和生产管输部门确认管输能力；

（4）销售部门将最终计划发送给管输部门及客户；

（5）客户、公司人员接收正式计划。

6.3.4.3　调度管理

调度令管理主要包含的业务人员：

（1）调控中心调度员，根据生产需求发布调度令；

(2) 生产运行部,根据生产需求发布调度令并对调控中心调度员发布的调度令进行审核;

(3) 场站值班人员,接收调控中心或生产运行部发布的调度令并生成相应的工作票。

调度令管理主要业务范围:

(1) 调度发布,生产运行部及调控中心调度员根据生产需求发布调度令;

(2) 调度审核,生产运行部对调控中心调度员发布的调度令进行审核;

(3) 生成操作票,场站值班人员接收调度令并生成相应的操作票。

6.3.4.4 计量管理

计量管理实现计量交接和生产运行报表生成。

计量交接实现管输部门与下游客户的计量交接数据的采集/录入、审核、更正等管理,经审核后的计量数据将汇总于数据库中,供报表、计划及日指定调用。

生产运行实现运行日报、月报的填写、审核、数据发布。

计量管理的业务目标归纳:

(1) 进一步实现各管输部门天然气计量业务及流程的标准化、规范化;

(2) 计量数据上传、汇总、确认和更正自动化、电子化,避免重复手工劳动,提高计量数据的及时性;

(3) 建立公司、销售部门、管输部门及基层单位统一、集中的计量数据库,保证数据的准确性、完整性;

(4) 进一步实现计量数据的共享,除了用于生成各种规定报表,还可用于各级单位内部报表及相关信息的发布;

(5) 缩短与客户之间的距离,客户可以随时随地了解计量纠纷处理状态,提高客户满意度。

6.3.4.5 生产监控

(1) 生产状态监测。

通过实时数据接口,连续监测管道场站的各类设备的运行状况,对于监控过程产生的异常状况,采用分等级告警形式提示管理人员,同时将对应的应急方案以图形化方式展示在平台上,作为管理人员决策依据。

管网监测设备信息的及时反馈是保证管网安全的前提,系统通过与实时监测设备对接和后台实时数据库关联,能够监测到设备的运行状况,将各个监测点的数据进行及时展示和曲线绘制,并对各接收单元超标数据的实时报警显示。

通过实时数据接口,实时显示设备的运行状况,如工作、维修等,辅之以该设备的其他信息的显示,包括开关状态及电流、电压、温度、功率、功率因数、电度等数据灯。当生产过程出现异常,或者供电设备运行出现异常波动时,应当可以自动与业务系统同步报警,弹出异常画面显示异常地点。通过实时数据接口,实时检测管道、泵、油罐等生产设备的运行状况,实现对各类生产数据的链接展示。

(2)视频监控。

视频监控设备信息的及时反馈是保证管网安全的前提,系统接入管网视频监控系统,能实时从视频监控系统中调取当前任意视频监控探头的画面,并将其在三维场景中与实际位置关联起来。

点击视频列表弹出视频列表对话框,视频列表中显示视频的代号,单击视频列表中的视频设备可以在三维场景中定位到该视频设备的位置,单击该视频弹出该视频的实时监控视频。

(3)巡检人员定位。

巡检人员定位系统可以实现与巡检系统的人员定位信息保持同步;巡检人员位置监测,准确获得其当前位置信息,人员身份信息,各区域留驻时间;巡检人员精确统计与考勤,利用系统的巡检人员考勤统计功能,能准确统计当前的、历史的巡检人员的数量和具体准确位置,统计人员巡检绩效。

系统能够从 SCADA 数据库中获取无线通信设备信息及实时数据,在三维场景中实现如下功能:

① 建立巡检人员实时定位分布图,显示指定区域内人员分布情况;

② 针对巡检人员的查询定位;

③ 点击人员分站,展现分站人员信息,如姓名、单位、岗位、到达地点时间、累计巡检时间。

6.3.4.6 数据采集

天然气的各项指标是由现有的 SCADA 系统采集记录在特有的数据库中的,这些数据在做计量交接、计划制订和生成业务报表时需要使用。数据采集系统负责采集公司 SCADA 系统的数据,从而供天然气生产管理系统计划制定、计量交接和生成报表使用。

6.3.4.7 场站管理

(1)场站规章管理。

场站规章管理的业务目标归纳为:

① 建立一套标准的场站管理制度,提升场站管理水平;

② 实现场站各项规章制度的在线编辑和发布功能;

③ 规范管理相关各项规章管理制度,有效地引导员工按规程进行操作,减少失误。

(2)值班管理。

主要业务目标归纳为:

① 建立统一标准化的场站员工值班及休假计划模板;

② 梳理场站值班管理流程,建立值班记录标准化模板;

③ 实现值班计划的在线编制和值班记录的在线填报,实现值班计划和值班记录信息的系统化管理。

主要业务人员包括:

① 场站站长,根据生产情况制定场站人员值班计划,负责场站日常管理;

② 场站值班人员，查看值班及休假计划，按计划值班。
主要业务包括：
① 编制排班计划，根据生产情况，站长提前制订人员排班计划；
② 值班情况记录，场站当班人员对当班过程中的生产情况进行记录；
③ 值班交接，与接班人员进行值班交接，接班人进行接班检查，对值班人提交的值班记录进行签字确认。

（3）工艺操作管理。
① 工艺操作的执行流程及制度标准化、规范化。
② 实现操作票的在线填报和审批，减轻工作量，提高工作效率。
③ 对操作信息进行系统管理，让用户能查询历史操作信息和正在执行的操作流程进展情况。

工艺操作主要包含的业务人员为：
① 调控中心调度员，根据生产需求发布调度令或调度通知；
② 场站站长，根据调度令或场站生产情况来下达各项工艺流程操作指令；
③ 场站值班人员，根据调度指令进行相应的工艺流程操作。

工艺操作主要业务范围：
① 工艺操作申请，场站值班人员接到操作指令后填写操作票，向调控中心及主管部门提交操作申请；
② 操作票审核，调控中心及主管部门负责人对场站提交的操作票申请进行审核，确认拟定的操作步骤是否符合要求；
③ 操作票归档，场站值班人员执行完工艺流程操作后，对操作票执行归档处理。

（4）站场作业管理。
① 业务目标。
a. 实现场站各类施工作业的执行流程及制度标准化、规范化。
b. 实现作业许可证的在线填报和审批，减轻工作量，提高工作效率。
c. 对作业信息和作业进度信息进行记录，实现对场站各项作业的全过程管理。
② 业务范围。
场站作业管理主要包含的业务人员为：
a. 施工作业单位负责人，需要组织起草作业方案，提交作业许可申请或作业延期申请；
b. 场站站长，组织参与作业人员对作业方案开展作业安全分析，并把分析结论和方案上报给管理部门进行审批；
c. 场站值班人员，协调作业现场，避免作业引发的风险，保证作业安全；
d. 生产运行部负责人，对作业方案及作业许可证进行审核；
e. 安全环保部负责人，对作业方案及作业许可证进行审核；
f. 主管领导，对作业方案及作业许可证进行审核。
③ 场站作业主要业务范围
a. 作业许可申请，作业施工单位进场施工前需要编写作业方案，向场站值班人员提交

作业许可申请。

b. 作业许可审核，主管部门负责人及主管领导对作业单位提交的作业许可申请进行审核，确保作业方案符合作业许可管理规定的要求。

c. 作业许可证延期申请，当作业许可证到期后，作业单位必须进行作业延期申请，拿取新的作业许可证后方可进行再次作业。

d. 作业进度记录，场站值班人员对现场作业过程进行监督，对作业过程信息进行记录。

e. 将完成的作业许可证进行归档。

6.3.4.8 能耗管理

（1）业务目标。

① 建立场站主要能耗数据和辅助能耗数据的采集标准和规范。

② 实现对主能耗数据和辅助能耗数据的采集功能。

（2）业务范围。

主要业务人员包括：

① 场站值班人员，填写场站每月消耗的电、水、油、气等能耗数据；

② 主管部门专业工程师，收集汇总各站上报的能耗数据，制作能耗统计分析报表；

③ 主管领导，查看能耗统计分析报表。

主要业务包括：

① 填报场站能耗记录，场站值班人员填报场站能耗记录；

② 查看能耗记录信息，主管部门及主管领导可随时查看场站上报的能耗数据。

6.3.4.9 报表管理

公司、管输部门、天然气销售部门每天都会有大量的报表需要制定，数据的整理非常繁重，同时，报表的制作、下发也是很繁重的工作。

报表系统的业务目标归纳为：

（1）能够快速完成报表的自动生成、查看和打印，减轻手工劳动，提高工作效率；

（2）报表的展现方式灵活、多样，方便领导查看，辅助领导决策；

（3）报表能够易于扩展，以适应组织管理及业务市场的变化。

报表模块包含了先进的报表工具，除可展现固定格式报表外，也可以根据用户需求制作各种图表。如生产统计、销售统计、对外报表和综合图表等。

（1）销售统计：完成对天然气销售数据的统计、汇总、处理并形成报表。

（2）生产统计：完成对天然气生产运行数据的统计、汇总、处理并形成报表。

（3）对外报表：完成向能源局和发改委发送的报表，通过系统自动生成。

6.3.4.10 设备设施管理

6.3.4.10.1 设备档案管理

如图6-22所示，表述设备档案基本特征的数据项包括：

（1）常规特性，种类编号、设备名称、卡片编号、自编号；

（2）使用情况特性，使用单位、使用部门、使用日期、使用地点、用途、所属网络、使用状态、技术状态、设备工程状态、使用场合；

（3）资产特性，设备初值、折旧年限、购买日期、报废日期、保修期限、资产编号、资产卡片号、设备来源资产归属、资产目录；

（4）内在特性，型号、品牌、规格、制造日期、制造单位、所耗功率、生产能力；

（5）其他特性，备注。

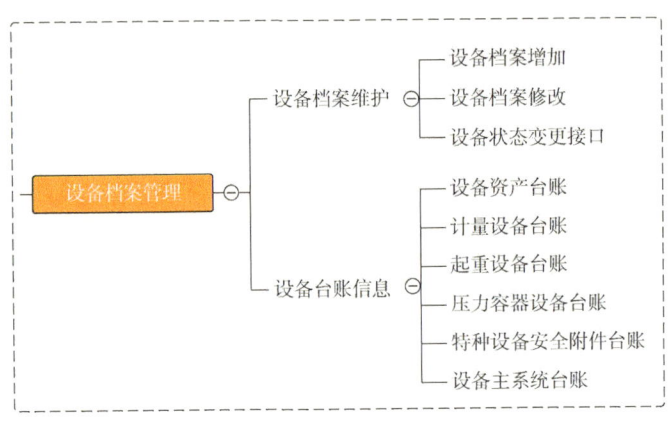

图 6-22 设备档案管理模块功能框图

这些数据是建立设备档案卡资料的基础。在设备档案的使用情况特性部分，系统根据设备管理的相关业务自动详细记录了设备的当前状态信息和设备周转信息，为管理者随时掌握企业当前的设备状态、设备分布、设备完好率、设备待修率、设备事故率，以及了解设备的档案、使用、维修、调拨等情况提供了帮助。

设备台账按一主五辅进行组织，一主指设备资产台账；五辅指计量设备台账，起重设备台账，压力容器设备台账，特种设备安全附件台账，设备主系统台账。六份台账基本覆盖了管道企业的全部设备及主要部件。

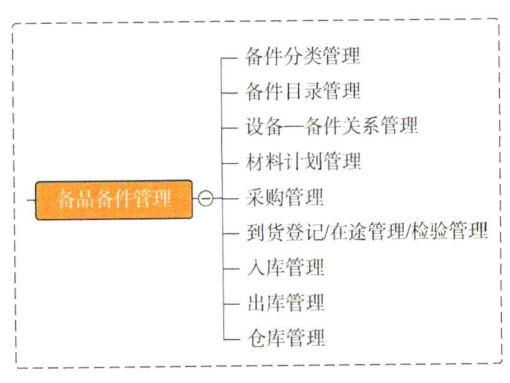

图 6-23 备品备件模块功能框图

6.3.4.10.2 备品备件管理

如图 6-23 所示，管道输运企业，由于备件种类繁多、进出数量大、没有统一的台账，库存管理人员往往不能提供准确、及时、完整的库存信息，常出现备品备件过多、过少甚至没有备品备件的状况，给生产和维修带来了诸多不便，库存管理工作极为被动，常引起抱怨或相互指责，极易影响部门间的团结协作。本系统实施后将建立了完备的备品备件台账，统一编码，确定安全库存，保证了库存管理信息的准确、完整，也为实施库存规范管理打下了基础。库存管理模块带动管理人员告别旧的工作方式和管理方式，运用先进的管理思想和工具，开展规范管理。

一个完整的企业级物资管理系统，涵盖了备品备件分类、材料目录、设备——备品关系、材料计划管理，材料计划审批、采购管理、入库管理、出库管理、仓库管理等物料管理的全部工作。在工作流支持下，对材料需求计划，材料采购合同，采购计划，进行网上审批，实现标准流程管理。

备品按其本身的性质不同，可分为设备性备品、材料备品和备件性备品，按其重要性和加工程度不同，又分为事故备品和消耗转换备品。

（1）备品备件分类。

对备品备件的分类方式、分类类型进行配置管理。

（2）备品备件目录。

维护企业的所有设备的备品、备件信息，包括名称、厂家、安装位置等信息，备品备件目录一般由设备的配件转换而来。

（3）材料计划管理。

这是一个流程式的管理模块，起源于生产各部门，在网上审批流转到物资采办部门，负责全部的材料计划从起草、审批到材料计划的汇总全过程。主要功能包括：

① 各部门的材料计划编制；
② 材料计划的审批；
③ 材料计划的汇总；
④ 材料计划执行进度监控；
⑤ 材料计划执行状态的调整；
⑥ 材料计划完成情况的查询；
⑦ 配送材料计划上报；
⑧ 各项目材料计划汇总查询。

（4）采购管理。

本功能是完成企业物资部门所有采购业务，它是根据材料需求计划结合库存情况，计划未完成情况，采购未入库量，综合平衡后自动生成采购计划。

按需采购计划是按材料需求计划经平衡后自动取得的。定期采购计划是按安全库存量平衡后得到的备品备件补充计划。零星采购计划是物资部门根据实际需求而零星采购的计划。

（5）入库管理。

到货登记的物料在仓库由仓库保管员完成目测检验，校对数量，质量，品牌规格等后确认入库。

（6）出库管理。

根据成本管理要求，一般出库均是按计划出库，也有特殊情况下非计划出库，出库结算金额可以有多种模式支持，出库价格采用移动平均价。

（7）仓库管理。

仓库管理是企业物资部门仓库管理的工具，是库管员对自己管辖仓库进行管理的有力工具。包括库存管理、盘点管理、货位管理等。

6.3.4.10.3 设备运行管理

设备运行管理工作作为安全生产管理中最重要的基础工作，一直是管输企业正常运行中非常重要的环节，设备运行的质量决定了管输企业能否安全可靠地长周期运行，从而直接影响输运效益。

机器设备在日常使用和运转过程中，由于外部负荷、内部应力、磨损、腐蚀和自然侵蚀等因素的影响，使其个别部位或整体改变尺寸、形状、机械性能等，使设备的生产能力降低，原料和动力消耗增高，产品质量下降，甚至造成人身和设备事故。这是所有设备都避免不了的技术性劣化的客观规律。

在管输企业中，由于管输机器设备的生产连续性，而大多数设备是在磨损严重、腐蚀性强、压力大、温度高或低等极为不利的条件下进行生产的。因此，维护检修工作较其他部门更为重要。为了使机器设备能经常发挥生产效能，延长设备的使用周期，必须对设备进行适度的检修和日常维护保养工作。它是挖掘企业生产潜力的一项重要措施，也是保证多、快、好、省地完成或超额完成生产任务的基础。

设备运行管理系统是建立在整个成品油管道线路与站场的总体数据规划基础上的一个信息管理系统。该系统主要为管道、站场设备的日常保养和检修提供管理信息支持，包括设备保养计划、设备保养管理、设备检修计划、设备检修管理等业务模块，如图6-24所示。

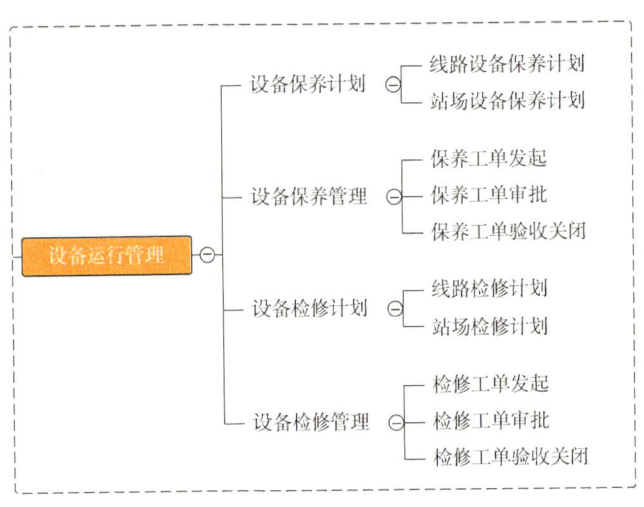

图6-24 设备运行管理模块功能框图

（1）设备保养计划。

设备保养分周期性工作和不定期工作，二者没有严格地区分，当部门设备保养和维护逐渐规范，能够达到周期性保养和维护条件时，设备检修人员就可以将本设备在维护保养周期表中定义一个周期信息，如果周期时间到达不需要维护保养，修改周期表中的下次保养维护时间即可。周期性保养维护到期进行提醒直到决定保养或延期保养。

(2) 设备保养管理。

无论周期性还是会周期性保养维护，均以工单的形式下达执行，执行人完成后根据验收类型(班长验收、部门验收、管理处验收)决定工单的验收流程进行验收。设备维护保养包括设备润滑、设备保养、设备部件定期更换、设备定期试验和设备定期检验。

周期性维护保养工作，设备检修人员首先定义一批标准工单，每一工单可以对应多个设备，然后定义维护保养周期表，在周期表中定义维护保养内容，维护保养周期，维护保养方法，具体下次保养日期，保养涉及设备等，再将周期表与标准工单关联。每当周期到达时，系统自动提醒检修人员，按周期表下达一个维护保养工单，按工单进行执行，即完成一批设备的维护保养工作。

非周期性维护保养工作，检修人员根据实际情况，决定维护保养的实际时间，直接编辑一个新工单，也可以借助标准工单，复制一个新工单下达执行。完成维护保养工作。

维护保养工单执行后，系统自动调整周期表中的下次维护保养时间。

维护保养涉及的材料在备品备件管理中实现。

(3) 设备检修计划。

检修工程计划：对于大修，小修，中修等检修项目，每一次检修前，各专业部门必须对本专业负责的设备系统进行专业检修计划，制定检修项目，检修内容，工时安排，验收计划，质量保证计划，备品备件计划，检修文件包，技术监督计划等。各专业部门规划完成后再由设备管理部门进行检修工程的总体计划，批准后下达执行。

(4) 设备检修管理。

以工单管理为基础，将企业设备检修分为大修，小修，中修，临修等(A，B，C，D四级修理)，每一检修从检修计划、检修项目申请，检修方案制定，到检修工单编制、下达，检修工单验收，项目验收，工程验收全过程进行管理，其中结合备品备件管理，材料管理，成本控制，对工程进行全面管理。

① 检修项目申请：检修工程下面对应具体的检修项目，检修项目分标准项目和非标准项目。标准项目为必修项目，非标准项目为选修项目。标准项目的减少和非标准项目的增加必须通过审批才能有效，项目的增加减少通过工作流进行申请。另外，像技改项目，反措项目，固定资产另购项目，特殊材料采购项目，临修项目等也是通过项目申请而来。每一个项目申请一般必须带项目方案，项目论证书等文档。

② 检修项目下达：申请批准的项目或厂级直接决定的项目，必须通过工作项目管理部门统一下达后才可以进行工单分解，开工申请等后续操作。从某种意义上讲，项目下达相当于企业以文件形式规定了某次检修对应的具体检修项目。

③ 检修项目开工：承担部门在下达以后的项目列表中，对本部门负责的检修项目按实际工作安排，进行项目的开工申请，开工申请有工作流负责，网上自动完成，开工申请附带开工报告和各类开工许可文档。

④ 检修项目执行：项目的执行分两部分，一部分是针对本项目的各类施工文档记录；另一部分是将项目分解为需多工单，按工单实际执行。检修项目执行记录在本部分完成，

记录包括检修过程文档、检修作业包、检修记录卡、检修总结等文档。

⑤ 检修项目工单：检修项目的实际执行是有各类检修工单负责的，一个检修项目可以分解一到多个检修工单，检修工单下达到班组，班组执行工单，完成后填写执行情况，申请验收。当一个项目对应的所有工单全部验收完成后，对应的项目也就自动结束。检修工单是检修项目的最小执行单元，它是设备工单的其中一种。大修、小修等检修项目可以设定标准工单，每次相同检修可以从标准工单库中复制新工单用于下达使用。

⑥ 检修工单验收：每一个检修工单对应一个检修项目，单检修工单自行结束后，执行班组或执行负责人必须填写检修过程、修前情况、修后情况，以及本工单涉修设备的检修记录。当一个项目对应的所有工单全部验收完成后，对应的项目也就自动结束。

⑦ 检修项目竣工：有些项目需要单独提供竣工验收手续，这是承担部门必须针对项目进行竣工申请，申请包括竣工报告、竣工验收资料等。

6.3.4.10.4 设备资料管理

设备资料管理模块中提供了涵盖设备生命周期内的基础资料的管理功能，有维护计划管理、运维简报管理、维护规程管理、规章制度管理、技术档案管理、合同信息管理、验收信息管理等功能，实现基础管理档案电子化。

（1）设备资料的各个管理项目的操作使用方式完全相同，每个项目所设置的功能特性类似，含义相同。

（2）档案信息管理项目齐全，界面直观、明了，操作简易、方便。如图 6-25 所示。

本功能以文档服务器为基础，将涉及设备以及围绕设备进行的工作相关的文档资料进行全面管理，可以将任何文档与设备或与设备相关工作进行关联，实现了设备管理资料的全面管理，如与设备相关资料：设备购置文档、设备安装调试文档、设备变更文档、设备检修文档、设备故障文档、设备维护保养文档、设备报废文档等。与设备管理工作相关的文档有：设备大小修计划、设备大小修技术文档、设备检修验收文档、工单执行过程文档等。所有资料均可以通过设备进行检索。

6.3.4.10.5 系统配置管理

系统配置管理模块，提供了进行设备区域维护、设备类型维护、基础数据维护、部门档案、人员档案等信息的功能，如图 6-26 所示。

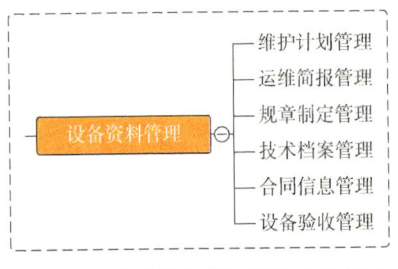

图 6-25 设备资料管理模块功能框图

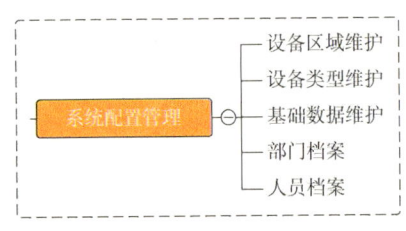

图 6-26 系统配置管理模块功能框图

6.3.5 安全与完整性管理子系统

6.3.5.1 GPS 巡检管理

6.3.5.1.1 移动巡检

（1）移动终端合法性认证。

以 SIM 卡号唯一标识巡线工。通过调用 WebService 接口来判断该巡线工是否合法。如果不合法，将无法登录终端。

（2）下载巡检计划。

终端登录后，通过调用 WebService 接口完成巡检计划的下载，下载之后保存在内存中。每次登录系统后都会下载巡检计划。

（3）在线注册。

在开始巡检后，将主动实现与 Socket 服务的连接。连接成功后，将发送注册请求，内容包括 SIM 卡号。

（4）巡检轨迹回传。

在开始巡检后，获取当前 GPS 位置坐标及速度，并通过 socket 连接根据回传频率定时上传数据。

计算巡检范围是否超限、巡检速度是否超限，如存在告警情况将上传数据，内容包括任务号、位置、告警类型、时间。

计算是否经过必经点，如果经过某个必经点则上传数据，内容包括任务号、必经点、时间，同时持久化该必经点信息。

（5）上报事件。

支持对巡检事件的记录，内容包括事件类型、事件描述等，并支持进行拍照。可通过 socket 连接上传事件内容及照片附件。

（6）巡检控制。

支持巡检过程控制，包括开始、结束、暂停/继续。

巡检开始后，连接 Socket 服务，并发送注册请求。如果连接不成功，则继续巡检，并持久化实时数据，待正常连接后上传数据。

巡检结束后，将发送巡检完成请求，并断开与 Socket 服务连接，清空持久化数据。如果 Socket 未连接，则将持久化该请求。

巡检暂停后，将发送巡检暂停请求，同时停止计算及上报实时数据。巡检继续后，将发送巡检继续请求，同时计算及上报实时数据。

（7）盲点补传。

如果出现 GPRS 信号盲区，使得 Socket 连接断开的情况，将持久化实时数据（位置、告警、事件）、注册请求、结束请求、暂停请求、必经点信息。并定时与 Socket 服务进行重连，待连接后，分批发送持久化数据到 Socket 服务。

(8) 断点巡检。

对于出现诸如终端掉电等情况使得巡检过程中断的异常情况,采取以下方法处理:

待终端开机登录后,将重新下载巡检计划,并将当前任务号与持久化的任务号进行比较,如果两者相同,则依据已持久化的必经点继续巡检;如果两者不同,则清空持久化任务数据,采用当前计划进行巡检;如果不存在巡检计划,则清空持久化任务数据。

6.3.5.1.2 在线监控管理

(1) 监控管理。

① 实时监控。

提供对监控过程的控制功能,包括启动、停止。可显示在线巡线工信息,包括其所属分组和状态(运行、暂停)。能够以地图方式可实时监视在线巡线工的信息(位置、速度),并支持对图层的信息过滤(巡线工、像数据)。可自动发现上线的巡线工,对于掉线的巡线工将自动从在线列表中删除。

② 历史回放。

支持以时间、巡线工姓名、计划名称为关键字查询巡线轨迹记录。支持轨迹浏览,可通过地图批量显示巡线工历史轨迹,并可选择是否显示预定轨迹。提供回放功能,回放过程可控,包括启动、停止、暂停、快速、慢速。

③ 巡线事件。

支持对由移动终端上报的巡检事件信息进行管理。数据项包括名称、类型、是否处理、时间、经度、纬度、照片、说明、上报人姓名、所属分段,支持多张照片。支持对事件进行查询。支持填写处理结果、处理内容。当又收到新事件时,可进行自动提醒。

(2) 计划管理。

① 巡线分段管理。

支持对巡检分段进行分组管理,按照管网、管线、分段、段必经点四个层级进行管理。

② 制订巡线计划。

对于计划,数据项包括计划名称、开始时间、结束时间、计划类型(当前计划、历史计划)、计划状态(启用、停用)。

③ 巡线任务管理。

对于任务,数据项包括巡检分段、巡线工、频率、限速。

当增加任务时,将根据起止时间段和频率自动生成巡检任务记录列表。任务记录数据项包括名称、日期、状态(未执行、正在执行、已完成)。

(3) 数据管理。

① 管线数据。

管线信息按照管网、管线和桩三级层次进行维护。管线分组数据项包括名称、类型(管网、管线);管线数据(桩数据)项包括名称、经度坐标、纬度坐标、顺序编号等。

② 巡线人员管理。

提供对手持型巡检设备管理功能。数据项包括终端编号、终端名称、设备编号、终端类型(智能终端、哑终端)、终端型号、是否在用、终端状态(正常、报废、维修)、SIM卡号等属性。支持以终端编号、终端型号、SIM卡号、是否在用为关键字进行查询。

支持对巡线工个人信息进行分组管理，数据项包括员工号、人员姓名、联系电话、是否在职、所配终端、最大限速、时间间隔、是否告警等属性。数据输入时需要检查终端是否已被使用。支持以人员姓名、是否在职为关键字进行查询。

③ 人员分配管理。

对系统用户可查看巡线工列表进行权限控制。主要控制当前系统用户可实时监控的巡线工数据。

④ 设备管理。

提供对手持型巡检设备管理功能。数据项包括终端编号、终端名称、设备编号、终端类型(智能终端、哑终端)、终端型号、是否在用、终端状态(正常、报废、维修)、SIM卡号等属性。支持以终端编号、终端型号、SIM卡号、是否在用为关键字进行查询。

（4）统计分析。

① 统计巡线人员出勤情况。

② 对巡线人员进行考评管理。

6.3.5.2 安全应急管理子系统

6.3.5.2.1 子系统目标

为了在管道运行过程中提高对各种突发事故的应急反应能力，确保在发生紧急情况时能迅速有效地采取反应措施，减少各种突发事故对人员的伤害、对环境的破坏和造成的财产损失，管道运营者根据石油成品油管道安全运行要求，必须对将来可能出现的险情或事故，准备好相应的补救措施或抢修预案，以最佳的方式、最快的速度控制险情的发展或将事故损失降到最低点。

建立应急响应管理子系统可以利用二维三维地理信息数据、管道信息、站场信息、其他业务相关数据及以往事故资料、历史数据和维抢修情况等基础资料以及SCADA数据等，减少应急反应的时间、增加判断事故原因的准确度、提升应急反应的协作效率、提高维抢修人员的业务素质，能帮助管道建设者和运营者提高对紧急事故的防范与处理水平。

根据能源行业应用的经验，以及对油气管道安全生产和应急救援的实际业务的理解，建设包含应急资源、应急指挥、应急预案、事故信息、安全知识的应急管理子系统，支撑油气管道的安全生产及突发事故处理，如图6-28所示。

通过本系统的建设，主要实现以下目标：

（1）在公司内部建立事故应急快速反应体系；

（2）为领导决策提供依据；

（3）提出管道事故抢修(险)指导措施，使员工

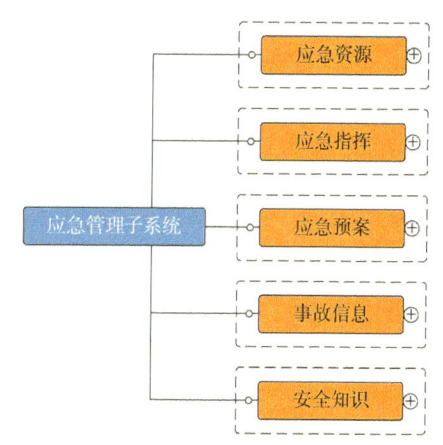

图6-27 应急管理子系统功能结构

了解管道运行中可能发生的事故类型，使员工熟悉事故发生后的指挥抢修程序以及各部门应承担的抢修任务和责任；

（4）指导员工熟练掌握本岗位在事故抢修中的工作内容，以使在突发事故情况下，抢修工作能得到及时反应，以最快的速度使管道事故得以处理，恢复正常生产；

（5）可以为正常运行中的事故抢修演练提供参考；

（6）储存和管理应急系统的基本数据和事故内容。

6.3.5.2.2 子系统功能

（1）应急资源管理。

应急资源管理是对参与应急管理、决策、救援的相关信息的收录和管理。通过结构化管理应急资源数据、利用管道可视化展示子系统形象丰富的展示能力，提供查询、维护、统计、展示管道基础数据、内部资源、外部资源、应急专家库、重大危险源等应急资源的功能。应急资源管理模块可在应急事件发生时，为处理应急事件的人员提供应急资源信息并辅助决策支持；可在日常培训及应急演练时，为应急组织的相关人员提供应急资源信息并提升对紧急事故的防范与处理水平，如图6-28所示。

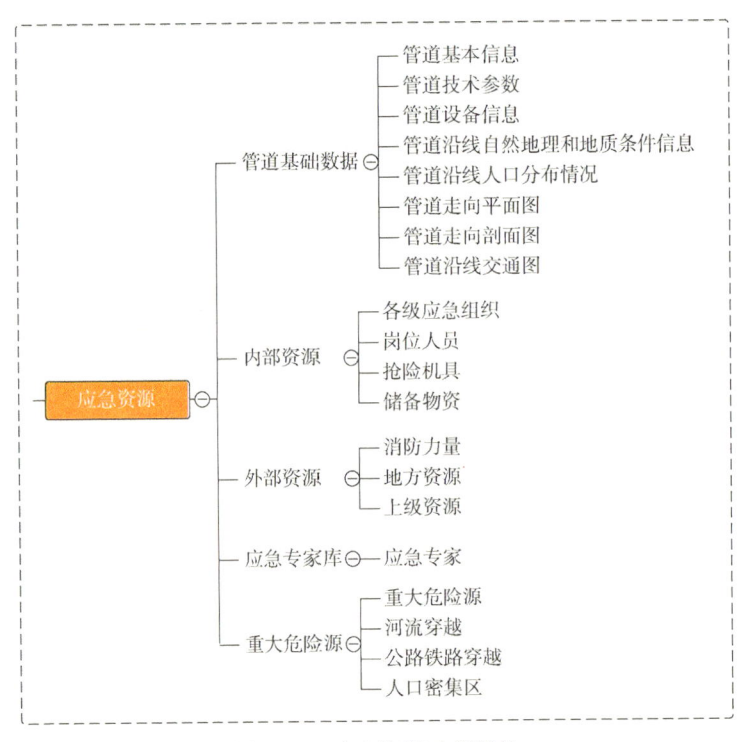

图6-28 应急资源功能结构

管道基础数据业务单元的主要目的是为调度提供翔实的管道信息以及相关负责单位的管道应急处理提供辅助决策支持。管道基础数据按数据分类可管理如下数据：管道基本信息、管道技术参数、管道设备信息、道沿线自然地理和地质条件信息、管道沿线人口分布情况、管道走向平面图、管道走向剖面图、管道沿线交通图等。

管道基础数据的具体信息如下：

① 管道基本信息：根据管线的类型，分类管理不同的管线，并且按照不同的管线，维护其干线、支线和联络线的信息。这些信息包括线路、阀室、站场、上游气源、下游用户、设备、计量、电气、仪表与自动化等信息内容。

② 管道技术参数：维护各个站场、阀室的技术参数信息，这些信息包括：压力等级、管材等级、高程(m)、管内径(mm)、壁厚(mm)、里程(km)、站间距(km)、累计管容和站间管容等信息。

③ 管道设备信息：各站场中重要设备分布情况说明、包括通信系统、电气系统等。

④ 管道沿线自然地理和地质条件信息，可能对管道造成危害的主要自然灾害类型描述：地震、崩塌、滑坡、泥石流、洪水冲蚀、采空区地面塌陷、风蚀沙埋、地震液化、湿陷性黄土、煤层自燃、盐渍土、膨胀岩、冻土等。

⑤ 管道沿线人口分布情况：管道沿线的居民用地和单位设施情况（方位、距离、人口、联系方式等）。

⑥ 管道走向平面图：可以查看管道沿线各敏感对象（公路、铁路、河流、生态保护区、村庄等）、管道穿跨越点、管道桩点、管道里程、阀室、泵站等在地图上精确位置标注。

⑦ 管道走向剖面图：管道各桩点海拔高度、管道埋深、其他地下构筑物及伴行设施的对应显示。

⑧ 管道沿线交通图：机场、铁路、公路、伴行路、水运等交通基础设施在管道走向图中的分布情况。

内部资源管理业务单元主要管理包括公司、管理场站、维抢修中心三级单位的应急反应资源的信息。每种资源在应急处理的时候，分别负责处理不同的事务。内部资源按数据分类可管理如下数据：各级应急组织、岗位人员、抢险机具及储备物资等。

① 各级应急组织。

公司：维护地区公司的基本信息，包括单位名称、电话、单位地址、职责或相关说明，地区公司负责维护一条或者多条管线的安全，在发生事故启动一级预案的时候，只要报上发生事故的地点，系统就能自动检索管道所属的地区公司，并在事故发生地的地区公司成立现场指挥部。

在地区公司功能里，能够查询各个地区公司的详细信息，查阅各个地区公司管辖管线的范围，提供增加、修改、删除、查看地区公司详细信息等操作。

管理处：维护管理处的基本信息，包括单位名称、电话、单位地址、职责或相关说明，根据事故发生地点，系统自动关联查询，事故现场所属的管理处，由管理处进行处置和相关的外部资源的联系，获取相关的支援。

在管理处功能的操作里，能够查询各个地区公司的详细信息，查阅各个地区公司管辖管线的范围，提供对管理处信息的增加、修改、删除、查看等操作。

维抢修中心：维护维抢修中心的分布、抢修管道的划分、人员配备情况、现有技术手段等信息。一个维抢修中心可能对应多条管线，根据事故发生地点，系统自动关联查询到事故管道所属的维抢修中心。并能够根据检索条件，把附近的维抢修中心的人员、力量等信息显示出来。

在维抢修模块的操作里，能够查询各个维抢修中心的详细信息，查阅各个维抢修管辖管线的范围以及各个维抢修中心的人员信息、技术力量、抢险机具、储备物资等信息，该功能提供对维抢修中心各种资源信息的增加、修改、删除、查看等操作。

② 岗位人员：用户可以查看、修改、增加各级应急组织和人员的相关信息，如姓名、身份证号、单位编号、部门、职位、联系方式、家庭住址，以及在事故应急中承担的具体职责。在对数据进行操作后数据库自动更新相关信息。

事故发生后要立即成立应急小组，并且随着事故的发展应进行必要的调整。应急小组的组成和各自的职责是否合理一定程度上也决定了应急活动的成败，系统成立应急小组功能应及时记录此类信息。

③ 抢险机具及储备物资：用户可以查看、修改、增加管道沿线各维抢修队伍的装备配置、各地区公司的备品备件、应急器材和物资储备情况、可利用的周边单位器材和物资、紧急物资的进货渠道等信息。

外部资源管理业务单元主要管理在事故发生时可向外部申请的地方支援力量。外部资源可包括地方消防力量、上级资源和地方资源等。

① 地方消防力量：在外部资源里面的消防资源，指的是社会消防依托力量，在发生事故的时候，当维抢修中心的力量不足的时候，管理处可以向事故所在地的社会消防力量申请支援。在地方消防力量功能的操作里，能够查询在各级应急组织管理范围内社会消防力量的分布情况，查阅消防资源的消防设备信息，该功能提供对消防资源的增加、修改、删除、查看等操作。

② 上级资源：上级资源信息分为两个级别，分别是省级和地区级，在发生事故的时候，地区公司或者管理处向当地政府通报情况或者寻求支援。在上级资源信息模块的操作里，能够查询在各条管道所经过的区域的地区级政府和省级政府的联系方式，该功能提供对上级资源信息的增加、修改、删除、查看等操作。

③ 地方资源：地方资源信息主要是指各种类型的社会依托力量，包括铁路、公路、医院、武警、地方驻军、公安等，在发生事故的时候，地区公司或者管理处向这些社会依托力量寻求支援。在地方资源功能的操作里，能够查询包括铁路、公路、医院、武警、地方驻军、公安等在内各种地方资源地址及联系方式，并提供对地方资源信息的增加、修改、删除、查看等操作。

应急专家库提供事故专家的具体信息（姓名、专业领域、联系方式、所属区域、单位等）的增加、修改、删除、查看等操作。

在管道穿越的重点区域，如果发生事故，可能会造成重大的经济损失和社会影响，这些重点区域按照性质不同分为：人口稠密区、公路铁路穿越、河流穿越和地质灾害多发区。

① 河流穿越：管道的河流穿越，主要是指设计单独出图的穿越信息的维护，在维护河流穿越的信息包括穿越方式、穿越长度(m)、河流河床宽度(m)、规格型号、驱动方

式、水面最大宽度(m)、河流水深(m)、最大流量(m^3/s)、最大流速(m/s)、穿越管段水下部分防护措施、埋深(m)、堤岸防护措施(m)、管道里程桩里程(km)以及距离上游站场的距离(km)。

② 公路铁路穿越：管道的公路穿越，主要是指高速公路、国家等级公路等，其他的不计。公路铁路穿越的信息包括：穿越长度(m)、穿越管道防护措施、两端密封方式、路面下穿越深度(m)、道路等级、路面宽度(m)、管道里程桩里程(km)以及距离上游站场的距离(km)等。在公路铁路穿越功能的操作里，能够查询铁路、公路(一级、二级)的穿越的详细信息，并提供对公路铁路穿越的增加、修改、删除、查看等操作。

③ 地质灾害多发区：对管道穿越的地质灾害多发区的信息进行维护，地质灾害多发区的信息内容主要包括位置(省、市、县、乡)、地址灾害类型(滑坡、泥石流、活动断裂带、黄土高原冲沟区)、地址灾害危害长度(km)、地形地貌、管道里程桩里程(km)以及距离上游站场的距离(km)。在维护地质灾害多发区信息的操作中，可以查阅各条管线所经过的地质灾害多发区的情况，并在地形地貌发生变化的时候，增加地质灾害多发区信息。该功能也提供对地质灾害多发区信息的增加、修改、删除、查看等操作。

④ 人口密集区：人口密级区是指距离管线大于15m小于200m之内的人口分布情况，包括村庄、城镇、独立户、企业和其他建筑物的情况，并描述该人口密级区所处的管道里程桩里程(km)以及距离上游站场的距离(km)。

(2) 应急预案管理。

应急预案管理集中管理管道事故的各级预案和各类事故的抢修方案，通过对事故分类及应急预案分级、应急组织机构及职责、应急反应程序、内部应急资源保障、外部应急救援支持、生产恢复、预案后评估及更新、应急预案的培训和演练等内容的维护，在公司内部建立事故应急快速反应体系，为领导决策提供依据，发布管道事故抢修指导措施，使员工了解管道运行中可能发生的事故类型，使员工熟悉事故发生后的指挥抢修程序以及各部门应承担的抢修任务和责任，为正常运行中的事故抢修演练提供参考，为应急指挥管理模块提供事故处理流程和应急反应的基础设置，如图6-29所示。

基础设置业务单元对应急预案的基础信息进行维护和配置，主要对应急预案中涉及的预案级别和事故分类进行维护。

① 应急预案分级：预案可按其实施主体分成三级，即公司为一级，分公司/抢维修中心为二级，站场/抢维修队为三级。

A类事故须分别制定一、二、三级预案；B类事故应编制二级预案和三级预案；C类事故只有三级预案。一旦A类事故识别成立，一级至三级预案均须启动。预案的启动顺序自下而上为三级、二级、一级。

② 事故分类：根据输油气管道事故的严重程度和造成的影响范围将事故分为A、B、C三类：

A类事故：管道发生泄漏、爆炸着火并对人员造成严重伤害、对周边环境产生严重影响，或严重扭曲变形而必须中断输油气的事故。

B类事故：介质少量泄漏，或管道裸露、悬空或漂浮，可以在线补焊和处理的事故。

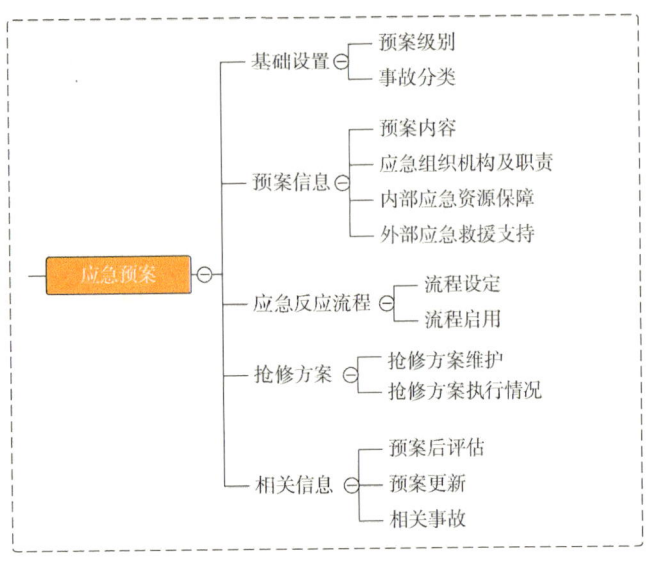

图 6-29 应急预案功能结构

C 类事故：站场、阀室通信故障、电力中断、管线冰堵等，但可以通过站场内工艺调整和其他临时措施处理而不对管道运行和输油气造成影响的事故。

预案信息管理业务单元管理各级应急预案内容及与应急反应相关的基础设置信息，存储的内容是应急指挥和培训演练时参考的重要信息，也设置了启动预案时需组织协调的资源范围。

① 预案内容：管理各级应急预案内容和版本，方便用户查询各应急预案的资料信息，便于应急指挥和培训演练时全面了解预案并且能够快速做出处理。

② 应急组织机构及职责：在应急资源管理模块内部资源的各级应急组织维护的基础上，管理各级应急预案的应急领导小组机构及职责、领导小组下设各组机构及职责、应急通信录。本功能的数据是应急指挥模块调度通知中手机短信通知功能的短信息发送范围。

③ 内部应急资源保障：根据各级应急预案，从应急资源管理模块内部资源、应急专家库中配置选取所涉及的内部应急资源。

④ 外部应急救援支持：根据各级应急预案，从应急资源管理模块外部资源中配置选取所涉及的外部应急资源。

应急反应流程如图 6-30 所示。

应急反应流程管理业务单元可根据各级应急预案的应急响应工作程序配置相应的工作流程。主要功能为流程设定和流程启动。

事故应急响应程序有如图 6-31 至图 6-33 三种。

抢修方案管理业务单元主要管理各级应急预案中各类事故所对应的抢修方案。一方面可以维护、查询各类事故的抢修方案，另一方面可以维护、跟踪各抢修方案在实际事故处理中的执行情况。

第6章 管道完整性管理系统技术

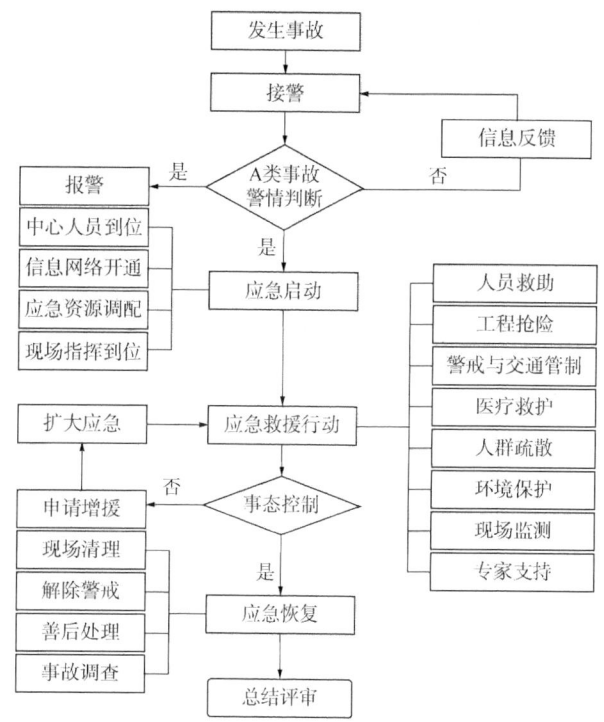

图6-30 应急反应流程图

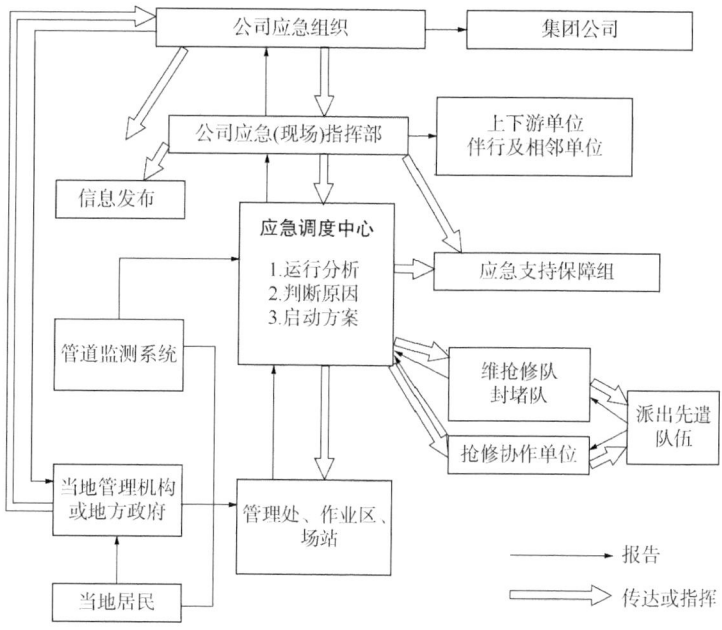

图6-31 应急响应程序1

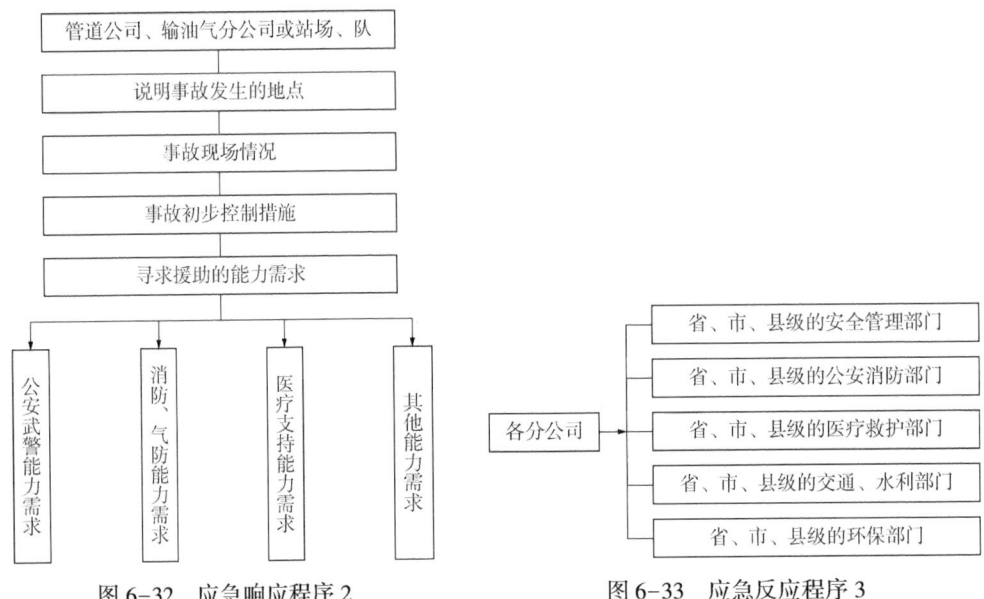

图 6-32 应急响应程序 2   图 6-33 应急反应程序 3

抢修方案需通过预案级别、事故类型、事故名称、情况特点、施工人员、施工设备/器具、处理方法等信息描述，通过文字、图像、声音、视频等多媒体方式展示。

相关信息管理业务模块重点管理与应急预案相关的预案后评估、预案更新、相关事故等信息。

① 预案后评估。

采用自我评估和第三方评估相结合的方式。

自我评估：由公司与相关公司对预案实施过程中存在的问题进行评估，总结经验，同时对应急预案进行修改、完善，并协助上级单位组织的评估工作。

第三方评估：由上级单位组织具有相应资质的单位或咨询公司对自我评估修改的应急预案进行审查。

② 预案更新。

建立应急预案管理制度。当应急预案所涉及的机构发生重大改变、管道工艺进行重大调整或其他重大变更时，由应急领导小组办公室负责组织修改，报应急领导小组审查、备案和发布。

③ 相关事故。

通过各类事故在事故信息模块中查找该类事故的相关记录。

（3）应急指挥管理。

应急指挥是本子系统的关键所在，为用户在遇到突发事故时查询相关信息以便及时做出应急决策并提供支持和帮助。应急指挥管理模块主要包括如下几部分：事故申报/确认、应急资源查询、应急预案查询、应急反应流程启动、调度通知、抢修方案选择、事故信息修改、事故管段基础数据查询、事故原因分析和事故过程记录。通过事故申报/确认窗体应可以进一步访问多种数据，并进行事故点的查找和定位，如图 6-34 所示。

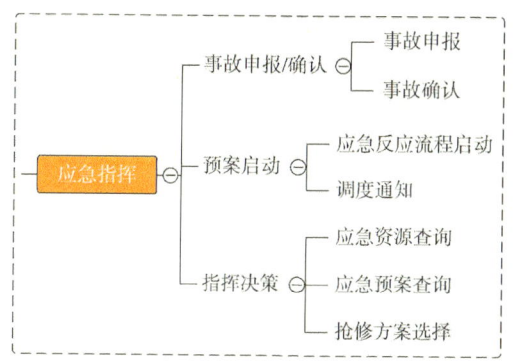

图 6-34 应急指挥功能结构

事故申报/确认业务单元主要完成事故的申报和确认，是紧急事故发生时开展应急抢险的开始。

建议在出现紧急情况时，传达事故、故障的资料清单见表 6-4。

表 6-4 资料清单

序号	资料名称
1	何人何时得到事故、故障信号
2	事故、故障的日期和推断时间
3	事故、故障的推断地点[管道名称，长度(km)或线路段，维护该段的事故抢修队]
4	事故、故障的推断性质
5	关于受难者的资料，关于居民点、周围自然环境、附近企业、土地使用者或土地所有者受威胁的资料
6	至水库或河流的距离
7	至铁路和公路的距离
8	至输电线的距离
9	在一条工程走廊上通过的或与管道相交的其他单位的管道信息
10	关键设备的停机时间
11	线路阀的关闭时间，线路阀在线路上的分布
12	事故抢修队巡查小组向事故、故障推断地点出发的时间，人数，小组负责人的职务和姓名
13	与事故抢修队巡查小组联系的单位
14	事故抢修队向事故、故障地点出发的时间，人数，抢修队负责人的职务和姓名
15	派往消除事故、故障的技术设备的数量和名称
16	固定联系单位，与事故、故障现场联系的负责人职务和姓名
17	现场情况，泄漏特点，泄漏的大致范围，泄漏的大致数量
18	已经采取或正在采取的限制泄漏和消除事故的措施
19	管道停输的推断时间
20	为排空事故管段而将损耗的油气产品的预计算

续表

序号	资料名称
21	油气产品的现有量和空闲容积
22	已向其通知事故信息的执行权力机关、监督机构
23	参加消除事故的其他专门单位的情况
24	事故现场自有灭火设备的现有量,地方消防队伍设备的情况

图 6-35 预案启动现场

预案启动现场如图 6-35 所示。

油气管道 A 类事故的应急响应过程如下:

① 事故发生企业相关人员通过电话或网络通知相关负责部门。

② 接警人员详细了解事故相关信息,包括事故类型、强度、位置、初步原因等,填写相关表格。

③ 初步确定事故级别,调用应急组织机构数据表,确定有关人员,按应急通信录数据表通知相关负责人和领导,组织成立事故应急指挥部,启动应急预案;并通知公安、消防、安全、环保等政府职能部门。

④ 根据事故发生位置定位查询数据库中的各种信息,包括管道自然属性数据信息、管道运行参数等,并收集最新的气象资料,及时提供给事故应急指挥部。

⑤ 从系统的应急资源库中查找可供使用的资源,包括事发地周边的内外部应急抢维修队伍和应急物资,供事故应急指挥部随时调用,必要时通过系统的专家库查找并联系相关专家。

⑥ 随时同事故现场保持紧密联系,并随时记录到事故记录中;中心调度进行工艺调整,并通知上下游相关企业和用户。

⑦ 从系统的管道自然属性数据库中调出事故管段周边的地形、交通、居民地分布等数据,供应急指挥部分析使用;在需要疏散时,利用相关软件绘制疏散路线图。

⑧ 根据事故决定各种参数和数据,确定要采用的泄漏物(油、气)扩散预测模拟方案;运行预测模型,分析事故对人群安危和自然环境的影响趋势和范围,供应急指挥决策使用。

⑨ 确定应急处理措施,生成相关报告供领导参考。

⑩ 从系统的事故库中查找有无同类事故可供参考,从文件库中查找相关的文件、法规、标准。

⑪ 事故后期影响评估,分析事故原因,整理事故资料及相关报告,并将其保存至系统数据库中。

⑫ 预案评审,对应急过程中暴露出来的应急预案中存在的问题进行改进。

⑬ 以上的应急响应过程在实际事故中并不一定是按照编号顺序发生的。可能同时发

生、相互交叉，也可能随着事故的发展和信息的明确而存在重复和修改的过程。

指挥决策提供施工方案选择功能，提供可选施工方案，并可将已选施工方案排序后存放到数据库中，生成 Word 格式的应急措施报告。

事故状态下快速获取必要的信息是非常必要的。应针对此目的开发分类信息快速查询功能。通过与管道完整性数据库子系统、管道可视化展示子系统、管道生产管理子系统与应急管理子系统的集成，关联查询设计、施工和竣工的资料、快速显示定位事故位置、查询应急资源、抢修方案，如图 6-36 所示。

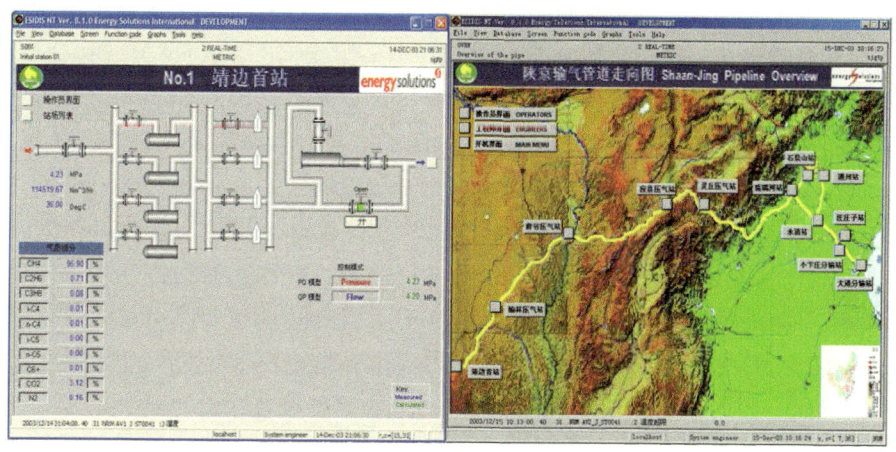

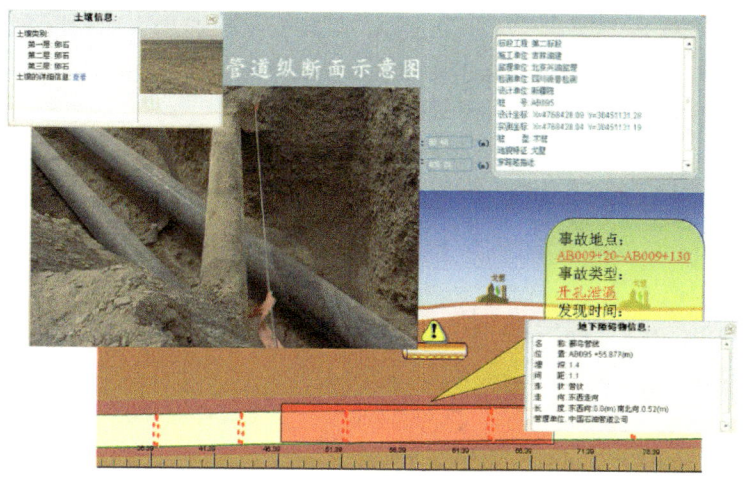

图 6-36　应急指挥

可与 3G 无线移动视频监控系统集成，从抢修现场实时传回视频和声音，更便于应急指挥与抢险；同时可提供 Web 访问监控画面的方式，使应急专家能对应急抢险工作进行直观准确地指导。

短信平台主要分四大功能模块，分别是短信信息管理、手机号码管理、事件管理、历史记录查询。

① 短信信息管理：本模块主要用于管理常规的短信信息库，基于此模块，用户可以

预先编辑存储各种短信信息内容，以便日常和紧急情况时使用；也可临时根据需要编辑短信消息。

② 手机号码管理：可以新建、编辑、删除职工的手机号码信息，可以按企业组织结构，将职工手机号码按部门、工种分组，可以将已有分组拆分和合并。

③ 事件管理：用于将需要进行短信群发的事件、发送条件、发送内容等与相关手机号码关联，当该条件成立时，系统会自动将短信发送给指定用户，例如，在事故隐患管理中，当需要在限定时间内进行整改的隐患没有被整改时，系统会自动发送短信给隐患管理人员进行隐患整改督办。在突发事故时可按照预案自动拨号告知相关人员事故现场情况和救援动态，并通知相关人员快速撤离危险区域。在此模块中，用户可以对短信群发条件、内容、发送人等进行选择或编辑。

④ 历史记录查询：用于查询已发布短信的内容、时间、接收人等。

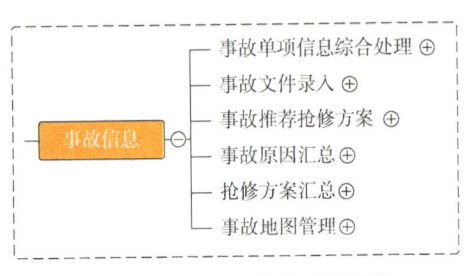

图 6-37 事故信息功能结构

(4) 事故信息。

事故信息管理子模块应提供一个对事故相关信息进行记录、查询和修改的平台。录入的信息是共享的，因此必须翔实、可靠，以保证能为所有用户提供各类突发事故的经验资料（图 6-37）。

a. 事故单项信息综合处理。

由事故信息表数据综合处理、事故申报表数据综合处理、事故原因表数据综合处理和事故措施表数据综合处理四部分组成。每个部分的操作界面均应提供新增、修改、删除和退出四种操作，在线操作完毕后数据库自动更新相应信息。

事故信息表中需要填写事故编号、事故名称、事故单位、事故级别、事故类型（在本模块中给出事故分类和分级标准查询功能）、发生时间、结束时间、事故现场的地理气候条件、伤亡损失情况（受伤人数、重伤人数、死亡人数、直接财产损失）以及事故发生的具体地理位置和详细描述等。

用户可以在事故申报数据表中填入事故的申报信息，如报告时间、发现时间、报告人姓名、身份证号、职位、所在单位和申报的具体内容。记录下申报时的详细信息有利于事故的调查也可以防止申报过程中的欺骗行为。一般包括以下六大类七十三项数据信息，具体见表 6-5。

表 6-5 事故申报表详细信息

序号	项目的特性和性能	事故（故障）原因调查数据	备注
	(1) 调查的项目		
1	股份公司名称		
2	管道名称		
3	线路生产调度中心、首站、中间站名称		

续表

序号	项目的特性和性能	事故(故障)原因调查数据	备注
4	调查的项目，事故(故障)地点(km)		
5	收到事故第一个信息的日期和时间		
6	第一个信息的来源		
7	事故抢修队巡查小组或事故抢修队发现事故地点的日期和时间		
8	最近居民点的名称		
9	至最近居民点的距离(km)		
10	至最近河流、水库的距离(m)		
11	至公路和(或)铁路穿越处的距离(m)		
12	有无外单位的管道，至这些管道的距离(km)		
(2) 被调查项目的技术特性			
13	项目的构造型式		
14	管道的直径、壁厚(mm)		
15	管材钢号和钢管质量证书号码		
16	钢管的构造型式		
17	钢管、设备的生产厂家，国家		
18	项目投产时的试压日期		
19	试压值(mPa)		
20	设计工作压力(mPa)		
21	投产日期		
22	最大允许工作压力(mPa)		
23	发生事故(故障)瞬间的工作压力值(mPa)		
24	电化学保护装置类型		
25	安装电化学保护装置的年份		
26	管道保护涂层的种类		
27	管道绝缘类型		
28	保护电压(V)		
29	项目再次试压的日期		
30	再次试压值(kgf/cm^2)		
31	最后一次大修的日期		
32	管道埋深(m)		
33	所输产品名称		
34	所输产品温度(℃)		

续表

序号	项目的特性和性能	事故(故障)原因调查数据	备注
（3）运行条件			
35	地形特性		
36	地质条件(土)		
37	雪层厚度(m)		
38	发生事故(故障)那天的气温和天气状况(℃)		
39	其他条件		
（4）修复工程的特性			
40	发现事故(故障)的方法		
41	距首站的距离(km)		
42	距中间站的距离(顺着输油方向)(km)		
43	停输时间(日期，时，分)		
44	事故抢修队出发关闭管段的时间和关闭截断阀的时间(日期，时，分)		
45	截流时间(日期，时，分)		
46	消除泄漏的方法		
47	第一个事故抢修队出发和到达事故(故障)现场的时间(日期，时，分)		
48	随后的事故抢修队出发和到达事故(故障)现场的时间(日期，时，分)		
49	技术设备出发和到达事故(故障)现场的时间(日期，时，分)		
50	消除事故(故障)的时间(日期，时，分)		
51	消除事故、故障的方法		
52	恢复生产的时间(日期，时，分)		
（5）事故(故障)特性			
53	发生事故(故障)的运行阶段		
54	(切割管箍、管子时)管端的纵向和横向位移值(mm)		
55	缺陷的特点和部位		
56	破坏的尺寸(mm)		
57	缺陷在管子截面圆周上的位置		
58	破坏源的特点		
59	断裂种类		
（6）事故(故障)后果			
60	事故管段的长度(km)		
61	站场停输时间(时，分)		
62	区间停输时间(时，分)		

续表

序号	项目的特性和性能		事故(故障)原因调查数据	备注
63	完成的工程量(人·h)			
64	流失的量(t/m³)			
	其中按自然介质成分的分配：			
64.1	水(t)			
64.2	土(t)			
64.3	雪(t)			
65	不能回收的损失(t/m³)			
	其中按自然介质成分分配的损失：			
65.1	空气(t)			
65.2	水(t)			
65.3	土(t)			
65.4	雪(t)			
66	无法回收的油气产品价值			
67	收集的成品油转入非标油品的损失			
68	污染面积(km²)	水		
		土		
69	管道停输损失(损失的效益)			
70	向环保机构支付的罚款			
71	向土地使用者、土地所有者支付的罚款，			
72	事故(故障)的其他后果			
73	事故(故障)的总损失			
(7) 委员会事故、故障调查结果结论				
74	事故原因			
75	故障原因			
76	维护人员的技术水平(何时何地接受过安全技术的培训和教育，鉴定委员会的知识检查)			
77	对事故中过失单位、过失人员的处分建议措施			

b. 事故文件录入。

事故文件包括环境监测数据、气象监测数据、相关报告、相关计算结果、事故相关照片、声像资料和其他文件等几个方面。

c. 事故推荐施工方案。

针对各类事故提供相应的经验措施，供用户决策使用。

d. 事故原因汇总。

对管道各类事故的可能原因、事故类型等进行汇总，供用户查询和选择使用。

e. 抢修方案汇总。

针对正在发生的事故，用户可以查询到各种相关措施方案、应急组织机构和人员、所需应急物资等情况，以指导事故应急处理。

f. 事故地图管理。

根据已有数据库中的事故和事故点的坐标，将其绘制到一张事故图上，基于此图查看事故的各种信息。

(5) 安全知识。

安全知识管理模块是将与应急管理相关的资料集中管理、分级共享的功能模块。安全知识管理模块可存储并共享法律法规及标准规范、国内外事故案例库、安全评估评价资料、培训资料等，为企业提升应急反应能力和紧急事故处理水平提供知识管理与共享的工具与手段，如图 6-38 所示。

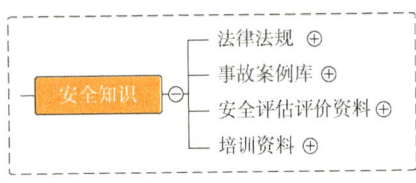

图 6-38 安全知识功能结构

① 法律法规及标准规范。

推荐在安全知识管理模块中集中管理与紧急事故处理相关的法律法规和标准规范，如：

《中华人民共和国安全生产法》(中华人民共和国主席令第 70 号)；

《中华人民共和国职业病防治法》(中华人民共和国主席令第 60 号)；

《中华人民共和国消防法》(中华人民共和国主席令第 4 号)；

《中华人民共和国环境保护法》(中华人民共和国主席令第 22 号)；

《危险化学品安全管理条例》(中华人民共和国国务院令第 344 号)；

《石油成品油管道保护条例》(中华人民共和国国务院令第 313 号)；

《危险化学品事故应急救援预案编制导则》(征求意见稿)(国家安全生产监督管理局安监管司危化函字〔2003〕4 号)；

《危险化学品重大危险源辨识》(GB 18218—2018)；

《石油天然气工程设计防火规范》(GB 50183—2015)；

《石油天然气管道安全规范》(SY/T 6186—2020)；

《油气管道防汛管理规程》(Q/SY GD0021—2001)。

② 事故案例库。

事故案例库业务单元可以存储公司搜集的国内外各类突发事故的案例资料，供员工吸取经验教训，提升应急反应能力。

③ 安全评估评价资料。

安全评估评价资料业务单元可以管理危险识别、风险评价的各种报告、成果，可以指导突发事故的处理措施或安全生产的改进。有危险与可操作性研究(HAZOP)、安全完整性等级(SIL)分级、定量风险评价(QRA)、管道高后果区(HCA)识别、管道线路风险评价。

6.3.5.3 完整性管理子系统

管道完整性是指管道始终处于安全可靠的服役状态。包括以下内涵：管道在结构上和功能上的完整性、管道处于受控状态、管道管理者已经并仍将不断采取措施防止管道事故的发生。为保证管道的完整性而进行的一系列管理活动，管道管理者针对管道不断变化的因素，对管道面临的风险因素进行识别和评价，不断消除识别到的不利影响因素，采取各种风险减缓错时，将风险控制在合理、可接受的范围内，最终达到持续改进、减少管道事故、经济合理地保证管道安全运行的目的。

根据管道完整性数据库内存储的管道本体属性数据、空间地理数据、高分辨率影像图等各种数据，综合分析管道的风险等级和危害影响范围，提供与管道内检测数据接口，可对内检测数据进行分析和处理。为提高数据管理与分析的效率，应建立专门的完整性管理系统平台，对风险评价与完整性评价需要的数据进行统一管理，综合利用。系统平台可由多个软件系统组成，但至少应包含以下四个模块：数据录入模块、数据管理与维护模块、数据分析评价模块、数据发布共享模块。

完整性管理子系完成对质量健康安全环境文档的分类、维护、索引和查询，通过网络实现公司总部、各级部门 HSE 的在线查询和全文检索，方便的下达包括作业指导书在内的各类质量文档，实现 HSE 部门对各级单位的质量管理和控制。同时提供安全防范、安全检查、安全操作流程及事故分析的功能，为长输管线安全生产提供有力保障。标准规范应规定完整性管理的工作流程与工作内容要求，体系文件应明确完整性管理活动的职责分配和具体的技术方法，具有可操作性，使管道管理者可以直接实施，同时，文件体系应纳入 HSE 体系进行管理。此外，还应根据实际使用情况，定期对标准规范、文件体系进行修改完善。

完整性管理的原则和要点：

(1) 完整性管理应从管道的规划和设计时期开始，并贯穿于管道的整个生命周期。

(2) 完整性管理是一个持续改进的过程，应确定管道不同时期的管理重点；完整性管理本身的评价是管道完整性管理程序的一部分，应定期对管道完整性和完整性管理程序进行评价。

(3) 完整性管理应采用统一的数据库结构、数据库平台，并保证完整性管理所采用的信息的准确性与完整性。

(4) 完整性评价作为完整性管理的重要环节之一应定期开展，应对发现的重要隐患及危害立即采取风险消减措施。

(5) 完整性管理应明确各部门职责，组织培训来不断提高员工素质。

管道完整性管理系统是《中国石油信息技术总体规划》所描述的中国石油未来信息系统建设的 IT 项目之一，也是中国石油管道业务全面信息化建设的重要工作之一。中国石油信息技术总体规划如图 6-39 所示。

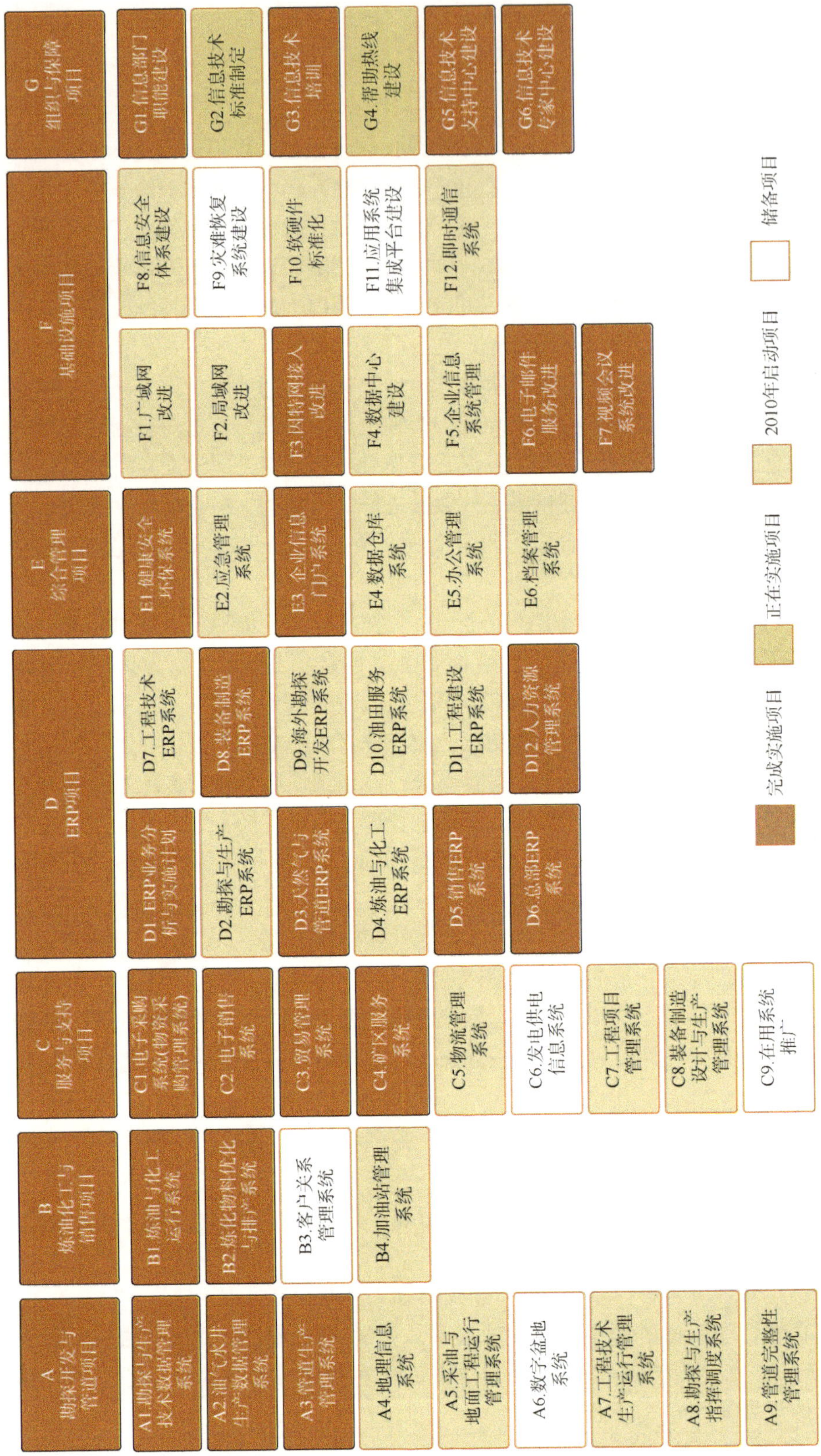

图6-39 中国石油信息技术总体规划图

基于管道完整性管理系统，实现管道全生命周期的风险因素管理，如图 6-40 所示。

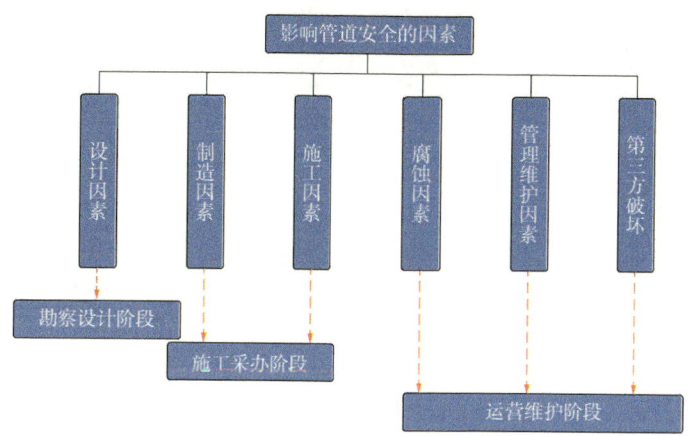

图 6-40　影响管道安全的因素示意图

影响管道安全管理的因素：

① 设计因素：主要有管道强度的裕度，允许最大操作压力与实际操作压力的裕度，管道应力变化与频率，管道水击，土壤移动。

② 制造因素：管材的内部和表面缺陷，焊缝缺陷，制管偏差与质量控制。

③ 施工因素：管道敷设、焊接、补口、检验、回填、试压、监理、施工队伍资质。

④ 腐蚀因素：内腐蚀，外腐蚀。

⑤ 管理维护因素：由管理水平、技术水平、员工素质和监督机制不完善引起的误操作带来的破坏。

⑥ 第三方破坏：管道附近区域人为活动造成的管道结构或性能的破坏。

使用多年的在用老管道可能存在的问题：

① 使用材料一般强度低、韧性差、缺陷多。

② 当年施工技术水平低、质量保证体系不完善、焊缝缺陷多。

③ 防腐涂层因时间长而老化。

④ 产品质量水平波动较大，有些缺陷会导致产生腐蚀。

⑤ 质量文件不全或遗失，事故发生后无法追溯。

⑥ 缺少维护检修记录。

管道完整性数据架构如图 6-41 所示。

完整性数据架构主要分为底层库、临时库、中间库、应用库。底层库涵盖数据采集信息、已建项目历史信息作为基础数据源。临时库作为数据交换、现场采集数据临时存储，待做数据有效性审核后，进行入库。中间库做为数据仓库，全面支撑管道完整性数据的应用，包含原始数据的清洗后信息、评价信息等。应用层作为展示数据用于终端页面进行效能评价展示。详细如图 6-42 所示。

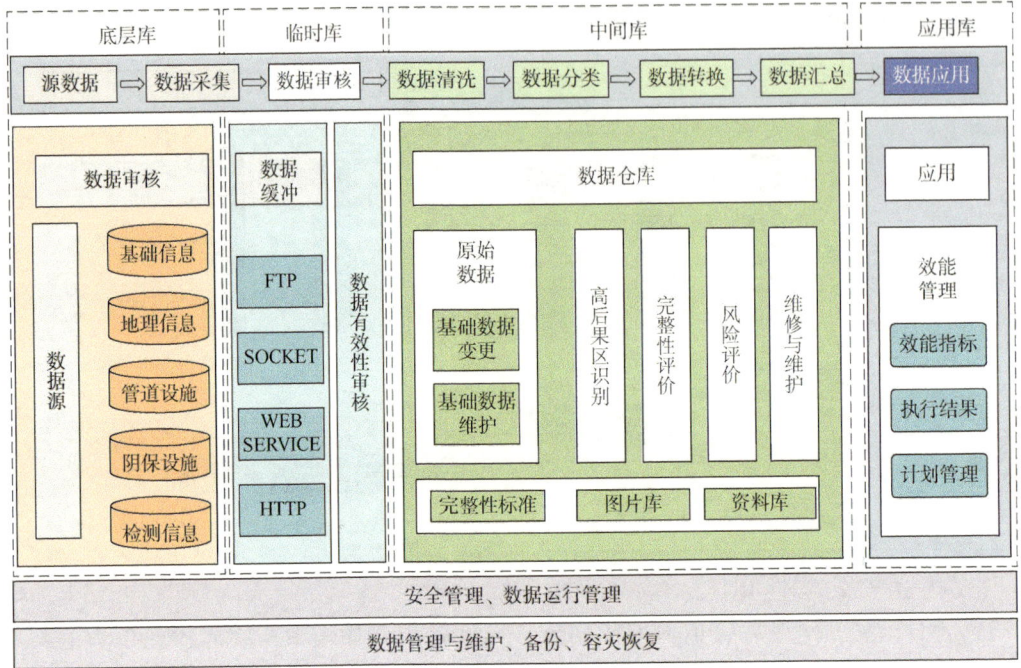

图 6-41 管道完整性数据架构图

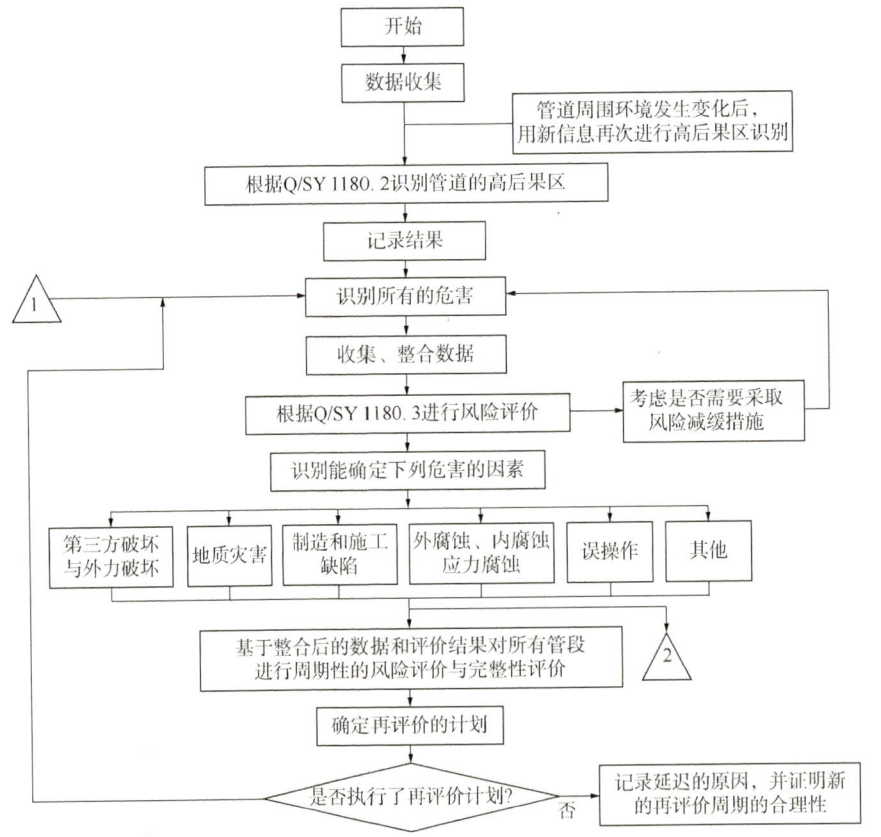

图 6-42 管道完整性管理工作流程图

完整性管理的最终目标为采用最低、合理、可行原则，将管道风险控制在可接受的范围内，保证管道系统运行的安全、平稳，不对员工、公众、用户或环境产生不利影响。基于流程固化了业务数据填写、上报、审核、查询、统计分析等功能，保证数据信息在多个管理层级的及时传递，避免数据重复录入、提交，缩短业务数据填报和流程办理周期，规范业务操作，有效提升工作效率。

6.3.5.3.1 隐患管理模块

实现对隐患评价结果的管理。通过分析管道的基础数据，找出管道的隐患风险区，识别隐患风险区存在的威胁，明确完整性管理重点。

通过施工信息表和巡线信息的分析，将施工破坏隐患进行统计、详细信息查看、控制措施执行情况。并能对周边环境隐患按月度、季度、年度统计对比分析；不同管段、管理单元(部门、人员)的对比分析；管道两侧特定范围内的施工、占压等可能危及管道安全的事件统计对比分析。

利用已建的 GPS 巡线系统，抽取巡检中发现的管线隐患的相关数据，在地理信息系统中进行隐患排查、整治和跟踪分析等应用。

对隐患整改流程的系统化管理，建立隐患整改管理流程的标准化。

建立隐患治理计划数据库，对隐患治理计划信息进行管理维护。

建立隐患治理信息数据库，对隐患治理信息进行管理维护，自动生成隐患治理相关信息。

隐患治理的功能组成如图 6-43 所示。

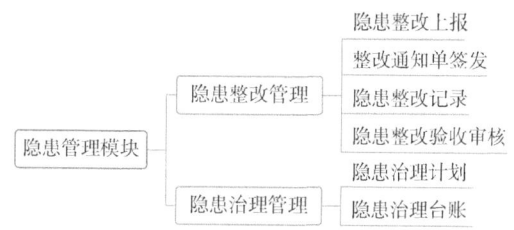

图 6-43 隐患管理模块示意图

（1）隐患整改管理：
① 隐患整改上报：实现隐患整改信息记录及上报功能。
② 整改通知单签发：实现整改信息的审核流程，系统自动生成整改通知单及通知单下发功能。
③ 隐患整改记录：实现对隐患整改验收信息的登记上报功能。
④ 隐患整改验收审核：实现对隐患整改验收信息进行在线分级审批功能。

（2）隐患治理管理：
① 隐患治理计划：实现对隐患治理计划的登记及维护。
② 隐患治理台账：实现隐患治理信息的记录及维护。

6.3.5.3.2 灾害防治模块

油气长输管道线路长，途径地域广，地质构造环境复杂，有些地方的地质运动活跃，我国每年都有相当数量、不同规模的各种地质灾害发生，以地震裂缝、地面沉降、滑坡、崩塌、泥石流为主，给长输管道安全运营造成了危害，已经成为制约管道运营发展的一个不可忽略的因素，是当前管道完整性管理的重要地质环境问题。开展地质灾害防治，建设信息系统，对管道的地质灾害信息进行综合管理，是管网公司地质灾害防御工作中的当务之急，通过监测、管理、查询，实现管道地质灾害信息管理与维护的自动化，为管道管理部门提供数据基础，为地质灾害减灾防灾提供依据，起到救灾、减灾的作用，其意义重大。

灾害主要功能包括防汛管理业务和地质灾害管理业务，主要功能模块如图6-44所示。

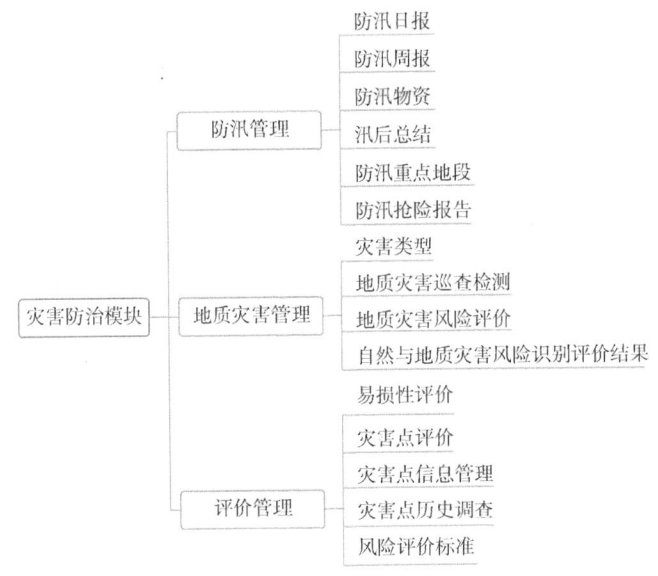

图6-44　灾害防治模块示意图

灾害及地质信息关系如图6-45所示。

6.3.5.3.3　腐蚀防护模块

管道腐蚀破坏是管道失效的一大因素。如何对在役管道的各种历史数据进行有效的管理，并使这些数据为腐蚀评估提供依据，形成对管道的腐蚀完整性管理，是管道管理者面临的重要课题。

对管道阴极保护设施、阴极保护检测信息、杂散电流干扰信息等进行记录，查询和统计，分析变化及趋势。支持阴极保护数据的录入、修改、保存、查询，具体包括绝缘法兰测试电位、辅助牺牲测试，并可生成电位曲线；支持将阴极保护信息汇总成Excel格式。支持阴极保护维护数据的录入、修改、保存、查询；具体包括维护措施、实体名称、位置描述、问题描述、问题分析、阴保类别、问题类别，统计不同类别问题数量及百分比。

针对国内管道的管理模式、检测手段及相关标准的体系现状，完整性管理系统中的腐蚀防护应包括如下功能，使其能够用于管道腐蚀的控制管理以及腐蚀评估、预警。

第6章 管道完整性管理系统技术

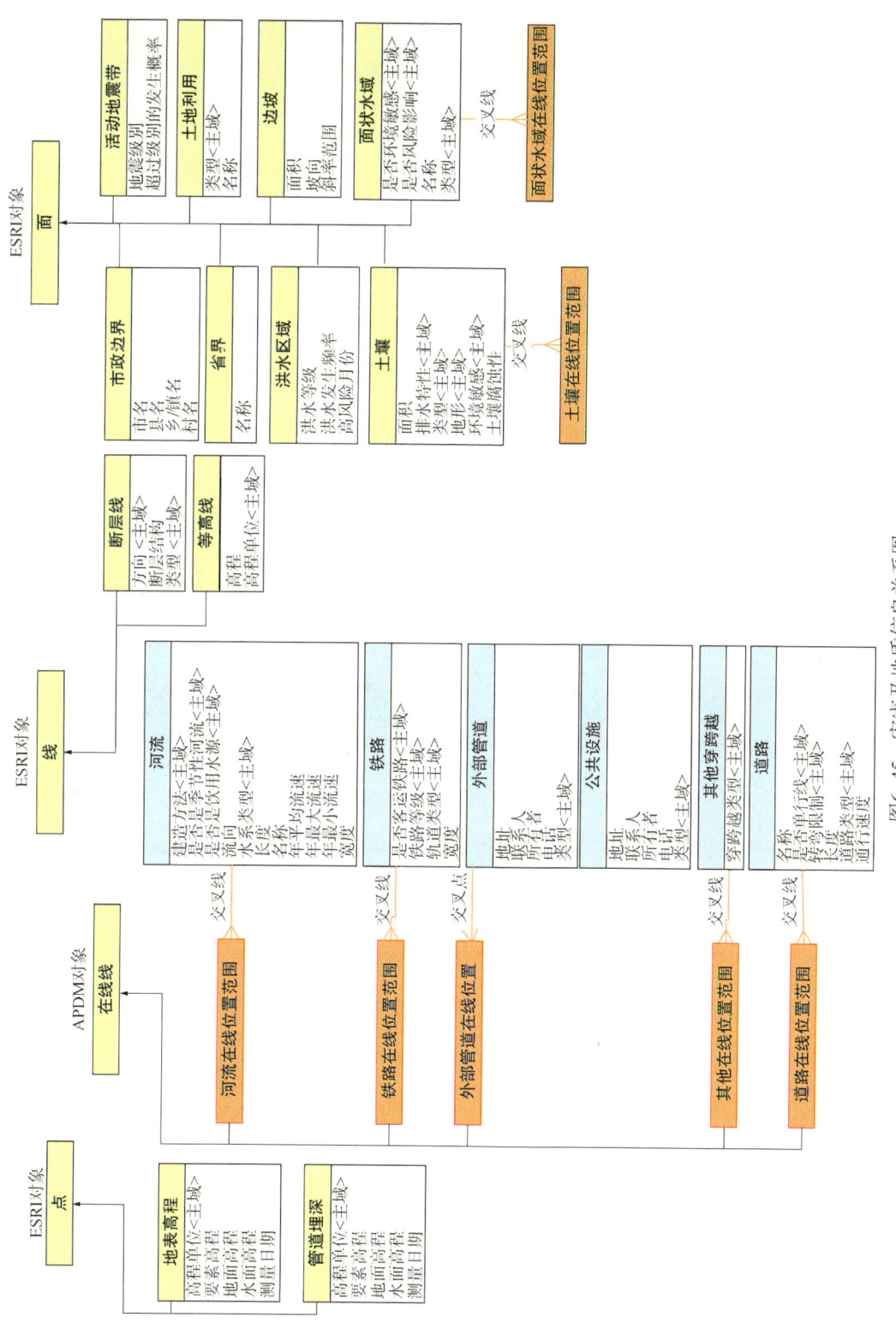

图6-45 灾害及地质信息关系图

依据系统《保护电位测量》中的数据实现阴极保护状况,通过有效性评价进行展示。用户可以依据查询条件查询满足条件的数据,以表格的方式进行展现。考虑在地理信息系统上依据阴极保护状况等级,用不同的颜色展现管道的阴极保护状况。

阴极保护状况等级划分,以保护状态为基准(欠保护、过保护、在保护)。

以直方图、折线图展示阴极保护状态等级变化情况横坐标:(1)以测试桩为数据点;(2)以里程为数据点纵坐标。苏里格气田集输管网基础信息系统设计报告(直方图展现等级,折线图展示具体数据)不同点位电位数据(通电电位、断电电位、自然电位,分析极化电位)的图形叠加:以测试桩为数据点的分析图、以里程为数据点的分析图(折线图)。

腐蚀防护模块如图 6-46 所示。

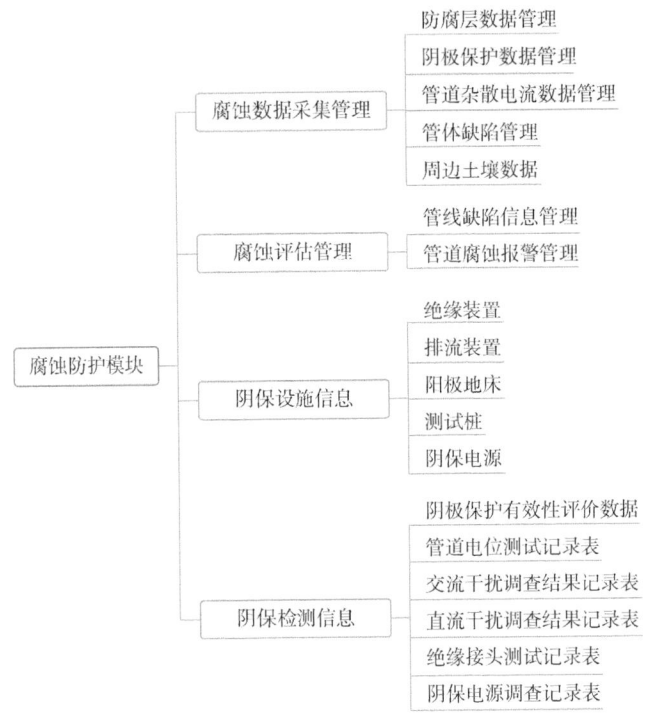

图 6-46　腐蚀防护模块示意图

阴极保护模块功能见表 6-6。阴极保护表关系如图 6-47 所示。

表 6-6　阴极保护模块功能表

序号	模块	功能说明	模块包含操作
1	保护电位	保护电位测试数据管理	
2	自然电位	自然电位测试数据管理	
3	阳极电阻	阳极接地电阻测试	
4	恒电位仪运行记录	恒电位仪运行记录查询	
5	防腐层检漏	管道外防腐层检漏	
6	电流密度	保护电流密度计算	

第6章 管道完整性管理系统技术

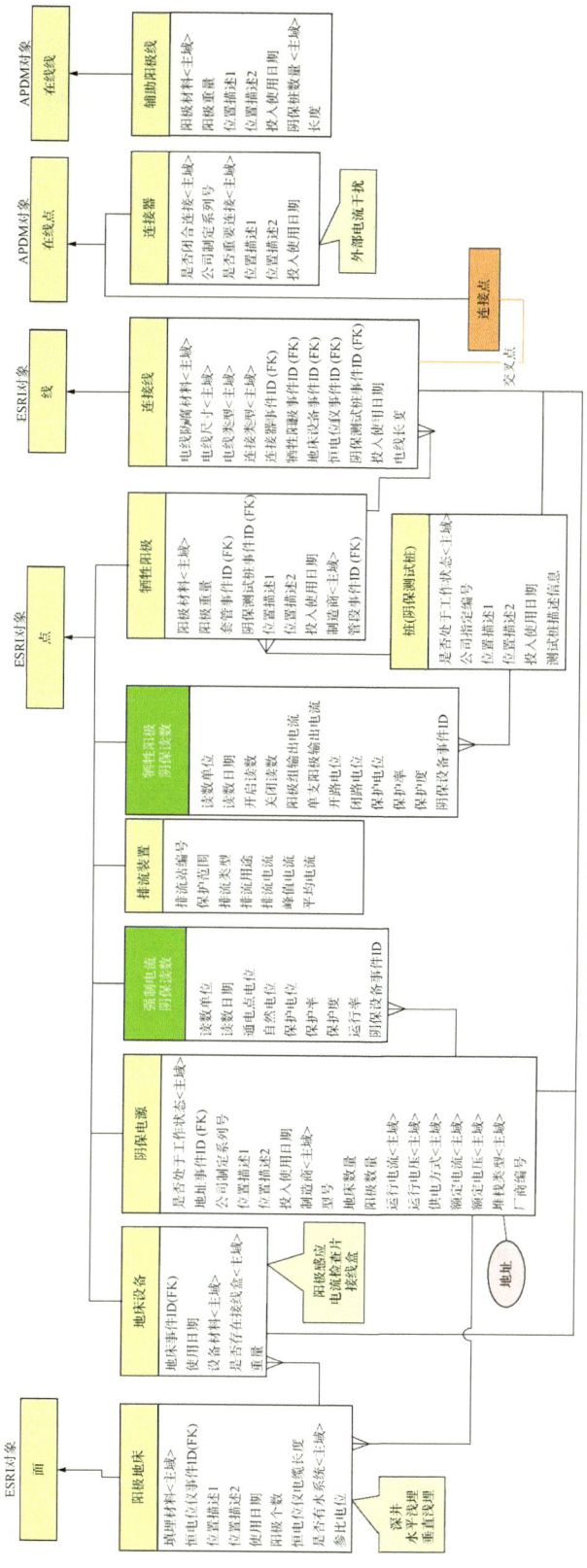

图6-47 阴极保护表关系图

6.3.5.3.4 本体管理模块

管道本体管理，对管道建设阶段，影响管道的管材、管件、焊接、防腐、试压等施工信息进行管理，在管道进入运营期后，对管道本体的内检测、管道维修、维护数据进行及时的更新和维护，并将在运营阶段产生的数据采集入库。

管道内检测评价管理是一种用于确定并描述缺陷特征的完整性评价方法，主要包括变形内检测、漏磁内检测、超声内检测及其他内检测等，内检测的有效性取决于所检测管段的状况和内检测器对检测要求的适用性。

管道运行数据包括输送介质、操作压力、最大最小操作压力、操作温度、最大最小操作温度、防腐层状况、管道检测报告、内外壁腐蚀监控、压力波动、阴极保护数据，维护、维修、检测数据，失效事故、第三方破坏相关信息等。

管道运行数据里比较重要的几个是阴保数据、内检测数据、外腐蚀检测数据。

管道管理者应通过现场测量、调查、检测等方法采集管道完整性管理所需的分析评价数据。

数据应按照数据库建设要求统一录入数据库，日常管理数据应实现当日更新，及时录入数据库，应保证数据的真实性。不具备当日录入数据库条件的数据，应保存纸质记录或电子版记录。

各站在数据采集方面的工作职责是：收集数据、数据校验、数据存档、数据更新；各站侧重于日常管理数据、线路基础数据。

管道科的工作职责为：收集数据、数据校验、数据整合、数据录入、数据更新。管道科则侧重于检测类数据、施工数据、管道管理数据。

本体管理模块如图 6-48 所示。

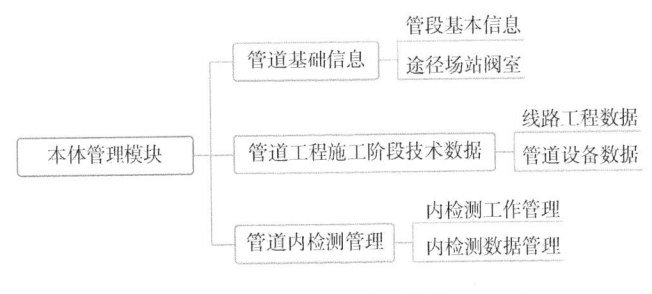

图 6-48 本体管理模块

管道表关系及检测表关系如图 6-49 和图 6-50 所示。

6.3.5.3.5 风险评价模块

风险评价是指识别对管道安全运行有不利影响的危害因素，评价事故发生的可能性和后果大小，综合得到管道风险大小，并提出相应风险控制措施的分析过程。是基于管道基础数据，结合在灾害防治、腐蚀防治、本体管理等方面采集的内容，组织进行管道高后果区识别及管道风险评价工作。对风险的全面识别、评估和控制贯穿于完整性管理流程始终。完整性管理是一种涉及多项复杂技术的高水平管理方法，核心内容是对管道状态最大

第6章 管道完整性管理系统技术

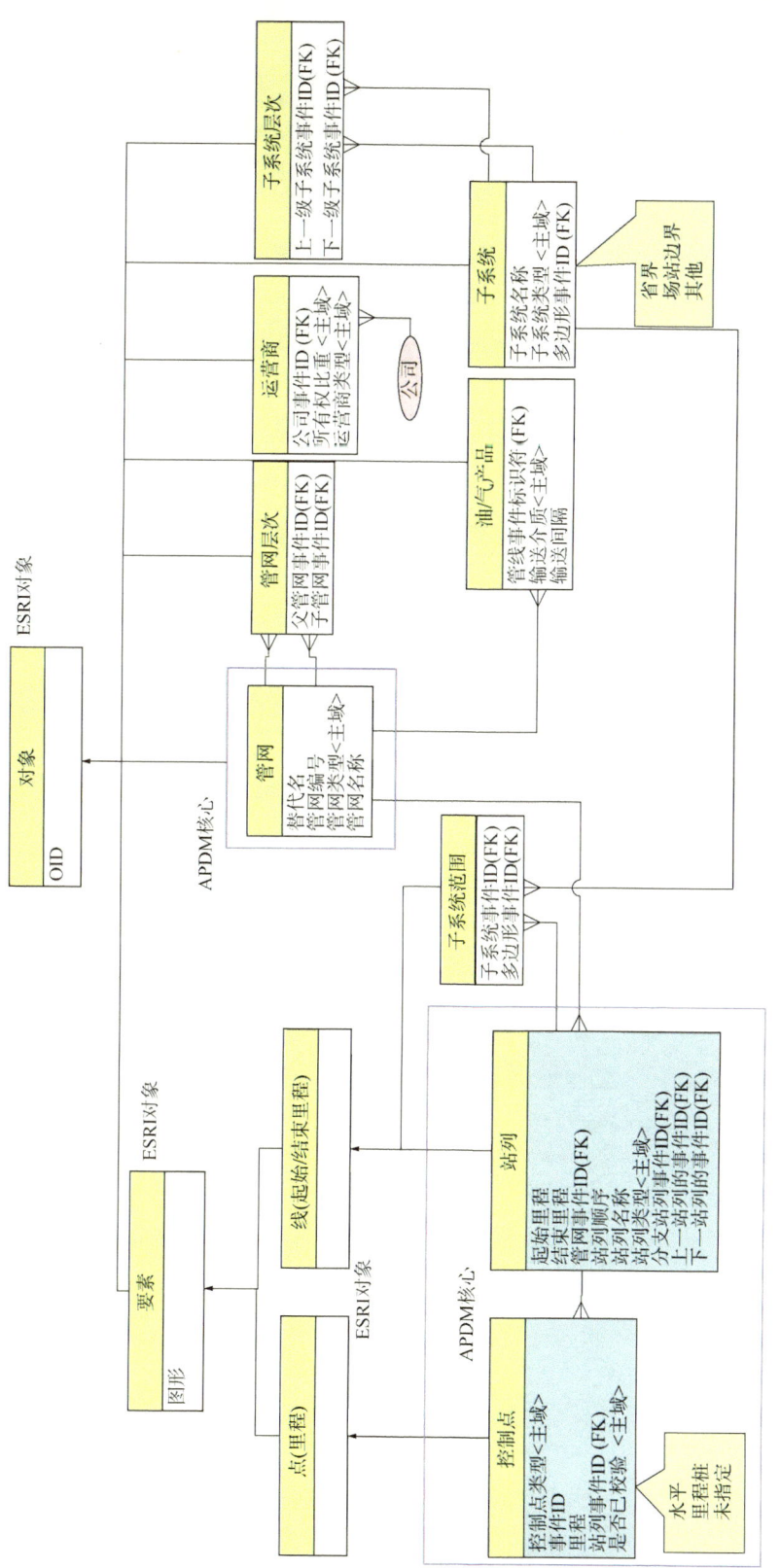

图6-49 管道表关系图

· 213 ·

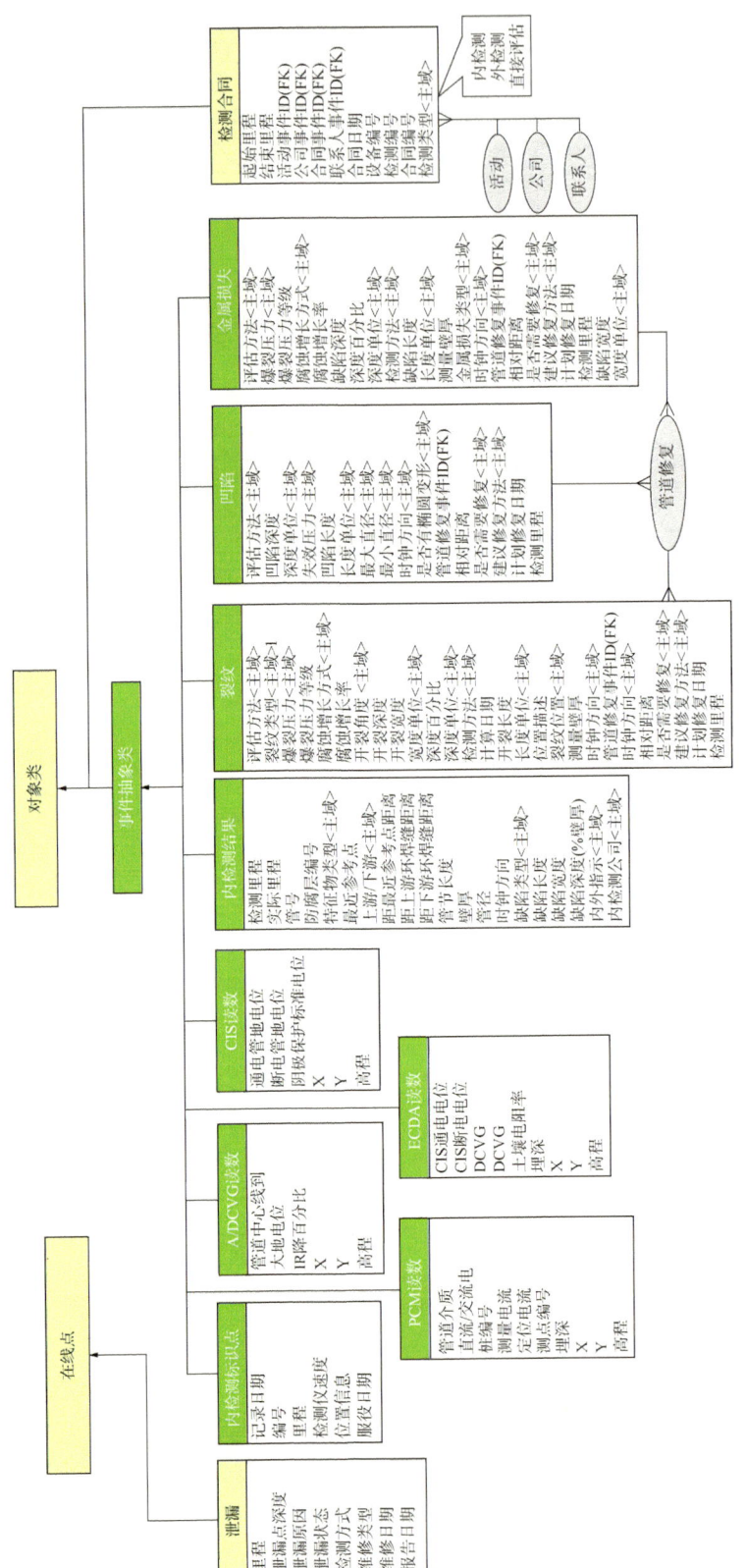

图6-50 检测表关系图

限度认知,实现风险减缓方案的优化,将有限的资源首先用于可最大程度降低管道事故发生风险的措施。

风险评价对周边环境可能的隐患点(包括管道敷设环境、管道标识、管道占压、管道保护、安全距离等)根据数据表单进行结果展示,部分数据依据相关标准法规简单判断符合或不符合,进行结果展示。周边环境隐患:巡线过程中能够发现的包括管道敷设环境、管道标识、管道占压、管道保护、水工保护、安全距离、第三方施工管理等。

高后果区指如果管道发生泄漏会对于人口健康、安全、环境、社会等造成很大破坏的区域。高后果区用管道上的边界位置来描述区域位置,如从(×××km±××m)~(×××km±××m)或两端 GPS 点来描述。

随着人口和环境资源的变化,高后果区的地理位置和范围也会随着改变。

管道环境数据有行政区划、地理位置、土壤信息、水工保护、附近人口密度、建筑、三桩、海拔高度、交通便道、环保绿化、穿跨越、管道支撑、道路交叉、水文地质、降水量、航拍和卫星遥感图像等数据信息,还包括管道周边的社会依托信息,例如,政府机构、公安、消防、医院、电力供应和机具租赁等数据信息。

管道环境数据里比较重要的几个是土壤信息、公路、铁路、河流、湖泊、水工保护、水文地质、社会依托。

风险评价模块如图 6-51 所示。

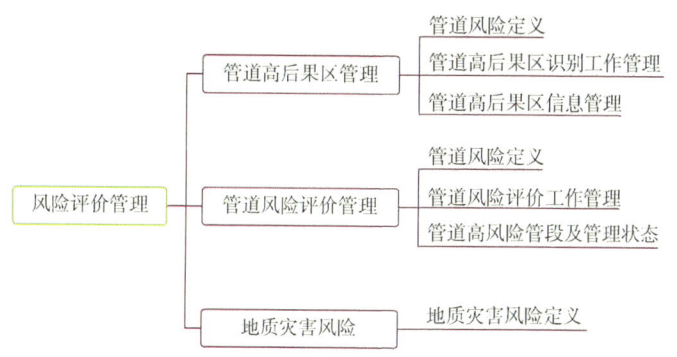

图 6-51 风险评价模块示意图

管道风险表关系如图 6-52 所示。

6.3.5.3.6 维修维护模块

管道维修维护需要根据完整性评价结果,对管道进行维修与维护,根据风险评价结果,针对可能存在的威胁,也应制定和执行预防性的风险减缓措施。根据管道完整性业务中提出的管道维修维护计划,对管道本体进行更新、改扩建等相关工程内容的过程管理。

维修维护模块如图 6-53 所示。

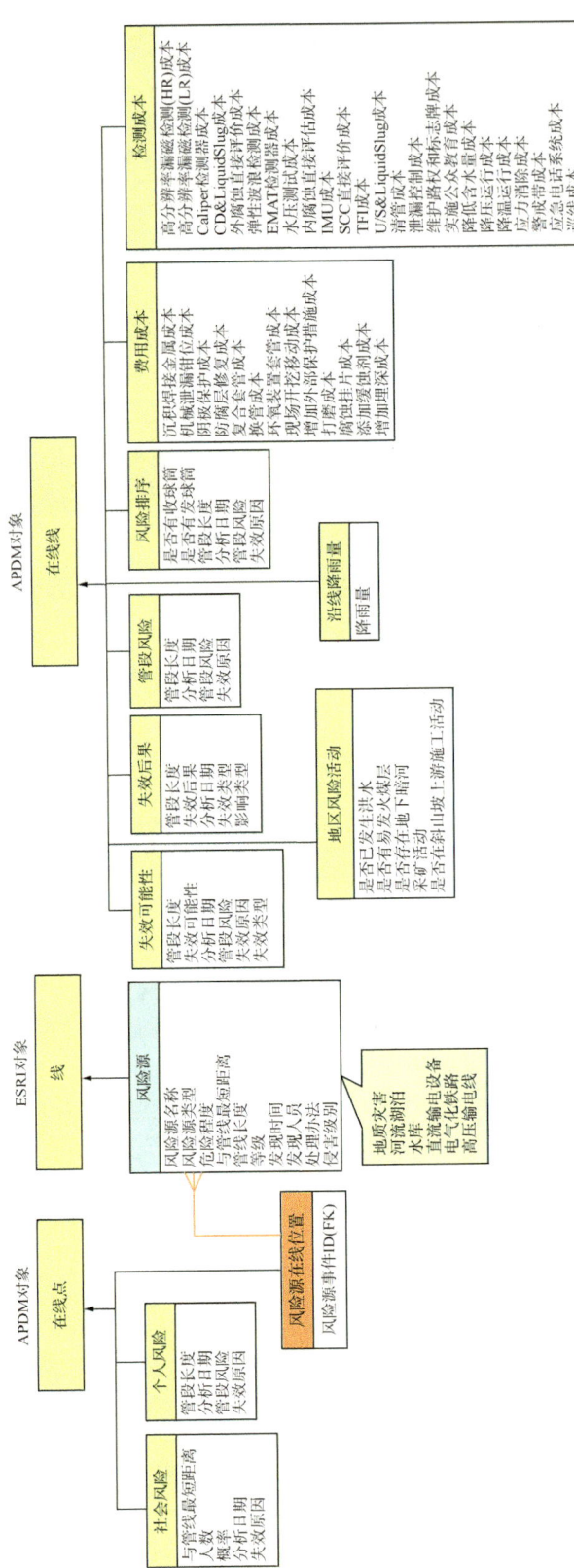

图6-52 管道风险表关系图

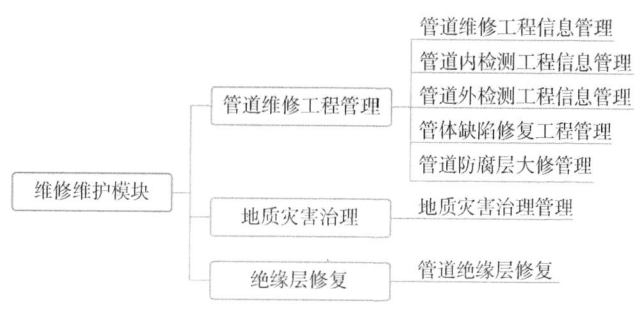

图 6-53 维修维护模块

维修维护表关系如图 6-54 所示。

6.3.5.3.7 维抢修管理模块

当各个模块未达到安全标准、进行自动提示时可生成维修单，进入维修维护管理模块。

根据管道分布，合理配备专职维抢修队伍，并定期进行技术培训与演练，合理储备管道抢修物资。管材储备数量不应少于同规格管道中最大一个穿、跨越段长度；对管道的阀门、法兰、弯头、堵漏工（卡）具等物资应视具体情况进行相应的储备。应合理配备管道抢修车辆、设备、机具等装备，并定期进行维护保养。

管道维抢修现场应严格按照操作规程进行操作，采取保护措施，划分安全界限，设置警戒线、警示牌。进入作业场地的人员应穿戴劳动防护用品。与作业无关的人员不应进入警戒区内。在管道上实施焊接前，应对焊点周围可燃气体的浓度进行测定，并制定防护措施。焊接操作期间，应对焊接点周围和可能出现的泄漏进行跟踪检查和监测。

管道维抢修结束后，应及时对施工现场进行清理，使之符合环境保护要求。及时整理竣工资料并归档。

各种失效原因分为五大类，分别是外力、腐蚀、焊接和材料缺陷、设备和操作及其他，外力是第一位的，约占失效总数的 43.6%；其次是腐蚀，占 22.2%；设备和操作居第三位，占 15.3%；焊接和材料缺陷引起的失效较少，约占 8.5%。

维抢修规划管理如图 6-55 所示。

6.3.6 移动办公应用子系统

移动办公应用子系统的建设目标是在不影响原有管理系统的运行使用的基础上，基于移动通信网络建设移动办公应用系统，作为全生命周期管理系统建设内容延伸和补充内容，实现移动办公，做到真正的掌上办公，实现同步办公、协同办公、交互办公，全方位地满足公司领导与外出工作人员需求。

其具体建设目标如下：

（1）解决相关人员使用手持移动终端随时随地办公的问题，避免由于环境、条件等问题贻误工作。

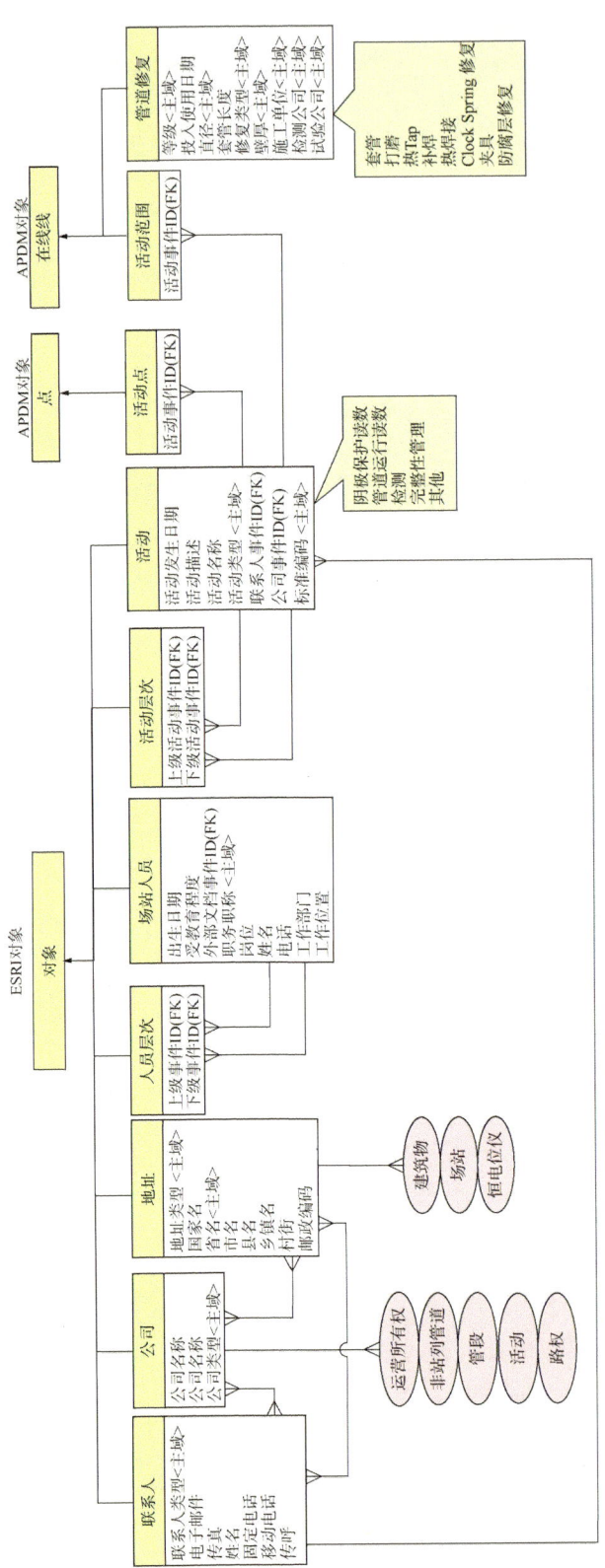

图6-54 维修维护表关系图

图 6-55　维抢修规划管理

（2）解决出差人员或外出办公人员需及时获取单位通知、公文、业务审批、会议或活动通知等内容。

（3）解决人员外出时进行文件查阅、文件查找与文件转发等工作。

（4）解决所有人员随时随地的沟通问题，工作人员可随时随地接收和处理工作任务。

（5）移动端部分功能可以根据需要采集人员位置、坐标等信息，如外勤人员、巡线人员，实现人员定位与跟踪。

移动办公应用子系统属于全生命周期管理系统的业务与技术的延伸，与全生命周期管理系统形成互补，总体架构上密不可分。

移动终端如智能手机、平板电脑等可以安装后打开 APP 应用，并通过移动网络（4G/3G/GPRS 等）、无线 WIFI 等接入移动应用服务器。

移动应用服务器将处于安全隔离网段，是全生命周期管理系统运行的前置层，分为前置服务、安全认证与链路检测等部分。移动应用服务器主要负责移动办公子系统（APP）与移动应用管理平台、全生命周期管理各子系统的中间交互，实现数据交换过程中的接口服务、数据加密与解密、签名与验签和数据压缩等功能，通过消息队列或其他安全渠道与后台服务对接。

6.3.6.1　技术架构设计

移动办公应用平台应遵守业界技术规范，采用最成熟的移动应用开发技术，利用一致的可共享的数据模型，以提高系统的灵活性、可扩展性、安全性以及并发处理能力。关键技术如下：

（1）客户端开发技术。

HTML5 作为最新的移动开发技术，具有跨平台、快速开发、精美动画效果等特性，对强调展示效果的模块，采用 HTML5 与 Android 结合技术，可以大幅提高开发效率与展示效果，并使系统可维护行更强。

图像采集与图像处理技术，是结合移动设备的图像采集系统，实现对图像的采集及处理并最终进行展示的技术，具有操作简便、采集数据直观等特点。采用图像采集与图像处理技术，实现对用户信息的采集及上传，使用户能够以最简便的交互方式完成更直观的信息采集，同时能够方便客服人员准确地理解用户所要表达的信息。

(2) Hybrid 框架。

Hybrid App 是指介于 web-app、native-app 这两者之间的 app，它虽然看上去是一个 Native App，但只有一个 UI WebView，里面访问的是一个 Web App。Hybrid 可以快速实现跨平台的开发。

(3) 消息推送。

可以采用目前市场上比较成熟的即时通信产品或者开源产品，需要支持点对点，群聊，图片、文字语音等多个功能。

(4) 安全防护。

使用数字签名、RSA 加解密算法以及结合相应技术完成数据安全功能，采用 gzip 技术实现数据加解压，消息推送。

移动办公平台应用对安全体系和防护措施提出了很高的要求，可靠的安全防护是本项目的关键技术：访问及通信安全技术。采用数字证书和加密机制进行身份认证及传输安全控制，根据 RSA 非对称加密机制，证书公钥对摘要进行加密，服务器端使用私钥对摘要进行解密，两次摘要对比，实现访问及通信安全。

通过以上关键技术的防护作用，实现营销手机应用的多级安全防护体系，打造安全可靠的移动应用。

在系统性能和可靠性保障技术方面，本项目将采用和研究移动应用的性能和可靠性保障技术，对以下技术点将进行研究突破和应用：

① 分布式缓存技术。

本项目将采用系统级(Squid、Nginx 缓存)、应用级(OSCache、Memcached)缓存技术实现缓存功能。

② 负载均衡和集群技术。

比如研究并利用按业务域进行集群，有效保证系统的性能和可靠性。

6.3.6.2 安全方案

(1) 安全架构描述。

移动办公安全架构方案依托公共移动接入网络基础设施，采用主要的移动通信技术(4G/3G/Wifi/VPDN 等)，以移动智能终端(如：智能手机和 PAD)作为移动终端设备，从网络的安全认证与接入、安全传输、网络访问控制到移动终端的安全应用和移动安全管理等方面进行综合安全防护，构成了多层次、全方位的移动安全保障体系。

通过构建一套技术先进、安全可靠、可行、低成本、易管理安全保障体系，可实现以下总体目标：解决公司移动终端用户通过公共通信网络访问全生命周期管理系统业务信息资源的安全可信接入问题，并建立一套基于公用移动网络的安全接入、安全应用和安全管理的统一平台。

随着移动办公的推广应用，主要面临如下安全风险：

① 终端接入身份安全。

移动终端接入时，由于终端的移动性，接入终端存在非法使用、非授权访问等安全问题，缺乏安全机制保障终端的安全和用户的合法性，在终端使用环境上存在安全风险，存在非法终端私自接入内网的隐患。

② 链路通信遭威胁。

在链路和通信安全上，移动终端接入时需采用链路认证机制以及数据传输机密性、完整性保障机制，保障链路的合法性和防止单位敏感信息在传输过程中存在被泄漏或被篡改。由于网络是非法人员对系统进行攻击的首要目标，因此必须通过网络访问控制、包过滤、隔离等方式加强网络环境的安全防护，抵抗来自公网的各种攻击。

③ 应用级安全风险。

随着移动办公应用的逐渐深化，越来越多的单位不仅仅需要移动办公接入的安全，应用自身的安全亦需要保障，例如系统中的数据在移动终端的应用如何确保不丢失或不被泄密是需要进行考虑和防范的。

④ 管理风险。

移动办公设备接入后以及在安全应用的同时，设备的管理和日志的相关审计亦是需要考虑的一个安全维度，可保证在移动设备丢失或失窃后在管理中心可具备挂失或者注销的机制。

（2）安全架构设计。

移动办公安全架构方案涉及的安全问题可归结为移动信息空中传输的安全问题和移动信息落地后的安全问题，对于前者的安全设计，主要通过保障终端安全接入、传输链路加密等安全措施实现；而落地之后的安全设计主要涵盖访问日志分析、访问控制等，因此，移动安全管理平台涉及的安全设计主要涵盖身份认证设计、信息安全设计、网络系统安全设计以及应用安全设计。

① 身份认证设计。

为保证外部移动终端安全的可信接入，移动安全管理平台为各类移动终端提供身份认证功能，实现外部移动终端和移动安全管理平台间的相互身份认证。通过第三方身份认证系统实现只有经过身份认证的外部移动终端方可接入，未经过身份认证的外部移动终端不可接入。

② 信息安全设计。

信息安全主要包括信息完整性安全和信息保密传输安全，信息安全设计通过数据完整性、信息保密和抗抵赖等安全服务，使用移动终端使用Https协议与移动前置交互，保证移动应用系统中信息内容在存取、处理和传输中保持其机密性、完整性和可用性，确保信息系统主体的可控性和可审计性等特征。

③ 网络系统安全设计。

网络系统安全是保障网络通信基础设施、网络上的各种系统及各种应用软件的正常运行。它建立在物理安全的基础之上，主要包括网络访问安全、网络通信系统安全、应用安全、设备管理与日志审计跟踪等几个方面，是实现整个移动应用系统安全的基础。

④ 应用安全设计。

应用安全通过对接入的业务、用户等信息进行注册；对接入业务和用户行为等进行审计实现外部移动终端访问信息内网资源的权限控制问题。

(3) 安全方案实现。

① 身份认证安全。

移动终端设备首先必须在移动应用系统中进行身份认证，并登记用户手机号与终端硬件码，管理员确认之后才能建立和综合办公系统之间的连接。使用移动终端接入移动办公系统时，输入口令，综合办公系统验证口令和手机号、终端硬件码，通过才能建立安全连接，从而保证用户身份的合法性，否则根本无法接入平台，无法使用移动终端的移动办公功能。

② 传输加密。

通信安全通过采用安全的密钥管理方案、非对称加密算法和数据加密封装传输实现了通信过程的机密性和完整性，保证数据不篡改、链路正确及数据加密传输。

在安全加密的基础上，还可以建立专线APN，在使用移动办公应用时，移动终端预先建立专线APN网络，达到更高层次的网络传输安全需求。

③ 数据安全存储。

移动前置应用将公文正文与附件实时转换，转换后源文件销毁，实现在线阅览；移动办公系统文件可在终端打开浏览，但无法复制或转发给他人本地不留痕，阅览后自动销毁。

④ 访问控制与设备管理。

系统后台管理支持对设备进行实时的启停用控制，支持挂失、注销等多种管理方式，针对不同的用户，系统还支持授权访问管理，即针对不同角色、身份的移动终端的应用访问范围进行差异化设定（在多应用并存的情况下），以保证应用系统的访问安全。

6.3.6.3 移动应用功能方案

(1) 生产协同办公应用APP。

生产协同办公应用面向公司所有内部员工，功能包括待办工作、文件查询、生产动态、我的消息四个部分功能。作为APP安装在各类移动终端上，运行在移动互联网层。

待办任务包括个人、部门与岗位的待办任务与已办任务，领导人员的待办审批等。

文件查询包括个人文件、公共文件、文件流转、个人收藏、政策法规与文件转发等功能。

生产动态包括各类工程、生产、安全应急等决策信息的推送与查看。

我的消息包括短信服务、即时消息、微信消息与系统消息等功能。

个性化设置：主要实现用户对功能的设置，包括推送设置、个人信息、帮助、关于我们、信息反馈等功能，如图 6-56 所示。

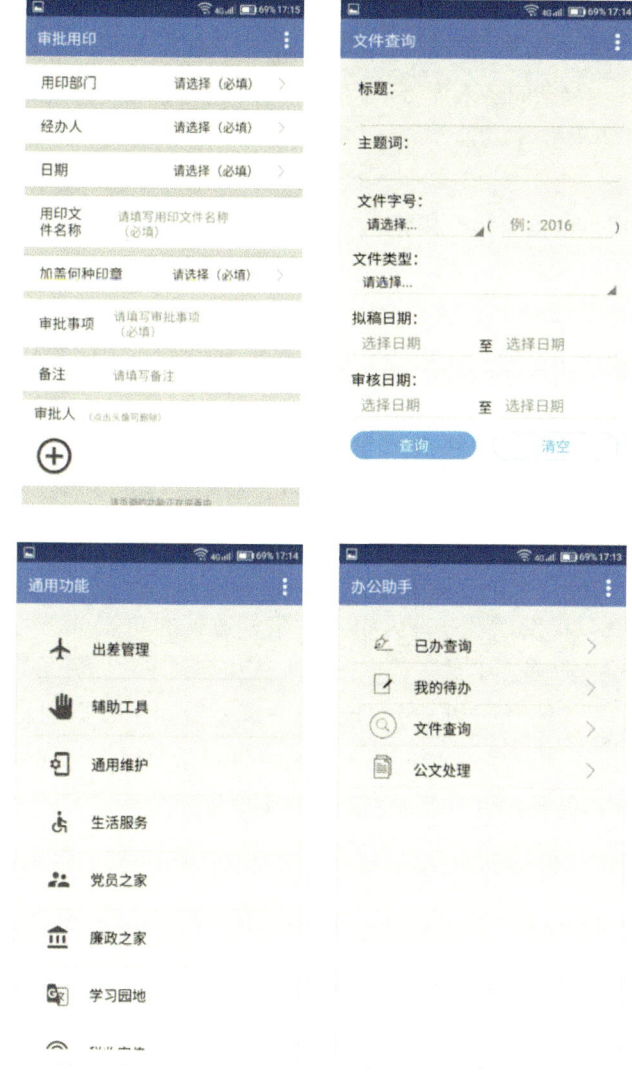

图 6-56　生产协同办公应用 APP

（2）项目管理应用 APP。

项目管理应用 APP，主要针对公司现场项目管理人员、监理、承包商数据采集的一款应用终端。

根据管道施工的行业特点，融合当前先进的信息技术和软件设计理念，实现施工现场管理移动端软件。可搭载于一部加固三防（防尘、防震、防水）的平板电脑中，能用于项目管理各方在施工现场实时记录施工数据。移动端整合现场报批、报验等流程审批功能。实现依托移动端软件，可以随时批示工程审批文件，加快工程信息处理。移动端系统在实现现场数据报批、数据采集的同时，还同步记录了采集数据信息的坐标点，可以有效帮助业主进行现场人员控制，跟踪人员出勤率。

现场管理移动端作为全生命周期数据库现场施工信息化采集支撑手段，由机组人员使用进行施工、安装、检测和调试数据的现场记录、上传和移交，监理人员现场进行数据审核，保障数据移交工作及时性和准确性。基础功能主要包括登录、数据填报和拍照，数据上报，现场监理审核，数据同步入库等。

系统主要有以下几种技术功能。

① 远程登录。

② 数据填报：提供依据全生命周期数据库移交规定的数据填报、本地存储、校验和查询功能。不同类型的机组可根据本机组实际的施工范围进行配置需填报的作业数据范围。

③ 拍照录像：提供拍摄照片的功能。在数据录入设置了拍照的快捷按钮，方便拍摄照片，并与录入的数据进行关联。

④ GPS 定位数据同步记录：提供同步 GPS 定位数据记录的功能。在数据录入时同步记录 GPS 数据，方便拍摄照片，并与录入的数据进行关联。

⑤ 数据上报：提供数据单条上报和多条上报的功能。数据上报后，可在"已上报"列表中查看数据审核状态。

⑥ 现场监理审核：提供现场监理人员及时审核数据的功能。现场监理人员身份校验通过后，可在"监理审核"列表中进行数据单条审核和多条审核，并填写审核意见。

⑦ 数据同步入库：提供与全生命周期项目管理系统同步数据的功能。数据审核完成后，根据当前网络条件，可选择需要同步的单条或者多条数据进行同步入库。在网络条件不畅情况下，现场采集的数据可以离线存储在终端数据库中。

计划设定功能模块见表 6-7。

表 6-7 计划设定功能表

分类	功能单元	描述	备注
业主单位业务	施工技术数据查验	对施工单位填报的现场施工记录进行查验	
	工程报验项在线确认	对施工方、监理方审核的工程报验记录进行审核，同时拍摄现场工程照片、记录数据采集坐标	
	现场变更在线确认	对施工方、监理方审核的现场变更记录进行审核，同时拍摄现场工程照片、记录数据采集坐标	
	工程量签证在线确认	对施工方、监理方审核的工程量签证记录进行审核，同时拍摄现场工程照片、记录数据采集坐标	
	现场巡视检查日报	记录各种现场巡视检查情况，通过移动端上报至系统，同时拍摄现场工程照片、记录数据采集坐标	
	工程文件查看与办理	工程文件在线查看	

续表

分类	功能单元	描述	备注
监理单位业务	施工技术数据查验	集成现场数据采集各种表单,实现施工单位现场数据采集	
	工程报验项在线确认	分步分项工程、隐蔽工程等工程报验在线申请,填报报验信息,施工计划,同时拍摄现场工程照片、记录数据采集坐标	
	现场变更在线确认	现场变更申请在线填报,填报变更说明信息,施工计划,同时拍摄现场工程照片、记录数据采集坐标	
	工程量签证在线确认	工程量签证申请在线填报,填报签证说明信息,同时拍摄现场工程照片、记录数据采集坐标	
	现场巡视检查日报	记录各种现场巡视检查情况,通过移动端上报至系统,同时拍摄现场工程照片、记录数据采集坐标	
	工程文件查看与办理	工程文件在线查看	
施工单位业务	施工技术数据采集	集成现场数据采集各种表单,实现施工单位现场数据采集	
	工程报验项在线申请	分步分项工程、隐蔽工程等工程报验在线申请,填报报验信息,施工计划,同时拍摄现场工程照片、记录数据采集坐标	
	现场变更申请	现场变更申请在线填报,填报变更说明信息,施工计划,同时拍摄现场工程照片、记录数据采集坐标	
	工程量签证申请	工程量签证申请在线填报,填报签证说明信息,同时拍摄现场工程照片、记录数据采集坐标	
	工程文件查看与办理	工程文件在线查看	

相关案例页面如图 6-57 所示。

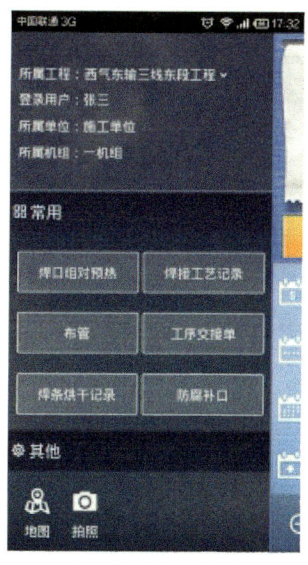
(a)账户信息和快捷菜单页

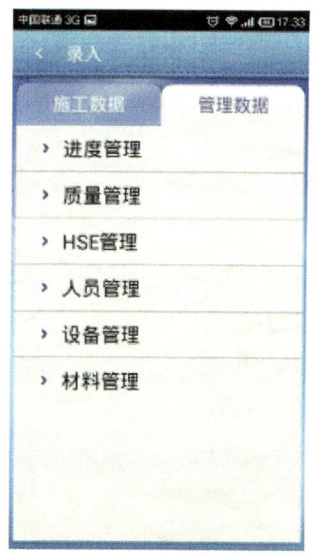
(b)主页

图 6-57　相关案例页面图

智慧管网技术

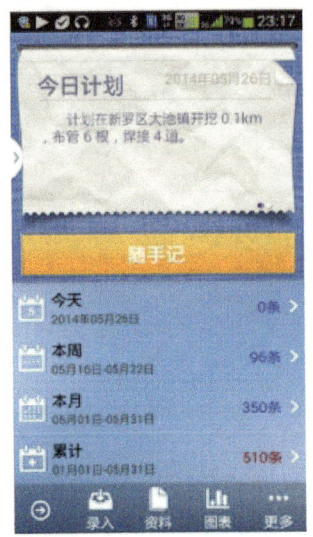

(c)施工数据录入菜单页面　　　　(d)管理数据录入菜单页面

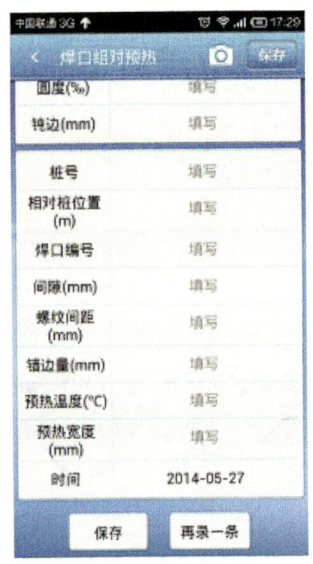
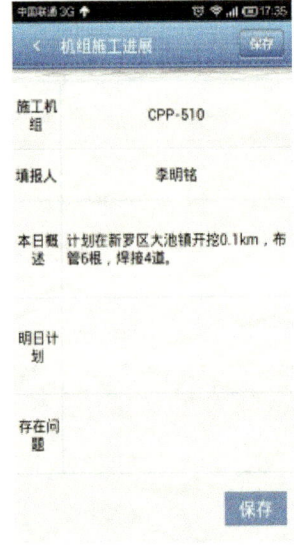

(e)焊口组对预热数据录入页面　　(f)机组施工进展数据录入页面

图 6-57　相关案例页面图(续)

(3) 移动巡检应用 APP。

移动巡检应用 APP 主要面向公司巡检人员。

① 移动终端合法性认证。

以 SIM 卡号唯一标识巡线工。通过调用 WebService 接口来判断该巡线工是否合法。如果不合法,将无法登录终端。

② 下载巡检计划。

终端登录后,通过调用 WebService 接口完成巡检计划的下载,下载之后保存在内存中。每次登录系统后都会下载巡检计划。

③ 在线注册。

在开始巡检后，将主动实现与 Socket 服务的连接。连接成功后，将发送注册请求，内容包括 SIM 卡号。

④ 巡检轨迹回传。

在开始巡检后，获取当前 GPS 位置坐标及速度，并通过 socket 连接根据回传频率定时上传数据。计算巡检范围是否超限、巡检速度是否超限，如存在告警情况将上传数据，内容包括任务号、位置、告警类型、时间。

计算是否经过必经点，如果经过某个必经点则上传数据，内容包括任务号、必经点、时间，同时持久化该必经点信息。

⑤ 上报事件。

支持对巡检事件的记录，内容包括事件类型、事件描述等，并支持进行拍照。可通过 Socket 连接上传事件内容及照片附件。

⑥ 巡检控制。

支持巡检过程控制，包括开始、结束、暂停/继续。

巡检开始后，连接 Socket 服务，并发送注册请求。如果连接不成功，则继续巡检，并持久化实时数据，待正常连接后上传数据。

巡检结束后，将发送巡检完成请求，并断开与 Socket 服务连接，清空持久化数据。如果 Socket 未连接，则将持久化该请求。

巡检暂停后，将发送巡检暂停请求，同时停止计算及上报实时数据。巡检继续后，将发送巡检继续请求，同时计算及上报实时数据。

⑦ 盲点补传。

如果出现 GPRS 信号盲区，使得 Socket 连接断开的情况，将持久化实时数据（位置、告警、事件）、注册请求、结束请求、暂停请求、必经点信息。并定时与 Socket 服务进行重连，待连接后，分批发送持久化数据到 Socket 服务。

⑧ 断点巡检。

对于出现诸如终端掉电等情况使得巡检过程中断的异常情况，采取以下方法处理：

待终端开机登录后，将重新下载巡检计划，并将当前任务号与持久化的任务号进行比较，如果两者相同，则依据已持久化的必经点继续巡检；如果两者不同，则清空持久化任务数据，采用当前计划进行巡检；如果不存在巡检计划，则清空持久化任务数据。移动端 APP 页面如图 6-58 所示。

6.3.7 决策支持子系统

基于完整性数据中心和全生命周期管理应用系统集成的辅助决策系统，通过选取提炼决策点、数据挖掘、预定义报表、多维分析、动态分析等技术手段，实现对完整性管理、审查运营、战略决策、企业经营、财务、供应链（采购、供气、销售供应链）等信息的深度分析提取，实现对管理和现状的及时、全面、深入了解，支持管理改善和战略决策。为领

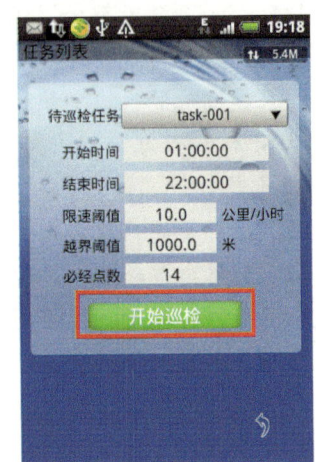

图 6-58 移动端 APP 页面图

导层提供统一、方便、友好的决策信息获取渠道，辅助制定科学全面的战略决策。

中长期看，该项目将从以下几个方面实现数据分析与决策支持。

（1）生产安全方面。

生产安全方面决策支持主要服务于生产相关部门，主要包括生产日常动态信息分析，场站设施监控信息分析，用户天然气设施生产运行监督工作，天然气、液化气日常生产数据分析，应急资源储备分析等，以便进行生产过程中的数据展示与风险预测。

（2）客户营销方面。

客户营销信息分析主要服务于天然气的营销部门，包括营销计划预测、供需分析、销售价格分析，以辅助制定天然气和液化气销售计划、指导未来天然气和液化气购销管理工作，预测价格调整规律，实现个性化的客户管理。

（3）工程项目方面。

工程项目分析主要服务于工程管理部门，主要包括项目的投资收益分析、项目履约分析、安全事故分析、项目风险分析等，用以辅助分析承包商的履约情况，筛选优质承包商，优化项目执行模式，辅助分析工程价格。

（4）综合数据分析方面。

综合数据分析是在建立了完善的数据仓库和数据集基础上，实现多个业务的数据交叉分析，例如市场规模分析、购销差损分析、人均利润分析、消费结构分析等涉及不同业务线条的分析工作。

6.4 智能感知物联网

无处不在的感知末梢和传感网络间的互联互通，是管道智能化建设的基础。通过感知、通信、计算、远程控制等设施，实现人、产品、设备、网络之间新的互动关系，可以极大地提高工业互联网的智能化水平。

管道企业智能化设备设施的设计以管道安全运营需求为主导，秉着"保障管道本体安全、确保管道周边环境安全"两条主线进行设计,构建天空、地面、地下一体化的立体防护网,力求实现全方位无死角的防护体系,进而有效保障管道本质安全。

引起管道安全的主要因素有外部因素和内部因素。外部因素主要表现为工程施工过程中挖掘机械、钻孔机器在不明情况下破坏管道,违章施工和重车碾压等第三方的破坏;违章作业、违章指挥等操作失误引起安全隐患;地震、洪水及地质灾害等自然灾害;施工质量不合格、设备故障机本身使用材料的缺陷等施工及制造缺陷等都有可能导致燃气泄漏。内部因素主要是燃气输送管道自然老化,管道材料自然脱落,可能引起管道部分阻塞或破损,输气误操作也可能引起管道压力的波动。针对这些因素,采用了相应的智能化设施控制手段。

按照生产运行、安全保障、故障诊断三个维度将企业管道智能感知设施进行了全面的梳理,主要情况见表 6-8。

表 6-8 企业管道智能感知设施梳理表

序号	分类	智能感知设施	管线智能化	站场智能化
1	生产运行	SCADA 系统		√
2		智能巡线终端	√	
3		阴极保护智能在线监控	√	
4		安全防范系统	√	√
5		智能变电站		√
6		电力调度管理中心		√
7	安全保障	次声波泄漏检测系统	√	
8		隧道可燃气体泄漏监测系统	√	
9		管道应力应变监测系统	√	
10		10/0.38kV 低压电能管理和监控系统		√
11	故障诊断	压缩机远程故障诊断		√
12		仪表设备故障诊断		√

6.4.1 生产运行

6.4.1.1 SCADA 系统

(1) 系统功能。

以某管道系统自动化配置为例,其自动控制系统采用了 SCADA 系统,由 1 座调度控制中心(北京)、1 座后备控制中心(郑州)、6 套输气管理处监视终端、64 套站控系统(以下简称 SCS)、348 套远程终端单元(以下简称 RTU)构成。

正常情况下调度控制中心负责全线自动化控制和调度管理,后备控制中心与调控中心实时保持数据同步,在调度控制中心故障或发生战争、自然灾害等情况下后备控制中心接管全线 SCADA 系统监控。

每个输气管理处设置2台监视终端、1台压缩机诊断操作站。管理处监视终端是SCADA的远程操作站,监视所管辖输气管道的运行状况,便于管道的运行和管理。监视终端只能监视,不能控制。

管道控制方式分为调度中心控制级、站场控制级和就地控制级的三级控制方式。

管道线路按照无人值守、远程控制的控制水平开展相关设施设计。所有的正常操作流程、检修操作流程、事故操作流程均可通过控制系统实现。

(2) 安全完整性等级(以下简称SIL)系统的等级。

IEC-61508将过程安全所需要的安全度等级划分为4级(SIL1-SIL4),ISA-S84.01根据系统不响应安全联锁要求的概率将安全度等级划分为3级(SIL1-SIL3)。

参考同类工程的经验,管道系统的安全仪表系统暂按SIL 2考虑。在基础设计阶段,将组织危险与可操作性分析和安全完整性等级确定工作,届时再根据安全完整性等级确定结果调整设计。

6.4.1.2 智能巡线终端

管道的巡线方法有传统人工巡线法、车辆巡线、直升机巡线、无人机巡线等。

管道途径低于复杂,长度从西北到东南距离跨度较大,巡线工作也应是多种组合。应是根据管道途径地形地貌及气候情况,以基于地理信息系统的智能化车辆巡线为主、人工巡线为辅的巡线模式,配备相应车辆及巡线辅助设备。后续可根据实际运营管理需要开展无人机巡线、直升机巡线等的设备购置。

在沿线各工艺站场分别配备2部智能巡线终端,在主、备用调控中心、各输气管理处及维抢修中心(队)分别配备5部智能巡线终端,满足工作人员野外作业时的通信需求和巡线、抢修时的应急通信需求。

6.4.1.3 阴极保护智能在线监控

阴极保护智能在线监测系统以GIS为管理平台,以SQL Server数据库作为数据库,以智能恒电位仪和智能测试桩实时采集相关数据,通过GPRS、以太网和光纤等数据通信方式实现数据传输,实现了对管道阴极保护状况的在线检测。同时,配合阴极保护在线监控专家系统进行辅助分析、故障判断,可使阴极保护系统处于最佳的工作状态,最大限度地起到保护作用。

阴极保护监控方法主要有传统的巡线人员现场测试和阴极保护智能在线监控系统,长输管道距离长、沿线的腐蚀环境复杂多变,山区、戈壁、沙漠及丘陵较多,且部分地段为无人区,社会依托条件差。为监测全线的阴极保护效果,便于进行日常管理和检测,了解阴极保护设施的运行状况,提升阴极保护管理的及时性、准确性、科学性,为管道阴极保护管理水平的提高提供有效手段,提高管道运行和科学管理的水平,设置阴极保护智能在线监控系统。

综合考虑管道周边环境及建设成本,本工程智能测试桩的设置遵循以下原则:

(1) 电流测试桩处设置智能测试桩(10km/支);

(2) 山区、交通不便地区设置智能测试桩;

（3）戈壁、沙漠地区、无人区等社会依托条件较差地区设置智能测试桩；

（4）杂散电流影响地区设置智能测试桩，准确、及时检测杂散电流的影响。

阴极保护智能在线监测系统数据流如图 6-59 所示。

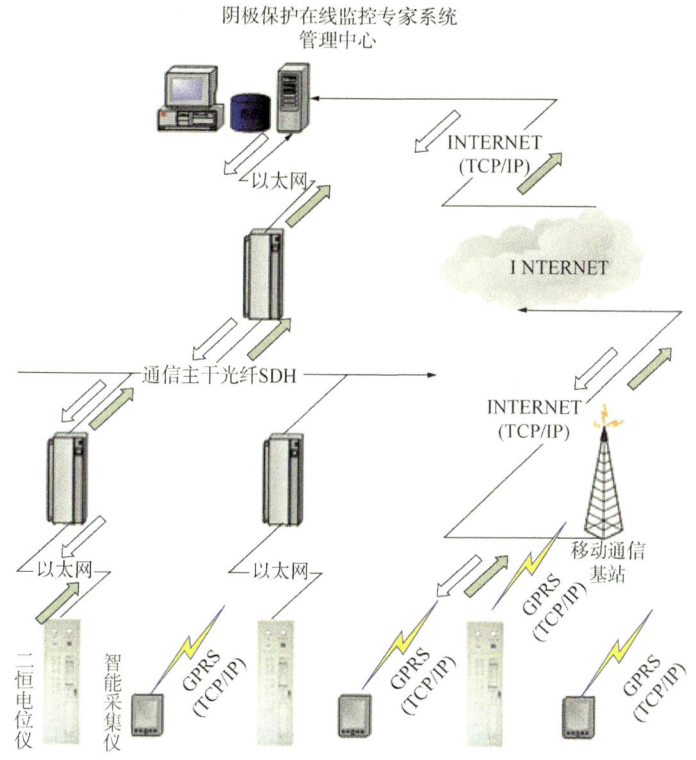

图 6-59　阴极保护智能在线监测系统数据流示意图

6.4.1.4　安全防范系统

安全防范系统主要用于对管道沿线各工艺站场、阀室的工艺设备区、大门口、围墙、室内重要岗位的生产情况进行视频监控和周界探测，以便预防意外闯入和及时发现险情给予报警及火灾确认等。

安防系统主要包括：视频监控系统、周界防越系统、出入口控制系统及电子巡查系统。

（1）视频监控系统。

视频监控系统主要用于对工艺站场、阀室内工艺设备、控制室和室内重要岗位等的生产情况的监视，以及预防意外闯入和及时发现险情给予报警及火灾确认等。其本地监控设备设在各工艺站场站控室，各工艺站场站控室监控设备实现本地级显示、存储和控制，同时要求实现各管理处及调控中心的远程监控。所有监视设备的控制优先级别以最贴近现场为优先，调控中心具有系统最高管理权限。

视频监控系统为三级结构：站场级监视、管理处监视和调控中心级监视。监控图像采用基于 TCP/IP 的全数字传输、存储方式。阀室的监控图像通过工业以太网传输设备上传至附近所属站场，与站场本地监控统一管理。

智能视频分析系统能够对视频区域内出现的运动目标自动识别出目标类型并跟踪，对目标进行标记并画出目标运动轨迹，能够同时监测同一场景里多个目标，可以根据防范目标的特点进行灵活设置；主动对视频信息进行智能分析，识别和区分物体，可自定义事件类型，一旦发现异常情况或者突发事件能及时地发出警报。

智能视频分析系统所实现的功能：移动图像检测、区域监控报警、视频移动报警。阀室作为无人值守场所，可通过安装的一体化红外球形摄像机、一体化防爆球形摄像机实现移动图像检测、区域监控报警、视频移动报警。站场可根据区域设置重点区域实现移动图像检测、区域监控报警、视频移动报警。

（2）周界防越系统。

为保障站场区域安全，重点区域不被不法分子进入，区域内设施不被不法分子窥视等，通过安装周界入侵报警系统，可有效地加强对重点区域的监控，增强安全保障措施。当某一防区发生报警时，报警信号传输至周界报警主机，报警主机联动视频监控系统，控制对应区域的摄像机自动旋转到相应的预置位进行监控录像，同时联动该区域的声光报警器发出声光报警，对现场进行警示。报警主机控制对防区的布防、撤防。

振动光缆安全性较好，误报率较低，不受天气等因素影响，安装方式可以根据站场实际情况进行调整，同时输气站场多为防爆场所，对设备的防爆性能要求较高，振动光纤技术利用光缆构成分布式微振动传感器，属于本安型防爆媒介，因此本工程工艺站场入侵报警系统推荐采用振动光纤技术。

（3）出入口控制系统。

出入口控制系统（门禁系统）是安全防范系统的重要组成部分，利用自定义符识别或模式识别技术对出入口目标进行识别并控制出入口执行机构启闭的电子网络系统，采用信息技术，在出入口对人和物等目标的进、出，进行放行、拒绝、记录和报警等操作控制系统。

出入口控制系统（门禁系统）主要由识别卡、前端设备（读卡器、门状态探测设备、锁具、门禁控制器等）、传输设备、管理控制工作站及相关应用软件组成门禁系统是保证授权人自由出入、限制未授权人进入未获授权区域（生产区、变电站等）、对强行闯入的行为进行报警，从而保证门禁控制区域的安全。门禁系统应与监控系统、报警系统相联动，当门禁系统正常开门时，报警系统撤防，工作人员可以自由工作，当门禁系统非正常开门时，报警系统布防，将报警图像在监控中心的工作站上显示出来，并进行录像。

出入口控制系统应有效将人员的出入事件、操作事件、报警事件等记录于存储系统的相关载体，存储时间不少于180天。

（4）电子巡查系统。

在跨越或隧道穿越长江、黄河的管段，大中型河流跨越或隧道地方，设置智能电子巡查系统，实现对管线电子化监控和巡检人员巡检轨迹的跟踪显示，提高对事故隐患的预测水平和控制工作的效率。

主干线首（末）站、枢纽站、压气站、输气站及其他管道系统的首（末）站、输气站等设置离线式电子巡查系统,在站控室可以看到巡检人员所在巡逻路线及到达巡检点的时间。

电子巡查系统设计应符合《电子巡查系统技术要求》(GA/T 644—2006)的规定。电子巡查日志应完整,不可删改,存储时间不应少于180天。

6.4.1.5 智能变电站

智能变电站是采用先进、可靠、集成、低碳、环保的智能设备,以全站信息数字化、通信平台网络化、信息共享标准化为基本要求,自动完成信息采集、测量、控制、保护、计量和监测等基本功能,并可根据需要支持电网实时自动控制、智能调节、在线分析决策、协同互动等高级功能的变电站。

(1) 系统结构如图6-60所示。

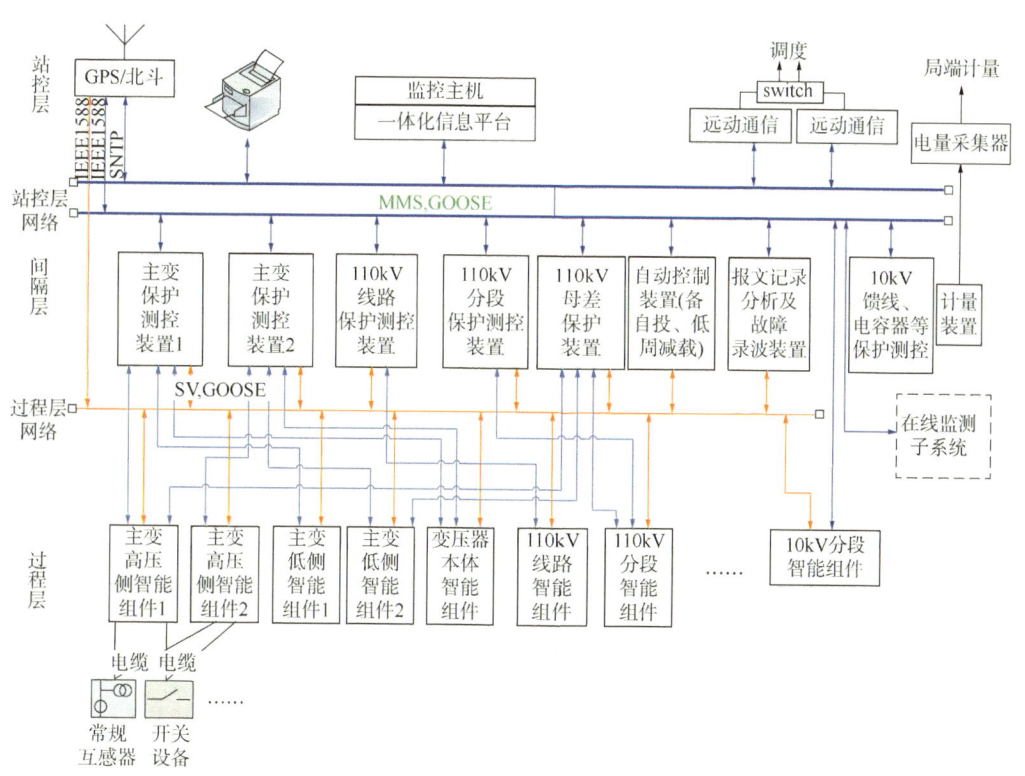

图6-60 单母分段接线系统组网结构示意图

(2) 变电站一次设计。

设置2台40~63MVA双卷有载调压变压器;单母分段接线;采用GIS设备,采用电动操作的开关柜,目的是支持顺序控制,提高变电站操作的自动化程度。

(3) 互感器选型。

电子式互感器随着使用范围的扩大,暴露出越来越多的工程问题:小信号抗干扰问题、光学器件的环境适应性问题、寿命问题、数据输出规约问题、计量认证问题等。本工程推荐继续使用常规电磁型互感器。

（4）状态监测配置。

一次设备状态监测对实时把握设备运行状况，实现状态可视化，设备检修具有重要的意义。主要配置主变油色谱系统、GIS 气体检测系统。二次系统状态监测范围包括：各智能电子设备(以下简称 IED)运行和告警情况的集中展示、输入回路的自检、输出回路包括跳合闸接点和压板的自检、网络通信状况的监测等。

一次状态监测和二次状态监测一起构成了完整的变电站状态监测系统。

（5）合并单元和智能终端配置。

合并单元和智能终端按继电保护配置情况对应配置。合并单元和智能终端均就地安装于智能控制柜或 GIS 汇控柜，两者可以一体化设计，提高设备集成度。常规互感器模拟信号通过电缆接入合并单元，合并单元按 IEC61850-9-2 对外输出采样值数据。智能终端采用 GOOSE 机制和其他 IED 交换信息。

（6）保护和测控功能实现。

110kV 变电站采用保护测控一体化装置。主变配置主后一体、保测一体的装置，双重化配置。110kV 进线配置单套光纤差动保护。对户内 GIS 变电站，保护测控功能下放，和合并单元智能终端集成一体化设计，实现一次设备和智能组件集成，推动智能设备的应用。

（7）变电站自动化系统功能。

110kV 变电站站控层设备配置应提高集成度，监控主机、操作员站、工程师站、保信子站等功能一体化设计，配置一体化信息平台，为未来利用变电站"全景信息"开发新的高级应用功能预留数据接口。

（8）辅助系统智能化。

110kV 变电站按无人值班站设计，因此变电站的辅助系统需要考虑一些智能化设计。包括视频监控信号的远传、灯光照明的远方控制、采暖通风、环境监测、火灾报警等系统的联动。

（9）全站对时。

全站配置一套 GPS 和北斗双时钟系统。站控层采用 SNTP 对时，间隔层和过程层设备建议推广 IEC61588 对时。对 110kV 变电站，也可采用 IRIG-B(DC)对时。

6.4.1.6 电力调度管理中心

各站电力设施，实现在本站内控制室(和自控合用)独立设置操作台，实行就地集中监视和监控。另外通过光缆外在管理处实现远程监视。在输气管理处设电力调度管理中心。

在管理处建设电力调度管理中心，实现对管辖范围内的压气站 110kV 变电所、低压配电室，分输站、清管站、末站等的低压配电室、发电机的远程监视与调度管理。调控中心通过自控及通信系统将全线各站及阀室的重要电力设备的主要供电参数上传至调控中心，可以监视电源及主要设备供电情况，做到能监视不能控制，如图 6-61 所示。

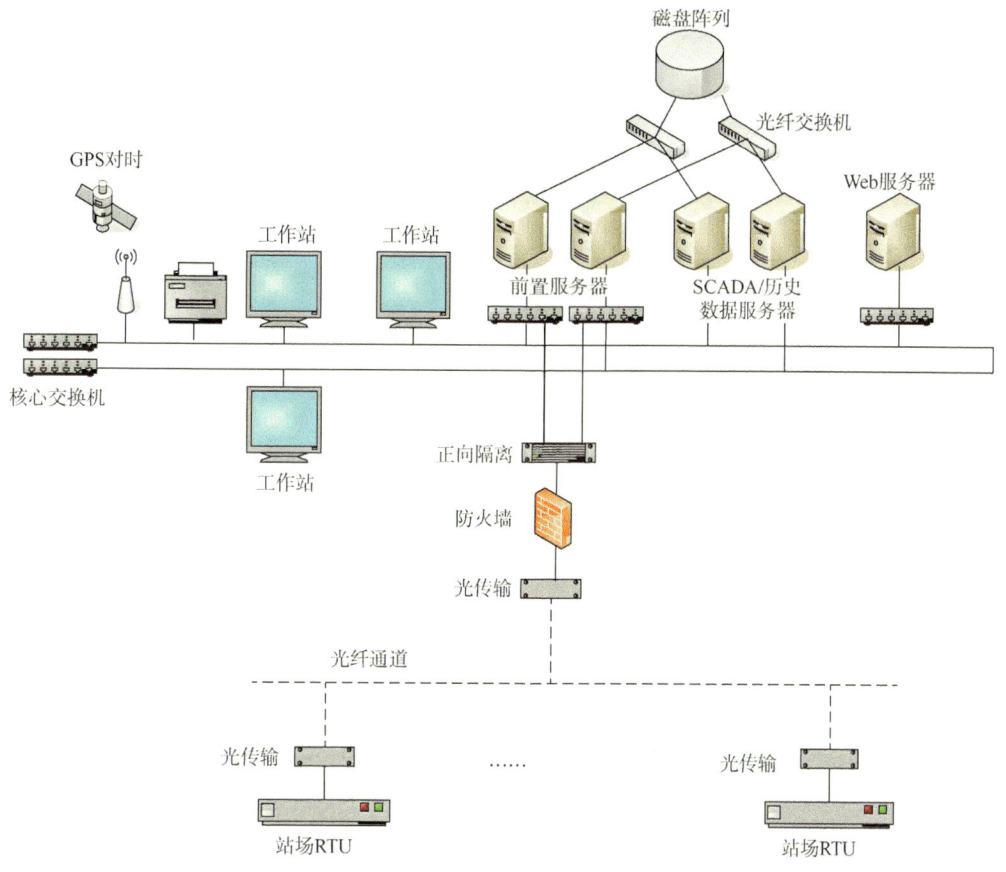

图 6-61　电力调度管理中心系统框图

6.4.2　安全保障

6.4.2.1　次声波泄漏检测系统

输气管道泄漏检测系统(以下简称 LDS)是在管道出现老化、腐蚀、人为破坏和自然破坏等问题而产生气体泄漏时,及时发现并做出报警反应的检测技术。输气管道的泄漏不仅会带来巨大的经济损失,还会产生严重的安全隐患,如不及时发现容易造成火灾、爆炸等重大事故。长输管道距离长,管道周边的地质环境、自然环境、社会环境复杂,设置泄漏检测系统是必要的。长输管道的泄漏检测方法有人工巡线法、负压波法、基于流量平衡法与建模结合的实时模型法、次声波法、光纤法等。结合项目情况和应用现状,本工程推荐采用次声波法。

综合考虑泄漏检测技术的发展现状、管道周边环境及建设成本,本工程选取人口密集、经济发展较好、管道泄漏后影响较大的中卫分输压气站以东设置次声波泄漏检测系统。同时全线预留接口。

系统由一个负责数据处理的主站和若干个负责数据采集的分站组成,系统结构如图 6-62 所示。

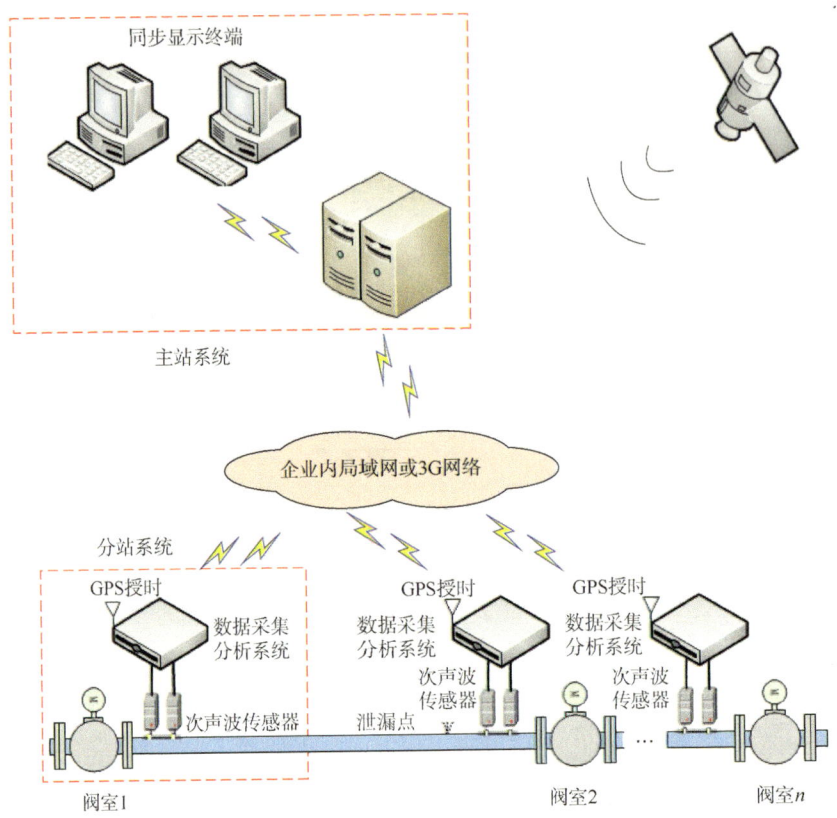

图 6-62 次声波泄漏检测系统结构示意图

6.4.2.2 隧道可燃气体泄漏激光在线检测系统

隧道可燃气体泄漏激光在线检测仪是一种非接触式在线自动检测天然气泄漏的激光光谱检测分析系统，具有实时在线检测天然气泄漏及自动报警功能，整套系统采用可调谐半导体激光吸收光谱(以下简称 TDLAS)技术实现 CH_4 气体高灵敏度实时监测。可调谐半导体激光光谱法利用分布反馈 DFB 半导体激光器的可调谐和窄线宽特性，通过扫描分子的一条独立的吸收线实现对气体浓度及泄漏情况的检测。仪器采用模块化设计，易于现场安装和维护。与其他传统气体监测技术相比，具有高选择性、高灵敏度、响应快速、运行稳定可靠等特点。仪器采用模块化设计，易于现场安装和维护。

隧道可燃气体泄漏激光在线检测仪用于自动在线检测隧道管线天然气泄漏，实现天然气中甲烷实时在线监测及泄漏预警。有如下主要功能。

(1) 光强自检测量；
(2) 激光器波长自检测量；
(3) 自动识别弱光强信号，提高报警准确率；
(4) 将监测气体开始检测、停止检测、光强信息、报警信息等自动存档；
(5) 检测数据长期自动保存。

采用激光是可燃气体探测器的激光在线检测系统，可探测距离最远达 1.5km，适用于隧道内的可燃气体检测,可全面监测隧道内的可燃气体泄漏情况。

长输管道的隧道距离长、大多数地处偏远、巡检困难,如果在相对密闭的隧道内出现可燃气体泄漏,容易造成严重后果,设置激光在线检测系统是必要的。考虑到应用业绩、建设投资等因素,长输管道选择了高后果区内隧道、敏感区(风景名胜区、生态保护区等)内隧道和与其他隧道距离较近(<200m)的隧道设置可燃气体检测,对天然气的浓度进行准确实时检测与报警,确保这些重点隧道检维修人员、附近居民的安全,保护生态环境。

根据以上设置原则,管道设置激光在线检测系统的隧道共28条,隧道内设置可燃气体泄漏激光在线检测仪,信号传至隧道口的控制机柜,并将数据通过GPRS/北斗卫星上传调控中心。

6.4.2.3 应力应变检测系统

应力应变检测系统由主控器、数据采集模块、传感器、通信网络、监控中心服务器以及相应软件组成,如图6-63所示。

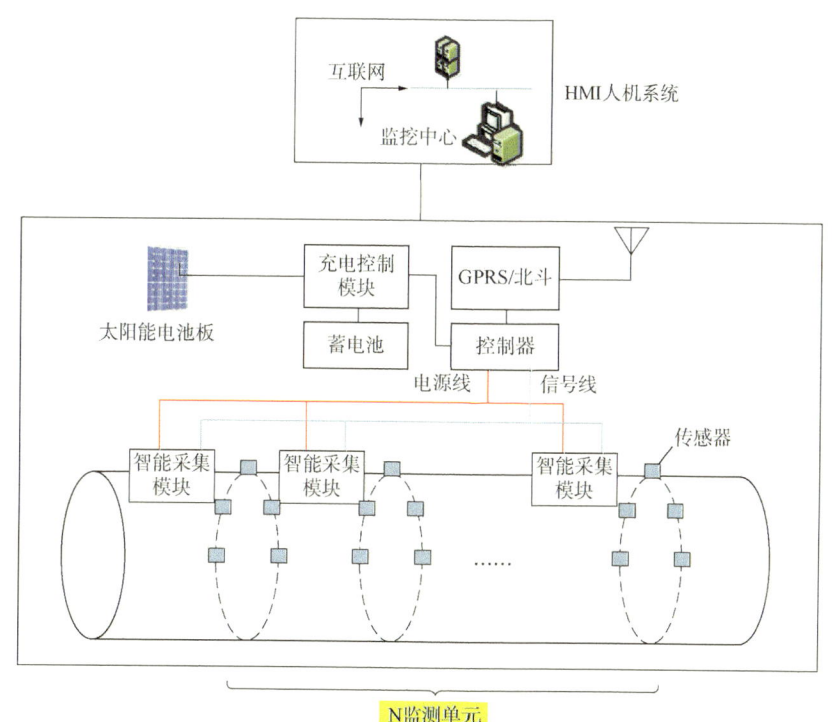

图6-63 应力应变检测系统结构示意图

其中传感器、数据采集模块为现场采集系统,负责管道应力应变的检测和采集;主控制器、通信网络构成数据处理传输系统,负责从现场采集系统的获取数据,并上传至远程监控中心;远程监控中心负责对现场采集系统传回的数据进行分析、响应、处理。通过以上三部分,可实现对长输油气管道应力应变的检测,实现灾害的预测和报警。

管道沿线地质地貌错综复杂,自然条件恶劣,对于管线灾害段,使用基于应力应变监测的分析评价技术,建立完善的应力应变在线监测系统,在管道失效之前对管道受损情况作出预报预警,同时在有效监测系统的指导下,开展管道抢维修,可以减轻或延缓各种地质灾害所带来的严重后果,有效保障管道系统的安全运营。

管道采用振弦式应力应变检测原理实现管道应力情况实时监测,全线共设置 16 处应力应变检测点。

6.4.2.4　10/0.38kV 低压电能管理和监控系统

10/0.38kV 低压变配电电能管理和监控系统采用分层分布式结构,由主控层、通讯管理层和现场控制层构成。系统通过多功能的电力监控装置、通讯网络和计算机软件,实现数据中心供配电系统在运行过程中的数据采集、运行监视、事故预警、事故记录和分析、电能质量监测、三相不平衡监视、谐波分析、继电保护、电力系统分析及实时在线监测功能、负荷监视、发电机管理与测试功能,完成数据中心的安全供电、电能计量、能耗管理、设备管理和运行管理。使用监控系统提高变配电室的安全、可靠运行水平,提高管理效率,提高供电质量,提高电压合格率,减少维护工作量、减少值班员劳动。包括 10/0.38kV 高压配电变电所,低压配电柜、UPS 等设备。

变配电电能管理和监控系统采用分层分布式网络结构。系统构成示意图如图 6-64 所示。

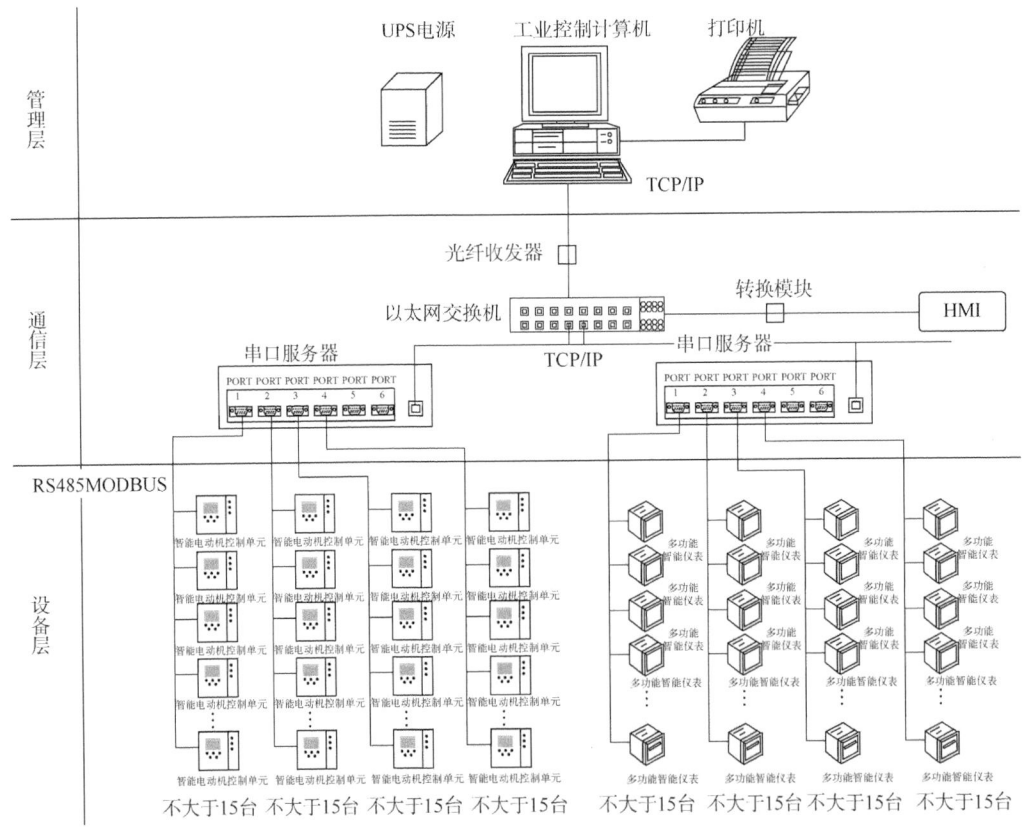

图 6-64　变配电电能管理和监控系统构成示意图

6.4.3 故障诊断

6.4.3.1 离心式压缩机组远程采集、故障诊断

离心式压缩机是输气管道关键的动力设备,该类机组的运行稳定性和健康状态会在轴振动、轴位移、键相位、轴温等信号中得到直接反映和体现,因此,故障诊断系统对于了解机组运行状况和故障原因具有重要意义。机械故障诊断系统由数据采集器、服务器、网络设备等硬件组成。

数据采集器负责从离心压缩机组的二次仪表采集原始轴系振动信号(包括轴振动、轴位移以及键相)及温度信号,并进行数据的调试、滤波等工作,将处理后的信号传输给现场服务器和调控中心服务器。故障诊断系统主要对振动信号在时域、频域和时—频域进行处理,以数字、棒图或示波器的方式直观实时显示机组振动的峰值、时域波形、轴心轨迹等,常规图谱有振动趋势图、轴心轨迹图、转速时间图、相位趋势图、全频谱图等。

6.4.3.2 智能化仪表设备故障诊断

智能仪表设备管理系统(以下简称IAMS)包括仪表设备信息管理、仪表设备状态管理、仪表设备维修管理、统计报表管理、综合查询等五大功能模块。智能仪表设备管理系统在石化、化工行业已有较多的应用,但在国内输气管道行业还没有应用,仅在兰郑长、呼包鄂成品油管道有较少的应用。兰郑长全长2000多千米,16个干线站场,12个油库分输计量站,智能仪表设备管理系统对全线站场的部分仪表诊断数据进行采集,全线采集数据点为500点,采集的数据主要有温度、压力和流量。并存在如下问题:

(1)输气管道站场主要有压力、温度、液位、流量、分析仪、电动执行机构、气液联动执行机构、火气等仪表;压力、温度、液位等仪表可以将诊断信息接入智能仪表设备管理系统,但全线数量众多的执行机构、火气设备很难实现诊断信息与IAMS的对接。分析仪、流量计诊断信息已通过SCADA系统进行采集和上传。

(2)监视、普通监控阀室无温控设备,仪表、设备应适应所处的环境条件,用于将压力变送器、温度变送器诊断信息接入IAMS的HART多路转换器无法满足苛刻的环境要求,故1000块仪表的诊断信息无法接入IAMS。

(3)IAMS的使用对人员技术水平要求较高,操作员/技术员需要看懂诊断数据,才能判断出设备的健康状况,故障点在哪。

鉴于以上IAMS在天然气管道中存在的问题,本工程未设置IAMS,通过以下方式实现控制系统、部分仪表、设备的故障诊断,已达到国内领先水平。

(1)控制系统的故障诊断。

SCADA系统具备对控制系统设备、通信及网络的诊断、给出故障信息并判断发生故障设备的位置;系统资源的使用情况及各设备负荷,便于系统管理和负荷调整。站控系统SCS具备完整的自诊断功能,并且定时自动或人工启动进行系统诊断,在操作站和工程师站上可显示自诊断状态和详细结果。对PLC的诊断延伸到每个模板的每个通道或点,同时PLC系统、电源、网络故障都可以在SCS诊断并报警。SCS可诊断各种通信接口(包括第3

方接口)的通信状态,故障时报警,如果有冗余通道可自动切换到冗余通道,以免影响正常通信。SCS具备一定程度的容错能力,即当某些模板或通道发生故障时,不影响系统或模板其他通道的有效工作。

(2)压缩机故障诊断。

管道企业设有压缩机组机械故障诊断和分析系统,对压缩机组提供在线状态检测与故障诊断,同时对压缩机组在瞬态和稳态的运行进行分析,提供故障趋势预测和故障分析数据及曲线,为压缩机组的维护维修和事故处理等提供参考。

(3)分析仪、超声波流量计故障诊断。

分析仪、流量计均配备专用的自诊断软件,分析仪诊断软件可以记录分析数据、图谱、分析和标定的结果,进行监控和故障诊断排除。超声波流量计诊断软件可显示流量计受脏污影响的情况,动态反映流量计运行状况,提示需要再标定的时间,有效延长再标定周期从而节约运行成本。

(4)仪表阀门故障诊断。

通过系统回路诊断可检测接线回路的开路和短路故障,通过信号异常判断仪表、阀门可能出现的故障,如超量程、阀门开关故障等。

参 考 文 献

[1] 王瑞萍,谭志强,刘虎."数字管道"技术研究与发展概述[J].测绘与空间地理信息,2011,2:34(1):1-2.

[2] 王伟涛,王海,钟鸣.数字管道技术应用现状分析与发展前景探讨[J].中国石油和化工标准与质量,2012,7,4:18.

[3] 李超.数字化管道技术及其在西部管道工程中的应用研究[D].重庆:重庆大学,2008.

[4] 孙晓利,文斌,妥贯民.天然气长输管道数字化建设的相关问题[J].油气储运,2010,8(29):579-581.

[5] 周利剑,李振宇.管道完整性数据技术发展与展望[J].油气储运,2016,35(7):691-697

[6] 董绍华.管道完整性管理技术与实践.北京:中国石化出版社.2015.9.

[7] 周永涛,董绍华,董秦龙,等.基于完整性管理的应急决策支持系统[J].油气储运.2015,34(12):1280-1283.

[8] 刘欣,田长林,张亮亮.数字化管道技术在榆林—济南长输管道中的应用[J].石油工程建设,2010,1(36):62-65.

[9] 薛光,袁献忠,张继亮.基于完整性管理的川气东送数字化管道系统[J].油气储运,2011,4(30):266-268.

[10] 黄玲,吴明,王卫强,等.基于ArcGIS Engine的三维长输管道信息系统构建[J].油气储运,2014,06:615-618.

[11] 王金柱,王泽根,段林林,等.在役管道数字化建设的数据与模型[J].油气储运,2010,29(8):571-574.

[12] 段玉平.施工数据采集在管道数字化建设中的作用[J].内蒙古石油化工,2013,16:70-71.

[13] 唐建刚.建设期数字化管道竣工测量数据的采集[J].油气储运,2013,32(2):226-228.

[14] 李长俊,刘恩斌,邬云龙,等.数字化管理技术在气田集输中的应用探讨[J].重庆建筑大学学报,

2007,6(29):94-96.

[15] 冷建成,周国强,吴泽民,等.光纤传感技术及其在管道监测中的应用[J].无损检测,2012,01(34):61-65.

[16] 王良军,李强,梁菁嬿.长输管道内检测数据比对国内外现状及发展趋势[J].油气储运,2015,34(3):233-236.

[17] 关中原,高辉,贾秋菊.油气管道安全管理及相关技术现状[J].油气储运,2015,34(5):457-463.

[18] 董绍华,闵希华,金剑,等.管道完整性管理系统平台技术[J].北京:中国石化出版社,2019.

第7章
无人机智慧巡检技术

管网线路具有跨区域分布、点多面广、所处地形复杂、自然环境恶劣等特点，而无人机因其能够突破地面空间限制、快速跨越距离而成了管网巡检的利器。目前，无人机巡检已经在石油、天然气、水务、电力等大规模使用，但普通的无人机巡检还是高度依赖飞手，依赖人工操控无人机，从而达到巡检目的。为了满足充分释放人力的需求，无人机智慧巡检应运而生。本章旨在介绍无人机智慧巡检系统的功能设计和组成，使读者能够初步了解和掌握无人机智能巡检系统的实现原理以及操作流程。

7.1 概述

在当今许多领域，如石油、天然气、水务、采暖、综合管廊、电力等，巡检工作已成为事关人员生命和财产安全的重要保障，客观、准确地记录和考核一线巡检人员的执行情况因而变得极为重要[1-3]。巡检工作一般具有地域广、作业面分散、人员众多等特点，其工作落实的好坏、巡检质量的高低很大程度上取决于巡检人员的工作责任心和各级管理者现场监督的力度，其管理工作更是由于以上特点而难以落实，迫切需要更先进的电子化监督管理工具[4-7]，基于无人机(直升机)的管线巡检平台刚好可以弥补这些缺点。针对无人机巡线的不同需求、数据类别和数据特点，以及油气管线数据的涉密性和巡线海量数据管理，分析如下需求[8]，建立无人机油气管线巡线数据管理系统。

(1) 全面覆盖。

无人机油气管线巡线采用人机并线管理及同步巡线，根据不同区域、不同场景，合理安排作业模式，极大地提高效率和全区管理巡线的覆盖率，实现管线的全面监控。

(2) 数据直观性。

在无人机油气管线巡线中，采用搭载不同的相机、雷达、红外等感应系统，高清、实时拍摄，有效地得到管线的图片、视频、红外信息等大量第一手现场资料，便于智能系统直接判读隐患点。巡线数据叠加多种管线周边地理地质信息、路线规划、房屋更新等，进行可视化数据管理，提升管线的安全性。

(3) 精细管理。

科学规划无人机航线，提供每个无人机最优路径，并落实责任人，形成闭合环。海量数据分类、分级、保密管理，提高数据利用率。隐患数据跟踪管理、统计分析管理、季度或年度综合管理，隐患定级管理。提升综合管理水平。

目前，管线巡检工作已经成为油气企业日常运作过程中不可或缺的一环，因此降低巡检工作的资源投入以及最大限度地提升巡检工作的效率和质量，就显得尤为重要[9]。为避免人工巡检工作中出现漏报、缓报、错报等问题，保证管线巡检工作科学、规范、有效地进行，方便巡检工人及时、准确、便捷地上报相关信息的同时减轻其工作复杂度。本章中介绍了无人机管线巡检信息平台，该系统与遥感技术紧密结合，无须组织人工巡检，依靠无人机在管线上方拍摄的照片就能准确地对可能破坏输送管线的疑似物进行经纬定位。这种新的作业模式在提高巡检工作效率和质量的同时，极大地减少了人力投入，能够帮助企业更好地管控成本。

7.1.1 系统功能目标

（1）系统利用无人机快速响应、空中机动灵活及不受地理环境影响等优势，搭载高清摄像机及图传数传模块，实现基于深度学习的油气管线快速巡检监察功能。为油气管线管理部门提供巡检路段的遥感航拍影像，为管道管理、资产管理提供基础数据支撑。

（2）系统核心（无人机遥感影像数据处理系统）通过接收无人机采集的航拍遥感影像，采用基于深度学习的特定目标检测算法，结合 BP 神经网络样本训练架构，建立完整的训练、检测、识别、结果推送的完整体系，方便管线管理部门实时掌握管线运行状况及完善的历史数据库。

（3）系统中的信息发布、推送、管理子系统运用中原云大数据管理架构，将目标检测结果信息及时推送至巡检执法终端中，并对管道、隐患、违法、人员等信息进行有效管理和处理。

7.1.2 系统流程设计

基于深度学习的无人机油气管线巡检监察系统是通过无人机在管道上空沿线飞行，精确采集管道表面遥感影像；然后通过图像处理和模型分析提取疑似物，再经过解析数字摄影测量技术转换得到目标点的位置信息，管理人员审查确认后，通过网络平台将图像及位置信息推送给线路管理人员（手持终端设备）；最后经线路管理人员现场查看后，在线反馈巡检情况。详细流程如图 7-1 所示。

（1）无人机飞行平台由无人机本体、高清遥感影像采集模块、图传数传模块组成，实现巡检监察作业、管线数据采集回传；

（2）神经网络目标检测系统实时接收无人机遥感影像，并对影像中是否含特定目标进行快速搜索检测，识别出安全隐患、预警等目标物后，直接将目标坐标、信息推送至无人机巡检监察管理系统，并且进行数据库入库。

（3）无人机巡检监察管理系统及时将神经网络目标检测系统推送的安全隐患、预警信息再次进行类型分析，并推送至无人机巡检执法终端，通知巡检执法人员执法；此外，无人机巡检监察管理系统实现对管线、人员、无人机、设备、安全隐患等信息进行统一数据

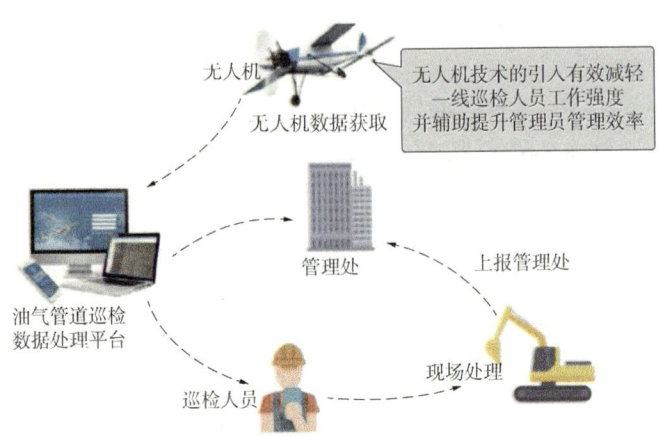

图 7-1 系统作业流程示意图

展示和管理,做到无纸化管理、历史记录可查及快速编辑等其他巡检监察功能。

(4)无人机巡检执法终端通过 4G 或互联网接收无人机巡检监察管理系统推送的信息,并根据当前路径快速前往现场进行违法行为的制止和处理,对现场情况进行确认并上报处理结果,即将处理结果通过无人机巡检执法终端回传至无人机巡检监察管理系统,完成闭合处理流程。做到及时发现,及时处理,及时反馈。

7.2 无人机智慧巡检系统

基于深度学习的无人机油气管线巡检监察系统由四大子系统组成:无人机飞行平台、卷积神经网络目标检测系统、无人机巡检监察管理系统以及无人机巡检执法终端。下面对需要进行的图像预处理系统以及这四大子系统进行详细介绍。

7.2.1 无人机飞行平台

目前,无人机类型的划分没有统一的标准。按照用途分为国家无人机和民用无人机,根据运行风险大小,民用无人机分为微型、轻型、小型、中型、大型,按飞行平台构型分为无人直升机、固定翼无人机、多旋翼无人机、无人飞艇、伞翼无人机、扑翼无人机等。油气长输管道巡检要求无人机具有高速度、大航程、空中悬停、贴地或超低空飞行,快速爬升、较高的载荷能力,综合各类无人机的结构特点、飞行能力、操控难度、灵活性,筛选出固定翼无人机和多旋翼无人机两款机型,搭配使用,用于油气长输管道巡检。固定翼无人机发射和回收方式众多,常见分类见表 7-1。

表 7-1 固定翼无人机分类

起降方式	滑跑起降	弹射起飞伞降	手抛伞降	垂直起降
场地要求	需要跑道	需要回收场地	要求低	要求低
载荷重量	吨级	中等	小	中等
动力类型	油动或电动			

油气长输管道巡检无人机对起降场地要求低,具有一定的载荷能力,意外坠机不导致二次灾害,电动垂直起降固定翼无人机是最佳选择[10]。多旋翼无人机按轴数分有三轴、四轴、六轴、八轴等。轴数越多,动力越足,动力冗余越强,可靠性也越高。但随着轴数增多,无人机效率降低,航时变小,尺寸变大,系统维护难度增加。相同指标下,综合续航,稳定性、安全等因素,电动六轴多旋翼无人机适合用于油气管道巡检。系留无人机是多旋翼无人机的一种特殊形式,通过系留线缆传输的地面电源作为动力来源,可长时间滞空悬停,完美解决了无人机的续航问题。特别适宜用于应急通信、应急指挥、管道抢险、施工监管等场合。电动垂直起降固定翼无人机、电动六轴多旋翼无人机、系留无人机配合使用,可满足油气长输管道长距离快速巡检、定点精细巡检、定点不间断巡护等多种不同应用场景。

河南浩宇空间数据科技有限责任公司和郑州信大先进技术研究院组成的研究团队,在调研油气管线长距离日间巡检需求的基础上,设计并采用了一款油动固定翼无人机巡检平台,详见图7-2。其飞行器采用固定翼机构设计,野外环境中可通过弹射架直接起飞,降落时可通过自带降落伞进行迫降,机身采用以碳纤维为主、多种复合材料,具有易携带、易操控、效率高、易维护等优点。该款新型航测无人机机身全长2m,翼展2.68m,任务载荷达6kg,最大起飞质量22kg,最大飞行距离300km,巡检飞行高度100～200m,该飞机采用模块化设计,便于运输及外场高效作业。

图7-2 固定翼油动飞行器和地面飞行工作站

7.2.2 图像预处理系统

卷积神经网络模型通常无法在原始图像上进行训练,因为原始图像的像素值一般在0～255范围,而卷积神经网络使用加权和,为了训练过程能够既稳定又有效,权重应该相对小一点。故需要在模型训练前进行图像预处理,此系统中依情况而使用的主要图像预处理手段有如下四种方法:

(1) 归一化。

归一化为了让不同维度的数据具有相同的分布。对于每个属性,设 $minA$ 和 $maxA$ 分别为属性 A 的最小值和最大值,将 A 的一个原始值 x 通过 min-max 标准化映射成在区间[0, 1]中的值 x',其公式为:新数据=(原数据-最小值)/(最大值-最小值)。归一化实质是一种线性变换，线性变换有很多良好的性质，这些性质决定了对数据改变后不会造成"失效"，反而能提高数据的表现。在使用梯度下降的方法求解最优化问题时，归一化/标准化后可以加快梯度下降的求解速度，即提升模型的收敛速度。同时它还能在一定程度上避免异常值和极端值的影响。

（2）标准化。

标准化将像素值处理为标准高斯分布，即新像素值的平均值为0，标准差为1，一般使用sigmoid激活函数，当然也可以使用ReLU类似的激活功能。标准化通常用于消除样本不同属性具有不同量级时的影响：

① 数量级的差异将导致量级较大的属性占据主导地位；
② 数量级的差异将导致迭代收敛速度减慢；
③ 依赖于样本距离的算法对于数据的数量级非常敏感。

（3）中心化。

其为基于原始数据的均值和标准差进行数据的标准化。将 A 的原始值 x 使用 z-score 标准化到 x'。z-score 标准化方法适用于属性 A 的最大值和最小值未知的情况，或有超出取值范围的离群数据的情况。新数据=（原数据-均值）/标准差。也被称为去均值化。可以采用全局中心化或局部中心化，也可以选取不同数量的图像计算平均值。

（4）白化。

白化，又称漂白或者球化。是对原始数据 x 实现一种变换，变换成 $x\_Whitened$；使 $x\_Whitened$ 的协方差矩阵为单位阵。一般情况下，所获得的数据都具有相关性，所以通常都要求对数据进行初步的白化或球化处理，因为白化处理可去除各观测信号之间的相关性，从而简化了后续独立分量的提取过程，而且，通常情况下，数据进行白化处理与不对数据进行白化处理相比，算法的收敛性较好。

由于原始图像相邻像素值具有高度相关性，所以图像数据信息冗余，对于白化的作用的描述主要有两个方面：

① 减少特征之间的相关性；
② 特征具有相同的方差（协方差阵为1）。

此外，在中心化和标准化中，可以在不同颜色通道上计算像素平均值和标准差，也可以计算一张图像，一批图像或整个训练数据集的平均值和标准差。这可以为实验增加更多的处理方法。

7.2.3 卷积神经网络目标检测系统

本节中提出的卷积神经网络算法是基于"YOLO（You Only Look Once）"[11]项目进行卷积层重新组合设计，使用单个神经网络将图像分成区域，同时预测每个区域的边界框和概率，并且对这些边界框进行预测概率加权，这样可以将整个图像由神经网络进行评估，提高检测准确率及效率。

首先向卷积神经网络输入无人机遥感影像，第一层卷积运算影像大小设置为448×448×3，其中"3"表示 3 个颜色通道。然后根据预处理后图像的大小将整幅航拍遥感影像进行 ($S×S$) 格网划分,将相等大小的网格叠加在图像上,有效地将其分成 N 个单元格。图 7-3 展示了航拍影像,该影像被等分成了 7×7 的格网,即 $N=49$。

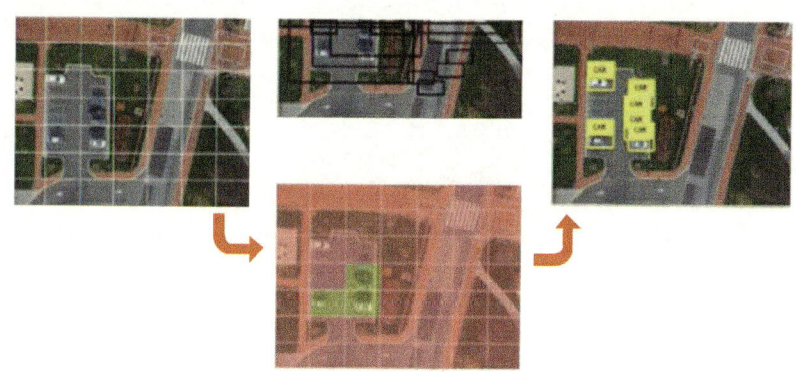

图 7-3　影像网格划分示意图

本节示例涉及的卷积神经网络架构包括 24 层卷积神经网络层和 2 个完全连接层,实验表明改法最大限度地缩短检测时间,但是检测的精度稍微下降,在可接受范围之内。图 7-4 展示 26 层神经网络层卷积分布情况,每层交替使用 1×1 的卷积层参与卷积计算,可以最大限度地减少当前层与前一层的特征空间之间的过渡连接计算。

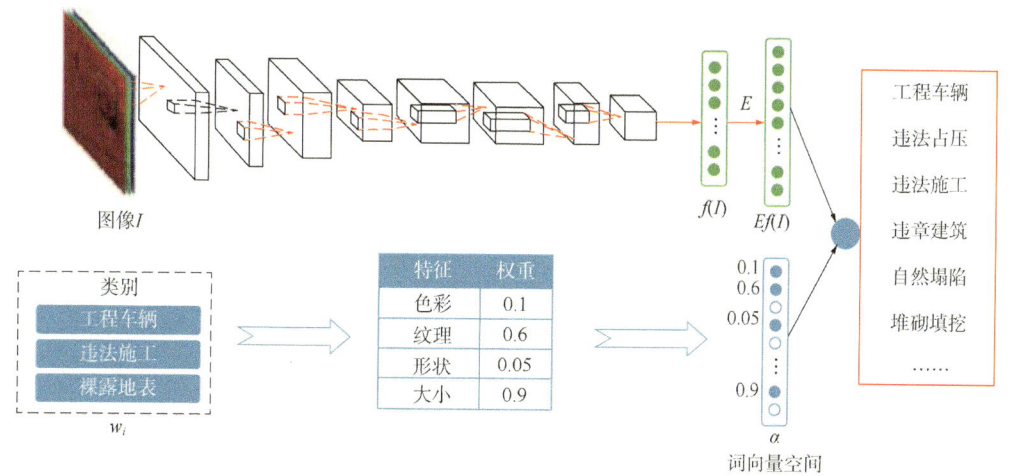

图 7-4　卷积神经网络架构示意图

根据计算机图像识别需要,目前已采集 10 万多张图形样本,图 7-5 展示了样本标注及训练。并且随着巡检工作推进,图形样本数量持续增加并优化计算机识别能力。前期根据所设计的神经网络,共训练了 6 类特征目标,分别为:工程车辆、地表破坏、非法占压、沟槽开挖、土地塌陷、水土流失。针对该 6 类目标,采用的参数分别为 BatchSize = 64, Momentum = 0.5, Decay = 0.00005, Learning rate = 0.0001, Iteration number = 45000, 检测阈值 Threshold = 0.2。

为了对算法进行更好地测试,示例中搭载了佳能 EOS 5D Mark Ⅳ 相机进行拍摄。无人机行高为 100~120m，时速 100~120km/h，采集的数据图像分辨率为 5760×3860，地面分辨率为 0.5~0.3m。对检测结果进行对比分析见表 7-2，正样本检测识别准确率高达 96.6%，其中误检率为 0.8%。

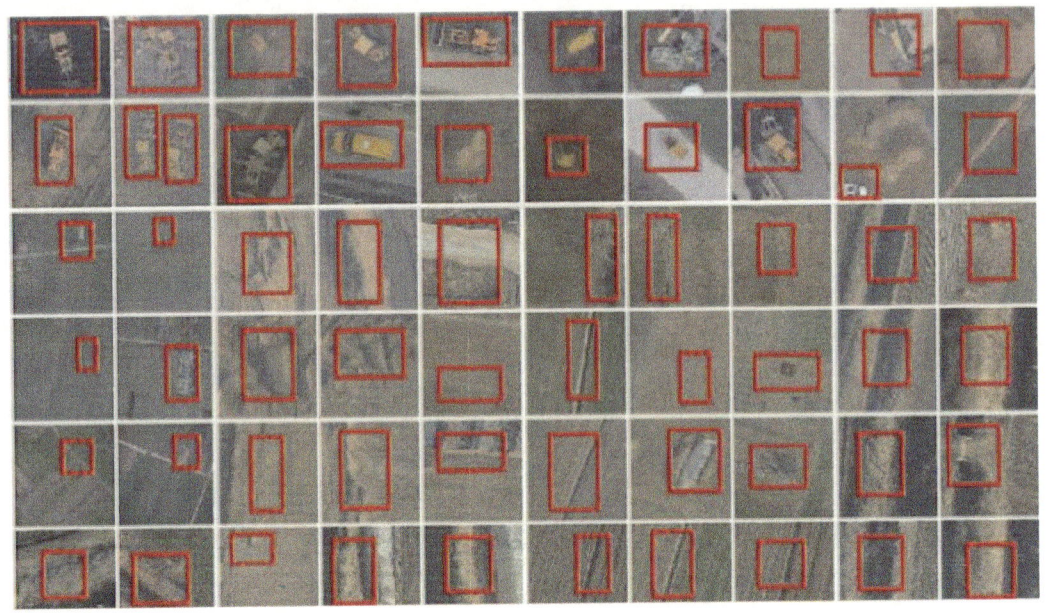

图 7-5　样本标注及训练

表 7-2　测试数据集检测结果对比分析

	正确率(%)	漏检率(%)	单张影像平均耗时(s)
数据集 1	98.5	3.1	0.723
数据集 2	95.3	4.7	0.815
数据集 3	97.1	2.5	0.798
平均值	96.6		

基于卷积神经网络的无人机油气管线巡检监察系统主要应用于大范围的油气管线日常巡检监察，充分利用固定翼油动无人机出色的续航能力和稳定的操作性，对油气管线进行安全巡护监察，实时影像检测效果如图 7-6、图 7-7 所示。前期针对非法占压[图 7-6(a)]、工程车辆[图 7-6(b)]、沟槽开挖[图 7-6(c)]、动土痕迹[图 7-6(d)]、钩机[图 7-7(a)]、铲机[图 7-7(b)]、非法占压[图 7-7(c)]、地表破坏[图 7-7(d)]、沟槽[图 7-7(e)]、水土流失[图 7-7(f)]等特征进行自动识别检测，并自动出具报表，统计分析。

7.2.4　无人机巡检监察管理系统

无人机巡检监察管理系统采用 C/S 与 B/S 结合的模式进行设计开发，实现对巡检任务、巡检目标、巡检记录以及巡检结果评估等功能。

基于无人机的管线巡检平台包括权限系统和无人机巡检业务系统两部分。业务系统主要负责基于无人机遥感的管线巡检平台业务处理；权限系统主要是权限管理，包括机构部门科室创建管理、角色创建管理、职员管理、账号管理及账号映射管理等。图7-8展示了无人机巡检监察管理系统部分页面。

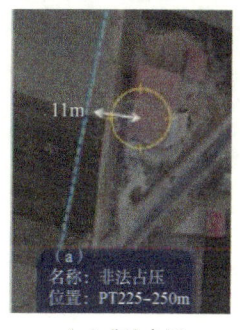 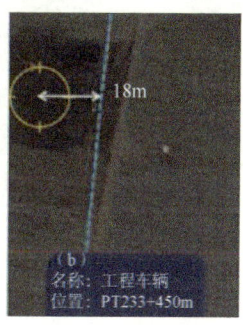 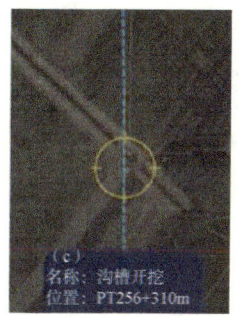 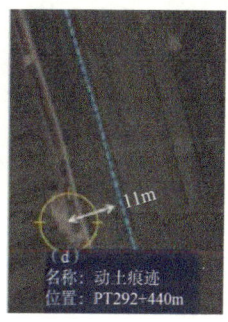

（a）非法占压　　　　（b）工程车辆　　　　（c）沟槽开挖　　　　（d）动土痕迹

图7-6　部分特定目标检测效果示意图1

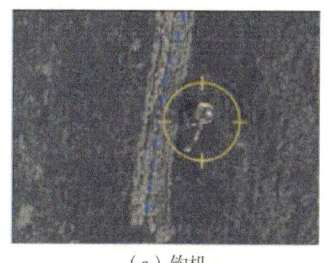  

（a）钩机　　　　　　（b）铲机　　　　　　（c）非法占压

  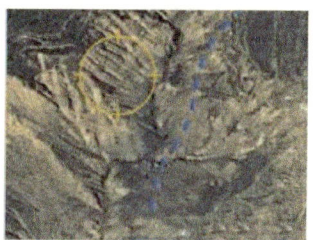

（d）地表破坏　　　　（e）沟槽　　　　　　（f）水土流失

图7-7　部分特定目标检测效果示意图2

7.2.5　无人机巡检监察管理平台

为实现管线巡检工人的便捷安全执法和无纸化作业，为管线巡检上报及处理全流程提供整体解决方案，使得外勤巡检和内勤统计工作变得高效和准确，示例项目设计并开发了无人机巡检执法终端，如图7-9所示。主要功能包括：管线的平面图和卫星图的分段展示、疑似点GIS展示和图像信息展示及疑似点的上报反馈等。

针对巡检执法人员的工作任务，APP设计结合GIS地图为执法人员提供站点位置信息，使其快速赶赴现场进行执法。同时针对现场情况，填写现场情况以及现场实景照片的采集和上传。

图 7-8 无人机巡检监察管理系统部分页面展示图

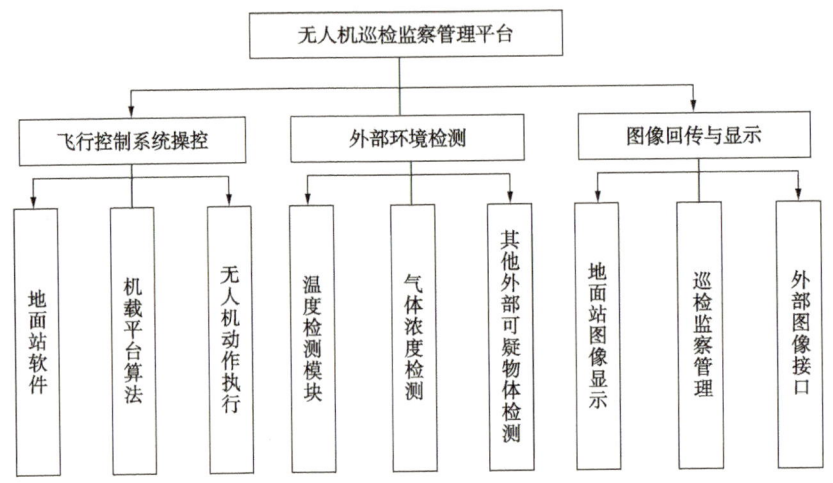

图 7-9 无人机巡检执法终端及页面展示图

参 考 文 献

[1] 翁松伟，赖斯聪，陈海雄，等．基于小型四旋翼无人机的道路交通巡检系统[J]．电子设计工程，2016，24(3)：78-81．

[2] Barrientos A, Colorado J, Del Cerro J, et al. Aerial remote sensing in agriculture: A practical approach to area coverage and path planning for fleets of mini aerial robots[J]. Journal of Field Robotics, 2011, 28(5): 667-689.

[3] 张国敏．复杂场景遥感图像目标检测方法研究[D]．长沙：国防科学技术大学，2010．345-352．

[4] 林煜东，和红杰，尹忠科，等．基于稀疏表示的可见光遥感图像飞机检测算法[J]．光子学报，2014，43(9)：0910001．

[5] 姬渊，秦志远，王秉杰，等．小型无人机遥感平台在摄影测量中的应用研究[J]．测绘技术装备，2008，10(1)：46-48．

[6] 李器宇，张拯宁，柳建斌，等．无人机遥感在油气管道巡检中的应用[J]．红外，2014，35(3)：

37-42.

[7] 武海彬. 无人机系统在油气管道巡检中的应用研究[J]. 中国石油和化工标准与质量, 2014, 34(9): 105-106.

[8] 舒艳. 无人机油气管线巡线数据管理系统研究[J]. 信息、安全与管理, 2019, 37(6): 111-116.

[9] 雷珂, 陈义保. 无人机在石油石化领域的应用分析[J]. 中国石油大学胜利学院学报, 2017, 31(4): 23-26.

[10] 杜怀林. 无人机技术在油气长输管道巡检中的应用研究[J]. 科学技术创新, 2021, 07: 55-56.

[11] Redmon J, Divvala S, Girshick R, et al. You only look once: Unified, real-time object detection. Proceedings of 2016 IEEE Conference on Computer Vision and Pattern Recognition[J]. Las Vegas, NV, USA. 2016. 779-788.

第8章
基于位置大数据分析的管道第三方异常活动识别

位置大数据已经成为当前用来感知人类社群活动规律、分析地理国情和构建智慧城市的重要战略资源，通过对位置大数据的处理分析，可从单纯的定位数据引申出人的社会属性以及与环境的关系，形成了一种智能化、社会化的应用。本章展示了基于位置大数据的分析方法，在获取手机移动端 GPS 位置信息的基础上，开展手机移动信号的大数据关联分析，提取用户的活动规律，研究第三方管道破坏行为，为管道第三方破坏活动预警提供新思路。

8.1 概述

8.1.1 研究背景及意义

第三方破坏是管道线路安全面临的主要风险之一，我国 2001 年至 2020 年由第三方破坏引起的管道事故占事故总量的 30% 至 40%[1-3]，据美国管道与危险化学品管理局 PHMAS 2021 年最新公布的数据统计，美国和欧洲 1984 年至 2021 年由于第三方引起的外力损伤和破坏造成的事故占管道事故总数的 40.4%，2016 年至 2020 年美国共发生泄漏事故 702 起，其中 177 起是由第三方开挖或外力引起的，占总数的 25.21%[4]。2014 年 6 月 30 日，由于第三方擅自违章施工造成中国石油管道分公司大连输油气管道分公司新大一线新港松岗石油管道泄漏，流入市政污水管网，事故造成直接经济损失 547.24 万元[5]；2015 年 9 月 16 日中压燃气 PE 管线在甘肃徐家湾兰雅亲河湾附近由于施工造成燃气管道泄漏，对 500 余户居民用气造成影响，第三方破坏事故均造成了巨大的经济损失。国内外管道安全研究领域学者多年来一直致力于油气管道第三方破坏事故风险的研究[6]，重点开展了基于不确定性的第三方破坏事故可能性分析、第三方威胁事件监测预警、第三方破坏事故后果模拟等研究工作。从个人层面出发，由于某些地区居民缺乏公共财产保护意识、管道安全保护意识，未正确认识破坏管道的危险后果，在管道周边实施占压、开挖活动，或受利益驱使开展盗油盗气、破坏管道重要设施等违法活动。从企业层面出发，油气管网线路点多线长、人文地质环境复杂，各地区工业化发展需求使得地面施工日渐频繁，由于各施工企业与管道运营企业之间缺乏沟通，信息共享受阻，非管道企业在地面施工过程中造成管道破坏的事故时有发生，管道保护工作面临巨大挑战。从政府层面出发，现行油气管道法律法规宣传力度不够，执行力度不强，地方政府、运行企业之间管理责任划分模糊，未得到有效落实。通过深入挖掘管道周边环境数据背后隐含的管体安全信息，借助提供实时监测数据的信息技术实现第三方破坏事故预警，对油气管网进行科学合理的风险管控，保障管道安全高效运行。

随着信息化技术的发展，庞大的手机用户群提供了大量表示其时空出行序列的手机位置数据，位置数据中包含了空间位置和时间标识，常用于感知个人或群体活动规律，目前已在生活服务领域中得到了广泛的应用[7-8]，例如根据居民位置信息可为广告投放筛选出最合适的位置，进行个性化服务推荐等。基于位置信息的异常轨迹作为表征用户异常行为的重要因素之一，使轨迹异常检测成了当前位置信息相关的研究热点。异常检测算法已经广泛应用于交通领域，例如在同一片海域中识别含异常轨迹的船只[9]；基于出租车行驶轨迹发现绕路欺诈行为，利用车辆GPS定位数据对行驶道路拥堵状态进行判断等[10]。为解决当前第三方破坏识别中存在的实时性不足、监测范围小、数据匮乏、活动预测难、不确定性强等问题，以位置数据异常轨迹研究为基础，本文将位置数据引入管道第三方破坏防范领域。提出从位置数据中挖掘管道附近用户的行为模式，提取用户的活动规律，为管道第三方破坏活动预警提供新思路。对第三方人员活动轨迹的深入挖掘，是分析管道第三方破坏风险特征、科学制定风险减缓及防范措施的前提与依据，具有重要的理论意义和现场应用价值。基于手机位置数据的管道第三方异常活动识别研究可实现管道第三方破坏实时风险状态感知，管道巡检管理人员根据早期判别预警信号对第三方潜在破坏行为及时实施干预，对管道安全管理可以起到有效的指导作用，从而减少因第三方破坏导致的管道失效事件。

8.1.2 国内外研究现状

8.1.2.1 管道第三方破坏防范技术

管道第三方破坏活动是指与管道运营无关人员对管道的损坏行为，其隐蔽、多样、随机的行为特点使得管道企业难以对第三方破坏行为进行管理与控制[11-12]，管道企业常采用人工巡线、光纤预警监测、无人机巡线、视频监控及打孔盗油专项内检测的方式进行第三方异常活动的识别[13]。近年来，模糊综合评价法、蝴蝶结模型、博弈论模型、事故树分析法、贝叶斯概率计算模型、肯特打分法、灰色理论分析法等被广泛应用到了管道第三方破坏风险评价中[14]，梁伟通过自组织神经网络映射对第三方破坏风险模式进行分类，以制定更科学的风险控制措施。针对城镇燃气管网，李军对某燃气公司管道事故进行事故树分析，总结出56个第三方破坏基本事件，以此为依据建立的第三方破坏失效概率模型量化了管道所面临的风险。董绍华等学者以大数据分析为研究基础，采集了大量的管道位置数据并进行了数据特征识别和模型分析，通过建立位置大数据概率交集度模型，用于及时发现第三方非法施工和第三方占压活动。

（1）人工巡线。

人工巡线是管道企业最常用的以监测第三方活动为目的所采取的管理措施。为提高人工巡检质量，霍拥军提出以巡线总时间、巡线平均速度和巡线轨迹等七个因素作为评价指标建立巡检效果评价模型，从而优化巡检管理。在智慧管网建设的推动下，马海峰提出在管道巡检中引入智能移动手持终端，一方面可以对巡线人员进行在线监督，另一方面实现了巡检过程中的电子化记录。但对于管道第三方故意破坏行为如第三方挖掘、甚至盗油盗气等非法活动，往往是在巡线人员休息的时候进行，该方式不能取得良好的监测效果。因此，人工巡检这一方式存在预警不及时的问题且无法实现对第三方破坏事件的实时监测。

（2）光纤预警监测。

光纤预警监测技术是通过人员现场挖掘动作产生光缆的振动从而判断第三方活动的发生，但由于造成光缆振动的活动多种多样，不能准确判断是否为管道破坏行为。针对光纤预警系统难以准确识别入侵事件的问题，Yu等提出基于深度学习算法建立智能识别与定位系统。在光纤预警的现场应用中，对人工打孔行为的预警定位误差为500m，对挖掘机挖掘的定位误差在400m范围内。光缆和管线的不同沟敷设使得光纤预警技术的适用性受到一定限制，由于管道沿线环境的复杂性，光纤的运行性能也将不可避免地受到一定程度影响。

（3）无人机巡线。

无人机巡线技术日趋成熟，该方法通过成像仪获取管道沿线的图像信息，达到跟踪管道沿线异常活动目的，其优势在于无人机可进入地势险峻、环境恶劣等巡检人员难以到达的地区，许多长输管道已采用无人机巡查与人工巡检相结合的巡查方式。由于山地管道环境的复杂性，无人机巡线常被用于山地管道的日常巡护和应急监测，能够有效监测管道占压、山体滑坡、塌方等管道破坏事件。刘松林提出基于卷积神经网络对采集到的图像进行处理，可识别沟槽开挖、工程车辆、地表破坏等六类活动。但在如雷雨、雾、霾、大风等极端天气条件下，无人机监测效果将受到影响且易受到损坏，空中管理的规定也一定程度上限制了无人机的使用。本书在第七章中更加详细地介绍了无人机智慧巡检技术，便于读者进一步了解和学习。

（4）视频监控。

部分管道运营单位在管道高后果区安装了摄像头，以实现对第三方破坏行为进行监控。利用移动运营商提供的4G网络作为传输链路，并在管理中心安装4G视频监控服务器，可实时查看高后果区现场的视频信息，通过机器视觉算法可实现越界报警、自动跟踪、烟火分析等。针对获取到的视频信息，祁宏庚提出利用AI自学习模型，通过对数据集的训练完成管道高后果区隐患识别。视频监控技术对4G网络覆盖要求较高，其在复杂环境中的画面提取难题仍未解决。

(5) 打孔盗油专项内检测。

第三方破坏中的打孔盗油活动是指在油气管道上打孔并安装支管、阀门的盗油行为，打孔盗油专项内检测可有效检测出管道中的盗油支管，利用超声波特性及反射波形可确定盗油点。相比于传统漏磁内检测器具有快速、短周期、低成本、低清管要求的特点，适合对打孔盗油易发区域管道进行周期性监测。

8.1.2.2 手机位置数据应用

国内研究机构近年来已经开展了大量关于位置数据的研究，位置数据已经成为当前用来感知个人或群体活动规律的重要研究基础，通过对位置数据进行清洗、筛选、分类、特征选取、关联分析、模式识别、预测等处理步骤可挖掘出大量有用信息。

位置数据广泛应用在基于位置的服务中，如位置预测、轨迹挖掘等，已经大力推广到商业推送、城市规划建设、交通路径规划等领域。对于商业服务企业，通过获取用户位置信息对用户活动规律进行精确刻画，从而为广告投放筛选出最合适的位置，实现效益最大化；对于政府及决策者而言，详尽的位置数据分析对城市的规划和建设也有一定的帮助。位置数据也服务于基于位置的安全防控，如异常轨迹检测、异常行为分析等，主要应用于在警务侦察、群体活动行为分析、海上航行安全等领域，对保障社会公共安全具有重要意义。常用异常轨迹检测方法包括以下几类。

(1) 基于统计数据的异常轨迹检测。

人群在一定区域内的轨迹具有历史周期性、重复性、相似性，当前的异常轨迹检测大部分是以历史轨迹为基础建立概率模型或自学习模型，从历史轨迹中挖掘出具有代表性的特征信息实现异常轨迹检测。Mao等采集了大量起始地点相同的轨迹数据，提出了一种基于离群点的异常轨迹检测方法，将与大部分轨迹路线差异较大的轨迹视为异常。由于异常轨迹的数量远少于正常轨迹，获取一些特殊异常轨迹非常困难，当历史异常轨迹数据有限时将难以保证此种方法检测的准确性。

(2) 基于移动特征的异常轨迹检测。

当一条轨迹移动特征不同于其附近大多数轨迹时通常被定义为异常，以此观点为基础的基于移动特征的异常轨迹检测被提出。轨迹移动特征包含起始位置、方向和速度三大要素，且相邻轨迹通常表现出类似的移动特征。Knorr等提出以完整轨迹作为异常检测的研究对象，选择轨迹移动特征差异作为异常轨迹判断依据。基于移动特征的异常轨迹检测适用于方向、速度等移动特征与其他轨迹有明显差异性的异常点，对于长而复杂的轨迹，局部异常活动特征容易被弱化忽略，导致该方法检测效果不明显。

(3) 基于数据密度的异常轨迹检测。

基于数据密度的异常轨迹检测是通过研究对象的局部密度与其近邻对象局部密度之间的关系实现异常轨迹识别，Breuning 等在基于密度的检测算法中引入了局部异常点对结果的影响，定义局部异常因子用于衡量检测对象局部轨迹的异常程度。Papadimitriou 等在基于局部异常因子轨迹检测模型基础上提出了局部相关积分异常轨迹检测算法，通过对研究对象附近数据信息进行分析，使模型可自动根据样本数据确定最佳异常因子值，提供了一种快速、高精度的离群值计算方法。随着机器学习技术的成熟，基于聚类的异常检测方法成了当前基于密度异常轨迹检测中的研究热点，通过对轨迹数据进行降维或标准化处理，挖掘轨迹数据中隐含的轨迹模式。

8.1.3 主要研究内容

本文将管道附近监测范围内与管道运营无关的第三方人员手机位置信息应用于管道第三方破坏的防范中，挖掘位置信息中隐含的第三方行为活动特征，判断第三方可疑行为，以解决当前第三方破坏识别中存在的实时性不足，监测范围小的问题，对长输管道所存在的人为破坏难以预测问题进行有效处理。通过对管线附近范围内的人员流动轨迹进行监控和管理，为管线第三方破坏的监管与应急处理提供决策支持。有如下具体研究内容。

(1) 长输油气管道第三方破坏特征分析。

全面收集长输管道第三方破坏事故案例，根据行为目的将第三方破坏活动分为私人挖掘破坏、工程建设破坏、打孔盗油破坏三类，对不同类型第三方破坏活动进行特征提取并完成第三方破坏风险因素分析。

(2) 长输油气管道第三方异常行为检测模型构建。

对所获取到的管道监测范围内第三方活动位置信息进行预处理，基于时空聚类法完成第三方人员停留点识别，并引入停留点语义标记，进一步实现第三方人员异常停留点的提取；对异常停留点所处轨迹进行提取与分段，根据位置数据特征计算管道附近第三方轨迹与邻域轨迹的差异度；分析不同类型第三方破坏活动与管道风险特征、人员行为特征间的相关性，建立基于决策树的第三方人员异常活动识别模型。

(3) 长输油气管道第三方活动监控系统开发。

依据油气管线结构特征、用户位置信息及活动特征，实现管道监控范围内的第三方异常活动识别可视化。设计长输管道第三方活动监控系统，针对非法施工、打孔盗油等第三方异常行为进行预警，提高管道智能化水平，实现油气管道的全面实时监管。

8.1.4 技术路线

本章技术路线如图 8-1 所示。

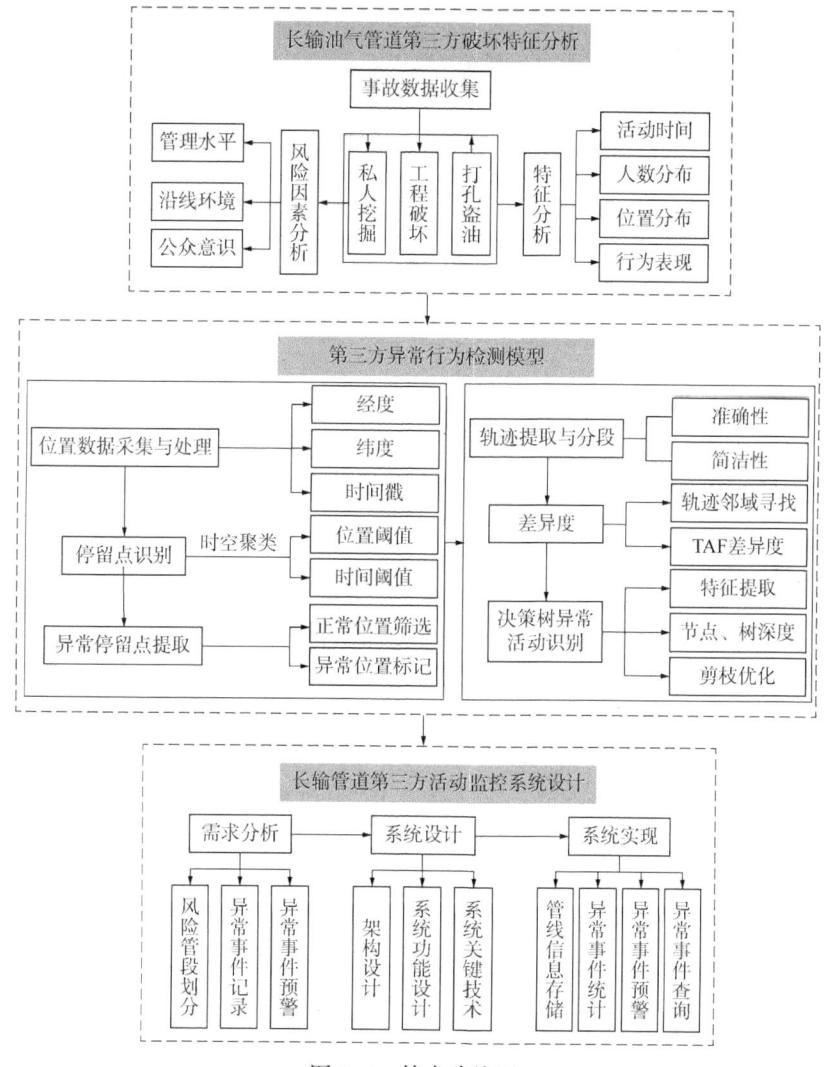

图 8-1　技术路线图

8.2　位置大数据特征提取

8.2.1　长输油气管道第三方破坏特征分析

近年来，随着以管道完整性管理技术为代表的油气管道保护和管理技术的发展与应用，管道事故发生概率呈整体下降趋势。油气管道全生命周期内存在诸多风险，除设计阶段可能存在的管体设计缺陷，运维阶段管材腐蚀、自然灾害、误操作风险外，管道面临的最大威胁来自与人文地质环境紧密相关的第三方破坏风险。正确认识管道第三方风险、总结第三方破坏活动特征并准确采取控制措施对于管道第三方破坏防控工作至关重要。

8.2.1.1 管道第三方破坏类型划分

按第三方活动行为目的对管道第三方破坏行为进行划分,可将各类破坏活动分为非故意破坏和故意破坏[15]。其中,将第三方非故意破坏定义为:管道管理单位以外的单位或个人在不清楚管道敷设位置的情况下,在管道及其附属设施附近从事施工作业且对管道的安全运行构成一定的威胁。常见的第三方非故意破坏来源于管道两侧进行的与在役管道或光缆近距离的各种公路、铁路、市政管道、河渠、电缆、大型建筑物等作业施工,也可能来源于农民使用农耕工具、清淤、整修河堤等个人活动。第三方故意破坏是以牟取利益为根本目的,有预谋、有组织地破坏管道及其附属设施,对管道安全造成暂时或长期的不良影响。常见的第三方故意破坏包括打孔偷盗油气、管道恐怖袭击等,如图8-2所示。

(a)

(b)

图 8-2 打孔盗油作案现场图

各地区工业化发展需求使得地面施工日渐频繁,由于各施工企业与管道运营企业之间缺乏沟通,信息共享受阻,非管道企业在地面施工过程中造成管道破坏的事故时有发生;随着城市建设的加快,管道周边工程、交叉工程作业施工日渐增多,对油气管道的安全运行造成极大威胁。通过对某管道公司在役管线事故记录台账进行调研,针对其中的管道第三方破坏事故展开分析可知,引发第三方破坏事故的原因多种多样,管道第三方破坏形式与事故原因、事故发生时间、参与人数等详细信息之间存在相关关系。表8-1总结了2018年至2020年某长输原油管线第三方破坏活动部分信息,包括事件发生时间、原因、参与人数、破坏类型及事件详细描述。

表 8-1 2018—2020 年某管线第三方破坏活动部分信息

序号	日期	直接原因	人数	破坏类型	备 注
1	2018.06.03	挖掘	1	非故意	建筑施工单位机械开挖致使光缆被挖断
2	2018.07.18	打孔盗气	5	故意	犯罪分子盗气
3	2018.03.24	农业活动	1	非故意	农民使用旋耕机
4	2018.10.09	工程建设	15	非故意	市政施工队在管道上方使用推土机
5	2018.04.07	挖掘	6	非故意	建筑施工单位使用挖掘机作业
6	2018.04.07	挖掘	6	非故意	桥梁施工队管道占压

续表

序号	日期	直接原因	人数	破坏类型	备注
7	2018.04.30	挖掘	4	非故意	村民在管道上方挖掘取土
8	2018.06.03	挖掘	3	非故意	村民在管道上方进行蔬菜大棚挖渠活动
9	2018.10.11	工程建设	7	非故意	在管道上方使用千斤顶导致管道压低
10	2018.11.30	挖掘	4	非故意	村民在管道上方使用挖掘机挖水渠
11	2019.05.30	工程建设	4	非故意	建筑施工单位使用挖掘机作业
12	2019.10.22	挖掘	6	非故意	建筑公司使用大型挖机进行挖掘
13	2019.11.11	挖掘	4	非故意	施工方使用挖掘机开渠
14	2019.11.12	挖掘	3	非故意	施工方使用挖掘机开渠
15	2019.11.27	工程建设	12	非故意	施工方清理钻井液
16	2019.12.07	挖掘	4	非故意	钢铁厂使用挖掘机进行污水管道铺设
17	2020.02.22	工程建设	20	非故意	施工方清理浮冰
18	2020.03.29	工程建设	10	非故意	施工方清理钻井液
19	2020.04.04	农业活动	1	非故意	农民使用铁犁深度超过管道埋深
20	2020.04.29	挖掘	5	非故意	施工方使用挖掘机开渠

结合国内频发第三方破坏事件类型及特征，将管道第三方破坏活动分为私人挖掘破坏、工程建设破坏和打孔盗油破坏。

(1) 私人挖掘破坏。

长输管道敷设沿线大多为庄稼地，私人挖掘破坏主要包括农田活动，农用机械镐头、铁犁、旋耕机等极易对埋深较浅的管道造成破坏，若管道保护宣传不到位，管道沿线农民对管道安全保护意识普遍较为薄弱。除农田活动外，管道两侧常发生的修建水渠、河堤、搭建农田大棚等私人挖掘活动也可能造成管道破损。

(2) 工程建设破坏。

在城市建设过程中管道周边工程、交叉工程作业施工频繁，第三方施工机械化程度高。若第三方施工企业在施工前未与管道企业相关人员进行联系沟通工作，未对工程建设规划信息进行报备，且未采取相关防护措施，擅自进行施工将对管道的安全运行造成威胁。

(3) 打孔盗油破坏。

打孔盗油破坏具有较强隐蔽性，是犯罪分子受金钱利益的诱惑，有组织、有计划地故意破坏管道重要系统设施并偷窃油气的行为。根据盗油方式的不同分为阀门式盗油和引管式盗油，阀门式盗油是通过在管道上安装阀门完成盗油，作案地点常选择在管道埋深较浅且靠近公路以便运输的地理位置，该种作案方式具有时间短、成本低的特点，据统计，作案时间在8~10min。引管式盗油是在阀门式盗油基础上增加了长度为200~500m的浅埋式引管，在管道远距离处完成盗油行为，较阀门式盗油具有更好的隐蔽性，可反复多次实施违法盗油活动。

8.2.1.2 管道第三方破坏的特征分析

在行为异常检测研究中，一般将出行位置、出行时间、停留时间作为研究分析对象。结合历史第三方破坏行为特征，本文将对第三方破坏活动时间、参与人数、活动位置、行为模式四种活动特征展开研究。

（1）第三方破坏活动时间规律。

管道附近第三方活动类型与发生时间存在密切关系，时间特征反映了第三方人员的活动规律。图8-3为某管线2016—2020年五年内私人挖掘、工程建设、打孔盗油三种第三方破坏行为发生时间统计图，数据表明，私人挖掘和工程建设活动主要发生在白天工作时间，活动时间主要集中在早上8:00至下午6:00间，而打孔盗油这类故意破坏行为主要发生在凌晨。

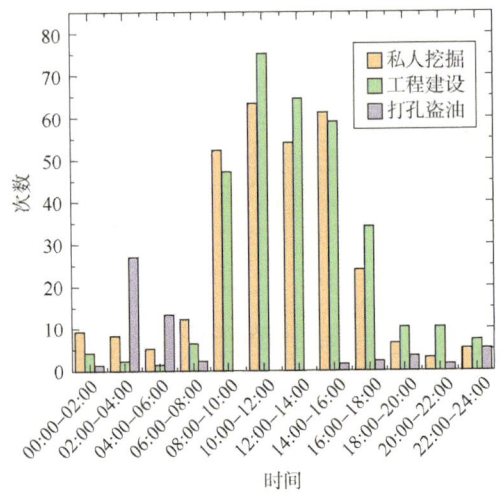

图8-3 第三方破坏时间分布

（2）第三方破坏人数分布规律。

根据对国内某输油管线2020年私人挖掘、打孔盗油、工程建设三种第三方破坏事故的统计分析，整理出第三方破坏活动人数规律如图8-4所示。

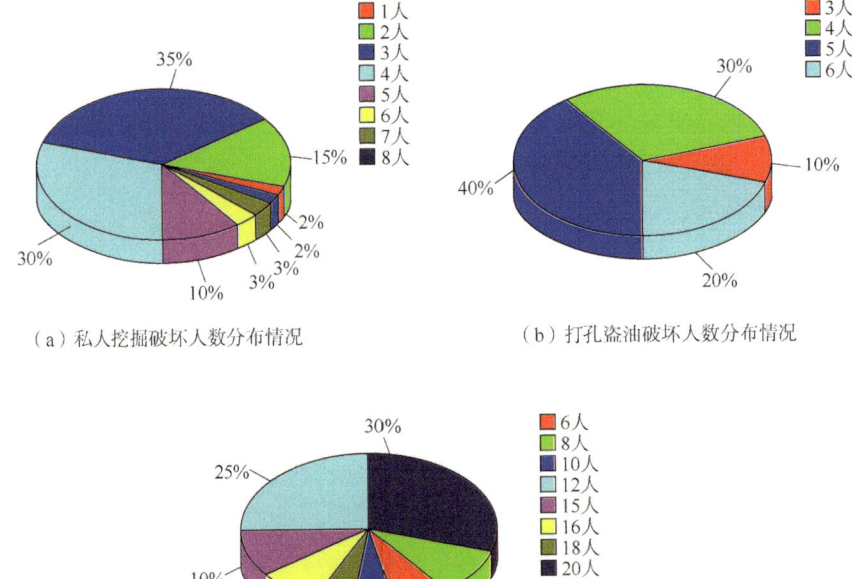

图8-4 2020年某管线第三方破坏活动参与人数规律

第三方破坏活动参与人数不确定性较强,私人挖掘破坏人数集中在1~8人,打孔盗油人数集中在3~6人,工程建设通常以施工队形式出现,参与人数较多,集中在6~20人之间。

(3) 第三方破坏位置分布规律。

私人挖掘破坏主要表现为农田挖掘,所以地点一般在农田中;工程建设大多数是一些沟渠、电缆的挖掘,所以当管道有并行电缆或其他设施时,管线周围发生工程建设的可能性较大,从管线路由获取管线所处位置详细情况,包括有无并行其他管线、是否穿越等信息,可分析目标管段发生工程建设破坏的可能性;打孔盗油破坏作案地点多为远离人群、较为隐蔽、且交通便利的地段。根据管线所处位置特点可为确定第三方破坏行为提供依据。

(4) 第三方破坏行为表现规律。

私人挖掘破坏中,如果是农田活动,则活动人员在该地点的活动模式具有重复性及规律性,一般的农田活动分为播种及收割阶段,每个阶段将持续一段时间且人员相对固定;对于工程建设活动,此类活动持续周期较长,每天的人员及活动时间较为固定;打孔盗油活动在计划和实施阶段通常能暴露出有迹可循的线索和特征,犯罪分子在实施违法活动的过程中将多次在犯罪地点进行部署。

8.2.1.3 管道第三方破坏风险因素分析

管道第三方破坏事故成因复杂,具有不确定性和偶然性的特点,明确与第三方活动相关的风险因素,可以对事故原因有更深入的了解。事故树是一种可以对事故根本原因进行系统梳理的事故分析方法,使得分析过程更为清晰直观,故采用事故树对管道第三方破坏影响因素进行分析,事故树如图8-5所示,事故树中各符号含义见表8-2。经过查阅相关文献及分析国内外管道事故原因,构建长输管道私人挖掘破坏、工程建设破坏和打孔盗油破坏三种类型第三方破坏事故对应的事故树。

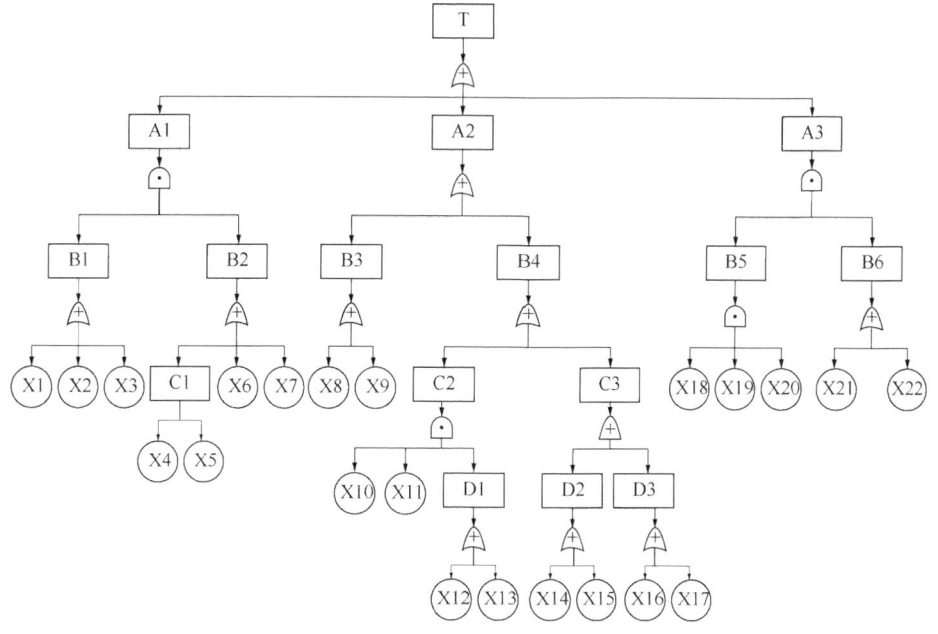

图8-5 第三方破坏事故树

表 8-2 事故树分析符号及含义

符号	名称及含义
⌂	或门：只有一个输入事件发性，输出事件就发生
⌒	与门：仅当所有输入事件发生时，输出事件才发生
▭	顶事件和中间事件
○	基本事件

在该事故树分析中，不同中间事件发生的原因可能包含相同的基本事件，如基本事件 X14(无警示信息)对中间事件 A1(私人挖掘破坏)、B3(违章破坏)的发生都有一定程度的影响。但在本次分析中，研究重点是挖掘与第三方破坏行为发生可能性相关的各类风险因素，故同一基本事件在事故树中仅出现一次。共得到基本事件 22 个，见表 8-3。

表 8-3 事故树事件对应表

符号	事件	符号	事件
T	管道第三方破坏	X4	巡检时间安排不合理
A1	私人挖掘破坏	X5	巡检路线安排不合理
A2	工程建设破坏	X6	巡检人员责任心不强
A3	打孔盗油破坏	X7	巡检人员发现异常活动能力不足
B1	公众法律意识	X8	施工单位未进行报备
B2	巡检质量	X9	施工单位无证作业
B3	违章破坏	X10	施工人员能力不足
B4	非违章破坏	X11	施工人员信息交流受阻
B5	犯罪分子意图	X12	管道资料缺失
B6	管道企业维护措施	X13	管道资料未更新
C1	巡检制度不合理	X14	无警示信息
C2	建设单位施工破坏	X15	标志信息不全
C3	管道企业监管不到位	X16	埋深不足
D1	无法进行管道定位	X17	回填材料不符合要求
D2	管道安全标志无效	X18	运输介质
D3	管道安全防护失效	X19	管道破坏的难易程度
X1	法律责任追究不够	X20	当地经济水平
X2	执法力度不够	X21	报警系统质量
X3	公众宣传效果差	X22	打孔盗油专项监测效果

为明确各风险因素与第三方破坏发生可能性之间的关系，在事故树分析的基础上，将风险因素从管道企业管理水平、管道沿线环境、公众意识三个方面进行详细分析。

(1) 管道企业管理水平。

① 管道信息资料。

详细的管道数据与资料使安全管理具有针对性，管道第三方破坏风险与管道埋深密切相关，管道覆土层可在一定程度上保护无意的浅层第三方破坏，管道埋深越浅，造成第三方破坏的可能性越大。此外，专项打孔盗油内检测数据可为盗油支管识别提供依据，从而对打孔盗油频发区域采取相应管理措施。

② 管道沿线警告标识。

管道沿线警告标识不仅为管线附近第三方活动起到提示预警作用，帮助在管道周围施工作业人员明确管道的位置并避免损坏管道，还可标明管道管理单位及负责人联系方式，用于紧急情况联系上报。管道地面缺乏沿线警告标识，造成第三方不了解附近管道信息，导致管道容易遭受第三方人为破坏。

③ 巡线质量。

管道巡线目的是了解管道安全保护范围内第三方施工信息，当存在第三方施工迹象或正在进行违法施工，立即采取有效措施进行制止、上报等处理。影响巡检质量的因素有巡检人员岗位培训情况、个人责任心与工作能力、巡线频率等。

(2) 管道沿线环境。

① 地面工程数量。

由于城市建设加快，与管道和光缆近距离的各类公路、铁路、电缆作业施工越来越频繁，当第三方施工未严格按照管理工作的制度标准、技术规程执行时，因施工单位未按规程操作、盲目施工或缺乏与管道公司沟通等原因，将增大管道第三方破坏风险。

② 地下设施数量。

城市地下设施交错复杂，在与管道存在交汇的地下市政设施处进行施工时，一旦存在不规范操作，将引起严重后果。与管道存在交叉设施的区域，应作为重点风险区域。

③ 地区等级。

随着各地区城市化范围扩大，人口密集程度逐渐增大，部分管道沿线地区等级与初建管道时相比有所升级，管道沿线居民分布越来越复杂，管道所在地区等级升级将加大管道所受威胁程度。由管道事故数据库统计表明，第三方破坏发生频率与人口密度密切相关，人口密集区发生破坏事件的频率远大于人口稀疏地区。

(3) 公众意识。

① 附近居民接受教育程度。

管道第三方非故意破坏主要根源是管道附近居民普遍管道保护意识薄弱，不了解自身的权利和义务，未对油气泄漏危害后果提高重视，未认识到违反管道保护法应承担的法律责任等。管道公司应积极向管道沿线群众进行管道保护宣传，鼓励其报告管道沿线的施工信息，确保第三方施工信息得到及时有效采集。

② 执法力度。

法律是对违法行为进行约束的最有效手段，当责任追究不到位、惩罚落实不彻底时，公众将不会引起重视。管道安全管理工作以企业为主，但企业无执法权，只有依托执法机关才能更为有效打击打孔盗油等违法行为，执法机关对《石油天然气管道保护法》的执行存在差异，当执法力度不够时，易造成盗油分子抱有侥幸心理，对已颁布法律毫无畏惧意识。

③ 当地经济水平。

在经济落后地区，当地群众将盗取油气作为牟利方式。经济水平的巨大差距引起了部分人攀比心理，追求低成本、高利益回报活动，加之法制观念淡薄，受原油销售高利润的利益驱动，违法实施打孔盗油。

8.2.1.4 本节小结

本节将管道第三方破坏活动按其不同目的划分为私人挖掘破坏、工程建设破坏和打孔盗油破坏三种类型，并对收集到的历史破坏行为特征数据进行分析，总结了第三方活动时间、人数分布、位置分布、行为表现等规律。通过管道第三方破坏事故树的构建对事故原因进行深入挖掘，共得到 22 个基本事件。从管道企业管理水平、管道沿线环境、公众意识三个方面对管道第三方破坏风险因素进行了详细分析，对第三方破坏相关的风险因素进行全面识别。

8.2.2 管道附近第三方人员活动异常停留点提取

手机定位数据是一种用户覆盖面广、结构简单、应用灵活、数据量大的轨迹数据，包含了能清晰表达手机用户时空出行序列的信息。管道第三方破坏行为实施过程具有特殊的停留规律，本文提出从手机定位数据停留点中识别管道第三方破坏行为，扩展现有管道第三方破坏防范方法。

8.2.2.1 位置数据采集与处理

（1）数据来源。

手机定位数据来源于移动通信网络与手机终端的交互，该交互过程可分为非周期性和周期性位置更新。非周期性位置更新是指手机用户在拨打电话、接听电话、发送或接收短信、开机、关机，或是在不同基站间移动时通信网络将自动更新用户位置信息；周期性位置更新是指用户长时间内无任何手机操作，运营商会以一定时间间隔对手机位置信息进行更新。

对含有时间、空间要素的位置数据记录按时间顺序排列可得到用户移动轨迹，具体包括经度、纬度和时间戳信息，时间戳表示手机终端与基站之间的交互时间，时间记录的格式可以精确到秒级。

（2）数据处理。

在数据的采集、存储过程中，由于外部自然、人为环境的干扰和移动通信网络自身存在的缺陷会导致定位数据中存在着大量"噪声"数据，噪声数据会对定位数据的分析结果产生极大的影响。通过对收集的定位数据进行分析，主要存在以下几类缺陷数据。

① 无效数据。

手机定位数据中包括时间信息如定位日期、定位时间，以及位置信息如经度、纬度数据，当其中任一字段取值为空或不在正常取值范围内时，则将该条定位数据判定为无效数据。由于无效数据中关键信息缺失，采用删除操作来清洗此类数据。

② 漂移数据。

漂移数据是指移动终端的定位数据与其所处的实际位置之间有较大程度的偏移，即为用户实际出行过程中未曾发生的虚假行程。漂移数据的存在会对用户停留点识别结果产生一定影响，因为它可能造成某一停留点被分割成多个，或是造成某些停留点被忽略。为提高用户出行停留点识别的准确率，对漂移数据进行纠正或平滑处理，以保证研究数据集的完整程度。

③ 时间间隔不均匀定位数据。

因定位数据采集时间的不均匀性，所采集到的定位数据为非等时间间隔数据，这导致定位数据在时间维度上具有不同含义。表8-4为用户Z的四条定位数据，相邻定位数据构成了时间含义不同的用户轨迹。本文通过对时间间隔的设定进行时间分片，得到等时间间隔化后的定位数据，使得每条位置数据在时间维度上代表的意义相同，为后续基于聚类算法识别定位数据中停留点提供数据基础。

表8-4 手机定位数据

序号	用户识别码	定位日期	定位时间	定位位置
1	Z	2020.05.28	14：05：01	A
2	Z	2020.05.28	14：07：35	A
3	Z	2020.05.28	14：15：20	B
4	Z	2020.05.28	14：36：10	C

8.2.2.2 停留点识别

（1）停留点定义。

移动和停留是行人轨迹的两个基本状态，通过识别轨迹数据中停留点信息对用户行为规律进行刻画已成为当前研究热点。在商业服务中，通过对手机用户位置数据停留点的分析可以判断用户感兴趣的活动区域，实现广告项目的个性化推荐；在交通领域方面，根据用户停留点位置预测交通堵塞情况。对于油气管道领域，管道路由走向指出了管道位置的分布情况，管道附近用户位置数据的获取可以标记用户与管道位置的关系，而停留点的识别可挖掘用户行为活动特征，所以从手机位置数据中识别停留点是位置数据挖掘的重要研究内容。考虑到目前所收集的位置数据精度有限，本论文中收集的数据均是在管道中心线左右距离15m范围内，因本文研究重点是挖掘位置数据中隐含的管道附近第三方行为规律，故未进一步计算位置数据与管道中心线的距离。

对手机位置数据而言，停留点一般表现为两种形式：一类是单个轨迹停留点，即手机用户在某段连续时间内，在某一固定位置处于静止状态；另一类是由同一用户的多个轨迹点在一定范围内构成的停留区域，即手机用户在某一位置附近区域内移动。轨迹中的停留点隐含了大量与用户日常行为特征有关的信息，对用户轨迹中的停留点进行提取、处理与分析，可在一定程度上对用户活动规律进行重新刻画。在与管道相关的私人挖掘、工程建设、打孔盗油等第三方破坏活动中,由于破坏活动的实施过程需花费一定时间,其部分移动轨迹一定会表现出停留或在一定区域内移动的状态,故管道附近用户的停留点提取是识别管道异常第三方活动的首要研究内容,本文将停留点定义为用户在管道或光纤两侧一定范围内停留时间超过给定时间阈值的位置。

(2)基于时空聚类方法的停留点识别。

在对手机位置数据进行预处理后,得到按时间排序的等时间间隔定位数据,手机用户在某个地点停留时间的长短可以根据定位轨迹点在空间上的密度计算得出,但如果仅以空间密度作为唯一依据进行停留点筛选,可能将处于不同时间段但距离相近点聚集在一起,造成停留点的误识别。因此本文提出一种基于时空聚类的停留点识别算法,根据位置数据的密度在空间层上对轨迹点进行聚类,然后以连续停留时间阈值作为判别条件进行筛选,实现管道附近区域手机用户停留点的获取。

基于点排序的时空聚类(简称 ST-OPTICS)是在基于点排序聚类算法的基础上结合了时间因素的一种基于密度的时空聚类算法,邻域半径 ϵ 和最小邻域点数 MinPts 为该算法的两个输入参数,将 ϵ 固定为无穷大,使得参数 ϵ 具有较低敏感度为该算法优势之一。输出参数为按可达距离顺序排列的样本点,最终可根据有序的输出样本列表作出相应决策图,即在不同 ϵ 参数的数据集中实现簇集检测,求得不同 ϵ 值下的数据聚类分布。

在基于点排序的时空聚类算法进行停留点识别时,将所采集位置数据用于创建初始样本集 D;创建有序队列 Q 用于保存核心对象及其对应的直接密度可达对象,队列中元素按可达距离顺序从小到大依次进行排列;同时创建结果队列 O 用于存储已完成访问处理的样本点。

基于时空聚类方法的停留点识别步骤如下:首先,从样本集 D 中随机选取一个核心对象样本点作为研究对象存入结果队列 O 中,同时搜索该样本点给定邻域半径内所有直接密度可达对象,将所有对象按要求规则放入有序队列 Q 中,此时可达距离最小的元素排在队首。其次,从有序队列 Q 中取出样本点,将其标记为已访问样本点后保存至结果队列 O 中,并对该点进行核心对象判别,若该样本点为核心对象,则继续搜索其给定邻域半径内直接密度可达点并存储到有序队列 Q 中,每次插入新样本点到有序队列 Q 中都按可达距离排序进行位置更新;按照以上步骤对样本集 D 中所有数据进行处理。停留算法如图 8-6 所示。

为进一步完成结果队列 O 中的样本点聚类,依次取出结果队列 O 中样本点 p 进行判别。首先进行样本点 p 可达距离与给定半径 ε 之间的比较,若样本点 p 可达距离在给定半径 ε 范围内,则将该点划分到当前点簇中,否则进入下一步判别;第二阶段判别以样本点 p 核心距离与给定半径 ε 之间的大小关系为判断依据,若样本点 p 核心距离大于给定半径 ε,则将该点判断为噪声,反之,若样本点 p 核心距离不大于给定半径 ε,则将该点划分到新的聚类中。按照上述判断流程,遍历结果队列 O 中所有样本点。最后,按位置数据中时间要素对样本数据进行排序更新,生成以位置数据时间戳为横轴,样本数据可达距离为纵轴的排序图。生成聚类结果步骤如图 8-7 所示。

第8章 基于位置大数据分析的管道第三方异常活动识别

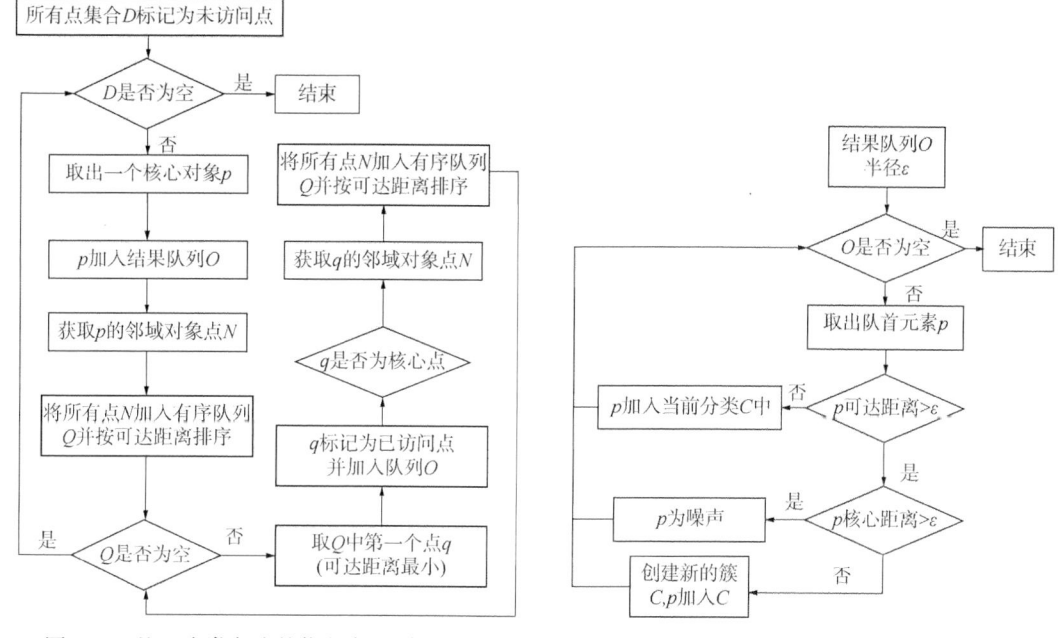

图 8-6 基于聚类方法的停留点识别流程图　　图 8-7 生成聚类结果流程图

（3）停留点识别验证。

为验证上述时空聚类的停留点识别方法，提取管段附近某一时段手机定位数据进行停留点识别与分析，表 8-5 列出了预处理前后某手机用户的定位数据。其中，用户识别码是经脱敏处理后的用户标识码，表示用户身份信息，具有唯一性；时间戳指获取位置时的时间信息，已完成等时间间隔处理，同一用户两条位置数据间的时间间隔为 2min，即 120s；经度、纬度是位置数据中直接获取到的信息，为方便距离计算，将位置数据中经度、纬度分别转换为投影坐标下的墨卡托经纬度，单位为 m，计算规则如下：

$$\text{mercator}.x = \text{lonlat}.x \times 20037508.34/180 \qquad (8-1)$$

$$\text{mercator}.y = \log\{\tan[(90+\text{lonlat}.y)\times\pi/360]\}/(\pi/360)\times 20037508.34/180 \qquad (8-2)$$

式中，$\text{mercator}.x$ 为墨卡托经度；$\text{mercator}.y$ 为墨卡托纬度；$\text{lonlat}.x$ 为地理坐标系经度；$\text{lonlat}.y$ 为地理坐标系纬度。

表 8-5 定 位 数 据

用户识别码	时间戳	经度	纬度	墨卡托经度	墨卡托纬度
d4f3b0deb34	1860478807	83.0847888	41.7271398	9248956.38	5091746.51
d4f3b0deb34	1860478927	83.0851647	41.7272255	9248956.38	5091759.24
d4f3b0deb34	1860479047	83.0855086	41.7273171	9248956.38	5091772.85
d4f3b0deb34	1860479167	83.0857941	41.7273885	9249068.292	5091783.46
d4f3b0deb34	1860479287	83.0860677	41.727448	9249098.753	5091792.3
d4f3b0deb34	1860479407	83.0864009	41.7275312	9249135.836	5091804.68

续表

用户识别码	时间戳	经度	纬度	墨卡托经度	墨卡托纬度
d413b0deb34	1860479527	83.0867102	41.7276026	9249170.271	5091815.28
d4f3b0deb34	1860479647	83.0869243	41.7276502	9249194.11	5091822.36
d4f3b0dcb34	1860479767	83.0871504	41.7277097	9249219.274	5091831.2
d4f3b0deb34	1860479887	83.087317	41.7276383	9249237.815	5091820.59
……					

结合第三方破坏停留时间特征，在本停留点识别中约束条件设置如下：时间邻域设为1800s，距离邻域设为3m，最小邻域点数 MinPts 设为 15，基于该参数取值进行停留点识别，可达距离排序图如图 8-8 所示。

从可达距离排序图可知，样本点最大可达距离 10.2m，大部分样本点可达距离集中在 1m 附近，因距离邻域为 3m，该数据集共识别出簇稠密区 A、B、C、D 共 4 个停留点。从时间戳信息中可以判断停留时间由长到短依次为 A 点、D 点、B 点、C 点。聚类结果可视化图如图 8-9 所示。

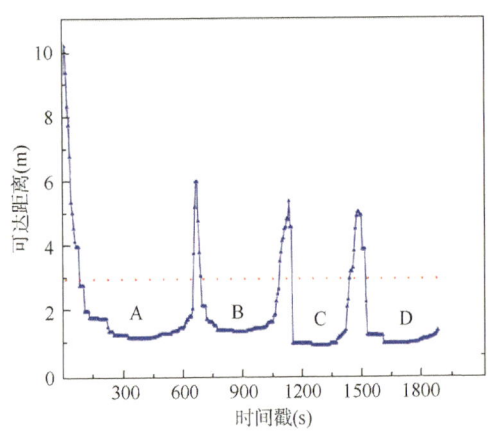

图 8-8　可达距离排序图
注：A、B、C、D 为 4 个停留点。

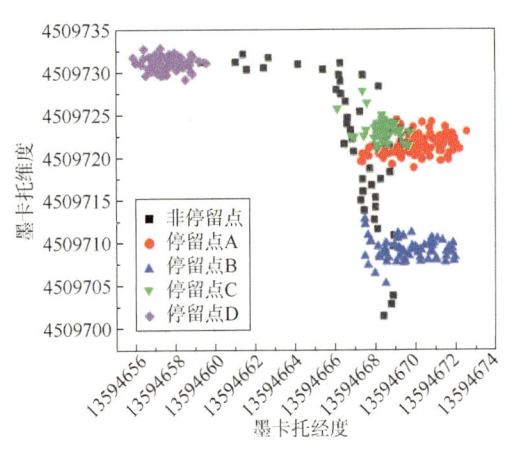

图 8-9　聚类结果图

从图 8-9 中可以看出该用户 30min 内在管段附近存在 A、B、C、D 共 4 个停留点，当停留时间越长时同种颜色聚集的点越多，其结果与图 8-8 对应，聚类结果图可以更直观地从相对位置的角度对停留点进行描述，采用所述时空聚类法对停留点进行识别可为管道附近第三方破坏的预警防范工作提供决策依据。

8.2.2.3　异常停留点提取

（1）异常停留点语义标记。

由手机位置数据所识别出的停留点中含有经纬度位置信息以及表示时间信息的时间戳数据，但是对于管道异常活动识别研究，无法仅根据停留点位置对第三方破坏行为进行判断。当管道附近存在建筑物如仓库、住房时，在这些特定位置有极大概率会出现用户停留点，但该种类型停留点不应作为异常停留点；而对于管道内检测中标记的打孔点，由于打孔盗油活动极有可能在同一地点多次重复发生，所以当此类地点出现第三方人员异常停留时，应作为重点关注对象。停留点所处区域位置类型不同时，停留状态将表征不同的用户行为含义。因此，为提高异常活动判别准确性，本文提出对表8-6中的医院、学校等特殊区域进行停留点语义标记。

表8-6 停留点语义信息标记

停留地点	医院	学校	住房	打孔点(内检测)	打孔盗油频发点
语义信息	正常	正常	正常	异常	异常

停留点语义标记是结合所识别出的停留点处位置关键特征，添加所在位置表示的语义信息，语义信息包括停留点处根据地图的建筑标记信息和管段位置风险状态信息。若识别出的停留点语义信息为正常，则不作为异常点对其继续研究，反之则进行下一步的异常活动识别。停留点语义标记用于初步刻画用户行为是否异常，是分析管道附近用户异常行为的基础。

针对语义信息为异常的停留点，基于词频—逆文件频率(以下简称 TF-IDF)计算规则对管道附近日常行为活动中的停留地点库进行统计，挖掘停留点与用户之间隐含的关联性。TF-IDF 常被应用于数据挖掘领域中，结合词频及逆文件频率大小计算字词对于文件集中某份文件的重要程度。词频表示字词在目标文件中出现的次数，与其在文件中的重要程度成正比；文件频率表示字词在文件集中出现的频率，逆文件频率表示字词在文件集中出现的频率与其在文件中的重要程度成反比。

为计算管道附近区域内停留点语义异常程度，对管道监控范围内所有用户的停留点进行分析。若停留点 A 在用户 User1 的轨迹活动中出现的频率越高，那么就说明该用户经常去停留点 A 做某件事情，即用户对位置 A 有强烈的兴趣，因此 A 点对用户来说应该具有特殊意义；另外，如果在管道监控区域内的整个用户群将位置 A 作为停留点的次数越少，此停留点就具有了更好的类别区分能力，则停留点 A 就越能体现出用户 User1 和其他用户的差异性。

(2) 异常停留点识别验证。

以某一管线为例，该管线风险评价报告中记录了管线附近建筑分布及人员活动频率有关内容，结合地图信息可获得待标记停留点位置特征。通过与某通信公司的合作，获取到了该管线长度10km、管道中心线左右距离各15m范围内连续10天的第三方手机位置数据。对该监控区域10km管段附近建筑信息进行整理收集，共标记了住宅15处，盗油阀门3处，地下设施聚集地2处，部分具体位置信息见表8-7。

表8-7 位置信息列表

标记点类型	墨卡托经度范围	墨卡托纬度范围	语义标记结果
住宅1	13594667.9~13594667.9	4509718.4~4509718.4	正常
住宅2	13593458.6~13594763.6	4506540.3~4506560.5	正常

续表

标记点类型	墨卡托经度范围	墨卡托纬度范围	语义标记结果
住宅 3	13595850.2~13595867.9	4507436.8~4507452.6	正常
盗油阀门 1	13599547.4	4501537.9	异常
盗油阀门 2	13598563.5	4503165.4	异常
地下设施聚集地 1	13593794.7~13593800.2	4501745.8~4501752.4	异常

对所收集的位置数据进行停留点识别，以某 2km 监控区域为例，按照基于时空聚类停留点识别方法，共识别出 23 个停留点，其中在基于地理信息语义标记结果为正常的为 19 个，对其余 4 个非正常停留点进行语义异常程度计算，计算值见表 8-8。

表 8-8 TF-IDF 停留点标记

停留点位置	TF	IDF	TF-IDF
停留点 1	1/9	0.44	0.05
停留点 2	2/9	0.80	0.18
停留点 3	2/9	0.49	0.11
停留点 4	4/9	1.10	0.49

从表 8-8 中可看出，停留点 4 语义异常程度较大，说明该点为异常停留点的概率最大。较高的 TF 值表示用户在点 4 处停留频率较高，较高的 IDF 值表示区域内其他用户在该点停留频率较低，与其他用户相关性较小。经验证，停留点 4 为非法取土施工点。

8.2.2.4 本节小结

本节提出了一种异常停留点提取方法，通过对所获取目标管线附近的第三方活动位置数据进行预处理，以提高后续异常活动识别过程的计算速度与质量。基于时空聚类的方法对预处理后数据进行停留点识别，得到停留点识别决策图与聚类图，直观地反映了管道附近用户移动规律。考虑到用户停留状态在不同区域位置表征了不同的用户行为含义，对医院、学校等特殊地点引入停留点语义标记，从而实现对停留点更准确地描述。

8.3 长输油气管道第三方异常活动识别

随着信息化技术的发展，智能油气管网系统产生了海量管道数据，深入挖掘运维数据背后隐含的安全信息为管控新模式提供了思路。针对管道第三方破坏随机性强、防范难的特点，使用数据驱动的方法分析异常活动特征和规律，基于历史破坏数据先验信息，将第三方人员的行为与管道风险特征结合，实现第三方破坏风险的全面感知，找出第三方破坏的迹象和正在实施的第三方破坏行为。

8.3.1 轨迹提取与分段

手机用户的移动轨迹可以体现移动对象的目标位置和行为模式，对含有异常停留点的用户轨迹开展进一步研究，移动对象 o 在管道附近的轨迹表示为 Tr_o。由于轨迹数据量较大，为提升数据质量，在第三方活动类型判别之前需要对轨迹数据进行简化。以轨迹角度变化量作为特征点选取依据，将原轨迹简化为角度变化较大轨迹特征点的连线，轨迹简化应同时满足准确性和简洁性要求，如图 8-10 所示。

$$Tr_o = [(p_1, t_1), (p_2, t_2), \cdots, (p_i, t_i), \cdots] \tag{8-3}$$

式中，Tr_o 为移动对象 o 的移动轨迹；(p_i, t_i) 为 t_i 时刻，移动对象 o 在 p_i 点的位置信息，根据用户位置信息时序可获取其相应轨迹。

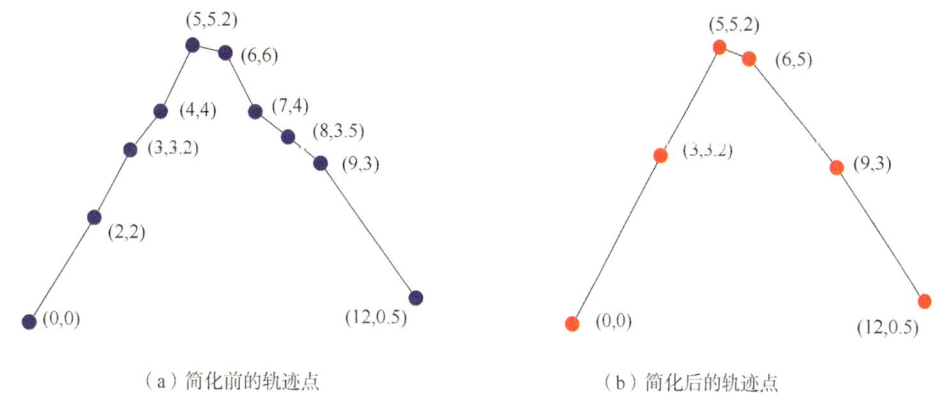

(a) 简化前的轨迹点　　　　　　　　(b) 简化后的轨迹点

图 8-10　轨迹简化示意图

一条轨迹由多个轨迹分段构成，轨迹分段 tf_o 由两个相邻轨迹特征点的连线组成。在轨迹研究过程中，如果只对整条轨迹进行分析，可能会忽略局部异常的行为，所以在管道第三方异常行为识别中，以轨迹分段为研究对象。

$$tf_o = [(p_i, t_i), (p_j, t_j)] (i<j) \tag{8-4}$$

式中，tf_o 为移动对象 o 的一条轨迹分段；(p_i, t_i)，(p_j, t_j) 为 t_i，t_j 相邻时刻移动对象位置信息。

8.3.2　邻域轨迹差异度计算

8.3.2.1　寻找轨迹邻域

由于第三方破坏行为特点的多样性，难以对异常行为轨迹的移动特征进行具体的总结归纳，本文提出利用管道附近移动对象之间的关联性对异常轨迹进行识别。轨迹数据反映了移动对象的位置活动规律，标记了第三方用户在监测范围内的空间位置变化情况，通过位置信息可获取轨迹分段在当前局部空间中的近邻。第三方人员在管道附近区域的正常活动普遍具有周期性与规律性，如果一个对象与邻域内的对象都发生了偏离，则该对象也一定偏离于距离它更远的对象，换言之，一个基本单元的空间特征往往能被邻域内的基本单元所反映。

各轨迹分段按位置特征查找邻域，将轨迹分段 tf_i 的邻域定义为与 tf_i 位置特征距离不超过给定距离阈值 d 的轨迹分段集合。

$$N(tf_i) = [Diff_S(tf_i, tf_j) < d] \quad (8-5)$$

式中，$N(tf_i)$ 为轨迹分段 tf_i 的近邻轨迹分段集合；$Diff_S(tf_i, tf_j)$ 为轨迹分段 tf_i 与 tf_j 两条轨迹之间空间距离，具体描述为轨迹段间垂直、水平、角度距离的综合加权。

$$Diff_S(tf_i, tf_j) = \omega_\perp \cdot d_\perp(tf_i, tf_j) + \omega_\parallel \cdot d_\parallel(tf_i, tf_j) + \omega_\theta \cdot d_\theta(tf_i, tf_j) \quad (8-6)$$

轨迹垂直距离、平行距离与角度距离具体表示如下，p_s、p_e 是 s_j、e_j 在轨迹 tr_i 上的投影点。

$$d_\perp(tf_i, tf_j) = \frac{l_{\perp 1}^2 + l_{\perp 2}^2}{l_{\perp 1} + l_{\perp 2}} \quad (8-7)$$

$$d_\parallel(tf_i, tf_j) = \min(l_{\parallel 1}, l_{\parallel 2}) \quad (8-8)$$

$$d_\theta(tf_i, tf_j) = \|tf_j\| \times \sin(\theta) \quad (8-9)$$

式中，p_s、p_e 是 s_j、e_j 在轨迹 tr_i 上的投影点；$d_\perp(tf_i, tf_j)$ 是轨迹分段 tf_i 和 tf_j 的垂直距离，单位为 m；$l_{\perp 1}$ 是 s_j 到 p_s 的欧几里得距离，单位为 m；$l_{\perp 2}$ 是 e_j 到 p_e 的欧几里得距离，单位为 m；轨迹分段 tf_i 和 tf_j 的平行距离 $d_\parallel(tf_i, tf_j)$ 为 $l_{\parallel 1}$ 与 $l_{\parallel 2}$ 之间的较小值，单位为 m；$l_{\parallel 1}$ 是 s_j 到 p_s 的欧几里得距离，单位为 m；$l_{\parallel 2}$ 是 e_j 到 p_e 的欧几里得距离，单位为 m；$d_\theta(tf_i, tf_j)$ 是轨迹分段 tf_i 和 tf_j 的角度距离，单位为(°)；$\|tf_j\|$ 表示轨迹分段 tf_j 的长度，单位为 m；θ 表示 tf_i 和 tf_j 之间的夹角，单位为(°)。

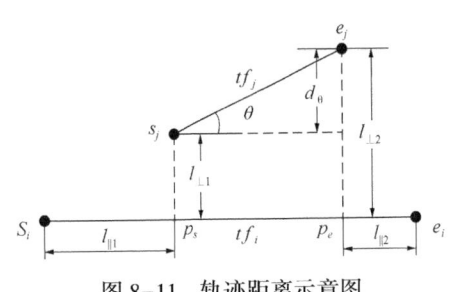

图 8-11 轨迹距离示意图

人群活动规律决定了不同区域轨迹分段分布不均的特点，在人群活动频繁区域中轨迹分段分布密集且距离较近，在人群活动稀少区域内轨迹分段分布稀疏且距离较远，所以在轨迹段分布存在差异时，不应以固定的距离阈值 d 进行局部邻域搜索。应当引入目标区域的活动频繁程度因素对距离阈值进行修正，获得普适性更强的距离阈值 d'，在稀疏区域适当增大距离阈值 d，在密集区域则适当减小阈值 d，使得距离阈值能够灵活适应不同轨迹分段分布情况。为减小管道附近第三方人员活动密度对搜索局部邻域结果的影响，在距离阈值设置中引入了轨迹分段集平均密度与局部近邻密度因素对距离阈值进行修正。

$$d' = d \cdot \frac{\frac{1}{|TF|} \sum_{tf_j \in TF} Density_{TC}(tf_j)}{Density_{TC}(tf_i)} \quad (8-10)$$

式中，d' 为修正距离阈值；d 为原始距离阈值；$|TF|$ 为所有轨迹分段个数；$Density_{TC}(tf_j)$ 为轨迹分段 tf_j 局部近邻密度；$Density_{TC}(tf_i)$ 为轨迹分段 tf_i 局部近邻密度。

8.3.2.2 邻域轨迹差异度

异常轨迹通常被描述为违反某类既定规则的事件，或是表现出不同于大多数对象的行为。在不同应用场景中，用户的异常轨迹通常被描述为轨迹异常、地点异常、行动异常等。通过对管道附近行人移动特征的研究与分析，要实现对第三方破坏行为的早期预警，找出第三方破坏的迹象和正在实施的第三方破坏行为，准确识别第三方异常轨迹是关键。将相邻区域内移动轨迹进行比较，若某一轨迹与大多数第三方运动轨迹相似，则认为其为正常活动行为，反之判断为异常活动行为。

提取轨迹的速度、加速度、转角作为判断异常轨迹移动特征。速度特征作为移动对象的固有属性之一，表示移动对象运动的快慢程度，在第三方进行异常活动时，相应轨迹通常表现为停留或是以极小的速度移动，利用轨迹特征点中的地理位置标记和时间标记计算手机用户速度，方向即沿特征点连线方向。加速度特征是移动对象的内在属性之一，表示移动对象速度的变化情况，因为异常行为的出现一般会表现为速度的突变，包括速率和方向，所以加速度是判断异常轨迹的重要因素。转角特征表示移动对象运动方向的变化量，由目标特征点与紧邻前、后时刻特征点连线所构成的角度，轨迹转角的异常变化一定程度上反映了受外界扰动或影响情况，第三方异常行为轨迹与正常行为轨迹存在的位置偏移现象可用转角特征表示。依据移动特征计算轨迹分段行为差异度，寻找出在轨迹邻域内发生移动偏移的轨迹分段。

在管道第三方异常行为识别的研究中，利用速度、加速度、转角三个移动特征发现轨迹邻域内发生移动偏移的轨迹分段，根据不同移动特征对异常轨迹识别的重要程度分别赋予恰当的权重并进行加权处理。

$$Diff_D(tf_i, tf_j) = \sum_{l=1}^{M} \omega_l \cdot dis_l(tf_i, tf_j) \tag{8-11}$$

$$\sum_{l=1}^{M} \omega_l = 1 \tag{8-12}$$

式中，$Diff_D(tf_i, tf_j)$ 为轨迹分段 tf_i 和 tf_j 的行为差异度，以 $\omega_1, \cdots, \omega_M$ 分别表示轨迹数据每个特征的权重；$dis_l(tf_i, tf_j)$ 为任意两条轨迹分段 tf_i 和 tf_j 在特征 l 上的距离。

为了计算轨迹分段的异常程度，将轨迹异常因子 TAF 用于表示轨迹分段在其轨迹邻域内移动的异常程度。由于同一用户轨迹会根据不同特征点被划分为多个轨迹分段，所以在计算某一用户轨迹异常因子时，选取最大异常因子作为该用户最终轨迹行为差异度。

$$\text{TAF}(tf_i) = \frac{\sum_{tf_j \in N_{TC}(tf_i)} Diff_D(tf_i, tf_j)}{|N_{TC}(tf_i)|} \tag{8-13}$$

式中，$\text{TAF}(tf_i)$ 为轨迹分段 tf_i 的轨迹异常因子；$Diff_D(tf_i, tf_j)$ 为轨迹分段 tf_i 和 tf_j 的行为差异度；$|N_{TC}(tf_i)|$ 为轨迹分段 tf_i 邻域内轨迹分段个数。

8.3.3 基于决策树的管道第三方异常活动识别

决策树是基于有监督学习进行分类的方法，能够从给定的带有特征和属性标签的样本中分析特征与属性间的映射关系，并以树状图的结构形式呈现决策规则，实现对新样本的正确分类。基于历史破坏数据先验信息，建立异常活动识别决策树，将第三方人员的行为与管道风险特征结合，对轨迹行为差异度较大的异常活动进行第三方破坏类型的判断。

8.3.3.1 特征选取

管线监测范围内第三方破坏行为通常与历史破坏行为具有相似性，且第三方人员的破坏行为与管道风险因素之间存在相关性，采用基于数据驱动的方法挖掘第三方人员在管道破坏活动中的行为特征。将管道第三方破坏时间、人数、位置因素和第三方破坏风险因素，如位置、当地经济水平、公众宣传效果、巡线质量、安全标志、人员活动频率作为异常活动决策树模型特征。其中，时间和人数特征按实际数值给出，其余各特征参数对应表8-9内容给出。

表8-9 特征值表示

特征名称	特征值	特征描述
位置	1	农田
	2	地下基础设施密集
	3	附近有盗油阀门
	4	其他
当地经济水平	0~100	根据实际情况打分，见表8-10
公众宣传效果	0~100	根据实际情况打分，见表8-11
巡线质量	0~100	根据实际情况打分，见表8-12
安全标志	0	管道附近无明显安全标志
	1	管道附近有清晰安全标志
人员活动频率	1	一级地区，周围人员活动频率特别低
	2	二级地区，周围人员活动频率较低
	3	三级地区，周围人员活动频率较高
	4	四级地区，周围人员活动频率高

各类管道第三方事故报告及风险分析报告指出，管道沿线当地的经济水平、公众宣传效果对管道第三方破坏事故的发生有一定影响，但经济水平和公众宣传效果作为一个综合性指标，难以进行有效的度量，在本模型中通过人均收入等指标对其进行量化，以实现该指标对破坏事故影响的分析（表8-10、表8-11）。

表8-10 经济水平

特征名称	特征值	特征描述
当地经济发展水平	70~100	经济发展水平较高，经济发展速度快
	60~75	经济发展水平中等，经济发展速度较快
	20~65	经济发展水平落后，经济发展速度较慢

不同地区经济水平具体取值需根据地区经济发展状况进行确定，本文只给定了一定的取值范围，决策者可针对各地区特点选取合理判断依据并给出特征值。

长输管道巡检作为管道风险防控中非常关键的环节，巡检质量对管道第三方破坏事故数量有着重要影响。员工培训、巡检效果、巡检频率是衡量巡检质量的重要指标，巡检质量越高,能够更有效地识别潜在的第三方破坏活动(表8-12)。

表8-11 公众宣传效果

特征名称	特征值	特征描述
公众安全宣传	80	具有明确公众宣传计划,定期进行公众宣传并走访
	60	无明确公众宣传计划,随机进行公众宣传或走访
	40	无明确公众宣传计划,偶尔进行公众宣传或走访
公众宣传反馈	20	积极
	10	无所谓
	0	抵触

表8-12 巡线质量

特征名称	特征值	特征描述
员工培训	30	具有巡线工定期培训,并定期对巡线工进行考察
	20	具有相应巡线工考察,但未建立培训和审查制度
	10	没有相应的培训和考核制度
巡检效果	40	优:巡线便道通畅,无受阻情况
	30	良:巡线基本通畅,由于自然原因或人工无法进入,能够方便地观察受阻区域管道情况
	20	中:巡线受阻,需要绕行较远或者观察该区域困难
	10	差:人工受阻,并禁止进入巡线
巡检频率	30	每日巡查2次及以上
	20	每日巡查1次
	10	每周巡查1次及以下

8.3.3.2 基于决策树的异常活动识别模型

建立基于决策树的异常活动识别模型有以下具体步骤。

(1) 确定输入与输出。将第三方活动时间、人数、位置、当地经济水平、公众宣传效果、巡线质量、安全标志、人员活动频率共8个因素作为输入特征,第三方破坏类型作为标签,根据历史数据建立模型,挖掘各类特征与第三方破坏的关系。

(2) 确定最佳节点和最佳的分枝。以不纯度作为衡量最佳节点与分枝的指标,计算树中的每个节点所对应的不纯度,较低的不纯度值表明决策树对训练集的拟合效果更好,决策树中父节点不纯度一定高于子节点。在异常活动识别模型中,以信息熵和基尼系数作为衡量指标分别对节点不纯度进行了计算,结果表明两种不纯度指标下的模型准确率大小基本相同,最终选择信息熵作为衡量指标。

$$\text{Entropy} = -\sum_{i=0}^{c=1} p(i \mid t) \log_2 p(i \mid t) \quad (8-14)$$

$$\text{Gini} = 1 - \sum_{i=0}^{c=1} p(i \mid t)^2 \quad (8-15)$$

式中,Entropy 为信息熵;t 为决策树节点;i 为标签分类;$p(i|t)$ 为标签分类 i 在节点 t 中的占比;Gini 为基尼系数。

该模型中的信息熵值是父节点信息熵与子节点信息熵之差。

(3) 确定最大深度值。若不对决策树生长条件进行约束会导致决策树的过拟合,因为决策树将会以不纯度指标最优为目标一直生长,或是生长到使用完所有样本中特征。为使模型具有更好的泛化性,减轻过拟合对结果的影响,应对决策树进行剪枝操作。设置树的最大深度值(max_depth)是限制过拟合最有效的方式,即剪掉超过设定深度的所有树枝,通过计算不同深度下的模型拟合效果以确定最佳决策树深度值,图 8-12 为不同深度值下决策树的准确率比较。结果表明,当决策树最大深度为 4 时模型准确率达到最大值,当深度小于 4 时决策树欠拟合且未能覆盖重要特征;当深度大于 4 时,多余的分枝使得模型过拟合,不仅增

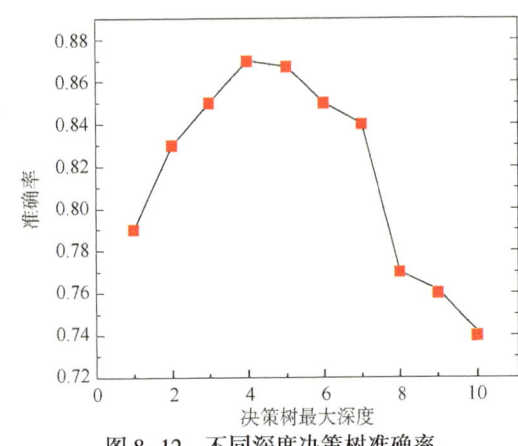

图 8-12　不同深度决策树准确率

大了模型计算负担,而且降低了模型准确率。因此,确定决策树最大深度为 4。

(4) 决策树剪枝策略优化。设置最小叶子节点样本数(min_samples_leaf, msl)与最小划分样本数(min_samples_split, mss)值对决策树进行优化,最小叶子节点样本数表示在分枝后的任一子节点都必须包含至少最小叶子节点样本数个训练样本;最小划分样本数表示当节点包含至少最小划分样本数个训练样本时才允许被分枝。为寻找基于决策树的异常活动识别模型中最小叶子节点样本数与最小划分样本数的最佳组合,对 0~50 之间的数字组合进行遍历,最终得出当最小叶子节点样本数为 2,最小划分样本数为 4 时模型准确率最高。

8.3.3.3　管道第三方异常活动识别模型结果分析

将所收集的管道第三方破坏历史特征数据 7/10 划分为训练集,3/10 划分为测试集,按照决策树建立步骤,由训练集数据所建立的管道第三方异常活动识别决策树如图 8-13 所示,该决策树的结构表明了根据各类特征对第三方异常活动类型进行判断的过程,用测试集对模型准确率进行测试,准确率为 90.9%。

管道第三方异常活动类型判断决策图为 5 层决策树,第一层首先对巡线质量特征进行判断,比较其对应特征值与 68.203 的大小关系并进入决策树第二层,对时间和位置特征进行判断,以此类推,直到判断出最终的活动类型。在该决策树中,entropy 为不纯度指标,samples 值表示样本个数,value 值表示属于不同类型破坏样本个数,如 value = (10, 41, 35, 14) 表示属于打孔盗油类别样本数为 10 个,属于私人挖掘类别样本数为 41 个,属于工程破坏类别样本数为 35 个,属于其他类别样本数为 14 个;class 代表最终分类结果,不同种颜色代表所属不同的破坏类型,其中两个分类结果为打孔盗油的白色方框不纯度指标为 1,难以进行判断,其分类结果不准确。

第8章 基于位置大数据分析的管道第三方异常活动识别

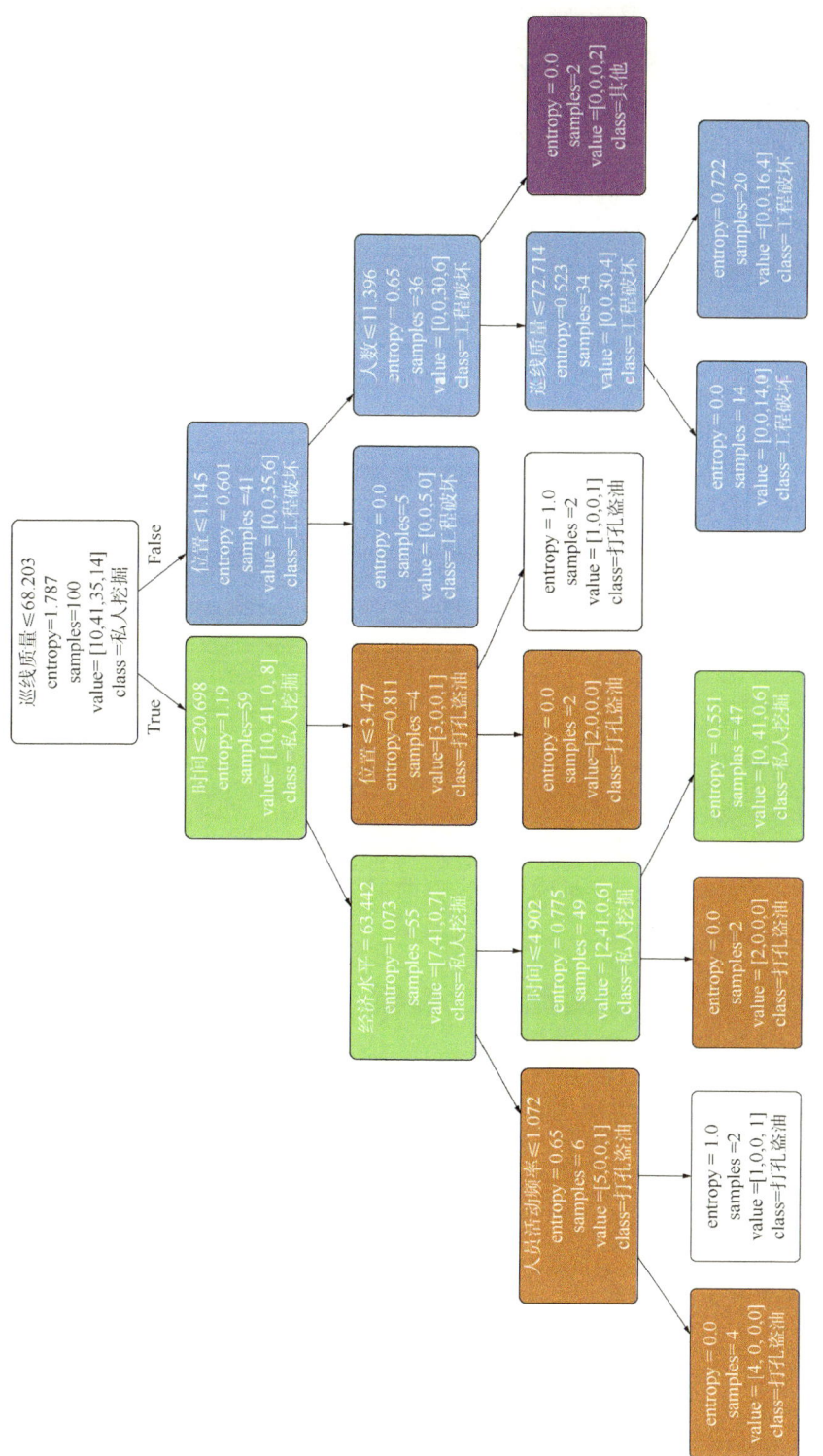

图8-13 异常活动类型判断决策图

对不同类型的第三方破坏活动判别特征分别如下，打孔盗油破坏的判别含巡线质量、时间、经济水平、位置、人员活动频率共五个特征，私人挖掘破坏含巡线质量、时间、经济水平共三个特征，工程破坏含巡线质量、位置、人数共三个特征。各类特征的重要程度见表8-13，权重越大，对应特征对模型贡献度越大，所提取的8个特征因素中，公众宣传效果和安全标志在该模型中对第三方破坏类型的判断无影响，其余6个影响因素对破坏类型判断的影响权重降序排列依次为：巡线质量、时间、经济水平、人数、位置、人员活动频率。

表8-13 各特征权重

特征	时间	人数	位置	经济水平
权重	0.15	0.04	0.02	0.13
特征	公众宣传效果	巡线质量	安全标志	人员活动频率
权重	0	0.64	0	0.02

在该模型中，决策树各分枝判断依据及模型的准确率将根据数据量的变化有所更新，当有更多的历史数据作为训练集输入模型中时，需要重新调整各特征参数，并对模型进行优化。

8.3.4 本节小结

本章提出了一种基于决策树的管道第三方异常活动识别方法，通过选取位置数据中的特征点用于轨迹提取与分段，根据轨迹位置特征完成轨迹邻域寻找，并结合速度、加速度、转角等多个移动特征计算近邻轨迹分段的行为差异度。针对差异度值较大的用户轨迹，挖掘其轨迹在时间、人数、位置等第三方风险特征下与第三方破坏行为的潜在关系，对轨迹中的第三方破坏行为进行准确识别，有助于及时发现私人挖掘、工程破坏和打孔盗油等第三方管道破坏活动。

8.4 长输管道第三方活动监控系统

结合油气管线结构特征、管道周边人员位置数据、周边人员活动特征，设计并开发基于位置数据的长输管道第三方活动监控预警系统，实现油气管道周边第三方人员活动的全面实时监测。为长输油气管道的巡检维修和第三方破坏安全管理提供直观可靠的技术保障。

8.4.1 需求分析

根据位置数据规模大、多样化等特点，提出基于统计图的第三方位置数据可视化方法，用于准确模拟第三方破坏活动在管道沿线的发展态势和运动趋势。建立管道第三方破坏预警系统，包括数据采集与存储、分析与建模、数据风险可视化、趋势分析等功能。实时了解长输油气管道周边人流量，通过精准定位人员位置，结合人员结伴人数、移动轨迹、停留时长等，对异常事件进行判别，全面掌握管道安全状态，对潜在的管道破坏行为进行准确有效预警。本系统对管线、场站进行全局空间建模、整体架构设计，实现空间数据的统一管理、统一服务访问、统一事件监控。

针对目前存在的问题，对建立的第三方活动监控系统提出如下需求：

（1）开展移动端位置数据采集、数据存储、数据分析研究，实现管道第三方人员位置数据的可视化。

（2）根据用户位置信息及活动特征，对管道监控范围内的第三方异常活动进行识别，对可能为管道第三方的破坏行为提供预警功能。

（3）以不同管段风险评价等级结果对管道进行划分，根据第三方破坏事件发生位置和类型实现管道第三方破坏风险的分级管控。

8.4.2 系统架构

8.4.2.1 系统架构设计

长输管道第三方活动监控系统体系结构如图8-14所示。

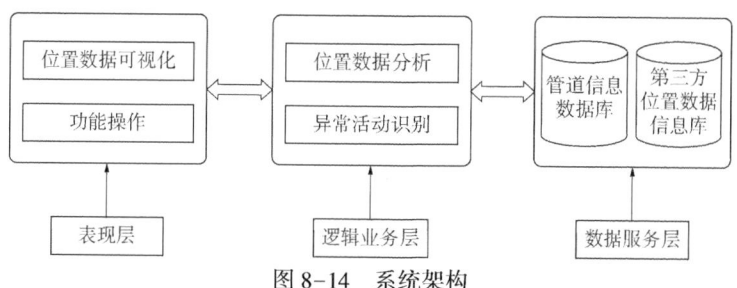

图8-14 系统架构

表现层的主要功能是实现用户与服务器的交互，用户可向服务器发送请求并接收服务器的响应结果，为用户提供友好的图形界面。本系统中表现层包括管道GIS信息，以及操作功能对应的命令按钮和工具等。

逻辑业务层是系统的核心部分，集成了用户位置数据分析模型与异常活动检测算法，用于判定用户第三方破坏行为，同时接收并完成客户端的请求。

数据服务层由管道信息数据库和第三方位置数据信息库组成，管道信息数据库包括管道静态基础数据如管道埋深、路由和实时动态数据如打孔盗油专项内检测数据等；第三方位置数据信息库包括管道附近人员的时空位置数据，海量的数据资源为长输管道第三方活动监控系统的运行提供数据支持。

8.4.2.2 系统功能设计

（1）风险管段划分。

结合目标管段的风险评价报告，以2km管段长度为划分依据，在系统中明确高风险管段。因管段风险等级动态变化特性，系统具有依据风险评价等级结果对管段进行重新划分的功能。

（2）基本信息的展示。

通过对采集与储存数据的调用，在系统界面上展示当前研究区域内所存在的手机用户数量,并将手机用户位置数据映射到地图上,根据用户的移动状态同步更新地图上的位置。

(3) 异常事件历史记录。

① 记录模块。

记录模块为对管道第三方破坏实现系统化管理,系统需提供现场确认记录模块以保证管道保护人员在对异常事件进行现场确认之后能够对相应异常事件进行详细记录,对此可以采用列表选择与手动添加相结合的形式。异常事件的记录可用于进一步分析各类异常事件的活动规律,为管道第三方破坏智能化防范提供数据基础。

② 查询模块。

查询模块分为依据时间轴和区域位置的异常事件查询,帮助还原已过时的数据,便于事后资料的查找;对未检测出的异常事件进行还原分析,以进一步优化系统。

③ 分析模块。

分析模块包含历史数据分析模块,根据历史异常事件直观地反映第三方作业属地的活跃程度。对异常事件数据按照发生时间段及地点进行分类,直接在系统中以折线图的形式生成异常事件分布规律,对第三方破坏特征进行基于数据的挖掘。根据分析统计异常事件分布规律,更加科学地分配巡检资源,规划巡检方案,明确防控对象,实现针对性管道第三方破坏防控。

8.4.2.3 系统关键技术

(1) 空间数据库技术。

空间数据库技术是 GIS 的关键技术,利用空间数据库技术能有效存储、查询、检索和显示地理空间数据的优势,将其用于分析管道附近人员之间,人员与管道之间以及管段与管段之间的空间位置关系。

(2) 自定义瓦片图层技术。

国内开源瓦片地图对于偏远山区往往精度较低,而管道周边环境较为复杂,无法满足系统展示需求。采用 ArcGIS API for JavaScrip 前端开发组件,自定义 Google 地图的瓦片图层,融入 Google 地图的影像图作为地图,能够对异常研判和直观展示、处理。

(3) 数据纠偏处理技术。

由于国内网络上公开的地图都是经过加密处理,即 GCJ-02 坐标系,而采集到人员数据及管道坐标均为 WGS84 坐标系。无偏差的叠加到底图是本系统实现的关键。数据纠偏服务不仅对历史数据进行纠偏转换,还可实时提供实时纠偏服务。

(4) 数据挖掘建模技术。

数据挖掘是大数据处理技术之一,其目的是挖掘数据之间隐含的相关关系,基于数据驱动的方法提取数据特征中的有用信息。研究适合第三方破坏的位置数据挖掘建模技术,对具有混杂性的位置数据进行分析,抽象出管道第三方破坏特征,提高平台数据挖掘能力。

(5) 逆地址解析技术。

逆地址解析是指经纬度信息根据 Google 地图计算出结构化地址信息,例如经纬度坐标"116.253981,40.224412"经逆地址解析可得到"北京市昌平区府学路 18 号"。对于本系统异常事件地址描述采用"管道名加管段号 XX 米"形式描述,如何通过空间分析查询指定坐标附近的管段是解析的关键。

(6)轨迹回放技术。

轨迹回放技术是指后台系统从手机终端获取经纬度动态并将其传入到数据库表中,而后在前端按照原有的时间顺序动态模拟绘制该点的运动轨迹。轨迹回放技术对异常事件的精准研判以及趋势分析等具有重要作用。

8.4.3 模块功能实现

8.4.3.1 系统开发环境

系统开发环境见表 8-14。

表 8-14 系统开发环境

开 发 环 境	详　情
硬件环境	4×2 核 CPU,Intel&reg,Xeon&reg
主频	CPU@2.0GHZ
内存	4GB
硬盘	60GB-120GB
软件环境	centor_7 X64
编辑语言	Java JDK 1.7,Java Script

8.4.3.2 系统模块功能实现

(1)系统登录界面。

在地址栏中输入地址即可进入长输管道第三方活动监控系统登录页面,如图 8-15 所示。

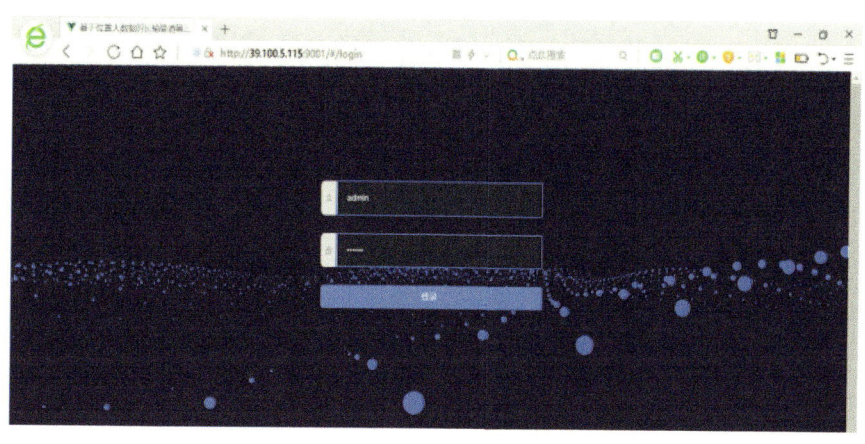

图 8-15 系统登录界面

(2)系统主界面。

系统为满足不同需求,可实现矢量图和影像图切换,通过点击"切换底图"可任意选择矢量图或影像图；可使用鼠标滚动轮或点击"+""-"实现地图缩放操作；点击返回图标回到默认视图；用户还可自由选择是否显示"查询结果""附近人员""油管站室""油气管道""高后果区"的具体信息。另外，点击右下角展开符号可显示系统中不同符号对应的含义(图8-16)。

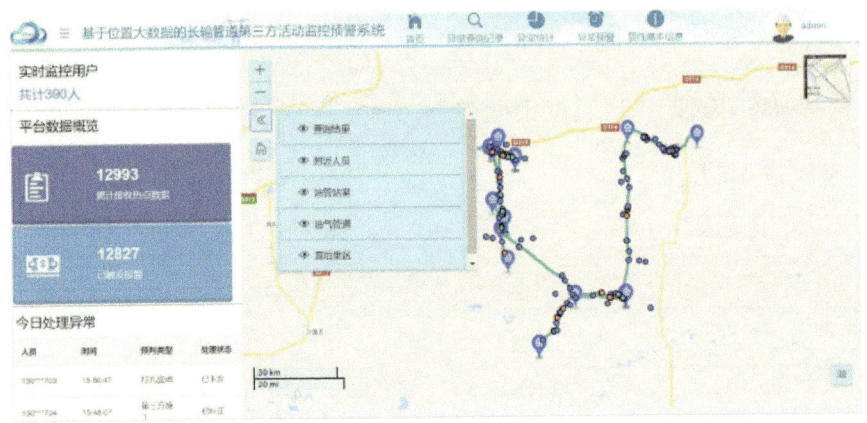

图8-16　系统主界面

（3）管线基本信息储存。

管线基本信息储存包括管线名称、管道长度、运输介质、高后果区数量、人口密度，界面中不同颜色代表不同管段风险等级。

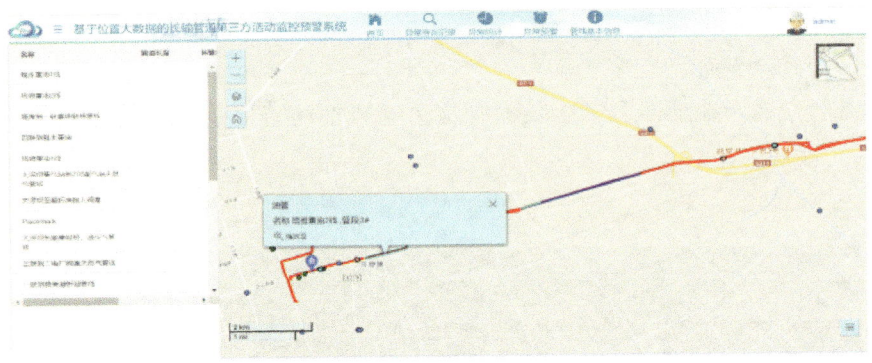

图8-17　管线信息展示

（4）首页数据概览。

系统首页显示了多类数据信息，具体包括：实时监控用户人数，累计接受热点数据量，已触发报警次数，当日已处理异常情况信息包括人员、时间、时间类型、事件处理状态(图8-18)。

（5）异常查询记录。

通过选择需要查询的时间段及管段，可查询到此范围内所发生的异常事件。以开始、结束日期、管段为筛选对象完成查询操作，若需要导出数据，可选择数据保存位置，完成数据下载(图8-19)。

第8章　基于位置大数据分析的管道第三方异常活动识别

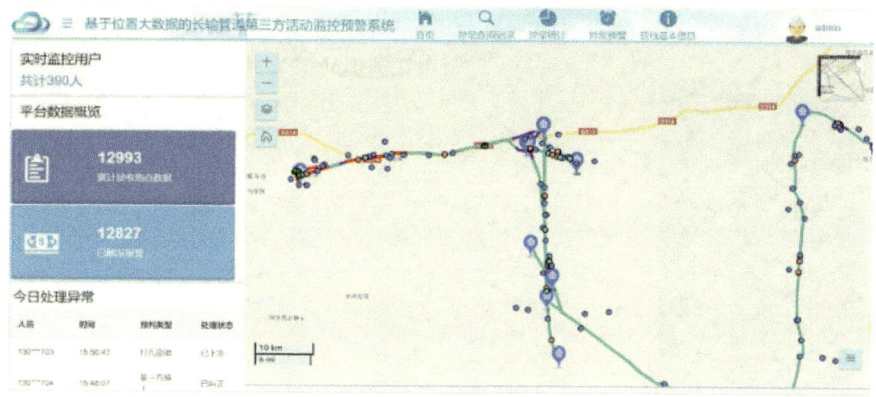

图 8-18　数据概览

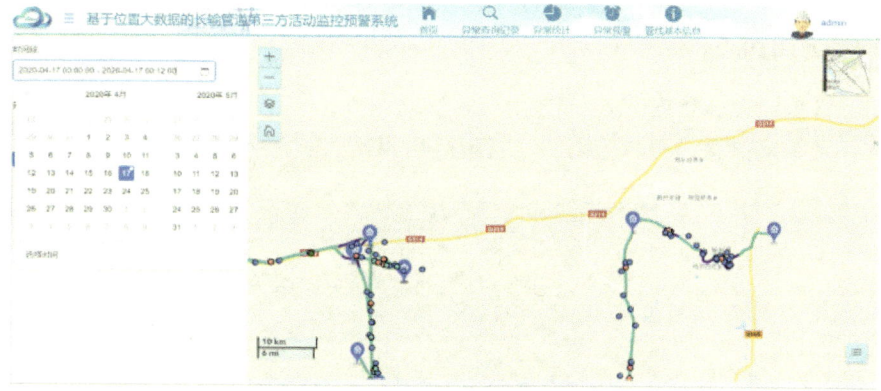

图 8-19　数据查询

（6）异常统计。

对各类异常事件按照事件类型和发生时间段进行统计分类，可获得异常事件发生规律。按类型划分为打孔盗油、第三方施工、其他异常，各类型事件数量及占比将显示在统计图中。按时间段划分，统计图默认显示不同时间段内异常事件发生总数，也可使各类型事件按时间分布情况显示在统计图中（图 8-20、图 8-21）。

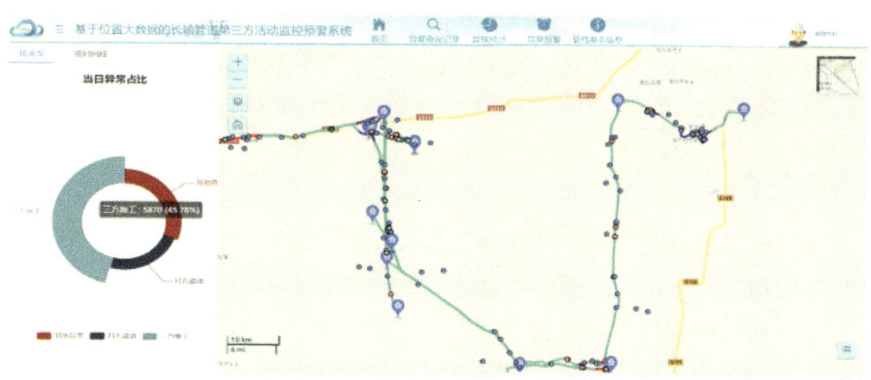

图 8-20　异常活动统计图

· 283 ·

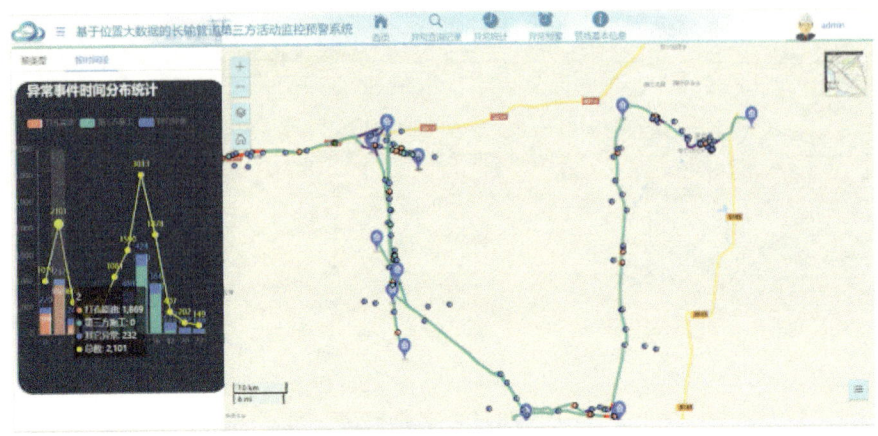

图 8-21　异常事件时间分布图

(7) 人员流量监控。

对油气管道监控区域内的人员进行人群组成刻画，包括监视区域内人员的年龄比例、性别比例、来源地信息。实时监测油气管道高后果区人员流入流出数量(图 8-22)。

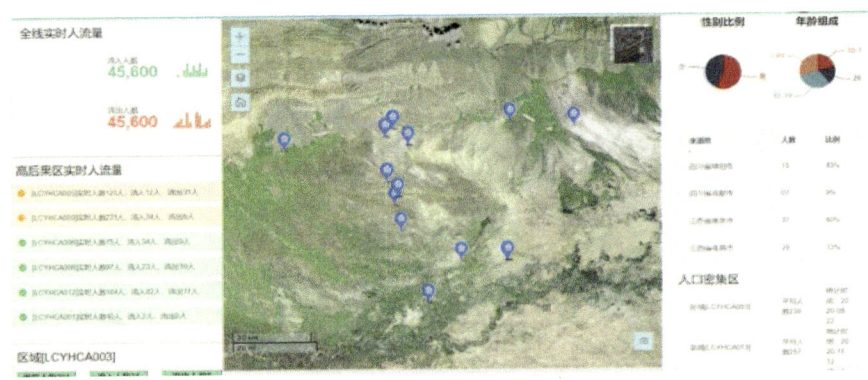

图 8-22　人员流量监控图

(8) 异常预警。

预警信息包括人员编号、异常事件发生时间、系统预判异常事件类型及异常事件的处理状态，点击界面中代表异常活动的黄色轨迹点，将显示该点的具体信息与该点第三方人员轨迹路线(图 8-23)。

8.4.4　本节小结

本节通过对多源数据的采集、预处理和融合，对管线附近位置人流时空动态分布进行建模，提出了管道第三方位置数据的可视化方法，将异常停留点提取、异常活动识别模型与第三方异常活动预警进行集成融合，开发长输管道第三方活动监控系统，用于模拟第三方破坏活动在管道沿线的运动态势。该系统克服了传统方法的不足，如光纤振动、遥感图像分析的不确定性和误报率高等问题，补充完善了管道第三方技防措施。

第8章 基于位置大数据分析的管道第三方异常活动识别

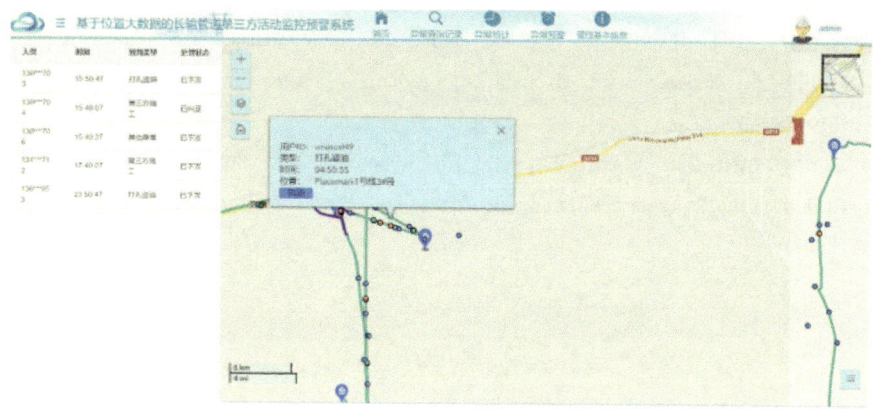

图 8-23 异常事件预警

参 考 文 献

[1] 梁永宽,杨馥铭,尹哲祺,等.油气管道事故统计与风险分析[J].油气储运,2017,36(4):472-476.

[2] 狄彦,帅健,王晓霖,等.油气管道事故原因分析及分类方法研究[J].中国安全科学学报,2013,23(07):109-115.

[3] 帅健,单克.基于失效数据的油气管道定量风险评价方法[J].天然气工业,2018,38(9):129-138.

[4] 熊利敏,赵烁,任鹏.两起原油管道泄漏爆炸事故应急响应对比分析[J].科技视界,2015(22):264.

[5] 刘宏波.英美油气管道安全监管体制研究及对我国的启示[J].中国安全生产科学技术,2016,12(1):200-204.

[6] 高强,张凤荔,王瑞锦,等.轨迹大数据:数据处理关键技术研究综述[J].软件学报,2017,28(4):959-992.

[7] XU G X, GAO S Y, MAHMOUD D, et al. A Survey for Mobility Big Data Analytics for Geolocation Prediction[J]. Journal of IEEE Wireless Communications Magazine, 2017, 111-119.

[8] PO R L. A framework for anomaly detection in maritime trajectory behavior[J]. Knowledge and Information Systems, 2016, 47(1): 189-214.

[9] 马文耀,吴兆麟,李伟峰.船舶异常行为的一致性检测算法[J].交通运输工程学报,2017,17(5):149-158.

[10] 张强,杨玉锋,郑洪龙,等.第三方挖掘作用下管道可靠性评估研究[J].中国安全生产科学技术,2017,13(2):143-147.

[11] 李军,张宏,梁海滨,等.基于模糊综合评价的燃气管道第三方破坏失效研究[J].中国安全生产科学技术,2016,12(8):140-145.

[12] 李明,吴斌,刘思良,等.油气管道全生命周期安全监测预警探析[J].当代化工,2017,46(7):385-1388.

[13] CUI Y, NOOR Q, Chad V M. Bayesian network and game theory risk assessment model forthird-party damage

to oil and gas pipelines[J]. Process Safety and Environmental Protection, 2020, 134: 178-188.

[14] LI X H, CHEN G M, JIANG S Y, et al. Developing a dynamic model for risk analysis under uncertainty: Case of third-party damage on subsea pipelines[J]. Journal of Loss Prevention in the Process Industries, 2018, 54: 289-302.

[15] GUO X Y, ZHANG LB, LIANG W, et al. Risk identification of third-party damage on oil and gas pipelines through the Bayesian network[J]. Journal of Loss Prevention in the Process Industries, 2018, 54: 163-178.

第9章
基于卫星遥感管道沿线地质沉降监测

地质沉降监测是研究现代管道系统的安全和可靠性一个至关重要的领域。管道的稳定性和完整性直接关系到人们的生活和环境安全。随着现代技术的不断进步，卫星遥感技术已成为监测管道周围地质沉降的强大工具。通过遥感技术，能够实时获取地表的变化情况，监测地下管道可能面临的沉降风险。本章主要介绍了通过遥感数据来检测和分析管道附近地质沉降的迹象，以及如何采取预防和应对措施，确保管道的安全运行。

9.1 概述

9.1.1 目的和意义

油气管道是我国能源输送的生命线，预防油气管道事故成为管道企业的工作重点。地面沉降、凹陷甚至坍塌等，会给经过或坐落于其上的长输管道造成很大的威胁和危害，严重制约着管道线路的稳定和安全。其中，绝大部分都是由于地表的形变引起的，并且已经成为影响区域经济和社会可持续发展的重要因素。因此，对长输管道所经区域进行大范围、长时间和高精度的地面形变监测、风险识别与安全预警，对于管道的建设与维护具有重要意义。

地基监测手段作为一种在现有天然气管道地质风险监测中得到广泛应用的成熟技术，它在天然气管道安全监测中具有不可取代的重要作用，它在实时性的优势可与天基遥感手段相互补充。《十三五国家科技创新规划》之"发展可靠高效的公共安全与社会治理技术"中特别提出："发展天地空一体化观测关键技术，提升危险性分析、风险评估和灾害情景预测分析的精细化和精准度"。因此，本项目将采用天基合成孔径雷达干涉测量（以下简称 InSAR）与多源数据相结合的方式，实现中缅天然气管道若开山段管线沿线地质形变的监测分析。

通过对缅甸若开山段管线的示范性应用，建立针对中国石油缅甸境内管道沿线多山多植被、气候多变区域性特征的天然气管道地质形变风险监测工作规范和标准，为该技术在缅甸境内天然气管道安全监测中的推广应用奠定了基础。

9.1.2 监测内容

本项目的监测任务为以获取的中等分辨率的合成孔径雷达（以下简称 SAR）卫星影像为

数据源，采用时序 SAR 数据处理技术进行数据处理，提取研究区域的地表形变信息，筛选以管道为中心两边各 3km 范围的形变区域，并对管道两侧监测区域年形变速率相对较大的形变区域进行信息统计，结合当地地形、地质、水文、植被等其他特征，对可能存在潜在滑坡、不稳定斜坡、塌方、高填方塌陷等地质灾害风险区进行识别。相关监测内容主要为：

（1）对测区的地形、水文、植被等因素进行资料搜集、分析，把握测区的整体概况；

（2）对测区内的光学数据、地物信息数据等进行搜集、处理；

（3）对若开山段天然气管道沿线边坡沉降形变进行监测，沉降监测精度达到 mm 级；

（4）对分析出的形变监测区域划定存在风险的区域，风险区面积大于 20m×20m；

（5）对划分出的风险区进行等级划分，根据危害程度分为一级风险区、二级风险区和三级风险区；

（6）对划分后的风险区危险程度进行评估，评估如发生滑坡对管道安全造成的危害等；

（7）对识别出的风险区进行矢量化，文件格式为 shp 或者 kml、kmz，以便推送到后期管道 GIS 平台；

（8）形成专题分析报告和专题图。

9.2 技术方法

近年来，由于具备高精度形变监测能力，合成孔径雷达干涉技术得到了迅猛的发展。与其他测量技术的对比，InSAR 技术在测量频率、测量尺度与测量精度上都能较好满足一般形变监测的各项要求，具体技术方案如图 9-1 所示。将基于 SAR 数据、光学数据、水文地质、气象数据等多源数据对目标区域进行深层次的分析，其中以基于时序 SAR 数据获取的地表形变数据为主要依据，结合其他数据提取的有用信息，然后依据当地实际情况，利用风险划分的大数据模型对目标区域管道附近的风险区进行信息提取。

9.2.1 InSAR 形变测量技术的基本原理

遥感雷达干涉测量技术是利用同一地区不同时期雷达影像数据中的相位信息，提取地表高程信息以及形变信息的测量技术。在监测过程中，雷达置于卫星上，对目标场景进行照射，重访周期最高可达几天/次。如果在两次观测时间段内，目标点由某位置移动到另一位置，即可通过雷达信号相位数据的变化，获取目标点的形变信息，测量精度可高达 mm 量级。图 9-2 显示了传统 InSAR 监测的几何模型。

9.2.2 D-InSAR 形变测量技术的基本原理

所谓雷达差分干涉测量是指利用同一地区的形变前后两幅干涉图像，通过差分处理(除去地球曲面、地形起伏影响)来获取地表形变的测量技术。如图 9-3 显示了 D-InSAR 形变测量技术的几何模型。

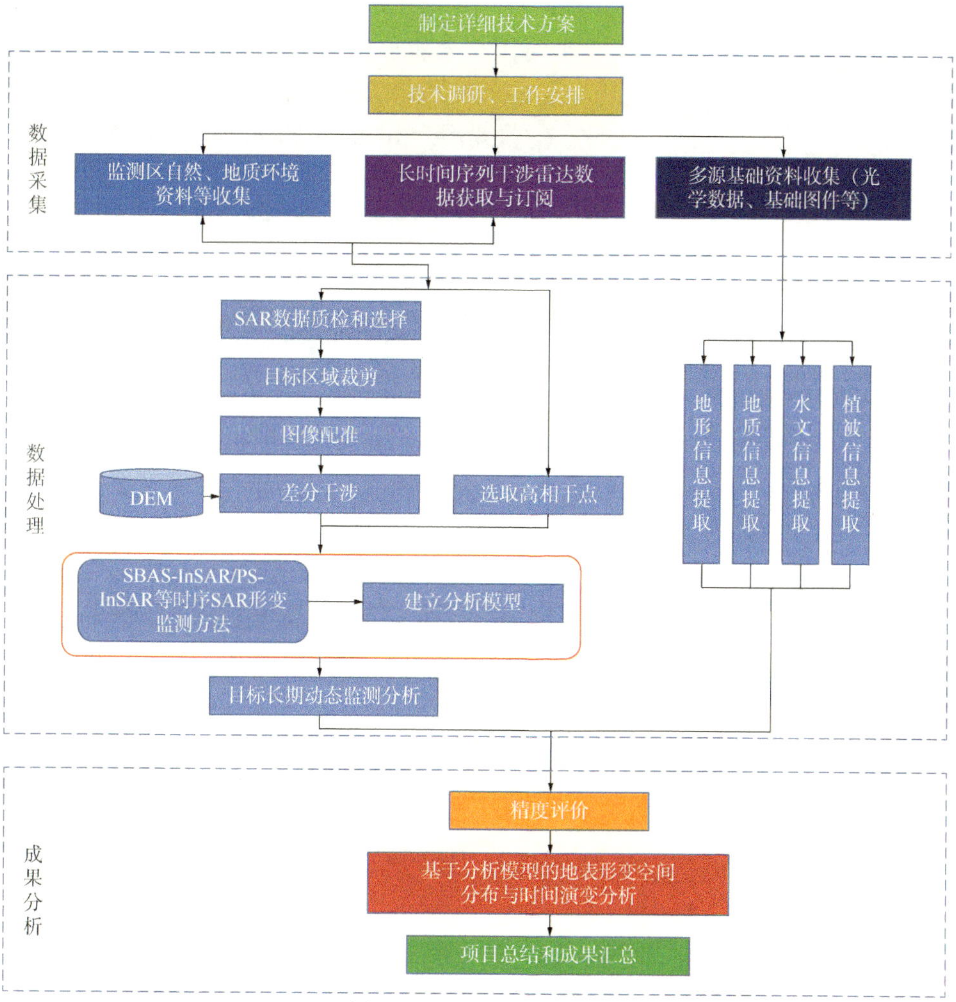

第9章 基于卫星遥感管道沿线地质沉降监测

图 9-1 InSAR 处理方案

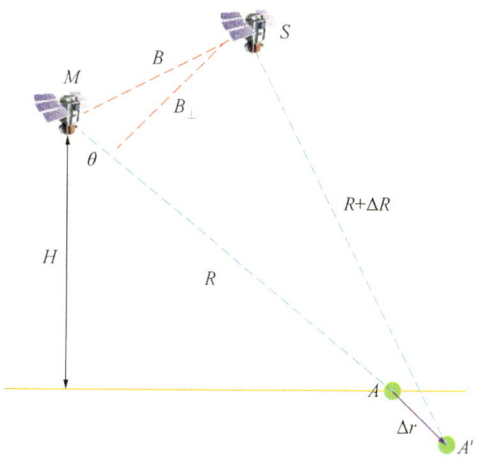

图 9-2 传统 InSAR 监测的几何模型

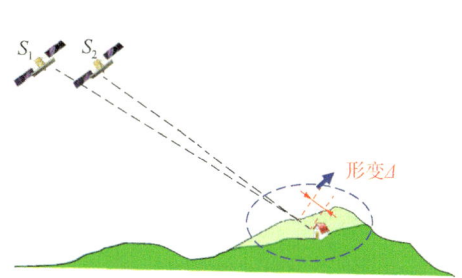

图 9-3 D-InSAR 监测的几何模型

· 289 ·

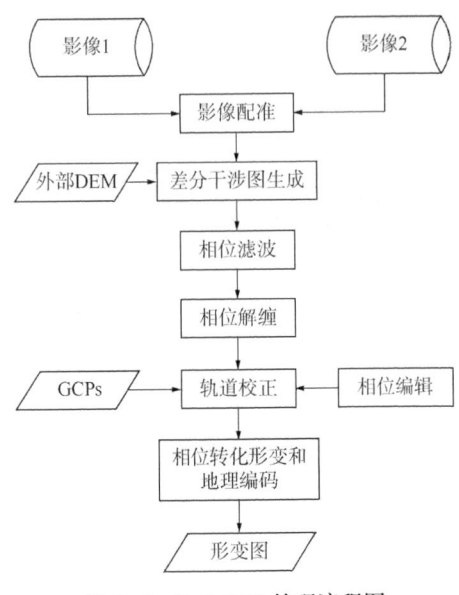

图 9-4　D-InSAR 处理流程图

（1）D-InSAR 形变测量技术的处理流程如图 9-4 所示。

（2）D-InSAR 形变测量技术的处理结果为形变量图，相同颜色的条纹之间代表半个波长的形变，对 L 波段而言，半个波长的形变为 14cm，不同波段的数据半个波长对应的波长也不一样。目前常用的波段是 X 波段、C 波段、L 波段。

9.2.3　PS-InSAR 形变测量技术的基本原理

Ferretti 等率先提出了永久散射体（以下简称 PS）技术，其突出特点是仅对序列影像集能长时间保持高相干性的地物进行时序分析，其地物主要是一些地面硬目标，如房屋、桥梁、裸露的岩石及人工安置的角反射器等，它们的散射特性一般较稳定，并且对雷达波的反射较强，具有较高的信噪比，在很长一段时间内仍然保持较好的相干性，那些散射特性较稳定、对雷达波反射较强的硬目标就称为永久散射体。

（1）PS-InSAR 形变测量技术的处理流程如图 9-5 所示。

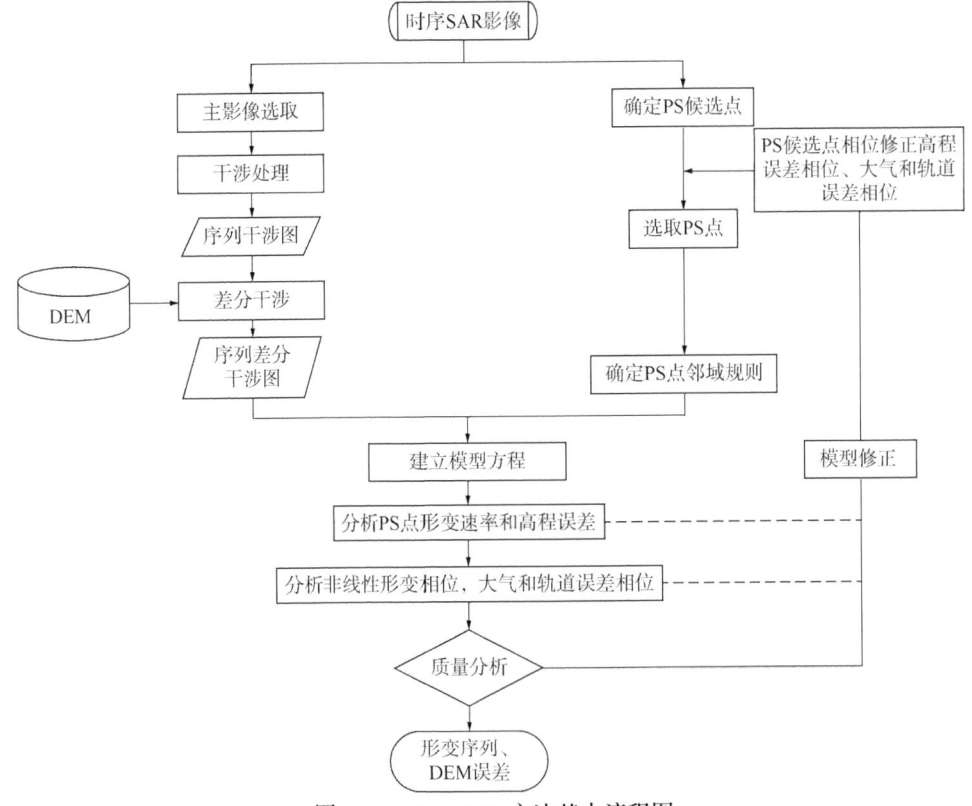

图 9-5　PS-InSAR 方法基本流程图

(2) PS-InSAR 技术形变监测的处理结果。

每个 PS 点都包含以下信息：

① PS 点的位置坐标，即经纬度；

② PS 点的年形变速率，单位为 mm/a；

③ PS 点的形变演化历史，获取每期影像相对于第一期影像的形变。

9.2.4 SBAS-InSAR 形变测量技术的基本原理

Berardino 等(2002)和 Lanari 等(2004)提出了利用小基线集(SBAS)方法探测地表形变。小基线集技术扩展了永久散射体(PS-InSAR)技术，将所有覆盖同一地区的 SAR 影像组成若干个子集，子集内的影像基线距(包括时间基线距和空间基线距)较小，子集间的基线距较大。经过这样简单和有效的合并得到所有可用的小基线干涉图。这种合并是基于最小形变速率标准，运用奇异值分解(以下简称 SVD)方法很容易获得这种最小形变速率。如图 9-6 所示，是 SBAS-InSAR 方法的主要处理步骤。

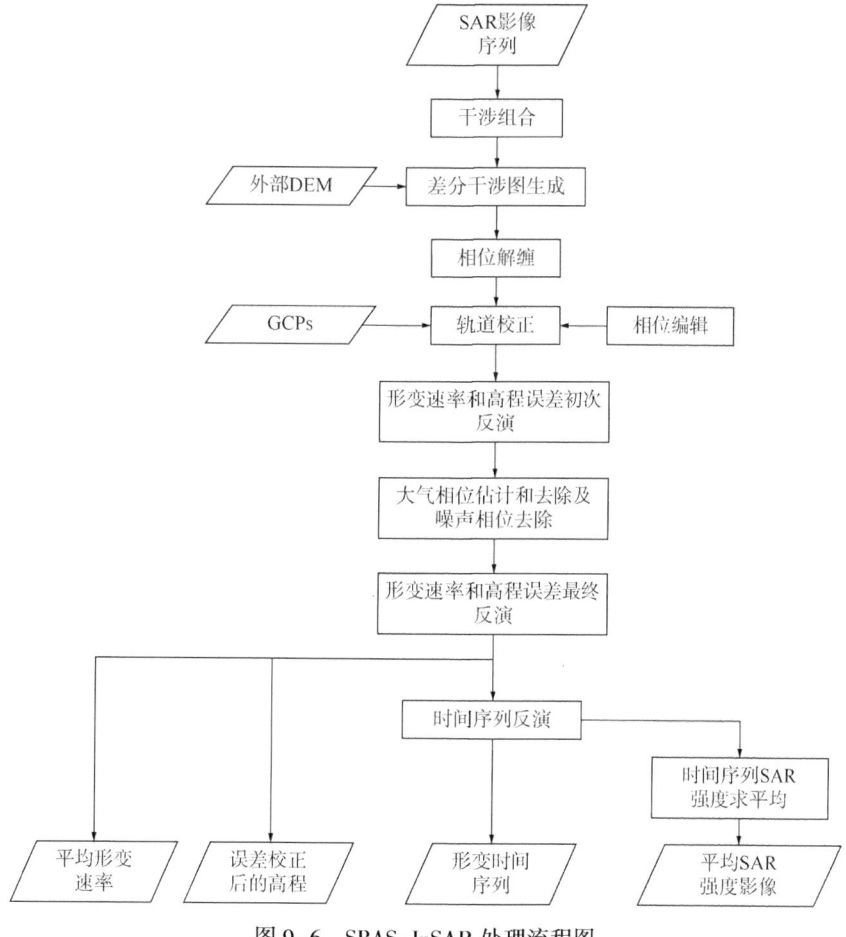

图 9-6 SBAS-InSAR 处理流程图

最终得到的 SBAS-InSAR 技术形变监测的处理结果为 SHP 格式的矢量数据，每个 PS

点都包含以下信息:

(1) PS 点的位置坐标,即经纬度;

(2) PS 点的年形变速率,单位为 mm/a;

(3) PS 点的形变演化历史,获取每期影像相对于第一期影像的形变。

9.3 数据影响信息及数据质量检验

9.3.1 原始影像获取

本次获取若开山地区升轨影像合计 95 景,降轨影像合计 75 景,总合计 170 景,从工程实际与影像实际出发,对数据进行质检与删选,相关信息见下文。

9.3.2 所选升轨 SAR 影像数据信息与质检依据

9.3.2.1 所选升轨影像信息

本项目采用中分辨率的 SAR 数据,获取的升轨影像的监测时间分布为 2018 年 6 月至 2020 年 9 月,基于获取的原始影像在同一区域选取的影像数量为 36 景,由于基于降轨影像处理时需两幅影像才可覆盖目标区域,因此选取影像合计 72 景。该影像的分辨率约为 5m×20m。具体各景影像获取时间见表 9-1。

表 9-1 升轨影像信息

序号	影像获取时间	同期需获取影像数量	序号	影像获取时间	同期需获取影像数量
1	20180601	2	19	20190819	2
2	20180625	2	20	20190912	2
3	20180719	2	21	20191006	2
4	20180812	2	22	20191030	2
5	20180905	2	23	20191123	2
6	20180929	2	24	20191217	2
7	20181011	2	25	20200110	2
8	20181128	2	26	20200203	2
9	20181222	2	27	20200227	2
10	20190115	2	28	20200322	2
11	20190208	2	29	20200415	2
12	20190304	2	30	20200509	2
13	20190328	2	31	20200602	2
14	20190421	2	32	20200626	2
15	20190515	2	33	20200720	2
16	20190608	2	34	20200813	2
17	20190702	2	35	20200906	2
18	20190726	2	36	20200930	2

9.3.2.2 数据质量检验依据

首先对获取的数据进行解压和格式转换,生成可供时序 SAR 技术处理的数据格式。

空间基线和时间基线是评估影像质量的有效参考。本次选取于 2019 年 5 月 15 日获取的影像为主影像，本次选取的相关基线信息如图 9-7、表 9-2 所示。空间基线距离基本都在 70m 以内，时间基线分布也合理。结合图 9-8 的平均强度图来看，符合时序 SAR 数据处理中对数据的要求。

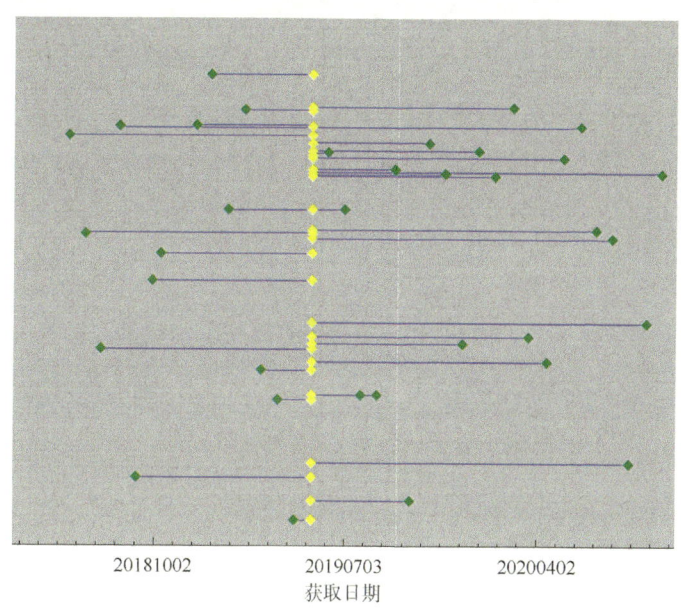

图 9-7　时间基线分布图（主影像：2019 年 5 月 15 日）

表 9-2　空间基线距离信息（主影像：2019 年 5 月 15 日）

从影像获取日期	从影像与主影像空间基线距离(m)	从影像获取日期	从影像与主影像空间基线距离(m)
20180601	49.4665	20190912	37.3463
20180625	13.8718	20191006	−83.6376
20180719	−28.4469	20191030	46.9550
20180812	52.7167	20191123	35.2399
20180905	−75.3409	20191217	−25.9131
20180929	−3.0662	20200110	43.9419
20181011	6.5204	20200203	34.6185
20181128	53.1069	20200227	59.8659
20181222	71.7440	20200322	−23.4012
20190115	22.8569	20200415	−32.8921
20190208	58.9956	20200509	41.6277
20190304	−35.873	20200602	52.8521
20190328	−46.7034	20200626	15.2411
20190421	−90.9107	20200720	11.9088
20190608	43.2077	20200813	−70.2873
20190702	22.6674	20200906	−18.1987
20190726	−45.0176	20200930	36.4147
20190819	−45.3901		

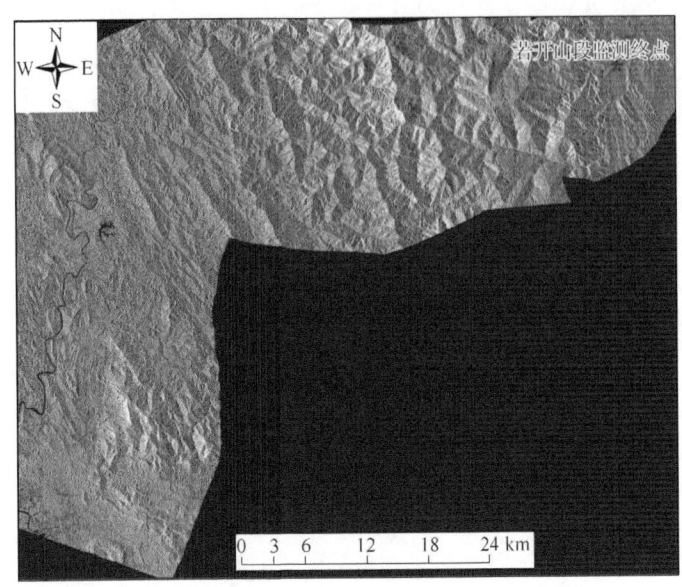

图 9-8 目标处理区域的平均强度图(2019 年 5 月 15 日)

9.3.3 所选降轨 SAR 影像数据信息与质检依据

9.3.3.1 所选降轨影像信息

本项目采用中分辨率的 SAR 数据，获取的降轨影像的监测时间分布为 2018 年 8 月至 2020 年 9 月，由于某些月份数据缺失，基于获取的原始影像在同一区域选取的影像数量为 28 景，由于基于降轨影像处理时需两幅影像才可覆盖目标区域，选取影像合计 56 景。该影像的分辨率约为 5m×20m。具体各景影像获取时间见表 9-3。

表 9-3 降轨影像信息

序号	影像获取时间	同期需获取影像数量	序号	影像获取时间	同期需获取影像数量
1	20180809	2	15	20191120	2
2	20180902	2	16	20191214	2
3	20180926	2	17	20190107	2
4	20181020	2	18	20200131	2
5	20181101	2	19	20200224	2
6	20181125	2	20	20200319	2
7	20181219	2	21	20200412	2
8	20190112	2	22	20200424	2
9	20190124	2	23	20200530	2
10	20190205	2	24	20200705	2
11	20190816	2	25	20200729	2
12	20190909	2	26	20200822	2
13	20191003	2	27	20200915	2
14	20191027	2	28	20200927	2

9.3.3.2 数据质量检验依据

首先对获取的数据进行解压和格式转换,生成可供时序 SAR 技术处理的数据格式。空间基线和时间基线是评估影像质量的有效参考。本次选取于 2020 年 1 月 7 日获取的影像为主影像,本次选取的相关基线信息如图 9-9、表 9-4 所示。空间基线距离基本都在 70m 以内,时间基线分布也合理。结合图 9-10 的平均强度图来看,符合时序 SAR 数据处理中对数据的要求。

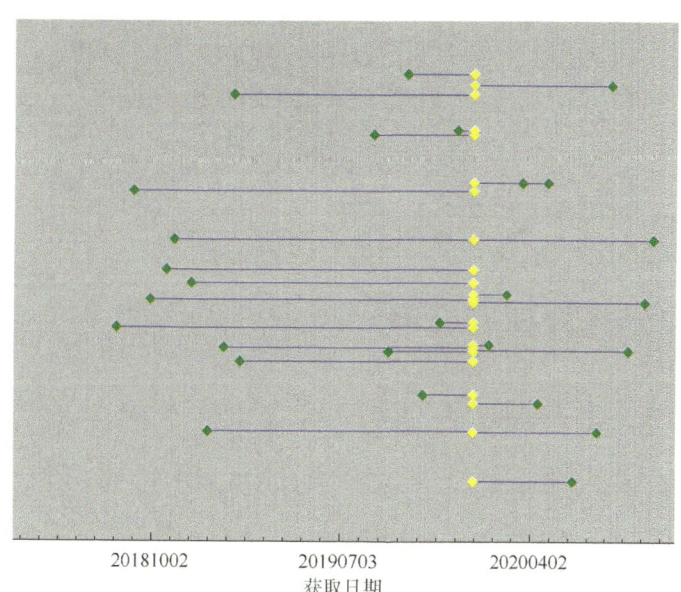

图 9-9 时间基线分布图(主影像:2020 年 1 月 7 日)

表 9-4 空间基线距离信息(主影像:2020 年 1 月 7 日)

从影像获取日期	从影像与主影像空间基线距离(m)	从影像获取日期	从影像与主影像空间基线距离(m)
20180809	-21.5275	20191120	-19.8327
20180902	29.4975	20191214	52.0321
20180926	-10.9103	20200131	-28.0027
20181020	0.5450	20200224	-8.9449
20181101	11.3570	20200319	32.7526
20181125	-4.6593	20200412	-49.1891
20181219	-59.4590	20200424	32.3037
20190112	-29.0594	20200530	-77.7439
20190124	65.4608	20200705	-59.9352
20190205	-33.1892	20200729	69.1081
20190816	50.3889	20200822	-29.0078
20190909	-29.8531	20200915	-11.8200
20191003	72.8143	20200927	11.7855
20191027	-45.7705		

图 9-10　目标处理区域的平均强度图（2020 年 1 月 7 日）

9.4　基于 InSAR 数据的管道沿线地质沉降监测

9.4.1　基于升轨 SAR 数据时序 SAR 结果

9.4.1.1　目标区域整体形变结果

中缅天然气管道若开山段约 106km PS 点形变分布图如图 9-11 所示，形变速率统计直方图如图 9-12 所示，直方图显示绝大多数 PS 点的年均形变速率在 ±5mm/a 以内，综合判断该段天然气管道整体较为稳定，局部有形变较大的潜在地灾隐患区域。管道左右两侧各 3km 内共提取到 33665 个 PS 点，形变速率的变化范围为 [-29.62, 29.96] mm/a，累计形变量的值域为 [-66.36, 67.12] mm。

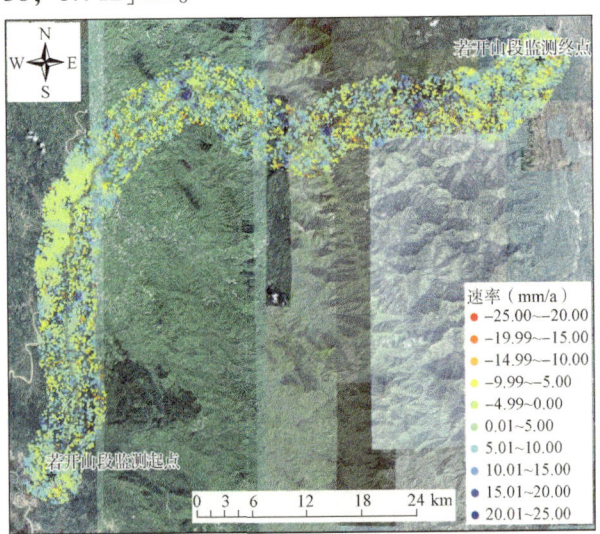

图 9-11　中缅天然气管道若开山段 PS 点形变分布图
（中间浅灰色线为天然气管道所在位置）

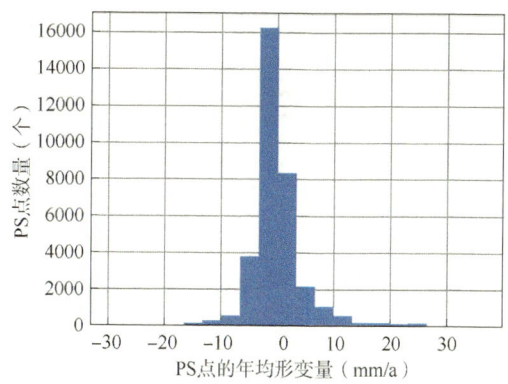

图 9-12　PS 点年均速率统计直方图

9.4.1.2　局部风险区统计与形变情况分析

对于基于升轨影像获取的形变结果，本次共划分 31 个局部形变异常区，对应编号如图 9-13 所示。

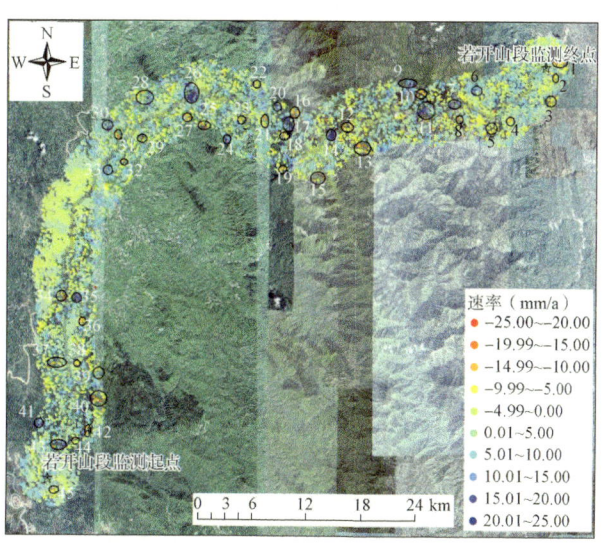

图 9-13　升轨局部形变异常区分布图
（划分区域旁边的数字为其对应编号）

对每个局部形变异常区的相关信息进行统计，主要涉及异常区中心的坐标，局部形变异常区的面积，离管道的最近距离等，具体信息见表 9-5。其中局部形变异常区并非指该区域内所有区域均存在形变，而是指该区域内出现不同程度形变的区域较多。

表 9-5　升轨局部形变异常区的相关信息统计表

编号	中心位置坐标		区域划分面积（km²）	距管道最短距离（m）
1	94.51200000E	19.90350000N	0.462687	795.31
2	94.50870000E	19.88910000N	0.230466	1145.24
3	94.50670000E	19.86670000N	0.563760	2218.52
4	94.46560000E	19.85030000N	0.135891	903.61

续表

编号	中心位置坐标		区域划分面积(km^2)	距管道最短距离(m)
5	94.44520000E	19.83770000N	0.835527	1147.68
6	94.43350000E	19.87560000N	0.585551	1010.54
7	94.41220000E	19.86430000N	0.485992	36.00
8	94.41660000E	19.85050000N	0.209613	932.88
9	94.36830000E	19.87980000N	1.274710	1647.34
10	94.37850000E	19.87390000N	0.531309	1474.91
11	94.38170000E	19.85770000N	0.613983	0.00
12	94.30780000E	19.84350000N	0.787968	0.00
13	94.32300000E	19.82570000N	0.866024	2072.18
14	94.29250000E	19.83430000N	0.670573	0.00
15	94.27850000E	19.79770000N	1.067900	2179.50
16	94.25640000E	19.85520000N	0.526956	2181.35
17	94.25100000E	19.84660000N	0.750388	1162.73
18	94.24490000E	19.83560000N	0.770136	0.00
19	94.24230000E	19.80490000N	0.587050	2196.68
20	94.23860000E	19.86070000N	0.152376	2168.58
21	94.22720000E	19.85000000N	0.592177	457.46
22	94.21900000E	19.88250000N	0.153588	2172.05
23	94.20370000E	19.85020000N	0.403939	247.06
24	94.19010000E	19.83170000N	0.275160	2524.46
25	94.16750000E	19.84430000N	0.574192	2477.84
26	94.15620000E	19.87170000N	1.378770	0.00
27	94.15250000E	19.85100000N	0.571768	1337.46
28	94.11450000E	19.86740000N	0.881062	868.46
29	94.10930000E	19.83150000N	0.173943	925.75
30	94.07600000E	19.84100000N	0.249807	1575.64
31	94.08480000E	19.83500000N	0.410894	0.00
32	94.08970000E	19.81080000N	0.146145	1027.52
33	94.07610000E	19.80250000N	0.567040	514.66
34	94.03200000E	19.68800000N	0.274747	0.00
35	94.04760000E	19.68640000N	0.700985	838.27
36	94.05130000E	19.66500000N	0.286513	1463.19
37	94.02490000E	19.62600000N	0.457004	356.72
38	94.04610000E	19.62630000N	0.152610	595.62
39	94.06890000E	19.61640000N	0.356598	2686.32
40	94.06600000E	19.59440000N	1.132390	1473.51
41	94.00920000E	19.57190000N	0.410108	2417.25
42	94.05680000E	19.56620000N	0.400154	1370.63
43	94.02940000E	19.55130000N	0.783239	0.00
44	94.04520000E	19.55620000N	0.536498	754.79
45	94.02520000E	19.50870000N	0.400039	1194.43

第9章　基于卫星遥感管道沿线地质沉降监测

在划分的异常形变区中，每处的情况均不一样，因此对每处的形变情况进行整理成图，与编号对应的局部形变分布图如图9-14至图9-148，必要情况下方便查阅。

基于时序SAR技术，获取的标记区域1的形变监测分布图与时序形变相关图如图9-14至图9-16所示。结果显示：区域1内特征点平均累计下沉约28mm，个别特征点下沉较大。区域1形变原因可能是由于雨水和植被的影响导致的土壤出现蓬松的现象。该区离管道较近，风险较大，需实地核查形变原因。

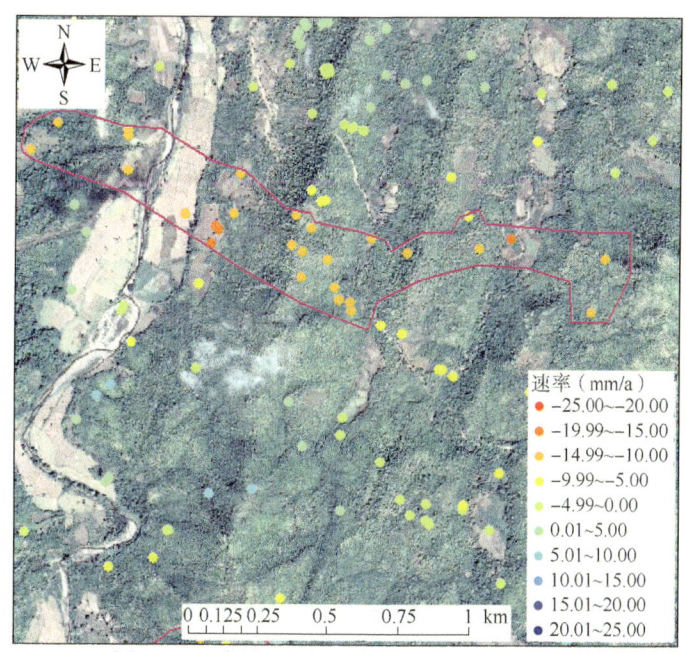

图9-14　编号1局部异常形变区PS点分布图
（浅褐色线为天然气管道，粉色为标记区域1）

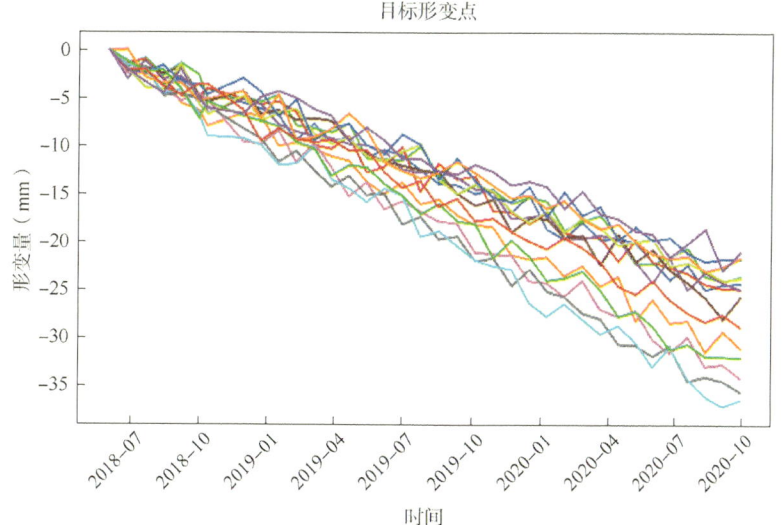

图9-15　编号1处特征点时序形变图
每条曲线代表一个监测点随时间形变量变化

· 299 ·

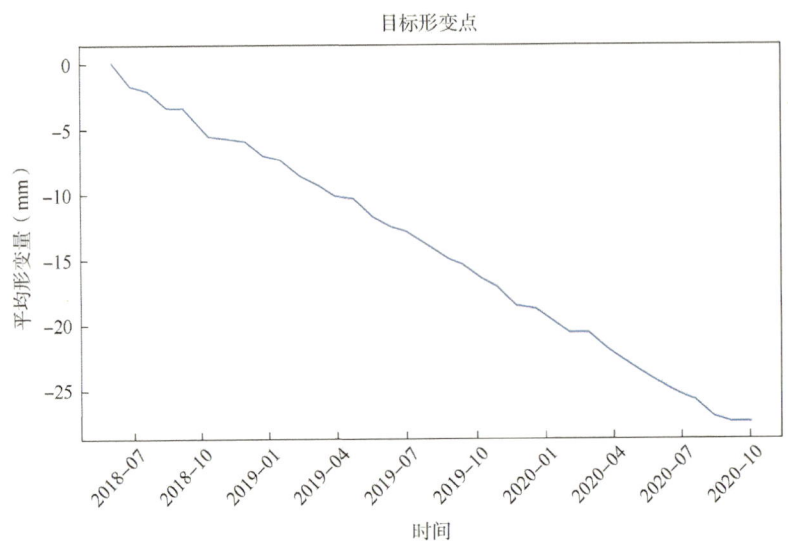

图 9-16 编号 1 处特征点平均时序形变图

(1)基于时序 SAR 技术,获取的标记区域 2 的形变监测分布图与时序形变相关图如图 9-17 至图 9-19 所示。结果显示:区域 2 内特征点平均累计下沉约 20mm。区域 2 形变原因可能是由于雨水的浸润导致的土壤的部分缺失,从而导致局部出现下沉。该区离管道较近,需给予一定关注。

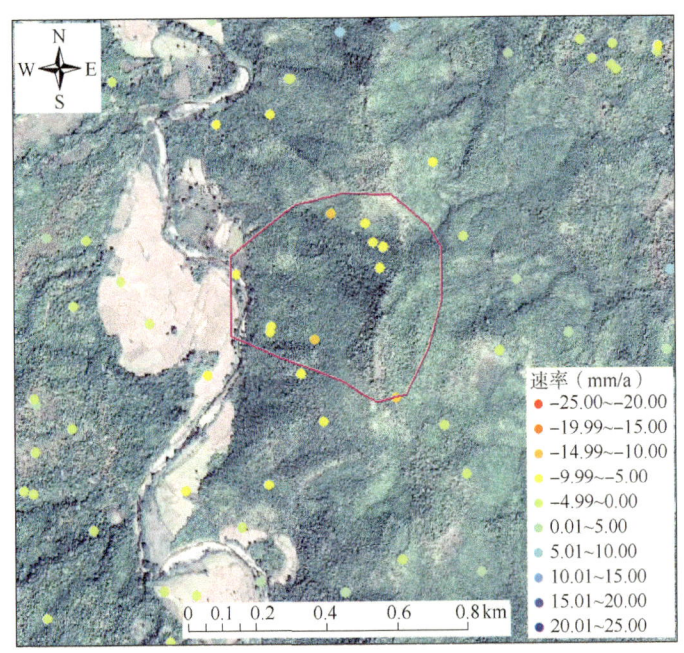

图 9-17 编号 2 局部异常形变区 PS 点分布图
(浅褐色线为天然气管道,粉色为标记区域 2)

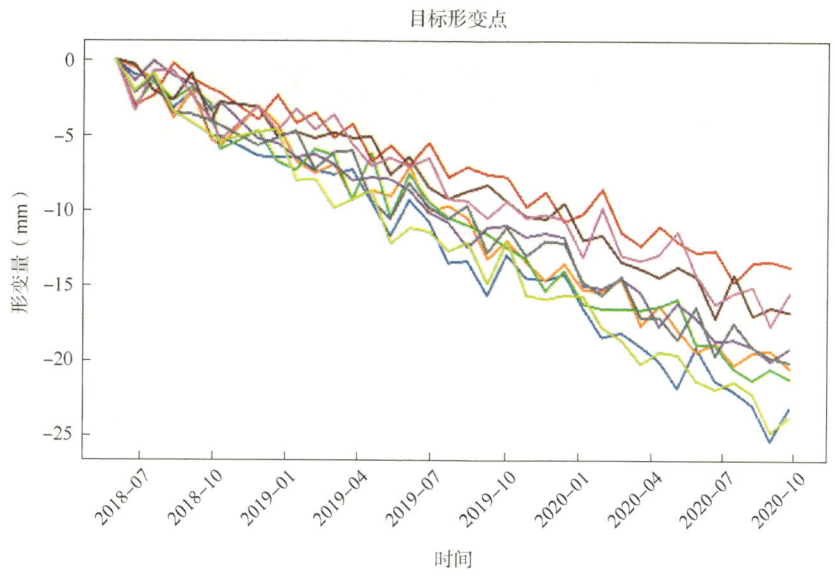

图 9-18 编号 2 处特征点时序形变图
每条曲线代表一个监测点随时间形变量变化

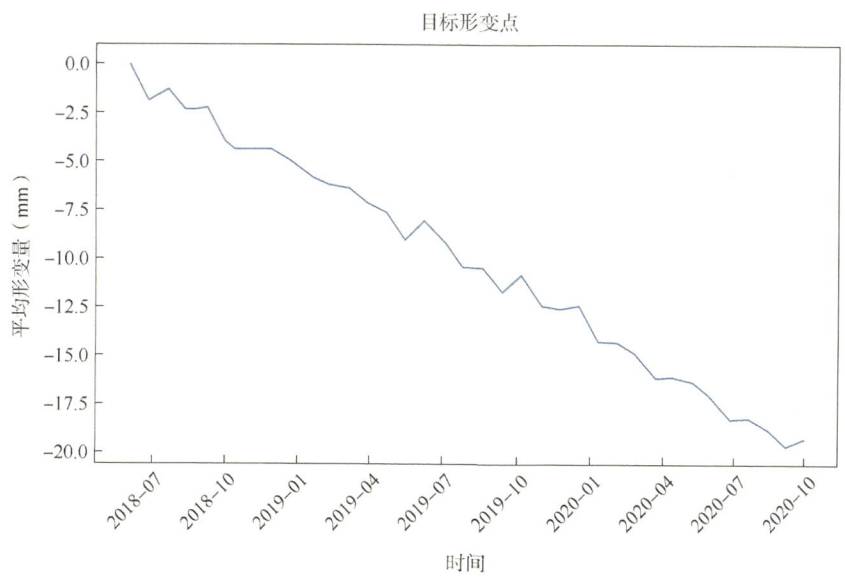

图 9-19 编号 2 处特征点平均时序形变图

（2）基于时序 SAR 技术，获取的标记区域 3 的形变监测分布图与时序形变相关图如图 9-20 至图 9-22 所示。结果显示：区域 3 内特征点平均累计下沉约 22mm，个别特征点下沉较大，可达 40mm。区域 3 形变原因可能是由于雨水的浸润导致的土壤的部分缺失，从而导致局部出现下沉。该区离管道较远，风险偏小。

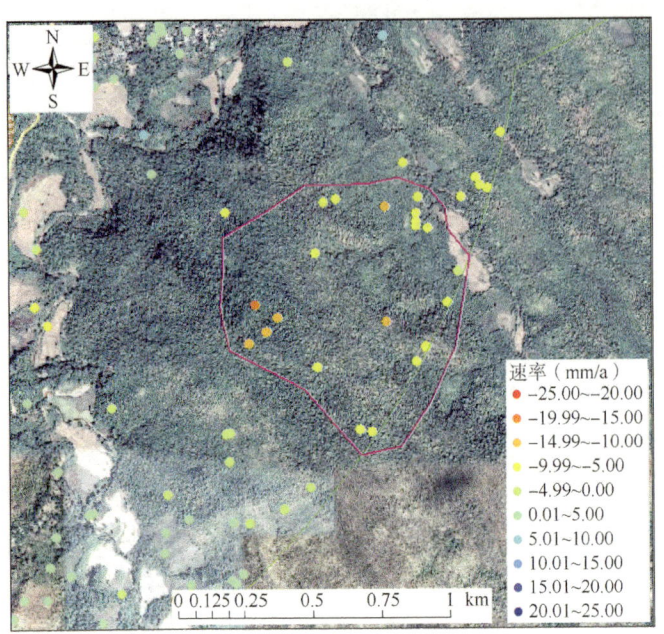

图 9-20 编号 3 局部异常形变区 PS 点分布图
(细绿线为分析缓冲区边界,粉色为标记区域 3)

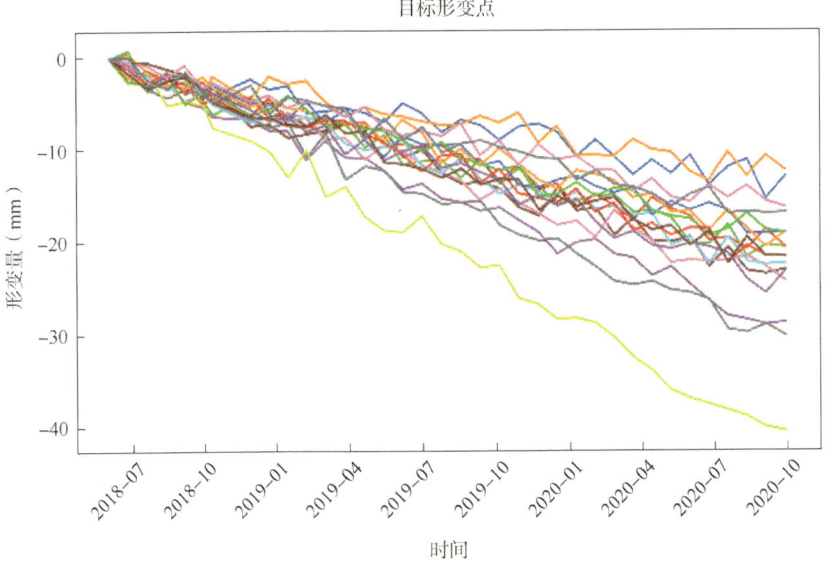

图 9-21 编号 3 处特征点时序形变图
每条曲线代表一个监测点随时间形变量变化

(3) 基于时序 SAR 技术,获取的标记区域 4 的形变监测分布图与时序形变相关图如图 9-23 至图 9-25 所示。结果显示:区域 4 内特征点平均累计抬升约 24mm,个别特征点抬升较大。区域 4 形变原因可能是由于雨水的浸润导致的土壤的部分缺失,从而导致局部出现下沉。该区离管道较近,需给予一定关注。

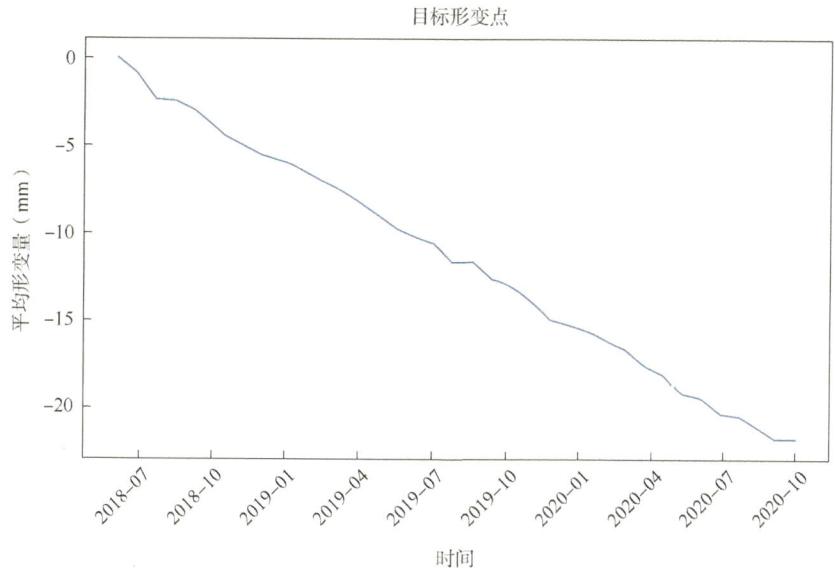

图 9-22　编号 3 处特征点平均时序形变图

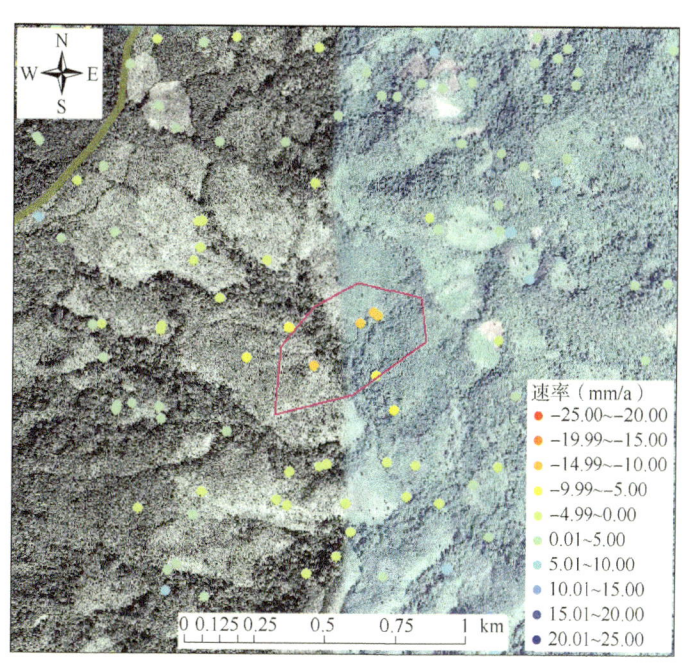

图 9-23　编号 4 局部异常形变区 PS 点分布图
(浅褐色线为天然气管道，粉色为标记区域 4)

(4) 基于时序 SAR 技术，获取的标记区域 5 的形变监测分布图与时序形变相关图如图 9-26、图 9-27 所示。结果显示：该区域形变情况较复杂，有表现抬升的，有表现下沉的，区域内特征点平均累计抬升约为 0，个别特征点形变较大。区域 5 一部分形变原因可能是雨水的浸润导致的土壤的部分缺失，从而导致局部出现下沉；另一部分原因是由于雨水和植被的影响导致的土壤出现蓬松的现象。该区离管道较近，风险偏大，需核查形变原因。

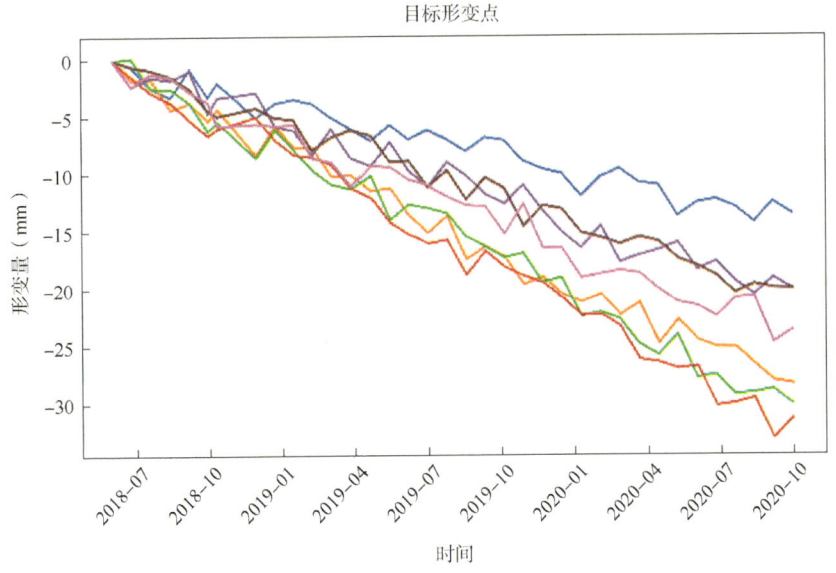

图 9-24　编号 4 处特征点时序形变图

每条曲线代表一个监测点随时间形变量变化

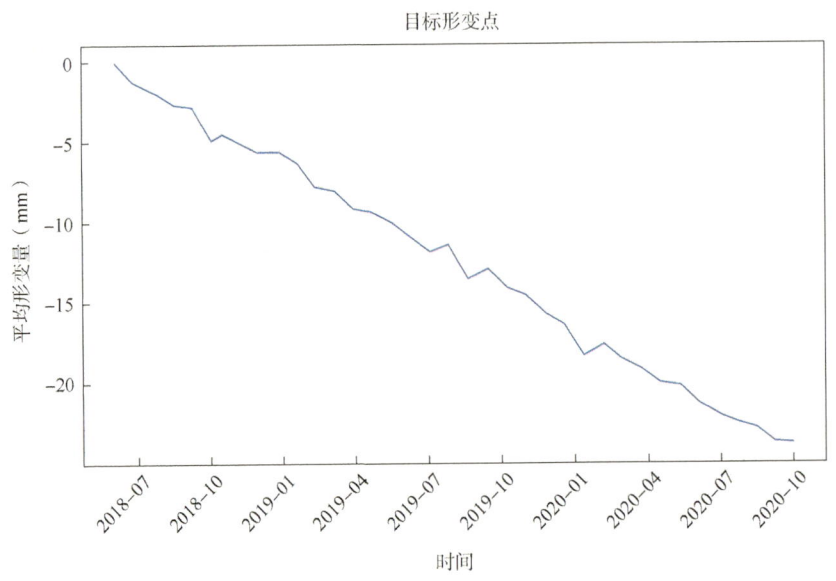

图 9-25　编号 4 处特征点平均时序形变图

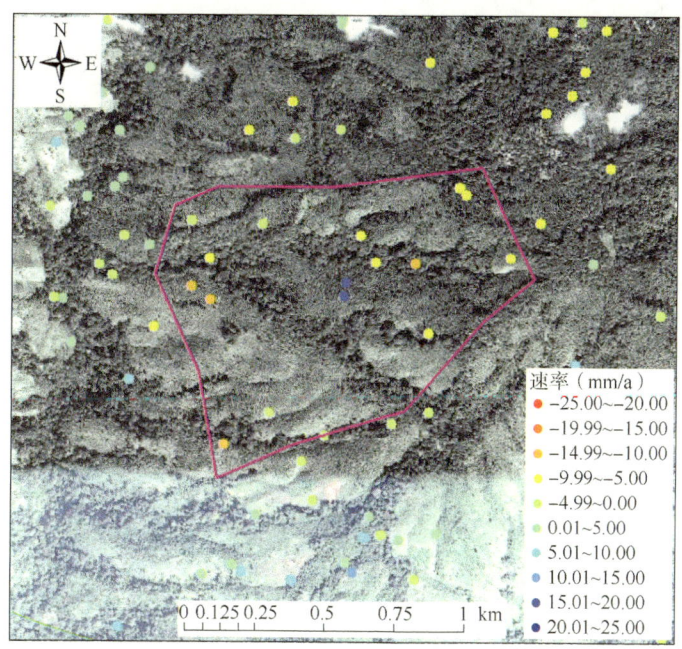

图 9-26 编号 5 局部异常形变区 PS 点分布图
（浅褐色线为天然气管道，粉色为标记区域 5）

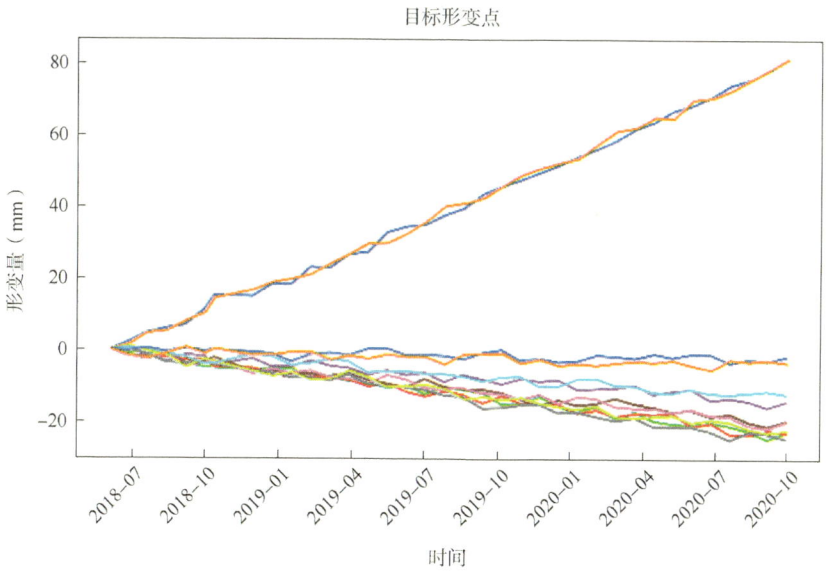

图 9-27 编号 5 处特征点时序形变图
每条曲线代表一个监测点随时间形变量变化

（5）基于时序 SAR 技术，获取的标记区域 6 的形变监测分布图与时序形变相关图如图 9-29 至图 9-31 所示。结果显示：区域 6 内特征点平均累计抬升约 16mm。区域 6 形变原因可能是与山体中树木的生长引发的地质土壤的变动或者信号干扰有关。该区离管道较远，风险偏小。

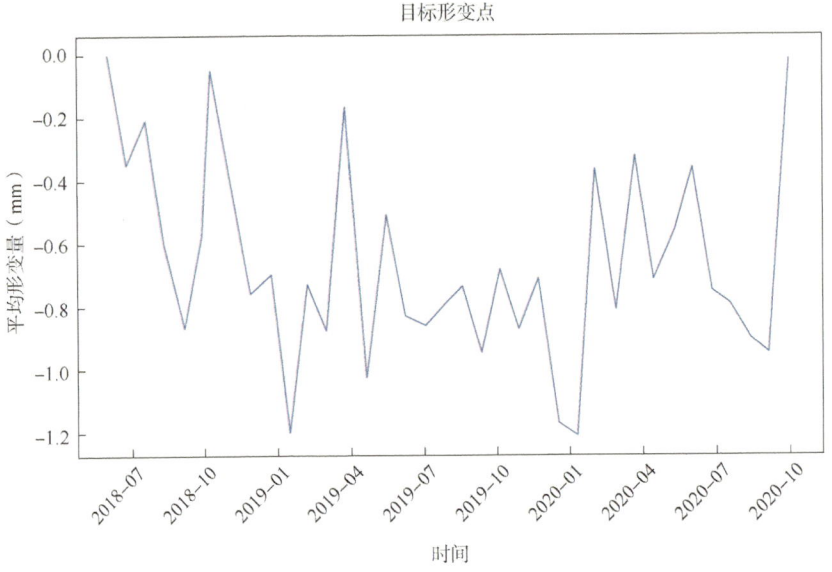

图 9-28　编号 5 处特征点平均时序形变图

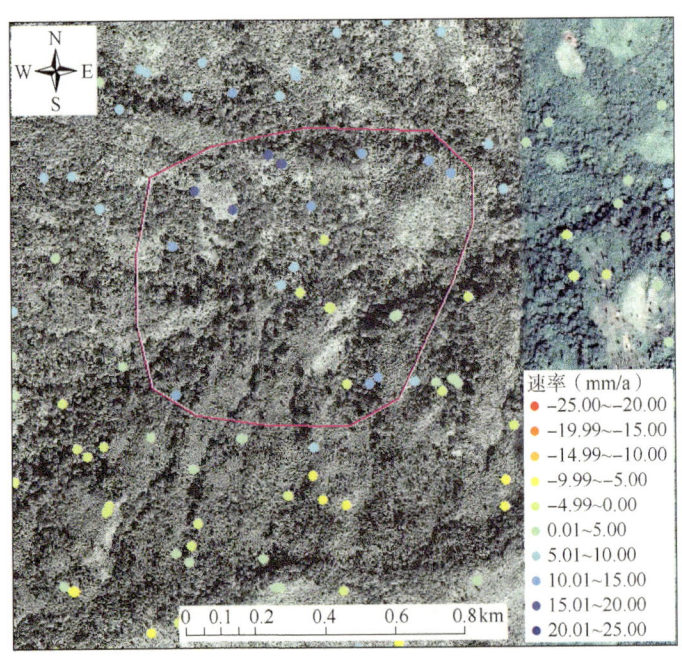

图 9-29　编号 6 局部异常形变区 PS 点分布图
(浅褐色线为天然气管道，粉色为标记区域 6)

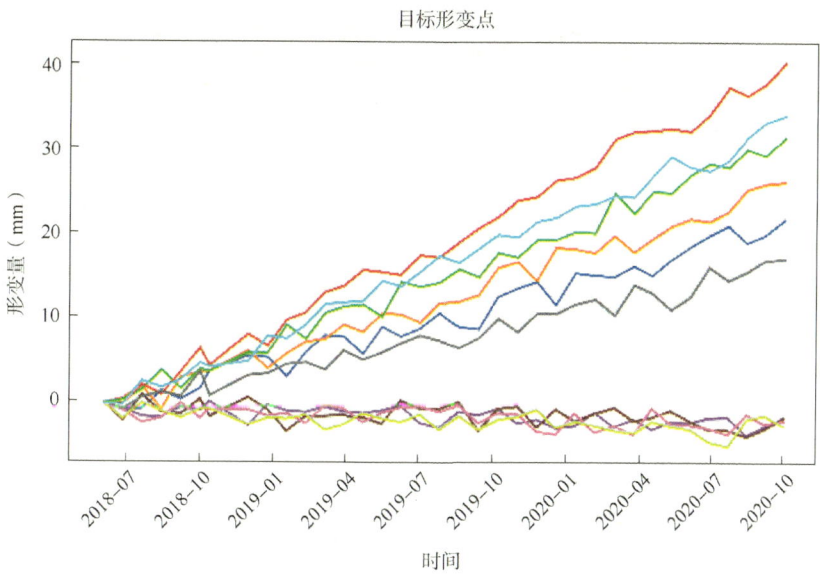

图 9-30　编号 6 处特征点时序形变图
每条曲线代表一个监测点随时间形变量变化

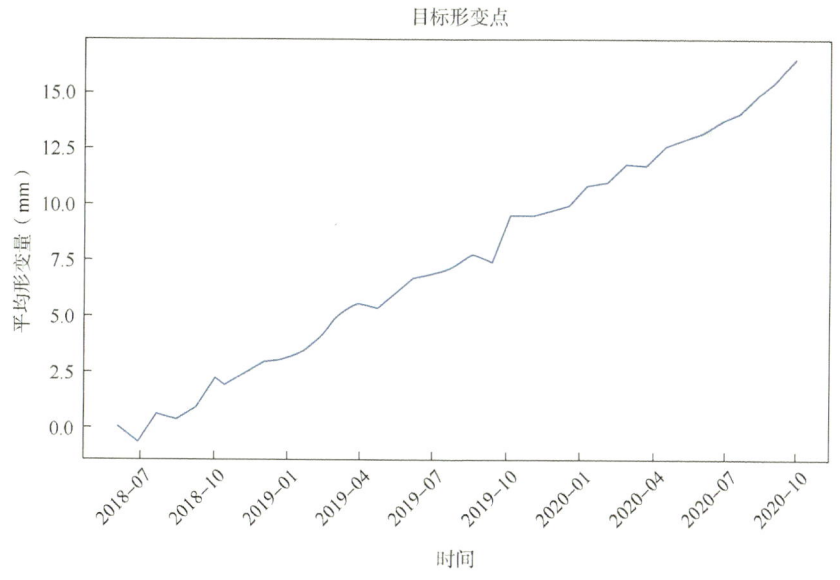

图 9-31　编号 6 处特征点平均时序形变图

（6）基于时序 SAR 技术，获取的标记区域 7 的形变监测分布图与时序形变相关图如图 9-32 至图 9-34 所示。结果显示：区域 7 内特征点平均累计抬升约 24mm，个别特征点抬升较大。区域 7 形变原因可能是与山体中树木的生长引发的地质土壤的变动或者信号干扰有关。该区离管道较近，需给予一定关注。

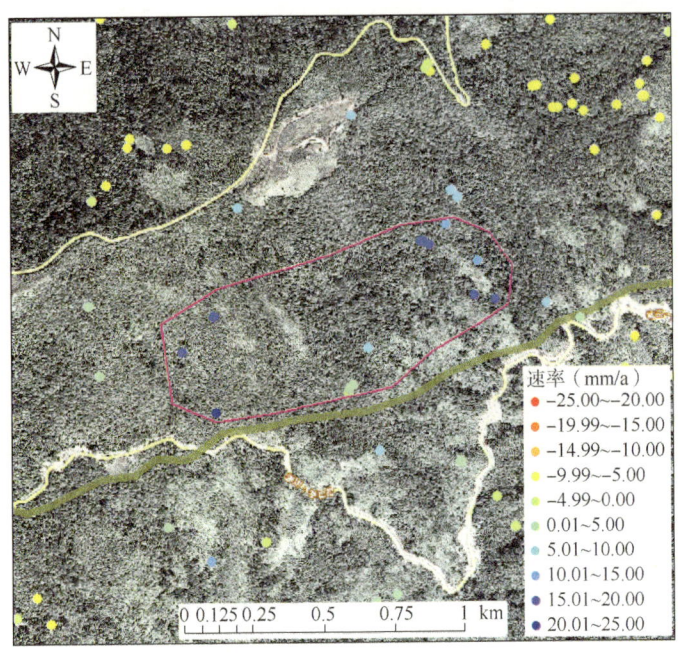

图9-32 编号7局部异常形变区PS点分布图
(浅褐色线为天然气管道,粉色为标记区域7)

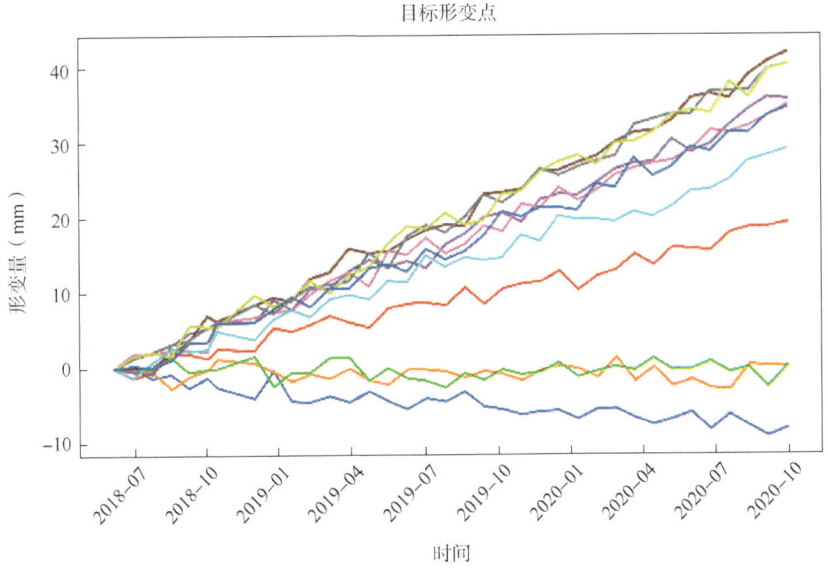

图9-33 编号7处特征点时序形变图
每条曲线代表一个监测点随时间形变量变化

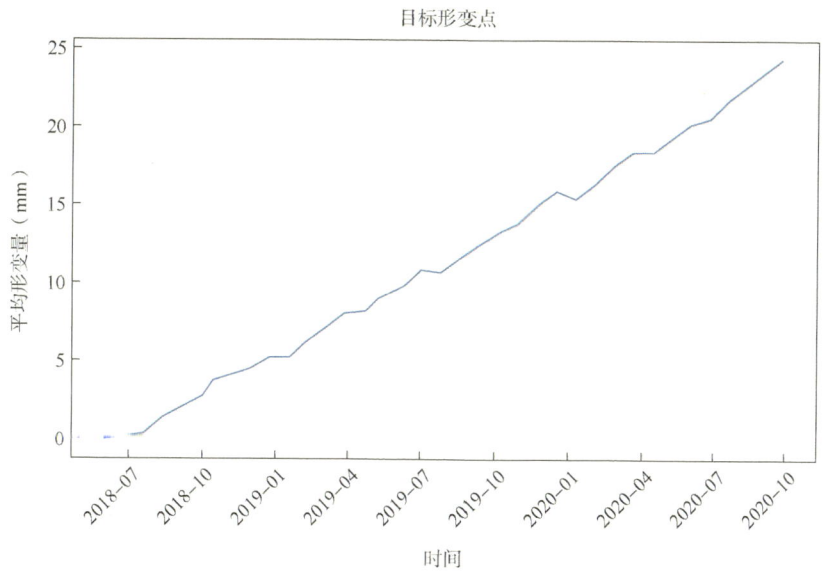

图 9-34　编号 7 处特征点平均时序形变图

（7）基于时序 SAR 技术，获取的标记区域 8 的形变监测分布图与时序形变相关图如图 9-35 至图 9-37 所示。结果显示：区域 8 内特征点平均累计下沉约 32.5mm，形变较大。区域 8 形变原因可能是雨水的浸润导致的土壤的部分缺失，从而导致局部出现下沉。该区离管道稍远，可给予适当关注。

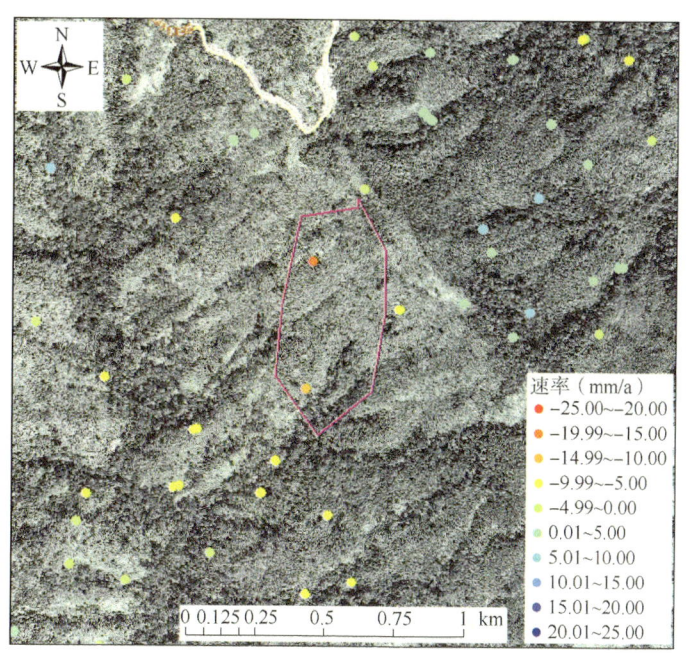

图 9-35　编号 8 局部异常形变区 PS 点分布图
（浅褐色线为天然气管道，粉色为标记区域 8）

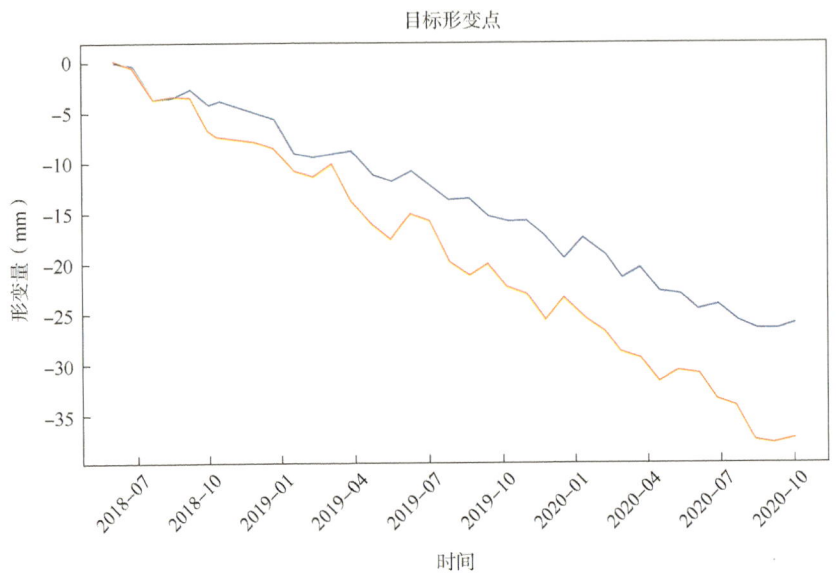

图 9-36 编号 8 处特征点时序形变图
每条曲线代表一个监测点随时间形变量变化

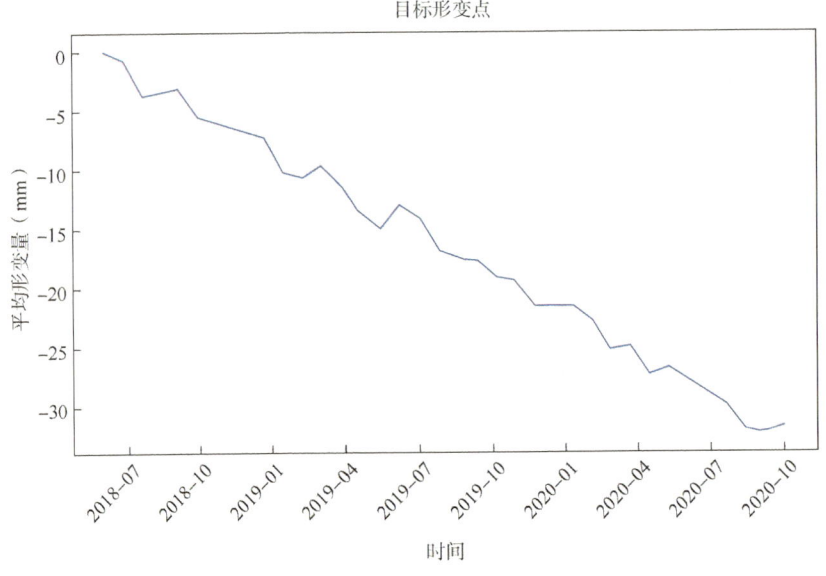

图 9-37 编号 8 处特征点平均时序形变图

(8) 基于时序 SAR 技术，获取的标记区域 9 的形变监测分布图与时序形变相关图如图 9-38 至图 9-40 所示。结果显示：区域 9 内特征点平均累计抬升约 27.5mm，个别特征点抬升较大。区域 9 形变原因可能是与山体中树木的生长引发的地质土壤的变动或者信号干扰有关。该区离管道较远，风险偏小。

第9章 基于卫星遥感管道沿线地质沉降监测

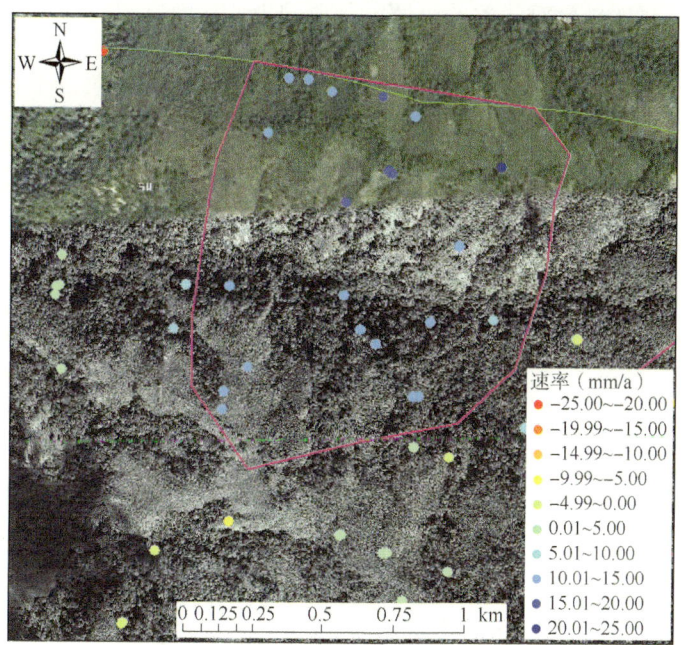

图 9-38 编号 9 局部异常形变区 PS 点分布图
(细绿线为分析缓冲区边界，粉色为标记区域 9)

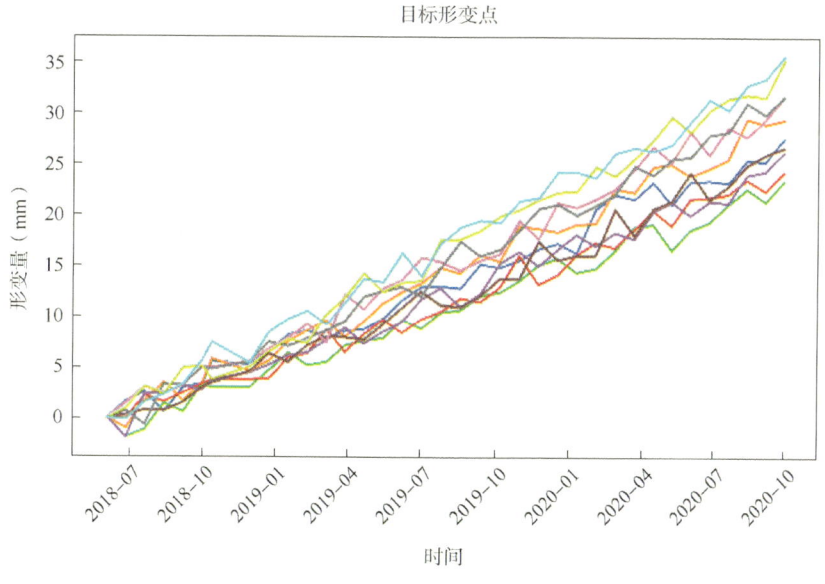

图 9-39 编号 9 处特征点时序形变图
每条曲线代表一个监测点随时间形变量变化

（9）基于时序 SAR 技术，获取的标记区域 10 的形变监测分布图与时序形变相关图如图 9-41 至图 9-43 所示。结果显示：区域 10 内特征点平均累计下沉约 26mm。区域 10 形变原因可能是由于雨水的浸润导致的土壤的部分缺失,从而导致局部出现下沉。该区离管道较远,风险偏小。

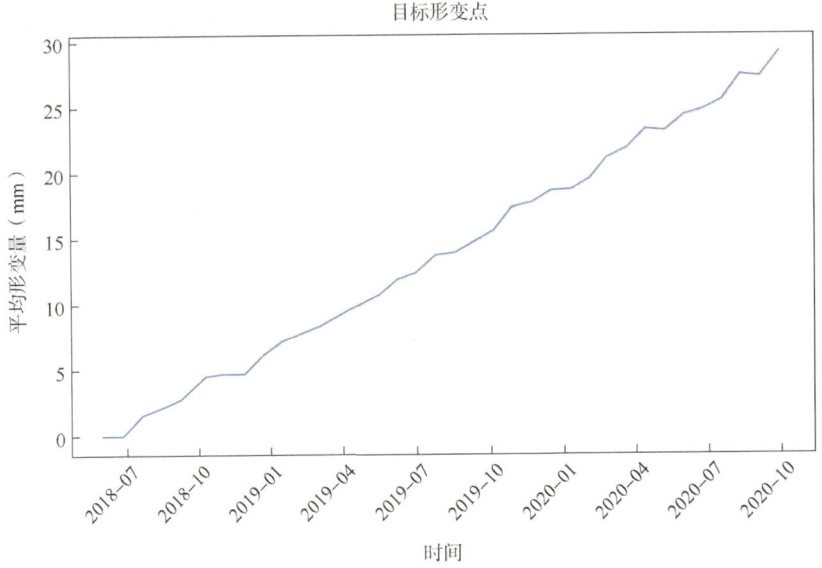

图 9-40　编号 9 处特征点平均时序形变图

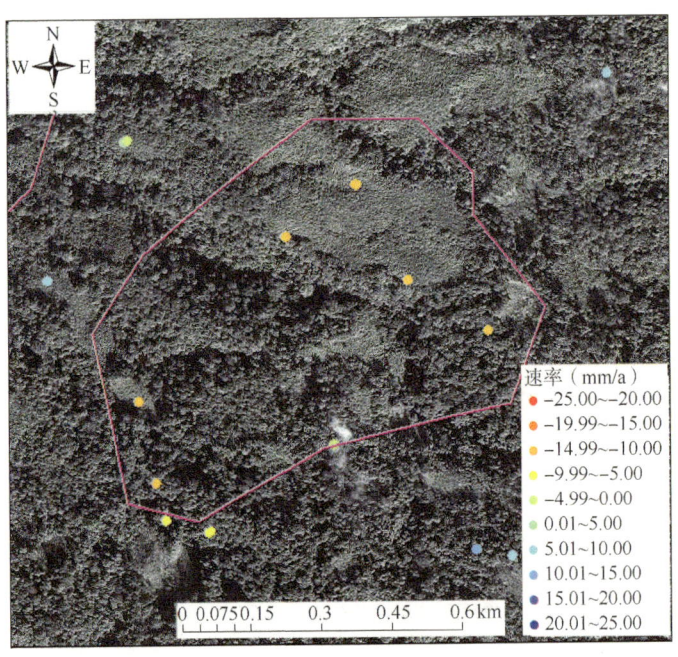

图 9-41　编号 10 局部异常形变区 PS 点分布图
(浅褐色线为天然气管道,粉色为标记区域 10)

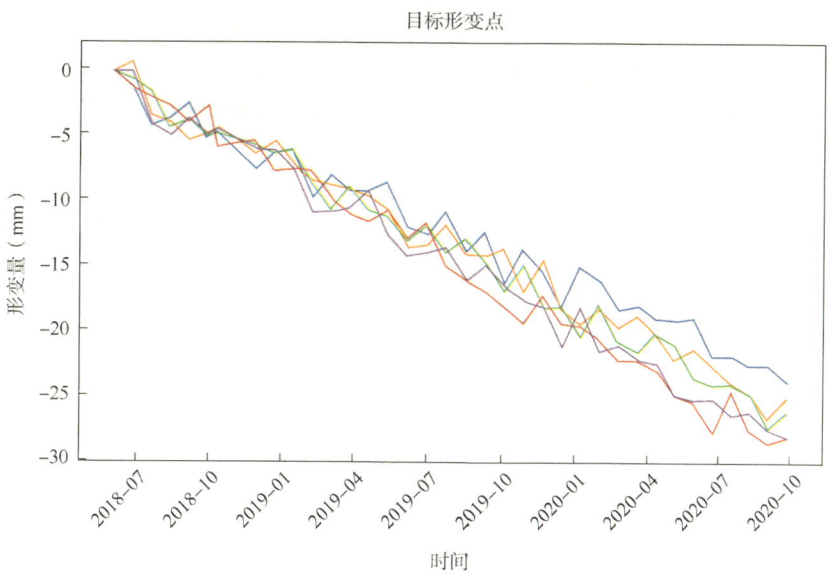

图 9-42 编号 10 处特征点时序形变图
每条曲线代表一个监测点随时间形变量变化

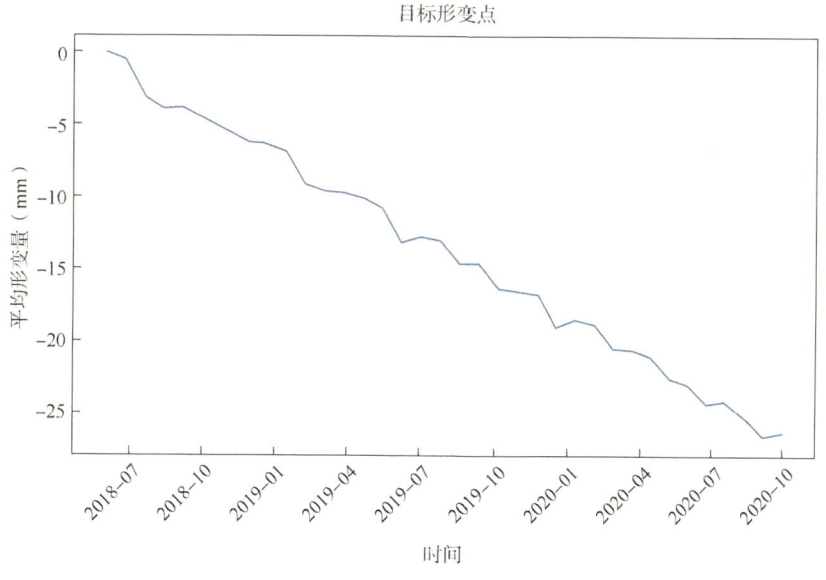

图 9-43 编号 10 处特征点平均时序形变图

（10）基于时序 SAR 技术，获取的标记区域 11 的形变监测分布图与时序形变相关图如图 9-44 至图 9-46 所示。结果显示：区域 11 内特征点平均累计抬升约 45mm，形变较大。区域 11 形变原因可能是与山体受到某地质环境的影响出现了滑动，疑似出现滑坡。该区离管道较近，风险较大，需人工核实形变原因。

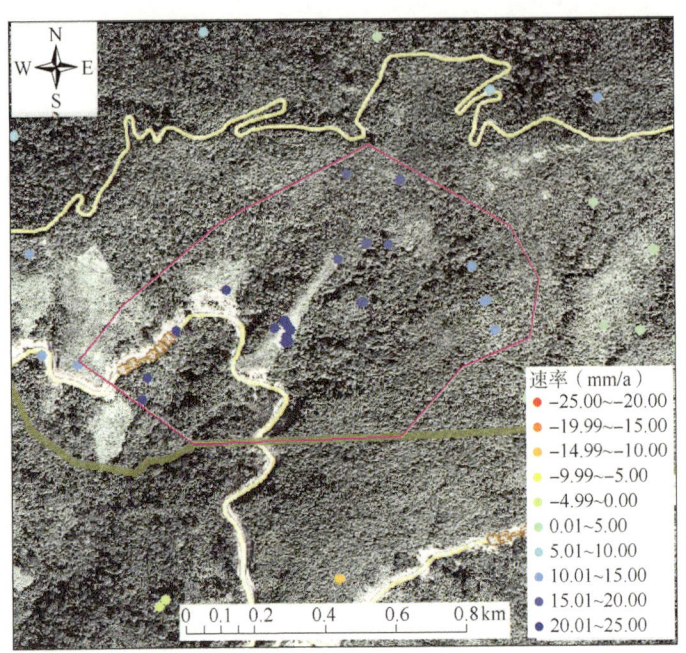

图 9-44 编号 11 局部异常形变区 PS 点分布图

(浅褐色线为天然气管道,粉色为标记区域 11)

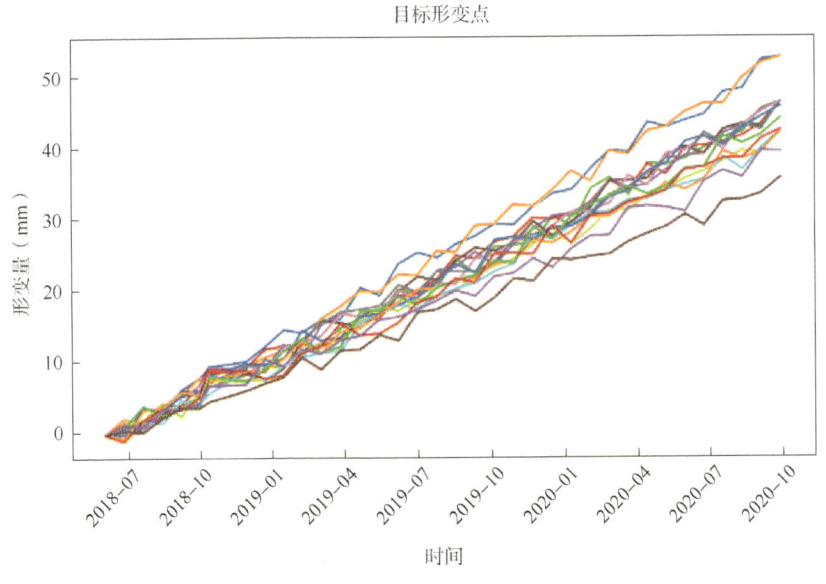

图 9-45 编号 11 处特征点时序形变图

每条曲线代表一个监测点随时间形变量变化

(11) 基于时序 SAR 技术,获取的标记区域 12 的形变监测分布图与时序形变相关图如图 9-47 至图 9-49 所示。结果显示:区域 12 内特征点平均累计下沉约 28mm,个别特征点下沉可达 40mm。区域 12 形变原因可能是由于雨水的浸润导致的土壤的部分缺失,从而导致局部出现下沉。离管道较近,风险较大,需实地核查形变原因。

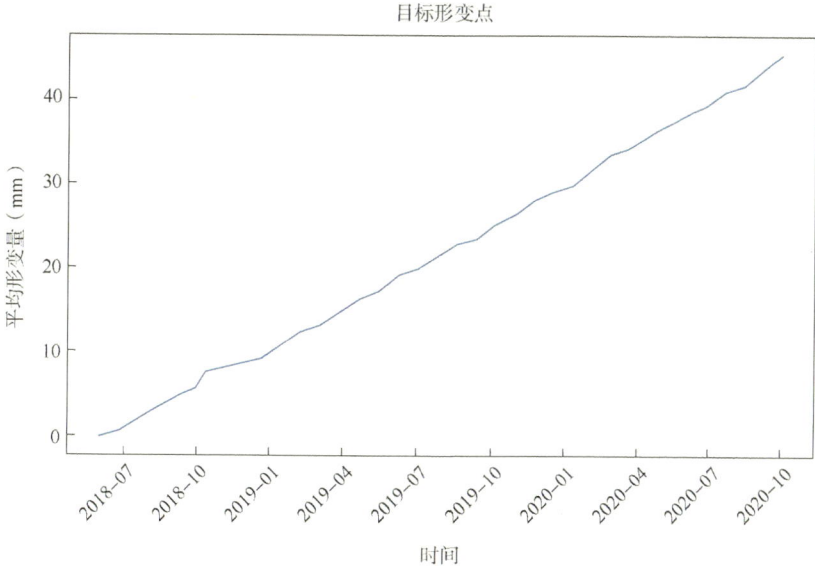

图 9-46 编号 11 处特征点平均时序形变图

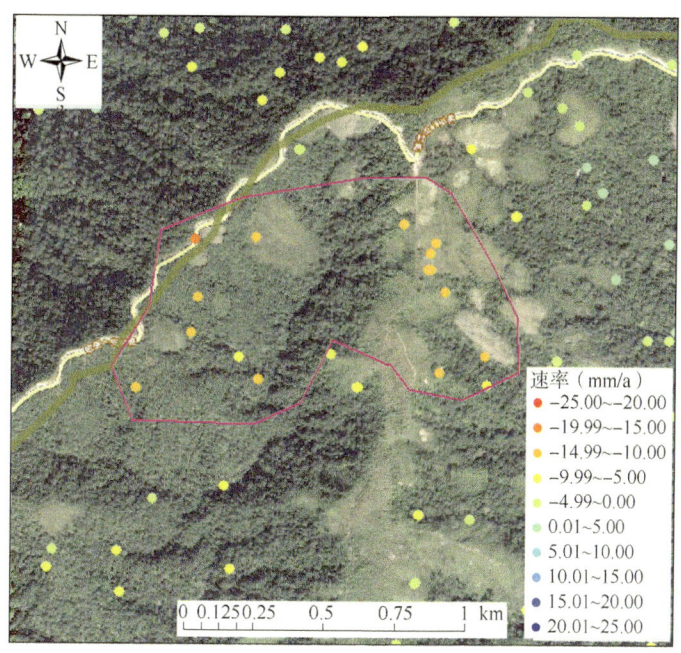

图 9-47 编号 12 局部异常形变区 PS 点分布图
(浅褐色线为天然气管道,粉色为标记区域 12)

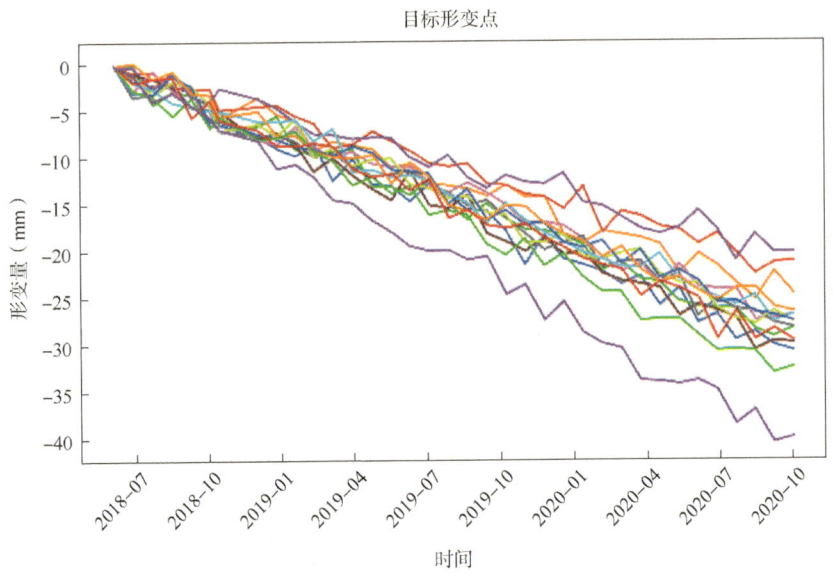

图 9-48　编号 12 处特征点时序形变图
每条曲线代表一个监测点随时间形变量变化

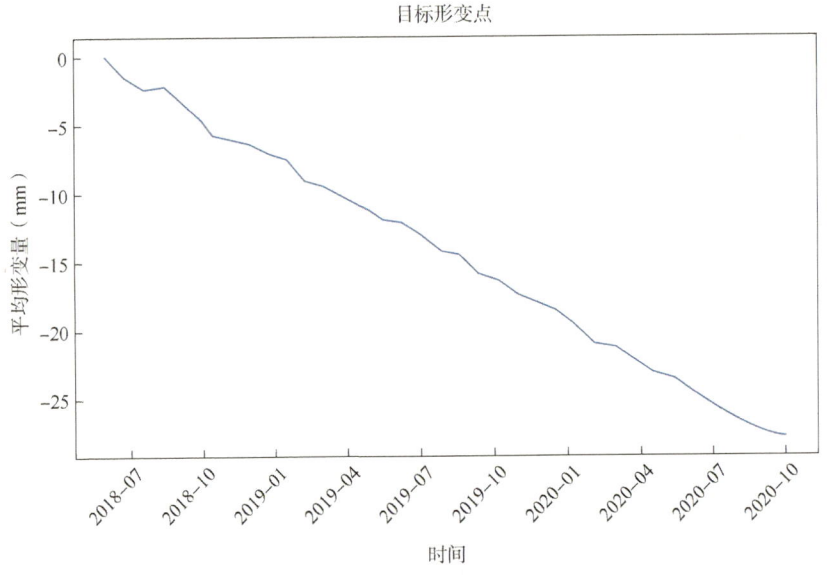

图 9-49　编号 12 处特征点平均时序形变图

（12）基于时序 SAR 技术，获取的标记区域 13 的形变监测分布图与时序形变相关图如图 9-50 至图 9-52 所示。结果显示：区域 13 内特征点平均累计下沉约 35mm，形变较大。区域 13 形变原因可能是由于雨水的浸润导致的土壤的部分缺失，从而导致局部出现下沉。该区离管道较远，风险偏小。

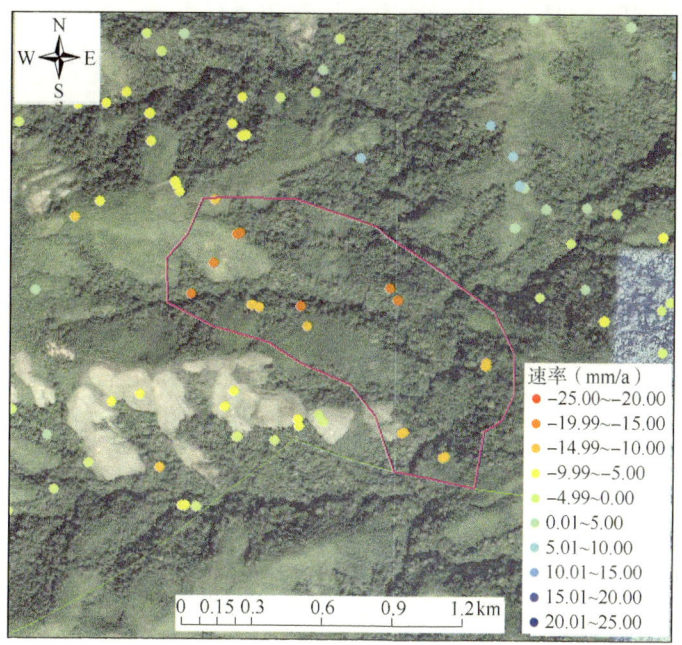

图 9-50　编号 13 局部异常形变区 PS 点分布图
（细绿线为分析缓冲区边界，粉色为标记区域 13）

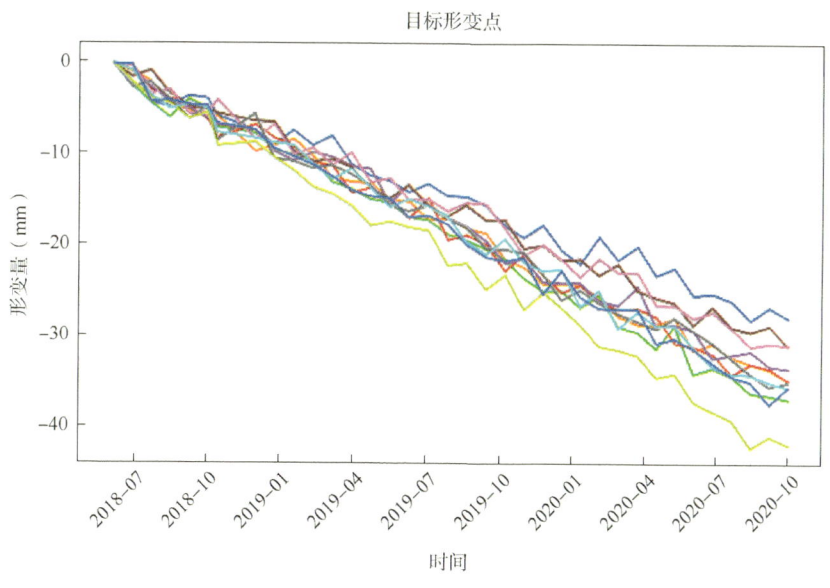

图 9-51　编号 13 处特征点时序形变图
每条曲线代表一个监测点随时间形变量变化

（13）基于时序 SAR 技术，获取的标记区域 14 的形变监测分布图与时序形变相关图如图 9-53 至图 9-55 所示。结果显示：区域 14 内特征点平均累计抬升约 50mm，整体抬升较大。区域 14 形变原因可能是山体由于地质环境等的影响出现了滑动，疑似存在滑坡风险或已出现了较明显的滑动。离管道较近，风险较大，需实地核查形变原因。

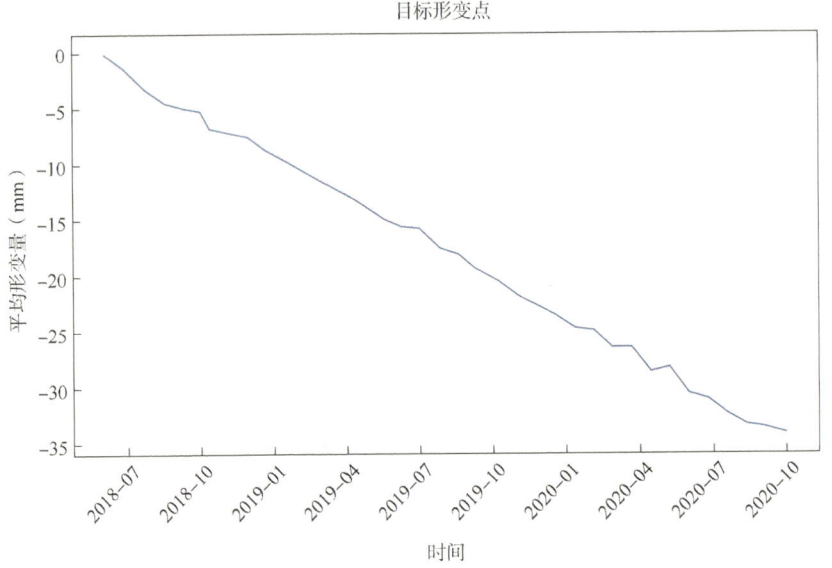

图 9-52　编号 13 处特征点平均时序形变图

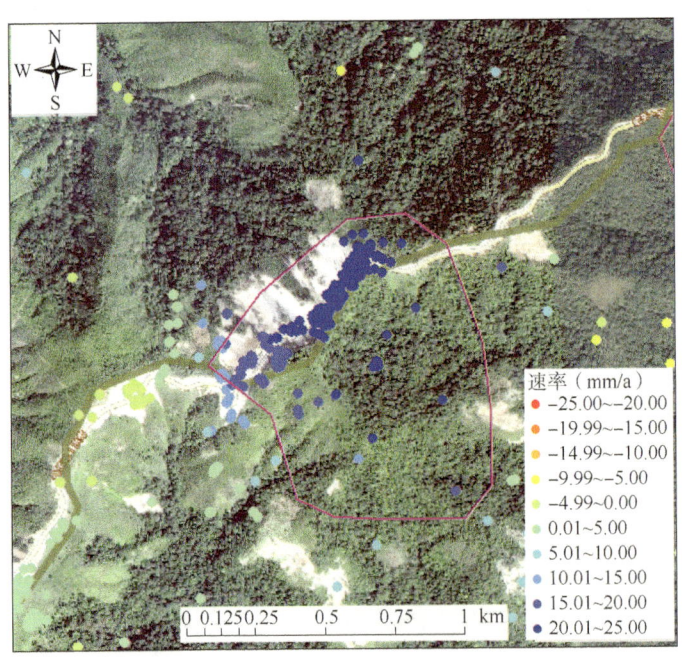

图 9-53　编号 14 局部异常形变区 PS 点分布图
（浅褐色线为天然气管道，粉色为标记区域 14）

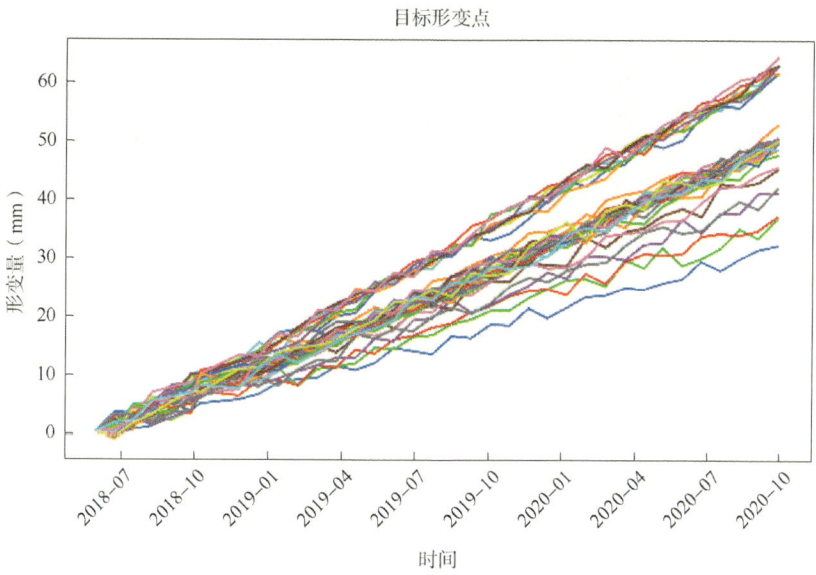

图 9-54 编号 14 处特征点时序形变图
每条曲线代表一个监测点随时间形变量变化

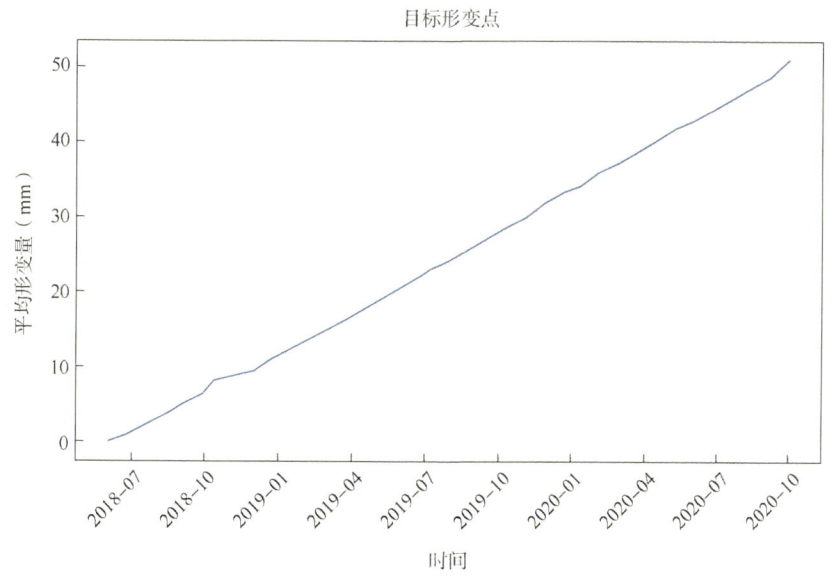

图 9-55 编号 14 处特征点平均时序形变图

（14）基于时序 SAR 技术，获取的标记区域 15 的形变监测分布图与时序形变相关图如图 9-56 至图 9-58 所示。结果显示：区域 15 内特征点平均累计下沉约 23mm。区域 15 形变原因可能是由于雨水的浸润导致的土壤的部分缺失，从而导致局部出现下沉。该区离管道较远，风险偏小。

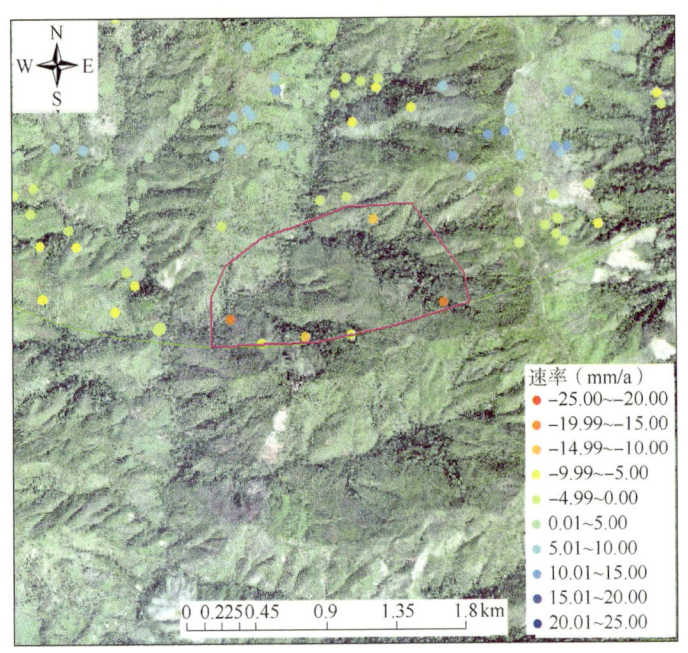

图 9-56　编号 15 局部异常形变区 PS 点分布图

（细绿线为分析缓冲区边界，粉色为标记区域 15）

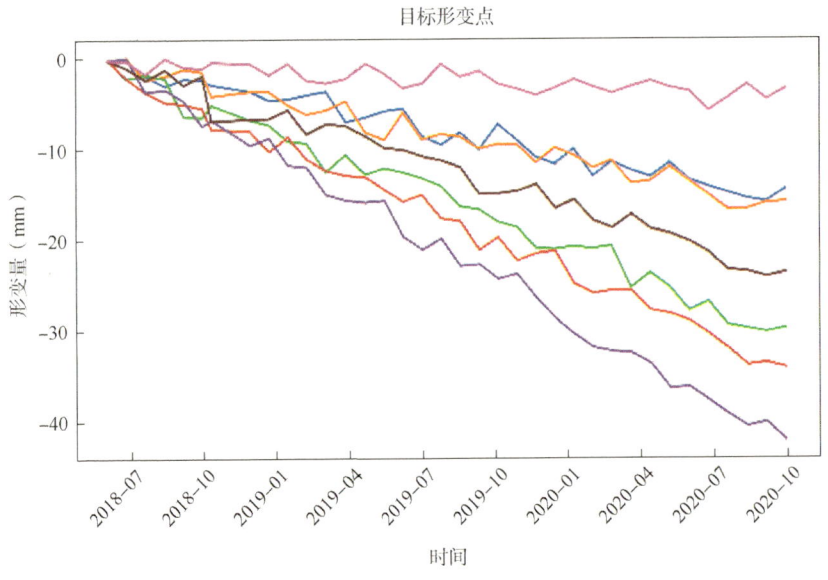

图 9-57　编号 15 处特征点时序形变图

每条曲线代表一个监测点随时间形变量变化

（15）基于时序 SAR 技术，获取的标记区域 16 的形变监测分布图与时序形变相关图如图 9-59 至图 9-61 所示。结果显示：区域 16 内特征点平均累计下沉约 31mm，形变较大。

区域 16 形变原因可能是由于雨水的浸润导致的土壤的部分缺失,从而导致局部出现下沉。该区离管道较远,风险偏小。

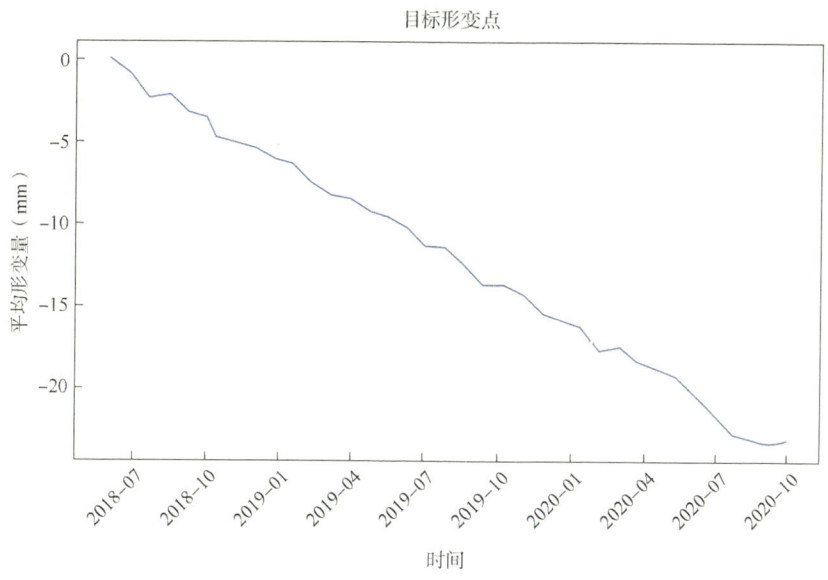

图 9-58　编号 15 处特征点平均时序形变图

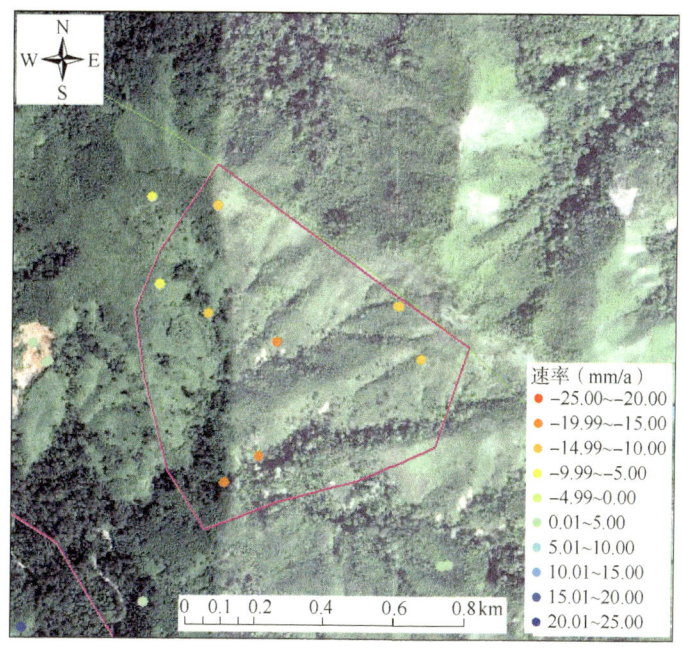

图 9-59　编号 16 局部异常形变区 PS 点分布图

(细绿线为分析缓冲区边界,粉色为标记区域 16)

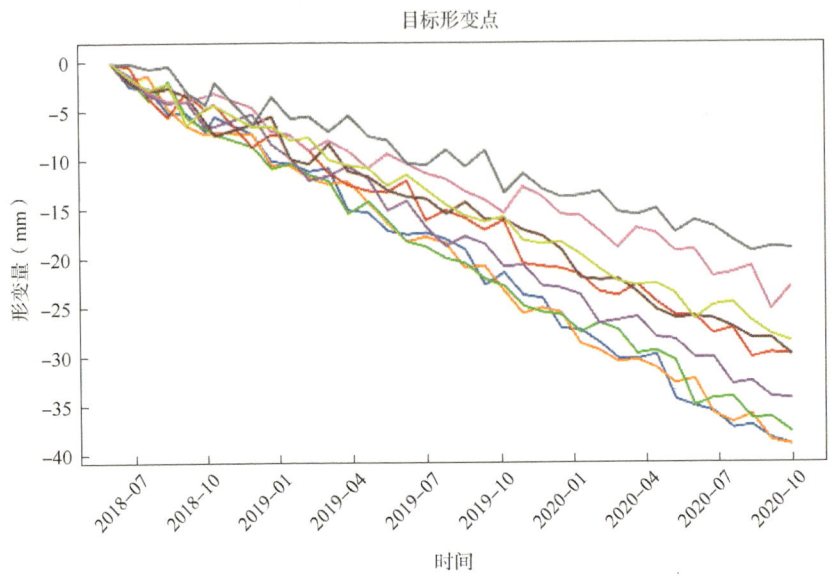

图 9-60　编号 16 处特征点时序形变图
每条曲线代表一个监测点随时间形变量变化

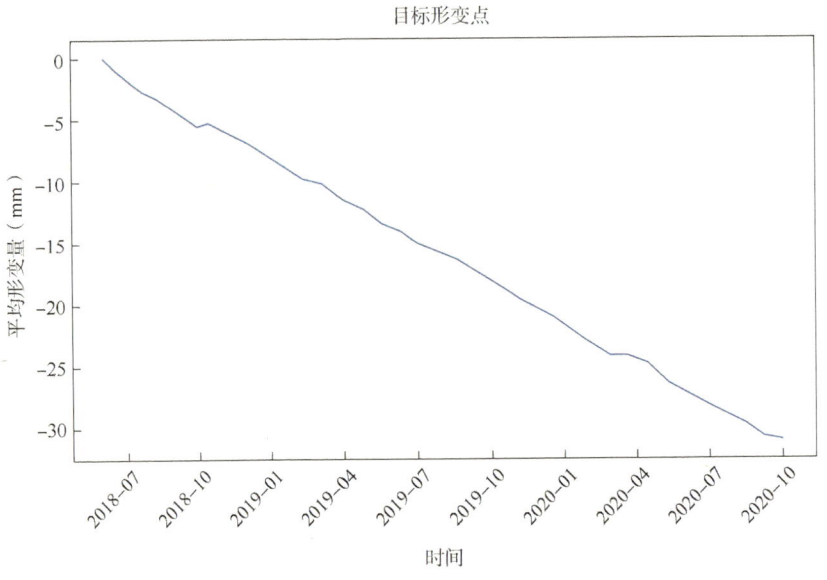

图 9-61　编号 16 处特征点平均时序形变图

（16）基于时序 SAR 技术，获取的标记区域 17 的形变监测分布图与时序形变相关图如图 9-62 至图 9-64 所示。结果显示：区域 17 内特征点平均累计抬升约 40mm，个别特征点抬升较大。区域 17 形变原因可能是与山体中树木的生长引发的地质土壤的变动或者信号干扰有关。该区离管道稍远，风险偏小。

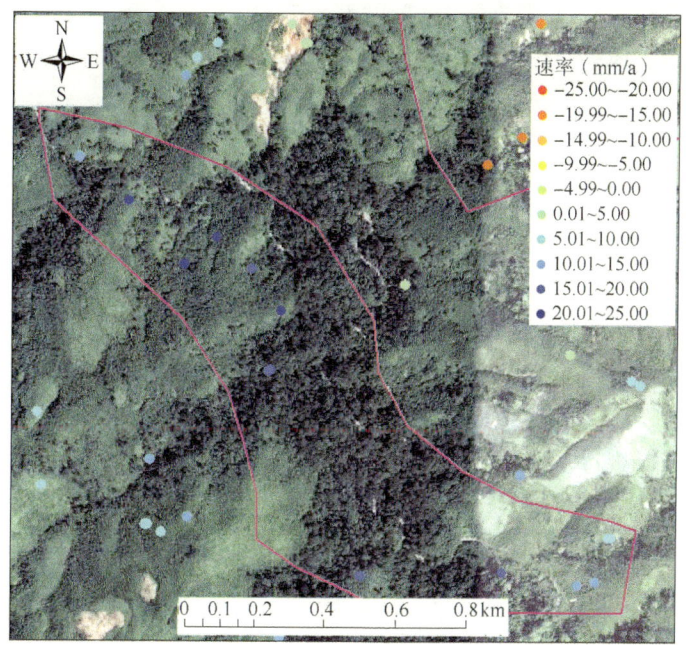

图 9-62　编号 17 局部异常形变区 PS 点分布图
(浅褐色线为天然气管道，粉色为标记区域 17)

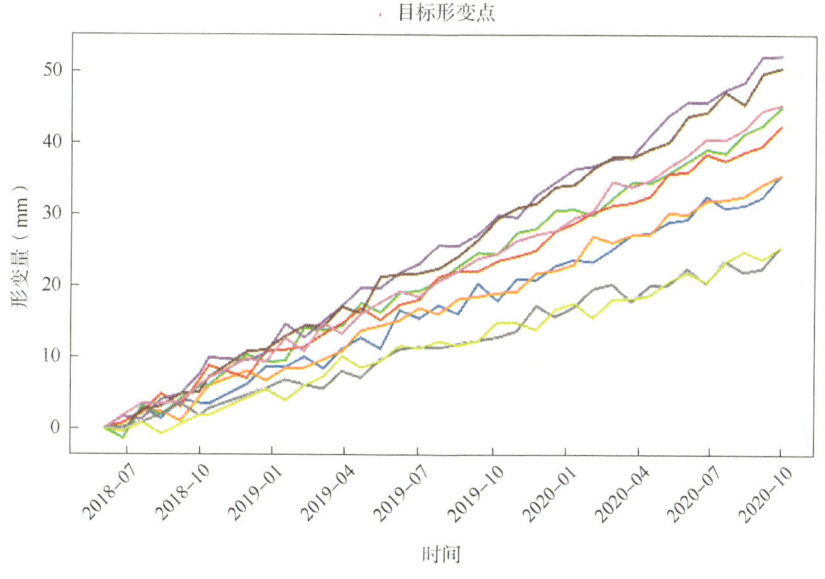

图 9-63　编号 17 处特征点时序形变图
每条曲线代表一个监测点随时间形变量变化

（17）基于时序 SAR 技术，获取的标记区域 18 的形变监测分布图与时序形变相关图如图 9-65 至图 9-67 所示。结果显示：区域 18 内特征点平均累计下沉约 19mm。区域 18 形变原因可能是由于雨水的浸润导致的土壤的部分缺失,从而导致局部出现下沉。离管道较近,风险较大,需实地核查形变原因。

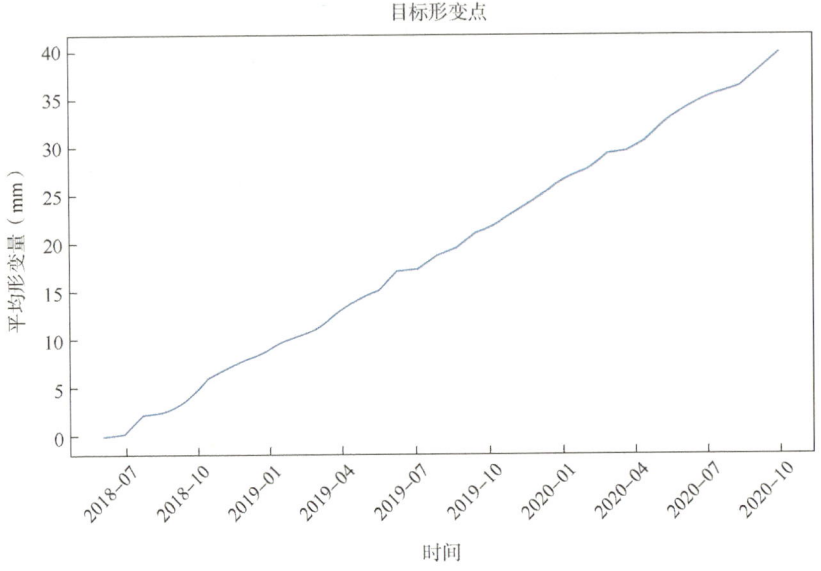

图 9-64　编号 17 处特征点平均时序形变图

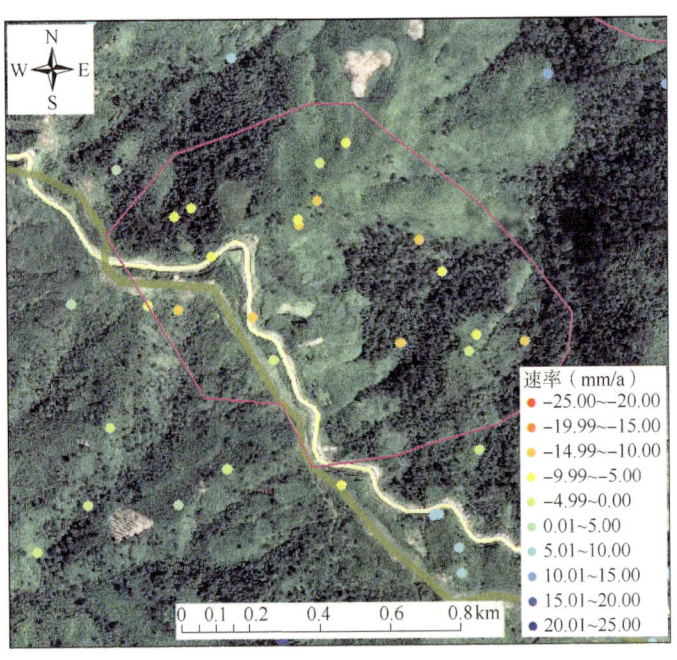

图 9-65　编号 18 局部异常形变区 PS 点分布图
(浅褐色线为天然气管道,粉色为标记区域 18)

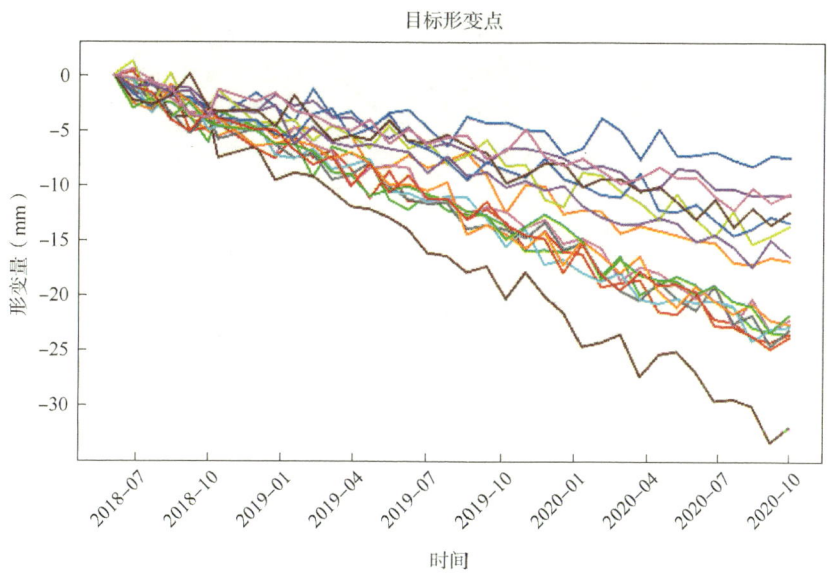

图 9-66 编号 18 处特征点时序形变图
每条曲线代表一个监测点随时间形变量变化

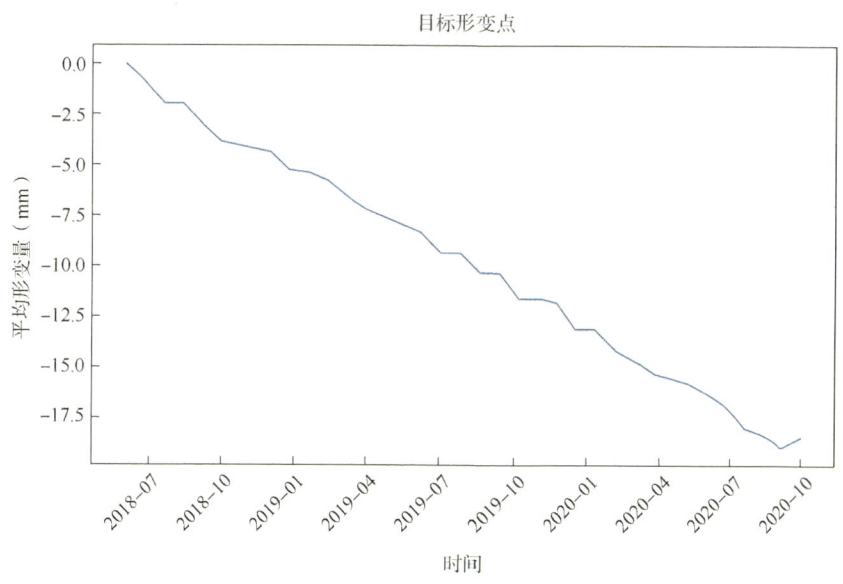

图 9-67 编号 18 处特征点平均时序形变图

（18）基于时序 SAR 技术，获取的标记区域 19 的形变监测分布图与时序形变相关图如图 9-68 至图 9-70 所示。结果显示：区域 19 内特征点平均累计下沉约 21mm。区域 19 形变原因可能是由于雨水的浸润导致的土壤的部分缺失，从而导致局部出现下沉。该区离管道较远，风险偏小。

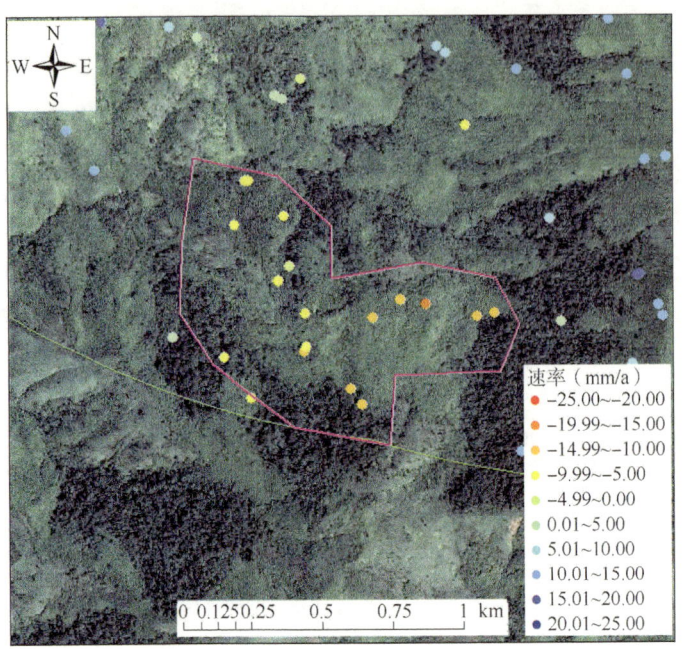

图 9-68　编号 19 局部异常形变区 PS 点分布图

(细绿线为分析缓冲区边界，粉色为标记区域 19)

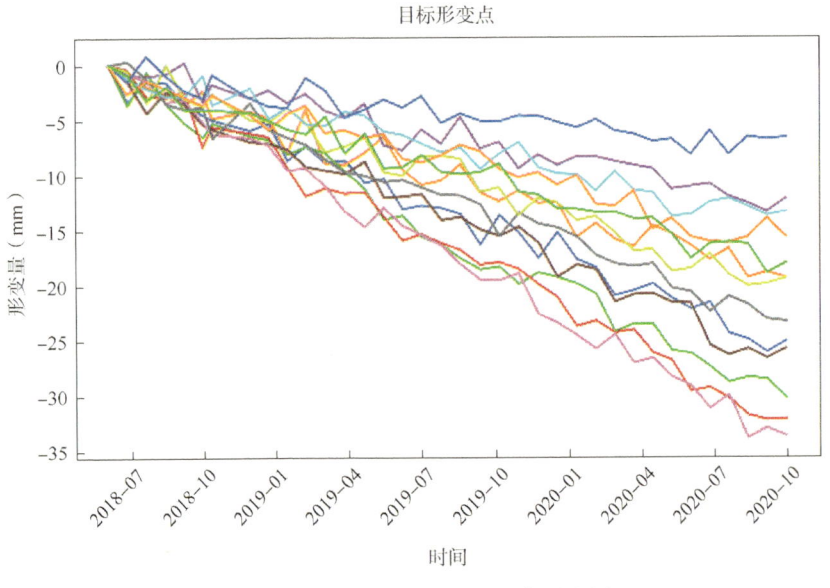

图 9-69　编号 19 处特征点时序形变图

每条曲线代表一个监测点随时间形变量变化

（19）基于时序 SAR 技术，获取的标记区域 20 的形变监测分布图与时序形变相关图如图 9-71 至图 9-73 所示。结果显示：区域 20 内特征点平均累计抬升约 40mm，特征点抬升较大。区域 20 形变原因可能是与山体中树木的生长引发的地质土壤的变动有关或者信号干扰。该区离管道较远,风险偏小。

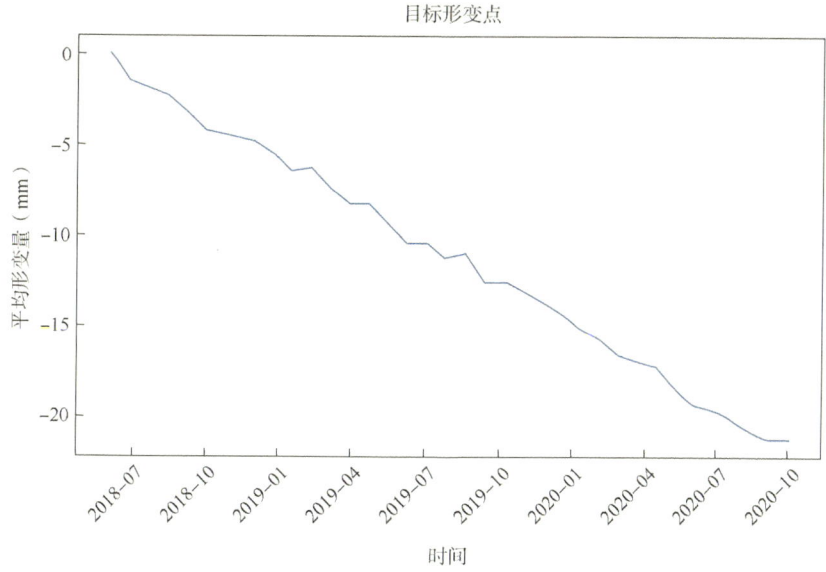

图 9-70　编号 19 处特征点平均时序形变图

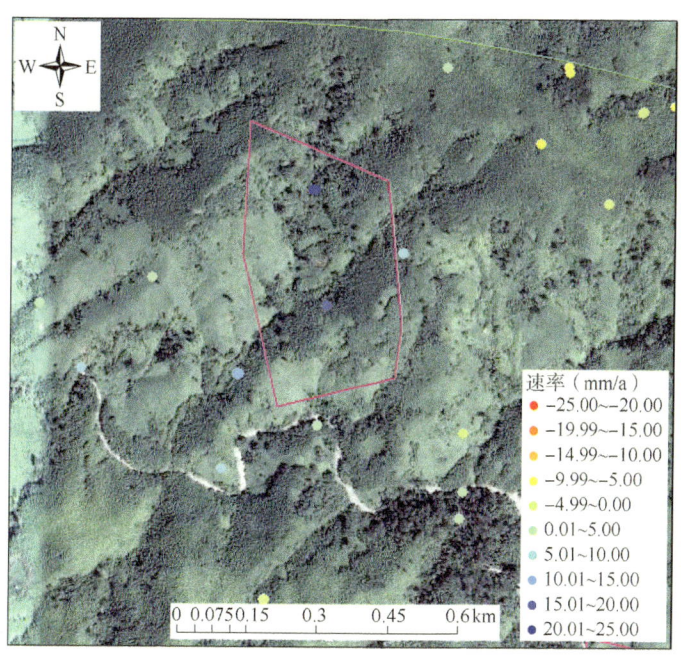

图 9-71　编号 20 局部异常形变区 PS 点分布图
(细绿线为分析缓冲区边界,粉色为标记区域 20)

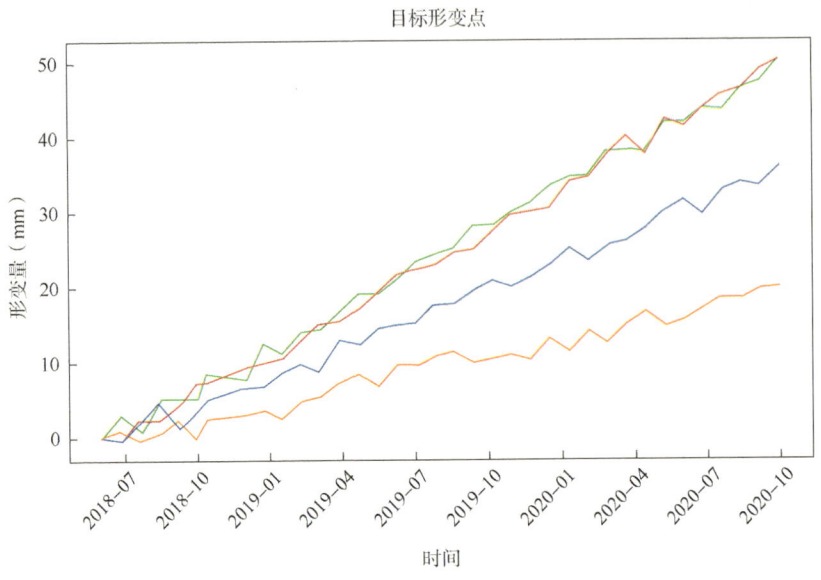

图 9-72　编号 20 处特征点时序形变图
每条曲线代表一个监测点随时间形变量变化

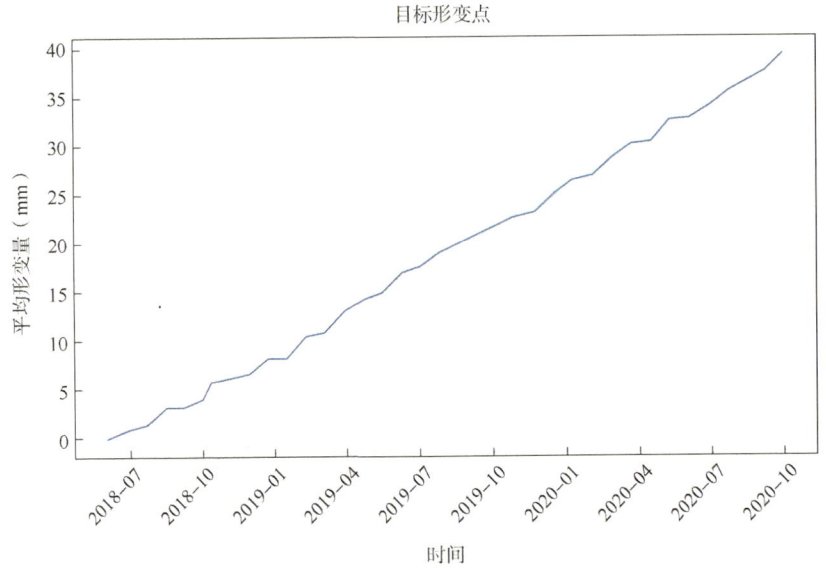

图 9-73　编号 20 处特征点平均时序形变图

（20）基于时序 SAR 技术，获取的标记区域 21 的形变监测分布图与时序形变相关图如图 9-74 至图 9-76 所示。结果显示：区域 21 内特征点平均累计下沉约 30mm，特征点形变较大。区域 21 形变原因可能是与山体受地质环境的变化出现了轻微滑动有关。离管道较近，风险较大，需实地核查形变原因。

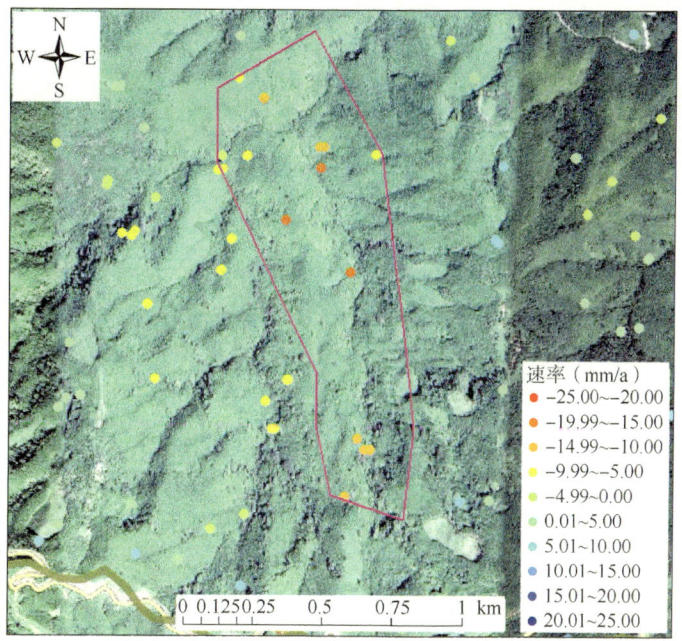

图 9-74 编号 21 局部异常形变区 PS 点分布图

(浅褐色线为天然气管道，粉色为标记区域 21)

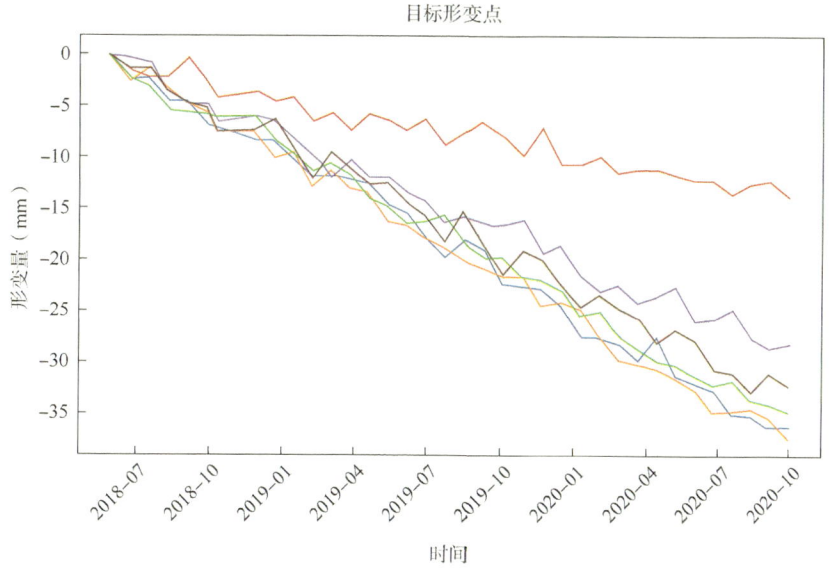

图 9-75 编号 21 处特征点时序形变图

每条曲线代表一个监测点随时间形变量变化

（21）基于时序 SAR 技术，获取的标记区域 22 的形变监测分布图与时序形变相关图如图 9-77 至图 9-79 所示。结果显示：区域 22 内特征点平均累计下沉约 27mm。区域 22 形

· 329 ·

变原因可能是雨水的浸润导致的土壤的部分缺失，从而导致局部出现下沉。该区离管道较远，风险偏小。

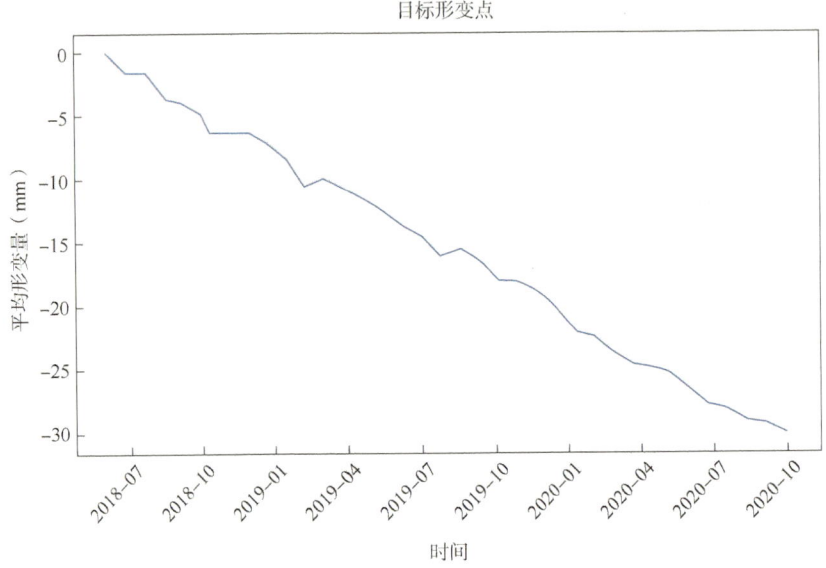

图 9-76　编号 21 处特征点平均时序形变图

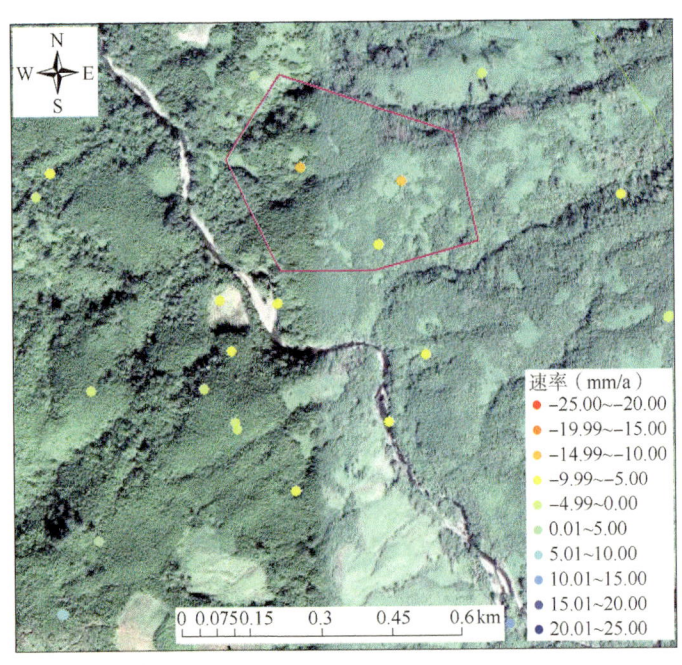

图 9-77　编号 22 局部异常形变区 PS 点分布图
(浅褐色线为天然气管道，粉色为标记区域 22)

第9章 基于卫星遥感管道沿线地质沉降监测

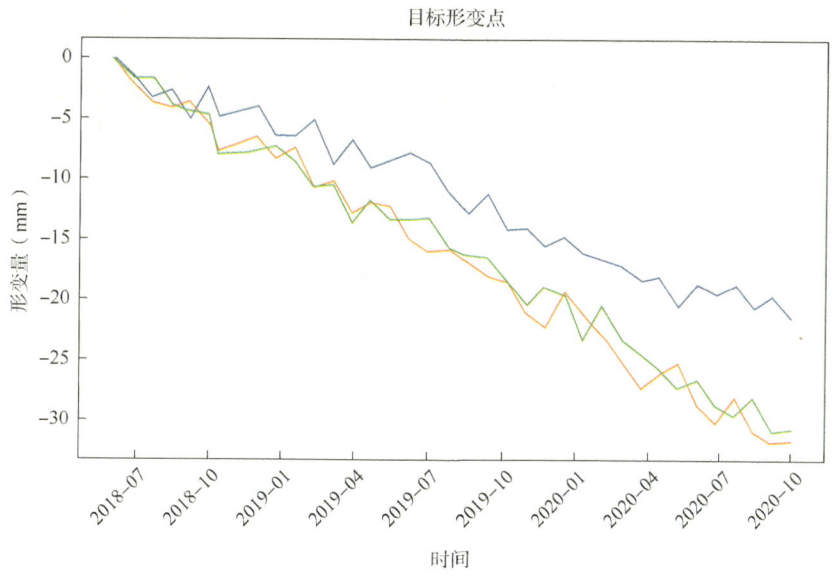

图 9-78 编号 22 处特征点时序形变图
每条曲线代表一个监测点随时间形变量变化

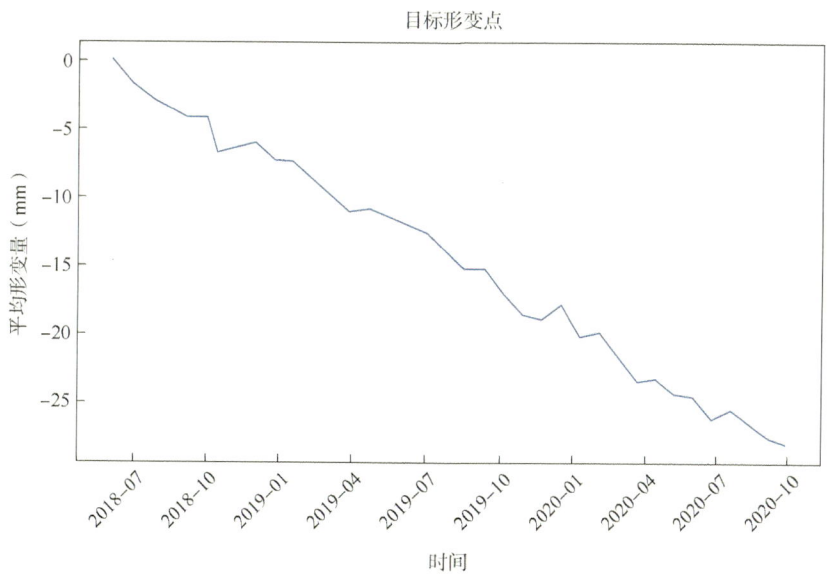

图 9-79 编号 22 处特征点平均时序形变图

（22）基于时序 SAR 技术，获取的标记区域 23 的形变监测分布图与时序形变相关图如图 9-80 至图 9-82 所示。结果显示：区域 23 内特征点平均累计下沉约为 24mm。区域 23 形变原因可能是雨水的浸润导致的土壤的部分缺失，从而导致局部出现下沉。该区离管道较远，风险偏小。

· 331 ·

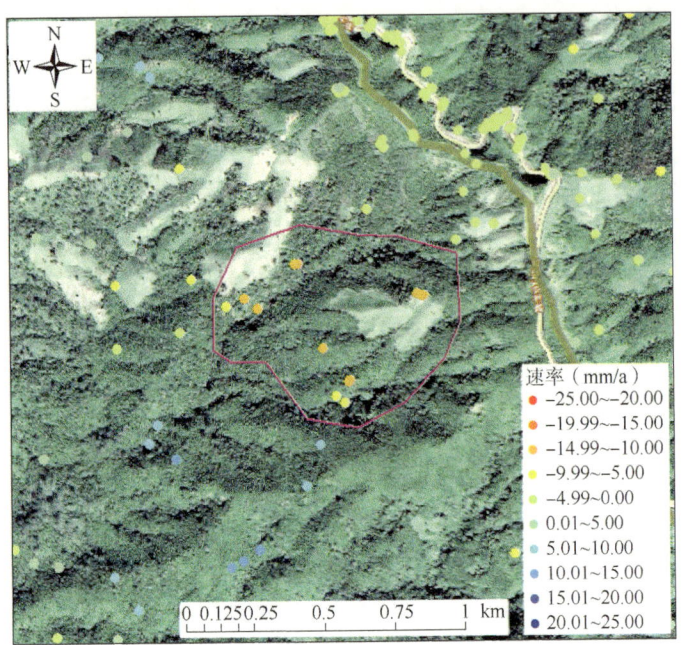

图 9-80 编号 23 局部异常形变区 PS 点分布图
(浅褐色线为天然气管道,粉色为标记区域 23)

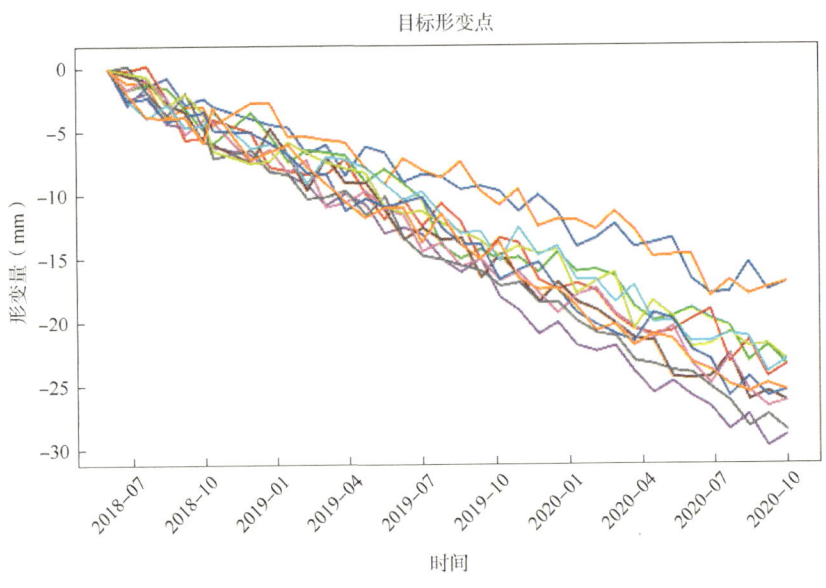

图 9-81 编号 23 处特征点时序形变图
每条曲线代表一个监测点随时间形变量变化

(23) 基于时序 SAR 技术,获取的标记区域 24 的形变监测分布图与时序形变相关图如图 9-83 至图 9-85 所示。结果显示:区域 24 内特征点平均累计抬升约为 35mm,特征点抬升较大。区域 24 形变原因可能是与山体中树木的生长引发的地质土壤的变动或者信号干扰有关。该区离管道较远，风险偏小。

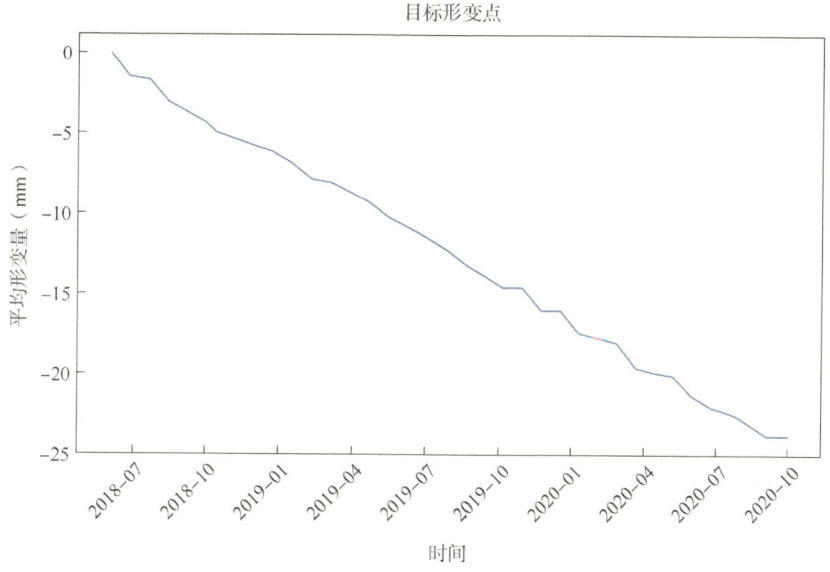

图 9-82　编号 23 处特征点平均时序形变图

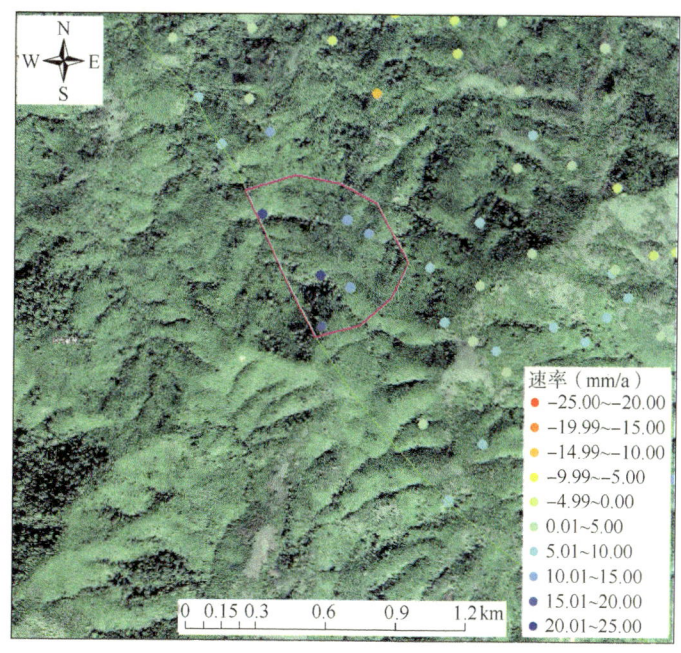

图 9-83　编号 24 局部异常形变区 PS 点分布图
（细绿线为分析缓冲区边界，粉色为标记区域 24）

· 333 ·

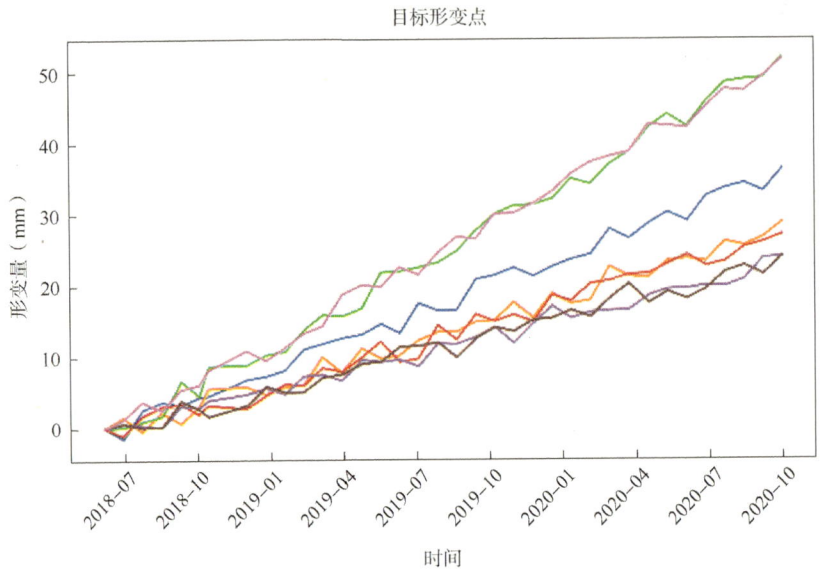

图 9-84　编号 24 处特征点时序形变图
每条曲线代表一个监测点随时间形变量变化

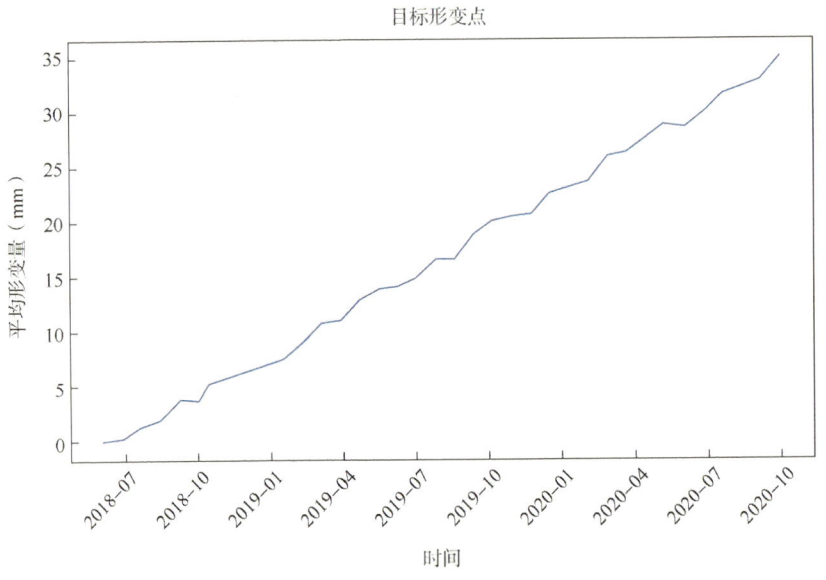

图 9-85　编号 24 处特征点平均时序形变图

（24）基于时序 SAR 技术，获取的标记区域 25 的形变监测分布图与时序形变相关图如图 9-86 至图 9-88 所示。结果显示：区域 25 内特征点平均累计下沉约为 25mm。区域 25 形变原因可能是由于雨水的浸润导致的土壤的部分缺失，从而导致局部出现下沉。该区离管道较远，风险偏小。

第9章 基于卫星遥感管道沿线地质沉降监测

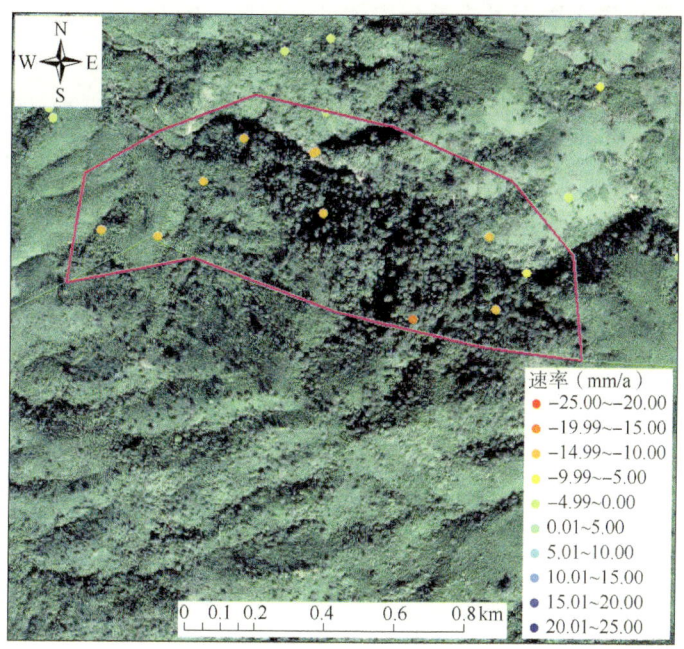

图 9-86 编号 25 局部异常形变区 PS 点分布图
（浅褐色线为天然气管道，粉色为标记区域 25）

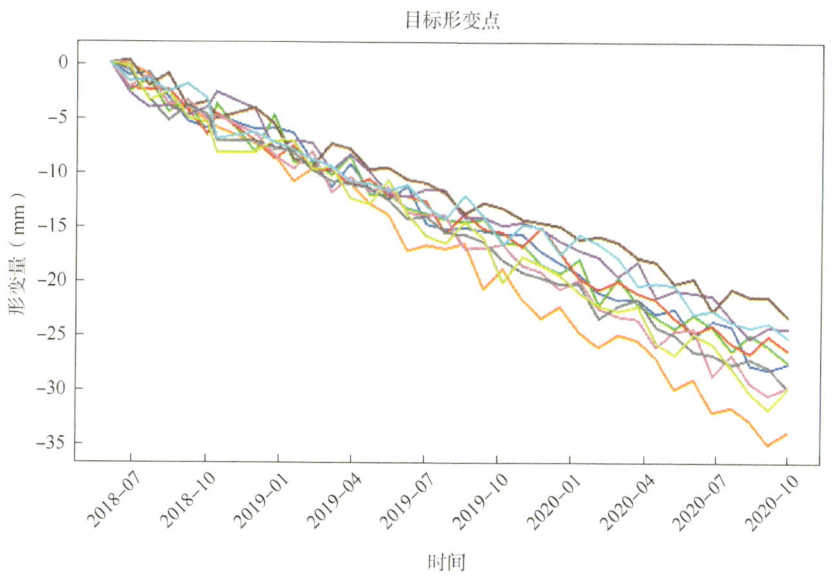

图 9-87 编号 25 处特征点时序形变图
每条曲线代表一个监测点随时间形变量变化

（25）基于时序 SAR 技术，获取的标记区域 26 的形变监测分布图与时序形变相关图如图 9-89 至图 9-91 所示。结果显示：区域 26 内特征点平均累计抬升约为 50mm，个别特征

· 335 ·

点抬升较大。区域 26 形变原因可能是与山体受地质环境的变化出现了滑动有关。该区离管道较近，风险较大，需实地核查形变原因。

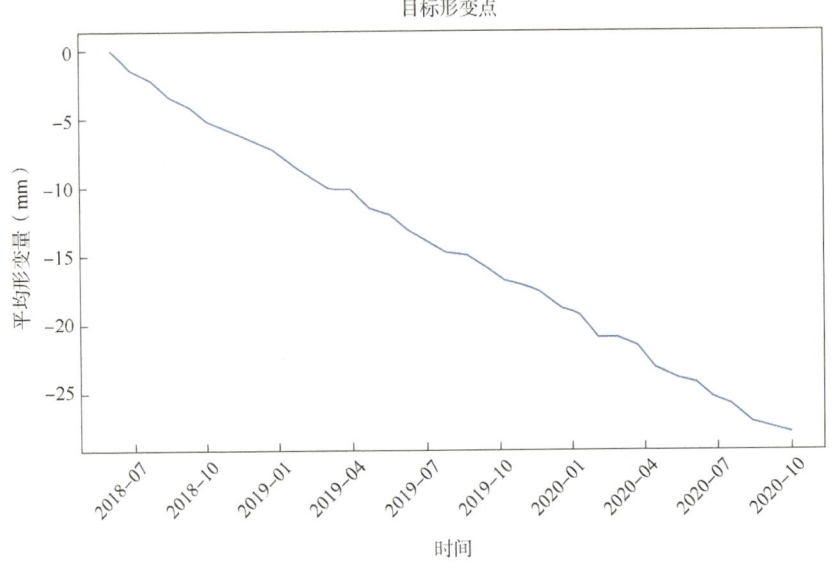

图 9-88　编号 25 处特征点平均时序形变图

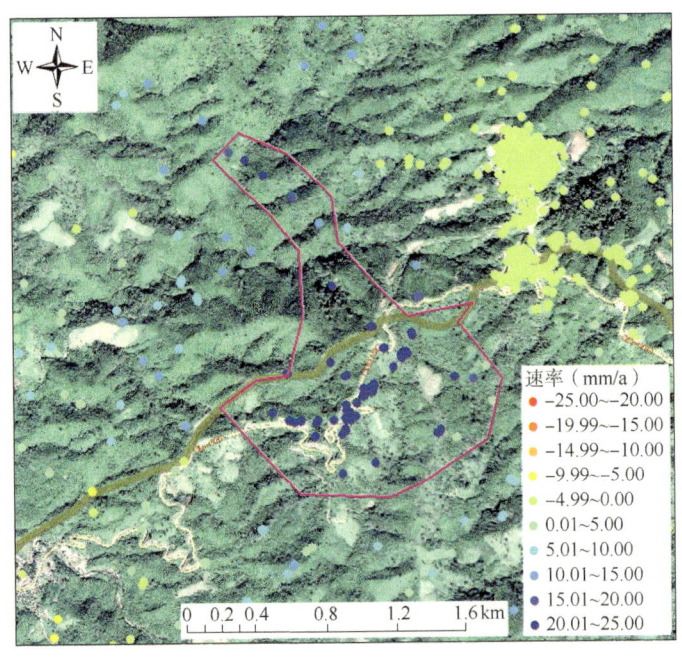

图 9-89　编号 26 局部异常形变区 PS 点分布图
(浅褐色线为天然气管道，粉色为标记区域 26)

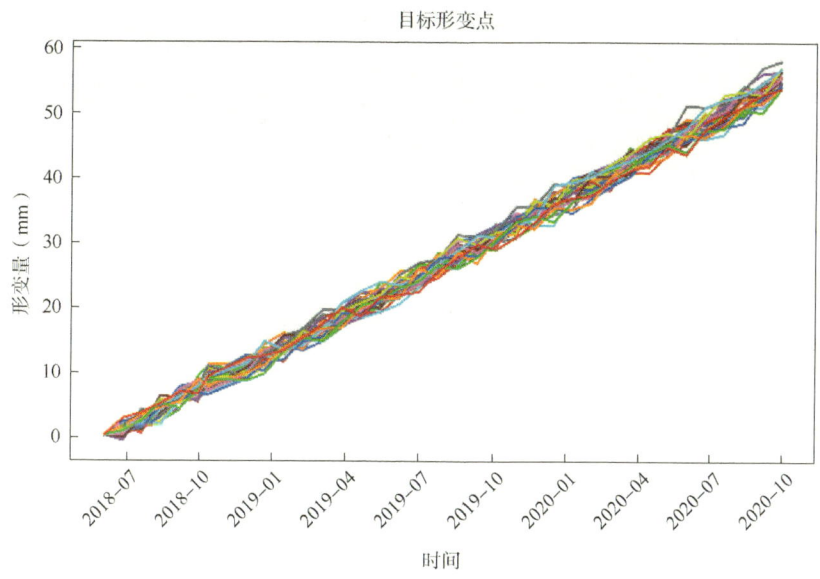

图 9-90 编号 26 处特征点时序形变图
每条曲线代表一个监测点随时间形变量变化

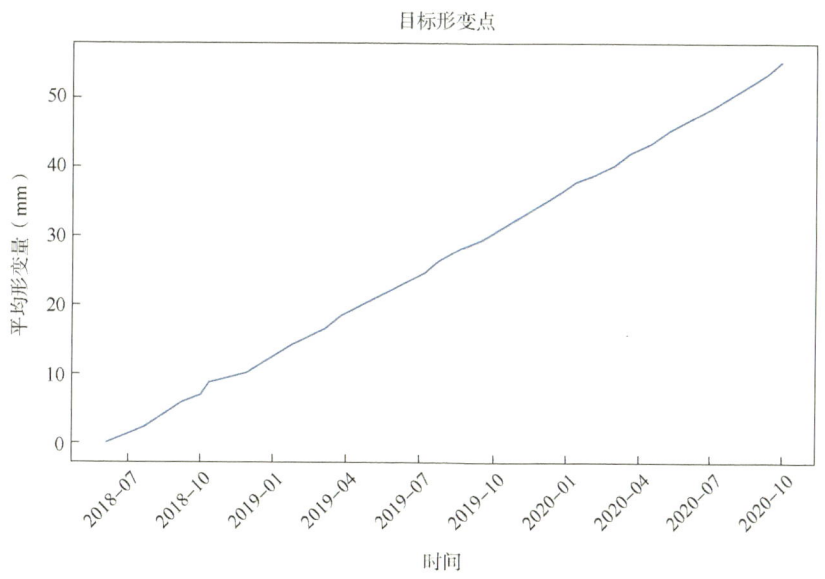

图 9-91 编号 26 处特征点平均时序形变图

（26）基于时序 SAR 技术，获取的标记区域 27 的形变监测分布图与时序形变相关图如图 9-92 至图 9-94 所示。结果显示：区域 27 内特征点平均累计下沉约 26mm，个别特征点形变较大，下沉可达 40mm。区域 27 形变原因可能是由于雨水的浸润导致的土壤的部分缺失，从而导致局部出现下沉。该区离管道稍远，风险偏小。

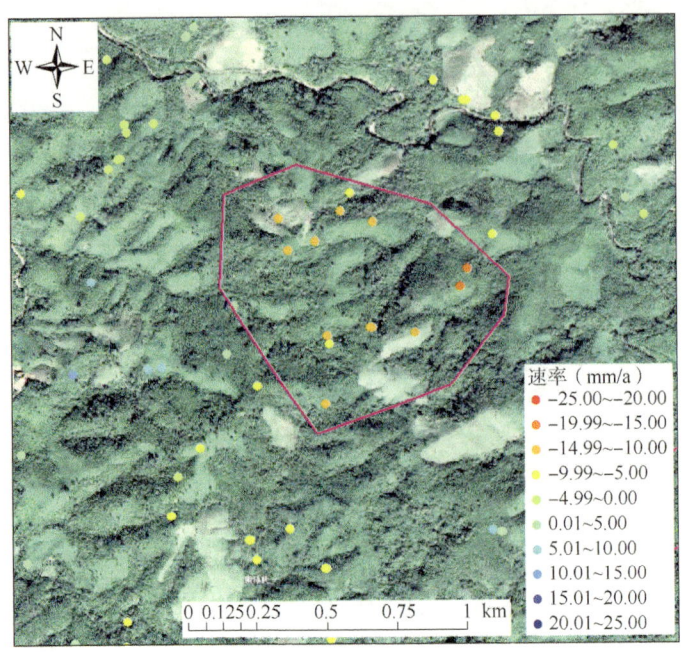

图 9-92　编号 27 局部异常形变区 PS 点分布图

(浅褐色线为天然气管道,粉色为标记区域 27)

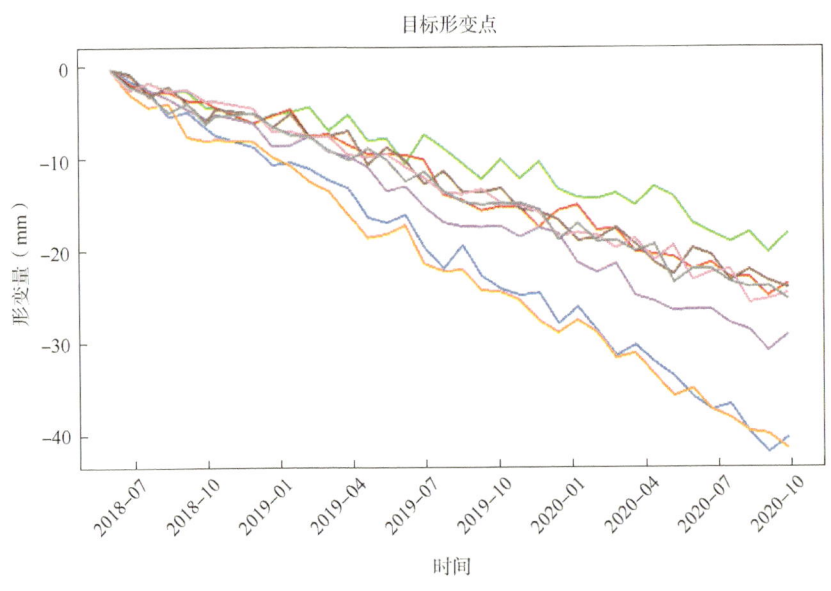

图 9-93　编号 27 处特征点时序形变图

每条曲线代表一个监测点随时间形变量变化

(27) 基于时序 SAR 技术,获取的标记区域 28 的形变监测分布图与时序形变相关图如图 9-95 至图 9-97 所示。结果显示:区域 28 内特征点平均累计抬升约为 35mm,抬升较大。区域 28 形变原因可能是与山体中树木的生长引发的地质土壤的变动或者信号干扰有关。该区离管道较远，风险偏小。

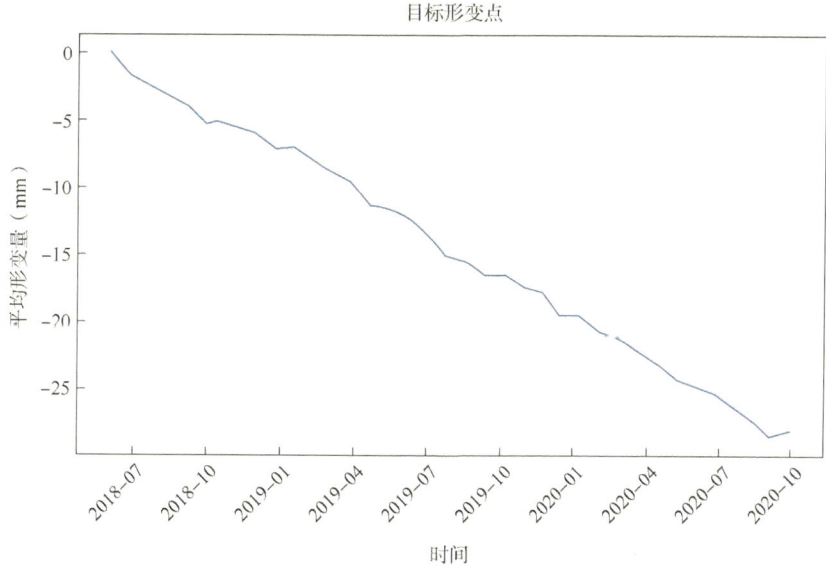

图 9-94　编号 27 处特征点平均时序形变图

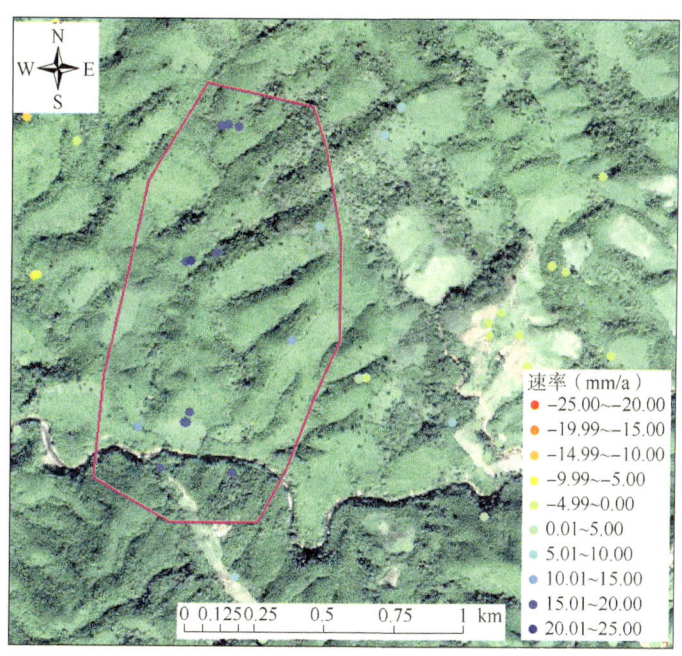

图 9-95　编号 28 局部异常形变区 PS 点分布图
（浅褐色线为天然气管道，粉色为标记区域 28）

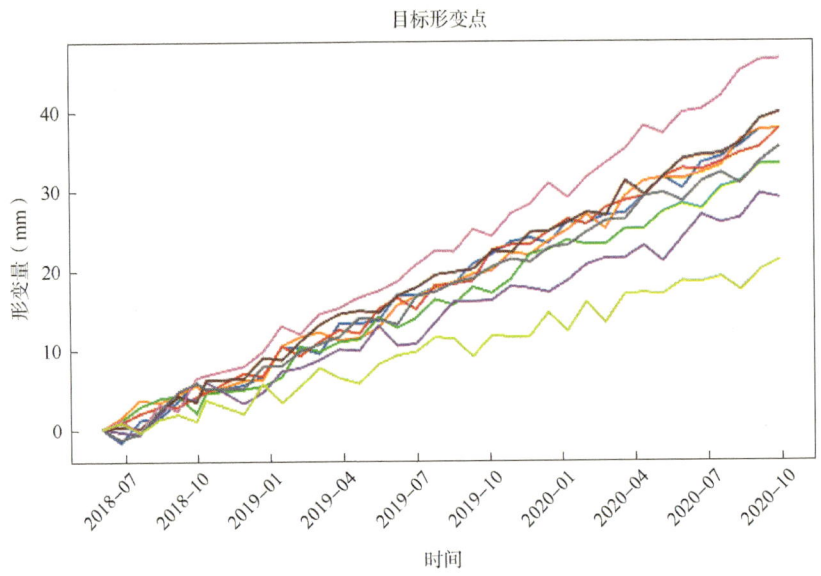

图 9-96 编号 28 处特征点时序形变图
每条曲线代表一个监测点随时间形变量变化

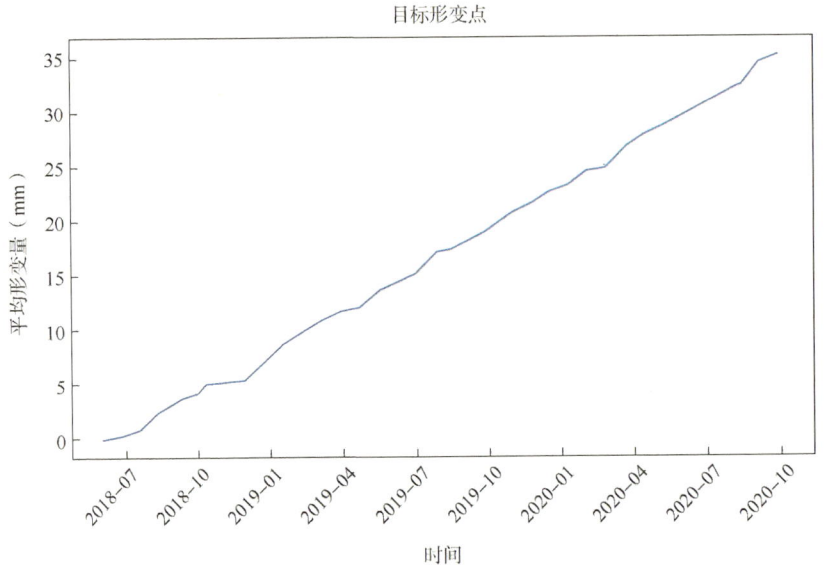

图 9-97 编号 28 处特征点平均时序形变图

（28）基于时序 SAR 技术，获取的标记区域 29 的形变监测分布图与时序形变相关图如图 9-98 至图 9-100 所示。结果显示：区域 29 内特征点平均累计下沉约为 18mm。区域 29 形变原因可能是由于雨水的浸润导致的土壤的部分缺失，从而导致局部出现下沉。该区离管道较近，可给予适当关注。

第9章 基于卫星遥感管道沿线地质沉降监测

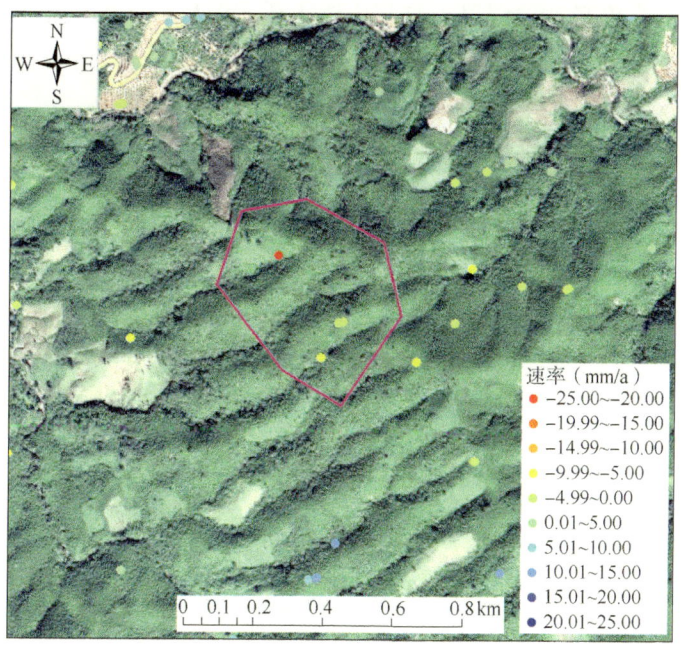

图 9-98 编号 29 局部异常形变区 PS 点分布图
(浅褐色线为天然气管道，粉色为标记区域 29)

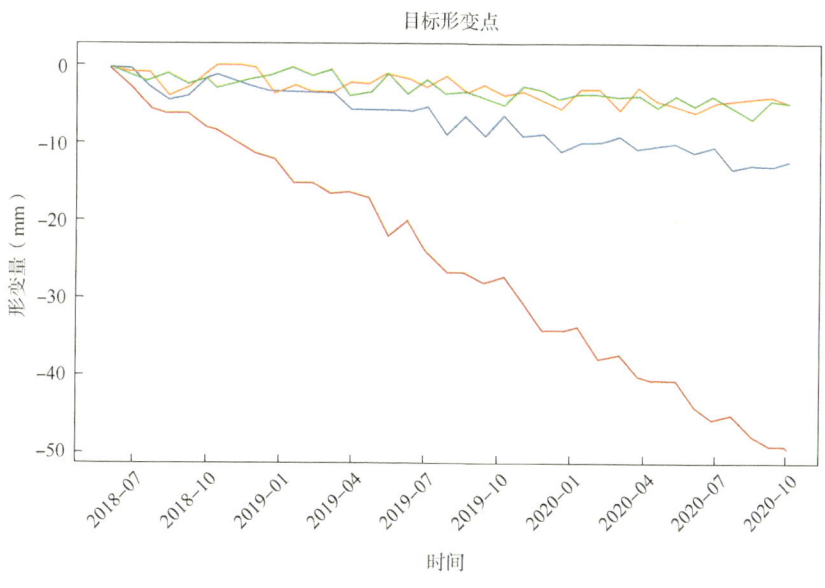

图 9-99 编号 29 处特征点时序形变图
每条曲线代表一个监测点随时间形变量变化

（29）基于时序 SAR 技术，获取的标记区域 30 的形变监测分布图与时序形变相关图如图 9-101 至图 9-103 所示。结果显示：区域 30 内特征点平均累计抬升约为 35mm，个别特

· 341 ·

征点抬升较大。区域 30 形变原因可能是与山体中树木的生长引发的地质土壤的变动或者信号干扰有关。该区离管道较远，风险偏小。

图 9-100　编号 29 处特征点平均时序形变图

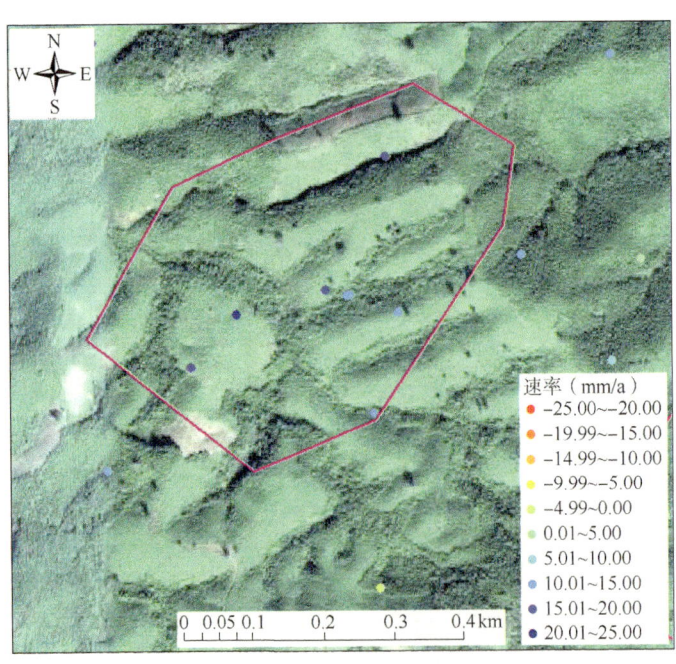

图 9-101　编号 30 局部异常形变区 PS 点分布图

(浅褐色线为天然气管道，粉色为标记区域 30)

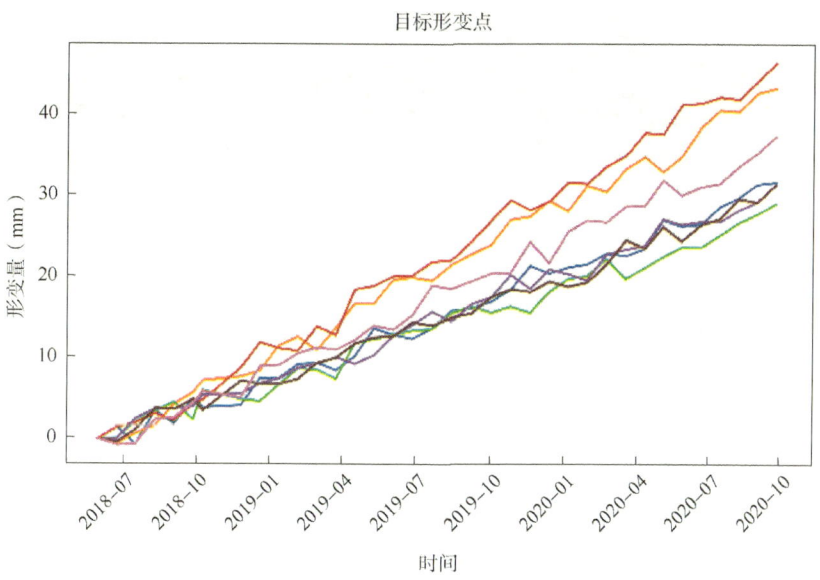

图 9-102　编号 30 处特征点时序形变图
每条曲线代表一个监测点随时间形变量变化

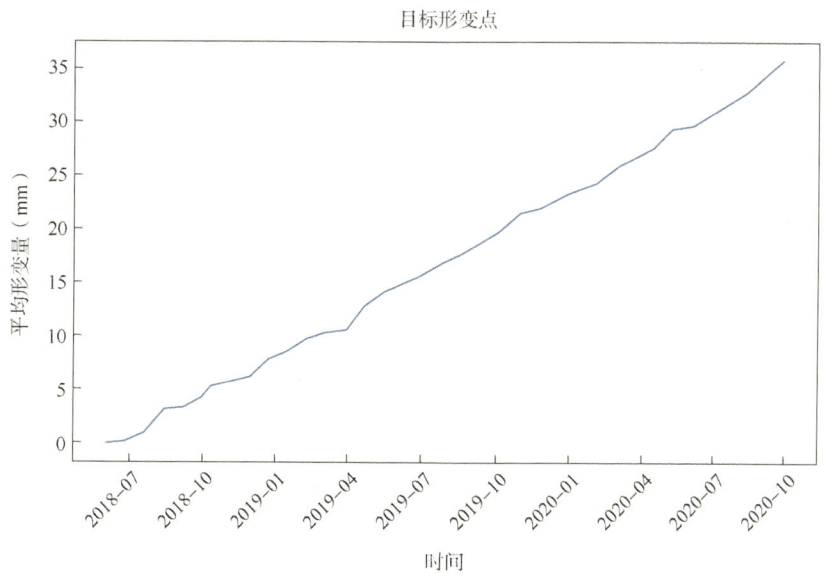

图 9-103　编号 30 处特征点平均时序形变图

（30）基于时序 SAR 技术，获取的标记区域 31 的形变监测分布图与时序形变相关图如图 9-104 至图 9-106 所示。结果显示：区域 31 内特征点平均累计下沉约为 25mm，个别特征点形变较大。区域 31 形变原因可能是由于雨水的浸润导致的土壤的部分缺失，从而导致局部出现下沉。该区离管道较近，需重点关注。

智慧管网技术

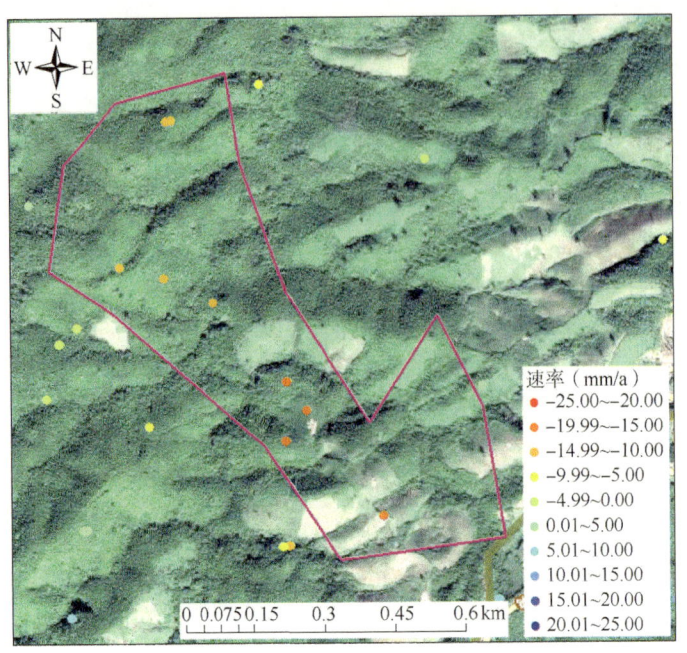

图 9-104 编号 31 局部异常形变区 PS 点分布图
(浅褐色线为天然气管道，粉色为标记区域 31)

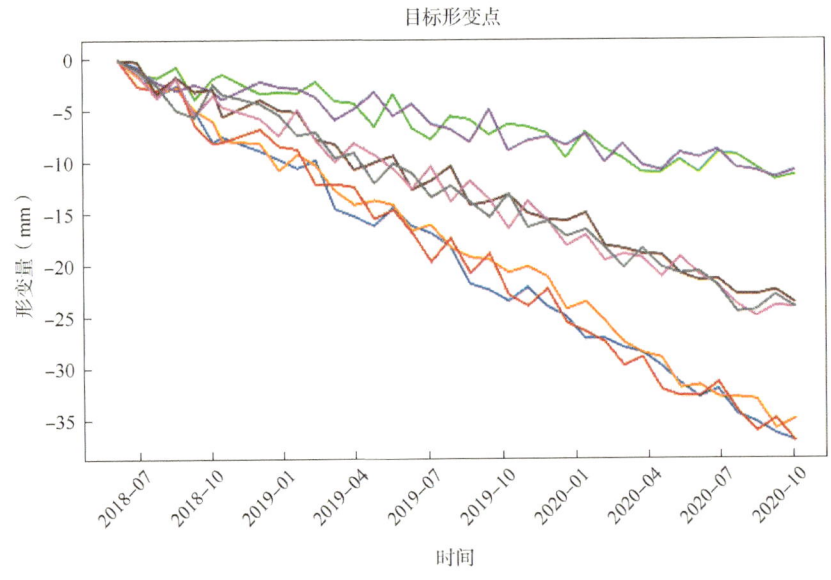

图 9-105 编号 31 处特征点时序形变图
每条曲线代表一个监测点随时间形变量变化

（31）基于时序 SAR 技术，获取的标记区域 32 的形变监测分布图与时序形变相关图如图 9-107 至图 9-109 所示。结果显示：区域 32 内特征点平均累计抬升约为 30mm。区域 32

形变原因可能是由于雨水的浸润导致的土壤的部分缺失，从而导致局部出现下沉。该区离管道稍远，风险偏小。

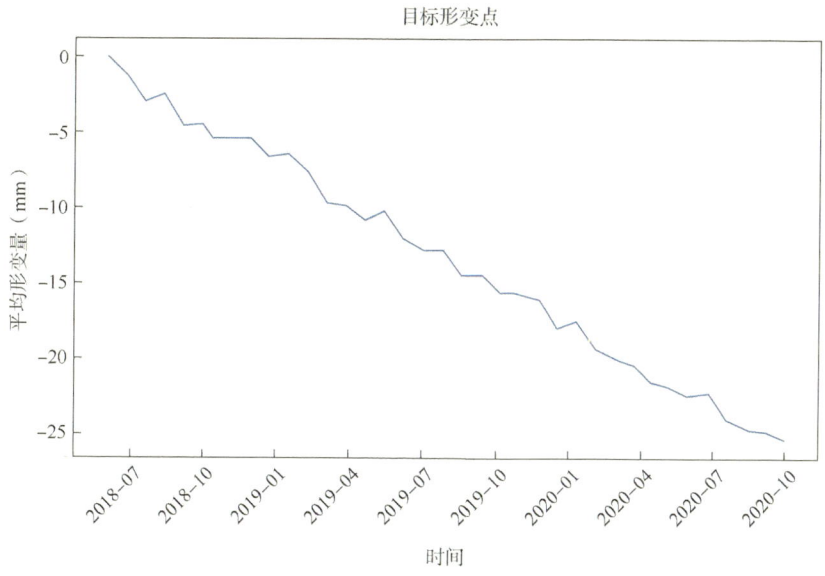

图 9-106　编号 31 处特征点平均时序形变图

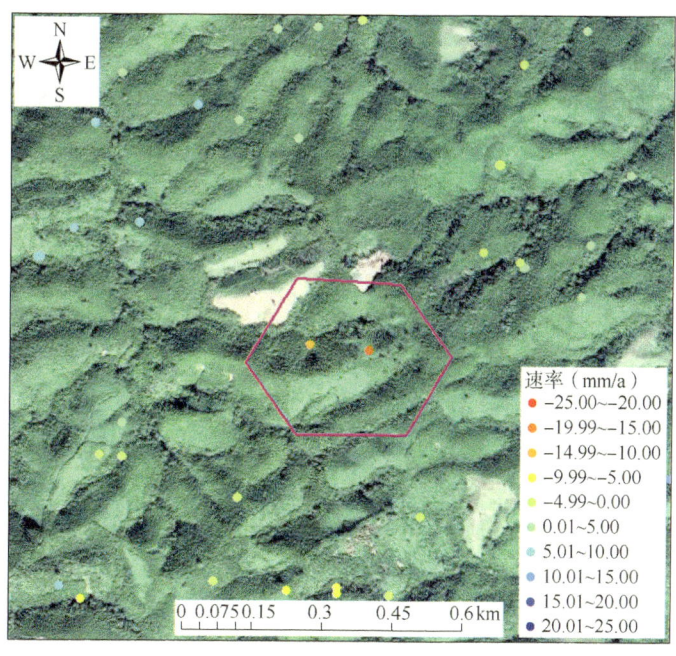

图 9-107　编号 32 局部异常形变区 PS 点分布图
（浅褐色线为天然气管道，粉色为标记区域 32）

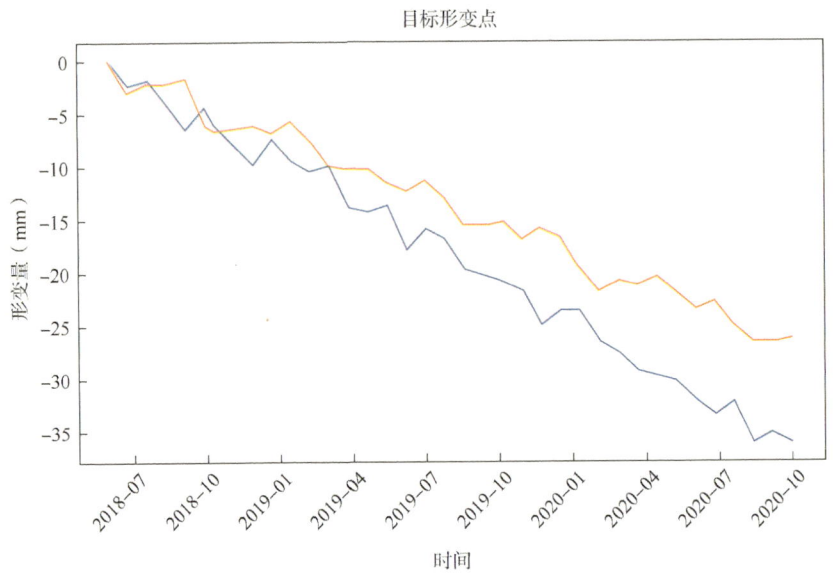

图 9-108 编号 32 处特征点时序形变图
每条曲线代表一个监测点随时间形变量变化

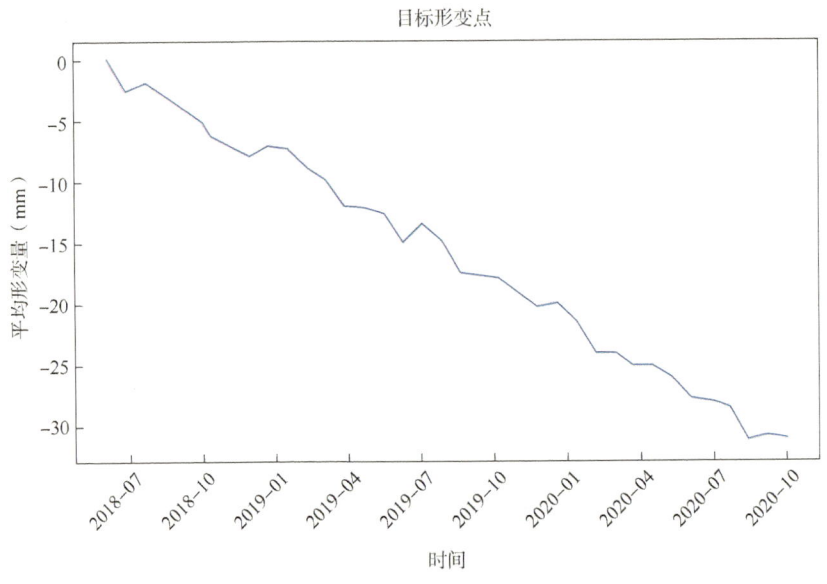

图 9-109 编号 32 处特征点平均时序形变图

（32）基于时序 SAR 技术，获取的标记区域 33 的形变监测分布图与时序形变相关图如图 9-110 至图 9-112 所示。结果显示：区域 33 内特征点平均累计抬升约为 35mm，特征点抬升较大。区域 33 形变原因可能是与山体中树木的生长引发的地质土壤的变动或者信号干扰有关。该区离管道较近，需给予一定关注。

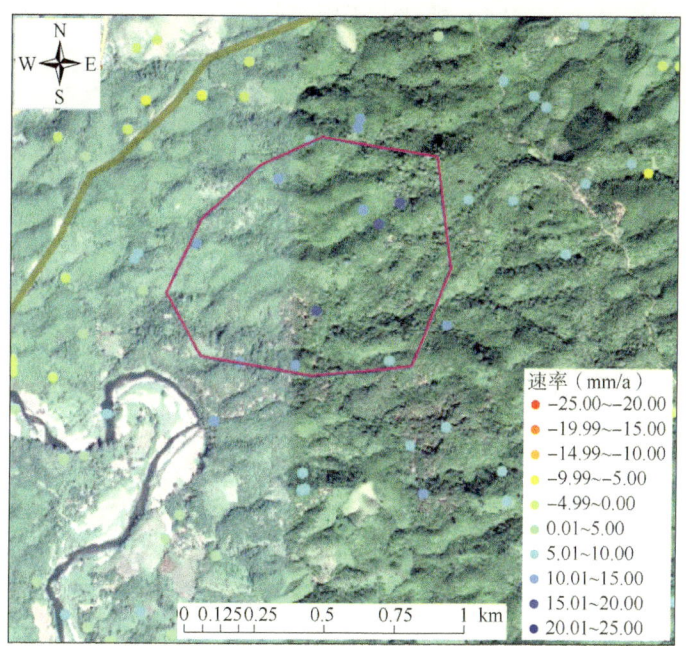

图 9-110 编号 33 局部异常形变区 PS 点分布图
（浅褐色线为天然气管道，粉色为标记区域 33）

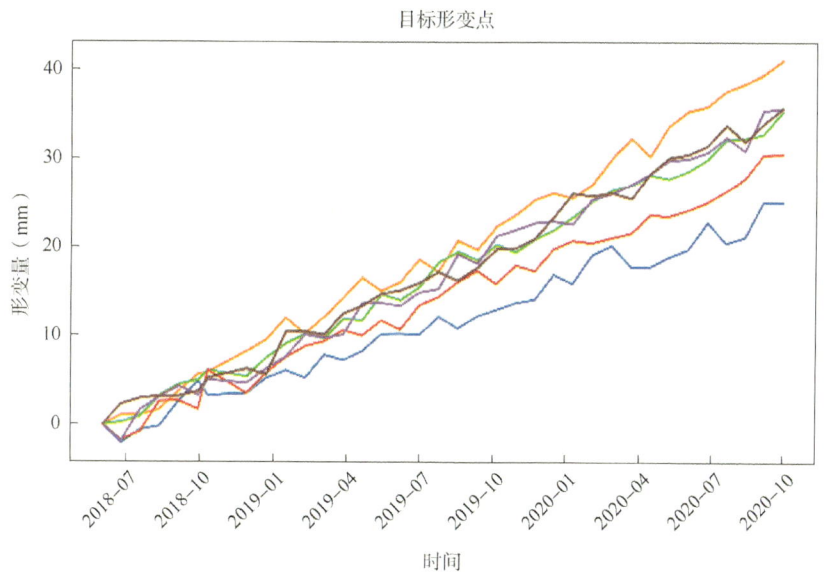

图 9-111 编号 33 处特征点时序形变图
每条曲线代表一个监测点随时间形变量变化

（33）基于时序 SAR 技术，获取的标记区域 34 的形变监测分布图与时序形变相关图如图 9-113 至图 9-115 所示。结果显示：区域 34 内特征点平均累计下沉约为 34mm，个别特

征点形变较大。区域 34 形变原因可能是由于雨水的浸润导致的土壤的部分缺失，从而导致局部出现下沉。该区离管道较近，需重点关注。

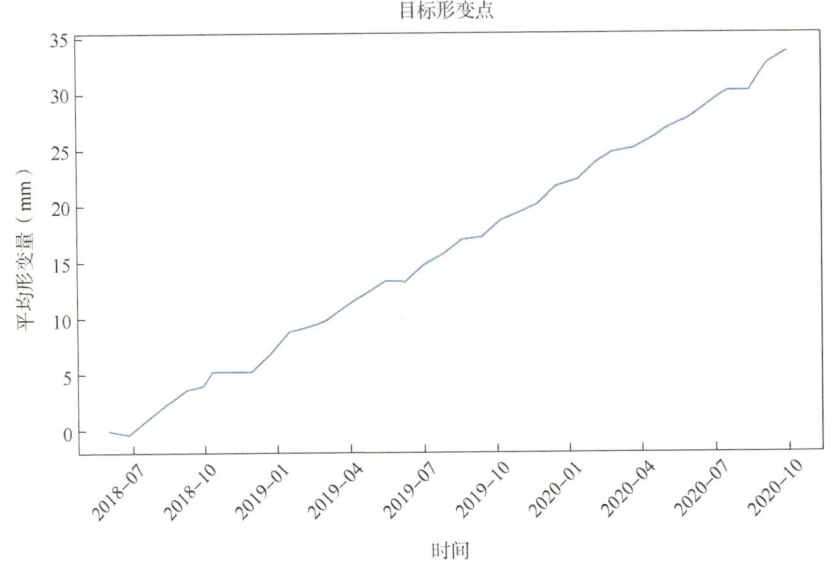

图 9-112　编号 33 处特征点平均时序形变图

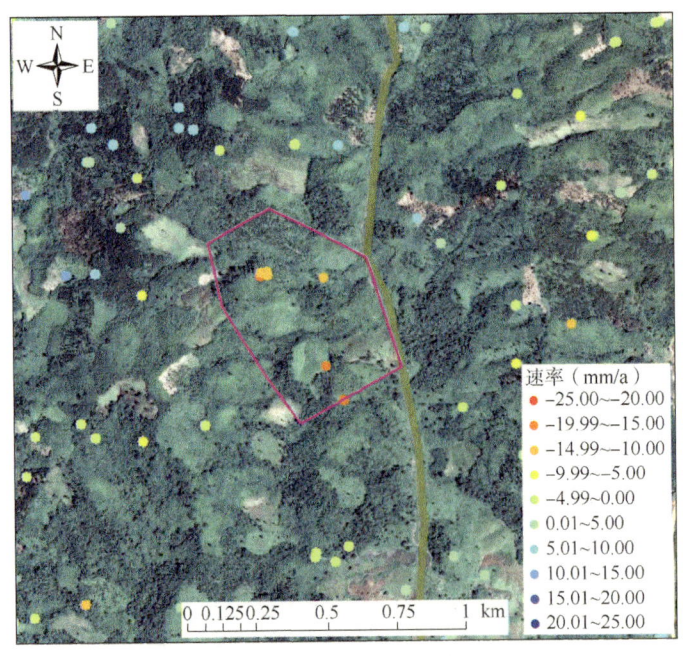

图 9-113　编号 34 局部异常形变区 PS 点分布图

（浅褐色线为天然气管道，粉色为标记区域 34）

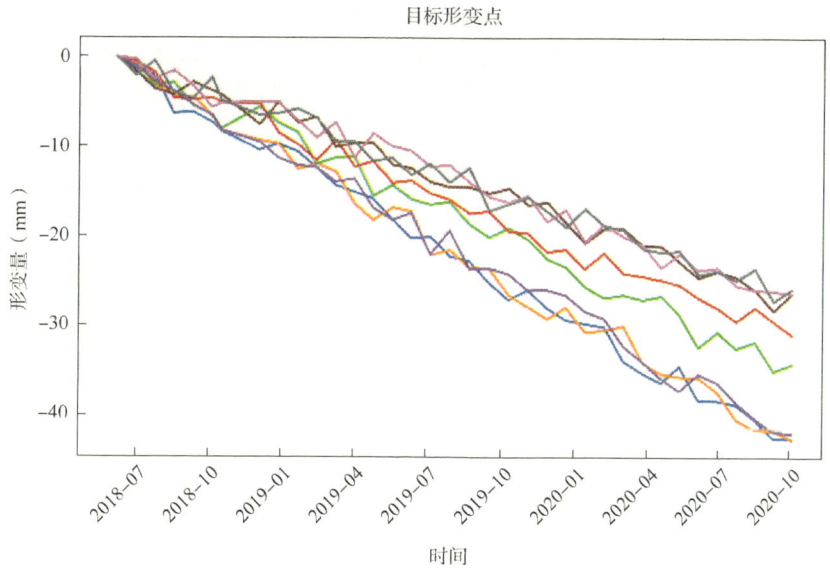

图 9-114　编号 34 处特征点时序形变图

每条曲线代表一个监测点随时间形变量变化

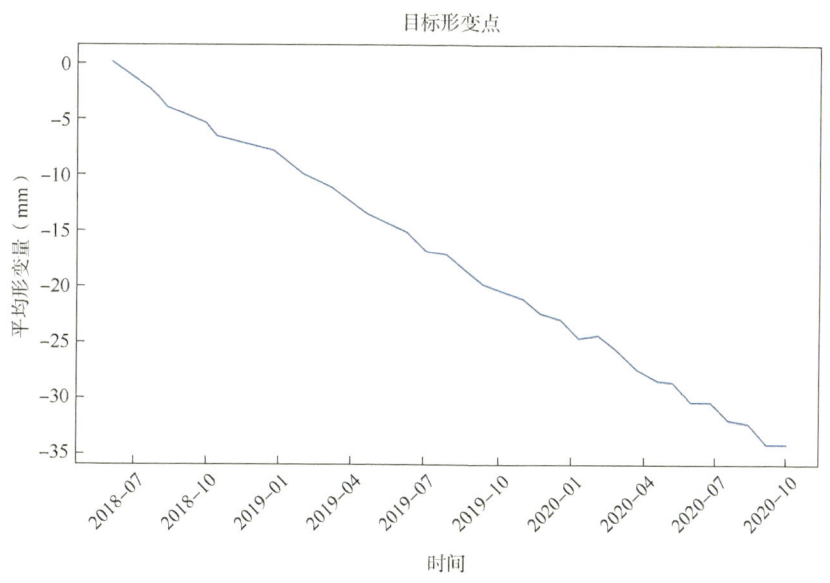

图 9-115　编号 34 处特征点平均时序形变图

（34）基于时序 SAR 技术，获取的标记区域 35 的形变监测分布图与时序形变相关图如图 9-116 至图 9-118 所示。结果显示：区域 35 内特征点平均累计抬升约为 35mm，个别特征点抬升较大。区域 35 形变原因可能是与山体中树木的生长引发的地质土壤的变动或者信号干扰有关。该区离管道稍远，可给予适当关注。

智慧管网技术

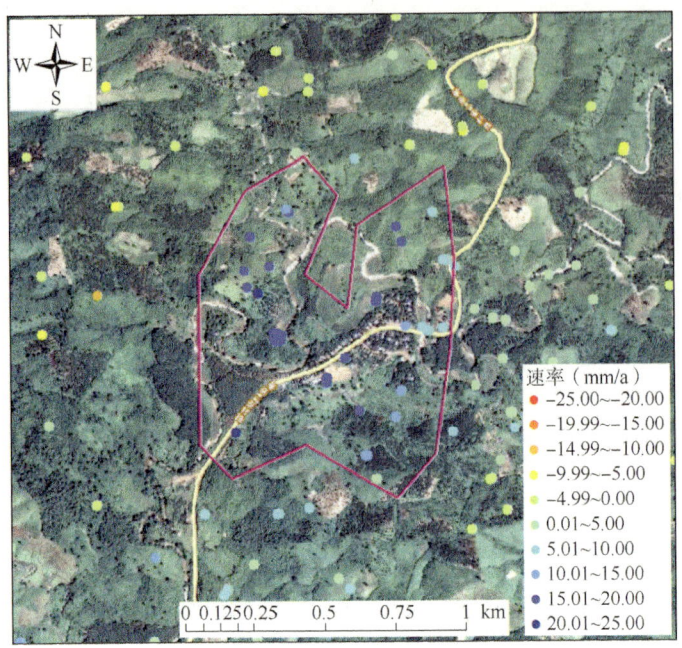

图 9-116 编号 35 局部异常形变区 PS 点分布图
(浅褐色线为天然气管道，粉色为标记区域 35)

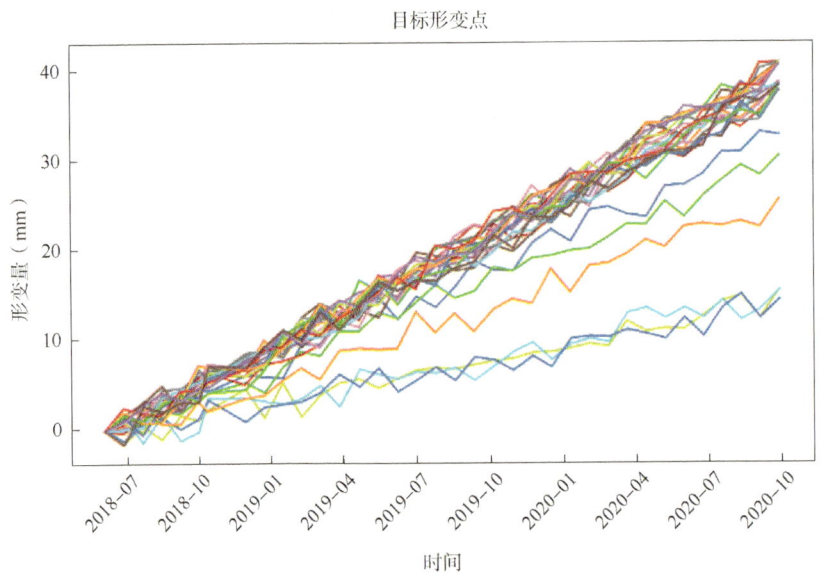

图 9-117 编号 35 处特征点时序形变图
每条曲线代表一个监测点随时间形变量变化

(35) 基于时序 SAR 技术，获取的标记区域 36 的形变监测分布图与时序形变相关图如图 9-119 至图 9-121 所示。结果显示：区域 36 内特征点平均累计下沉约为 26mm，个别特

· 350 ·

征点形变较大。区域 36 形变原因可能是由于雨水的浸润导致的土壤的部分缺失，从而导致局部出现下沉。该区离管道较远，风险偏小。

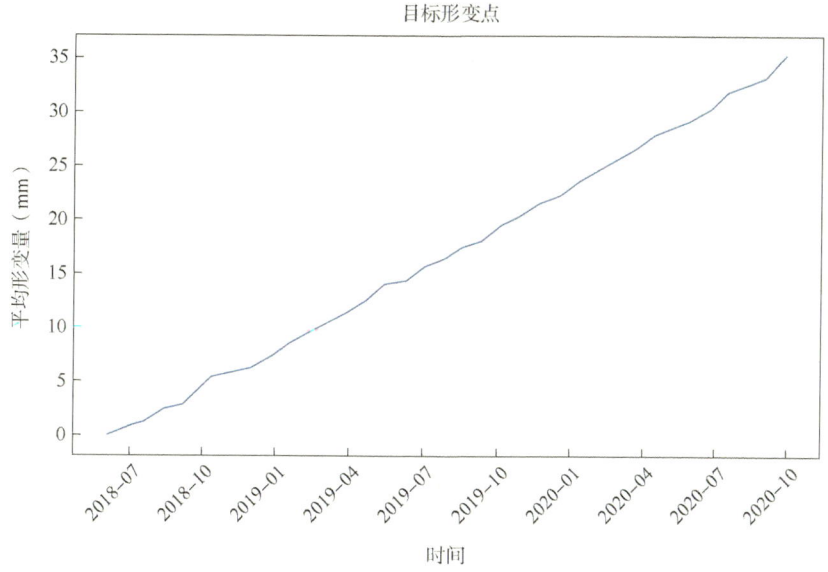

图 9-118　编号 35 处特征点平均时序形变图

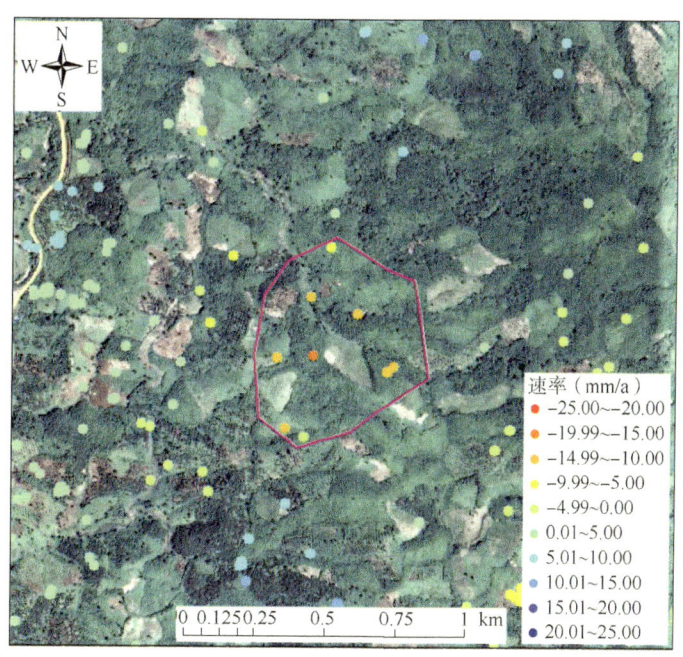

图 9-119　编号 36 局部异常形变区 PS 点分布图
（浅褐色线为天然气管道，粉色为标记区域 36）

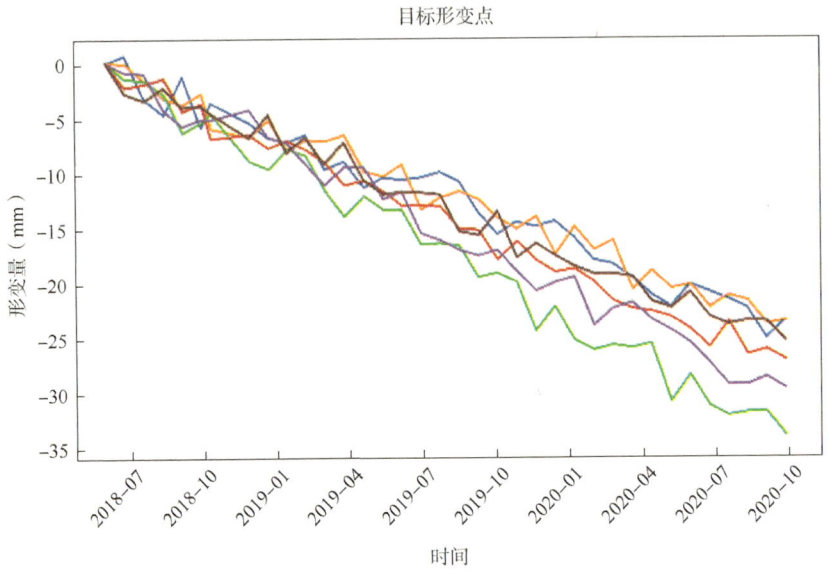

图 9-120　编号 36 处特征点时序形变图
每条曲线代表一个监测点随时间形变量变化

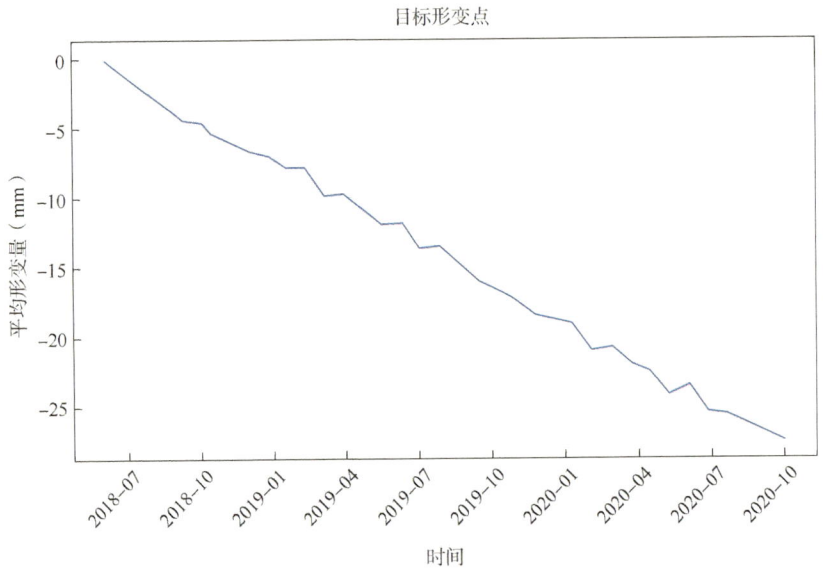

图 9-121　编号 36 处特征点平均时序形变图

（36）基于时序 SAR 技术，获取的标记区域 37 的形变监测分布图与时序形变相关图如图 9-122 至图 9-124 所示。结果显示：区域 37 内特征点平均累计下沉约为 22mm。区域 37 形变原因可能是由于雨水的浸润导致的土壤的部分缺失，从而导致局部出现下沉。该区离管道较近，需重点关注。

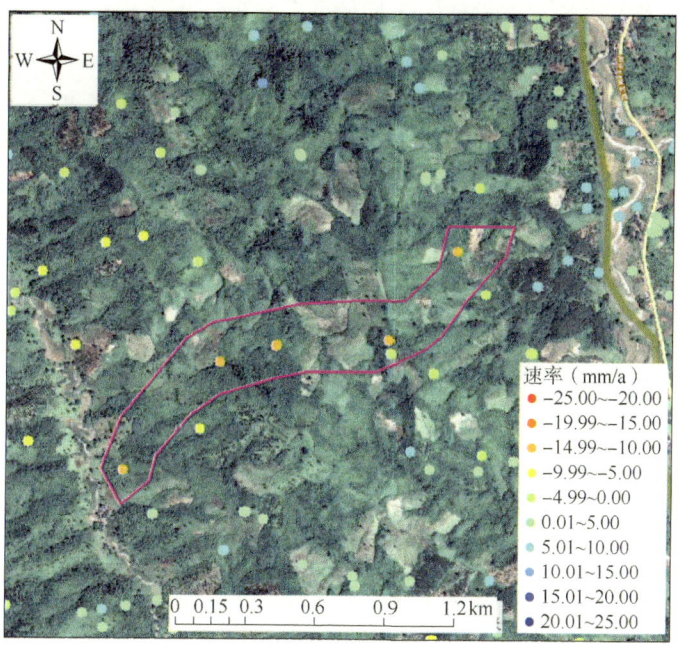

图 9-122 编号 37 局部异常形变区 PS 点分布图

（浅褐色线为天然气管道，粉色为标记区域 37）

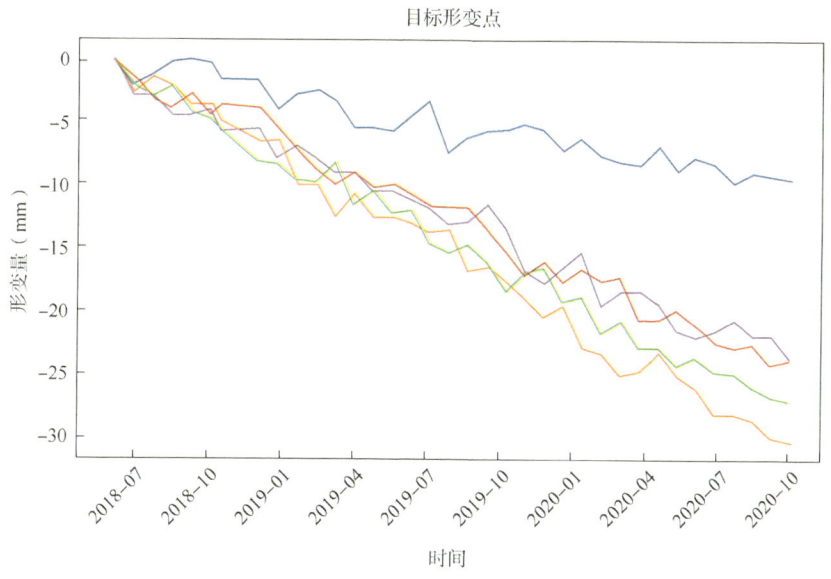

图 9-123 编号 37 处特征点时序形变图

每条曲线代表一个监测点随时间形变量变化

（37）基于时序 SAR 技术，获取的标记区域 38 的形变监测分布图与时序形变相关图如图 9-125 至图 9-127 所示。结果显示：区域 38 内特征点平均累计下沉约为 22mm。区域 38

形变原因可能是由于雨水的浸润导致的土壤的部分缺失，从而导致局部出现下沉。该区离管道较近，需重点关注。

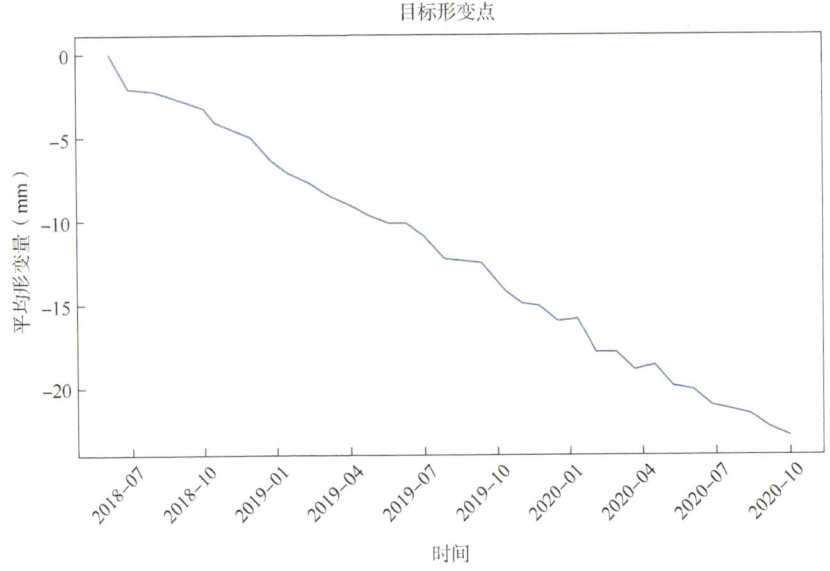

图 9-124　编号 37 处特征点平均时序形变图

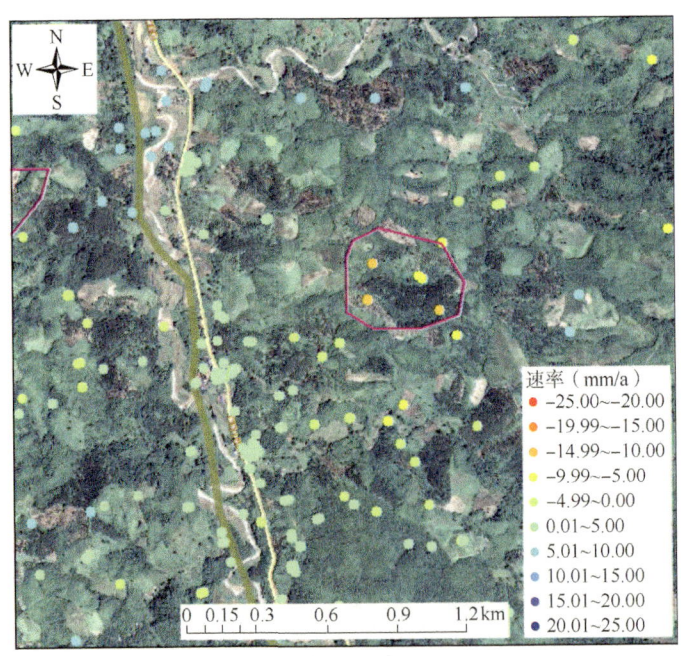

图 9-125　编号 38 局部异常形变区 PS 点分布图
(浅褐色线为天然气管道，粉色为标记区域 38)

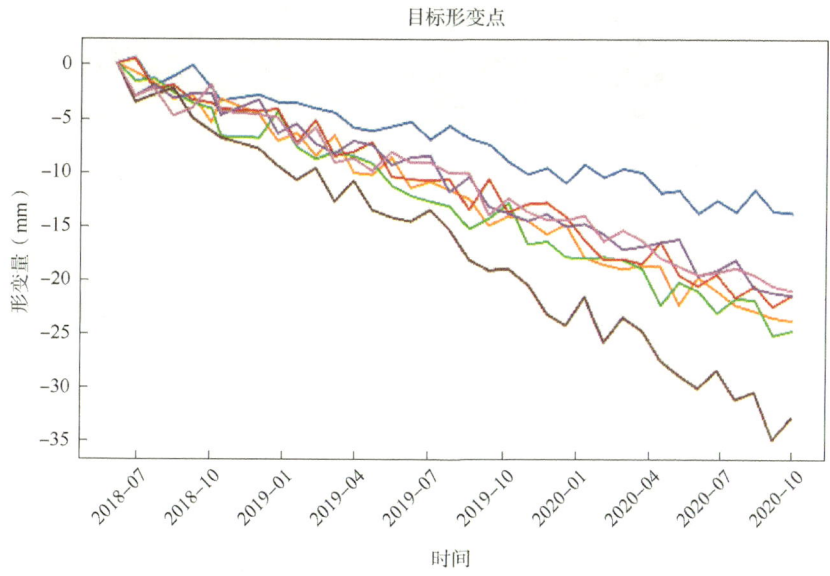

图 9-126 编号 38 处特征点时序形变图
每条曲线代表一个监测点随时间形变量变化

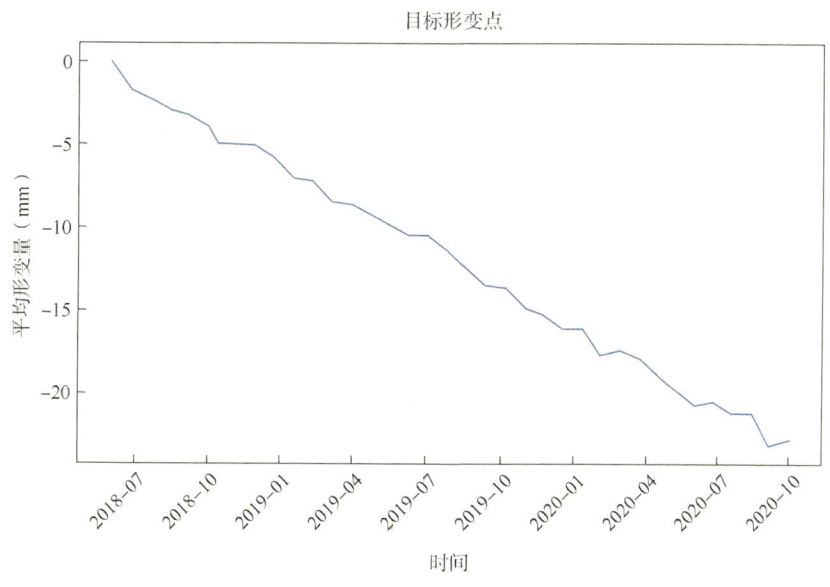

图 9-127 编号 38 处特征点平均时序形变图

（38）基于时序 SAR 技术，获取的标记区域 39 的形变监测分布图与时序形变相关图如图 9-128 至图 9-130 所示。结果显示：区域 39 内特征点平均累计下沉约为 36mm。区域 39 形变原因可能是由于雨水的浸润导致的土壤的部分缺失，从而导致局部出现下沉。该区离管道较远，风险偏小。

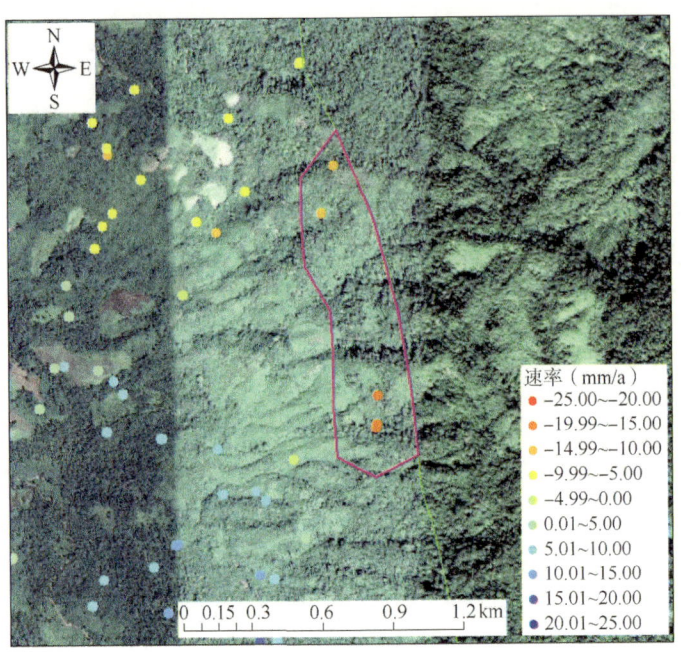

图 9-128　编号 39 局部异常形变区 PS 点分布图
（浅褐色线为天然气管道，粉色为标记区域 39）

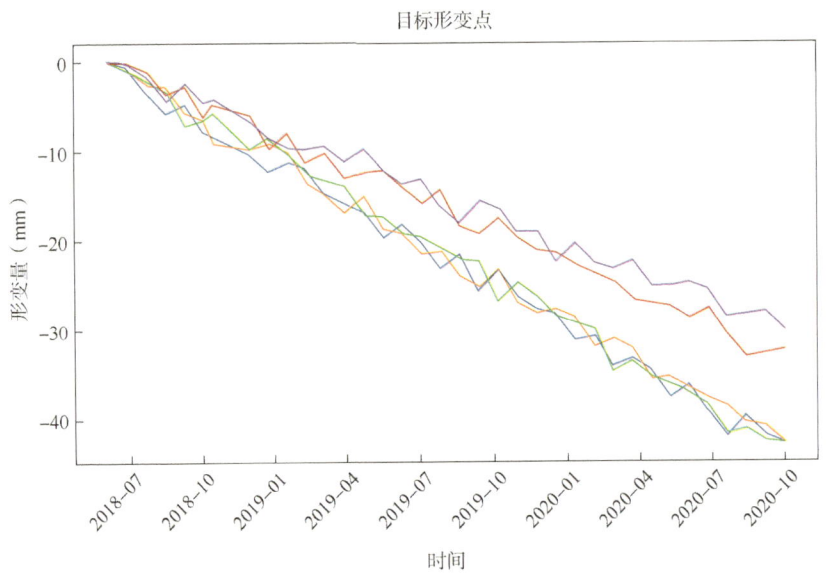

图 9-129　编号 39 处特征点时序形变图
每条曲线代表一个监测点随时间形变量变化

（39）基于时序 SAR 技术，获取的标记区域 40 的形变监测分布图与时序形变相关图如图 9-131 至图 9-133 所示。结果显示：区域 40 内特征点平均累计下沉约为 31mm，特征点形变较大。区域 40 形变原因可能是由于雨水的浸润导致的土壤的部分缺失,从而导致局部出现下沉。该区离管道较远,风险偏小。

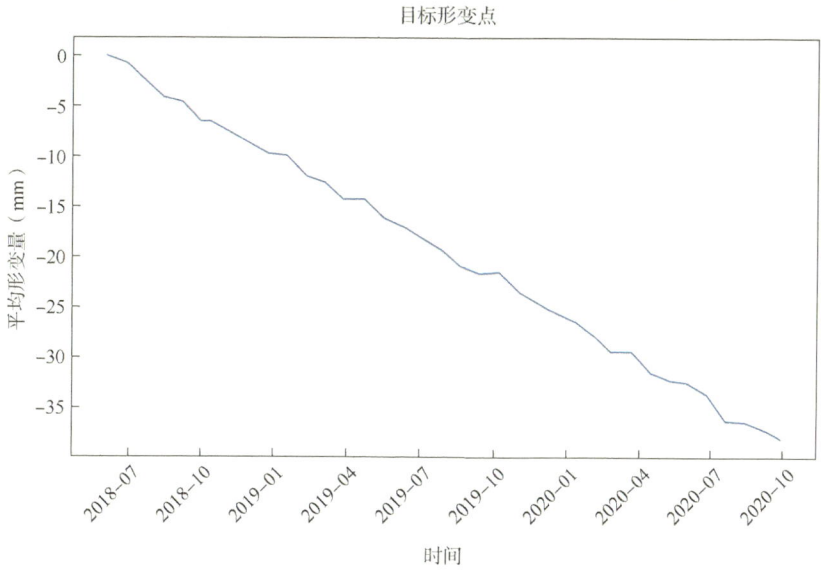

图 9-130 编号 39 处特征点平均时序形变图

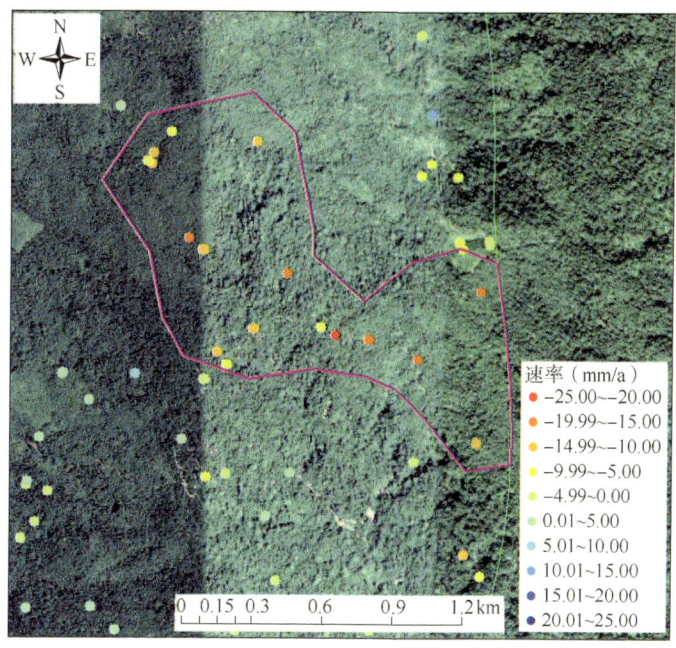

图 9-131 编号 40 局部异常形变区 PS 点分布图

(细绿线为分析缓冲区边界,粉色为标记区域 40)

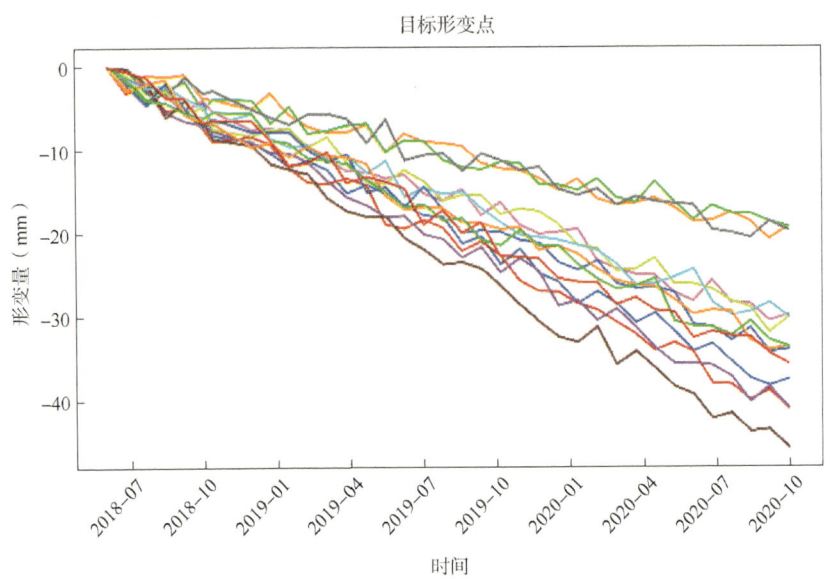

图 9-132　编号 40 处特征点时序形变图
每条曲线代表一个监测点随时间形变量变化

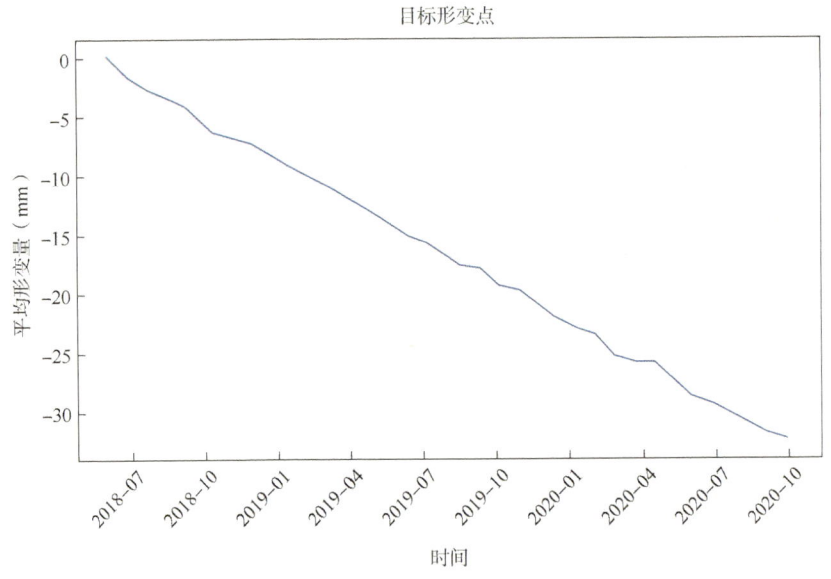

图 9-133　编号 40 处特征点平均时序形变

（40）基于时序 SAR 技术，获取的标记区域 41 的形变监测分布图与时序形变相关图如图 9-134 至图 9-136 所示。结果显示：区域 41 内特征点平均累计抬升约为 31mm，个别特征点抬升较大。区域 41 形变原因可能是与山体中树木的生长引发的地质土壤的变动或者信号干扰有关。该区离管道较远，风险偏小。

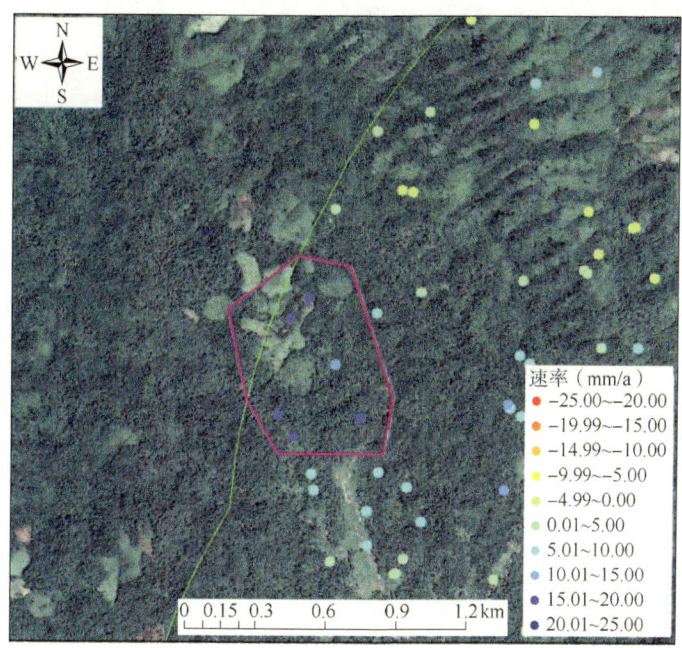

图 9-134　编号 41 局部异常形变区 PS 点分布图
（细绿线为分析缓冲区边界，粉色为标记区域 41）

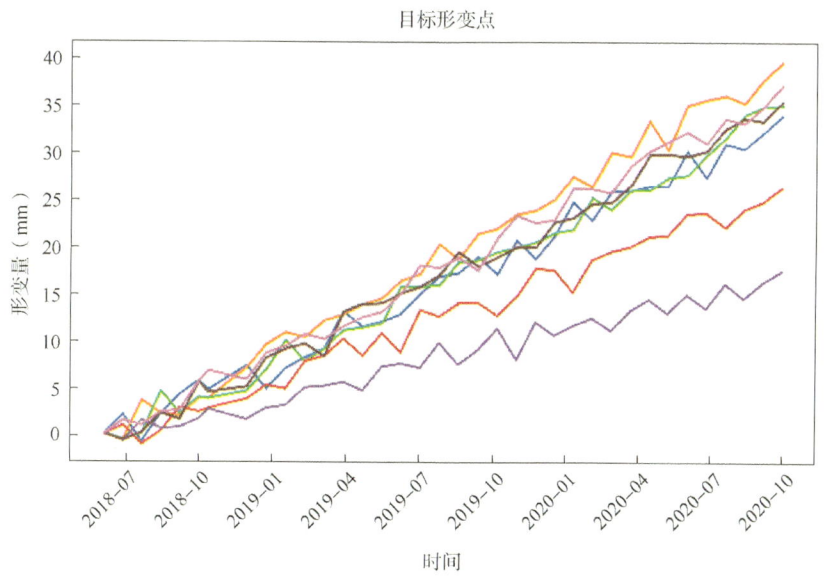

图 9-135　编号 41 处特征点时序形变图
每条曲线代表一个监测点随时间形变量变化

（41）基于时序 SAR 技术，获取的标记区域 42 的形变监测分布图与时序形变相关图如图 9-137 至图 9-139 所示。结果显示：区域 42 内特征点平均累计下沉约为 18mm。区域 42

形变原因可能是由于雨水的浸润导致的土壤的部分缺失,从而导致局部出现下沉。该区离管道稍远,风险偏小。

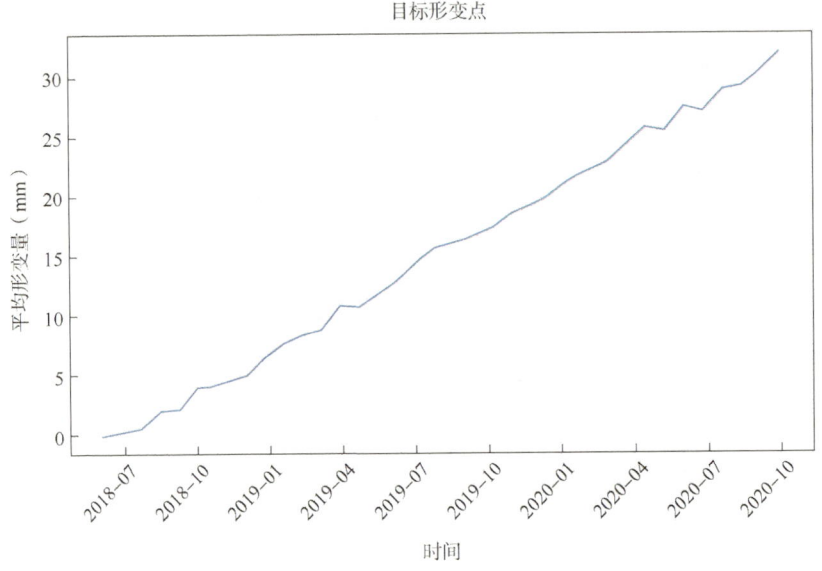

图 9-136　编号 41 处特征点平均时序形变图

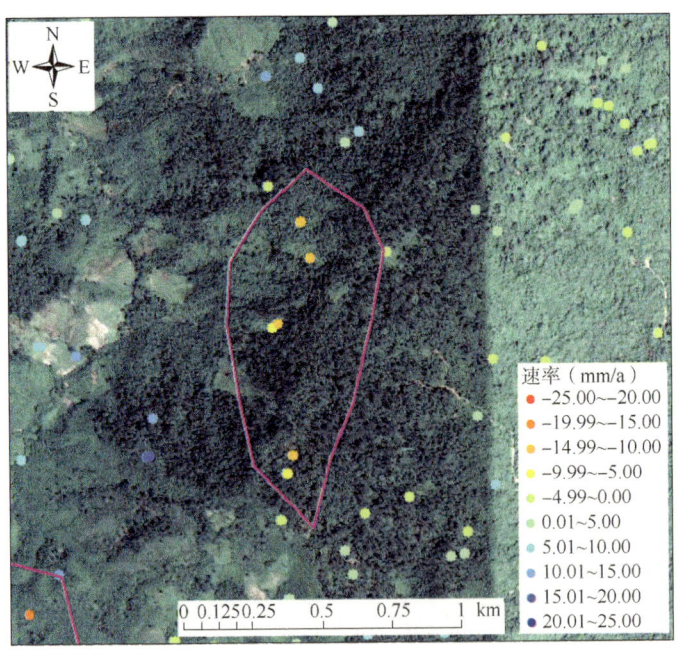

图 9-137　编号 42 局部异常形变区 PS 点分布图

(浅褐色线为天然气管道,粉色为标记区域 42)

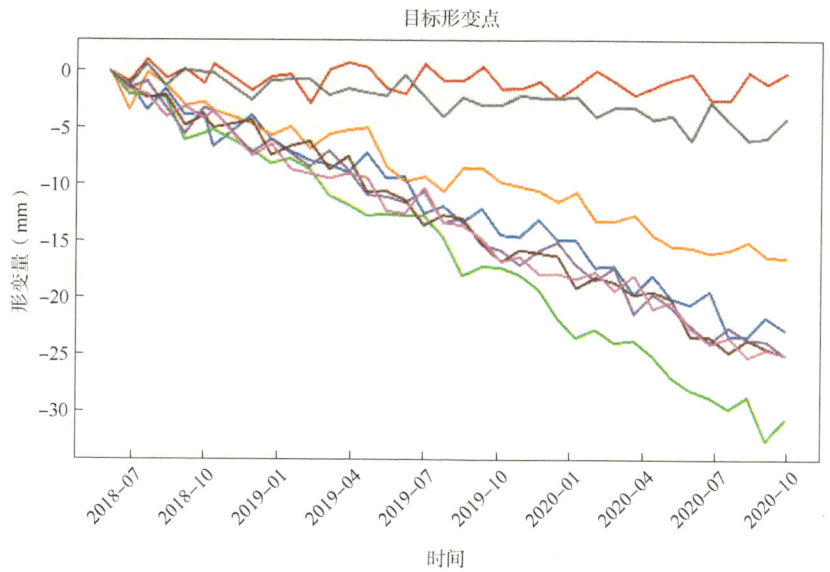

图 9-138　编号 42 处特征点时序形变图
每条曲线代表一个监测点随时间形变量变化

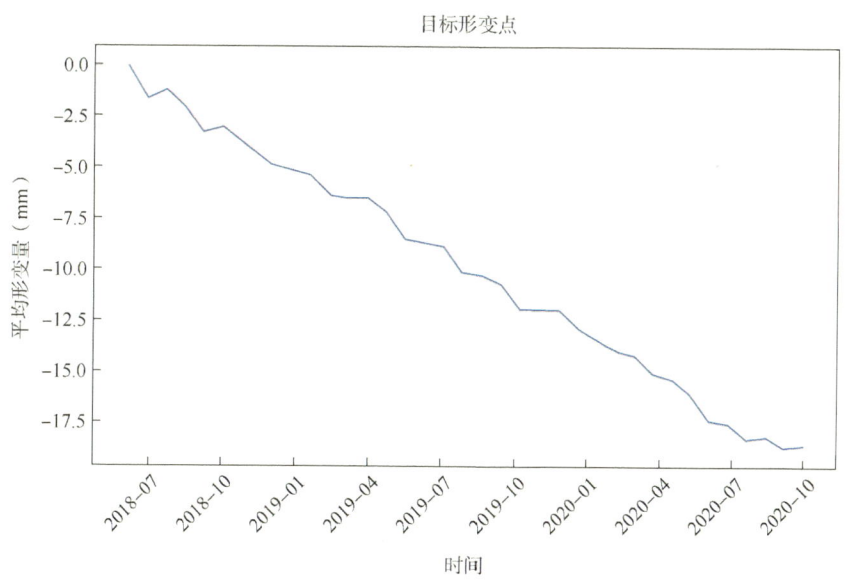

图 9-139　编号 42 处特征点平均时序形变图

（42）基于时序 SAR 技术，获取的标记区域 43 的形变监测分布图与时序形变相关图如图 9-140 至图 9-142 所示。结果显示：区域 43 内特征点平均累计抬升约为 14mm，个别特征点形变较大。区域 43 形变原因可能是与山体中树木的生长引发的地质土壤的变动或者信号干扰有关。该区离管道较近，需对形变原因进行核查。

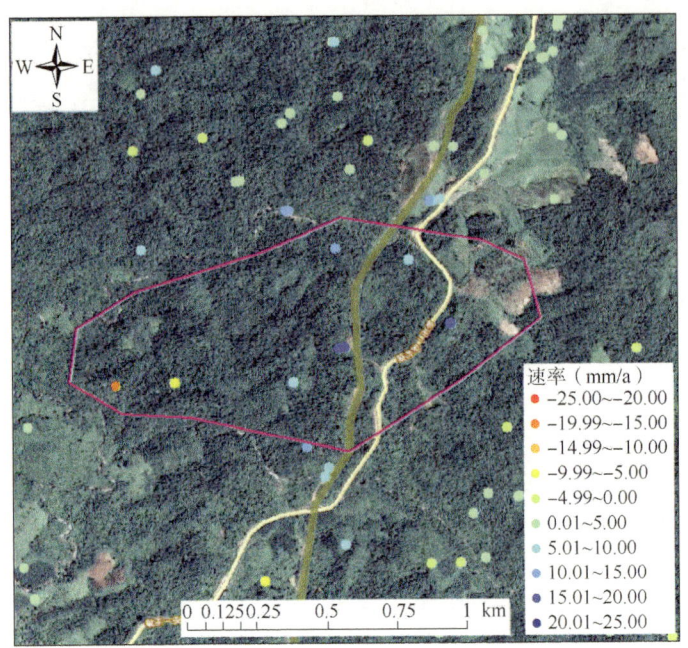

图 9-140　编号 43 局部异常形变区 PS 点分布图
(浅褐色线为天然气管道，粉色为标记区域 43)

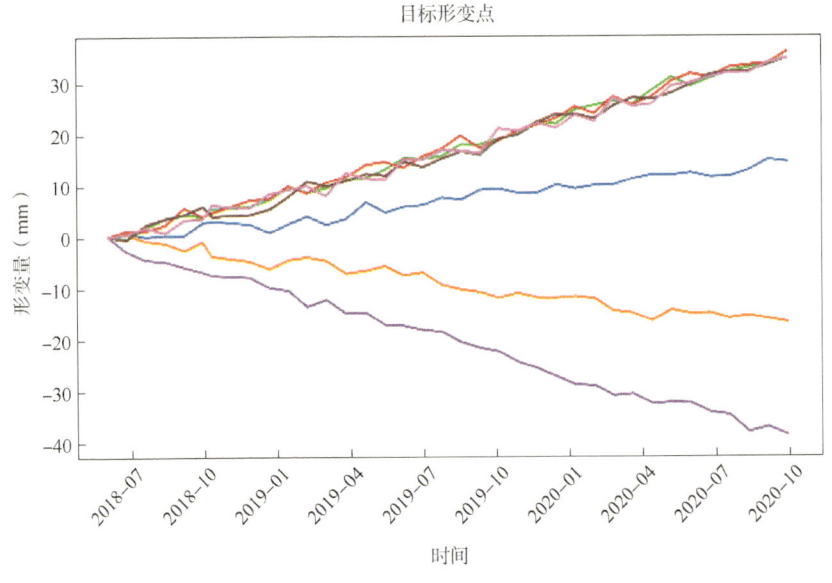

图 9-141　编号 43 处特征点时序形变图
每条曲线代表一个监测点随时间形变量变化

（43）基于时序 SAR 技术，获取的标记区域 44 的形变监测分布图与时序形变相关图如图 9-143 至图 9-145 所示。结果显示：区域 44 内特征点平均累计下沉约为 14mm，个别特

征点形变较大。区域 44 一方面形变原因可能是由于雨水的浸润导致的土壤的部分缺失，从而导致局部出现下沉；另一方面原因是由于雨水和植被的影响导致的土壤出现蓬松的现象。该区离管道稍远，需给予一定关注。

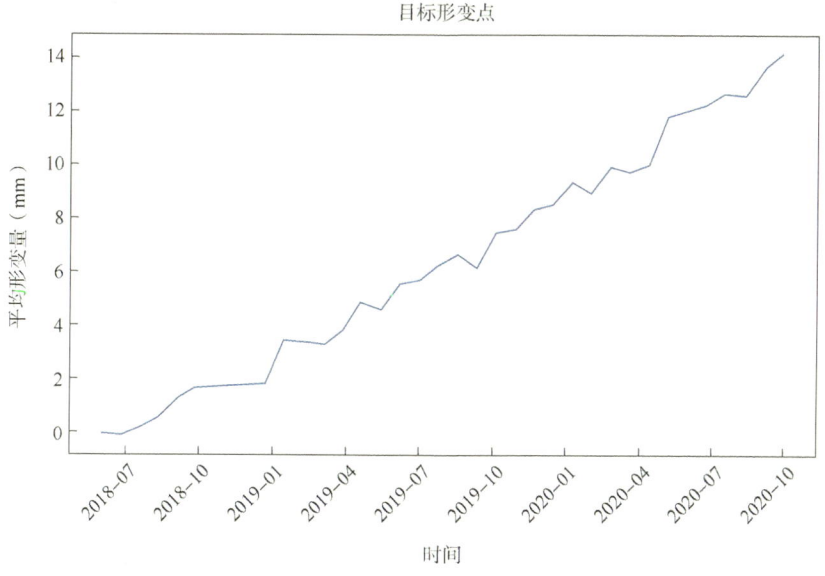

图 9-142　编号 43 处特征点平均时序形变图

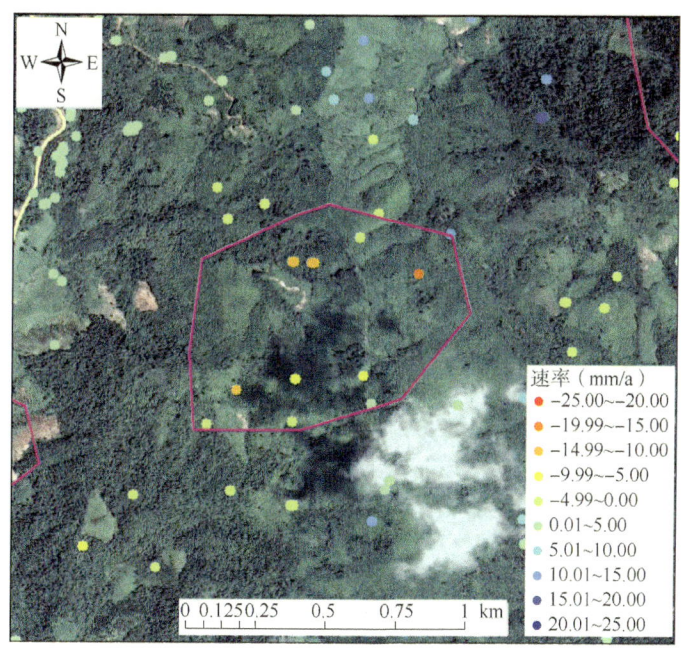

图 9-143　编号 44 局部异常形变区 PS 点分布图

（浅褐色线为天然气管道，粉色为标记区域 44）

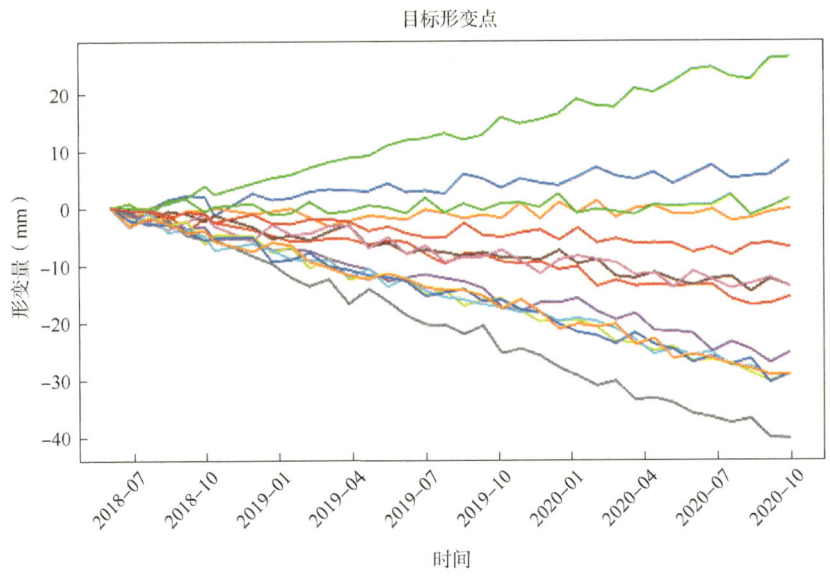

图 9-144　编号 44 处特征点时序形变图
每条曲线代表一个监测点随时间形变量变化

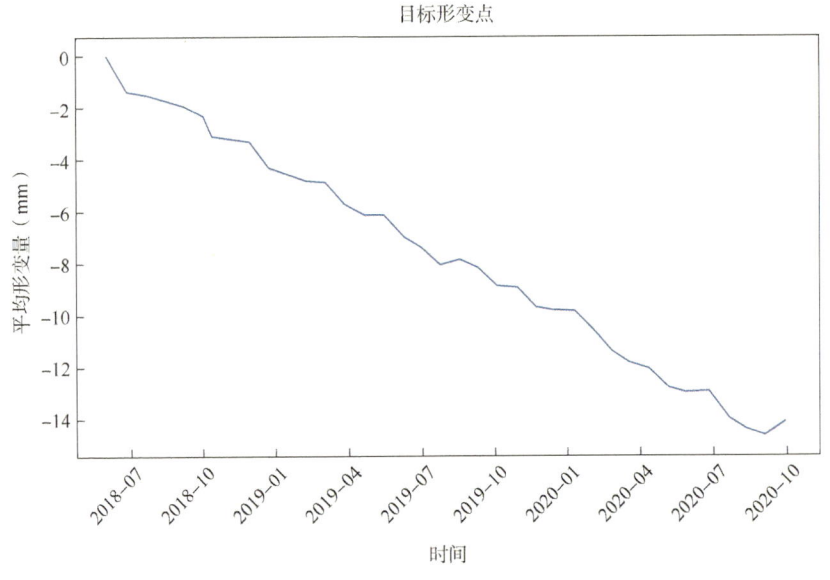

图 9-145　编号 44 处特征点平均时序形变图

（44）基于时序 SAR 技术，获取的标记区域 45 的形变监测分布图与时序形变相关图如图 9-146 至图 9-148 所示。结果显示：区域 45 内特征点平均累计下沉约为 14mm，个别特征点形变较大。区域 45 形变原因可能是由于雨水的浸润导致的土壤的部分缺失，从而导致局部出现下沉。该区离管道较近，需重点关注。

第9章 基于卫星遥感管道沿线地质沉降监测

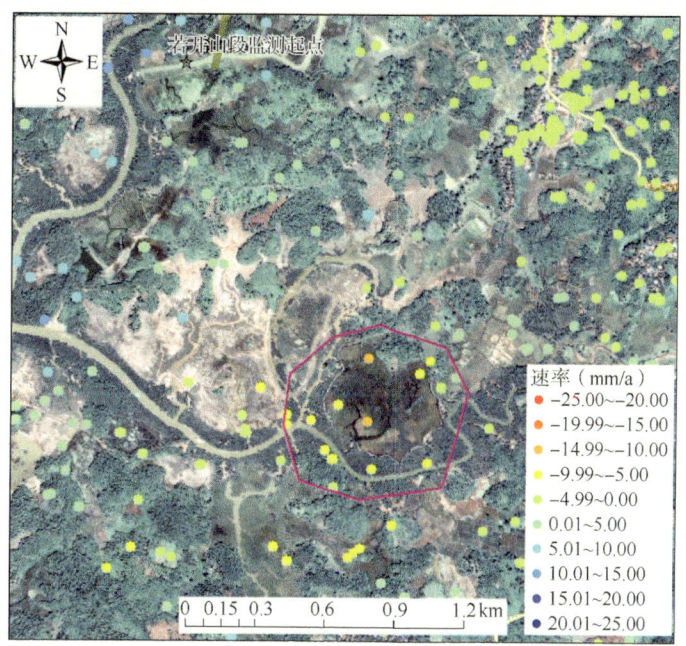

图 9-146　编号 45 局部异常形变区 PS 点分布图
（浅褐色线为天然气管道，粉色为标记区域 45）

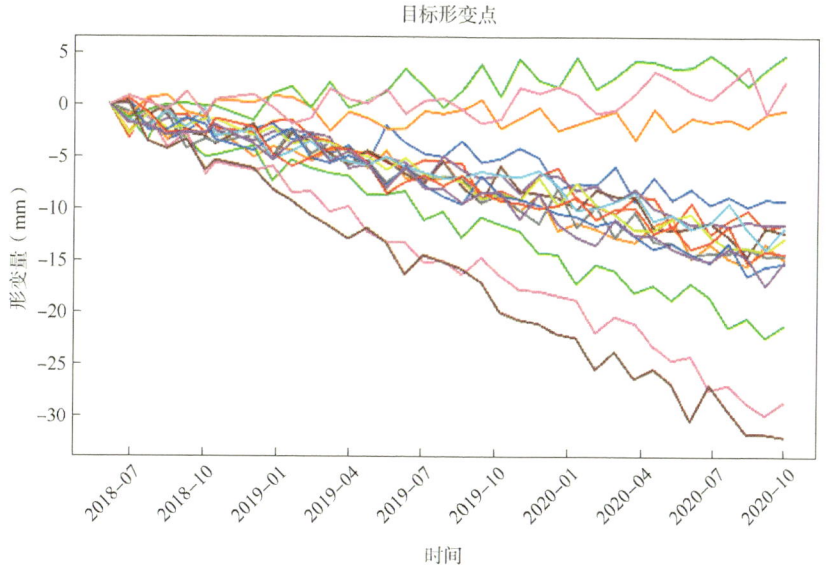

图 9-147　编号 45 处特征点时序形变图
每条曲线代表一个监测点随时间形变量变化

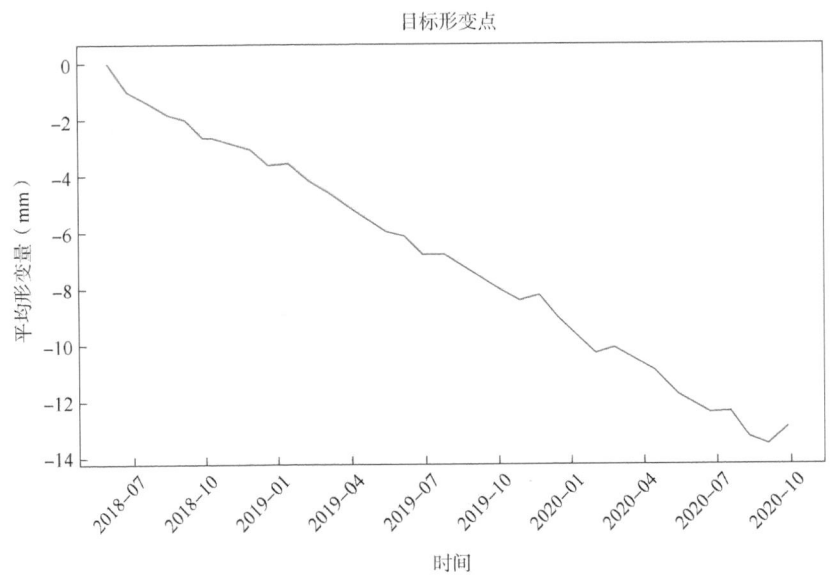

图 9-148 编号 45 处特征点平均时序形变图

9.4.1.3 基于升轨 SAR 数据结果需重点关注区

局部形变较大的区域分别有编号 1、11、12、13、14、16、17、21、25、26、35、36、40。另外，离管道较近的形变区域分别有编号 1、7、11、12、14、18、21、23、26、31、33、34、35、37、38、43、45。这些区域需给予相应程度的关注，部分区域需采取一定措施，后续将结合多源数据及数据处理模型作进一步风险等级划分。

9.4.2 基于降轨 SAR 数据时序 SAR 结果

9.4.2.1 目标区域整体形变结果

中缅天然气管道若开山段约 106km PS 点形变分布图如图 9-149 所示，形变速率统计直方图如图 9-150 所示，直方图显示绝大多数 PS 点的年均形变速率在 ±5mm/a 以内，综合判断该段天然气管道整体较为稳定，局部有形变较大的潜在地灾隐患区域。降轨影像由于卫星拍摄的原因，获取的影像在检测期的某些月份上存在缺失，有效监测时间较升轨稍短几个月。在管道左右两侧各 3km 内共提取到 54917 个 PS 点，形变速率的变化范围为 [-27.03, 29.66]mm/a，累计形变量的值域为 [-60.55, 66.44]mm。

9.4.2.2 局部风险区统计与形变情况分析

对于基于降轨影像获取的形变结果，本次共划分 58 个局部形变异常区，对应编号如图 9-151 所示。

对每个局部形变异常区的相关信息进行统计，主要涉及异常区中心的坐标，局部形变异常区的面积，离管道的最近距离等，具体信息见表 9-6。其中局部形变异常区并非指该区域内所有区域均存在形变，而是指该区域内出现不同程度形变的区域较多。

第9章 基于卫星遥感管道沿线地质沉降监测

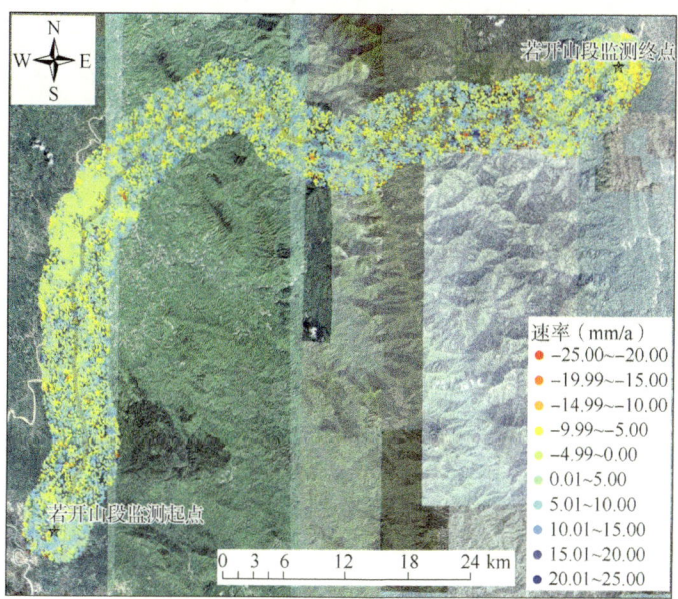

图 9-149　中缅天然气管道若开山段 PS 点形变分布图
（中间浅灰色线为天然气管道所在位置）

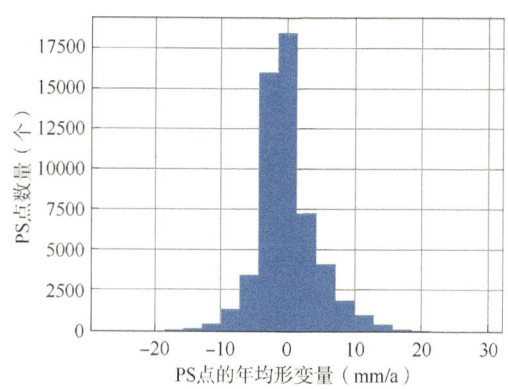

图 9-150　PS 点年均速率统计直方图

表 9-6　降轨局部形变异常区的相关信息统计表

编号	中心位置坐标		区域划分面积（km²）	距管道最短距离（m）
1	94.51660000E	19.88650000N	0.667681	1567.91
2	94.50780000E	19.86830000N	0.149128	2321.61
3	94.47450000E	19.89030000N	0.802820	287.70
4	94.48270000E	19.87420000N	0.469546	0.00
5	94.49330000E	19.86910000N	0.164296	1116.07
6	94.45000000E	19.88690000N	0.088974	2503.01
7	94.45710000E	19.88070000N	0.251637	1164.06

续表

编号	中心位置坐标		区域划分面积(km²)	距管道最短距离(m)
8	94.46060000E	19.86070000N	0.128848	0.00
9	94.46060000E	19.84760000N	0.167832	597.84
10	94.44370000E	19.86550000N	0.152277	861.45
11	94.43560000E	19.85470000N	0.069192	159.68
12	94.42140000E	19.87360000N	0.514405	454.43
13	94.42750000E	19.83790000N	0.239203	2171.29
14	94.39550000E	19.88100000N	0.152401	2278.90
15	94.40530000E	19.86160000N	0.298222	0.00
16	94.41800000E	19.83470000N	0.326045	2734.59
17	94.37960000E	19.84330000N	0.526457	794.33
18	94.36740000E	19.84270000N	0.268111	1155.06
19	94.36600000E	19.83130000N	0.154301	2411.49
20	94.34920000E	19.86630000N	0.136239	558.86
21	94.32300000E	19.86200000N	0.081534	932.14
22	94.33150000E	19.84440000N	0.065476	113.83
23	94.29870000E	19.83070000N	0.061752	770.77
24	94.31180000E	19.81670000N	0.076495	2647.24
25	94.29020000E	19.82040000N	0.099933	856.51
26	94.29710000E	19.80280000N	0.177570	2559.27
27	94.25840000E	19.82640000N	0.742477	0.00
28	94.25960000E	19.80910000N	0.121321	1516.05
29	94.24070000E	19.83670000N	0.265909	0.00
30	94.23850000E	19.82430000N	0.258507	631.09
31	94.24000000E	19.80900000N	0.271411	1972.79
32	94.20960000E	19.84500000N	0.776763	0.00
33	94.20990000E	19.82780000N	0.146615	1401.00
34	94.19510000E	19.89380000N	0.249804	2158.08
35	94.19260000E	19.85720000N	0.339625	853.38
36	94.17200000E	19.89940000N	0.554924	2207.55
37	94.15140000E	19.86910000N	0.151002	0.00
38	94.13730000E	19.89250000N	0.208584	2621.77
39	94.13880000E	19.87460000N	0.250881	850.08
40	94.12070000E	19.85910000N	0.128921	503.15
41	94.12510000E	19.84020000N	0.048344	1259.05
42	94.08930000E	19.84130000N	0.410748	694.82

续表

编号	中心位置坐标		区域划分面积(km²)	距管道最短距离(m)
43	94.09330000E	19.82480000N	0.269558	262.81
44	94.10800000E	19.82130000N	0.286992	1403.21
45	94.06180000E	19.82920000N	0.112077	2009.43
46	94.07530000E	19.79320000N	0.447052	853.60
47	94.06340000E	19.76300000N	0.175408	1616.99
48	94.06220000E	19.68290000N	0.164136	2507.14
49	94.00710000E	19.65910000N	0.093567	2598.03
50	94.01250000E	19.63650000N	0.290083	1928.11
51	94.02950000E	19.64500000N	0.176818	319.60
52	94.04600000E	19.62650000N	0.097825	629.19
53	94.06600000E	19.61680000N	0.341859	2118.36
54	94.02360000E	19.58980000N	0.454557	1578.29
55	94.03260000E	19.57420000N	0.151014	572.14
56	94.07130000E	19.58150000N	0.214658	2671.38
57	94.01170000E	19.51480000N	0.117526	821.31
58	94.01110000E	19.50150000N	0.099958	0.00

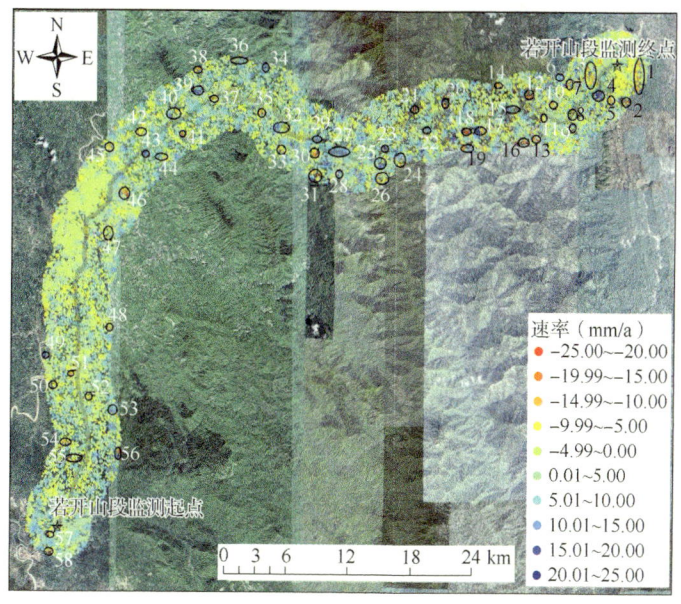

图 9-151 降轨局部形变异常区分布图
(划分区域旁边的数字为其对应编号)

在划分的异常形变区中,每处的情况均不一样,因此对每处的形变情况进行整理成图,与编号对应的局部形变分布图如图 9-152 至图 9-325 所示,必要情况下方便查阅。

基于时序 SAR 技术,获取的标记区域 1 的形变监测分布图与时序形变相关图如图 9-152 至图 9-154 所示。结果显示:区域 1 内特征点平均累计下沉约 30mm,个别特征点下沉较大。区域 1 形变原因可能是由于雨水的浸润导致的土壤的部分缺失或与地质体的轻微形变有关,从而导致局部出现下沉。该区离管道较近,需给予一定关注。

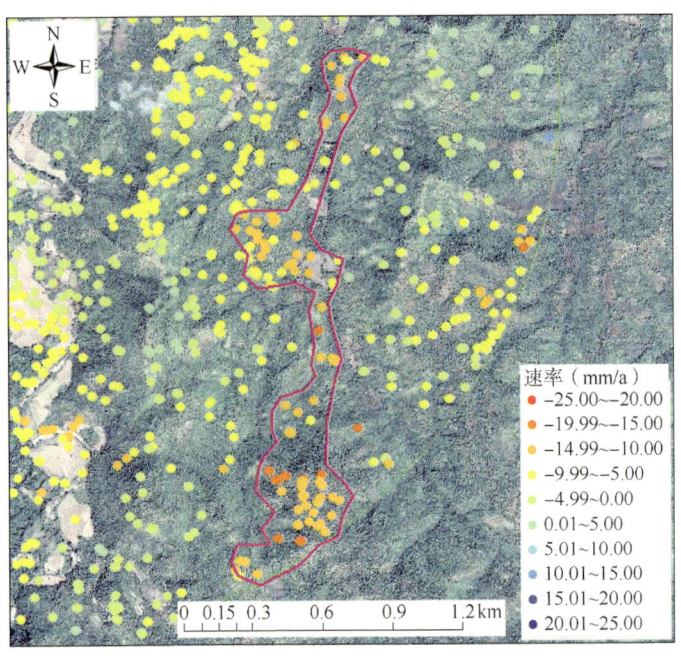

图 9-152 编号 1 局部异常形变区 PS 点分布图
(浅褐色线为天然气管道,粉色为标记区域 1)

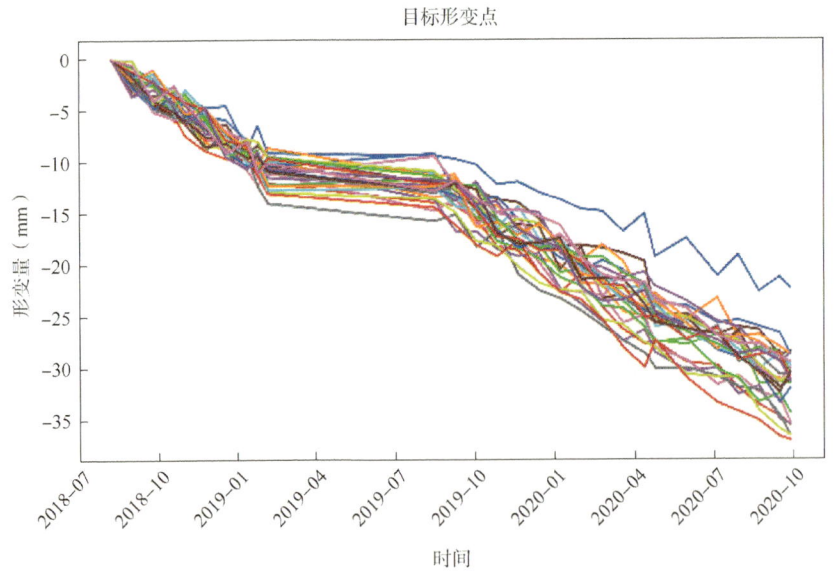

图 9-153 编号 1 处特征点时序形变图
每条曲线代表一个监测点随时间形变量变化

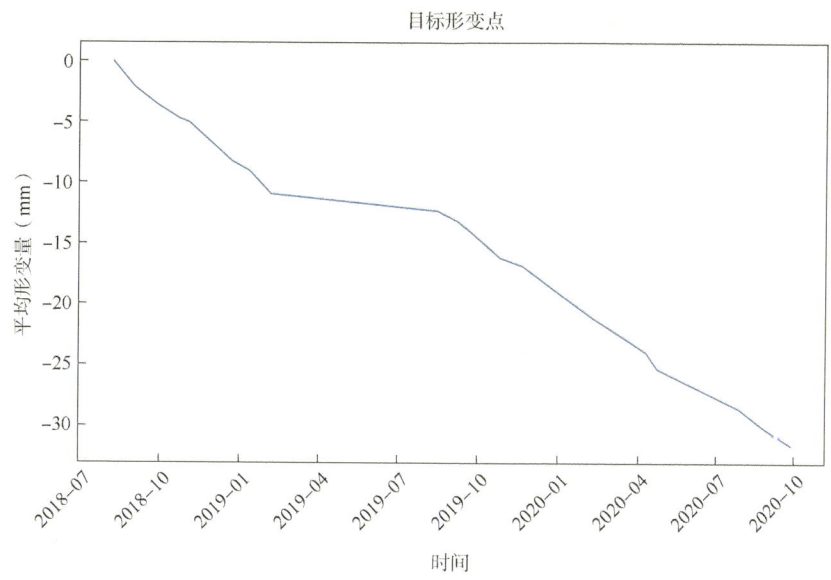

图 9-154　编号 1 处特征点平均时序形变图

（1）基于时序 SAR 技术，获取的标记区域 2 的形变监测分布图与时序形变相关图如图 9-155 至图 9-157 所示。结果显示：区域 2 内特征点平均累计下沉约为 36mm。区域 2 形变原因可能是由于雨水的浸润导致的土壤的部分缺失，从而导致局部出现下沉。该区离管道较远，风险偏小。

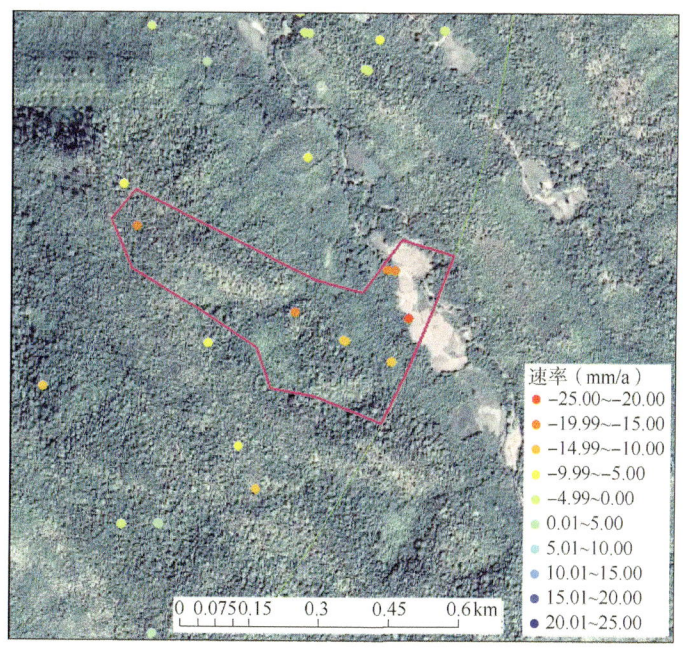

图 9-155　编号 2 局部异常形变区 PS 点分布图
（浅褐色线为天然气管道，粉色为标记区域 2）

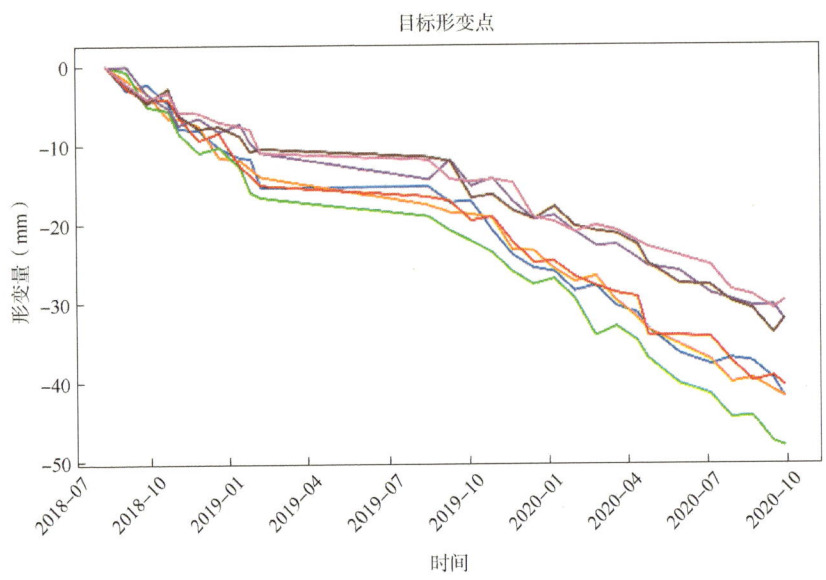

图 9-156　编号 2 处特征点时序形变图
每条曲线代表一个监测点随时间形变量变化

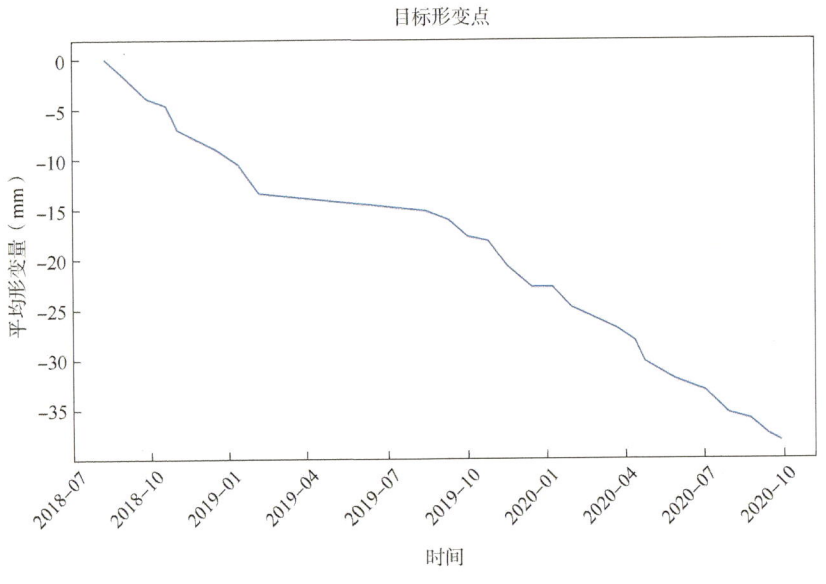

图 9-157　编号 2 处特征点平均时序形变图

（2）基于时序 SAR 技术，获取的标记区域 3 的形变监测分布图与时序形变相关图如图 9-158 至图 9-160 所示。结果显示：区域 3 内特征点平均累计下沉约 16mm，个别特征点下沉较大，可达 40mm。区域 3 形变原因可能是由于雨水的浸润导致的土壤的部分缺失或者与地质环境等导致的局部形变有关，从而导致局部出现下沉。该区离管道较近，需给予一定关注。

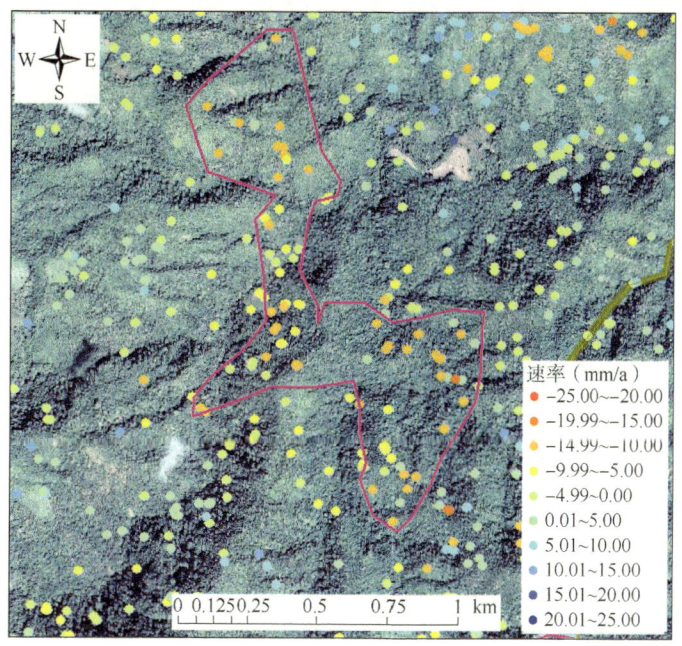

图 9-158　编号 3 局部异常形变区 PS 点分布图
(细绿线为分析缓冲区边界，粉色为标记区域 3)

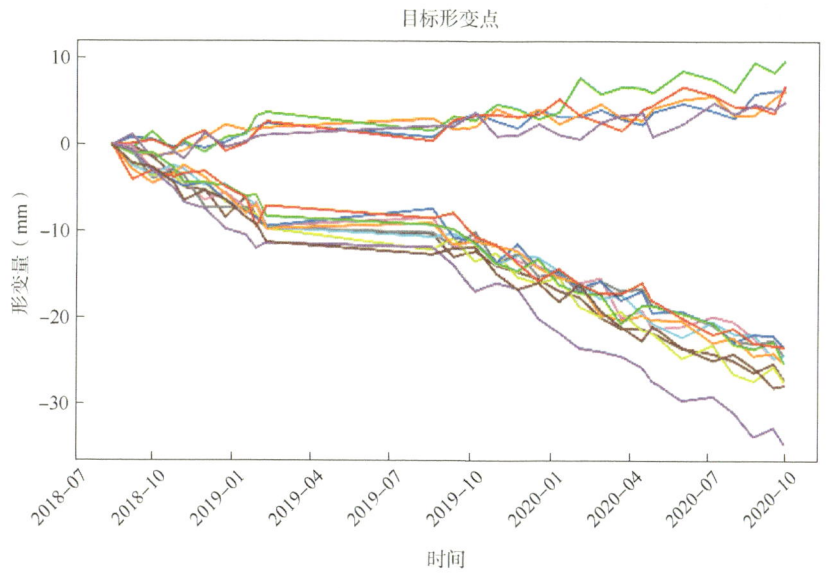

图 9-159　编号 3 处特征点时序形变图
每条曲线代表一个监测点随时间形变量变化

（3）基于时序 SAR 技术，获取的标记区域 4 的形变监测分布图与时序形变相关图如图 9-161 至图 9-163 所示。结果显示：区域 4 内特征点平均累计抬升约为 31mm，个别特

征点抬升较大。区域 4 形变原因可能是由于受地质环境等的影响出现的滑动或受雨水和植被的影响导致的土壤出现蓬松的现象，存在滑坡风险。该区离管道较近，需重点关注，核查形变原因。

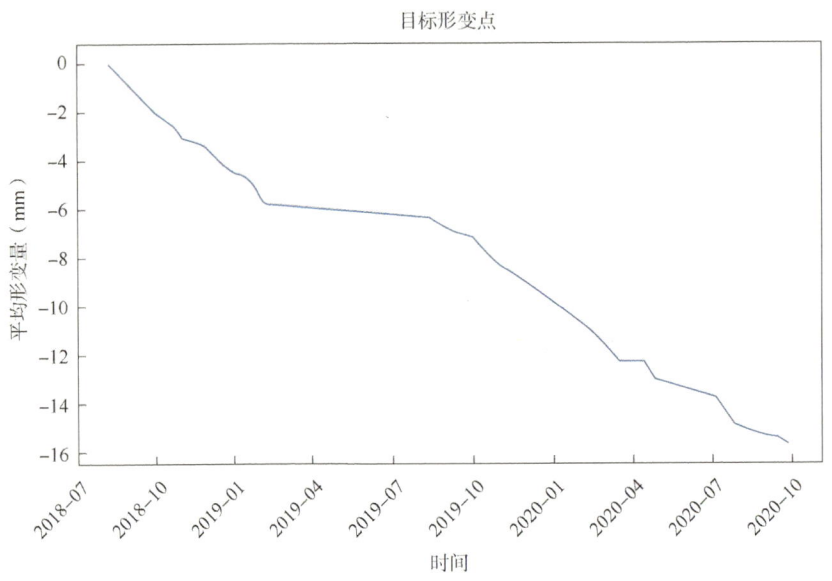

图 9-160　编号 3 处特征点平均时序形变图

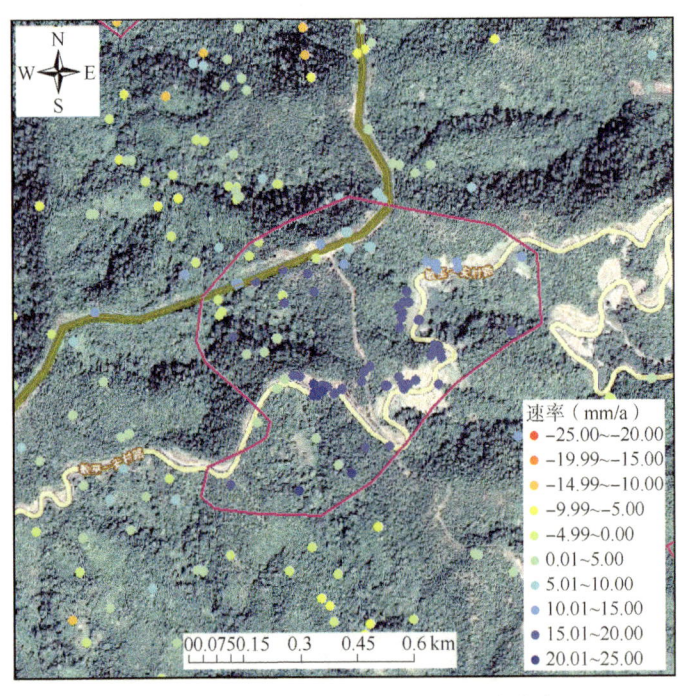

图 9-161　编号 4 局部异常形变区 PS 点分布图
(浅褐色线为天然气管道，粉色为标记区域 4)

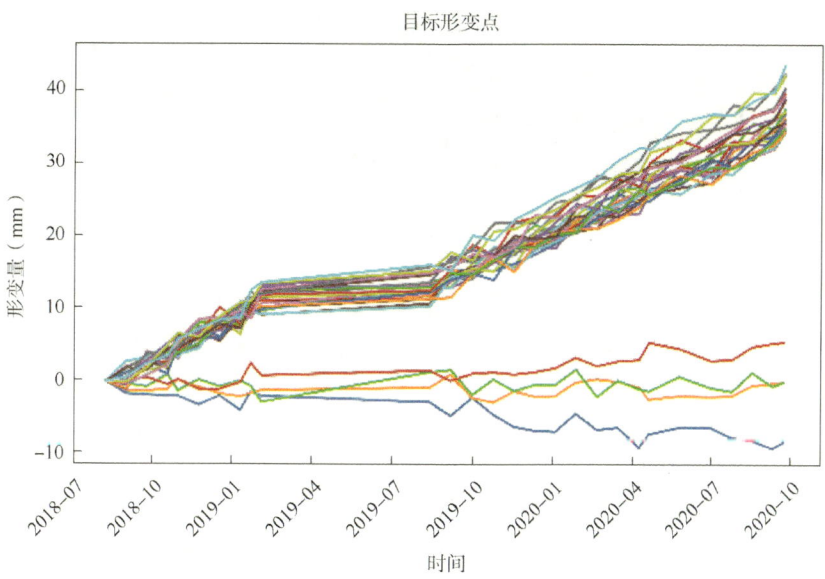

图 9-162　编号 4 处特征点时序形变图
每条曲线代表一个监测点随时间形变量变化

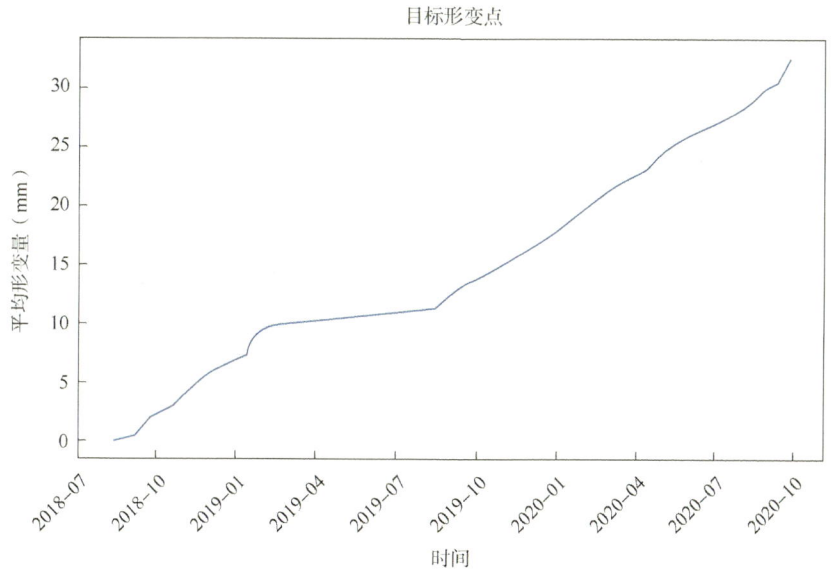

图 9-163　编号 4 处特征点平均时序形变图

（4）基于时序 SAR 技术，获取的标记区域 5 的形变监测分布图与时序形变相关图如图 9-164 至图 9-166 所示。结果显示：该区域形变情况较复杂，有表现抬升的，有表现下沉的，区域内特征点平均累计下沉约为 26mm。区域 5 形变原因可能是由于雨水的浸润导致的土壤的部分缺失，从而导致局部出现下沉。该区离管道较远，需给予适当关注。

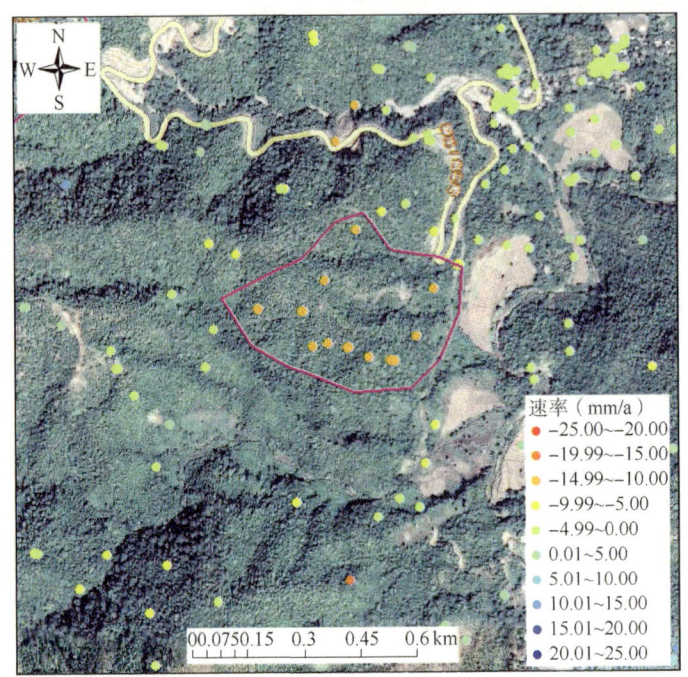

图 9-164　编号 5 局部异常形变区 PS 点分布图
（浅褐色线为天然气管道，粉色为标记区域 5）

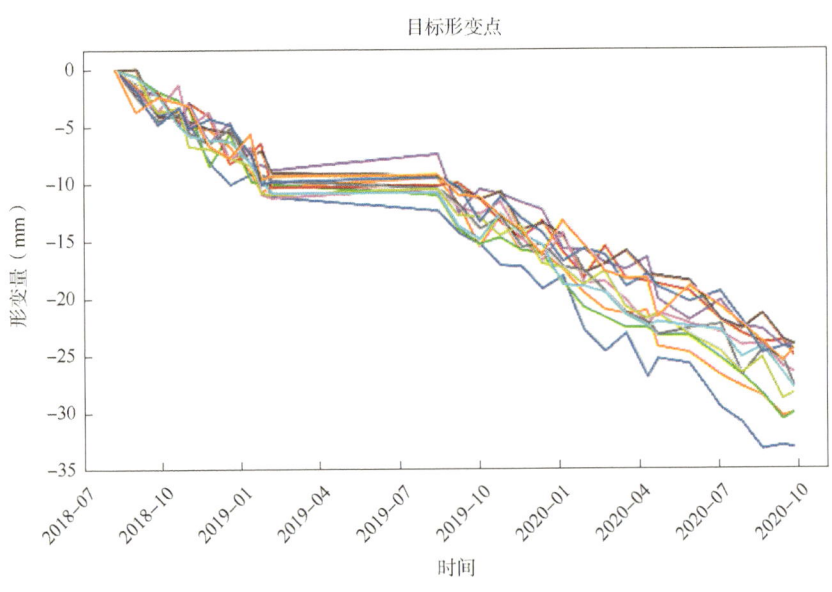

图 9-165　编号 5 处特征点时序形变图
每条曲线代表一个监测点随时间形变量变化

（5）基于时序 SAR 技术，获取的标记区域 6 的形变监测分布图与时序形变相关图如图 9-167 至图 9-169 所示。结果显示：区域 6 内特征点平均累计抬升约为 30mm。区域 6

形变原因可能是与山体中树木的生长引发的地质土壤的变动或者信号干扰有关。该区离管道较远，风险偏小。

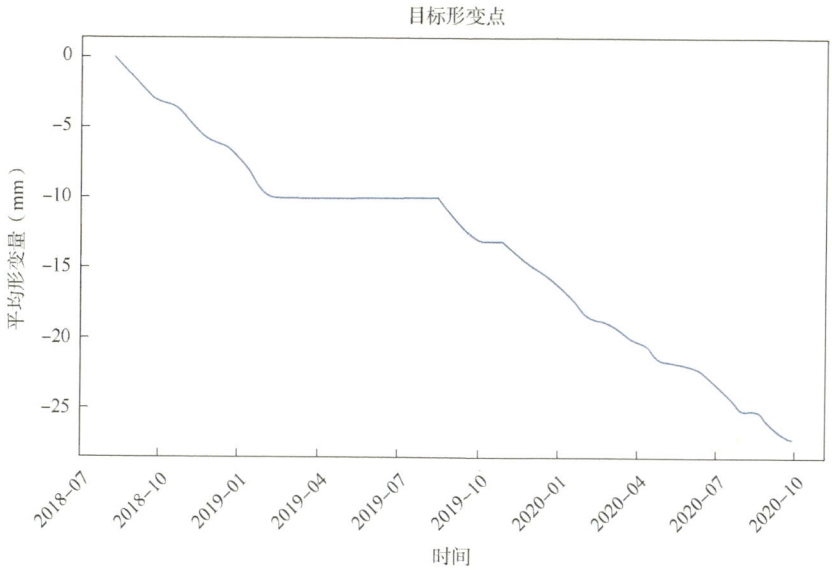

图 9-166　编号 5 处特征点平均时序形变图

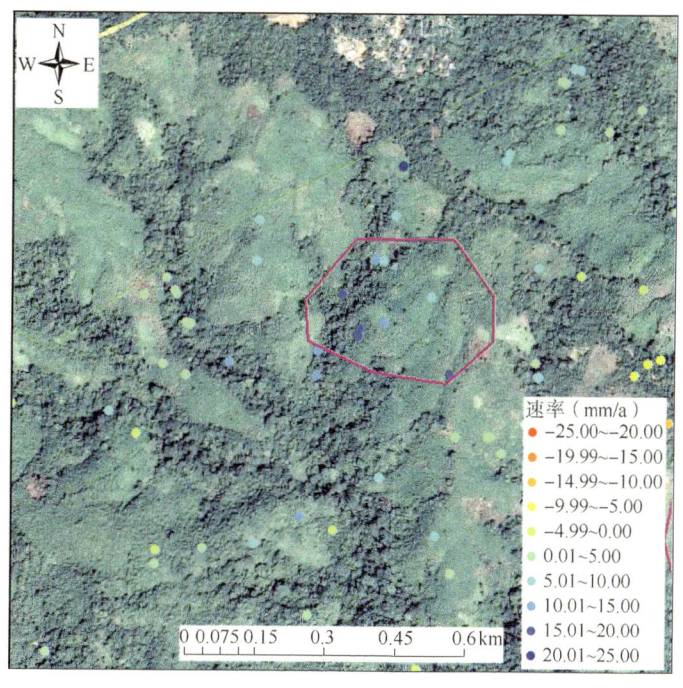

图 9-167　编号 6 局部异常形变区 PS 点分布图
（浅褐色线为天然气管道，粉色为标记区域6）

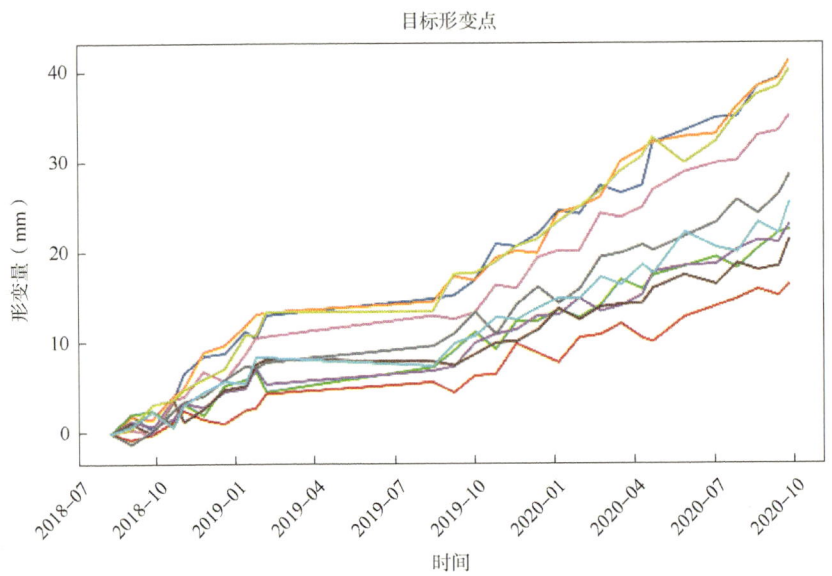

图 9-168　编号 6 处特征点时序形变图
每条曲线代表一个监测点随时间形变量变化

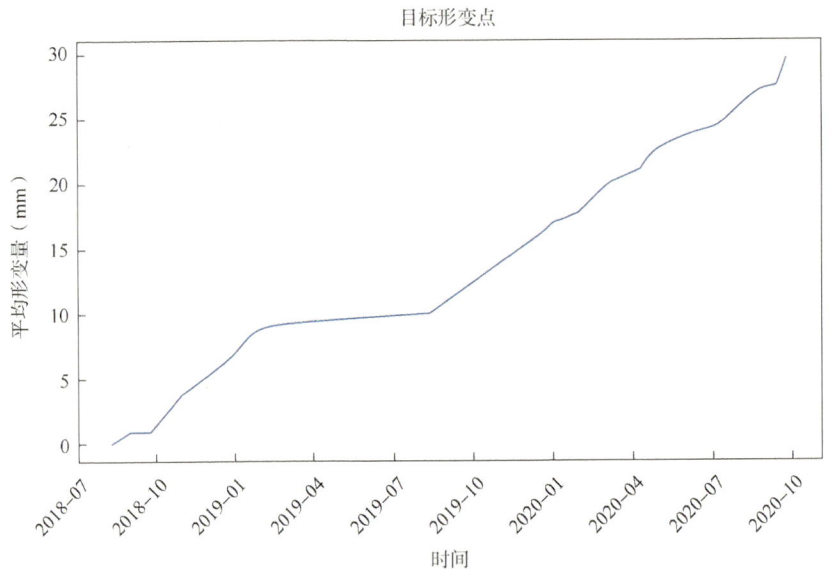

图 9-169　编号 6 处特征点平均时序形变图

(6) 基于时序 SAR 技术，获取的标记区域 7 的形变监测分布图与时序形变相关图如图 9-170 至图 9-172 所示。结果显示：区域 7 内特征点平均累计下沉约为 16mm，个别特征点下沉较大。区域 7 形变原因可能是由于雨水的浸润导致的土壤的部分缺失，从而导致局部出现下沉。该区离管道较远，可适当关注。

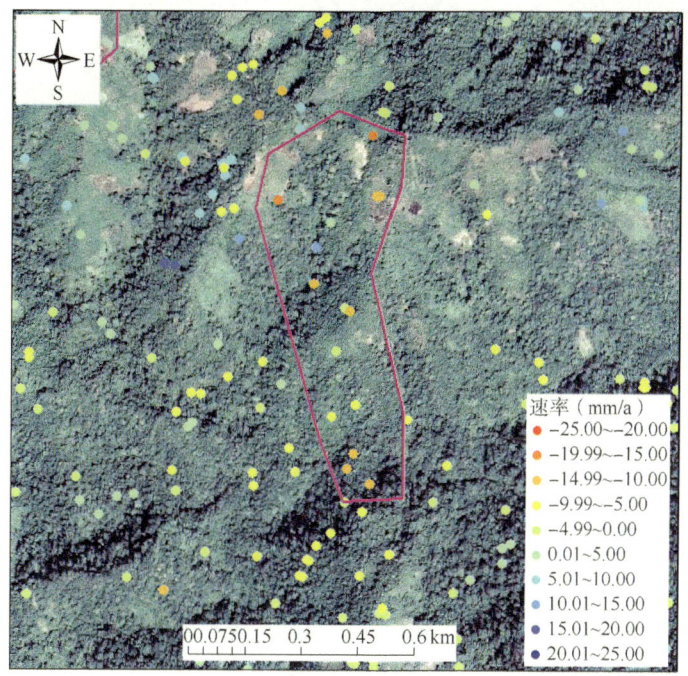

图 9-170　编号 7 局部异常形变区 PS 点分布图
（浅褐色线为天然气管道，粉色为标记区域 7）

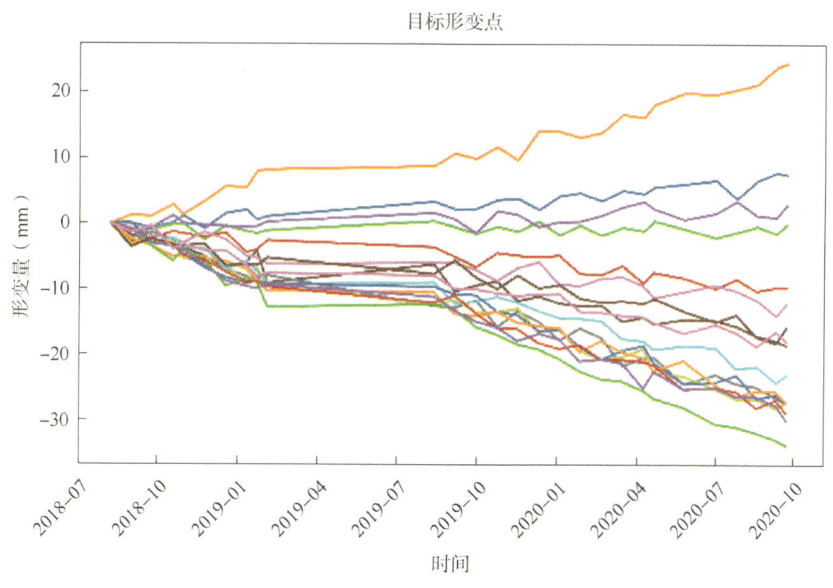

图 9-171　编号 7 处特征点时序形变图
每条曲线代表一个监测点随时间形变量变化

　　(7) 基于时序 SAR 技术，获取的标记区域 8 的形变监测分布图与时序形变相关图如图 9-173 至图 9-175 所示。结果显示：区域 8 内特征点平均累计下沉约为 26mm，形变较大。区域 8 形变原因可能是由于雨水的浸润导致的土壤的部分缺失，从而导致局部出现下沉。该区离管道较近，需重点关注，核查形变原因。

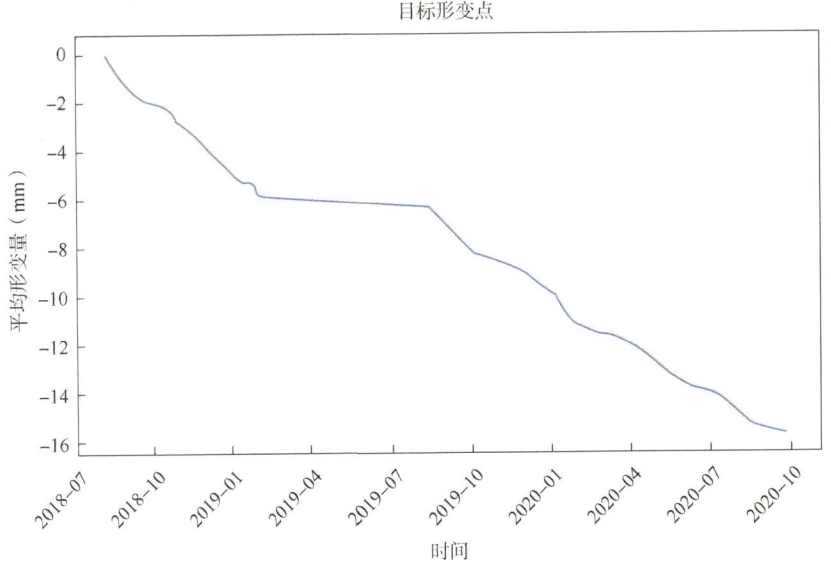

图 9-172　编号 7 处特征点平均时序形变图

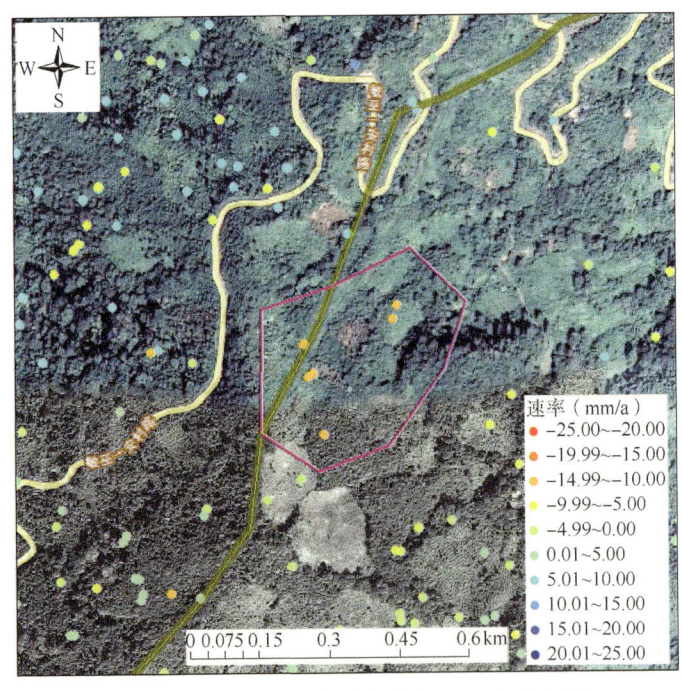

图 9-173　编号 8 局部异常形变区 PS 点分布图

（浅褐色线为天然气管道，粉色为标记区域 8）

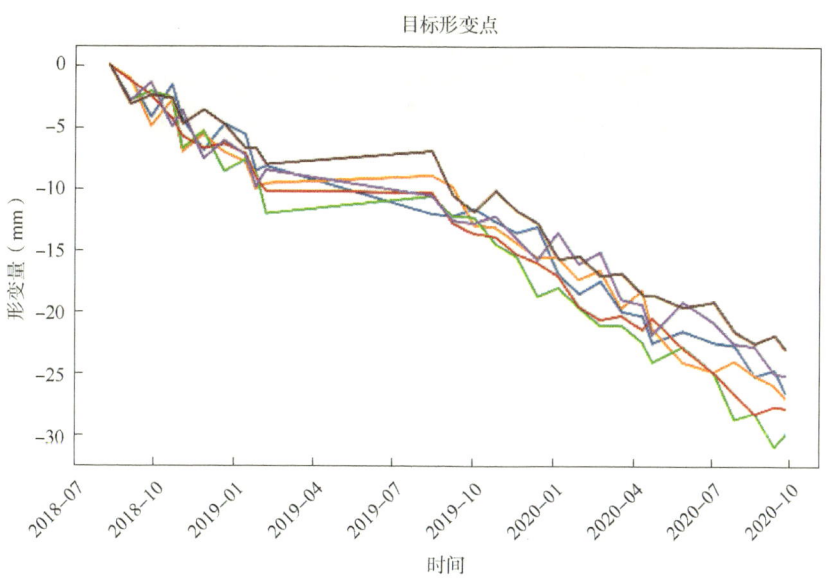

图 9-174　编号 8 处特征点时序形变图

每条曲线代表一个监测点随时间形变量变化

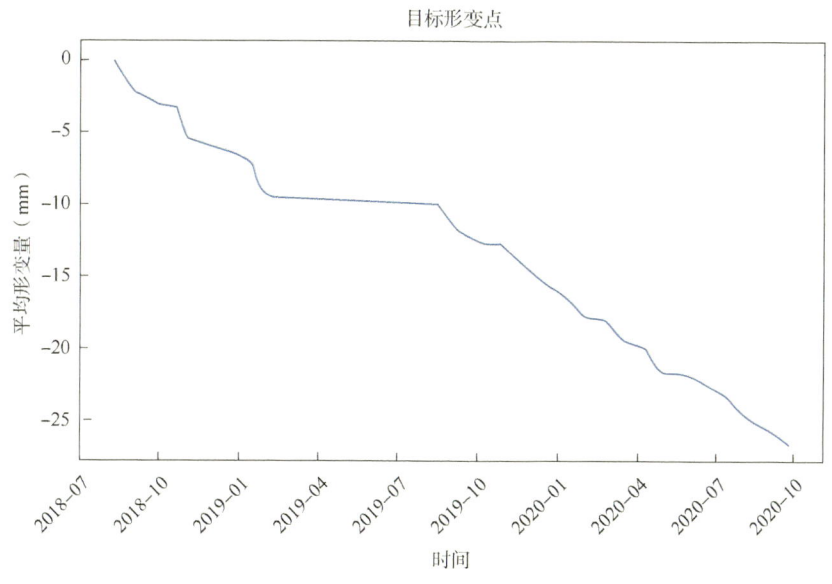

图 9-175　编号 8 处特征点平均时序形变图

（8）基于时序 SAR 技术，获取的标记区域 9 的形变监测分布图与时序形变相关图如图 9-176 至图 9-178 所示。结果显示：区域 9 内特征点平均累计抬升约为 25mm，个别特征点抬升较大。区域 9 形变原因可能是与山体中树木的生长引发的地质土壤的变动或者跟信号干扰有关。该区离管道较近，需适当关注。

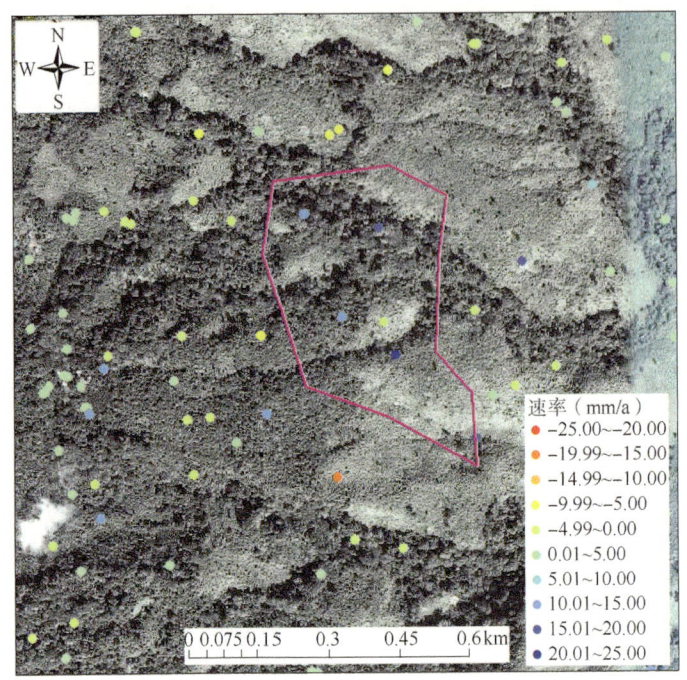

图 9-176　编号 9 局部异常形变区 PS 点分布图
(细绿线为分析缓冲区边界,粉色为标记区域 9)

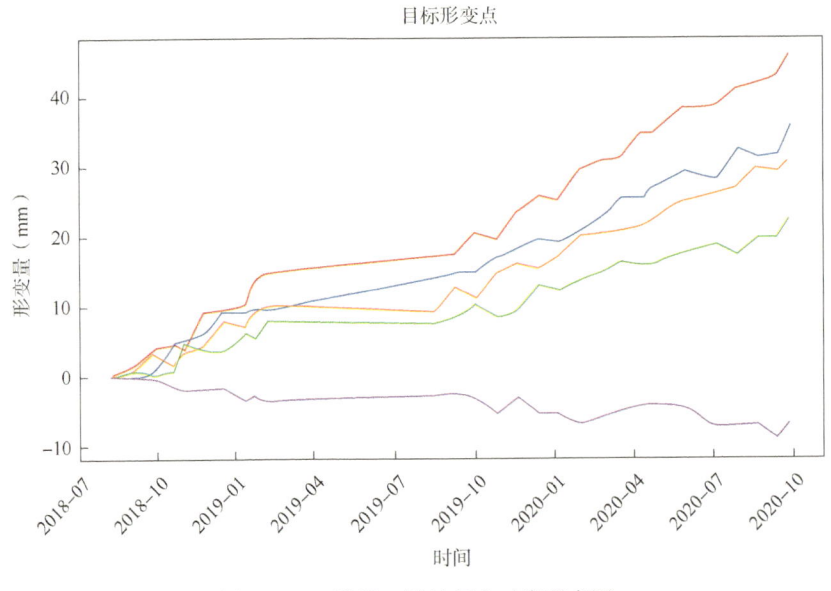

图 9-177　编号 9 处特征点时序形变图
每条曲线代表一个监测点随时间形变量变化

(9) 基于时序 SAR 技术,获取的标记区域 10 的形变监测分布图与时序形变相关图如图 9-179 至图 9-181 所示。结果显示:区域 10 内特征点平均累计下沉约为 22mm。区域 10

形变原因可能是由于雨水的浸润导致的土壤的部分缺失，从而导致局部出现下沉。该区离管道稍远，可适当关注。

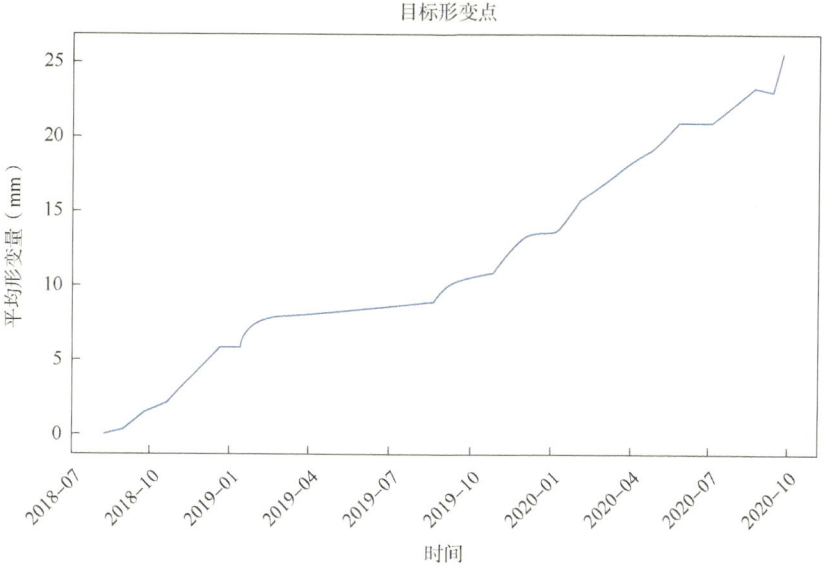

图 9-178　编号 9 处特征点平均时序形变图

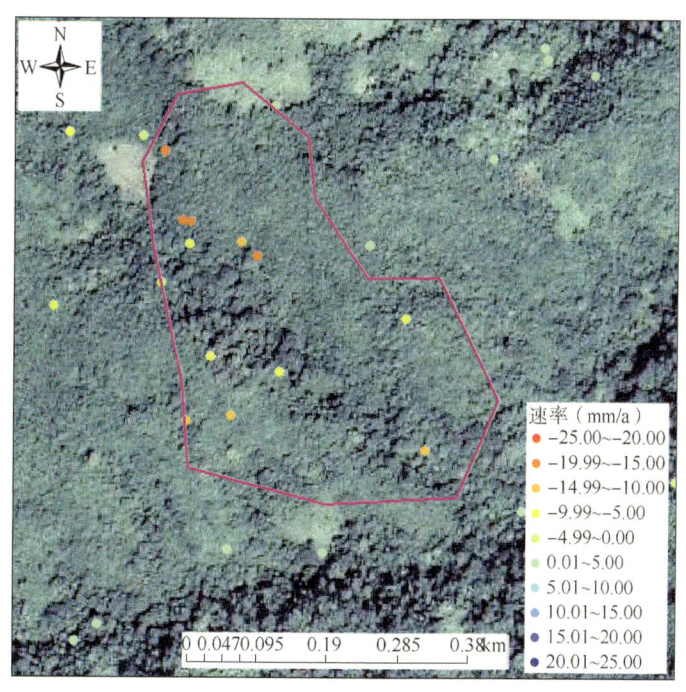

图 9-179　编号 10 局部异常形变区 PS 点分布图
（浅褐色线为天然气管道，粉色为标记区域 10）

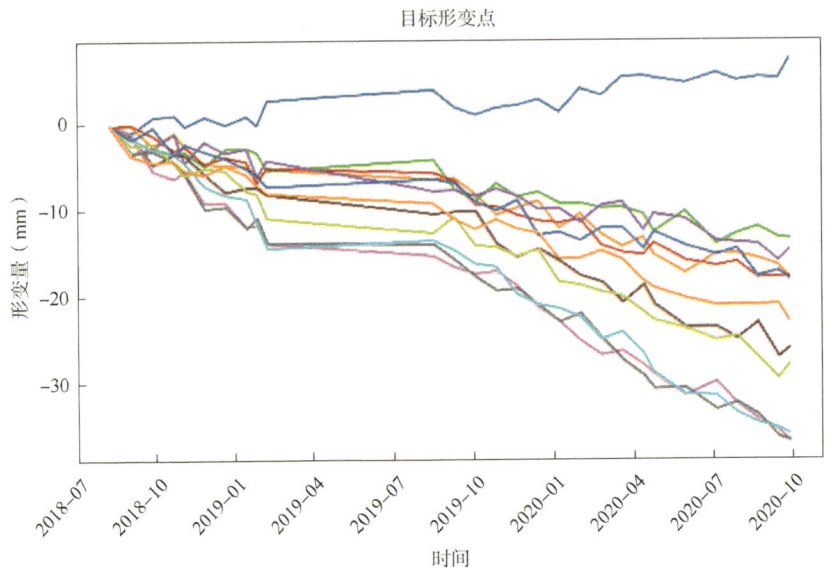

图 9-180　编号 10 处特征点时序形变图
每条曲线代表一个监测点随时间形变量变化

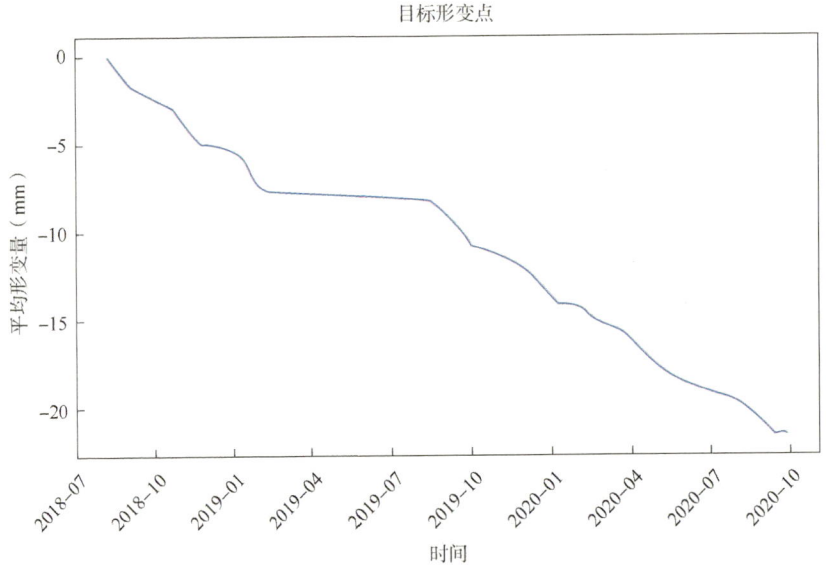

图 9-181　编号 10 处特征点平均时序形变图

（10）基于时序 SAR 技术，获取的标记区域 11 的形变监测分布图与时序形变相关图如图 9-182 至图 9-184 所示。结果显示：区域 11 以内特征点平均累计下沉约为 21mm。区域 11 形变原因可能是由于雨水的浸润导致的土壤的部分缺失，从而导致局部出现下沉。该区离管道较近，风险较大，需人工核实形变原因。

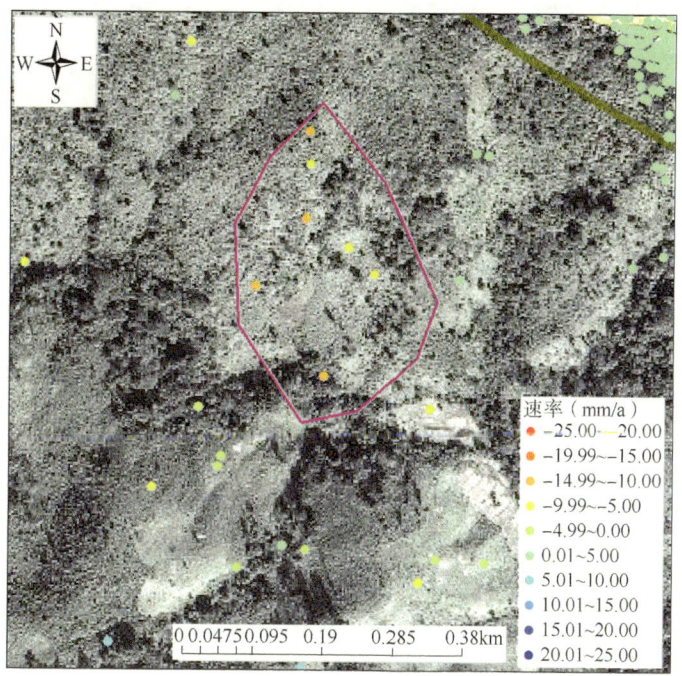

图 9-182　编号 11 局部异常形变区 PS 点分布图
（浅褐色线为天然气管道，粉色为标记区域 11）

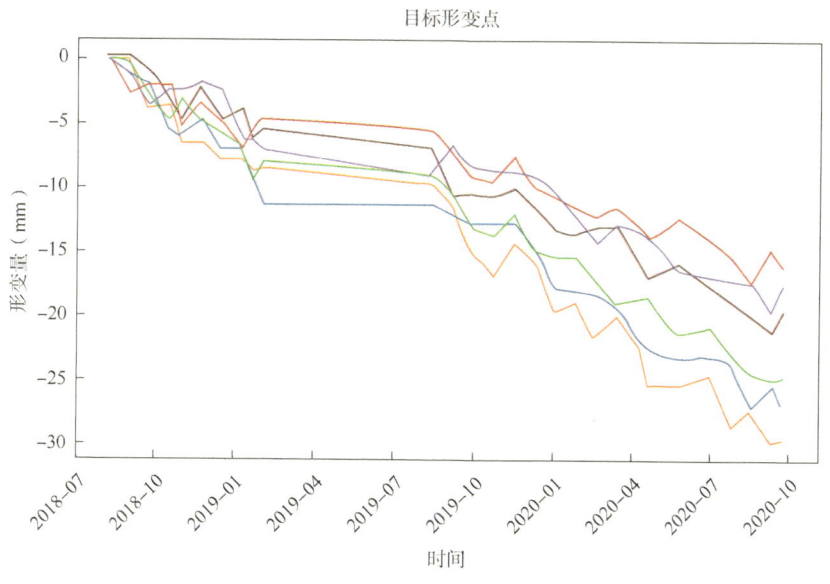

图 9-183　编号 11 处特征点时序形变图
每条曲线代表一个监测点随时间形变量变化

（11）基于时序 SAR 技术，获取的标记区域 12 的形变监测分布图与时序形变相关图如图 9-185 至图 9-187 所示。结果显示：区域 12 内特征点平均累计下沉约为 26mm，个别特

征点下沉可达 40mm，形变较大。区域 12 形变原因可能是由于雨水的浸润导致的土壤的部分缺失，从而导致局部出现下沉。离管道较近，需给予一定重视。

图 9-184　编号 11 处特征点平均时序形变图

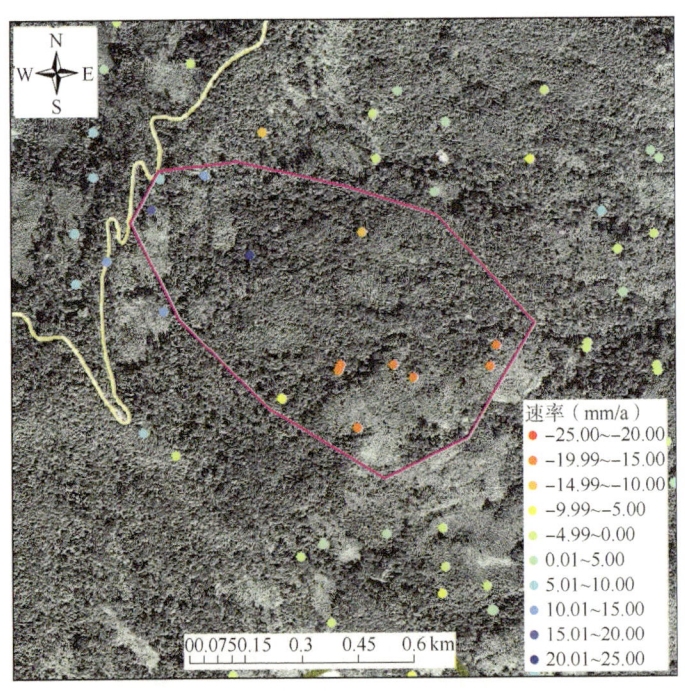

图 9-185　编号 12 局部异常形变区 PS 点分布图
（浅褐色线为天然气管道，粉色为标记区域 12）

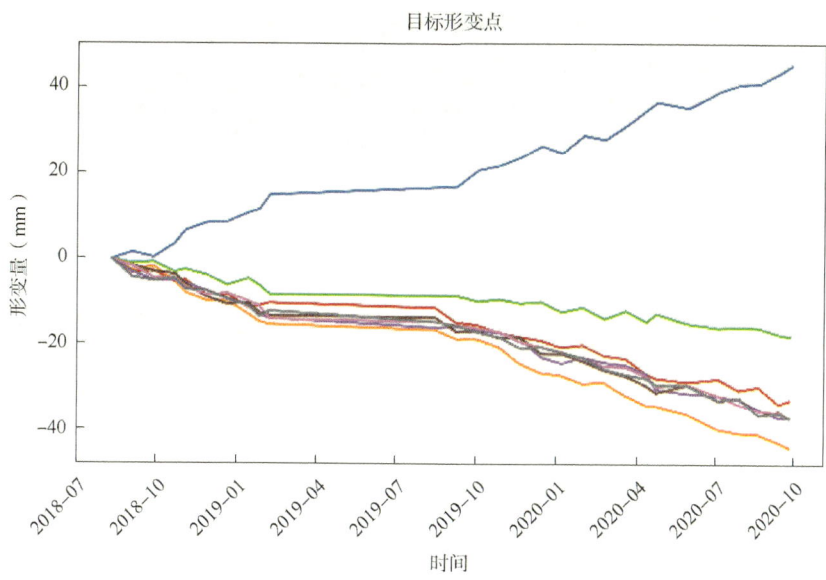

图 9-186 编号 12 处特征点时序形变图
每条曲线代表一个监测点随时间形变量变化

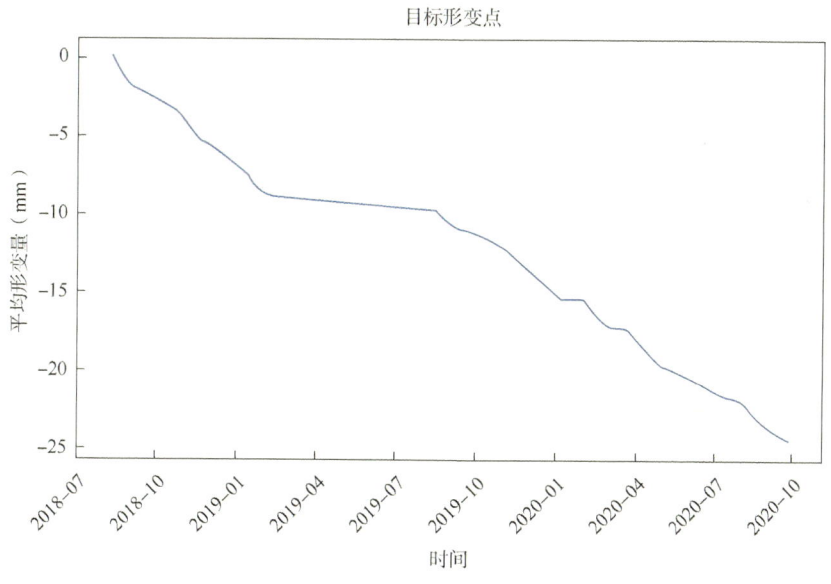

图 9-187 编号 12 处特征点平均时序形变图

（12）基于时序 SAR 技术，获取的标记区域 13 的形变监测分布图与时序形变相关图如图 9-188 至图 9-190 所示。结果显示：区域 13 内特征点平均累计下沉约为 26mm。区域 13 形变原因可能是由于雨水的浸润导致的土壤的部分缺失，从而导致局部出现下沉。该区离管道较远，风险偏小。

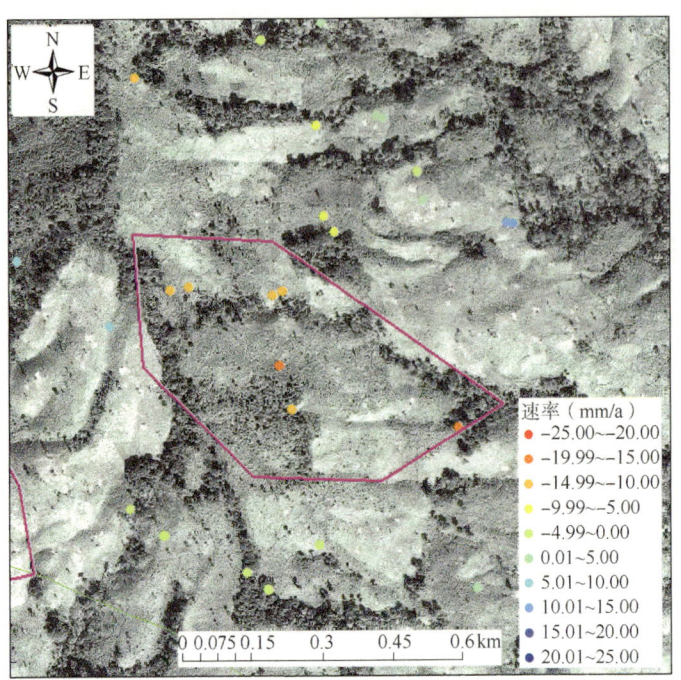

图 9-188　编号 13 局部异常形变区 PS 点分布图
（细绿线为分析缓冲区边界，粉色为标记区域 13）

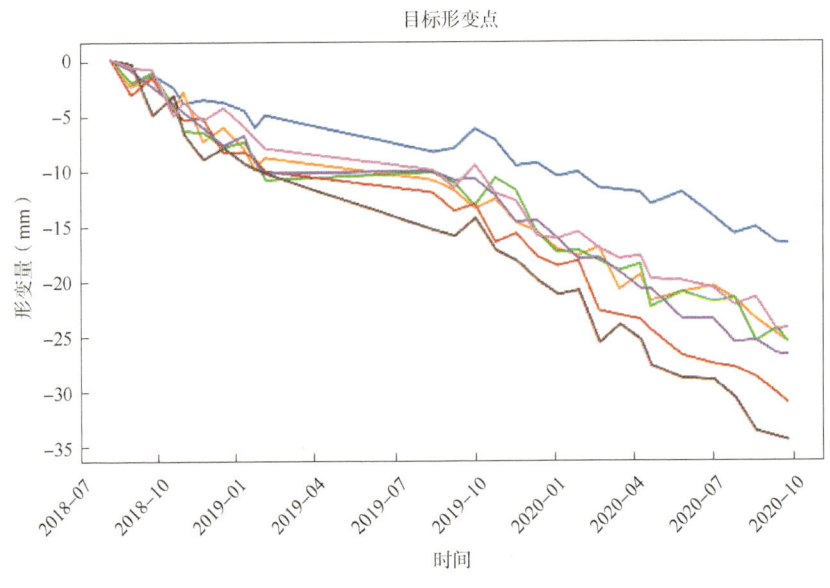

图 9-189　编号 13 处特征点时序形变图
每条曲线代表一个监测点随时间形变量变化

（13）基于时序 SAR 技术，获取的标记区域 14 的形变监测分布图与时序形变相关图如图 9-191 至图 9-193 所示。结果显示：区域 14 内特征点平均累计下沉约为 30mm，形变较大。区域14形变原因可能是由于雨水的浸润导致的土壤的部分缺失,从而导致局部出现下沉。该区离管道较远,风险偏小。

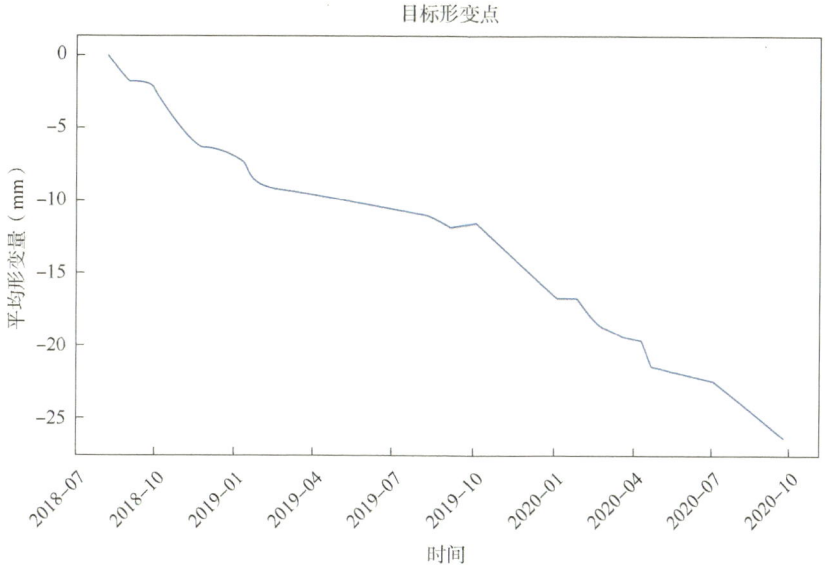

图 9-190　编号 13 处特征点平均时序形变图

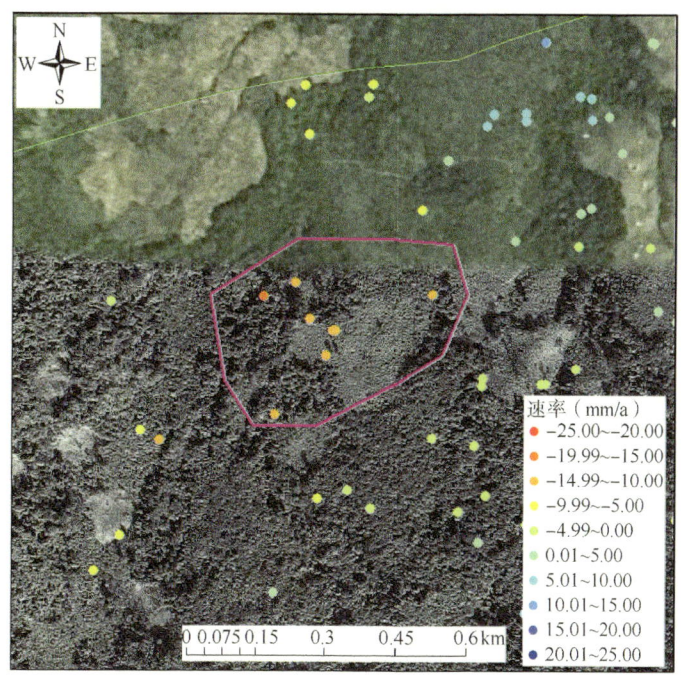

图 9-191　编号 14 局部异常形变区 PS 点分布图
(浅褐色线为天然气管道,粉色为标记区域 14)

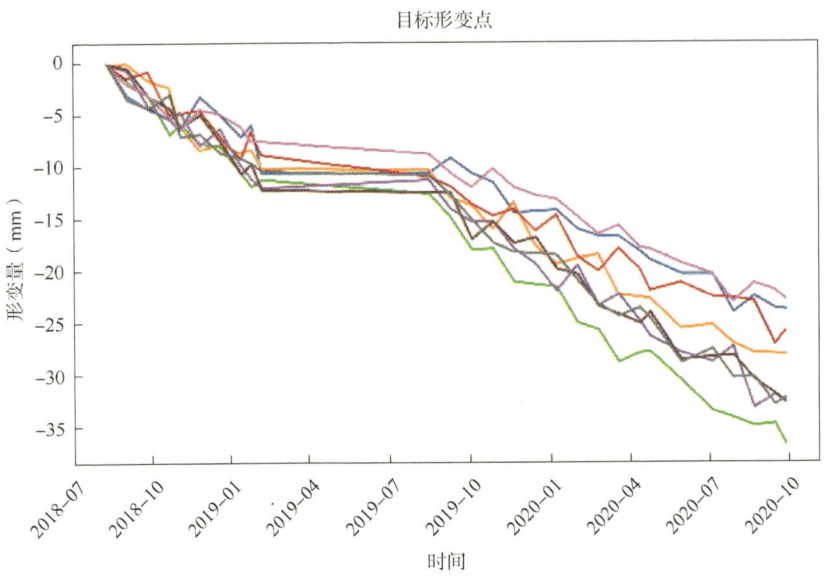

图 9-192　编号 14 处特征点时序形变图
每条曲线代表一个监测点随时间形变量变化

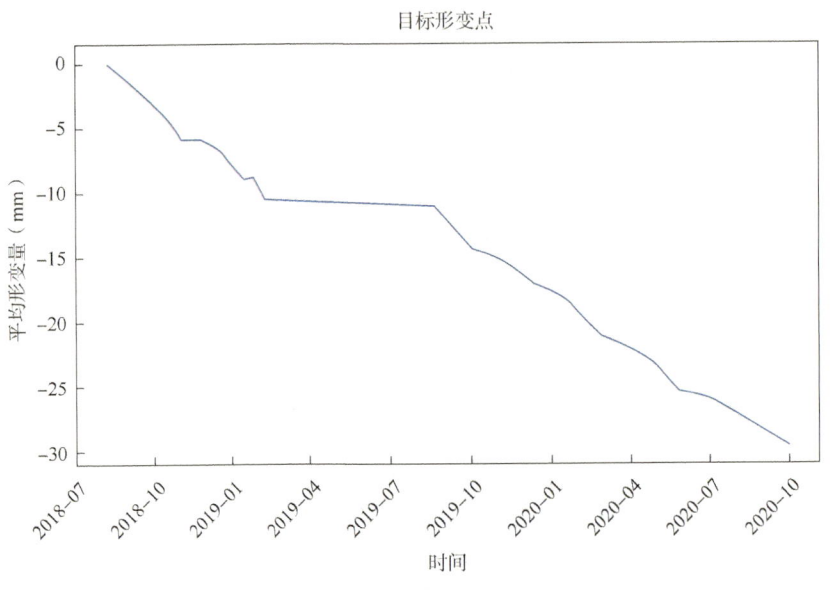

图 9-193　编号 14 处特征点平均时序形变图

（14）基于时序 SAR 技术，获取的标记区域 15 的形变监测分布图与时序形变相关图如图 9-194 至图 9-196 所示。结果显示：区域 15 内特征点平均累计抬升约为 26mm。区域 15 形变原因可能是由于与山体中树木的生长引发的地质土壤的变动或者信号干扰有关，也可能与山体的轻微运动有关。该区离管道较近，需重点关注。

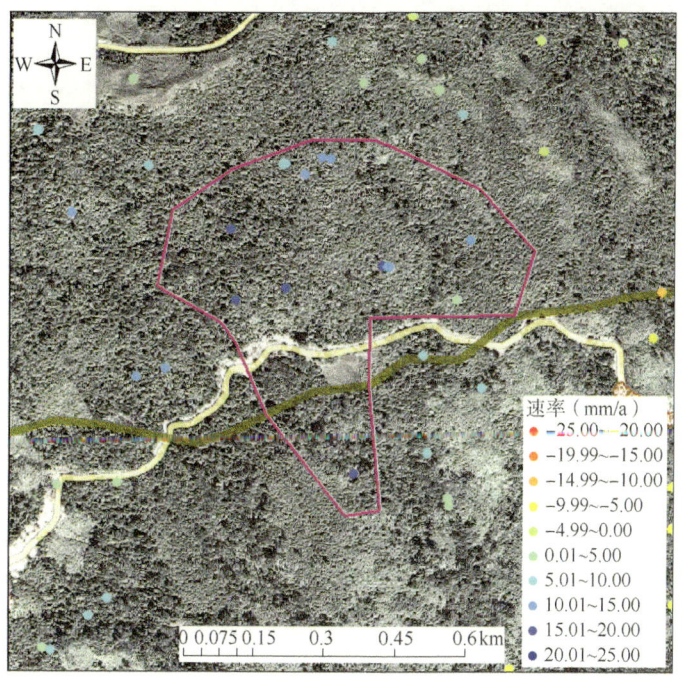

图 9-194 编号 15 局部异常形变区 PS 点分布图
（细绿线为分析缓冲区边界，粉色为标记区域 15）

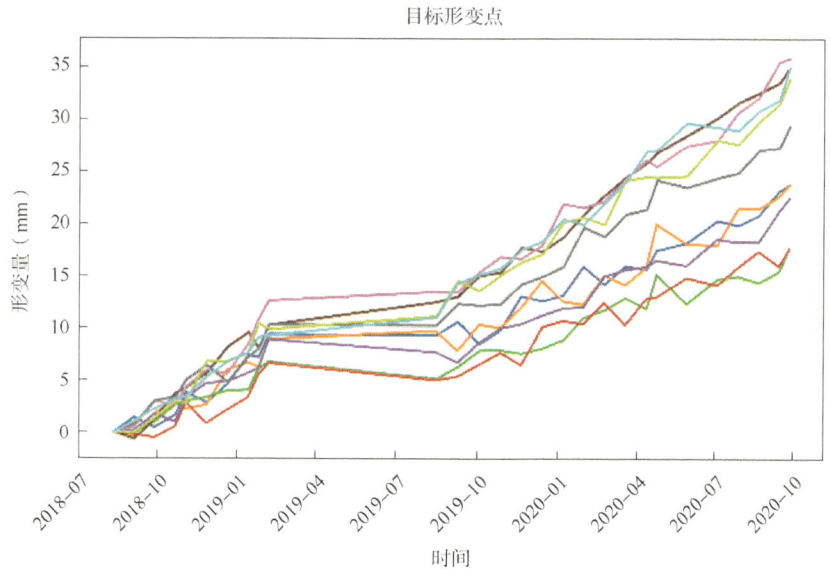

图 9-195 编号 15 处特征点时序形变图
每条曲线代表一个监测点随时间形变量变化

（15）基于时序 SAR 技术，获取的标记区域 16 的形变监测分布图与时序形变相关图如图 9-197 至图 9-199 所示。结果显示：区域 16 内特征点平均累计下沉约为 25mm。区域 16

形变原因可能是由于雨水的浸润导致的土壤的部分缺失，从而导致局部出现下沉。该区离管道较远，风险偏小。

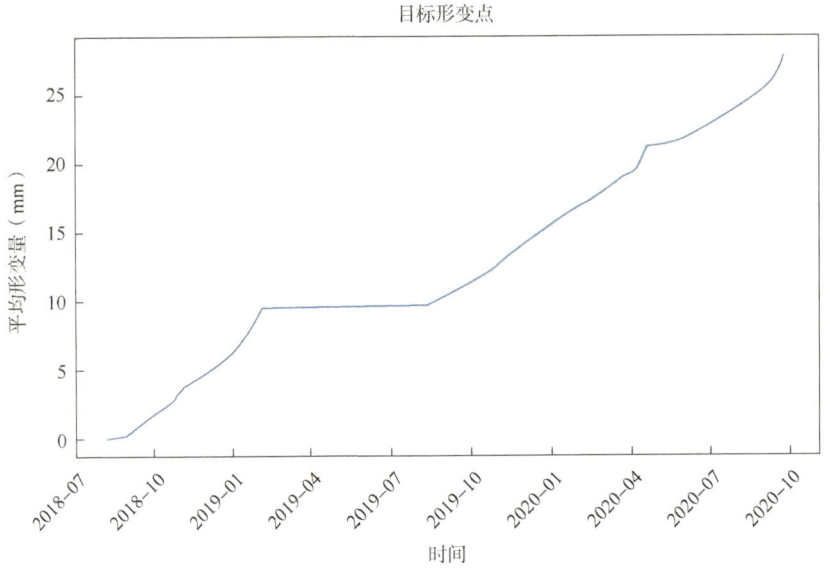

图 9-196　编号 15 处特征点平均时序形变图

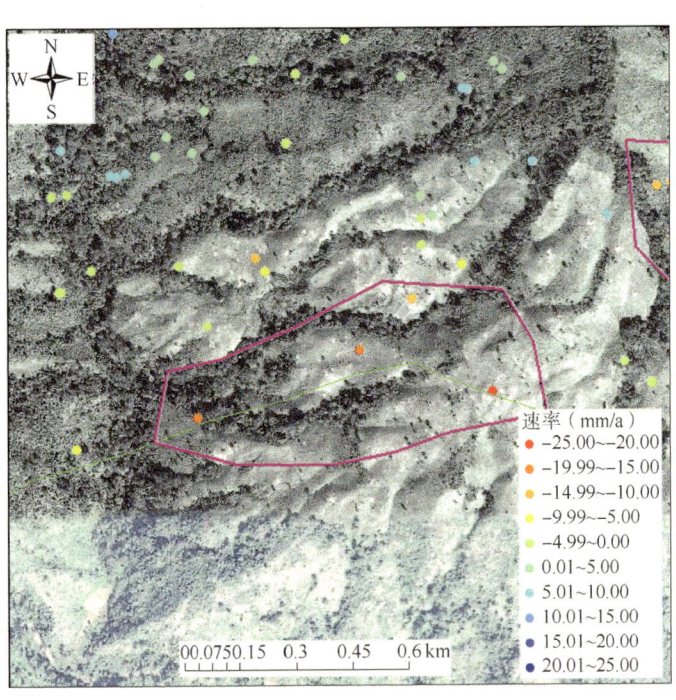

图 9-197　编号 16 局部异常形变区 PS 点分布图
（细绿线为分析缓冲区边界，粉色为标记区域 16）

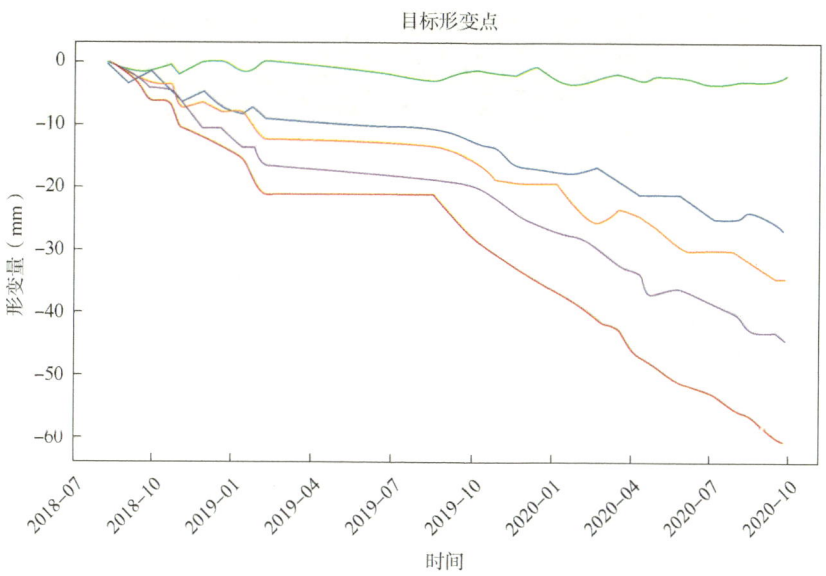

图 9-198　编号 16 处特征点时序形变图
每条曲线代表一个监测点随时间形变量变化

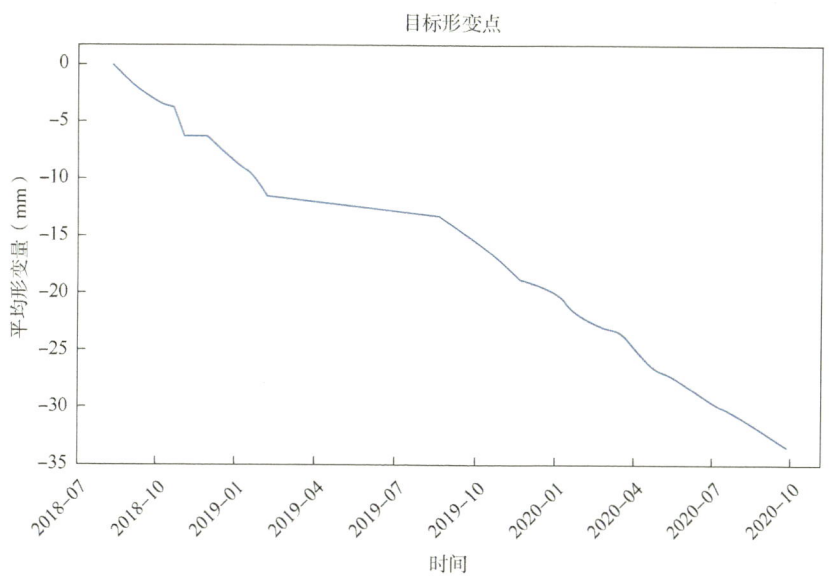

图 9-199　编号 16 处特征点平均时序形变图

（16）基于时序 SAR 技术，获取的标记区域 17 的形变监测分布图与时序形变相关图如图 9-200 至图 9-202 所示。结果显示：区域 17 内形变情况较复杂，特征点平均累计抬升约为 30mm，形变较大。区域 17 一部分形变原因可能是由于雨水的浸润导致的土壤的部分缺失，从而导致局部出现下沉；另一部分原因是雨水和植被的影响导致的土壤出现蓬松的现象。该区离管道稍近，需进行一定关注。

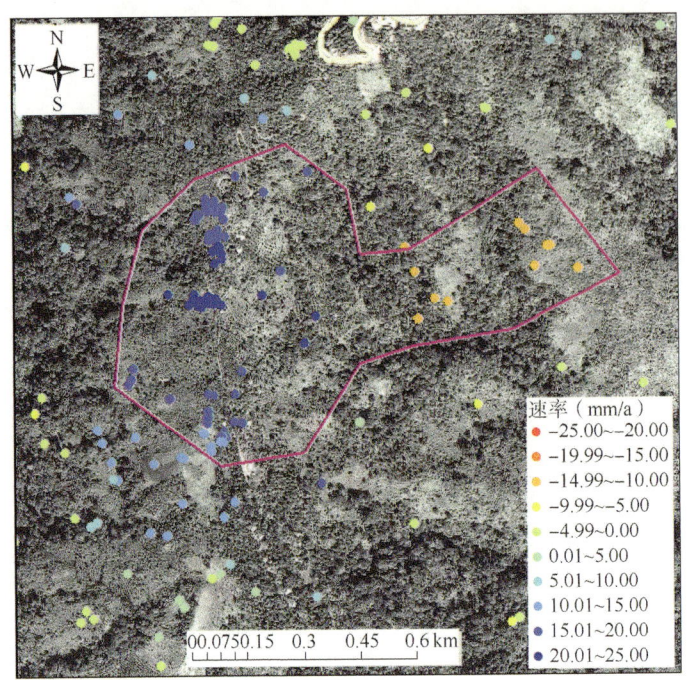

图 9-200　编号 17 局部异常形变区 PS 点分布图
（浅褐色线为天然气管道，粉色为标记区域 17）

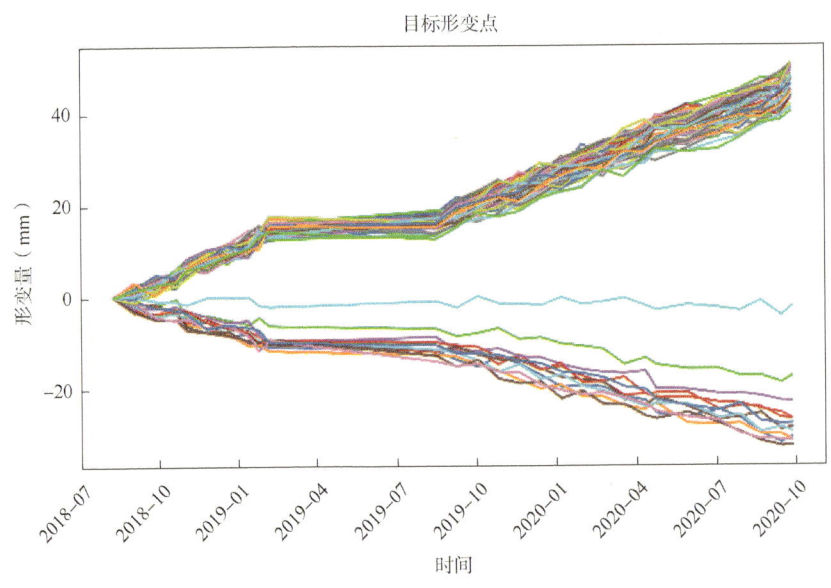

图 9-201　编号 17 处特征点时序形变图
每条曲线代表一个监测点随时间形变量变化

(17) 基于时序 SAR 技术，获取的标记区域 18 的形变监测分布图与时序形变相关图如图 9-203 至图 9-205 所示。结果显示：区域 18 内特征点平均累计下沉约为 40mm。区域 18

形变原因可能是由于雨水的浸润导致的土壤的部分缺失，从而导致局部出现下沉，植被较少，存在滑坡风险。离管道较近，需进行一定关注。

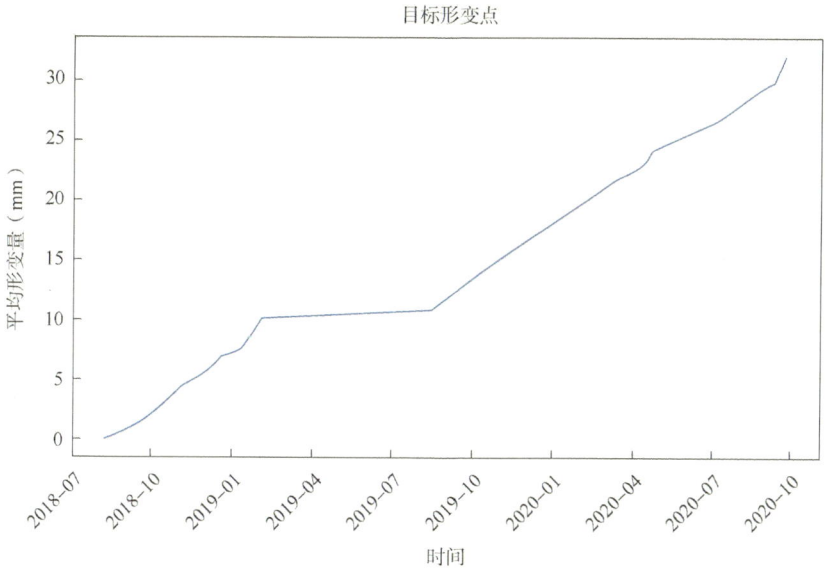

图9-202 编号17处特征点平均时序形变图

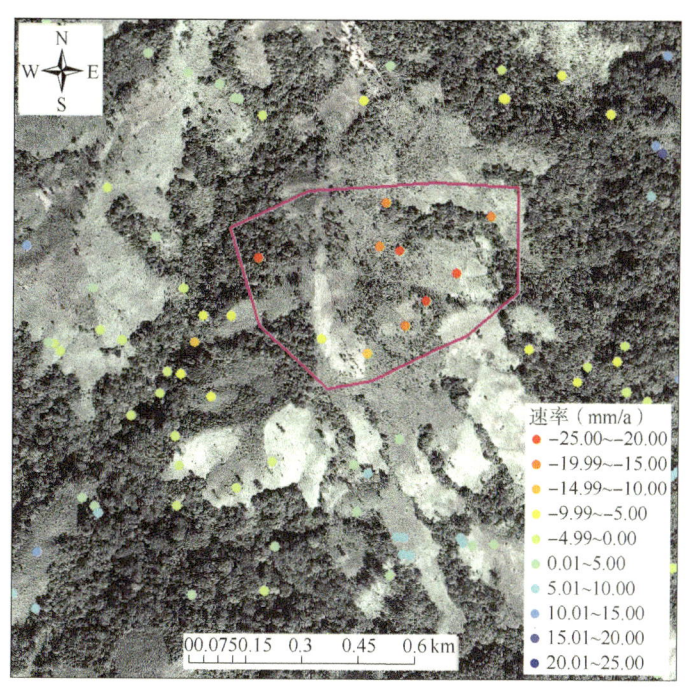

图9-203 编号18局部异常形变区PS点分布图
（浅褐色线为天然气管道，粉色为标记区域18）

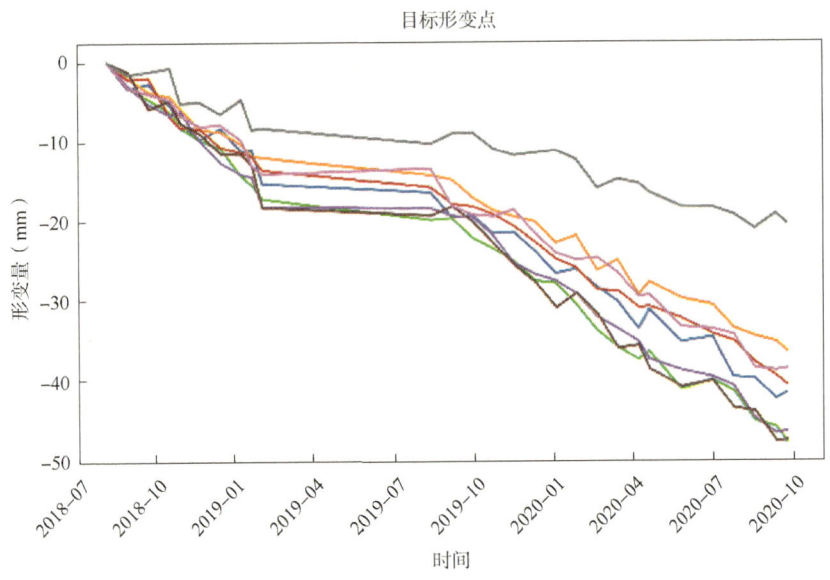

图 9-204　编号 18 处特征点时序形变图
每条曲线代表一个监测点随时间形变量变化

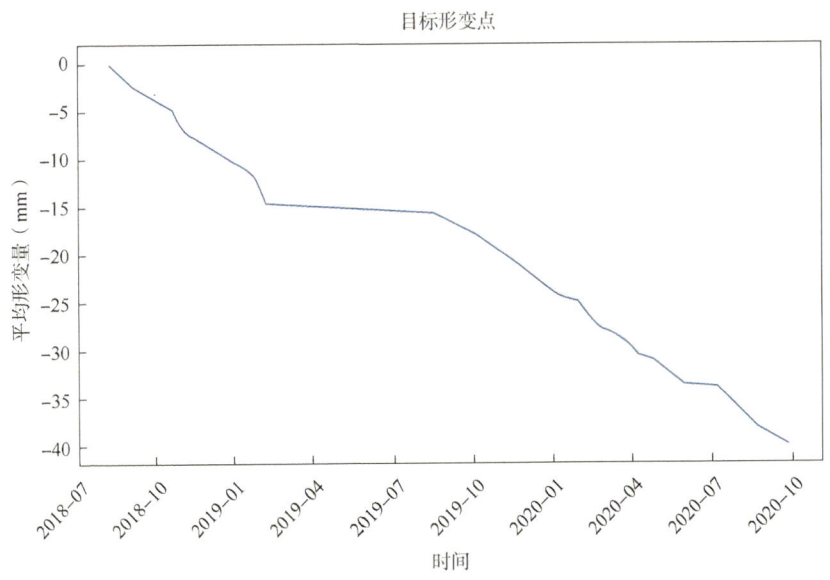

图 9-205　编号 18 处特征点平均时序形变图

（18）基于时序 SAR 技术，获取的标记区域 19 的形变监测分布图与时序形变相关图如图 9-206 至图 9-208 所示。结果显示：区域 19 内特征点平均累计下沉约为 25mm。区域 19 形变原因可能是由于雨水的浸润导致的土壤的部分缺失，从而导致局部出现下沉。该区离管道较远，风险偏小。

第9章 基于卫星遥感管道沿线地质沉降监测

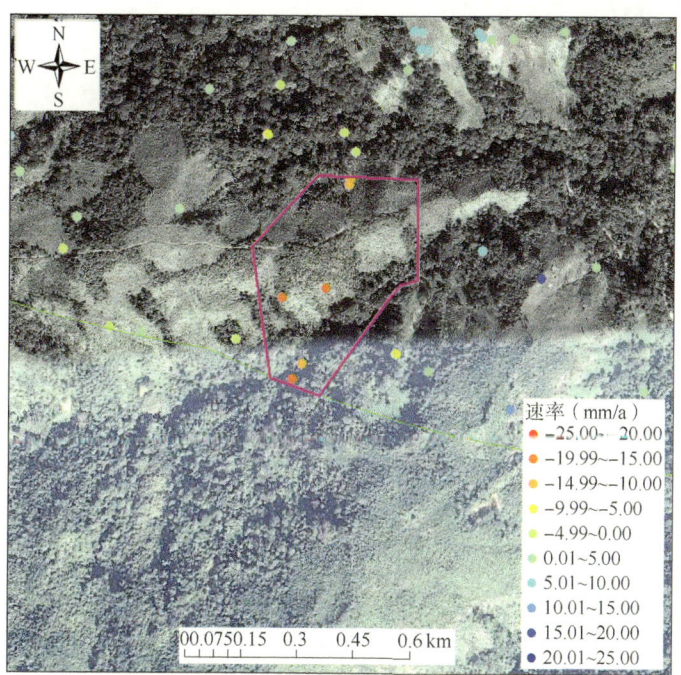

图 9-206 编号 19 局部异常形变区 PS 点分布图
(细绿线为分析缓冲区边界，粉色为标记区域 19)

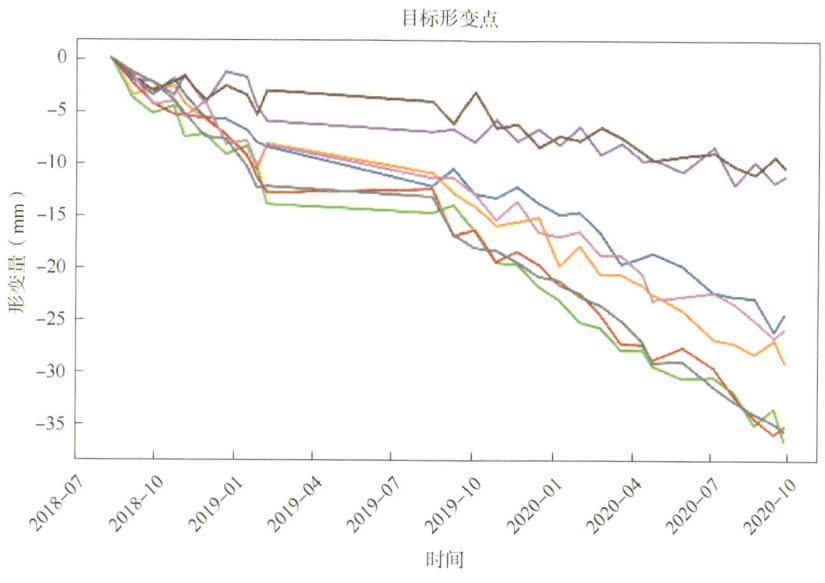

图 9-207 编号 19 处特征点时序形变图
每条曲线代表一个监测点随时间形变量变化

(19) 基于时序 SAR 技术，获取的标记区域 20 的形变监测分布图与时序形变相关图如图 9-209 至图 9-211 所示。结果显示：区域 20 内特征点平均累计抬升约为 8mm，特征点

· 397 ·

形变较大。区域20形变原因可能是由于雨水的浸润导致的土壤的部分缺失,从而导致局部出现下沉。该区离管道较近,需给予一定关注。

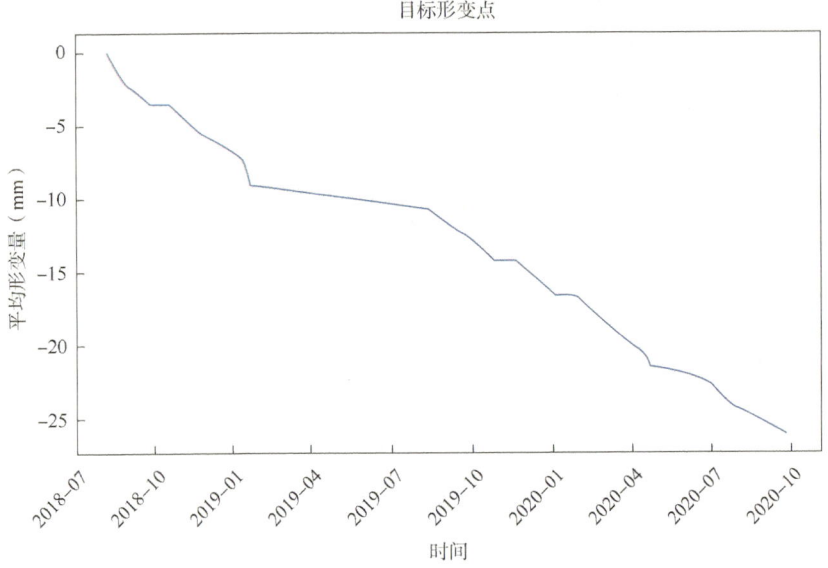

图9-208 编号19处特征点平均时序形变图

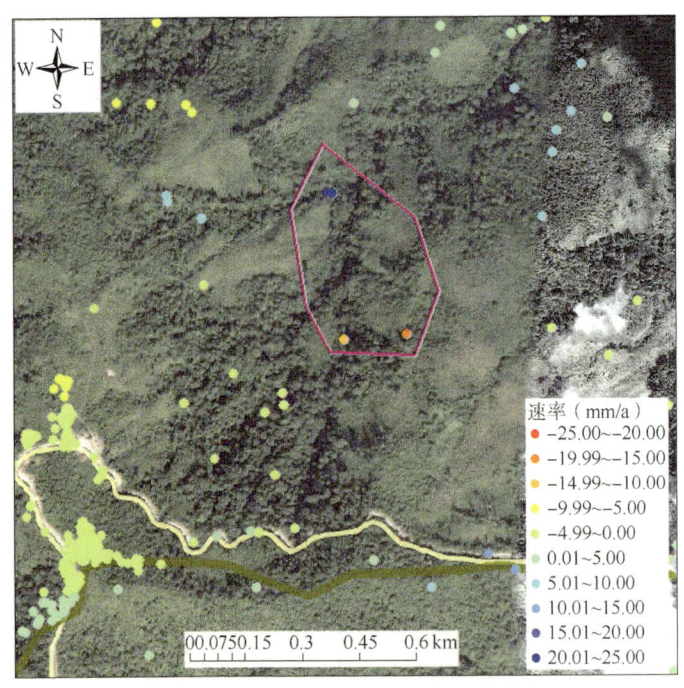

图9-209 编号20局部异常形变区PS点分布图
(细绿线为分析缓冲区边界,粉色为标记区域20)

第9章 基于卫星遥感管道沿线地质沉降监测

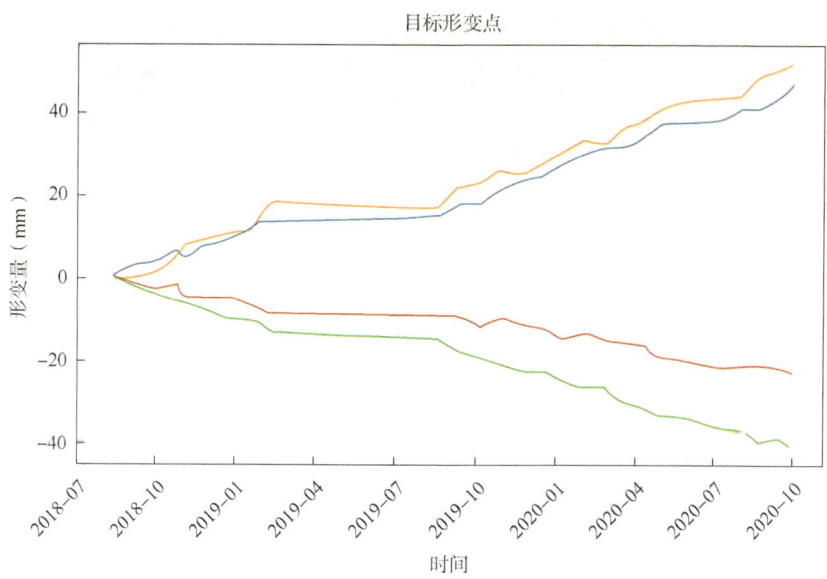

图 9-210　编号 20 处特征点时序形变图
每条曲线代表一个监测点随时间形变量变化

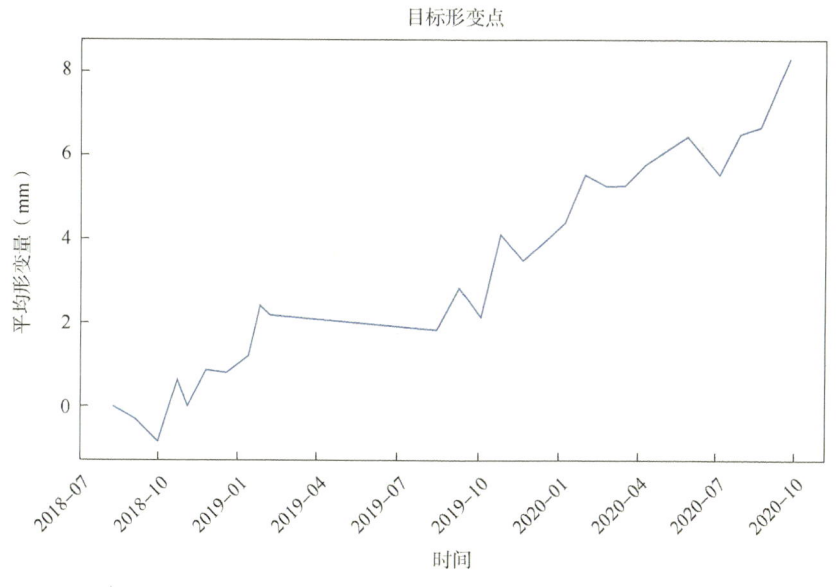

图 9-211　编号 20 处特征点平均时序形变图

（20）基于时序 SAR 技术，获取的标记区域 21 的形变监测分布图与时序形变相关图如图 9-212 至图 9-214 所示。结果显示：区域 21 内特征点平均累计下沉约为 50mm，特征点形变较大。区域 21 形变原因可能是与山体受地质环境的变化出现了轻微滑动有关，由于特征点较小，也可能是受到信号干扰，出现了少量噪声点。离管道稍远，需给予一定关注。

· 399 ·

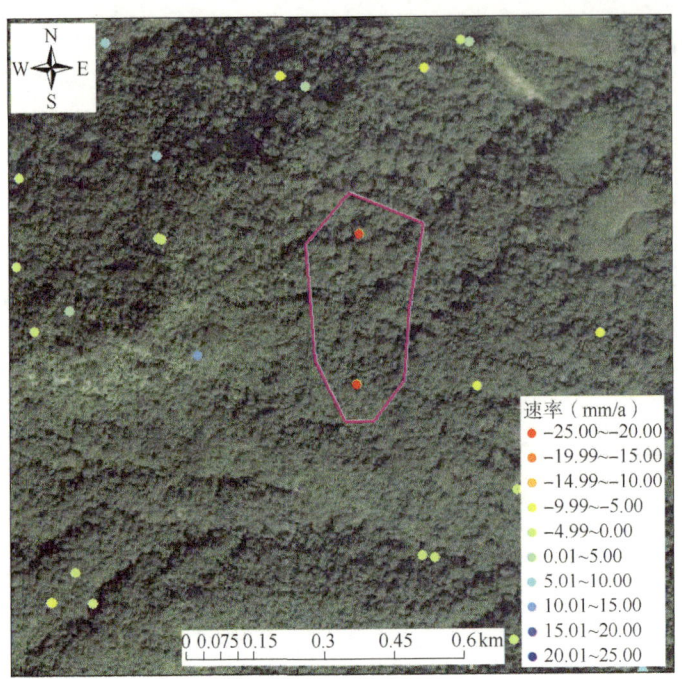

图 9-212　编号 21 局部异常形变区 PS 点分布图
(浅褐色线为天然气管道，粉色为标记区域 21)

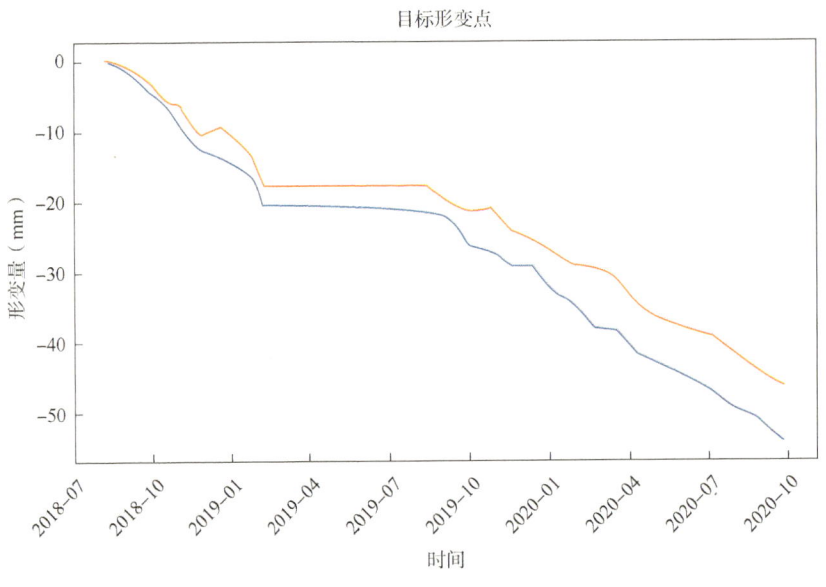

图 9-213　编号 21 处特征点时序形变图
每条曲线代表一个监测点随时间形变量变化

　　(21) 基于时序 SAR 技术，获取的标记区域 22 的形变监测分布图与时序形变相关图如图 9-215 至图 9-217 所示。结果显示：区域 22 内特征点平均累计抬升约为 20mm。区域 22

形变原因可能是与山体中树木的生长引发的地质土壤的变动有关，考虑到树木与植被覆盖度的原因，风险较小。该区离管道较近，需给予一定关注。

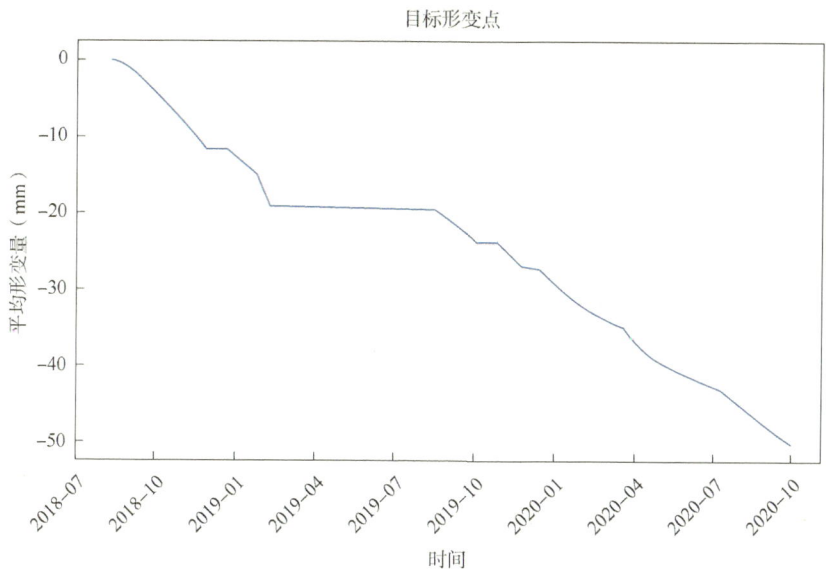

图 9-214　编号 21 处特征点平均时序形变图

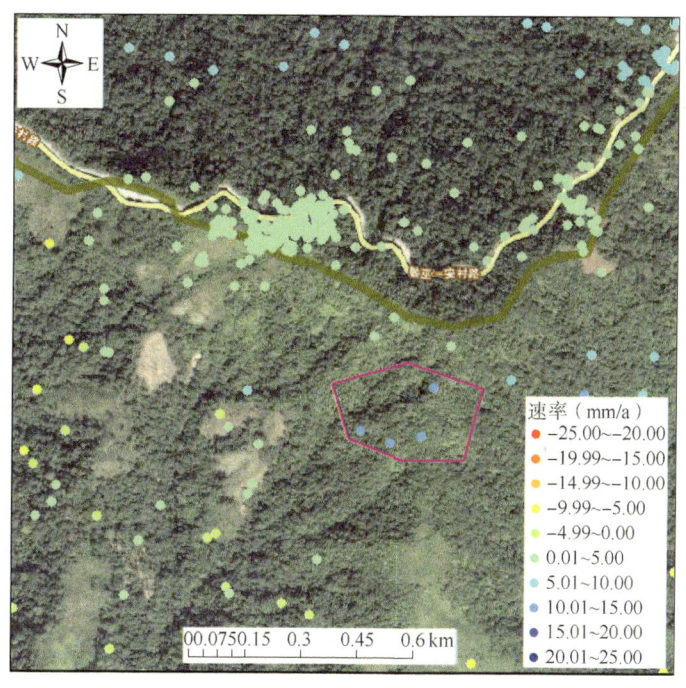

图 9-215　编号 22 局部异常形变区 PS 点分布图

（浅褐色线为天然气管道，粉色为标记区域 22）

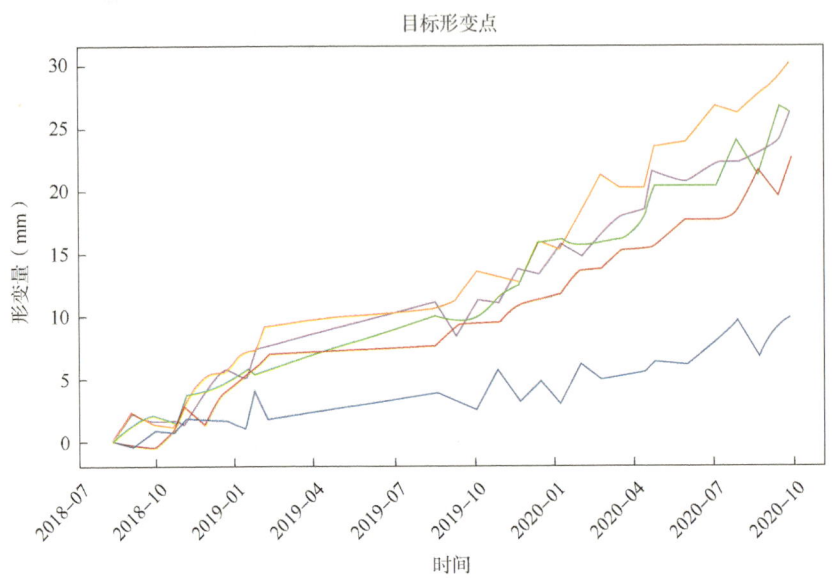

图 9-216 编号 22 处特征点时序形变图
每条曲线代表一个监测点随时间形变量变化

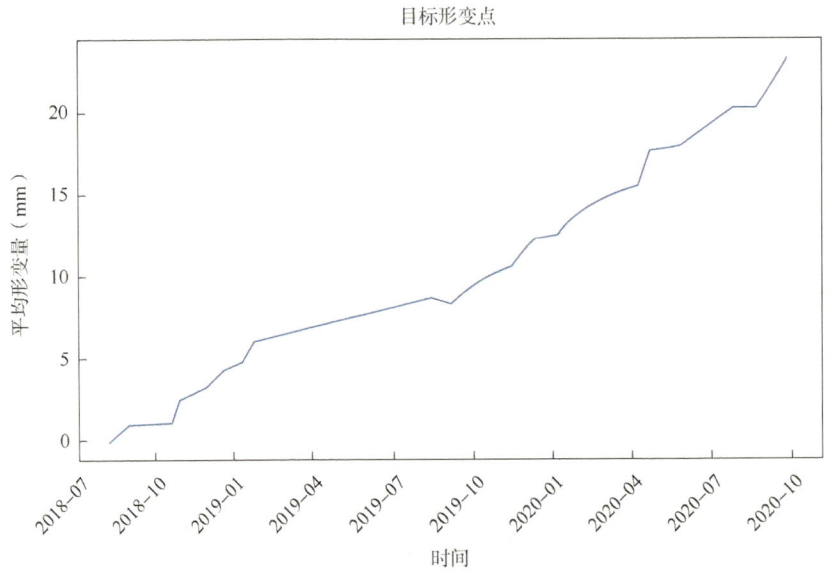

图 9-217 编号 22 处特征点平均时序形变图

（22）基于时序 SAR 技术，获取的标记区域 23 的形变监测分布图与时序形变相关图如图 9-218 至图 9-220 所示。结果显示：区域 23 内特征点平均累计抬升约为 40mm。区域 23 形变原因可能是与山体受地质环境的变化出现了轻微滑动有关。该区离管道较近，可给予一定关注。

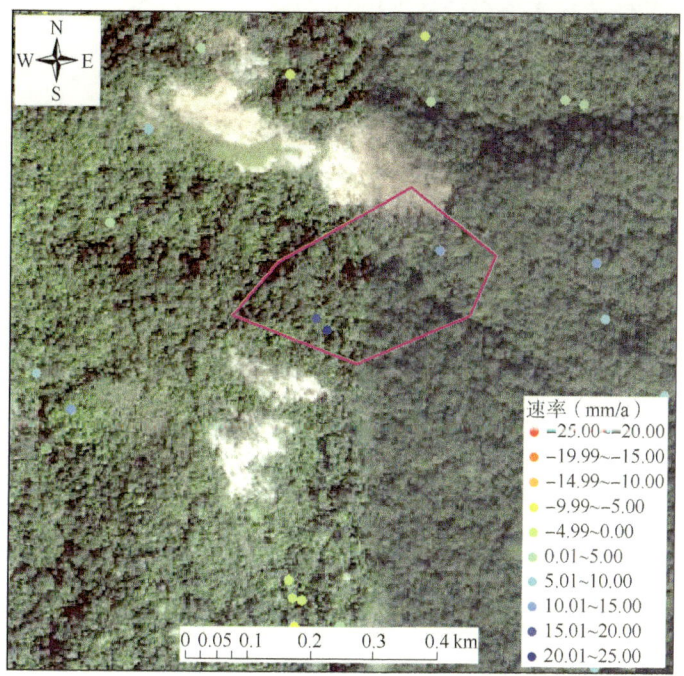

图 9-218　编号 23 局部异常形变区 PS 点分布图

（浅褐色线为天然气管道，粉色为标记区域 23）

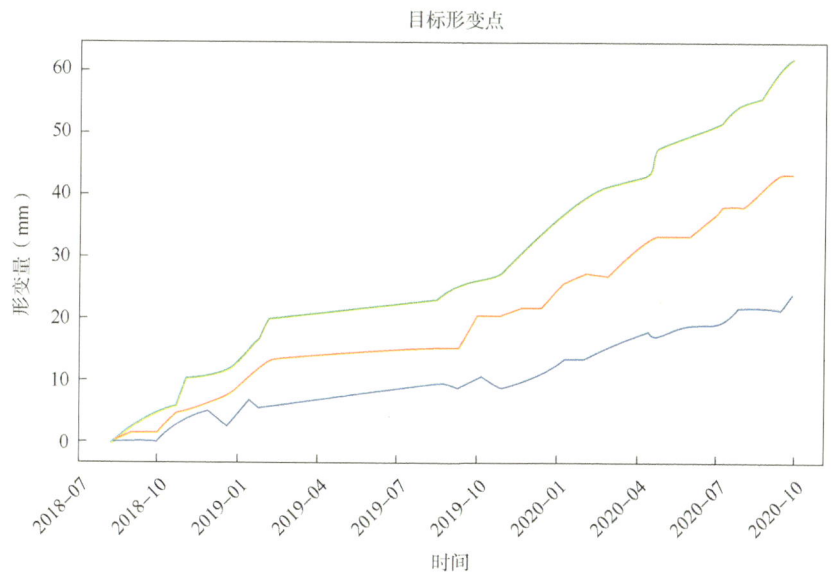

图 9-219　编号 23 处特征点时序形变图

每条曲线代表一个监测点随时间形变量变化

（23）基于时序 SAR 技术，获取的标记区域 24 的形变监测分布图与时序形变相关图如图 9-221 至图 9-223 所示。结果显示：区域 24 内特征点平均累计下沉约为 25mm。区域 24

形变原因可能是由于雨水的浸润导致的土壤的部分缺失，从而导致局部出现下沉。该区离管道较远，风险偏小。

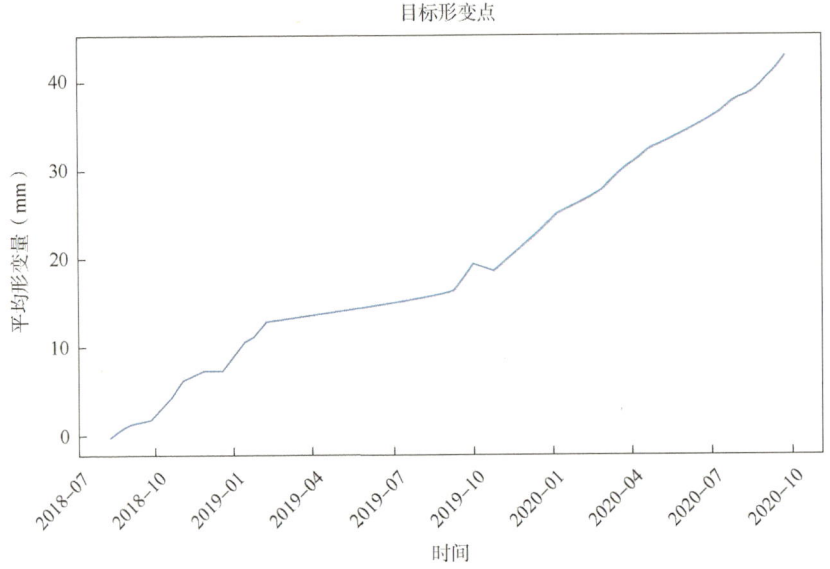

图 9-220　编号 23 处特征点平均时序形变图

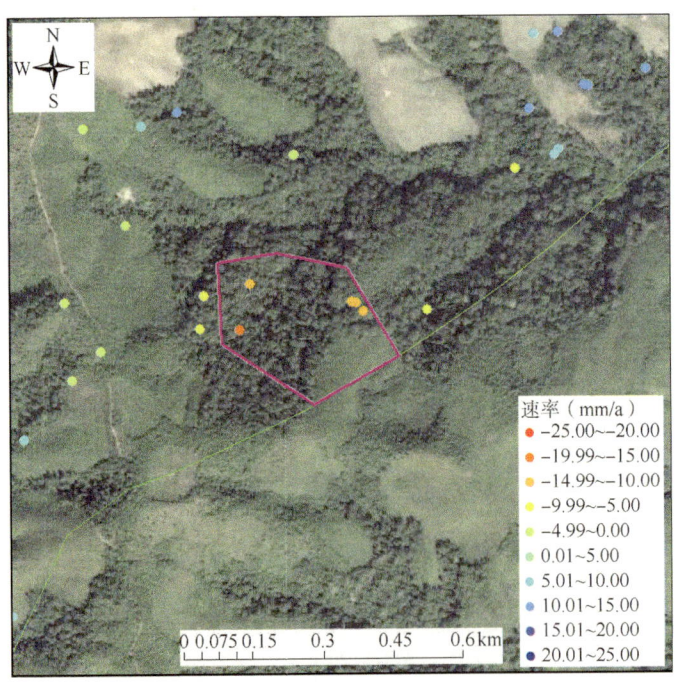

图 9-221　编号 24 局部异常形变区 PS 点分布图
(细绿线为分析缓冲区边界，粉色为标记区域 24)

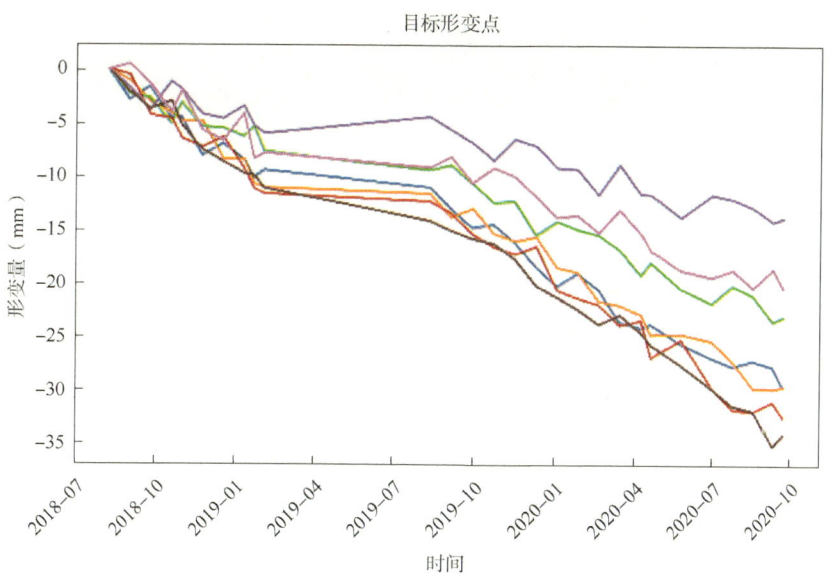

图 9-222　编号 24 处特征点时序形变图
每条曲线代表一个监测点随时间形变量变化

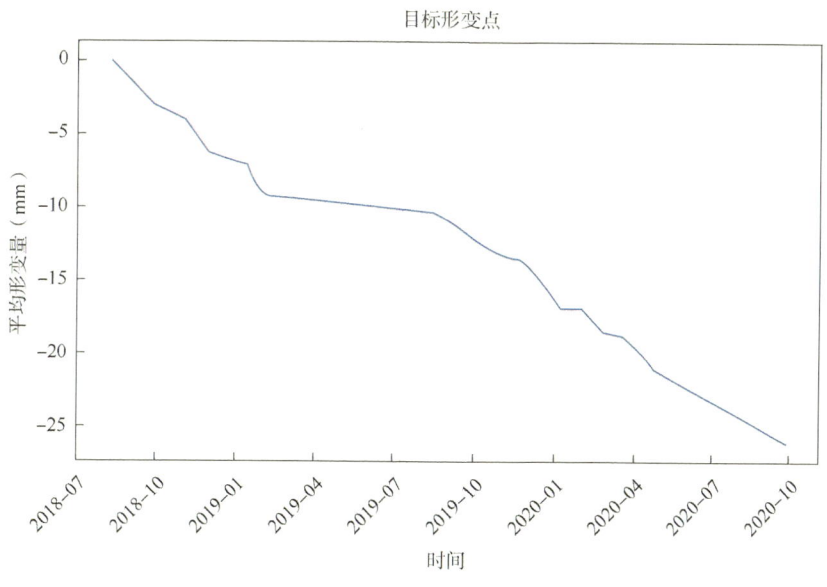

图 9-223　编号 24 处特征点平均时序形变图

（24）基于时序 SAR 技术，获取的标记区域 25 的形变监测分布图与时序形变相关图如图 9-224 至图 9-226 所示。结果显示：区域 25 内特征点平均累计抬升约为 30mm，个别特征点抬升较大。区域 25 形变原因可能是由于雨水的浸润导致的土壤的部分缺失，从而导致局部出现下沉。该区离管道较远，风险偏小。

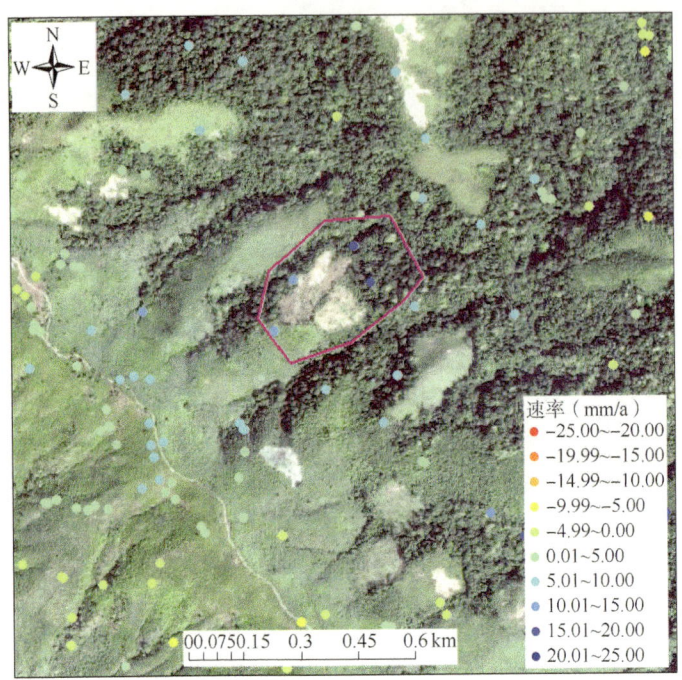

图 9-224　编号 25 局部异常形变区 PS 点分布图
(浅褐色线为天然气管道，粉色为标记区域 25)

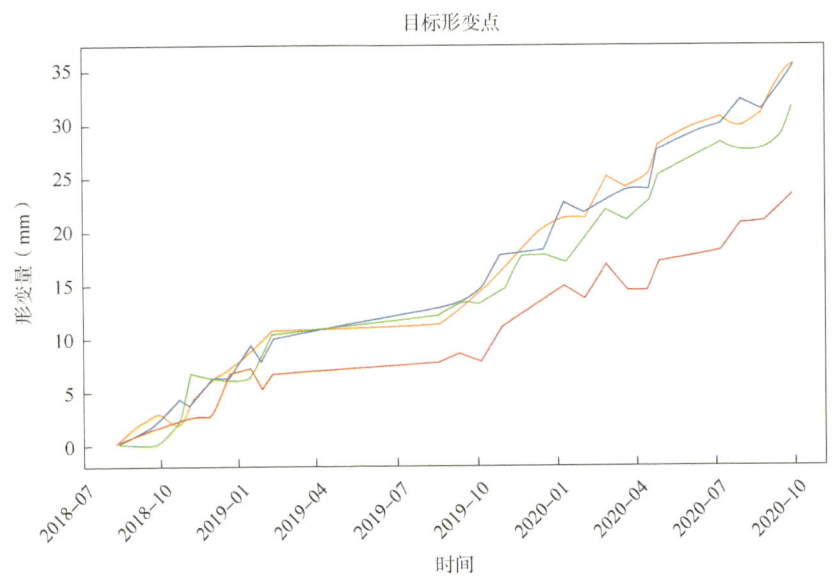

图 9-225　编号 25 处特征点时序形变图
每条曲线代表一个监测点随时间形变量变化

（25）基于时序 SAR 技术，获取的标记区域 26 的形变监测分布图与时序形变相关图如图 9-227 至图 9-229 所示。结果显示：区域 26 内特征点平均累计下沉约为 22mm。区域 26

形变原因可能是由于雨水的浸润导致的土壤的部分缺失，从而导致局部出现下沉。该区离管道较远，风险偏小。

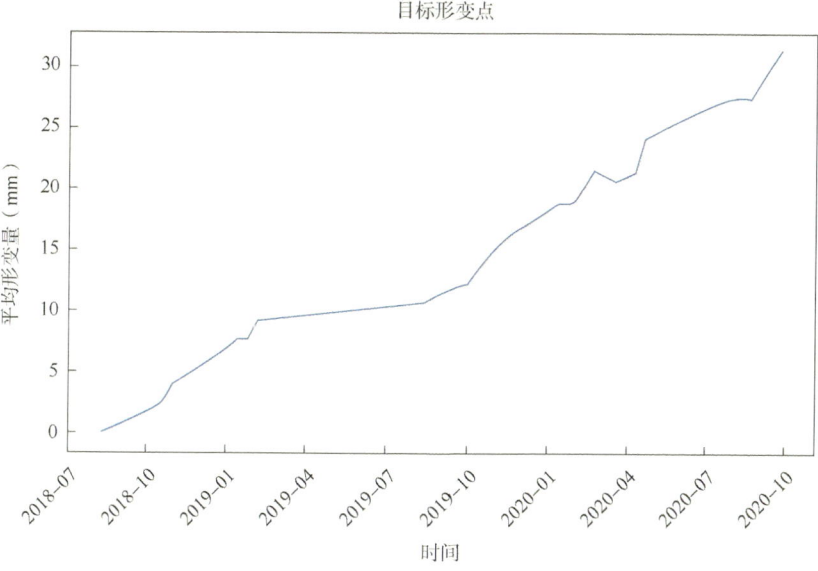

图 9-226　编号 25 处特征点平均时序形变图

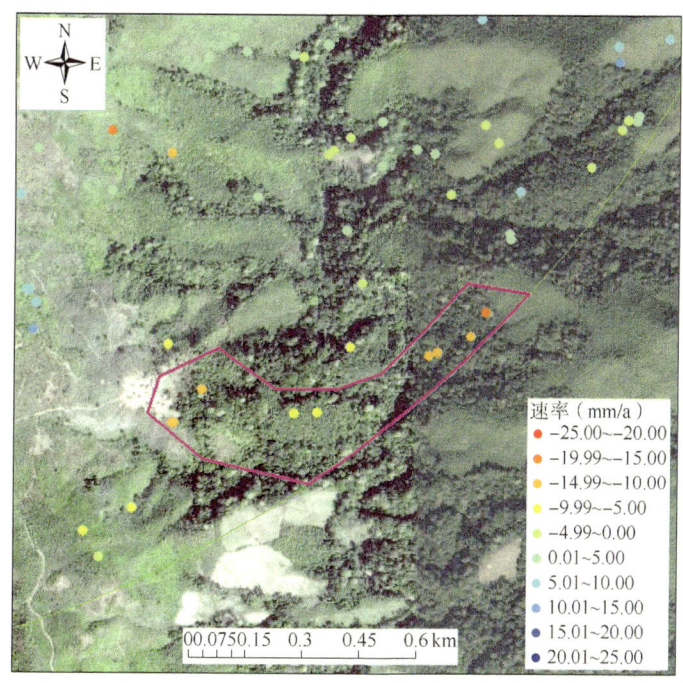

图 9-227　编号 26 局部异常形变区 PS 点分布图

（浅褐色线为天然气管道，粉色为标记区域 26）

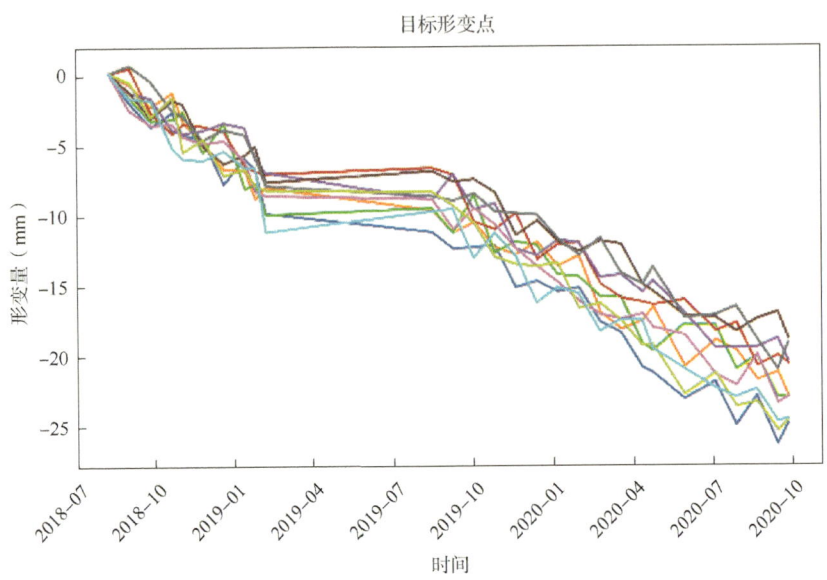

图 9-228　编号 26 处特征点时序形变图
每条曲线代表一个监测点随时间形变量变化

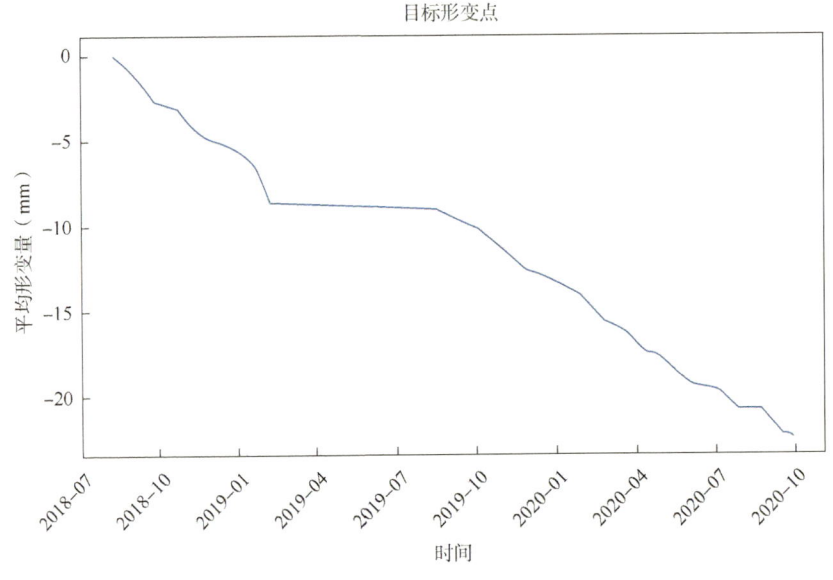

图 9-229　编号 26 处特征点平均时序形变图

（26）基于时序 SAR 技术，获取的标记区域 27 的形变监测分布图与时序形变相关图如图 9-230 至图 9-232 所示。结果显示：区域 27 内特征点平均累计抬升约为 27mm，形变较大。区域 27 形变原因可能是与山体受地质环境的变化出现了轻微滑动有关，存在一定的滑坡风险。该区离管道较近，风险较大，需重点关注。

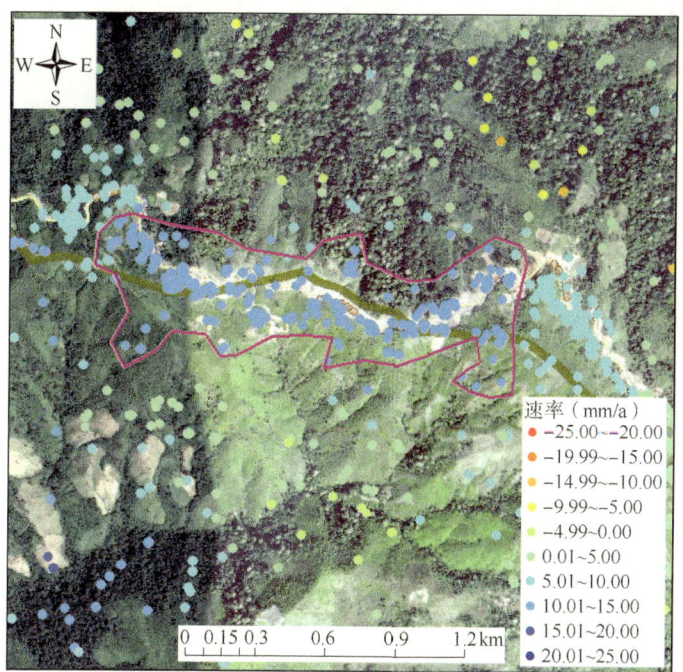

图 9-230　编号 27 局部异常形变区 PS 点分布图
（浅褐色线为天然气管道，粉色为标记区域 27）

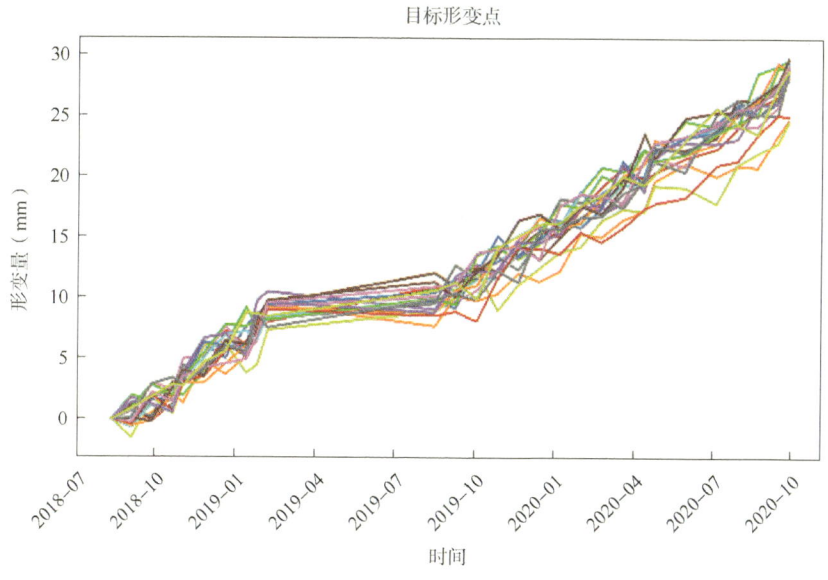

图 9-231　编号 27 处特征点时序形变图
每条曲线代表一个监测点随时间形变量变化

（27）基于时序 SAR 技术，获取的标记区域 28 的形变监测分布图与时序形变相关图如图 9-233 至图 9-235 所示。结果显示：区域 28 内特征点平均累计抬升约为 35mm，抬升较

· 409 ·

大。区域 28 形变原因可能是与山体中树木的生长引发的地质土壤的变动或者信号干扰有关。该区离管道较远，风险偏小。

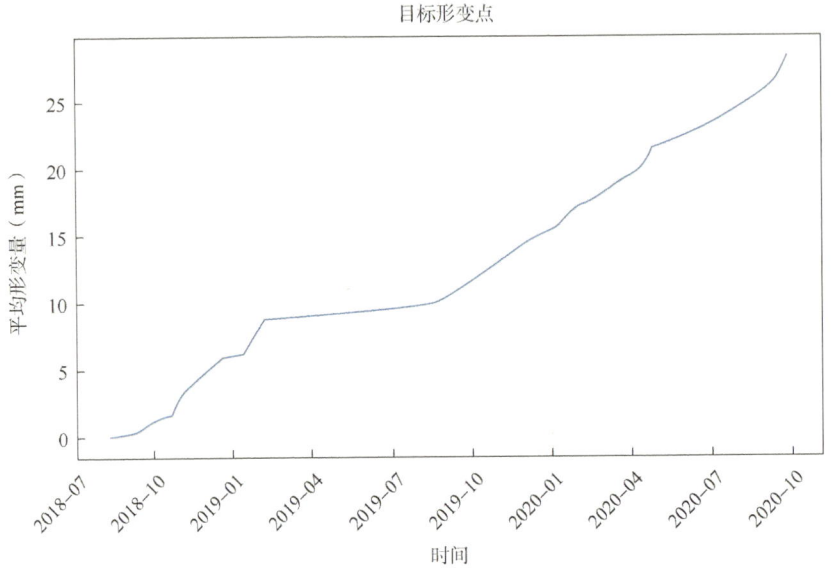

图 9-232　编号 27 处特征点平均时序形变图

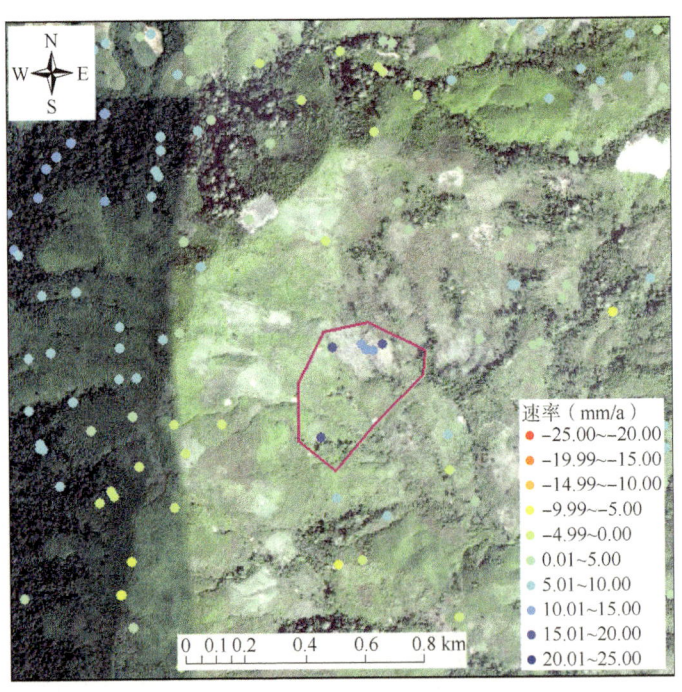

图 9-233　编号 28 局部异常形变区 PS 点分布图

(浅褐色线为天然气管道，粉色为标记区域 28)

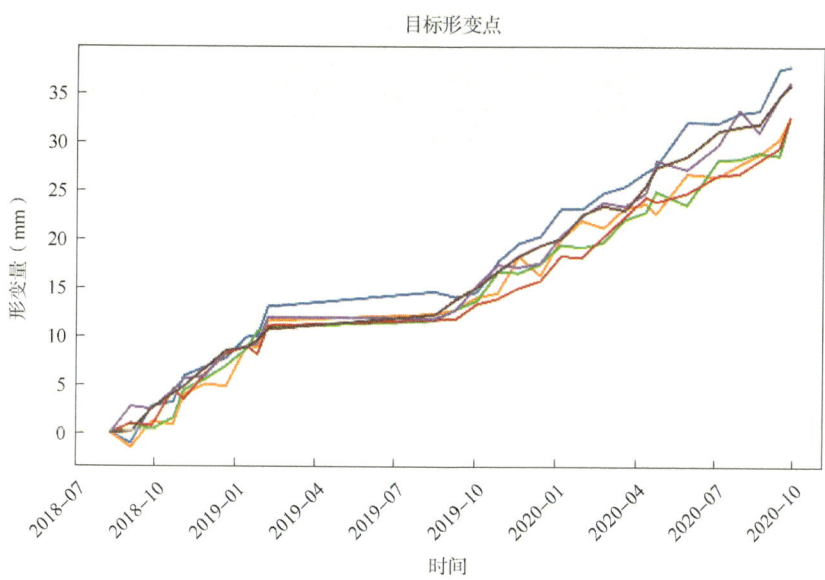

图 9-234　编号 28 处特征点时序形变图
每条曲线代表一个监测点随时间形变量变化

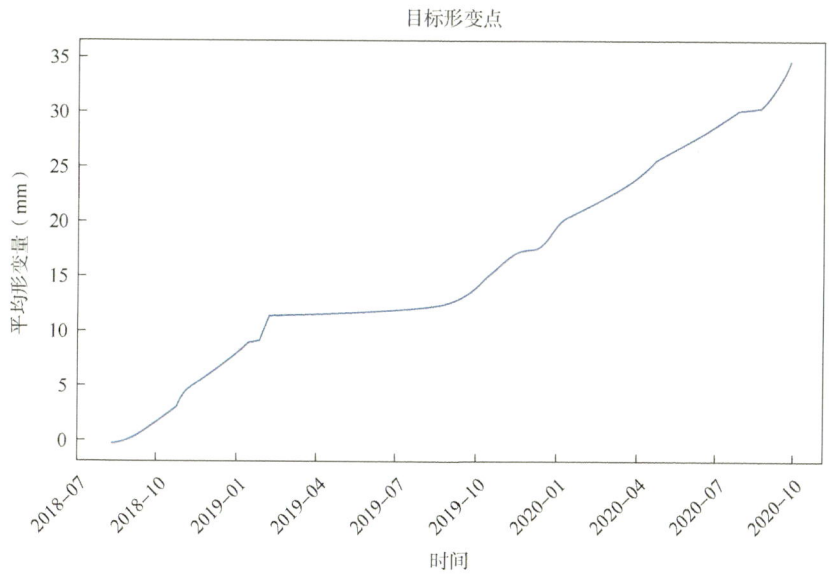

图 9-235　编号 28 处特征点平均时序形变图

（28）基于时序 SAR 技术，获取的标记区域 29 的形变监测分布图与时序形变相关图如图 9-236 至图 9-238 所示。结果显示：区域 29 内特征点平均累计抬升约为 26mm。区域 29 形变原因可能是与山体受地质环境的变化出现了轻微滑动有关。该区位于管道处，需重点关注，核查形变原因。

智慧管网技术

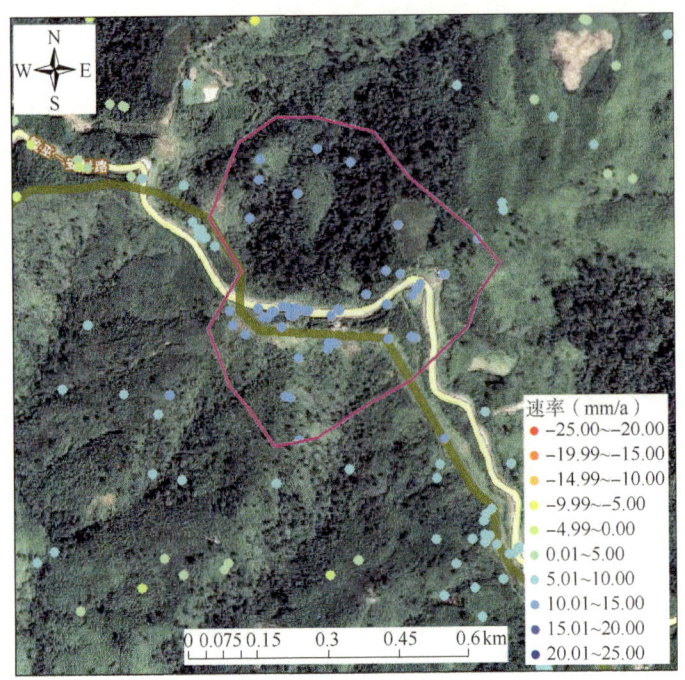

图 9-236　编号 29 局部异常形变区 PS 点分布图
(浅褐色线为天然气管道，粉色为标记区域 29)

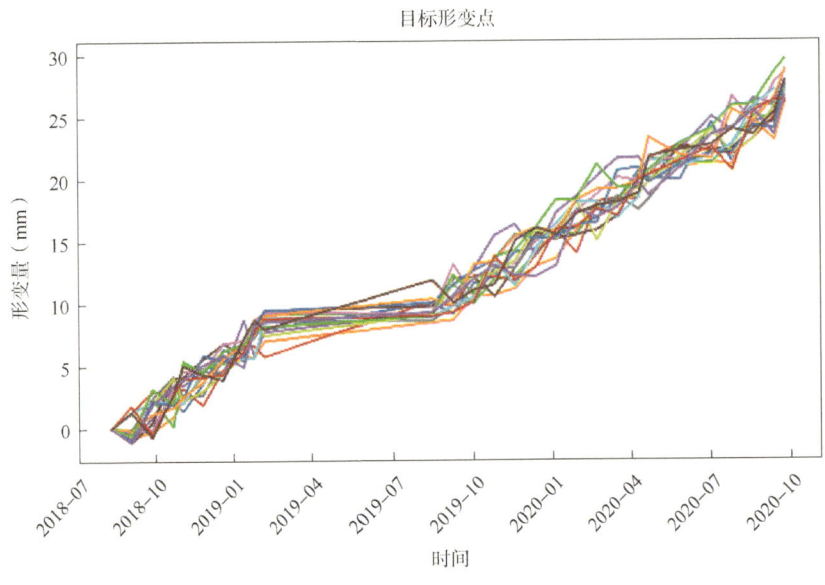

图 9-237　编号 29 处特征点时序形变图
每条曲线代表一个监测点随时间形变量变化

（29）基于时序 SAR 技术，获取的标记区域 30 的形变监测分布图与时序形变相关图如图 9-239 至图 9-241 所示。结果显示：区域 30 内特征点平均累计下沉约为 26mm。区域 30

形变原因可能是由于雨水的浸润导致的土壤的部分缺失，从而导致局部出现下沉。该区离管道较近，需重点关注。

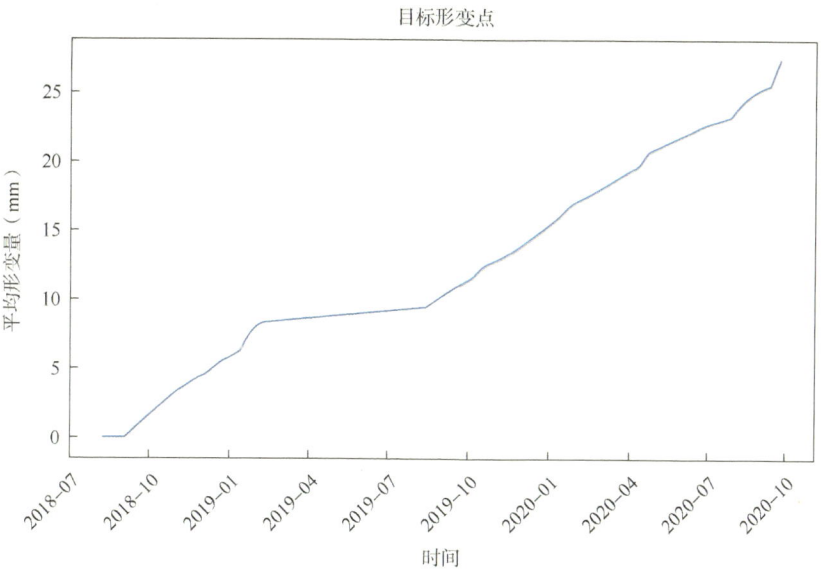

图 9-238　编号 29 处特征点平均时序形变图

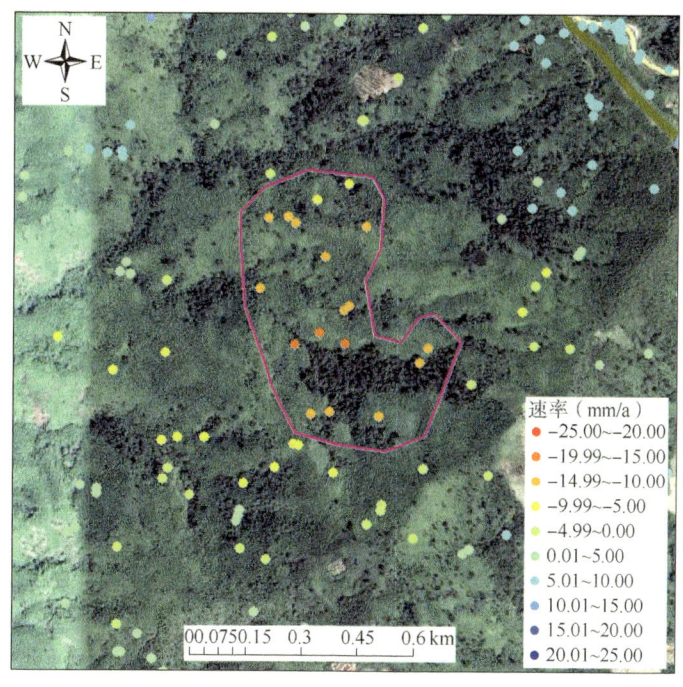

图 9-239　编号 30 局部异常形变区 PS 点分布图
（浅褐色线为天然气管道，粉色为标记区域 30）

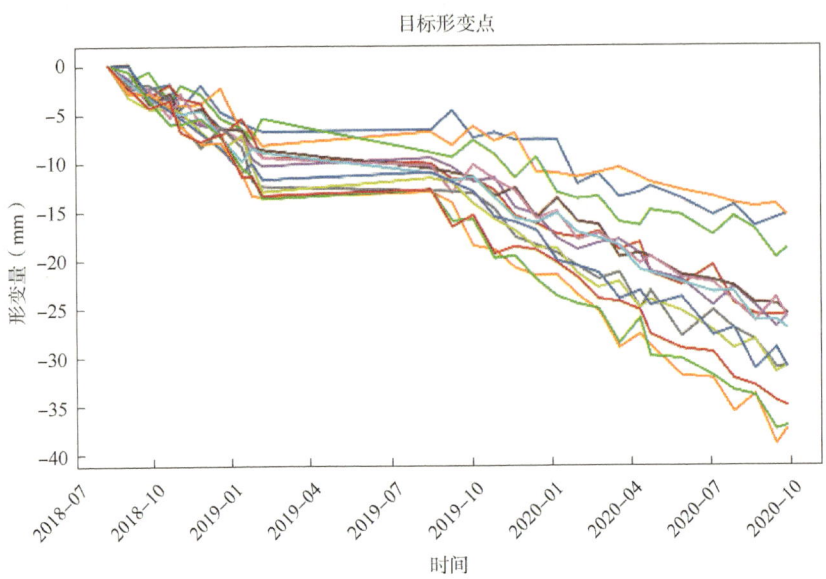

图 9-240　编号 30 处特征点时序形变图
每条曲线代表一个监测点随时间形变量变化

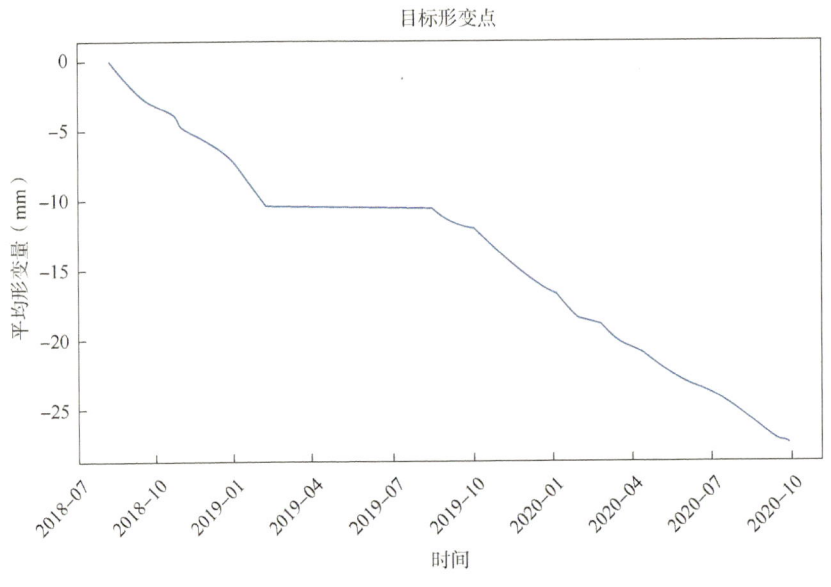

图 9-241　编号 30 处特征点平均时序形变图

（30）基于时序 SAR 技术，获取的标记区域 31 的形变监测分布图与时序形变相关图如图 9-242 至图 9-244 所示。结果显示：区域 31 内特征点平均累计下沉约为 25mm，个别特征点形变较大。区域 31 形变原因可能是由于雨水的浸润导致的土壤的部分缺失，从而导致局部出现下沉。该区离管道较远，风险偏小。

第9章 基于卫星遥感管道沿线地质沉降监测

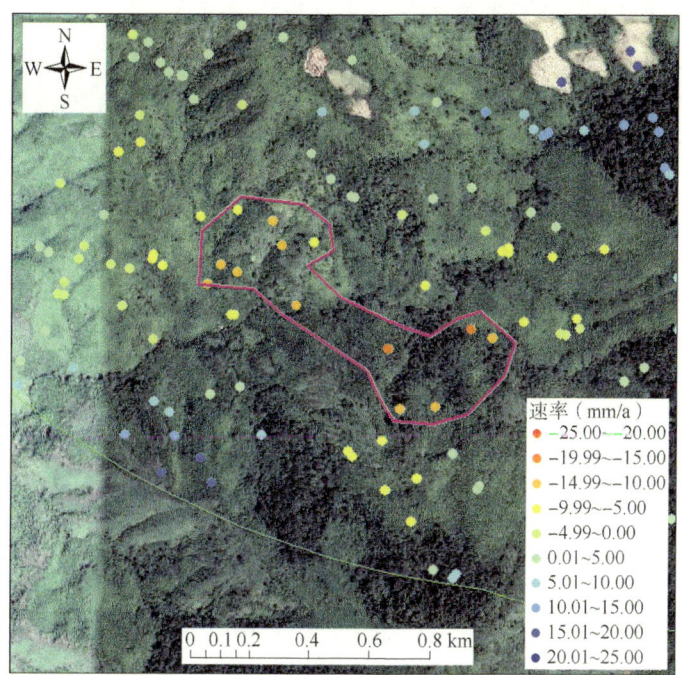

图 9-242 编号 31 局部异常形变区 PS 点分布图
(浅褐色线为天然气管道，粉色为标记区域 31)

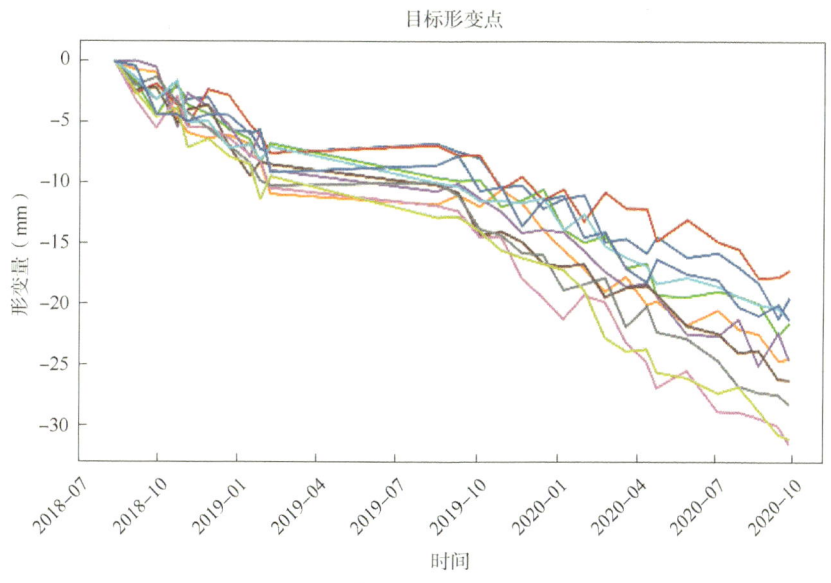

图 9-243 编号 31 处特征点时序形变图
每条曲线代表一个监测点随时间形变量变化

（31）基于时序 SAR 技术，获取的标记区域 32 的形变监测分布图与时序形变相关图如图 9-245 至图 9-247 所示。结果显示：该区域形变情况较复杂，有表现抬升的，有表现下沉的，区域内特征点平均累计抬升约为 2mm，个别特征点形变较大。区域 32 一部分形变原因可能是由于雨水的浸润导致的土壤的部分缺失，从而导致局部出现下沉；另一部分原因是雨水和植被的影响导致的土壤出现蓬松的现象。该区离管道较近，风险偏大，需核查形变原因。

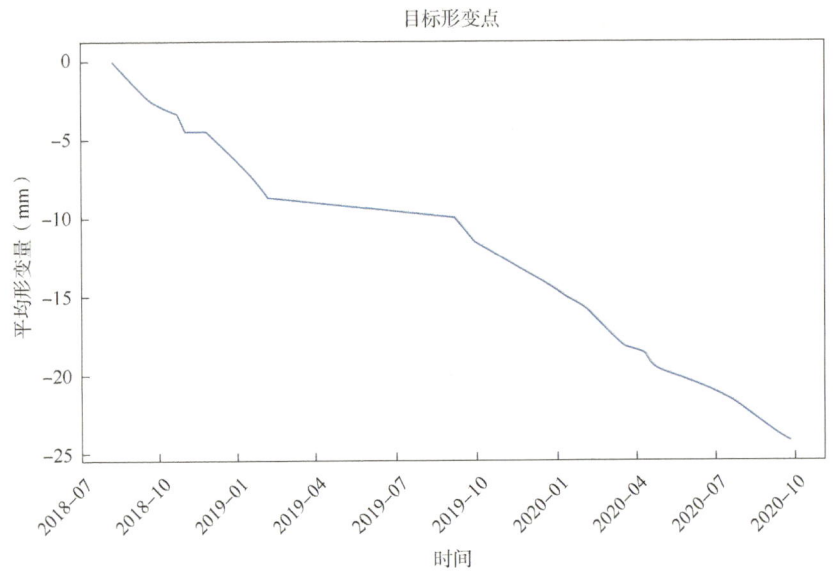

图 9-244　编号 31 处特征点平均时序形变图

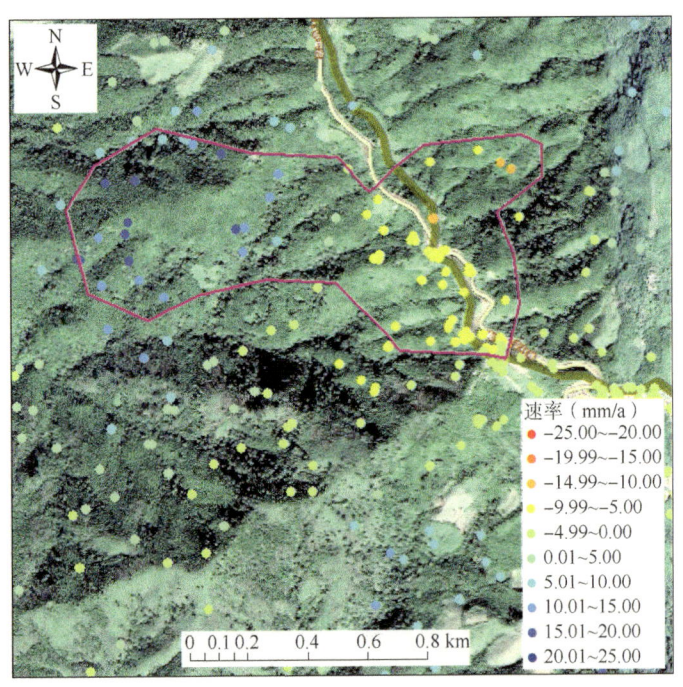

图 9-245　编号 32 局部异常形变区 PS 点分布图

(浅褐色线为天然气管道，粉色为标记区域 32)

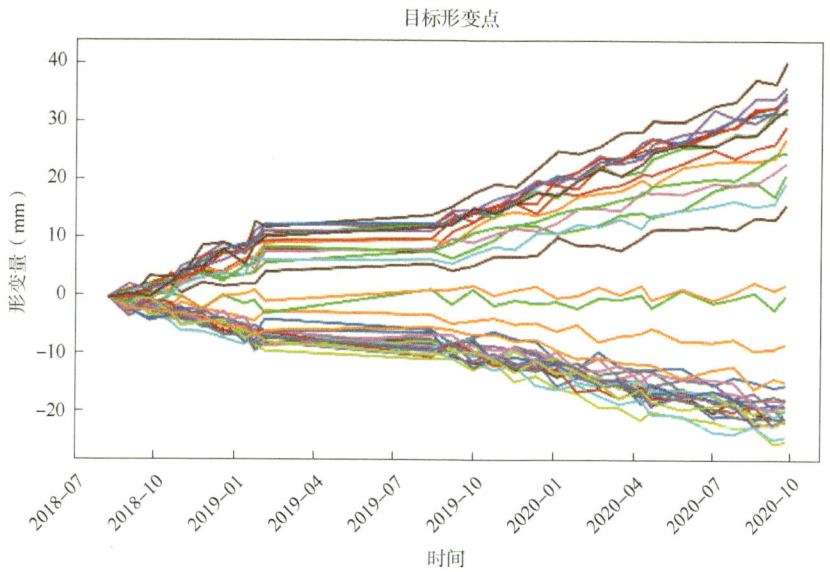

图 9-246　编号 32 处特征点时序形变图
每条曲线代表一个监测点随时间形变量变化

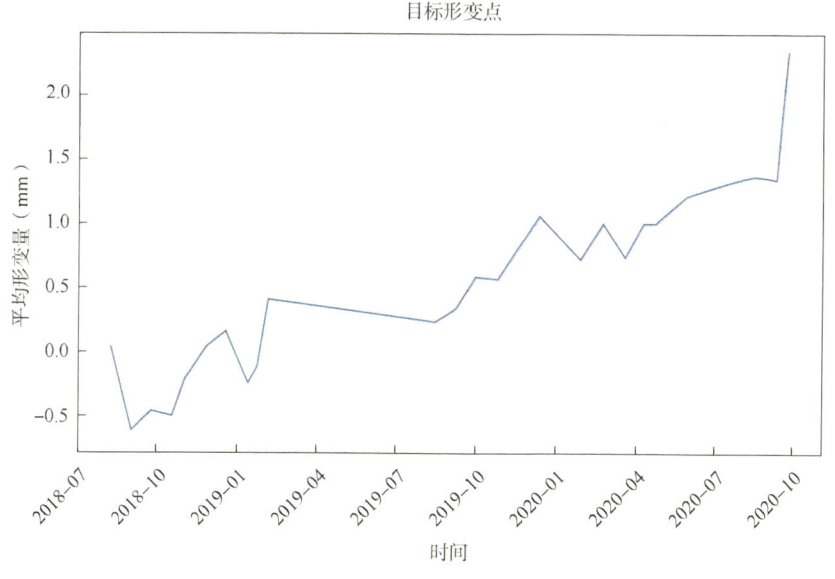

图 9-247　编号 32 处特征点平均时序形变图

（32）基于时序 SAR 技术，获取的标记区域 33 的形变监测分布图与时序形变相关图如图 9-248 至图 9-250 所示。结果显示：区域 33 内特征点平均累计下沉约为 22mm，个别特征点抬升较大。区域 33 形变原因可能是由于雨水的浸润导致的土壤的部分缺失，从而导致局部出现下沉。该区离管道较远，风险偏小。

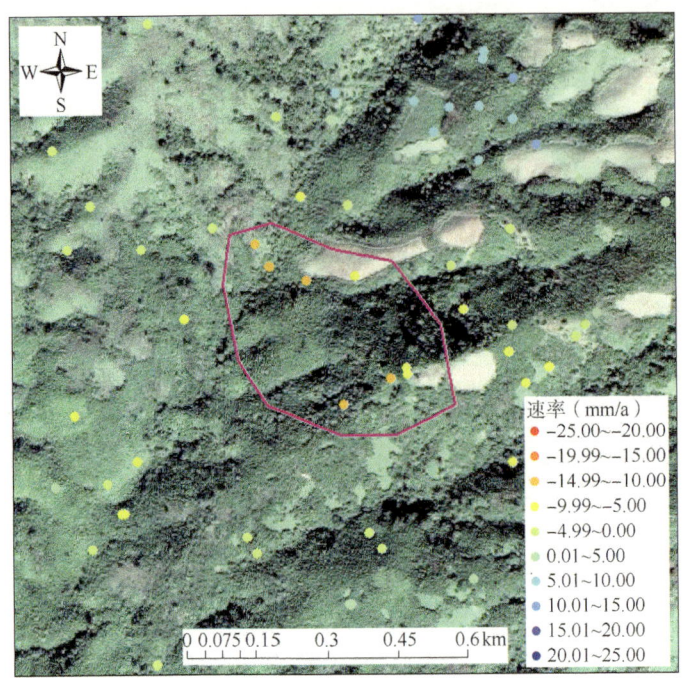

图 9-248 编号 33 局部异常形变区 PS 点分布图
(浅褐色线为天然气管道，粉色为标记区域 33)

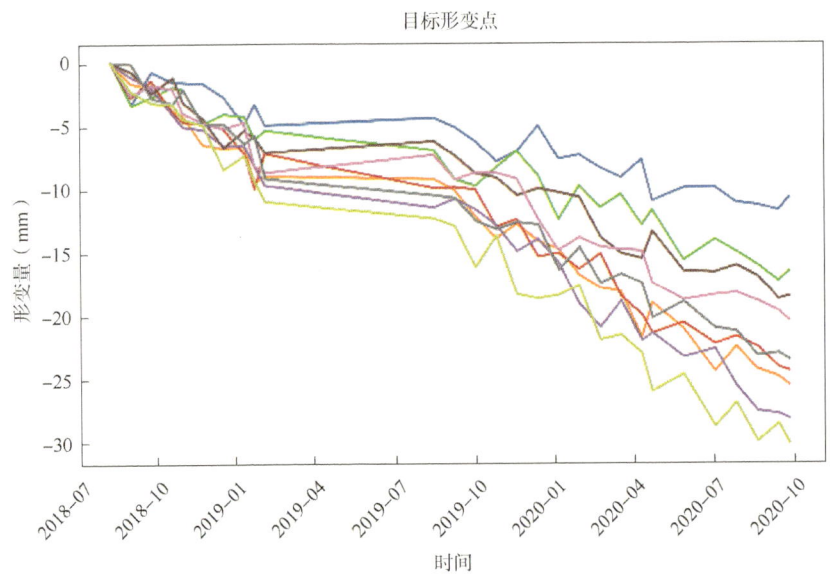

图 9-249 编号 33 处特征点时序形变图
每条曲线代表一个监测点随时间形变量变化

（33）基于时序 SAR 技术，获取的标记区域 34 的形变监测分布图与时序形变相关图如图 9-251 至图 9-253 所示。结果显示：区域 34 内特征点平均累计抬升约为 31mm，个别特

征点形变较大。区域 34 形变原因可能是与山体中树木的生长引发的地质土壤的变动或者信号干扰有关，也可能与山体的轻微运动有关。该区离管道较远，风险偏小。

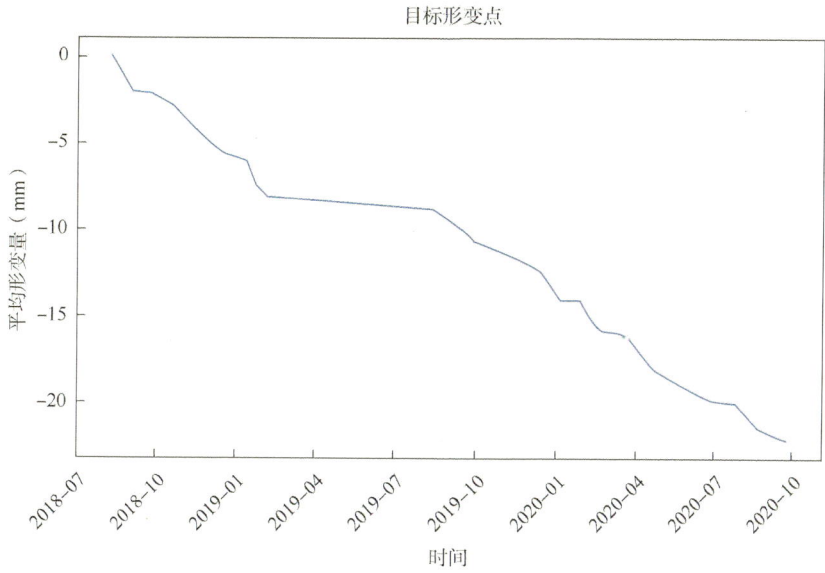

图 9-250　编号 33 处特征点平均时序形变图

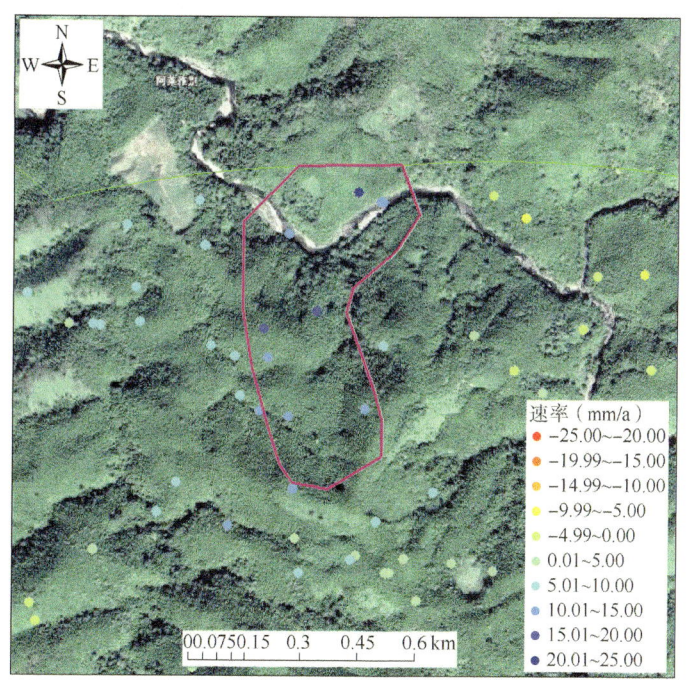

图 9-251　编号 34 局部异常形变区 PS 点分布图
（浅褐色线为天然气管道，粉色为标记区域 34）

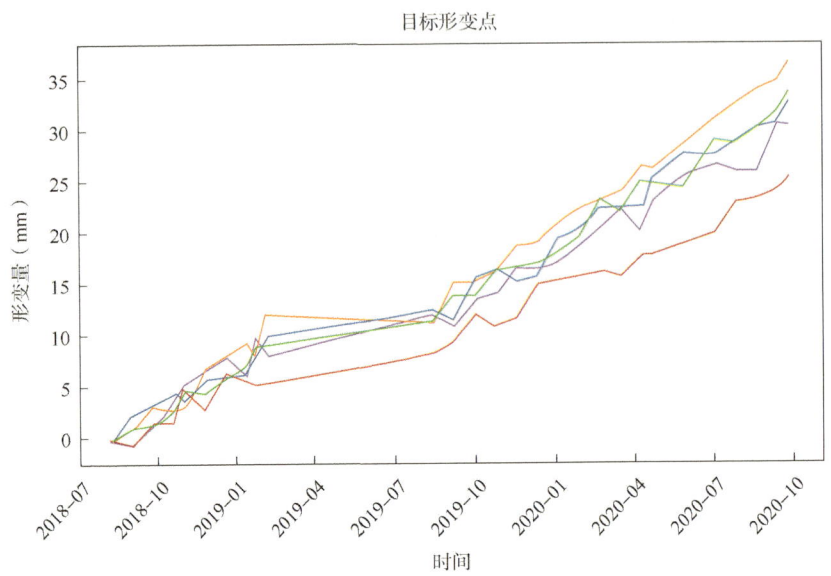

图 9-252　编号 34 处特征点时序形变图

每条曲线代表一个监测点随时间形变量变化

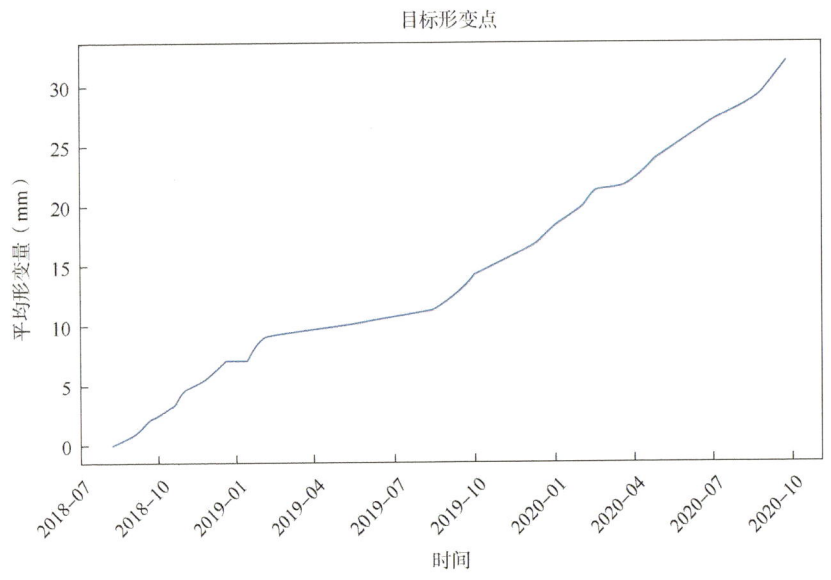

图 9-253　编号 34 处特征点平均时序形变图

（34）基于时序 SAR 技术，获取的标记区域 35 的形变监测分布图与时序形变相关图如图 9-254 至图 9-256 所示。结果显示：区域 35 内特征点平均累计下沉约为 25mm。区域 35 形变原因是雨水的浸润导致的土壤的部分缺失，从而导致局部出现下沉，也可能与山体的轻微运动有关。该区离管道较近，需给予适当关注。

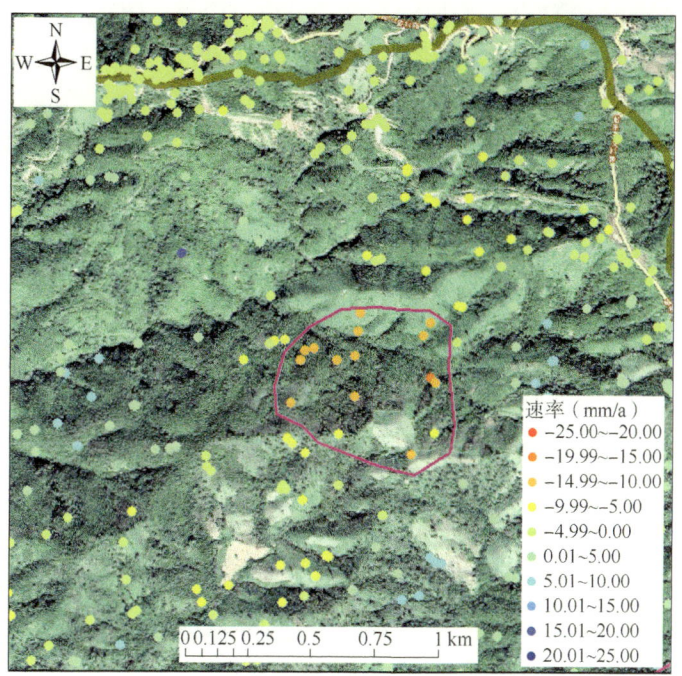

图 9-254　编号 35 局部异常形变区 PS 点分布图

(浅褐色线为天然气管道，粉色为标记区域 35)

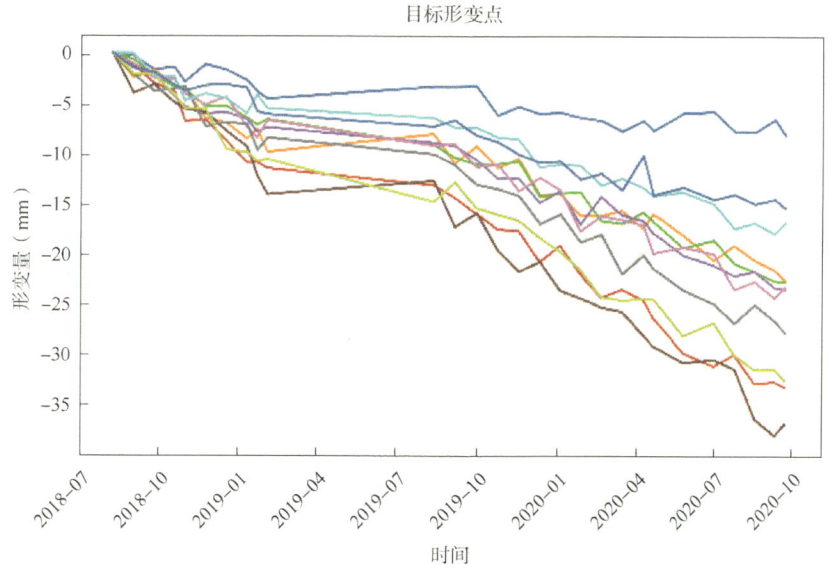

图 9-255　编号 35 处特征点时序形变图

每条曲线代表一个监测点随时间形变量变化

（35）基于时序 SAR 技术，获取的标记区域 36 的形变监测分布图与时序形变相关图如图 9-257 至图 9-259 所示。结果显示：区域 36 内特征点平均累计抬升约为 6mm，个别特

征点形变较大。区域 36 一部分形变原因可能是由于雨水的浸润导致的土壤的部分缺失，从而导致局部出现下沉；另一部分原因是雨水和植被的影响导致的土壤出现蓬松的现象。该区离管道较远，风险偏小。

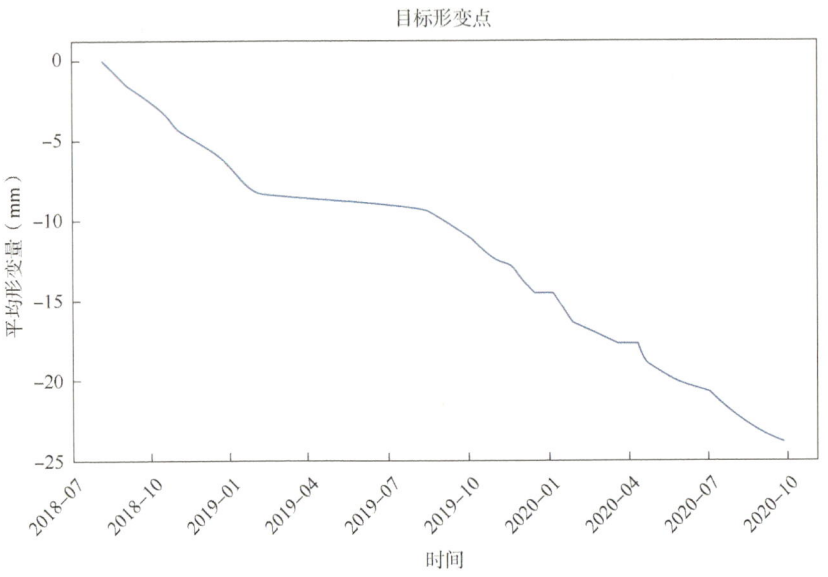

图 9-256　编号 35 处特征点平均时序形变图

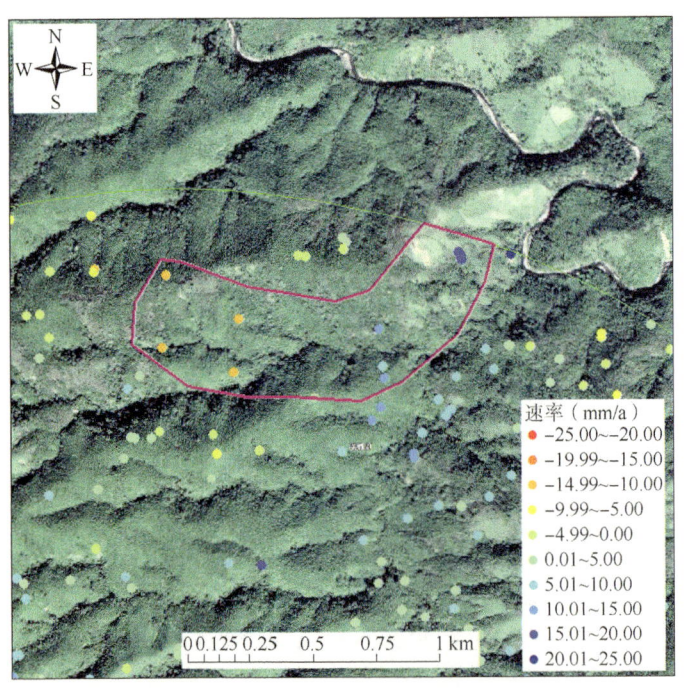

图 9-257　编号 36 局部异常形变区 PS 点分布图

(浅褐色线为天然气管道，粉色为标记区域 36)

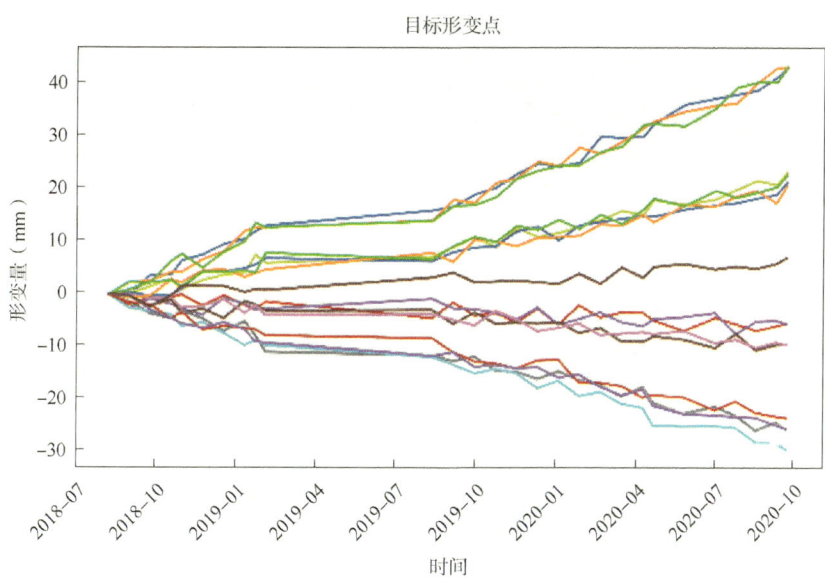

图 9-258　编号 36 处特征点时序形变图
每条曲线代表一个监测点随时间形变量变化

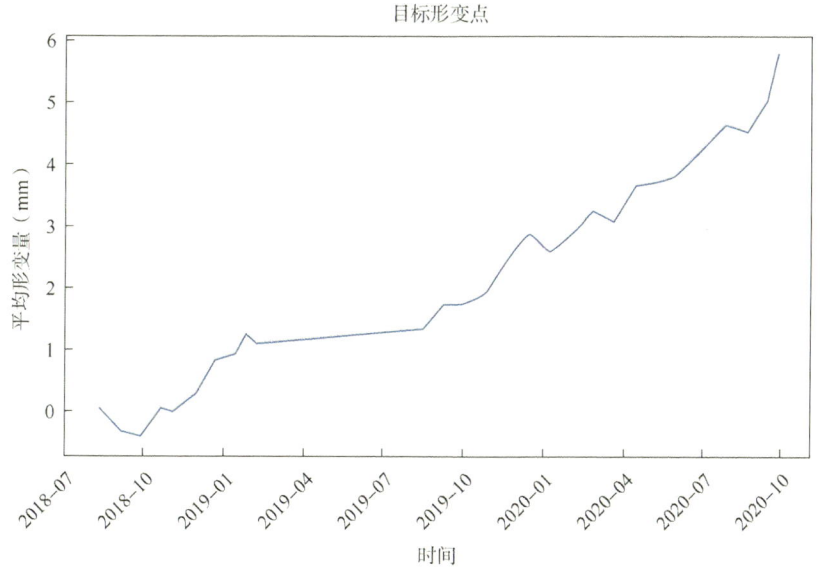

图 9-259　编号 36 处特征点平均时序形变图

(36) 基于时序 SAR 技术，获取的标记区域 37 的形变监测分布图与时序形变相关图如图 9-260 至图 9-262 所示。结果显示：区域 37 内特征点平均累计下沉约为 22mm。区域 37 形变原因可能是由于雨水的浸润导致的土壤的部分缺失，从而导致局部出现下沉。该区离管道很近，需重点关注。

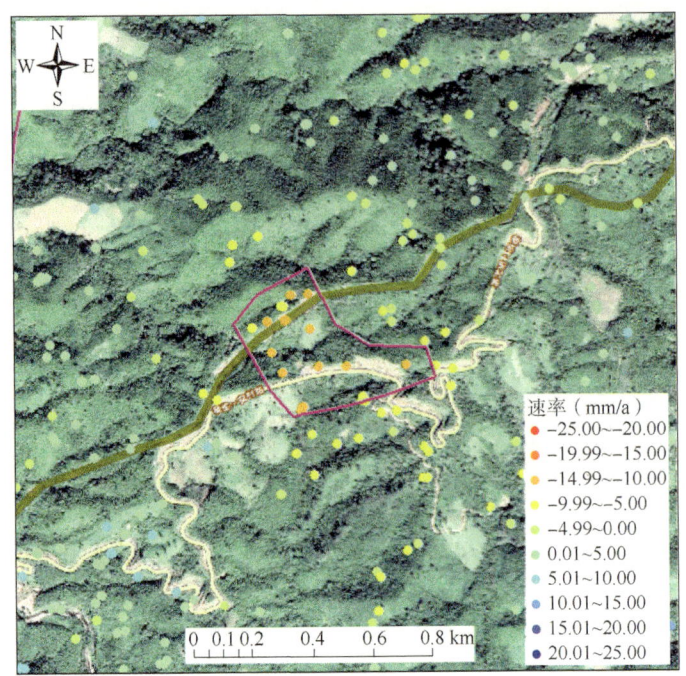

图 9-260　编号 37 局部异常形变区 PS 点分布图
(浅褐色线为天然气管道，粉色为标记区域 37)

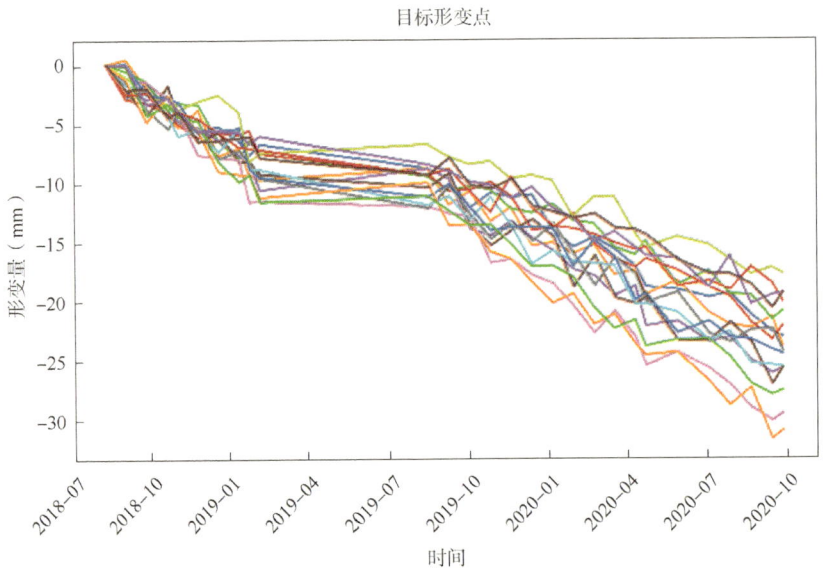

图 9-261　编号 37 处特征点时序形变图
每条曲线代表一个监测点随时间形变量变化

（37）基于时序 SAR 技术，获取的标记区域 38 的形变监测分布图与时序形变相关图如图 9-263 至图 9-265 所示。结果显示：区域 38 内特征点平均累计下沉约为 32mm。区域 38

形变原因可能是由于雨水的浸润导致的土壤的部分缺失，从而导致局部出现下沉。该区离管道较远，风险较小。

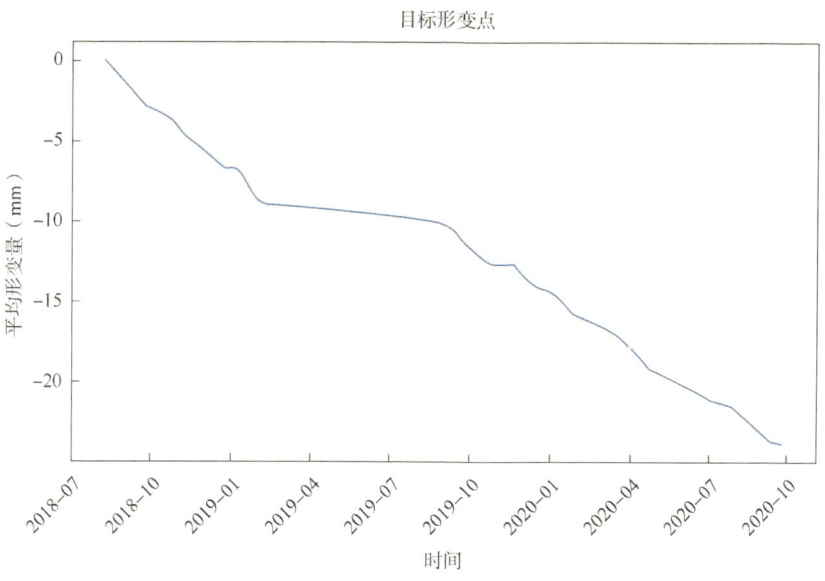

图 9-262　编号 37 处特征点平均时序形变图

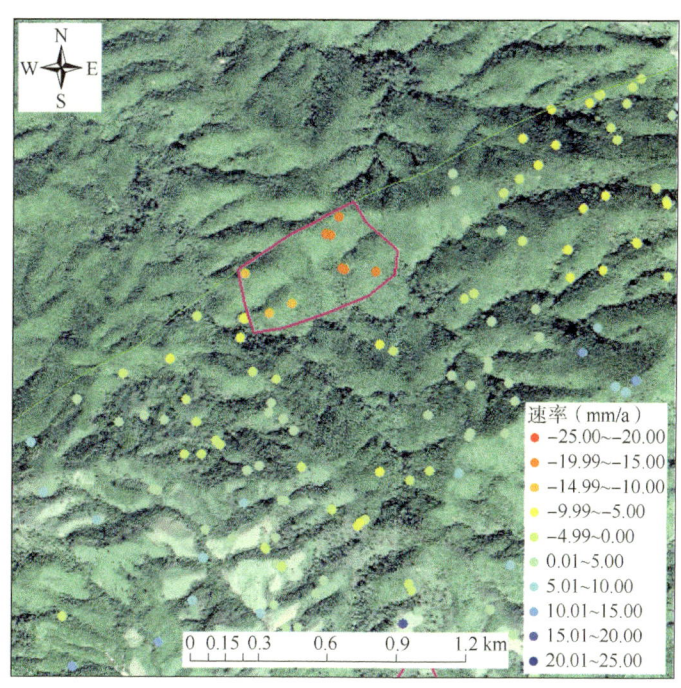

图 9-263　编号 38 局部异常形变区 PS 点分布图
（浅褐色线为天然气管道，粉色为标记区域 38）

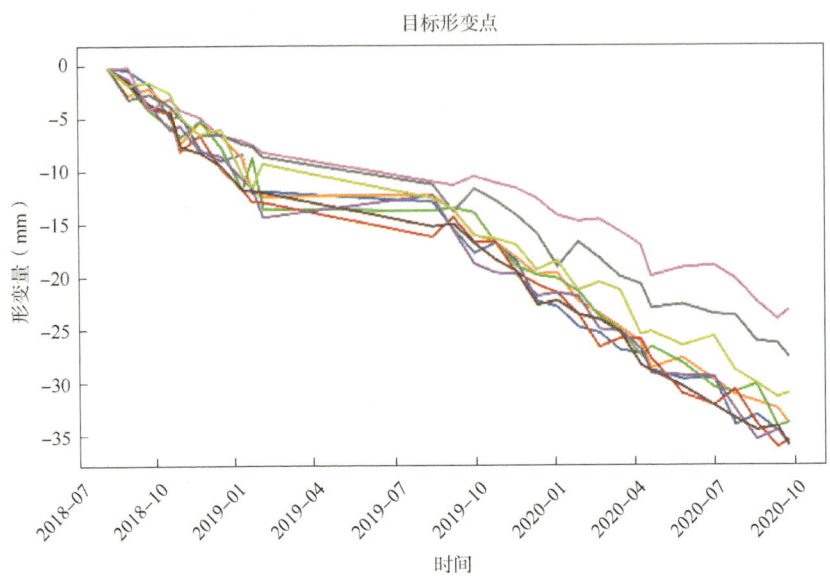

图 9-264　编号 38 处特征点时序形变图
每条曲线代表一个监测点随时间形变量变化

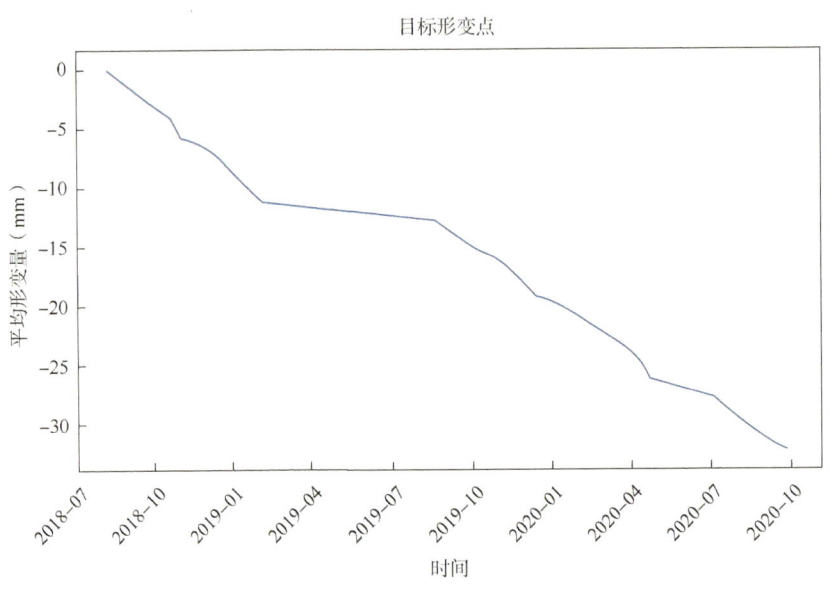

图 9-265　编号 38 处特征点平均时序形变图

（38）基于时序 SAR 技术，获取的标记区域 39 的形变监测分布图与时序形变相关图如图 9-266 至图 9-268 所示。结果显示：区域 39 内特征点平均累计抬升约为 35mm，个别特征点抬升较大。区域 39 形变原因可能是与山体中树木的生长引发的地质土壤的变动或者信号干扰有关，也可能与山体的轻微运动有关。该区离管道较近，需给予适当关注。

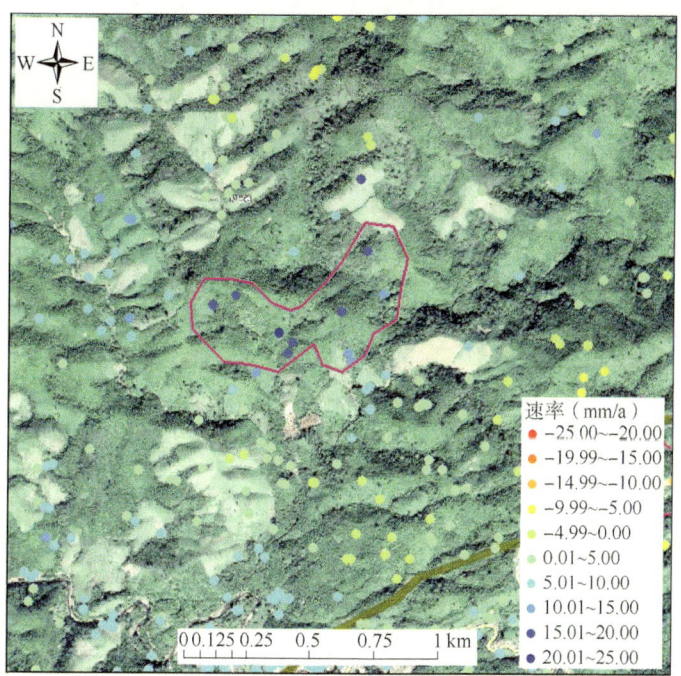

图 9-266 编号 39 局部异常形变区 PS 点分布图
(浅褐色线为天然气管道，粉色为标记区域 39)

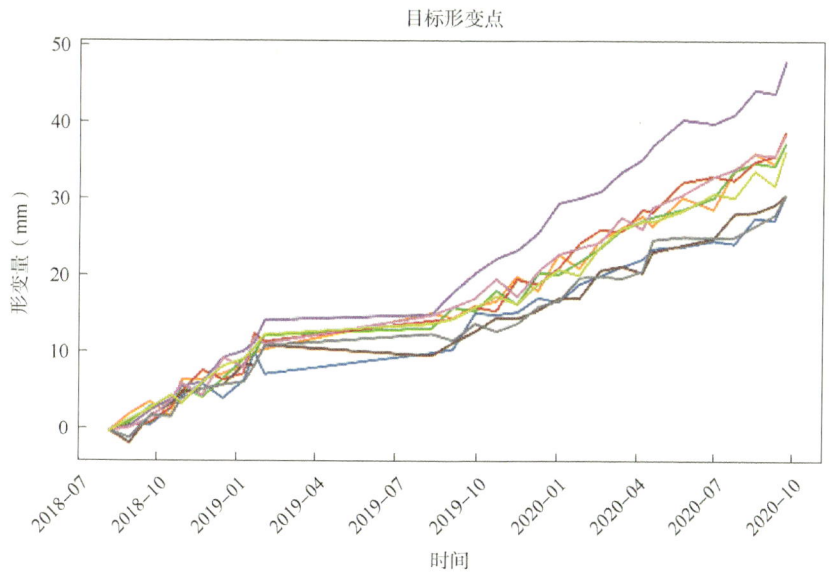

图 9-267 编号 39 处特征点时序形变图
每条曲线代表一个监测点随时间形变量变化

（39）基于时序 SAR 技术，获取的标记区域 40 的形变监测分布图与时序形变相关图如图 9-269 至图 9-271 所示。结果显示：区域 40 内特征点平均累计下沉约为 30mm，特征点形变较大。区域 40 形变原因可能是由于雨水的浸润导致的土壤的部分缺失,从而导致局部出现下沉。该区离管道较近,需给予重点关注。

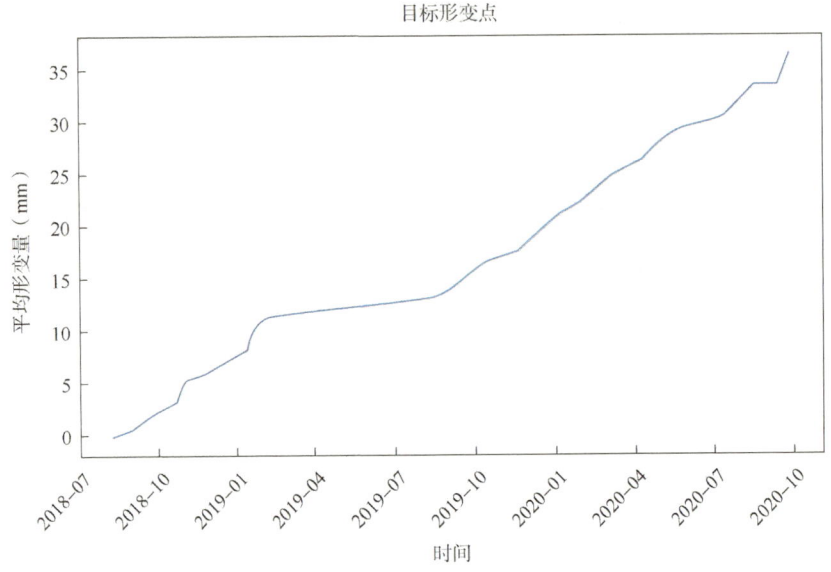

图 9-268　编号 39 处特征点平均时序形变图

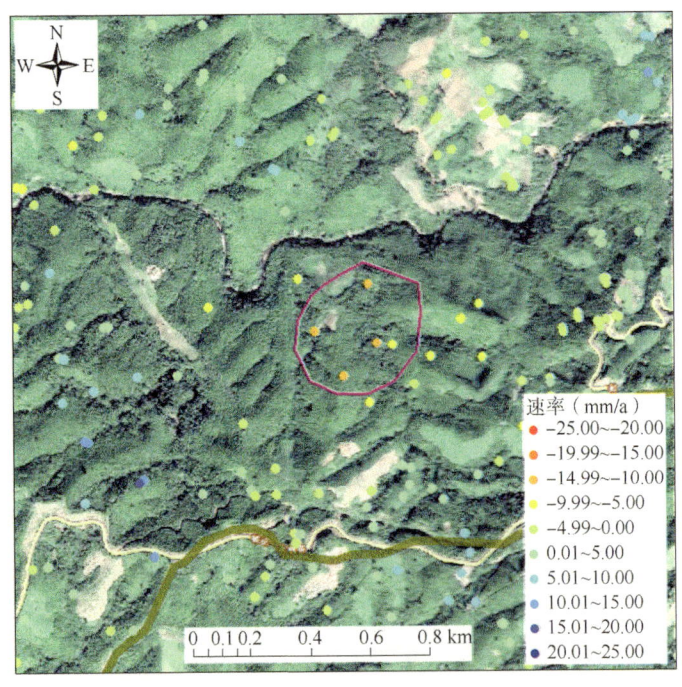

图 9-269　编号 40 局部异常形变区 PS 点分布图

(细绿线为分析缓冲区边界,粉色为标记区域 40)

第9章 基于卫星遥感管道沿线地质沉降监测

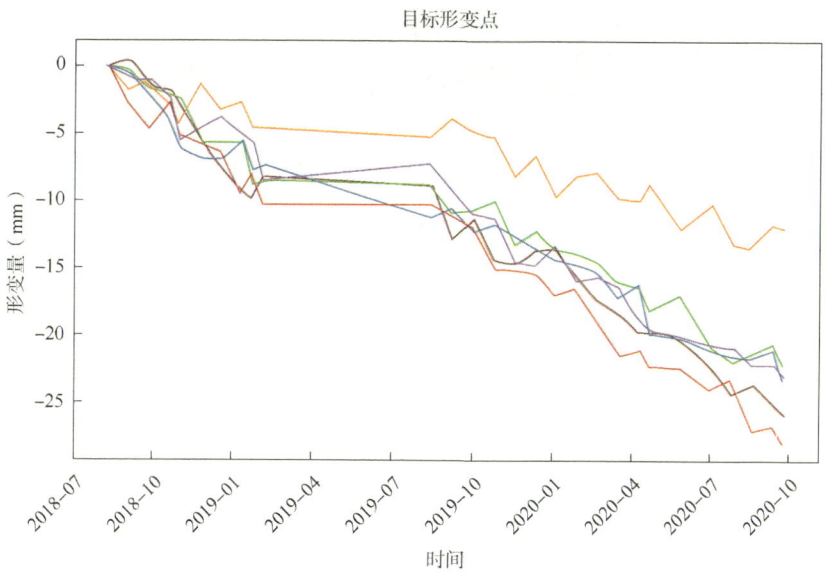

图 9-270 编号 40 处特征点时序形变图
每条曲线代表一个监测点随时间形变量变化

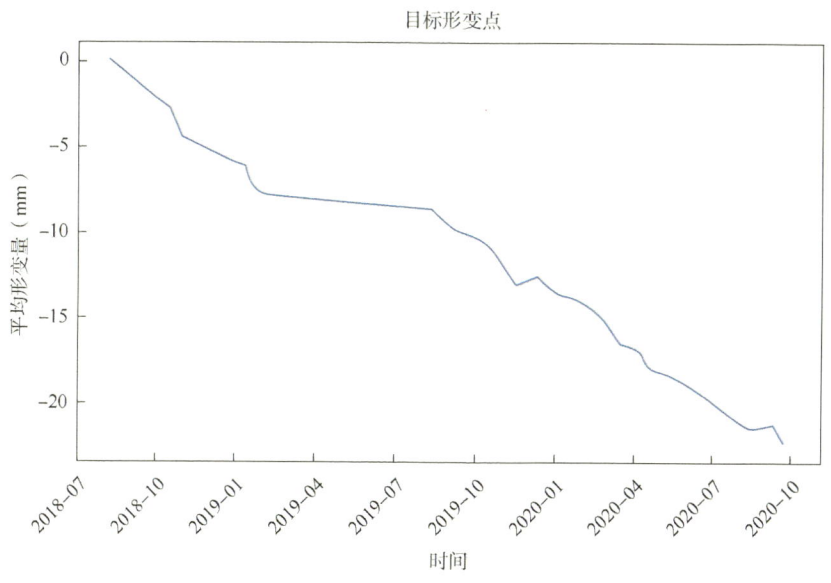

图 9-271 编号 40 处特征点平均时序形变图

（40）基于时序 SAR 技术，获取的标记区域 41 的形变监测分布图与时序形变相关图如图 9-272 至图 9-274 所示。结果显示：区域 41 内特征点平均累计下沉约为 32mm，形变较大。区域 41 形变原因可能是由于雨水的浸润导致的土壤的部分缺失，从而导致局部出现下沉。该区离管道较近，需适当关注。

· 429 ·

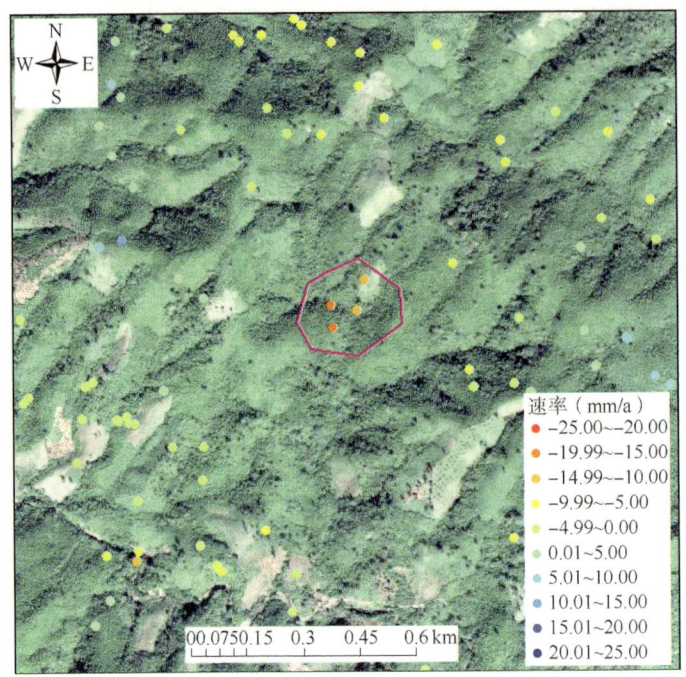

图 9-272 编号 41 局部异常形变区 PS 点分布图
(细绿线为分析缓冲区边界,粉色为标记区域 41)

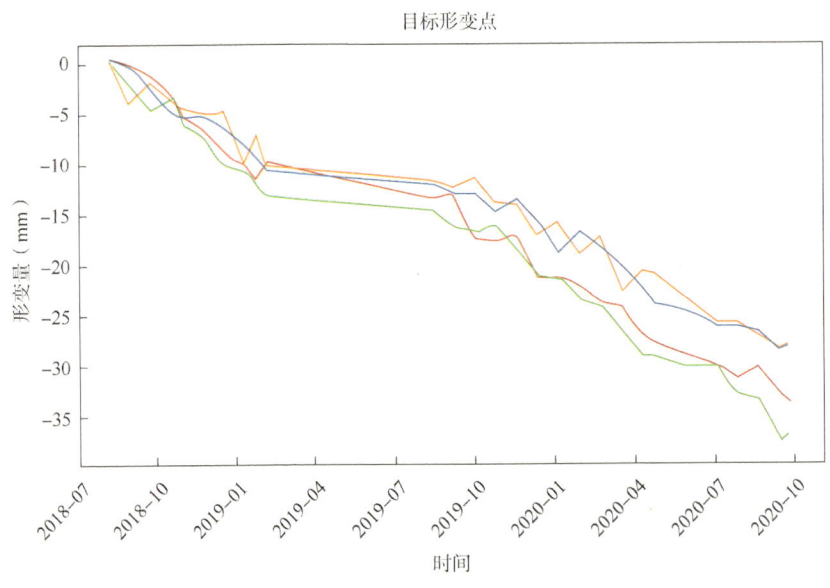

图 9-273 编号 41 处特征点时序形变图
每条曲线代表一个监测点随时间形变量变化

(41) 基于时序 SAR 技术,获取的标记区域 42 的形变监测分布图与时序形变相关图如图 9-275 至图 9-277 所示。结果显示:区域 42 内特征点平均累计下沉约为 22mm。区域 42

形变原因可能是由于雨水的浸润导致的土壤的部分缺失，从而导致局部出现下沉。该区离管道较近，需给予适当关注。

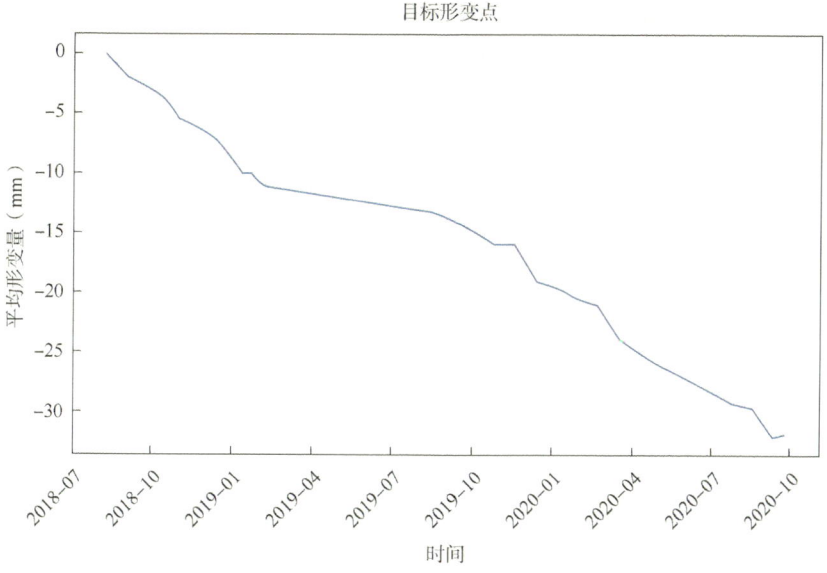

图 9-274　编号 41 处特征点平均时序形变图

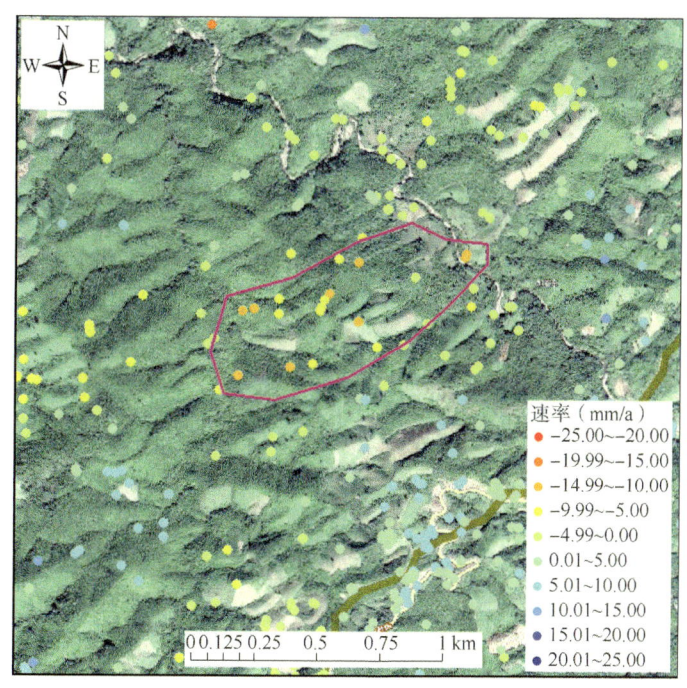

图 9-275　编号 42 局部异常形变区 PS 点分布图
（浅褐色线为天然气管道，粉色为标记区域 42）

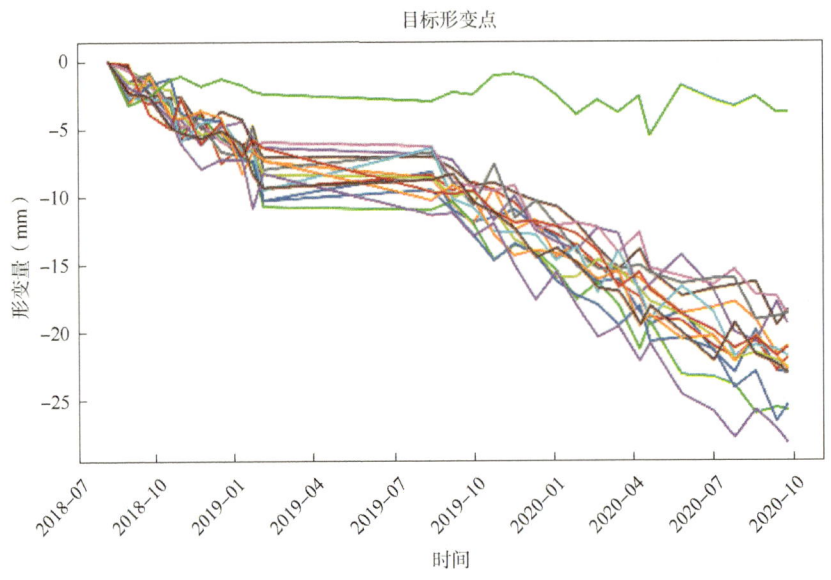

图 9-276　编号 42 处特征点时序形变图
每条曲线代表一个监测点随时间形变量变化

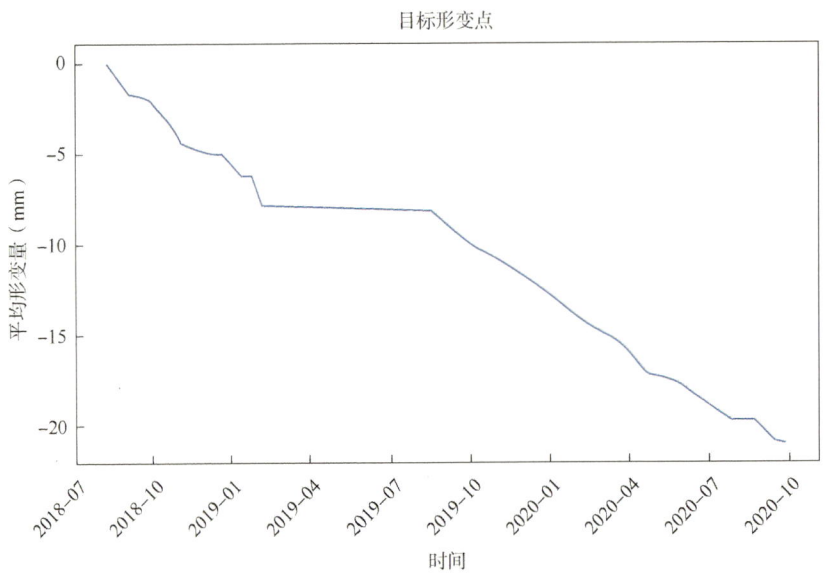

图 9-277　编号 42 处特征点平均时序形变图

（42）基于时序 SAR 技术，获取的标记区域 43 的形变监测分布图与时序形变相关图如图 9-278 至图 9-280 所示。结果显示：区域 43 内特征点平均累计抬升约为 32mm，形变较大。区域 43 形变原因可能是与山体中树木的生长引发的地质土壤的变动或者信号干扰有关，考虑到树木与植被覆盖度的原因，风险较小。该区离管道较近，需给予适当关注。

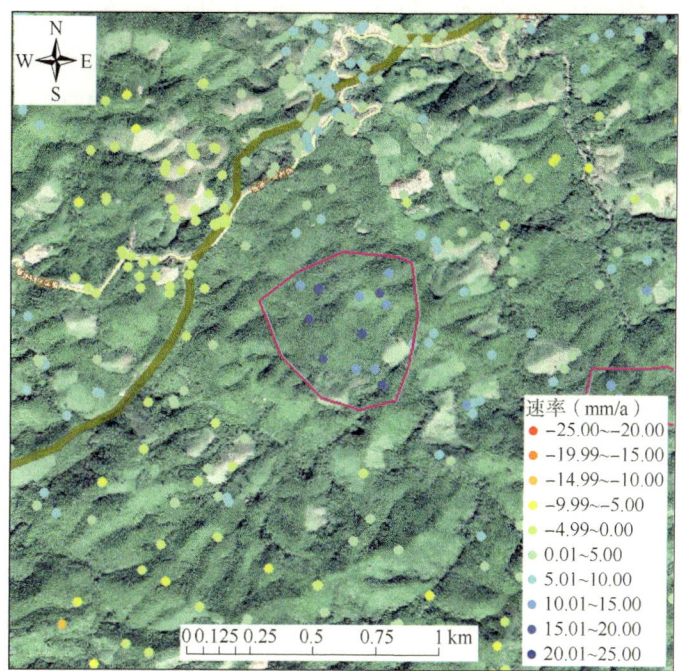

图 9-278 编号 43 局部异常形变区 PS 点分布图

(浅褐色线为天然气管道,粉色为标记区域 43)

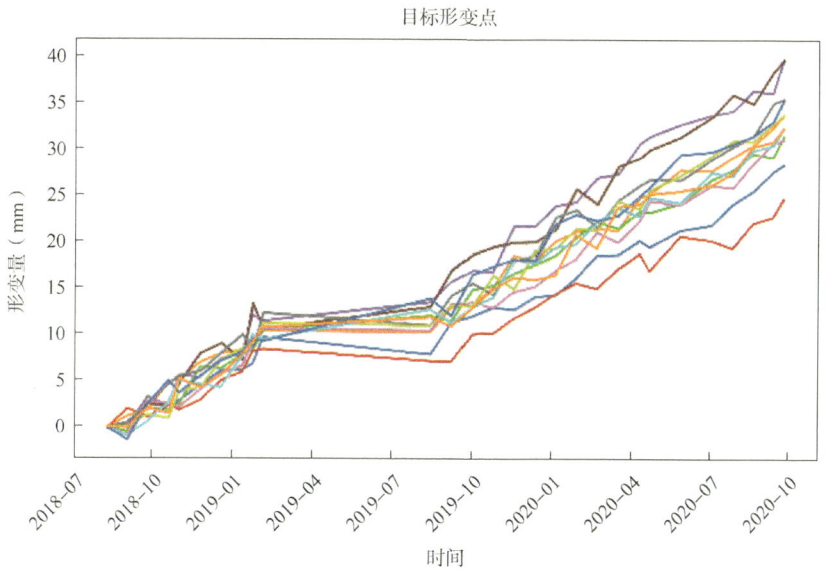

图 9-279 编号 43 处特征点时序形变图

每条曲线代表一个监测点随时间形变量变化

(43) 基于时序 SAR 技术,获取的标记区域 44 的形变监测分布图与时序形变相关图如图 9-281 至图 9-283 所示。结果显示:该区域形变情况较复杂,有表现抬升的,有表现下沉的，区域内特征点平均累计下沉约为 1mm，个别特征点形变较大。区域 44 一部分形变原因可能是由于雨水的浸润导致的土壤的部分缺失，从而导致局部出现下沉；另一部分原因是雨水和植被的影响导致的土壤出现蓬松的现象。该区离管道较远，可适当关注。

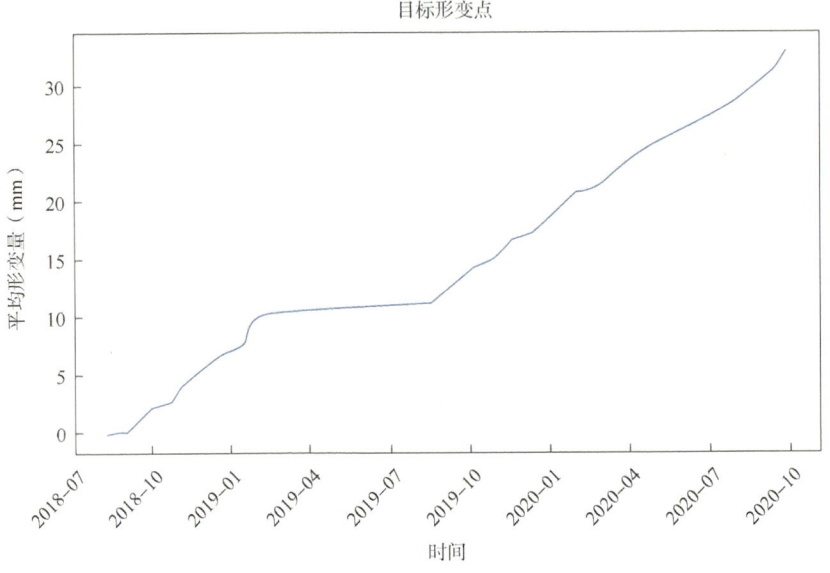

图 9-280 编号 43 处特征点平均时序形变图

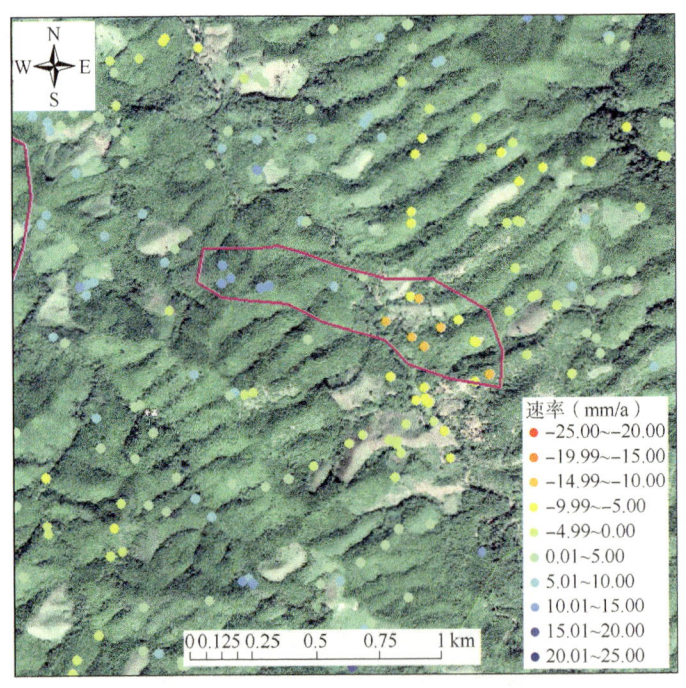

图 9-281 编号 44 局部异常形变区 PS 点分布图

(浅褐色线为天然气管道，粉色为标记区域 44)

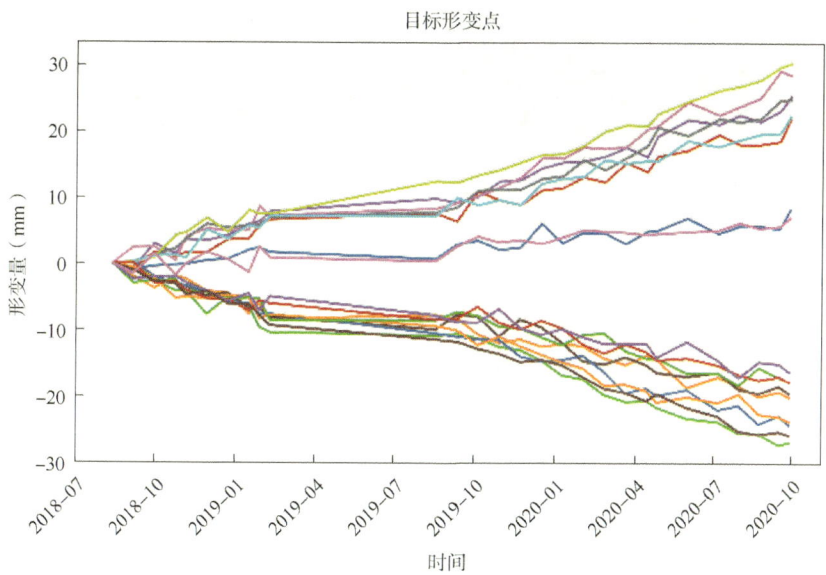

图 9-282　编号 44 处特征点时序形变图
每条曲线代表一个监测点随时间形变量变化

图 9-283　编号 44 处特征点平均时序形变图

（44）基于时序 SAR 技术，获取的标记区域 45 的形变监测分布图与时序形变相关图如图 9-284 至图 9-286 所示。结果显示：区域 45 内特征点平均累计下沉约为 27mm，个别特征点形变较大。区域 45 形变原因可能是由于雨水的浸润导致的土壤的部分缺失，从而导致局部出现下沉。该区离管道较远，风险偏小。

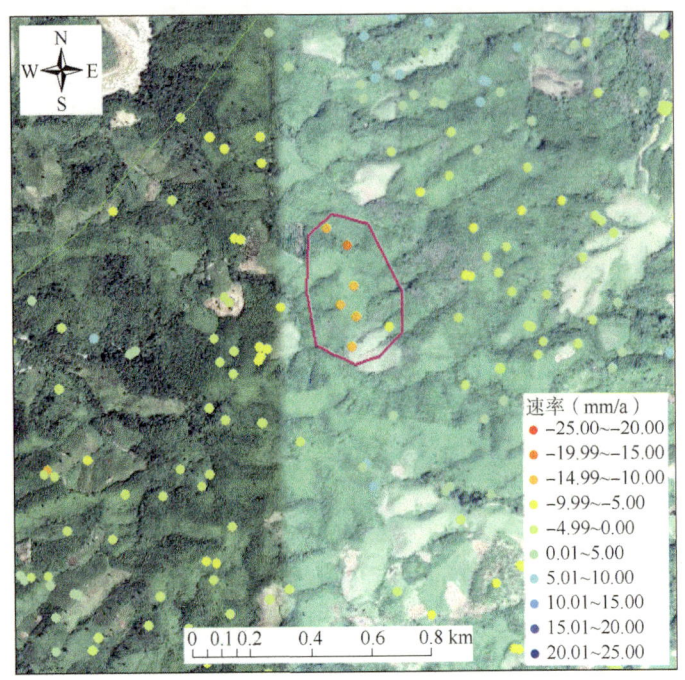

图 9-284　编号 45 局部异常形变区 PS 点分布图
(浅褐色线为天然气管道，粉色为标记区域 45)

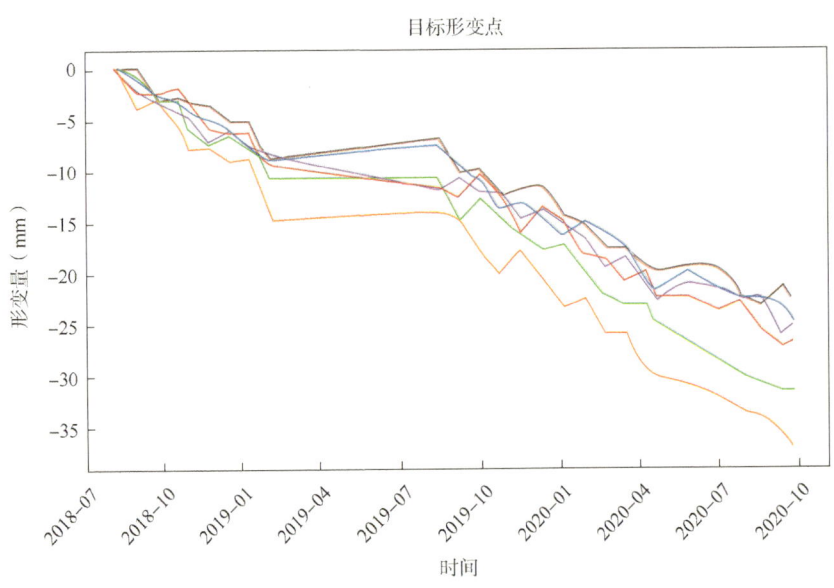

图 9-285　编号 45 处特征点时序形变图
每条曲线代表一个监测点随时间形变量变化

（45）基于时序 SAR 技术，获取的标记区域 46 的形变监测分布图与时序形变相关图如图 9-287 至图 9-289 所示。结果显示：区域 46 内特征点平均累计下沉约为 26mm。区域 46

形变原因可能是由于雨水的浸润导致的土壤的部分缺失，从而导致局部出现下沉。该区离管道较近，需重点关注。

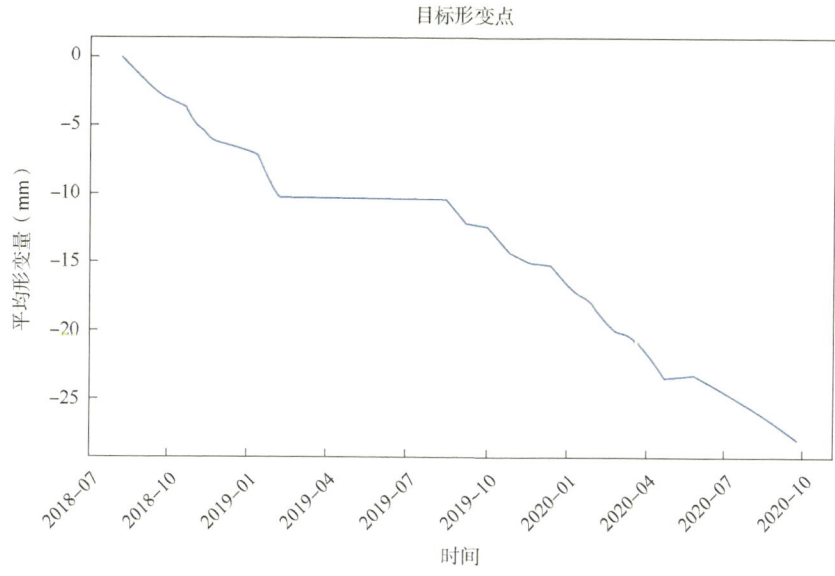

图 9-286　编号 45 处特征点平均时序形变图

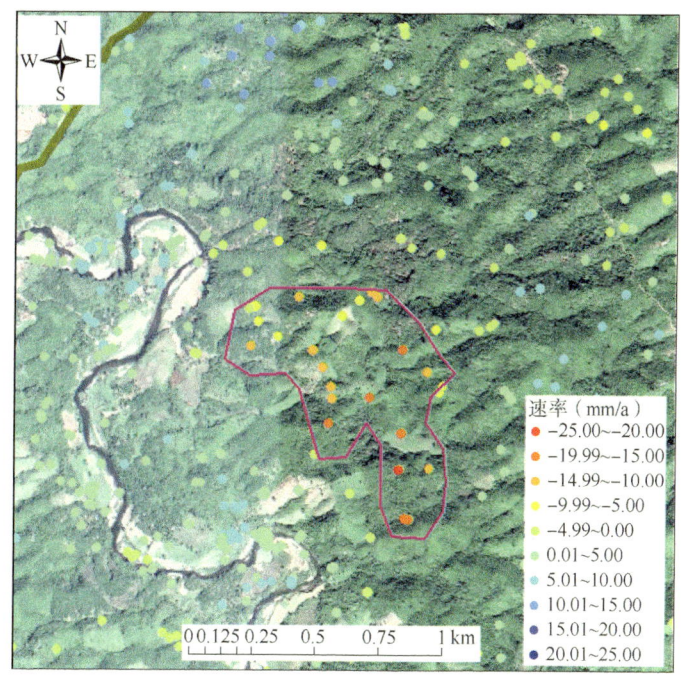

图 9-287　编号 46 局部异常形变区 PS 点分布图
(浅褐色线为天然气管道，粉色为标记区域 46)

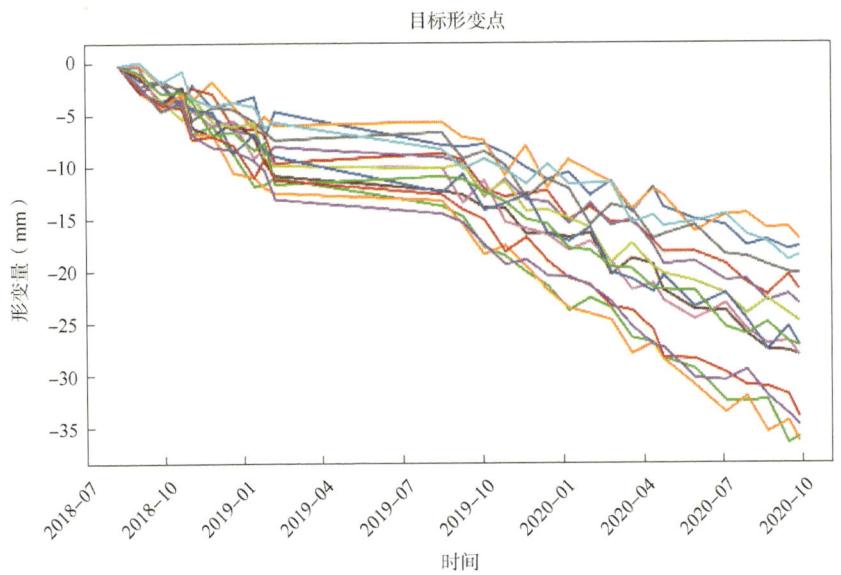

图 9-288 编号 46 处特征点时序形变图
每条曲线代表一个监测点随时间形变量变化

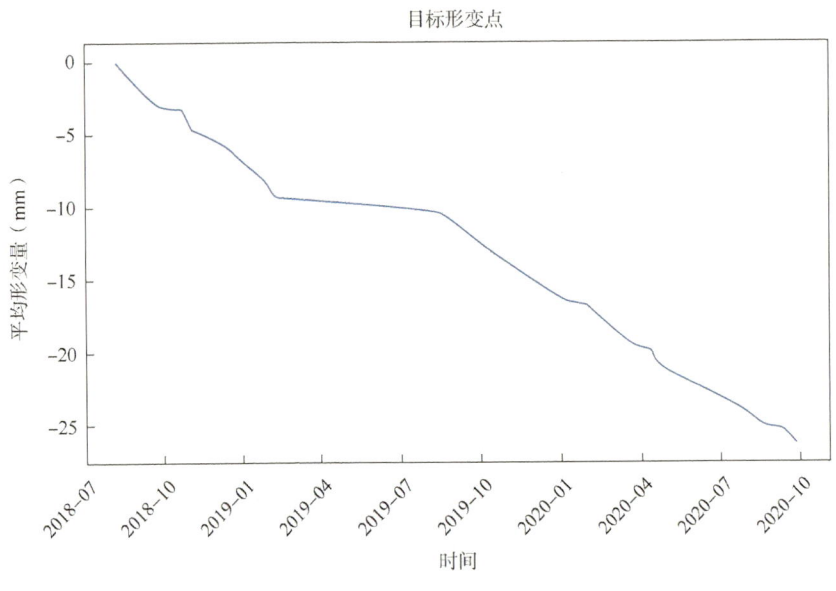

图 9-289 编号 46 处特征点平均时序形变图

（46）基于时序 SAR 技术，获取的标记区域 47 的形变监测分布图与时序形变相关图如图 9-290 至图 9-292 所示。结果显示：区域 47 内特征点平均累计下沉约为 18mm，特征点形变较大。区域 47 形变原因可能是由于雨水的浸润导致的土壤的部分缺失，从而导致局部出现下沉。该区离管道较远，风险偏小。

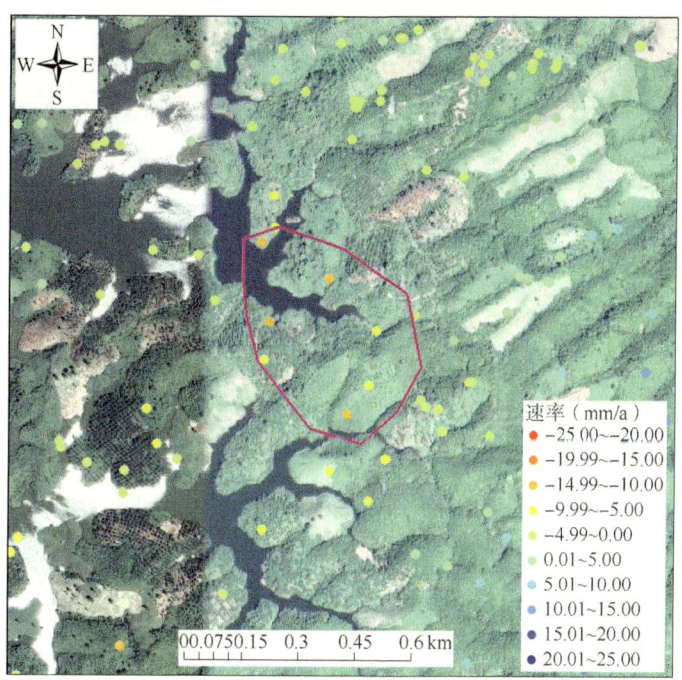

图 9-290 编号 47 局部异常形变区 PS 点分布图
（细绿线为分析缓冲区边界，粉色为标记区域 47）

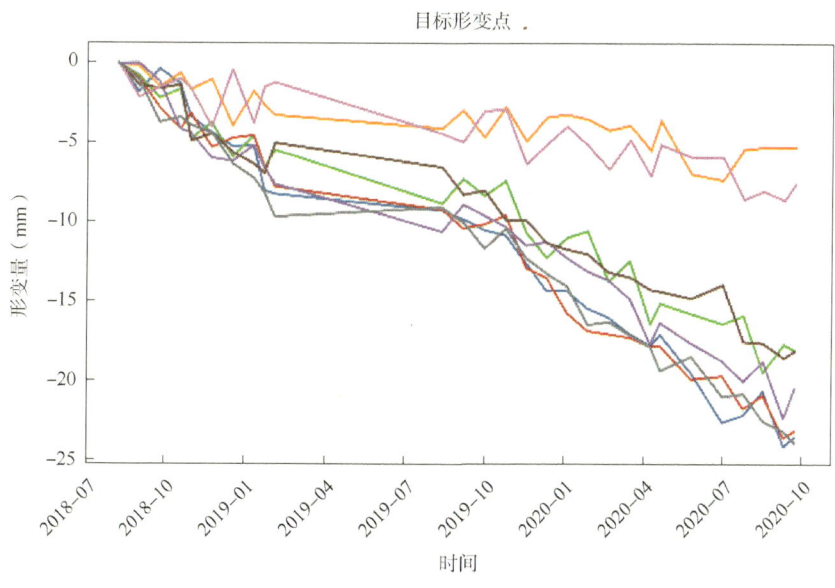

图 9-291 编号 47 处特征点时序形变图
每条曲线代表一个监测点随时间形变量变化

（47）基于时序 SAR 技术，获取的标记区域 48 的形变监测分布图与时序形变相关图如图 9-293 至图 9-295 所示。结果显示：区域 48 内特征点平均累计下沉约为 21mm，个别特

征点下沉较大。区域48形变原因可能是由于雨水的浸润导致的土壤的部分缺失，从而导致局部出现下沉。该区离管道较远，风险偏小。

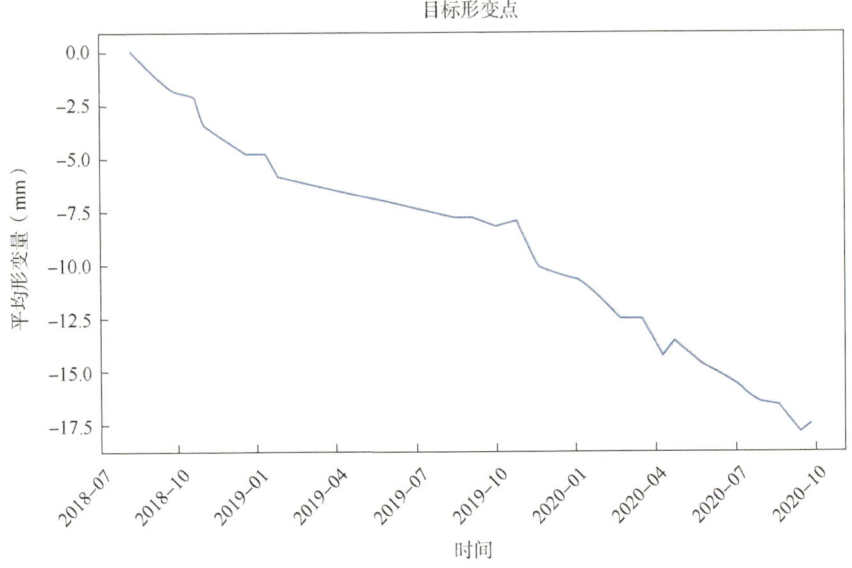

图9-292　编号47处特征点平均时序形变图

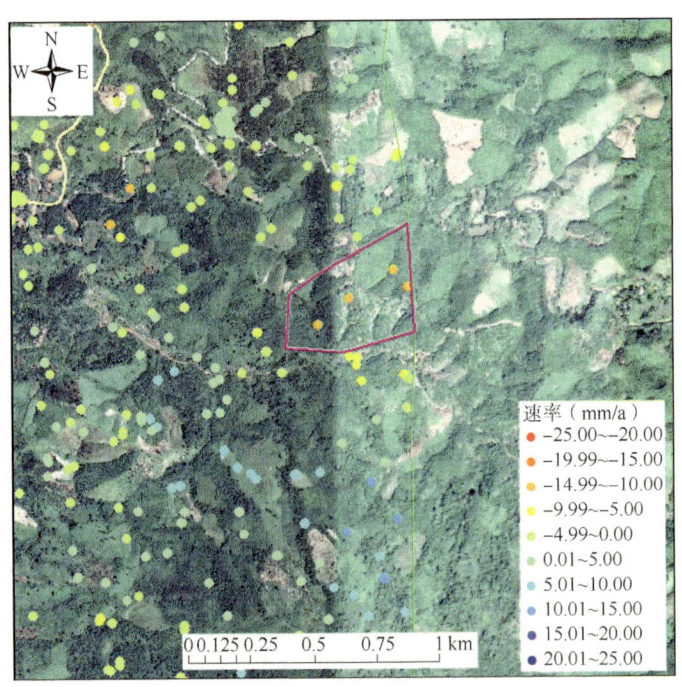

图9-293　编号48局部异常形变区PS点分布图
（细绿线为分析缓冲区边界，粉色为标记区域48）

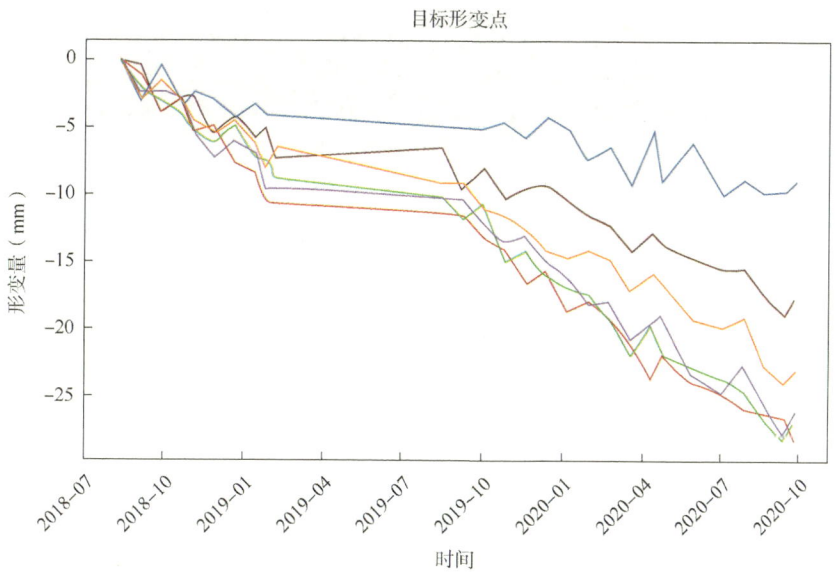

图 9-294　编号 48 处特征点时序形变图
每条曲线代表一个监测点随时间形变量变化

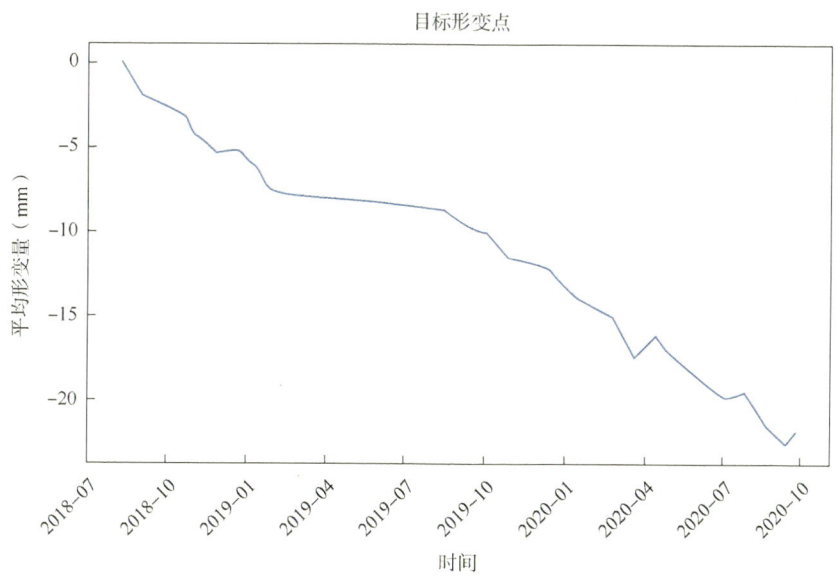

图 9-295　编号 48 处特征点平均时序形变图

（48）基于时序 SAR 技术，获取的标记区域 49 的形变监测分布图与时序形变相关图如图 9-296 至图 9-298 所示。结果显示：区域 49 内特征点平均累计抬升约为 35mm。区域 49 形变原因可能是由于雨水和植被的影响导致的土壤出现蓬松的现象。该区离管道稍远，风险偏小。

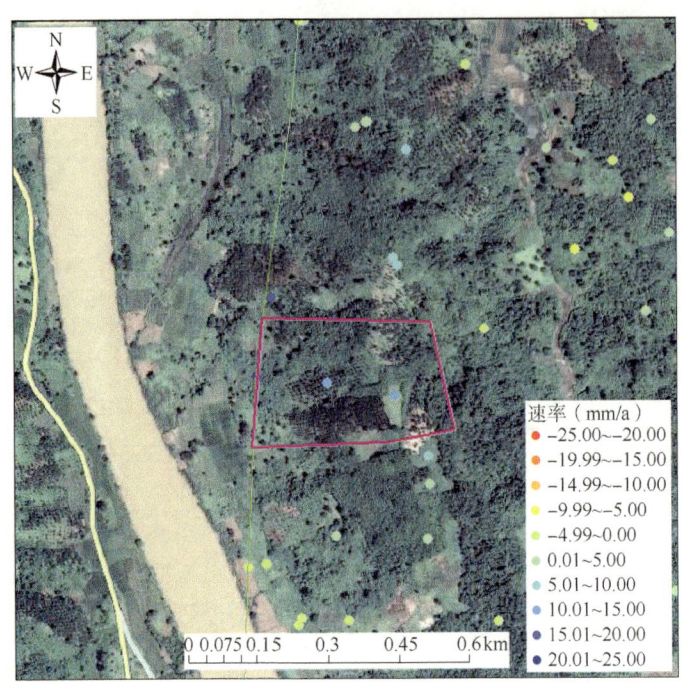

图 9-296 编号 49 局部异常形变区 PS 点分布图
(浅褐色线为天然气管道，粉色为标记区域 49)

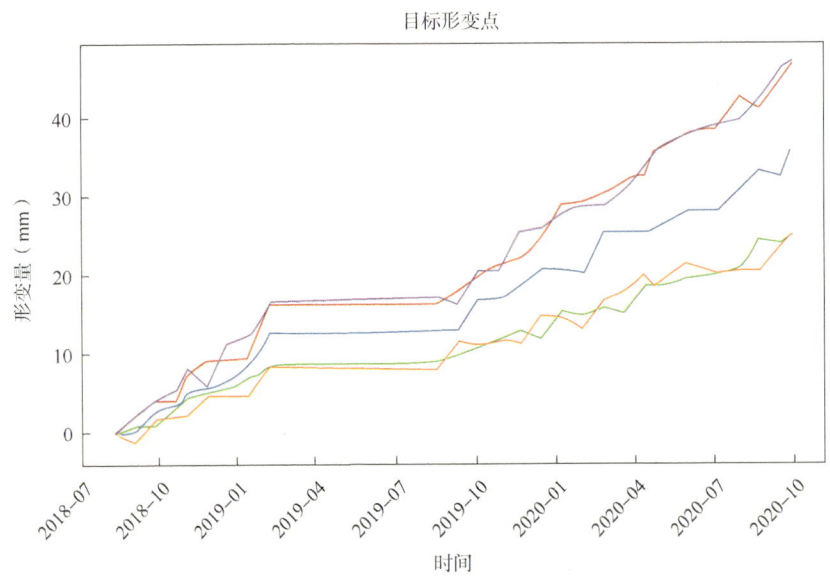

图 9-297 编号 49 处特征点时序形变图
每条曲线代表一个监测点随时间形变量变化

（49）基于时序 SAR 技术，获取的标记区域 50 的形变监测分布图与时序形变相关图如图 9-299 至图 9-301 所示。结果显示：区域 50 内特征点平均累计下沉约为 20mm。区域 50

形变原因可能是由于雨水的浸润导致的土壤的部分缺失，从而导致局部出现下沉，也可能与山体的轻微运动有关。该区离管道较近，需重点关注。

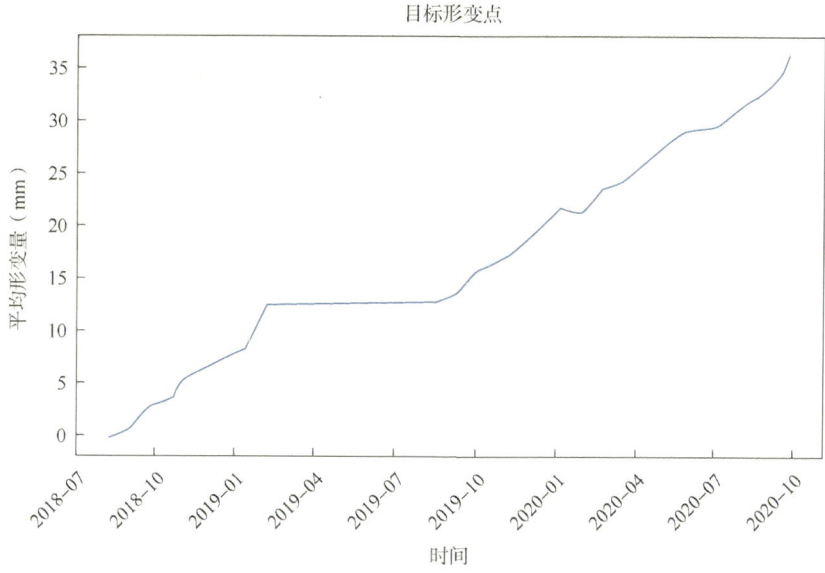

图 9-298　编号 49 处特征点平均时序形变图

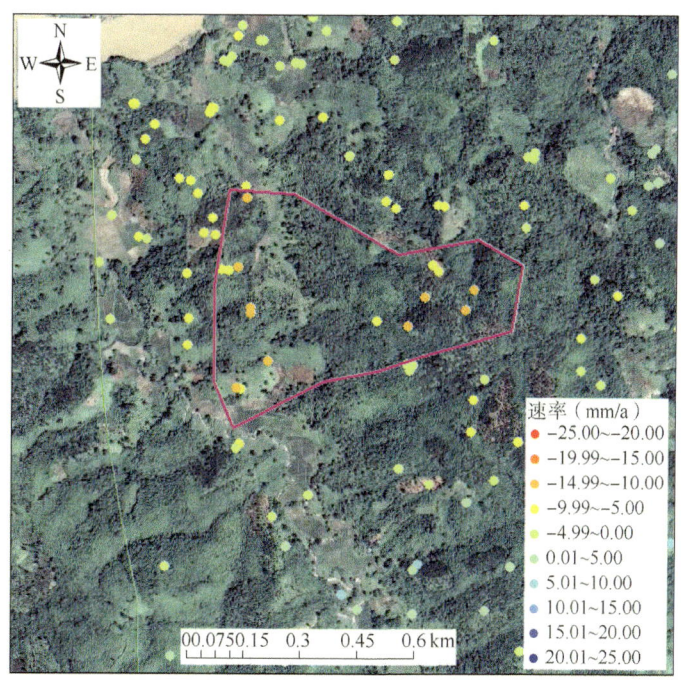

图 9-299　编号 50 局部异常形变区 PS 点分布图
（浅褐色线为天然气管道，粉色为标记区域 50）

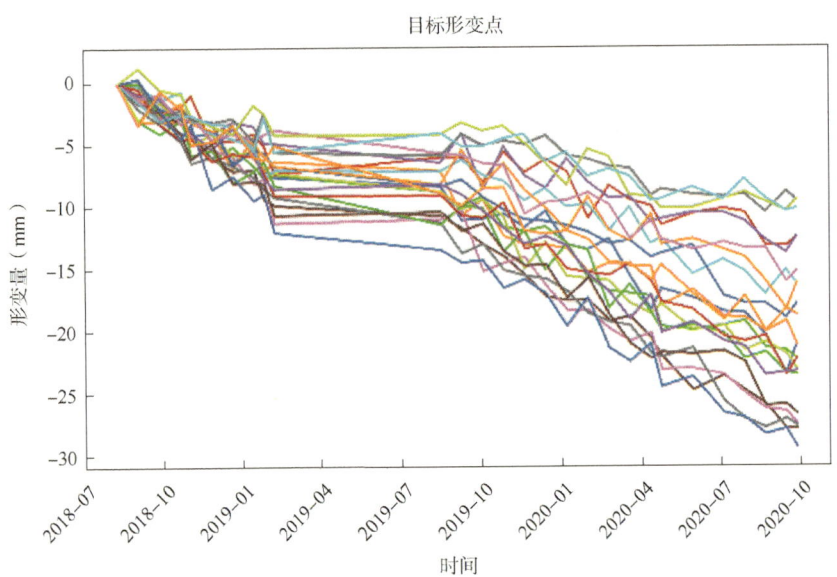

图 9-300　编号 50 处特征点时序形变图
每条曲线代表一个监测点随时间形变量变化

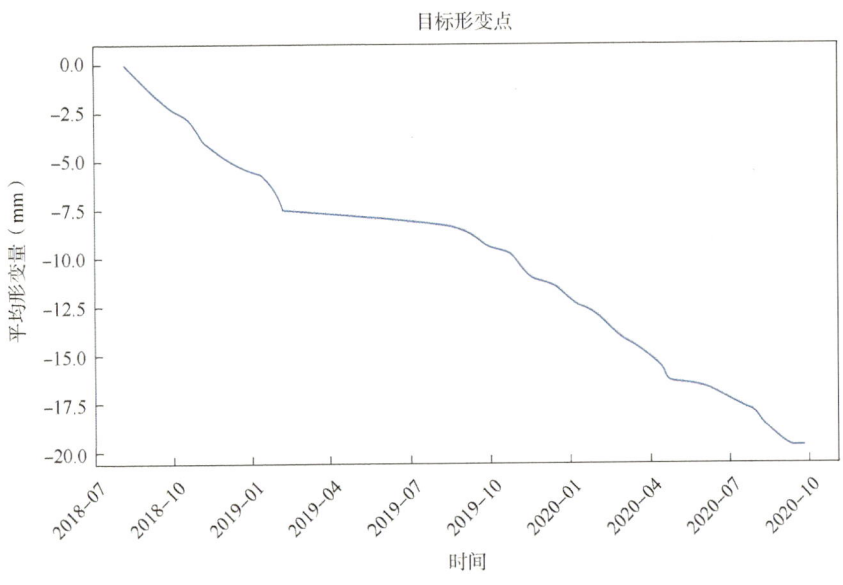

图 9-301　编号 50 处特征点平均时序形变图

（50）基于时序 SAR 技术，获取的标记区域 51 的形变监测分布图与时序形变相关图如图 9-302 至图 9-304 所示。结果显示：区域 51 内特征点平均累计下沉约为 20mm，个别特征点形变较大。区域 51 形变原因可能是由于雨水的浸润导致的土壤的部分缺失，从而导致局部出现下沉。该区离管道较近，需给予重点关注。

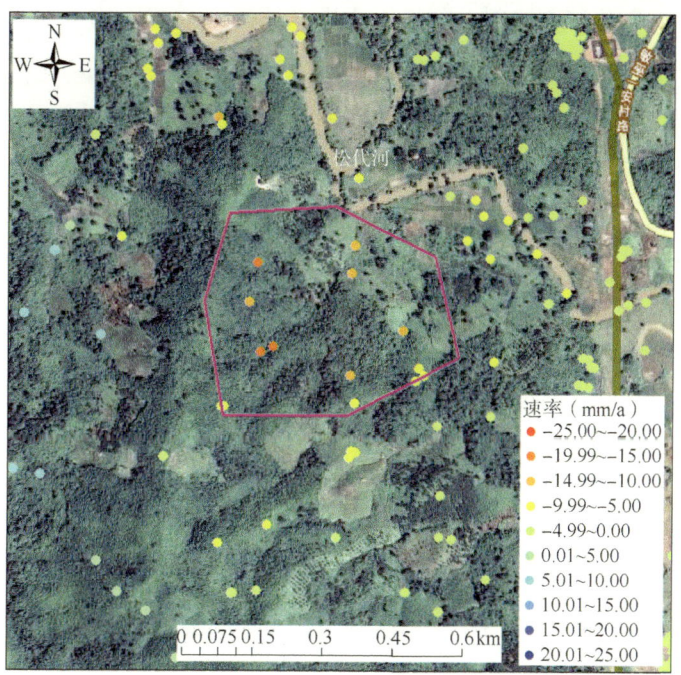

图 9-302 编号 51 局部异常形变区 PS 点分布图
（浅褐色线为天然气管道，粉色为标记区域 51）

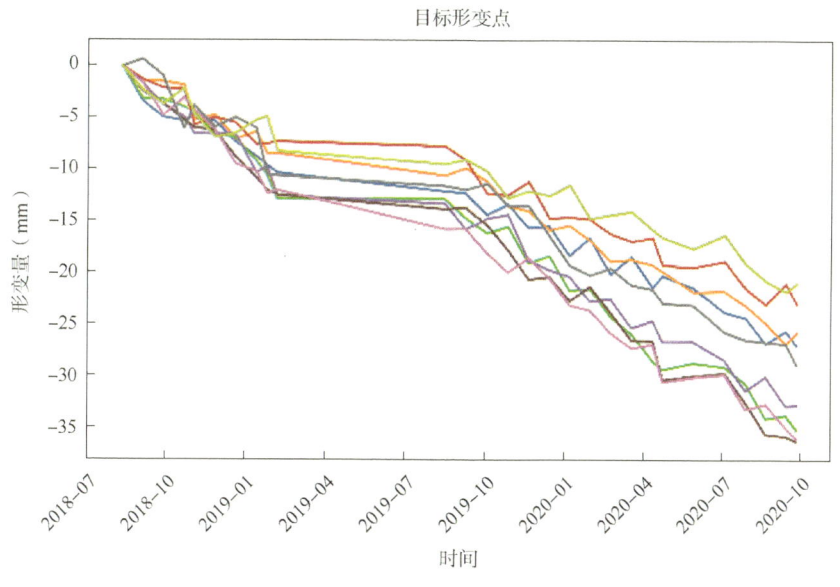

图 9-303 编号 51 处特征点时序形变图
每条曲线代表一个监测点随时间形变量变化

（51）基于时序 SAR 技术，获取的标记区域 52 的形变监测分布图与时序形变相关图如图 9-305 至图 9-307 所示。结果显示：区域 52 内特征点平均累计下沉约为 26mm，个别特

征点形变较大。区域52形变原因可能是由于雨水的浸润导致的土壤的部分缺失，从而导致局部出现下沉。该区离管道较近，需重点关注。

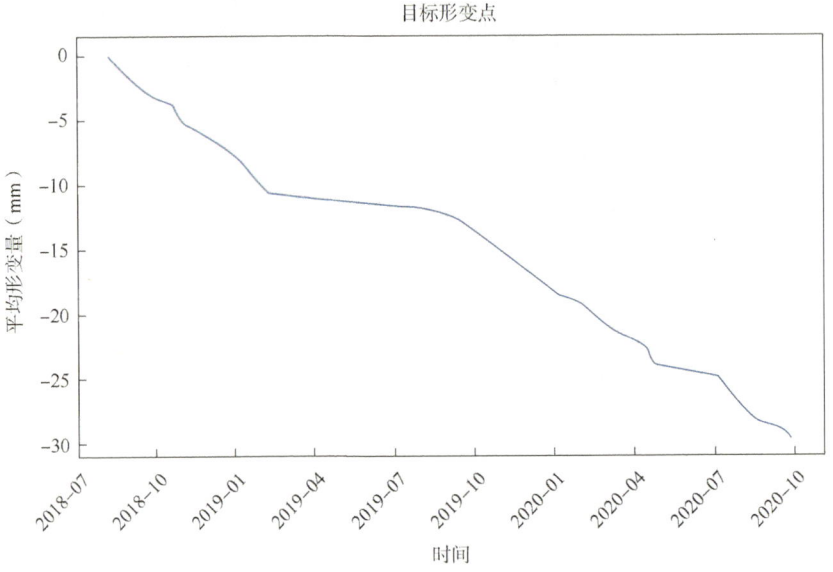

图9-304　编号51处特征点平均时序形变图

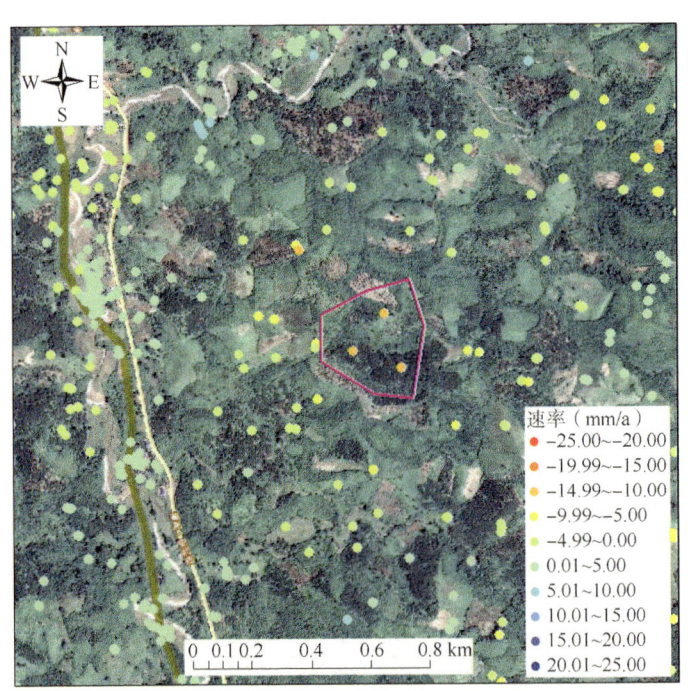

图9-305　编号52局部异常形变区PS点分布图

(浅褐色线为天然气管道，粉色为标记区域52)

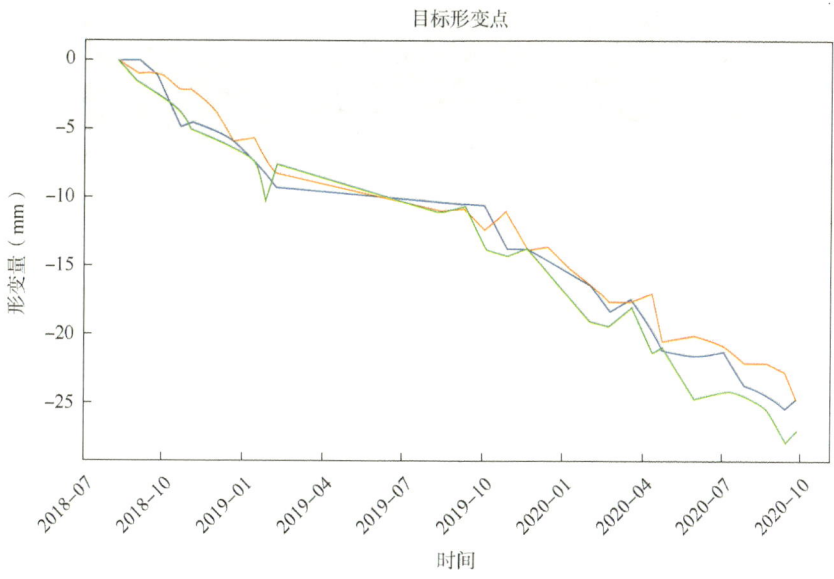

图 9-306 编号 52 处特征点时序形变图
每条曲线代表一个监测点随时间形变量变化

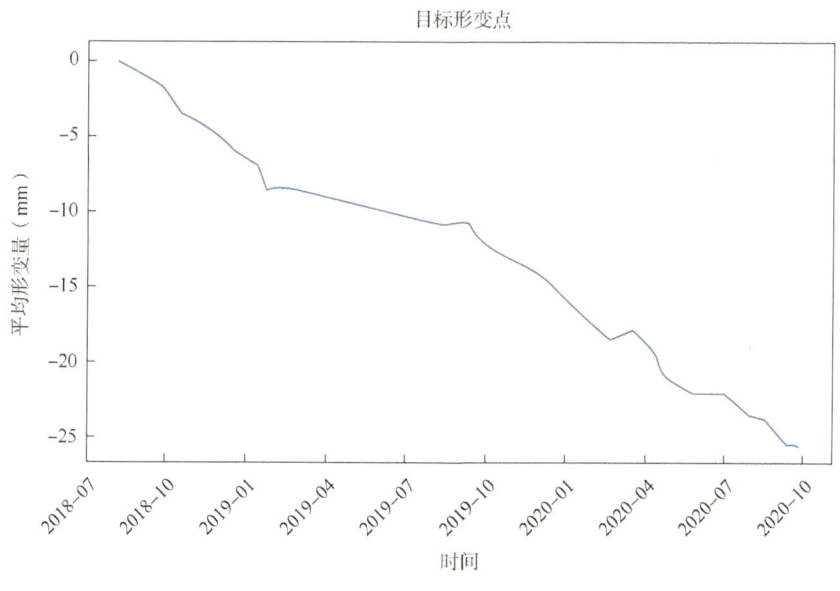

图 9-307 编号 52 处特征点平均时序形变图

（52）基于时序 SAR 技术，获取的标记区域 53 的形变监测分布图与时序形变相关图如图 9-308 至图 9-310 所示。结果显示：区域 53 内特征点平均累计抬升约为 30mm，个别特征点形变较大。区域 53 形变原因可能是与山体中树木的生长引发的地质土壤的变动有关，考虑到树木与植被覆盖度的原因，风险较小。该区离管道较远，风险偏小。

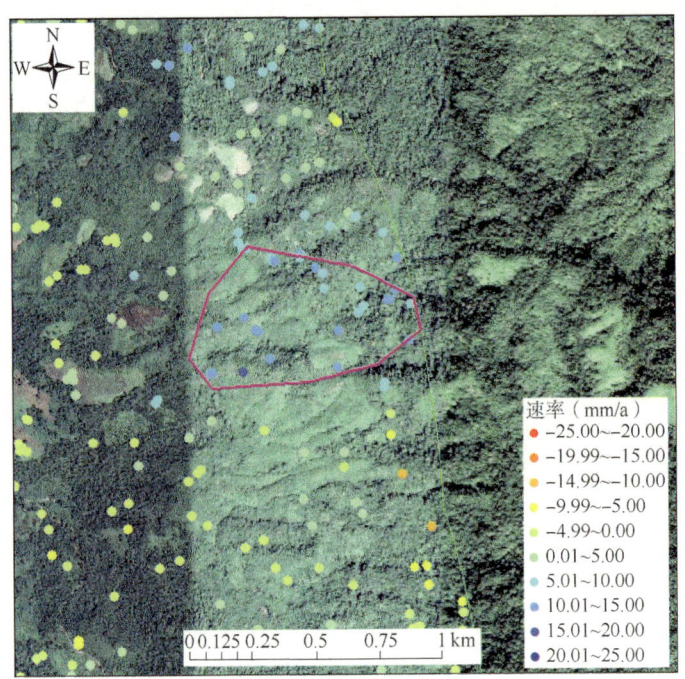

图 9-308　编号 53 局部异常形变区 PS 点分布图
(浅褐色线为天然气管道，粉色为标记区域 53)

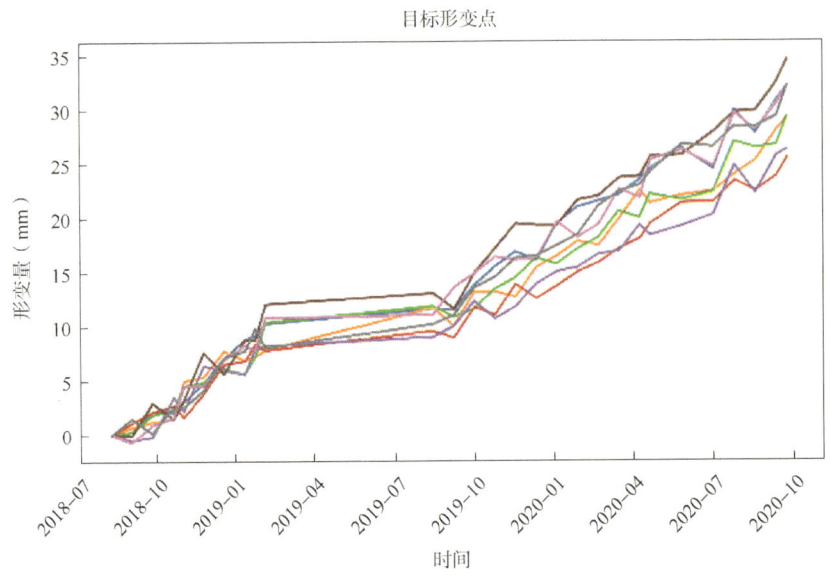

图 9-309　编号 53 处特征点时序形变图
每条曲线代表一个监测点随时间形变量变化

（53）基于时序 SAR 技术，获取的标记区域 54 的形变监测分布图与时序形变相关图如图 9-311 至图 9-313 所示。结果显示：区域 54 内特征点平均累计下沉约为 21mm。区域 54

形变原因可能是由于雨水的浸润导致的土壤的部分缺失,从而导致局部出现下沉。该区离管道较远,风险偏小。

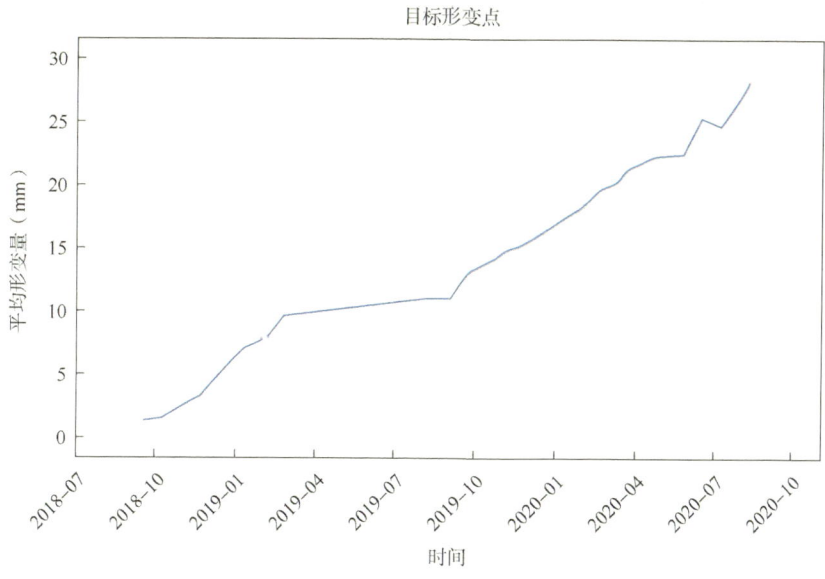

图 9-310　编号 53 处特征点平均时序形变图

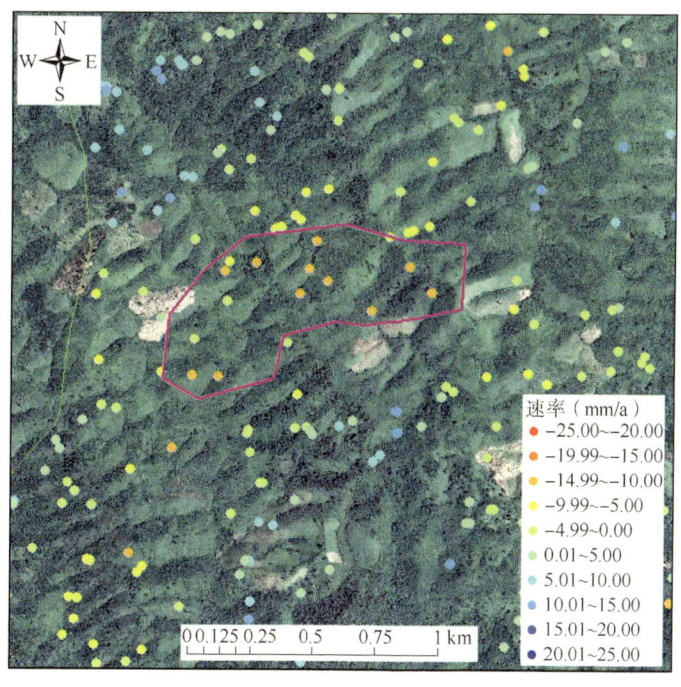

图 9-311　编号 54 局部异常形变区 PS 点分布图

(浅褐色线为天然气管道,粉色为标记区域 54)

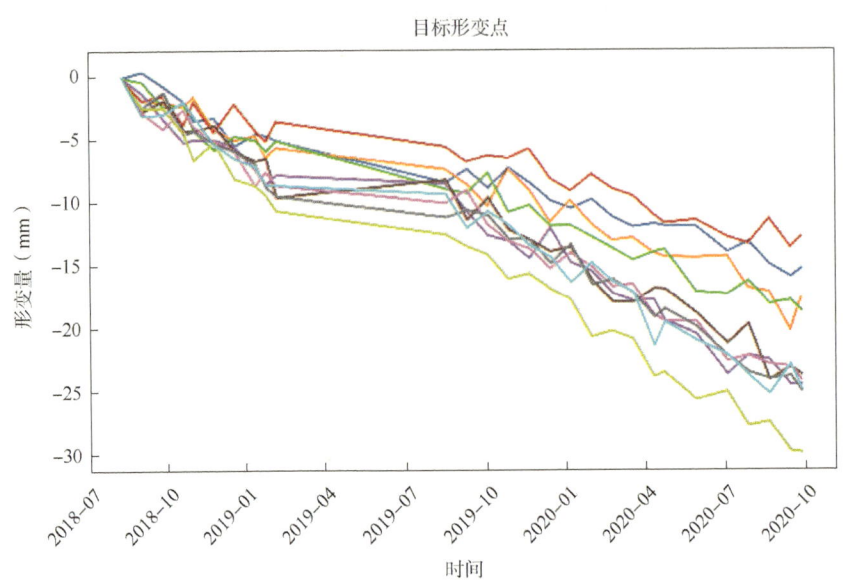

图 9-312　编号 54 处特征点时序形变图
每条曲线代表一个监测点随时间形变量变化

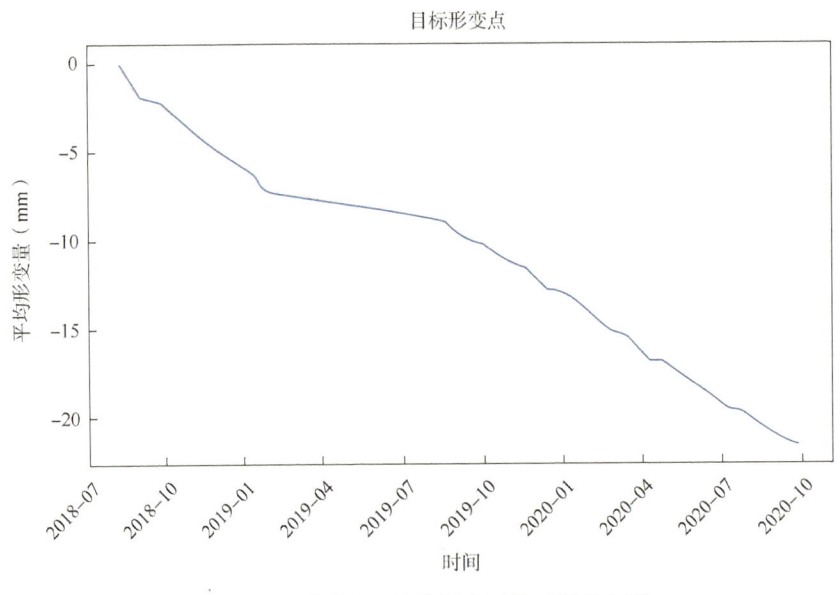

图 9-313　编号 54 处特征点平均时序形变图

（54）基于时序 SAR 技术，获取的标记区域 55 的形变监测分布图与时序形变相关图如图 9-314 至图 9-316 所示。结果显示：区域 55 内特征点平均累计下沉约为 26mm，个别特征点形变较大。区域 55 形变原因可能是由于雨水的浸润导致的土壤的部分缺失，从而导致局部出现下沉。该区离管道较近，需给予一定关注。

第9章 基于卫星遥感管道沿线地质沉降监测

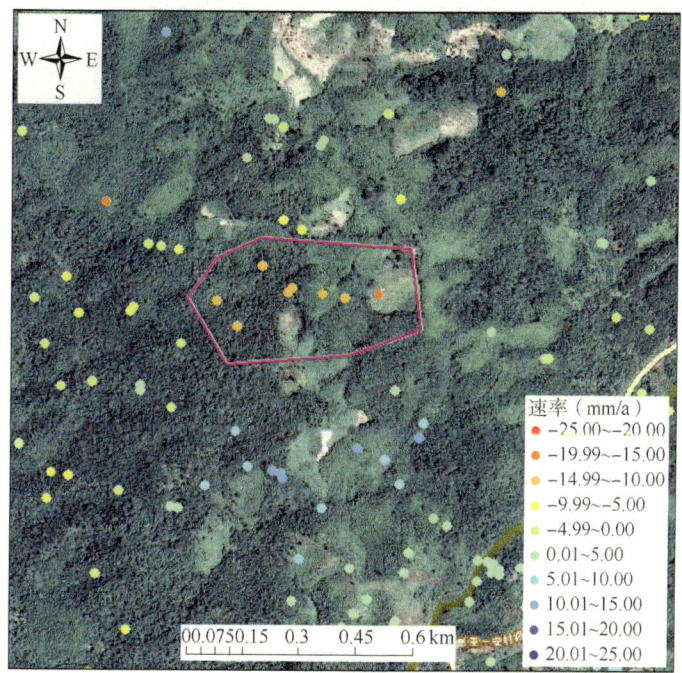

图 9-314 编号 55 局部异常形变区 PS 点分布图
（细绿线为分析缓冲区边界，粉色为标记区域 55）

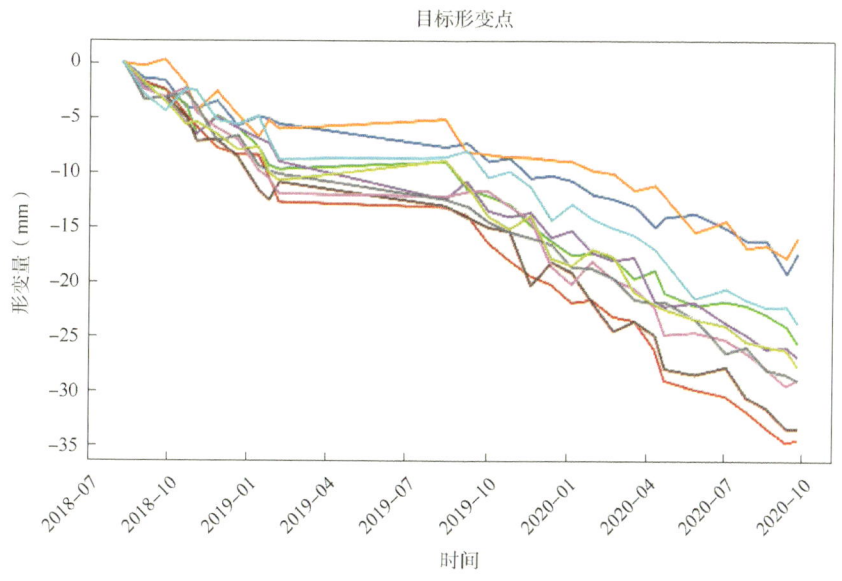

图 9-315 编号 55 处特征点时序形变图
每条曲线代表一个监测点随时间形变量变化

（55）基于时序 SAR 技术，获取的标记区域 56 的形变监测分布图与时序形变相关图如图 9-317 至图 9-319 所示。结果显示：区域 56 内特征点平均累计下沉约为 10mm，特征点

· 451 ·

形变较大。区域 56 一部分形变原因可能是由于雨水的浸润导致的土壤的部分缺失,从而导致局部出现下沉;另一部分原因是雨水和植被的影响导致的土壤出现蓬松的现象。该区离管道较远,风险偏小。

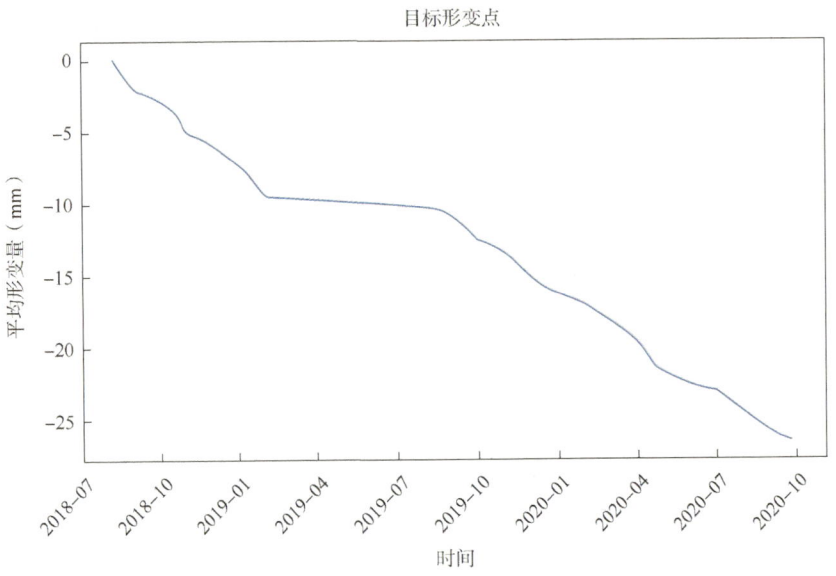

图 9-316　编号 55 处特征点平均时序形变图

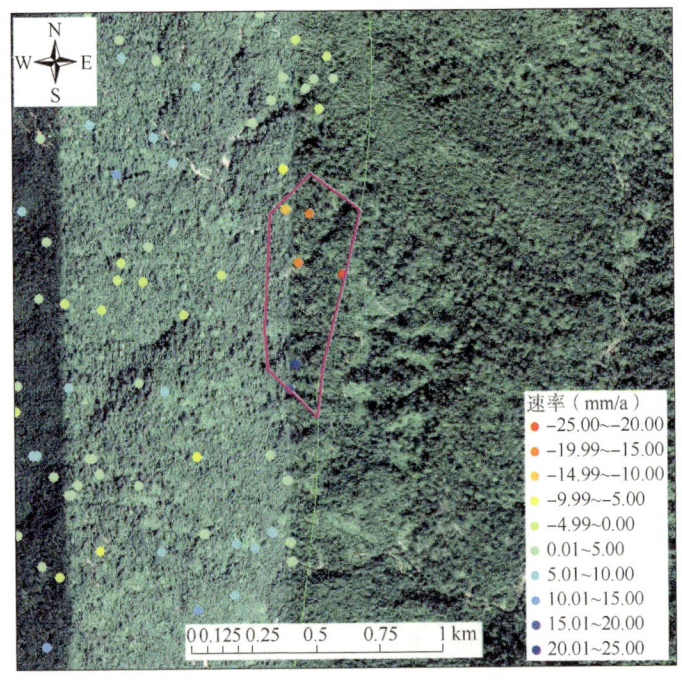

图 9-317　编号 56 局部异常形变区 PS 点分布图
(细绿线为分析缓冲区边界,粉色为标记区域 56)

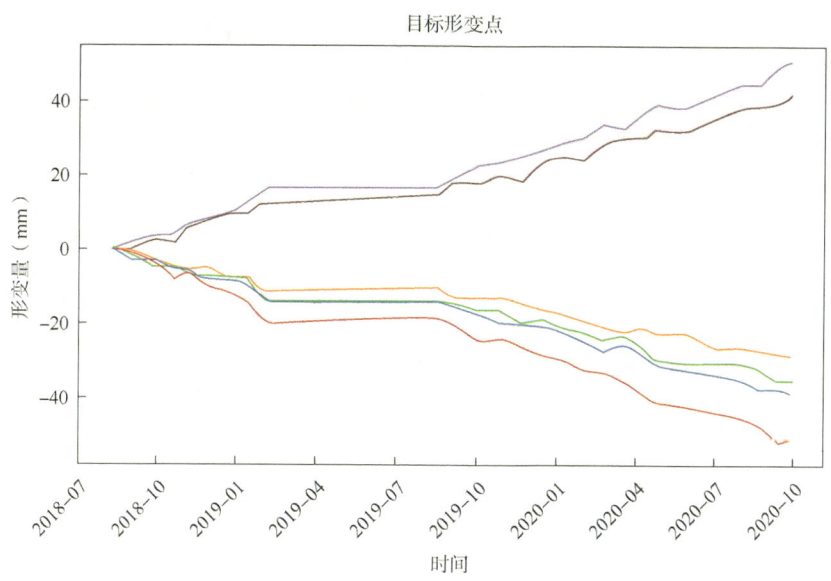

图 9-318　编号 56 处特征点时序形变图
每条曲线代表一个监测点随时间形变量变化

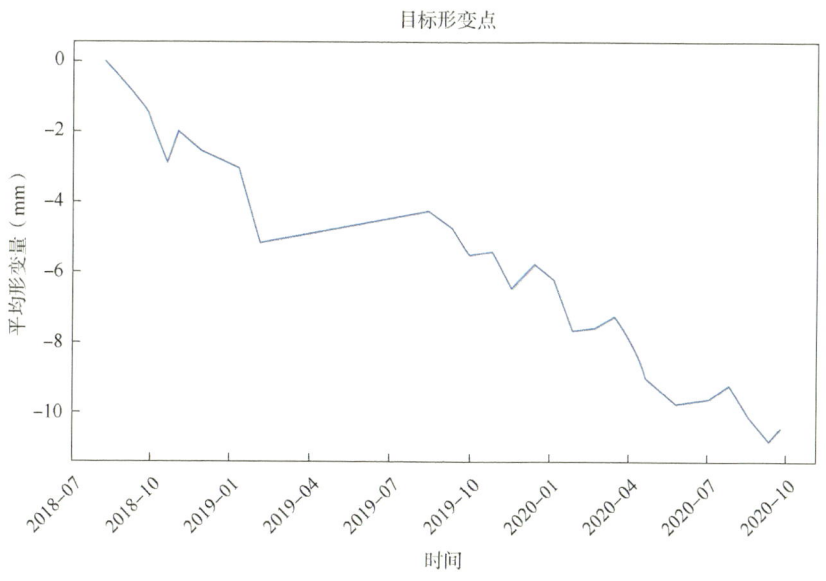

图 9-319　编号 56 处特征点平均时序形变图

（56）基于时序 SAR 技术，获取的标记区域 57 的形变监测分布图与时序形变相关图如图 9-320 至图 9-322 所示。结果显示：区域 57 内特征点平均累计下沉约 20mm。区域 57 形变原因可能是由于雨水的浸润导致的土壤的部分缺失，从而导致局部出现下沉。该区离管道较近，需给予适当的关注。

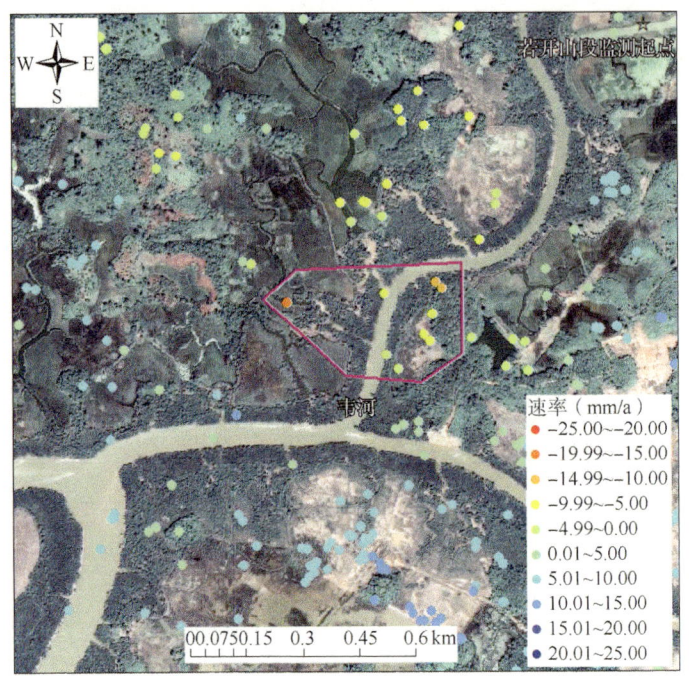

图 9-320 编号 57 局部异常形变区 PS 点分布图
(浅褐色线为天然气管道,粉色为标记区域 57)

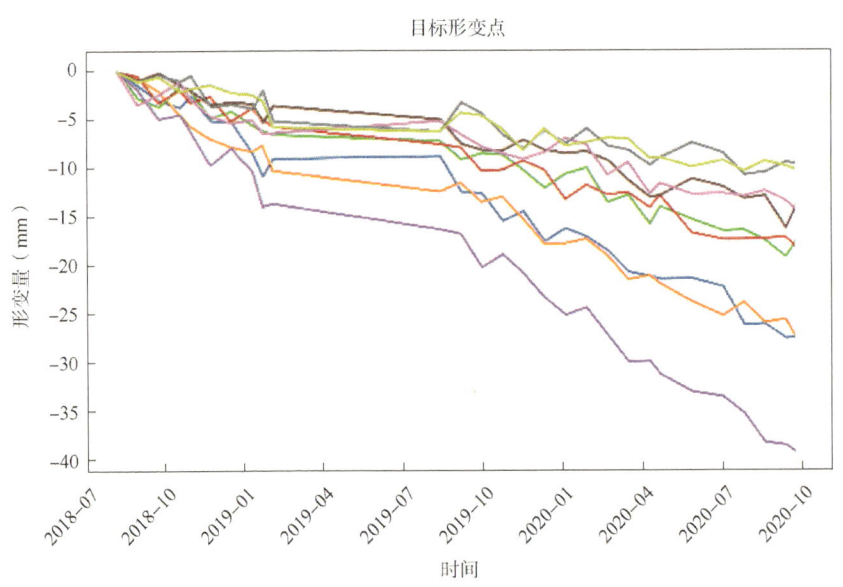

图 9-321 编号 57 处特征点时序形变图
每条曲线代表一个监测点随时间形变量变化

(57) 基于时序 SAR 技术,获取的标记区域 58 的形变监测分布图与时序形变相关图如图 9-323 至图 9-325 所示。结果显示:区域 58 内特征点平均累计下沉约为 25mm,个别特征点形变较大，下沉可达 45mm。区域 58 形变原因可能是由于雨水的浸润导致的土壤的部分缺失，从而导致局部出现下沉。该区离管道较远，风险偏小。

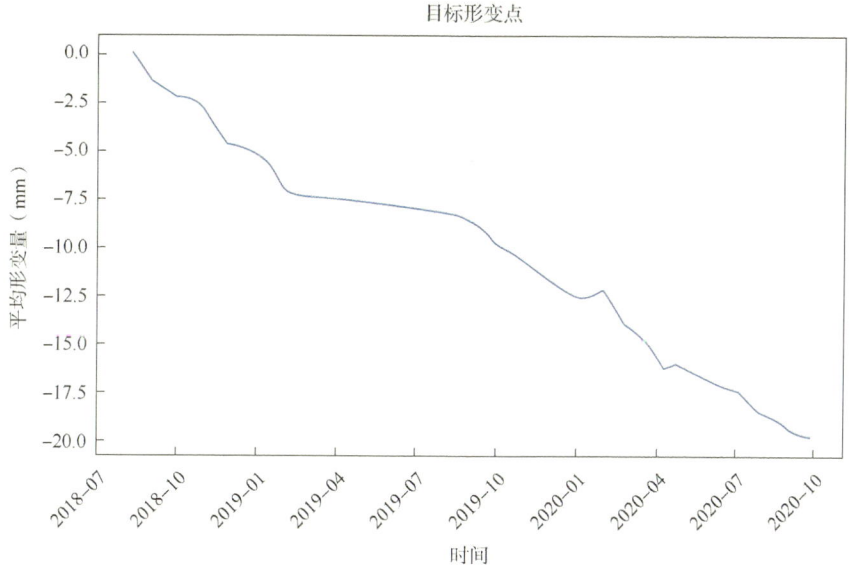

图 9-322　编号 57 处特征点平均时序形变图

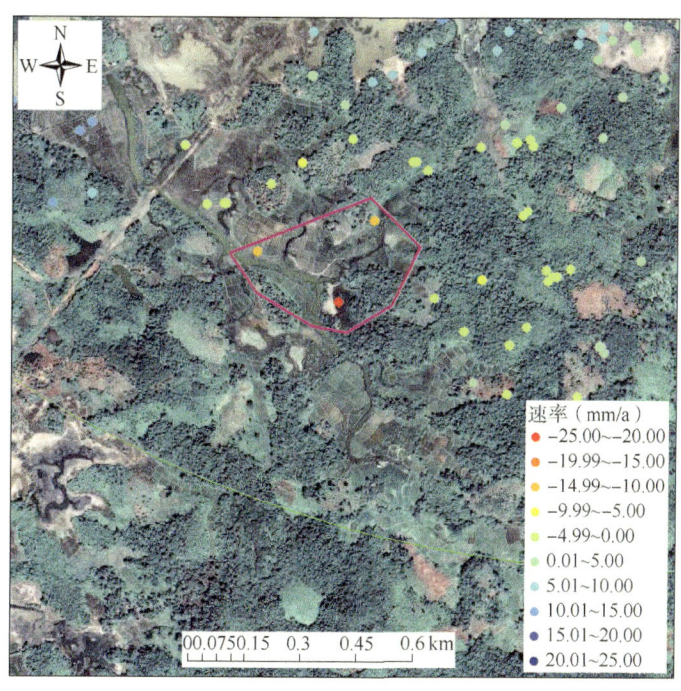

图 9-323　编号 58 局部异常形变区 PS 点分布图
（浅褐色线为天然气管道，粉色为标记区域 58）

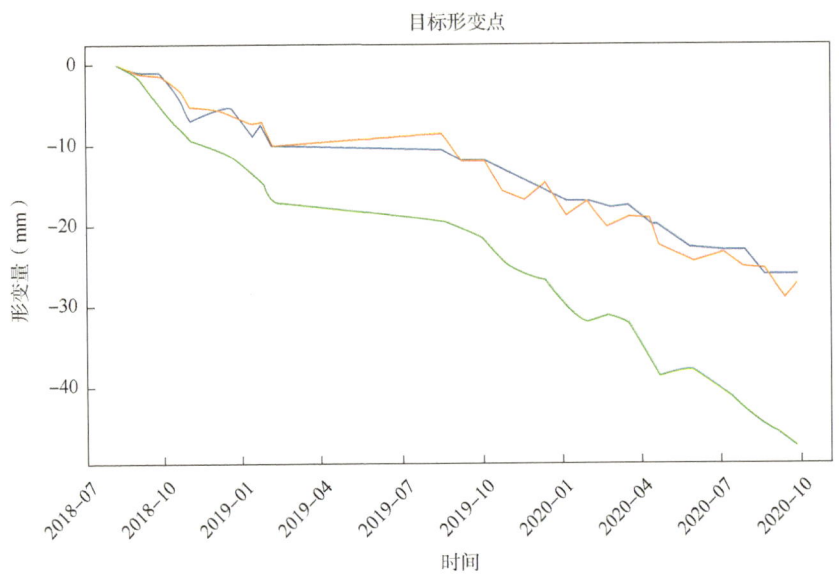

图 9-324　编号 58 处特征点时序形变图
每条曲线代表一个监测点随时间形变量变化

图 9-325　编号 58 处特征点平均时序形变图

9.4.2.3　基于降轨 SAR 数据结果需重点关注区

局部形变较大的区域分别有编号 1、2、4、12、16、17、18、30、31、38、39、43、46、51、56。另外，离管道较近的形变区域分别有编号 1、3、4、8、9、11、15、20、22、23、27、29、30、32、35、37、43、51、52、55、57。这些区域需给予相应程度的关注，部分区域需采取一定措施，后续将结合多源数据及数据处理模型作进一步风险等级划分。

9.4.3 基于升轨、降轨影像的融合结果与分析

9.4.3.1 基于时序 SAR 形变监测结果进行面拟合

由于基于升轨、降轨影像获取的时序 SAR 结果中的 PS 点并非完全对应，为保证结果可参与融合模型的计算，需保证一一对应，因此有必要进行插值处理，以得到监测区域的完整的面形变。

插值基于两点假设：其一，在局部区域地表的形变存在一定的连续性；其二，随着地形或者地质条件、地物种类的变化等因素的影响，地表形变在这些边界处也会表现出一定的边界，剧烈的形变的情况异常复杂，其与所在环境的影响非常大，是众多因素综合影响的结果。

采用的插值模型，充分考虑连续边界与地形变化的影响，将距离与 DEM 等数据添加到模型中，以求得到一个比目前常用的插值模型更好的一个效果(图 9-326、图 9-327)。

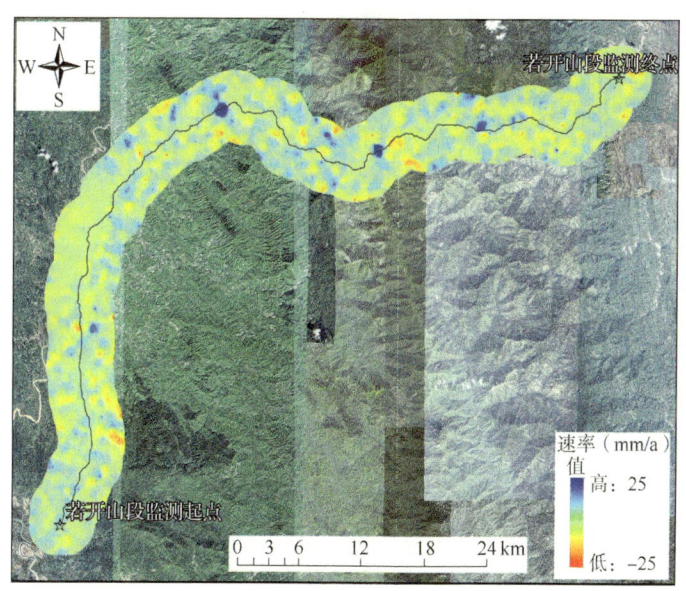

图 9-326 基于升轨影像拟合得到的面形变结果分布图

9.4.3.2 基于三维融合模型提取垂向形变

垂向形变作为地表形变位移中一个重要的形变分量，因此需相当重视。在三维形变模型中，依赖于两组已知的形变值，可提取垂向形变结果，该结果对风险区的划分影响极大。基于解算模型，对升轨、降轨时序形变结果进行融合提取的形变结果如图 9-328 所示。

9.4.3.3 融合形变结果形变信息计算统计

融合得到的形变结果显示监测区域的年均形变基本位于−25mm/a 到 25mm/a 之间，少数区域比这个稍大。对一些形变绝对值达到 10mm/a 以上的区域进行标记，标记结果如图 9-329 所示，具体相关统计信息见表 9-7。

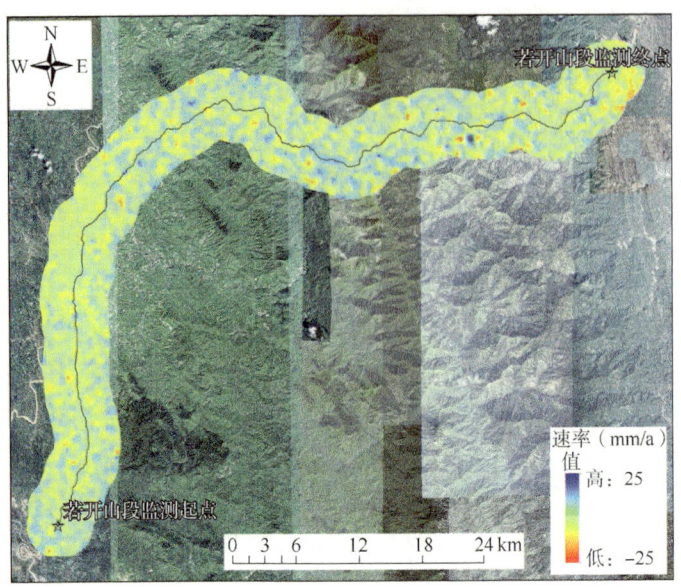

图 9-327 基于降轨影像拟合得到的面形变结果分布图

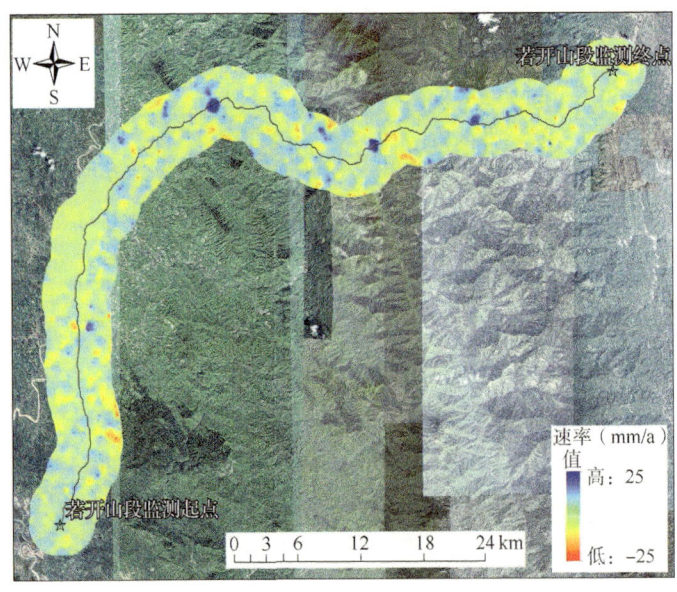

图 9-328 基于升轨、降轨时序形变结果得到融合形变结果

第9章 基于卫星遥感管道沿线地质沉降监测

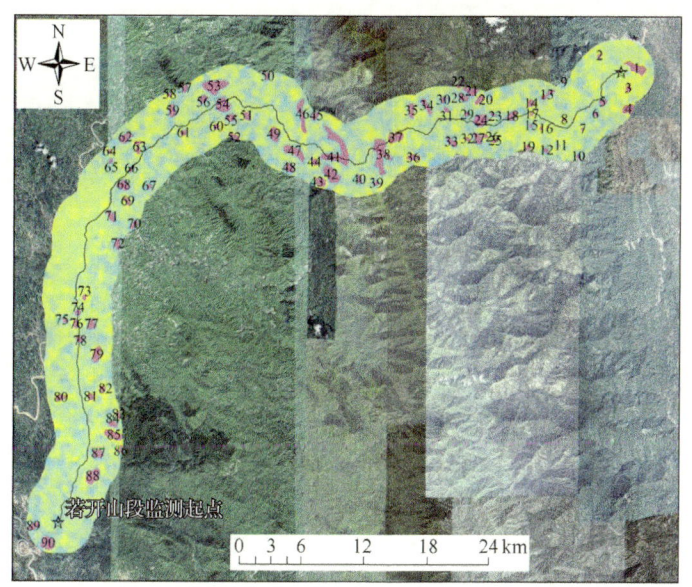

图 9-329 融合形变异常区分布图（划分区域旁边的数字为其对应编号）

表 9-7 融合形变异常区的相关信息统计表

编号	中心位置坐标		区域划分面积（km²）	距管道最短距离（m）
1	94.51320000E	19.90210000N	1.102870	750.61
2	94.48170000E	19.91210000N	0.123744	1751.63
3	94.50610000E	19.88510000N	0.184840	1346.69
4	94.50620000E	19.86790000N	0.660426	2131.01
5	94.48460000E	19.87370000N	0.300111	89.19
6	94.47870000E	19.86360000N	0.145542	663.84
7	94.46680000E	19.85120000N	0.053495	958.60
8	94.45050000E	19.85910000N	0.075889	564.01
9	94.45020000E	19.88970000N	0.037568	2814.34
10	94.46290000E	19.82850000N	0.088787	2599.76
11	94.44550000E	19.83790000N	0.065695	1514.99
12	94.43560000E	19.83350000N	0.175346	2212.89
13	94.43620000E	19.87950000N	0.397932	1386.62
14	94.42230000E	19.87230000N	0.309349	459.45
15	94.42260000E	19.85400000N	0.085417	909.02
16	94.43100000E	19.85160000N	0.046933	723.19
17	94.42310000E	19.86330000N	0.045659	86.74
18	94.40620000E	19.86170000N	0.572808	0.00

· 459 ·

续表

编号	中心位置坐标		区域划分面积(km²)	距管道最短距离(m)
19	94.42040000E	19.83620000N	0.193158	2557.22
20	94.37810000E	19.87480000N	0.386739	1545.32
21	94.37060000E	19.88240000N	0.684398	2256.58
22	94.35970000E	19.88580000N	0.052948	2858.62
23	94.39080000E	19.86290000N	0.126069	604.45
24	94.37970000E	19.85800000N	1.148240	0.00
25	94.39190000E	19.84120000N	0.128650	1181.64
26	94.38320000E	19.84520000N	0.152591	812.69
27	94.37730000E	19.84320000N	0.576394	620.55
28	94.36410000E	19.87680000N	0.415394	1705.04
29	94.36710000E	19.86310000N	0.131640	366.08
30	94.34720000E	19.87510000N	0.248878	1423.16
31	94.34950000E	19.86680000N	0.173088	588.65
32	94.36740000E	19.84280000N	0.151702	1310.98
33	94.35380000E	19.84030000N	0.489077	1509.10
34	94.33260000E	19.86970000N	0.625288	715.83
35	94.31910000E	19.86610000N	0.581485	887.97
36	94.32120000E	19.82720000N	0.477861	2048.35
37	94.30600000E	19.84380000N	0.839762	0.00
38	94.29400000E	19.82970000N	2.621040	0.00
39	94.29030000E	19.80570000N	0.156504	1945.63
40	94.27550000E	19.80870000N	0.317410	888.55
41	94.25580000E	19.83430000N	3.273200	0.00
42	94.25150000E	19.81290000N	1.555740	762.00
43	94.24220000E	19.80640000N	0.593209	2042.96
44	94.23710000E	19.82330000N	0.268905	848.70
45	94.23680000E	19.86160000N	0.353538	2182.63
46	94.22530000E	19.86290000N	1.267790	1037.91
47	94.21940000E	19.83140000N	1.353930	439.48
48	94.21480000E	19.81830000N	0.599347	1951.92
49	94.20150000E	19.84630000N	0.878407	461.22
50	94.19560000E	19.89480000N	0.276691	2356.56
51	94.17790000E	19.86140000N	0.371462	402.38

续表

编号	中心位置坐标		区域划分面积(km²)	距管道最短距离(m)
52	94.16730000E	19.84410000N	0.348398	2534.04
53	94.15030000E	19.88600000N	1.965750	804.65
54	94.15730000E	19.87060000N	1.422260	0.00
55	94.16440000E	19.86000000N	0.394350	1082.12
56	94.14040000E	19.87500000N	0.387799	815.01
57	94.12500000E	19.88380000N	0.272722	2463.14
58	94.11170000E	19.87860000N	0.112955	2681.69
59	94.11430000E	19.86510000N	0.575950	798.14
60	94.15210000E	19.85240000N	0.217762	1394.08
61	94.12410000E	19.84740000N	0.217765	373.88
62	94.07490000E	19.84330000N	0.734482	1688.55
63	94.08540000E	19.83520000N	0.397118	156.16
64	94.06080000E	19.83140000N	0.130599	2210.67
65	94.06250000E	19.82350000N	0.126339	1531.53
66	94.07980000E	19.81650000N	0.182385	0.00
67	94.09520000E	19.80240000N	0.181276	2018.33
68	94.07330000E	19.80310000N	0.700812	115.83
69	94.07660000E	19.79010000N	0.254961	1120.81
70	94.08240000E	19.77060000N	0.311982	2568.37
71	94.06290000E	19.77720000N	0.497255	162.92
72	94.06820000E	19.75410000N	0.397223	2463.16
73	94.04010000E	19.70970000N	0.136422	528.29
74	94.03450000E	19.69670000N	0.212305	0.00
75	94.02310000E	19.69020000N	0.189085	831.00
76	94.03290000E	19.68700000N	0.235346	0.00
77	94.04600000E	19.68680000N	0.498139	748.37
78	94.03650000E	19.67470000N	0.354633	0.00
79	94.05060000E	19.66170000N	0.830835	1312.05
80	94.01980000E	19.62570000N	0.332709	1337.35
81	94.04590000E	19.62650000N	0.266714	508.76
82	94.05590000E	19.63310000N	0.266704	1694.63
83	94.06990000E	19.61200000N	0.153893	2726.81
84	94.06480000E	19.60410000N	0.367421	1785.19

续表

编号	中心位置坐标		区域划分面积(km²)	距管道最短距离(m)
85	94.06560000E	19.59480000N	0.932565	1390.09
86	94.07170000E	19.58350000N	0.218398	2601.65
87	94.05240000E	19.57890000N	0.590136	496.64
88	94.04790000E	19.56010000N	1.189750	795.46
89	93.99680000E	19.51840000N	0.413281	1886.51
90	94.00950000E	19.50430000N	1.226580	0.00

9.4.3.4 基于升轨、降轨 SAR 数据结果需重点关注区

局部形变较大的区域分别有编号 1、4、5、14、18、21、24、27、36、37、38、41、42、43、45、46、47、48、49、53、54、64、68、69、77、81、84、85、86、87。另外，离管道较近的形变区域分别有编号 1、5、6、8、17、18、24、29、37、38、41、47、49、51、54、61、68、71、74、76、78、81、87、90。这些区域需给予相应程度的关注，部分区域需采取一定措施，后续将结合多源数据及数据处理模型作进一步风险等级划分。编号如图 9-329 所示。

参 考 文 献

[1] Rogers A E E, Ingalls R P. Venus: Mapping the Surface Reflectivity by Radar Interferometry[J]. Science, 1969, 165(3895): 797-799.

[2] Zebker H A, Goldstein R M. Topographic mapping from interferometric synthetic aperture radar observations [J]. Journal of Geophysical Research Solid Earth, 1986, 91(B5): 4993-4999.

[3] Gabriel A K, Goldstein R M, Zebker H A. Mapping small elevation changes over large areas: Differential radar interferometry[J]. Journal of Geophysical Research Solid Earth, 1989, 94(B7): 9183-9191.

[4] Raucoules D, Maisons C, Carnec C, et al. Monitoring of slow ground deformation by ERS radar interferometry on the Vauvert salt mine (France)[J]. Remote Sensing of Environment, 2003, 88(4): 468-478.

[5] Ferretti A, Prati C. Nonlinear subsidence rate estimation using permanent scatterers in differential SAR interferometry[J]. IEEE Transactions on Geoscience & Remote Sensing, 2000, 38(5): 2202-2212.

[6] Ferretti A, Prati C, Rocca F. Permanent scatterers in SAR interferometry[J]. IEEE Transactions on Geoscience & Remote Sensing, 2001, 39(1): 8-20.

[7] Berardino P, Fornaro G, Lanari R, et al. A New Algorithm for Surface Deformation Monitoring Based on Small Baseline Differential SAR Interferograms[J]. IEEE Transactions on Geoscience & Remote Sensing, 2002, 40(11): 2375-2383.

[8] Lanari R, Mora O, Manunta M, et al. A small-baseline approach for investigating deformations on full-resolution differential SAR interferograms[J]. Geoscience & Remote Sensing IEEE Transactions on, 2004, 42(7): 1377-1386.

第10章
基于机器学习的管道焊缝图像的缺陷识别分析

油气管道焊缝的质量对管道系统的安全和可靠性至关重要。然而，焊缝质量受到多种因素的影响，可能存在难以察觉的缺陷。通过机器学习的方法对焊缝图像的智能分析，及时发现并定位潜在的问题。在本章中，将深入研究机器学习算法的原理和应用，了解如何建立焊缝缺陷识别模型；将学习如何收集和准备焊缝图像数据，以及如何训练模型来自动检测焊缝缺陷，例如裂纹、气孔等。同时通过实际案例和实验，体现了机器学习在管道焊缝质量控制中的潜力和优势。

10.1 概述

10.1.1 研究背景及意义

焊接是石油、化工行业管道连接的基本方式，也是使用最多的工件连接方法。截至2020年底，我国石油天然气管线总里程达到16.5×10^4km[1]。按管道输送介质，大致可分为原油管线3.1×10^4km、成品油管线3.2×10^4km、天然气管线10.2×10^4km。在形成庞大的油气输送网络的同时，保证管道安全运行成了刻不容缓的任务，管道的焊接质量直接关系到其使用性能和寿命，与国家的油气安全和稳定发展息息相关。2018年06月10日，晴隆县中缅管道因环焊缝失效，造成了天然气泄漏与爆炸，导致1人死亡，23人不同程度受伤，经济损失2145万元。2010年09月09日，美国一条穿越加利福尼亚居民区的天然气管线，因焊接不规范导致管道开裂造成66人伤亡，多处房屋被毁[2]。根据美国管道与危险化学品管理局2022年2月最新数据，2010—2020年，原油、精炼石油、生物燃料系统影响人员或环境的事故中，共有120起是由管道或环焊缝的材料失效引起的，占比达12.20%。天然气管道方面：2005—2020年，在天然气长输管道的重大事故中，由管道或环焊缝的材料失效导致的占比达16.72%；在天然气配送重大事故中，由管道或环焊缝的材料失效导致的占比达8.63%。因此，必须对管道进行无损检测，保证管道焊接质量，避免不合格的焊件流入市场，危害人民生命财产安全。

射线检测具有速度快、成本低、精度高等优点，因而被广泛地应用于管道焊缝检测，成为焊接质量控制的重要技术[3]。射线检测,主要是通过观察射线照相后产生的底片,分析焊缝内存在的缺陷,进而对焊接质量做出评级。在我国大力进行管道建设的背景下,每天都会产生数以万计的射线底片,由于焊缝缺陷的类型、分布位置、大小等具有多变性,对焊缝射线底片的分析和评价带来了挑战,需要经过培训且持有射线无损检测证书的人员来进行评判。但人工评片,往往耗时耗力,且存在一定的弊端:评片人员通常是凭借经验判断有无缺陷、缺陷所处位置及缺陷类别,可能会由于其专业性等主观因素导致结果偏差。不同评片人员在分析同一张底片时,由于自身经验、专业知识、评片环境等因素影响,会得到不同的分析结果[4]。另外,随着工业生产效率的提高,石油石化行业焊缝底片数量激增,底片评定人员工作量也随之增加。评片人员连续的工作可能引起疲劳,导致遗漏缺陷,或不能及时完成工作,从而影响工程建设速度,降低工程质量。为了缓解工业上人工评片压力,客观、全面、准确、快速地对焊接质量做出评价,研究如何将计算机技术应用到射线底片缺陷评价上势在必行[5-6]。

随着现代计算机视觉技术的发展,以及高质量扫描仪的研发,为众多学者打开了新的视野,开始将深度学习技术应用于工业焊接质量评价[7]。

10.1.2 国内外研究现状

由于市场需求以及工业上面临的巨大压力,国内外对与焊缝射线底片智能识别的研究方兴未艾,并且取得了一定的成果,为后人提供了一定思路和基础,推动着射线底片智能识别的发展。总体上来说,焊缝射线底片智能化识别依靠的是图像识别技术以及图像分类技术[8]。

10.1.2.1 焊缝射线底片缺陷智能化识别技术

在缺陷提取分割方面:Jiaxin 和 Shao 在 2011 年提出了一种焊缝区域提取的方法[9],该方法基于最小二乘二次曲线拟合和阈值偏差,寻找焊缝边界区域并分析焊缝边缘是否存在缺陷,而后使用二阶差分法提取图像中的焊缝区域。2012 年又提出一种实时的自适应的焊缝缺陷跟踪技术[10],使用背景去除技术、降噪预处理、灰度轮廓分析法。将缺陷部分从底片中分割出来,降噪后通过提高对比度,改善底片质量,使缺陷部位更加显著。该技术为其他学者提供了广阔的思路,便于后续研究者分离焊接缺陷。其主要优点是可以排除一些伪缺陷,更加准确地定位缺陷。通常使用均匀化等方式改善图像灰度分布,增强图像的对比度。Abdelhak Mahmoudi、Regragui F 等研究出一种快速分割、提取底片缺陷部位的方法[11](图 10-1)。首先对底片进行同态滤波以及直方图分析,然后设定全局阈值,底片将超出阈值的像素点判定为焊缝区域,并将其提取出来。使用同样的方法,设定局部阈值,从分离出来的焊缝图像中提取缺陷,该方法降低了图片噪声和较差的对比度对焊缝区域提取的影响,但难以提取出形状复杂的缺陷部位。

Miguel Carrasco、Domingo Mery[12] 将图像处理技

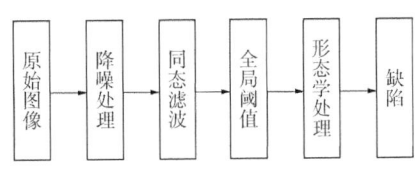

图 10-1　Abdelhak Mahmoudi 快速分割提取缺陷流程

术应用于缺陷分割,他们首先对原始底片进行降噪处理,再使用滤波器将缺陷部位与底片黑色背景分离,使用设定阈值的方法对提取到的缺陷进行识别,再经过形态学算法减轻过分割程度,最后利用了分水岭分割缺陷。其在分类十张图像的接收者操作特征曲线(以下简称 ROC 曲线)与 x 轴围成的面积为 0.9358(该值为 1 时实现完美分类),但图像底片对比度以及噪声情况会影响分割效果,且验证的样本较少,说服力不足。

Alaknanda 等通过人为选取、设定阈值,使用边缘检测方法确定缺陷边界,再使用分水岭算法确定缺陷位置,最后依据提取到的缺陷特征,判断缺陷类别。在此基础上 Alaknanda 进一步研究了分水岭算法,并于 2009 年提出了使用多级分水岭分割底片缺陷的思路[13]。该方法的分割边界与图像原始位置偏差小,且减少了过度分割问题。它主要分了两个阶段:(1)采用分水岭变换处理底片,使用最大类间方差法将处理后的图像转变成二值图像,再利用形态学和顶帽(top-hat)算法分离发生重叠的对象,计算各个盆地的欧式距离,标记最终结果线段,分离脊;(2)使用分水岭,消除过分割,确定分割边界。结果表明,该方法对于气孔、夹渣、未焊透等缺陷的分离效果较好,缺陷轮廓接近于原始图像。但对于裂纹缺陷的提取效果很差。

图像缺陷分类识别方面:Rafael Vilar 等建立了自动检测系统(图 10-2),识别底片中存在的缺陷[14],系统包括底片预处理、缺陷部位提取和缺陷分类三个模块。系统的使用流程如下:(1)实施图像处理技术,包括去除底片中不同类型的噪声、底片对比度优化、设定阈值寻找焊缝边界等,为焊接缺陷的检测做铺垫;(2)提取底片中缺陷区域的几何特征包括长宽比,椭圆度等,之后对获取到的数据再次提取特征;(3)利用神经网络实现缺陷的分类,在分类阶段使用正则化技术、修改隐藏层的神经元个数等方法来获得人工神经网络的最佳性能。该系统成了焊缝射线底片缺陷分类的标准模式。

Neury、Boaretto 等提出一焊缝缺陷自动识别的方法[15]。他们主要针对双壁双影射线照相图像的缺陷识别,找到图像中焊缝位置,检测焊缝区域中的不连续位置(疑似缺陷),然后将这种不连续性分类为缺陷或无缺陷,提取其几何特征作为反向传播算法的前馈多层感知机的输入,得到一个是否为缺陷的二分类器,该分类器在测试数据中其准确率达到了 87.5%,但是由于样本数量过少,在进行缺陷类型区分时,造成了数据不平衡,导致分类失败。T. W. Liao、D. M. LI 等[16]基于模糊聚类法检测底片中存在的缺陷,每组底片数据选择 25 个特征,比较了模糊 k-近邻(以下简称 k-NN)和模糊 c-均值两者分类的准确率。

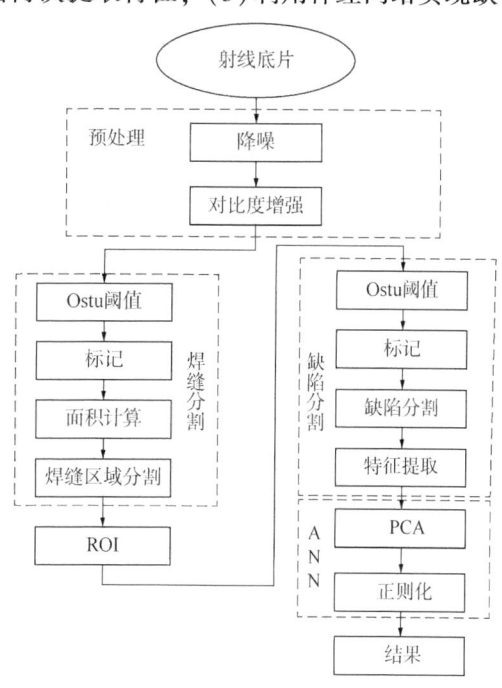

图 10-2 Rafael Vilar 自动识别焊接缺陷的系统流程

发现模糊 k-NN 的分类效果更好，其漏报率与误报率分别为 6.01%和 18.68%。Gang Wang 和 T. W. Liao[17]将图像经过降噪，对比度增强，再使用背景去除，直方图阈值等方法将焊缝缺陷分离出来，提取了 12 个图像中表达缺陷信息的特征，利用 k-NN、前馈多层感知机进行缺陷的分类。结果证明前馈多层感知机分类准确率高于模糊 k-NN 的分类准确率，前者分类准确率达到 92.39%。但由于缺陷数量不足，该方法未进行大量的数据验证。余永维[18]等将使用了深度学习的方法解决传统分类器在缺陷识别中存在的问题，使用径向基神经网络，构建计算机视觉底片缺陷识别模型。董绍华[19]等利用图像形态学特征，图像边缘检测等方法，对缺陷进行定位，最后利用支持向量机对缺陷进行分类。

前人对射线底片的研究主要集中在对图像进行预处理，以得到明确的焊缝区域图像及缺陷图像，再通过对比度、椭圆度、大小等特征进一步对缺陷图像进行分类。但这种模式受限于射线底片本身质量，难以做到对缺陷的准确分割，且对各种缺陷的敏感程度不一。现有的一些缺陷识别系统未经过大量数据验证，其能达到的准确率也不尽人意。

10.1.2.2　深度学习—卷积神经网络

在目前的计算机图像处理中，对于分类问题，使用较多的深度学习方法主要是卷积神经网络（以下简称 CNN）。1959 年，Hubel[20]在研究猫的视觉皮层感受野时，发现了大脑储存读取图片时的分层机制，为 CNN 的发展提供了思路。1998 年，LeCun[21]提出了 LeNet-5 模型，构建了 7 层神经网络，共有两层卷积与两层池化，实现了对手写数字和字母的准确识别。基本确定了现代 CNN 结构。但由于网络深度影响，该模型对其他复杂图像的特征学习效果较差。Krizhevsky[22]等设计了一个更深的神经网络模型——AlexNet，2010 年该模型在对 ImageNet 大赛的 120 万张高分辨率图像的分类上就已实现错误率排在前 5 名；2012 年，在对模型改进后，该网络模型错误率仅为 15.3%，排名第一，而第二名错误率为 26.2%，AlexNet 表现出了其巨大的优越性[23]。同时采用双 GPU 方式缓解计算负担，加快模型训练。引入了一项正则化技术 Dropout[24]，加快了网络的收敛速度。

AlexNet 之后，众多学者着眼于改善卷积神经网络，主要的做法是增加网络层数或缩小卷积核，从而得到更多图像特征，实现更加准确地分类，先后出现 VGGNet、GoogleNet 和 RestNet。众多学者发现，一味地加深网络虽然理论上会提取到更多的特征，提高模型精度，但实际使用中发现模型准确率反而出现了下降，经过研究发现由于深层网络中的参数传递过多，会导致梯度弥散或梯度爆炸，出现神经元"死亡"，ResNet[25]采用一种"恒等映射"的思想，解决了网络的"退化"现象。由于该网络在网络层数以及结构的改善，网络的图像识别能力是最突出的[26-28]。

卷积神经网络由于非线性映射，具有几乎万能解的性质，但是由于训练样本不足且不均匀，其在底片缺陷识别上的应用较少，想要将卷积神经网络技术应用于工业射线底片缺陷自动化识别，就必须先解决训练样本的问题。

10.1.3　主要研究内容

本章节基于深度学习理论，以卷积神经网络作为切入点，开展自动化焊缝射线底片缺陷识别技术研究，形成焊缝射线底片缺陷自动识别软件一套，主要研究内容如下：

（1）焊缝射线检测缺陷及其相关标准研究。了解射线检测原理及相关知识学习焊缝射线检测底片中各类缺陷的特点及区分方法学习射线检测中缺陷分级相关标准。

（2）焊缝射线底片图像增强、缺陷识别及底片分割算法研究。搜集具有典型缺陷的焊缝数字化底片，并进行缺陷分类对数字化底片进行预处理完成数字化底片焊缝区域定位以及缺陷提取。

（3）基于深度学习的缺陷分类算法研究。利用 CNN 对得到的特征缺陷进行分类搭建不同的 CNN 模型，得出准确率高且实用性强的神经网络模型。将调试好的神经网络模型应用于实际带有缺陷的射线底片，查看效果，并调整模型。

针对研究内容，总结出了实现研究目的的一些关键方法及步骤，以此作为依据展开研究。

图像增强方面：以 Matlab(Matrix & Laboratory) 为媒介，研究图像增强算法及技术旨在应对工业检测中存在的数字化底片质量差，无法使用计算机技术对缺陷识别的难题。

缺陷提取方面：对增强后的图像进行处理，将图像切割，人工挑选缺陷样本，并对样本进行增强，以备神经网络的训练。

神经网络方面：搭建不同卷积神经网络模型，完成对缺陷的分类，通过不断训练和调整，提高模型的准确率，使用多分类器过滤，多模型判断，交叉对比的方式降低模型误报率，实现高准确率的分类模型[29-33]。

自动化识别方面：利用 Matlab 或 VB 将整个流程结合起来，形成一套自动化射线底片缺陷识别系统。

10.2 环焊缝射线检测技术及底片数字化

10.2.1 射线检测技术简介

射线检测无损检测(以下简称 RT)，是五种常规无损检测(超声检测、射线检测、磁粉检测、渗透检测、涡流检测)方法之一。利用不同的工件对射线的吸收散射不同的性质，确定了射线检测法的可行性。在油气管道行业，相比于其他无损检测技术，射线检测技术的主要特点：(1)可得到永久性记录；(2)适用于多种不同工件，通用性强，结果直观；(3)检测过程简单易操作；(4)适用于体积型缺陷。因此射线检测在油气管道行业得到了广泛的应用，为管道的安全，平稳运行"保驾护航"。

10.2.1.1 射线检测原理

在射线穿透物体的过程中，会伴随着射线被吸收或者被散射的情况发生，这会使射线的能量减小。衰减程度与物体本身对射线的阻碍效果(衰减系数)以及物体本身厚度有关。若物体内部存在缺陷，由于构成缺陷的部位与物体原材料对射线的阻碍效果不同，会造成穿过缺陷部位的射线强度不同于其周围的完好部位。使用胶片接收穿过物体的射线能量，处理后得到射线底片，此时底片对应部位就会显现出差异，这些差值被定义为"对比度"。

使用观片灯,可以看到底片各部位差异,依据经验与国家标准便可判断出物体内部存在的缺陷,评价工件质量[34-37]。射线穿过缺陷的强度变化分析如图10-3所示。

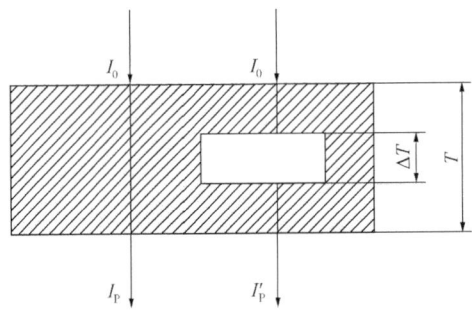

图 10-3 射线穿透含有缺陷的工件

在工件内部存在一缺陷,工件整体厚度为 T,线衰减系数为 μ,缺陷宽为 ΔT,线衰减系数为 μ';射线入射时强度为 I_0,穿过工件的射线强度分别为 I_p(无缺陷)和 I'_p(穿过缺陷),散射比为 n,透射射线总强度为 I,由射线强度衰减公式可得

$$I = (1+n)I_0 e^{-\mu T} \qquad (10-1)$$

$$I_p = I_0 e^{-\mu T} \qquad (10-2)$$

$$I'_p = I_0 e^{-\mu(T-\Delta T)-\mu'\Delta T} \qquad (10-3)$$

$$\Delta I = I'_p - I_p = I_0 e^{-\mu T}[e^{(\mu-\mu')\Delta T}-1] \qquad (10-4)$$

式中,ΔI 为缺陷与其附近辐射强度的差值;I 为背景辐射强度;取两者之比即式(10-4)除以式(10-1)得

$$\frac{\Delta I}{I} = \frac{e^{(\mu-\mu')\Delta T}-1}{1+n} \qquad (10-5)$$

将 $e^{(\mu-\mu')\Delta T}$ 展为级数:

$$e^{(\mu-\mu')\Delta T} = 1+(\mu-\mu')\Delta T+\frac{[(\mu-\mu')\Delta T]^2}{2!}+\cdots+\frac{[(\mu-\mu')\Delta T]^n}{n!} \qquad (10-6)$$

近似取级数前两项代入式(10-5),得

$$\frac{\Delta I}{I} = \frac{(\mu-\mu')\Delta T}{1+n} \qquad (10-7)$$

如果缺陷的介质的 μ' 与 μ 相比极小。则 μ' 可以忽略不计(对于钢制工件,其内部缺陷往往是空气,μ 远大于 μ'),式(10-7)可写为

$$\frac{\Delta I}{I} = \frac{\mu \Delta T}{1+n} \qquad (10-8)$$

将 $\Delta I/I$ 称为主因对比度,由式(10-8)可以看出影响 $\Delta I/I$ 因素包括透照厚度、线衰减系数以及散射比。

以上为射线可以检测到工件内部缺陷的原理解释。

10.2.1.2 射线检测设备与器材

工业 RT 主要设备包括射线机、专用照相胶片、射线照相辅助器材等。其中射线机按照射线种类的不同大致分为 X 射线机和 γ 射线机,射线照相辅助设备主要包括黑度计、增感屏、像质计等。

(1)射线机介绍。

① X 射线机。

X 射线机一般由四部分构成:高压电路、冷却系统、保护电路和用户控制端,其中高压部分是使射线机工作的基本电路;冷却系统是对射线管进行降温,防止其过热损坏,导致高压电路元件受损;保护电路是对整个电路系统进行防护,在短路等情况发生后,及时截断电路,避免对重要原件造成损坏;控制部分主要是指仪器的总控制中心[38]。

按照仪器外形、拍摄方式、使用频率以及内部绝缘介质种类 X 射线机分类如图 10-4 所示。

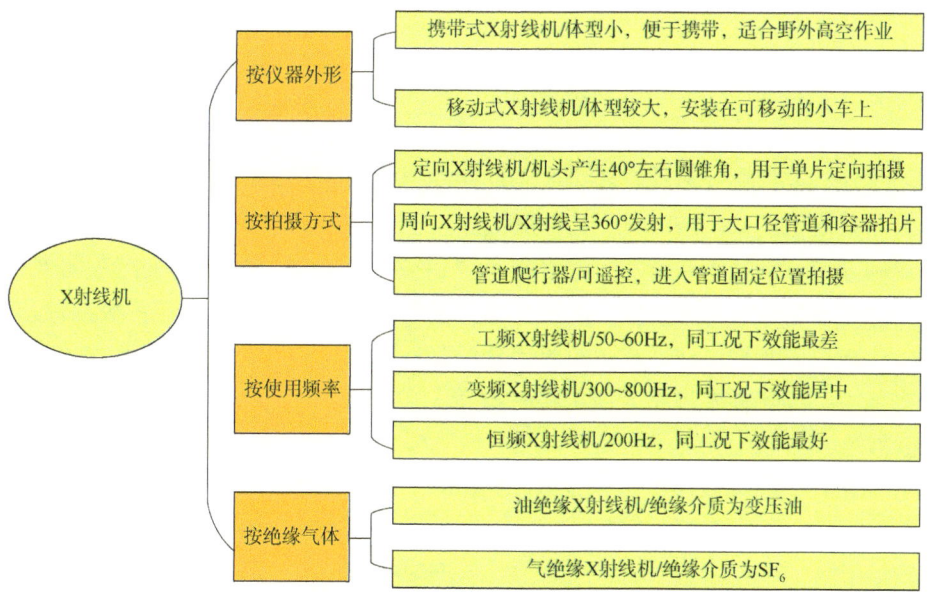

图 10-4　X 射线机分类

其中携带式与移动式射线探伤机结构如下,两者的内部高压线路与射线发生线路有所不同,二者结构如图 10-5、图 10-6 所示。

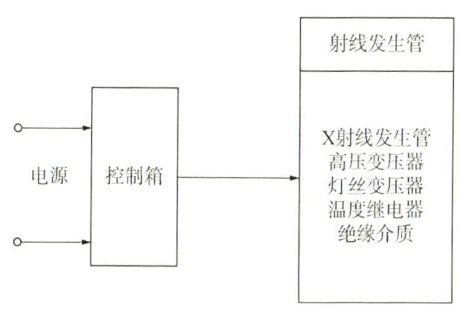

图 10-5　携带式 X 射线机结构图

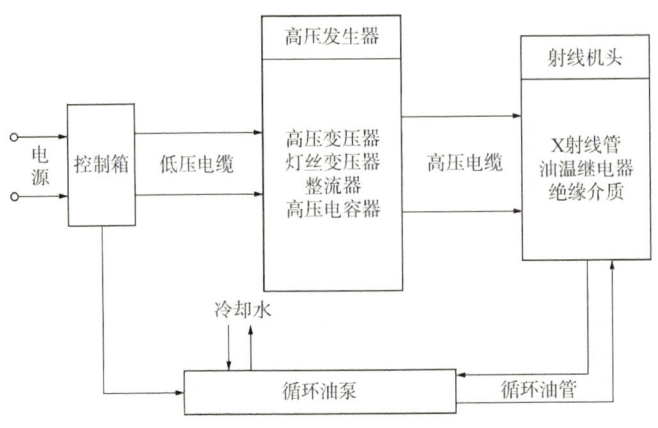

图 10-6 移动式 X 射线机结构图(油冷)

② γ 射线机。

相对于 X 射线机，γ 射线机探测厚度大，射线的穿透能力强。其次 γ 射线机体积较小，轻便且无须电源，更加适合野外作业以及已经投入生产的设备的检验。但同时它自身也存在一些缺点，例如 γ 射线探伤机由于使用固定放射源，无法调整辐射能量，当探测的工件厚度与射线机能量不匹配时，其检测灵敏度会受到较大影响。γ 射线探伤包含放射源组件、驱动系统、输源管和附件。源组件主要由放射性物质及防止污染扩散的外壳组成；探伤机外壳主要是用来屏蔽射线，防止污染；驱动系统可在使用仪器时将放射源移出，在不使用时将放射源收回屏蔽系统；输源管是控制放射源在一定范围内移动，保证放射源可控；附件通常是为了便于操作者使用仪器保护其安全不受辐射的装置，包括专用准直器、γ 射线监测仪等。

工业探伤使用的 γ 射线机按照放射性同位素、机体结构、使用方式分类，具体分类如图 10-7 所示。

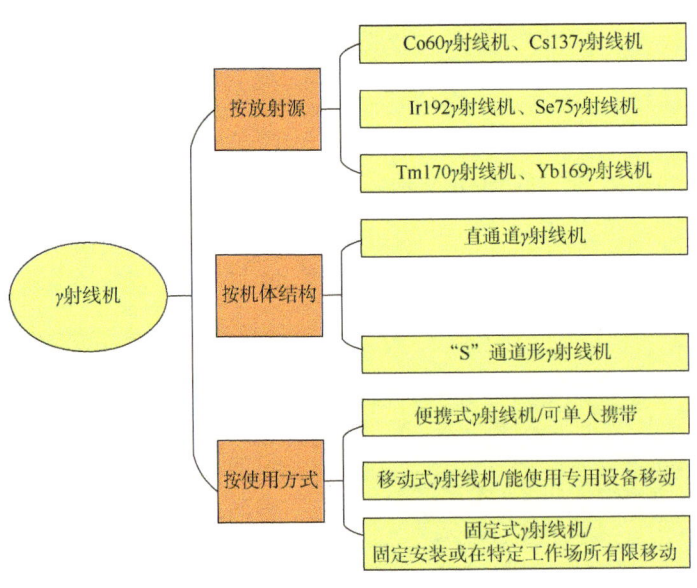

图 10-7 γ 射线机分类

以上两种射线机便是工业上最常使用的射线探伤设备,其中X射线机的应用范围最广,使用频率高,但γ射线机也有其优势和特点,使用时要考虑实际情况,合理选择射线机种类。

(2)射线照相胶片。

为得到更为清晰的射线图像,射线胶片的设计至关重要。工业上的射线胶片采用双面乳化剂增加底片中感光卤化银的含量,以此加快感光速度与底片黑度。其结构如图10-8所示,一共含有七层材料:①片基,片基是感光乳化剂的支持体,是支撑胶片的主体架构;②结合层,其作用是固定片基与感光乳化剂,防止在后续暗室处理时乳化剂脱落;③感光乳化剂层,此为感光部位,含有溴化银与少量的碘化银,在射线的照射下形成影像;④保护层(又称保护碘),保护感光乳化剂层不受破坏。

图10-8 射线胶片构造

早期胶片的分类依据是胶片粒度和感光速度,但这样的分类十分粗略,现行的分类方法其特点是以胶片系统、成像特性为主体,以明确的数据作为分类依据。胶片系统是指射线胶片、增感屏和冲洗方式三者的组合;成像特性是指胶片的四个明确的参数,目前标准规定的各类胶片的参数见表10-1。

表10-1 胶片系统

系统分类	$G_{\min}$		$[\sigma_0]_{\max}$	$\left[\dfrac{G}{\sigma_0}\right]_{\min}$
	$D=2.0$	$D=4.0$	$D=2.0$	$D=2.0$
C_1	4.5	7.5	0.018	300
C_2	4.3	7.4	0.020	230
C_3	4.1	6.8	0.023	180
C_4	4.1	6.8	0.028	150
C_5	3.8	6.4	0.032	120
C_6	3.5	5.0	0.039	100

注:(1)D代表黑度,$D=\ln\left(\dfrac{照射光强}{透射光强}\right)$。

(2)$G_{\min}$表示最小梯度,$[\sigma_0]_{\max}$表示最大颗粒度,$\left[\dfrac{G}{\sigma_0}\right]_{\min}$表示最小梯度噪声比。

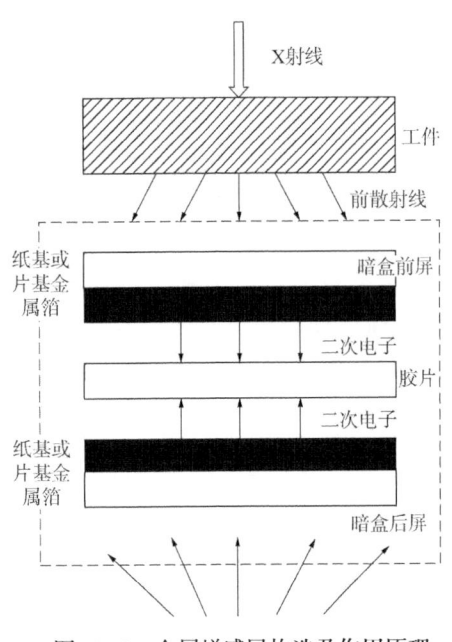

(3) 射线照相辅助设备。

① 黑度计。又名光学密度计,常用透射的方法检测底片黑度,获取底片黑度信息。

② 增感屏。用以反射透射射线,对胶片进行二次照射,增加其曝光量,以显著地提升影像对比度。常用的有金属、荧光、金属荧光增感屏。三者性能排序由高到低为金属、金属荧光、荧光增感屏。金属增感屏作用原理及构成如图10-9所示。

③ 像质计。主要用来判断拍摄的底片质量,是否符合评片要求,像质计材料与被检工件对射线的吸收效果相似。像质计需要按照一定厚度差来设计,规格尺寸与工件的厚度有一定的对应关系。同时像质计会在拍摄出来的底片上留下影像,作为一种永久性证据保留(图10-10),通常工业射线照相使用的像质计分为金属丝型、孔性和槽型三种。

图 10-9 金属增感屏构造及作用原理

除上述用品外,还有暗袋、标记带、屏蔽铅板、中心指示器等,用以辅助射线照相工作。

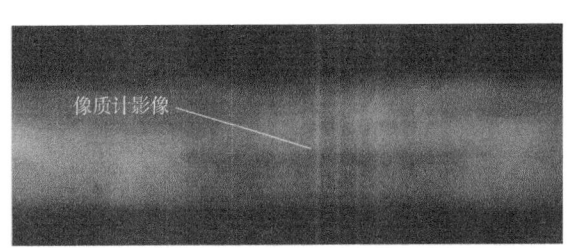

图 10-10 像质计在射线底片上的影像

10.2.2 焊缝射线照相底片评定

由于其工件复杂性,射线底片上的影像往往十分多变,形态各异,按照影像来源大致可分为三类:第一类是由缺陷造成的真实缺陷影像;第二类由工件外表面的某些几何形状造成;第三类由于工件材料,照射能量选择或操作不当造成的底片伪缺陷。射线底片评定需要在情况复杂的影像中,寻找到真实的缺陷,排除伪缺陷,要做到这点,就必须掌握焊缝焊接过程中缺陷的形成原因以及其在底片上的影像情况,并了解焊缝质量评定等级划分标准。

10.2.2.1 管道焊缝缺陷类型及其危害

焊接缺陷主要包括裂纹、未熔合、未焊透、夹渣气孔等,各类缺陷特点及危害如图10-11所示:

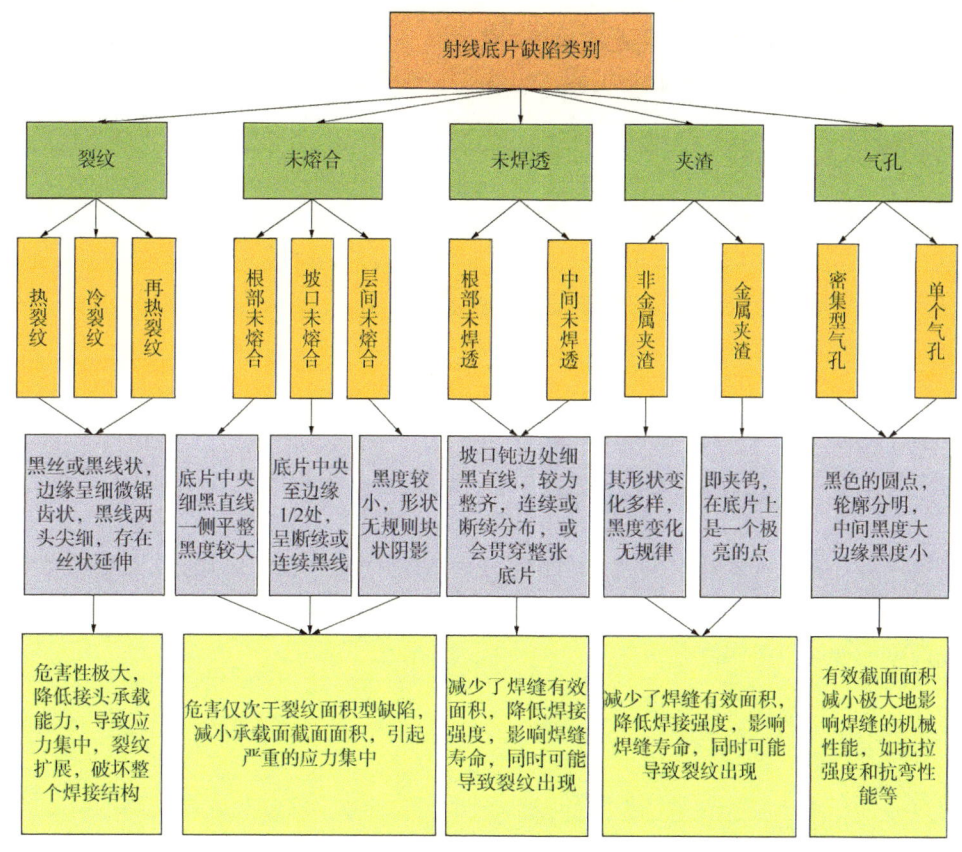

图 10-11 焊缝缺陷分类图

其他缺陷包含内凹、咬边、烧穿等，部分典型焊接缺陷如图 10-12 所示。

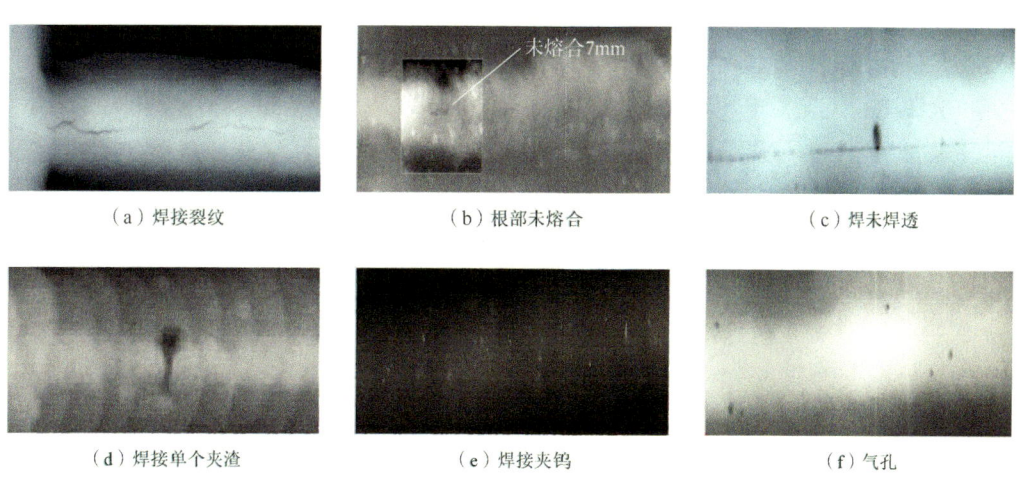

图 10-12 各类焊接缺陷底片

10.2.2.2 焊接接头质量分级标准

按照现行油气行业钢制管道无损检测的标准,对接接头分为Ⅰ、Ⅱ、Ⅲ和Ⅳ四个等级,其中Ⅰ、Ⅱ较好,Ⅲ、Ⅳ必须返修,首先需要满足:

(1) Ⅰ级接头内不存在裂纹、未熔合、未焊透、条形缺欠、烧穿、内凹和内咬边。

(2) Ⅱ、Ⅲ级对接接头内不应存在裂纹、外表面未熔合。

(3) 对接接头中缺欠超过Ⅲ级者为Ⅳ级。

(4) 固定连头焊接接头中的根部未熔合、根部未焊透应评为Ⅳ级。

(5) 焊口返修部位的未熔合、未焊透应评为Ⅳ级。

(6) 不锈钢对接接头中的根部未熔合、根部未焊透应评为Ⅳ级。

其次对于各类型缺陷定量定性也各有标准详见《石油天然气钢质管道无损检测》(SY/T 4109—2020)。

10.2.3 焊缝射线底片数字化技术

要想使用计算机视觉技术来进行焊缝射线底片缺陷识别,首要任务就是将实体焊缝射线底片转化成计算机可识别的数据,本次采取的是专用扫描仪对射线实体底片进行扫描,转化成数字图像,以供深度学习使用。

10.2.3.1 底片扫描仪技术指标

(1) 设备名称、型号、数量。

设备名称:工业底片数字化工作站。

产品型号:MII-5000LC。

数量:1台。

(2) 设备使用要求。

① 允许使用的环境温度:10~40℃。

② 允许使用的环境湿度:20%~85%。

③ 电源电压:交流电压100~240V,50~60Hz,最大电流1.5A(输入)。

④ 设备功率:54.9W。

⑤ 工作时间:260天/年、8小时/天。

(3) 设备技术参数。

① 扫描范围:最大14in×200in(355.6mm×5080mm);最小2.5in×2.5in(63.5mm×63.5mm)。

② 色彩:8bit/16bit灰阶(256灰阶层/65536灰阶层)。

③ 光学分辨率:出厂设置为300点/inch(300dpi),最大为1200dpi。

④ 动态密度:0.5~4.5D,最大4.7D。

⑤ 外形尺寸:329mm×474mm×224mm。

⑥ 产品重量:20kg。

(4) 设备实物如图10-13、图10-14所示。

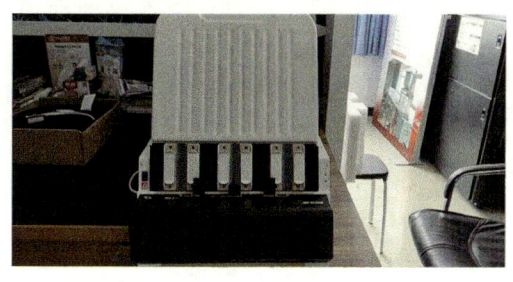
图 10-13　MII-5000LC 扫描仪正面

图 10-14　MII-5000LC 扫描仪侧面

10.2.3.2　MII-5000LC 底片扫描仪特点与性能

MII-5000LC 提供配套扫描软件(MiiNDT)与底片标注读取软件，可以在扫描时设定数字底片黑度、格式等，在扫描完毕后可利用软件查看底片，并可调整对比度等，可执行一系列影像处理功能。本文使用的底片读取软件界面如图 10-15 所示。

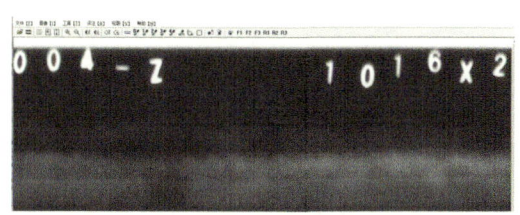
图 10-15　底片读取软件

包括的功能有底片缩放、图像对比度及亮度调整、局部位置黑度值提取、角度长度测量、图像旋转、图像锐化及图像浮雕等功能。

扫描仪配置如下：

(1) 仪器接口：高速 USB 接口(USB2.0)。

(2) 操作系统：Windows XP/7/8/10。

(3) 设备调节方式：透过软件调整即可调节速度及亮度。

(4) 扫描速度：≤18sec@300dpi，灰阶(14in×17in)。

(5) 辅助判片功能：使用配套专业的影像软件精准测量，标注缺陷；局部放大，亮度调节等，辅助判片。

(6) 底片格式：数字化影像可以转换成国际标准 DICOM 格式，同时支持 BMP, JPEG, TIFF 格式。

(7) 图像传感器：工业高清 CCD。

(8) 附带软件：Microtek ScanWizard Industry(扫描软件)，MiiNDT(查看软件)。

10.3　缺陷底片数据集的建立

在卷积神经网络中，训练样本的质量决定着网络模型的收敛速度与最终准确率，可以说样本就是神经网络的"粮食"，只有充足且优质的样本，才能得到高准确率的网络模型。

关于射线底片缺陷自动化识别的一大难点便是缺陷底片的收集，本研究基于国内现场工程，得到了大量原始焊缝射线底片，并将其应用在了神经网络训练上。

10.3.1 焊缝底片数据介绍

本研究收集了广泛的焊缝数据，其来源与质量也各不相同，具体可分为以下两部分：

（1）来源于 GDXray 公共数据库[39]。该数据库中共包含焊缝底片 88 张，其中共包含 641 个缺陷，这类射线底片经过高清晰度扫描仪处理，在进行一定的数据处理，得到了极为清晰的焊缝缺陷图像（图 10-16）。

图 10-16　GDXray 公共数据库焊缝底片（W0003_0001）

（2）来源于某管道公司项目建设过程中的射线底片，具体底片数据量见表 10-2。

表 10-2　焊缝射线底片来源及数量

名称	焊口数（道）	底片数（张）
分输站 1	1024	3661
分输站 2	148	553
分输站 3	230	997
分输站 4	309	1096
联络线 1	3360	7315
联络线 2	3381	7486
阀室 1	206	924
阀室 2	61	305
阀室 3	26	113
其他	—	50
总计	8745	22500

这类底片完全来源于石油天然气管道焊接射线检测现场，后经过扫描成为电子底片，再经过筛选，选出其中含有缺陷的电子底片，作为训练样本来源之一。相比 GDXray 公共数据库，这类底片更加接近工业生产中收集到的底片，但同时图像质量也比较差（图 10-17）。

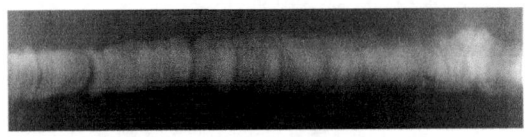

图 10-17　某线路焊缝射线底片

10.3.2 缺陷底片数据集

经过对 10.3.1 节底片的挑选，选出含有缺陷的底片共 2000 张，为了后续神经网络的训练，需要对底片进行处理，分割出其中的缺陷，作为神经网络的输入。本研究分割的底片大小为 224×224（像素×像素），后经过人工挑选，对图像块进行分类，并分别标记为圆形缺陷、条形缺陷、未熔合缺陷以及无缺陷。最后建立了焊缝缺陷底片集。

10.3.2.1 缺陷底片分割算法

（1）移动分割法。

该方法是通过对原始焊缝射线底片进行全范围无重叠的切割，以得到大小为 224×224 的图像块，其具体原理如图 10-18 所示。

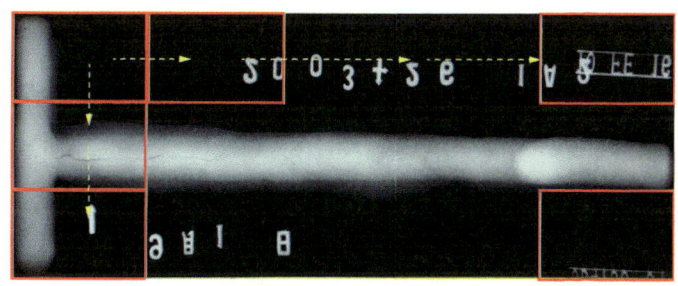

图 10-18　移动分割法

该方法是 224×224 的图像框在输入底片上做等间距的不重复扫描，历遍整个图像，为保证边界能够被完整地切割，需要先对输入的底片大小进行调整，具体方法见式（10-9）和式（10-10）。

$$L = \left\{ \left[\frac{L_0}{224} \right] + 1 \right\} \times 224 \tag{10-9}$$

$$W = \left\{ \left[\frac{W_0}{224} \right] + 1 \right\} \times 224 \tag{10-10}$$

式中，L_0、W_0 分别为原始输入图像的长和宽，mm；L、W 分别为输入图像调整后的长和宽，mm；$\left[\frac{L_0}{224} \right]$ 为对 $\frac{L_0}{224}$ 的结果以去尾法取整；$\left[\frac{W_0}{224} \right]$ 为对 $\frac{W_0}{224}$ 的结果以去尾法取整。

经过计算后，可以保证在移动分割的过程中，图像底片的每一个像素都被截取过。具体算法代码见附录。

（2）窗口滑动分割法。

滑动窗口技术与上述移动切割法相似，也是使用 224×224 大小的窗格，在底片上移动获取图像，不同之处在于窗口滑动分割算法每次移动的步长是可以控制的，这使得窗口滑动分割法得到的图像会出现与之前图像的部分重叠但又不完全相似。在这样的分割方法下，得到的数据量更为庞大且多样，更有利于数据集的建立，具体原理如图 10-19 所示。

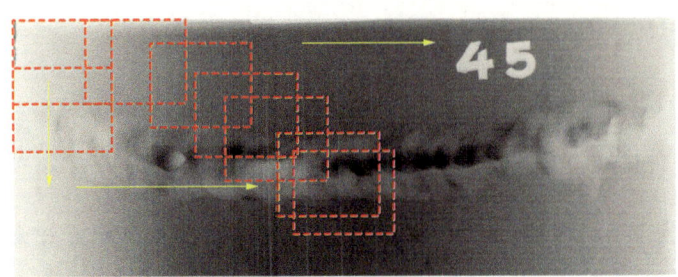

图 10-19 窗口滑动技术底片分割法

在本研究中，窗口大小规格为 224×224，每次移动步长为 10 个像素点，窗口大小不可超过图像边缘，因此确定该方法边缘条件以及分割图像的个数如下。

边缘条件：

$$i+223 \leqslant L_0 \tag{10-11}$$

$$j+223 \leqslant W_0 \tag{10-12}$$

式中，L_0、W_0 分别为原始输入图像的长和宽，mm；i 为当前窗口左上角在图像长度方向上像素位置；j 为当前窗口左上角在图像宽度方向上像素位置。

循环体：

while($j+223 \leqslant W_0$)
    while ($i+223 \leqslant L_0$)
        执行切割
        $i = i + 10$
    End
  $j = j + 10$
  $i = 1$
End

在循环体中，i 需要每次加 10，即在底片长度方向上，窗口每次移动十个像素。在执行完长度方向上一次遍历后，j 需要加上 10，即在底片宽度方向上，窗口向下移动十个像素，再进行长度方向上的滑动。在这种滑动切割下，输入底片切割成的图像块个数可以由下式给出：

$$Q = \left[\left(\frac{L_0-224}{10}\right)+1\right] \times \left[\left(\frac{W_0-224}{10}\right)+1\right] \tag{10-13}$$

式中，Q 为切割出来的图像块数；$\left(\dfrac{L_0-224}{10}\right)$ 代表对 $\dfrac{L_0-224}{10}$ 的计算结果以去尾法取整；$\left(\dfrac{W_0-224}{10}\right)$ 代表对 $\dfrac{W_0-224}{10}$ 的计算结果以去尾法取整。

移动分割法与窗口滑动分割法二者对比见表 10-3。

表 10-3 两种分割方法对比

项 目	移动分割法	窗口滑动分割法
计算速度	快	较慢
产生图像块数	较少	多
是否改变原图像	是，改变原图像尺寸	否
是否覆盖原图像全部像素	是	否，可能会遗漏图像小部分边缘
得到图像块是否有重复部分	否	是
图像块样本多样性	较为单一	丰富

可以看出，移动分割法的计算速度更快，对图像每个像素都进行了扫描，但得到的图像块较少；窗口滑动分割法，产生图像块数量较多，样式丰富，同时这种分割方法不会改变原始图像大小，但同时其计算缓慢，且会遗漏图像边缘信息。本研究中以移动分割法为主，窗口滑动分割法为辅，对底片进行了分割。

10.3.2.2 缺陷样本分类

完成对原始底片的分割工作后，对分割出的 30000 张图像块进行挑选，舍弃掉其中不包含有效信息的图像块，共得出有效焊缝区域图像块 20000 张（图 10-20），将有效图像块分为条形缺陷、圆形缺陷、未熔合以及无缺陷共四类，部分底片如图 10-21 所示。

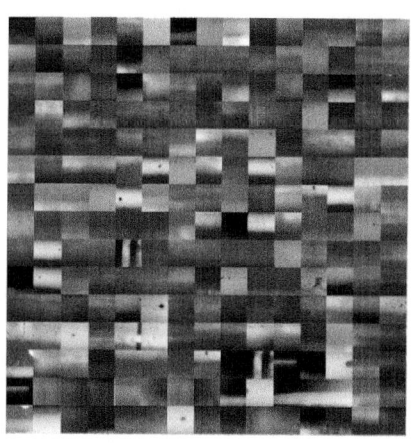

图 10-20 有效图像块（部分）

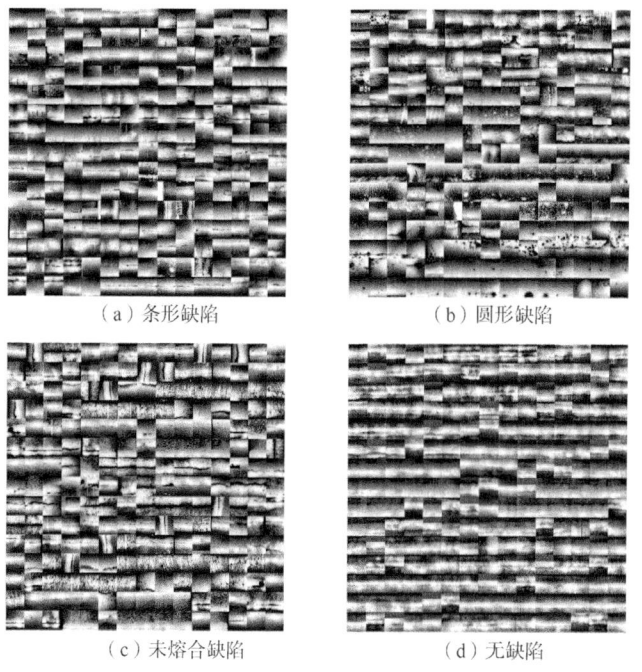

(a) 条形缺陷　　　　(b) 圆形缺陷

(c) 未熔合缺陷　　　(d) 无缺陷

图 10-21 部分有效缺陷图像块分类样本

初次完成底片筛选分类后,共得到各类图像数量见表10-4。

表10-4 各类底片数量

类名	数量(张)	类名	数量(张)
条形缺陷	3451	无缺陷	9024
圆形缺陷	5521	合计	20000
未熔合缺陷	2004		

为了得到最好的模型训练结果,充足且均匀的样本是必不可少的,因此需要对以上各类样本进行数据增强,以获得更多的训练数据。

10.3.2.3 缺陷样本扩充算法

数据是卷积神经网络训练的核心,数据增强是保证数据量充足且数据质量较好的方法之一,本研究中收集到的数据底片,经过数据增强技术[40-41],极大地扩充了缺陷数据量,保证神经网络训练顺利进行,此次用到的数据增强方法有以下几种。

(1) 几何变换。包括旋转,翻转,裁剪以及缩放。针对射线底片缺陷情况,考虑缺陷在底片中的实际位置,具体实施方法如下:

① 对于条形缺陷,未熔合缺陷,以分割完成的图像块的中央为旋转中心,逆时针旋转180°;对于圆形缺陷则逆时针旋转90°,再逆时针旋转90°。

② 三种缺陷均向左翻转,再向右翻转,条形缺陷与未熔合缺陷再上下翻转。

③ 由于裁剪与缩放后期会影响图像分辨率与图像质量,为保证整体样本的质量且实现样本数据扩充,仅挑选部分较为清晰的缺陷图像块使用了该种数据扩充的方法。

(2) 图像变换法。包括图像颜色及灰度变换,噪声添加或去除,模糊图像。

① 颜色变换法[42-43],由于焊缝射线底片是灰度图像,采用改变图像灰度分布的方式,完成对图像块的改造。此次采用的方法为直方图均衡。直方图均衡原理就是利用设置的变换函数[44](图10-22),把图像中灰度值相对集中的灰度范围拉伸,灰度值分布较少的灰度区域压缩,从而达到图像灰度均匀分布的效果,使图像更加清晰。因此直方图均衡法就是构建符合上述条件的变换函数。

构建变换函数时,假设图像灰度值连续分布,取值范围为$[0, L-1]$(L为图像中的最大灰度值),灰度分布具有随机性,用概率密度$f(x)$表示,其含义为灰度值x附近单位区间内的像素数目占总数的百分比,分布函数$F(x) = \int_{0}^{x} f(r) dr$为一个单调递增函数,其取值范围为$[0, 1]$。定义函数$y = T(x)$,见式(10-14)。

$$y = T(x) = (L-1)F(x) \quad (10-14)$$

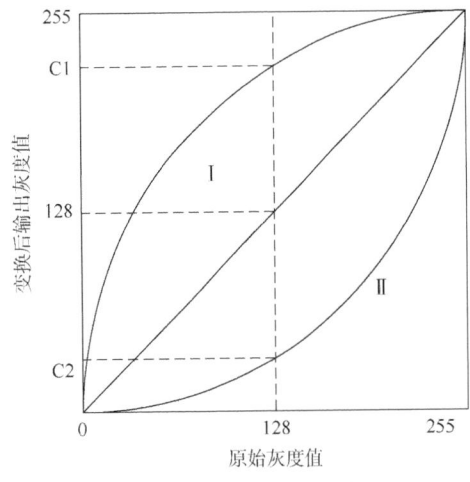

图10-22 变换函数

$T(x)$在定义区间上单调递增，x，y的取值都为$[0, L-1]$，上述特性符合灰度拉伸中变换函数的要求。灰度值y对应的概率密度函数为$g(y)$。对于任意x，必定存在y，使得式(10-15)成立。

$$\int_0^y g(s)\,\mathrm{d}s = \int_0^x f(r)\,\mathrm{d}r \tag{10-15}$$

对式(10-15)两边对x求导得

$$g(y)\frac{\mathrm{d}y}{\mathrm{d}x}=f(x) \tag{10-16}$$

式(10-14)对x求导得

$$\frac{\mathrm{d}y}{\mathrm{d}x}=L-1 \, f(x) \tag{10-17}$$

联合式(10-16)，式(10-17)最后得

$$g(y)=\frac{1}{L-1} \tag{10-18}$$

由式(10-18)可以看出，变换以后，概率密度函数$g(y)$成了常数值，灰度分布成为均匀分布(图10-23)，相比变换前x的分布局限在一个较小的范围，图像模糊，变换后的图像对比度增强，图像更加清晰(图10-24)。

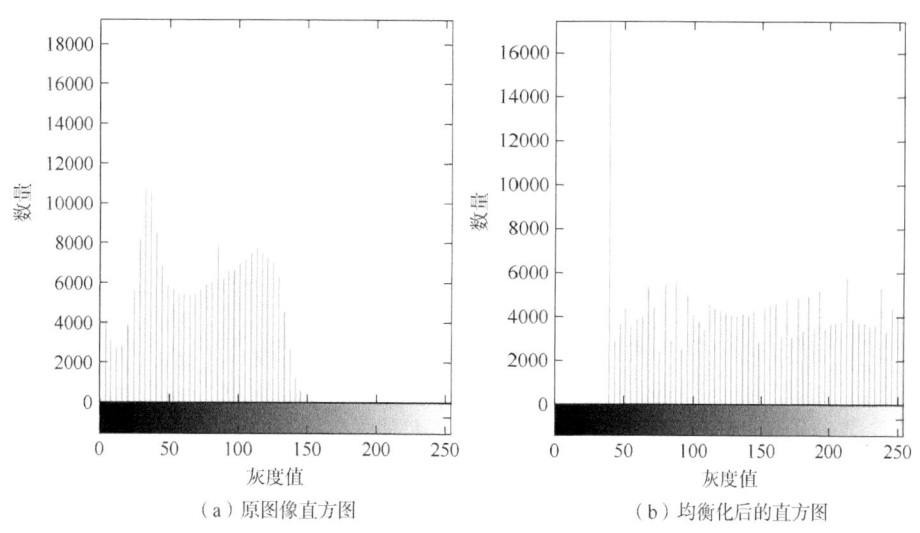

（a）原图像直方图　　　　　　（b）均衡化后的直方图

图10-23　图像直方图

经过直方图均衡，获取了大量经过改变图像对比度调整的缺陷样本。

② 添加噪声。通过给原有缺陷样本添加噪声，获取新的缺陷样本。在本研究中，对分割完成的图像块添加了噪声，由于在焊缝射线底片的采集过程中，主要产生的噪声是由于光照等引起的，因此添加的噪声类型为高斯噪声，经过噪声添加的图像如图10-25所示。

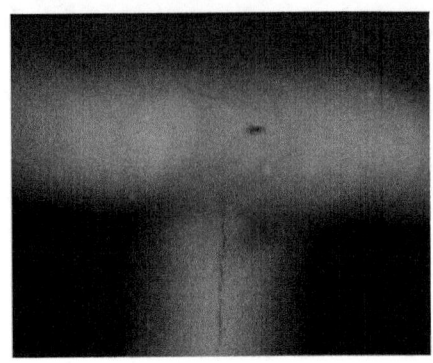 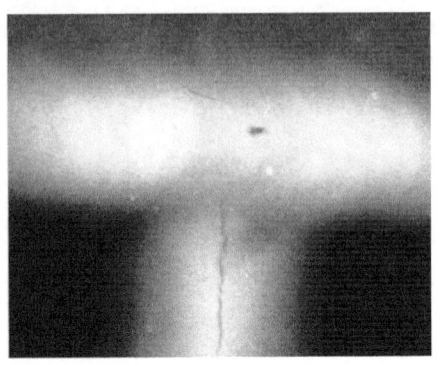

（a）原灰度图　　　　　　　　　　　　（b）均衡化后

图 10-24　灰度均衡处理缺陷图像

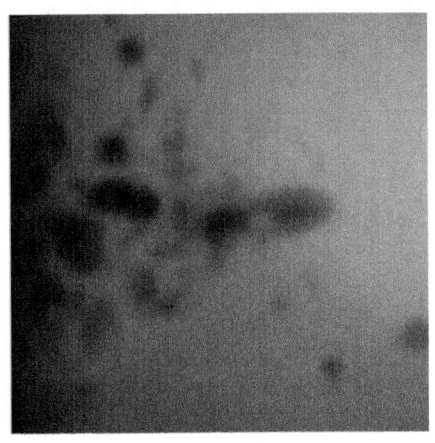 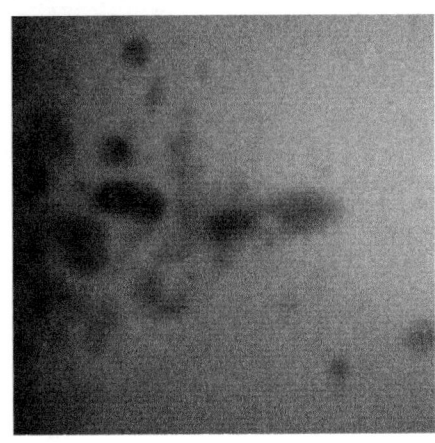

（a）原图像　　　　　　　　　　　　（b）添加噪声后的图像

图 10-25　噪声处理缺陷图像

③ 模糊处理。其原理是通过减小相邻像素点差异，使图像整体连接过渡更加自然[45]。处理图像结果如图 10-26 所示。

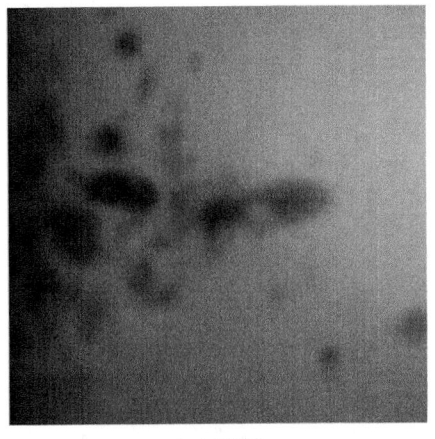 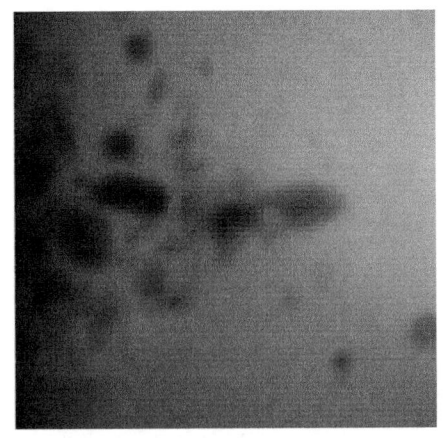

（a）原图像　　　　　　　　　　　　（b）进行3×3模糊度处理的图像

图 10-26　模糊处理缺陷图像

在图像变化法增强样本数据的三种方法中,考虑到样本质量问题,主要以直方图均衡和添加少量高斯噪声为主,以模糊处理的方法为辅。

经过几何变换法与图像变化法,各类缺陷底片数据得到了极大的扩充,具体底片数量见表10-5。

表10-5 扩充完毕后各类样本数量

类名	数量(张)	类名	数量(张)
条形缺陷	15000	无缺陷	30000
圆形缺陷	20000	合计	76000
未熔合缺陷	11000		

建立缺陷管理软件该系统可以查看缺陷集中已有缺陷图像,并可以向相应数据集添加新的图像底片(图10-27)。

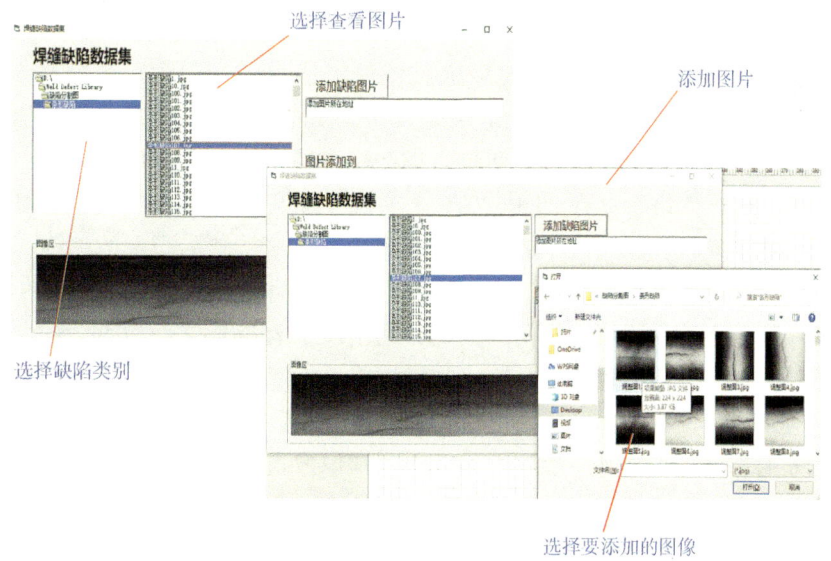

图10-27 缺陷数据集管理系统查看与添加图片

10.4 基于卷积神经网络射线数字底片缺陷识别模型

卷积神经网络是深度学习的分支之一[46],在本次研究中搭建三种不同的神经网络模型来对数字底片缺陷进行识别分类,并使用了交叉比较的方法提升分类准确率,减少缺陷误报的发生;利用滑动窗口技术遍历图像,准确定位缺陷在焊缝底片中的位置。

10.4.1 卷积神经网络技术

10.4.1.1 卷积神经网络原理

在起初的神经网络中,大多是使用全连接的方式作为神经网络的输入,且网络中相邻神经元与相邻的层上的每个神经元均连接[47],如图10-28所示。

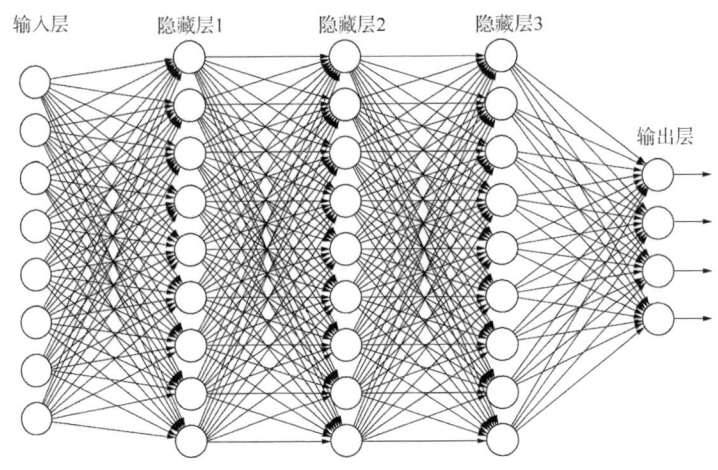

图 10-28　全连接神经网络

卷积神经网络的缺点在于：（1）当输入的数据较为复杂时，随着网络深度的增加，网络中的参数会急剧增加，导致计算速度大幅下降。假设一个包含一个隐藏层（256 个节点），输出包含 4 个节点的全连接神经网络，当输入层为 1000×1000（像素）的图像时，在输入层将会被展开成 1000000×1 的列向量，那么隐藏层 1 将会有 256000000 个权重值，外加 256 个偏置，整体网络将存在 256067076 个参数，这仅仅是图像大小为 1000×1000 的情况下，因此传统全连接神经网络不适用于进行焊缝射线底片缺陷识别的训练；（2）由于全连接是将图像灰度值机械地拼接在一起，这种方式会忽略一些空间位置关系的信息，在图像上相邻的像素值在输入层可能会间隔很远，网络模型的准确性也会因此受到影响[48]。

由于图像数据庞大的信息量，全连接神经网络显然不适用于复杂图像的分类识别，卷积神经网络应运而生。卷积神经网络通过卷积核对图像数据进行特征采集同时缩小图像数据，使得输入的节点更少，且一次卷积过程中的图像像素单元可以共享权重；卷积神经网络使用了稀疏连接方式，卷积后的输出单元只与输入单元的部分发生连接，大大减小了网络中的参数，从而提高了网络的可训练性[49-54]。卷积神经网络一般由 input（输入），conv（卷积）与 pooling（池化）组合，output（输出）组成，部分相关概念如下。

（1）神经元。

与传统神经网络相同，卷积神经网络的基本单元也是神经元（图 10-29）。一般为多输入单输出的结构单元，在图 10-29 中，设该神经元为神经元 j；x_i 代表外界输入，图 10-29 中展示了 n 个不同信号同时输入神经元 j 的场景；w_{ij} 表示输入信号 x_i 与神经元 j 连接的权重；b_j 为该单元偏置；y_j 代表神经元 j 的输出信号输出，其计算方法见式（10-19）：

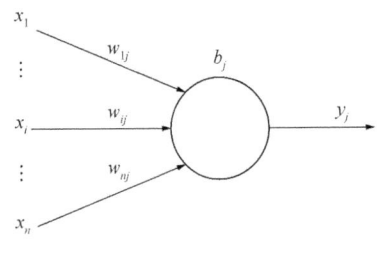

图 10-29　神经元模型

$$y_j = f\left[b_j + \sum_{i=1}^{n}(x_i \times w_{ij})\right] \quad (10\text{-}19)$$

$f(z)$代表激活函数,控制神经元的输出值。

在卷积神经网络中存在着众多的神经元,神经元之间彼此联系,相互作用,控制着网络最终的输出。

(2) 卷积层。

卷积层是由经过多次卷积核操作得到的输出信息,CNN 在处理图像输入时,通常由一个固定尺寸的卷积核,以一定的步长在图片上进行移动计算,遍历所有图像像素后得到一个相应的隐藏层。如图 10-30 展示了大小为 5×5 的卷积核对大小为 28×28 图像的卷积操作。

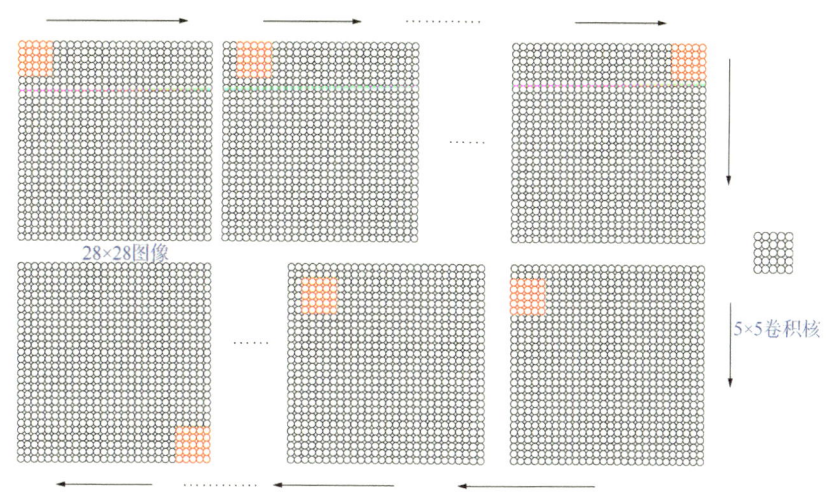

图 10-30 卷积操作示例

图 10-30 右侧是大小为 5×5 的卷积核记作 $F×F$,其在图像上每次移动两个像素,即步长 $S=2$,图像大小为 28×28 记作 $W×W$。那么执行完卷积操作获得特征图尺寸为 $N×N$,其计算公式见式(10-20)。

$$N = \left(\frac{W-F}{S}\right) + 1 \tag{10-20}$$

式中,$\left(\frac{W-F}{S}\right)$ 表示对结果向下取整。可以得到上述图像的输出特征图尺寸为 12×12。相比全连接网络 CNN 隐藏层中的每个神经元与像素并不是一一对应的关系,其映射效果如图 10-31 所示。

可以看出在上述 CNN 中,隐藏层的一个神经元对应输入图像 25 个像素,该区域(红色与蓝色所示大小区域)被称为神经元感受野。感受野使用局部感知代替了全连接神经网络的全局感知,有效地降低了神经网络的参数数目,每个神经元对应的输入图像区域不同,卷积操作就是让其感知局部,之后进行综合,以得到全局信息。

卷积神经网络降低参数数目的另一个方法为权值共享,即上述 12×12 的隐藏神经元使用相同的权重和偏置,即第 (j, k) 个隐藏神经元的输出为

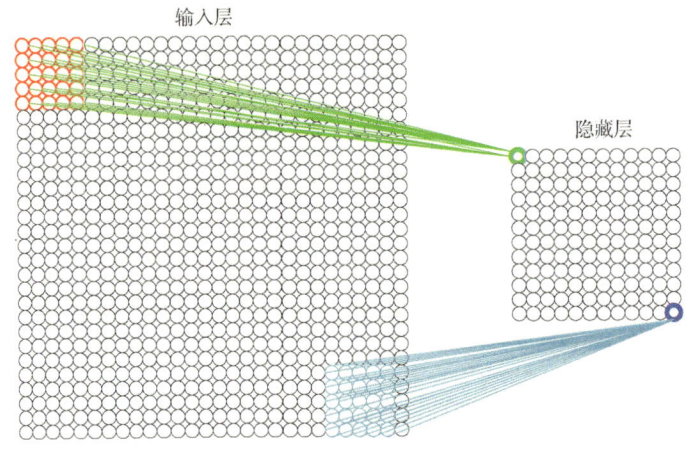

图 10-31　卷积网络隐藏层与输入层对应关系图

$$y_{(j,\ k)} = f\left[b + \sum_{l=0}^{4} \sum_{m=0}^{4} w_{(l,\ m)}\, a_{(j+l,\ k+m)}\right] \tag{10-21}$$

式中，$f(z)$ 为激活函数；b 为共享偏置；$w_{(l,m)}$ 为权值共享的 5×5 数组；$a_{(x,y)}$ 为 $(x,\ y)$ 处的激活值。

在这种方法下，上述 12×12 的隐藏层仅有 25 个权重值与 1 个偏置，极大地减少了网络数据量。

（3）池化层。

池化层通常紧接着卷积层，是为了减小卷积层的输出信息，方便继续传递进行下次卷积，一般包括最大池化与平均池化（图 10-32）。

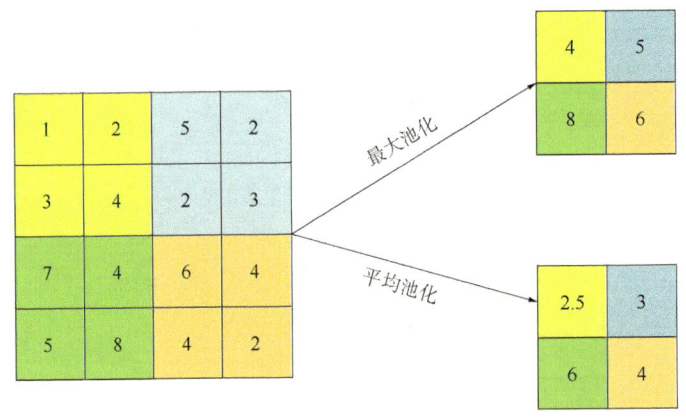

图 10-32　最大池化与平均池化(2×2)

由图 10-32 可见最大池化是取池化范围内各点数值中最大的一个作为输出结果，而平均池化是取池化范围内各点数值的平均值作为输出结果，第三种常用来处理卷积输出的是 L2 池化[23]，在 L2 池化法是普通池化范围的平方和的平方根。

经过以上操作，较大的输入数据将会被卷积逐步化解，减少计算参数，譬如一个输入为 1000×1000 的图像，包含 1000000 个隐藏单元的网络，在使用全连接的情况下，将包含

$1×10^{12}$ 个权重值,以及 1000000 个偏置;而使用 10×10 卷积后,1000000 个隐藏单元仅与 100 个像素值相连,权重的数量将降到 $1×10^8$(为全连接的万分之一),而卷积中的权值共享,这样得到的网络将只包含 100 个权重值以及 1 个偏置,通过池化会再次减小特征图尺寸,极大地减少了网络参数。

10.4.1.2 神经网络参数选择

搭建神经网络除了考虑所使用的卷积、池化等结构大小,还需考虑激活函数,优化器,全局学习率等,合适的参数可以使 CNN 更快地拟合,降低训练难度,提高分类准确率,主要参数如下[55-58]。

(1) 激活函数。

正如人类大脑一样,只有接收到足够的刺激,信息才会向下传递,判断刺激是否足够向下传播,这就需要预先设定一个阈值。在 CNN 中激活函数就扮演着设定阈值管理信号传播的角色。在卷积神经网络中激活函数常位于卷积层之后,且要求其为非线性函数,因为日常图像识别等任务,图像各个像素点之间的关系是非常复杂的,如若激活函数为线性的,那么在 CNN 中的参数每一层都将变成上一层的线性组合,难以表现出强大的拟合能力,造成网络无法收敛或准确率严重偏低,使 CNN 失去其无限近似求解的能力。

常用的激活函数[59]有以下几种。

① sigmoid 函数。其输出 $S(x) \in [0, 1]$[60],在定域内单调且连续,适合对输出进行判断决定是否激活下一神经元,并且求导方便。但是由于输入接近于无穷时,函数的导数会趋近于 0,会发生网络权重无法更新的现象(梯度弥散),且由于取值都为正值,使其权重值只能向一个方向更新,影响网络收敛速度,其函数表达式见式(10-22),图像如图 10-33 所示。

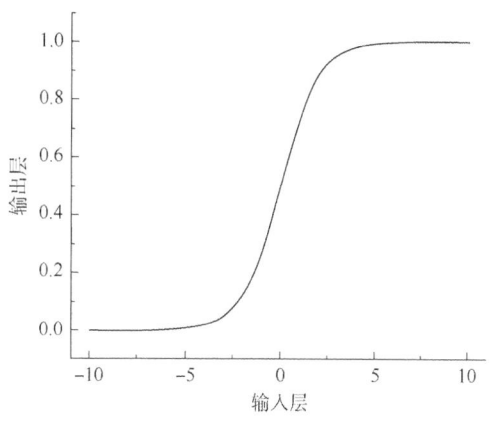

$$S(x) = \frac{1}{1+e^{-x}} \quad (10-22)$$

图 10-33 sigmoid 函数图像

② tanh 函数与 softsign 函数。tanh 函数与 sigmoid 函数均为 S 型函数,但其输出以 0 为中心,取值有正有负,可以将网络参数向两个不同的方向更新,加快网络收敛。softsign 函数为 tanh 函数的改进版,当其输入接近于无穷时,函数导数不再为 0,消除了部分梯度消失的问题(图 10-34)。

$$\tanh(x) = \frac{1-e^{-2x}}{1+e^{-2x}} \quad (10-23)$$

$$\text{softsign}(x) = \frac{x}{1+|x|} \quad (10-24)$$

③ relu 函数与 softplus 函数。relu 函数在 $x<0$ 时取值为 0,在 $x>0$ 取值为 1,这样的设

计解决了部分网络梯度消失问题,优化了网络训练速度,但是落入 $x<0$ 的神经元权重将无法更新,称为"神经元死亡"。相比 relu 函数,softplus 函数的计算速度较慢,但其在 $x<0$ 时函数存在部分导数为非 0 区间,减小了"神经元死亡"概率。relu 函数,是 CNN 训练中最常使用的函数,也是效果较好的函数(图 10-35)。

$$\text{relu}(x) = \text{Max}(0, x) \tag{10-25}$$

$$\text{softplus}(x) = \ln(1+e^x) \tag{10-26}$$

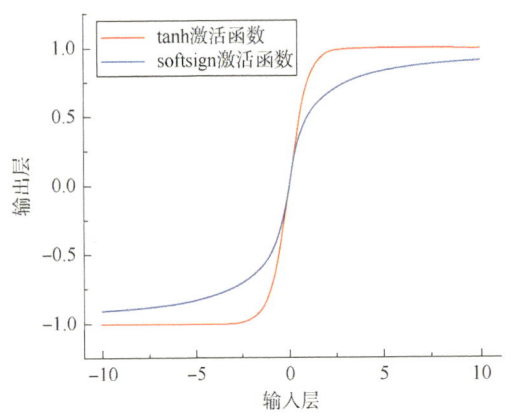

图 10-34　tanh 函数与 softsign 函数图像　　　图 10-35　relu 函数与 softplus 函数图像

(2) 损失函数与学习率。

在卷积神经网络的训练中,需要不断地更新各个神经元的权重值和附加偏差值,达到输入输出完美拟合的效果,CNN 是通过努力减小损失函数的值来达成这一目标的。本文涉及的分类问题常用的损失函数为 softmax 损[61],作为训练过程中的损失函数。

$$l_{\text{softmax}} = -\frac{1}{N}\sum_{i=1}^{N}\log\left(\frac{e^{z_i^c}}{e^{z_i^c}+\sum_{j=1,j\neq c}^{C}e^{z_i^j}}\right), \quad z_i^c = [W^{(M)c}]^T \cdot X_i^{(M-1)} \tag{10-27}$$

式中,$\{X_i\}_{i=1}^N$ 为训练集;$c_i \in \{1, 2, \cdots, C\}$ 为训练集对应的标签;X_i 为第 i 个训练样本;N 为训练样本数量;C 为图像类别总数;M 为 CNN 的层数;$W^{(M)c}$ 为最后一层参数 W 的第 c 列;$X_i^{(M-1)}$ 为 CNN 模型倒数第二层的特征表达[62]。

学习率是影响卷积神经网络收敛最重要的超参数,学习率过小时会使网络寻找最优解花费的时间过长有可能陷入局部最优解,学习率超过一定值时则会使网络不断振荡,甚至造成无法收敛的情况,因次选取合适的学习率是 CNN 训练的关键,在本文中将采取固定学习率与随着迭代改变学习率两种策略。

(3) 最小批次[63]。

最小批次是每次进入网络进行训练的样本数,通过选取部分样本而不是全部训练集,可以减少计算量,加快计算速度,同时减少损失下降的随机性,增加网络收敛速度以及权重与偏置数据的更新频率。设置合适的批次大小可以大大提高计算内存利用率,迅速寻找到损失函数的最小值。

(4) 正则化[64]。

正则化是一种回归的形式,主要是用来防止网络模型过拟合,常用的有 L1、L2 正则化又叫 L1 范数、L2 范数。目的是对损失函数进行约束防止其过大的波动,缩小求解范围。

(5) 优化器。

优化器是用来控制神经网络训练时参数,已实现找到损失函数最小值的目的,即实现全局最优解。带动量的随机梯度下降(简称 sgdm)、自适应力矩估计(简称 Adam)、均方根传播(简称 rmsprop),是本研究中使用的三种优化方案[65]。sgdm,是通过沿着目标函数的梯度方向的相反方向来不断更新模型参数,参数更新较快。Adam 可以自适应学习率,计算效率较高。rmsprop,依赖与全局学习率,适合处理非平稳目标,可以对不同权重参数自适应改变学习率。

10.4.2 卷积神经网络模型搭建及训练

在缺陷类型判断模型方面,选取 10.3.2.3 节中的四类底片各 10000 张,基于现有开源模型 AlexNet 等,搭建了 4 种不同的卷积神经网络,对焊缝射线底片缺陷进行分类,设置不同参数,调整网络模型训练过程,提高模型的准确率,最后选择效果准确率最高,效果最好的网络模型用于焊缝射线底片的缺陷分类;在缺陷的二分类模型方面,选取含缺陷底片 30000 张,不含缺陷底片 30000 张,用以神经网络模型训练,搭建 1 种卷积神经网络。

10.4.2.1 缺陷类型判断模型

(1) 模型 C1。

该模型是基于 AlexNet 模型构建的,实现缺陷分类功能,结构如图 10-36 所示。

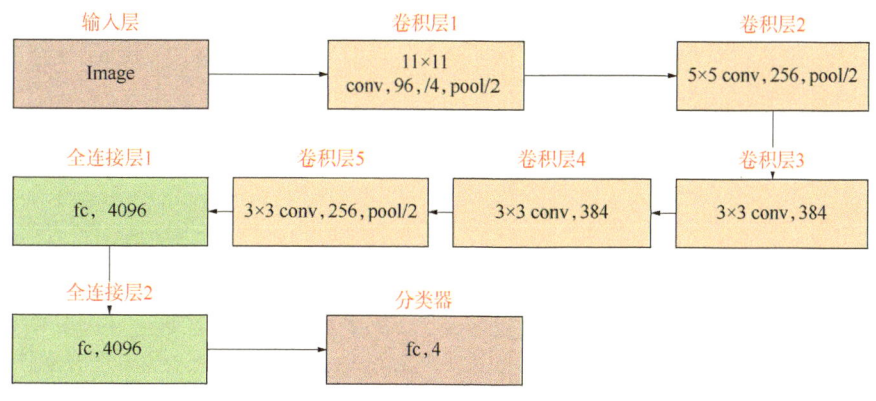

图 10-36　模型 C1 结构

在该模型中各层输入输出参数如图 10-37 所示。

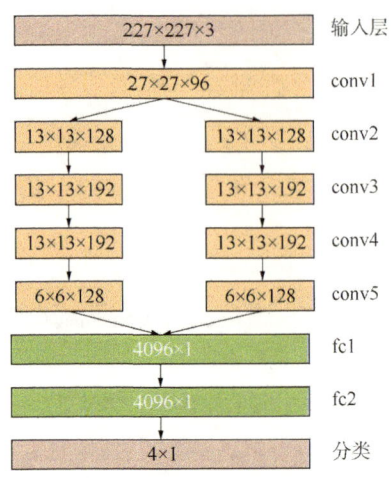

图 10-37 模型 C1 参数

为得到最佳网络效果，本研究设置多组不同参数，通过控制训练参数，调整网络训练速度，以及准确率，各组参数见表 10-6。

表 10-6 模型 C1 训练参数设置

组别	优化器	最小批次(张)	初始学习率	学习率变化频率	学习率变化系数	训练代数(epoch)	验证频率
1	adam	20	0.0001	—	—	10	40
2	sgdm	30	0.0001	5	0.25	12	40
3	adam	20	0.0001	2	0.25	10	40
4	adam	40	0.0001	2	0.25	20	40

注：(1) 学习率变化频率代表每训练多少次，学习率发生一次变化；学习率变化系数指当学习率变化时其所乘的系数。"—"代表不变化。

(2) 验证频率代表每经过训练多少次，在验证集上验证一次网络效果。

各组训练效果如下。

第一组：第一组的训练结果如图 10-38 所示。

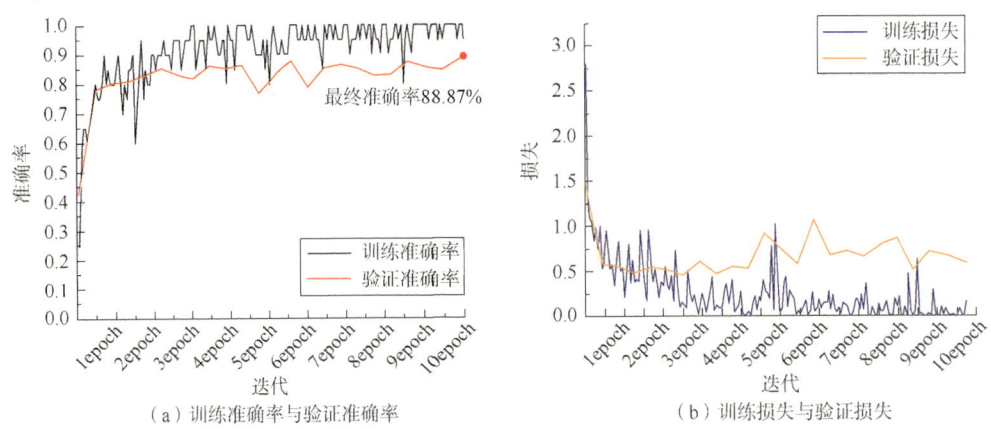

(a) 训练准确率与验证准确率　　　　(b) 训练损失与验证损失

图 10-38 模型 C1 第一组训练结果

取若干样本验证网络的分类准确性，分类准确率为 88.9%，结果如图 10-39 所示。

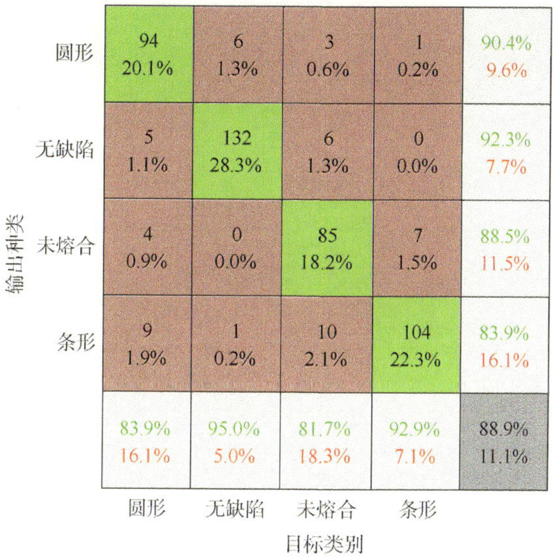

图 10-39　模型 C1 第一组分类准确率

在第一组训练中当训练到第二个时代时，在验证集上的准确率已经达到了 85.22，往后的训练过程中，训练集上的准确率不断提高，损失仍在下降，最终训练集上的准确率可以达到 100%；但验证集上的准确率却很难再提高，且损失发生了强烈震荡，而不是呈下降趋势，最终该组模型在验证集上的准确率达到了 88.87%。可以得出在第二个世代以后，网络模型发生了轻微的过拟合，且网络学习率整体偏大，导致验证集上的损失发生振荡，难以达到局部最优。因此第二组适当调整了最小批次，带入了不断减小的学习率。

第二组：第二组的训练结果如图 10-40 所示。

（a）训练准确率与验证准确率　　（b）训练损失与验证损失

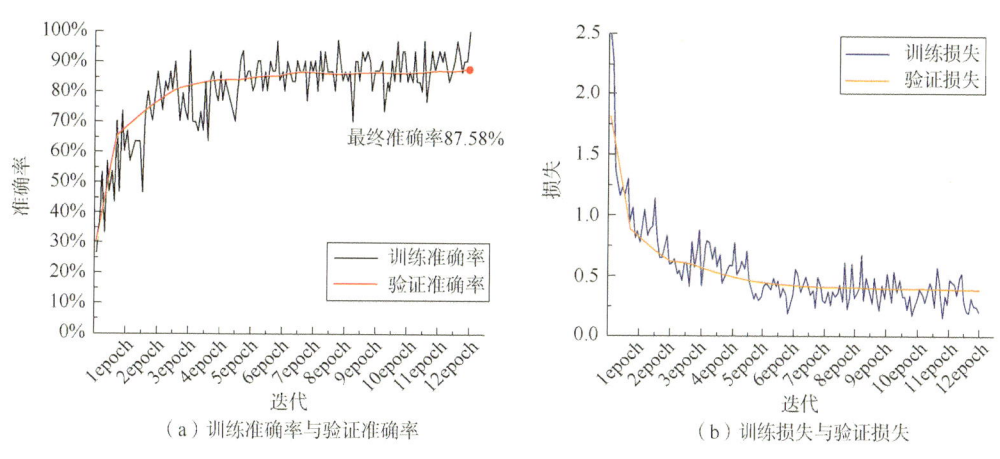

图 10-40　模型 C1 第二组训练结果

取若干样本验证网络的分类准确性，分类准确率为 87.60%，结果如图 10-41 所示。

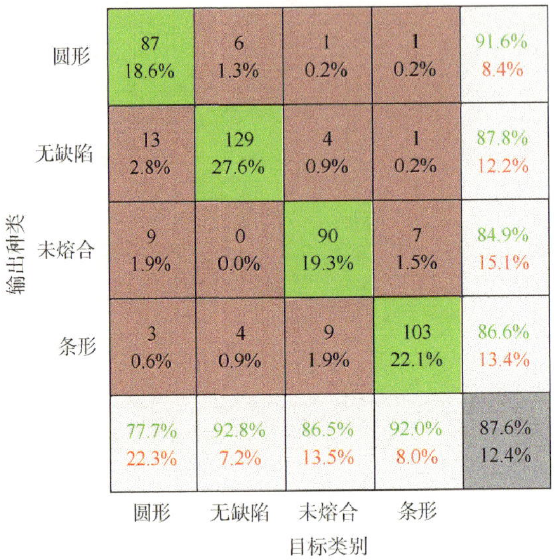

图 10-41　模型 C1 第二组分类准确率

从图 10-41 可以看出，在调整网络训练学习率后，模型准确率出现了下降，虽然整个网络的损失下降趋于平稳，但是损失比第一组更大，为了进一步减小损失，提高模型准确率，在第三组和第四组训练时加大了学习率的下降速率，并在第四组增加了训练代数，改变了最小批次。

第三组：第三组训练结果如图 10-42 所示。

（a）训练准确率与验证准确率　　（b）训练损失与验证损失

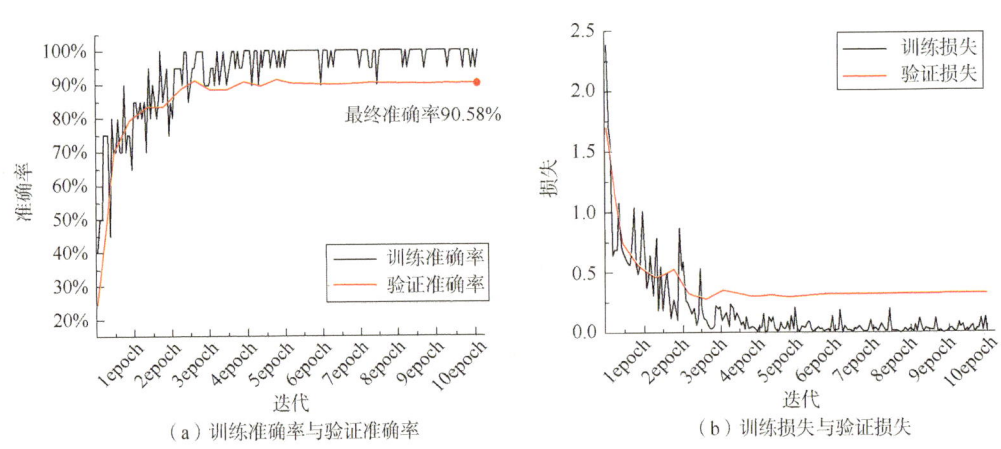

图 10-42　模型 C1 第三组训练结果

取若干样本验证网络的分类准确性，分类准确率为 90.58%，结果如图 10-43 所示。

第四组：第四组训练结果如图 10-44 所示。

取若干样本验证网络的分类准确性，分类准确率为 90.58%，结果如图 10-45 所示。

第三组和第四组参数下，网络模型的总体准确率都达到了 90.58%，二者只是在不同缺陷类别上的表现不同(图 10-46)。

第10章 基于机器学习的管道焊缝图像的缺陷识别分析

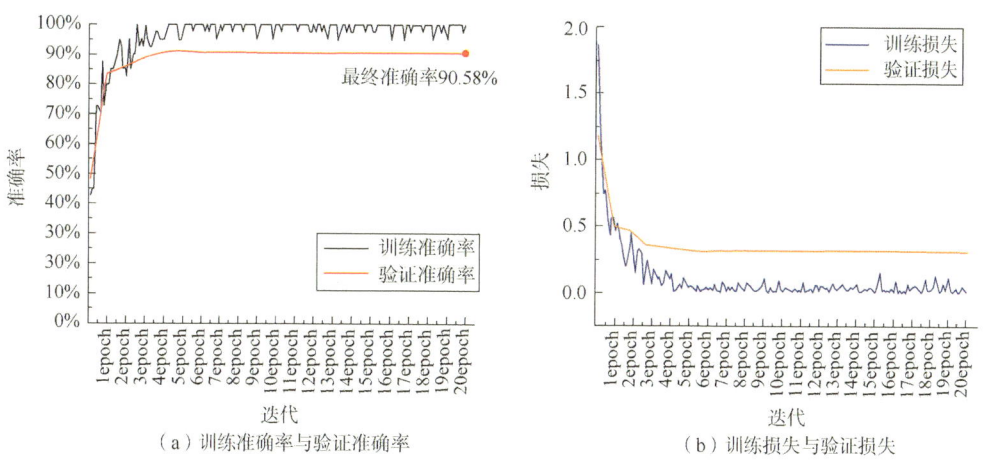

图10-43 模型C1第三组分类准确率

图10-44 模型C1第四组训练结果

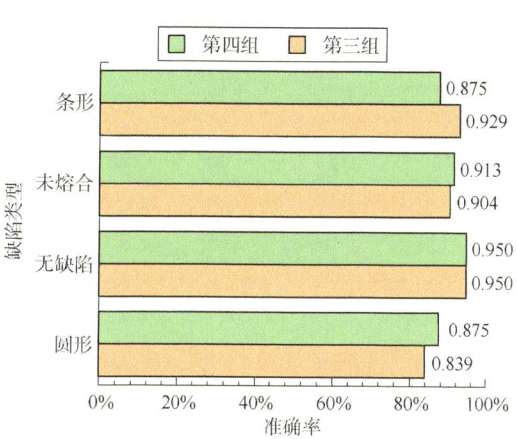

图10-45 模型C1第四组分类准确率　　图10-46 模型C1第三、四组分类准确率差异

· 493 ·

模型 C1 各组在验证样本上取得的缺陷检测准确率见表 10-7。

表 10-7　模型 C1 缺陷识别准确率

组别	圆形缺陷识别准确率	未熔合识别准确率	条形缺陷识别准确率	总体准确率
1	83.9%	81.7%	92.9%	88.9%
2	77.7%	86.5%	92.0%	87.6%
3	83.9%	90.4%	92.9%	90.6%
4	87.5%	91.3%	87.5%	90.6%

后续仍然进行了其他试验，但是模型 C1 准确率无法继续提高，因此，90.58%确定为该模型最终准确率。由于第三组、第四组总体准确率相同，第三组迭代次数较少，且第三组在圆形缺陷识别上准确率优势明显，最终取第三组下的网络模型作为模型 C1 的最终架构。

（2）模型 C2。

模型 C2 是基于 VGGNet 构建，具体结构如图 10-47 所示。

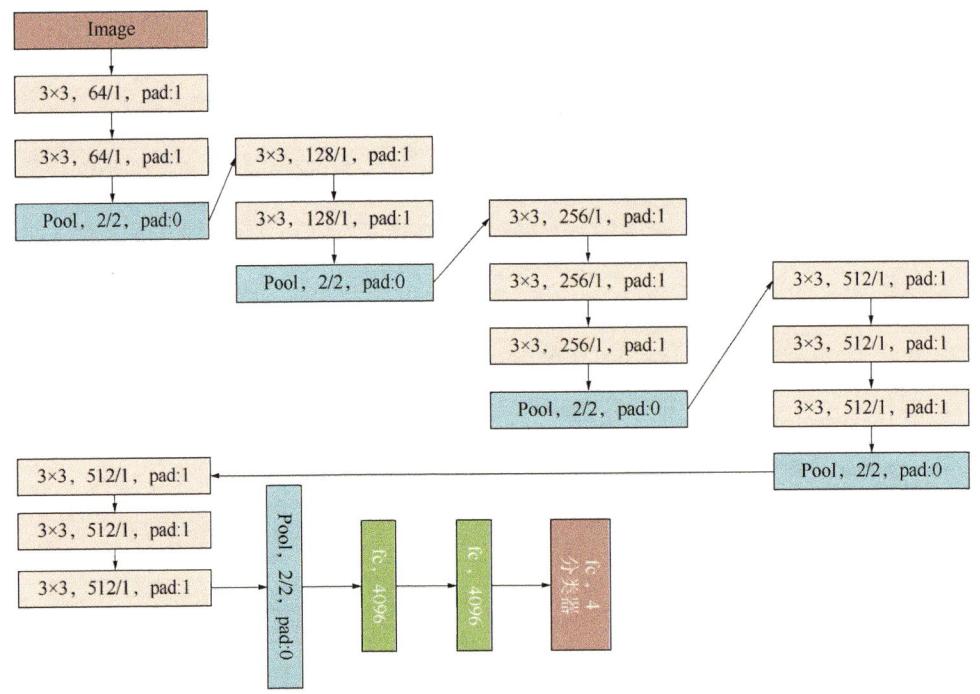

图 10-47　模型 C2 结构

模型 C2 除去输入输出层以及池化层，共有 16 层，其中包含 13 层卷积层以及 3 层全连接层，该模型可分 5 组卷积与 3 个全连接层，如图 10-48 所示。

相比模型 C1，模型 C2 的优点与改进如下：

① 模型 C2 比模型 C1 的网络更加深，模型 C2 有 16 层，模型 C1 仅有 8 层，网络层数

第10章 基于机器学习的管道焊缝图像的缺陷识别分析

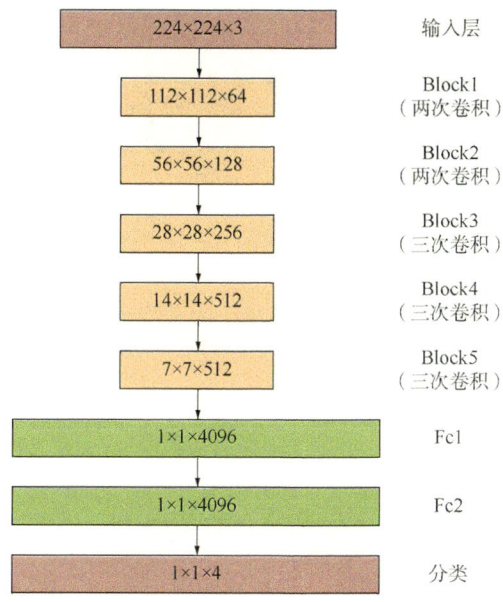

图 10-48　模型 C2 参数

越深，可以表示的特征抽象度越高，在图片识别上的效果也会更好。

② 模型 C2 使用了较小的卷积核普遍为 3×3，通过计算可以得到经过一次 3×3 的卷积核的感受野为 3×3，经过两次后变为 5×5，经过三次后变为 7×7。通过三次 3×3 的卷积核后感受野与通过一次 7×7 的卷积核相同，但是由于经过了三次卷积，其中包含的非线性变化特征比通过一次 7×7 卷积核得到的更具有表达性。

③ 模型 C2 全连接层使用卷积方法来模拟全连接层，具有更少的计算参数。

在模型 C1 的参数设置的经验上，设置模型 C2 训练参数见表 10-8。

表 10-8　模型 C2 训练参数设置

组别	优化器	最小批次(张)	初始学习率	学习率变化频率	学习率变化系数	训练代数(epoch)	验证频率
1	sgdm	20	0.0001	—	—	10	10
2	sgdm	30	0.0001	5	0.25	20	10
3	adam	20	0.0001	5	0.25	10	10
4	sgdm	40	0.001	5	0.5	20	10

注：(1) 学习率变化频率代表每训练多少次，学习率发生一次变化；学习率变化系数指当学习率变化时其所乘的系数。"—"代表不变化。

(2) 验证频率代表每经过训练多少次，在验证集上验证一次网络效果。

各组训练效果如下。

第一组：第一组训练结果如图 10-49 所示。

取若干样本验证网络的分类准确性，分类准确率为 90.10%，结果如图 10-50 所示。

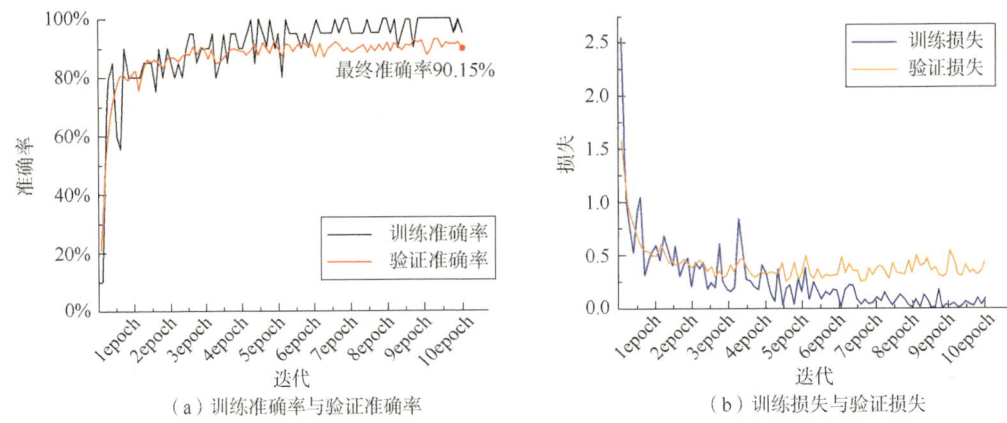

(a)训练准确率与验证准确率　　　　　(b)训练损失与验证损失

图10-49　模型C2第一组训练结果

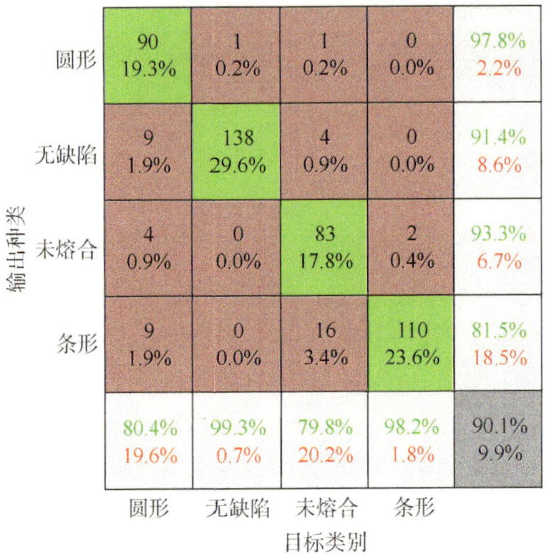

图10-50　模型C2第一组分类准确率

可以看出在第一组训练参数的设置下，模型C2准确率达到了90.15%，从图10-49(b)可以看出，在验证集上的损失始终在振荡变化，在训练集上的损失也出现了较为强烈的振荡，在此情况下网络并未达到最优，因次设置第二组训练参数时需要改变网络学习率，并调整了最小批次。

第二组：第二组的训练结果如图10-51所示。

取若干样本验证网络的分类准确性，分类准确率为93.4%，结果如图10-52所示。

可以看出，在第二组参数设置下，模型C2准确率达到了93.36%，从图10-51(b)可以看出，在训练集和验证集上的损失都平稳下降，未出现振荡情况，且模型在第十个时代左右就已经收敛。因此，在第三组设置训练代数为十代，改变了优化器以及最小批次。

第三组：第三组的训练结果如图10-53所示。

取若干样本验证网络的分类准确性，分类准确率为86.9%，结果如图10-54所示。

第10章 基于机器学习的管道焊缝图像的缺陷识别分析

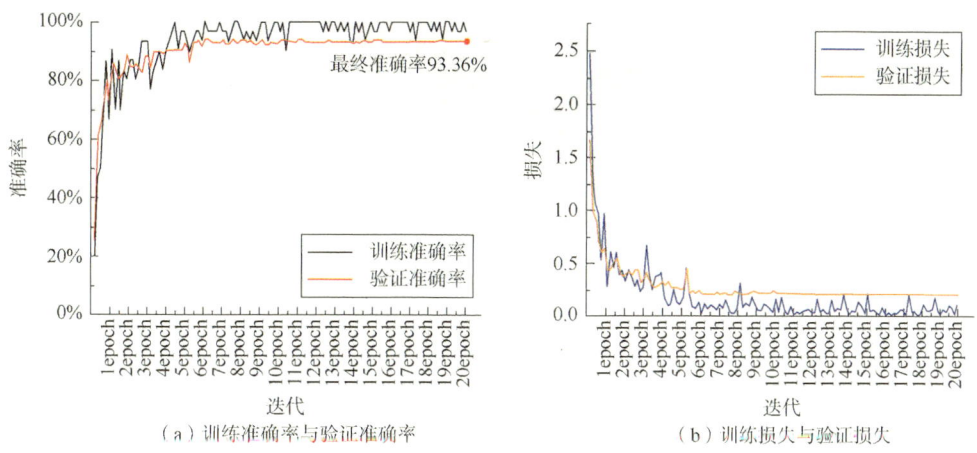

（a）训练准确率与验证准确率　　　　（b）训练损失与验证损失

图 10-51　模型 C2 第二组训练结果

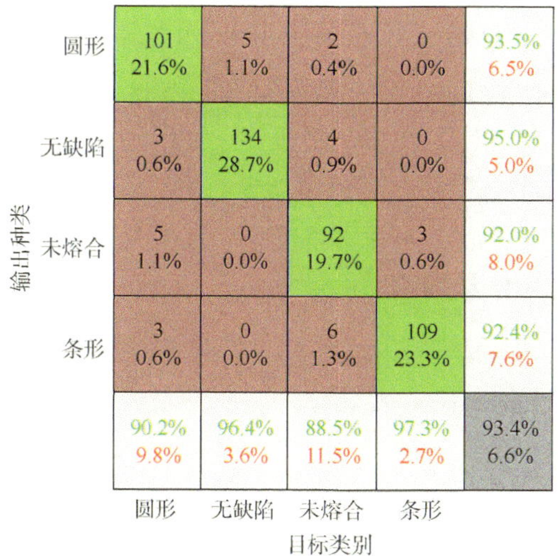

	圆形	无缺陷	未熔合	条形	
圆形	101 21.6%	5 1.1%	2 0.4%	0 0.0%	93.5% 6.5%
无缺陷	3 0.6%	134 28.7%	4 0.9%	0 0.0%	95.0% 5.0%
未熔合	5 1.1%	0 0.0%	92 19.7%	3 0.6%	92.0% 8.0%
条形	3 0.6%	0 0.0%	6 1.3%	109 23.3%	92.4% 7.6%
	90.2% 9.8%	96.4% 3.6%	88.5% 11.5%	97.3% 2.7%	93.4% 6.6%

输出种类　　　　　　　　　　目标类别

图 10-52　模型 C2 第二组分类准确率

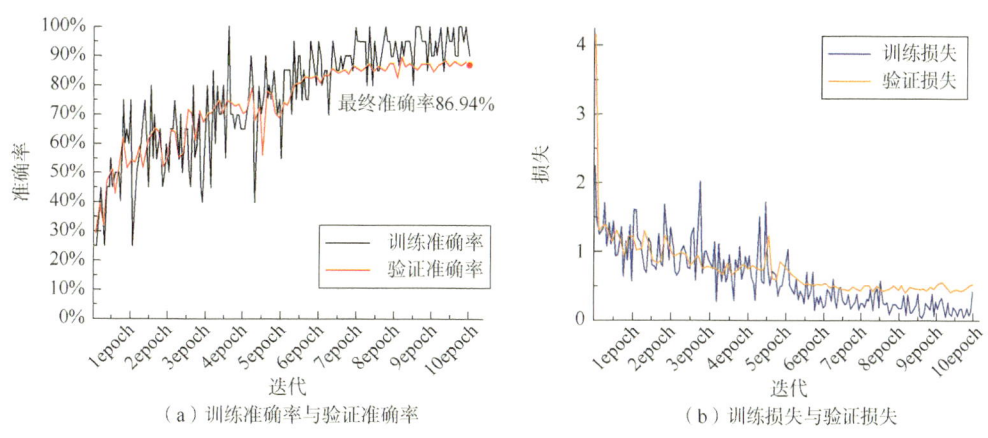

（a）训练准确率与验证准确率　　　　（b）训练损失与验证损失

图 10-53　模型 C2 第三组训练结果

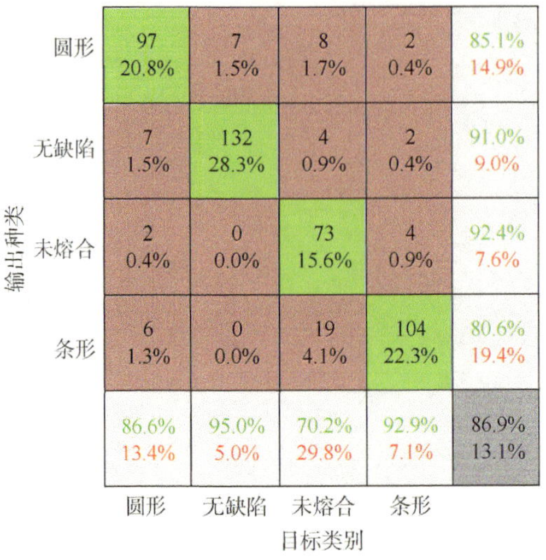

圆形
无缺陷
未熔合
条形
输出种类
97
20.8%
7
1.5%
8
1.7%
2
0.4%
85.1%
14.9%
7
1.5%
132
28.3%
4
0.9%
2
0.4%
91.0%
9.0%
2
0.4%
0
0.0%
73
15.6%
4
0.9%
92.4%
7.6%
6
1.3%
0
0.0%
19
4.1%
104
22.3%
80.6%
19.4%
86.6%
13.4%
95.0%
5.0%
70.2%
29.8%
92.9%
7.1%
86.9%
13.1%
圆形
无缺陷
未熔合
条形
目标类别

图 10-54 模型 C2 第三组分类准确率

从图 10-53 可以看出，在 adam 优化器作用下，模型 C2 网络出现了振荡剧烈且难以收敛的情况，损失较大且下降缓慢，模型的训练也比较缓慢，最终得到的准确率也不是十分优越，且在第七个时代后准确率难以再出现明显提升，因此在第四组中改用了 sgdm 优化器，调整了最小批次与学习率、学习率下降速率，以便模型能够快速收敛。

第四组：第四组的训练结果如图 10-55 所示。

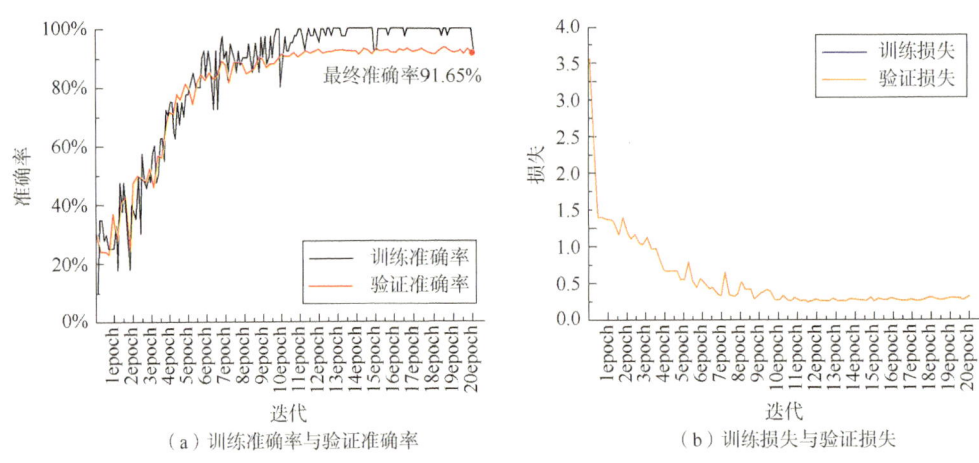

100%
80%
60%
40%
20%
0%
准确率
最终准确率91.65%
训练准确率
验证准确率
1epoch
2epoch
3epoch
4epoch
5epoch
6epoch
7epoch
8epoch
9epoch
10epoch
11epoch
12epoch
13epoch
14epoch
15epoch
16epoch
17epoch
18epoch
19epoch
20epoch
迭代
（a）训练准确率与验证准确率
4.0
3.5
3.0
2.5
2.0
1.5
1.0
0.5
0.0
损失
训练损失
验证损失
迭代
（b）训练损失与验证损失

图 10-55 模型 C2 第四组训练结果

取若干样本验证网络的分类准确性，分类准确率为 91.6%，结果如图 10-56 所示。

从图 10-55 可以看出，模型 C2 在第十个时代后得到收敛，此后模型在训练集上的准确率不断提高，在验证集上的准确率未发生变化，网络出现了轻微的过拟合现象，最终网络在验证集上的准确率为 91.65%。

模型 C2 各组在验证样本上取得的缺陷检测准确率见表 10-9。

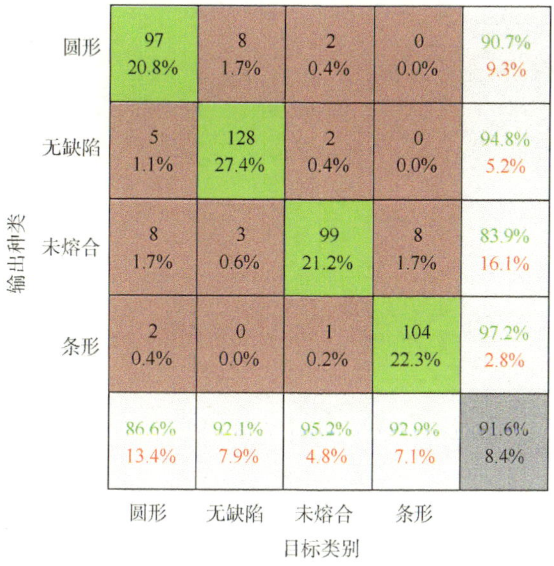

第10章 基于机器学习的管道焊缝图像的缺陷识别分析

	圆形	无缺陷	未熔合	条形	
圆形	97 / 20.8%	8 / 1.7%	2 / 0.4%	0 / 0.0%	90.7% / 9.3%
无缺陷	5 / 1.1%	128 / 27.4%	2 / 0.4%	0 / 0.0%	94.8% / 5.2%
未熔合	8 / 1.7%	3 / 0.6%	99 / 21.2%	8 / 1.7%	83.9% / 16.1%
条形	2 / 0.4%	0 / 0.0%	1 / 0.2%	104 / 22.3%	97.2% / 2.8%
	86.6% / 13.4%	92.1% / 7.9%	95.2% / 4.8%	92.9% / 7.1%	91.6% / 8.4%

图 10-56 模型 C2 第四组分类准确率

表 10-9 模型 C2 缺陷识别准确率

组别	圆形缺陷识别准确率	未熔合识别准确率	条形缺陷识别准确率	总体准确率
1	80.4%	79.8%	98.2%	90.1%
2	90.2%	88.5%	97.3%	93.4%
3	86.6%	70.2%	92.9%	86.9%
4	86.6%	95.2%	92.9%	91.6%

对比模型 C2 四组结果，最终选取第二组参数下的网络，作为模型 C2 最终架构。

(3) 模型 C3。

模型 C3 基于 GoogleNet 模型构建，部分网络结构如图 10-57 所示。

模型 C3 结构采用了并联层结构，使用了 1×1 大小的卷积核来减少网络参数，极大地减小了计算量，也减轻了网络过拟合的发生。模型 C3 的参数设置见表 10-10。

表 10-10 模型 C3 参数设置

组别	优化器	最小批次（张）	初始学习率	学习率变化频率	学习率变化系数	训练代数（epoch）	验证频率
1	sgdm	20	0.0001	—	—	10	20
2	sgdm	30	0.0001	10	0.25	20	20
3	adam	15	0.0001	5	0.25	20	10
4	adam	15	0.001	—	—	10	20

注：(1) 学习率变化频率代表每训练多少次，学习率发生一次变化；学习率变化系数指当学习率变化时其所乘的系数。"—"代表不变化。

(2) 验证频率代表每经过训练多少次，在验证集上验证一次网络效果。

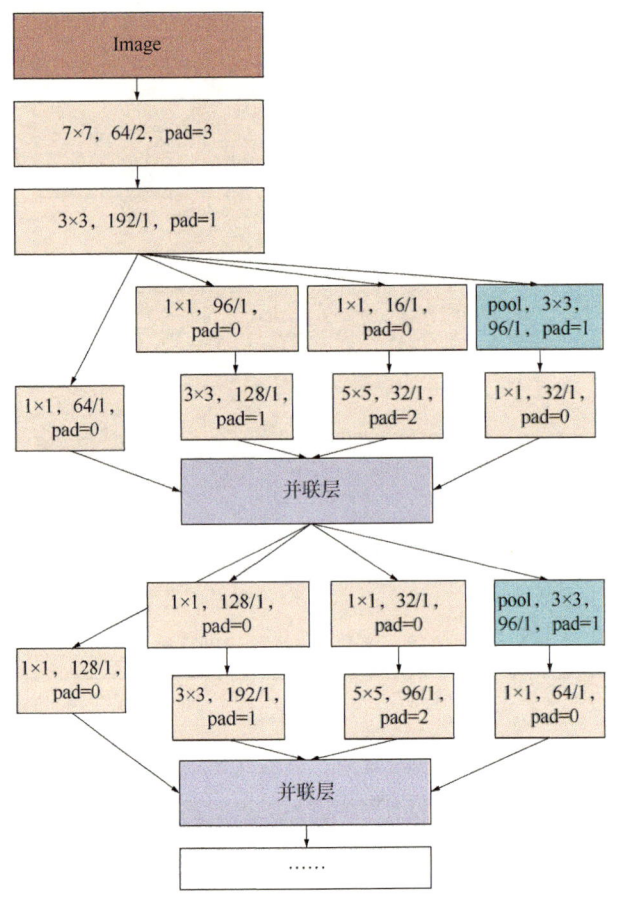

图 10-57　模型 C3 部分结构

第一组：第一组训练结果如图 10-58 所示。

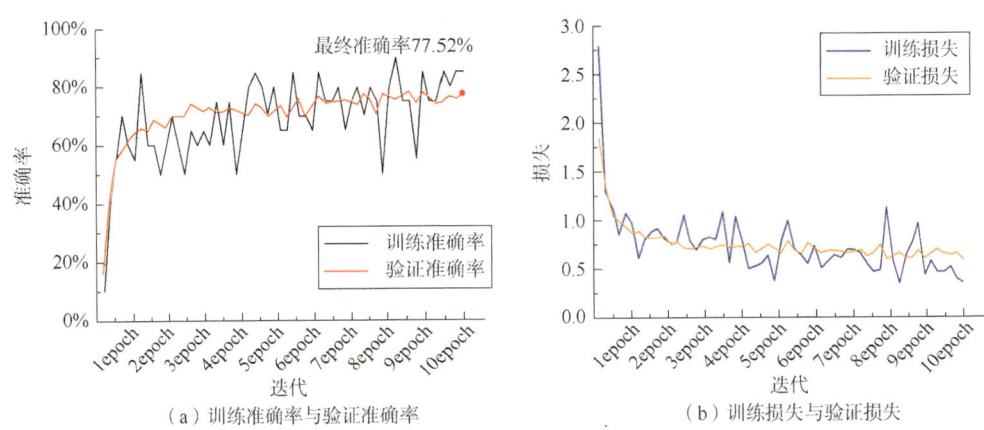

（a）训练准确率与验证准确率　　　　　（b）训练损失与验证损失

图 10-58　模型 C3 第一组训练结果

取若干样本验证网络的分类准确性，分类准确率为77.5%，结果如图10-59所示。

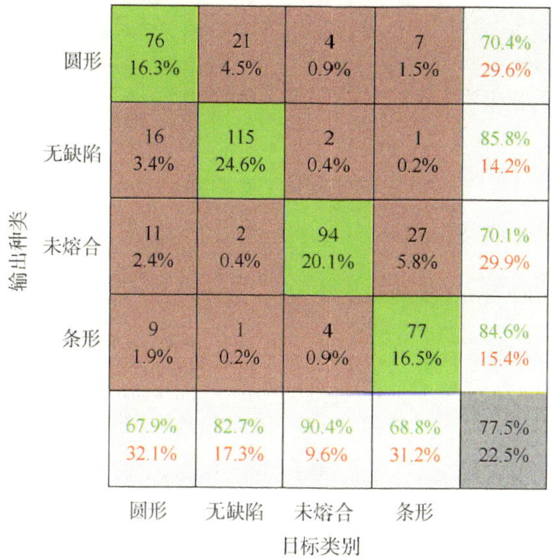

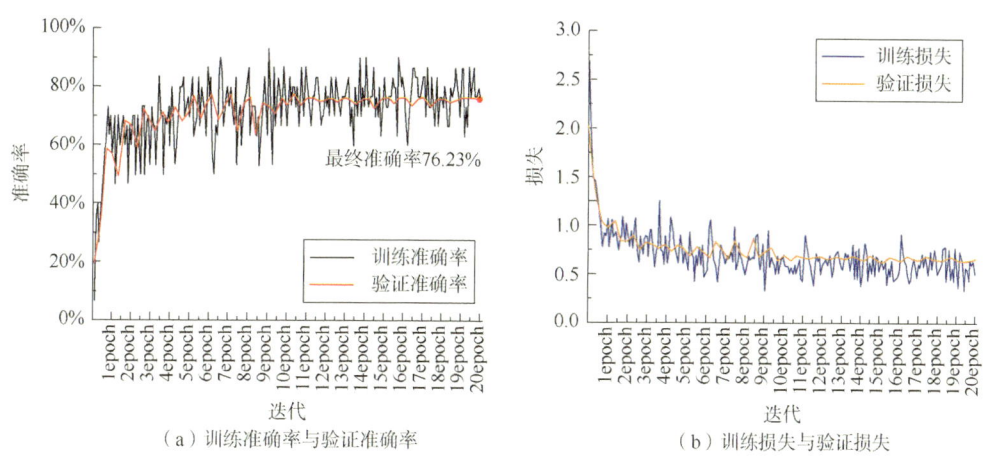

图10-59　模型C3第一组分类准确率

从图10-58可知，模型C3第一组在训练集上的准确率有所波动，在验证集上准确率还在攀升，因此考虑网络模型还未收敛，设置第二组网络训练代数为20个时代。

第二组：第二组训练结果如图10-60所示。

(a) 训练准确率与验证准确率　　(b) 训练损失与验证损失

图10-60　模型C3第二组训练结果

取若干样本验证网络的分类准确性，分类准确率为76.2%，结果如图10-61所示。

可以看出第二组在加大时代之后，模型在验证集上的准确率收敛到了76.23%，训练集上的准确率仍有波动，可能是该模型网络结构过深导致的结果，因此在后两组实验中，仅关注模型在验证集上的准确率。

第三组：第三组结果如图10-62所示。

取若干样本验证网络的分类准确性，分类准确率为83.1%，结果如图10-63所示。

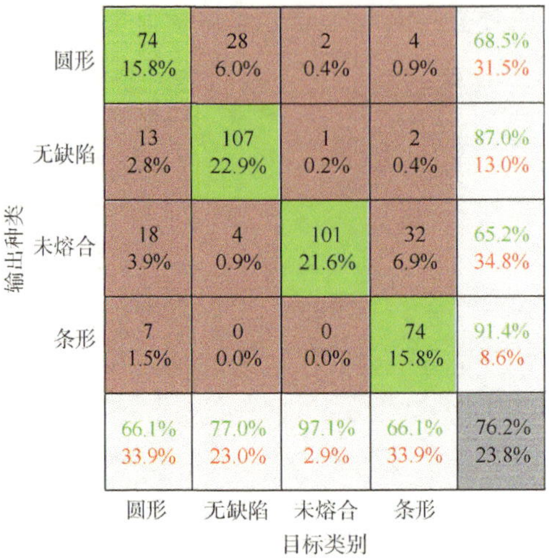

圆形
无缺陷
未熔合
条形
输出种类
74
15.8%
28
6.0%
2
0.4%
4
0.9%
68.5%
31.5%
13
2.8%
107
22.9%
1
0.2%
2
0.4%
87.0%
13.0%
18
3.9%
4
0.9%
101
21.6%
32
6.9%
65.2%
34.8%
7
1.5%
0
0.0%
0
0.0%
74
15.8%
91.4%
8.6%
66.1%
33.9%
77.0%
23.0%
97.1%
2.9%
66.1%
33.9%
76.2%
23.8%
圆形
无缺陷
未熔合
条形
目标类别

图 10-61　模型 C3 第二组分类准确率

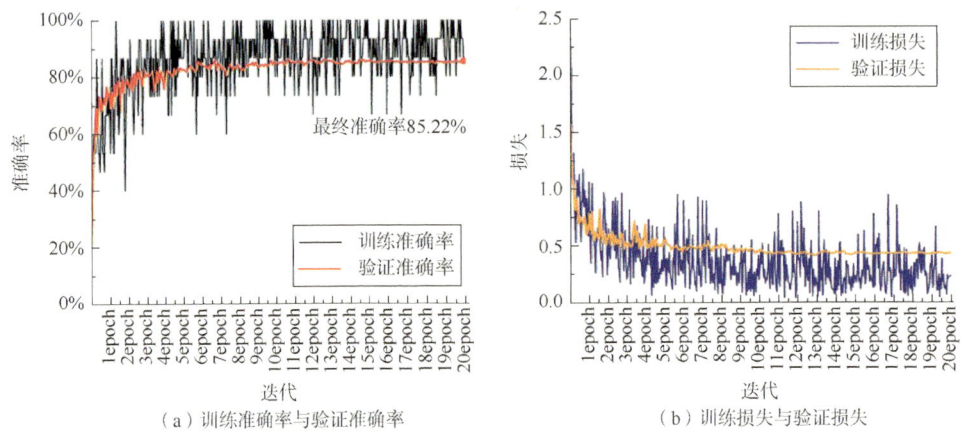

100%
80%
60%
40%
20%
0%
准确率
最终准确率85.22%
训练准确率
验证准确率
1epoch
2epoch
3epoch
4epoch
5epoch
6epoch
7epoch
8epoch
9epoch
10epoch
11epoch
12epoch
13epoch
14epoch
15epoch
16epoch
17epoch
18epoch
19epoch
20epoch
迭代
（a）训练准确率与验证准确率
2.5
2.0
1.5
1.0
0.5
0.0
损失
训练损失
验证损失
迭代
（b）训练损失与验证损失

图 10-62　模型 C3 第三组训练结果

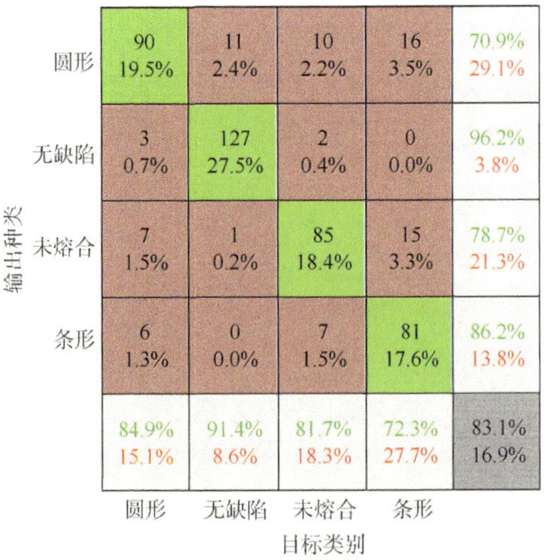

圆形
无缺陷
未熔合
条形
输出种类
90
19.5%
11
2.4%
10
2.2%
16
3.5%
70.9%
29.1%
3
0.7%
127
27.5%
2
0.4%
0
0.0%
96.2%
3.8%
7
1.5%
1
0.2%
85
18.4%
15
3.3%
78.7%
21.3%
6
1.3%
0
0.0%
7
1.5%
81
17.6%
86.2%
13.8%
84.9%
15.1%
91.4%
8.6%
81.7%
18.3%
72.3%
27.7%
83.1%
16.9%
圆形
无缺陷
未熔合
条形
目标类别

图 10-63　模型 C3 第三组分类准确率

第三组网络模型在验证集上的准确率显著高于第一组与第二组，经过多次尝试，确定了第四组参数设置，在第四组的参数设置下模型准确率最高。

第四组：第四组结果如图 10-64 所示。

（a）训练准确率与验证准确率　　（b）训练损失与验证损失

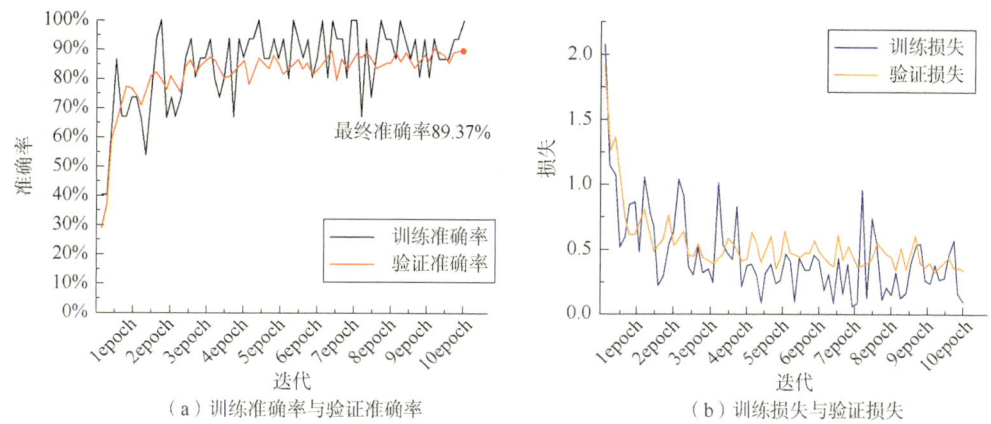

图 10-64　模型 C3 第四组训练结果

取若干样本验证网络的分类准确性，分类准确率为 89.4%，结果如图 10-65 所示。

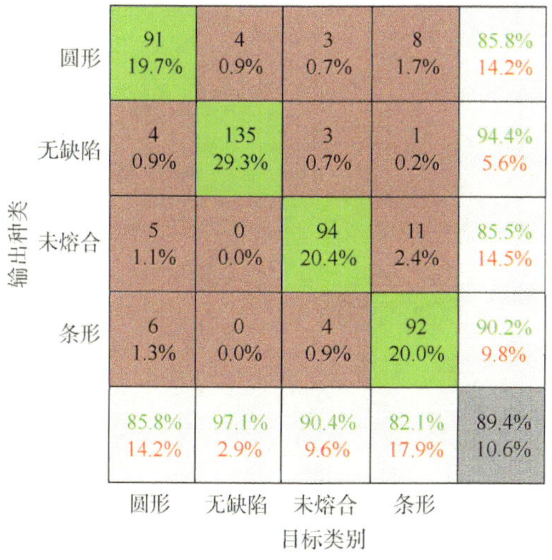

图 10-65　模型 C3 第四组分类准确率

模型 C3 各组在验证样本上取得的缺陷检测准确率见表 10-11。

表 10-11　模型 C3 缺陷识别准确率

组别	圆形缺陷识别准确率	未熔合识别准确率	条形缺陷识别准确率	总体准确率
1	67. 9%	90. 4%	68. 8%	77. 5%
2	66. 1%	97. 1%	66. 1%	76. 2%
3	84. 9%	81. 7%	72. 3%	83. 1%
4	85. 8%	90. 4%	82. 1%	89. 4%

综合以上四组的最终准确率，确定第四组参数下的网络结构为模型 C3 的最终架构。

（4）模型 C4。

模型 C4 基于 RestNet（残差网络）构建，网络层数为 50 层，网络部分结构如图 10-66 所示。

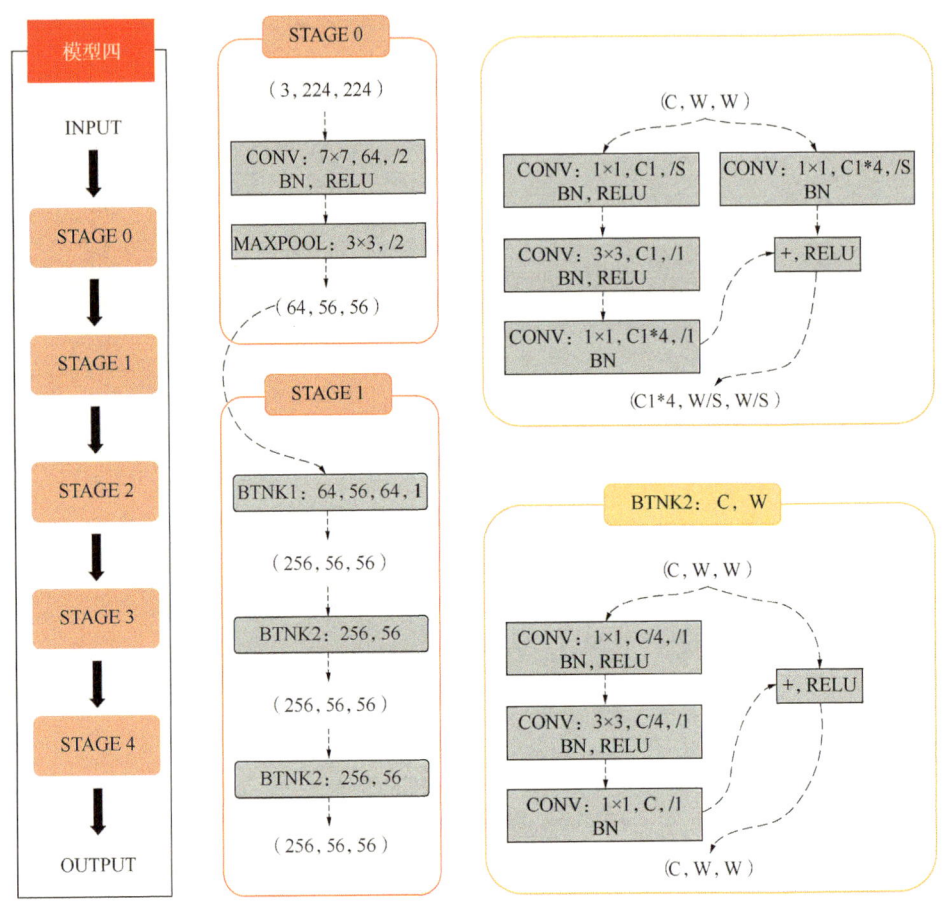

图 10-66　模型 C4 结构

在模型 C4 的训练过程中，网络未能达到理想的效果，可能是由于网络层数过深、样本数量不足造成的，经过多次尝试得到效果较好的模型 C4 参数设置见表 10-12。

表 10-12　模型 C4 训练参数设置

组别	优化器	最小批次（张）	初始学习率	学习率变化频率	学习率变化系数	训练代数（epoch）	验证频率
1	sgdm	20	0.0001	—	—	10	10

模型 C4 训练结果如图 10-67 所示。

取若干样本验证网络的分类准确性，分类准确率为 75.5%，结果如图 10-68 所示。

模型 C4 在未熔合缺陷上表现较好，但在其他缺陷分类上效果一般。

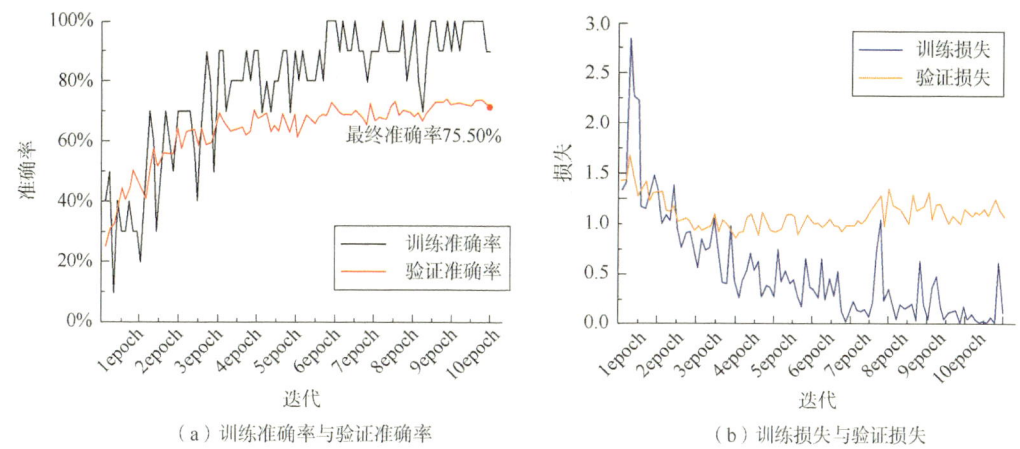

(a) 训练准确率与验证准确率　　　　　　　(b) 训练损失与验证损失

图 10-67　模型 C4 训练结果

图 10-68　模型 C4 分类准确率

10.4.2.2　缺陷二分类模型

为减少缺陷分类过程中出现缺陷误报率过高的情况，设计是否为缺陷二分类模型作为进入缺陷类型识别前的初步筛查，该模型将圆形缺陷、条形缺陷、未熔合缺陷归为"有缺陷"，无缺陷图像块被归为"无缺陷"，共得有"有缺陷"图像块 30000 张，"无缺陷"图像块 30000 张。

经过 10.4.2.1 的模型训练，该二分类模型拟采用上述模型 C2 结构，经过不同参数设置，得到最佳效果模型(模型 J1)性能如图 10-69 所示。

取若干样本验证网络的分类准确性，分类准确率为 96.1%，结果如图 10-70 所示。

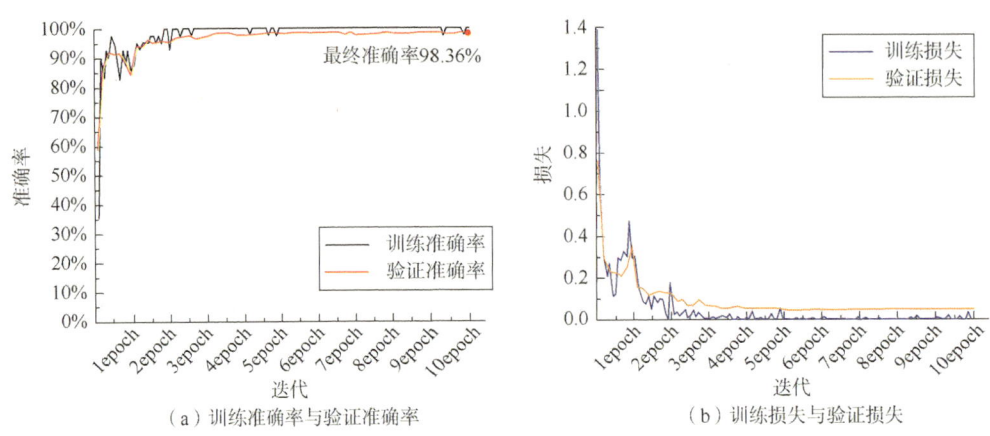

(a) 训练准确率与验证准确率　　　　　　(b) 训练损失与验证损失

图 10-69　模型 J1 训练结果

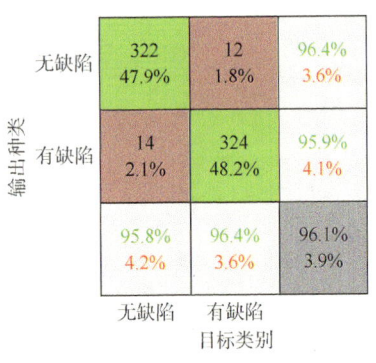

图 10-70　模型 J1 分类准确率

对于二分类模型(正样本、负样本),使用接收者操作特征曲线[66](以下简称 ROC 曲线)验证网络效果,该曲线以真阳率为纵轴,以假阳率为横轴,设定不同阈值,计算准确率指标[27]。真阳率(TPR)与假阳率(FPR)定义如下:

$$TPR = \frac{TP}{TP+FN} \quad (10-28)$$

$$FPR = \frac{FP}{FP+TN} \quad (10-29)$$

其中 TP 表示所选样本中正样本被网络归为正的数量;FN 表示正样本被归为负的数量;TN 表示负样本被归为负的数量;FP 表示负样本被归为正的数量。

在绘制 ROC 曲线时,选取了正样本 100 个和负样本 100 个,部分样本的分类情况见表 10-13。

表 10-13　部分样本分类概率

样本原始标签	模型 J1 预测结果	预测为负的概率	预测为正的概率
有缺陷	有缺陷	0.016655572	0.98334438
有缺陷	有缺陷	0.000422662	0.99957734
有缺陷	有缺陷	0.008587207	0.99141276
有缺陷	有缺陷	0.00000352	0.99999642
无缺陷	无缺陷	0.99968946	0.000310526
无缺陷	无缺陷	0.99256659	0.007433406
无缺陷	无缺陷	0.99974555	0.000254474
无缺陷	无缺陷	0.99999416	0.00000585

注:在表中预测为负的概率代表模型预测该样本为无缺陷的概率,预测为正的概率代表模型预测为有缺陷的概率。

设置阈值从 0 到 1 以 0.001 的步长等量增长。得到 1001 个点绘制出的 ROC 曲线如图 10-71 所示。

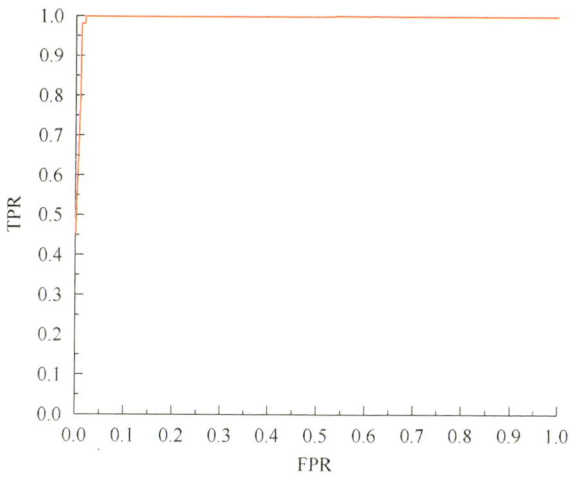

图 10-71　模型 J1ROC 曲线图

ROC 曲线与 x 轴围成的面积被定义为 AUC(曲线下面积)，AUC 的值介于 0 到 1 之间，通常 AUC 大于 0.5 说明模型的输出优于随机预测，小于 0.5 则模型分类效果很差，等于 1 时被称为完美分类器模型[66-68]。本模型的 AUC 通过重新排列 TPR 与 FPR，以小矩形块面积累加得到，计算出的 AUC=0.9998。模型 J1 具有很好的分类性能。

10.4.2.3　滑动窗口检测技术

为定位整张底片中的缺陷位置，显示出底片各部位包含缺陷的概率，使用一个固定大小的窗口，以一定的步长在底片上滑动截取底片图像类似于如图 10-19 所示窗口滑动法，再将图像发送至本章节训练的模型判断是否存在缺陷，若存在缺陷则将该窗口中的所有像素标记一次。最终窗口会遍历整张图片，每个像素都会被判断多次，这意味每个像素可能被标记多次，通过设置阈值，过滤出被多次标记为缺陷的像素格，判断此处为缺陷[69,70]。

如图 10-72 所示为一张含分散缺陷的底片经过滑动窗口检测后所显示出的缺陷区域。

(a) 射线底片原图

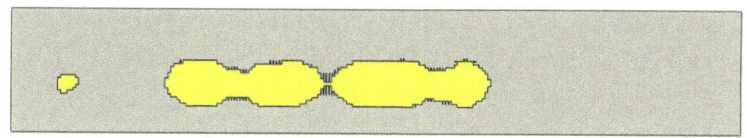

(b) 滑动窗口缺陷定位图

图 10-72　滑动窗口定位缺陷示意图

10.4.3 数字化底片缺陷识别系统

经过 10.4.2.1 节与 10.4.2.2 节，得到了缺陷类型判断模型与缺陷二分类模型，其中缺陷类型判断模型共有四个，缺陷的二分类模型有一个。为了降低缺陷识别模型的误报率，在本研究中将这两类模型进行了串联，并使用了 10.4.2.3 节中的窗口滑动技术。搭建的缺陷识别系统原理如图 10-73 所示。

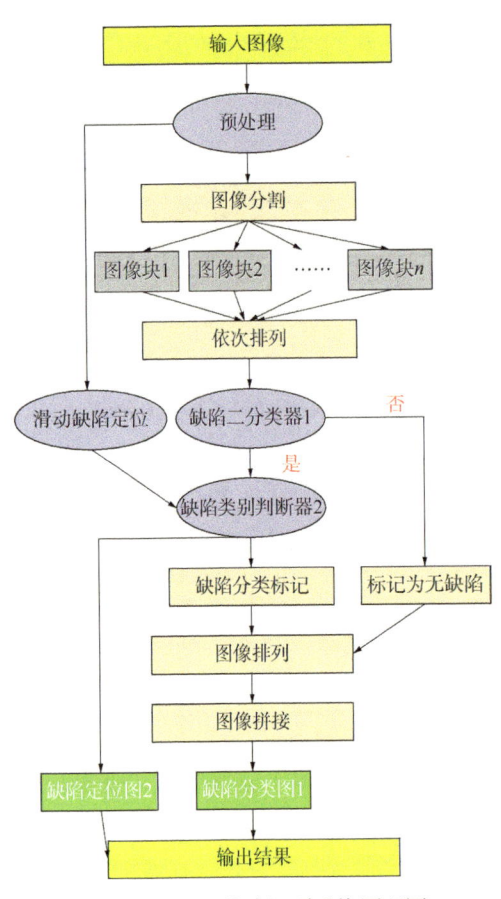

图 10-73 缺陷识别系统原理图

如图 10-73 所示，将需要识别的底片输入系统，先经过去噪声，直方图均衡，图片大小调整等处理。经过调整后的底片，分别向图像分割单元与滑动缺陷定位单元传递。

（1）传向图像分割单元的图片被分割成大小相同的小图像块，然后依次传入判断缺陷二分类器 1，被分类器 1 判断为无缺陷的图像块，将传入图像排列单元，等待其他图像块结果，被分类器 1 判断为有缺陷的底片，将被传入判断缺陷类别判断器 2，在判断器 2 中共包含五种模式分别是 10.4.2.1 节的模型 C1、模型 C2、模型 C3、模型 C4 以及模型 C1 与模型 C2 交叉判断。分类完成的图像块将会被传入标记缺陷类型模块，分别被标记上相应的缺陷，由于传入此单元的图像块已经被分类器 1 标记为有缺陷，因此，在判断器 2 处被判断为"无缺陷"的图像块将被标记为"疑似缺陷"，其他类型缺陷将如实标记。标记完成后传入图像排列单元，待所有图像块判断完毕后，图像排列单元的所有图像将会被传入图像拼接单元，按照原输入图像进行拼接，最后输出缺陷分类图。

（2）传向滑动缺陷定位单元的图像，将采用滑动窗口技术，对整个底片进行扫描，并将每一次截取的窗口图像传递给缺陷类别判断器 2，判断器 2 对传入的窗口图像进行处理，若存在缺陷，则对该窗口进行标记。在遍历整个底片之后，对超出设定阈值的底片部位进行标记，由于窗口滑动步长较小，对底片的每个像素都进行了多次判断，因而可以减小模型误判，降低缺陷误报的发生，最终将输出缺陷的定位图。该数字化底片缺陷识别系统最终将输出两张带有标记的图像。

经过试验，该系统相比直接使用 10.4.2.1 节模型判断，误报率有了明显的下降，同时准确率也保持较高水平。通过在东营某检测中心现场应用，得到系统五种模式指标见表 10-14。

表 10-14　缺陷识别系统各模式性能指标

模式	所选模型	缺陷检出率(%)	准确率(%)	误报率(%)
模式一	J1，C1	90.3	85.4	27.2
模式二	J1，C2	97.5	90	25.4
模式三	J1，C3	88.5	84.3	31.6
模式四	J1，C4	83.5	77.5	34.5
模式五	J1，C1+C2	94.7	94.5	19.5

注：(1)缺陷检出率＝二级以上缺陷检出数量/底片实际二级以上缺陷数量。
　　(2)准确率＝正确归类的缺陷数量/实际检出缺陷数量。
　　(3)误报率＝误报为二级以上缺陷数量/实际检出二级缺陷数量。

10.5　焊缝射线底片缺陷自动化识别软件

目前，我国已建成油气管道 $16.5×10^4$ km，由于环焊缝在管道中数量众多且环焊缝失效是造成油气管道事故的主要原因之一，环焊缝已经成为管道安全管理的重点工作。吸取多次事故的教训，一些施工方已要求对新铺设的管道进行环焊缝无损检测。基于神经网络模型，结合 VB[71]，制作了具有缺陷识别、缺陷标注、缺陷修正，以及报告输出的焊缝底片缺陷自动化识别软件。

10.5.1　焊缝射线底片缺陷自动化识别软件功能模块

软件的使用流程示意图如图 10-74 所示。

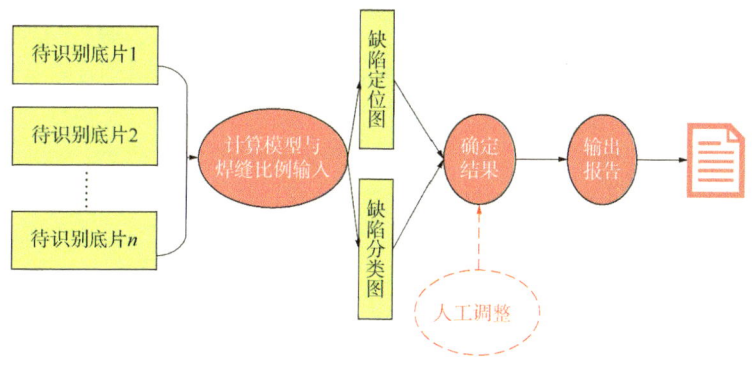

图 10-74　焊缝射线底片缺陷自动化识别软件流程图

10.5.1.1　焊缝缺陷识别模块

软件的焊缝识别模块包含模型选择、系数选择以及图片选择等功能。焊缝底片缺陷自动化识别软件的主界面如图 10-75 所示。

软件使用说明有以下几点。

（1）首先进行待识别底片选择。底片的选择分为单张和批处理两种模式，选择后，被选底片的路径将在对应位置显示。批处理时底片将被依次送入处理系统，再依次输出结果。

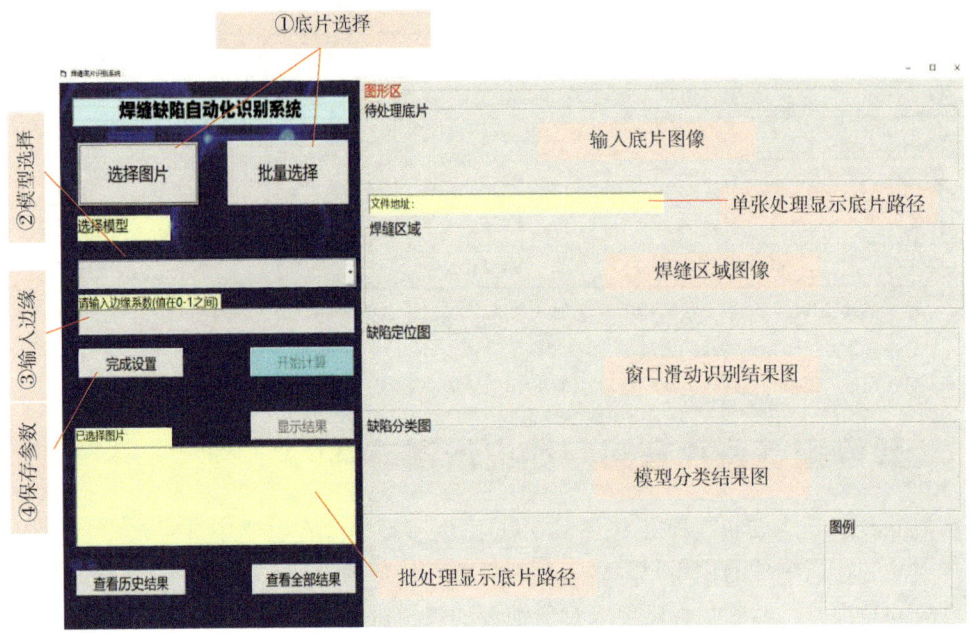

图 10-75　焊缝底片缺陷自动化识别软件主界面

（2）选择计算模型。此处可供选择的模式共有五种（见 10.4.2.3 节）。

（3）输入边缘系数。即焊缝在整张底片中的占比。此设置是为了去除底片上非焊缝区域，减少处理中心的计算量，加快识别速度。同时去除部分非焊缝信息也能有效地提高缺陷分类准确率，若不输入边缘系数，整张图片都将被分割识别，非焊缝信息将被丢弃。

（4）保存参数。保存好输入的图片参数和网络模型参数。之后便可开始识别工作，单张底片识别结果将出现在主界面上，若批量选择了底片，则需点击"查看全部结果"按钮，将会弹出如图 10-76 所示界面。

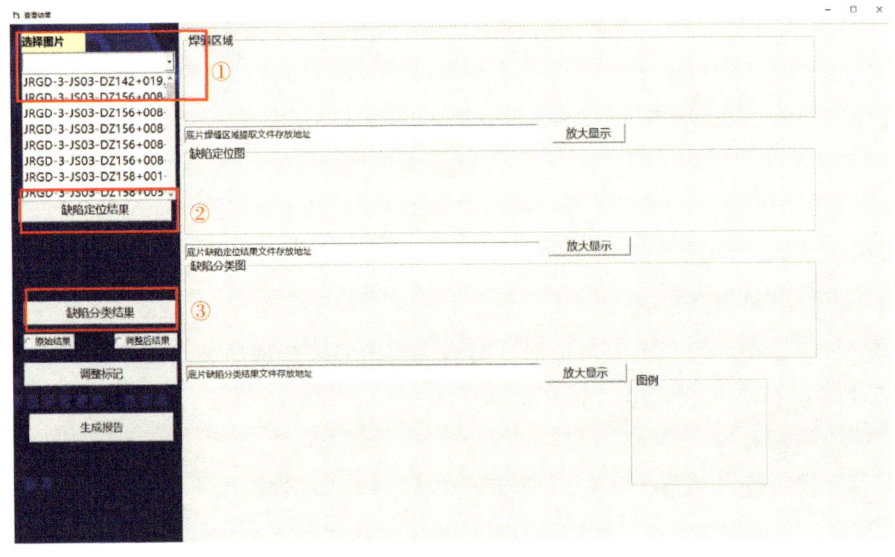

图 10-76　批处理结果查看界面图

在该界面，用户首先需要选择希望查看的底片，选择完毕后便可查看软件缺陷识别结果，包含缺陷定位与缺陷分类结果。经过上述操作，就可以完成射线底片缺陷的自动识别，识别结果将展现在软件界面供操作人员查看。

10.5.1.2 人机交互模块

该软件的目的是全面且准确地识别缺陷类型，但由于技术限制性，不可避免地会出现缺陷误报，为了在误报情况下该软件仍可继续使用，软件内嵌了缺陷纠错功能，软件使用者可以通过该功能去除自动识别的误报缺陷。缺陷误报纠错界面如图 10-77 所示。

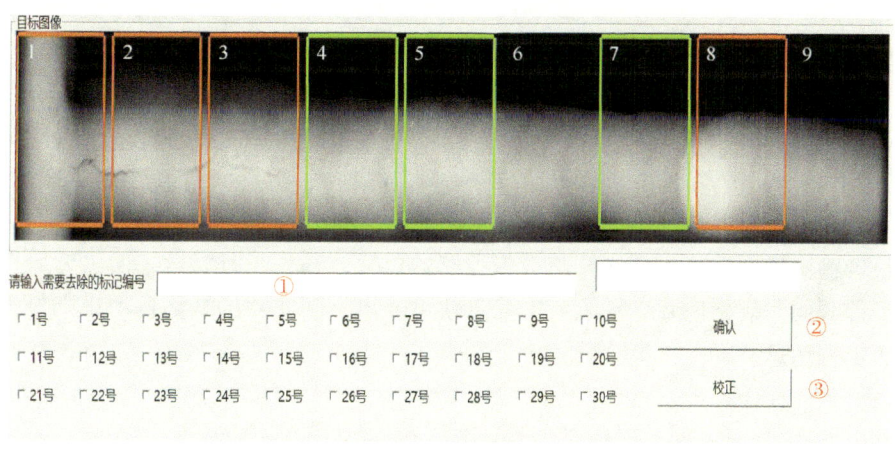

图 10-77　人工去除标记界面图

首先在如图 10-76 所示界面选择查看的图片，如发现结果存在问题，点击"调整标记"，软件弹出如图 10-77 所示界面，在该界面选择需要去除的标记，点击"确认""校正"，所选编号处的标记将被去除，图 10-77 中底片选择 5、7、8 号标记校正后的结果如图 10-78 所示。

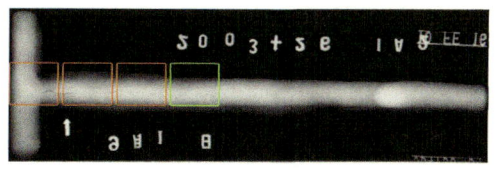

图 10-78　人工调整结果图

图 10-78 中左侧 3 个方框代表条形缺陷，第 4 个方框代表圆形缺陷。经过人工调整的底片会储存在系统当中，同时最初的系统自动识别结果也会保存，操作人员可以随时查看这两种不同的结果。并选择最正确的结果用以输出识别报告。

10.5.1.3 报告输出模块

软件为自动化识别结果设计了报告模板，在完成底片缺陷识别工作后，可以选择输出焊缝缺陷识别报告，该报告模板与参照人工评片标准设计，缓解了评片人员手动填写记录表格的工作负担，能将评价结果及时地反馈给施工方，用以指导现场施工进度。软件报告导出界面如图 10-79 所示。

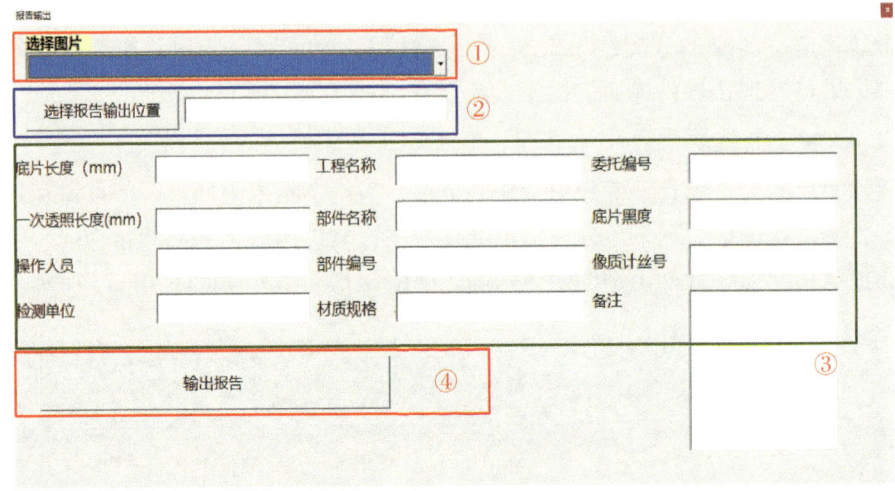

图 10-79 报告输出界面

在报告输出界面选择目标底片与报告存储的位置，输入工程参数，便可输出报告，对于同一工程，同一规格底片，输入一次信息便可导出不同底片的缺陷自动识别报告，无须重复输入工程信息。

10.5.1.4 其他功能

除上述主要模块外，本软件还具备以下基本功能：

（1）历史处理底片记录。经过系统识别的底片会自动保存识别数据，可供使用者随时查询，并输出识别报告。

（2）缺陷块保存。被认定为缺陷的图像块可以保存，并添加到 10.3.2.3 节所建立的缺陷管理系统中，以备后续使用。这些不断扩充的缺陷底片数据可在后续用以神经网络的训练，随着缺陷的增加，神经网络本身的效果也会不断提高。

（3）用户登录。软件设定了使用权限，需要用户名与密码登录，提高了系统数据的安全性。

（4）方便移植。软件基于 VB 编写，可安装在当前市面上的所有主流计算机上使用。

10.5.2 软件使用展示

本节将以 GDXray 公共数据库中的一张底片为例，展示软件对缺陷底片的处理过程。

在软件主界面，使用"选择图片"按钮选择目标图像，在"选择模型"下拉框选择"模式二"，输入边缘系数 0.5，完成设置。软件此时界面如图 10-80 所示。

完成设置后开始计算，系统将开始识别图像中存在的缺陷，结果如图 10-81 所示：

点击查看全部结果按钮，弹出 10.5.1.1 节图 10-76 界面，在此界面可查看批处理的全部底片，也可查看单张处理结果，效果如图 10-82 所示。

点击图 10-82 中"调整标记"按钮，弹出缺陷调整界面图 10-83，作为演示选择去除结果中的 3 号标记。

第10章 基于机器学习的管道焊缝图像的缺陷识别分析

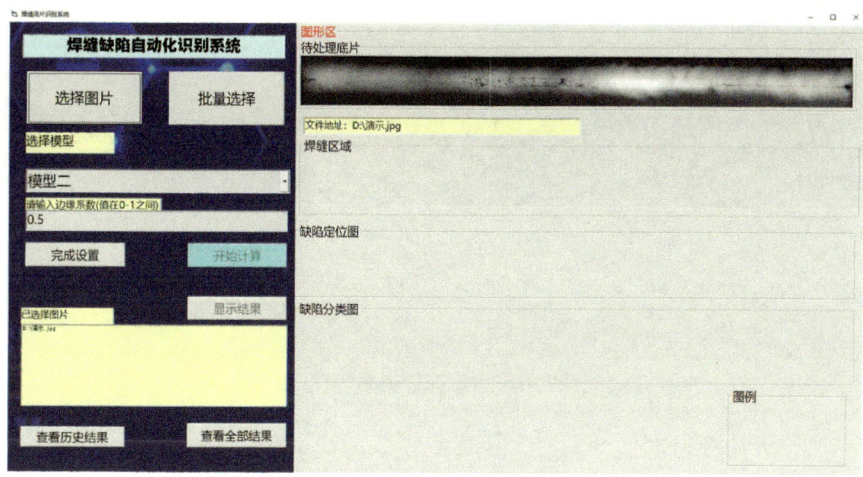

图 10-80　软件参数设置完成

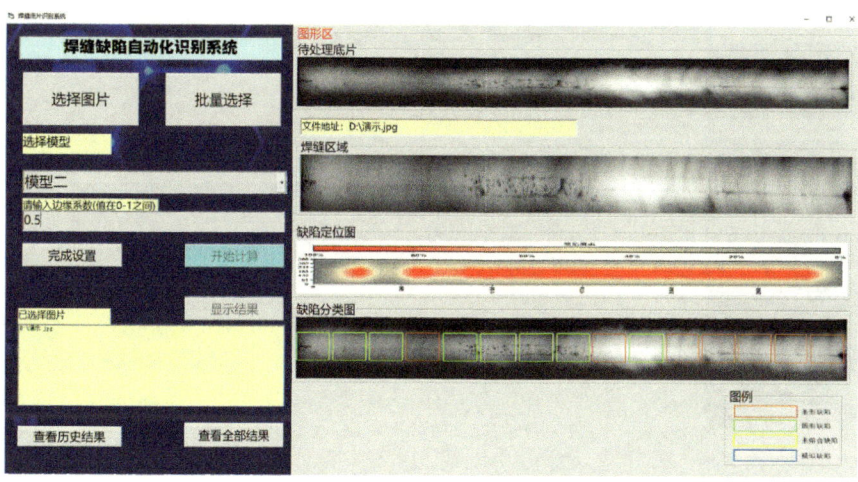

图 10-81　图像缺陷识别结果

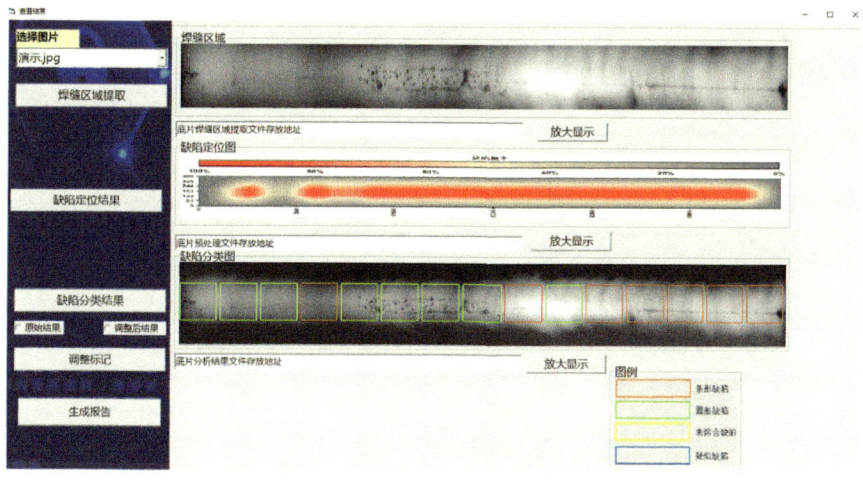

图 10-82　结果查看界面

·513·

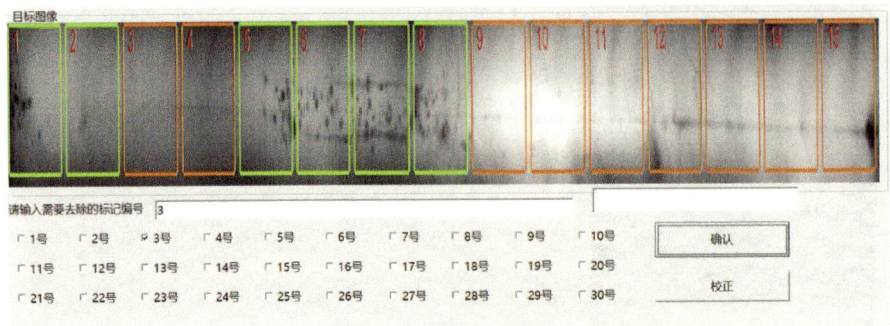

图 10-83　标记调整界面

调整完成后可在图 10-84 界面查看结果，并可点击"原始结果"查看调整前结果。

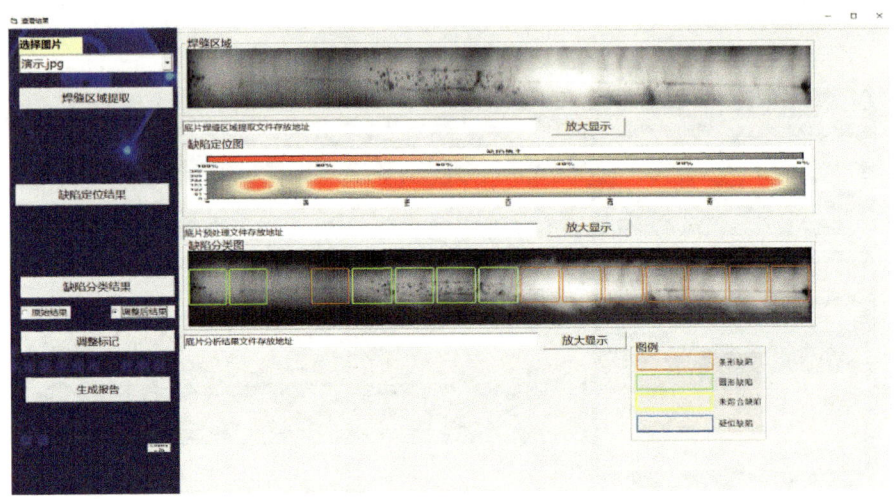

图 10-84　标记调整后结果

选择"调整后结果"或"原始结果"，点击生成报告，并填写相应信息（图 10-85）。

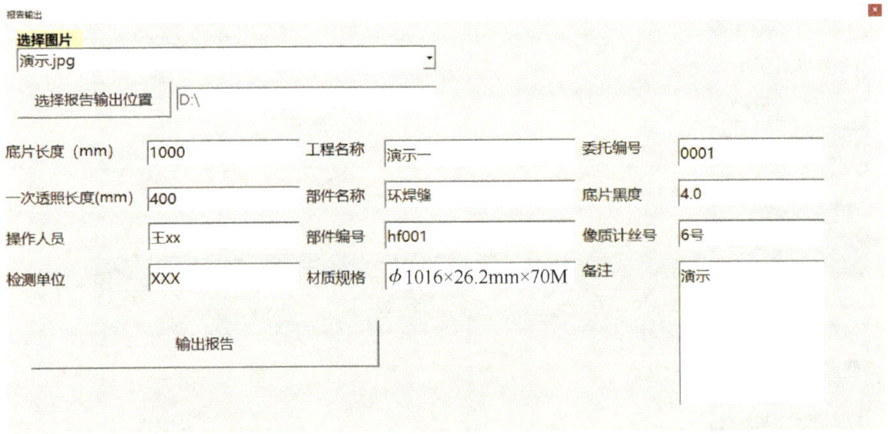

图 10-85　报告信息填写

生成的报告如图 10-86 所示。

记录编号：

工程名称		演示一			部件名称				环焊缝			
部件编号		Hf0001	材质/规格		$\phi1013\times26.2mm\times70M$	委托编号			0001			
边缘系数				0.5		检测模型			模型二			
序号	底片编号	胶片长度(mm)	一次透照长度(mm)	底片黑度(D)	像质计丝号	缺陷性质及数量	评定级别				返修记录			备注
							Ⅰ	Ⅱ	Ⅲ	Ⅳ	一次	二次	三次	
1	W0001_0001.jpg	1000	400	4.0	6号	条形缺陷：8，圆形缺陷：6，未熔合：0，疑似缺陷：0								演示

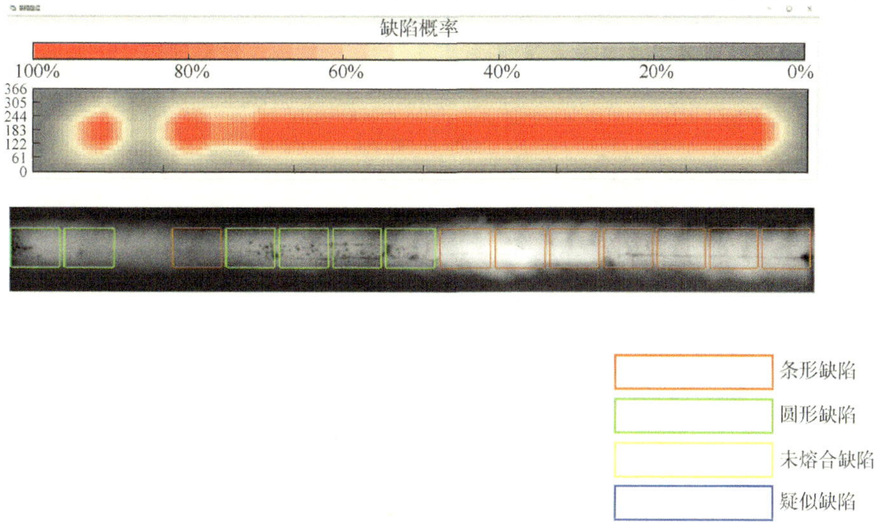

图 10-86 报告输出结果

经过以上步骤，即可完成对焊缝射线底片缺陷识别的工作，上述为处理单张底片的过程，软件可对底片批量处理，加以人工决策，便可极大地提高工作效率，解放人力。

10.6 基于深度学习的管道焊缝缺陷目标检测算法

10.6.1 目标检测概述

目标检测是计算机视觉和数字图像处理的一个热门方向，广泛应用于机器人导航、智能视频监控、工业检测、航空航天等诸多领域，通过计算机视觉减少对人力资本的消耗，具有重要的现实意义。因此，目标检测也就成了近年来理论和应用的研究热点，它是图像处理和计算机视觉学科的重要分支，也是智能监控系统的核心部分，同时目标检测也是泛身份识别领域的一个基础性的算法，对后续的人脸识别、步态识别、人群计数、实例分割等任务起着至关重要的作用。

目标检测的任务是找出图像中所有感兴趣的目标，并确定它们的类别和位置，总结来讲就是分类+定位，其主要分为 two-stage（双阶段）和 one-stage（单阶段）两类，其中 two-stage 算法先生成一系列作为样本的候选框，再通过卷积神经网络进行样本分类，主要通过一个卷积神经网络来完成目标检测过程，其提取的是 CNN 卷积特征，进行候选区域的筛选和目标检测两部分，网络的准确度高、速度相对较慢，其代表算法为 RCNN 系列，包括 R-CNN 到 Faster R-CNN 网络；one-stage 算法直接通过主干网络给出目标的类别和位置信息，没有使用候选区域的筛选网络，这种算法速度快，但是精度相对 Two-stage 目标检测网络降低了很多，其代表算法为 YOLO 系列，包括 YOLOv1、YOLOv2、YOLOv3、SSD 等。

在过去 20 年左右，以 AlexNet 为分界线，2012 年之前为传统算法，2013 年之后为深度学习算法，如图 10-87 所示，主要获得里程碑如图 10-88 所示。

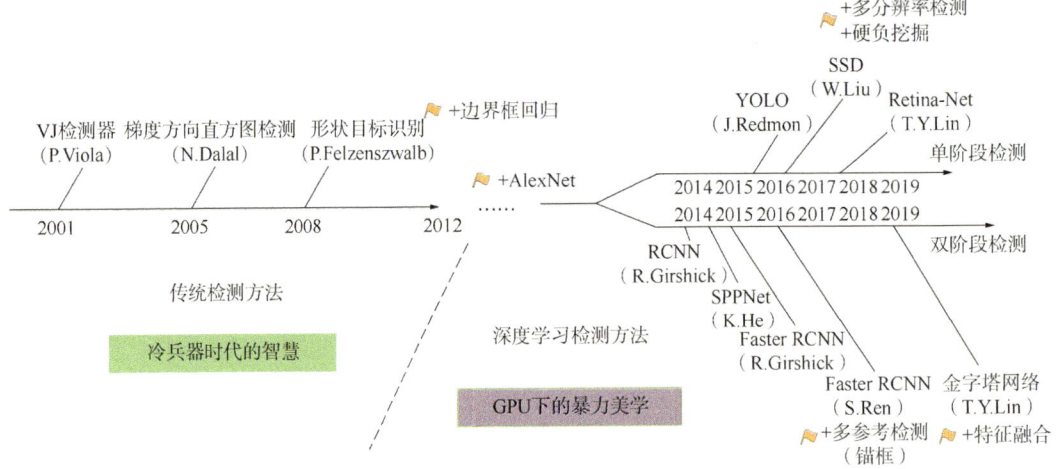

图 10-87　目标检测发展简图（据《Object Detection in 20 Years：A Survey》，修改）

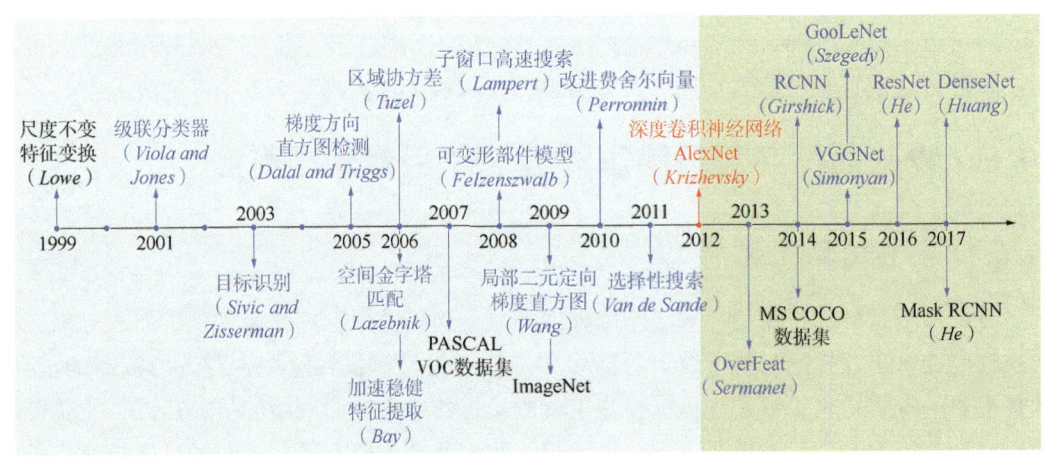

图 10-88　目标检测里程碑简图（据《Deep Learning for Generic Object Detection：A Survey》，修改）

10.6.2 目标检测算法

10.6.2.1 评价指标

对于如何评价一个目标检测模型的好坏,有一系列的评价指标包括准确率、精度、召回率、F1值、AP(平均查准率)值以及mAP(平均精度)值等。定义见表10-15。

表10-15 TP、TN、FP、FN定义表

	判定为正样本	事实为正样本	判定为负样本	事实为负样本
TP(真正类)	√	√		
TN(真负类)			√	√
FP(假正类)	√			√
FN(假负类)		√	√	

准确率是最常见的评价指标之一,见式(10-30),即为被识别正确的样本数与总样本数之比;精度是指被检测出来的目标中,检测结果正确的所占比例,见式(10-31);召回率是指在所有的某目标中,被检测出来的该目标所占比例,见式(10-32);F1值也是一个很重要的衡量指标,其将精确率与召回率综合考虑,见式(10-33)。

$$\text{accuracy} = \frac{(TP+TN)}{(TP+TN+FP+FN)} \quad (10-30)$$

$$\text{precision} = \frac{TP}{(TP+FP)} \quad (10-31)$$

$$\text{recall} = \frac{TP}{(TP+FN)} \quad (10-32)$$

$$F1 = \frac{2TP}{(2TP+FP+FN)} \quad (10-33)$$

以召回率、精确率分别为坐标轴的横、纵坐标画一条曲线,称该曲线为PR曲线,PR曲线与坐标轴围成的面积称为AP值,AP值越大则说明平均准确率越高,mAP值即为所有类别AP值的一个平均值,是目标检测中最重要的衡量指标之一。

10.6.2.2 Faster R-CNN

Faster R-CNN是由Shaoqing Ren以及Kaiming He等于2015年提出的一种典型的双阶段(Two-stage)目标检测算法,双阶段目标检测算法主要是利用一个卷积网络来进行目标检测,提取的是CNN卷积特征,其在训练时主要训练两个部分,即RPN网络与训练目标区域检测网络,其中RPN是一种全卷积网络(简称FCN)。

整体流程如图10-89所示,输入一张图片后,经过主干卷积神经网络对图片进行深度特征提取,经典的主干网络有ResNet50、ResNet101、VGG16等,之后通过RPN(区域候选网络)网络进行候选区域的产生,同时完成区域的分类,包括目标与非目标两种不同类

型，同时对目标位置进行初步预测。第三步则是对候选区域中的位置进行更加精准地定位与修改，这里使用到兴趣域池化，"兴趣域"顾名思义为感兴趣的区域，其主要操作可类比为对图像进行抠取，抠取出的这部分便是可能为目标物的感兴趣区域，再将通过抠取得到的候选兴趣目标对应至特征图上的相应部分，经过一个全连接层得到相应的特征向量，最后一步便是经过分类和回归两个部分完成对该候选目标类型的识别以及目标位置的确定。

Faster RCNN 的网络结构主要可分为四部分，如图 10-90 所示，即特征提取卷积网络、区域候选网络(以下简称 RPN)、兴趣域池化、分类与回归。

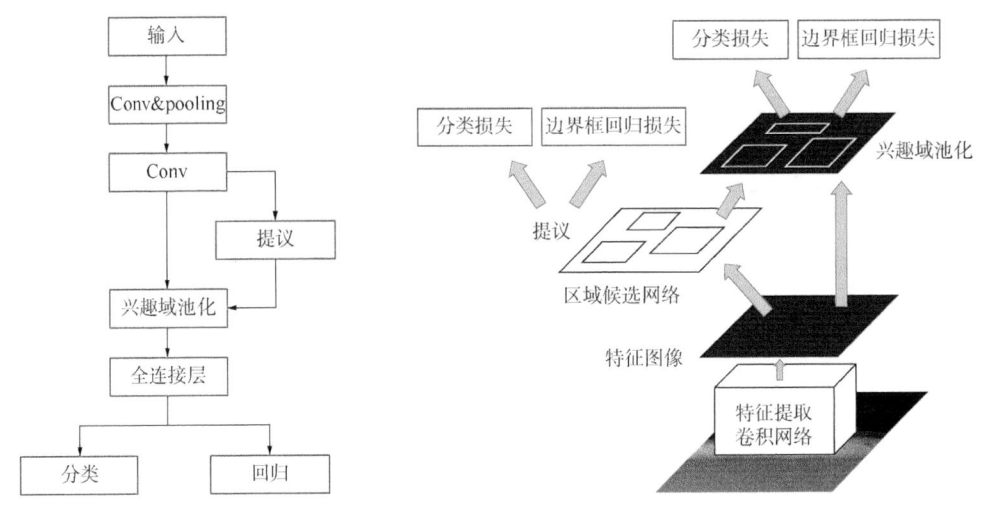

图 10-89　Faster R-CNN 流程展示图　　图 10-90　Faster R-CNN 网络结构展示图

特征提取网络用于特征提取，是通过一组卷积层+Relu 激活函数+池化层即 conv+Relu+pooling 来提取图像的特征图像。

区域候选网络用于生成候选框，该部分主要完成两个任务，即分类与定位，但在该步骤中的分类并非将目标分为确定的类别，而是对其是否包含可能检测类别做一个判断，相当于一个二分类问题，来判断该先验框内是否含有目标；定位即为对目标以及先验框的位置进行粗略地预测以及适当地修改。

兴趣域池化步骤用于收集通过区域候选网络生成的框坐标信息，并将其从通过特征提取网络得到的特征图像提取出来，生成这些可能区域特征图像，送入后续的全连接层中进行分类与回归。

分类与回归步骤将利用通过兴趣域池化得到的可能区域特征图像获得其具体类别，并再次修正获取其精准定位。

10.6.2.3　YOLO

YOLO 算法属于单阶段类别，以 YOLO V4/V5 为例，主要组成部分为输入、躯干、颈部以及头部，其中输入主要为图像，图像金字塔等；躯干为整个算法的主干网络，是能够提取图像特征的卷积神经网络；颈部部分由多层网络组成，以对图像的特征进行融合提取，并将所得到的特征发送给预测层；头部部分主要进行预测工作，产生预测框并给出分类结果，YOLO V4/V5 整体结构如图 10-91 所示，具体网络结构分别如图 10-92 和图 10-93 所示。

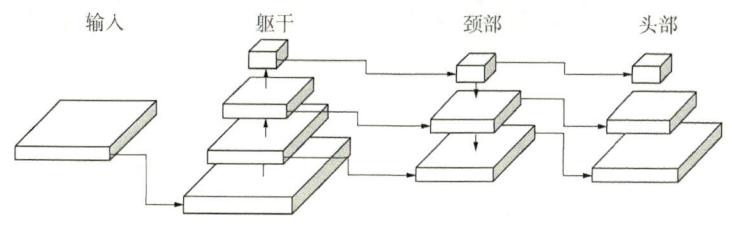

图 10-91 网络结构展示图

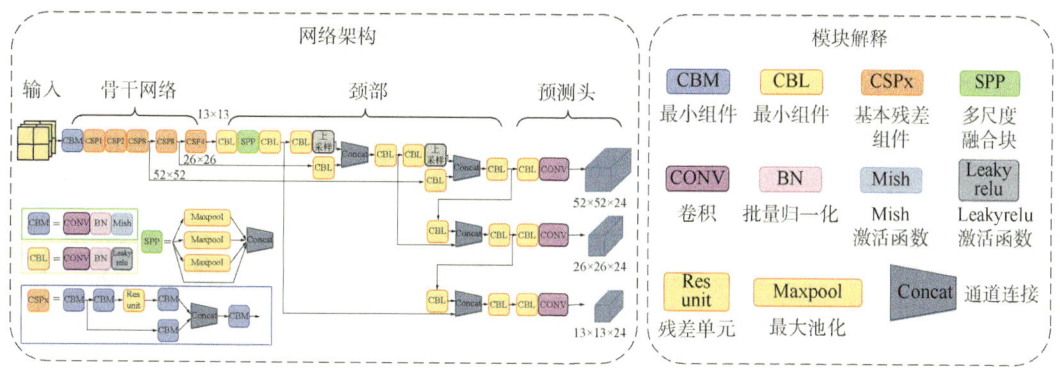

图 10-92 YOLO V4 网络结构图

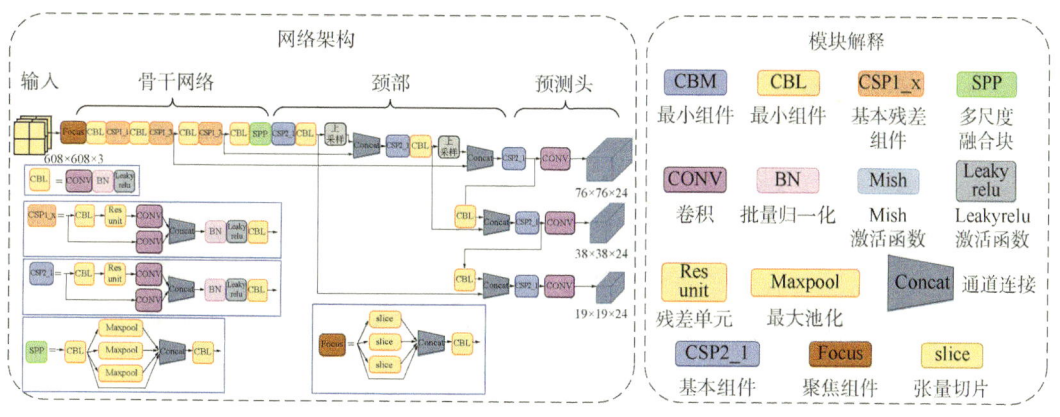

图 10-93 YOLO V5 网络结构图

在 YOLO V4 中涉及以下研究技术：

（1）Mosaic 数据增强。

在训练的过程中进行数据增强往往会使训练结果更好，YOLO V4 模型中训练使用到的数据增强方法为 Mosaic 数据增强方法，该数据增强方法每次涉及四张图像，其具体实现思路如下：

① 每次读取四张图片如图 10-94(a) 至图 10-94(d) 所示。

② 分别对四张图像进行缩放、反转等变化，摆放在四个方向位置，如图 10-95(a) 至图 10-95(d) 所示。

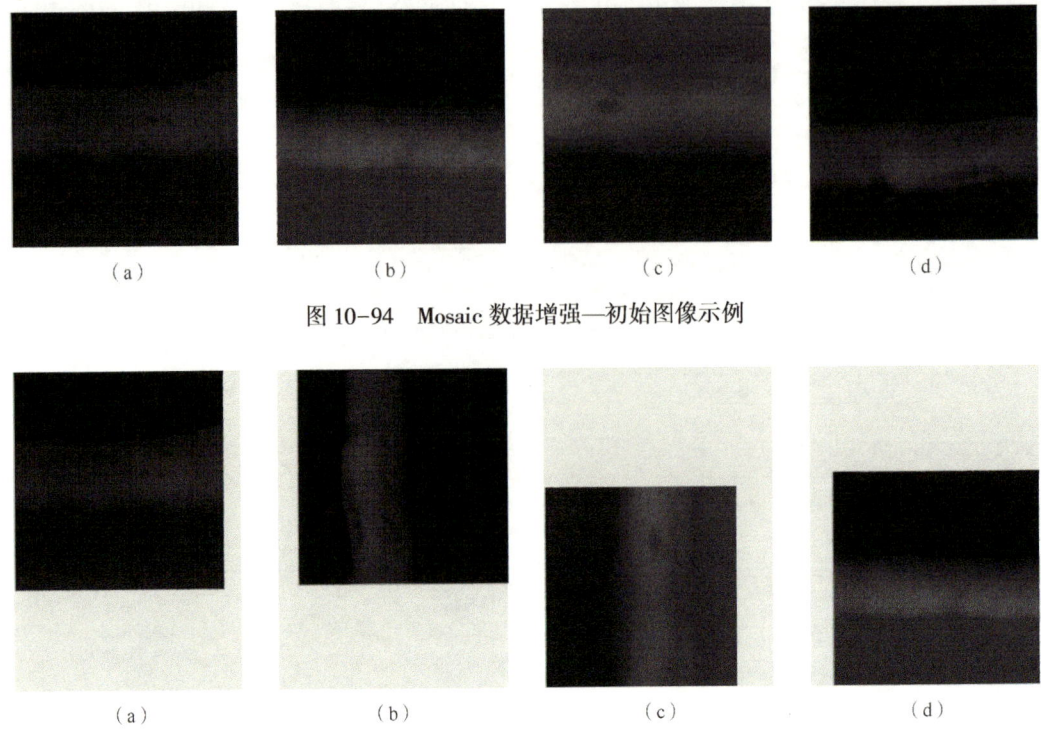

图 10-94　Mosaic 数据增强—初始图像示例

图 10-95　Mosaic 数据增强—旋转缩放图像示例

③ 对四张图像进行组合，如图 10-96 所示，再将经过如此处理的图像投入训练。

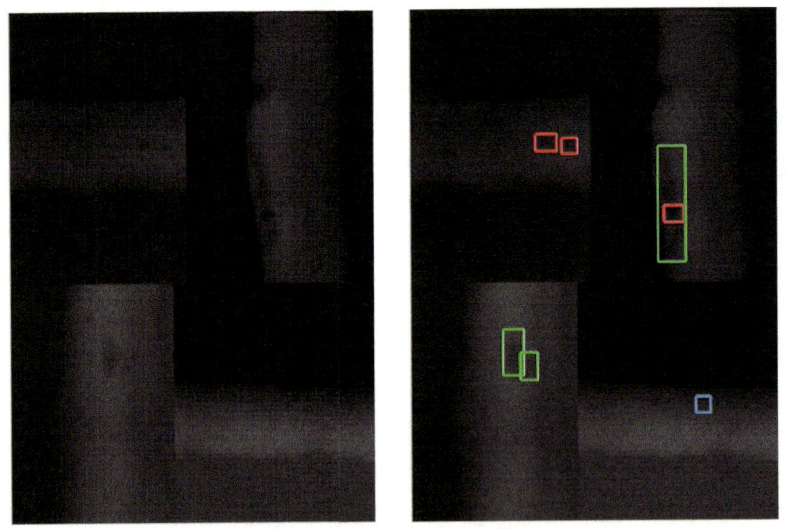

图 10-96　Mosaic 数据增强—图像拼接示例

（2）Label Smoothing 类标签平滑。

对于多分类问题，常使用独热（one-hot）向量，但这也带来一定问题，损失函数要求用预测的去拟合出真实的概率，但是拟合 one-hot 向量的真实概率容易造成过拟合以及模型过于相信预测类别的现象,为了在一定程度上避免该现象的发生,YOLO V4 算法在训练模型的过程中使用了 Label Smoothing 技巧,来将标签进行一个平滑,使得原为 0,1 的标签平滑变为 0.01,0.99 等以对分类的准确性进行一些惩罚,避免模型出现过拟合现象。

(3) CIOU 损失。

损失函数旨在通过降低 Loss 值来调整模型权重,从而得到一个较好的结果。IOU 损失函数可以体现出预测框与真实框的检测效果,是一种典型的损失函数,其具体表达式见式(10-34),其 B 中代表预测框,B^{gt} 代表真实框,其损失函数见式(10-34)和式(10-35)及如图 10-97(a)所示,但是当两框不相交时无法进行梯度回传,无法判断两框之间的距离以及相交方式如图 10-97(b)所示,于是出现了 GIOU。

$$\text{IoU} = \frac{|B \cap B^{gt}|}{|B \cup B^{gt}|} \tag{10-34}$$

$$L_{\text{IoU}} = 1 - \text{IoU} \tag{10-35}$$

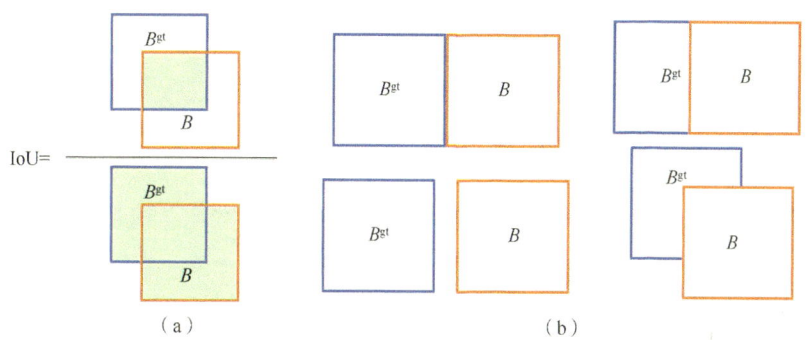

图 10-97　IOU 详解图

GIOU 相比 IOU 多了一个检测框,用 A 来表示该框,框 A 是包含了检测框和真实框的最小矩形框,如图 10-98(a)阴影部分所示,GIOU 及 GIOU 损失见式(10-36)和式(10-37)及如图 10-98(b)所示,但 GIOU 对规模不敏感,当两框重合或在内部时,IOU = GIOU,如图 10-98(c)所示,于是出现了 DIOU。

$$\text{GIoU} = \text{IoU} - \frac{A - (B \cup B^{gt})}{A} \tag{10-36}$$

$$L_{\text{GIoU}} = 1 - \text{GIoU} \tag{10-37}$$

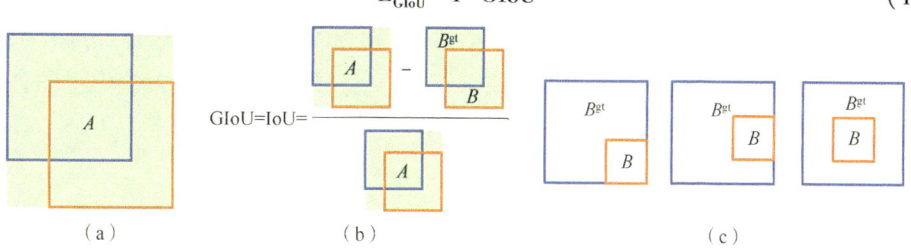

图 10-98　GIOU 详解图

DIOU 与 GIOU 一样，也是相比 IOU 多了一个检测框，但计算 DIOU 并不需要考虑两检测框之间的交并关系，而是通过两检测框间的欧几里得度量以解决 GIOU 中出现的问题。DIOU 的计算过程见式(10-38)和式(10-39)。

$$L_{\text{DIoU}} = 1 - \text{IoU} + \frac{d^2}{c^2} \tag{10-38}$$

$$d = \rho(B, B^{\text{gt}}) \tag{10-39}$$

其中 d^2 是指预测框和真实框中心点的距离的平方，而 c^2 是指刚好能包含预测框和真实框的最小框的对角线长度的平方，如图 10-99 所示。

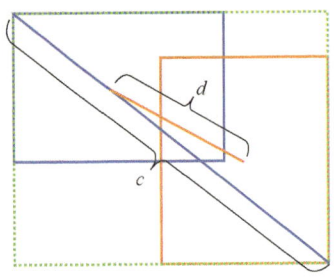

图 10-99　DIOU 中 d、c 详解图

CIOU 则是在 DIOU 的基础上加了一项新的指标，即长宽比，以使预测框更加符合真实框，具体计算见式(10-40)至式(10-42)：

$$L_{\text{CIoU}} = 1 - \text{IoU} + \frac{\rho^2(b, b^{\text{gt}})}{c^2} + av \tag{10-40}$$

$$a = \frac{v}{1 - \text{IoU} + v} \tag{10-41}$$

$$v = \frac{4}{\Pi^2} \left(\arctan \frac{w^{\text{gt}}}{h^{\text{gt}}} - \arctan \frac{w}{h} \right)^2 \tag{10-42}$$

式中，a 表示权重参数；v 表示修正因子；$(w^{\text{gt}}, h^{\text{gt}})$ 和 (w, h) 分别表示目标框和预测框的框高，单位为像素。

(4) 余弦模拟退火。

余弦调度会根据一个余弦函数来调整学习率。在 YOLO V4 模型的训练过程中，为更好地迎合学习率的调整，使用了余弦模拟退火这一训练技巧，首先较大的学习率会缓慢下降，然后学习率的减小速度会加快，之后学习率又会缓慢下降，以此来产生一个较好的效果，余弦退火的主要原理见式(10-43)所示：

$$\eta_t = \eta_{\min}^i + \frac{1}{2}(\eta_{\max}^i - \eta_{\min}^i)\left[1 + \cos\left(\frac{T_{\text{cur}}}{T_i}\Pi\right)\right] \tag{10-43}$$

式中，i 为索引；η^i_{max} 为学习率的最大值；η^i_{min} 为学习率的最小值；T_{cur} 为当前执行的轮数；T_i 为第 i 次执行中的总轮数。

相比于 YOLO V4，YOLO V5 做出的部分改进如下所示：

(1) 自适应锚框计算。

在 YOLO 模型中，可以设置初始的先验框，后续预测便在初始设置的先验框的基础上输出预测框并与真实框进行比较。在 YOLO V3 与 YOLO V4 中，初始先验框是由单独的程序得到的，但 YOLO V5 将此功能加入训练代码中，每次训练前都会自动计算最为合适的先验框尺寸。

(2) Focus 网络结构。

在模型的主干网络部分，YOLO V5 在输入之后加入了 Focus 结构，其具体操作如图 10-100 所示，在输入的图片中每隔一个像素点取一个值，便可以获得四个独立特征层，分别如图 10-58 中四种颜色所示，再将这些特征进行堆叠，使得输入通道扩充了四倍。在 YOLO V5 中的具体表现为将 640×640×3 的图像输入后，通过 Focus 结构可转变为 (640/2)×(640/2)×(3×2×2) 的特征图。该步骤并不能使模型的平均精度得到提升，但可以减少 FLOPs，使检测速度有所提升。

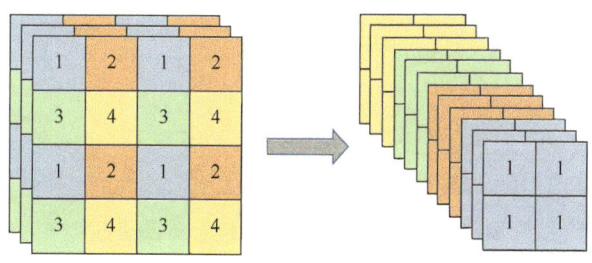

图 10-100　Focus 网络结构具体操作展示

通过 YOLO 算法的识别效果如图 10-101 所示。

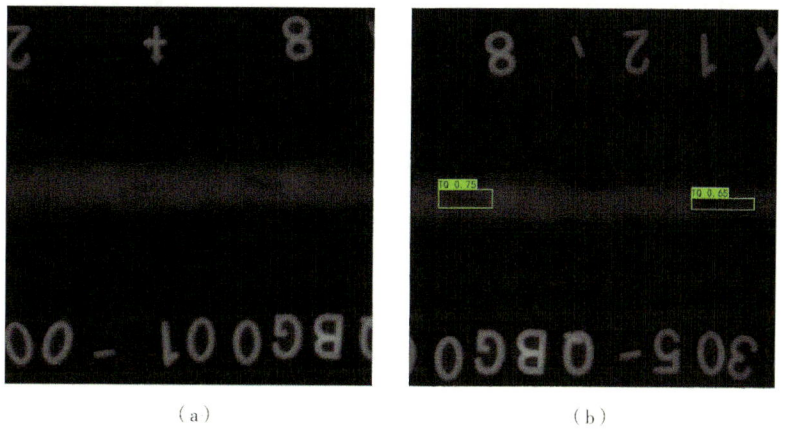

(a)　　　　　　　　　　(b)

图 10-101　结果展示图

10.7 基于 YOLO V5 的管道焊缝底片缺陷智能识别系统

10.7.1 基于 YOLO V5 的焊缝底片缺陷智能识别模型

10.7.1.1 迁移学习

迁移学习可以实现将一项任务中学习到的特征知识迁移到另一项任务中去。迁移学习通过将原来用于解决一个任务的网络结构和权重参数迁移到另一个任务中,并且能够在另一个任务中也能得到较好的应用效果。当训练样本不足时,可以通过迁移学习方法,不仅能节省大量的训练时间,而且所建立的网络性能良好。迁移学习通过从相关问题中转移知识,更轻松地解决特定问题,因此迁移学习常常与深度学习方法相结合[72]。

在管道焊缝底片图像缺陷智能识别领域,存在现场工程底片获取难度大、含各类缺陷特征的底片少等问题,重新搭建一个适用于焊缝底片图像智能识别的卷积神经网络难度大。通过运用迁移学习方法对经过大量数据训练的卷积神经网络进行转换,进一步减少构建适用于焊缝底片图像缺陷识别的深度学习模型所需的训练数据、计算能力和工程人才的数量,使基于卷积神经网络的焊缝底片图像缺陷智能识别模型更容易被开发、具备更好的性能。

10.7.1.2 YOLO V5

对比已有的各大卷积神经网络模型,本文选用 YOLO V5 作为模型的基础框架。YOLO V5 是卷积神经网络模型中的一种,能够实现多尺度目标检测,有着灵活度高和检测速度快的特点。YOLO V5 网络结构主要由四部分组成,分别是输入端、骨干网络、特征提取层、预测端四部分[73-74]。

输入端采用 Mosaic 数据增强方法、自适应锚框计算、自适应图片缩放方法,不仅有助于提升网络的稳键性与目标检测速度,而且可以进一步提高识别结果的准确率。骨干网络主要包括 Focus 结构和 CSP 结构。Focus 结构减小了图像尺寸,减少了卷积的计算量,提升了检测速度。CSP 结构有效提高了卷积神经网络的特征提取的能力,减少了计算量,保证了检测的准确率。特征提取层采用 FPN+PAN 的结构提取不同尺度的图像特征。其中路径聚合网络(简称 PAN)弥补并加强了定位信息。

预测端实现多尺度特征预测。通过输出三个不同尺度的特征图,实现对大、中、小三种目标的检测,极大地丰富了 YOLO V5 网络的应用场景。同时采用多维度损失函数加权的方式,准确衡量模型的性能。YOLO V5 的损失函数包括分类损失、定位损失和置信度损失三部分。分类损失和置信度损失通过交叉熵损失函数,见下式:

$$y_i = \frac{1}{1+e^{-x_i}} \tag{10-44}$$

$$L_{class} = -\sum_{n=1}^{N} a\log(y_i) + (1-a)\log(1-y_i) \tag{10-45}$$

式中，N 为识别类型数量；x_i 为当前类别预测值；y_i 为转换后的概率；a 为当前类别的真实值。

定位损失通过 CIoU Loss 函数计算，综合考虑了预测框和实际框间重合面积、中心点距离和长宽比的偏差。

$$\text{IoU} = \frac{|A \cap B|}{|A \cup B|} \tag{10-46}$$

$$L_{\text{CIoU}} = 1 - \text{IoU} + \frac{\rho^2(b, b^{sj})}{c^2} + \alpha v \tag{10-47}$$

$$v = \frac{4}{\pi^2}\left(\arctan\frac{w^{sj}}{h^{sj}} - \arctan\frac{w}{h}\right)^2 \tag{10-48}$$

$$\alpha = \frac{v}{(1-\text{IoU})+v} \tag{10-49}$$

式中，A，B 分别为预测框和实际框的面积，mm^2；$\rho^2(b, b^{sj})$ 为预测框和实际框中心点的欧式距离，mm；c 为包含这两个框的最小矩形的对角线长度，mm；w^{sj}，h^{sj} 为实际框的宽度与高度，mm；w，h 为预测框的宽度与高度，mm。

总损失函数计算方法为

$$\text{LOSS} = L_{\text{CIoU}} \times 0.05 + L_{\text{class}} \times 0.3 + L_{\text{confidence}} \times 0.7 \tag{10-50}$$

YOLO V5 的网络结构如图 10-102 所示，主要由 5 个基本模块组成。CBS 模块由卷积层、BN 层和激活函数组成。BN 层是在卷积层之后加入的一种归一化层，用于规范神经网络中的特征值分布，有助于加快训练速度，提高模型的泛化能力，减轻模型对初始化的依赖性。激活函数是一种非线性函数，丰富了缺陷特征的表达形式。SPPF 模块是一种池化模块，实现将不同大小的特征图通过三种尺度的池化操作转化为相同大小的特征向量，传输给全连接层，实现输入数据的空间不变性和位置不变性，进一步提高卷积神经网络的识别能力。C3 模块是 YOLO V5 网络的重要组件，由 3 个卷积层和 1 个 CSP 结构组成，通过增加卷积神经网络的深度和感受范围，增强特征提取的能力。Concat 模块主要实现张量拼接功能，扩充了两个张量的维度。Upsample 模块通过对尺寸偏小的特征图进行各类插值算法，形成大尺寸的特征图。

YOLO V5 目标检测网络一共有 5 个模型，分别是 YOLO V5s、YOLO V5m、YOLO V5l、YOLO V5n、YOLO V5x 5 个模型。5 个模型在 YOLO V5 网络结构的基础上增加不同的卷积核个数及网络深度，以满足不同任务场景的应用需求。

10.7.1.3　模型训练

YOLO V5 进行有监督学习，需预先标注好各类缺陷特征，明确缺陷特征的类型以及在缺陷图像中的坐标位置。通过已知缺陷信息的缺陷图像训练 YOLO V5 的 5 个模型，建立基于 YOLO V5 焊缝底片智能识别模型，实现焊缝底片图像多分类缺陷的智能识别。

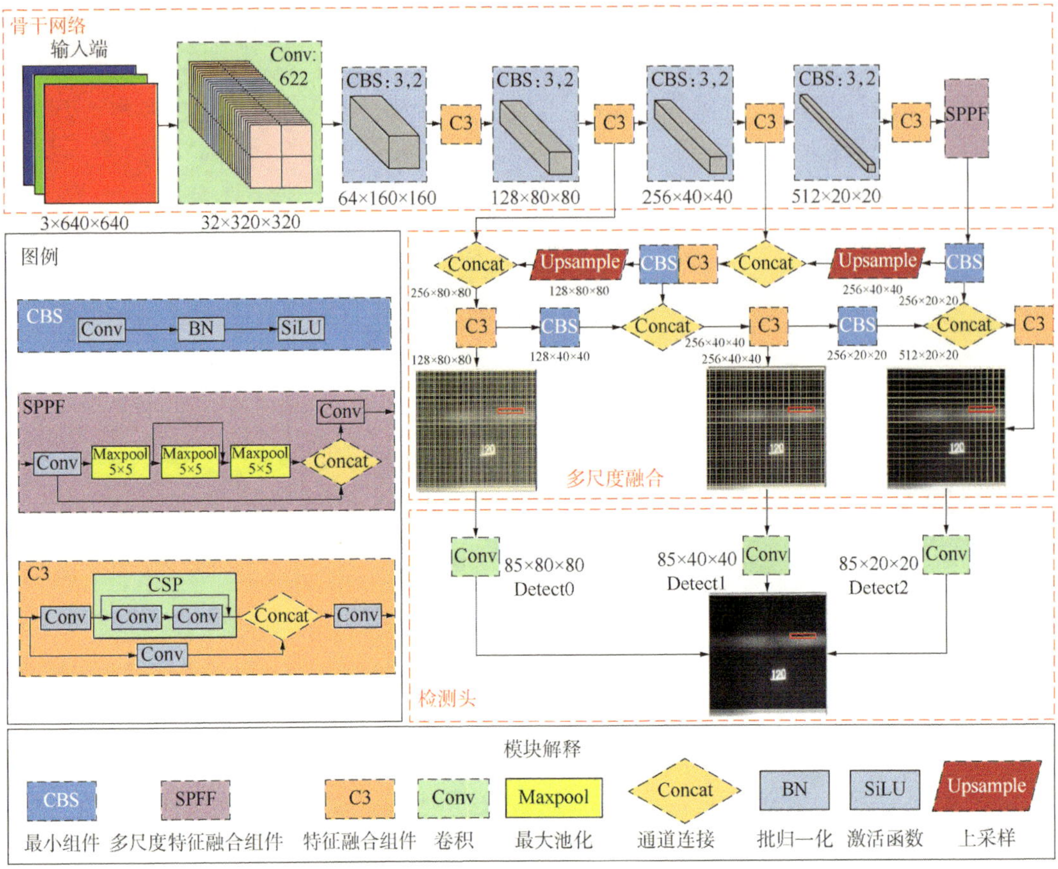

图 10-102　YOLO V5 网络结构

YOLO V5 的数据标签主要通过 labellmg 软件进行标注，labellmg 是目标检测模型中常用的图像标注软件，用于生成特定数据集的缺陷标签文件。缺陷标注过程如图 10-103 所示，形成的标签文件共包含 5 个因素，分别是缺陷类型代码、标注框中心点横纵坐标值以及标注框的长和宽。

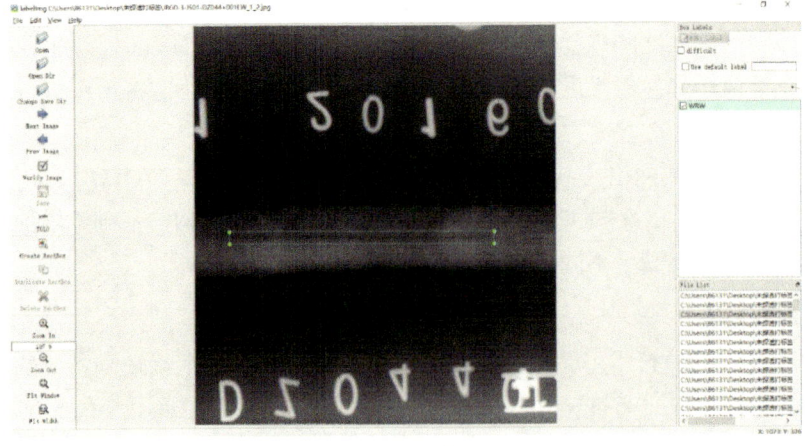

图 10-103　缺陷标注示意图

通过对 7613 张焊缝底片缺陷图像数据集进行标注，共形成缺陷标签 16248 个，其中包含圆形缺陷标签 5763 个、条形缺陷标签 4947 个、未熔合缺陷标签 2415 个、未焊透缺陷标签 1558 个、裂纹缺陷标签 1565 个。

表 10-16　焊缝底片图像缺陷图像及标签数量表

缺陷类型	图像数量(张)	标签个数(个)
圆形缺陷	1540	5763
条形缺陷	1503	4947
未熔合缺陷	1548	2415
未焊透缺陷	1498	1558
裂纹缺陷	1524	1565

虽然五种缺陷类型图像数量基本相同，但是由于缺陷尺寸不同，针对小尺寸缺陷(如圆形缺陷、条形缺陷等)同一张缺陷图像中可能存在多个缺陷，所以造成了各类缺陷标签个数差异较大的结果。

通常训练有监督学习的神经网络模型会将数据集划分为训练集、验证集，一般按照 8∶2 比例进行划分。通过训练集训练卷积神经网络模型，确定网络中的各项参数；验证集用于训练过程中验证每一次迭代的模型准确率，衡量模型的性能和分类能力。对原始数据进行两个集合的合理划分，有助于得到准确率最好的、泛化能力最佳的卷积神经网络模型。综合考虑了各类缺陷标签个数以及缺陷特征的复杂程度，由于小尺寸缺陷(如圆形缺陷、条形缺陷)在底片图像上表现形式更多样，针对这两类缺陷适当增加训练集和验证集数量，划分形成的两个数据集见表 10-17。

表 10-17　训练集与验证集缺陷样张数量表

缺陷类型	训练集		验证集	
	图像数量(张)	标签个数(个)	图像数量(张)	标签个数(个)
圆形缺陷(YQ)	711	2650	186	656
条形缺陷(TQ)	824	2632	206	652
未熔合缺陷(WRH)	826	1302	203	312
未焊透缺陷(WHT)	1198	1252	300	306
裂纹缺陷(LW)	1220	1237	304	328
总计	4779	9073	1199	2254

模型训练通过 PyTorch 进行，采用同一个缺陷图像数据集对 YOLO V5 的五个不同版本的网络开展训练，模型训练参数设置见表 10-18。通过设置早停轮数，模型性能在 100 轮后仍然没有提升则停止训练，进一步确保训练效果，避免模型过拟合。同时由于受 GPU

性能限制，训练批次依据网络复杂程度设置不同训练批次，针对相对复杂的网络设置较低的训练批次，针对层数相对较少的网络设置较高的训练批次。

表 10-18 训练参数表

参数名称	数值	参数名称	数值
初始学习率	0.01	迭代轮数	500
循环学习率	0.01	训练批次	32/16/8
学习率动量	0.937	优化器	SGD
权重衰减系数	0.0005	早停轮数	100
IoU 训练时的阈值	0.2		

训练过程中通过将验证集图像分为多个批次检验各迭代轮数中的模型性能，检验过程如图 10-104 所示。从该批次验证结果中可以看出，模型预测结果基本与缺陷标注结果一致，针对大尺寸焊缝缺陷类型的位置及尺寸，两者基本相符。针对小尺寸焊缝缺陷类型，模型也能准确预测，同缺陷标注结果相比，模型额外预测了两处小尺寸缺陷。

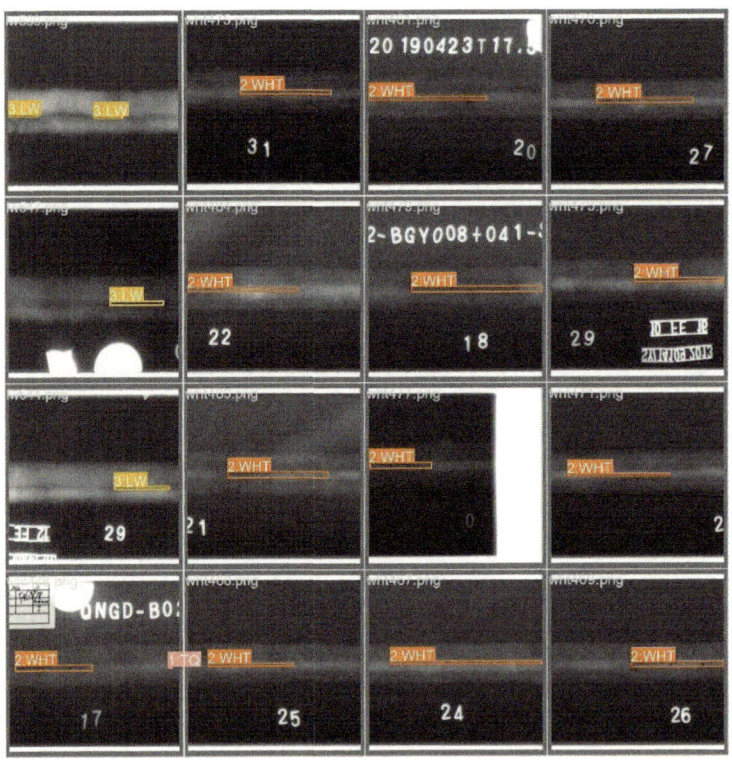

图 10-104 原始缺陷图像标注示意图

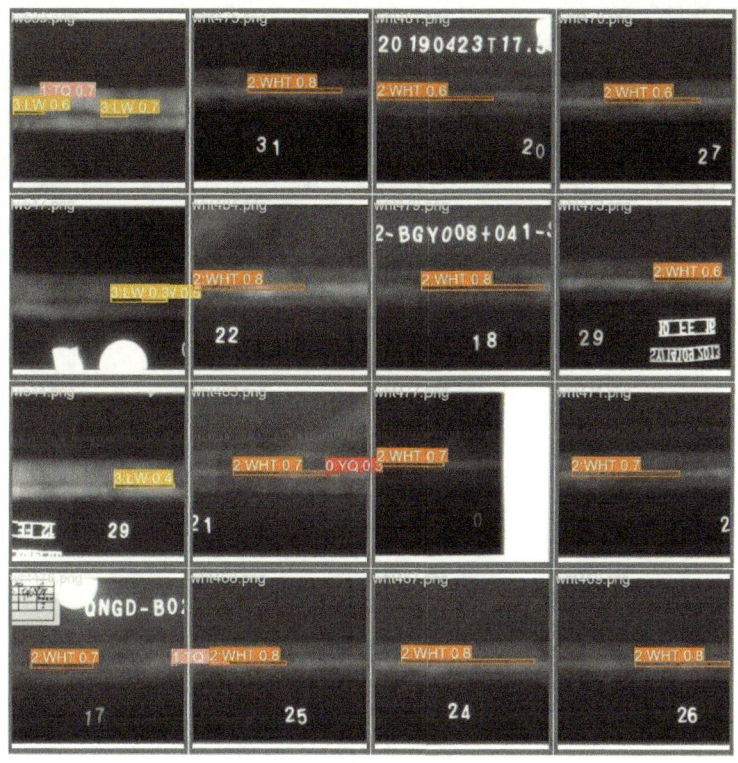

图 10-105 模型预测结果示意图

10.7.1.4 结果分析

训练过程中通过将验证集图像分为多个批次检验各迭代轮数中的模型性能。从该批次验证结果中可以看出，模型预测结果基本与缺陷标注结果一致，针对大尺寸焊缝缺陷类型的位置及尺寸，两者基本相符。针对小尺寸焊缝缺陷类型，模型也能准确预测，同缺陷标注结果相比，模型额外预测了两处小尺寸缺陷。

采用损失率曲线、精确率(Precision)、召回率(Recall)、F1-score、准确率、漏检率、平均精度均值(简称 mAP)综合评估模型的优劣。

F1-score 是目标分类问题的一个衡量指标，常用于评价模型的性能。取值为 1 时模型的输出结果最好，取值为 0 时模型的输出结果最差。

$$\text{F1-score} = 2 \times \frac{\text{Precision} \times \text{Recall}}{\text{Precision} + \text{Recall}} \tag{10-51}$$

平均精度均值是对所有类别的平均精度(简称 AP)值取平均值。AP 是计算单类别的模型平均精确度，对于目标检测模型，每个分类都有对应的 Precision 和 Recall，可以得到对应的 P-R 曲线，曲线下的面积就是这个分类的 AP 值，mAP 跟 AP 的值越大，模型性能越好。

(1) YOLO V5s 共包含 214 层网络、7033114 个权重系数。以 YOLO V5s 为基础网络开

展训练，共训练了184轮后停止。

通过图10-106可以看出，随着迭代的进行，训练集损失率曲线先迅速下降后缓慢下降，逐渐趋于稳定，模型得到充分有效的训练。验证集损失率曲线先迅速下降后在一定范围内波动，且波动幅度越来越小，模型基本收敛。

通过图10-107可以看出，随着迭代的进行，精确率与召回率先迅速上升后在一定范围内波动，且波动幅度越来越小，得到模型最终的精确率为85.51%、召回率为80.45%。

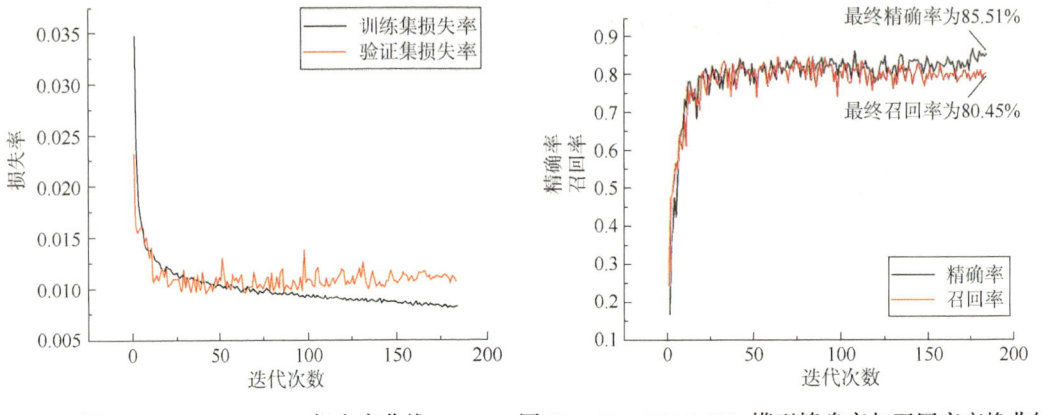

图10-106　YOLO V5s 损失率曲线　　图10-107　YOLO V5s 模型精确率与召回率变换曲线

通过图10-108可以看出，模型最佳 mAP@0.5 值为0.85，模型整体性能良好。同时模型针对未焊透、裂纹缺陷预测性能最佳，两种缺陷类型的 AP 值均超过0.95，但是针对条形缺陷预测性能一般，条形缺陷 AP 值仅为0.653。

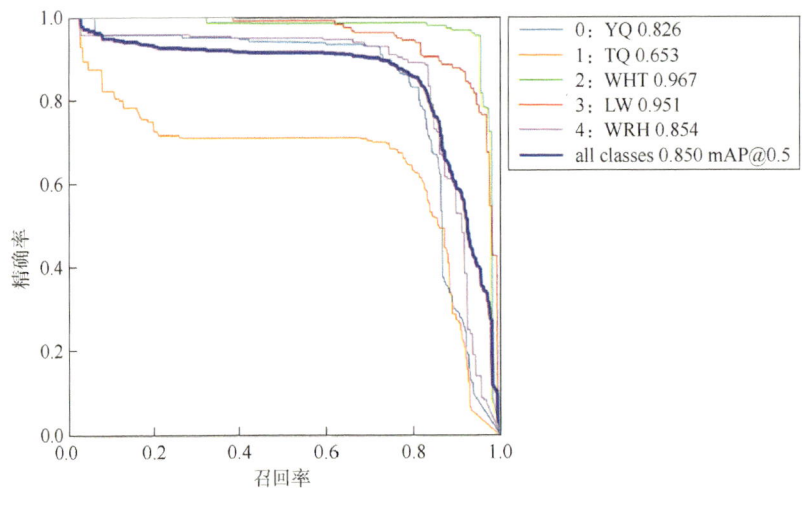

图10-108　YOLO V5s PR 曲线

通过对混淆矩阵展开计算得到模型准确率为86.16%、漏检率为9.49%以及各类缺陷类型的召回率及精确率等，具体如图10-109所示，见表10-19。

第10章 基于机器学习的管道焊缝图像的缺陷识别分析

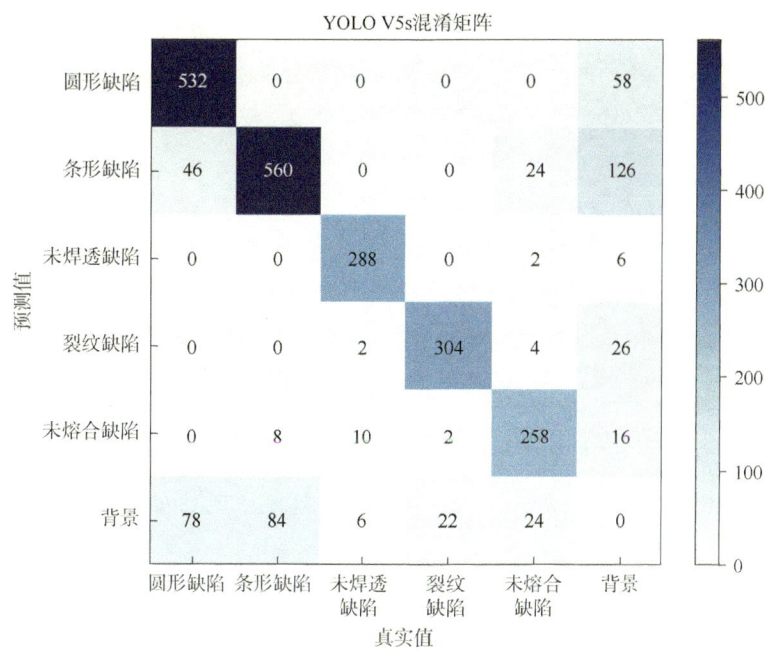

图 10-109　YOLO V5s 混淆矩阵

表 10-19　YOLO V5s 各类缺陷类型性能指标表

缺陷类型	精确率	召回率	漏检率
圆形缺陷	90.17%	81.09%	11.89%
条形缺陷	74.07%	85.89%	12.88%
未熔合缺陷	87.76%	82.69%	7.69%
未焊透缺陷	97.29%	94.12%	1.96%
裂纹缺陷	90.48%	92.68%	6.71%

(2) YOLO V5m 共包含 291 层网络、20887482 个权重系数。以 YOLO V5m 为基础网络开展训练，共训练了 142 轮后停止。

通过图 10-110 可以看出，随着迭代的进行，训练集损失率曲线先迅速下降后缓慢下降，逐渐趋于稳定，模型得到充分有效的训练。验证集损失率曲线先迅速下降后在一定范围内波动，波动幅度偏大，且有轻微的上升趋势，模型存在轻微的过拟合。

通过图 10-111 可以看出，随着迭代的进行，精确率与召回率先迅速上升后在一定范围内波动，得到模型最终的精确率为 83.41%、召回率为 82.13%。

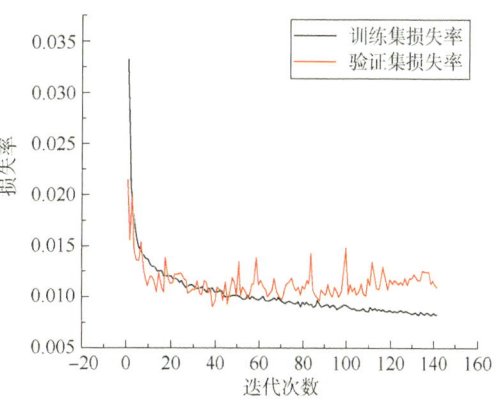

图 10-110　YOLO V5m 损失率曲线

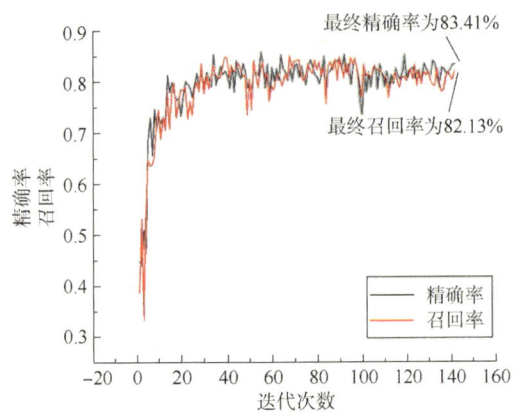

图 10-111　YOLO V5m 模型精确率与召回率变换曲线

通过模型最佳 PR 曲线可以看出，模型最佳 mAP@0.5 值为 0.86，同时各类缺陷 AP 值均偏大，模型整体性能良好(图 10-112)。

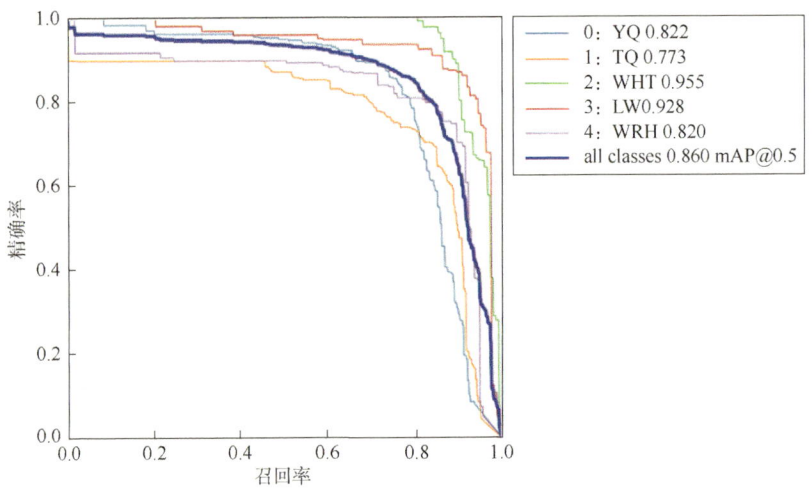

图 10-112　YOLO V5m PR 曲线

通过对混淆矩阵展开计算得到模型准确率为 85.80%、漏检率为 8.61% 以及各类缺陷类型的召回率及精确率等，具体如图 10-113 和表 10-20 所示。

表 10-20　YOLO V5m 各类缺陷类型性能指标表

缺陷类型	精确率	召回率	漏检率
圆形缺陷	92.34%	77.13%	14.94%
条形缺陷	73.25%	89.88%	7.98%
未熔合缺陷	74.87%	89.74%	6.41%
未焊透缺陷	97.66%	81.69%	3.27%
裂纹缺陷	91.76%	95.12%	4.27%

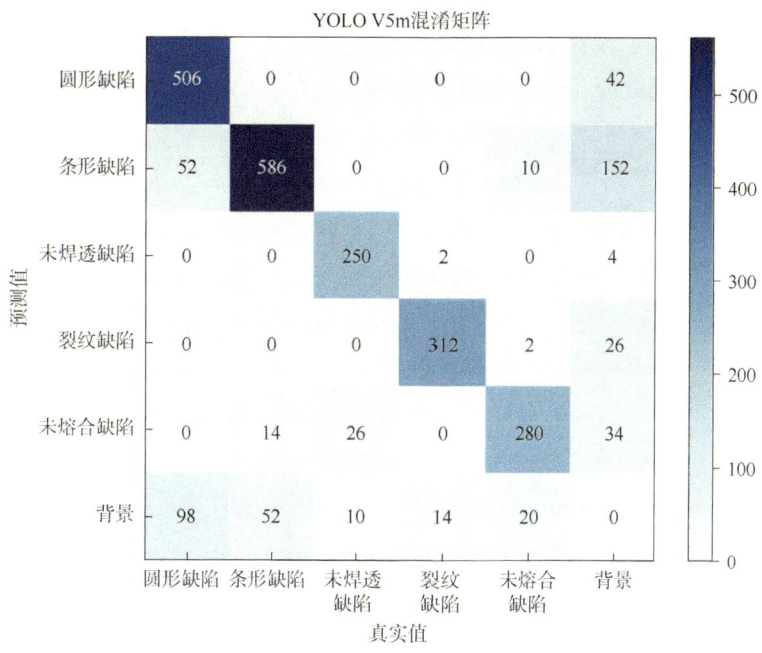

图 10-113　YOLO V5m 混淆矩阵

(3) YOLO V5l 共包含 368 层网络、46159834 个权重系数。以 YOLO V5l 为基础网络开展训练，共训练了 181 轮后停止。

通过图 10-114 可以看出，随着迭代的进行，训练集损失率曲线先迅速下降后缓慢下降，逐渐趋于稳定，模型得到充分有效的训练。验证集损失率曲线先迅速下降后在一定范围内波动，且波动幅度越来越小，模型基本收敛。

通过图 10-115 可以看出，随着迭代的进行，精确率与召回率先迅速上升后在一定范围内波动，且波动幅度越来越小，得到模型最终的精确率为 83.44%、召回率为 82.39%。

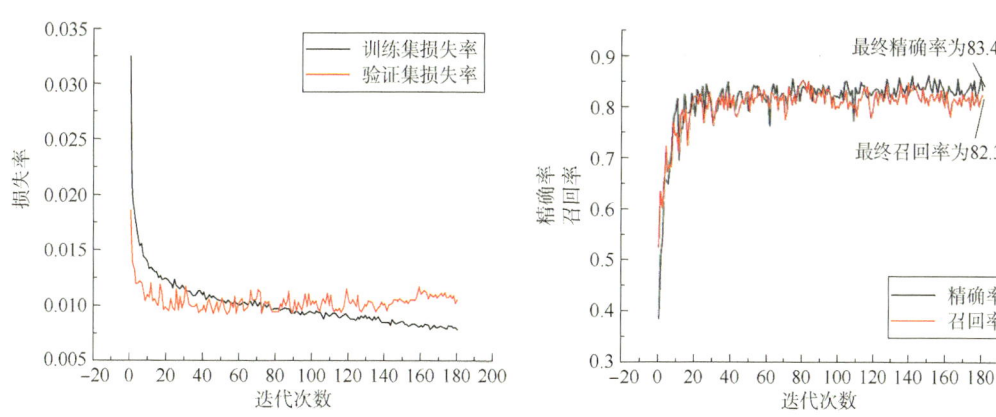

图 10-114　YOLO V5l 损失率曲线　　图 10-115　YOLO V5l 模型精确率与召回率变换曲线

通过图 10-116 可以看出，模型最佳 mAP@0.5 值为 0.861，模型整体性能良好。同时模型针对未焊透、裂纹、未熔合缺陷预测性能良好，三种缺陷类型的 AP 值均超过 0.9，但是针对条形缺陷预测性能一般，条形缺陷 AP 值仅为 0.688。

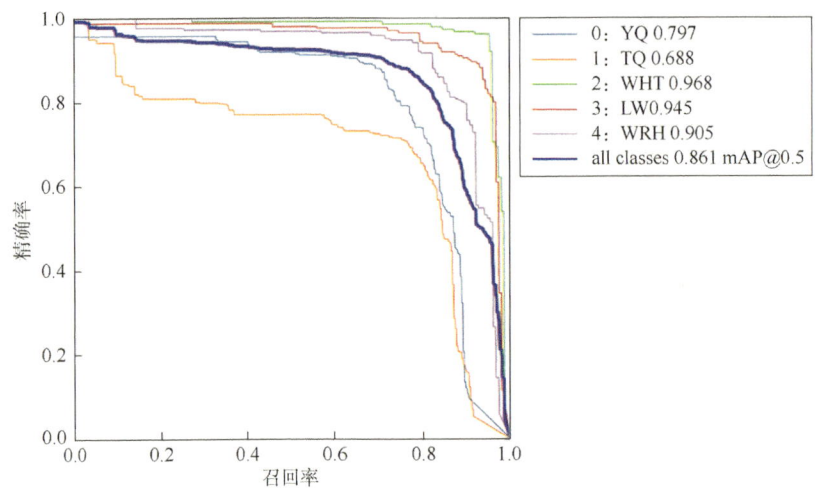

图 10-116　YOLO V5l PR 曲线

通过对混淆矩阵展开计算得到模型准确率为 85.18%、漏检率为 10.12% 以及各类缺陷类型的召回率及精确率等，具体如图 10-117 所示、见表 10-21。

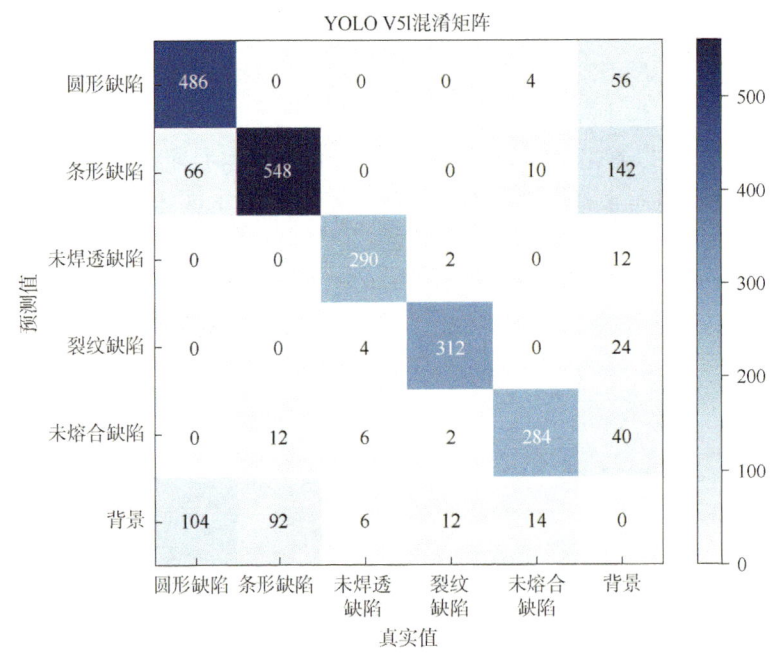

图 10-117　YOLO V5l 混淆矩阵

表 10-21　YOLO V5l 各类缺陷类型性能指标表

缺陷类型	精确率	召回率	漏检率
圆形缺陷	89.01%	74.08%	15.85%
条形缺陷	71.54%	84.05%	14.11%
未熔合缺陷	82.56%	91.02%	4.49%
未焊透缺陷	95.39%	94.77%	1.96%
裂纹缺陷	91.76%	95.12%	3.66%

（4）YOLO V5n 共包含 214 层网络、1770682 个权重系数。以 YOLO V5n 为基础网络开展训练，共训练了 256 轮后停止。

通过图 10-118 可以看出，随着迭代的进行，损失率曲线趋势一致，先快速下降后逐渐趋于稳定，且两个数据集损失率值相近，模型收敛。

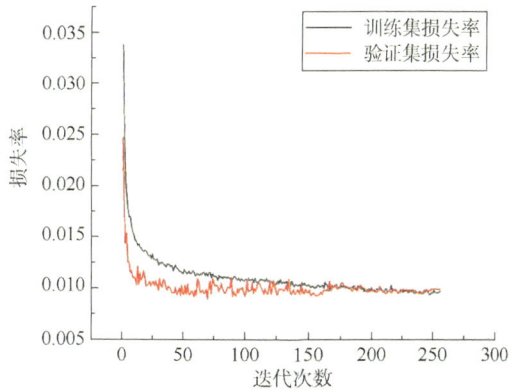

图 10-118　YOLO V5n 损失率曲线

通过图 10-119 可以看出，随着迭代的进行，精确率与召回率先迅速上升后趋于稳定，波动幅度相较于其他模型最小，且精确率与召回率值相近，得到模型最终的精确率为 82.14%、召回率为 82.65%。

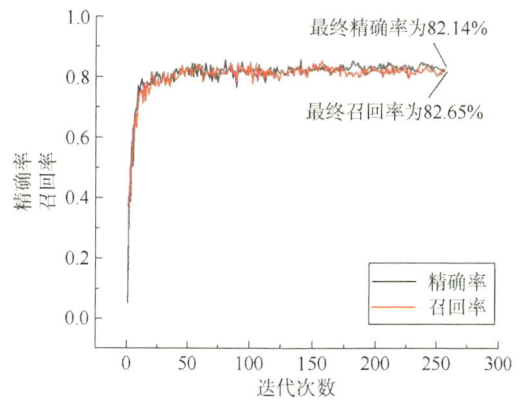

图 10-119　YOLO V5n 模型精确率与召回率变换曲线

通过图 10-120 可以看出，模型最佳 mAP@0.5 值为 0.857，各类缺陷 AP 值差距较小，模型整体性能良好。

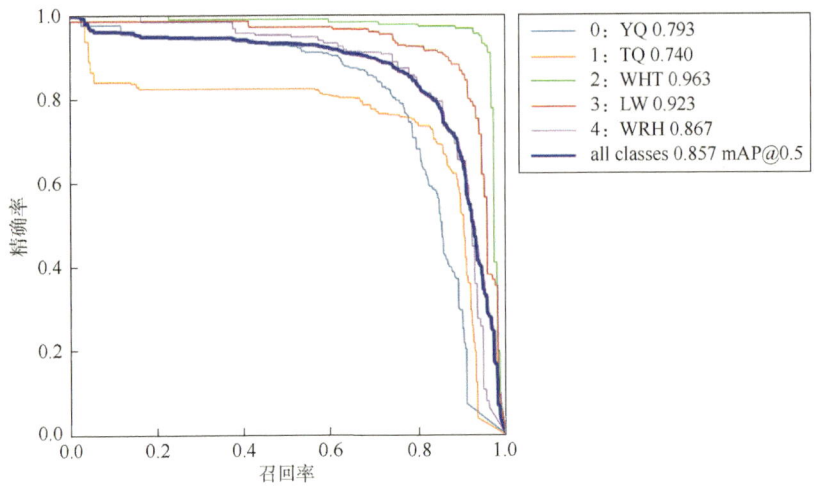

图 10-120　YOLO V5n PR 曲线

通过对混淆矩阵展开计算得到模型准确率为 87.4%、漏检率为 8.52% 以及各类缺陷类型的召回率及精确率等，具体如图 10-121 所示，见表 10-22。

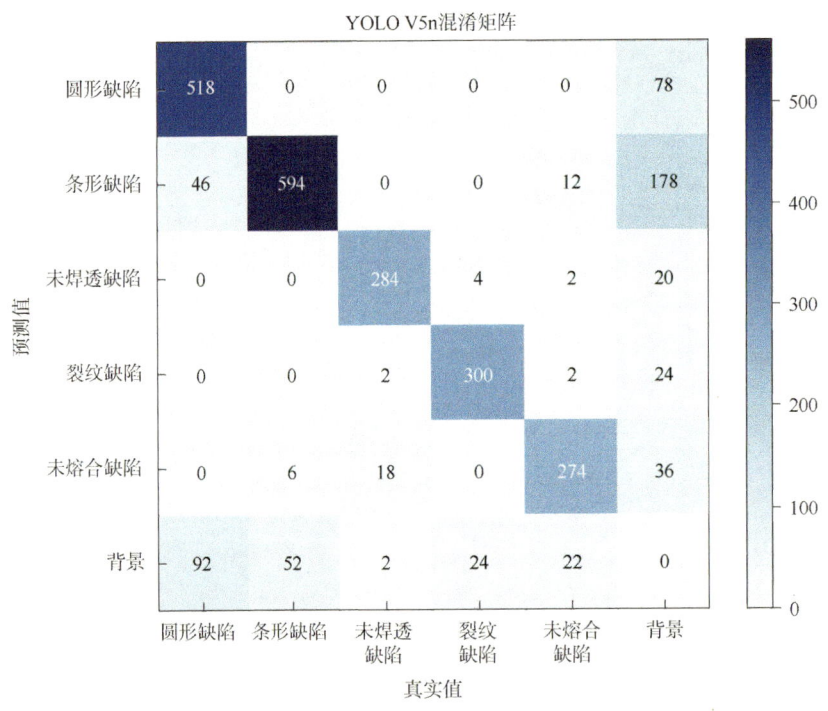

图 10-121　YOLO V5n 混淆矩阵

表 10-22 YOLO V5l 各类缺陷类型性能指标表

缺陷类型	精确率	召回率	漏检率
圆形缺陷	86.91%	79.45%	14.02%
条形缺陷	71.57%	91.10%	7.98%
未熔合缺陷	82.03%	87.82%	7.05%
未焊透缺陷	91.61%	92.81%	0.65%
裂纹缺陷	91.46%	91.46%	7.32%

（5）YOLO V5x 共包含 445 层网络、86244730 个权重系数。以 YOLO V5x 为基础网络开展训练，共训练了 189 轮后停止。

通过图 10-122 可以看出，随着迭代的进行，训练集损失率曲线先迅速下降后缓慢下降，模型得到充分有效的训练。验证集损失率曲线先迅速下降后在一定范围内波动，波动幅度不稳定，模型基本收敛。

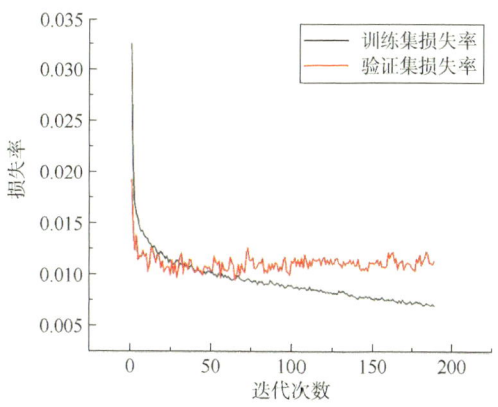

图 10-122 YOLO V5x 损失率曲线

通过图 10-123 可以看出，随着迭代的进行，精确率与召回率先迅速上升后在一定范围内波动，得到模型最终的精确率为 85.98%、召回率为 80.65%。

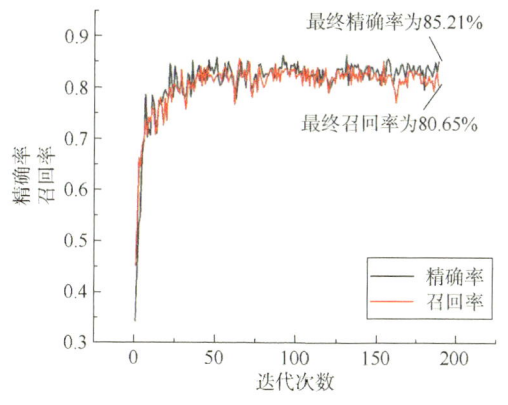

图 10-123 YOLO V5x 模型精确率与召回率变换曲线

通过图 10-124 可以看出，模型最佳 mAP@0.5 值为 0.847，模型整体性能良好。同时模型针对未焊透缺陷预测性能最佳，但是针对条形缺陷预测性能一般，条形缺陷 AP 值仅为 0.666。

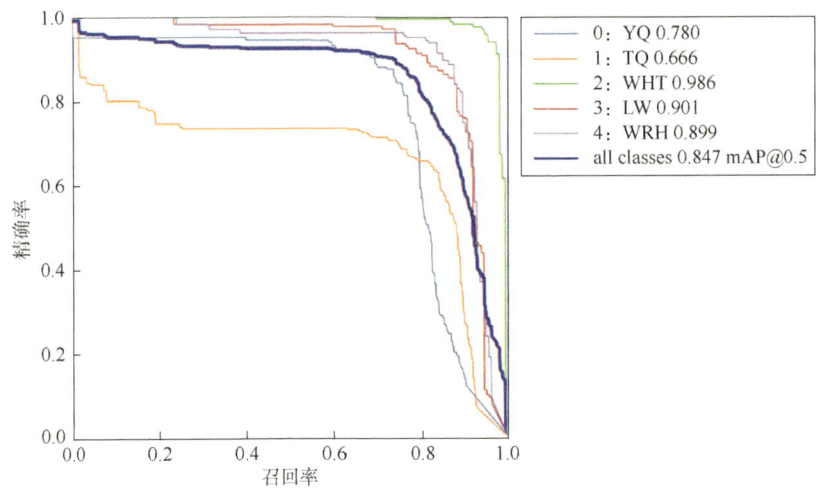

图 10-124　YOLO V5x PR 曲线

通过对混淆矩阵展开计算得到模型准确率为 85.98%、漏检率为 9.85% 以及各类缺陷类型的召回率及精确率等，具体如图 10-125 所示，见表 10-23。

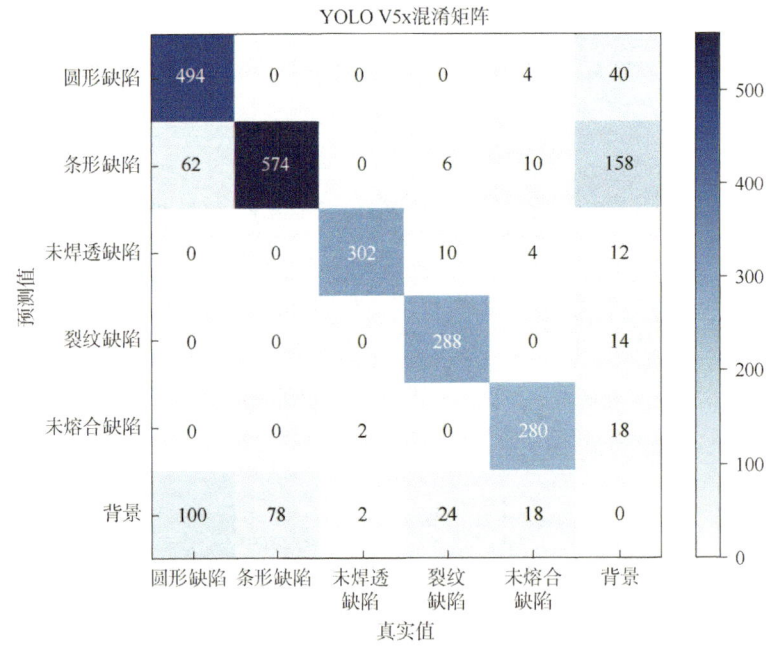

图 10-125　YOLO V5x 混淆矩阵

表 10-23 YOLO V5x 各类缺陷类型性能指标表

缺陷类型	精确率	召回率	漏检率
圆形缺陷	92.51%	75.30%	15.24%
条形缺陷	88.04%	88.04%	11.96%
未熔合缺陷	93.33%	89.74%	5.77%
未焊透缺陷	92.07%	98.69%	0.65%
裂纹缺陷	95.36%	87.80%	7.32%

通过对比 5 个模型训练集损失率曲线可以看出,各模型的损失率曲线趋势基本相同,总体呈现为快速下降后趋于稳定,各模型训练效果良好。同时 YOLO V5x 模型相较于其他几个模型损失率最低,训练效果最佳(图 10-126)。

通过对比 5 个模型验证集损失率曲线可以看出,随着迭代次数的增加,损失率曲线先迅速下降后在一定范围内波动。YOLO V5n 模型相较于其他几个模型损失率最低,波动幅度最小,且整体趋于稳定,在验证集上应用效果最优,模型稳定(图 10-127)。

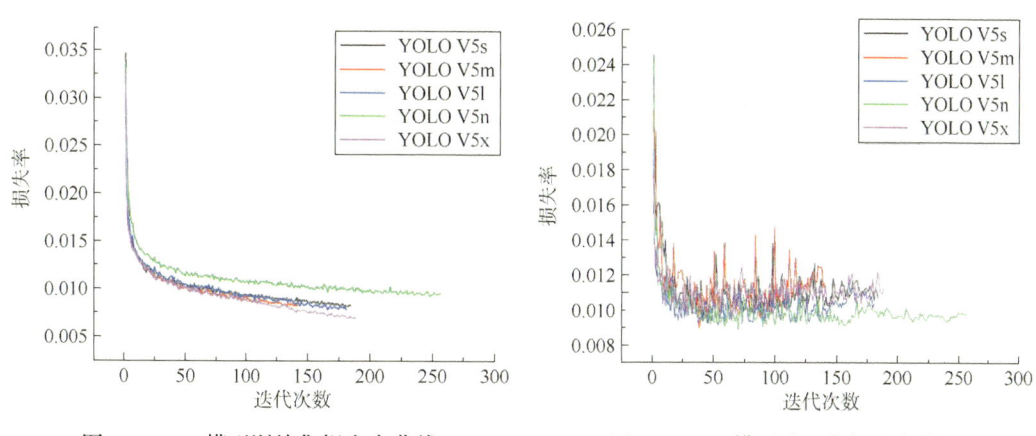

图 10-126 模型训练集损失率曲线　　　图 10-127 模型验证集损失率曲线

通过对比 5 个模型的性能指标可以看出,5 个模型的 F1-score 与 mAP@0.5 数值相近,YOLO V5s 和 V5l 的 F1-score 数值最大,YOLO V5x 的 mAP@0.5 值最大。YOLO V5n 在准确率和漏检率上表现最优(表 10-24)。

表 10-24 模型性能指标对比表

模型	精确率	召回率	F1-score	准确率	漏检率	mAP@0.5
YOLO V5s	85.51%	80.45%	0.8290	86.16%	9.49%	0.8243
YOLO V5m	83.41%	82.13%	0.8277	85.80%	8.61%	0.8284
YOLO V5l	83.44%	82.39%	0.8291	85.18%	10.12%	0.8281
YOLO V5n	82.14%	82.65%	0.8239	87.40%	8.52%	0.8193
YOLO V5x	85.21%	80.65%	0.8286	85.98%	9.85%	0.8324

在管道焊缝缺陷检测中，为确保管道安全运行，应尽可能检出管道焊缝上的全部缺陷，这就要求管道焊缝底片智能识别模型应尽可能具备更低的漏检率及更高的准确率，对预测精确率的要求会稍微低一些。同时后续研究需要开展缺陷定量分析，因此也要求模型在实际应用中具备更低的损失率，确保检测框与实际框在面积上相似程度更高。综上考虑，基于YOLO V5n的焊缝底片缺陷智能识别模型相较于其他模型具备更高的准确率、更低的漏检率及验证损失率，更适用于焊缝底片缺陷智能识别领域。

10.7.2 焊缝缺陷自动量化与评级方法

10.7.2.1 缺陷自动量化

（1）像素尺寸转换算法。

数字化的焊缝底片图像的尺寸以像素单位衡量，现有的焊缝底片缺陷量化分析方法及焊缝质量评级要求中往往以长度单位来衡量缺陷严重程度，所以要想依据各类标准对焊缝底片进行质量分级，需对焊缝底片像素尺寸进行转换。

通过对大量的数字化焊缝底片图像的像素尺寸进行统计，不同底片图像之间的像素尺寸不一，存在着高度像素单位偏差较小、长度像素单位偏差较大的问题。即使两张底片实际尺寸相同，但是由于数字化扫描仪参数设置不同、操作人员不同等原因，造成了两张数字化底片像素尺寸存在一定差异。如果依据大量底片的实际尺寸与像素尺寸的联系拟合转换算法，不仅费时费力，而且偏差较大。因此提出基于工程实际的像素尺寸转换算法。

依据工程实际可知，焊缝底片的长度有长片、短片之分，但是焊缝底片的宽度在大多数情况下始终为80mm。根据数字化底片图像的高度像素与底片实际宽度，建立像素尺寸至长度尺寸的转换算法，具体公式如下：

$$K = \frac{80}{H} \quad (10-52)$$

式中，K为转换系数；H为输入图像的高度像素单位。

（2）缺陷定位及尺寸计算方法。

焊缝缺陷的定位及缺陷尺寸的定量分析是焊缝底片图像缺陷定量分析中的重要一环。缺陷的准确定位有助于维修人员准确找到缺陷所在位置并开展修复工作，缺陷的定量分析是实现焊缝质量等级评定的基础，依据缺陷具体的尺寸判定不同的焊缝质量等级，根据缺陷的严重程度制定维修计划，确保管线安全运行。

焊缝底片缺陷的定位及尺寸定量依托建立的基于YOLO V5的焊缝底片缺陷智能识别模型实现。基于YOLO V5的焊缝底片缺陷智能识别模型输出的缺陷检测框，读取检测框体的对角点的坐标值，通过对角坐标计算缺陷中心点坐标值，并进行像素单位转换，确定缺陷在底片图像上的位置。通过缺陷检测框体的对角坐标值计算框体的长度像素单位和高度像素单位，并进行像素单位转换，实现缺陷的定量分析。缺陷检测框体的左上角坐标像素值为(x_1, y_1)，右下角坐标像素值为(x_2, y_2)。

$$L = |x_1 + x_2| \times \frac{K}{2} \tag{10-53}$$

$$U = |y_1 + y_2| \times \frac{K}{2} \tag{10-54}$$

$$F_1 = |x_1 - x_2| \times K \tag{10-55}$$

$$F_2 = |y_1 - y_2| \times K \tag{10-56}$$

式中，L 为缺陷中心位置到焊缝底片最左侧的距离，mm；U 为缺陷中心位置到焊缝底片最上端的距离，mm；F_1 为缺陷的长度，mm；F_2 为缺陷的宽度，mm。

缺陷定位示意图如图 10-128 所示。

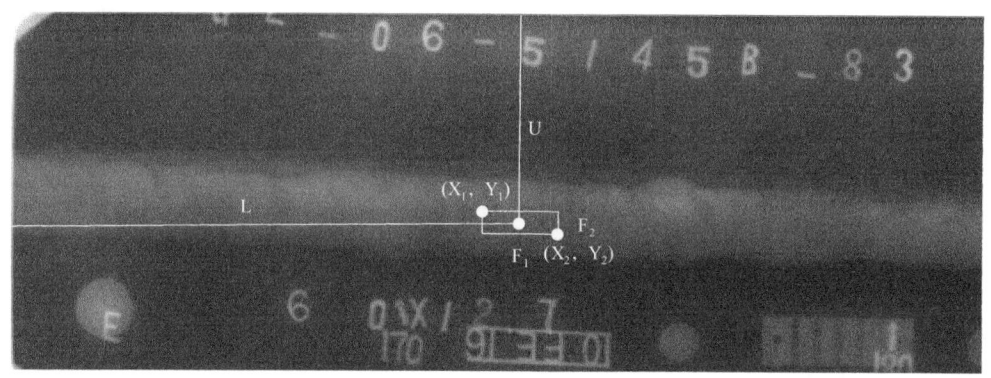

图 10-128　缺陷定位示意图

10.7.2.2　底片智能评级

《承压设备无损检测　第 2 部分：射线检测》（NB/T 47013.2—2015）是目前我国射线检测方面的主要标准之一[61]，该标准规定了承压设备金属熔化焊焊接接头检测技术和质量分级要求。焊缝的质量评级参照该标准开展，根据油气管道的材质及壁厚范围，总结归纳了成品油管道焊缝的质量分级要求。

依据《承压设备无损检测　第 2 部分：射线检测》（NB/T 47013.2—2015），焊接接头中的缺陷按性质和形状可分为裂纹、未熔合、未焊透、条形缺陷、圆形缺陷、根部内凹、根部咬边等七类。根据焊接接头中存在的缺陷性质、尺寸、数量和密集程度，其质量等级可划分为Ⅰ、Ⅱ、Ⅲ、Ⅳ级。

依据已有的焊缝底片缺陷图像数据集类型及我国成品油管道管材的壁厚范围，总结归纳了管道环焊缝底片图像存在裂纹、未熔合、未焊透、条形缺陷及圆形缺陷五类缺陷时的具体质量评级要求。

(1) 当焊缝底片图像中存在未熔合、裂纹缺陷评定为Ⅳ级底片。

(2) 当焊缝底片图像中存在加垫板单面焊的未焊透缺陷评定为Ⅳ级底片。

(3) 当焊缝底片图像中存在圆形缺陷时，需先对圆形缺陷按照缺陷尺寸换算为缺陷点数，并通过指定大小的、与焊缝平行的圆形缺陷评定区开展综合评定，具体见表 10-25 和表 10-26。

表 10-25 圆形缺陷点数换算表

缺陷尺寸(mm)	缺陷点数	缺陷尺寸(mm)	缺陷点数
≤1	1	>4~6	10
>1~2	2	>6~8	15
>2~3	3	>8	25
>3~4	6		

表 10-26 各级底片圆形缺陷点数对应表

区域大小(mm×mm)	管道壁厚 T(mm)	各级焊缝对应圆形缺陷点数			
		Ⅰ级	Ⅱ级	Ⅲ级	Ⅳ级
10×10	≤10	1	3	6	>6 或缺陷长径>$T/2$
	>10~15	2	6	12	>12 或缺陷长径>$T/2$
	>15~25	3	9	18	>18 或缺陷长径>$T/2$
10×20	>25~50	4	12	24	>24 或缺陷长径>$T/2$
	>50~100	5	15	30	>30 或缺陷长径>$T/2$

(4) 当焊缝底片图像中存在条形缺陷时，通过指定宽度的、与焊缝平行的条形缺陷评定区开展综合评定。条形缺陷评定区的宽度按照管道壁厚的不同取不同的值，一般为 4~6mm。具体评定细则见表 10-27，其中 L 表示该组条形缺陷中最长个体的长度，T 表示管道壁厚。

表 10-27 条形缺陷评定细则表

焊缝级别	单个条形缺陷最大长度(mm)	一组条形缺陷累计最大长度(mm)
Ⅰ级	不允许存在条形缺陷	不允许存在条形缺陷
Ⅱ级	≤$T/3$(最小为 4)且≤20	在长度为 $12T$ 的任意选定条形缺陷评定区内，相邻缺陷间距不超过 $6L$ 的任一组条形缺陷的累计长度不超过 T，但最小可为 4
Ⅲ级	≤$2T/3$(最小为 6)且≤30	在长度为 $6T$ 的任意选定条形缺陷评定区内，相邻缺陷间距不超过 $3L$ 的任一组条形缺陷的累计长度不超过 T，但最小可为 6
Ⅳ级	大于Ⅲ级	大于Ⅲ级

(5) 当焊缝底片图像中存在不加垫板单面焊的未焊透缺陷时，根据管道外径的不同，评定细则不同，具体见表 10-28 和表 10-29，其中 T 为管道壁厚。

表 10-28 管道外径 D>100 时未焊透缺陷评定细则表

焊缝级别	单个未焊透缺陷最大长度(mm)	未焊透缺陷累计最大长度(mm)
Ⅰ级	不允许存在未焊透缺陷	不允许存在未焊透缺陷
Ⅱ级	≤$T/3$(最小可为 4)且不超过 20	在任意 $6T$ 长度区内应不大于 T(最小可为 4)且任意 300 长度范围内总长度不大于 30
Ⅲ级	≤$2T/3$(最小可为 6)且不超过 20	在任意 $3T$ 长度区内应不大于 T(最小可为 6)且任意 300 长度范围内总长度不大于 40
Ⅳ级	大于Ⅲ级	大于Ⅲ级

表 10-29 管道外径 $D \leqslant 100$ 时未焊透缺陷评定细则表

焊缝级别	未焊透总长度与焊缝总长度的比值	焊缝级别	未焊透总长度与焊缝总长度的比值
Ⅰ级	不允许存在未焊透缺陷	Ⅲ级	≤15%
Ⅱ级	≤10%	Ⅳ级	大于Ⅲ级

依据总结《承压设备无损检测 第 2 部分：射线检测》(NB/T 47013.2—2015)形成的适用于成品油管道环焊缝质量评级要求，对裂纹、未熔合、未焊透、条形缺陷及圆形缺陷五类缺陷设置等级划分阈值条件。并设置输入参数管道壁厚、管道直径，结合定性分析所得的缺陷类型及定量分析所得的缺陷长度尺寸，判断该缺陷所处的阈值区间，输出焊缝质量等级，实现焊缝质量的智能评级。

10.7.3 管道焊缝底片缺陷智能识别系统设计与应用

10.7.3.1 射线底片分割与拼接

由于模型训练采用正方形尺寸图像输入，然而完整工业底片的长度单位往往是宽度单位的数倍之多。如果将完整工业底片直接输入模型，将造成计算时间长、识别准确率下降等问题。通过建立图像分割及拼接算法，实现智能识别模型在完整工业底片图像上的应用。

图像分割依据底片图像的高度单位依次分割，同时建立两个中间文件夹，一个用于储存分割后的图像，另一个存储分割后的图像的检测结果。建立图像拼接算法，依据图像分块命名将检测结果进行拼接，形成完整工业底片的检测结果。

10.7.3.2 系统设计

焊缝底片缺陷智能识别系统的功能框架[64-66]主要包括四个模块：缺陷智能识别模块、缺陷图像数据库模块、焊缝智能评级模块、评价结果输出模块(图10-129)。

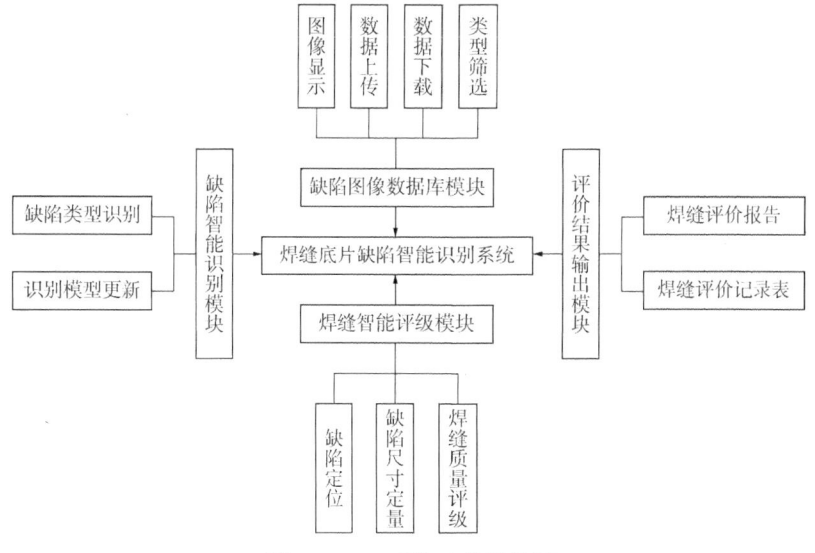

图 10-129 系统功能结构图

缺陷智能识别模块主要执行焊缝缺陷类型识别功能，对焊缝底片图像进行定性分析。同时添加模型更新机制，利用新增缺陷图像对焊缝底片缺陷智能识别模型进行强化训练。

缺陷图像数据库模块主要实现焊缝底片图像可视化、新增焊缝底片数据上传、焊缝缺陷类型图像数据筛查、特定缺陷图像数据下载等功能。

焊缝智能评级模块主要实现缺陷在焊缝底片图像上的定位以及缺陷尺寸的定量分析，并依据《承压设备无损检测　第2部分：射线检测》(NB/T 47013.2—2015)标准进行焊缝质量评级。

评价结果输出模块主要实现单条焊缝评价报告的输出、焊缝评价记录表的输出。评价报告及评价记录表的模板参照工程实际需求制定。

缺陷智能识别模块与缺陷图像数据库模块相辅相成，通过缺陷智能识别模型不断获得焊缝底片缺陷图像并补充到缺陷图像数据库中，同时利用新增的缺陷图像强化训练智能识别模型，进一步提高模型性能。

焊缝底片缺陷智能识别系统通过Qt及PyCharm完成界面的设计及各模块功能的实现。系统界面包含三个可视化窗口及各项功能按钮，通过三个可视化窗口，实现检测图像、检测过程、检测结果的可视化。各项功能按钮分别实现焊缝底片缺陷图像数据库跳转、焊缝各项参数输入、检测图像选取、检测结果查看、焊缝评价报告及评价记录表输出的功能。

通过建立焊缝底片缺陷智能识别系统，实现焊缝底片缺陷图像的信息化管理、焊缝底片图像定性定量分析、焊缝质量的智能评级、评价报告的输出，涵盖了焊缝射线底片检测的全流程，对实现管道焊缝智能化检测意义重大。

10.7.3.3　实例应用

采用焊缝底片缺陷智能识别系统对37张工业底片开展实例应用，对比分析智能识别结果和人工评定结果，检验系统的可行性。所选取的37张工业底片包含了多个工程背景及多个像素尺寸，能充分检验系统在实际工程中的应用效果。系统运行过程如图10-130至图10-132所示。

图10-130　测试底片图像

第10章 基于机器学习的管道焊缝图像的缺陷识别分析

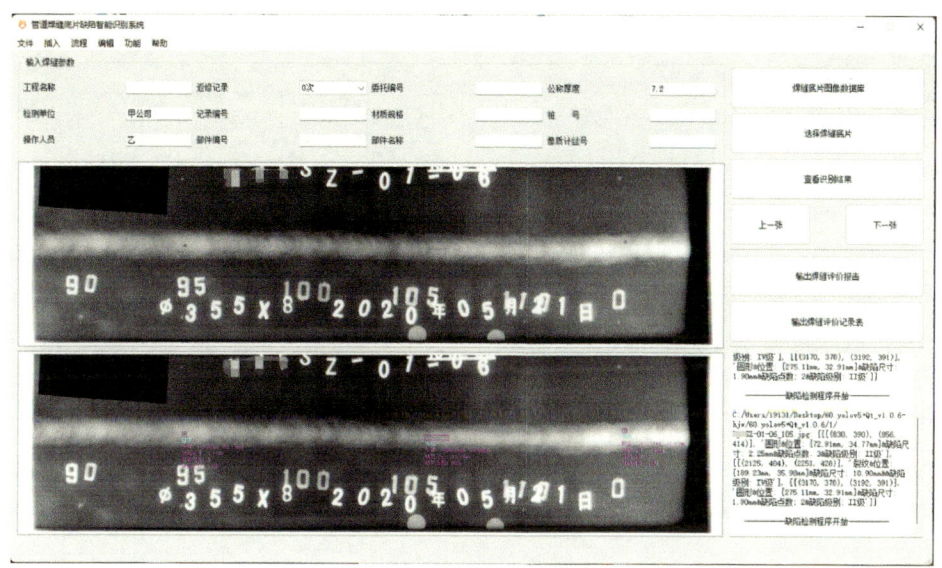

图 10-131 系统运行界面

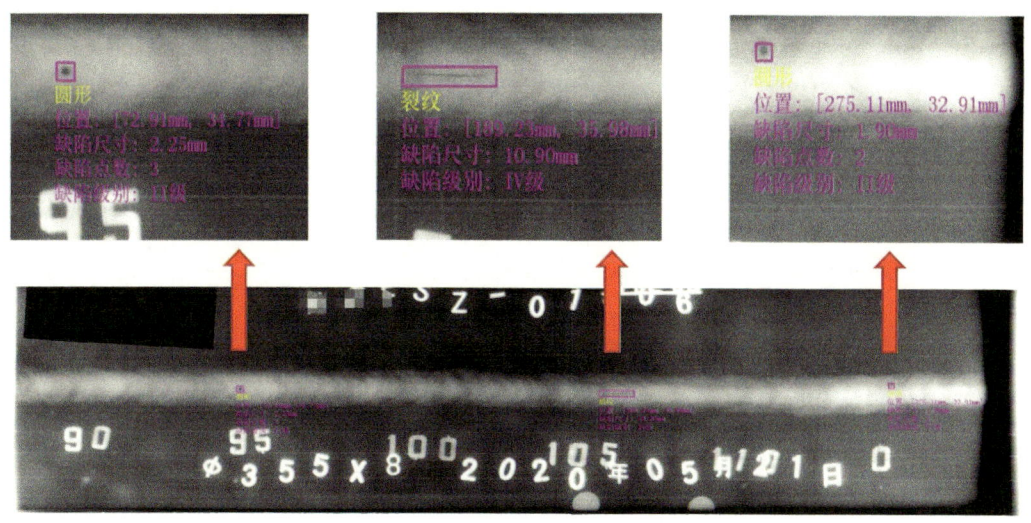

图 10-132 焊缝底片评价结果示意图

输出的焊缝评价报告如图 10-133 所示，报告内容包含焊缝各项工程信息、缺陷性质及数量、焊缝评定等级等各项内容。

输出的焊缝评价记录表如图 10-134 所示。记录表记录了 37 张工业底片焊口编号、底片名称等工程信息，以及缺陷位置、缺陷类型、缺陷量化尺寸、焊缝等级等智能识别结果。同时通过表格的评定时间可以看出评定 37 张底片仅耗时 43s，平均每张底片评定耗时 1.16s，有效提高了评片效率。

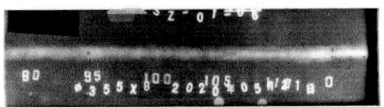

焊缝缺陷自动化识别报告

底片编号：***SZ-01-06_105

操作人员：乙

报告时间：2023-03-19 17:40:23

检测单位：甲公司

记录编号：记录编号XX

工程名称	工程名称XX	部件名称	部件名称XX

部件编号	部件编号XX	材质/规格	材质规格XX	委托编号	委托编号XX

序号	底片编号	胶片长度mm	底片黑度D	像质计丝号	缺陷性质及数量	评定级别				返修记录			备注
						I	II	III	IV	一次	二次	三次	
1	***SZ-01-06_105	3660		像质计丝号XX	缺陷性质：裂纹 缺陷数量：3				√				

时间	2023-03-19	操作人员	乙

图 10-133　单张焊缝评价报告

序号	项目名称	标段名称	桩号	焊口编号	底片名称	缺陷位置mm	缺陷类型	缺陷量化	焊片等级	规格mm	评定时间
1	工程名称	工程名称	桩号XX	*L01-HG03G-1-JH-1-B-Y-L-5	*L01-HG03G-1-JH-1-B-Y-L-5	[64.35mm, 40.52mm]	裂纹	缺陷尺寸：14.36mm	IV	7.2	2023-03-19 17:40:30
2	工程名称	工程名称	桩号XX	*L01-HG04-4-JH-2-B-RW-3	*L01-HG04-4-JH-2-B-RW-3	[62.36mm, 37.84mm]	裂纹	缺陷尺寸：5.28mm	IV	7.2	2023-03-19 17:40:31
3	工程名称	工程名称	桩号XX	*L01-HG04-13-JH-2-B-LW-1	*L01-HG04-13-JH-2-B-LW-1	[72.65mm, 46.23mm]	未焊合	缺陷尺寸：20.93mm	IV	7.2	2023-03-19 17:40:32
4	工程名称	工程名称	桩号XX	*L01-HG05-1-2-JH-1-B-Y-2	*L01-HG05-1-2-JH-1-B-Y-2	None	None	None	I	7.2	2023-03-19 17:40:32
5	工程名称	工程名称	桩号XX	*L01-HG05-2-6-JH-2-B-RW-1	*L01-HG05-2-6-JH-2-B-RW-1	[72.58mm, 31.26mm]	裂纹	缺陷尺寸：4.15mm	IV	7.2	2023-03-19 17:40:36
6	工程名称	工程名称	桩号XX	*L01-HG06G-10-JH-2-B-Y-1	*L01-HG06G-10-JH-2-B-Y-1	[106.46mm, 29.19mm]	裂纹	缺陷尺寸：6.40mm	IV	7.2	2023-03-19 17:40:39
7	工程名称	工程名称	桩号XX	*L01-HG06G-10-JH-2-B-Y-2	*L01-HG06G-10-JH-2-B-Y-2	None	None	None	I	7.2	2023-03-19 17:40:39
8	工程名称	工程名称	桩号XX	*L01-HG10-2G-3-JH-1-B-LW-G	*L01-HG10-2G-3-JH-1-B-LW-G	[49.17mm, 34.85mm]	裂纹	缺陷尺寸：9.77mm	IV	7.2	2023-03-19 17:40:40
9	工程名称	工程名称	桩号XX	*L01-HG14-14-JH-3-B-LW-2	*L01-HG14-14-JH-3-B-LW-2	[21.79mm, 27.37mm]	条形	缺陷尺寸：3.81mm	IV	7.2	2023-03-19 17:40:41
10	工程名称	工程名称	桩号XX	*L01-HG16-6G-19-JH-2-B-RW-4	*L01-HG16-6G-19-JH-2-B-RW-4	[92.76mm, 47.46mm]	未焊合	缺陷尺寸：30.70mm	IV	7.2	2023-03-19 17:40:42
11	工程名称	工程名称	桩号XX	**DX-HN-DZ059-011	**DX-HN-DZ059-011	[603.46mm, 34.94mm]	条形	缺陷尺寸：3.89mm	IV	7.2	2023-03-19 17:40:44
12	工程名称	工程名称	桩号XX	**GD-2-008	**GD-2-006	[128.09mm, 39.52mm]	裂纹	缺陷尺寸：14.88mm	IV	7.2	2023-03-19 17:40:44
13	工程名称	工程名称	桩号XX	**GD-3-JS01-DZ036-001	**GD-3-JS01-DZ036-001	[500.80mm, 75.89mm]	裂纹	缺陷尺寸：12.19mm	IV	7.2	2023-03-19 17:40:48
14	工程名称	工程名称	桩号XX	**GD-3-JS01-DZ046-001J1-B	**GD-3-JS01-DZ046-001J1-B	[838.79mm, 66.59mm]	裂纹	缺陷尺寸：10.12mm	IV	7.2	2023-03-19 17:40:51
15	工程名称	工程名称	桩号XX	**GD-3-JS04-RC128-012LW	**GD-3-JS04-RC128-012LW_1	None	None	None	I	7.2	2023-03-19 17:40:51
16	工程名称	工程名称	桩号XX	**GD-I-ZY05-JJI147G-006	**GD-I-ZY05-JJI147G-006	[283.35mm, 38.49mm]	未焊合	缺陷尺寸：8.65mm	IV	7.2	2023-03-19 17:40:52
17	工程名称	工程名称	桩号XX	**MZ-04-05-GA1-209_1022	**MZ-04-05-GA1-209_1022	[268.54mm, 42.03mm]	条形	缺陷尺寸：2.08mm	III	7.2	2023-03-19 17:40:53
18	工程名称	工程名称	桩号XX	**MZ-04-05-GA1-209_104	**MZ-04-05-GA1-209_104	[140.32mm, 43.20mm]	条形	缺陷尺寸：2.34mm	III	7.2	2023-03-19 17:40:54
19	工程名称	工程名称	桩号XX	**MZ-04-05-GA1-209_105	**MZ-04-05-GA1-209_105	[137.64mm, 41.34mm]	圆形	缺陷点数：2	II	7.2	2023-03-19 17:40:54
20	工程名称	工程名称	桩号XX	**MZ-04-05-GA1-209_106	**MZ-04-05-GA1-209_106	[100.97mm, 35.98mm]	条形	缺陷尺寸：4.58mm	IV	7.2	2023-03-19 17:40:56
21	工程名称	工程名称	桩号XX	**FSZ-01-06_101	**FSZ-01-06_101	[153.86mm, 38.27mm]	裂纹	缺陷尺寸：2.34mm	IV	7.2	2023-03-19 17:40:57
22	工程名称	工程名称	桩号XX	**FSZ-01-06_102	**FSZ-01-06_102	[114.51mm, 30.31mm]	未焊合	缺陷尺寸：10.38mm	IV	7.2	2023-03-19 17:40:58
23	工程名称	工程名称	桩号XX	**FSZ-01-06_103	**FSZ-01-06_103	[205.54mm, 33.99mm]	未焊透	缺陷尺寸：45.23mm	IV	7.2	2023-03-19 17:40:59
24	工程名称	工程名称	桩号XX	**FSZ-01-06_104	**FSZ-01-06_104	[148.76mm, 39.14mm]	未焊合	缺陷尺寸：12.97mm	IV	7.2	2023-03-19 17:41:00
25	工程名称	工程名称	桩号XX	**FSZ-01-06_105	**FSZ-01-06_105	[189.23mm, 35.98mm]	裂纹	缺陷尺寸：10.90mm	IV	7.2	2023-03-19 17:41:01
26	工程名称	工程名称	桩号XX	**FSZ-01-07-2_103	**FSZ-01-07-2_103	[124.19mm, 31.65mm]	条形	缺陷尺寸：3.63mm	IV	7.2	2023-03-19 17:41:03
27	工程名称	工程名称	桩号XX	**FSZ-01-07-2_104	**FSZ-01-07-2_104	[39.96mm, 38.83mm]	未焊合	缺陷尺寸：8.30mm	IV	7.2	2023-03-19 17:41:04
28	工程名称	工程名称	桩号XX	**FSZ-01-07-2_105	**FSZ-01-07-2_105	[150.57mm, 37.66mm]	裂纹	缺陷尺寸：7.09mm	IV	7.2	2023-03-19 17:41:05
29	工程名称	工程名称	桩号XX	**FSZ-01-07-2_106	**FSZ-01-07-2_106	[194.03mm, 34.03mm]	裂纹	缺陷尺寸：18.42mm	IV	7.2	2023-03-19 17:41:05
30	工程名称	工程名称	桩号XX	**FSZ-01-07-2_107	**FSZ-01-07-2_107	[137.82mm, 33.30mm]	条形	缺陷尺寸：3.03mm	IV	7.2	2023-03-19 17:41:06
31	工程名称	工程名称	桩号XX	**FSZ-01-13_107	**FSZ-01-13_107	[153.25mm, 32.65mm]	裂纹	缺陷尺寸：3.81mm	IV	7.2	2023-03-19 17:41:08
32	工程名称	工程名称	桩号XX	**FSZ-01-13_108	**FSZ-01-13_108	[83.89mm, 39.01mm]	条形	缺陷尺寸：3.46mm	IV	7.2	2023-03-19 17:41:09
33	工程名称	工程名称	桩号XX	**FSZ-01-13_109	**FSZ-01-13_109	[18.98mm, 37.58mm]	未焊合	缺陷尺寸：12.19mm	IV	7.2	2023-03-19 17:41:10
34	工程名称	工程名称	桩号XX	**FSZ-04-16-R1	**FSZ-04-16-R1	None	None	None	I	7.2	2023-03-19 17:41:11
35	工程名称	工程名称	桩号XX	**GD-4-NJ01-ZZ202-012LW	**GD-4-NJ01-ZZ202-012LW_1	[86.79mm, 38.57mm]	条形	缺陷尺寸：5.28mm	IV	7.2	2023-03-19 17:41:12
36	工程名称	工程名称	桩号XX	**GD-IV-NJ01-ZZ194-009-B	**GD-IV-NJ01-ZZ194-009-B_1	None	None	None	I	7.2	2023-03-19 17:41:13
37	工程名称	工程名称	桩号XX	**GD-IV-NJ01-ZZ197-001J2-B	**GD-IV-NJ01-ZZ197-001J2-B_1	[105.34mm, 1.04mm]	条形	缺陷尺寸：2.94mm	IV	7.2	2023-03-19 17:41:13

图 10-134　焊缝评价记录表

37 张工业底片智能识别结果同人工评定结果对比分析结果见表 10-30。其中漏报缺陷表示经人工评定存在缺陷的位置，系统未能识别出缺陷。误报缺陷表示经人工评定不存在缺陷处，系统识别出了缺陷。错报缺陷表示经人工评定存在缺陷的位置，系统识别出了缺陷，但是缺陷类型与人工评定类型不符。经计算，智能识别系统针对 37 张工业底片的测试中缺陷检出率达 83.16%、缺陷类型符合率达 84.21%、误报率为 10.37%。其中缺陷类型符合率表示识别缺陷类型与人工评定类型相符的数量与实际存在缺陷位置的预测缺陷数量的比值。

表10-30 测试结果分析表

指标	数量(处)	指标	数量(处)
人工评定缺陷数量	95	误报缺陷数量	11
系统智能识别缺陷数量	106	错报缺陷个数	15
漏报缺陷数量	16		

经工业底片实例应用检验，焊缝底片缺陷智能识别系统缺陷检出率及缺陷类型符合率均超过80%，且误报率较低，整体性能良好。同时评定37张底片仅耗时43s，进一步提高了评片效率，且能实现完整工业底片的定性、定量分析，满足工程实际需求。

参 考 文 献

[1] 高鹏.2021年中国油气管道建设新进展[J].国际石油经济，2022，30(3)：12-19.

[2] 张蓓蕾，高良泽，肖志.在役管道高后果区统计分析的重要性[J].2022(8).

[3] 杨志超，周强，胡侃，等.基于卷积神经网络的焊接缺陷识别技术及应用[J].武汉理工大学学报：信息与管理工程版，2019，41(1)：5.

[4] 侯文慧.基于深度学习的焊缝图像缺陷识别方法研究[D].合肥：中国科学技术大学，2019.

[5] 张明星.X射线钢管焊缝缺陷的图像处理与识别技术研究[D].成都：电子科技大学，2015.

[6] 余成郢.基于射线的阀门缺陷检测方法研究[D].杭州：浙江工业大学，2008.

[7] KUSHWAHA A, SRIVASTAVA S, SRIVASTAVA R. Multi-view human activity recognition based on silhouette and uniform rotation invariant local binary patterns[J]. Multimedia Systems, 2017, 23(4)：1-17.

[8] 梁硼.X射线焊缝图像缺陷自动提取与识别技术研究[D].南京：南京航空航天大学，2012.

[9] Shao, Jiaxin, Dong, et al. Automatic weld recognition and extraction from real-time X-ray images using quadratic curve fitting and multi-order differences analysis of intensity profile[J]. Insight: Non-Destructive Testing and Condition Monitoring, 2011, 53(10)：562-569.

[10] SHAO J, DU D, CHANG B, et al. Automatic weld defect detection based on potential defect tracking in real-time radiographic image sequence[J]. NDT & E International, 2012, 46：14-21.

[11] MAHMOUDI A, REGRAGUI F. Fast segmentation method for defects detection in radiographic images of welds: IEEE, 2009.

[12] CARRASCO M, MERY D. Segmentation of welding defects using a robust algorithm[J]. Materials Evaluation, 2004.

[13] ALAKNANDA, ANAND R S, KUMAR P. Flaw detection in radiographic weldment images using morphological watershed segmentation technique[J]. NDT & E international: independent nondestructive testing and evaluation, 2009, 42(1)：2-8.

[14] VILAR R, ZAPATA J, RUIZ R. An automatic system of classification of weld defects in radiographic images[J]. NDT & E International, 2009, 42(5)：467-476.

[15] BOARETTO N, CENTENO T M. Automated detection of welding defects in pipelines from radiographic images DWDI[J]. NDT & E International, 2017, 86：7-13.

[16] LIAO T W, LI D M, LI Y M. Detection of welding flaws from radiographic images with fuzzy clustering methods[J]. Fuzzy Sets and Systems, 1999, 108(2)：145-158.

[17] WANG G, LIAO T W. Automatic identification of different types of welding defects in radiographic

images[J]. NDT & E international: independent nondestructive testing and evaluation, 2002, 35(8): 519-528.

[18] 余永维,殷国富,殷鹰,等. 基于深度学习网络的射线图像缺陷识别方法[J]. 仪器仪表学报, 2014, 35(9): 2012-2019.

[19] 董绍华,孙玄,谢书懿,等. 管道焊缝数字图像缺陷自动识别技术[J]. 天然气工业, 2019, 39(1): 113-117.

[20] HUBEL D H, WIESEL T N. Receptive fields, binocular interaction and functional architecture in the cat's visual cortex.[J]. Journal of Physiology, 1962, 160(1): 106-154.

[21] LECUN Y, BOTTOU L. Gradient-based learning applied to document recognition[J]. Proceedings of the IEEE, 1998, 86(11): 2278-2324.

[22] KRIZHEVSKY A, SUTSKEVER I, HINTON G E. ImageNet classification with deep convolutional neural networks[J]. Communications of the ACM, 2017, 60(6): 84-90.

[23] 姜亚东. 卷积神经网络的研究与应用[D]. 成都:电子科技大学, 2018.

[24] HINTON G E, SRIVASTAVA N, KRIZHEVSKY A, et al. Improving neural networks by preventing co-adaptation of feature detectors[J]. 2012.

[25] HE K, GKIOXARI G, DOLLÁR P, et al. Mask R-CNN[J]. IEEE Transactions on Pattern Analysis & Machine Intelligence, 2017.

[26] WANG H, KLSER A, SCHMID C, et al. Dense Trajectories and Motion Boundary Descriptors for Action Recognition[J]. International Journal of Computer Vision, 2013, 103(1): 60-79.

[27] LIANG Y, WANG J, ZHOU S, et al. Incorporating image priors with deep convolutional neural networks for image super-resolution [J]. NEUROCOMPUTING, 2016,, ChineseAutomationCongress (jun. 19): 340-347.

[28] EVERINGHAM M, ESLAMI S, GOOL L V, et al. The Pascal Visual Object Classes Challenge: A Retrospective[J]. International Journal of Computer Vision, 2015, 111(1): 98-136.

[29] 耿丽媛,董绍华,钱伟超,等. 基于DCNN的管道漏磁内检测环焊缝缺陷智能分类法[J]. 油气储运, 2023, 42(5): 532-541.

[30] EE K, BIN I, BIN J. Adaptive Multilayered Particle Swarm Optimized Neural Network (AMPSONN) for Pipeline Corrosion Prediction[J]. International Journal of Advanced Computer Science and Applications, 2017, 8(11).

[31] 丁剑,韩萌. 基于交叉验证的神经网络实现[J]. 大连民族学院学报, 2008.

[32] 丁常富,王亮. 基于交叉验证法的BP神经网络在汽轮机故障诊断中的应用[J]. 电力科学与工程, 2008, 24(3): 4.

[33] 颜佳,黄一,王晓娜. 基于交叉验证梯度提升决策树的管道腐蚀速率预测[J]. 腐蚀与防护, 2021, 42(11): 7.

[34] 林志强,赖传理. 基于射线成像原理的测厚新方法[J]. 东方电气评论, 2012, 26(1): 67-70.

[35] 罗爱民. 基于数学形态学的射线检测数字图像处理技术[D]. 成都:四川大学, 2007.

[36] 马志坚. 角接接头X射线检测方法探讨[J]. 广州化工, 2016, 44(16): 176-177.

[37] 张富生. 用射线检测技术确定焊缝缺陷深度[J]. 一重技术, 2011(6): 51-54.

[38] 余成郭. 基于射线的阀门缺陷检测方法研究[D]. 杭州:浙江工业大学, 2008.

[39] MERY D, RIFFO V, ZSCHERPEL U, et al. GDXray: The Database of X-ray Images for Nondestructive

Testing[J]. Journal of Nondestructive Evaluation, 2015, 34(4).

[40] 李新叶, 龙慎鹏, 朱婧. 基于深度神经网络的少样本学习综述[J]. 计算机应用研究, 2020, 37(8): 2241-2247.

[41] 祝钧桃, 姚光乐, 张葛祥, 等. 深度神经网络的小样本学习综述[J]. 计算机工程与应用, 2021, 57(7): 22-33.

[42] 郭祥云, 胡敏, 王文胜, 等. 基于深度学习的非结构环境下海参实时识别算法[J]. 北京信息科技大学学报(自然科学版), 2019, 34(3): 27-31.

[43] 蒋杰, 熊昌镇. 一种数据增强和多模型集成的细粒度分类算法[J]. 图学学报, 2018, 39(2): 244-250.

[44] 惠为君. 基于matlab的直方图均衡[J]. 科教导刊-电子版(中旬), 2021(10): 262-264.

[45] 朱晓慧, 钱丽萍, 傅伟. 图像数据增强技术研究综述[J]. 软件导刊, 2021, 20(5): 230-236.

[46] 周飞燕, 金林鹏, 董军. 卷积神经网络研究综述[J]. 计算机学报, 2017, 40(6): 23.

[47] ALPAYDIN E. Neural Networks and Deep Learning: Machine Learning: The New AI[C], 2016.

[48] 张顺, 龚怡宏, 王进军. 深度卷积神经网络的发展及其在计算机视觉领域的应用[J]. 计算机学报, 2019, 42(3): 453-482.

[49] TIAN X, BECERRA V, BAUSCH N, et al. A study on the robustness of neural network models for predicting the break size in LOCA[J]. Progress in Nuclear Energy, 2018, 109: 12-28.

[50] AYO-IMORU R M, CILLIERS A C. Continuous machine learning for abnormality identification to aid condition-based maintenance in nuclear power plant[J]. Annals of Nuclear Energy, 2018, 118: 61-70.

[51] AYODEJI A, LIU Y, XIA H. Knowledge base operator support system for nuclear power plant fault diagnosis[J]. Progress in Nuclear Energy, 2018, 105: 42-50.

[52] SAEED H A, WANG H, PENG M, et al. Online fault monitoring based on deep neural network & sliding window technique[J]. Progress in Nuclear Energy, 2020, 121: 103236.

[53] PENG B, XIA H, LIU Y, et al. Research on intelligent fault diagnosis method for nuclear power plant based on correlation analysis and deep belief network[J]. Progress in Nuclear Energy, 2018, 108: 419-427.

[54] AYODEJI A, LIU Y. Support vector ensemble for incipient fault diagnosis in nuclear plant components[J]. Nuclear Engineering and Technology, 2018, 50(8): 1306-1313.

[55] 吴正文. 卷积神经网络在图像分类中的应用研究[D]. 成都: 电子科技大学, 2015.

[56] 卢宏涛, 张秦川. 深度卷积神经网络在计算机视觉中的应用研究综述[J]. 数据采集与处理, 2016, 31(1): 1-17.

[57] 常亮, 邓小明, 周明全, 等. 图像理解中的卷积神经网络[J]. 自动化学报, 2016, 42(9): 1300-1312.

[58] 黄凯奇, 任伟强, 谭铁牛. 图像物体分类与检测算法综述[J]. 计算机学报, 2014, 37(6): 1225-1240.

[59] 王红霞, 周家奇, 辜承昊, 等. 用于图像分类的卷积神经网络中激活函数的设计[J]. 浙江大学学报(工学版), 2019, 53(7): 1363-1373.

[60] 夏壮. 基于深度学习的物体检测和抓取技术研究[D]. 哈尔滨: 哈尔滨工业大学, 2018.

[61] HEARST M A, DUMAIS S T, OSMAN E, et al. Support vector machines[J]. IEEE Intelligent Systems & Their Applications, 1998, 13(4): 18-28.

[62] 梁聪. 面向图像分类的卷积神经网络损失函数研究[D]. 济南: 山东大学, 2020.

[63] CLEVERT D, UNTERTHINER T, HOCHREITER S. Fast and Accurate Deep Network Learning by Exponential

Linear Units (ELUs) [J]. Computer Science, 2015.

[64] 徐龙飞, 郁进明. 不同优化器在高斯噪声下对 LR 性能影响的研究[J]. 计算机技术与发展, 2020, 30(3): 7-12.

[65] 吴孟林. 智能电网中居民用户聚类与短期负荷预测研究[D]. 重庆: 重庆邮电大学, 2019.

[66] 李子言. 大数据背景下 ROC 曲线介绍与应用[J]. 科教导刊, 2021(14): 81-84.

[67] RAMOS, CTOR M H, OLLERO, et al. A new explanatory index for evaluating the binary logistic regression based on the sensitivity of the estimated model. [J]. Statistics & Probability Letters, 2017.

[68] RAMOS H M, OLLERO J, SUÁREZ-LLORENS A. Two sensitivity orders applied to the comparison of ROC curves[J]. Communication in Statistics- Theory and Methods, 2019(3): 1-13.

[69] LATTAWIT K, CHANTANA C, MONTRI M, et al. Anomaly Detection Using a Sliding Window Technique and Data Imputation with Machine Learning for Hydrological Time Series[J]. Water, 2021, 13(13).

[70] SAEED H A, WANG H, PENG M, et al. Online fault monitoring based on deep neural network & sliding window technique[J]. Progress in Nuclear Energy, 2020, 121(C).

[71] 马春玉. VB 编程语言在软件开发中的应用[J]. 现代信息科技, 2018, 2(4): 2.

[72] 李文博, 赵正旭. 基于 YOLOv5 的遥感图像小目标检测[J]. 科技创新与应用, 2023, 13(6): 63-67.

[73] 黄静, 张晋. 基于 YOLOv5 的目标识别相机[J]. 计算机时代, 2023(1): 91-94.

[74] 贾世娜. 基于改进 YOLOv5 的小目标检测算法研究[D]. 南昌: 南昌大学, 2022: 31-35.

第11章
智慧管网一体化平台构建案例

油气管道工程的复杂性要求采用创新的方式来管理和监控。智慧管网一体化平台的构建是这一创新的体现，它整合了传感器技术、物联网、大数据分析、人工智能和云计算等现代技术，为管道管理提供了前所未有的便捷性和智能化。智慧管网一体化平台的构建是当今管道工程领域的一项关键任务。它不仅关系到管道系统的安全和可靠性，还涉及资源的高效利用和环境的可持续保护。基于此，本章深入探讨智慧管网一体化平台的构建，提出了智能、高效和可持续的管道管理解决方案。

11.1 智慧管网框架设计

借鉴国内外管道数字化、智慧化建设的经验及思路，以智慧管网化建设的发展规划和业务需求为出发点，结合管道的行业特性和发展规律，按照三大业务"完整性管理、调运管理、应急管理"，三项支撑内容"体系规范、数据中心、智能感知设施、应用系统"来实现管道的智慧化建设。

系统采用 C/S 和 B/S 两种模式相结合的软件结构。对大量用户提供管道业务管理、信息发布的应用服务采用 B/S 结构开发部署。管道完整性数据维护、分析评价等专业应用采用 C/S 模式开发部署。

系统架构采用三层架构，对存储在 Oracle 中的 APDM 空间数据通过 ArcSDE 空间数据引擎进行管理。对权限等属性数据，则通过 WebService 进行数据管理(图 11-1、图 11-2)。

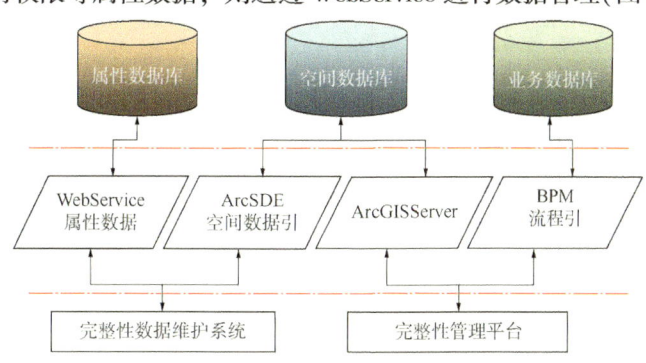

图 11-1　智慧管网框架设计图

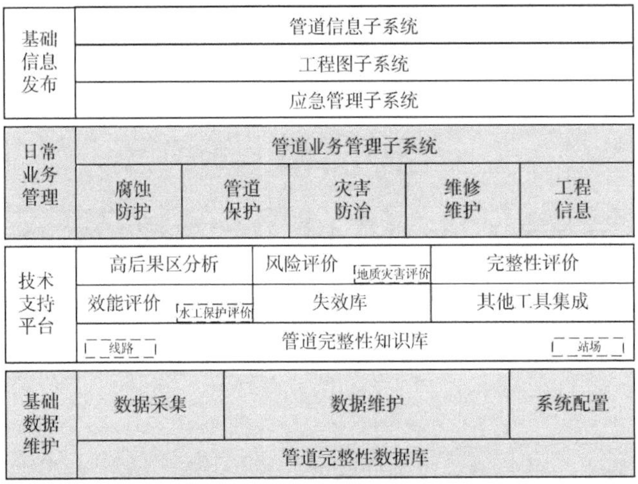

智慧管网技术

基础信息发布	管道信息子系统			
	工程图子系统			
	应急管理子系统			
日常业务管理	管道业务管理子系统			
	腐蚀防护	管道保护	灾害防治	维修维护	工程信息
技术支持平台	高后果区分析	风险评价 / 地质灾害评价		完整性评价
	效能评价 / 水工保护评价	失效库		其他工具集成
	管道完整性知识库（线路 / 站场）			
基础数据维护	数据采集	数据维护		系统配置
	管道完整性数据库			

图 11-2 智慧管网系统功能架构图

智慧管网风险管控系统主要由 9 个子系统组成，见表 11-1。

表 11-1 智慧管网风险管控子系统

序号	子系统名称	序号	子系统名称
1	系统配置子系统	6	风险评价子系统
2	管道数据维护子系统	7	完整性评价子系统
3	内检测数据维护子系统	8	管道业务管理子系统
4	工程图子系统	9	管道地理信息子系统
5	高后果区评价子系统		

利用信息系统，对管道完整性的六个环节：数据收集、高后果区识别、风险评价、完整性评价、维修维护和效能管理，进行分类管理。从而将管道运行的风险水平控制在合理的、可接受的范围内，最终达到持续改进、减少和预防管道事故发生、经济合理地保证管道安全运行的目的(图 11-3、图 11-4)。

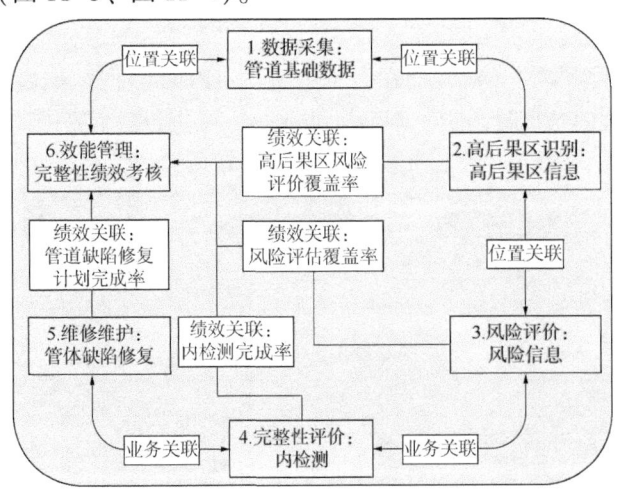

图 11-3 业务范围图

第11章 智慧管网一体化平台构建案例

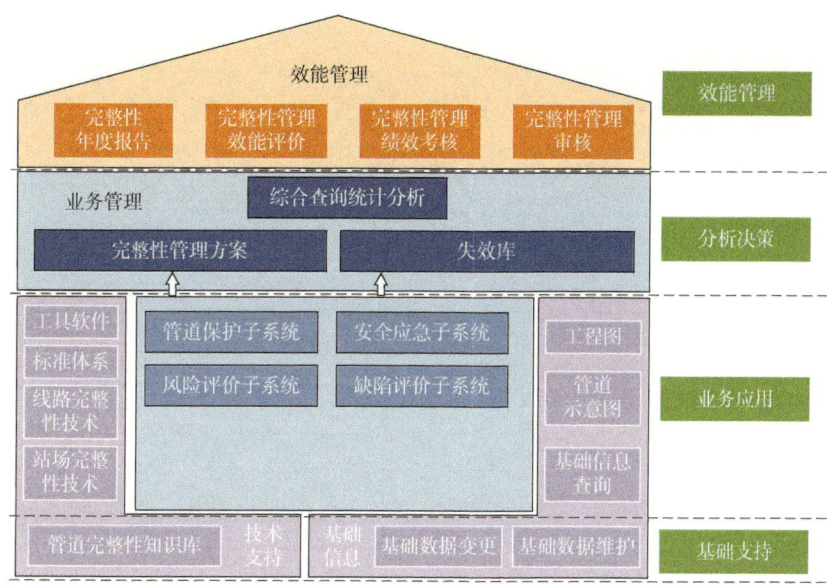

图11-4 平台功能规划图

应用系统建设以基础软硬件网络环境和智能感知设施为支撑，统一的管道全生命周期数据中心为数据依托，采用先进的 SOA 平台架构和 J2EE 企业级应用开发框架为技术保障，基于企业服务总线、二三维一体化平台、移动应用平台、空间数据共享平台等平台服务支撑，提出智慧管网运营所需的各项系统功能应用，在各系统间形成统一、规范的集成与共享机制，并进一步提升分析预测、生产优化等应用的深化。从而为管道安全、高效、绿色运营提供数据、功能的支持，公司管道管理的精细化、智能化逐步推进，辅助企业完善并落实形成有效的信息化支撑体系。

应用系统的总体应用架构主要包括四个层次（基础设施、数据中心、服务平台、业务管理）、两大支撑（信息化管控、信息安全）。在具体的应用系统设计中将重点对专业生产的业务应用系统进行规划，侧重于当下建设期的现状与需求，并提出运营期各业务领域的应用需求和系统建设思路。

数据中心是企业信息化管理中重要的"源泉"，基于管道全生命周期的数据中心设计与建设，将管道本体及周边环境这一"实物"为基本载体，以管道从规划建设到投产运行直至运维报废各个阶段的业务活动为驱动要素，建立统一的"管道数据模型"，并以管道全生命周期的进展为时间轴，将业务活动的成果物逐项加载到管道"实物"上，搭建天然气长输管道的全生命周期数据库，实现管道从规划到报废的全资产、全过程、全业务的集中存储、集中传输、集中交换、统一信息化管理（图11-5）。

按照采、存、管、用的流程，将新气管道公司的数据中心架构划分为数据采集层、数据处理层、数据加工存储层、集成应用层，并建立相应的数据管控、数据安全标准规范和保障体系。

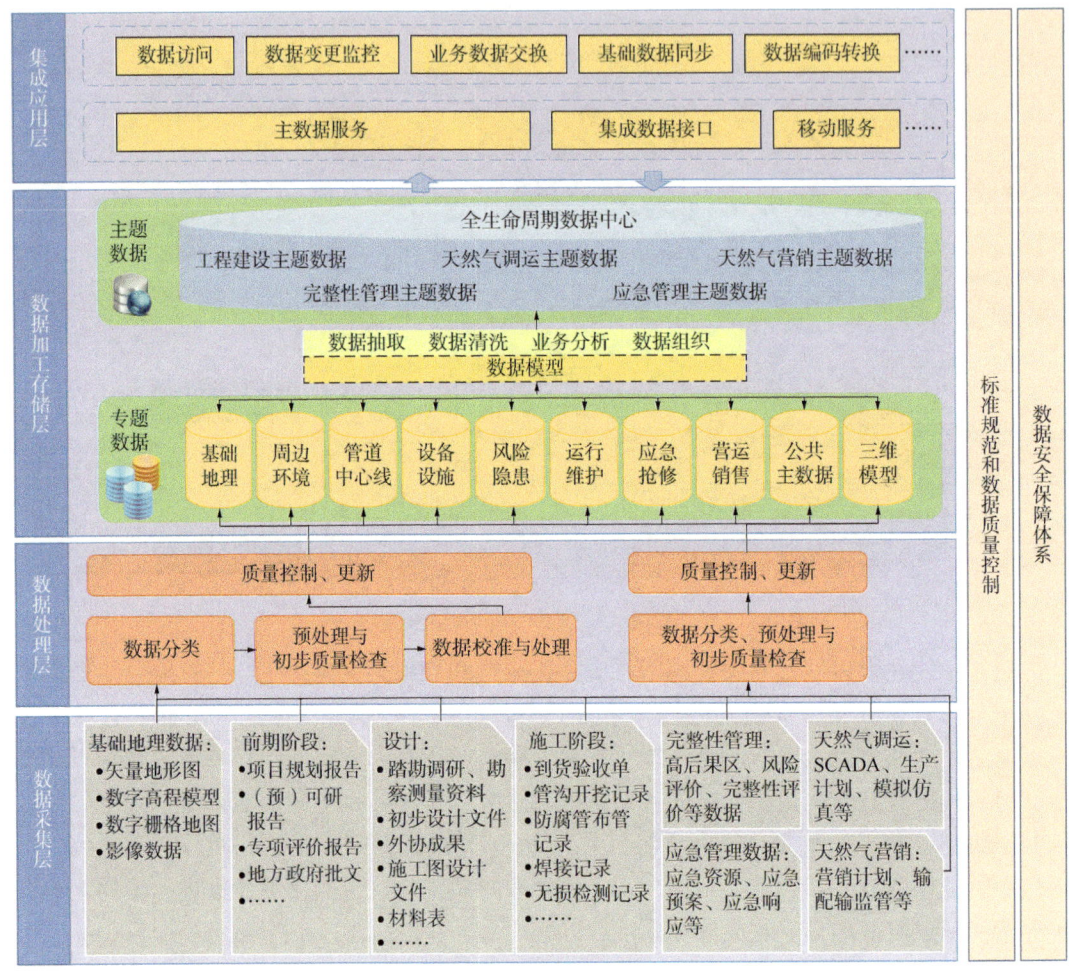

图 11-5 数据架构图

11.1.1 数据采集层

数据采集层主要是对管道全生命周期过程中所产生数据的采集，包括基础地理数据、周边环境数据、管道工程建设数据、完整性业务管理数据、生产运行数据、应急管理数据以及天然气营销数据等，所采用的形式既有手动采集也有通过智能传感器、移动终端等。

11.1.2 数据处理层

将采集的各种格式各种介质的信息通过适配器进行数据校验、处理，并遵照相关标准规范进行质量控制和数据分类。

11.1.3 数据加工存储层

根据管道全生命周期业务活动和数据内容，建立管道全生命周期数据模型，基于此模型进行数据资源的抽取、清洗、分析和组织。

主要形成两大类数据：专题数据和主题数据。专题数据是经初级处理加工后依照业务分类存储的数据实体，保留了所有的源数据和过程信息。主题数据中的全生命周期数据中心主要存储的是管道全生命周期过程中产生的成果数据，并与几大业务领域形成的主体数据协同关联。

11.1.4 集成应用层

集成应用层大多以数据服务的形式进行封装，为各应用系统提供主数据服务、集成数据接口、移动服务等集成服务，并且实现数据访问、数据变更监控、业务数据交换、基础数据同步、数据编码转换等包含业务逻辑的数据应用服务。

11.2 功能架构设计

智慧管网基于物联网的诸多感知监控技术的支持下，以私有云技术为企业搭建信息平台运行基础环境，利用ODS技术实现数据仓库体系结构搭建，采用SOA技术提供粗粒度、松耦合、可扩展的服务架构，以二三维可视化技术进行数据展示，业务与技术相融合，实现管道完整性管理、天然气调运、应急管理等业务的信息化应用，满足工程建设期数字化建设需求，并为运营期的智能化业务应用及深入提升打下坚实基础。总体的技术架构如图11-6所示。

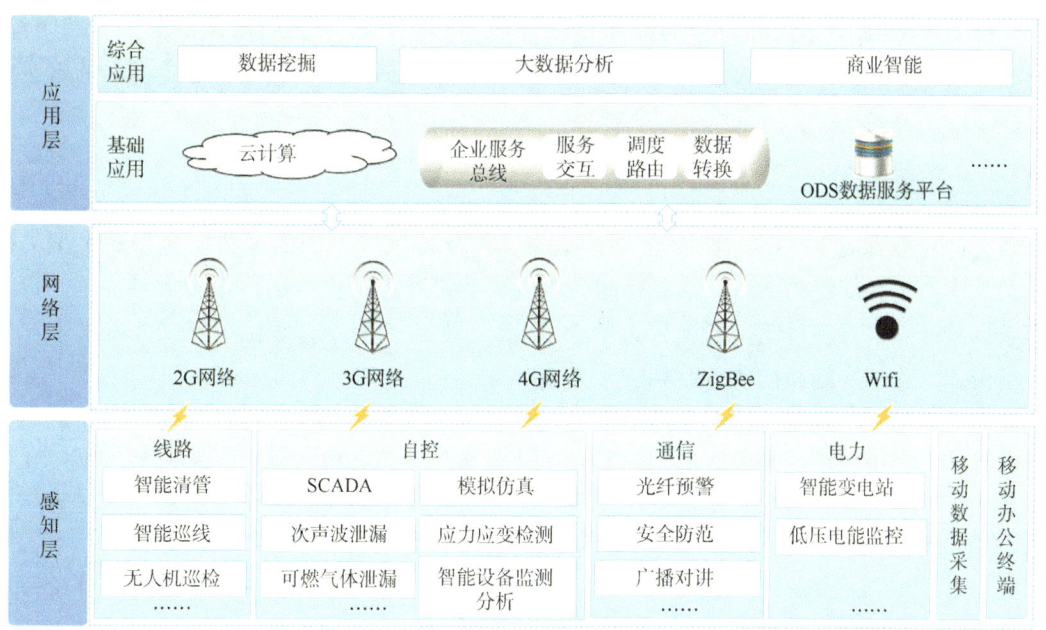

图11-6 技术架构图

其中所涉及的关键技术概要描述如下。

11.2.1 物联网

智慧管网的核心资产在于其数据蕴含的价值，真实、准确、及时的数据是任何业务决策的基础。目前，大多天然气管道企业借助信息系统已经实现了天然气管道的工艺参数、计量交接、生产日志、设备动态、维护维修、视频监控、风险评价等数据的获取与高效管理。这些数据成为开展各种业务工作的基础，但是，仍然有大量数据未能实时获取并分析利用，包括管道能耗数据、内检测数据、灾害预报预警信息等，数据的唯一性和共享性没有得到有效解决，影响了数据资产在整合和分析方面更大价值的利用。因此，进一步扩大管道系统的感知范围，有效实现信息的互联互通仍是实现智慧管网运营的重要基础。

物联网是指通过传感器、射频识别（RFID）技术、全球定位系统、红外感应器、激光扫描器、气体感应器等各种信息传感技术与设备，实时采集任何需要监控、连接、互动的物体或过程，以及其声、光、热、电、力学、化学、生物及位置等信息，并与互联网结合形成的巨大网络。其目的是实现物与物、物与人，所有物体与网络的连接，以方便各种物体和过程的识别、管理与控制。将物联网技术应用于油气管道设计、建设、运营、维护和管理的全过程，有利于促进管道的完整性管理和失效控制，提高管道运行的安全性和经济效益。

物联网的应用将在继承行业已有的感知层和传输层相关研究成果和技术标准的基础上，借助 SCADA 等系统相对全面的数据感知能力和互联网广泛的覆盖范围等有利条件，开展应用层的数据分析与决策支持，从数据的集成应用和管网智能分析两个方面开始实施工作。

11.2.2 云计算

云计算节省成本、提高 IT 基础架构效率、简化部署等方面的优势已经得到大型集团公司、政府机关广泛的认可。信息化建设将随着管道建设及投产运营带来大量的基础资源需求，云计算的实施可支持管道公司的 IT 系统迅速应对业务的变化与发展，并根据业务需求更加快速的实施新的业务流程。

企业级虚拟化是云计算的基础，构建支持异构平台，满足安全性、可靠性、扩展性和灵活性等各方面要求的企业级虚拟化平台是建设云计算的必由之路。在基础架构虚拟化的基础上，企业还要实现自动化的资源调配。云计算技术的应用是个渐进过程，云计算实施过程中，将依照 IaaS（Infrastructure-as-a-Service，基础设施即服务）、PaaS（Platform-as-a-Service，平台即服务）、SaaS（Software-as-a-Service，软件即服务）三个层面分阶段实施。云计算基础架构应该支撑运行公司的核心业务应用，还应着重考虑相关的一系列配套措施，包括业务和组织架构等各方面。

11.2.3 ESB 企业服务总线

随着业务的推进，各基础型平台和专业型应用系统将依次分阶段部署上线，以满足不同专业不同层次用户的信息化需求，不同的应用系统建设模式将形成不同的应用系统技术架构，企业中存在的不同信息系统架构是造成技术体系复杂混乱、技术标准不兼容、IT系统间互操作性差、上下信息交换不通畅、IT管理不规范等的祸端。SOA(Services Oriented Architecture 面向服务的架构)技术能够使系统融合和充分利用已有的业务系统，集成相关信息资源，同时便于各系统快速地开发和易于扩展。目前，企业级系统平台正在越来越多地采用面向服务集成的技术体系(SOA)来解决信息共享和信息集成问题。

ESB 是 SOA 架构实现不可缺少的一部分，它是一种开放的、基于标准的分布式同步或异步信息传递中间件，就像一根"聪明"的管道，用来连接各个"愚笨"的节点。为了集成不同系统，不同协议的服务，ESB 做了消息的转换解释与路由等工作，让不同的服务互联互通。通过 XML、Web Service 接口以及标准化基于规则的路由选择文档等支持，ESB 为企业应用程序提供安全互用性。

11.2.4 大数据分析

管道的建设、运营、维护等全生命周期过程中将产生大量数据，智慧管道建设采用了大量的物联网感知技术，数据量更以几何倍数增长，将数据整合处理分析并用于管道管理，大规模生产、分享和应用数据必将是管道智慧化应用的发展趋势。

以管道安全为例，在信息处理能力受限的小数据时代，为提高数据分析效率，降低工作量，只对某一种检测方法中部分超过报告阈值的缺陷进行分析和处理，希望通过最少的数据获得最多的管道安全信息。而在大数据时代，随着计算机技术的发展，数据处理能力的增强，管道大数据不是来源于某一种检测方法，而是制管、焊接、铺管等管道基本数据、历史数据、多种检测数据、完整性评价数据、风险评价数据等与管道安全相关的所有数据的总和。

可利用一定的方法和技术，对管道建设及运营的历史大数据进行分析，归纳总结出有一些规律与趋势，比如提高风险评价准确度、丰富仿真模拟的数据因子、预测管道在一定周期内的安全运营状况等，从数据分析角度为管理者提供一种数据分析思路，为管理者的决策提供参考。

企业信息化管理的精髓是信息集成，其核心要素是数据平台的建设和数据的深度挖掘，通过信息管理系统把企业的设计、采购、生产、制造、财务、管理等各个环节集成起来，共享信息和资源，同时利用现代的技术手段来有效地支撑企业的决策系统，达到降低库存、提高生产效能和质量、快速应变的目的，增强企业的市场竞争力。

对于运行公司来说，信息集成是消除孤立应用、实现业务贯通的重要手段。科学合理的信息集成机制可减少公司在建设过程中不必要的重复投资。将孤立的应用系统联系起来，实现信息共享，使信息获得统一的维护，并使数据和信息得到及时、准确、动态地更新，减少人工作业，提高企业的运营效率和管理创新能力。

集成技术架构的设计主要考虑从数据、应用两个方面实现横向集成，以及从支撑层、应用系统层、总线服务层、流程数据层、门户集中展现层和用户访问层六个层级实现纵向集成，从而实现平台的内部集成，以及与已建和未建系统的集成。

基于"单一数据来源"、"谁产生，谁负责"的原则，实施信息化系统规划，各业务子系统之间的数据交换、应用共享、业务流程协同建立在企业服务总线支撑的基础上，为大数据中心实现数据的完整性、无冗余性提供保障。

信息化系统通过企业服务总线与智能化管线管理系统、总部推广的其他相关系统如ERP等实施数据交换与应用集成。

信息化系统通过企业服务总线内建的集成服务，服务管理、服务监控、安全监控机制等，简化各业务子系统的安全设计与应用开发，为应用系统自身性能提升和应用扩展提供技术保障。

IT基础设施建设是信息化建设的基础，是支撑智能化系统应用的重要支撑，本架构对公司建设期与运营期整体的应用系统所需设施资源进行设计。

公司需要建立安全合理的网络及物理部署环境，企业自行构建IAAS（私有云计算平台）环境，满足业务上的安全、高可用及冗余备份的需求，并实现对未来不断壮大的业务需求进行灵活的资源扩展。

项目建设期，秉着满足业务需求的情况保质、保量、低成本的原则进行架构设计。可以考虑采用主数据中心机房的架构，根据规模需求做适当资源的减配。

下图是初步的网络逻辑架构图，待具体的实施需求如云计算技术硬件要求确定后，结合服务器、刀片机、路由器、磁盘阵列等硬件设施市场价，再制定详细的物理部署架构。

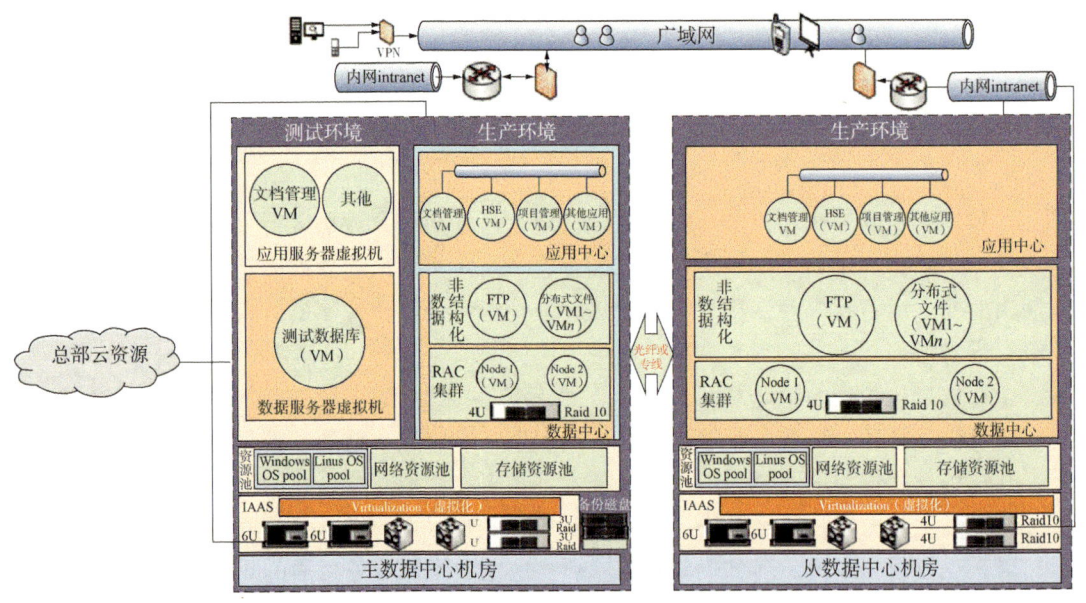

图11-7 应用服务器部署架构图

充分考虑生产环境、测试环境、数据迁移、程序更新、调试、测试等约束。架构主要分为四部分区域：物理硬件设施、云虚拟化资源池、内网、外网（internet）。

11.2.4.1 物理硬件设施

主要包含主机或者刀片机、路由器、光纤交换机、机柜、磁盘阵列、防火墙等，为了防止单点故障，使用多链路集群负载均衡技术实现高可用控制、在链路故障时实现自动切换。在网络安全方面，外网和内网之间采用硬件防火墙进行安全隔离，内网和机房数据中心之间同样采用防火墙进行隔离。

数据存储是数据中心内基础物理存储资源组合的虚拟表示，这些物理存储资源来自服务器本地的SCSI、SAS，或者SATA磁盘、光纤通道SAN磁盘阵列、iSCSI SAN磁盘或者网络附件存储(NAS)阵列中。

11.2.4.2 云虚拟化资源池

云计算IAAS环境采用vmsphere构建，云计算管理平台主要包含三种类型的资源：计算资源池、网络资源池、存储资源池。计算资源池采用vlan技术把不同的应用集群进行隔离，进一步保证系统安全。把应用服务器放在一个vlan区域，非结构大数据放在一个vlan区域，结构化数据放在一个vlan区域。

考虑到运维、安全、性能等要素，我们可以分别创建windows系列和linux系列的虚拟机，windows相对来说容易运维，linux相对windows在性能和安全上较有优势。又如某些服务(hadoop集群)的稳定版只能在linux上运行。

存储资源池的组织方式比较流行的有三种实现形式：磁盘阵列、NAS、SAN。NAS相对来说容易扩展，价格低廉。SAN相对来说价格昂贵、性能较高。如果要兼顾结构化数据和非结构化数据存储到SAN上比较合适。

实施过程中如果某个子系统为系统瓶颈，则在云环境中做相应的负载均衡，提高系统的性能。

结合国家信息系统安全等级保护相关标准、集团公司信息安全有关规定，建立运行公司整体的信息安全保障体系，实现信息系统与安全建设"同步设计，同步建设，同步运行"，有效保障企业生产业务信息系统安全。

信息安全保障体系需要在体系框架层次进行有效的组织，理清保护范围、保护等级和安全措施的关系，建立合理的整体框架结构，是对制定具体等级保护方案的重要指导运行公司的信息安全主要涉及技术和管理两个相互紧密关联的要素，构建信息系统的安全技术体系、安全管理体系，形成集防护、检测、响应、恢复于一体的安全保障体系，从而实现物理安全、网络安全、系统安全、数据安全、应用安全和管理安全，并建立安全风险评估机制，在安全风险评估的基础上，调整和完善安全策略，改进安全措施保证系统长期稳定可靠的运行。具体如下图所示：

运行公司信息化安全建设主要在以下几个方面进行落实。

（1）物理安全管理。

集团公司等级保护管理要求对物理机进行了规定，包括物理位置的选择、物理访问控制、防盗和防破坏、防雷击、防火、防水和防潮、防静电、湿温度控制、电力供应、电磁防护等方面。运行公司将根据业务管理要求在门禁系统、防盗警报系统、视频监控系统、防雷系统、灭火系统、漏水检测系统、精密空调(温湿度控制系统)7个方面进行建设和完善。

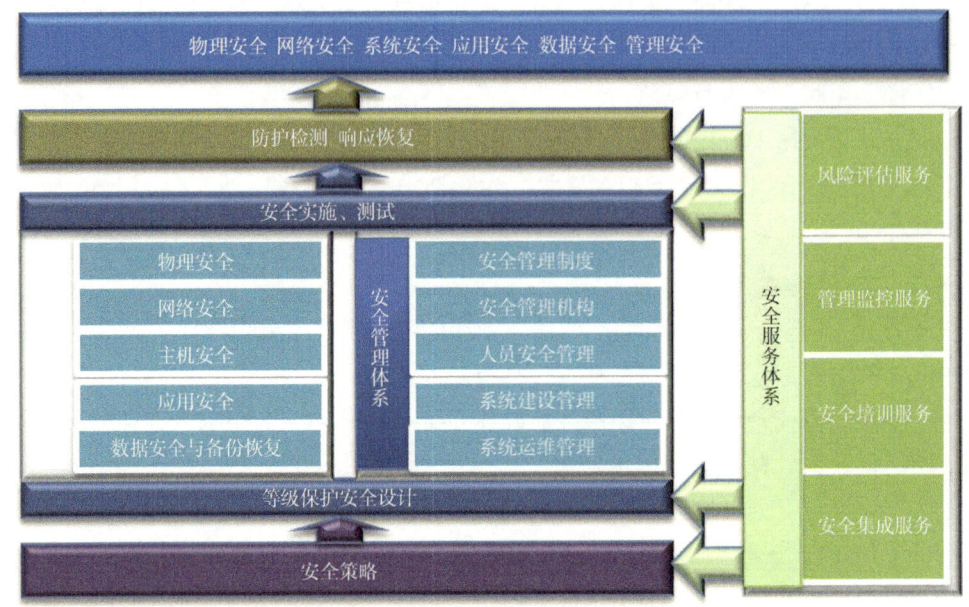

图 11-8　信息化系统安全框架图

(2) 网络安全管理。

运行公司将搭建企业私有云平台，信息化系统的建设将基于该平台的基础上进行网络安全设计。在网络结构进行不同安全区域的划分，根据业务服务重要次序进行带宽优先级别分配，控制业务终端与服务器之间的路由。加强网络访问控制，定义清晰的网络边界，进行边界完整性检查，在重要网段需要进行技术手段进行入侵检测。

(3) 主机安全管理。

运行公司对私有云平台区域服务器、应用系统服务器部署主机加固系统。部署完成后管理人员可通过控制台远程登录主机加固管理平台对各个系统中的所有安全主机进行管理，整套系统由部署双机的主机加固管理平台和主机日志管理平台组成，由两台虚拟主机组成，部署在安全管理区中，无论其中哪一台服务器宕机停止服务，都有另一台接替服务，保证了主机安全环境系统不受影响。

(4) 应用安全管理。

建立一致的标准和技术实现框架，通过身份鉴别、行为防抵赖、数据防篡改、日志审计等安全服务，对应用系统屏蔽应用案例和数据保护相关的处理机制和管理逻辑，为应用系统提供标准化安全协议支持，简化应用系统的安全管理和开发，提高公司信息化系统应用的整体安全性，满足系统业务的实际安全要求。

应用安全应考虑对业务数据进行适度防护，通过数据价值分析和风险分析，按数据的敏感度制定溯源、机密性、完整性、抗抵赖等方面的数据分级保护策略。以数据分级为基础，基于数据级别将能够有效减少系统和应用层的攻击面，在数据层面建立与网络层、系统层、应用层安全策略一致的更细粒度的数据安全策略，最大限度地提高系统的数据保护能力并平衡系统的可用性。

对工控系统安全方面,主要是消除由数采业务导致的管理网和控制网之间互通带来的安全隐患。通过部署工业级的安全防火墙,建立安全交换区进行网络区域划分和有效隔离。实现管理网和控制网的边界防护,有效防止病毒、攻击、入侵的发生。同时实现工控协议的安全策略控制。通过 OPC 服务器和实时数据库之间部署工控防火墙、数采网关、通讯服务器实现数采业务的应用级代理,避免非可信的工控协议的通讯、做到非法通讯的阻断和报警。

(5) 数据安全管理。

空间数据安全方面,满足国家测绘局、国家保密局印发的《测绘管理工作国家秘密范围的规定》,参照《公开地图内容表示补充规定(试行)》《公开地图内容表示若干规定》《基础地理信息公开表示内容的规定(试行)》《遥感影像公开使用管理规定(试行)》《基础测绘成果提供使用管理暂行办法》等国家相关规定及法律法规,公司信息化系统中航飞影像数据、管道专业数据、周边环境数据等属于涉密数据,需要按测绘部门的管理要求进行脱密处理。

非空间数据方面,根据涉密数据的范围、管理要求选择进行涉密信息系统搭建或通过加密或其他有效措施如权限配置、审计管理等进行数据存储、传输的安全控制,并建立涉密数据管理机制,从制度、组织机构、管理规程上进行约束。

按照等保数据管理要求,对系统管理数据、鉴别信息和重要业务数据在存储、传输过程中对数据的完整性进行检测,并采取必要的恢复措施。同时提供完备的数据备份与恢复机制,在发生灾难时能实现快速的数据恢复,保障系统的高可用性。

(6) 安全制度管理。

运行公司需要基于安全管理的目标、范围、原则,制定信息安全管理制度,从安全管理机构,人员安全、系统建设安全、系统运维安全等几个方面提出管理要求,形成由安全策略、管理制度、操作规程构成的全面的信息安全管理制度体系。

11.3 子系统功能设计

11.3.1 系统配置子系统

面向系统管理员,对数据源、数据对象、数据版本、管网、管辖区域、功能范围等方面实现配置管理及分级授权。

11.3.1.1 功能结构

系统配置子系统功能结构图如图 11-9 所示。

11.3.1.2 功能简介

(1) 配置 APDM 管道的业务层次结构和数据库模型的域值、字段等信息,建立空间数据库的基本参数。保证系统的扩展性,当有新增加的数据表、域值时,系统只需要进行配置就可以继续进行录入、维护。

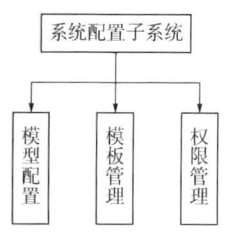

图 11-9 系统配置子系统功能结构图

(2) 将 APDM 的在线要素、纯属性表，按照字段配置参数和字段信息，生成为 Excel 录入模板。此模板发给分公司，用户可在熟悉的环境中将在线要素(如：阀、防腐层)数据录入，录入完毕的 Excel 文件，提供给[管道数据录入]进行导入。

(3) 将分公司可录入的 APDM 管道在线要素，以 SDE 数据库结构为准，输出个人版 GeoDatabase 模板库。并灌入相应管理的站列，以及其桩的在线位置数据。

(4) 权限管理：对数据源、数据对象、数据版本、管网、管辖区域、功能 6 个方面，进行严格的逐级授权机制。

11.3.2 管道数据维护子系统

完整性管道数据维护系统是依照完整性数据模型规则，对管网层次、中心线、管道设施及沿线环境数据进行集中维护的重要工具。

11.3.2.1 功能结构

管道数据维护子系统功能结构图如图 11-10 所示。

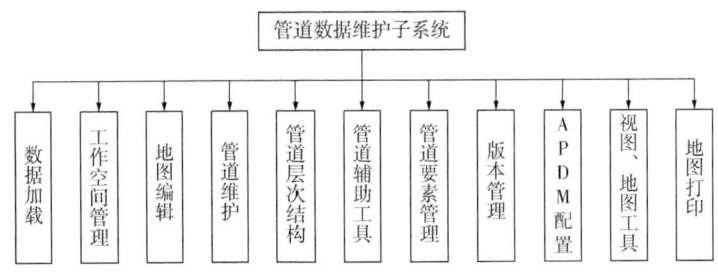

图 11-10 管道数据维护子系统功能结构图

11.3.2.2 功能简介

(1) 数据加载：打开一个个人版 GeoDatabase/SDE 的 APDM 管道数据库，并选择需要加载的数据对象，显示在地图区。

(2) 工作空间管理：将当前地图显示的所有要素类，以及其显示符号、视野范围、标注、显示顺序、可选等特征，保存在一个 mxd 文件中，并可恢复。

(3) 地图编辑：提供对矢量要素(点、线、面)的常用地图编辑，同时可编辑 APDM 管道要素(如：控制点、站列、在线要素、离线要素)。包括启动编辑、保存编辑、停止编辑、目标图层、增加要素、选择和更改要素、删除要素、创建缓冲区、分割、合并、恢复、重做等。

(4) 管道维护：根据 APDM 模型要求，实现从根据管道测量点生成控制点，再连成中心线。对控制点进行修改里程、移动、删除是同步站列；并对中心线进行分割、隔断、合并、连通、追踪时同步在线要素、离线要素的在线位置。

(5) 层次结构管理：建立树状的管网、子系统层次结构，并将站列挂接到相应管网、子系统下。

(6) 管道辅助工具：提供根据里程生成在线要素、离线点要素的快速方法。包括通在站列和里程生成在线点要素，通在站列、起始里程和终止里程生成在线线要素、通在站列、起始里程和要素长度生成在线要素，通在站列、里程、偏移角度、距离生成离线点状要素。

（7）离线要素管理：提供将离线要素快速依附为在线要素的方法。包括离线点生成在线位置、离线生成在线位置、一对离线点生成在线位置、离线点的在线位置、离线线/面的在线位置、离线线/面的影响范围、离线线/面的缓冲范围。

（8）版本管理：为保证多用户可同时编辑 SDE 空间数据库，每一个版本都是父版本的一个副本；对副本的编辑，不会因为多用户同时编辑而产生数据锁定；对数据编辑之后，再提交到父版本。

（9）随着 APDM 模型的不断发展，必然要求系统能适应今后的数据维护的新要求，因此规则的目标就是要可配置，以便针对每个 APDM 对象可卸载旧的规则，增加新的规则，提高灵活性。

（10）地图打印：提供地图输出的途径，用于现场施工，提高信息共享。

11.3.3 内检测数据维护子系统

内检测数据维护子系统，实现内检测数据与管道完整性数据的双向校准，将内检测发现的缺陷信息生成图形化要素并导入完整性数据库。

11.3.3.1 功能结构

内检测数据维护子系统功能结构图如图 11-11 所示。

11.3.3.2 功能简介

（1）方案管理：创建个人 GeoDatabase 数据库为内检测库，并根据管道完整性数据库中的核心要素、在线要素、内检测记录表、合同表的结构，在本地内检测库中创建需要的要素类、对象表和系统运行参数表。

（2）数据导入：将内检测执行结构 Excel，根据内检测特征分类进行自动汇总、转换到标准的内检测记录表。支持 PII 和管道公司两种格式。

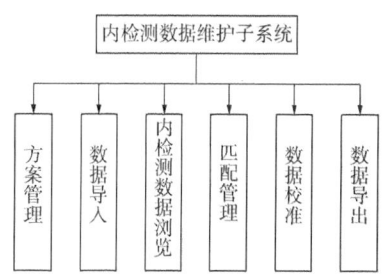

图 11-11 内检测数据维护子系统功能结构图

（3）内检测数据浏览：将内检测的每一个要素类、对象表的属性信息，以数据网格的形式供用户浏览，可方便地查询数据，并修改数据。将 APDM 管道要素和内检测数据，以里程为横坐标显示在 3 个条带上，供用户浏览和匹配。

（4）匹配管理：支持单个匹配、自动匹配、特种匹配，并可查看、删除匹配关系。并可根据匹配关系，调整显示模式。

（5）数据校准：支持以内检测数据为准，或者是以 APDM 数据为准，根据匹配关系，利用线性拉伸算法进行里程拉伸校准，从而使内检测要素获得绝对里程和依附的站列。

（6）数据导出：内检测纠正 APDM 时，根据内检测缺陷要素与 APDM 中缺陷要素的匹配关系来进行更新。以 APDM 数据纠正内检测数据时，需要将内检测检测的缺陷要素数据上传至 SDE，为内检测评估提供缺陷要素数据。同步更新 SDE 中新建内检测库下载的 APDM 数据的属性值(包括核心要素及在线要素)。

11.3.4 工程图子系统

基于管道数据模型，实现管道完整性图纸的自动生成，综合管线地图数据和管线完整性数据，生成各种不同样式的工程图纸。工程图将综合管道走向图、管道纵断面数据、管道腐蚀数据、风险评价结果、完整性评价结果、工艺运行参数等。各数据带的表现形式包括地图、线性文字、表格文字、符号点、图表等。

11.3.4.1 功能结构

工程图子系统如图 11-12 所示。

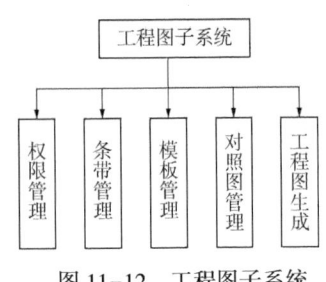

图 11-12　工程图子系统功能结构图

11.3.4.2 功能简介

(1) 权限管理：系统的用户管理采用完整性管理的统一模式，用户集中管理，权限分配细化到数据表级的控制，包括读、写、修改权限设置，用户登录后能够访问的数据完全受管理员对其授予的访问权限控制。

(2) 工程图条带库管理功能：条带管理功能设计用来事先约定条带的名称、类型和可操作的数据，由于完整性系统中的大部分数据是已知用途的，且数据内容及其含义已经确定。因此条带库的功能就可以针对这些数据确定下来，而不必每次成图时进行设置。配置条带库时就结合将来工程图的使用对条带进行类型划分，便于管理使用。

(3) 工程图模板管理功能：用户对同一类型的工程图只需要设计一次，保存成模板后，以后每次成图之前先调出模板，然后修改数据属性，就可以看到结果，大大提高工作效率。

(4) 对照图管理功能：用户可以选定已经设计好的对照图，也可以重新设计新的对照图。系统将对照图按照所属类型和管线分组显示，对照图类型是在完整性系统中预先定义好的值。

(5) 工程图生成功能：分为手工模式和批量模式，用户可选择不同方式进行工程图的打印或者输出。

11.3.5 高后果区分析子系统

高后果区分析子系统是根据所搜集的管道及基础地理数据，对管道沿线进行管廊分析、潜在影响区分析、地区等级分析等，识别出哪些地段属于高后果区，从而为管道安全提供决策支持。

11.3.5.1 功能结构

高后果区分析子系统如图 11-13 所示。

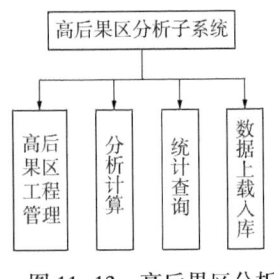

图 11-13　高后果区分析子系统功能结构图

11.3.5.2 功能简介

(1) 高后果区工程管理主要是创建及管理高后果区工程,高后果区数据及报告等。

(2) 分析计算功能主要是指连接 APDM 数据库,提取管道属性、水文、人口、地质灾害、道路、边坡等环境数据,自动完成风险评价计算,主要包括管廊分析、潜在影响区分析、地区等级分析等。

(3) 高后果区分析子系统提供了直观的评价结果展现方式(柱状图、折线图、矩阵图等),方便用户对结果进行分析。

(4) 当完成高后果区分析后,将数据上载到数据库中,可通过管道地理信息子系统进行发布。

11.3.6 风险评价(静动态)子系统

风险评价子系统通过识别对管道安全运行有不利影响的风险因素,评价事故发生的可能性和后果,综合得到管道风险大小,并提出相应风险减缓措施的分析过程。这种分析过程涉及管道系统设计、施工、运行、维护、测试、检测和其他信息的整合。风险评价是完整性管理程序的基础,在应用对象、评价范围、复杂程度及采用的方法都会不同,最终目的是要识别出对管道系统完整性影响最大的风险因素,以便管道管理者能制定有效的、分轻重缓急的预防、探测和减缓措施。

11.3.6.1 功能结构

风险评价子系统功能结构图如图 11-14 所示。

11.3.6.2 功能简介

(1) 创建及管理风险评价工程,管理风险评价数据及报告。

(2) 连接 APDM 数据库,提取管道属性、管道失效记录、水文、人口、地质灾害、道路、边坡等环境数据,自动完成风险评价计算,风险计算主要包括基于多种规则的管道系统自动分段、管道潜在失效可能性分析、管道潜在失效后果分析风险识别、管道风险等级排序计算、管道风险情景分析(what-if 分析)等。

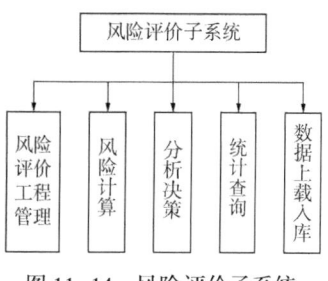

图 11-14 风险评价子系统功能结构图

(3) 分析决策主要包括管道系统管道高风险削减因素分析措施、提出管道维护决策管道风险减缓措施比选、管道优化维护方案以及管道年度维护费用优化等。

(4) 提供直观的风险评价结果展现方式(柱状图、折线图、矩阵图等),方便用户对结果进行分析。

(5) 按照 APDM 规则,完成评价结果数据的自动上载入库,可通过管道地理信息子系统进行发布。

(6) 静态风险评价,确定静态风险评价指标。

11.3.6.3 动态风险评价管理

根据交叉工程、第三方活动管理的实际情况，启动风险评价技术，专门开发交叉工程风险管理子模块，在施工前、施工期间和施工完毕后的风险进行动态跟踪，设置动态风险评价条件，自动触发动态风险评价，分别得出施工前、施工期间和施工完毕后的风险得分，给出动态风险分布。

11.3.7 完整性评价子系统

管道完整性评价子系统是以内检测数据为基础，对金属腐蚀、制造缺陷、凹陷、外接金属物、偏心套管、环焊缝异常、螺旋焊缝异常等缺陷特征进行统计分析，根据每种缺陷特征的评价标准进行评价，自动生成评价报告及开挖单。

11.3.7.1 功能结构

完整性评价子系统功能结构图如图 11-15 所示。

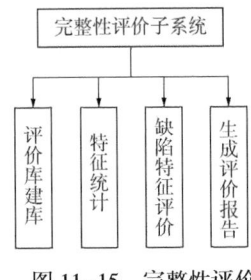

图 11-15 完整性评价子系统功能结构图

11.3.7.2 功能简介

（1）新建评价库就是新建一个 Access 格式的本地数据库，输入内检测数据的基本信息，比如管道名称、检测时间、检测区间、检测方法等，然后将以 XLS 形式存放的内检测数据导入，这样就形成一个完整性评价系统所需要的一个数据源。完整性评价系统的所有数据的统计分析就是基于该评价库。

（2）主要是统计缺陷特征的个数，各种缺陷特征所占的比例，缺陷特征在时钟方向的分布及个数统计，缺陷特征在检测里程上的深度统计，金属损失的深度统计，E.R.F 的统计等。特征统计还能统计不同深度范围内、不同检测里程范围内、不同时钟范围内的缺陷特征。

（3）特征评价主要是评价金属腐蚀，采用了国际和国内通用的评价标准，提供多种评价方法，生成金属腐蚀的修复列表，计算出腐蚀增长率，计算剩余强度，生成修复列表。同时根据修复列表生成开挖列单；还可以评价制造缺陷、环焊缝、凹陷、螺旋焊缝、外接金属物、管材问题、裂纹等缺陷。

（4）当评价完成后，可将所有的统计图表输出到一个固定格式的模板中。

11.3.8 管道业务管理子系统

以公司机关处室、各输气管理处、基层站队的管道管理日常业务为核心，按照管道完整性管理的标准及规范组织功能模块，将日常管理工作融入完整性管理的流程当中。实现管道完整性管理日常业务工作的网上办理、流转和监督。

11.3.8.1 功能结构

管道业务管理子系统功能结构图如图 11-16 所示。

11.3.8.2 功能简介

(1) 管道的本体管理：本模块主要是按照管理日常业务流程实现机关处室和各个输气处对管道本体数据的采集、审核及入库、统计分析。主要包括内检测数据的管理、地质灾害数据的管理、清管管理、风险评价管理等。

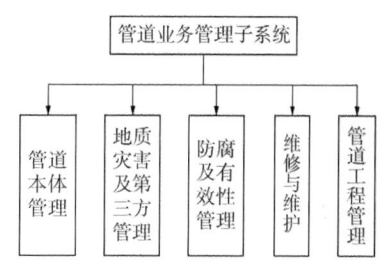

图 11-16 管道业务管理子系统功能结构图

(2) 地质灾害及第三方管理：本模块主要是按照管理日常业务流程实现基层站和各个输气处对地质灾害及第三方控制相关数据采集、审核及入库、统计分析。主要包括水工保护管理、交叉工程管理、线路巡线管理、应急信息管理、管道保护宣传流程、外事活动、反打孔盗气案件流程、管道维护月报、防汛管理（防汛物资管理、防汛周报管理、防汛总结管理、防汛重点段管理）、地质灾害巡查监测报告管理等。

(3) 防腐及有效性管理：本模块主要是按照腐蚀管理日常业务流程实现基层站和各个输气处对腐蚀及有效性控制相关数据采集、审核及入库、统计分析等。主要包括内检测管理、防腐层补伤管理、保护电位测试流程、自然电位测试流程、阳极接地电阻测试流程、恒电位仪运行记录、保护电流密度计算、防腐检漏测试流程、保护电位曲线图、保护电位异常统计、自然电位曲线图、自然电位异常分析、阳极电阻数据统计等。

(4) 维修与维护：当管线进行过维护维修作业后要求承担部门及时将信息录入地理信息系统进行记录，系统将根据维修记录自动更新 APDM 数据相关数据，并进行维修统计，为完整性评价提供依据。实现维修记录的过程化控制，为完整性评价提供重要参考。主要功能包括维修联络单、管体修复记录、管体修复统计等。

(5) 管道工程管理：主要是对管道的各类工程的基本信息以及工程建设的周报和各类检查进行管理。各类工程以中国石油西部管道公司地区公司管道处发布的信息内容及周报内容为依据，实现各个工程的周报管理。同时对各个项目的各类检查包括提供管理和发布功能。主要功能包括工程基本信息管理、工程周报、飞行检查报告等。

11.3.9 管道地理信息子系统

管道地理信息子系统是面向管道完整性应用的综合信息服务平台，通过该系统可以让用户方便地获取到管道完整性相关的空间信息和属性信息，为管道的日常管理、检测评价、应急管理提供信息查询、可视化展示及空间分析功能。

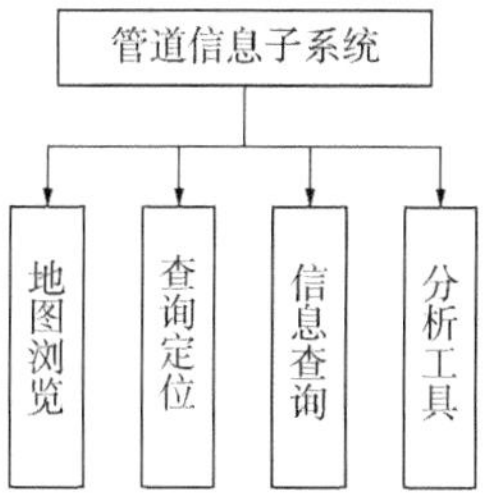

图 11-17 管道地理信息子系统功能结构图

11.3.9.1 功能结构

管道地理信息子系统功能结构图如图 11-17 所示。

11.3.9.2 功能简介

(1) 地图浏览工具，包括放大、缩小、平移、全图、左移、右移、上移、下移等。地图量算工具，包括测距、测面积等。

(2)查询定位工具：基于地名、管网名、站场名、桩号、里程、坐标、关键字等多种灵活易用的查询、定位方式等。

(3)信息查询：按照专业人员需要，灵活组织完整性管理各个环节的重要信息，形成特定专题数据，如管道设备设施、风险评价、完整性评价、检测、修复等的专题图，方便用户进行查询。同时将管道周边基础地理信息、遥感信息、环境人文信息、水文地质气候信息等各个专题的空间信息的发布共享。

(4)分析工具：按照专业人员需要，灵活组织数据，形成用户特定专题数据（如纵断面、高后果区工程图、缺陷工程图等），并以统计图、表、图纸等多种方式提供给用户使用。

11.3.10 巡检管理子系统

巡检管理子系统是针对管道巡护相关工作，如：巡检事件、巡检计划、巡检任务、巡检记录等进行数字化管理，并对巡线员基于地理信息系统进行人员定位和管线定位。

11.3.10.1 功能结构

巡检管理子系统功能结构图如图11-18所示。

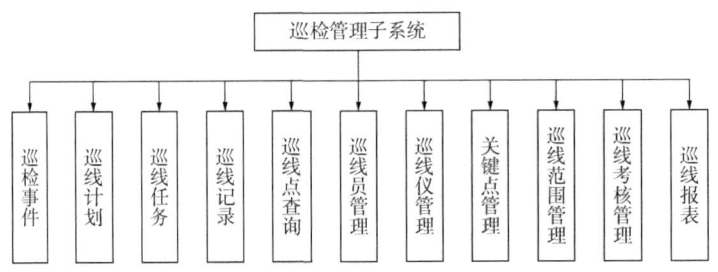

图11-18 巡检管理子系统功能结构图

11.3.10.2 功能简介

(1)巡检事件：该模块是巡检子系统的基础功能模块，巡检事件的记录；根据时间轴进行管道巡检事件的管理，实现不同日期巡线计划的查询，并进行地图定位。

(2)巡线计划：将巡线计划展示在巡线系统，并进行数据展示。

(3)巡线任务：巡线计划按单位下发巡线员自动生成巡线任务，将巡线任务展示在巡线系统中，并下发巡线人员自动生成巡线任务。

(4)巡线记录：主要是在系统中实现巡线记录的管理。

(5)巡线点查询：主要是通过巡检仪器定位传送出来的数据，勾画出巡检人员的巡检轨迹，实现人员巡线的监督，保证巡线工作的切实执行。

(6)巡线员管理：主要是对巡线人员信息的管理。由于人员岗位调动等原因发生巡线人员变动，保证现场巡线人员与实际相符，便于管理，保证巡线工作的按时进行。

(7)巡线仪管理：主要是对公司巡线仪器的使用状态进行管理，维护公司的固定资产。

（8）关键点管理：是通过单位定位管理查询所属关键点，便于监督巡检人员完成情况。

（9）巡线范围管理：主要是对单位下的管网查询得到管网列表，再查询管网下的巡线范围，实现对其增删改操作，便于巡检任务的分派。

（10）巡线考核管理：主要是对巡线考核信息进行维护，实现巡线考核信息的查看、编辑、上传，并对巡检人员完成情况作出评价。

（11）巡线报表：主要是对巡线点和巡线计划数据的查询。

11.3.11 决策支持子系统

11.3.11.1 应急管理模块

应急管理子系统主要是对应急资源、应急设施、应急预案等的管理，实现辅助决策，提高应急效率。

（1）决策支持子系统功能结构图如图 11-19 所示。

（2）功能简介。

① 事故影响区域。

事故影响区域主要是据事故点【桩号】或者【桩号+偏移量】信息查询定位至事故点所在空间位置，根据居民点、学校、医院等社会资源，列表处详细表单，双击可定位至目标位置实现事故影响区域的计算分析，为事故应急预案提供了保障。

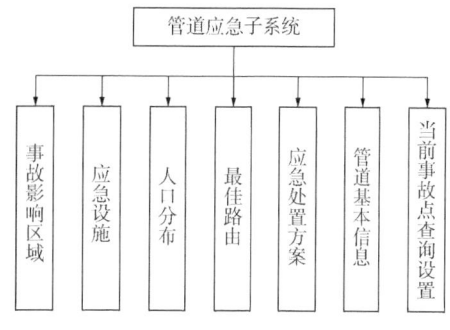

图 11-19 决策支持子系统功能结构图

② 应急设施。

应急设施主要是对公司相关应急设备设置的管理。

③ 人口分布。

人口分布主要是对事故点非安全范围内的人员进行统计，并基于地理信息系统进行分布展示。

④ 最佳路由。

最佳路由主要是根据用户指定的起始点和终止点，分析到达目标位置的最佳路由，展示路由详细文字描述；通过点与点之间最短路径的计算，为事故应急预案提供了保障，使得公司能快速准确地整合资源进行事故抢修。

⑤ 应急处置方案。

应急处置方案主要是根据[桩号/桩号+偏移量]查询机具、人员、应急物资、应急基础资料(设计文件、设计图纸、竣工资料)、地方救援机构等相关基本信息，实现对事故影响范围内的分析，快速定位应急以及抢修资源，实现对事故的快速处理以及相应做到一个决定的作用。

⑥ 管道基本信息。

管道基本信息主要是根据事故点【桩号】或者【桩号+偏移量】信息查询定位至事故点

所在空间位置,查询施工桩号和设计桩号,以及钢管编号、类型、管径、埋深、壁厚、焊缝类型、土壤类型、钢管材质、人口分布和详细上下游钢管信息,保障用户能及时快速地定位到相应的数据。

⑦ 当前事故点查询设置。

当前事故点查询设置主要是根据事故点的位置进行地图定位以及相关人员的定位。

11.3.11.2　阴极保护功能完整性决策支持

阴极保护工程实施断电电位管理,采用电位远传的方式,实现日常阴极保护数据如保护电位、自然电位、恒电位仪、保护电流密度等的上传和自动上报,并对防腐层检测与修复情况进行科学管理。

11.3.11.3　高后果区及地区等级升级地段风险评估

针对高后果区、地区等级升级地段,采用基于历史失效数据和基于可靠性理论的计算模型,考虑天然气管道失效模式对后果的影响,建立管道失效概率计算方法;分析管道事故灾害类型,并考虑财产损失、人员伤亡、管道破坏、服务中断和介质损失等管道失效后果情景,建立天然气管道失效后果的定量估算模型(图11-20)。

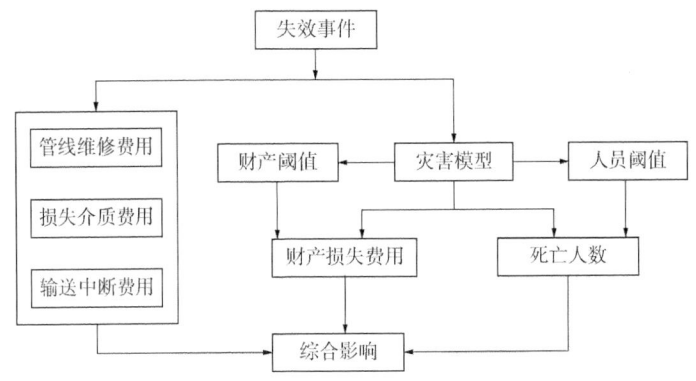

图11-20　天然气管道失效后果定量风险评估流程图

11.3.11.4　智能无人机巡线决策支持

传统的人工巡线方法,不仅工作量大,而且条件艰苦,特别是山区、河流、沼泽及无人区等地的管道巡检,抑或冰灾、水灾、地震、滑坡、夜间的巡线检查,所花时间长、人力成本高、困难大。而管道线路危险区域巡检采用无人机全数字化巡检,在特殊地段、风险较大的地段,进行第三方防范巡护、泄漏巡检巡护,可以克服传统人工巡线方法的不足。泄漏巡检搭载高精度红外热像仪或红外光谱仪,可以对危险区域进行泄漏识别,及时预警和报警。

11.3.11.5　管道在线完整性评估

针对内外检测缺陷、几何变形、重车碾压、洪水冲击、矿场堆料、管道悬空、阀室沉降、管道屈曲、山体滑坡、管道落差坑沟填埋、并行管道、爆破等建立有限元仿真评估模型。目前,重点针对不同钢级管道适用性评估开展研究,建立了管道氢致开裂、焊缝、平面型缺陷、体积型缺陷、几何缺陷的理论评估方法,建立了有限元、边界元的数学仿真模型,开发了系列评估软件;提出了氢致开裂断裂判据,研究了氢浓度对管道断裂的影响,建立了新的管道失效评定关系,并给出了失效评定图;确定了一定输送压力和 H_2S 含量下,含裂纹缺陷管道的安全度和安全范围,给出了相应的安全系数;建立了管道内腐蚀直接评估、管道外腐蚀直接评估、应力腐蚀开裂直接评估方法,实现了管道实时在线完整性评估。已经开发的模块、模型[19]有:管道适用性评价标准 API PR579、管道国际缺陷评价标准 DNV-RP-F101 \ ASME B31.G \ Rstreng \ Modified B31.G、管道焊缝评估系统、管道 BS7910 评估系统、管道氢致开裂完整性评价与寿命预测系统。

11.3.11.6 管道大数据框架分析

基于大数据的相关性、非因果性分析理论,管道系统大数据的来源包括实时数据、历史数据、系统数据、网络数据等,类别包括管道腐蚀数据、管道建设数据、管道地理数据、资产设备数据、检测监测数据、运营数据、市场数据等。未来管网系统大数据通过互联网、云计算、物联网实现信息系统集成,将各类数据统一整合,通过建立大数据分析模型,解决管道当前的泄漏、腐蚀、自然与地质灾害影响、第三方破坏等数据的有效应用问题,获得腐蚀控制、能耗控制、效能管理、灾害管理、市场发展、运营控制等综合性、全局性的分析结论(图 11-21),指导管道企业的可持续发展。

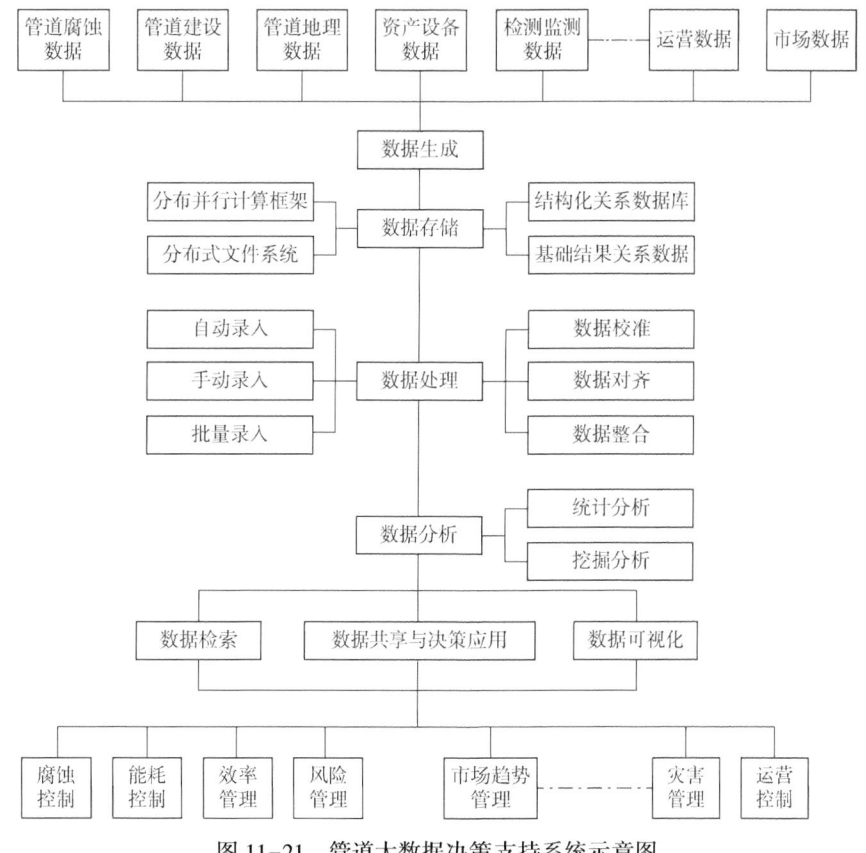

图 11-21 管道大数据决策支持系统示意图

11.3.11.7 焊缝底片识别大数据风险分析

焊缝是管道的重要特征之一，其质量直接影响管道的本质安全，2010 年以来，国内发生了 10 余起管道焊缝失效事故。焊缝缺陷主要表现为：管道碰死口，焊缝射线片不合格，隐藏缺陷，焊缝射线底片与焊口对应不上。通过大数据分析能够发现焊缝缺陷或隐含的问题，获取碰死口位置的全部底片[21]。

基于 X 射线的焊缝图像，可以对缺陷的特征进行提取和自动识别：对焊缝图像采用均值滤波和中值滤波相结合的方法进行预处理，对比两类图像增强算法，选择直方图均衡方法进行图像增强，采用迭代阈值图像分割算法对焊缝区域进行分割，并对焊缝缺陷进行特征提取和特征选择，进而采用基于二叉树的支持向量机分类器方法对焊缝缺陷进行分类识别，筛选可能的缺陷特征，如裂纹、未焊透、未熔合、气孔、球状夹渣及条状夹渣等，如图 11-22 所示。

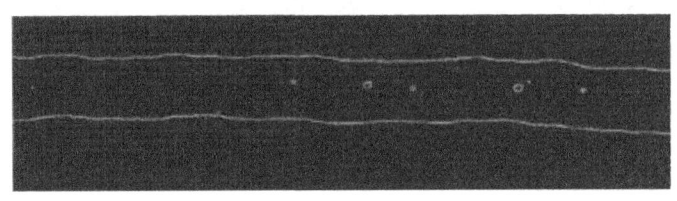

图 11-22　焊片气孔 Roberts 算子分析结果

11.3.11.8 基于物联网组网监测的地质灾害预警

开发管道地质灾害监测系统，由传感器、采集仪、传输模块、评价系统组成，其克服了极端天气、系统供电等困难，实现了 7×24 h 时时监测及自动报警管理。该系统能够实时监测地质灾害区、高后果区管道的应力、应变状态，包括应变监测、温度监测、位移监测、土压监测，及时进行应变报警、应力报警、位移报警，已经形成管道监测网。

11.3.11.9 管道泄漏实时监测

管道泄漏监测系统以 SCADA 系统或负压波、次生波、光纤等监测传感器的实时数据作为基础，数据出现异常时系统将详细检查这些异常数据，并分析是否为泄漏。管道泄漏监测系统发现泄漏点后，将立刻发出警报并显示泄漏地点、泄漏时间、泄漏速度和泄漏总量等数据。

11.3.11.10 远程设备维护及故障隐患可视化巡检培训

远程设备拆装维护实训，通过对设备零部件、组件按正确顺序进行拆解和组装，可以直观地查看设备整体展开或剖面结构，单独查看设备各个零部件和组件的外观，掌握设备的组成、结构及运行原理，以及正确的拆装工具、拆装流程、注意事项，为设备的维护维修奠定基础。

通过积累长输管道场站典型故障与隐患案例，建立故障隐患数据库，利用三维可视化技术对场站进行三维重建，学员在虚拟环境中巡查摸排系统设定的故障隐患，熟悉典型故障点及处理方法。同时,系统在员工训练结束后可以给出分析评价,使领导能够定期掌握员工对风险故障隐患的掌握情况。

11.3.11.11 智慧管道运维决策支持分析

通过数据挖掘工具,挖掘数据内在的关联和规则,寻找数据与数据之间、数据与事件之间的相关性和规律性。进行内检测数据与施工数据比对分析及内外检测对比分析,将无损检测片进行数字化处理后研究环焊缝探伤数据识别技术,提出多轮内检测数据采集、比对和入库及内检测大数据综合分析技术。

通过分析管道内外检测数据,结合管线其他建设、运行管理、维护、外检测、阴极保护、地质灾害监测数据,建立建设期数据质量评估、管道内检测数据质量评估、特殊焊缝开挖检测计划优化、管道内检测计划优化、管道本体缺陷修复计划优化、管道防腐、补口修复计划优化、地灾风险控制方案优化、管道巡护方案优化和应急抢修决策支持等9个辅助决策分析模型。

11.3.12 新技术子系统

11.3.12.1 移动应用

随着4G、5G网络环境的形成,移动应用成为管道管理发展的重要组成部分。移动应用(图11-23)使管理者与系统紧密结合,使用手机或iPAD保证第一时间内开展突发事件处置、文件处理、在线管理,及时了解管道运行动态,最大限度地保障管道安全运营。

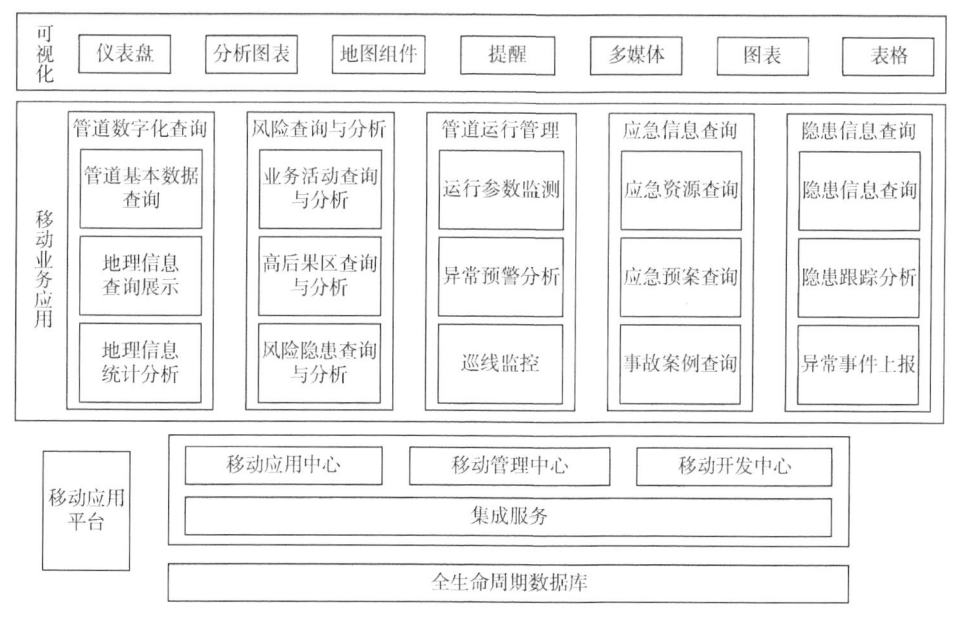

图11-23 新技术子系统移动应用图

11.3.12.2 视频平台联动

集团所属企业视频和工业电视系统,接入本平台,需要调用时,马上切换到该视频系统和工业电视监控系统平台，实现应急与工业电视的联动，保障远程人员和场景的实时展现，并通过视频会议和工业电视系统监控作业、生产情况。

11.3.12.3　输气系统水力仿真和日指定管理

实现管道系统日指定输量的预测，该平台也可接入水力仿真系统，通过输气系统的水力仿真，预测高峰高日的数量，实现自动日指定的指定管理，自动进行分输站流量压力的匹配，实现人工管理转变为系统的自动管理，人为干预变为自动化管理。

11.3.12.4　IP 电话通信、短信及通信录平台管理

实现公司 IP 电话网络、三大运营商短信平台的实时接入，可进行通信录的查询、实现短信平台的接入和实时拨打电话管理，发生险情立即通知所有短信平台用户，点击通信录可立即进行电话接入，满足应急及日常生产和管理需求。

11.3.12.5　SCADA 系统数据接入

通过该平台可调用查看 SCADA 系统中的数据，有效管理各站场、阀室流量和压力数据，以及各站场主要设备流程图，主要工艺设备运行参数，查阅各阶段、各时期的运行数据，以及主要生产动态。

11.3.13　公共联络子系统

11.3.13.1　征地及土地占用管理

通过对管道途径区域 5m 范围，以及管线周围 500m 范围的生产活动管控，协调永久征地和临时占用土地的管理，系统中记录与有关部门的相关征地事项，进行征地及土地占用管理。

11.3.13.2　通过权管理

系统设计通过权管理功能，详细记录通过权管理的有关事由、时间、地点、责任人、赔偿事项、管控方式、通过权登记等事项。

11.3.13.3　政府各部门协调管理

本系统将录入管道管理的政府部门职责，建立与政府各部门对接的管理系统，记录公安、安监、质检、维稳、信息化、能源、工商等相关协调事项和记录检查、指导等的情况，建立合规管理平台，承载政府和部门的业务监督管理。

11.3.13.4　社区关系管理

该系统开发社区管理模块，针对社区公共关系联络，宣传机制、管道保护模式进行管理，记录社区走访、宣传、实效、公益行动计划等，建立与社区关系管理的平台。

11.3.13.5　应急联络

系统中建立应急联络模块，包括通信录，应急各方的联络方法、应急沟通机制、沟通电话、通信地址、家庭住址、管理职责、应急预案备案、应急备用联络人等多项内容，形成有效的沟通交流机制和建立共同应急演练联动机制。

参 考 文 献

[1] 陆悦. 新粤浙管道智能化管道建设研究[D]. 青岛：中国石油大学(华东)，2016.
[2] 毛爱芹. 基于GIS的长输管道应急处置系统的设计与实现[J]. 数字化用户，2017，23(25)：84，6.
[3] 颜达峰. 城市高压天然气管网风险评估系统管理研究[D]. 上海：复旦大学，2011.
[4] 路遥. 城市燃气管道完整性管理体系研究[D]. 武汉：华中科技大学，2013.
[5] 袁泉. 管道完整性数据管理的研究与设计[D]. 西安：西安科技大学，2010.
[6] 李惠霞. 基于管道完整性内检测数据的对齐及应用[J]. 2020(31)：179.
[7] 卢建明，刘承松，韩士英. 天然气智慧管网调度运行技术的探索与实践[J]. 油气田地面工程，2019，38(11)：4.
[8] 陈刚. 基于数字化的船舶设计项目管理体系研究[D]. 武汉：武汉理工大学，2012.
[9] 宋汉成，冯庆善，王学力，等. 管道完整性评价软件及其应用[J]. 2012 (6)：4.
[10] 张林东. 管道内检测完整性评价软件设计与实现[J]. 信息系统工程，2016(6)：1.
[11] 周利剑，周利剑，郭磊，等. 企业级完整性管理平台的建设及应用——中石油管道完整性管理系统[C]//第二届中国管道完整性管理技术交流暨标准宣贯大会论文集. 北京：中国石化出版社，2011.
[12] 鲁佳琪，张兴龙，张志坚，等. 长输管道应急辅助决策系统建设研究[J]. 2017，24(4)：2.
[13] 董绍华，张河苇. 基于大数据的全生命周期智能管网解决方案[J]. 油气储运，2017，36(1)：9.

附录

部分业务数据数据库命名规则

1. 类层次元数据

（1）APDM 类。

表 名	APDMClass					别 名	APDM 类	
表 类 型	☑属性 □点 □线 □面					数 据 集	Root	
说 明	记录 APDM 类信息							
序号	字段	类型	大小	主/外键	是否非空	默认值	域名/域值	中文说明
1	OBJECTID	OID	4		否			OBJECTID
2	ClassEventID	String	38	FK	是			类事件 ID
3	ClassName	String	28		是			类名称
4	APDMClassType	Integer	4		是		gnAPDMClassType	APDM 类类型
5	RequiresGeometry	Integer	4		是		gnRequiresGeometry	是否需要几何字段
6	LevelType	String	50		是		caswAPDMLevel	等级类型
7	BelongedType	String	50		是		caswAPDMType	所属类型
8	ChsName	String	50		是			中文名称

（2）在线位置类。

表 名	OnlineLocationClass					别 名	在线位置类	
表 类 型	☑属性 □点 □线 □面					数 据 集	Root	
说 明	记录在线位置类信息							
序号	字段	类型	大小	主/外键	是否非空	默认值	域名/域值	中文说明
1	OBJECTID	OID	4		否			OBJECTID
2	OriginClassEventID	String	38	FK	是			原始类事件 ID
3	OnlineClassEventID	String	38	FK	是			在线类事件 ID
4	OnlineLocationMechanism	Integer	4		是	0	gnOnlineLocationMechanism	构造在线位置的方法

2. 核心要素

（1）控制点。

表　　名		ControlPoint				别　　名		控制点
表 类 型		□属性　☑点　□线　□面				数 据 集		Transmission
说　　明		控制点是指在管线中心线上具有已知地理位置坐标和里程值的点。包括站列要素的起点、终点、沿站列的变形（弯曲）点或者管线交叉点。在数据采集过程中，控制点可以是沿管线的转角桩或沿管线的 GPS 测量点，通过这些点可以在管线系统中明确地描述管线的走向						

序号	字段	类型	大小	主/外键	是否非空	默认值	域名/域值	中文说明
1	OBJECTID	OID	4		否			OBJECTID
2	CreatedBy	String	15		是			创建者
3	CreatedDate	Date	8		是			创建日期
4	EffectiveFromDate	Date	8		是			起始有效期
5	EffectiveToDate	Date	8		是			失效日期
6	EventID	String	38	PK	是			事件 ID
7	OriginEventID	String	38		是			原始 ID
8	LastModified	Date	8		是			最后修改日期
9	ModifiedBy	String	15		是			修改者
10	HistoricalState	Integer	4		是	0		历史状态
11	ProcessFlag	String	10		是			标识列
12	Remarks	String	255		是			备注
13	GroupEventID	String	38		是			组 ID
14	OperationalStatus	Integer	4		是			运行状态
15	StationSeriesEventID	String	38	FK	是			站列事件 ID
16	SymbolRotation	Double	8		是	0		符号旋转方向
17	CLXYEditResponse	Integer	4		是	0		xy 坐标编辑响应规则
18	CLStationEditResponse	Integer	4		是	0		里程编辑响应规则
19	CLZEditResponse	Integer	4		是	0		z 值编辑响应规则
20	CLControl	Integer	4		是	1		中心线控制
21	ControlPointAngle	Double	8		是			控制点角度
22	ControlPointType	Integer	4		是			控制点类型

续表

表 名		ControlPoint				别 名		控制点
表 类 型		□属性 ☑点 □线 □面				数 据 集		Transmission
说 明		控制点是指在管线中心线上具有已知地理位置坐标和里程值的点。包括站列要素的起点、终点、沿站列的变形(弯曲)点或者管线交叉点。在数据采集过程中,控制点可以是沿管线的转角桩或沿管线的 GPS 测量点,通过这些点可以在管线系统中明确地描述管线的走向						

序号	字段	类型	大小	主/外键	是否非空	默认值	域名/域值	中文说明
23	PIDirection	Integer	4		是			控制点方向
24	StationValue	Double	8		是			里程(m)
25	SubTypeCD	Integer	4		是			子类型
26	SHAPE	Geometry	不定		是			Shape
27	PostNumber	String	255		是			控制点编号
28	Z	Double	8		是			管顶高程(m)
29	VerifiedInd	Integer	4		是			是否已检验
30	SurfaceHeight	Double	8		是			地表高程(m)
31	PipeTopDepth	Double	8		是			管顶埋深(m)
32	MeasureStation	Double	8		是			测量里程
33	MeasurePipeLength	Double	8		是			管道实长
34	RelativeStation	String	50		是			相对里程
35	CornerAngle	String	50		是			转角角度(水平)
36	CornerAngleV	String	50		是			转角角度(纵向)
37	MeasurePointType	String	50		是			测点属性
38	LateralDeviation	Double	8		是			桩横向偏移距离(m)
39	LongitudinalDeviation	Double	8		是			桩纵向偏移距离(m)
40	DataResolution	Integer	4		是			比例尺
41	WGS84X	Double	8		是			X 坐标(WGS84)
42	WGS84Y	Double	8		是			Y 坐标(WGS84)
43	BJ54X	Double	8		是			X 坐标(BJ54)
44	BJ54Y	Double	8		是			Y 坐标(BJ54)
45	XA80X	Double	8		是			X 坐标(XA80)
46	XA80Y	Double	8		是			Y 坐标(XA80)

（2）站列。

表　　　名		StationSeries				别　　　名		站列
表　类　型		□属性　□点　☑线　□面				数　据　集		Transmission
说　　　明		管道中心线是由站列组成，站列是由控制点组成。站列是已知 M 值（可选 Z 值）的连续的折线段描述的一段管线，它是为管线管理而引出的逻辑概念。其中，M 值代表里程，Z 代表高程。站列是线要素类，每个站列都具有起始里程值和终止里程值						

序号	字段	类型	大小	主/外键	是否非空	默认值	域名/域值	中文说明
1	OBJECTID	OID	4		否			OBJECTID
2	CreatedBy	String	15		是			创建者
3	CreatedDate	Date	8		是			创建日期
4	EffectiveFromDate	Date	8		是			起始有效期
5	EffectiveToDate	Date	8		是			失效日期
6	EventID	String	38	PK	是			事件 ID
7	OriginEventID	String	38		是			原始 ID
8	LastModified	Date	8		是			最后修改日期
9	ModifiedBy	String	15		是			修改者
10	HistoricalState	Integer	4		是			历史状态
11	ProcessFlag	String	10		是			标识列
12	Remarks	String	255		是			备注
13	OperationalStatus	Integer	4		是			运行状态
14	SeriesName	String	25		是			站列名称
15	SeriesOrder	Integer	4		是			站列序号
16	BeginStation	Double	8		是			起始里程(m)
17	EndStation	Double	8		是			结束里程(m)
18	FromConnectionStationValue	Double	8		是			起始站列里程值
19	FromSeriesEventID	String	38	FK	是			上一站列事件 ID
20	ToConnectionStationValue	Double	8		是			结束站列里程值
21	ToSeriesEventID	String	38	FK	是			下一站列事件 ID
22	LineLoopEventID	String	38	FK	是			管网事件 ID
23	SubTypeCD	Integer	4		是			子类型
24	SHAPE	Geometry	不定		是			Shape
25	Shape_Length	Double	8		是			空间长度(m)
26	DataResolution	Integer	4		是			比例尺
27	BranchParentEventID	String	38	FK	是			分支 ID
28	MediumType	Integer	4		是		clMediumType	介质类型

（3）站场。

表　　　名		Site				别　　　名		站场
表　类　型		□属性　□点　□线　☑面				数　据　集		Transmission
说　　　明		记录管道沿线场站信息						
序号	字段	类型	大小	主/外键	是否非空	默认值	域名/域值	中文说明
1	OBJECTID	OID	4		否			OBJECTID
2	SHAPE	Geometry	不定		是			Shape
3	CreatedBy	String	15		是			创建者
4	CreatedDate	Date	8		是			创建日期
5	EffectiveFromDate	Date	8		是			起始有效期
6	EffectiveToDate	Date	8		是			失效日期
7	EventID	String	38	PK	是			事件 ID
8	OriginEventID	String	38		是			原始 ID
9	LastModified	Date	8		是			最后修改日期
10	ModifiedBy	String	15		是			修改者
11	HistoricalState	Integer	4		是		gnHistoricalState	历史状态
12	ProcessFlag	String	10		是			标识列
13	Remarks	String	255		是			备注
14	InstallationDate	Date	8		是			安装日期
15	InServiceDate	Date	8		是			投用日期
16	OperationalStatus	Integer	4		是		gnOperationalStatus	运行状态
17	SiteName	String	45		是			站场名称
18	SiteType	Integer	4		是		opSiteType	站场类型
19	AddressEventID	String	38	FK	是			地址事件 ID
20	InletTemperature	Double	8		是			进站温度
21	OutletTemperature	Double	8		是			出站温度
22	Contact	String	25		是			联系人
23	Location	String	64		是			地理位置
24	DataResolution	Integer	4		是		gnDataResolution	比例尺
25	FencedInd	Integer	4		是		gnYesNo	是否有围墙
26	ISRTU	Integer	4		是		gnYesNo	是否 RTU
27	FUserID	String	20		是			站场编号
28	LinePipeName	String	50		是			所属管线
29	StationPostion	String	50		是			站场行政地理位置
30	MeasuredArea	String	255		是			测量面积

续表

表 名	Site				别 名	站场
表 类 型	□属性	□点	□线	☑面	数 据 集	Transmission
说 明	记录管道沿线场站信息					

序号	字段	类型	大小	主/外键	是否非空	默认值	域名/域值	中文说明
31	SpanStationPipeLen	Double	8		是			站内越站管线长度
32	InStationMarker	String	20		是			进站桩号
33	OutStationMarker	String	20		是			出站桩号
34	Description	String	200		是			说明
35	Shape_Length	Double	8		是			空间长度(m)
36	Shape_Area	Double	8		是			空间面积(m²)

(4) 管网。

表 名	LineLoop				别 名	管网
表 类 型	☑属性	□点	□线	□面	数 据 集	Root
说 明	管网是指按照管线之间层次关系对管线进行分类、组织、管理					

序号	字段	类型	大小	主/外键	是否非空	默认值	域名/域值	中文说明
1	OBJECTID	OID	4		否			OBJECTID
2	EventID	String	38	PK	是			事件ID
3	OriginEventID	String	38		是			原始ID
4	CreatedBy	String	15		是			创建者
5	CreatedDate	Date	8		是			创建日期
6	EffectiveFromDate	Date	8		是			起始有效期
7	EffectiveToDate	Date	8		是			失效日期
8	LastModified	Date	8		是			最后修改日期
9	ModifiedBy	String	15		是			修改者
10	HistoricalState	Integer	4		是		gnHistoricalState	历史状态
11	ProcessFlag	String	10		是			标识列
12	Remarks	String	255		是			备注
13	GroupEventID	String	38		是			组ID
14	OperationalStatus	Integer	4		是		gnOperationalStatus	运行状态
15	LineName	String	45		是			管网名称
16	LineType	String	9		是		LineType	管网类型
17	LineNumber	String	25		是			管网编号
18	AltName	String	25		是			别名
19	MediumType	Integer	4		是		clMediumType	介质类型

(5) 管网层次。

表　　名	LineLoopHierarchy					别　　名		管网层次
表 类 型	☑属性　□点　□线　□面					数 据 集		Root
说　　明	用父子关系来描述管网间的层次关系							
序号	字段	类型	大小	主/外键	是否非空	默认值	域名/域值	中文说明
1	OBJECTID	OID	4		否			OBJECTID
2	EventID	String	38	PK	是			事件ID
3	ParentLineLoopEventID	String	38	FK	是			父管网事件ID
4	ChildLineLoopEventID	String	38	FK	是			子管网事件ID

(6) 公司。

表　　名	Company					别　　名		公司
表 类 型	☑属性　□点　□线　□面					数 据 集		Root
说　　明	存储系统涉及的所有公司类信息							
序号	字段	类型	大小	主/外键	是否非空	默认值	域名/域值	中文说明
1	OBJECTID	OID	4		否			OBJECTID
2	EventID	String	38	PK	是			事件ID
3	OriginEventID	String	38		是			原始ID
4	CreatedBy	String	15		是			创建者
5	CreatedDate	Date	8		是			创建日期
6	EffectiveFromDate	Date	8		是			有效起始日期
7	EffectiveToDate	Date	8		是			失效日期
8	LastModified	Date	8		是			最后修改日期
9	ModifiedBy	String	15		是			修改者
10	HistoricalState	Integer	4		是		gnHistoricalState	历史状态
11	ProcessFlag	String	10		是			标识列
12	Remarks	String	255		是			备注
13	Status	Integer	4		是		gnStatus	状态
14	CompanyLabel	String	45		是			公司标识
15	CompanyName	String	25		是			公司名称
16	CompanyType	Integer	4		是		CompanyType	公司类型
17	AddressEventID	String	38	FK	是			地址事件ID

(7) 油气产品。

表 名		Product				别 名		油气产品
表 类 型		☑属性 □点 □线 □面				数 据 集		Root
说 明		记录管道中输送油/气产品的情况						
序号	字段	类型	大小	主/外键	是否非空	默认值	域名/域值	中文说明
1	OBJECTID	OID	4		否			OBJECTID
2	EventID	String	38	PK	是			事件ID
3	OriginEventID	String	38		是			原始ID
4	CreatedBy	String	15		是			创建者
5	CreatedDate	Date	8		是			创建日期
6	EffectiveFromDate	Date	8		是			起始有效期
7	EffectiveToDate	Date	8		是			失效日期
8	LastModified	Date	8		是			最后修改日期
9	ModifiedBy	String	15		是			修改者
10	HistoricalState	Integer	4		是		gnHistoricalState	历史状态
11	ProcessFlag	String	10		是			标识列
12	Remarks	String	255		是			备注
13	Status	Integer	4		是		gnStatus	状态
14	LineLoopEventID	String	38	FK	是			管网事件ID
15	Product	Integer	4		是		clProductType	产品类型
16	ProductInterval	String	38		是			输送间隔
17	Name	String	50		是			产品名称
18	Velocity	Double	8		是			流速(m/s)
19	Temperature	Double	8		是			温度(℃)
20	pH	Double	8		是			pH值
21	CO_2	Double	8		是			二氧化碳含量(%)
22	Cl	Double	8		是			氯含量(%)
23	Density	Double	8		是			密度
24	H_2S	Double	8		是			硫化氢含量(%)
25	H_2O	Double	8		是			水含量(%)
26	Boil	Double	8		是			沸点(℃)

3. 设施

（1）套管。

表 名		Casing				别 名	套管	
表 类 型		□属性 □点 ☑线 □面				数 据 集	Transmission	
说 明		在管道与道路或者河流交叉的位置安装套管						
序号	字段	类型	大小	主/外键	是否非空	默认值	域名/域值	中文说明
1	OBJECTID	OID	4		否			OBJECTID
2	SHAPE	Geometry	不定		是			Shape
3	CreatedBy	String	15		是			创建者
4	CreatedDate	Date	8		是			创建日期
5	EffectiveFromDate	Date	8		是			起始有效期
6	EffectiveToDate	Date	8		是			失效日期
7	EventID	String	38	PK	是			事件 ID
8	OriginEventID	String	38		是			原始 ID
9	LastModified	Date	8		是			最后修改日期
10	ModifiedBy	String	15		是			修改者
11	HistoricalState	Integer	4		是		gnHistoricalState	历史状态
12	ProcessFlag	String	10		是			标识列
13	Remarks	String	255		是			备注
14	StationSeriesEventID	String	38	FK	是			站列事件 ID
15	CLEditResponse	Integer	4		是		clEditResponse	中心线编辑响应规则
16	CLValidatyTolerance	Double	8		是			校正容限值
17	InstallationDate	Date	8		是			安装日期
18	InServiceDate	Date	8		是			投用日期
19	OperationalStatus	Integer	4		是		gnOperationalStatus	运行状态
20	SiteEventID	String	38		是			站场事件 ID
21	BeginStation	Double	8		是			起始里程(m)
22	EndStation	Double	8		是			结束里程(m)
23	GroupEventID	String	38		是			组 ID
24	CasingLength	Double	8		是			套管长度(m)
25	CrossingType	Integer	4		是		CrossingType	穿跨越类型

续表

表 名		Casing					别 名		套管
表 类 型		□属性 □点 ☑线 □面					数 据 集		Transmission
说 明		在管道与道路或者河流交叉的位置安装套管							
序号	字段		类型	大小	主/外键	是否非空	默认值	域名/域值	中文说明
26	FilledInd		Integer	4		是		gnYesNo	是否已填充
27	InsulatorType		Integer	4		是		fcCasingInsulatorType	绝缘类型
28	SealType		String	9		是		SealType	密封类型
29	Shorted		Integer	4		是		gnYesNo	是否短接
30	Vented		Integer	4		是		gnYesNo	是否已排空
31	WallThickness		Double	8		是		WallThickness	套管壁厚(mm)
32	InsulatedInd		Integer	4		是		gnYesNo	是否绝缘
33	Material		Integer	4		是		Material	填充材料
34	ProtectInd		Integer	4		是		gnYesNo	套管两侧是否有阴极保护设备
35	OutsideDiameter		Double	8		是		Diameter	套管外径(mm)
36	AssemblyCompany		String	30		是			施工单位
37	InspectingCompany		String	30		是			监理单位
38	TestingCompany		String	30		是			检测单位
39	DataResolution		Integer	4		是		gnDataResolution	比例尺
40	Num		String	30		是			编号
41	Name		String	30		是			名称
42	MeasureStartLocation		String	30		是			起点相对位置
43	StartZ		Double	8		是			起点Z
44	MeasureFinishingLocation		String	30		是			终点相对位置
45	FinishingZ		Double	8		是			终点Z
46	CoatingType		Integer	4		是		CoatingType	防腐类型
47	CasingType		Integer	4		是		CasingType	套管类型
48	CrossingObject		Integer	4		是		CrossingObject	穿跨越对象类型
49	Shape_Length		Double	8		是			空间长度(m)
50	CasingMaterial		String	50		是			套管材质

(2)防腐层。

表　　名	Coating				别　　名	防腐层	
表 类 型	□属性　□点　☑线　□面				数 据 集	Transmission	
说　　明	对管道进行防腐处理,如管道的内部/外部涂层						
序号	字段	类型	大小	主/外键	是否非空	默认值	域名/域值	中文说明
1	OBJECTID	OID	4		否			OBJECTID
2	CreatedBy	String	15		是			创建者
3	CreatedDate	Date	8		是			创建日期
4	EffectiveFromDate	Date	8		是			起始有效期
5	EffectiveToDate	Date	8		是			失效日期
6	EventID	String	38	PK	是			事件 ID
7	OriginEventID	String	38		是			原始 ID
8	LastModified	Date	8		是			最后修改日期
9	ModifiedBy	String	15		是			修改者
10	HistoricalState	Integer	4		是		gnHistoricalState	历史状态
11	ProcessFlag	String	10		是			标识列
12	Remarks	String	255		是			备注
13	StationSeriesEventID	String	38	FK	是			站列事件 ID
14	CLEditResponse	Integer	4		是		clEditResponse	中心线编辑响应规则
15	CLValidatyTolerance	Double	8		是			校正容限值
16	InstallationDate	Date	8		是			安装日期
17	InServiceDate	Date	8		是			投用日期(如果经过大修应填换新时间)
18	OperationalStatus	Integer	4		是		gnOperationalStatus	运行状态
19	SiteEventID	String	38	FK	是			站场事件 ID
20	BeginStation	Double	8		是			起始里程(m)
21	EndStation	Double	8		是			结束里程(m)
22	GroupEventID	String	38		是			组 ID
23	CoatingCondition	Integer	4		是		CoatingCondition	防腐层状况
24	CoatingLength	Double	8		是			防腐层长度
25	CoatingLocation	Integer	4		是		fcCoatingLocation	防腐层位置
26	CoatingMaterial	Integer	4		是		CoatingMaterial	防腐层材料
27	CoatingMill	Integer	4		是		fcCoatingManufacturer	防腐层制造厂商
28	CoatingSource	Integer	4		是		CoatingSource	防腐层安装地点

续表

表 名	Coating					别 名	防腐层	
表 类 型	□属性 □点 ☑线 □面					数据集	Transmission	
说 明	对管道进行防腐处理，如管道的内部/外部涂层							
序号	字段	类型	大小	主/外键	是否非空	默认值	域名/域值	中文说明
29	InternalCoating	Integer	4		是		gnYesNo	是否适用于管道内部
30	SHAPE	Geometry	不定		是			Shape
31	Shape_Length	Double	8		是			空间长度(m)
32	InternalExternal	Integer	4		是		InternalExternal	内/外防腐
33	CoatingThickness	Double	8		是			防腐层厚度(mm)
34	TestVoltage	Double	8		是			检漏电压(V)(在施工过程中对管体测试的电压)
35	ManufactureMethod	Integer	4		是		ManufactureMethod	涂刷方式
36	AssemblyCompany	String	30		是			施工单位
37	InspectingCompany	String	30		是			监理单位
38	TestingCompany	String	30		是			检测单位
39	MeasureStartLocation	String	30		是			起点相对位置
40	StartZ	Double	8		是			起点Z
41	MeasureFinishingLocation	String	30		是			终点相对位置
42	FinishingZ	Double	8		是			终点Z
43	DataResolution	Integer	4		是		gnDataResolution	比例尺
44	MeasureNum	String	50		是			分段编号

（3）壁厚。

表 名	WallThinkness					别 名	壁厚	
表 类 型	□属性 □点 ☑线 □面					数据集	Transmission	
说 明	具有相同壁厚信息的一段管道							
序号	字段	类型	大小	主/外键	是否非空	默认值	域名/域值	中文说明
1	OBJECTID	OID	4		否			OBJECTID
2	SHAPE	Geometry	不定		是			Shape
3	CreatedBy	String	15		是			创建者
4	CreatedDate	Date	8		是			创建日期
5	EffectiveFromDate	Date	8		是			起始有效期

续表

表 名	WallThinkness					别 名		壁厚
表 类 型	□属性　□点　☑线　□面					数 据 集		Transmission
说 明	具有相同壁厚信息的一段管道							
序号	字段	类型	大小	主/外键	是否非空	默认值	域名/域值	中文说明
6	EffectiveToDate	Date	8		是			失效日期
7	GroupEventID	String	38		是			组ID
8	LastModified	Date	8		是			最后修改日期
9	ModifiedBy	String	15		是			修改者
10	HistoricalState	Integer	4		是		gnHistoricalState	历史状态
11	OperationalStatus	Integer	4		是		gnOperationalStatus	运行状态
12	OriginEventID	String	38		是			原始ID
13	Remarks	String	255		是			备注
14	ProcessFlag	String	10		是			标识列
15	SiteEventID	String	38	FK	是			站场事件ID
16	StationSeriesEventID	String	38	FK	是			站列事件ID
17	BeginStation	Double	8		是			起始里程(m)
18	EndStation	Double	8		是			结束里程(m)
19	CLEditResponse	Integer	4		是		clEditResponse	中心线编辑响应规则
20	CLValidatyTolerance	Double	8		是			校正容限值
21	InstallationDate	Date	8		是			安装日期
22	InServiceDate	Date	8		是			投用日期
23	DataResolution	Integer	4		是		gnDataResolution	比例尺
24	EventID	String	38	PK	是			事件ID
25	SectionLength	Double	8		是			管段长度
26	MeasureStartLocation	String	30		是			起点相对位置
27	StartZ	Double	8		是			起点Z
28	MeasureFinishingLocation	String	30		是			终点相对位置
29	FinishingZ	Double	8		是			终点Z
30	Shape_Length	Double	8		是			空间长度(m)
31	InletWallThickness	String	255		是		WallThinkingness	入口壁厚(mm)
32	OutletWallThickness	String	255		是		WallThinkingness	出口壁厚(mm)
33	MeasureNum	String	50		是			分段编号

（4）弯头。

表　　名	Elbow					别　　名	弯头
表 类 型	□属性　☑点　□线　□面					数 据 集	Transmission
说　　明	传输管道上的一个标准附件。弯头在工厂预先生产并安装在管道的转弯处，不同于弯管						

序号	字段	类型	大小	主/外键	是否非空	默认值	域名/域值	中文说明
1	OBJECTID	OID	4		否			OBJECTID
2	SHAPE	Geometry	不定		是			Shape
3	CreatedBy	String	15		是			创建者
4	CreatedDate	Date	8		是			创建日期
5	EffectiveFromDate	Date	8		是			起始有效期
6	EffectiveToDate	Date	8		是			失效日期
7	EventID	String	38	PK	是			事件ID
8	OriginEventID	String	38		是			原始ID
9	LastModified	Date	8		是			最后修改日期
10	ModifiedBy	String	15		是			修改者
11	HistoricalState	Integer	4		是		gnHistoricalState	历史状态
12	ProcessFlag	String	10		是			标识列
13	Remarks	String	255		是			备注
14	StationSeriesEventID	String	38	FK	是			站列事件ID
15	CLEditResponse	Integer	4		是		clEditResponse	中心线编辑响应规则
16	CLValidatyTolerance	Double	8		是			校正容限值
17	InstallationDate	Date	8		是			安装日期
18	InServiceDate	Date	8		是			投用日期
19	OperationalStatus	Integer	4		是		gnOperationalStatus	运行状态
20	SiteEventID	String	38	FK	是			站场事件ID
21	Station	Double	8		是			里程(m)
22	SymbolRotation	Double	8		是		gnAngle	符号旋转方向
23	DateManufactured	Date	8		是			生产日期
24	Grade	Integer	4		是		Grade	材料等级
25	InletConnectionType	Integer	4		是		ConnectionType	入口连接类型
26	Manufacturer	Integer	4		是		fcFittingManufacturer	制造商
27	Material	Integer	4		是		fcMaterial	弯头材料
28	Specification	Integer	10		是		fcSpecification	说明
29	ElbowAngle	Double	8		是		ElbowAngle	弯头角度(°)
30	ElbowRadius	Double	8		是			弯头半径(mm)
31	InletDiameter	Double	8		是		Diameter	入口直径(mm)

续表

表　　名	Elbow					别　　名	弯头	
表 类 型	□属性　☑点　□线　□面					数 据 集	Transmission	
说　　明	传输管道上的一个标准附件。弯头在工厂预先生产并安装在管道的转弯处，不同于弯管							
序号	字段	类型	大小	主/外键	是否非空	默认值	域名/域值	中文说明
32	InletWallThickness	Double	8		是		WallThickness	入口壁厚(mm)
33	PressureRating	Double	8		是		PressureRating	压力等级(MPa)
34	AssemblyCompany	String	30		是			施工单位
35	InspectingCompany	String	30		是			监理单位
36	TestingCompany	String	30		是			检测单位
37	ElbowType	Integer	4		是		ElbowType	弯头类型
38	ElbowRadiusType	String	9		是		ElbowRadiusType	弯头半径类型
39	OutletDiameter	Double	8		是		Diameter	出口直径(mm)
40	OutletWallThickness	Double	8		是		WallThickness	出口壁厚(mm)
41	OutletConnectionType	Integer	4		是		ConnectionType	出口连接类型
42	ManuRatedPressure	Double	8		是			制造压力等级(MPa)
43	Length	Double	8		是			长度
44	OutsideDiameter	Double	8		是		Diameter	管道外壁直径(mm)
45	WallThickness	Double	8		是		WallThickness	管道壁厚(mm)
46	DataResolution	Integer	4		是		gnDataResolution	比例尺

(5) 三通。

表　　名	Tee					别　　名	三通	
表 类 型	□属性　☑点　□线　□面					数 据 集	Transmission	
说　　明	管道上的一个标准附件，用于连接两条主线或者一条主线与一条支线							
序号	字段	类型	大小	主/外键	是否非空	默认值	域名/域值	中文说明
1	OBJECTID	OID	4		否			OBJECTID
2	SHAPE	Geometry	不定		是			Shape
3	CreatedBy	String	15		是			创建者
4	CreatedDate	Date	8		是			创建日期
5	EffectiveFromDate	Date	8		是			起始有效期
6	EffectiveToDate	Date	8		是			失效日期
7	EventID	String	38	PK	是			事件 ID
8	OriginEventID	String	38		是			原始 ID
9	LastModified	Date	8		是			最后修改日期
10	ModifiedBy	String	15		是			修改者
11	HistoricalState	Integer	4		是			历史状态

续表

表 名		Tee				别 名		三通
表 类 型		□属性 ☑点 □线 □面				数 据 集		Transmission
说 明		管道上的一个标准附件，用于连接两条主线或者一条主线与一条支线						

序号	字段	类型	大小	主/外键	是否非空	默认值	域名/域值	中文说明
12	ProcessFlag	String	10		是			标识列
13	Remarks	String	255		是			备注
14	StationSeriesEventID	String	38	FK	是			站列事件ID
15	CLEditResponse	Integer	4		是			中心线编辑响应规则
16	CLValidatyTolerance	Double	8		是			校正容限值
17	InstallationDate	Date	8		是			安装日期
18	InServiceDate	Date	8		是			投用日期(如果大修则填换件后日期)
19	OperationalStatus	Integer	4		是			运行状态
20	SiteEventID	String	38	FK	是			站场事件ID
21	Station	Double	8		是			里程(m)
22	SymbolRotation	Double	8		是			符号旋转方向
23	DateManufactured	Date	8		是			生产日期
24	Grade	Integer	4		是	0		等级
25	InletConnectionType	Integer	4		是			入口连接方式
26	Manufacturer	Integer	4		是			制造商
27	Material	Integer	4		是			材料
28	Specification	Integer	10		是			说明
29	BranchConnectionType	Integer	4		是			支线连接方式
30	ScraperBars	Integer	4		是			是否有隔栅
31	TeeSize	Double	8		是			三通尺寸(mm^2)
32	TeeType	Integer	4		是			三通类型
33	PressureRating	Double	8		是			压力等级(MPa)
34	OutsideDiameter	Double	8		是			管道外壁直径(mm)
35	WallThickness	Double	8		是			管道壁厚(mm)
36	BranchDiameter	Double	8		是			支线直径(mm)
37	BranchWallThickness	Double	8		是			支线壁厚(mm)
38	OutletDiameter	Double	8		是			出口直径(mm)
39	OutletWallThickness	Double	8		是			出口壁厚(mm)
40	OutletConnectionType	Integer	4		是			出口连接方式
41	AssemblyCompany	String	30		是			施工单位
42	InspectingCompany	String	30		是			监理单位
43	TestingCompany	String	30		是			检测单位
44	SubTypeCD	Integer	4		是			子类型

(6) 阀。

表　　　名	Valve					别　　　名		阀
表　类　型	□属性 ☑点 □线 □面					数 据 集		Transmission
说　　　明	管道上的一个标准附件							

序号	字段	类型	大小	主/外键	是否非空	默认值	域名/域值	中文说明
1	OBJECTID	OID	4		否			OBJECTID
2	SHAPE	Geometry	不定		是			Shape
3	CreatedBy	String	15		是			创建者
4	CreatedDate	Date	8		是			创建日期
5	EffectiveFromDate	Date	8		是			起始有效期
6	EffectiveToDate	Date	8		是			失效日期
7	EventID	String	38	PK	是			事件 ID
8	OriginEventID	String	38		是			原始 ID
9	LastModified	Date	8		是			最后修改日期
10	ModifiedBy	String	15		是			修改者
11	HistoricalState	Integer	4		是			历史状态
12	ProcessFlag	String	10		是			标识列
13	Remarks	String	255		是			备注
14	StationSeriesEventID	String	38	FK	是			站列事件 ID
15	CLEditResponse	Integer	4		是			中心线编辑响应规则
16	CLValidatyTolerance	Double	8		是			校正容限值
17	InstallationDate	Date	8		是			安装日期
18	InServiceDate	Date	8		是			投用日期(如果大修则填换件后日期)
19	OperationalStatus	Integer	4		是			运行状态
20	SiteEventID	String	38	FK	是			站场事件 ID
21	Station	Double	8		是			里程(m)
22	SymbolRotation	Double	8		是			符号旋转方向
23	Automated	Integer	4		是			是否为自动阀
24	InletConnectionType	Integer	4		是			进口连接类型
25	InletDiameter	Double	8		是			进口直径(mm)
26	Manufacturer	Integer	4		是			制造商
27	NormalPosition	Integer	4		是			正常状态
28	OutletConnectionType	Integer	4		是			出口连接类型
29	OutletDiameter	Double	8		是			出口直径(mm)
30	PresentPosition	Integer	4		是			目前状态

续表

表 名	Valve						别 名	阀	
表 类 型	□属性	☑点	□线	□面			数 据 集	Transmission	
说 明	管道上的一个标准附件								
序号	字段	类型	大小	主/外键	是否非空	默认值	域名/域值	中文说明	
31	PressureRating	Double	8		是			压力等级(MPa)	
32	SubType	Integer	4		是			子类型	
33	ValveFunction	Integer	4		是			阀门功能	
34	ValveNumber	String	15		是			阀门编号	
35	OperatorType	Integer	4		是			驱动类型	
36	AssemblyCompany	String	30		是			施工单位	
37	InspectingCompany	String	30		是			监理单位	
38	TestingCompany	String	30		是			检测单位	
39	DataResolution	Integer	4		是			比例尺	

(7) 焊缝。

表 名	Weld						别 名	焊缝
表 类 型	□属性	☑点	□线	□面			数 据 集	Transmission
说 明	两段钢管间的连接处							
序号	字段	类型	大小	主/外键	是否非空	默认值	域名/域值	中文说明
1	OBJECTID	OID	4		否			OBJECTID
2	SHAPE	Geometry	不定		是			Shape
3	CreatedBy	String	15		是			创建者
4	CreatedDate	Date	8		是			创建日期
5	EffectiveFromDate	Date	8		是			有效起始日期
6	EffectiveToDate	Date	8		是			失效日期
7	HistoricalState	Integer	4		是		gnHistoricalState	历史状态
8	LastModified	Date	8		是			最后修改日期
9	ModifiedBy	String	15		是			修改者
10	OperationalStatus	Integer	4		是		gnOperationalStatus	运行状态
11	OriginEventID	String	38		是			原始ID
12	ProcessFlag	String	10		是			标识列
13	Remarks	String	255		是			备注
14	DataResolution	Integer	4		是		gnDataResolution	比例尺
15	StationSeriesEventID	String	38	FK	是			站列事件ID
16	Station	Double	8		是			里程(m)

续表

表　名	Weld					别　名		焊缝	
表 类 型	□属性　☑点　□线　□面					数 据 集		Transmission	
说　明	两段钢管间的连接处								
序号	字段	类型	大小	主/外键	是否非空	默认值	域名/域值	中文说明	
17	EventID	String	38	PK	是			事件ID	
18	SiteEventID	String	38	FK	是			站场事件ID	
19	CLEditResponse	Integer	4		是		clEditResponse	中心线编辑响应规则	
20	CLValidatyTolerance	Double	8		是			校正容限值	
21	InstallationDate	Date	8		是			安装日期	
22	InServiceDate	Date	8		是			投用日期	
23	SymbolRotation	Double	8				gnAngle	符号旋转方向	
24	PostNumber	String	25		是			桩号ID	
25	RelativeLocation	String	15		是			相对位置	
26	ParentPipeNum	String	38		是			前一钢管管号信息	
27	ChildPipeNum	String	38		是			后一钢管管号信息	
28	StripBrandNum	String	15		是			焊条牌号	
29	StripBatchNum	String	15		是			焊条批号	
30	SilkBrandNum	String	15		是			焊丝牌号	
31	SilkBatchNum	String	15		是			焊丝批号	
32	IsCut	Integer	4		是		gnYesNo	是否有割口	
33	CutJointNum	String	38		是			割口补口编号	
34	Temperature	Double	8		是			温度(℃)	
35	Weather	String	25		是			天气情况	
36	Humidity	Double	8		是			湿度(%)	
37	WindSpeed	Double	8		是			风速(m/s)	
38	NDTType	String	9		是		NDTType	无损检测类型	
39	StripMill	Integer	4		是		StripMill	焊条生产厂家	
40	SilkMill	Integer	4		是		SilkMill	焊丝生产厂家	
41	Specification	Integer	4		是		WeldSpecification	焊缝标准	
42	WeldType	Integer	4		是		WeldType	焊缝类型	
43	WeldCondition	Integer	4		是		WeldCondition	焊缝状态	
44	WelderCompany	String	30		是			焊接单位	
45	InspectingCompany	String	30		是			监理单位	
46	TestingCompany	String	30		是			检测单位	
47	OperatorNum	String	18		是			焊工编号	
48	Operator	String	20		是			焊工姓名	

附录　部分业务数据数据库命名规则

4. 运行

（1）桩。

表　　　名	Marker					别　　　名	桩
表　类　型	□属性　☑点　□线　□面					数　据　集	Transmission
说　　　明	管道沿线附近已知的固定参考点，比如里程桩、阴极保护测试桩						

序号	字段	类型	大小	主/外键	是否非空	默认值	域名/域值	中文说明
1	OBJECTID	OID	4		否			OBJECTID
2	SHAPE	Geometry	不定		是			Shape
3	CreatedBy	String	15		是			创建者
4	CreatedDate	Date	8		是			创建日期
5	EffectiveFromDate	Date	8		是			起始有效期
6	EffectiveToDate	Date	8		是			失效日期
7	EventID	String	38	PK	是			事件 ID
8	OriginEventID	String	38		是			原始 ID
9	LastModified	Date	8		是			最后修改日期
10	ModifiedBy	String	15		是			修改者
11	HistoricalState	Integer	4		是			历史状态
12	ProcessFlag	String	10		是			标识列
13	Remarks	String	255		是			备注
14	InstallationDate	Date	8		是			安装日期
15	InServiceDate	Date	8		是			投用日期(如果维修则填换桩后日期)
16	OperationalStatus	Integer	4		是			运行状态
17	SiteEventID	String	38	PK	是			站场事件 ID
18	SymbolRotation	Double	8		是			符号旋转方向
19	MarkerNumber	String	50		是			桩编号
20	SubTypeCD	Integer	4		是			子类型
21	DataResolution	Integer	4		是			比例尺
22	MarkerType	Integer	4		是			桩类型
23	CallInd	Integer	4		是			是否有联系电话
24	Deepth	Double	8		是			埋深(m)
25	Height	Double	8		是			地表高程(m)
26	PhotoID	String	200		是			照片编号
27	MeasureStation	String	30		是			测量里程(m)
28	BuryDate	Date	8		是			埋设日期
29	CornerAngle	String	20		是			转角角度

续表

表　　名	Marker					别　　名		桩
表 类 型	□属性　☑点　□线　□面					数 据 集		Transmission
说　　明	管道沿线附近已知的固定参考点，比如里程桩、阴极保护测试桩							
序号	字段	类型	大小	主/外键	是否非空	默认值	域名/域值	中文说明
30	StructureOfMarker	String	200		是			桩体结构
31	SignType	String	30		是			标志类型
32	OldID	String	50		是			施工期数据库中的ID
33	PipeLineID	String	50		是			施工期数据库中的管线ID
34	LateralDeviation	Double	8		是			桩横向偏移距离(m)
35	LongitudinalDeviation	Double	8		是			桩纵向偏移距离(m)
36	CrossObject	String	255		是			穿越建筑物名称
37	Corp	String	50		是			施工单位简称

(2) 运行压力。

表　　名	OperatingPressure					别　　名		运行压力
表 类 型	□属性　□点　☑线　□面					数 据 集		Transmission
说　　明	管道上目前使用的运行压力范围							
序号	字段	类型	大小	主/外键	是否非空	默认值	域名/域值	中文说明
1	OBJECTID	OID	4		否			OBJECTID
2	SHAPE	Geometry	不定		是			Shape
3	CreatedBy	String	15		是			创建者
4	CreatedDate	Date	8		是			创建日期
5	EffectiveFromDate	Date	8		是			起始有效期
6	EffectiveToDate	Date	8		是			失效日期
7	EventID	String	38	PK	是			事件ID
8	OriginEventID	String	38		是			原始ID
9	LastModified	Date	8		是			最后修改日期
10	ModifiedBy	String	15		是			修改者
11	HistoricalState	Integer	4		是		gnHistoricalState	历史状态
12	ProcessFlag	String	10		是			标识列
13	Remarks	String	255		是			备注
14	StationSeriesEventID	String	38	FK	是			站列事件ID
15	CLEditResponse	Integer	4		是		clEditResponse	中心线编辑响应规则
16	CLValidatyTolerance	Double	8		是			校正容限值

续表

表 名	OperatingPressure					别 名	运行压力	
表 类 型	□属性 □点 ☑线 □面					数 据 集	Transmission	
说 明	管道上目前使用的运行压力范围							
序号	字段	类型	大小	主/外键	是否非空	默认值	域名/域值	中文说明
17	BeginStation	Double	8		是			起始里程(m)
18	EndStation	Double	8		是			结束里程(m)
19	Status	Integer	4		是		gnStatus	状态
20	GroupEventID	String	38		是			组 ID
21	ActualPressure	Integer	4		是			实际压力
22	AgreedToPressure	Integer	4		是			额定压力
23	CalculatedPressure	Integer	4		是			计算压力
24	PressureType	Integer	4		是		PressureType	压力类型
25	CalcMethod	String	25		是			压力计算方法
26	Pressure	Double	8		是		PressureRating	压力(MPa)
27	MeasureDate	Date	8		是			测量日期
28	VerifiedBy	String	15		是			检查人
29	Shape_Length	Double	8		是			空间长度(m)

(3) 管沟开挖记录。

表 名	Dig					别 名	管沟开挖记录	
表 类 型	□属性 □点 ☑线 □面					数 据 集	Transmission	
说 明	线路施工建设中管沟开挖信息							
序号	字段	类型	大小	主/外键	是否非空	默认值	域名/域值	中文说明
1	OBJECTID	OID	4		否			OBJECTID
2	SHAPE	Geometry	不定		是			Shape
3	CreatedBy	String	15		是			创建者
4	CreatedDate	Date	8		是			创建日期
5	EffectiveFromDate	Date	8		是			起始有效期
6	EffectiveToDate	Date	8		是			失效日期
7	HistoricalState	Integer	4		是		gnHistoricalState	历史状态
8	GroupEventID	String	38		是			组 ID
9	LastModified	Date	8		是			最后修改日期

续表

表 名	Dig					别 名		管沟开挖记录
表 类 型	□属性 □点 ☑线 □面					数 据 集		Transmission
说 明	线路施工建设中管沟开挖信息							
序号	字段	类型	大小	主/外键	是否非空	默认值	域名/域值	中文说明
10	ModifiedBy	String	15		是			修改者
11	Status	Integer	4		是		gnStatus	状态
12	OriginEventID	String	38		是			原始ID
13	Remarks	String	255		是			备注
14	ProcessFlag	String	10		是			标识列
15	EventID	String	38	PK	是			事件ID
16	StationSeriesEventID	String	38	FK	是			站列事件ID
17	BeginStation	Double	8		是			起始里程(m)
18	EndStation	Double	8		是			结束里程(m)
19	CLEditResponse	Integer	4		是		clEditResponse	中心线编辑响应规则
20	CLValidatyTolerance	Double	8		是			校正容限值
21	Shape_Length	Double	8		是			空间长度(m)
22	BeginPeg	String	32		是			开始位置开始桩号
23	BeginLocation	Double	8		是			开始位置相对位置(m)
24	EndPeg	String	32		是			结束位置结束桩号
25	EndLocation	Double	8		是			结束位置相对位置(m)
26	Relief	Integer	4		是		Relief	地貌特征
27	ChannelWidth	Double	8		是			开口宽度(m)
28	ChannelBottomWidth	Double	8		是			沟底宽度(m)
29	DesignDepth	Double	8		是			沟深(m)设计
30	FactDepth	Double	8		是			沟深(m)实际
31	DigLength	Double	8		是			开挖长度(m)
32	SoilType1	Integer	4		是		SoilDescription	土壤类别第一层
33	SoilType 2	Integer	4		是		SoilDescription	土壤类别第二层
34	SoilType 3	Integer	4		是		SoilDescription	土壤类别第三层
35	MiddleWarp	String	10		是			中线偏差(mm)
36	BottomGradient	String	10		是			沟底坡度(‰)
37	ChannelProportion	String	10		是			管沟坡比

(4) 管沟回填记录。

表　　名		BackFill				别　　名	管沟回填记录
表 类 型		□属性　□点　☑线　□面				数 据 集	Transmission
说　　明		记录线路施工建设中管沟回填信息					

序号	字段	类型	大小	主/外键	是否非空	默认值	域名/域值	中文说明
1	OBJECTID	OID	4		否			OBJECTID
2	SHAPE	Geometry	不定		是			Shape
3	CreatedBy	String	15		是			创建者
4	CreatedDate	Date	8		是			创建日期
5	EffectiveFromDate	Date	8		是			起始有效期
6	EffectiveToDate	Date	8		是			失效日期
7	HistoricalState	Integer	4		是		gnHistoricalState	历史状态
8	GroupEventID	String	38		是			组 ID
9	LastModified	Date	8		是			最后修改日期
10	ModifiedBy	String	15		是			修改者
11	Status	Integer	4		是		gnStatus	状态
12	OriginEventID	String	38		是			原始 ID
13	Remarks	String	255		是			备注
14	ProcessFlag	String	10		是			标识列
15	EventID	String	38	PK	是			事件 ID
16	StationSeriesEventID	String	38	FK	是			站列事件 ID
17	BeginStation	Double	8		是			起始里程(m)
18	EndStation	Double	8		是			结束里程(m)
19	CLEditResponse	Integer	4		是		clEditResponse	中心线编辑响应规则
20	CLValidatyTolerance	Double	8		是			校正容限值
21	Shape_Length	Double	8		是			空间长度(m)
22	BeginPeg	String	32		是			开始位置开始桩号
23	BeginLocation	Double	8		是			开始位置相对位置(m)
24	EndPeg	String	32		是			结束位置结束桩号
25	EndLocation	Double	8		是			结束位置相对位置(m)
26	BottomDiameter	String	20		是			回填粒径(mm)管底细土
27	BottomDepth	Double	8		是			管底细土厚度
28	BackFill1	String	20		是			回填粒径(mm)一次回填
29	Depth1	Double	8		是			一次回填厚度
30	BackFill2	String	20		是			回填粒径(mm)二次回填
31	Depth2	Double	8		是			二次回填厚度
32	Relief	Integer	4		是		Relief	地貌特征

续表

表 名	BackFill					别 名		管沟回填记录
表 类 型	□属性 □点 ☑线 □面					数 据 集		Transmission
说 明	记录线路施工建设中管沟回填信息							
序号	字段	类型	大小	主/外键	是否非空	默认值	域名/域值	中文说明
33	BackFillPhotoID	String	255		是			回填细土照片编号
34	BackFillReliefPhotoID	String	255		是			回填后地貌照片编号
35	BackFillLength	Double	8		是			回填长度(km)
36	PipeBottomDepth	Double	8		是			管底深度(m)
37	Corp	String	50		是			施工单位简称

（5）管道清管记录。

表 名	CleanPipe					别 名		管道清管记录
表 类 型	□属性 □点 ☑线 □面					数 据 集		Transmission
说 明	记录线路施工建设中管道清管信息							
序号	字段	类型	大小	主/外键	是否非空	默认值	域名/域值	中文说明
1	OBJECTID	OID	4		否			OBJECTID
2	SHAPE	Geometry	不定		是			Shape
3	CreatedBy	String	15		是			创建者
4	CreatedDate	Date	8		是			创建日期
5	EffectiveFromDate	Date	8		是			起始有效期
6	EffectiveToDate	Date	8		是			失效日期
7	HistoricalState	Integer	4		是		gnHistoricalState	历史状态
8	GroupEventID	String	38		是			组ID
9	LastModified	Date	8		是			最后修改日期
10	ModifiedBy	String	15		是			修改者
11	Status	Integer	4		是		gnStatus	状态
12	OriginEventID	String	38		是			原始ID
13	Remarks	String	255		是			备注
14	ProcessFlag	String	10		是			标识列
15	EventID	String	38	PK	是			事件ID
16	StationSeriesEventID	String	38	FK	是			站列事件ID
17	BeginStation	Double	8		是			起始里程(m)
18	EndStation	Double	8		是			结束里程(m)
19	CLEditResponse	Integer	4		是		clEditResponse	中心线编辑响应规则
20	CLValidatyTolerance	Double	8		是			校正容限值
21	Shape_Length	Double	8		是			空间长度(m)

续表

表 名		CleanPipe				别 名		管道清管记录
表 类 型		□属性 □点 ☑线 □面				数 据 集		Transmission
说 明		记录线路施工建设中管道清管信息						
序号	字段	类型	大小	主/外键	是否非空	默认值	域名/域值	中文说明
22	BeginPeg	String	32		是			清管开始桩号
23	BeginLocation	Double	8		是			清管开始相对位置(m)
24	EndPeg	String	32		是			清管结束桩号
25	EndLocation	Double	8		是			清管结束相对位置(m)
26	CleanLength	Double	8		是			清管长度(km)
27	PipeType	String	100		是			管线规格
28	WareType	String	100		是			清管球(器)型号
29	Apparatus	String	100		是			测径仪型号
30	Vilocity	Double	8		是			行走速度(m/min)
31	Tension	Double	8		是			压力(MPa)
32	CleanMedium	String	20		是			清管介质
33	MaxFullValue	Double	8		是			最大过盈量
34	OpTime	Double	8		是			操作时长
35	CleanDescription	String	1000		是			清管情况记录
36	BlockNumber	Integer	4		是			卡球次数

(6)焊口射线检测记录。

表 名		CheckRtRecord				别 名		焊口射线检测记录
表 类 型		☑属性 □点 □线 □面				数 据 集		Root
说 明		记录焊口射线检测记录信息						
序号	字段	类型	大小	主/外键	是否非空	默认值	域名/域值	中文说明
1	OBJECTID	OID	4		否			OBJECTID
2	EventID	String	38	PK	是			事件ID
3	OriginEventID	String	38		是			原始ID
4	CreatedBy	String	15		是			创建者
5	CreatedDate	Date	8		是			创建日期
6	EffectiveFromDate	Date	8		是			有效起始日期
7	EffectiveToDate	Date	8		是			失效日期
8	LastModified	Date	8		是			最后修改日期
9	ModifiedBy	String	15		是			修改者
10	HistoricalState	Integer	4		是		gnHistoricalState	历史状态
11	ProcessFlag	String	10		是			标识列

续表

表 名		CheckRtRecord				别 名		焊口射线检测记录
表 类 型		☑属性 □点 □线 □面				数 据 集		Root
说 明		记录焊口射线检测记录信息						

序号	字段	类型	大小	主/外键	是否非空	默认值	域名/域值	中文说明
12	Remarks	String	255		是			备注
13	Status	Integer	4		是		gnStatus	状态
14	WeldEventID	String	38	FK	是			焊口事件ID
15	DetectReportEventID	String	38	FK	是			检测报告事件ID
16	OldID	String	32		是			数据化管道系统中ID
17	DetectReport	String	32		是			检测报告编号
18	PipelineType	String	50		是			管线规格
19	ProjectPart	String	50		是			工程部位
20	DetectDate	Date	8		是			检测日期
21	Location	String	255		是			位置
22	JointID	String	32		是			焊口编号(数字化管道系统中ID)
23	NegativeLevel	Integer	4		是		AssessResult	评定结果
24	DetectUser	String	50		是			检测人
25	DetectUser_Level	String	10		是			检测人级别
26	DetectUserDate	Date	8		是			检测人日期
27	ApproveUser	String	50		是			审核人
28	ApproveUserLevel	String	50		是			审核人级别
29	ApproveUserDate	Date	8		是			审核人日期
30	ManageEngineer	String	50		是			监理工程师
31	ManageEngineerLevel	String	10		是			监理工程师级别
32	ManageEngineerDate	Date	8		是			监理工程师日期
33	Other	String	255		是			其他
34	LTSType	String	50		是			管线穿越站场关系类型
35	Through	String	255		是			穿跨越名称
36	PipelineInfo	String	255		是			管线名称
37	AirHole	String	50		是			气孔(点)
38	Impurity	String	50		是			夹渣(mm)
39	UnFusion	String	50		是			未熔合(mm)
40	UnWeldThrou	String	50		是			未焊透(mm)
41	Flaw	String	50		是			裂纹(mm)
42	DetectPhotoNum	String	500		是			检测底片编号
43	CorpCode	String	50		是			检测单位编号
44	InspectingCompany	String	30		是			监理单位

5. 管道风险

(1) 高后果区。

表 名		HCA				别 名		高后果区
表 类 型		□属性 □点 ☑线 □面				数据集		Transmission
说 明		管道发生泄漏时，在一定范围内对管道两侧的人口、环境产生严重影响的区域						
序号	字段	类型	大小	主/外键	是否非空	默认值	域名/域值	中文说明
1	OBJECTID	OID	4		否			OBJECTID
2	SHAPE	Geometry	不定		是			Shape
3	CreatedBy	String	15		是			创建者
4	CreatedDate	Date	8		是			创建日期
5	EffectiveFromDate	Date	8		是			起始有效期
6	EffectiveToDate	Date	8		是			失效日期
7	HistoricalState	Integer	4		是		gnHistoricalState	历史状态
8	GroupEventID	String	38		是			组 ID
9	LastModified	Date	8		是			最后修改日期
10	ModifiedBy	String	15		是			修改者
11	Status	Integer	4		是		gnStatus	状态
12	OriginEventID	String	38		是			原始 ID
13	Remarks	String	255		是			备注
14	ProcessFlag	String	10		是			标识列
15	EventID	String	38	PK	是			事件 ID
16	StationSeriesEventID	String	38	FK	是			站列事件 ID
17	BeginStation	Double	8		是			起始里程(m)
18	EndStation	Double	8		是			结束里程(m)
19	CLEditResponse	Integer	4		是		clEditResponse	中心线编辑响应规则
20	CLValidityTolerance	Double	8		是			校正容限值
21	ClassArea	Integer	4		是		ClassArea	分类区域
22	HCAType	Integer	4		是		HCAType	高后果区类型
23	HCAScore	Double	8		是			HCA 分值
24	ThreatenScore	Double	8		是			威胁分值
25	OtherExposedPopInd	Integer	4		是		gnYesNo	是否有其他暴露区域

续表

表　　名	HCA						别　　名		高后果区
表　类　型	□属性　□点　☑线　□面						数　据　集		Transmission
说　　明	管道发生泄漏时，在一定范围内对管道两侧的人口、环境产生严重影响的区域								
序号	字段	类型	大小	主/外键	是否非空	默认值	域名/域值		中文说明
26	HCALength	Double	8		是				高后果区长度
27	HCADescription	String	255		是				高后果区特征描述
28	FoundDate	Date	8		是				识别日期
29	Score	Double	8		是				分级评估总分
30	Shape_Length	Double	8		是				空间长度(m)
31	CompanyName1	String	50		是				地区公司名称
32	CompanyName 2	String	50		是				二级分公司名称
33	LineName	String	50		是				管道名称
34	Medium	String	50		是				输送介质
35	ManageSite	String	50		是				管理站场名称
36	BeginLocation	String	50		是				高后果区起点
37	EndLocation	String	50		是				高后果区终点
38	Diameter	String	50		是				管径(mm)

(2) 个人风险。

表　　名	IndividualRisk						别　　名		个人风险
表　类　型	□属性　☑点　□线　□面						数　据　集		Transmission
说　　明	存储个人风险信息								
序号	字段	类型	大小	主/外键	是否非空	默认值	域名/域值		中文说明
1	OBJECTID	OID	4		否				OBJECTID
2	SHAPE	Geometry	不定		是				Shape
3	CreatedBy	String	15		是				创建者
4	CreatedDate	Date	8		是				创建日期
5	EffectiveFromDate	Date	8		是				起始有效期
6	EffectiveToDate	Date	8		是				失效日期
7	HistoricalState	Integer	4		是		gnHistoricalState		历史状态
8	LastModified	Date	8		是				最后修改日期

续表

表 名		IndividualRisk					别 名		个人风险
表 类 型		□属性 ☑点 □线 □面					数 据 集		Transmission
说 明		存储个人风险信息							

序号	字段	类型	大小	主/外键	是否非空	默认值	域名/域值	中文说明
9	ModifiedBy	String	15		是			修改者
10	OriginEventID	String	38		是			原始ID
11	Remarks	String	255		是			备注
12	ProcessFlag	String	10		是			标识列
13	EventID	String	38	PK	是			事件ID
14	StationSeriesEventID	String	38	FK	是			站列事件ID
15	Station	Double	8		是			里程(m)
16	SymbolRotation	Double	8		是		gnAngle	符号旋转方向
17	CLEditResponse	Integer	4		是		clEditResponse	中心线编辑响应规则
18	CLValidityTolerance	Double	8		是			校正容限值
19	Status	Integer	4		是		gnStatus	状态
20	DataResolution	Integer	4		是		gnDataResolution	比例尺
21	SectionLength	Double	8		是			管段长度
22	CalculationDate	Date	8		是			分析日期
23	SectionRisk	Double	8		是			管段风险(自动根据管道属性生成,使每相邻两个管段必有一个或多个属性不一样)
24	FailureCause	Integer	4		是		FailureCause	失效原因

(3) 社会风险。

表 名		FNCurve					别 名		社会风险
表 类 型		□属性 □点 ☑线 □面					数 据 集		Transmission
说 明		存储社会风险信息							

序号	字段	类型	大小	主/外键	是否非空	默认值	域名/域值	中文说明
1	OBJECTID	OID	4		否			OBJECTID
2	SHAPE	Geometry	不定		是			Shape
3	CreatedBy	String	15		是			创建者
4	CreatedDate	Date	8		是			创建日期

续表

表 名		FNCurve					别 名		社会风险
表 类 型		□属性 □点 ☑线 □面					数 据 集		Transmission
说 明		存储社会风险信息							
序号	字段	类型	大小	主/外键	是否非空	默认值	域名/域值		中文说明
5	EffectiveFromDate	Date	8		是				起始有效期
6	EffectiveToDate	Date	8		是				失效日期
7	GroupEventID	String	38		是				组ID
8	LastModified	Date	8		是				最后修改日期
9	ModifiedBy	String	15		是				修改者
10	HistoricalState	Integer	4		是		gnHistoricalState		历史状态
11	OriginEventID	String	38		是				原始ID
12	Remarks	String	255		是				备注
13	ProcessFlag	String	10		是				标识列
14	Status	Integer	4		是		gnStatus		状态
15	EventID	String	38	PK	是				事件ID
16	StationSeriesEventID	String	38	FK	是				站列事件ID
17	BeginStation	Double	8		是				起始里程(m)
18	EndStation	Double	8		是				结束里程(m)
19	CLEditResponse	Integer	4		是		clEditResponse		中心线编辑响应规则
20	CLValidityTolerance	Double	8		是				校正容限值
21	DataResolution	Integer	4		是		gnDataResolution		比例尺
22	StationDescription	String	50		是				地段描述
23	Distance	Double	8		是				距离(与管线最短距离)
24	N	Double	12		是				人数
25	F	Double	12		是				概率
26	SectionLength	Double	8		是				管段长度
27	CalculationDate	Date	8		是				分析日期
28	SectionRisk	Double	8		是				管段风险(自动根据管道属性生成,使每相邻两个管段必有一个或多个属性不一样)
29	FailureCause	Integer	4		是		FailureCause		失效原因
30	Shape_Length	Double	8		是				空间长度(m)

（4）失效后果。

表 名		FailureConsequence				别 名		失效后果
表 类 型		☐属性 ☐点 ☑线 ☐面				数 据 集		Transmission
说 明								

序号	字段	类型	大小	主/外键	是否非空	默认值	域名/域值	中文说明
1	OBJECTID	OID	4		否			OBJECTID
2	SHAPE	Geometry	不定		是			Shape
3	CreatedBy	String	15		是			创建者
4	CreatedDate	Date	8		是			创建日期
5	EffectiveFromDate	Date	8		是			起始有效期
6	EffectiveToDate	Date	8		是			失效日期
7	GroupEventID	String	38		是			组ID
8	LastModified	Date	8		是			最后修改日期
9	ModifiedBy	String	15		是			修改者
10	HistoricalState	Integer	4		是		gnHistoricalState	历史状态
11	OriginEventID	String	38		是			原始ID
12	Remarks	String	255		是			备注
13	ProcessFlag	String	10		是			标识列
14	Status	Integer	4		是		gnStatus	状态
15	EventID	String	38	PK	是			事件ID
16	StationSeriesEventID	String	38	FK	是			站列事件ID
17	BeginStation	Double	8		是			起始里程(m)
18	EndStation	Double	8		是			结束里程(m)
19	CLEditResponse	Integer	4		是		clEditResponse	中心线编辑响应规则
20	CLValidityTolerance	Double	8		是			校正容限值
21	DataResolution	Integer	4		是		gnDataResolution	比例尺
22	SegmentLength	Double	8		是			管段长度
23	Consequence	Double	12		是			失效后果
24	CalculationDate	Date	8		是			分析日期
25	FailureCategory	Integer	4		是		FailureCategory	失效类型
26	EffectCategory	Integer	4		是		EffectCategory	影响类型
27	Shape_Length	Double	8		是			空间长度(m)

（5）自然与地质灾害点。

表 名		Disaster					别 名		自然与地质灾害点
表 类 型		□属性 ☑点 □线 □面					数 据 集		Transmission
说 明		管道地质灾害调查中识别出的自然与地质灾害点信息							
序号	字段	类型	大小	主/外键	是否非空	默认值	域名/域值	中文说明	
1	OBJECTID	OID	4		否			OBJECTID	
2	SHAPE	Geometry	不定		是			Shape	
3	CreatedBy	String	15		是			创建者	
4	CreatedDate	Date	8		是			创建日期	
5	EffectiveFromDate	Date	8		是			起始有效日期	
6	EffectiveToDate	Date	8		是			失效日期	
7	LastModified	Date	8		是			最后修改日期	
8	ModifiedBy	String	15		是			修改者	
9	Historical	Integer	4		是		gnHistorical	历史状态	
10	Status	Integer	4		是		gnStatus	状态	
11	OriginEventID	String	38		是			原始 ID	
12	Remarks	String	255		是			备注	
13	ProcessFlag	String	10		是			标识列	
14	StationSeriesEventID	String	38	FK	是			站列事件 ID	
15	Station	Double	8		是			里程(m)	
16	EventID	String	38	PK	是			事件 ID	
17	CLEditResponse	Integer	4		是		clEditResponse	中心线编辑响应规则	
18	CLValidityTolerance	Double	8		是			校正容限值	
19	SymbolRotation	Double	8		是		gnAngle	符号旋转方向	
20	LineName	String	50		是			管线名称	
21	MarkerNumber	String	50		是			桩编号	
22	RelativeLocation	Double	8		是			相对位置(m)	
23	District	String	255		是			地理位置	
24	DisasterType	String	50		是			灾害种类	
25	FoundTime	Date	8		是			调查日期	
26	FoundStaff	String	50		是			调查人员	
27	Suggest	String	50		是			调查人意见	
28	WorkingManagment	String	255		是			防治建议	
29	LastFoundTime	Date	8		是			上次调查日期	
30	NextFoundTime	Date	8		是			下次调查日期	
31	RiskProbability	String	50		是			风险概率分值 R1	
32	RiskProbabilityLevel	String	50		是			风险概率分级	
33	Aftereffect	String	50		是			后果损失 E	
34	AftereffectLevel	String	50		是			后果分级	
35	RiskLevel	String	50		是			风险分级	

6. 检测

（1）裂纹。

表　　　名		Crack				别　　　名		裂纹
表　类　型		□属性 ☑点 □线 □面				数　据　集		Transmission
说　　　明		管道缺陷的一种表现，数据主要从 InIli 内检测结果中筛选出						
序号	字段	类型	大小	主/外键	是否非空	默认值	域名/域值	中文说明
1	OBJECTID	OID	4		否			OBJECTID
2	SHAPE	Geometry	不定		是			Shape
3	CreatedBy	String	15		是			创建者
4	CreatedDate	Date	8		是			创建日期
5	EffectiveFromDate	Date	8		是			起始有效日期
6	EffectiveToDate	Date	8		是			失效日期
7	LastModified	Date	8		是			最后修改日期
8	ModifiedBy	String	15		是			修改者
9	Historical	Integer	4		是		gnHistorical	历史状态
10	Status	Integer	4		是		gnStatus	状态
11	OriginEventID	String	38		是			原始 ID
12	Remarks	String	255		是			备注
13	ProcessFlag	String	10		是			标识列
14	StationSeriesEventID	String	38	FK	是			站列事件 ID
15	Station	Double	8		是			里程(m)
16	EventID	String	38	PK	是			事件 ID
17	CLEditResponse	Integer	4		是		clEditResponse	中心线编辑响应规则
18	CLValidityTolerance	Double	8		是			校正容限值
19	SymbolRotation	Double	8		是		gnAngle	符号旋转方向
20	LineLoopEventID	String	38	FK	是			管网事件 ID
21	AssessmentMethod	Integer	4		是		AssessmentMethod	评估方法
22	CrackType	Integer	4		是		CrackType	裂纹类型
23	CorrosionGrowthMethod	Integer	4		是		CorrosionGrowthMethod	腐蚀增长方式
24	CorrosionGrowthRate	Double	8		是			腐蚀增长率
25	Degree	Double	8		是		Degree	开裂角度
26	Depth	Double	8		是			开裂深度(mm)
27	DepthPercent	Double	8		是			深度百分比

续表

表 名	Crack					别 名	裂纹	
表 类 型	□属性 ☑点 □线 □面					数 据 集	Transmission	
说 明	管道缺陷的一种表现,数据主要从 InIli 内检测结果中筛选出							
序号	字段	类型	大小	主/外键	是否非空	默认值	域名/域值	中文说明
28	Width	Double	8		是			开裂宽度(mm)
29	Length	Double	8		是			开裂长度(m)
30	MeasuredWallThick	Double	8		是		WallThickness	测量壁厚(mm)
31	Orientation	Double	8		是		Orientation	时钟方向
32	PipeRepairEventID	String	38	FK	是			管道修复事件 ID
33	RemediatedInd	Integer	4		是		gnYesNo	是否需要修复
34	Remediation Recommended	Integer	4		是		RepairType	建议修复方式
35	RemediateScheduleDate	Date	8		是			计划修复日期
36	RP	Double	8		是			爆裂压力
37	RPR	Double	8		是			爆裂压力等级
38	WheelCount	Double	8		是			累计检测里程(m)
39	X	Double	8		是			X
40	Y	Double	8		是			Y
40	InspectionCommany	String	50		是			内检测单位

(2)凹陷。

表 名	Dent					别 名	凹陷	
表 类 型	□属性 ☑点 □线 □面					数 据 集	Transmission	
说 明	管道缺陷的一种表现,数据主要从 InIli 内检测结果中筛选出							
序号	字段	类型	大小	主/外键	是否非空	默认值	域名/域值	中文说明
1	OBJECTID	OID	4		否			OBJECTID
2	SHAPE	Geometry	不定		是			Shape
3	CreatedBy	String	15		是			创建者
4	CreatedDate	Date	8		是			创建日期
5	EffectiveFromDate	Date	8		是			起始有效日期
6	EffectiveToDate	Date	8		是			失效日期
7	LastModified	Date	8		是			最后修改日期
8	ModifiedBy	String	15		是			修改者

续表

表 名	Dent					别 名	凹陷	
表 类 型	□属性 ☑点 □线 □面					数 据 集	Transmission	
说 明	管道缺陷的一种表现,数据主要从 InIli 内检测结果中筛选出							
序号	字段	类型	大小	主/外键	是否非空	默认值	域名/域值	中文说明
9	Historical	Integer	4		是		gnHistorical	历史状态
10	Status	Integer	4		是		gnStatus	状态
11	OriginEventID	String	38		是			原始 ID
12	Remarks	String	255		是			备注
13	ProcessFlag	String	10		是			标识列
14	StationSeriesEventID	String	38	FK	是			站列事件 ID
15	Station	Double	8		是			里程(m)
16	EventID	String	38	PK	是			事件 ID
17	CLEditResponse	Integer	4		是		clEditResponse	中心线编辑响应规则
18	CLValidityTolerance	Double	8		是			校正容限值
19	SymbolRotation	Double	8		是		gnAngle	符号旋转方向
20	LineLoopEventID	String	38	FK	是			管网事件 ID
21	AssessmentMethod	Integer	4		是		AssessmentMethod	评估方法
22	Depth	Double	8		是			凹陷深度(mm)
23	Length	Double	8		是			凹陷长度(mm)
24	MaximumDiameter	Double	8		是			最大直径(mm)
25	MinimumDiameter	Double	8		是			最小直径(mm)
26	Orientation	Double	8		是		Orientation	时钟方向
27	OvailityInd	Integer	4		是		gnYesNo	是否有椭圆变形
28	RemediatedInd	Integer	4		是		gnYesNo	是否需要修复
29	PipeRepairEventID	String	38		是			管道修复事件 ID
30	RemediationRecommended	Integer	4		是		RepairType	建议修复方式
31	RemediateScheduleDate	Date	8		是			计划修复日期
32	WheelCount	Double	8		是			累计检测里程(m)
33	RelativeDistance	Double	8		是			相对距离(m)
34	X	Double	8		是			X
35	Y	Double	8		是			Y
36	InspectionCompany	String	50		是			内检测单位

（3）金属损失。

表　　名		MetalLoss				别　　名		金属损失
表　类　型		□属性　☑点　□线　□面				数　据　集		Transmission
说　　明		管道缺陷的一种表现，数据主要从 InIli 内检测结果中筛选出						
序号	字段	类型	大小	主/外键	是否非空	默认值	域名/域值	中文说明
1	OBJECTID	OID	4		否			OBJECTID
2	SHAPE	Geometry	不定		是			Shape
3	CreatedBy	String	15		是			创建者
4	CreatedDate	Date	8		是			创建日期
5	EffectiveFromDate	Date	8		是			起始有效日期
6	EffectiveToDate	Date	8		是			失效日期
7	LastModified	Date	8		是			最后修改日期
8	ModifiedBy	String	15		是			修改者
9	Historical	Integer	4		是		gnHistorical	历史状态
10	Status	Integer	4		是		gnStatus	状态
11	OriginEventID	String	38		是			原始 ID
12	Remarks	String	255		是			备注
13	ProcessFlag	String	10		是			标识列
14	StationSeriesEventID	String	38	FK	是			站列事件 ID
15	Station	Double	8		是			里程(m)
16	EventID	String	38	PK	是			事件 ID
17	CLEditResponse	Integer	4		是		clEditResponse	中心线编辑响应规则
18	CLValidityTolerance	Double	8		是			校正容限值
19	SymbolRotation	Double	8		是		gnAngle	符号旋转方向
20	LineLoopEventID	String	38	FK	是			管网事件 ID
21	AssessmentMethod	Integer	4		是		AssessmentMethod	评估方法
22	RP	Double	8		是			爆裂压力
23	RPR	Double	8		是			爆裂压力等级
24	CorrosionGrowthMethod	Integer	4		是		CorrosionGrowthMethod	腐蚀增长方式
25	CorrosionGrowthRate	Double	8		是			腐蚀增长率
26	DetectionMethod	String	50		是			检测方法
27	Depth	Double	8		是			缺陷深度(mm)
28	DepthPercent	Double	8		是			深度百分比
29	Length	Double	8		是			缺陷长度(mm)
30	Width	Double	8		是			缺陷宽度(mm)

续表

表　　名	MetalLoss					别　　名	金属损失	
表 类 型	□属性　☑点　□线　□面					数 据 集	Transmission	
说　　明	管道缺陷的一种表现，数据主要从 InIli 内检测结果中筛选出							
序号	字段	类型	大小	主/外键	是否非空	默认值	域名/域值	中文说明
31	MeasuredWallThick	Double	8		是		WallThickness	测量壁厚(mm)
32	Orientation	Double	8		是		Orientation	时钟方向
33	RelativeDistance	Double	8		是			相对距离(m)
34	RemediatedInd	Integer	4		是		gnYesNo	是否需要修复
35	PipeRepairEventID	String	38	FK	是			管道修复事件 ID
36	Remediation Recommended	Integer	4		是		RepairType	建议修复方式
37	RemediateScheduleDate	Date	8		是			计划修复日期
38	RemediatedDate	Date	8		是			修补日期
39	WheelCount	Double	8		是			累计检测里程(m)
40	X	Double	8		是			X
41	Y	Double	8		是			Y
42	InspectionCompany	String	50		是			内检测单位

（4）内检测结果。

表　　名	InIli					别　　名	内检测结果	
表 类 型	□属性　☑点　□线　□面					数 据 集	Transmission	
说　　明	存储管道的内检测结果，数据来源主要为内检测数据报告							
序号	字段	类型	大小	主/外键	是否非空	默认值	域名/域值	中文说明
1	OBJECTID	OID	4		否			OBJECTID
2	SHAPE	Geometry	不定		是			Shape
3	CreatedBy	String	15		是			创建者
4	CreatedDate	Date	8		是			创建日期
5	EffectiveFromDate	Date	8		是			起始有效日期
6	EffectiveToDate	Date	8		是			失效日期
7	LastModified	Date	8		是			最后修改日期
8	ModifiedBy	String	15		是			修改者
9	Historical	Integer	4		是		gnHistorical	历史状态
10	Status	Integer	4		是		gnStatus	状态
11	OriginEventID	String	38		是			原始 ID
12	Remarks	String	255		是			备注

续表

表 名	InIli					别 名	内检测结果	
表 类 型	□属性 ☑点 □线 □面					数据集	Transmission	
说 明	存储管道的内检测结果，数据来源主要为内检测数据报告							
序号	字段	类型	大小	主/外键	是否非空	默认值	域名/域值	中文说明
13	ProcessFlag	String	10		是			标识列
14	StationSeriesEventID	String	38	FK	是			站列事件 ID
15	Station	Double	8		是			里程(m)
16	EventID	String	38	PK	是			事件 ID
17	CLEditResponse	Integer	4		是		clEditResponse	中心线编辑响应规则
18	CLValidityTolerance	Double	8		是			校正容限值
19	SymbolRotation	Double	8		是		gnAngle	符号旋转方向
20	ReferenceMark	String	38		是			参考标记(AGM)
21	CorrespondingSign	Integer	4		是		CorrespondingSign	对应标识
22	InspectionStation	Double	8		是			检测绝对里程(m)
23	PipeNumber	String	25		是			管号
24	CoatingNumber	String	25		是			防腐层编号
25	WeldNumber	String	25		是			焊缝编号
26	FeatureType	String	50		是		FeatureType	最近参考特征物类型
27	DetectionMethod	String	20		是			探测方法
28	UpOrDown	Integer	4		是		UpOrDown	上游/下游
29	Distance	Double	8		是			距最近参考点距离(m)
30	UpToDistance	Double	8		是			距上游环焊缝距离(m)
31	DownToDistance	Double	8		是			距下游环焊缝距离(m)
32	SegLength	Double	8		是			管节长度(m)
33	Orientation	Double	8		是		Orientation	时钟方向
34	WallThickness	Double	8		是		WallThickness	剩余壁厚(mm)
35	DefectType	String	10		是			缺陷类型
36	DefectLength	Double	8		是			缺陷长度(mm)
37	DefectWidth	Double	8		是			缺陷宽度(mm)
38	DefectDepth	Double	8		是			缺陷深度(mm)
39	PipeRepairEventID	String	38	FK	是			管道修复事件 ID
40	InsideOutsideInd	String	50		是		InsideOutsideInd	内/外指示
41	X	Double	8		是			X
42	Y	Double	8		是			Y
43	InspectionCompany	String	100		是			内检测单位
44	Name	String	50		是			特征名称

7. 侵占

（1）建筑物。

表　　名		Structure					别　　名		建筑物
表 类 型		□属性　☑点　□线　□面					数 据 集		Transmission
说　　明		管道周边 200m 范围内对管道存在风险隐患的建筑。点要素代表一个建筑物外形的质心，可由卫星影像确定。建筑物应该是那些有可能有人居住的楼房、建筑或者住所。当建筑物有确定的轮廓坐标时，可记录在建筑物（StructureOutline）表中							
序号	字段	类型	大小	主/外键	是否非空	默认值	域名/域值		中文说明
1	OBJECTID	OID	4		否				OBJECTID
2	SHAPE	Geometry	不定		是				Shape
3	CreatedBy	String	15		是				创建者
4	CreatedDate	Date	8		是				创建日期
5	EffectiveFromDate	Date	8		是				起始有效期
6	EffectiveToDate	Date	8		是				失效日期
7	HistoricalState	Integer	4		是		gnHistoricalState		历史状态
8	LastModified	Date	8		是				最后修改日期
9	ModifiedBy	String	15		是				修改者
10	Status	Integer	4		是		gnStatus		状态
11	OriginEventID	String	38		是				原始 ID
12	Remarks	String	255		是				备注
13	ProcessFlag	String	10		是				标识列
14	EventID	String	38	PK	是				事件 ID
15	SymbolRotation	Double	8		是		gnAngle		符号旋转方向
16	AddressEventID	String	38	FK	是				地址事件 ID
17	ContactEventID	String	38	FK	是				联系信息事件 ID
18	Name	String	50		是				建筑物名称
19	StructureType	Integer	4		是		StructureType		建筑物类型
20	NumberOfFloors	Integer	4		是				建筑物层数
21	DaysOfWeek	Integer	4		是		DaysOfWeek		每周占用天数
22	WeeksPerYear	Integer	4		是		WeeksPerYear		每年占有周数
23	IdentifiedSite	Integer	4		是		gnYesNo		是否易于疏散
24	HumanOccupancy	Integer	4		是		gnYesNo		是否有人居住
25	LowMobility	Integer	4		是		gnYesNo		是否有行动困难人群
26	OneCallInd	Integer	4		是		gnYesNo		是否有应急电话
27	GBCode	String	255		是				国标码
28	HunCount	Integer	4		是				常驻人口总数
29	HunUnitCount	Double	8		是				居民户数
30	ManageCompany	String	50		是				所属单位

续表

表　　名	Structure					别　　名		建筑物
表 类 型	□属性　☑点　□线　□面					数 据 集		Transmission
说　　明	管道周边200m范围内对管道存在风险隐患的建筑。点要素代表一个建筑物外形的质心，可由卫星影像确定。建筑物应该是那些有可能有人居住的楼房、建筑或者住所。当建筑物有确定的轮廓坐标时，可记录在建筑物(StructureOutline)表中							
序号	字段	类型	大小	主/外键	是否非空	默认值	域名/域值	中文说明
31	District	String	100		是			所属地区
32	StructureMaterial	String	50		是			建筑物材质
33	StructureStatus	Integer	4		是		StructureStatus	建筑物状态
34	IsSpecialLocation	Integer	4		是		gnYesNo	是否为特定场所

（2）围墙。

表　　名	Fence					别　　名		围墙
表 类 型	□属性　□点　☑线　□面					数 据 集		Transmission
说　　明	围墙、铁艺围墙、大门等							
序号	字段	类型	大小	主/外键	是否非空	默认值	域名/域值	中文说明
1	OBJECTID	OID	4		否			OBJECTID
2	SHAPE	Geometry	不定		是			Shape
3	CreatedBy	String	15		是			创建者
4	CreatedDate	Date	8		是			创建日期
5	EffectiveFromDate	Date	8		是			起始有效期
6	EffectiveToDate	Date	8		是			失效日期
7	LastModified	Date	8		是			最后修改日期
8	ModifiedBy	String	15		是			修改者
9	HistoricalState	Integer	4		是		gnHistoricalState	历史状态
10	Status	Integer	4		是		gnStatus	状态
11	OriginEventID	String	38		是			原始ID
12	Remarks	String	255		是			备注
13	ProcessFlag	String	10		是			标识列
14	EventID	String	38	PK	是			事件ID
15	SiteEventID	String	38	PK	是			站场事件ID
16	Name	String	50		是			名称
17	FUserID	String	13		是			统一编号
18	FenceType	Integer	4		是			类型
19	StationName	String	50		是			站场名称
20	FenceHigh	Double	8		是			围墙高
21	Shape_Length	Double	8		是			空间长度(m)

附录 部分业务数据数据库命名规则

（3）埋地标识。

表 名		BuriedSign				别 名		埋地标识
表 类 型		□属性 □点 ☑线 □面				数 据 集		Transmission
说 明		埋于管道正上方用于标示管道位置与走向的标志，多为彩带、塑料薄膜						
序号	字段	类型	大小	主/外键	是否非空	默认值	域名/域值	中文说明
1	OBJECTID	OID	4		否			OBJECTID
2	SHAPE	Geometry	不定		是			Shape
3	CreatedBy	String	15		是			创建者
4	CreatedDate	Date	8		是			创建日期
5	EffectiveFromDate	Date	8		是			起始有效期
6	EffectiveToDate	Date	8		是			失效日期
7	GroupEventID	String	38		是			组 ID
8	LastModified	Date	8		是			最后修改日期
9	ModifiedBy	String	15		是			修改者
10	HistoricalState	Integer	4		是		gnHistoricalState	历史状态
11	Status	Integer	4		是		gnStatus	状态
12	OriginEventID	String	38		是			原始 ID
13	Remarks	String	255		是			备注
14	ProcessFlag	String	10		是			标识列
15	EventID	String	38	PK	是			事件 ID
16	StationSeriesEventID	String	38	FK	是			站列事件 ID
17	BeginStation	Double	8		是			起始里程(m)
18	EndStation	Double	8		是			结束里程(m)
19	CLEditResponse	Integer	4		是		clEditResponse	中心线编辑响应规则
20	CLValidatyTolerance	Double	8		是			校正容限值
21	DataResolution	Integer	4		是		gnDataResolution	比例尺
22	CompanyEventID	String	38	FK	是			公司事件 ID
23	ContactEventID	String	38	FK	是			联系信息事件 ID
24	SignType	Integer	4		是		SignType	标示类型
25	Shape_Length	Double	8		是			空间长度(m)

8. 阴极保护

（1）阴保电位。

表　　　名		CPPotential			别　　　名		阴保电位
表　类　型		☑属性　□点　□线　□面			数　据　集		Root
说　　　明		日常采集的阴极保护电位数据					
序号	字段	类型	大小	主/外键	是否非空	默认值	域名/域值	中文说明
---	---	---	---	---	---	---	---	---
1	OBJECTID	OID	4		否			OBJECTID
2	CreatedBy	String	15		是			创建者
3	CreatedDate	Date	8		是			创建日期
4	EffectiveFromDate	Date	8		是			起始有效日期
5	EffectiveToDate	Date	8		是			失效日期
6	LastModified	Date	8		是			最后修改日期
7	ModifiedBy	String	15		是			修改者
8	Historical	Integer	4		是		gnHistorical	历史状态
9	Status	Integer	4		是		gnStatus	状态
10	OriginEventID	String	38		是			原始 ID
11	ProcessFlag	String	10		是			标识列
12	Remarks	String	255		是			备注
13	EventID	String	38	PK	是			事件 ID
14	GroupEventID	String	38		是			组 ID
15	ActivityEventID	String	38	FK	是			活动事件 ID
16	LineLoopEventID	String	38	FK	是			管网事件 ID
17	StationSeriesEventID	String	38	FK	是			站列事件 ID
18	X	Double	8		是			X
19	Y	Double	8		是			Y
20	MarkerEventID	String	38	FK	是			测试桩编号
21	CPPOwerEventID	String	38	FK	是			阴保电源事件 ID
22	ReadingDate	Date	8		是			读数日期
23	PotentialVoltage	Double	8		是			保护电位(V)
24	Name	String	25		是			名称
25	Weather	String	20		是			天气
26	Department	String	100		是			部门

（2）自然电位。

表 名		NaturalVoltage					别 名		自然电位
表 类 型		☑属性 □点 □线 □面					数据集		Root
说 明		日常采集的自然电位数据							
序号	字段	类型	大小	主/外键	是否非空	默认值	域名/域值		中文说明
1	OBJECTID	OID	4		否				OBJECTID
2	CreatedBy	String	15		是				创建者
3	CreatedDate	Date	8		是				创建日期
4	EffectiveFromDate	Date	8		是				有效起始日期
5	EffectiveToDate	Date	8		是				失效日期
6	LastModified	Date	8		是				最后修改日期
7	ModifiedBy	String	15		是				修改者
8	HistoricalState	Integer	4		是		gnHistoricalState		历史状态
9	Status	Integer	4		是		gnStatus		运行状态
10	OriginEventID	String	38		是				原始 ID
11	ProcessFlag	String	10		是				标识列
12	Remarks	String	255		是				备注
13	EventID	String	38	PK	是				事件 ID
14	ActivityEventID	String	38	FK	是				活动事件 ID
15	LineLoopEventID	String	38	FK	是				管网事件 ID
16	CPPOwerEventID	String	38	FK	是				阴保电源事件 ID
17	ReadingDate	Date	8		是				读数日期
18	MarkerEventID	String	38	FK	是				测试桩编号
19	NaturalVoltage	Double	8		是				自然电位(V)

（3）阴保电源。

表 名		CPPower					别 名		阴保电源
表 类 型		□属性 ☑点 □线 □面					数据集		Transmission
说 明		为管道提供外加电流的设备（如恒电位仪、整流器），连接管道和地床形成闭合回路，以牺牲阳极保护管道。我国管道大多采用恒电位仪							
序号	字段	类型	大小	主/外键	是否非空	默认值	域名/域值		中文说明
1	OBJECTID	OID	4		否				OBJECTID
2	SHAPE	Geometry	不定		是				Shape
3	CreatedBy	String	15		是				创建者
4	CreatedDate	Date	8		是				创建日期
5	EffectiveFromDate	Date	8		是				起始有效期

续表

表 名	CPPower					别 名	阴保电源	
表 类 型	□属性 ☑点 □线 □面					数 据 集	Transmission	
说 明	为管道提供外加电流的设备(如恒电位仪、整流器),连接管道和地床形成闭合回路,以牺牲阳极保护管道。我国管道大多采用恒电位仪							

序号	字段	类型	大小	主/外键	是否非空	默认值	域名/域值	中文说明
6	EffectiveToDate	Date	8		是			失效日期
7	HistoricalState	Integer	4		是		gnHistoricalState	历史状态
8	LastModified	Date	8		是			最后修改日期
9	ModifiedBy	String	15		是			修改者
10	OperationalStatus	Integer	4		是		gnOperationalStatus	运行状态
11	OriginEventID	String	38		是			原始ID
12	Remarks	String	255		是			备注
13	ProcessFlag	String	10		是			标识列
14	InstallationDate	Date	8		是			安装日期
15	InServiceDate	Date	8		是			投用日期
16	SymbolRotation	Double	8		是		gnAngle	符号旋转方向
17	EventID	String	38	PK	是			事件ID
18	SiteEventID	String	38	PK	是			站场事件ID
19	DataResolution	Integer	4		是		gnDataResolution	比例尺
20	AddressEventID	String	38	FK	是			地址事件ID
21	ActiveInd	Integer	4		是		gnYesNo	是否处于工作状态
22	CompanyAssignedNumber	String	25		是			公司指定编号
23	SerialNumber	String	25					出厂编号
24	PowerType	Integer	4		是		PowerType	电源类型
25	Manufacturer	Integer	4					制造商
26	X	String	90		是			X
27	Y	String	90		是			Y
28	NumberOfGroundBeds	Integer	4					地床数量
29	NumberofAnodes	Integer	4					阳极数量
30	OperatingAmpsOut	Integer	4		是		OperatingAmpsOut	输出电流(A)
31	OperatingVoltsOut	Integer	4		是		OperatingVoltsOut	输出电压(V)
32	PowerSource	Integer	4		是			电源
33	RatedAmpsOut	Integer	4		是		RatedAmpsOut	额定电流(A)
34	RatedVoltsOut	Integer	4		是		RatedVoltsOut	额定电压(V)
35	TotelectPot	Double	8		是			通电点
36	SupplyVol	Double	8		是			给定(预置)电位(V)
37	SupplyAmp	Double	8		是			参比电位(V)

(4) 阴保电流。

表　　　名	CPCurrent					别　　　名	阴保电流	
表　类　型	☑属性　□点　□线　□面					数　据　集	Root	
说　　　明	阴保电源的电流读数，这里专指恒电位仪							
序号	字段	类型	大小	主/外键	是否非空	默认值	域名/域值	中文说明
1	OBJECTID	OID	4		否			OBJECTID
2	CreatedBy	String	15		是			创建者
3	CreatedDate	Date	8		是			创建日期
4	EffectiveFromDate	Date	8		是			有效起始日期
5	EffectiveToDate	Date	8		是			失效日期
6	LastModified	Date	8		是			最后修改日期
7	ModifiedBy	String	15		是			修改者
8	Historical	Integer	4		是		gnHistorical	历史状态
9	Status	Integer	4		是		gnStatus	状态
10	OriginEventID	String	38		是			原始ID
11	ProcessFlag	String	10		是			标识列
12	Remarks	String	255		是			备注
13	EventID	String	38		是			事件ID
14	GroupEventID	String	38		是			组ID
15	StationSeriesEventID	String	38	FK	是			站列事件ID
16	Station	Double	8		是			里程(m)
17	ActivityEventID	String	38		是			活动事件ID
18	LineLoopEventID	String	38		是			管网事件ID
19	X	Double	8		是			X
20	Y	Double	8		是			Y
21	Department	String	100		是			部门
22	ReadingDate	Date	8		是			读数日期
23	Tester	String	40		是			测试人
24	Weather	String	200		是			天气
25	CPPOwerEventID	String	38	FK	是			阴保电源事件ID
26	CPPOwerNO	String	38		是			阴保电源编号
27	MachineOnNumber	String	20		是			开机号
28	OutCurrent	Double	8		是			输出电流(mA)
29	OutVol	Double	8		是			输出电压(V)

续表

表 名		CPCurrent				别 名		阴保电流
表 类 型		☑属性 □点 □线 □面				数 据 集		Root
说 明		阴保电源的电流读数,这里专指恒电位仪						
序号	字段	类型	大小	主/外键	是否非空	默认值	域名/域值	中文说明
30	RequirePotential	Double	8		是			给定电位
31	CoupleInPotential	Double	8		是			进站通电点电位
32	CoupleOutPotential	Double	8		是			出站通电点电位
33	FlangeInPotential	Double	8		是			进站绝缘法兰电位
34	FlangeOutPotential	Double	8		是			出站绝缘法兰电位
35	AccidentLog	String	200		是			大事记
36	Name	String	20		是			名称